# 高级酶工程

Advanced Enzyme Engineering

主　编　马延和

副主编　孙周通　王钦宏

科 学 出 版 社

北　京

## 内 容 简 介

本书系统总结了酶工程领域的基本知识和最新进展，共计16章，包括酶工程的发展历程，酶的筛选与大数据挖掘方法、结构与功能解析、设计改造方法、高效筛选方法、表达与分离纯化、级联反应设计、人工途径设计、催化反应介质与固定化等，以及酶在生物催化、饲料食品、日化用品及医药农药化工等领域的应用。本书内容注重前沿理论和交叉技术的融合，将酶工程新技术和新的应用场景、新的交叉拓展领域囊括其中，诸如计算化学、新酶设计、化学酶催化、光酶催化等与新的学科领域交叉取得的新进展，此外还包括酶学和酶工程相关的新技术、新应用。

本书可作为高等院校生物工程、生物技术、生物化工、发酵工程等专业师生的参考用书，同时还可作为科研院所、企业研发部门的科研工作者及工程技术人员的工具书。

**图书在版编目（CIP）数据**

高级酶工程/马延和主编．—北京：科学出版社，2022.11

ISBN 978-7-03-073614-7

Ⅰ.①高…　Ⅱ.①马…　Ⅲ.①酶工程　Ⅳ.① Q814

中国版本图书馆 CIP 数据核字（2022）第 199224 号

责任编辑：王　静　罗　静　付丽娜/责任校对：郑金红
责任印制：吴兆东/封面设计：刘新新

科 学 出 版 社 出版
北京东黄城根北街 16 号
邮政编码：100717
http://www.sciencep.com

北京建宏印刷有限公司　印刷

科学出版社发行　各地新华书店经销

*

2022 年 11 月第　一　版　开本：787×1092　1/16
2023 年　6　月第三次印刷　印张：31 1/4
字数：741 000

**定价：328.00 元**

（如有印装质量问题，我社负责调换）

# 序

酶工程是酶学与工程学科融合的交叉生物技术学科，其基本思想是对酶的结构与功能进行人工设计、改进、创建并优化，为生物经济提供生物制造的技术方案。高级酶工程在研究内容、手段和目的上与蛋白质工程、生物化学、有机化学、电化学、结构生物学、基因工程、细胞工程、发酵工程、合成生物学、化学工程等学科相互交融，成为生物制造的支柱技术之一。

在百年未有之大变局之际，在资源危机、能源短缺、气候变暖、环境恶化、疫情严峻、全球产业链洗牌等的压力下，发展以酶为核心的生物制造是抢占生物经济发展机遇的重要手段。酶是绿色生物制造的“芯片”，新型高效酶的基础研发以及相关应用是酶工程的核心技术，有效助力我国加快构建绿色低碳循环经济体系，推动生物经济实现高质量发展。

该书主编马延和研究员组织国内酶工程领域专家学者编写此书，围绕酶技术的发展历史、酶工程技术和应用等新领域展开介绍。该书全面系统地阐述了酶工程领域的基本知识和最新进展，内容翔实，资料丰富，又注重基础理论、前沿技术和交叉技术的融合与应用，学术思想扎实，创新性强 。该书不仅适合作为高等院校有关专业的教学参考书，而且可以作为从事酶工程的科研和技术人员的工具书。望此书早日出版，以飨读者。

欧阳平凯

2022 年 10 月于南京

# 前　言

高级酶工程（advanced enzyme engineering）是利用工程学原理，对生命体催化功能执行者——酶的结构与功能进行人工设计、改进、创建并优化的新生物学领域。高级酶工程的研究目标是为经济活动和可持续的资源利用提供高效的解决方案，以应对食品安全、化学品原材料短缺、水和能源危机以及环境保护问题等人类面临的社会挑战。

在此背景下，马延和研究员邀请中国科学院天津工业生物技术研究所、山东大学、中国科学院微生物研究所、上海交通大学、江南大学、华南理工大学、天津大学、武汉新华扬生物股份有限公司等相关高校、研究院所及企业的科研人员组织编写了《高级酶工程》一书。本书编者大都多年奋战在科研一线，具有良好的酶工程相关的教学及研发背景。本书共计16章，内容包括：酶工程发展历程与展望、酶的筛选与大数据挖掘、酶的结构与功能、酶催化化学与计算解析、酶的计算设计方法与应用、酶的分子改造与修饰、酶的高效筛选、酶的表达与分离纯化、体内多酶级联反应设计、体外多酶分子机器、化学-酶偶联催化、光促酶催化、酶催化反应介质及其影响、酶的固定化与全细胞催化、酶制剂在饲料食品及日化用品中的应用、工业酶在医药农药化工中的应用。

高级酶工程是生物技术和合成生物学的“芯片”技术，对碳达峰碳中和相关的绿色生物制造和现代农业、人造食品有极其重要和紧迫的意义。开展高级酶工程的教学和人才培养，对于我国抢占新一轮科技和产业革命制高点，加快发展生物经济，培育形成新动能，具有重要推动作用。

尽管本书的出版历经两年多的时间，经过精心的筹划、编写、校稿等多个环节，得到了同行的大力支持，但囿于编者视野、水平有限，内容难免有不妥之处，恳请读者批评指正！

编　者

2022年9月

# 目　录

第 1 章　酶工程发展历程与展望 ……1
1.1　酶的发现、认识与酶工程诞生 ……1
1.1.1　酶的发现与认识 ……1
1.1.2　酶的命名和分类（一基因一酶假说）……3
1.1.3　酶结构功能与作用机制 ……5
1.1.4　酶的工业应用与酶工程诞生 ……8
1.2　经典生物化学时代的酶工程发展状况 ……9
1.2.1　酶的制备、分离纯化与酶工程发展 ……9
1.2.2　酶反应动力学研究与酶工程发展 ……10
1.2.3　酶的化学修饰与酶工程发展 ……11
1.2.4　酶的固定化研究与酶工程发展 ……11
1.3　分子生物学时代的酶工程发展状况 ……12
1.3.1　工具酶的发现和酶的异源表达生产 ……12
1.3.2　酶的定点突变与酶工程的发展 ……13
1.3.3　酶的定向进化与酶工程的发展 ……14
1.3.4　基因组测序与酶的发现及应用 ……15
1.4　合成生物学时代的酶工程发展状况 ……16
1.4.1　酶的计算设计与酶工程发展 ……16
1.4.2　深度机器学习与酶的设计及应用 ……16
1.5　多学科交叉融合对酶工程发展的影响 ……17
1.5.1　化学学科对酶工程发展的影响 ……17
1.5.2　材料学科对酶工程发展的影响 ……18
1.6　总结与展望 ……18
参考文献 ……18
第 2 章　酶的筛选与大数据挖掘 ……21
2.1　环境筛选 ……21
2.1.1　含微生物样品的采集 ……22
2.1.2　含微生物样品的富集培养 ……24
2.1.3　产酶微生物的筛选 ……25
2.2　宏基因组挖掘 ……26
2.2.1　环境样品的处理和 DNA 的分离 ……26
2.2.2　宏基因组文库构建 ……27
2.2.3　宏基因组文库筛选 ……28

2.3 大数据挖掘 …… 30
2.3.1 大数据挖掘的基本方法 …… 30
2.3.2 相关的数据库介绍及优缺点 …… 31
2.3.3 基于大数据的相关获得酶基因的解析 …… 34
2.4 酶基因合成 …… 36
2.4.1 基因合成新技术 …… 36
2.4.2 基因合成的理性设计 …… 41
2.4.3 酶合成基因的表达及性能表征 …… 43
2.5 总结与展望 …… 46
参考文献 …… 46
**第 3 章 酶的结构与功能** …… 55
3.1 酶一级序列的保守性与多样性 …… 55
3.1.1 一级序列氨基酸组成 …… 56
3.1.2 一级序列氨基酸残基的功能保守性 …… 56
3.1.3 一级序列的遗传多样性 …… 57
3.2 蛋白质功能执行的二级结构基础 …… 57
3.2.1 α 螺旋 …… 57
3.2.2 β 折叠 …… 58
3.2.3 其他二级结构 …… 59
3.2.4 高级结构单元超二级结构 …… 60
3.3 酶的三级结构 …… 61
3.3.1 蛋白质空间结构稳定因素 …… 61
3.3.2 蛋白质折叠途径 …… 62
3.4 蛋白质结构解析方法 …… 63
3.4.1 X 射线晶体衍射 …… 63
3.4.2 核磁共振 …… 64
3.4.3 冷冻电镜 …… 65
3.4.4 蛋白质结构预测 …… 66
3.5 酶的构效关系 …… 67
3.5.1 酶结构与功能对应关系 …… 68
3.5.2 酶结构与功能的进化 …… 70
3.5.3 酶构效关系的调控 …… 71
3.6 酶的功能 …… 72
3.6.1 酶催化反应类型 …… 73
3.6.2 酶活性口袋与识别 …… 76
3.6.3 影响酶催化效率的因素 …… 77
3.7 总结与展望 …… 77
参考文献 …… 78

**第 4 章　酶催化化学与计算解析** …… 84
4.1　酶的化学反应机制 …… 84
4.1.1　酶对底物识别的分子机制 …… 85
4.1.2　酶催化选择性的理论分析 …… 86
4.1.3　酶催化的化学机制 …… 87
4.2　酶反应机制及化学分析方法 …… 87
4.2.1　研究酶催化反应机制的意义 …… 87
4.2.2　研究酶反应机制的实验方法 …… 89
4.2.3　研究酶反应机制的理论方法 …… 90
4.3　酶反应热力学计算 …… 96
4.3.1　酶催化反应的量热学 …… 96
4.3.2　酶反应中的过渡态及中间体 …… 97
4.3.3　酶反应的热力学计算 …… 97
4.4　酶反应动力学 …… 99
4.4.1　酶促反应高效性的动力学分析 …… 100
4.4.2　酶反应动力学计算 …… 101
4.5　酶的构效关系计算解析 …… 102
4.5.1　影响酶反应关键结构因素分析 …… 102
4.5.2　酶活性中心结构与反应机制的理论计算 …… 102
4.5.3　酶催化反应构效关系 …… 107
4.5.4　酶的理性设计 …… 109
4.6　总结与展望 …… 111
参考文献 …… 111
**第 5 章　酶的计算设计方法与应用** …… 118
5.1　酶设计简介 …… 118
5.1.1　酶的理性与非理性设计历史 …… 118
5.1.2　蛋白质的计算设计简介 …… 119
5.1.3　酶的计算设计简介 …… 119
5.2　酶的计算设计方法：策略、软件与算法 …… 120
5.3　酶计算设计的应用 …… 122
5.3.1　酶的从头设计 …… 122
5.3.2　酶与生物大分子的相互作用设计 …… 124
5.3.3　酶与有机小分子的相互作用设计 …… 126
5.3.4　金属酶的计算设计 …… 128
5.3.5　非催化位点的计算设计 …… 129
5.3.6　酶的计算设计在合成生物学中的应用 …… 131
5.4　酶的稳定性设计 …… 133
5.5　总结与展望 …… 135
参考文献 …… 135

**第 6 章 酶的分子改造与修饰** ……139
6.1 酶分子改造概述 ……139
6.1.1 酶分子改造历史进程 ……139
6.1.2 酶分子改造常用策略 ……140
6.1.3 酶改造早期应用 ……141
6.2 酶的物理化学修饰 ……141
6.2.1 常用修饰方法 ……141
6.2.2 修饰原理 ……142
6.2.3 应用实例 ……142
6.3 酶定向进化 ……143
6.3.1 易错 PCR ……144
6.3.2 DNA 混编 ……145
6.3.3 饱和突变 ……146
6.3.4 应用实例 ……147
6.4 半理性设计 ……147
6.4.1 常用策略 ……147
6.4.2 CAST 与 ISM ……149
6.4.3 应用实例 ……151
6.5 理性设计 ……152
6.5.1 关键氨基酸残基位点定位 ……153
6.5.2 虚拟突变筛选 ……156
6.5.3 精简密码子设计 ……157
6.5.4 应用实例 ……158
6.6 机器学习 ……159
6.6.1 概述 ……159
6.6.2 常用策略 ……160
6.6.3 应用实例 ……161
6.7 总结与展望 ……163
参考文献 ……163
**第 7 章 酶的高效筛选** ……173
7.1 孔板筛选 ……174
7.1.1 孔板筛选的流程和策略 ……174
7.1.2 酶筛选底物设计 ……175
7.1.3 多酶级联检测体系 ……177
7.2 流式细胞仪单细胞筛选 ……178
7.2.1 FACS 筛选策略 ……178
7.2.2 FACS 筛选荧光底物设计 ……180
7.2.3 基于生物传感器的 FACS 筛选 ……182
7.2.4 应用实例 ……183

7.3 液滴微流控筛选技术……184
7.3.1 微流控芯片技术概述……184
7.3.2 基于液滴微流控技术的荧光激活液滴分选系统……185
7.3.3 微液滴中的酶活性荧光偶联策略……186
7.3.4 荧光激活液滴分选的酶改造筛选应用……188
7.4 展示技术……190
7.4.1 细胞表面展示技术及应用实例……191
7.4.2 噬菌体展示技术及应用实例……192
7.4.3 核糖体/mRNA 展示技术及应用实例……194
7.5 生长偶联……195
7.5.1 生长补充法……197
7.5.2 利用对特定分子的抗性进行目标酶的筛选……197
7.5.3 噬菌体辅助的进化技术……198
7.6 总结与展望……201
参考文献……202
**第 8 章　酶的表达与分离纯化**……209
8.1 概述……209
8.2 酶的微生物表达……209
8.2.1 酶生产菌种的要求和来源……209
8.2.2 常用微生物菌种及其研究进展……210
8.2.3 菌株改造策略……217
8.3 发酵条件优化……219
8.3.1 发酵培养条件……219
8.3.2 发酵过程监测传感器与过程优化……221
8.3.3 发酵工艺优化……225
8.4 酶的提取与分离纯化……227
8.4.1 产酶料的选择……227
8.4.2 组织和细胞的破碎……227
8.4.3 酶的抽提……228
8.4.4 酶纯化工艺的建立与优化……228
8.5 总结与展望……233
参考文献……234
**第 9 章　体内多酶级联反应设计**……239
9.1 体内多酶级联反应概述……239
9.1.1 体内多酶级联反应定义……239
9.1.2 体内多酶级联反应发展历程和现状……239
9.1.3 体内多酶级联反应的优势和所面临的挑战……240
9.2 体内多酶级联反应途径设计……240
9.2.1 天然途径的重构……240

9.2.2 天然途径的改造或重组……241
9.2.3 从底物到产物的顺序推导……243
9.2.4 从产物到底物的逆合成分析……243
9.3 辅因子循环体系的设计……244
9.3.1 辅因子循环体系与代谢路径非关联……245
9.3.2 辅因子循环体系与代谢路径关联……247
9.3.3 反应路径和辅因子循环体系均与代谢路径关联……247
9.4 体内多酶级联反应途径优化……249
9.4.1 底物适配性优化……249
9.4.2 反应协同性优化……250
9.4.3 环境兼容性优化……250
9.5 体内多酶级联反应的应用……252
9.5.1 C—H 功能化形成 C—X 键……252
9.5.2 大宗化学品高值化……254
9.6 总结与展望……257
参考文献……258
**第 10 章 体外多酶分子机器**……263
10.1 体外多酶分子机器概述……263
10.2 体外多酶反应途径的设计……265
10.2.1 天然催化途径与非天然催化途径……265
10.2.2 热力学驱动的反应途径设计……268
10.2.3 提高底物原子经济性的反应途径设计……270
10.3 辅酶相关的体外多酶分子机器的设计……271
10.3.1 辅酶偏好性改造……271
10.3.2 辅酶再生……274
10.3.3 辅酶浓度调控……277
10.4 体外多酶分子机器的优化……278
10.4.1 一锅法的反应条件优化……279
10.4.2 分步反应……280
10.5 体外多酶分子机器的应用……280
10.5.1 生物燃料的体外多酶合成……281
10.5.2 糖类的体外多酶合成……282
10.5.3 手性分子的体外多酶合成……283
10.5.4 高分子聚合物的体外多酶合成……284
10.6 总结与展望……285
参考文献……285
**第 11 章 化学-酶偶联催化**……293
11.1 概述……293
11.1.1 酶催化反应的优势……294

11.1.2 化学-酶偶联催化的模式 ……295
11.2 分步同釜化学-酶偶联催化模式 ……297
11.2.1 模式特点……297
11.2.2 挑战及解决方案……297
11.2.3 进展与实例……297
11.3 同步同釜化学-酶偶联催化模式 ……302
11.3.1 模式特点……302
11.3.2 挑战及解决方案……302
11.3.3 化学-酶偶联动态动力学拆分 ……302
11.3.4 化学-酶偶联去消旋化反应 ……308
11.3.5 其他同步同釜化学-酶偶联反应 ……314
11.4 总结与展望……315
参考文献……315
**第 12 章 光促酶催化** ……321
12.1 概述 ……321
12.2 光促进的酶催化混杂性 ……322
12.2.1 光促羰基还原酶催化混杂性……322
12.2.2 光促烯还原酶催化混杂性……323
12.3 光促化学催化与酶催化反应的偶联 ……323
12.3.1 光促化学催化与酶催化偶联反应的类型与特点……323
12.3.2 光催化产 $H_2O_2$ 与过氧化（物）酶偶联……324
12.3.3 光催化异构化与烯还原酶偶联……325
12.3.4 光催化迈克尔加成与羰基还原酶偶联……325
12.3.5 光催化氧化与脂肪酶反应偶联……326
12.3.6 C—H 的光催化氧化与多种酶反应偶联……326
12.3.7 光催化消旋化与脂肪酶/单胺氧化酶偶联 ……328
12.3.8 光催化脱羧与脂肪酶偶联……329
12.4 光促产生的电子促进的氧化还原酶催化反应 ……330
12.4.1 光促产生的电子转移至酶中血红素……331
12.4.2 光促产生的电子转移至酶中铁硫簇……332
12.4.3 光促产生的电子转移至酶结合的辅基黄素……332
12.5 光促产生的电子转移至游离的辅酶因子 $NAD(P)^+$……334
12.6 光促酶/光酶 ……336
12.6.1 原叶绿素酸酯氧化还原酶……337
12.6.2 光解酶……337
12.6.3 光系统……338
12.6.4 光脱羧酶……338
12.7 总结与展望 ……339
参考文献……340

**第 13 章 酶催化反应介质及其影响** ······ 343
13.1 概述 ······ 343
13.1.1 酶催化反应的基本概念与定义 ······ 343
13.1.2 酶催化反应的历史 ······ 343
13.1.3 酶催化反应介质的重要性及其类型 ······ 344
13.2 水相中酶催化 ······ 345
13.2.1 水相中酶催化特性 ······ 345
13.2.2 水相中酶催化的影响因素 ······ 346
13.2.3 水相中酶催化的应用 ······ 349
13.3 有机相中酶催化 ······ 350
13.3.1 有机介质中酶催化特性 ······ 350
13.3.2 有机介质中酶催化的影响因素 ······ 352
13.3.3 有机介质中酶催化的应用 ······ 353
13.4 离子液体中酶催化 ······ 354
13.4.1 离子液体的定义及类型 ······ 354
13.4.2 离子液体的制备及性质 ······ 356
13.4.3 离子液体中酶催化特性 ······ 357
13.4.4 离子液体对酶催化反应的影响规律及机制 ······ 358
13.4.5 离子液体中酶催化的应用 ······ 360
13.4.6 离子液体的回收与重复利用 ······ 361
13.5 深度共熔溶剂中酶催化 ······ 362
13.5.1 深度共熔溶剂的定义及类型 ······ 362
13.5.2 深度共熔溶剂的制备及性质 ······ 364
13.5.3 深度共熔溶剂中酶催化特性 ······ 368
13.5.4 深度共熔溶剂中酶催化的影响因素 ······ 370
13.5.5 深度共熔溶剂中酶催化的应用 ······ 371
13.5.6 深度共熔溶剂的回收与重复利用 ······ 372
13.6 多相介质体系中酶催化 ······ 373
13.6.1 多相介质体系中酶催化的基本概念 ······ 373
13.6.2 多相介质体系中酶催化的影响因素 ······ 375
13.6.3 多相介质体系中酶催化反应类型与应用 ······ 376
13.7 反应介质工程在酶催化中面临的机遇与挑战 ······ 378
参考文献 ······ 378
**第 14 章 酶的固定化与全细胞催化** ······ 384
14.1 概述 ······ 384
14.1.1 体外酶催化过程 ······ 384
14.1.2 环境因素对酶的影响 ······ 385
14.2 酶固定化方法和载体 ······ 388
14.2.1 酶固定化方法 ······ 388

14.2.2　酶固定化载体……390
14.2.3　固定化酶性能评价……393
14.3　固定化酶催化……394
14.3.1　固定化酶催化单液相反应过程……394
14.3.2　固定化酶催化双液相反应过程（包括水相-有机相）……395
14.3.3　固定化酶催化气液相反应过程（包括气相-液相）……396
14.4　新型纳米酶催化……396
14.4.1　框架材料固定化酶催化……396
14.4.2　仿生微囊固定化酶催化……397
14.4.3　纳米凝胶固定化酶催化……399
14.5　细胞固定化方法与载体……400
14.5.1　细胞固定化方法……400
14.5.2　细胞固定化载体……402
14.5.3　固定化细胞评价方法……403
14.6　全细胞催化……404
14.6.1　固定化细胞催化单液相反应过程……404
14.6.2　固定化细胞催化双液相反应过程……406
14.7　总结与展望……407
参考文献……407
**第 15 章　酶制剂在饲料食品及日化用品中的应用……413**
15.1　工业酶制剂的定义与种类……413
15.1.1　工业酶制剂的定义……413
15.1.2　工业酶制剂的种类……414
15.2　工业酶制剂的制备工艺……419
15.2.1　种子扩大培养……419
15.2.2　酶制剂发酵工艺……424
15.2.3　酶制剂制备工艺……428
15.3　酶制剂在饲料中的应用……431
15.3.1　饲用酶制剂的定义……431
15.3.2　饲用酶制剂的种类……432
15.3.3　饲用酶制剂的应用方式……432
15.3.4　饲用酶制剂的作用原理和应用效果……432
15.4　酶制剂在食品中的应用……436
15.4.1　酶制剂在淀粉加工中的应用……436
15.4.2　酶制剂在蛋白质加工中的应用……437
15.4.3　酶制剂在油脂加工中的应用……438
15.4.4　酶制剂在酿酒加工中的应用……439
15.4.5　酶制剂在烘焙加工中的应用……439
15.4.6　酶制剂在果蔬加工中的应用……440

15.5 酶制剂在日化用品中的应用 ······441
15.5.1 在日化用品中的应用 ······441
15.5.2 在洗衣粉中的应用 ······441
15.5.3 在肥（香）皂中的应用 ······442
15.5.4 在液体洗涤剂中的应用 ······442
15.5.5 牙膏中的酶制剂 ······444
15.5.6 日化用品的发展对酶制剂的新挑战 ······444
15.6 酶制剂在纺织造纸中的应用 ······445
15.6.1 酶制剂在纺织染整加工中的应用 ······445
15.6.2 酶制剂在制浆造纸工业中的应用 ······447
15.7 总结与展望 ······449
参考文献 ······449
**第 16 章 工业酶在医药农药化工中的应用** ······453
16.1 概述 ······453
16.2 原料药与医药中间体 ······453
16.2.1 原料药与医药中间体合成状况 ······453
16.2.2 工业酶在原料药和医药中间体合成中的应用实例 ······454
16.3 绿色农药 ······464
16.3.1 绿色农药合成技术状况 ······464
16.3.2 工业酶在绿色农药合成中的应用实例 ······465
16.4 天然产物 ······469
16.4.1 天然产物合成技术状况 ······469
16.4.2 工业酶在天然产物合成中的应用实例 ······470
16.5 精细化学品 ······474
16.5.1 精细化学品合成技术状况 ······474
16.5.2 工业酶在精细化学品合成中的应用实例 ······475
16.6 总结与展望 ······478
参考文献 ······478

# 第1章

# 酶工程发展历程与展望

张媛媛　王钦宏　马延和
中国科学院天津工业生物技术研究所

酶（enzyme）是能够催化生物化学反应的生物催化剂（biocatalyst），它可以使反应的活化能降低进而加快反应速率。酶在化学反应中与其他催化剂相同，不会被消耗，也不影响化学平衡。但不同之处在于酶具有更强的特异性（specificity）。酶的活性受到温度、pH、溶剂、金属离子以及其他分子［抑制剂（inhibitor）或者激活剂（activator）］的影响，会改变其结构及催化性能。自认识与发现酶以来，许多酶已经实现了商业化开发，在医药、化工、食品、农业、环境、饲料、能源等领域实现了广泛应用。作为绿色催化剂，酶完全符合现代安全、健康和环境标准。尽管酶具有无与伦比的催化特性，但是在实际应用中，其活性、催化效率、稳定性、底物特异性、产物选择性等经常难以满足需求，需要对酶进行筛选、修饰、优化和改造以满足工业应用的需要。酶工程（enzyme engineering）是筛选、修饰、优化和改造酶以获得所需物理和催化特性的过程。在生物科学迅猛发展且与信息科学、材料、化学等多学科交叉的大环境下，不仅可以从特定环境、从生物大数据中快速获得目标酶，而且可以通过对特定的基因序列进行设计、改造甚至从头合成获得理想的酶，以实现特定的应用。

## 1.1　酶的发现、认识与酶工程诞生

### 1.1.1　酶的发现与认识

人类对酶的认知经历了一个不断发展、逐步深入的过程，在这个过程中一大批科学先驱做出了杰出的贡献（图1.1）。我国和两河流域的人们很早就开始利用酶或微生物制造酒、酱、面包等。早在6000多年前的巴比伦人就有啤酒的酿造历史记录，5000多年前的阿拉伯人利用羊胃膜凝乳酶制造干酪。我国利用酶的历史也非常悠久，4000多年前的夏禹时期就掌握了酿酒技术，3000多年前的周朝已经开始制造酱、饴糖等。然而，古代人们对酶的应用单纯依赖于观察和重复实践，并非利用科学技术。

到17世纪末和18世纪初，胃分泌物对肉类的消化和唾液将淀粉转化为糖类的过程已为人所知，但这些过程的发生机制尚未确定。1773年意大利科学家拉扎罗·斯帕兰

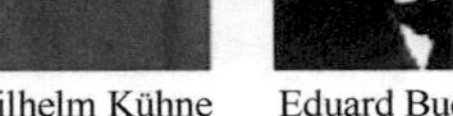

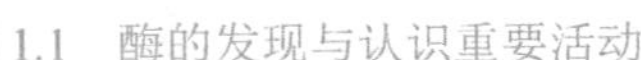

图 1.1　酶的发现与认识重要活动情况

扎尼（Lazzaro Spallanzani，1729—1799 年）发现鹰的胃液可以消化肉块；1833 年法国化学家安塞尔姆·佩恩（Anselme Payen，1795—1878 年）第一个发现了淀粉酶。1857 年法国科学家路易斯·巴斯德（Louis Pasteur，1822—1895 年）在研究酵母将糖发酵成酒精时，发现此过程是由酵母细胞中一种称为“发酵”的重要力量引起的，这种力量被认为只在活生物体中发挥作用。他写道：酒精发酵是一种与酵母细胞的生命和组织有关的行为，而不是与细胞的死亡或腐烂有关。1877 年德国生理学家威廉·库内（Wilhelm Kühne，1837—1900 年）首次提出“enzyme”（来自希腊文 ἔνζυμον，其含义为“在酵母中”，中文译为“酶”）这一术语来表述催化活性。酶这个词后来被用来指代胃蛋白酶等非生命物质，而发酵这个词被用来指代生物体产生的化学活性。德国化学家爱德华·布赫纳（Eduard Buchner，1860—1917 年）于 1897 年提交了他的第一篇关于酵母提取物研究的论文，发现即使混合物中没有活酵母细胞，糖也会被酵母提取物发酵，他将导致蔗糖发酵的物质命名为“酶”；他于 1907 年获得诺贝尔化学奖，获奖的原因是他发现了“无细胞发酵”。

在 20 世纪 90 年代初，酶的生化特性仍然未知，许多科学家观察到酶活性与蛋白质有关。1926 年美国生物化学学家詹姆斯·萨姆纳（James Sumner，1887—1955 年）第一次将脲酶结晶从刀豆中提取出来，证实酶的本质是蛋白质，这才使得之后人们对酶的蛋白质本性和催化机制开始了深入研究，这为酶化学和蛋白质化学的发展奠定了基础，他在 1937 年对过氧化氢酶进行了同样的研究。美国生物化学家约翰·诺斯洛普（John Northrop，1891—1987 年）和温德尔·斯坦利（Wendell Stanley，1904—1971 年）明确证明了纯蛋白质可以是酶的结论，他们对胰凝乳蛋白酶、胰蛋白酶及胃蛋白酶进行了深入的探究，三位科学家于 1946 年荣获了诺贝尔化学奖。酶能够结晶的结论最后可用 X 射线晶体学分析它们的结构来验证，第一个获得晶体结构的酶是溶菌酶，溶菌酶是一种存在于眼泪、唾液和蛋清中的酶，可以消化某些细菌的外皮。该结构是由英国结构生物学家大卫·菲利普斯（David Phillips，1924—1999 年）领导的一个小组解析的，并于 1965 年发表。溶菌酶的这种高分辨率结构标志着结构生物学领域研究的开始，促进在原子水平的细节上了解酶的工作原理。

20 世纪 80 年代初期，美国科学家托马斯·切赫（Thomas Cech，1947 年—）和西德尼·奥尔特曼（Sidney Altman，1939 年—）均独自发现 RNA 能够催化生化反应，拥有生物催化特性，切赫将具有这一功能的物质命名为核酶（ribozyme），也被称为 RNA 催化剂。这一发现打破了之前仅有蛋白质才拥有催化特性的固有认知，因此 1989 年两位科学家获得了诺贝尔化学奖。现在自然环境中的很多种核酶已被发现，现今能够用来反式切割靶 RNA 的核酶主要有发夹状核酶、锤头状核酶、大肠杆菌 RNase P、四膜虫自身剪接内含子 4 种核酶（Heckmann and Paradisi，2020）。

### 1.1.2　酶的命名和分类（一基因一酶假说）

早期主要由酶的发现者根据其所催化反应的底物、反应的类型或酶的来源来命名。例如，催化脂肪的酶命名为脂肪酶，催化蛋白质的酶命名为蛋白酶，催化淀粉的酶命名为淀粉酶；而依据来源不同又可将蛋白酶命名为木瓜蛋白酶、胰蛋白酶、胃蛋白酶等。但有些反应可以由几种不同的酶催化，这些酶称为同工酶（isozyme），而上述的命名法无法处理同工酶的情形。所以，国际生物化学与分子生物学联盟（The International Union of Biochemistry and Molecular Biology，IUBMB）颁布了酶的命名法以规范酶的命名与分类。第一届酶学委员会对酶的系统性和逻辑性命名问题进行了很多思考，最后建议酶应该有两种命名法，一个系统名称和一个习惯名称。酶的系统名称按照一定的规则形成（EC 编号），尽可能准确地显示酶的作用，从而准确地识别酶。每种酶由“EC”描述，后跟 4 个数字的序列，代表酶活性的等级（从非常普遍到非常具体）。也就是说，第一个数字根据其机制对酶进行了广泛的分类，而其他数字则增加了越来越多的特异性。由于烦琐，引入系统名称受到强烈批评。酶学委员会详细讨论了这个问题，并改变了重点，决定在酶列表中更加突出通用名称，它们紧跟在代码编号之后。尽管如此，保留系统名称作为分类的基础还是非常必要：①在酶列表中查找酶，作为系统名称的代码编号可以更好地用于识别酶；②系统名称可以更好地强调反应类型；③发现者可以通过标准规则给新酶命名系统名称；④新酶的通用名称通常是系统名称的缩写形式，这样系统名称有助于找到符合一般模式的通用名称。在发表酶不是主题的论文或报告时，一般应使用通用名称，但应在第一次提及时通过其代号和来源进行识别。如果发表酶是主题的论文或报告时，则应在首次提及时提供其代号、系统名称或反应方程式和来源；此后应使用通用名称。鉴于酶名称和代号指的是催化反应，因此提供酶的来源以进行全面鉴定是特别重要的。当论文或报告涉及酶列表中尚未包含的酶时，作者可以引入新名称，如果需要，还可以引入新的系统名称，两者均根据推荐规则形成。编号只能由 IUBMB 的命名委员会分配。

1961 年 IUBMB 酶学委员会依据酶的催化作用，颁布了酶的分类方法，依据酶催化生物化学反应的类型将其分成六大类（表 1.1）：连接酶、异构酶、裂合酶、转移酶、水解酶、氧化还原酶（Tipton and Boyce，2000）。其中具有最丰富的酶形式的是氧化还原酶、水解酶，研究表明，现今在进行生物转化时 60% 选择水解酶，20% 选择氧化还原酶（Straathof *et al.*，2002）。根据底物的化学名称及其反应机制，进一步系统地划分各个酶类别。

表 1.1 酶的分类

| 酶的种类 | 反应类型 | 特性及代表性亚类 |
|---|---|---|
| EC1<br>氧化还原酶<br>（oxidoreductase） | $A_{red}+B_{ox} \rightleftharpoons A_{ox}+B_{red}$ | 催化氧化还原反应（电子转移），包括氧化酶、加氧酶、过氧化物酶、脱氢酶等 |
| EC2<br>转移酶<br>（transferase） | A—B+C ⟶ A+B—C | 催化某些底物之间某些基团的转移或交换，包括糖基转移酶、甲基转移酶、转醛醇酶、转酮酶、酰基转移酶、烷基转移酶、转氨酶、磺基转移酶、磷酸转移酶、核苷酸转移酶等 |
| EC3<br>水解酶<br>（hydrolase） | A—B+$H_2O$ ⟶ A—H+B—OH | 加速底物水解，包括淀粉酶、酯酶、脂肪酶、糖苷酶、蛋白酶、硫酸酯酶、磷脂酶、氨基酰化酶、核酸内切酶、核酸外切酶、卤代酶等 |
| EC4<br>裂合酶<br>（lyase） | A—B $\rightleftharpoons$ A+B | 促进基团从底物上脱去，留下双键反应或催化其逆反应，包括脱羧酶、醛缩酶、酮酶、水合酶、多糖裂解酶、解氨酶等 |

续表

| 酶的种类 | 反应类型 | 特性及代表性亚类 |
| --- | --- | --- |
| EC5 异构酶（isomerase） | A—B—C ⇌ A—C—B | 促进分子内基团向几何异构体和旋光异构体的转移和转化，包括消旋酶、差向异构酶等 |
| EC6 连接酶（ligase） | A+B+ATP ⟶ A—B+ADP+$P_i$ | 以释放能催化两种分子底物合成为一种分子化合物，促进C—C、C—S、C—O、C—N 等单键的形成，包括合成酶、羧化酶等 |

酶的命名方法是在底物名称后加上后缀——ase。然而，也有一些酶的名字并不包含底物名称，如胃蛋白酶（pepsin）和胰蛋白酶（trypsin）。为避免歧义，国际酶学委员会为每种酶命名时增加了一个四级编号。第一、第二、第三和第四个数字分别代表六大类酶中的某一大类、按底物类型或断裂化学键划分的亚类、按失去基团电子受体类型划分的亚亚类和酶的序列号。例如，乳酸脱氢酶的系统编号为［EC1.1.1.27］（图 1.2）。

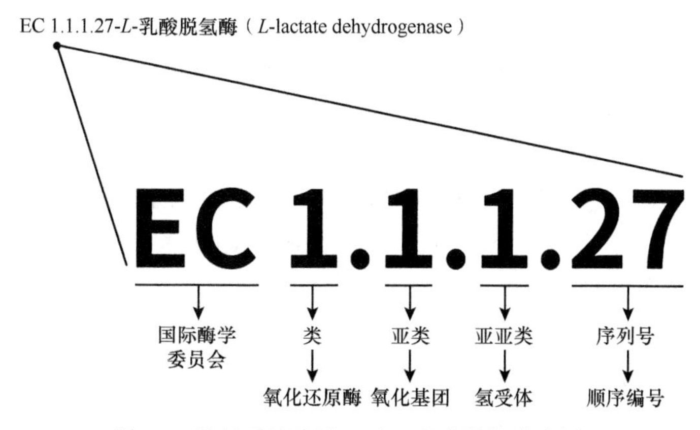


图 1.2 酶的系统编号（以 *L*-乳酸脱氢酶为例）

酶除按照上述以酶活性（EC 分类）进行分类外，也可以按照酶的氨基酸序列相似性进行分类。EC 分类不反映序列相似性。例如，催化完全相同反应的相同 EC 编号的两个连接酶可以具有完全不同的序列。酶像任何其他蛋白质一样，可以根据它们的序列相似性分为许多家族，而不是按照其功能划分，这些家族已被记录在许多不同的蛋白质和蛋白质家族数据库中，如 iPfam 等。

### 1.1.3 酶结构功能与作用机制

#### 1. 酶的结构

酶通常为球形蛋白质，独自或结合成更大的复合物来发挥其功能。酶的结构取决于其一级结构（氨基酸序列），同时酶的催化活性也取决于其自身结构。尽管结构决定功能，但仅从结构还不能完全预测新的酶活性。当酶处于加热、低 pH、高 pH 环境或暴露于化学变性剂时，酶结构会展开（变性），这种对结构的破坏通常会导致酶活性丧失。酶变性通常与高于物种正常水平的温度有关。因此，处于高温环境（如温泉等）中的物种产生的酶因具有在高温下发挥作用的能力而在工业应用上受到青睐。

酶通常比它们的底物大得多，大小范围可以是几十个氨基酸残基（例如，4-草酰巴豆酸互变异构酶，62 个残基）到数千个氨基酸残基（动物脂肪酸合酶，2500 多个残基）。大多数情况下，酶只有一小部分结构（2～4 个氨基酸）直接参与催化（催化位点，catalytic site）。催化位点位于一个或多个结合位点（binding site）旁边；结合位点的残基使底物定向，促进催化反应进行。酶的活性位点（active site）是由结合位点、催化位点一同组成的。而活性位点的精准定位及动力学要依靠其他位于酶结构中的大多数氨基酸残基来维持。在某些酶中，没有氨基酸直接参与催化作用；这些酶包含结合和定向催化辅助因子（cofactor）的位点。酶结构也可能包含变构位点（allosteric site），其中小分子的结合会导致构象变化，从而增加或减少酶的活性。

### 2. 酶的底物结合机制

酶必须先与其底物结合（substrate binding），然后才能催化反应进行。酶通常对它们结合的底物和催化的化学反应非常专一。通过将具有互补形状、电荷和亲水/疏水特性的口袋与底物结合来实现特异性。因此，酶可以区分非常相似的底物分子，使其具有化学选择性（chemoselectivity）、区域选择性（regioselectivity）和立体特异性（stereospecificity），有些呈现出很高的准确性与特异性。例如，参与基因复制、基因表达的酶可以发挥精确“校对”作用，DNA 聚合酶等酶在第一步催化反应后，第二步检查产物是否正确，这种两步过程导致高保真哺乳动物聚合酶在 1 亿次反应中的平均错误率小于 1 次。相反，一些酶表现出泛杂性（enzyme promiscuity），具有广泛的特异性并作用于一系列不同的相关底物。

关于酶的底物结合机制有多种学说（图 1.3）。1894 年德国化学家埃米尔·费舍尔（Emil Fischer）提出了著名的“锁和钥匙”学说。此学说将酶和底物之间的联系比喻成锁和钥匙，表示底物和酶具有天然的互补结构。此学说较好地阐述了酶在选择底物时具有专一性，可是对酶的逆反应原理不适用。后来科学家经过探索发现，当酶与底物结合时，酶分子的某些基团常常发生改变，因此驳斥了“锁和钥匙”学说。1958 年，美国生化学家丹尼尔·考施兰德（Daniel Koshland）认识到酶并不是以一种与底物互补的形式

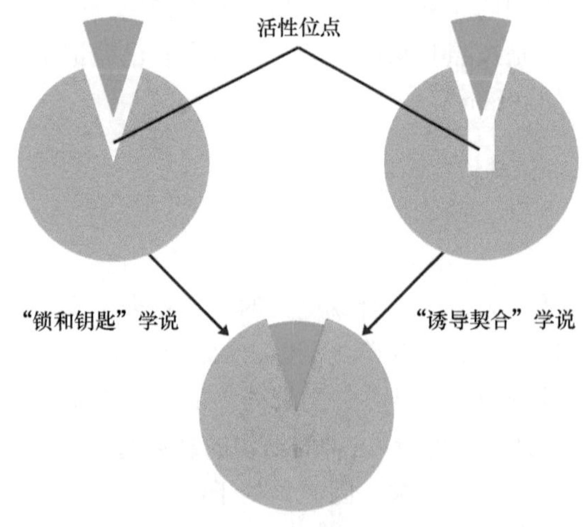


图 1.3 酶作用专一性机制：“锁和钥匙”与“诱导契合”学说

存在，而是受到诱导后酶活性中心发生了一定程度的构象变化，最终提出了著名的“诱导契合”学说。该学说认为酶的活性中心是非刚性的，当底物分子邻近时，诱导酶蛋白的构象发生相应的变化，使之有利于与底物结合。

### 3. 酶作用催化机制

酶促化学反应中过渡态中间复合物形成，导致活化能（activation energy，$E_a$）降低，是反应进行的关键步骤，任何有助于过渡态形成的因素都是酶催化机制的一个重要组成部分。酶催化的机制各不相同，但在原理上与其他类型的化学催化相似，因为关键因素是降低反应物（或底物与产物）之间的能垒。由于酶只降低产物和反应物之间的能量势垒，因此酶总是催化双向反应，不能推动反应向前或影响平衡位置。

（1）酸碱催化

通过提供质子（$H^+$）与接受质子的作用，来降低反应所需的活化能，这种催化理论称为酸碱催化机制。酶蛋白结构中的氨基酸残基侧链提供了苏氨酸、丝氨酸、精氨酸、赖氨酸、酪氨酸、胱氨酸、组氨酸、天冬氨酸、谷氨酸等酸碱催化基团。此外，带有羰基的肽主链也经常被使用。胱氨酸和组氨酸也很常见，因为它们具有接近中性 pH 的 p$K_a$（酸解离常数，acid dissociation constant），因此可以接受和提供质子。许多涉及酸碱催化的反应机制都假定 p*K*a 发生了显著变化。这种 p*K*a 的改变可能通过残基的局部环境来实现。p*K*a 也会受到周围环境的显著影响，以至于溶液中的碱性残基可能充当质子供体，反之亦然。

（2）共价催化

当底物和酶在催化过程中构成中间复合物时，称为共价催化，这种中间复合物是由于酶的某些基团攻击底物的某些特定基团而形成的共价中间产物，即底物与酶活性位点中的残基或辅因子形成瞬时共价键，这种催化理论称为共价催化（covalent catalysis）机制。共价催化不是降低反应途径的活化能，而是为反应提供了替代途径（通过共价中间体）。

（3）邻近效应和定向效应

邻近效应（approximation effect）是指在酶促反应中，底物分子向酶的活性中心靠近，最终结合到酶的活性中心，提高了反应速度。定向效应（orientation effect）是指底物的反应基团之间或酶的催化基团与底物的反应基团之间的正确取位产生的效应。对酶催化来说，必须是既“邻近”又“定向”，只有当它们同时作用时，才可以形成过渡态，共同产生较高的催化效率。

（4）构象变化效应

酶和底物结合后会导致底物分子产生变形、扭曲与构象改变，使其尽可能处于过渡态，进而使反应的活化能降低，反应速度加快。例如，X 射线晶体衍射证明，溶菌酶与底物结合后，底物中的乙酰葡萄糖胺中吡喃环可从椅式扭曲变成船式，导致糖苷键断裂，实现溶菌酶的催化作用。

（5）金属离子的催化

大部分酶表现活性时要依靠金属离子的存在。活性位点中参与催化作用的原理主要为屏蔽及稳定电荷。金属离子有以下几种方式参与催化作用：①同底物相结合，以明确反应方向；②对氧化还原反应进行调节；③利用静电作用使负电荷掩蔽或稳定。

（6）活性中心的低介电性（又称微环境效应）

酶活性中心上的催化基团所处的一种特殊疏水反应环境，使得催化基团被低介电环境包围，同时排除高极性的水分子，使反应加速进行，这种作用称为微环境效应。

### 1.1.4 酶的工业应用与酶工程诞生

到19世纪中叶，人们发现了更多种类的酶，包括胃蛋白酶、蔗糖酶和过氧化物酶。酶作为工业催化剂的应用得到了广泛的研究。1894年日本化学家高峰让吉（Takamine Jokichi，1854—1922年）首先从米曲霉中得到高峰淀粉酶，在美国建厂生产，开启了近代酶生产与应用的先例。1908年德国企业家奥托·勒姆（Otto Röhm，1876—1939年）将从动物胰脏中得到的胰酶应用于皮革的软化。此后，欧美和日本等国家也先后创立了酶制剂厂，但大多停留在开发生产从动物和植物中提取的酶。这些技术受到原料来源和分离纯化技术的制约，大规模的工业化生产受到一定限制。直到1949年细菌$\alpha$-淀粉酶成功实现发酵，酶制剂工业有了飞跃发展，拉开了酶的工业化应用序幕。目前，酶在食品、能源、化工和其他工业领域中有着广泛的应用（表1.2），已知酶的数量达5000多种，已经投入商业使用的微生物酶有200多种。在过去的几十年中，随着需求不断增加，应用范围不断扩大，商用酶的产量大大增加。表1.3列出了国内外著名的酶制造商。酶的生产相对集中在少数国家，如丹麦、美国、荷兰、德国、瑞士、俄罗斯、韩国、日本和中国等。表1.3中前三家是世界上最有影响的酶制剂厂，占全球市场的80%以上，我国酶制剂企业也有上百家，但占全球市场份额较少，为2%左右（Pollard and Woodley，2007）。

表1.2 酶的主要工业应用情况

| 应用领域 | 酶的种类 | 具体用途 |
| --- | --- | --- |
| 生物燃料生产 | 纤维素酶 | 把纤维素降解为糖，用于生物燃料 |
| | 木质素酶 | 对生物质进行预处理，使其更好地被纤维素酶降解 |
| 洗涤剂 | 蛋白酶、淀粉酶、脂肪酶 | 去除衣物和餐具上的蛋白质、淀粉、脂肪或油渍 |
| | 甘露聚糖酶 | 去除常见食品添加剂瓜尔胶上的食物污渍 |
| 酿造 | 淀粉酶、葡聚糖酶、蛋白酶 | 分解麦芽中的多糖和蛋白质 |
| | β-葡聚糖酶 | 改善麦汁和啤酒的过滤特性 |
| | 淀粉葡萄糖苷酶、支链淀粉酶（普鲁兰酶） | 制作低热量啤酒，调节发酵能力 |
| | 乙酰乳酸脱羧酶 | 通过减少双乙酰形成来提高发酵效率 |
| 烹饪 | 木瓜蛋白酶 | 嫩化肉烹饪 |
| 乳制品生产 | 凝乳酶 | 在奶酪制造中水解蛋白质 |
| | 脂肪酶 | 生产卡门贝尔奶酪和蓝纹奶酪 |

续表

| 应用领域 | 酶的种类 | 具体用途 |
|---|---|---|
| 食品加工 | 淀粉酶 | 用淀粉生产糖类，如制作高果糖玉米糖浆 |
| | 蛋白酶 | 降低面粉中的蛋白质含量，如制作饼干 |
| | 胰蛋白酶 | 生产低过敏性婴儿食品 |
| | 纤维素酶、果胶酶 | 澄清果汁 |
| 造纸 | 木聚糖酶、半纤维素酶和木质素过氧化物酶 | 从纸浆中去除木质素 |

表 1.3 国内外著名的酶制造商

| 公司 | 地点 | 成立年份 | 主要业务范围 |
|---|---|---|---|
| 诺维信（Novozymes） | 丹麦 | 1921 | 家庭护理、食品和饮料、生物能源、饲料和生物制药 |
| 杰能科（Genencor） | 美国 | 1982 | 生物燃料、食品配料、动物营养品、纺织品和洗涤剂 |
| 帝斯曼（DSM） | 荷兰 | 1952 | 动物营养品、食品配料、个人护理、制药 |
| 拜耳（Bayer AG） | 德国 | 1863 | 制药 |
| 巴斯夫（BASF SE） | 德国 | 1865 | 饲料添加剂、制药、洗涤剂 |
| 英联酶（AB Enzymes） | 德国 | 1907 | 饲料添加剂、食品、纺织品、洗涤剂、纸浆和纸、生物燃料 |
| 罗氏公司（Roche） | 瑞士 | 1896 | 诊断、制药 |
| 西酶科技（SibEnzyme） | 俄罗斯 | 1991 | 限制酶、连接酶、聚合酶 |
| 艾美科健（Amicogen） | 韩国 | 2003 | 功能性食品配料 |
| 长濑（Nagase ChemteX） | 日本 | 1832 | 制药、食品、农业、家居用品、纺织品 |
| 明治 | 日本 | 1916 | 食物 |
| 隆科特 | 中国 | 1976 | 淀粉酶、糖化酶、植酸酶、纤维素酶、蛋白酶等 |
| 溢多利 | 中国 | 1991 | 植酸酶、木聚糖酶、纤维素酶、葡萄糖淀粉酶、蛋白酶等 |
| 新华扬 | 中国 | 2000 | 植酸酶、木聚糖酶、纤维素酶、蛋白酶、果胶酶等 |

## 1.2 经典生物化学时代的酶工程发展状况

酶尽管有广泛的应用，但是由于它们实现的催化反应数量还是有限的，并且它们在有机溶剂中和高温下缺乏稳定性，这极大地限制了酶的应用。因此，对酶进行修饰、优化、改造的酶工程研究应运而生，逐步成为活跃的研究领域，酶工程涉及通过修饰改造、合理设计或体外进化来尝试获得或创造具有新特性的新酶。

### 1.2.1 酶的制备、分离纯化与酶工程发展

酶的生产包括制备及分离纯化，要想对酶进行深入的研究，必须具备纯净的酶。所以酶工程其中一个重要的研究内容就是酶的制备及分离纯化，也就是从含酶原料或细胞中提出酶，再对提取物中目的酶进行纯化（Tosa *et al.*，1966）。酶分离技术与检测方法的建立及发展是酶工程发展的基石。

1922 年，德国化学家理查德·维尔施泰特（Richard Willstätter，1872—1942 年）最先利用吸附剂进行酶蛋白的分离纯化。此后，逐步发展起吸附层析（adsorption chromatography）技术，该技术是指样品通过在流动相与固定相中反复进行吸附、脱附、再吸附、再脱附，从而实现分离的过程。白土类、羟基磷灰石、氧化铝、磷酸钙凝胶、硅胶、活性炭等均是常使用的吸附剂。

1956 年，美国生化学家赫伯特·索伯（Herbert Sober，1918—1974 年）和埃尔伯特·彼得森（Elbert Peterson，1919—2000 年）第一次通过纤维素与离子互换的方式将蛋白质成功分离。之后离子交换层析法（ion exchange chromatography）已广泛地应用于各种生化物质如氨基酸、蛋白质、核酸、病毒等的分离纯化。

1959 年，美国科学家巴鲁克·戴维斯（Baruch Davis）最先建立了聚丙烯酰胺凝胶电泳（polyacrylamide gel electrophoresis，PAGE）技术，介质选用的是聚丙烯酰胺凝胶，目的在于将蛋白质和寡核苷酸分离。它具有机械性能好、热稳定性强、无色透明而易观察、不污染环境等优点。

20 世纪 70 年代以来，人们广泛采用超过滤膜对微生物进行浓缩、分离纯化，又称超过滤（ultrafiltration）技术。它的优点在于反应在常温下进行，相态不会发生变化，同时其操作简单、快速又安全。

### 1.2.2 酶反应动力学研究与酶工程发展

酶反应过程中反应速度规律和影响反应速率的因素是酶反应动力学主要的研究内容，对酶工程而言，酶反应动力学具有非常重要的理论及实践价值。酶的反应体系非常复杂，包含多种因素，如底物、酶系统、酶状态、酶性质、pH 以及温度等。通过对反应过程的分析，可以获得反应机理的相关信息。自 19 世纪末就开始有许多学者致力于酶反应动力学的探索研究，使酶反应动力学研究有了很大的进展，从而推动了酶工程的发展。

1902 年，法国化学家维克多·亨利（Victor Henri，1872—1940 年）和英国化学家阿德里安·布朗（Adrian Brown，1852—1919 年）分别提出了酶催化反应中有酶-底物络合物的生成，其中亨利根据酶催化反应实验推测出相应的反应机理，最终导出了动力学数学方程式。但从现在的观点来看，他的实验不够准确。

1913 年，德国生物化学家雷奥诺·米彻利斯（Leonor Michaelis，1875—1949 年）和加拿大生物化学家莫德·门滕（Maud Menten，1879—1960 年）得出了著名的能够展现酶促反应速率和底物起始浓度关联的米氏方程（Michaelis-Menten equation）。经典的米氏方程只考虑单一底物和酶在无干扰情况下的催化动力学。实际上，酶的催化速率受到多方面的影响，其中包括受温度、pH 和抑制剂的影响。同一种酶可能同时催化多种底物，或者同一种酶可以同时结合多个相同的底物发挥作用。针对这些情形，后续陆续发展出相应的动力学方程。由于米氏方程为双曲线，在实际测量中直接拟合方程曲线较难获得准确的参数。一个简单的办法就是将米氏方程线性化，利用回归分析拟合数据，并得到方程的参数。目前主要有三种线性化的方法：莱恩威弗-伯克作图（Lineweaver-Burk 法，或双倒数法）、伊迪-霍夫斯蒂作图法（Eadie-Hoffstee 法）和 Hanes-Woolf 法。其中，Lineweaver-Burk 法是最常使用的方法，能较为直观地展示各个参数，还能清晰地展示有抑制剂存在时抑制剂的强度。但是，Lineweaver-Burk 法在底物浓度较低或者较高的情况下误差较大，Eadie-Hoffstee 法和 Hanes-Woolf 法则能弥补 Lineweaver-Burk 法这一不足。

1925年，英国科学家乔治·布里格斯（George Briggs，1893—1985年）和约翰·霍尔丹（John Haldane，1892—1964年）对米氏方程进行了修正，提出了稳态的概念。

20世纪60年代开始，人们开始研究双底物甚至三底物的酶催化反应，多底物反应为一类广泛存在的酶催化反应，此类反应机制非常复杂，Henri方程或Michaelis-Menten方程不能完全精准地进行表述，因此依据反应机制的不同又将酶促反应分为序列反应（sequential reaction）和乒乓反应（ping-pang reaction）。序列反应是指底物的结合和产物的释放按照顺序先后进行，此类反应又分为有序序列反应和随机序列反应。乒乓反应是指底物和酶的结合与产物的释放是交替进行的，即酶结合底物形成复合物，之后释放产物这个过程完成后，才能再与下个底物相结合，再释放另一产物，这个过程好像打乒乓球一样，一进一出，故称乒乓反应。

### 1.2.3 酶的化学修饰与酶工程发展

酶具有反应条件温和、特异性高、催化效率高等特点。但是酶的使用受到了来源局限、分子量大、热稳定性差等因素的限制。因此，学者们不断地进行新的探索研究，以提高酶的应用价值。酶的化学修饰是一种很重要的蛋白质设计技术，它试图克服应用中的缺点，并通过各种方法对酶蛋白进行结构改造，使其理化性质和生物活性发生改变。1966年美国生化学家小丹尼尔·考斯兰（Daniel Koshland Jr.，1920—2007年）等创造出酶化学修饰方法，此技术不需要改变基因序列，因此是酶化学修饰法上划时代的进展。酶化学修饰对于酶工程的研究有着很重要的意义。

目前，有辅因子引入、交联技术、小分子修饰等多种化学修饰方法，而蛋白质交联技术是最常被应用的方法（Stclair and Navia，1992；Mozhaev *et al.*，1988）。蛋白质生物催化剂想要真正地在现实中得到应用，目前为止面临的最大困难为该物质的稳定性需要得到保证，尤其是在非水溶液的情况下怎样能够保证该物质的高效催化性质，所以科学家采用了很多的方式，如使用双功能或多功能交联剂对酶进行分子间和内部的交联，目前已得到了较好的研究进展。尽管蛋白质交联已成为一种简便且低成本的方法来增强蛋白质耐热、水解稳定性以及对有机溶剂的耐受性，但因对修饰的程度和确切位置往往不清楚，使得无法推断出哪些变化导致了稳定性增加，需要后期更加深入的研究和探索。现在，很多类别的酶（如蛋白酶、脂肪酶等）已经制作成为交联酶晶体，主要应用于3个方面：有机溶剂中酶的X射线的研究、生物转化中的应用以及微孔材料高压液相层析（Haring and Schreier，1999）。

此外，化学修饰法还包括引入各种单体化合物或聚合物等，结合蛋白交联技术，化学修饰提供了一种快速且较低成本的酶稳定性、特异性改良策略，通过耦合定点突变技术可解决反应程度和位点不可控问题，最终实现快速、可控且通用的策略，从而很好地催化生产特征明确的产品（Boutureira and Bernardes，2015）。

### 1.2.4 酶的固定化研究与酶工程发展

酶在很多领域拥有巨大的应用潜能，包括能源、环境、食品等。但是酶在强酸、强碱或高温等环境下，会失去活性且不容易被回收再次利用，这限制了酶在工业化方面的应用（Sheldon and van Pelt，2013）。固定化酶（immobilized enzyme）技术是指限制或束缚在一定区域中的酶，保护其自身特定的催化活性，并能将其回收、重复利用的一种技术，其方法有交联法、包埋法、吸附法等。1916年，美国科学家爱德华·格里芬（Edward Griffin）等首次发现利用活性炭吸附蔗糖酶后仍有活性（Nelson and Griffin，1916）。

1953年，德国的格鲁布霍费（Grubhofer）和施莱思（Schleith）首次将树脂与核糖核酸酶、羧肽酶、胃蛋白酶、淀粉酶等相结合，制备成固定化酶。1969年，日本科学家千畑一郎第一次使用固定化氨基酰化酶将*L*-氨基酸从*DL*-氨基酸中分离出来，最终使生产成本减少了40%，标志着世界上利用固定化酶进行工业生产的开始（Zhou and Hartmann，2013）。

20世纪70年代，经过多年的研究和发展，酶的固定化生产达到了顶峰，有近十种固定化酶用于工业生产。特别是利用葡萄糖异构酶成功生产高果糖浆，年产量达到1100多万吨，由此开创了由淀粉制造食糖的新途径。至此之后，人们将酶的生产和应用以“酶工程”来表达。1971年，第一届国际酶工程会议上正式提出采用固定化酶这个术语来代替以前使用过的不溶酶、固相酶、结合酶和支持物连接酶等名称。

## 1.3 分子生物学时代的酶工程发展状况

### 1.3.1 工具酶的发现和酶的异源表达生产

1953年，美国分子生物学家詹姆斯·沃森（James Watson，1928年—）和英国分子生物学家弗朗西斯·克里克（Francis Crick，1916—2004年）通力协作，根据X射线衍射分析，提出了著名的DNA双螺旋结构模型（两人因此获得1962年诺贝尔生理学或医学奖），从此开启了分子生物学时代。

要想研究分子生物学就不能绕开工具酶。工具酶是使用于基因工程中各类酶的总称，有300多种，主要为核酸酶、修饰酶、连接酶、聚合酶、限制性内切核酸酶（限制酶）等。这些酶具有高效的生物催化活性，在特定条件下可以对基因进行切割、连接、扩增和修饰等，同时工具酶的反应条件温和且具有出色的生物相容性。基于这些优势，工具酶被广泛地应用于核酸、蛋白质和小分子等生物活性分子的分析检测。表1.4列出了关于工具酶发展过程中的一些重大发现。

表1.4 工具酶发展过程中的一些重大发现

| 年份 | 历史人物 | 重大事件 |
|---|---|---|
| 1955 | 西班牙裔美国生物化学家塞韦罗·德阿尔沃诺斯（Severo de Albornoz，1905—1993年） | 分离得到能够催化RNA的酶，命名为“多核苷酸磷酸化酶”；阐明了RNA生物合成机制，获得了1959年诺贝尔生理学或医学奖 |
| 1956 | 美国生物学家阿瑟·科恩伯格（Arthur Kornberg，1918—2007年） | 发现DNA聚合酶Ⅰ，获得了1959年诺贝尔生理学或医学奖 |
| 1959～1962 | 美国生物学家杰拉德·赫尔维茨（Jerard Hurwitz，1928—2019年）等 | 分离出RNA聚合酶 |

续表

| 年份 | 历史人物 | 重大事件 |
| --- | --- | --- |
| 1968～1970 | 美国微生物学家汉弥尔顿·史密斯（Hamilton Smith，1931 年—）、分子生物学家丹尼尔·那森斯（Daniel Nathans，1928—1999 年）、瑞士微生物学家沃纳·亚伯（Werner Arber，1929 年—） | 三位科学家发现了限制性内切核酸酶，获得了 1978 年诺贝尔生理学或医学奖 |
| 1970 | 美国病毒学家雷纳托·杜尔贝科（Renato Dulbecco，1914—2012 年）、美国肿瘤学家霍华德·特明（Howard Tersin，1934—1994 年）、美国微生物学家大卫·巴尔的摩（David Baltimore，1938 年—） | 发现逆转录酶，获得了 1975 年诺贝尔生理学或医学奖 |
| 1981 | 美国生物学家托马斯·切赫（Thomas Cech，1947 年—）、美国生物学家西德尼·奥尔特曼（Sidney Altman，1939 年—） | 发现 RNA 分子具有酶功能，被称为核酶，获得了 1989 年诺贝尔化学奖 |
| 1985 | 美国分子生物学家伊丽莎白·布莱克本（Elizabeth Helen Blackburn，1948 年—）、美国遗传学家卡罗尔·格雷德（Carol Greider，1961 年—）、美国生物学家杰克·绍斯塔克（Jack Szostak，1952 年—） | 发现一种特异的逆转录端粒酶，获得了 2009 年诺贝尔生理学或医学奖 |
| 1986 | 美国科学家彼得·舒尔茨（Peter Schultz，1956 年—）、理查德·勒纳（Richard Lerner，1938 年—） | 成功研制抗体酶 |
| 1994 | 美国生物学家杰拉德·乔伊斯（Gerald Joyce，1956 年—） | 发现 DNA 分子能够切割 RNA，称为脱氧核酶 |

随着 DNA 连接酶的发现以及位点特异性限制性内切核酸酶家族不断壮大，重组 DNA 技术应运而生（Jackson *et al.*，1972）。1973—1974 年美国科学家斯坦利·科恩（Stanley Cohen，1922—2020 年）和赫伯特·伯耶（Herbert Boyer，1936 年—）建立了 DNA 重组技术，从此拉开了基因工程时代的序幕。DNA 重组技术的发展，使人们能通过克隆获得许多种天然的酶基因，并在异源微生物受体中高效表达。自 1984 年诺维信公司成功开发了第一个用于淀粉工业的基因修饰酶，此后该公司生产的酶制剂产品的 80% 以上为基因工程产品，而且酶蛋白异源高效表达技术已普及成为国际酶制剂工业中的常规技术手段。

### 1.3.2 酶的定点突变与酶工程的发展

自然条件下基因突变具有随机性、非定向性、低频性等特征，但伴随着 20 世纪 80 年代基因克隆技术、DNA 化学合成技术取得突破性进展，定点突变技术得以发展，它能够对指定基因进行相关操作，如删除、增加、替换特定基因的特定碱基，进而使对应氨基酸的表达发生改变，相应蛋白质结构发生改变，实现酶特异性的定向改良，因此可作为蛋白质工程研究中的重要工具。目前，具有代表性的定点突变技术主要分为以下 3 种。

#### 1. 寡核苷酸介导的定点突变

1978 年，加拿大生物化学家迈克尔·史密斯（Michael Smith，1932—2000 年）第一次提出定点突变（site-specific mutagenesis，SSM）技术，也因此在 1993 年荣获诺贝尔化学奖，至此迈进了改造、设计蛋白质的新时代（Geurts *et al.*，2010）。这种方法保真度较高，但因大肠杆菌中存在甲基介导的碱基错配修复系统，导致突变效率低，并且在克隆突变基因时会受到限制酶酶切位点的限制（Zoller and Smith，1982）。近几年来，普洛麦格公司、安法玛西亚公司、伯乐公司等多家生物公司相继进行了改善，推出各类试剂盒产品，使该技术大大降低了突变修复频率、同时更加简便。

**2. PCR 介导的定点突变**

1985 年，美国 PE-Cetus 公司的凯利·穆利斯（Kary Mullis，1944—2019 年）在模仿自然界中 DNA 的复制过程中首创了聚合酶链反应（PCR）技术，是利用 DNA 聚合酶依赖模板 DNA 进行扩增的技术，具有操作简便、反应快速的特点，可在短时间内将目标 DNA 数量放大数百万倍。PCR 技术于 1989 年被美国 *Science* 杂志评为当年十大发明之首，穆利斯在 1993 年荣获诺贝尔化学奖。PCR 定点突变技术易操作，可百分之百使特定基因突变，和传统的克隆技术相比具有跨时代的意义。

**3. 盒式定点突变**

1985 年，詹姆斯·韦尔斯（James Wells ）团队提出一种名为盒式突变（cassette mutagenesis）的基因修饰技术，他们利用盒式定点突变成功替换了枯草芽孢杆菌中蛋白酶氨基酸序列第 222 位上的 10 种氨基酸残基（Wells *et al.*，1985）。将野生型基因中所对应的序列用一段人工合成含有突变序列的双链寡核苷酸片段代替，能够显著减少突变需要的次数，提高实验效率（Bachman，2013）。相比之下，盒式定点突变优点明显，操作简便、效率高，可实现一次性多点突变等，条件具备的情况下可优先考虑；缺点是需要在靶 DNA 片段的两侧存在一对限制性酶切位点，然而，并非所有变异区附近都能找到合适的位点，一定程度上增加了操作难度和限制了应用范围。

### 1.3.3 酶的定向进化与酶工程的发展

近些年，酶的定向进化技术发展迅速，它是模拟自然进化的一种技术手段，在体外进行酶基因的人工随机突变，建立基因突变库，从而得到具有优良性能的酶突变体。酶的定向进化主要是定向改变生物分子如蛋白质等的结构、功能，进而使酶的进化过程加快，使在自然环境下几百万年的进化过程减至几年、几个月甚至更短（Sheldon and Pereira，2017）。

然而这项技术本身，又是如何“进化”的？时间追溯到 1859 年，英国生物学家查尔斯·达尔文（1809—1882 年）发表了《物种起源》，系统阐述了生物进化学说：自然界中的物种为了生存而斗争，只有适应环境才能生存、繁衍，若无法适应则会被淘汰，这就是所谓的“物竞天择、适者生存”法则（Reetz，2013）。

1984 年，德国生物物理学家曼弗雷德·艾根（Manfred Eigen，1927—2019 年）提出在一个突变的基因库中将突变基因分离出来，分别进行扩增测试，筛选获得了优良遗传物质后，对这一步骤再进行重复，以此来达到进化的目的。1993 年，弗朗西丝·阿诺德（Frances Arnold，1956 年—）在实验室中通过使用多轮易错 PCR（sequential epPCR，SepPCR）技术对枯草芽孢杆菌蛋白酶进行了三轮的突变和筛选，最终使突变体活性在

60% 有机溶剂二甲基甲酰胺中比野生型高 256 倍（Chen and Arnold，1993）。基于此，阿诺德提出了“酶定向进化”这一概念。这项工作成为定向进化方法持续发展的起点。在这一阶段，美国化学家乔治・史密斯（George Smith，1941 年—）和英国生物化学家格里高利・温特（Gregory Winter，1951 年—）使用了另外一种方法，运用噬菌体技术来制造新型蛋白质。基于以上发现，这三位科学家于 2018 年荣获诺贝尔化学奖，他们在定向分子进化领域的贡献是前所未有的，带来了突破性的进展。1994 年，美国教授威廉・施特默尔（William Stemmer，1957—2013 年）开创了用于单基因或多基因间重组的 DNA 改组（DNA shuffling）技术。施特默尔以 $\beta$- 内酰胺酶为研究对象，应用 DNA 改组技术，经过三轮筛选和两次回交得到 1 株新菌，其头孢噻肟的最低抑制浓度比原始菌株提高了 32 000 倍，为定向进化领域打开了新的天地，有着突破性的进展（Stemmer，1994）。1997 年，德国科学院院士曼弗雷德・雷茨（Manfred T. Reetz，1943 年—）首次将定向进化的概念和方法应用于对酶的手性改造（Reetz *et al.*，2005），并引入有机化学领域，用于不对称催化合成，创立了用于酶立体选择性改造的组合活性中心饱和突变（combinatorial active-site saturation test，CAST）技术和迭代饱和突变（iterative saturation mutagenesis，ISM）技术，成为定向进化这一行业的先行者（Reetz and Carballeira，2007）。

酶定向进化科技在时代发展的影响下，经过了多年的变革，已经产生了很多种类的生物催化剂，并且使用的行业也有所开拓，出现了生物催化剂相关领域，在医药、食品、工业、化学品和生物能源等各行各业中有着自身的价值，得到了广泛的使用（Bornscheuer *et al.*，2012）。

### 1.3.4　基因组测序与酶的发现及应用

基因组测序技术的产生作为一种时代的变革，该项技术的出现是我们一个时代的进步，对于生物体来说，基因组包含了生物体内的全部信息，该项测序技术能够为我们研究生物提供最精准的信息，为我们了解遗传物质的复杂以及多样情况打开了一扇大门。该测序技术共经历了三次技术革新与发展。1977 年，英国生物化学家弗雷德里克・桑格（Frederick Sanger，1918—2013 年）提出快速测定 DNA 序列的技术“双脱氧末端终止测序法”，也被称作 Sanger 法，代表了第一代测序技术的诞生（Sanger，1949）。Sanger 法测序技术操作快且简便而被广泛应用，2001 年完成的人类基因组框图便是基于此技术完成的。但因为耗材昂贵等特点，导致以高通量测序为代表的二代技术的出现（Sanger *et al.*，1965）。第二代测序技术一次能测几十万到几百万条 DNA 分子序列，使测序变得方便易行，但是它不利于生物信息学分析且 DNA 分子片段数目比例有偏差，随后，第三代测序技术应运而生。为了弥补之前的缺陷，近些年又研发出多种测序技术，如单分子纳米孔 DNA 测序（single-molecule nanopore DNA sequencing）技术、单分子实时测序技术等（Sanger *et al.*，1977）。

基因组测序技术的发展，为从自然界中挖掘到新酶提供了无限的可能，人们已经从基因组文库中挖掘得到淀粉酶、核酸酶、蛋白酶等，未来伴随着生物信息学与计算机辅助方法，将会得到更多所需的新酶（Pfeifer *et al.*，1989）。

## 1.4 合成生物学时代的酶工程发展状况

### 1.4.1 酶的计算设计与酶工程发展

20世纪90年代，酶的改造需要消耗大量的时间，成功率也不高，现在，随着计算机学、生物信息学等学科的发展，计算机辅助已经延伸到酶的改造过程中，这项技术可大大扩宽酶催化剂的应用范围，是一个非常好的发展趋势（Huang *et al.*，2016）。

任何给定的蛋白质能做什么取决于它独特的3D结构，但是，纯粹从蛋白质的基因序列来确定蛋白质的三维形状是一项复杂的任务，蛋白质分子越大，建模就越复杂和困难，因为需要考虑的氨基酸之间的相互作用就越多。而酶的计算设计可以根据给定的氨基酸序列，预测酶的结构，并通过复杂计算挑选出最优的酶。研究人员只需将计算筛选的结果用于实验验证，便可大大提高筛选效率和成功率，挖掘出具有潜在应用价值的蛋白质（Dahiyat and Mayo，1997; Kuhlman *et al.*，2003）。目前，计算蛋白质模型主要分成三大流派：由美国加利福尼亚大学编写并维护的比较建模（comparative modeling）演化流；由美国密歇根大学研发的穿线法（threading method）比对流；美国华盛顿大学大卫·贝克（David Baker，1962年—）开发的从头（*ab initio*）流，目前最难也是最关键的，就是采用 *ab initio* 预测蛋白质结构，这种方法最著名的就是Rosetta，从此开启了蛋白质从头设计的时代。

贝克团队基于从头设计的方法，成功设计出非天然酶——Kemp消除酶（Rothlisberger *et al.*，2008）和Retro-Aldol酶（Jiang *et al.*，2008），这是非自然催化性能酶的改造领域中一个重要的里程碑；*β*-氨基酸是一大类非蛋白质氨基酸，广泛应用于天然产物和药物合成中，但是目前合成路线需要昂贵的催化剂以及复杂的反应条件。通过人工智能重新设计，最终得到了新的*β*-氨基酸合成酶（Li *et al.*，2018）。该项技术投产使用后，相关产品潜在市场超过30亿元，一些抗癌与抗艾滋病药物的生产成本有望大幅降低（Jiang *et al.*，2018）。未来人工定制新酶，可实现真正的绿色合成。贝克团队在蛋白质从头设计领域的杰出贡献，使其荣获了2021年生命科学重大突破奖（Breakthrough Prize in Life Science）。

综合现代计算生物学（分子建模、分子动力学模拟、量子力学/分子力学和Rosetta等技术）、物理化学、立体化学和高通量DNA测序以及基因合成等技术，开发快速高效的酶从头合成新技术，以特定的目标反应为导向，根据反应催化机理设计过渡态模型，构建出具有特定催化性能的蛋白质序列和基因序列，从而获得自然界没有的新型酶催化剂元件，用于催化一系列天然酶无法催化的非天然反应，加快推进酶工程的发展与进步。

### 1.4.2 深度机器学习与酶的设计及应用

深度学习（deep learning，DL）是机器学习（machine learning，ML）领域一个新的研究方向，它被引入机器学习使其更接近于最初的目标——人工智能（artificial intelligence，AI）。现如今，巨大的氨基酸排列组合空间阻碍了人们通过传统方法进行功能性聚合物的设计。而深度学习可以破译设计原则，以生成不太可能通过经验方法发现的高活性生物分子。

近年来，美国谷歌公司开发出一种新的基于深度学习的算法 AlphaFold，可以基于一维氨基酸序列进行三级结构预测。借助此算法可以更加准确地预测蛋白质的结构，主要应用于健康和医药科学领域，有望指导和加速药物的开发。2021 年 11 月 17 日，*Science* 杂志公布了 2021 年的年度科学突破榜单，AlphaFold 和 RoseTTA-fold 两种基于人工智能预测蛋白质结构的技术位列榜首。AlphaFold 已经完成 98.5% 的人类蛋白预测，且预测结果具有可信度，被称作结构生物学“革命性”的突破、蛋白质研究领域的里程碑。同时，Baker 团队的 RoseTTAFold 和 AlphaFold 不相上下，还在计算速度和算力需求上实现了超越（Kiss *et al.*，2013）。

确定蛋白质的结构能够为酶的设计及应用提供宝贵的信息，研究人员已经开展了多年的研究攻关，目前通过 AlphaFold 对人类蛋白质组预测的信息将通过欧洲生物信息研究所托管的公共数据库免费对外开放，这种划时代的结构预测工具开放使用，对于酶的结构功能及酶工程的研究发展具有重大意义。

## 1.5　多学科交叉融合对酶工程发展的影响

### 1.5.1　化学学科对酶工程发展的影响

近年来随着生物催化剂研究的深入，人们逐步认识到其具有巨大应用潜力，可以实现多种化学方法难以完成的反应，而酶作为生物催化剂的重要组成部分，具有高度专一性、高效率性，但活性受到外部条件的很大限制，如 pH、温度、氧化剂、有机溶剂和重金属离子浓度等，从而并未在工业体系中广泛应用。在精细化工领域，如果对酶的天然催化性能进行改良，可以实现将外消旋混合物分解为一种对映异构体，就可作为生物传感器、替代药物、食品加工催化剂与洗涤剂等。相对于定点突变、随机诱变等基因工程方法，化学修饰法因为可以在天然酶分子上嫁接种类丰富的化学基团，从而构建多种多样的修饰酶，拓宽酶本身特性和催化功能，带来一定的影响。例如，利用化学修饰将枯草芽孢杆菌蛋白酶的丝氨酸残基转化为半胱氨酸影响了其催化三联体反应；将黄素共价结合在木瓜蛋白酶上，从而将蛋白酶转化为氧化还原酶（Kaiser，1988）。此外，共价化学修饰也可用于改变蛋白质特性，如酶晶体的戊二醛交联和酶表面氨基的聚乙二醇修饰可以提高生物催化剂的稳定性，酶晶体交联可以产生易回收的不溶性生物催化剂，而聚乙二醇化则增加了在有机溶剂中的溶解度。

尽管化学修饰酶的适用范围很广，但是其缺点是没有化学修饰的特异性化学区域，随着技术的发展，定点突变与化学修饰结合技术的应用越来越广泛，通过定点突变技术构建特殊功能结构，而后利用化学修饰技术引入非天然氨基酸侧链，这种组合的定点突变化学修饰方法已被应用于改变枯草杆菌碱性丝氨酸蛋白酶的催化特性，该策略包含使用定点诱变在关键位点加入一个半胱氨酸残基，之后使用甲硫代磺酸盐试剂将其硫代烷基化，从而产生一系列突变蛋白酶，而辅因子的引入可进一步拓展定点突变化学修饰方法的应用，如吡哆醛辅因子可提升转氨酶速率。

在选择合适修饰剂的前提下，化学修饰具有快速、低成本等优势，理论和实用层面都有良好的发展前景。通过化学修饰后，酶的催化活性提高，热稳定性提高，能够催化底物的范围加大，因此，更加适合于工业应用，大大降低成本，减少环境污染，提高生产效率。

### 1.5.2 材料学科对酶工程发展的影响

酶作为催化剂有诸多优点，但因自身作为蛋白质受到pH、温度等的影响显著，1960年前后，酶固定化技术的发展一定程度上弥补了此缺陷，而载体材料作为酶固定化技术的关键部分直接影响其发展前景，理想的载体材料需要对酶有突出的亲和性（Wang *et al.*，2015），并可以确保酶活性不被损害，现在所设计、研发以及制造出来的相对比较好的固定化酶的材料主要包含以下几种：高分子材料、磁性材料、纳米材料及介孔材料等，其中纳米材料作为酶的固定化载体近些年发展迅速。纳米材料是指在三维空间中至少有一维处于纳米尺寸（0.1～100 nm）或由它们作为基本单元构成的材料，具有特殊的光学、磁学、电学等理化特性。纳米粒子通常为球状或囊状，因其粒径小、比表面积大、表面结合能大等优点，易与酶稳定结合，并且具有较高的载酶量，纳米载体通常分为磁性与非磁性等（Min and Yoo，2014）。在酶的纳米材料固定化过程中，也可采用合理的计算辅助设计手段对酶固定化效果进行预测和阐释。目前，每种单一材料都有其优点与不足，未来发展趋势是互相交融的复合材料，以支撑酶固定化载体新型化的需求，如纳米磁性材料、磁性介孔材料等，最终制备出生物相容性好、无毒、载酶量高、结构稳定、易回收和易复活的载体材料（Garcia-Galan *et al.*，2014）。

## 1.6 总结与展望

酶工程作为生物工程的重要组成部分，无论在理论研究还是应用领域均取得了长足发展，人类在认识酶、改造构建新酶和广泛利用酶等研究领域取得了划时代的飞跃，在研究内容、手段和目的上与基因工程、蛋白质工程、细胞工程、发酵工程等孪生学科相互交融构成整体生物工程。上游可以运用分子生物学、合成生物学、信息生物学等手段人工设计目标酶的基因并合成，结合定向进化、定点突变等达到催化性能改良，中下游开发新型载体材料以促进酶的更好固定，从而适应工业化生产所需。

伴随经济的发展和更多前沿科学领域，包括计算科学、人工智能、大数据、材料学等技术水平的提高，未来酶工程具有更加丰富的外在工具可以助力，必然会走向深化境界，加速解决酶工程研究与应用过程中面临的诸多限制问题，诸如DNA序列注释不全、化学修饰位置不稳定、工业酶制剂新品研发能力差等。

科学技术是为人类幸福生活服务的，因此酶工程更加需要注重实际应用领域的探索，服务我国乃至世界绿色经济发展；利用创新技术手段实现酶的功能拓展、稳定性提升、易回收与复活等，充分发挥多学科交叉优势，延伸酶工程应用领域，推动工业、农业、医药、环境、能源等行业可持续绿色发展。

## 参考文献

Bachman J. 2013. Site-directed mutagenesis. Methods in Enzymology, 529: 241-248.

Bilal M, Zhao Y P, Rasheed T, *et al.* 2018. Magnetic nanoparticles as versatile carriers for enzymes immobilization: A review. International Journal of Biological Macromolecules, 120: 2530-2544.

Bornscheuer U T, Huisman G W, Kazlauskas R J, *et al.* 2012. Engineering the third wave of biocatalysis. Nature, 485(7397): 185-194.

Boutureira O, Bernardes G J. 2015. Advances in chemical protein modification. Chemical Reviews, 115(5): 2174-2195.

Chen K, Arnold F H. 1993. Tuning the activity of an enzyme for unusual environments: sequential random mutagenesis of subtilisin E for catalysis in dimethylformamide. Proceedings of the National Academy of Sciences of the United States of America, 90(12): 5618-5622.

Dahiyat B I, Mayo S L. 1997. *De novo* protein design: fully automated sequence selection. Science, 278(5335): 82-87.

DeGrado W F. 2003. Computational biology: Biosensor design. Nature, 423(6936): 132-133.

Garcia-Galan C, Barbosa O, Hernandez K, *et al.* 2014. Evaluation of styrene-divinylbenzene beads as a support to immobilize lipases. Molecules, 19(6): 7629-7645.

Geurts P, Zhao L, Hsia Y, *et al.* 2010. Synthetic spider silk fibers spun from Pyriform Spidroin 2, a glue silk protein discovered in orb-weaving spider attachment discs. Biomacromolecules, 11(12): 3495-3503.

Haring D, Schreier P. 1999. Cross-linked enzyme crystals. Current Opinion in Chemical Biology, 3(1): 35-38.

Heckmann C M, Paradisi F. 2020. Looking back: a short history of the discovery of enzymes and how they became powerful chemical tools. Chem Cat Chem, 12(24): 6082-6102.

Huang P S, Boyken S E, Baker D. 2016. The coming of age of *de novo* protein design. Nature, 537(7620): 320-327.

Jackson D A, Symons R H, Berg P. 1972. Biochemical method for inserting new genetic information into DNA of Simian Virus 40: circular SV40 DNA molecules containing lambda phage genes and the galactose operon of *Escherichia coli*. Proceedings of the National Academy of Sciences of the United States of America, 69(10): 2904-2909.

Jiang B, Duan D, Gao L, *et al.* 2018. Standardized assays for determining the catalytic activity and kinetics of peroxidase-like nanozymes. Nature Protocol, 13(7): 1506-1520.

Jiang L, Althoff E A, Clemente F R, *et al.* 2008. *De novo* computational design of retro-aldol enzymes. Science, 319(5868): 1387-1391.

Kaiser E T. 1988. Catalytic activity of enzymes altered at their active-sites. Angewandte Chemie-International Edition in English, 27(7): 913-922.

Kiss G, Celebi-Olcum N, Moretti R, *et al.* 2013. Computational enzyme design. Angewandte Chemie International Edition, 52(22): 5700-5725.

Kuhlman B, Dantas G, Ireton G C, *et al.* 2003. Design of a novel globular protein fold with atomic-level accuracy. Science, 302(5649): 1364-1368.

Li R, Wijma H J, Song L, *et al.* 2018. Computational redesign of enzymes for regio- and enantioselective hydroamination. Nature Chemical Biology, 14(7): 664-670.

Min K, Yoo Y J. 2014. Recent progress in nanobiocatalysis for enzyme immobilization and its application. Biotechnology and Bioprocess Engineering, 19(4): 553-567.

Mozhaev V V, Siksnis V A, Melik-Nubarov N S, *et al.* 1988. Protein stabilization via hydrophilization. Covalent modification of trypsin and alpha-chymotrypsin. European Journal of Biochemistry, 173(1): 147-154.

Nelson J M, Griffin E G. 1916. Adsorption of invertase. Journal of the American Chemical Society, 38(5): 1109-1115.

Pfeifer G P, Steigerwald S D, Mueller P R, *et al.* 1989. Genomic sequencing and methylation analysis by ligation mediated PCR. Science, 246(4931): 810-813.

Pollard D J, Woodley J M. 2007. Biocatalysis for pharmaceutical intermediates: the future is now. Trends in Biotechnology, 25(2): 66-73.

Reetz M T, Bocola M, Carballeira J D, *et al.* 2005. Expanding the range of substrate acceptance of enzymes: combinatorial active-site saturation test. Angewandte Chemie International Edition, 44(27): 4192-4196.

Reetz M T, Carballeira J D. 2007. Iterative saturation mutagenesis (ISM) for rapid directed evolution of functional enzymes. Nature Protocol, 2(4): 891-903.

Reetz M T. 2013. Biocatalysis in organic chemistry and biotechnology: past, present, and future. Journal of the American Chemical Society, 135(34): 12480-12496.

Rothlisberger D, Khersonsky O, Wollacott A M, *et al.* 2008. Kemp elimination catalysts by computational enzyme design. Nature, 453(7192): 190-195.

Sanger F, Brownlee G G, Barrell B G. 1965. A two-dimensional fractionation procedure for radioactive nucleotides. Journal of Molecular Biology, 13(2): 373-398.

Sanger F, Nicklen S, Coulson A R. 1977. DNA sequencing with chain-terminating inhibitors. Proceedings of the National Academy of Sciences of the United States of America, 74(12): 5463-5467.

Sanger F. 1949. The terminal peptides of insulin. Biochemical Journal, 45(5): 563-574.

Sheldon R A, Pelt S V. 2013. Enzyme immobilisation in biocatalysis: why, what and how. Chemical Society Reviews, 42(15): 6223-6235.

Sheldon R A, Pereira P C. 2017. Biocatalysis engineering: the big picture. Chem Soc Rev, 46(10): 2678-2691.

Siegel J B, Zanghellini A, Lovick H M, *et al.* 2010. Computational design of an enzyme catalyst for a stereoselective bimolecular diels-alder reaction. Science, 329(5989): 309-313.

Stclair N L, Navia M A. 1992. Cross-linked enzyme crystals as robust biocatalysts. Journal of the American Chemical Society, 114(18): 7314-7316.

Stemmer W P. 1994. Rapid evolution of a protein *in vitro* by DNA shuffling. Nature, 370(6488): 389-391.

Straathof A J, Panke S, Schmid A. 2002. The production of fine chemicals by biotransformations. Current Opinion in Biotechnology, 13(6): 548-556.

Tipton K, Boyce S. 2000. History of the enzyme nomenclature system. Bioinformatics, 16(1): 34-40.

Tosa T, Mori T, Fuse N, *et al.* 1966. Studies on continuous enzyme reactions. I. Screening of carriers for preparation of water-insoluble aminoacylase. Enzymologia, 31(4): 214-224.

Wang M F, Qi W, Su R X, *et al.* 2015. Advances in carrier-bound and carrier-free immobilized nanobiocatalysts. Chemical Engineering Science, 135: 21-32.

Wells J A, Vasser M, Powers D B. 1985. Cassette mutagenesis-an efficient method for generation of multiple mutations at defined sites. Gene, 34(2-3): 315-323.

Zhou Z, Hartmann M. 2013. Progress in enzyme immobilization in ordered mesoporous materials and related applications. Chemical Society Reviews, 42(9): 3894-3912.

Zoller M J, Smith M. 1982. Oligonucleotide-directed mutagenesis using M13-derived vectors—an efficient and general procedure for the production of point mutations in any fragment of DNA. Nucleic Acids Research, 10(20): 6487-6500.

# 第2章

# 酶的筛选与大数据挖掘

崔云凤　王　玉　徐自祥　冯　森　吴洽庆

中国科学院天津工业生物技术研究所

20 世纪 30 年代，酶多来源于动物内脏，尤其是猪或牛的胰脏；随后从菠萝和木瓜中分别获得了菠萝蛋白酶和木瓜蛋白酶；1967 年诺维信公司（Novozymes）开始从微生物中筛选不同功能的酶，这使得酶的来源更加丰富，从动植物的组织到微生物中无处不在。由于微生物种类繁多、生长的条件千差万别，通过对不同生长条件下的微生物采集、培养和筛选，可以获得不同种类的酶，微生物已成为酶的重要来源。随着生命科学研究技术的突破及基因组数据的积累和开放共享，酶的来源已从传统的动物、植物、微生物逐渐拓展为基因组数据发掘和酶基因的直接人工合成，再进行定向进化及异源基因表达。

1987 年人类基因组计划（Human Genome Project，HGP）在美国启动，这极大地推进了生命科学研究的发展。研究计划工作不但测出人类基因组 DNA 的 30 亿个碱基对的序列，发现所有人类基因，找出它们在染色体上的位置，破译人类全部遗传信息，而且对 5 种生物基因组，即称为 5 种“模式生物”（大肠杆菌、酵母、线虫、果蝇和小鼠）的基因组进行了序列分析，积累了大量的数据信息。美国国家生物技术信息中心（National Center for Biotechnology Information，NCBI）建立的 DNA 序列数据库 GenBank 是从公共资源中获取序列数据，主要是科研人员直接提供或来源于大规模基因组测序计划。为保证数据尽可能地完整，GenBank 与 EMBL（欧洲 EMBL-DNA 数据库）、DDBJ（日本生物信息学数据库：DNA Data Bank of Japan）建立了相互交换数据的合作关系。随着生物信息学技术的发展，从传统的动物、植物、微生物的环境来源，逐渐拓展为基因组数据发掘，基因合成、定向进化及异源基因表达技术的不断提升使得酶的发现途径方式更加丰富，获得酶的数量也越来越多。

## 2.1　环境筛选

从自然界中筛选产酶菌种是获得各种酶类最为直接有效而且也是最基本的一种途径。要获得具有理想催化性质和理化性质的酶，往往依赖于有针对性的微生物样品的采集和合适的筛选方法。

### 2.1.1 含微生物样品的采集

自然界含菌样品极其丰富，土壤、水、空气、枯枝烂叶、植物病株、腐烂水果等含有众多微生物，种类数量十分可观。但总体来讲土壤样品的含菌量最多。

#### 1. 从土壤中采样

土壤由于具备了微生物所需的营养、空气和水分，是微生物最集中的地方。从土壤中几乎可以分离到任何所需的菌株，空气、水中的微生物也都来源于土壤，所以土壤样品往往是首选的采集目标。一般情况下，土壤中含细菌数量最多，且每克土壤的含菌量大体有如下规律：细菌（$10^8$）＞放线菌（$10^7$）＞霉菌（$10^6$）＞酵母菌（$10^5$）＞藻类（$10^4$）＞原生动物（$10^3$），其中放线菌和霉菌指其孢子数。但各种微生物由于生理特性不同，在土壤中的分布也随着地理条件、养分、水分、土质、季节而有很大的变化。因此，在分离菌株前要根据分离筛选的目的，到相应的环境和地区采集样品。

（1）根据土壤有机质含量和通气状况

一般耕作土、菜园土和近郊土壤中有机质含量丰富，营养充足，且土壤呈团粒结构，通气保水性能好，因而微生物生长旺盛，数量多，尤其适合于细菌、放线菌生长。山坡上的森林土，植被厚，枯枝落叶多，有机质丰富，且阴暗潮湿，适合霉菌、酵母菌生长繁殖。沙土、无植被的山坡上、新垦的生土及瘠薄土等，土壤贫瘠，有机质含量少，微生物数量相应也比较少。从土层的纵剖面看，1～5 cm 表层土由于阳光照射，蒸发量大，水分少，且有紫外线的杀菌作用，因而微生物数量比 5～25 cm 土层少；25 cm 以下土层则因土层紧密，空气量不足，养分与水分缺乏，含菌量也逐步减少。因此，采土样最好的土层是 5～25 cm。一般每克土中含菌数约几十万到几十亿个，并且各种类型的细菌和放线菌几乎都能分离到，如好氧芽孢杆菌、假单胞菌、短杆菌、大肠杆菌、某些嫌气菌等。但总体来说酵母菌分布土层最浅，为 5～10 cm，霉菌和好氧芽孢杆菌也分布在浅土层。

（2）根据土壤酸碱度和植被状况

土壤酸碱会影响微生物种类的分布。中性偏碱的土壤（pH 7.0～7.5）环境，适合于细菌、放线菌生长。反之在偏酸的土壤（pH 7.0 以下）环境下，霉菌、酵母菌生长旺盛。由于植物根部的分泌物有所不同，因此，植被对微生物分布也有一定的影响，如番茄地或腐烂番茄堆积处有较多维生素 C 产生菌。葡萄或其他果树在果实成熟时，其根部附近土壤中酵母菌数量增多。豆科植物植被下，根瘤菌数量比其他植被下占优势。

（3）根据地理条件

南方土壤比北方土壤中的微生物数量和种类都要多，特别是热带和亚热带地区的土壤。许多工业微生物菌种，如抗生素产生菌，尤其是霉菌、酵母菌，大多从南方土壤中筛选出来。原因是南方温度高，温暖季节长，雨水多，相对湿度高，植物种类多，植被覆盖面大，土壤有机质丰富，造成得天独厚的微生物生长环境。

（4）根据季节条件

不同季节微生物数量有明显的变化，冬季温度低，气候干燥，微生物生长缓慢，数量最少。到了春天，随着气温的升高，微生物生长旺盛，数量逐渐增加。但就南方来说，春季往往雨水多，土壤含水量高，通气不良，即使有微生物所需的温度、湿度，也不利于其生长繁殖。随后经过夏季到秋季，有7～10个月处在较高的温度和丰富的植被下，土壤中微生物数量比任何时候都多，因此，秋季采土样最为理想。

### 2. 根据微生物生理特点采样

（1）根据微生物营养类型

每种微生物对碳源、氮源的需求不一样，分布也有差异。研究表明，微生物的营养需求和代谢类型与其生长环境有着很大的相关性，如森林土有相当多枯枝落叶和腐烂的木头等，富含纤维素，适合利用纤维素作碳源的纤维素酶产生菌生长，在肉类加工厂附近和饭店排水沟的污水、污泥中，由于有大量腐肉、豆类、脂肪类存在，因而在此处采样能分离到蛋白酶和脂肪酶的产生菌；在面粉加工厂、糕点厂、酒厂且淀粉加工厂等场所，容易分离到产生淀粉酶、糖化酶的菌株。在筛选果胶酶产生菌时，由于柑橘、草莓及山芋等果蔬中含有较多的果胶，因此，从上述样品的腐烂部分及果园土中采样较好。

若需要筛选代谢合成某种化合物的微生物，从大量使用、生产或处理这种化合物的工厂附近采集样品，容易得到满意的结果。在油田附近的土壤中就容易筛选到利用碳氢化合物作碳源的菌株。在筛选环糊精葡萄糖基转移酶产生菌时，Yampayont等（2006）在泰国淀粉厂废弃料中发现产环糊精葡萄糖基转移酶的类芽孢杆菌属（*Paenibacillus*）。当然，也可将一种需要降解的物质作为样品中微生物的唯一碳源或氮源进行富集，然后分离筛选。

（2）根据微生物生理特性

在筛选一些具有特殊性质的微生物时，需根据该微生物独特的生理特性到相应的地点采样。例如，筛选高温酶产生菌时，通常到温度较高的南方，或温泉、火山爆发处及北方的堆肥中采集样品；分离低温酶产生菌时，可到寒冷的地方，如南北极地区、冰窖、深海中采样；分离耐压菌则通常到海洋底部采样，因为深海中生活的微生物能耐很高的静水压，如从海中筛到一株水活微球菌（*Micrococcus aquivivus*），它能在600 atm① 下生长。分离耐高渗透压酵母菌时，由于其偏爱糖分高、酸性的环境，一般在土壤中分布很少，因此，通常到甜果、蜜饯或甘蔗渣堆积处采样。

### 3. 特殊环境下采样

（1）局部环境条件的影响

值得注意的是微生物的分布除本身的生理特性和环境条件综合因素的影响之外，还受局部环境条件的影响，如北方气候寒冷，年平均温度低，高温微生物相对较少。但在该地区的温泉或堆肥中，却出现为数众多的高温微生物。海洋对于微生物来说是个特殊的局部环境，尽管许多微生物是经河水、污水、雨水或尘埃等途径而来，但由于海洋独特的高盐度、高压力、低温及光照条件，海洋微生物具备特殊的生理活性。Fu等（2010）从海洋中筛选到一株产低温纤维素酶的芽孢细菌BME-14，最适温度为35℃，在5℃时酶活为最大酶活的65%。曾胤新等（2005）从北极楚科奇海分离出一株产纤维素酶的耐冷假单胞菌BSW20308，该菌最适生长温度为10℃，35℃不生长，最适作用温度为

①1 atm=1.013 25×$10^5$ Pa

35℃，在5℃酶活达到最大酶活的50%左右，酶对热敏感，在35℃半衰期为3 h，25℃下酶活稳定。产的纤维素酶以羧甲基纤维素酶（CMCase）活力最高，胞外CMCase活力占总CMCase活力的74.1%左右。

（2）极端环境条件的影响

微生物一般在中温、中性pH条件下生长。但在绝大多数微生物不能生长的高温、低温、高酸、高碱、高盐或高辐射强度的环境下，也有少数微生物存在，这类微生物被称为极端微生物。生活所处的特殊环境，导致它们具有不同于一般微生物的遗传特性、特殊结构和生理机能，因而在生产特殊酶制剂方面有着巨大的应用价值。

嗜冷菌的最适生长温度为15℃，在0℃也可生长繁殖，最高温度不超过20℃，主要分布于常冷的环境中，如南北两极地区、冰窟、高山、深海和土壤等低温环境中。这类嗜冷微生物在低温发酵时可生产许多风味食品且可节约能源及减少中温菌的污染。最适生长pH在8.0以上，通常在pH 9～10生长的微生物，称为嗜碱菌（alkaliphile）。大量不同类型的嗜碱菌已经从土壤、碱湖、碱性泉甚至海洋中分离得到。Zhou等（2017）从碱湖采集的样品中筛选出嗜碱菌，其产生的碱性果胶酶的最适pH为10.5，最适反应温度为70℃，在苎麻脱胶纺织工业上有着巨大的应用潜力。由于大部分碱湖伴有高盐，许多嗜碱菌同时也是嗜盐菌。该类菌所产生的酶如耐碱蛋白酶和碱性纤维素酶可作为洗涤剂的添加成分，也可将碱性淀粉酶用于纺织品工业及皮革工业。嗜热微生物是嗜热酶最好的来源。温泉热源地区采集的水样中筛选出1株纤维素酶产生菌NR615，可在60℃生长，该菌株为烟曲霉（*Aspergillus fumigatus*），在28～60℃生长较好，初始pH 6.5，碳源、氮源分别为结晶纤维素、牛肉膏时有利于产酶。其产生的纤维素酶的最适反应温度为65℃，最适pH为5.0，且在50～70℃有一定稳定的活性，该菌株是1株性能良好的耐热纤维素酶生产菌株（陈红漫等，2011）。

### 2.1.2 含微生物样品的富集培养

富集培养是在目的微生物含量较少时，根据微生物的生理特点，设计一种选择性培养基，创造有利的生长条件，使目的微生物在最适的环境下迅速地生长繁殖，数量增加，由原来自然条件下的劣势种群变成人工环境下的优势种群，以利于分离到所需要的菌株。

富集培养主要根据微生物的碳源、氮源、pH、温度、需氧等生理因素加以控制，一般可从以下几个方面来进行富集。

#### 1. 控制培养基的营养成分

微生物的代谢类型十分丰富，其分布状态因环境条件的不同而异。如果环境中含有较多的某种物质，则其中能分解利用该物质的微生物也较多。因此，在分离该类菌株之前，可在增殖培养基中人为加入相应的底物作唯一碳源或氮源。那些能分解利用底物的菌株因得到充足的营养而迅速繁殖，其他微生物则由于不能分解这些物质，生长受到抑制。当然，能在该种培养基上生长的微生物并非单一菌株，而是营养类型相同的微生物群。富集培养基的选择性只是相对的，它只是微生物分离中的一个步骤。

如要分离水解酶产生菌，可在富集培养基中以相应底物为唯一碳源或氮源，Xue等（2011）在筛选腈基水解酶产生菌时，富集培养基中以苯乙腈为唯一的碳源和氮源，成功筛选到一株菌能选择性地水解 (*R*,*S*)-扁桃腈生成 (*R*)-扁桃酸。

根据微生物对环境因子的耐受范围具有可塑性的特点，可通过连续富集培养的方法分离降解某种物质的菌。例如，筛选植物甾醇降解菌时，Wei 等（2010）以植物甾醇为唯一碳源对样品进行连续富集培养，筛选到的一株新金色分枝杆菌（*Mycobacterium neoaurum*）能将植物甾醇的侧链降解，产生重要的甾体药物中间体雄烯二酮（AD）和 1,4-雄烯二酮（ADD）。

#### 2. 控制培养条件

在筛选某些微生物时，除通过培养基营养成分的选择外，还可通过它们对 pH、温度及通气量等其他一些条件的特殊要求加以控制培养，达到有效的分离目的。例如，细菌、放线菌的生长繁殖一般要求中性偏碱（pH 7.0～7.5），霉菌和酵母菌要求偏酸（pH 4.5～6.0）。因此，富集培养基的 pH 调节到被分离微生物的要求范围不仅有利于自身生长，也可排除一部分不需要的菌类。分离放线菌时，可将样品在 40℃恒温预处理 20 min，有利于孢子的萌发，可以较大地增加放线菌数目，达到富集的目的。

微生物在自然界的分布极广，甚至在极端恶劣的环境下也有少量的微生物生长繁殖，在筛选这类极端微生物时，就需针对其特殊的生理特性，设计适宜的培养条件，达到富集的目的。例如，在分离产适冷酶的微生物时，可将样品中的微生物置于低温培养，使其他微生物的生长受到抑制，易于分离到所需的目的微生物（于鹏和刘静雯，2014）。

### 2.1.3 产酶微生物的筛选

经富集培养以后的样品，目的微生物得到增殖，占了优势，其他种类的微生物在数量上相对减少，但并未死亡。富集后的培养液中仍然有多种微生物混杂在一起，即使占了优势的一类微生物中，也并非纯种。例如，同样一群以油脂为唯一碳源的脂肪酶产生菌，有的是细菌，有的是霉菌，有的生产能力强，有的生产能力弱。因此，经过富集培养后的样品，需要进一步采用合适的方法去筛选获得高酶活菌株。

#### 1. 平板筛选

（1）透明圈法

在平板培养基中加入溶解性较差的底物，使培养基混浊。能分解底物的微生物便会在菌落周围产生透明圈，圈的大小初步反映该菌株利用底物的能力。该法在分离水解酶产生菌时采用较多，如脂肪酶（Griebeler *et al.*，2011）、淀粉酶（邹艳玲等，2013）、蛋白酶（徐国英等，2010）、核酸酶（Horney and Webster，1971）产生菌会在含有底物的选择性培养基平板上形成肉眼可见的透明圈。在分离淀粉酶产生菌时，培养基以淀粉为唯一碳源，待样品涂布到平板上，经过培养形成单个菌落后，再用碘液浸涂，根据菌落周围是否出现透明的水解圈来区别产酶菌株，根据透明圈的大小来鉴定产酶活力的高低。

（2）变色圈法

对于一些不易产生透明圈产物的产生菌，可在底物平板中加入指示剂或显色剂，使所需微生物能被快速筛选出来。例如，筛选果胶酶产生菌时，用含 0.2% 果胶为唯一碳源的培养基平板对含微生物样品进行分离，待菌落长成后，加入 0.2% 刚果红溶液染色，具有分解果胶能力的菌落周围便出现绛红色水解圈（Zhou *et al.*，2017）。在进行产脂肪酶微生物的筛选时，在培养基中添加能与水解产物游离脂肪酸反应的显色指示剂，如罗丹明 B、维多利亚蓝等。罗丹明 B 阳离子能与水解产物脂肪酸形成荧光物质，在紫外线照射下显示荧光，从而达到产脂肪酶微生物筛选的目的（Zottig *et al.*，2016）。筛选环糊精葡萄糖基转移酶产生菌时，可以依据该酶特有的环化活性筛选出目的菌株，这需要借助以环糊精-酚酞络合显无色原理下的酚酞变色圈法，该方法是将淀粉加入含有酚酞与甲基橙的培养基中配成固体平板，再将处理后的土样涂布至平板上恒温培养，一段时间后发现甲基橙和酚酞背景下的平板内出现淡黄色且近无色的斑点，究其原因在于酚酞在环糊精的疏水空腔内会形成无色的二价阴离子（曹新志和金征宇，2003）。同样，浅色斑点的半径也可以作为环化活性的直观展现，从而挑取较大半径的菌落进行下一步的研究。

#### 2. 摇瓶发酵筛选

如果产酶微生物的筛选无法采用平板筛选的方法，那么只能采用摇瓶发酵得到发酵液，进而测定发酵液中酶活的高低以筛选出高酶活的菌株。在进行产酰胺酶微生物的筛选时，Zheng 等（2007）基于酰胺酶的酰基转移反应产物氧肟酸与铁离子在酸性条件下螯合显色的特性，建立了高通量立体选择性酰胺酶筛选模型，从 523 株菌种中筛选得到 2 株能够 *R*-选择性水解 2,2-二甲基环丙甲酰胺的酰胺酶产生菌。筛选腈基水解酶产生菌时，Gong 等（2011）利用产腈基水解酶的菌株将底物腈转化成目标产物酸及副产物氨，建立了以苯酚-次氯酸钠法测定转化生成的氨，进而计算菌株的酶活性的方法。例如，筛选羰基还原酶（Wang *et al.*，2013；Zhang *et al.*，2013；Liu *et al.*，2017）、维生素 D3 羟化酶（Tang *et al.*，2019）产生菌时，将分离得到的单个菌株分别进行发酵培养，在发酵液中投加底物，用薄层层析（TLC）、高效液相色谱（HPLC）或气相色谱（GC）检测产物含量的高低，进而筛选出高酶活的菌株。

## 2.2 宏基因组挖掘

宏基因组（metagenome）一词最早出现于 1998 年，是由 Handelsman 等（1998）在前人研究的基础上提出的，由此宣告了宏基因组学（metagenomics）的诞生。宏基因组是指某一特定生境中全部微生物遗传物质的总和，包含了可培养的和尚不能培养的微生物遗传信息，不单独分离培养环境样品中的微生物，而直接提取微生物群落中所有的 DNA 进行分析。传统培养方法依赖于生物分离及体外培养，只能从环境中获得不到 1% 的微生物。宏基因组学挖掘新型生物催化剂，通过直接从环境样品中提取全部微生物的 DNA，可以绕过培养瓶颈，构建宏基因组文库，再基于功能活性和序列分析筛选新型生物催化剂（图 2.1）。随着宏基因组学的发展，二代测序成本的大幅度下降和计算能力的不断提高，宏基因组学研究的成本日趋降低，效率和精确度不断上升，基于宏基因组学获得生物催化剂已经成为最重要的方法之一。

### 2.2.1 环境样品的处理和 DNA 的分离

为维持高度多样性的微生物群落，通常不会在 DNA 提取前对环境样品进行富集。

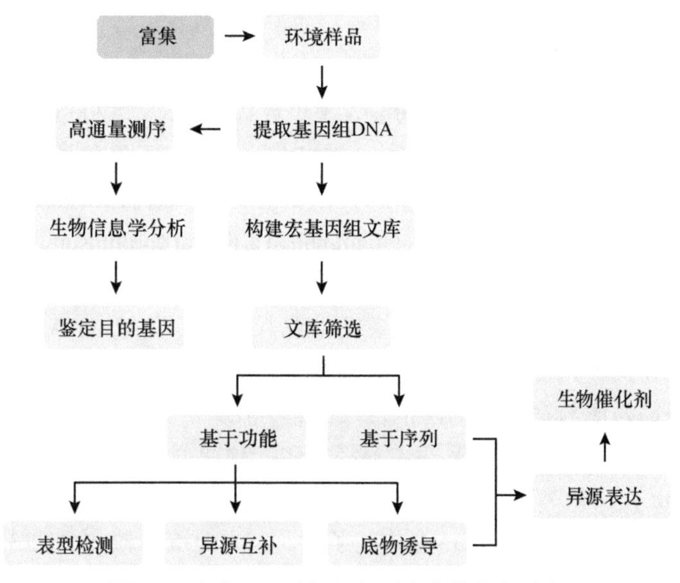


图 2.1 宏基因组学挖掘新型生物催化剂流程

但对样品的富集可以增加含有潜在目的基因的基因组 DNA 拷贝数，增加成功的可能性。目前已经基于噬菌体展示、亲和捕获、微阵列、差异显示、抑制消减杂交和稳定同位素探测等技术开发了一些有效的富集方法（Xing *et al.*，2012）。

环境 DNA 的分离通常是宏基因组分析的第一步，由于提取样品中存在蛋白质、腐殖酸、多糖、多酚等杂质，这些物质可与 DNA 共纯化，非常难去除，并会影响后续分离到的 DNA 的酶学操作（Young *et al.*，2014）。一般来说，根据靶基因的大小和筛选策略的不同，提取方法可分为两类：一种是直接提取方法，即不经过微生物培养分离过程。直接提取方法，使用蛋白酶和洗涤剂处理含有未培养微生物的环境样品，然后提取和纯化宏基因组 DNA，这类方法已成功用于从微生物群落中分离宏基因组 DNA。该方法的优点是可获得较高的 DNA 回收率，保证所获得样品具有一定的代表性。但受到机械剪切力作用，所提取的 DNA 片段较小（一般 1～50 kb），适合于克隆到具有强启动子的质粒或 λ 载体（Miao *et al.*，2014）。另一种方法是间接提取法，即在裂解前利用物理手段将微生物从环境样品中分离出来，然后裂解细胞并提取 DNA。这个方法避免了机械剪切对裸 DNA 的直接作用，因此得到的 DNA 片段较大（20～500 kb）。该方法的优点是减少了非微生物的污染，缺点是 DNA 的回收率较低，通常直接提取的回收率高于间接提取的回收率（Hogfors-Ronnholm *et al.*，2018）。

宏基因组 DNA 的提取是构建宏基因组文库的关键步骤，因为环境样品总 DNA 的浓度、纯度、片段大小和偏好性等因素将直接影响宏基因组文库的质量和代表性，所以，在具体选择何种方法时，应在 DNA 回收率、操作简便与 DNA 的完整性和纯度之间寻找一个合适的平衡点。

## 2.2.2 宏基因组文库构建

### 1. 载体的选择

载体的选择需考虑以下因素：提取的 DNA 的质量、片段大小、载体的拷贝数、宿主菌株和筛选方法。

常用载体有质粒（plasmid，插入片段<15 kb）、柯斯黏粒（cosmid，20～40 kb）、福斯黏粒（fosmid，F 黏粒，20～40 kb）、细菌人工染色体（BAC，>200 kb）等，此外还有噬菌体 P1 克隆系统（P1-clone，70～100 kb）、由 P1 衍生的人工染色体（P1-derived artificial chromosome，PAC，100～300 kb）、酵母人工染色体（yeast artificial chromosome，YAC，250～2000 kb）和哺乳动物人工染色体（mammalian artificial chromosome，MAC，>1000 kb）等。质粒可用于克隆含有单独基因或小操纵子的小 DNA 片段（≤15 kb），而对于含较大基因簇或大片段的 DNA 样品则适宜构建柯斯黏粒、福斯黏粒、BAC 或 YAC 文库。无论以何种载体构建文库，都必须使文库最大程度地覆盖样本中所有微生物的基因组。选择载体时通常还需考虑与宿主菌的匹配性及筛选方法，一些载体转化细胞后可直接用于表达研究。pSEVA 是一种合成的宽宿主范围载体，预期可用于约 100 种不同的细菌物种（Silva-Rocha *et al.*，2013）。Wexler 等（2005）及其合作者使用从废水处理厂厌氧硝化器的微生物群落中获得的宏基因组 DNA 构建了广泛宿主范围黏粒 pLAFR3 的文库。

#### 2. 宿主的选择

宿主的选择应考虑以下因素：载体类型是否匹配，转化效率，重组载体在宿主细胞中的稳定性，宏基因表达量，宿主能否为相关功能基因提供必需的转录表达体系，对异源表达基因产物是否有较强的相容性，以及筛选的目标性状等。目前，构建用于筛选新酶的宏基因组文库时，最常用的宿主为大肠杆菌（*Escherichia coli*）、芽孢杆菌属一种（*Bacillus* sp.）、变铅青链霉菌（*Streptomyces lividans*）和恶臭假单胞菌（*Pseudomonas putida*）（Courtois *et al.*，2003；Schloss and Handelsman，2003）。其他微生物，如弧菌茎杆菌（*Caulobacter vibrioides*）、根癌农杆菌（*Agrobacterium tumefaciens*）和革兰氏伯克霍尔德菌（*Burkholderia graminis*）也用于文库构建（Craig *et al.*，2010）。

选择用于宏基因组文库构建的最佳宿主和载体取决于研究目标，例如，大肠杆菌广泛用于基因克隆和蛋白质表达，因为它具有一致的遗传操作和非常清晰的遗传背景。然而，当使用大肠杆菌筛选宏基因组文库时，原核生物的不同分类群之间存在表达模式的显著差异，并且在大肠杆菌中随机克隆只能检测到 40% 的酶活性。因此，在大肠杆菌以外的宿主中进行宏基因组文库筛选也可能会扩大可检测活性的范围，但实现这一目标需要进一步优化转化的条件，提高转化效率。链霉菌属（Wang *et al.*，2000）、豆科根瘤菌和多种变形杆菌（Craig *et al.*，2010）已应用于宏基因组文库的筛选。提高通用宿主的极端条件适应性也可以提高构建文库的丰富度，将耐酸性的基因转移到恶臭假单胞菌和枯草芽孢杆菌，增强了这两种细菌在恶劣酸性条件下存活的能力（Guazzaroni *et al.*，2013）。

### 2.2.3 宏基因组文库筛选

基于宏基因组学生物催化剂的筛选方法分成两大类：一类是基于宏基因组文库的筛选方法，另一类是不需要构建基因组文库的筛选方法。基于宏基因组文库的筛选方法又可分为两小类：一类是基于功能的筛选方法（表型检测法、异源互补法和底物诱导法），另一类是基于 DNA 序列的筛选。文库筛选的效率不断提高，使得能够分离更多功能基因和发现新的活性物质。

### 1. 基于功能的筛选

该方法是基于分离表现出预期表型的阳性克隆，然后通过生物化学分析或 DNA 测序分析其表达的蛋白质的方法，可以快速鉴别有开发潜力的克隆子及全长基因。基于生物学功能筛选的方法与已知基因的序列相似性无关，所以能够筛选到具有优良特性的酶，并已成功应用于宏基因组文库筛选。

（1）表型检测

该方法借助显色反应、选择表型等特性进行筛选。使用含有发色团或不溶性酶底物的生长培养基可大大提高筛选通量，例如，Yan 等（2017）使用含有三丁酸甘油酯的指示琼脂检测脂解活性，在云南省洱源牛街温泉采集的浓缩水样中分离到一个新的脂肪酶基因。

（2）异源互补

该方法基于外源基因的互补，当转化子在选择性条件下生长时，只有阳性重组克隆能够存活。通过异源相容性鉴定的一些常见基因有磷酸酶基因、DNA 聚合酶基因、脂质水解酶基因和赖氨酸消旋酶基因等。基因文库中的启动子、基因产物的毒性和抗性机制等因素是异源互补筛选的主要决定因素。Urbeliene 等（2020）基于尿苷营养缺陷型大肠杆菌菌株（DH10B Δ*pyrFEC*）和在 M9 培养基中使用 $N^4$-苯甲酰-2′-脱氧胞苷作为尿苷的唯一来源来筛选酰胺水解酶，在 15 个库中筛选到 12 个阳性克隆。

（3）底物诱导

底物诱导基因表达筛选法（substrate induced gene expression screening method，SIGEX）是指在底物存在的条件下，酶和代谢相关基因选择性表达的一种筛选方法。酶的有效表达通常由酶的代谢物或底物诱导，多数情况下，酶的表达受相邻位置的元件调节（Meier *et al.*，2016）。对于 SIGEX 筛选，外源提供的底物用于诱导酶或代谢相关蛋白的选择性表达。使用 SIGEX 方法从地下水宏基因组文库中筛选了芳烃诱导基因（Uchiyama and Watanabe，2007，2008）。然而 SIGEX 不适用于筛选具有大片段 DNA 插入的宏基因组文库（Yun and Ryu，2005）。

Hosokawa 等（2015）使用基于液滴的微流控筛选宏基因组文库的策略，其中宏基因组克隆与底物共包埋以测定脂解活性。同样，液滴技术结合荧光激活细胞分选（FACS）已被应用于筛选文库，以探索具有荧光信号的新型酶（Wojcik *et al.*，2015）。

然而，利用宏基因组挖掘新型基因还存在一些亟待解决的问题。首先，待挖掘的基因需要在异源宿主细胞中进行表达，而各个菌属的菌株在转录、翻译等过程中具有偏好性（RNA 聚合酶对启动子的识别，密码子、核糖体识别等），这就需要提高基因在异源宿主菌中表达目的酶的能力；其次，现行的各种筛选方法存在一些缺陷，如基于生物功能的筛选方法效率低、检测方法有限、工作量大等，无法对宏基因组文库进行全面而有效的筛选（Xing *et al.*，2012）。

**2. 基于 DNA 序列的筛选**

对于基于 DNA 序列的筛选，设计根据已知基因序列的 PCR 引物或探针以通过 PCR 扩增或杂交鉴定阳性克隆。这种方法不依赖重组基因在外源宿主中的表达，例如，从嗜酸生物膜中提取宏基因组 DNA 序列可以鉴定在极端条件下具有活性的酶（Schmeisser *et al.*，2003）。Hailes 研究组从一个家庭排泄物亚基因组中提取了 36 个全长、非冗余的Ⅲ类转氨酶序列，29 个成功克隆并在大肠杆菌中表达（Leipold *et al.*，2019）。Thornbury 等（2019）对豪猪粪便样本进行宏基因组测序来鉴定可能的纤维素或半纤维素降解酶，成功地鉴定和表征了一种新的半纤维素降解酶。其他 DNA 序列筛选方法包括 DNA 微阵列、稳定同位素探测、基因捕获、亲和捕获、荧光原位杂交（FISH）、消减杂交磁珠捕获和逆转录 PCR（RT-PCR）等（Shang *et al.*，2018）。然而，基于序列的筛选方法限于具有高度保守区域的基因（例如，已知基因家族的新成员），由于 PCR 引物是根据序列的保守性来设计的，从而与具有实际用途的基因在序列上差别很大，并且通过 PCR 扩增很难找到全新的基因，这样就很难发现新类型的酶。

## 2.3 大数据挖掘

### 2.3.1 大数据挖掘的基本方法

大数据时代对新酶基因的挖掘产生了重要的影响。21 世纪是数据科学的时代，在生物学领域也是如此，近 20 年各类生物组学数据都在快速增长，迅速产生了拥有海量数据的信息数据库，提供了各类需要的实验信息。Mike（2014）在 *Science* 上发表文章提出大数据和大数据分析对生物学及医学的发展有重要的促进作用。酶学相关的信息，包括基因和基因组序列、蛋白质序列、结构数据等越来越丰富，图 2.2 显示了 UniProtKB/TrEMBL 数据库中的数据条目随年份的增长情况。与此同时大数据的处理方法也日新月异，智能化的数据处理技术也正在发展，大数据方法给酶基因挖掘带来了新的机遇。

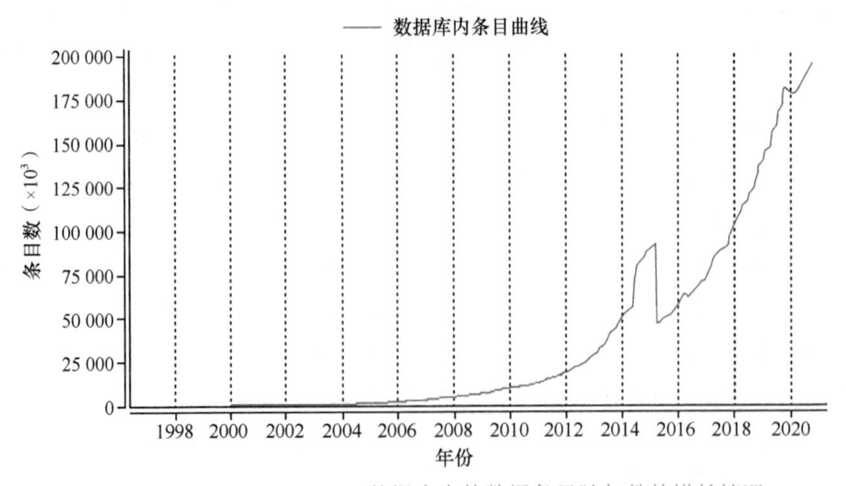


图 2.2 UniProtKB/TrEMBL 数据库中的数据条目随年份的增长情况

基因挖掘（genomic mining）就是根据催化特定反应的需要，从文献中寻找相关酶的同源基因序列，并以此作为基因探针，在基因组数据库中进行序列比对，筛选获得同源酶的编码信息，继而进行酶的批量异源表达和高通量筛选，最终获得催化性能更优的新型生物催化剂（郁惠蕾等，2016）。

基因挖掘的前提是已知催化特定反应酶蛋白的相近基因或蛋白质序列，如果催化特定反应的酶蛋白序列完全未知，此时对这种新型生物催化剂即新酶需要进行全新的设计，相关工作见本书第 5 章“酶的计算设计方法与应用”。更多时候，可能是我们通过基因挖掘，找到了一些催化特定反应的酶蛋白序列，但相应的催化功能并不完善，即活性可能没有或较低、选择性很差、稳定性差等，需要对此酶进行进一步的改造，相关工作见本书第 6 章“酶的分子改造与修饰”。

### 2.3.2　相关的数据库介绍及优缺点

酶相关的数据库主要包括：序列数据库（如 EMBL 和 NCBI 的 RefSeq）、三维结构数据库（如 PDB）、化学数据库（如 ChEMBL）、蛋白质家族数据库（如 DExH/D）、多态性和突变数据库（如 dbSNP）、蛋白质组学数据库（如 PRIDE 和 ProteomicsDB）、基因组注释数据库（如 KEGG）、生物特异性数据库（如 ProMiner）、酶和途径数据库（如 BRENDA 和 Reactome）、家族和域数据库（如 iPfam）等。下面将对酶基因挖掘尤为重要的数据库及其优劣加以介绍。

酶基因序列库：美国 NCBI、欧洲生物信息学中心数据库（EBI）、日本生物信息学数据库（DDBJ）是国际知名的三大生物数据中心，掌握并管理着全世界主要生物数据和信息资源。三大生物数据中心主要提供了信息在线检索、数据资源及核酸分析工具，它们每天都会交换数据，使这三个数据库的数据同步。截至 2020 年 3 月，NCBI（https://www.ncbi.nlm.nih.gov/）的 GenBank 包含了基因组、转录本和蛋白质数据共 231 402 293 条记录，其中包括 167 278 920 个蛋白质、29 869 155 个 RNA 和 99 842 个物种的基因组序列。与微生物大数据相关，中国的国家微生物科学数据中心在 2019 年成为国内 20 个首批启动的国家级科学数据中心之一。目前该中心已建立完善了数据质量控制体系和多级数据质量标引体系，正在牵头申请并开发微生物数据领域第一个国际 ISO 标准，在此基础上，开发了拥有自主知识产权的数据管理平台，已在国内外上百家单位使用。此外，中国深圳国家基因库（CNGB，https://www.cngb.org/）是正在冉冉升起的中国生物数据中心新星。

酶蛋白信息库：UniProt 知识库（UniProtKB，http://www.uniprot.org）是收集蛋白质功能信息的中心，具有准确、一致且丰富的注释（The UniProt Consortium，2019）。除捕获每个 UniProtKB 条目必需的核心数据（主要是氨基酸序列、蛋白质名称或描述、分类数据和引用信息）外，还添加了尽可能多的注释信息。其中 Swiss-Prot 是经过手动注释的记录数据库，截至 2020 年 3 月包含 561 911 个条目，包含经由文献信息证实的注释记录以及经由计算分析给出且数据库研发人员评估过的注释记录，表 2.1 是其统计情况；TrEMBL 是仅通过计算分析得到的注释记录，目前正等待完整的手动分析，截至 2020 年 3 月包含 177 754 527 个条目。

表 2.1 Swiss-Prot 数据库统计情况

| 序列标注（特征） | 注释 | 条目 |
|---|---|---|
| 分子处理 | 665 259 | 561 911 |
| 链 | 570 050 | 554 752 |
| 起始甲硫氨酸 | 17 347 | 17 299 |
| 肽 | 11 715 | 8 073 |
| 前肽 | 14 394 | 12 278 |
| 信号肽 | 42 577 | 42 576 |
| 转运肽 | 9 176 | 9 060 |
| 区域 | 1 360 156 | 327 084 |
| 钙结合 | 4 206 | 1 743 |
| 卷曲螺旋 | 22 118 | 15 311 |
| 组成偏好 | 59 195 | 31 844 |
| DNA 结合 | 11 901 | 10 643 |
| 域 | 200 711 | 123 304 |
| 模体 | 44 347 | 28 979 |
| 核酸结合 | 158 820 | 86 189 |
| 重复 | 106 369 | 14 861 |
| 区域 | 202 941 | 95 278 |
| 拓扑域 | 143 488 | 29 267 |
| 跨膜 | 373 201 | 78 004 |
| 锌指 | 30 066 | 12 847 |
| 位置 | 1 035 905 | 212 801 |
| 活性位点 | 165 728 | 100 393 |
| 金属结合 | 399 881 | 96 946 |
| 结合位点 | 410 136 | 108 899 |
| 其他 | 60 160 | 32 526 |
| 氨基酸修饰 | 536 968 | 117 005 |
| 交联 | 23 855 | 8 561 |
| 二硫键 | 127 062 | 34 093 |
| 糖基化 | 117 719 | 30 242 |
| 酯化 | 13 228 | 8 531 |
| 被修饰的残基 | 254 747 | 72 442 |
| 非标准残基 | 357 | 282 |
| 自然变异 | 149 999 | 31 436 |
| 自然变异 | 149 999 | 31 436 |
| 替代序列 | 52 251 | 22 156 |
| 实验信息 | 251 459 | 67 369 |
| 突变 | 75 598 | 16 365 |

续表

| 序列标注（特征） | 注释 | 条目 |
|---|---|---|
| 非相邻残基 | 2 523 | 820 |
| 非终止残基 | 12 521 | 9 596 |
| 序列冲突 | 155 240 | 47 695 |
| 序列不确定性 | 5 577 | 839 |
| 二级结构 | 615 418 | 25 554 |
| 螺旋 | 270 019 | 24 645 |
| 翻转 | 65 106 | 20 029 |
| β 链 | 280 293 | 23 229 |

酶结构数据库：蛋白质的三维结构是从分子层次理解和阐明生物学规律的基础，其测定的实验方法主要有 X 射线晶体衍射分析、核磁共振波谱分析、冷冻电镜实验。PDB 数据库（The Protein Data Bank，http://www.rcsb.org/）是最主要的蛋白质结构数据库（Berman *et al.*，2000），截至 2020 年 5 月该数据库提供了 163 414 个生物大分子结构。PDB 给出了按结构测定实验方法的分类统计，同时 PDB 数据库也给出了按类别、X 射线分辨率、酶类别的数目、范围分类等的统计信息，详见表 2.2。

**表 2.2 PDB 数据库的相关统计信息**

| 类别（数量） | 实验方法（数量） | X 射线分辨率（数量） | 酶类别（数量） | 范围分类（数量） |
|---|---|---|---|---|
| 智人（47 229） | X 射线（143 568） | ＜1.5 Å（13 195） | 水解酶（30 351） | α/β 蛋白（11 840） |
| 大肠杆菌（10 167） | 核磁共振（12 805） | 1.5～2.0 Å（48 646） | 转移酶（26 697） | α/β 蛋白（10 942） |
| 小家鼠（6 837） | 电子显微镜（4 517） | 2.0～2.5 Å（45 383） | 氧化还原酶（14 266） | 全为 β 蛋白（10 556） |
| 合成构建（4 582） | 混杂（161） | 2.5～3.0 Å（25 170） | 裂合酶（6 583） | 全为 α 蛋白（7 516） |
| 酿酒酵母（4 490） | 电子晶体学（147） | 3.0 Å 及以上（11 197） | 异构酶（3 515） | 小蛋白（2 198） |
| 褐家鼠（3 165） | 固体核磁共振（110） | | 连接酶（2 290） | 多域蛋白（1 185） |
| 牛（3 000） | 中子衍射（68） | | 移位酶（820） | 肽（712） |
| 其他（83 612） | 纤维衍射（38） | | | 其他（1 524） |
| | 溶液光散射（32） | | | |
| | 其他（24） | | | |

蛋白质结构分类数据库：SCOPe（Structure Classification of Proteins-extended，http://scop.berkeley.edu/）是加利福尼亚大学在 PDB 结构数据库基础上构建的（Fox *et al.*，2014）。截至 2020 年 5 月，该数据库中有 α 蛋白 289 种、β 蛋白 178 种、α/β 蛋白 148 种、α+β 蛋白 388 种、多域蛋白 71 种、膜蛋白 60 种、小蛋白 98 种、卷曲螺旋蛋白 7 种、低分辨率蛋白 25 种、多肽 148 种、设计蛋白 44 种、人工蛋白 1 种。CATH（Protein Structure Classification Database，http://www.cathdb.info）是伦敦大学构建的蛋白质结构域分类信息数据库（Dawson *et al.*，2017），2019 年将 9500 万个蛋白质依照拓扑结构和同源相似性分成 5481 个超家族，如表 2.3 所示。

表 2.3 CATH 数据库统计情况

| | CATH-Plus 4.3.0 | CATH（每日快照） |
|---|---|---|
| PDB 发布 | 2019 年 1 月 7 日 | 2020 年 12 月 11 日 |
| 结构域 | 500 238 | 536 769 |
| 超家族 | 5 481 | 6 631 |
| 注释过的 PDB | 131 091 | 164 986 |

宏基因组数据库：上一节中提到一些从宏基因组实验数据中开展基因挖掘的工作，但也有一些宏基因组实验数据存放在公共数据库，可以作为基因挖掘的数据来源。EBI（Mitchell *et al.*，2016）和 HPMCD（Forster *et al.*，2016）是两个有代表性的宏基因组数据库。2007 年底美国国立卫生研究院（NIH）宣布将投入 1 亿 1500 万美元，正式启动酝酿了两年之久的人类微生物组计划（Human Microbiome Project，HMP），由美国主导，有多个欧盟国家及日本和中国等十几个国家参加，旨在推进更先进的微生物领域的发展，开展最有影响的宏基因组研究，包括更新计算分析工具。

## 2.3.3 基于大数据的相关获得酶基因的解析

基于探针序列的基因挖掘：这是最常用的基因挖掘方法，通过以文献报道的催化相应反应的酶序列为探针序列，在数据库中比对其他特定的菌株或全数据库范围内的同源序列，使用 DNAMAN 或 BioEdit 等构建进化树并分析比对结果，最后克隆相应的候选基因。基因全合成技术也让难获得菌株中的基因便于获得，目前基因合成的成本也越来越低，该基因挖掘方式被广泛采用。图 2.3 是挖掘甾酮 $C_{1,2}$ 位脱氢酶（3-ketosteroid-$\Delta^1$-dehydrogenase，KstD [EC1.3.99.4]）时所做的进化分析（Wang *et al.*，2013）。

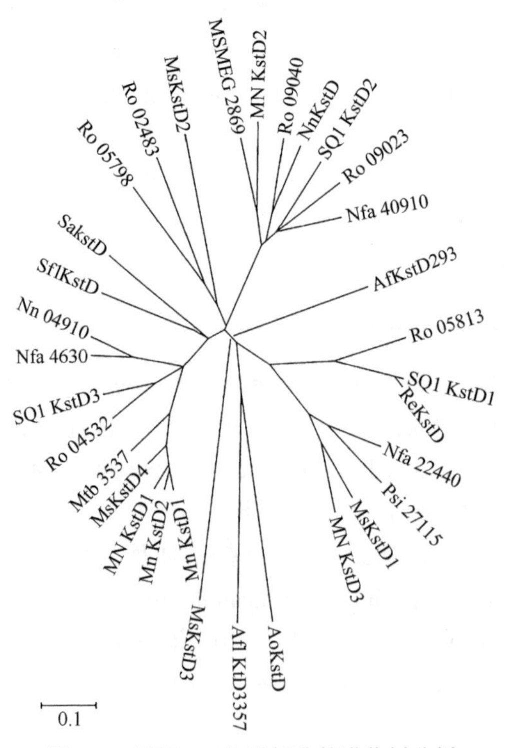


图 2.3 甾酮 $C_{1,2}$ 位脱氢酶的进化树分析

基于已测序基因组的基因挖掘：这一方法也是从已有序列信息和功能验证的酶出发，但并不是从数据库搜索新的序列，而是在实验测序的基因组中搜索，所以亦称基因挖矿（gene mining）。在已测序的基因组中，部分基因会被注释成特定酶功能的假定蛋白，但是未经实验证实；也有很多序列未被注释或者实验验证，有待进一步研究。从大量的序列信息中获得目的序列，基因挖矿也是一种有效的手段。目前有相当多的酶都是用这种方法获得的，如从 *Bacillus* sp. ECU0013 挖到的 *β*-酮脂酰-ACP 还原酶（FabG）（Ni *et al.*，2011）、从海洋螺杆菌 *Oceanospirillum* sp. MED92 中挖到的氧化还原酶 OsAR（Li *et al.*，2013）。

基于宏基因组数据的基因挖掘：考虑到所有微生物中只有 0.001%～1% 是可培养的，宏基因组序列数据库代表了大多数未经开发的生物催化剂的"金矿"。2017 年 *Science* 报道哈佛大学和麻省理工学院（MIT）的研究人员结合人类肠道宏基因组和生物化学知识，揭示了菌群中未知酶参与的代谢途径（Glasner，2017；Levin *et al.*，2017）。他们运用基因组酶学来分析宏基因组以及序列相似性网络，发现了反式-4-羟基-*L*-脯氨酸（在人体蛋白质和膳食成分中常见的修饰氨基酸）的普遍代谢途径。基因组酶学结合了酶的超家族和基因组背景来预测未知的超家族的功能。酶的超家族是指有共同起源和类似催化机制（如化学反应步骤或反应的中间结构）的酶家族。序列相似性网络（sequence similarity network）对于为实验研究选择目标和生成假设来说是非常有用的工具，尽管其还不能抓住超家族中所有进化和功能的联系。

基于序列和结构信息相结合的基因挖掘：上述几种方法的基因挖掘会生成大量的比对序列，针对特定的底物，如何找到有活性的酶难以确定，这时从底物和酶的相互作用中可以提供一些线索。Siegel 课题组采用序列分析和分子对接相结合的方式挖掘出酮异戊酸脱羧酶（Mak *et al.*，2015），图 2.4 是其流程，先是序列分析，去掉同源性过高的序

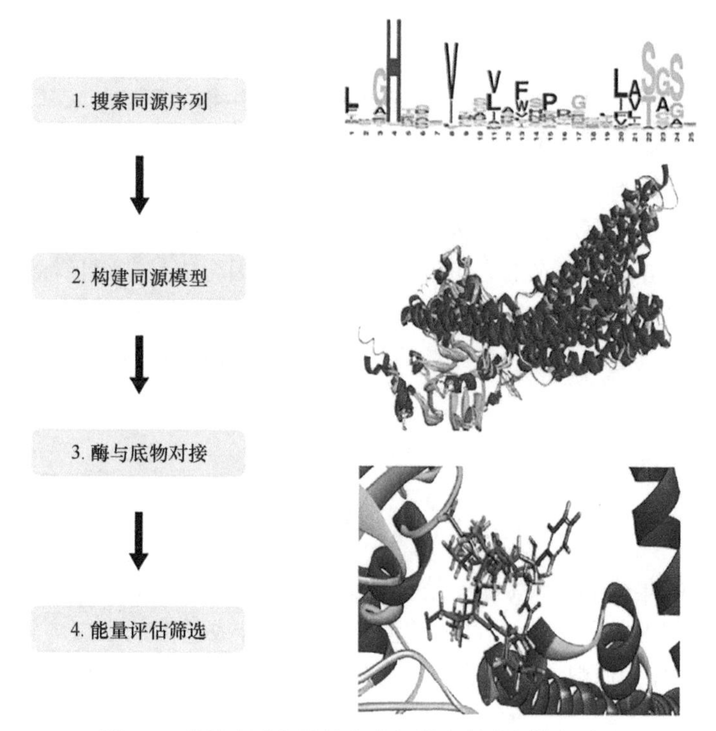


图 2.4　基于序列和结构信息相结合的基因挖掘流程

列以提高序列之间的差异性；然后余下的酶用软件对其结构进行同源建模，保留能量最低的结构模型；再将候选酶与底物进行分子对接，依据自由能从低到高排序，来进一步缩小候选酶的范围。这种方法可以批量化、程序化，但酶结构的同源建模和分子对接不一定能做到十分精确。

基于智能计算的基因挖掘：近年来，随着人工智能（AI）技术的突飞猛进，智能计算的方法在很多领域得到广泛应用。作为人工智能主要领域的机器学习，也正在从传统的机器学习（回归、决策树、支持向量机、贝叶斯模型、神经网络等）向深度学习（deep learning）和强化学习（reinforcement learning）迈进，其泛化能力大大增强。人工智能本身是数据驱动的，使得在酶及相关数据日益丰富的大数据背景下，更具有在酶基因挖掘领域获得有效应用的优势。上述与酶挖掘相关的基因序列、酶蛋白、酶结构等方面的数据库，甚至实验实测的数据，可以提供基于智能计算基因挖掘的强大数据来源。机器学习在生命科学领域目前较多用在病理图像识别、医疗诊断辅助等应用上，AI 技术在基因挖掘上尚处于起步阶段。2020 年 2 月 12 日的《自然·通讯》报道，研究人员开发出一种使用深度学习来识别疾病相关基因的人工神经网络（Dwivedi *et al.*，2020）。除了充分可靠的数据、合适的智能模型，模型训练还需要高性能计算的支持。例如，DeepMind 开发的蛋白质结构预测算法 AlphaFold 和 AlphaFold2 分别在 CASP13 和 CASP14 上取得很大成功，除了在使用大量 PDB 数据和深度神经网络建模基础上，背后离不开 Google 云计算的强大计算能力的支持。人工智能需要经过训练才能有预测能力，基因挖掘一般也是要找出具有特定功能的酶，一般性的满足任意需求的基因挖掘的 AI 工具也可能是不切实际的。

## 2.4 酶基因合成

DNA 是生命信息的主要载体，可以通过自然界微生物的筛选和宏基因组基因扩增获得相应的基因片段，而利用异源表达编码酶的基因序列已成为当前获得酶的主要手段。相对于体内和体外的各种天然基因序列修改技术，基因合成技术具有独特的优势。分子克隆技术只能以一段已有序列为模板复制、修改基因，当模板难以获得、难以稳定存在或者需要得到自然界中不存在的人工设计序列时，基因合成是获得目标序列的唯一可行方法；完整序列的基因合成无需大幅度修改基因序列，是获得酶基因最省时省力的途径。人工智能在酶结构改造和新酶设计中的广泛应用，使得对酶性能提升的酶基因合成更加精准、快速。

### 2.4.1 基因合成新技术

#### 1. 脱氧核糖核酸（DNA）从头合成

从 20 世纪 50 年代 DNA 双螺旋结构被破译后不久，DNA 的人工合成研究便开始进行，80 年代开始实现自动化和商业化应用。人工合成基因的主要方法是以寡核苷酸（oligonucleotide）作为原料，经拼接组装得到基因片段。目前自动化 DNA 合成仪上普遍使用亚磷酰胺固相合成法（Beaucage and Iyer，1992），以可控多孔玻璃（controlled pore glass，CPG）或聚苯乙烯（polystyrene，PS）等作为固相载体，通过脱保护、偶联、封闭和氧化四步反应循环加成每一个核苷酸（图2.5），并沿3′→5′方向延伸合成寡核苷酸。

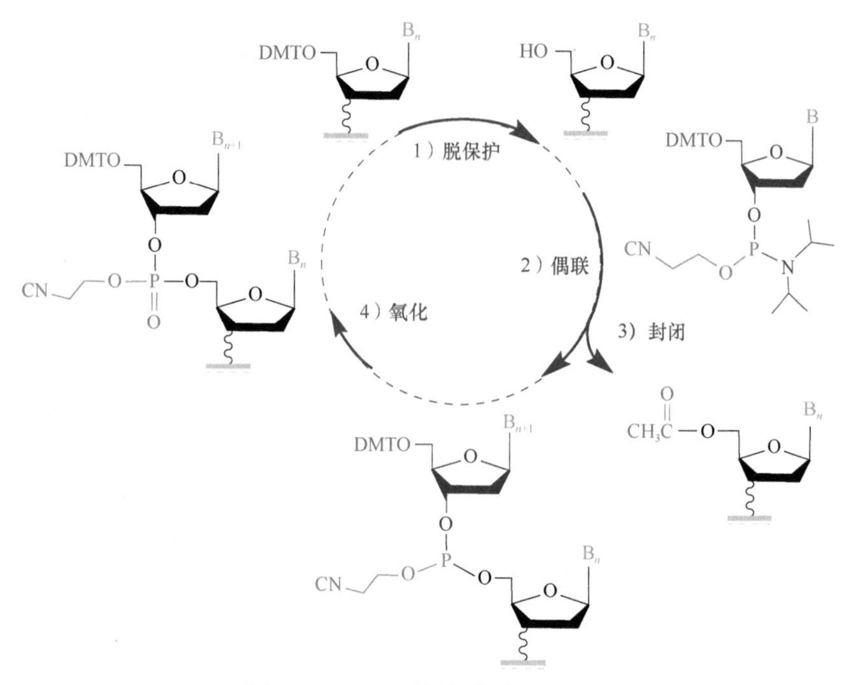


图2.5 寡核苷酸固相化学合成简图

B代表碱基

当前，化学合成方法的瓶颈日益突出，如大量使用对环境有害的危险化学品、合成长度受限、错误率和成本难以降低等，科研人员希望开发出DNA化学合成的替代方法，实现在水相、温和的条件下，逐个、可控加成核苷酸单体，获得更长、错误率更低的寡核苷酸链。在大量工作致力于开发DNA化学合成方法的同时，酶促从头合成多聚核苷酸的潜力也受到关注，尽管现阶段酶促从头合成DNA依然存在合成特异性和可控性差、效率低、生成均聚物等问题。科研人员在努力寻找解决这一难题的方案，主要研究团队包括法国DNA Script公司、美国Molecular Assemblies公司和美国加利福尼亚大学伯克利分校的Keasling团队等（Adrian and Xavier，2021；Efcavitch and Sylvester，2016；Truong *et al.*，2018）。

### 2. 自动化与高通量合成

固相寡核苷酸合成载体从合成柱、多孔合成板发展到高密度芯片形式（表2.4），以满足日益增长的大规模、低成本DNA合成的需求。目前在售的商品化合成仪的单轮最高合成通量可达768，而通量高于1536的合成仪也已有文献报道，柱产量1～1000 nmol（Horvath *et al.*，1987；Sindelar and Jaklevic，1995；Lashkari *et al.*，1995；Cheng *et al.*，2002；Jensen *et al.*，2014）。

表 2.4 柱式与芯片 DNA 合成仪性能参数对比

| | 柱式合成平台 | 芯片合成 | | |
|---|---|---|---|---|
| | | CustomArray 电化学芯片法 | Twist 物理分割芯片法 | LC-Sciences μParaflo 光脱保护芯片法 |
| 产物形式 | 寡核苷酸 | 寡核苷酸库 | 寡核苷酸库/单一寡核苷酸/基因片段 | 寡核苷酸库 |
| 反应介质 | 合成柱 | 点阵芯片 | 物理分割阵列芯片 | 微流控芯片 |
| 成本（美元/碱基） | ～0.1 | ～0.000 1 | ～0.000 01 | ～0.001 |
| 错误率（%） | 0.05～0.1 | 0.8～1 | 0.2～0.5 | 0.6～1.5 |
| 合成最大长度（nt） | ～120 | ～150 | ～200 | ～150 |
| 合成通量 | 1～1 536 | $10^4$～$10^5$ | ～$10^6$ | <$10^4$ |
| 合成效率（%） | ～99 | 95～98 | 98～99 | ～98 |
| 合成量 | 0.5～1 000 nmol | ～10 fmol | ～1 fmol | ～5 fmol |

芯片合成可以快速、平行合成大量不同序列的寡核苷酸序列库，其特点是通量高、试剂消耗少、成本低。目前已发展出基于光化学、喷墨打印、电化学和集成电路控温等不同原理的芯片合成平台。

### 3. 基因片段合成

DNA 从头合成的长度有限，要合成更长的基因需要将这些短片段拼接起来。常用的体外拼接/组装方法主要有基于连接酶的反应和基于聚合酶的反应两种。

连接酶链反应（ligase chain reaction，LCR）采用嗜热 DNA 连接酶，通过热循环反应，将首尾相连、重叠杂交的寡核苷酸拼接成长链片段。

基于聚合酶的组装通常是聚合酶链反应（PCR）驱动的反应，可以用两步或一步将含部分重叠序列的寡核苷酸组装成全长基因，如递归 PCR（recursive PCR）、组装 PCR（assembly PCR）或聚合酶循环组装（polymerase cycling assembly，PCA）（Dillon and Rosen，1990；Stemmer *et al.*，1995；Prodromou and Pearl，1992；Sandhu *et al.*，1992；Wu *et al.*，2006）。

对于大多数基因序列，基于连接酶和聚合酶的组装方法效果相当。但聚合酶拼接法允许相邻寡核苷酸之间有间隙（不需要首尾相接），不需要磷酸化寡核苷酸末端，因此相对于连接酶拼接反应，原料寡核苷酸的数量更少，在经济和时间成本上略有优势。但对于较困难的基因合成（如重复序列、DNA 二级结构过多），连接酶拼接法的成功率更高。另外，重叠杂交的寡核苷酸也可以在酵母细胞内被拼接起来并克隆到同时转化进去的载体上（Gibson，2009）。

### 4. 基因库合成

酶的基因文库构建是酶改造和定向进化中的一个关键问题。基因文库构建中的一个主要挑战是获得库容足够大的候选基因库，以提高筛选到目标酶突变体的概率。基于易错 PCR、DNA 混编等方法难以完全控制突变方向，而基因合成通过引入简并密码子、高通量合成等方式可以显著提高文库构建的可控性，能够在给定基因序列的基础上，对指定位点、突变数量和密码子种类等均能实现完全或部分随机化。

高通量 DNA 合成技术如 Sloting 和 Twist 平台技术为构建文库提供了新的选择，与传统的基于 PCR 的饱和突变相比，基于高通量合成的寡核苷酸库所构建的基因库几乎没有氨基酸“偏好”（Li *et al.*，2018a，2018b）。Plesa 等（2018）和 Sidore 等（2020）将高通量芯片合成与“油包水”乳液技术结合，开发了液滴合成（DropSynth）基因库合成方法。在该方法中，修饰了“条码序列”的微球将用于组装特定基因库的寡核苷酸子库从芯片合成的寡核苷酸池中提取出来，在乳化的皮升级液滴内，采用Ⅱ型限制性内切酶将基因片段从微球上切割下来，并通过聚合酶循环组装（PCA）拼接成全长基因库，破乳后即可获得大规模的基因文库。

### 5. 克隆与组装

目前，已有很多种方法用于合成基因或基因文库的克隆，包括依赖和不依赖限制性内切酶、依赖和不依赖连接反应以及基于重组的克隆方法，这些方法也被用于对目的基因的修饰，包括基因截取、定点突变和结构域交换等，表 2.5 列出了与蛋白质表达直接相关的常用克隆技术。

表 2.5 构建酶表达体系的克隆方法

| 克隆策略 | 方法 | 酶 | 克隆位点/序列 | |
|---|---|---|---|---|
| | | | 载体 | 片段 |
| 基于限制性酶-连接反应 | 酶切连接 | 限制性酶，T4 DNA 连接酶 | 限制性酶切位点 | 限制性酶切位点 |
| | Ⅱ型内切酶克隆（Golden Gate） | Type Ⅱ内切酶，T4 DNA 连接酶 | 限制性酶切位点 | 限制性酶切位点 |
| | 尿嘧啶特异性切除（USER） | USER 酶混合物 | 8～12 bp | 引物中含有 dU |
| 基于连接反应 | Topo-TA | T4 DNA 连接酶 | 3′-poly T 接头 | 5′-poly A 接头 |
| 基于外切酶-DNA 杂交互补 | 不依赖于连接的克隆（ligation-independent cloning，LIC） | T4 DNA 聚合酶 | ＞12 bp LIC 位点 | ＞12 bp LIC 位点 |
| | 不依赖于序列和连接的克隆（sequence and ligation-independent cloning，SLIC） | T4 DNA 聚合酶，RecA | 无特殊要求 | 20～40 bp |
| | 无缝克隆（In-Fusion） | In-Fusion HD 克隆酶混合物 | 无特殊要求 | 15 bp |
| | Gibson assembly | T5 外切酶，Phusion DNA 聚合酶，*Taq* 连接酶 | 无特殊要求 | 15～80 bp |
| | GeneArt 无缝克隆 | 专有酶混合物 | 无特殊要求 | 15 bp |
| 基于重组 | Gateway | 专有 Clonase 酶混合物 | 25 bp *att*P 位点 | 25 bp *att*B 位点 |
| | 通用载体质粒融合系统（uni-vector plasmid-fusion system，UPS）克隆 | Cre 重组酶 | 34 bp *lox P* 位点 | 34 bp *lox P* 位点 |
| | 接合辅助的遗传整合克隆（mating-assisted genetically integrated cloning，MAGIC） | Ⅰ-Sce 内切酶，λ 重组酶系统 Red α、Red β 和 Gam（体内） | 50 bp 序列，Ⅰ-*Sce*Ⅰ位点 | 50 bp 序列，Ⅰ-*Sce*Ⅰ位点 |
| | 无缝连接克隆提取物（seamless ligation cloning extract，SLiCE）克隆 | *E. coli* 提取物 | 无特殊要求 | 15～52 bp |

续表

| 克隆策略 | 方法 | 酶 | 克隆位点/序列 | |
|---|---|---|---|---|
| | | | 载体 | 片段 |
| 基于 PCR | 聚合酶不完全引物延伸（polymerase incomplete primer extension，PIPE）克隆 | DNA 聚合酶 | 无特殊要求 | 14～17 bp |
| | 无限制性酶（restriction-free，RF）克隆 | DNA 聚合酶，DpnⅠ | 无特殊要求 | 24～30 bp |
| | 转移 PCR（transfer-PCR，TPCR） | DNA 聚合酶，DpnⅠ | 无特殊要求 | 30 bp |
| | 环形聚合酶延伸克隆（circular polymerase extension cloning，CPEC） | DNA 聚合酶 | 无特殊要求 | 15～25 bp |
| | 大引物 PCR 克隆 | DNA 聚合酶，T4 PNK、DpnⅠ、T4 DNA 连接酶 | 无特殊要求 | 20～25 bp |

### 6. 合成错误修复和验证

目前，基因合成错误主要来源于寡核苷酸化学合成，少部分来源于基因组装过程。针对不同的错误类型和错误来源，需要从寡核苷酸合成、基因组装等多个环节建立错误控制方法。

目前普遍使用的亚磷酰胺固相合成法的单步耦合效率为98.5%～99.5%，寡核苷酸越长，累积的合成错误越多，如合成长度为100个碱基的寡核苷酸，序列完全正确的产物比例少于30%～40%。短链副产物来源于单体加成失败导致的盖帽试剂封闭反应，终止进一步延长；碱基缺失错误来源于封闭反应或脱保护反应失败，每个碱基位点的失败率约为0.5%；碱基插入错误来源于寡核苷酸链上的保护基团被过量活化剂裂解，提前脱保护并偶联上不需要的碱基，通常为同一碱基的插入，每个位点的发生概率为0.4%。与柱式合成法相比，芯片合成的寡核苷酸错误率更高，一个诱因是脱保护试剂作用时间过长，导致出现“脱嘌呤”现象；另一个诱因则是“边缘效应”，即喷墨打印、光活化、电化学合成平台中，因液滴喷射错位、光束漂移或试剂隔离不良而产生的交叉污染。

降低寡核苷酸错误率的一条路线是优化合成方法，改进合成试剂用量和反应条件（LeProust *et al.*，2010），对芯片表面进行物理性修饰分隔（Saaem *et al.*，2010），以及开发更高效的合成方法，如非酸脱保护合成体系、酶促合成体系等。另一条路线是对合成产物进行纯化，采用基于分子尺寸差异的纯化方法，如高效液相色谱（HPLC）、聚丙烯酰胺凝胶电泳（PAGE）等，可除去约90%含有碱基缺失或插入错误的寡核苷酸，但难以除去含碱基置换突变和单碱基插入/缺失的产物；或者针对每一种长链寡核苷酸序列，设计合成大量短链互补寡核苷酸（选择性寡核苷酸）并将其固定在小珠上，通过严格的杂交-选择过程富集序列正确的寡核苷酸（Tian *et al.*，2004）。这些纯化方法并不修复任何合成错误，只是尽可能地将序列正确与错误的寡核苷酸分开，当合成错误率高时，会导致经纯化所得的产物的产量过低而需要多次合成。

化学合成的寡核苷酸总是不可避免地携带合成错误进入基因组装过程中，在下游基因片段中被积累，研究人员建立起两种不同的错误修复策略。

第一种策略是利用错配结合蛋白（如MutS）结合含有错配位点的DNA，使无错片段与之分离，同时，含错配位点的DNA结合了错配结合蛋白后在电泳胶片上迁移速率明显变慢，从而达到和正确DNA分开的目的（Smith and Modrich，1997）。或者将错配结合蛋白固定在纤维素柱上，通过过滤的方式，使含有错配位点的寡核苷酸或基因片段结合到柱上，与正确的片段分离（Wan *et al.*，2014；Zhang *et al.*，2020）。同序混编法（consensus shuffling）将重新退火的DNA产品先经限制性内切酶裂解后，再经错配结合蛋白亲和柱过滤，含错配位点的片段因结合了错配结合蛋白而被吸附在柱上，无错片段被洗脱下来，最后经PCR反应重新组装成全长基因片段（Binkowski *et al.*，2005）。

另一种策略是利用错配特异性内切酶与具有校正功能的高保真DNA聚合酶形成组合体系，切去错配位点，余下的DNA片段重新组装成全长片段，实现在单碱基水平上对合成基因错误的修复（Saaem *et al.*，2011）。

应用二代测序（next generation sequencing，NGS）技术筛选正确序列也取得了一些进展。Matzas等（2010）采用定制的机械装置从罗氏（Roche）454测序仪中回收测序正确的DNA片段。Kim等（2012）也使用了上述型号的测序仪，但采用随机标签序列标记单个分子，利用PCR的方法回收正确的DNA片段。Schwartz等（2012）使用因美纳（Illumina）条形码测序也实现了目标序列的回收。近来，也有文献报道利用微流控技术或乳液微液滴技术，将错误修复与基因组装结合，进一步提升基因合成流程的自动化水平并降低成本（Khilko *et al.*，2018；Sidore *et al.*，2020）。

### 2.4.2 基因合成的理性设计

将酶的基因片段导入宿主会遇到密码子使用偏好、GC含量、重复序列等问题，导致酶的表达困难或产量低，需要在合成之前对编码酶的基因序列进行优化，较为全面的密码子优化策略主要包括密码子偏好性、密码子协调性、密码子敏感性、调整基因序列结构等。

密码子优化的策略如下。

密码子（codon）是信使核糖核酸（mRNA）或脱氧核糖核酸（DNA）上的三联体核苷酸序列，一个密码子编码一个特定的氨基酸，转运核糖核酸（tRNA）的反密码子与mRNA的密码子互补。目前发现共有64个不同的密码子（61个氨基酸密码子和3个终止密码子），但只编码20种氨基酸，同一种氨基酸对应的多个密码子被称为同义密码子（Crick *et al.*，1961；Lagerkvis，1987；Ikemura，1981）。同义密码子在翻译过程中的使用频率存在差异，这种现象被称为密码子偏好性（Plotkin and Kudla，2011）。

密码子偏好性优化策略主要是用宿主基因组中具有最高频率的同义密码子替换基因序列中的密码子，该密码子在宿主中相应的tRNA水平较高，翻译速率较快，可加快蛋白质合成，提高表达水平（Hanson and Coller，2017；Quax *et al.*，2015；Villalobos *et al.*，2006）。但也有部分实验结果表明，经过密码子偏好性优化后反而使蛋白质的含量降低，原因可能是蛋白质合成的氨酰tRNA浓度并不一定较高，替换为高频密码子消除了使用稀有密码子时的核糖体暂停效应，导致部分蛋白质折叠错误形成包涵体（Buhr *et al.*，2016；Zhu *et al.*，2015；Hanson and Coller，2017；Gong *et al.*，2006）。

密码子协调性优化策略是在基因合成中保护基因某些部分的密码子使用，维持影响折叠和翻译后修饰的调节元件。某些稀有密码子簇存在于多种基因中，特别是5′和3′端，与翻译延伸过程中核糖体的减缓速度有关，有利于蛋白质的共翻译折叠，如果仅引入最高频率的密码子，则有可能造成相应氨酰 tRNA 快速消耗，使底物成为蛋白质翻译的限制因素，导致翻译过早终止或引入错误氨基酸，从而影响蛋白质的产量和质量（Fuglsang，2003）。密码子协调性优化策略选择与宿主中使用频率最为相似的密码子进行替换，最大限度地模拟宿主内供体的天然翻译动力学，也可以利用密码子随机分布来协调密码子（Menzella，2011；Welch *et al.*，2009；Kodumal *et al.*，2004；Wang *et al.*，2010；Menzella *et al.*，2005）。

对于极端条件下酶的表达，可以考虑密码子敏感性优化策略。在细胞内氨基酸缺乏的条件下，tRNA 与氨基酸结合能力存在差异，如果高频密码子正好敏感性也较高，采用密码子偏好性优化策略可能会导致蛋白质表达量不升反降（Elf *et al.*，2003）。例如，采用敏感性较低的密码子，即使氨基酸的浓度降低，该对应的 tRNA 与其他同功受体 tRNA 相比也能有较高的氨酰化水平，从而维持蛋白质的持续表达（Wohlgemuth *et al.*，2013）。

除上述因素外，异源蛋白表达还包括一些其他的转录水平和翻译水平的影响因素，如 mRNA 二级结构的稳定性（Kertesz *et al.*，2010）、消除串联稀有密码子（Clarke and Clark，2010）、避免密码子重复（Gustafsson *et al.*，2012）、调整核糖体结合位点（Mackie，2012）、起始终止密码的环境等（Shell *et al.*，2015；Srivastava *et al.*，2016）。避免与位于可读框中可能干扰 mRNA 加工和翻译功能的重要 RNA 基序相似（如 Shine-Dalgarno 序列），这可能会造成核糖体翻译暂停（Li *et al.*，2012；Mohammad *et al.*，2016）。在真核生物中要考虑到胞嘧啶-磷酸-鸟嘌呤位点（CpG）的含量（Bauer *et al.*，2010）和 TATA 盒（Jonkers *et al.*，2014）等因素。基因序列本身的优化还包括调整 GC 含量（Kiktev *et al.*，2018；Newman *et al.*，2016；Kudla *et al.*，2006）、避免碱基重复（Gustafsson *et al.*，2004；Chamary *et al.*，2006）、消除限制酶识别位点（Parret *et al.*，2016）、Chi-site 延伸重组热点（Taylor *et al.*，2016）。常用基因序列优化工具列在表 2.6 中。

表 2.6 常用基因序列优化工具

| 名称 | 网址 | 参考文献 |
|---|---|---|
| Codon Usage Database | http://www.kazusa.or.jp/codon/ | Nakamura *et al.*，2000 |
| Codon Bias Database（CBDB） | https://pearson.cs.luc.edu/ | Hilterbrand *et al.*，2012 |
| Rare Codon Caltor（RaCC） | https://people.mbi.ucla.edu/sumchan/caltor.html | |
| CAIcal | http://genomes.urv.cat/CAIcal/ | Puigbo *et al.*，2008 |
| CodonO | http://sysbio.cvm.msstate.edu/CodonO/ | Wu *et al.*，2005 |
| codonW | http://codonw.sourceforge.net/ | Angellotti *et al.*，2007 |
| GCUA | http://gcua.schoedl.de/ | Fuhrmann *et al.*，2004 |
| INCA | http://bioinfo.hr/research/inca/ | Supek and Vlahovicek，2004 |
| Rare Codon Calculator: %MinMax | http://www.codons.org/index.html | Clarke and Clark，2008 |
| Amino Acid and Codon Usage Statistics | http://www.cmbl.uga.edu/software/codon_usage.html | |
| Sequence Manipulation Suite: Codon Usage | http://www.bioinformatics.org/sms2/codon_usage.html | Stothard，2000 |
| CodonOpt | https://eu.idtdna.com/CodonOpt | |
| COOL | http://cool.syncti.org/ | Chin *et al.*，2014 |

续表

| 名称 | 网址 | 参考文献 |
| --- | --- | --- |
| DNAWorks | https://hpcwebapps.cit.nih.gov/dnaworks/ | Hoover and Lubkowski，2002 |
| D-Tailor | https://sourceforge.net/projects/dtailor/ | Guimaraes *et al.*，2014 |
| EuGene | http://bioinformatics.ua.pt/eugene/ | Gaspar *et al.*，2012 |
| GeneDesign | http://www.genedesign.org | Richardson *et al.*，2006 |
| Gene Designer | https://www.dna20.com/resources/genedesigner | Villalobos *et al.*，2006 |
| GeneOptimizer | https://www.thermofisher.com/cn/zh/home/life-science/cloning/gene-synthesis/geneart-gene-synthesis/geneoptimizer.html | Fath *et al.*，2011 |
| JCat | http://www.jcat.de/ | Grote *et al.*，2005 |
| mRNA Optimizer | http://bioinformatics.ua.pt/software/mRNA-optimiser | Gaspar *et al.*，2013 |
| OPTIMIZER | http://genomes.urv.es/OPTIMIZER/ | Puigbo *et al.*，2007 |
| OptimumGene | http://www.genscript.com/cgi-bin/tools/rare_codon_analysis | Wu *et al.*，2006 |
| Visual Gene Developer | http://visualgenedeveloper.net/index.html | Jung and McDonald，2011 |
| CodonOptimization | http://alpersen.bilkent.edu.tr/codonoptimization/CodonOptimization.zip | Alper *et al.*，2020 |
| Codon Scrambler | http://chilkotilab.pratt.duke.edu/codon-scrambler | Tang and Chilkoti，2016 |
| CodonWizard | http://schwalbe.org.chemie.uni-frankfurt.de/node/3324 | Rehbein *et al.*，2019 |
| Presyncodon | http://www.mobioinfor.cn/presyncodon_www/index.html | Tian *et al.*，2018 |

### 2.4.3 酶合成基因的表达及性能表征

#### 1. 酶合成基因的表达

通过宏基因组、数据库挖掘等方式获得的酶蛋白编码基因，在经过适当的理性设计后完成基因合成，根据使用目的需要在合适的表达系统或宿主细胞内进行酶合成基因的表达。酶合成基因的表达系统，可分为体内（*in vivo*）和体外（*in vitro*）表达系统两种类型，体内表达系统可进一步划分为原核细胞表达系统（如大肠杆菌、枯草芽孢杆菌等）和真核细胞表达系统（如巴斯德毕赤酵母、杆状病毒-昆虫细胞、哺乳细胞等）。

采用体内（*in vivo*）表达系统进行酶合成基因表达的主要应用领域包括酶的高效生产、微生物细胞工厂的构建与代谢改造以及生物医学中的基因治疗等。以酶的高效生产为例，无论采用原核细胞还是真核细胞体内（*in vivo*）表达系统，主要目的是实现酶合成基因的高产量、低成本、高活性表达。为达到这一目的，酶合成基因表达载体的选择、设计和优化改造是一项重要工作；具体考虑的因素包括为不同的酶合成基因匹配适当类型的启动子（如诱导型或组成型，高强度、中等强度或弱启动子）以获得预期的表达效果（Juturu and Wu，2018）；选择设计合适的融合标签（fusion tag）促进酶蛋白的正确折叠以增强溶解性、保持活性、靶向定位或辅助分离纯化（Francis and Page，2010）；考虑是否采用特定设计的伴侣蛋白或分子伴侣来提高表达酶蛋白的活性、溶解性或降低其细胞毒性（Francis and Page，2010；Juturu and Wu，2018）；选择合适的筛选标记、复制子或整合型质粒的整合位点特征序列等结构元件实现表达载体在宿主细胞内的稳定表达等。实现酶蛋白高效生产的另一项重要工作涉及宿主细胞的改造，包括促进酶蛋白翻译、分泌途径、翻译后修饰、折叠机制等方面的基因组工程改造，以更好地促进外源酶合成基因的表达（Wang *et al.*，2020），如通过基因组工程改造补充稀有密码子对应 tRNA 来促进带有稀有密码子的酶合成基因的翻译（Francis and Page，2010；Parret *et al.*，2016）；通过基因组工程改造构建特定的蛋白酶缺失突变株以利于某些酶蛋白的表达与累积；通过基因组改造调节宿主细胞内氧化还原状态以适应二硫键的形成；通过改造宿主细胞以整合入高等真核生物从而实现酶蛋白的翻译后糖基化修饰等（Juturu and Wu，2018）。微生物细胞工厂的构建与代谢改造是采用体内（*in vivo*）表达系统进行酶合成基因表达的另一项重要应用，在这种应用条件下最关注的问题是如何使酶合成基因具有合适的表达水平和动态响应性的表达特征，从而实现目标产品合成代谢通量的最优化，因而其酶合成基因的表达要服务于所属的代谢途径和整个代谢网络，需要考虑很多新的因素。生物医学中的基因治疗是体内（*in vivo*）表达系统进行酶合成基因表达的一个重要应用领域，目前也在不断取得新的进展，已有相关综述对这一领域进行深入介绍（Collins and Thrasher，2015；Dunbar *et al.*，2018）。

利用体外（*in vitro*）表达系统进行酶合成基因表达是近年来发展起来的用于酶蛋白的高效筛选与生产的新方法。在酶蛋白的高效筛选方面，Chiocchini 等（2020）报道了采用人工合成基因构建的线性基因表达框基于体外转录/翻译系统（*in vitro* transcription and translation，IVTT）自动化的表达和纯化酶蛋白；他们开发了一套称为 PRESTO（protein expression starting from oligonucleotides）的系统和流程，可以将目的基因通过计算机设计的引物无缝地拼接为线性的表达框，并在哺乳动物细胞体外转录/翻译系统中实现蛋白质的表达和纯化；通过集成一个小型液体工作站系统，可在 1 天内制备出纯化的蛋白质以供酶蛋白的筛选。在酶蛋白的生产方面，无细胞体外表达系统由于高度可控制性，可高效表达多种酶蛋白，尤其在膜蛋白表达方面具有特殊的优势。无细胞体外表达系统的研究重点之一在于突破表达系统的物质能量周转以实现持续生产，在这方面采取的策略包括选择性膜扩散运输、利用 RNAse 和蛋白酶实现中间产物降解循环利用、采用微流控循环反应环及特殊设计的区室限制 DNA 与流动反应巢相结合等方式持续进行反应（Tayar *et al.*，2017）。无细胞体外表达系统研究的另一重要方向在于寻求突破复杂空间结构蛋白复合物的表达与组装，以期进一步实现体外可自主复制的表达系统。这些研究方向的进展将为酶合成基因的表达及多酶体系的表达与空间组装提供技术支撑。

#### 2. 酶合成基因的性能表征

酶合成基因的表达是否达到预期水平，可采用不同的研究方法进行表达性能的表征。从生物化学的角度讲，具体包括转录水平、翻译水平、酶活力与代谢水平的监测以反映酶合成基因的表达性能。对于酶合成基因的不同应用领域，其所关注的水平和常用研究方法又有一定差异。以酶合成基因表达用于酶的高效生产为例，在不同的研究阶段对合成基因的性能表征可采用不同的方法。在筛选合适的酶合成基因用于特定酶蛋白表达的阶段，可采用蛋白质电泳或者免疫印迹等蛋白质含量测定方法来反映酶合成基因的表达性能。对于高通量的酶合成基因筛选而言，也可采用便于高通量监测的催化反应或光学现象等来反映酶合成基因的表达性能。例如，基于芯片的高通量全基因合成技术，可高通量合成编码同一酶蛋白的不同基因编码框，通过$\beta$-半乳糖苷酶基因（*lacZα*）编码的$\beta$半乳糖苷酶活性区域催化的5-溴-4-氯-3-吲哚-$\beta$-*D*-半乳糖苷（X-gal）显色反应程度来反映合成基因的表达性能；随着高通量基因合成技术的发展，该方法将被广泛用于酶合成基因表达性能的表征以及高效表达酶合成基因的筛选（Quan *et al.*，2011）。在将选定的酶合成基因用于蛋白质表达生产工艺的开发或者具体的生产过程时，测定酶蛋白的酶活力是更为常用的监测酶合成基因表达性能的方法。例如，在纤维素酶生产过程中，通过取样监测发酵液催化微晶纤维素的降解能力所反映的纤维素酶活力来表征纤维素酶合成基因的表达性能是一种方便快捷的方法。

运用于微生物细胞工厂的构建与代谢改造的酶合成基因的性能表征，除采用前述的监测蛋白质含量或者酶活力水平的方法之外，还可采用实时荧光定量PCR或转录组分析/测序技术等方法从mRNA转录水平来表征酶合成基因的表达性能（Muthukrishnan *et al.*，2014）。通过特定的实验设计，还可以对一定时间段内酶合成基因转录产生的mRNA的半衰期进行监测，从而反映转录所获mRNA的稳定性及其进一步的翻译性能。对于某些目标产物合成途径的特定瓶颈酶合成基因，在同等培养条件下通过测定目标产物的产量水平也可间接反映出该关键酶的不同候选酶合成基因的表达性能。$^{13}$C标记代谢通量分析（$^{13}$C-MFA）常被用来发现或验证一些新的合成途径是否存在，或者用于比较遗传改造前后微生物细胞工厂的代谢途径通量分布的变化。在特定的研究条件下，如同工酶合成基因替换的情况下，$^{13}$C-MFA所反映的代谢通量变化也可用来间接反映该同工酶合成基因的表达性能（Feng *et al.*，2010；He *et al.*，2014）。

### 3. 酶合成基因表达性能的影响因素

除了前述体内表达系统的表达载体和宿主细胞以及体外表达系统的整体设计等外在因素，还有哪些内在因素影响酶合成基因的表达性能是值得重点关注的问题，也为酶合成基因的进一步优化指明了方向。从酶合成基因的整个表达过程来分析，目前已知的影响其表达性能的内在因素涉及多个方面，下面分别简要介绍。第一个因素是位置效应，对于含有多条染色体的真核生物表达系统而言，整合到染色体中的外源酶合成基因，其受位置效应的影响不仅包括近范围的增强子/阻遏子等序列元件的影响，还受到折叠包装后染色质形态的影响，这与真核生物系统基因表达调控更为复杂多样有关。第二个因素是转录后所形成的mRNA在表达系统内形成的高级结构，特别是5′端的高级结构对核糖体的结合以及翻译起始复合物的形成、多肽链的延伸是否有利，以及对mRNA稳定性的影响。第三个因素是酶合成基因的密码子分布特征，主要考虑的问题是和表达系统的密码子偏好性是否匹配，以避免可能存在的稀有密码子的翻译困难导致的翻译提前终止问题，或者因稀有密码子存在降低翻译速度导致的多肽链错误折叠或因翻译速度过快而形成包涵体等。在大肠杆菌中对两组40个合成基因的表达实验研究表明，密码子使用及密码子分布特征是影响合成基因在大肠杆菌中表达性能的最主要因素（Welch *et al.*，2009）。第四个因素是重复序列或低GC含量可能导致的酶合成基因在表达系统内的稳定性问题；插入具有重组功能的真核生物表达系统（如酿酒酵母）中的酶合成基因，重复序列或宿主基因组的大片段同源序列均会增加其遗传不稳定性，从而使得酶合成基因不能稳定地表达。而低GC含量区域的存在可能会导致插入的外源酶合成基因在某些生物表达系统内形成空泡（bubble）形式的单链DNA，由此可能受到单链特异性核酸内切酶的切割作用而不能稳定表达。通过考虑这些因素，特别是密码子分布特征对酶合成基因表达性能的影响，Parret等（2016）综述了如何在考虑这些因素的情况下进行合成基因的设计优化以提高其表达性能。

## 2.5 总结与展望

在酶的发现与筛选方法中，从环境样本（包括宏基因组样本）中基于酶的功能进行筛选仍是有力的方法。在期望得到具有特定功能的“新”酶时，该方法尤其具有优势。但同时，基于功能的筛选依赖于高通量的筛选方法，幸运的是，近年来开发了液体微流控和质谱技术等新的筛选方法，大大提高了筛选的范围和通量。

宏基因组学和基于大数据的生物信息学为鉴定环境样品中的新型酶提供了分析途径。DNA测序和筛选技术及相关数据分析方法快速发展，已经从宏基因组文库中分离出许多新的酶，进而具有作为工业生物催化剂的应用潜力。除开发更有效的原核宿主细胞和表达载体之外，进一步研究真核宿主细胞和相容性载体可能会产生优势。宏基因组学技术与生物信息学的结合也取得了新的进展，可以更方便地分析复杂的宏基因组序列。总之，宏基因组学与生物信息学技术在开采存在于不同自然环境中的酶多样性方面发挥着越来越重要的作用。

随着人工智能在酶研究领域的广泛应用和DNA序列人工合成技术的发展，使得从事酶研究的人员非常方便地获得所需要的基因实物和酶蛋白，为进一步开展酶的结构和功能研究奠定了基础，也为获得高工业应用性能的酶提供了技术支撑。基因合成技术的突破，为新酶基因的获得提供了极为方便的途径，也将极大地推动酶的研究工作，使得更多的酶催化技术方法在更多的物质合成中发挥作用，为绿色制造的实际应用开辟美好的未来。

## 参考文献

曹新志, 金征宇. 2003. 环糊精糖基转移酶高产菌株的快速筛选. 中国粮油学报, 18: 53-55.

陈红漫, 孙玉辉, 阚国仕, 等. 2011. 产耐热纤维素酶菌株的分子鉴定及产酶条件优化. 食品与发酵工业, 37(7): 28-33.

徐国英, 林学政, 王能飞, 等. 2010. 产低温蛋白酶极地菌株的筛选及 *Pseudoalteromonas* sp. QI-1 产蛋白酶粗酶性质. 生物加工过程, 8(2): 55-60.

于鹏, 刘静雯. 2014. 微生物适冷酶及其应用研究新进展. 微生物学杂志, 34(2): 77-81.

郁惠蕾, 张志钧, 李春秀, 等. 2016. 大数据时代工业酶的发掘改造和利用. 工业生物技术, 2: 48-55.

曾胤新, 俞勇, 陈波, 等. 2005. 低温纤维素酶产生菌的筛选、鉴定、生长特性及酶学性质. 高技术通讯, 5(4): 58-62.

邹艳玲, 徐美娟, 饶志明. 2013. 耐热β-淀粉酶高产菌株的筛选及其产酶条件优化. 应用与环境生物学报, 19(5): 845-850.

Adrian H, Xavier G, Thomas Y. 2020-1-30. Synthese enzymatique massivement parallele de brins D' acides nucleiques: WO2020020608A1.

Alper Ş, Kamyar K, Esma A, *et al.* 2020. Codon optimization: a mathematical programing approach. Bioinformatics, 36(13): 4012-4020.

Angellotti M C, Bhuiyan S B, Chen G, *et al.* 2007. CodonO: codon usage bias analysis within and across genomes. Nucleic Acids Res, 35: 132-136.

Bauer A P, Leikam D, Krinner S, *et al.* 2010. The impact of intragenic CpG content on gene expression. Nucleic Acids Res, 38(12): 3891-3908.

Beaucage S L, Iyer R P. 1992. Advances in the synthesis of oligonucleotides by the phosphoramidite approach. Tetrahedron, 48 (12): 2223-2311.

Berman H M, Westbrook J, Feng Z, *et al.* 2000. The protein data bank. Nucleic Acids Res, 28(1): 235-242.

Binkowski B F, Richmond K E, Kaysen J, *et al.* 2005. Correcting errors in synthetic DNA through consensus shuffling. Nucleic Acids Res, 33(6): e55.

Buhr F, Jha S, Thommen M, *et al.* 2016. Synonymous codons direct cotranslational folding toward different protein conformations. Mol Cell, 61(3): 341-351.

Chamary J V, Parmley J L, Hurst L D. 2006. Hearing silence: non-neutral evolution at synonymous sites in mammals. Nat Rev Genet, 7(2): 98-108.

Cheng J Y, Chen H H, Kao Y S, *et al.* 2002. High throughput parallel synthesis of oligonucleotides with 1536 channel synthesizer. Nucleic Acids Res, 30(18): e93.

Chin J X, Chung B K, Lee D. 2014. Codon optimization on line (COOL): a web-based multi-objective optimization platform for synthetic gene design. Bioinformatics, 30(15): 2210-2212.

Chiocchini C, Vattem K, Liss M, *et al.* 2020. From electronic sequence to purified protein using automated gene synthesis and *in vitro* transcription/translation. ACS Synth Biol, 9(7): 1714-1724.

Clarke IV T F, Clark P L. 2008. Rare codons cluster. PLoS One, 3(10): e3412.

Clarke IV T F, Clark P L. 2010. Increased incidence of rare codon clusters at 5′ and 3′ gene termini: implications for function. BMC Genom, 11: 118.

Collins M, Thrasher A. 2015. Gene therapy: progress and predictions. Proc Biol Sci, 282(1821): 20143003.

Courtois S, Cappellano C M, Ball M, *et al.* 2003. Recombinant environmental libraries provide access to microbial diversity for drug discovery from natural products. Appl Environ Microbiol, 69(1): 49-55.

Craig J W, Chang F Y, Kim J H, *et al.* 2010. Expanding small-molecule functional metagenomics through parallel screening of broad-host-range cosmid environmental DNA libraries in diverse proteobacteria. Appl Environ Microbiol, 76(5): 1633-1641.

Crick F H, Brenner S, Watstobi R, *et al.* 1961. General nature of the genetic code for proteins. Nature, 192(480): 1227-1232.

Davies J. 2000. Novel natural products from soil DNA libraries in a streptomycete host. Org Lett, 2: 2401-2404.

Dawson N L, Lewis T E, Das S, *et al.* 2017. CATH: an expanded resource to predict protein function through structure and sequence. Nucleic Acids Res, 45(D1): D289-D295.

Dillon P J, Rosen C A. 1990. A rapid method for the construction of synthetic genes using the polymerase chain reaction. Biotechniques, 9(298): 300.

Dunbar C E, High K A, Joung J K, *et al.* 2018. Gene therapy comes of age. Science, 359(6372): eaan4672.

Dwivedi S K, Tjärnberg A, Tegnér J, *et al.* 2020. Deriving disease modules from the compressed transcriptional space embedded in a deep autoencoder. Nat Commun, 11(1): 1-10.

Efcavitch J W, Sylvester J E. 2016-4-21. Modified template-independent enzymes for polydeoxy nucleotide synthesis: US20160108382 A1.

Elf J, Nilsson D, Tenson T, *et al.* 2003. Selective charging of tRNA isoacceptors explains patterns of codon usage. Science, 300(5626): 1718-1722.

Fath S, Bauer A P, Liss M, *et al.* 2011. Multiparameter RNA and codon optimization: a standardized tool to assess and enhance autologous mammalian gene expression. PLoS One, 6(3): e17596.

Feng X, Tang K H, Blankenship R E, *et al.* 2010. Metabolic flux analysis of the mixotrophic metabolisms in the green sulfur bacterium *Chlorobaculum tepidum*. J Biol Chem, 285(50): 39544-39550.

Forster S C, Browne H P, Kumar N, *et al.* 2016. HPMCD: the database of human microbial communities from metagenomic datasets and microbial reference genomes. Nucleic Acids Res, 44(D1): D604-D609.

Fox N K, Brenner S E, Chandonia J M. 2014. SCOPe: structural classification of proteins—extended, integrating SCOP and ASTRAL data and classification of new structures. Nucleic Acids Res, 42: D304-D309.

Francis D M, Page R. 2010. Strategies to optimize protein expression in *E. coli*. Curr Protoc Protein Sci, 5(1): 24-29.

Fu X Y, Liu P F, Lin L, *et al.* 2010. A novel endoglucanase (Cel9P) from a marine bacterium *Paenibacillus* sp. BME-14. Appl Biochem and Biotech, 160(6): 1627-1636.

Fuglsang A. 2003. Codon optimizer: a freeware tool for codon optimization. Prot Expres Purif, 31(2): 247-249.

Fuhrmann M, Hausherr A, Ferbitz L, *et al.* 2004. Monitoring dynamic expression of nuclear genes in *Chlamydomonas reinhardtii* by using a synthetic luciferase reporter gene. Plant Mol Biol, 55(6): 869-881.

Gaspar P, Moura G, Santos M A S, *et al.* 2013. mRNA secondary structure optimization using a correlated stem-loop prediction. Nucleic Acids Res, 41(6): e73.

Gaspar P, Oliveira J L, Frommlet J, *et al.* 2012. EuGene: maximizing synthetic gene design for heterologous expression. Bioinforma Oxf Engl, 28(20): 2683-2684.

Gibson D G. 2009. Synthesis of DNA fragments in yeast by one-step assembly of overlapping oligonucleotides. Nucleic Acids Res, 37(20): 6984-6990.

Glasner M E. 2017. Finding enzymes in the gut metagenome. Science, 355(6325): 577-578.

Gong J S, Lu Z M, Shi J S, *et al.* 2011. Isolation, identification, and culture optimization of a novel glycinonitrile-hydrolyzing fungus—*Fusarium oxysporum* H3. Appl Biochem Biotechnol, 165: 963-977.

Gong M, Gong F, Yanofsky C. 2006. Overexpression of tnaC of *Escherichia coli* inhibits growth by depleting tRNA2 Pro availability. J Bacteriol, 188(5): 1892-1898.

Griebeler N, Polloni A E, Remonatto D, *et al.* 2011. Isolation and screening of lipase-producing fungi with hydrolytic activity. Food Bioprocess Tech, 4(4): 578-586.

Grote A, Hiller K, Scheer M, *et al.* 2005. JCat: a novel tool to adapt codon usage of a target gene to its potential expression host. Nucleic Acids Res, 33: W526-W531.

Guazzaroni M E, Morgante V, Mirete S, *et al.* 2013. Novel acid resistance genes from the metagenome of the Tinto River, an extremely acidic environment. Environ Microbiol, 15: 1088-1102.

Guimaraes J C, Rocha M, Arkin A P, *et al.* 2014. D-Tailor: automated analysis and design of DNA sequences. Bioinformatics, 30(18): 1087-1094.

Gustafsson C, Govindarajan S, Minshull J. 2004. Codon bias and heterologous protein expression. Trends Biotechnol, 22(7): 346-353.

Gustafsson C, Minshull J, Govindarajan S, *et al.* 2012. Engineering genes for predictable protein expression. Prot Expres Purif, 83(1): 37-46.

Handelsman J, Rondon M R, Brady S F, *et al.* 1998. Molecular biological access to the chemistry of unknown soil microbes: a new frontier for natural products. Chem Biol, 5(10): R245-R249.

Hanson G, Coller J. 2017. Codon optimality, bias and usage in translation and mRNA decay. Nat Rev Mol Cell Biol, 19(1): 20-30.

He L, Xiao Y, Gebreselassie N, *et al.* 2014. Central metabolic responses to the overproduction of fatty acids in *Escherichia coli* based on $^{13}$C-metabolic flux analysis. Biotechnol Bioeng, 111(3): 575-585.

Hilterbrand A, Saelens J, Putonti C. 2012. CBDB: the codon bias database. BMC Bioinformatics, 13: 62.

Hogfors-Ronnholm E, Christel S, Engblom S, *et al.* 2018. Indirect DNA extraction method suitable for acidic soil with high clay content. MethodsX, 5: 136-140.

Hoover D M, Lubkowski J. 2002. DNAWorks: an automated method for designing oligonucleotides for PCR-based gene synthesis. Nucleic Acids Res, 30(10): e43.

Horney D L, Webster D A. 1971. Deoxyribonuclease: A sensitive assay using radial diffusion in agarose containing methyl green-DNA complex. Biochimica et Biophysica Acta (BBA), 247: 54-61.

Horvath S J, Firca J R, Hunkapiller T, *et al.* 1987. An automated DNA synthesizer employing deoxynucleoside 3′-phosphoramidites. Methods Enzymol, 154: 314-326.

Hosokawa M, Hoshino Y, Nishikawa Y, *et al.* 2015. Droplet-based microfluidics for high-throughput screening of a metagenomic library for isolation of microbial enzymes. Biosens Bioelectron, 67: 379-385.

Ikemura T. 1981. Correlation between the abundance of *Escherichia coli* transfer RNAs and the occurrence of the respective codons in its protein genes. J Mol Biol, 146(1): 1-21.

Jensen M, Roberts L, Johnson A, *et al.* 2014. Next generation 1536-well oligonucleotide synthesizer with on-the-fly dispense. J Biotechnol, 171: 76-81.

Jonkers I, Kwak H, Lis J T. 2014. Genome-wide dynamics of Pol II elongation and its interplay with promoter proximal pausing, chromatin, and exons. eLife, 29(3): e02407.

Jung S K, McDonald K. 2011. Visual gene developer: a fully programmable bioinformatics software for synthetic gene optimization. BMC Bioinformatics, 12: 340.

Juturu V, Wu J C. 2018. Heterologous protein expression in *Pichia pastoris*: latest research progress and applications. Chembiochem, 19(1): 7-21.

Kertesz M, Wan Y, Mazor E, *et al.* 2010. Genome-wide measurement of RNA secondary structure in yeast. Nature, 467(7311): 103-107.

Khilko Y, Weyman P D, Glass J I, *et al.* 2018. DNA assembly with error correction on a droplet digital microfluidics platform. BMC Biotechnol, 18: 37.

Kiktev D A, Sheng Z W, Lobachev K S, *et al.* 2018. GC content elevates mutation and recombination rates in the yeast Saccharomyces cerevisiae. Proc Natl Acad Sci USA, 115(30): E7109-E7118.

Kim H, Han H, Ahn J, *et al.* 2012. Shotgun DNA synthesis' for the high-throughput construction of large DNA molecules. Nucleic Acids Research, 40(18): e140.

Kodumal S J, Patel K G, Reid R, *et al.* 2004. Total synthesis of long DNA sequences: Synthesis of a contiguous 32-kb polyketide synthase gene cluster. Proc Natl Acad Sci USA, 101(44): 15573-15578.

Kudla G, Lipinski L, Caffin F, *et al.* 2006. High guanine and cytosine content increases mRNA levels in mammalian cells. PLoS Biol, 4(6): 933-942.

Lagerkvist U. 1987. "Two out of three": an alternative method for codon reading. Proc Natl Acad Sci USA, 75(4): 1759-1762.

Lashkari D A, Hunicke-smith S P, Norgren R M, *et al.* 1995. An automated multiplex oligonucleotide synthesizer-development of high-throughput, low-cost DNA synthesis. Proc Natl Acad Sci USA, 92: 7912-7915.

Leipold L, Dobrijevic D, Jeffries J W E, *et al.* 2019. The identification and use of robust transaminases from a domestic drain metagenome. Green Chem, 21: 75-86.

LeProust E M, Peck B J, Spirin K, *et al.* 2010. Synthesis of high-quality libraries of long (150mer) oligonucleotides by a novel depurination controlled process. Nucleic Acids Res, 38: 2522-2540.

Levin B J, Huang Y Y, Peck S C, *et al.* 2017. A prominent glycyl radical enzyme in human gut microbiomes metabolizes trans-4-hydroxy-l-proline. Science, 355(6325): eaai8386.

Li A T, Acevedo-Rocha C G, Sun Z T, *et al.* 2018b. Beating bias in the directed evolution of proteins: combining high-fidelity on-chip solid-phase gene synthesis with efficient gene assembly for combinatorial library construction. ChemBioChem, 19(3): 221-228.

Li A T, Sun Z T, Reetz M T. 2018a. Solid-phase gene synthesis for mutant library construction: the future of directed evolution? ChemBioChem, 19(19): 2023-2032.

Li G W, Oh E, Weissman J S. 2012. The anti-Shine-Dalgarno sequence drives translational pausing and codon choice in bacteria. Nature, 484(7395): 538-541.

Li G Y, Ren J, Wu Q Q, *et al.* 2013. Identification of a marine NADPH-dependent aldehyde reductase for chemoselective reduction of aldehydes. J Mol Catal B-Enzym, 90: 17-22.

Liu Y Y, Wang Y, Chen X, *et al.* 2017. Regio- and stereoselective reduction of 17-oxosteroids to 17β-hydroxysteroids by a yeast strain *Zygowilliopsis* sp. WY7905. Steroids, 118: 17-24.

Mackie G A. 2012. RNase E: at the interface of bacterial RNA processing and decay. Nat Rev Microbiol, 11(1): 45-47.

Mak W S, Tran S, Marcheschi R, *et al.* 2015. Integrative genomic mining for enzyme function to enable engineering of a non-natural biosynthetic pathway. Nat Commun, 6: 10005.

Matzas M, Staehler P F, Kefer N, *et al.* 2010. High-fidelity gene synthesis by retrieval of sequence-verified DNA identified using high-throughput pyrosequencing. Nat Biotechnol, 28(12): 1291-1294.

Meier M J, Paterson E S, Lambert I B. 2016. Use of substrate induced gene expression in metagenomic analysis of an aromatic hydrocarbon-contaminated soil. Appl Environ Microbiol, 82: 897-909.

Menzella H G, Reid R, Carney J R, *et al.* 2005. Combinatorial polyketide biosynthesis by *de novo* design and rearrangement of modular polyketide synthase genes. Nat Biotechnol, 23(9): 1171-1176.

Menzella H G. 2011. Comparison of two codon optimization strategies to enhance recombinant protein production in *Escherichia coli*. Microb Cell Fact, 10: 15.

Miao T J, Gao S, Jiang S W, *et al.* 2014. A method suitable for DNA extraction from humus-rich soil. Biotechnol Lett, 36: 2223-2228.

Mike M. 2014. Big biological impacts from big data. Science, 1298-1300.

Mitchell A, Bucchini F, Cochrane G, *et al.* 2016. EBI metagenomics in 2016—An expanding and evolving resource for the analysis and archiving of metagenomic data. Nucleic Acids Res, 44(D1): D595-D603.

Mohammad F, Woolstenhulme C J, Green R, *et al.* 2016. Clarifying the translational pausing landscape in bacteria by ribosome profiling. Cell Rep, 14(4): 686-694.

Muthukrishnan A B, Martikainen A, Neeli-Venkata R, *et al.* 2014. *In vivo* transcription kinetics of a synthetic gene uninvolved in stress-response pathways in stressed *Escherichia coli* cells. PLoS One, 9(9): e109005.

Nakamura Y, Gojobori T, Ikemura T. 2000. Codon usage tabulated from international DNA sequence databases: status for the year 2000. Nucleic Acids Res, 28(1): 292.

Newman Z R, Young J M, Ingolia N T, *et al.* 2016. Differences in codon bias and GC content contribute to the balanced expression of TLR7 and TLR9. Proc Natl Acad Sci USA, 113(10): E1362-E1371.

Ni Y, Li C X, Zhang J, *et al.* 2011. Efficient reduction of ethyl 2-oxo-4-phenylbutyrate at 620 $g \cdot L^{-1}$ by a bacterial reductase with broad substrate spectrum. Adv Synth Catal, 353(8): 1213-1217.

Parret A H A, Besir H, Meijers R. 2016. Critical reflections on synthetic gene design for recombinant protein expression. Curr Opin Struct Biol, 38: 155-162.

Plesa C, Sidore A M, Lubock N B, *et al.* 2018. Multiplexed gene synthesis in emulsions for exploring protein functional landscapes. Science, 359(6373): 343-347.

Plotkin J B, Kudla G. 2011. Synonymous but not the same: the causes and consequences of codon bias. Nat Rev Genet, 12(1): 32-42.

Prodromou C, Pearl L H. 1992. Recursive PCR: a novel technique for total gene synthesis. Protein Eng, 5: 827-829.

Puigbo P, Bravo I G, Garcia-Vallve S. 2008. CAIcal: a combined set of tools to assess codon usage adaptation. Biol Direct, 3: 38.

Puigbo P, Guzman E, Romeu A. 2007. Garcia-Vallve S: OPTIMIZER: a web server for optimizing the codon usage of DNA sequences. Nucleic Acids Res, 35: W126-W131.

Quan J, Saaem I, Tang N, *et al.* 2011. Parallel on-chip gene synthesis and application to optimization of protein expression. Nat Biotechnol, 29(5): 449-452.

Quax T E F, Claassens N J, Soell D, *et al.* 2015. Codon bias as a means to fine-tune gene expression. Mol Cell, 59(2): 149-161.

Rehbein P, Berz J, Kreisel P, *et al.* 2019. "CodonWizard"—An intuitive software tool with graphical user interface for customizable codon optimization in protein expression efforts. Protein Expression Purif, 160: 84-93.

Richardson S M, Wheelan S J, Yarrington R M, *et al.* 2006. GeneDesign: rapid,automated design of multikilobase synthetic genes. Genome Res, 16: 550-556.

Saaem I, Ma K S, Marchi A N, *et al.* 2010. *In situ* synthesis of DNA microarray on functionalized cyclic olefin copolymer substrate. ACS Appl Mater Interface, 2(2): 491-497.

Saaem I, Ma S, Quan J Y, *et al.* 2011. Error correction of microchip synthesized genes using surveyor nuclease. Nucleic Acids Res, 40(3): e23.

Sandhu G S, Aleff R A, Kline B C. 1992. Dual asymmetric PCR: one-step construction of synthetic genes. Biotechniques, 12: 14-16.

Schloss P D, Handelsman J. 2003. Biotechnological prospects from metagenomics. Curr Opin Biotechnol, 14(3): 303-310.

Schmeisser C, Stockigt C, Raasch C, *et al.* 2003. Metagenome survey of biofilms in drinking-water networks. Appl Environ Microbiol, 69: 7298-7309.

Schwartz J J, Lee C, Shendure J. 2012. Accurate gene synthesis with tag-directed retrieval of sequence-verified DNA molecules. Nat Methods, 9: 913-915.

Shang M L, Chan V J, Wong D W S, *et al.* 2018. A novel method for rapid and sensitive metagenomic activity screening. MethodsX, 5: 669-675.

Shell S S, Wang J, Lapierre P, *et al.* 2015. Leaderless transcripts and small proteins are common features of the mycobacterial translational landscape. PLoS Genet, 11(11): e1005641.

Sidore A M, Plesa C, Samson J A, *et al.* 2020. DropSynth 2.0: high-fidelity multiplexed gene synthesis in emulsions. Nucleic Acids Research, 48(16): e95.

Silva-Rocha R, Martinez-Garcia E, Calles B, *et al.* 2013. The Standard European Vector Architecture (SEVA): a coherent platform for the analysis and deployment of complex prokaryotic phenotypes. Nucleic Acids Res, 41: D666-D675.

Sindelar L E, Jaklevic J M. 1995. High-throughput DNA synthesis in a multichannel format. Nucleic Acids Res, 23: 982-987.

Smith J, Modrich P. 1997. Removal of polymerase-produced mutant sequences from PCR products. Proc Natl Acad Sci USA, 94: 6847-6850.

Srivastava A, Gogoi P, Deka B, *et al.* 2016. In silico analysis of 5′-UTRs highlights the prevalence of Shine-Dalgarno and leaderless-dependent mechanisms of translation initiation in bacteria and archaea, respectively. J Theor Biol, 402: 54-61.

Stemmer W P, Crameri A, Ha K D, *et al.* 1995. Single-step assembly of a gene and entire plasmid from large numbers of oligodeoxyribonucleotides. Gene, 164: 49-53.

Stothard P. 2000. The sequence manipulation suite: JavaScript programs for analyzing and formatting protein and DNA sequences. Bio Techniques, 28: 1104.

Supek F, Vlahovicek K. 2004. INCA: synonymous codon usage analysis and clustering by means of self-organizing map. Bioinformatics, 20: 2329-2330.

Tang D D, Liu W, Huang L, *et al.* 2019. Efficient biotransformation of vitamin D3 to 25-hydroxyvitamin D3 by a newly isolated *Bacillus cereus* strain. Appl Microbiol Biot, 104: 765-774.

Tang N, Chilkoti A. 2016. Combinatorial codon scrambling enables scalable gene synthesis and amplification of repetitive proteins. Nature Mater, 15: 419-424.

Tayar A M, Daube S S, Bar-Ziv R H. 2017. Progress in programming spatiotemporal patterns and machine-assembly in cell-free protein expression systems. Curr Opin Chem Biol, 40: 37-46.

Taylor A F, Amundsen S K, Smith G R. 2016. Unexpected DNA context-dependence identifies a new determinant of Chi recombination hotspots. Nucleic Acids Res, 44(17): 8216-8228.

The UniProt Consortium. 2019. UniProt: a worldwide hub of protein knowledge. Nucleic Acids Res, 47: D506-D515.

Thornbury M, Sicheri J, Slaine P, *et al.* 2019. Characterization of novel lignocellulose-degrading enzymes from the porcupine microbiome using synthetic metagenomics. PLoS One, 14(1): e0209221.

Tian J, Gong H, Sheng N, *et al.* 2004. Accurate multiplex gene synthesis from programmable DNA microchips. Nature, 432: 1050-1054.

Tian J, Li Q, Chu X, *et al.* 2018. Presyncodon, a web server for gene design with the evolutionary information of the expression hosts. Int J Mol Sci, 19: 3872.

Truong P W K, Singh A K, Hillson N J, *et al.* 2018. *De novo* DNA synthesis using polymerase-nucleotide conjugates. Nat Biotechnol, 36(7): 645-650.

Uchiyama T, Watanabe K. 2007. The SIGEX scheme: high throughput screening of environmental metagenomes for the isolation of novel catabolic genes. Biotechnol Genet Eng Rev, 24: 107-116.

Uchiyama T, Watanabe K. 2008. Substrate-induced gene expression (SIGEX) screening of metagenome libraries. Nat Protoc, 3: 1202-1212.

Urbeliene N, Meskiene R, Tiskus M, *et al.* 2006. Gene designer: a synthetic biology tool for constructing artificial DNA segments. BMC Bioinformat, 7: 285.

Urbeliene N, Meskiene R, Tiskus M, *et al.* 2020. A rapid method for the selection of amidohydrolases from metagenomic libraries by applying synthetic nucleosides and a uridine auxotrophic host. Catalysts, 10(4): 445.

Villalobos A, Ness J E, Gustafsson C, *et al.* 2006. Gene designer: a synthetic biology tool for constructing artificial DNA segments. BMC Bioinformatics, 7: 285.

Wan W, Li L L, Xu Q Q, *et al.* 2014. Error removal in microchip-synthesized DNA using immobilized MutS. Nucleic Acids Res, 42(12): e102.

Wang G Y, Graziani E, Waters B, *et al.* 2000. Novel natural products from soil DNA libraries in a streptomycete host. Org Lett, (16): 2401-2404.

Wang G Y, Graziani E, Waters B, *et al.* 2010. Codon optimization enhances secretory expression of *Pseudomonas aeruginosa* exotoxin A in *E. coli*. Prot Expres Purif, 72(1): 101-106.

Wang Q, Zhong C, Xiao H. 2020. Genetic engineering of filamentous fungi for efficient protein expression and secretion. Front Bioeng Biotechnol, 8: 293.

Wang X J, Feng J H, Zhang D L, *et al.* 2017. Characterization of new recombinant 3-ketosteroid-Δ1-dehydrogenases for the biotransformation of steroids. Appl Microbiol Biotechnol, 101: 6049-6060.

Wang Y, Li J J, Wu Q Q, *et al.* 2013. Microbial stereospecific reduction of 3-quinuclidinone with newly isolated *Nocardia* sp. and *Rhodococcus erythropolis*. J Mol Catal B Enzym, 88: 14-19.

Wei W, Wang F Q, Fan S Y, *et al.* 2010. Inactivation and augmentation of the primary 3-ketosteroid-Δ1-dehydrogenase in *Mycobacterium neoaurum* NwIB-01: Biotransformation of soybean phytosterols to 4-androstene- 3,17-dione or 1,4-androstadiene-3,17-dione. Appl Environ Microb, 76: 4578-4582.

Welch M, Govindarajan S, Ness J E, *et al.* 2009. Design parameters to control synthetic gene expression in *Escherichia coli*. PLoS One, 4(9): e7002.

Wexler M, Bond P L, Richardson D J, *et al.* 2005. A wide host-range metagenomic library from a waste water treatment plant yields a novel alcohol/aldehyde dehydrogenase. Environ Microbiol, 7: 1917-1926.

Wohlgemuth S E, Gorochowski T E, Roubos J A. 2013. Translational sensitivity of the *Escherichia coli* genome to fluctuating tRNA availability. Nucleic Acids Res, 41(17): 8021-8033.

Wojcik M, Telzerow A, Quax W J, *et al.* 2015. High-throughput screening in protein engineering: recent advances and future perspectives. Int J Mol Sci, 16: 24918-24945.

Wu G, Bashir-Bello N, Freeland S J. 2006. The Synthetic Gene Designer: a flexible web platform to explore sequence manipulation for heterologous expression. Protein Expr Purif, 47: 441-445.

Wu G, Culley D E, Zhang W. 2005. Predicted highly expressed genes in the genomes of *Streptomyces coelicolor* and *Streptomyces avermitilis* and the implications for their metabolism. Microbiol Read Engl, 151: 2175-2187.

Wu G, Wolf J B, Ibrahim A F, *et al.* 2006. Simplified gene synthesis: a one-step approach to PCR-based gene construction. J Biotechnol, 124: 496-503.

Xing M N, Zhang X Z, Huang H. 2012. Application of metagenomic techniques in mining enzymes from microbial communities for biofuel synthesis. Biotechnol Adv, 30: 920-929.

Xue Y P, Xu S Z, Liu Z Q, *et al.* 2011. Enantioselective biocatalytic hydrolysis of (*R*, *S*)-mandelonitrile for production of (*R*)-(−)-mandelic acid by a newly isolated mutant strain. J Ind Microbiol Biotechnol, 38: 337-345.

Yampayont P. 2006. Isolation of cyclodextrin producing thermotolerant *Paenibacillus* sp. from waste of starch factory and some properties of the cyclodextrin glycosyltransferase. J Incl Phenom Macro, 56: 203-207.

Yan W, Wang L, Zhu Y, *et al.* 2017. Discovery and characterization of a novel lipase with transesterification activity from hot spring metagenomic library. Biotechnol Rep (Amst), 14: 27-33.

Yeom H, Ryu T, Lee A C, *et al.* 2020. Cell-free bacteriophage genome synthesis using low-cost sequence-verified array-synthesized oligonucleotides. Acs Synthetic Biology, 9(6): 1376-1384.

Young J M, Rawlence N J, Weyrich L S, *et al.* 2014. Limitations and recommendations for successful DNA extraction from forensic soil samples: a review. Sci Justice, 54(3): 238-244.

Yun J, Ryu S. 2005. Screening for novel enzymes from metagenome and SIGEX, as a way to improve it. Microb Cell Factories, 4: 8.

Zhang J, Wang Y F, Chai B H, *et al.* 2020. Efficient and low-cost error removal in DNA synthesis by a high-durability mutS. ACS Synth Biol, 9(4): 940-952.

Zhang R, Ren J, Wang Y, *et al.* 2013. Isolation and characterization of a novel *Rhodococcus* strain with switchable carbonyl reductase and para-acetylphenol hydroxylase activities. J Ind Microbiol Biotechnol, 40(1): 11-20.

Zheng R C, Zheng Y G, Shen Y C. 2007. A screening system for active and enantioselective amidase based on its acyl transfer activity. Appl Microbiol Biot, 74: 256-262.

Zhou C, Xue Y F, Ma Y H. 2017. Cloning, evaluation, and high-level expression of a thermo-alkaline pectate lyase from alkaliphilic *Bacillus clausii* with potential in ramie degumming. Appl Microbiol Biot, 101: 3663-3676.

Zhou M, Wu J L, Wang T, *et al.* 2017. The purification and characterization of a novel alkali-stable pectate lyase produced by *Bacillus subtilis* PB1. World J Microb Biot, 33: 1-13.

Zhu D, Cai G, Wu D, *et al.* 2015. Comparison of two codon optimization strategies enhancing recombinant *Sus scrofa* lysozyme production in *Pichia pastoris*. Cell Mol Biol (Noisy-le-grand), 61(2): 43-49.
Zottig X, Meddeb-Mouelhi F, Beauregard M. 2016. Development of a high throughput liquid state assay for lipase activity using natural substrates and rhodamine B. Anal Biochem, 496: 25-29.

# 第3章

# 酶的结构与功能

曲　戈　孙周通

中国科学院天津工业生物技术研究所

酶是基本功能单元，是一类由活细胞产生的，对特异底物具有高效催化作用的蛋白质或核酸分子，除少数 RNA 具有催化能力外，酶一般是指具有催化功能的蛋白质，因此本章提到的酶的本质都是蛋白质。从酶设计改造角度讲，了解酶的各级结构并解析其三维结构是理解酶执行其对应功能的基础，同时也是对工业酶开展设计改造获得高性能催化剂的结构基础。深入了解酶结构域功能之间的对应关系是酶工程领域的一个重要研究方向。本章将系统介绍酶的序列及各级结构、三维结构解析方法并简明阐述构效关系。

通常情况下，蛋白质并非以完全伸展的多肽序列而以折叠成更高水平的结构组织形式才能行使其催化功能。每一种蛋白质都有其特定的三维结构，这种空间结构由多肽链的一级序列盘绕成二级结构，进而紧密折叠成三级结构，且多条多肽链以规则的方式排列，形成酶的四级结构。而每种酶的催化功能往往由它的三维结构或特定构象决定。研究蛋白质结构的常用方法有 X 射线晶体衍射、核磁共振以及冷冻电镜等。此外，随着结构数据的不断丰富，基于特定模板的同源建模技术也受到越来越多的关注。酶三级结构容易受到外界环境（如温度、压力、溶剂、pH 等）的影响从而发生构象变化，进而影响其催化功能和分子特性，因此对酶结构与其催化功能的关系的研究就尤为重要。

## 3.1　酶一级序列的保守性与多样性

在不同生物体中行使相同或相似催化功能的酶蛋白，且具有氨基酸序列同源性（sequence homology）的蛋白质称为同源蛋白质。同源蛋白质序列长度相似且一般具有同一性（identity）。同源蛋白质的氨基酸序列中有许多位置的氨基酸残基尤其是执行催化功能的残基位点在不同物种中几乎不变，具有非常高的保守性，而其他残基位点在不同物种中有相当大的变化。一些生物活性和来源很不相同的蛋白质，如查耳酮异构酶（chalcone isomerase）和脂肪酸结合蛋白（无催化活性），尽管两者催化功能不同，但是它们的三级结构非常相似，推测两者具有共同的起源（Kaltenbach *et al.*，2018）。许多蛋白质有着这种进化关系，但进化历程隐藏了它们有共同祖先的序列特征，并形成了进化的多样性。

### 3.1.1 一级序列氨基酸组成

酶蛋白分子的基本骨架是由 20 种天然氨基酸按照特定的序列排列组成的多肽，即蛋白质的一级结构。这 20 种基本氨基酸都是 *L*-构型的，由 61 套三联遗传密码子编码，是酶执行功能的基础。同时在这些基本氨基酸的基础上，生物体还会通过侧链官能团修饰等途径产生许多非基本氨基酸，如羟脯氨酸、羟赖氨酸以及少量 *D*-型氨基酸等，这些由生物合成的氨基酸统称为“天然氨基酸”。除此之外，人们还可通过设计非天然碱基对的方式，引入“非天然氨基酸”，能够完善甚至创造酶的新功能。作为 *Science* 期刊评选出的 2014 年度十大科技突破之一，Romesberg 团队设计并合成了人造 X-Y 碱基对（Malyshev *et al.*，2014）。在此基础上，该团队改造能够作用并识别非天然碱基对的 tRNA 分子，进而转运 PrK、pAzF 等非天然氨基酸（Zhang *et al.*，2017），为体内翻译非天然酶蛋白提供了新策略。通过拓展蛋白质中非天然氨基酸种类，可成功提升天然酶的热稳定性、催化活性、对映体选择性等催化性能，同时为合成新型蛋白质提供了无限可能（Drienovská and Roelfes，2020）。以琥珀酰转移酶 MetA 为例，Li 等（2019）基于终止密码子 TAG 系统将位于该酶表面的脯氨酸突变为非天然氨基酸——*p*-硫氰酸酯化苯丙氨酸（*p*-isothiocyanate phenylalanine）后，其最适温度提高 24℃，显著提升了该酶的热稳定性。

蛋白质多肽链中氨基酸的排列顺序，既是研究蛋白质分子高级结构和功能的基础，又有助于研究蛋白质的基因结构。目前氨基酸序列分析方法主要有：①编码基因测序法，这种方法方便快捷，成本低，大多数氨基酸序列都是由其核苷酸序列推导出来的；②多肽序列直接测定法，采用化学或酶法通过 N 端或 C 端进行逐一鉴定，如双脱氧链终止法（桑格测序法，Sanger sequencing）、埃德曼降解法（Edman degradation method）；③质谱分析技术，常用的质谱技术有电喷雾电离质谱（ESI-MS）、基质辅助激光解吸电离飞行时间质谱（MALDI-TOF-MS）及多级串联质谱等（Nazimov and Bublyaev，2019），通过质谱分析获得的氨基酸信息，如 N 端或 C 端部分氨基酸组成，可通过生物信息学序列分析方法，与数据库序列比对搜索，进行补充完善，最终确定蛋白质一级序列。例如，Ollis 等（2014）通过多种质谱联用检测方法结合序列分析胰蛋白酶多肽的糖基化作用位点，成功改造了寡糖转移酶的受体位点特异性。

### 3.1.2 一级序列氨基酸残基的功能保守性

氨基酸序列的保守性决定了蛋白质功能进化的遗传稳定性，不同来源的蛋白质体现了氨基酸序列的高度相似性（similarity）和同一性（identity），以及其关键功能位点的保守性，有些保守信息的保留可能是因为这些执行特定功能的蛋白质为了满足外界催化环境的需要。这种保守性决定了蛋白质功能进化的稳定性，若保守序列关键氨基酸残基位点发生突变，可能影响蛋白质功能的正常行使甚至使整个蛋白质失去活性（Ferrada，2019），尤其是对于催化残基的突变，大多数情况下会导致酶催化功能丧失。例如，唐奕团队对甘氨酸甜菜碱还原酶 ATRR 的还原结构域递氢途径关键位点（Y811F、Y1178F）进行单点突变后，使其丧失相应的还原功能（Hai *et al.*，2019）。再如，António Ribeiro 团队通过分析 648 种酶蛋白的催化活性中心位点，发现催化活性中心位点的保守性非常高，很少受环境的影响，种类仅占20种天然氨基酸中的一小部分，大多为亲水性氨基酸残基，如组氨酸、天冬氨酸和谷氨酸等（Ribeiro *et al.*，2020）。执行相同催化功能的酶中有些序列有惊人的相似性，这些相似的序列就是所谓的保守序列。通过分析530多条不同物种来源的亚胺还原酶（imine reductase，IRED）的氨基酸序列发现，NADPH辅因子结合位点基序（motif）和催化位点基序均是保守的。然而，IRED可不对称还原亚胺为*S*-和/或*R*-构型手性胺，进一步研究表明这两类IRED的活性位点分别使用天冬氨酸和酪氨酸进行质子传递（Fademrecht *et al.*，2016）。因此，蛋白质序列、结构与功能的关系并不是一种线性的关系，体现了序列的多样性特点。

### 3.1.3 一级序列的遗传多样性

从蛋白质结构水平看，一级结构由20种氨基酸连接成多肽链，多肽链中氨基酸的数目和不同的排列顺序，使得蛋白质的一级结构变得千差万别，这是导致蛋白质多样性最直接的原因。另外，二级、三级结构折叠情况不同，折叠后修饰等进一步增加了蛋白质的多样性。从分子水平看，蛋白质是一切生命活动的体现者，蛋白质分子的多样性直接影响生物性状表现的多样性，而蛋白质的合成受基因控制，特定的基因控制特定蛋白质的合成，所以DNA分子的多样性决定了生物体的重要组成物质——蛋白质的多样性。蛋白质功能的多样性体现生命活动的多样性、决定生物性状的多样性、控制生物变异的多样性，呈现出生命的多样性（Zea *et al.*，2018）。

以α/β折叠家族的酯酶和羟腈裂解酶为例，这两类酶尽管序列同源性比较低，表现出序列多样性的特点，但三维空间结构高度相似，且拥有相同的催化三联体（Ser-His-Asp），却表现出完全不同的反应机制。基于此，Romas Kazlauskas团队通过分析1285条酯酶和羟腈裂解酶的氨基酸序列及进化树，获得潜在祖先酶所处的进化节点，进而通过最大似然法计算出祖先酶在每个氨基酸位点上出现概率最大的氨基酸；并利用蛋白质工程手段实现两者催化功能互换，揭示了这两种酶的进化历程，最终推导出整条祖先酶序列，且证实了祖先酶具有更强的催化混杂性（Devamani *et al.*，2016）。另外以二氢叶酸脱氢酶（dihydrofolate reductase，DHFR）为例，经历数亿年分化之后，人源DHFR与大肠杆菌来源DHFR的一级序列一致性仅为26%，然而两者保留了相似的结构骨架。基于序列分析，Benkovica团队仅通过构建三个位点的突变，即赋予突变后大肠杆菌来源DHFR的催化效率达到人源或其他脊椎动物来源DHFR水平（Liu *et al.*，2013）。

## 3.2 蛋白质功能执行的二级结构基础

蛋白质的二级结构蕴含着一级序列的生物信息，是多肽链的主链有规则的折叠方式；同时也是三级结构、四级结构（亚基）的结构基础，常见的二级结构有α螺旋（α-helix）、β折叠（β-sheet）、β转角（β-turn）、无规卷曲（random coil）等。二级结构及其组合是酶发挥催化功能的结构基础，也是工业酶从头设计的最小单元。

### 3.2.1 α螺旋

α螺旋是蛋白质中最常见的一种二级结构，是肽链主链绕它的每个$C_{\alpha}$原子以相同的角度旋转而成。作为多肽链的一种刚性结构，α 螺旋既有允许的构象角又有最能有效形成氢键的多肽主链构象，广泛存在于纤维状蛋白质和球状蛋白质中。α 螺旋有多种类型，最典型的是 $3.6_{13}$-螺旋，即每轮螺旋包含残基数为 3.6 个，氢键封闭环中的原子数为 13，直径约 0.5 nm，螺距 0.54 nm（图 3.1）。多肽链第 *n* 个残基的羰基氧原子可与沿螺旋指向的第 *n*+4 个残基的酰胺基氮原子形成氢键相互作用（黄色虚线，图 3.1），是维持 α 螺旋结构的主要作用力。

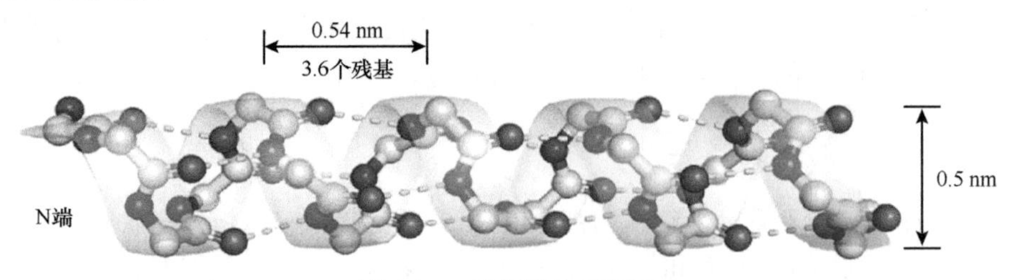


图 3.1　α 螺旋结构示意图

氢键用黄色虚线表示；N、O、C 原子分别用蓝色、红色、白色球状表示，氢原子及氨基酸侧链省略

肽链能否形成 α 螺旋，以及螺旋的稳定程度，与其一级结构有极大的关系。影响 α 螺旋形成及稳定的因素包括以下几点：①存在空间位阻，极大的侧链基团是影响 α 螺旋稳定性的第一大因素。较大的氨基酸残基 R 侧链集中的区域，不利于 α 螺旋的形成。②同种电荷的互斥效应，连续存在的侧链带有相同电荷的氨基酸残基，是影响 α 螺旋稳定性的第二大因素。带相同电荷的侧链，使两个单体之间发生同电荷互斥的现象。因此连续酸性或碱性氨基酸存在时，也不利于 α 螺旋的生成。③脯氨酸破坏，由于脯氨酸的亚氨基少一个氢原子，不能与相邻螺旋的羰基氧原子形成氢键，无法稳定 α 螺旋结构；而且由于 $C_\alpha$-N 键不能自由旋转，形成一个“结节”，中断了 α 螺旋。④侧链构象不稳定，甘氨酸的存在是影响 α 螺旋稳定性的第四大因素（Jacob *et al.*，1999）。甘氨酸由于侧链太小，构象不稳定，也不利于 α 螺旋的形成。α 螺旋作为识别基序在介导蛋白质-蛋白质互作中也扮演关键角色，同时 α 螺旋在 DNA 结合基序中发挥重要的作用。以噬菌体 P1 来源的重组酶 Brec1 为例，Karpinski 等（2016）在对该酶经多达 145 轮定向进化后，获得能够特异识别并剪切人类免疫缺陷病毒（HIV）基因序列的高效突变体，所突变位点即位于与 HIV 的 DNA 序列密切相互作用的多个 α 螺旋区域。

### 3.2.2　β 折叠

β 折叠，是蛋白质中另外一种常见的二级结构。在大多数情况下，β 折叠是来自同一条多肽链的两个或两个以上 β 链在三维空间并排延伸，彼此以氢键连接构成的层状结构。层状结构中的肽链彼此间或平行排列（N 端同处一侧，图 3.2A），或反平行排列（N 端分处两侧，图 3.2B），分别构成平行和反平行 β 折叠片层。β 折叠结构的稳定性主要依靠相邻肽链之间有规则的氢键相互作用，维持这种结构的稳定，其特点如下：①氢键主要在股间而不是股内。而脯氨酸由于 α-亚氨基上的氢原子参与肽链的形成后，没有多余的氢原子形成氢键，因此脯氨酸同样也不利于 β 折叠的形成。②要求侧链基团越小越好，如果在肽链中侧链基团过大（空间位阻），或者带有同种电荷（互相排斥），不利于 β 折叠形成。③平行的 β 折叠结构中，两个残基的间距为 0.65 nm，而反平行的 β 折叠片层结构间距则为 0.7 nm，从能量角度上反平行式更稳定。多条反平行 β 折叠还可进一步扭曲缠绕形成闭合的 β 桶状结构，该结构一般出现在孔蛋白、跨膜蛋白和在“桶”的中心结合疏水配体的蛋白质中，如脂笼、β 淀粉样蛋白（amyloid β-protein，Aβ）等。Aβ 通常由 39～43 个氨基酸组成，可导致神经元死亡，被认为是导致阿尔茨海默病的“元凶”之一。最新研究表明，Aβ 家族成员无论以反平行或者平行 β 折叠方式，均可折叠形成 Aβ 桶状结构，并且具有神经毒素功能（Ngo *et al.*，2020）。

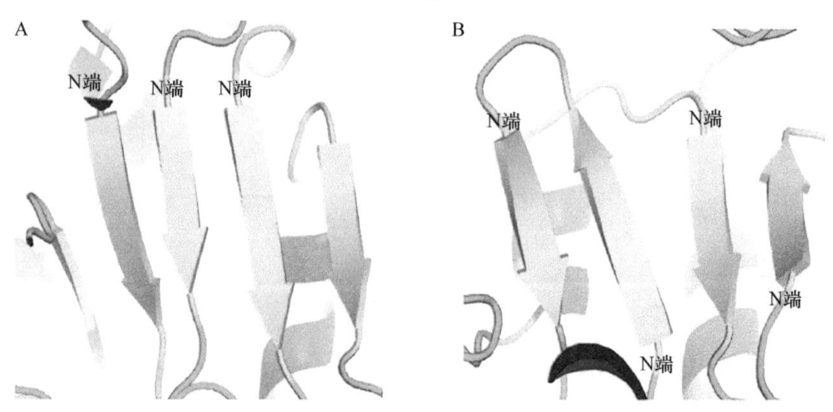


图 3.2　磷酸水解酶包含的平行（A）和反平行 β 折叠（B）结构（PDB：3R4C）

### 3.2.3　其他二级结构

除 α 螺旋与 β 折叠外，其他常见的二级结构还包括 β 转角与无规卷曲等。β 转角通常出现在蛋白质表面，负责连接 α 螺旋与 β 折叠，其第一个残基的羰基氧原子可与第四个残基的酰胺基氮原子形成氢键，起到稳定 β 转角结构的作用。由于甘氨酸缺少侧链，在 β 转角中能很好地调整其他残基的空间位阻，而脯氨酸具有环状结构和固定的角，在一定程度上迫使 β 转角形成，因此这两种氨基酸经常出现在 β 转角结构中。蛋白质结构中 β 转角可执行多种生理功能。例如，甲基转移酶可催化 DNA、RNA、蛋白质以及小分子化合物的甲基化修饰，研究表明其结构所包含的 β 转角（“xGxG”基序）对辅因子 *S*-腺苷甲硫氨酸（SAM）的识别起到重要作用（Chouhan *et al.*，2019）（图 3.3）。

无规卷曲是指缺乏明显折叠规律的多肽区段。由于其结构比较松散，没有明确而稳定的结构，它们受侧链相互作用的影响很大。这类结构经常构成酶活性催化口袋和其他蛋白质特异的功能部位，可在生物信息识别过程（如底物识别）中起到某种作用。由于无规卷曲结构松散，因此其运动性较强，有利于调控酶的催化过程及变构。例如，黄素酶辅因子黄素腺嘌呤二核苷酸（FAD）结合区域附近的一段无规卷曲起到“看门”（gate-keeper）作用，对该酶结合氧气的能力有显著影响（Zafred *et al.*，2015）（图 3.4A）；类似地，突变体实验证明细胞色素酶 CYP2E1 辅因子血红素（heme）上方一段无规卷曲的 F478 位点同样起到看门作用（Shen *et al.*，2012）（图 3.4B）；在环氧化物水解酶 LEH 的底物结合口袋入口，有两段运动性较强的无规卷曲，其摆动对底物识别及进入催化中心有一定影响（Sun *et al.*，2018）（图 3.4C）；羧酸还原酶催化腺苷化反应时，无规卷曲上的 K629 位点起到稳定过渡态中间体的作用，并可经变构效应通过控制该位点在结构中的位置而调控反应进程（Gahloth *et al.*，2017）（图 3.4D）。

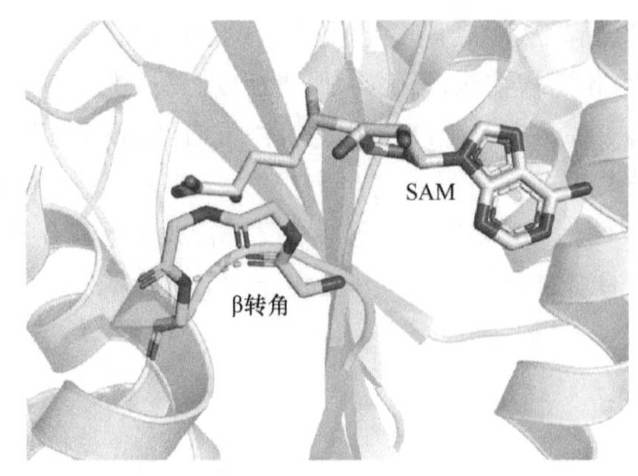


图 3.3 甲基转移酶（PDB：1G60）负责识别辅因子 SAM 的 β 转角结构（青色标示）

黄色虚线代表 β 转角主链内部氢键相互作用，氨基酸侧链未展示

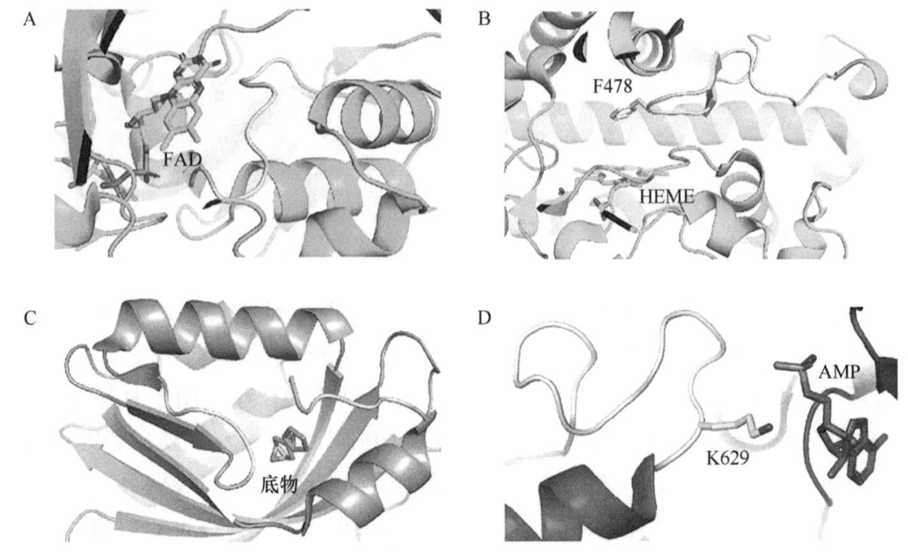


图 3.4 无规卷曲结构（白色标示）示例

（A）黄素酶辅因子 FAD 附近的无规卷曲（PDB：4PZF）；（B）细胞色素酶 CYP2E1 辅因子附近的无规卷曲（PDB：3E6I）；（C）环氧化物水解酶底物结合口袋附近的无规卷曲（PDB：5YNG）；（D）羧酸还原酶辅因子 AMP 附近的无规卷曲（PDB：5MSW）

### 3.2.4 高级结构单元超二级结构

在蛋白质分子中，空间上相互接近的多个 α 螺旋和/或 β 折叠可有规则地进行组合，形成超二级结构。二级结构的组合形式主要有 αα（两个 α 螺旋）、ββ（两个 β 折叠）、αβ（α 螺旋-转角-β 链）以及更为复杂的组合形式。以 βαβ 为例，α 螺旋首尾各连接一个 β 链，且这两个 β 链呈平行排布。两个连接区域常常包含酶的催化位点。此外，还有一些比较复杂的超二级结构，如萤光素酶 N 端结构域包含的 βαβαββα 重复排列结构（图 3.5）。有意思的是，蛋白质分子中这类复杂的重复排列结构并非固定不变，例如，Andy LiWang 团队发现调控蓝藻生物钟的关键蛋白质 KaiB 就存在超二级结构切换现象。当 KaiB 从 βαβαββα 基态结构转换为 βαββααβ 时，可识别并结合其余两种控制生物钟的蛋白质 KaiC 和 KaiA，从而实现昼夜节律调控功能（Chang *et al.*，2015）。此外，作为自然界常见的

蛋白质折叠拓扑结构之一，β/α 重复排列桶装结构的人工合成却非一帆风顺。在经历 25 年的努力后，直到 2016 年才由 Baker 团队从头合成了 $(\beta/\alpha)_8$ 的 TIM 桶结构，经实验验证，该团队设计的 22 个 TIM 桶结构均可以在大肠杆菌中异源高效表达（Huang *et al.*, 2016）。

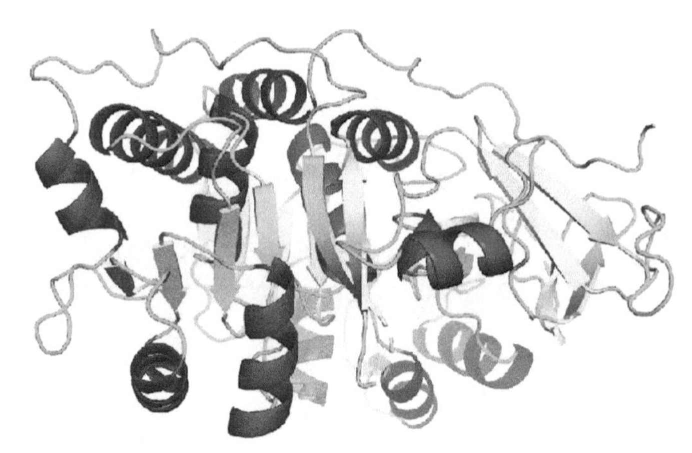

图 3.5 萤光素酶晶体结构（PDB：1LCI）

α 螺旋和 β 折叠分别用红色和黄色标示

## 3.3 酶的三级结构

在二级结构元件的基础上，多肽链可进一步盘绕折叠形成特定空间结构，称为蛋白质的三级结构。虽然不同的酶具有多样的三级结构，但是从中可以找到一些共同特征：①含有多种二级结构元件，不同的酶中各种二级结构元件类型和数量不同，组成方式各异。②结构具有明显的折叠层次，即由一级序列上折叠成二级结构，在此基础上超二级结构进一步盘绕形成三级结构。此外，还可以在三级结构的基础上进一步装配形成四级结构。③三级结构的形成是熵驱动的结果。因此三级结构表面主要由亲水性氨基酸组成，而疏水残基则集中在分子内部，形成空腔。包含酶催化活性位点的空腔，结构较为松散，是酶催化生化反应的结构基础。

### 3.3.1 蛋白质空间结构稳定因素

蛋白质空间结构在很大程度上由弱相互作用稳定，这些弱相互作用也称非共价键，主要包括如下几种（图 3.6）：①氢键，分子或基团中含强电负性原子（如氧原子、氮原子）和氢原子共价结合。氢键是维持蛋白质二级结构的主要作用力，它在稳定蛋白质结构中起着极其重要的作用，氢键广泛存在于侧链与侧链、侧链与溶剂水分子、主链与侧链及主链和水分子之间。②范德瓦耳斯力，原子或分子彼此靠近或远离时，电子的分布会发生变化，能够产生斥力或吸引力。③疏水作用，由熵驱动的自发过程，亲水氨基酸侧链更多地分布在蛋白质表面与水溶剂接触，而蛋白质内部多为疏水氨基酸，在维持蛋白质结构稳定性上有重要作用。④离子键，又称作盐桥，是蛋白质中带相反电荷的离子间存在的静电吸引力，相互作用力较弱，且比较容易受溶液 pH 影响。⑤二硫键，位于不同肽链或同一肽链的两个半胱氨酸残基形成的共价键。在上述几种作用力当中，二硫键属于强相互作用力，与蛋白质稳定性有关。因此许多改造蛋白质稳定性的工作中往往会涉及二硫键改造，如将脂肪酶B蛋白分子空间位置邻近的A162和K308位点设计为A162C-K308C后，该突变体$T_{50}^{60}$值相较野生型提高了8.5℃（Le *et al.*，2012）。此外，对一系列超耐热蛋白质稳定性的研究表明，这些蛋白质普遍具有广泛的分子间氢键、盐桥、二硫键等相互作用，且具有较高的疏水性及较低的分子柔性（Sun *et al.*，2019）。

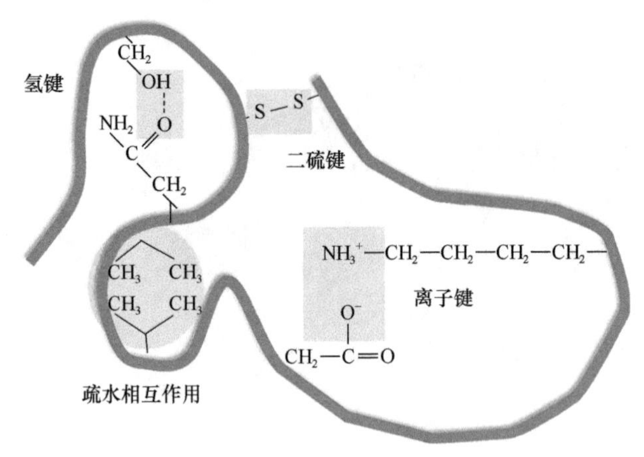


图3.6 蛋白质空间结构常见的相互作用力

## 3.3.2 蛋白质折叠途径

蛋白质折叠（protein folding）被列为“21世纪的生物物理学”的重要课题。设想多肽链若随机采样所有可能的结构，可以估计蛋白质折叠所需的时间将长达数十年，然而，蛋白质折叠时间只有几秒甚至更短。这一矛盾被称为利文索尔悖论（Levinthal’s paradox）（Zwanzig *et al.*，1992；Warshel，2014）。事实上，自然界蛋白质不可能采用随机搜索方式来折叠，必须有其特定的折叠途径。折叠途径的概念激发了大量的实验研究，旨在寻找特定的折叠中间体，也产生了很多描述折叠过程的模型，如表3.1所示。蛋白质折叠的多种模型并不相互矛盾，它们反映了折叠的不同方面，实验结果也为这些模型提供了一些支持。

表3.1 蛋白折叠模型

| 模型 | 特征描述 | 评论 | 参考文献 |
|---|---|---|---|
| 成核/增长模型 | 提出成核事件是蛋白质折叠的限速步骤，一旦小的结构单元形成，核增长和折叠将快速完成 | 该观点与大量实验观察到的折叠中间体不一致 | Wetlaufer，1973 |
| 扩散碰撞黏附模型 | 微域（二级结构或疏水团簇的一部分）扩散运动，相互碰撞导致微域合并成更大的单元 | 该模型得到了实验的支持 | Karplus and Weaver，1976 |
| 框架模型 | 折叠过程是层次化的，从二级结构元素的形成开始，相互靠近形成稳定的结构框架，框架相互拼接，形成三级结构，未成型子结构的对接是限速步骤 | 实验表明天然二级结构的存在和疏水塌缩不矛盾 | Baldwin，1989 |
| 疏水塌缩模型 | 疏水效应是折叠的主要驱动力，在形成任何二级结构和三级结构之前首先发生很快的非特异性的疏水塌缩 | 疏水塌缩或次生结构形成是否首先发生仍然是个悬而未决的问题 | Dill，1985 |

续表

| 模型 | 特征描述 | 评论 | 参考文献 |
|---|---|---|---|
| 拼图模型 | 每个蛋白质分子可以沿着不同的路径到达天然结构，就像拼图有多种解决方法一样 | 为外界生理生化环境微改变不干扰总体上蛋白质的折叠提供解释 | Harrison and Durbin，1985 |

在上述理论模型的基础上，Onuchic 团队在 20 世纪 90 年代提出了著名的蛋白质“折叠漏斗”（folding funnel）模型，尽管一条多肽链有近乎无穷种折叠方式，然而其折叠过程势必朝着能量最小方向进行，即其能量曲面呈现为漏斗形状，使得蛋白质最终折叠为能量低、稳定性高的最终结构（Leopold *et al.*，1992）。该理论模型在蛋白质折叠研究领域广为接受。碍于现有实验技术仍无法捕捉蛋白质折叠过程中的全部中间结构，当前主要依赖计算机模拟技术研究蛋白质折叠途径（Sladek *et al.*，2019）。

## 3.4 蛋白质结构解析方法

常用的蛋白质结构解析方法主要有 X 射线晶体衍射、核磁共振（nuclear magnetic resonance，NMR）以及冷冻电镜（cryo-electron microscope，cryo-EM）三种。此外，随着结构数据的不断丰富，基于特定模板的同源建模技术以及不依赖模板的从头预测三维结构技术也受到越来越多的关注。

### 3.4.1 X 射线晶体衍射

X 射线晶体衍射技术通过研究蛋白质晶体的衍射图谱，重建相应的结构信息，是目前最常用的解析蛋白质结构的技术手段，也是第一个在原子水平上用以确定蛋白质结构的方法。截至 2020 年 4 月，蛋白质结构数据库（protein data bank，PDB）共收录了 163 414 个生物大分子结构，其中约有 14 万个结构是通过 X 射线衍射技术获得的，该数据足以说明 X 射线晶体衍射在结构生物学中的重要地位。

在特定缓冲液条件下获得的蛋白质晶体，是由蛋白质分子按照一定规律形成的重复单元，晶体原子使 X 射线在许多特定方向上产生衍射，不同原子的衍射在空间中进行叠加形成衍射图谱。在光学显微镜或电子显微镜中，可以通过透镜聚焦直接形成图像；由于 X 射线的波长很短，现实中并不存在能聚焦 X 射线的合适透镜，因此通过得到衍射图样，并通过计算机处理得到电子云密度图。收集的衍射数据反映的是电子云密度傅里叶变换的结果，用结构因子来表示，通过对结构因子进行反傅里叶变换就可以获得晶体中各个原子的分布。

结构因子与波动方程相关，波动方程的三个参数中，频率是已知的，振幅可通过每个衍射点的强度直接计算获得，只有相位无法直接通过衍射数据获得。确定相位可用分子置换法、同晶置换法或反常散射法，当目标蛋白 A 有同源蛋白 B 且同源性达到 30% 以上，可采取分子置换法解析其相位；在没有已知同源蛋白的情况下，可用硒代蛋白或重金属原子置换等方法，通过异常散射等技术解决相位问题。以分子置换法为例，HKL2000 软件可将收集的衍射图样转译为数字信息，使用 CCP4/Phenix 等软件对数据进行前处理和分子置换，得到建好的模型后需要进行模型修正，采用 COOT 软件手动调整结构，再结合 Refmac5/Phenix refine 等软件系统修正，经过多轮调整修正，获得较为准确的结构，最后检验生成最终的蛋白质三维结构模型。

获得蛋白质晶体的关键是需要高纯度蛋白质样品，目前很难预测某个蛋白质在哪种特定实验条件下会产生高质量的晶体，使用商业化的结晶筛选试剂盒来进行结晶条件筛选，是常用的获得结晶条件的方法，适用于大部分蛋白质的结晶，节省了成本和时间投入，目前被广泛应用。此外，调整结晶成分、化学修饰（Walter *et al.*，2006）、添加融合标签（Smyth *et al.*，2003）和载体分子（Holcomb *et al.*，2017）等也有助于得到高质量目标蛋白晶体，利用 PDZ 结构域（Holcomb *et al.*，2014）或纳米颗粒（Ko *et al.*，2017）也可以促进成核和晶体接触，大大加快 X 射线晶体衍射的结构测定。基于 X 射线解析蛋白质结构的大致流程如图 3.7 所示，所获得的蛋白质晶体结构为机理研究、设计改造、生产表达等奠定了结构基础。

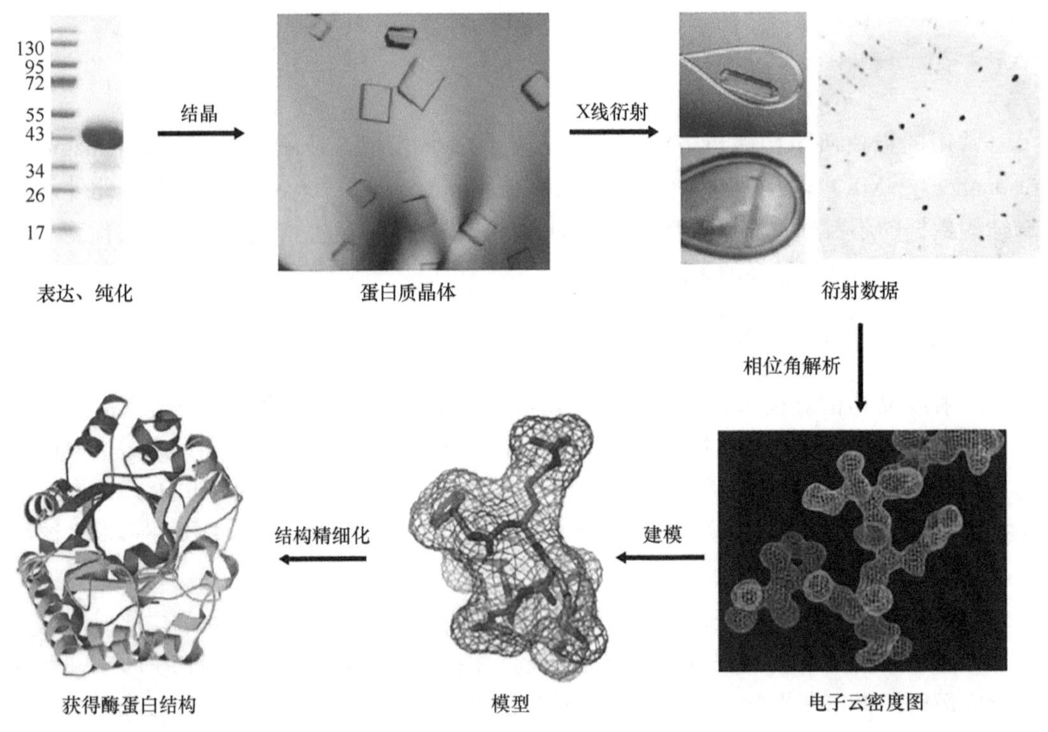


图 3.7 利用 X 射线解析蛋白质结构流程

## 3.4.2 核磁共振

X 射线晶体衍射是测定蛋白质结构最有力的手段，然而并非所有蛋白质都容易结晶，所以采用其他方法获取蛋白质结构信息是必要的，核磁共振技术是能够在原子分辨率下测定溶液中生物大分子三维结构的有效方法，特别适合分子量较小的分子。

一般来说，具有奇数核子（质子和中子）的原子核均具有核自旋磁矩，在外加磁场中，磁矩不为零的原子核受射频场的激发，当核受到不同能量 $h\gamma$ 的电磁波辐照后，在外来的电磁波频率 $\gamma$ 正好和核的两个能级间隔 $\Delta E$ 相等时，低能级的核就会吸收电磁波，从基态跃迁到高能态，该磁能级间共振跃迁的现象称为核磁共振。核能跃迁产生共振信号，记录信号的位置和强度就能得到 NMR 光谱。应用最广泛的是 $^1$H 核磁共振光谱

（PMR，简称氢谱）和 $^{13}$C 核磁共振光谱（CMR，简称碳谱），前者可提供分子中氢原子所处的化学环境、各官能团或分子“骨架”上氢原子的相对数目，以及分子构型等有关信息，后者可直接提供有关分子骨架结构的信息，二者互相补充，再加上二维核磁共振谱所提供的核与核之间成键情况的信息，共同反映了三维结构信息。

不像 X 射线晶体衍射，一组单晶衍射数据足以确定一个结构，NMR 结构研究总是需要用一个或多个样本收集不同的实验数据，通过综合分析各种核磁共振实验的结果来确定结构（Marion，2013）。所以，使用该方法，小分子蛋白质较容易解析，较大的蛋白质需要耗费更多时间，可优先考虑其他方法（Puthenveetil and Vinogradova，2019）。

与其他解析结构方法相比，NMR 研究高度灵活的蛋白质/复合体在溶液中的结合、相互作用和变构特性方面具有优势。近年来的研究有很多，如：以分子对接和 NMR 化学位移微扰（chemical shift perturbation，CSP）数据确定 Hsp90-Tau 的动态复合体结构模型（Karagöz *et al.*，2014）；用 $^{13}$C NMR 检测 100 kDa 膜转运蛋白 ClC-ec1 的构象变化（Abraham *et al.*，2015）；利用 NMR 研究转运伴侣蛋白抗聚集活性的结构基础（Saio *et al.*，2014）等。

### 3.4.3　冷冻电镜

冷冻电镜技术，是指在低温下使用透射电子显微镜观察样品的显微技术。X 射线晶体衍射和核磁共振在分辨率上具有明显的优势，与二者相比，冷冻电镜（cryo-EM）的优势在于它的通用性较好，且对样品量、浓缩程度、纯度和均匀性等方面的要求要低得多。因此，对于获得那些难以大量纯化的复合物，如膜相关蛋白复合物和结构上不均匀的大分子来说，冷冻电镜具有显著的优越性。冷冻电镜技术作为一种重要的结构生物学研究方法，它与 X 射线晶体衍射、核磁共振一起构成了高分辨率结构生物学研究的基础。这项技术获得了 2017 年的诺贝尔化学奖，获奖理由是开发出冷冻电子显微镜技术（也称为低温电子显微镜技术）以用于确定溶液中的生物分子的高分辨率结构，简化了生物细胞的成像过程，提高了成像质量（Frank，2018）。然而，长久以来 cryo-EM 尚未达到能够确定蛋白质结构真实原子位置所需要的分辨率要求（优于 1.5 Å）。

随着电子光源及探测技术的不断进步，科学家很快打破了这一界限。2020 年德国马普生物物理化学研究所 Hologer Stark 课题组以及英国医学研究委员会分子生物学实验室的 Sjors Scheres/Radu Aricescu 团队分别独立实现了对脱铁蛋白（apoferritin）结构在原子级别分辨率（1.2～1.5 Å）的解析（Yip *et al.*，2020；Nakane *et al.*，2020），取得了冷冻电镜技术在分辨率上的重大突破，进而打开了全新的宇宙（Callaway，2020）。

利用冷冻电镜解析蛋白质结构主要有两种类型，第一种是单粒子分析（single particle analysis，SPA），其三维结构是由二维投影构成的，首先获取同一蛋白质样品的二维图像，然后利用图像处理算法将其组织成三维结构。第二种是低温电子断层扫描，这种方法通过以不同角度倾斜物体让电子束穿透来捕捉单个生物物体的多个图像，从而创建一个三维结构。常用的单粒子分析从纯化蛋白质样品开始，纯化的蛋白质样品置于特殊的薄膜上，它是由极微小的孔组成的网格状薄膜。然后，含有蛋白质样品的网格被放入液态乙烷中快速冷冻，将蛋白质颗粒困在玻璃状冰的薄膜中。蛋白质颗粒在网格孔内以各种方向均匀分布，这样由电镜获得的二维图像就是蛋白质样品各种方向结构的集合。接下来用复杂的图像处理方法比对图像，合并数据，构建一个初始的三维图。经过专用软件工具进行迭代优化和验证后，将蛋白质序列拟合到三维图中，最终建立蛋白质的三维模型。

像病毒和膜蛋白复合体这样的大分子适合用冷冻电镜技术解析结构，较小的蛋白质则很难，因为它们的信噪比较低。电子显微镜数据库（electron microscopy database，EMDB）中，100 kDa之内的蛋白质只占2%。对于小分子蛋白质，近年来在近原子水平分辨率上解析其结构的部分研究汇总如表3.2所示，Merk等（2016）从优化样品制备和改进仪器着手，解析了异柠檬酸脱氢酶的结构；Khoshouei等（2017）采用Volta相位板（volta phase plate，VPP）使信噪比提升了两倍，解析出人类血红蛋白的结构；Fan等（2019）采用Cs校正器和VPP联用的方法，解析出链霉亲和素的结构；Herzik等（2019）借助成像辅助配件，用传统成像模式，优化平行照明，解析出乙醇脱氢酶的结构。

表3.2 利用冷冻电镜法解析100 kDa之内蛋白质的部分研究实例

| 蛋白质名称 | 大小（kDa） | 分辨率（Å） | 参考文献 |
| --- | --- | --- | --- |
| 异柠檬酸脱氢酶 | 93 | 3.8 | Merk *et al.*，2016 |
| 人类血红蛋白 | 64 | 3.2 | Khoshouei *et al.*，2017 |
| 链霉亲和素 | 52 | 3.2 | Fan *et al.*，2019 |
| 乙醇脱氢酶 | 82 | 2.7 | Herzik *et al.*，2019 |

除上述方法解析小分子蛋白质外，还有一种策略是把目标蛋白和易于成像的大分子结构相连接，该策略是Kratz等（1999）首次提出的；Liu等（2019）采用此策略将26 kDa的绿色荧光蛋白（GFP）连接于设计的支架蛋白上，得到分辨率3.8 Å的蛋白质结构，这是该策略目前达到的最高分辨率。

### 3.4.4 蛋白质结构预测

然而，并非所有的蛋白质都可以通过实验测定其三维结构。不同于上述三种通过实验解析蛋白质结构的方法，借助日新月异的计算技术还可对结构进行预测，从而快速拿到目标蛋白质的三维结构。目前蛋白质结构预测常用技术主要分为两大类，一类是基于同源蛋白比对，以其通过实验已测得的三维结构作为模板，构建目标蛋白质结构，适用于同源性大于30%的蛋白质建模；如果同源性较差，找不到同源蛋白作为模板，还可采用不依赖于模板结构的从头预测方法。

同源建模是一种基于生物信息学预测蛋白质结构的手段。一般情况下，当两个蛋白质氨基酸序列具有很高的相似性/同一性时，它们各自的结构也是相似的，三维结构相对于其氨基酸一级序列更保守。基于此，可利用三维结构已知的蛋白质作为模板预测其同源蛋白质的空间结构。同源建模的第一步是模板的选择，在蛋白质结构数据库中识别同源序列作为模板，常用的方法是使用数据库搜索技术（如BLAST等）。通过序列比对，构建由主链原子组成的目标蛋白的骨架结构。然后对侧链原子及环进行添加和优化，根据能量准则对整个模型进行细化和优化。最后评估得到模型的整体质量，以确保模型的结构特征符合物理化学规则，必要时，进行重复校准和建模，直到产生目标蛋白合理的三维结构。常见的同源建模程序主要有SWISS-MODEL、MODELLER等（表3.3）。

表 3.3 同源建模与从头预测蛋白质结构的常见程序

| 名称 | 预测方式 | 参考文献 |
|---|---|---|
| SWISS-MODEL | 基于同源模板 | Waterhouse *et al.*，2018 |
| MODELLER | 基于同源模板 | Sali and Blundell，1993 |
| EigenTHREADER | 从头预测 | Buchan and Jones，2017 |
| CEthreader | 从头预测 | Zheng *et al.*，2019 |
| DisCovER | 从头预测 | Bhattacharya *et al.*，2020 |
| Rosetta | 从头预测 | Rohl *et al.*，2004 |
| trRosetta | 从头预测 | Yang *et al.*，2020 |
| I-TASSER | 从头预测 | Yang *et al.*，2015 |
| AlphaFold | 从头预测 | Senior *et al.*，2020 |

若模板和目标序列同源性较低（＜30%），这种模板依赖的建模方式可靠性将大大降低。近年来从头预测方法层出不穷，仅靠输入目标蛋白的氨基酸序列即可产生三维结构，并在提升建模质量方面取得了重大进展。EigenTHREADER 和 CEthreader 两种方法不依赖于序列同源性，通过预测蛋白质内部残基之间的几何接触信息，并从已知蛋白质结构中搜索类似接触来构建目标蛋白结构；而 DisCovER 利用预测距离图中编码的协变信号及其拓扑网络邻域，显著地改善了弱同源蛋白模板的选择和比对。类似地，trRosetta 也是通过预测残基间的几何信息，并利用 Rosetta 的能量最小化方法从头预测目标蛋白结构。I-TASSER 通过穿线法产生不同长度的结构片段，并进行再切割和组装，提高了预测精确度。2018 年，DeepMind 团队基于深度学习开发了 AlphaFold 程序，在第 13 届全球蛋白质结构预测竞赛中一举夺冠，展示了人工智能技术在本领域的重大应用前景。2021 年 7 月 15 日，David Baker 团队与 DeepMind 团队相继在国际期刊 *Science* 和 *Nature* 上发文，分别公布了 RoseTTAFold（Baek *et al.*，2021）及 AlphaFold2 程序（Jumper *et al.*，2021），在蛋白质结构预测精度方面取得长足进步。

值得注意的是，无论通过何种方式预测得到的结构模型，一般需要进行能量最小化、环（loop）区域优化等处理后，方可进行后续的结构分析，如突变体分析、识别底物结合口袋、探究催化机制，以及配体与蛋白质对接模拟等。此外，提高建模精度还可以通过建模中添加约束信息（Bertolani and Siegel，2019）和提升模型质量评价方法（Sato and Ishida，2019）等来实现。

## 3.5 酶的构效关系

酶的构效关系（structure-function relationship）是指酶结构与其催化功能的关系。酶结构由其一级氨基酸序列决定，氨基酸通过酰胺键连接形成多肽链骨架，并折叠卷曲形成 α 螺旋、β 折叠、β 转角及无规卷曲等二级结构。例如，对米曲霉中异源表达的来自 *Candida* sp. 脂肪酶的研究表明，酶失活的过程伴随着 α 螺旋向 β 折叠的转变，以及无序结构的增加（Pfluck *et al.*，2018）。在疏水相互作用、氢键、离子键和范德瓦耳斯力等多种非共价力作用下，形成紧密球状三级结构，赋予酶特定的功能。因此，酶存在氨基酸序列→结构→功能的对应关系。酶的结构决定其催化功能，同时也是其功能进化的基础。虽然蛋白质的静态结构通常与它们的功能相关，但蛋白质本质上是动态的，它们在广泛的时间范围内的内部运动有助于它们功能的发挥。蛋白质的内在动力学是其结构和功能之间的根本联系，对其底物识别、催化过程及产物解离有重要影响（Hensen *et al.*，2012）。此外，没有直接参与催化的残基的运动对酶执行功能也很重要。同时由于非共价力相对较弱，酶三级结构容易受到外界环境（如温度、压力、溶剂、pH 等）的影响从而发生构象变化，进而影响其催化功能和分子特性（张锟等，2019）。生命体对生存环境变化的适应推动了酶功能的进化。随着酶结构解析技术和酶结构与功能关系计算模拟技术的发展，酶结构与功能的构效关系能够被更加深刻地认识，并在此基础上，通过酶结构调控以赋予酶新的催化功能，使其更好地为人类服务。

### 3.5.1 酶结构与功能对应关系

#### 1. 酶的内在动力学

酶的内在动力学在行使其催化功能时起着重要作用，尤其在促进底物结合和催化活性位点发生构象变化等方面扮演了关键角色。目前，蛋白质的功能分类在很大程度上以基于序列或结构的分类方法为主导，然而，这两种方法都有严格的限制。研究表明，蛋白质的内在动力学能够更准确地描述蛋白质的功能，因为蛋白质动力学和功能之间存在很大的相关性，功能相近的蛋白质往往表现出相似的动态模式。例如，仅通过蛋白质动力学进行功能预测分类的成功率高达 46%，远远高于基于结构的预测成功率（32%）（Hensen *et al.*，2012）。这项工作表明蛋白质功能注释可以基于其内在动力学完成。另外，通过分析参与初级代谢途径的 24 种不同酶的内在动态模式，发现每个代谢酶都表现出独特的运动模式，且这些运动模式在物种间是保守的（Meeuwsen *et al.*，2017）。因此，可借助蛋白质结构的运动模式来正确判断其对应功能。

#### 2. 酶的特定结构是执行催化功能的基础

自然界中，酶已经形成了无数错综复杂的结构，而酶的特定结构是其执行独特催化功能的基础。2018 年，Uwe Bornscheuer 团队通过基因挖掘，从海洋细菌中筛选到两种能够催化 6-*O*-甲基-*D*-半乳糖（6-*O*-methyl-*D*-galactose，G6Me）脱甲基化反应的 P450 酶——CYP236A20 和 CYP236A2（Reisky *et al.*，2018）。为了验证这两种酶的底物特异性，该团队测试了一系列 P450 酶的天然底物，包括各种常见脂肪酸、脂肪酸酯、内酯、长链醇、烯烃、甾体、萜类、木质素单体和其他甲基化碳水化合物等，结果没有检测到任何测试化合物的活性，证明了 CYP236A20 和 CYP236A2 的底物特异性。经过结构解析和突变体测试，发现亲水性底物 G6Me 在 CYP236A2 的催化口袋中被疏水性氨基酸残基和一对亲水性氨基酸残基包围，并在和这些残基的氢键和 C—H⋯π 相互作用下使得 G6Me 的甲基朝向辅因子血红素的铁原子（Robb *et al.*，2018）（图 3.8）。正是 CYP236A2 活性中心特定氨基酸组成与 G6Me 形成化学识别，实现了对亲水性碳水化合物的氧化脱甲基功能。

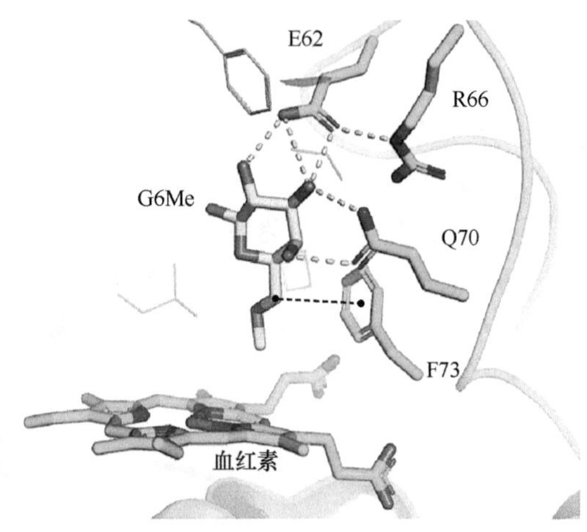


图 3.8 CYP236A2 催化口袋特定结构对底物 G6Me 的化学识别

氢键以黄色虚线显示，黑色虚线表示 C—H…π 相互作用（PDB：6G5Q）

### 3. 酶结构动态变化驱动其功能实现

酶的构象变化在其功能发挥中起着至关重要的作用，常促进酶-底物复合物的形成和/或产物的释放（Pochapsky and Pochapsky，2019）。尽管关于酶分子运动在酶催化中的作用仍有相当大的争论，但大量的例子发现，其分子运动对于优化其支架、有效的底物结合和产物解离是至关重要的（Lisi and Loria，2016）。酶蛋白在行使催化功能时有多种运动形式，从键的振动到大尺度的结构域变构（图 3.9A），这种结构上的动态变化保障了其催化功能的正常进行。虽然 X 射线晶体衍射提供了当前方法学中最详细的结构信

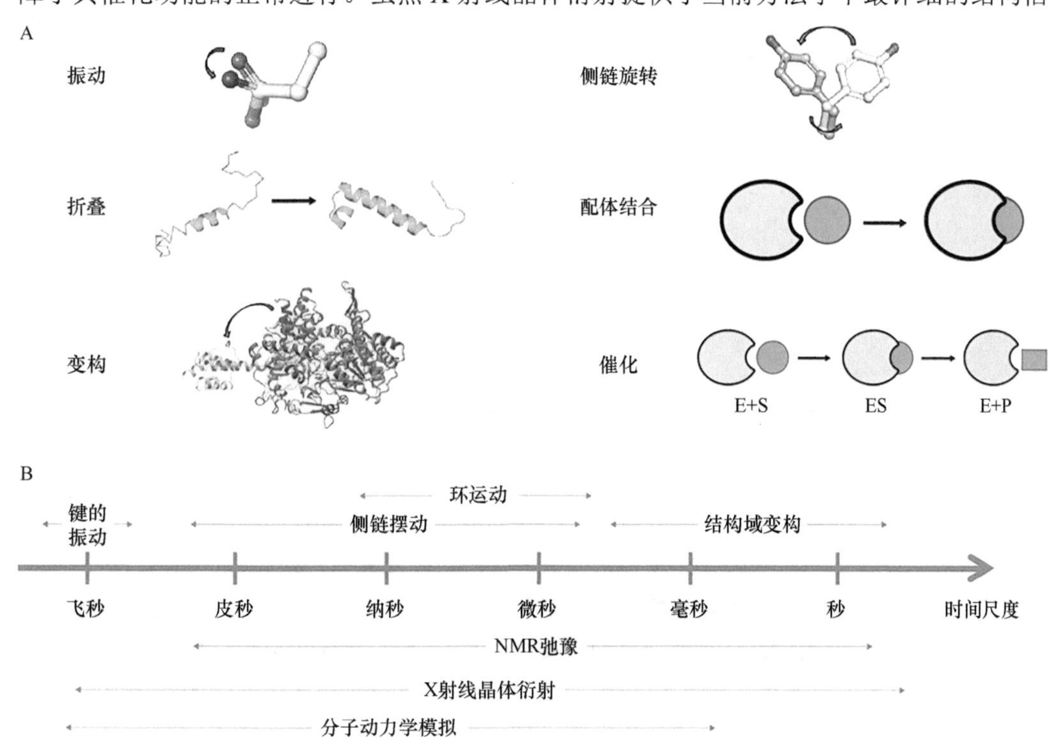


图 3.9 酶运动类型及检测时间尺度（Henzler-Wildman and Kern，2007）

A. 酶运动的常见类型；B. 多种分子运动类型及实验检测手段的时间尺度。E. 酶；S. 底物；P. 产物

息，但酶的晶体结构只捕获了那些适合于晶格的瞬间构象，然而这些构象未必与催化过程相关；核磁共振（NMR）可以提供一种在非扰动和可控条件下表征酶构象变化的另一种方法；作为补充手段，分子动力学模拟技术可以在计算机上模拟蛋白质的运动情况（图 3.9B），使人们能够识别和定位对功能至关重要的动态过程。作为结构相似的蛋白酪氨酸磷酸酶，PTP1B 和 YopH 具有类似的催化机制和催化过渡态，然而 YopH 的催化活性是 PTP1B 的 20 倍以上。Whittier 等（2013）使用 NMR 研究了活性位点所在环（loop）的运动情况，结果表明，环闭合动力学对这两种酶的动力学差异起着很大的作用，进而造成 PTP1B 和 YopH 催化速率的差异。

### 3.5.2 酶结构与功能的进化

#### 1. 催化混杂性与兼辅功能

酶的催化混杂性（promiscuous activity），是指酶的催化活性中心可以催化两种或者两种以上不同类型的化学反应。近年来理论与实验分析都证实了酶的催化混杂性是普遍存在的现象（Hammer *et al.*，2017）。例如，3.1.3 节提到的酯酶和羟腈裂解酶，基于这两类酶所构建的祖先酶可同时拥有酯酶和羟腈裂解酶的催化能力；龙丽娟团队从海洋细菌 *Pseudoalteromonas* sp. SCSIO 04301 分离得到脯氨酸肽酶 OPAA4301，发现其既可催化模式底物的酰胺键（C—N 键）水解反应，同时兼具水解磷酸酯键（P—O 键）的混杂性功能（图 3.10），且对催化活性位点进行单点突变，水解磷酸酯键的活性可由 0.935 mmol/(L·s) 提升至 1.459 mmol/(L·s)（Xiao *et al.*，2017），为生物酶法水解 P—O 键提供了新思路。研究表明，催化混杂性是酶在进化适应环境变化的过程中，结构与功能不断融合和分歧的结果（Baier *et al.*，2016；Newton *et al.*，2018）。新酶从具有混杂性的祖先酶中演化出来，继承祖先酶某一种（专一性）或多种（混杂性）催化特征，并在进化适应或遗传漂变过程中，失去或产生新的催化混杂性，从而形成当前功能多样的酶蛋白家族（Furnham *et al.*，2016）。

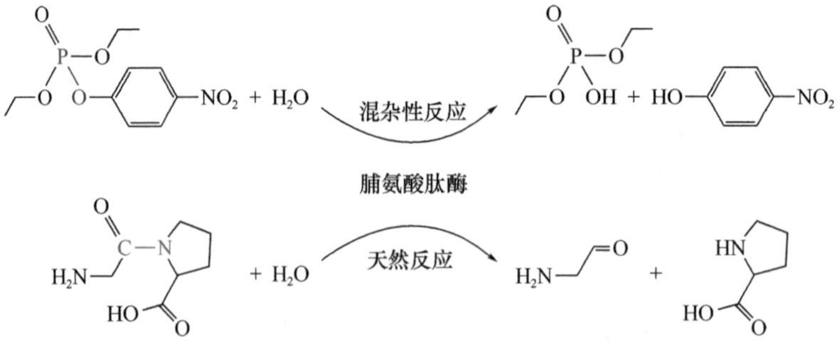

图 3.10 脯氨酸肽酶 OPAA4301 的催化混杂性

除了催化混杂性，有些天然酶还兼具辅助功能（兼辅功能，moonlighting function）。尽管具有这两类属性的酶均可执行多种功能，然而两者还是有区别的。酶的催化混杂性是在同一催化中心进行的不同催化反应类型，而兼辅功能通常是在不同的结构区域进行的，不仅包括催化功能，还包括其他生理功能。其原因可能是该类酶通过结合伴侣蛋白或辅因子后可折叠成不同的结构，每种构型均具有独特的催化中心；也可能是该酶同时具备两个空间上彼此分离的功能区域，可以执行不同功能（Orozco，2014）。例如，酿酒酵母来源的烯醇酶，既可以催化糖酵解反应，同时还能够辅助 tRNAs$^{Lys}$ 进入线粒体（Entelis *et al.*，2006）；又如 I-TevI 型核酸内切酶，既可以执行核酸内切功能，同时也发挥了转录自体阻遏的功能（Edgell *et al.*，2004）。

#### 2. 酶柔性与其功能进化

酶是柔性（flexibility）催化剂，其柔性不仅影响其催化效率，对其功能的进化也具有重要作用（Pabis *et al.*，2018）。Pabis 等（2018）在前人工作的基础上，提出了一个酶进化模型，该模型涉及柔性、刚性（rigidity）、协同性（cooperativity）和活性位点极性调节（polarity modulation）之间的平衡，不仅控制着酶的特异性，而且还控制着新功能进化的重要活性位点。在这一模型中，酶蛋白结构可以在多种构象之间切换，其主导构象被认为是与天然底物发生相互作用时的天然状态。随着构象波动，如氨基酸残基侧链或 loop 区域等，可以导致多种可选构象的产生，这些构象不但能与天然底物发生相互作用，同时有的还能够结合非天然底物（混杂性）。尽管这些替代构象在野生型酶中出现的概率可能很小，然而随着突变积累，可以逐渐改变野生型酶构象的平衡，使得这些替代构象中的其中之一成为进化酶中的主导构象，最终导致酶催化功能的转变。

#### 3. 非催化蛋白功能化

通过对非催化蛋白的进化轨迹进行分析，并回溯其进化节点，可以赋予其新的催化功能。Clifton 等（2018）通过研究环己二烯脱水酶（cyclohexadienyl dehydratase）的进化轨迹，发现其祖先是不具催化功能的可溶结合蛋白（solute-binding protein），探索了非催化蛋白新功能化出现的酶进化过程。Clifton 等通过分析并重建祖先和现存蛋白质之间的序列特征，表明环己二烯脱水酶催化活性的出现和优化涉及几个不同的过程。首先，环己二烯脱水酶活性的出现是通过将去溶剂化的泛酸掺入祖先溶质结合蛋白的结合位点而得到增强的，并改变了祖先蛋白的结合位点，从而促进了酶-底物的互补性。其次，通过引入氢键网络使其获得了催化活性，该氢键网络精确定位了催化残基并有助于过渡态的稳定。最后，通过远程替换改进活性位点结构并减少非催化态的比例，进一步增强其催化活性。

### 3.5.3 酶构效关系的调控

#### 1. 酶分子变构调控

酶的催化功能是由蛋白质动力学与小分子（如溶剂、辅因子和底物）的相互作用所介导的（Ryde and Söderhjelm，2016）。酶是高度动态的实体，经历不同的构象变化，范围从残基的侧链重排到涉及结构域的更大范围的构象动力学。这些事件可能发生在催化部位附近或远离催化部位，也可能发生在不同的时间尺度上，但很多与催化功能有关，酶的功能可以通过催化过程中的变构效应来调节。在催化过程中，酶远端位点的效应器结合（effector binding），会改变其活性位点的底物亲和力和催化效率（Goodey and Benkovic，2008）。效应器结合改变蛋白质构象空间的自由能图谱，并调节构象动力学和过渡态。核磁共振波谱和分子动力学模拟研究已经成功地应用于研究构象动力学在蛋白质变构调节中的作用。非共价相互作用网络在球状蛋白质的结构动力学中起着重要作用，变构信号可以通过这些氨基酸相互作用网络从酶的表面传播到其活性位点（Kamerlin and Warshel，2010）。例如，色氨酸合成酶是理解酶复合物内变构调节的模式酶，O'Rourke 等（2018）对不同底物和产物结合的色氨酸合成酶 α 亚基复合物进行了核磁共振弛豫研究，这些数据显示了主链酰胺基团在微秒到毫秒的时间尺度上的运动。实验表明，整个 α 亚基都存在构象交换现象，底物和产物的结合改变了酶的特定运动路径。

#### 2. 小分子相互作用

小分子，如溶剂、底物和辅因子分子，在酶催化中起着关键作用。深入了解小分子相互作用和动力学如何影响其功能是酶催化领域取得进展的关键。水是生物分子功能的组成部分，它靠近蛋白质，在许多生理功能中起着重要作用，对蛋白质折叠、蛋白质稳定性、分子识别、配体结合或释放以及催化活性都是至关重要的。Rodríguez-Almazán 等（2008）研究表明，由于保守的水分子和水介导的网络被破坏，保守氨基酸的替代会导致酶功能的改变。在许多酶中，与非底物配体的结合对于最佳催化活性也是至关重要的。在某些情况下，酶通过修饰其共价结合的辅因子来达到特定的状态，如质子化状态的改变。已有研究表明，辅因子的不同质子化状态会引起酶构象变化，并且还会影响酶蛋白对辅因子的结合亲和力（Verma *et al.*，2013）。

#### 3. 酶翻译后修饰调控

蛋白质翻译后修饰使蛋白质的结构更加丰富，调节更加精巧，功能更加完整，是调控酶功能的方法之一。常见的酶蛋白翻译后修饰方式，如磷酸化、硝酸化、泛素化等可以改变蛋白质的物理、化学性质，影响蛋白质的三维结构，进而对其功能产生影响。近年来，翻译后修饰对酶功能的影响越来越受到关注。细胞凋亡是细胞死亡的重要程序，控制着多细胞生物体的发育和稳态。这一过程的主要启动者和执行者是半胱氨酸依赖的天冬氨酸蛋白酶——Caspases。许多调控环路严格控制 Caspases 的活性，其激活的最重要的控制机制之一涉及它们的翻译后修饰。化学基团的添加和/或去除会极大地改变 Caspases 的催化活性或刺激其非凋亡功能（Zamaraev *et al.*，2017）。翻译后蛋白修饰，如乙酰化，在调节蛋白质的功能、表达、定位和相互作用中起着重要作用。poly(A) 特异性核糖核酸酶［poly(A)-specific ribonuclease，PARN］，是一种 3′ 外切核糖核酸酶，可在 3′ 端逐次切割 RNA 碱。PARN 的外切核糖核酸酶活性在许多生物学过程中起着重要作用，如胚胎发育、端粒维持和 DNA 损伤反应等。Dejene 等（2020）研究表明，在高等物种中，PARN 的活性受到乙酰化的严格调控，并且乙酰化在介导 PARN 的酶活性中起着关键作用。

## 3.6 酶的功能

酶能够在温和的条件下高效和特异地催化生物体内的化学反应。酶的活性口袋对其功能具有重要的影响，它的识别是酶执行功能的核心。酶催化效率（catalytic efficiency）是指在一定量酶作用下以底物转化为产物的反应速度来衡量酶的催化能力。酶催化效率由酶的内在属性和外在环境条件共同决定，其中酶的内在属性决定了酶催化效率的基本范围，而外在环境条件如底物类型、反应温度、pH、底物浓度、底物摩尔比、溶剂的选择等微环境，决定了酶催化效率的实现程度。

### 3.6.1 酶催化反应类型

#### 1. 酶功能分类

绝大多数酶的本质是蛋白质或蛋白质加辅酶，不同的酶能够催化不同类型的化学反应。1956年，国际生物化学与分子生物学联盟（The International Union of Biochemistry and Molecular Biology，IUBMB）成立，并通过其命名委员会（NC-IUBMB）将酶分为六大类型，即氧化还原酶（oxidoreductase，EC1）、转移酶（transferase，EC2）、水解酶（hydrolase，EC3）、裂合酶（lyase，EC4）、异构酶（isomerase，EC5）、连接酶（ligase，EC6），分别能够催化氧化还原反应、基团转移反应、水解反应、非水解和非氧化底物的消除或裂解反应、异构化反应、两个底物的连接反应。2018年IUBMB又新增加了第七类酶，即转位酶（translocase，EC7），用以描述与离子运动和分子跨膜运动有关的酶（表3.4）。不同酶类的编号列表可在http://www.enzyme-database.org/class.php网站中查询。

表3.4 NC-IUBMB酶列表的酶类别

| 名称 | 种类[a] | 催化反应 |
|---|---|---|
| 氧化还原酶 | 1905 | $AH_2+B \rightleftharpoons A+BH_2$ |
| 转移酶 | 1917 | $AX+B \rightleftharpoons A+BX$ |
| 水解酶 | 1315 | $A—B+H_2O \rightleftharpoons AH+BOH$ |
| 裂合酶 | 705 | A═B+X—Y ⇌ A(—X)—B(—Y) |
| 异构酶 | 304 | $A \rightleftharpoons B$ |
| 连接酶 | 220 | $A+B+NTP \rightleftharpoons A—B+NDP+P_i$；<br>$A+B+NTP \rightleftharpoons A—B+NMP+PP_i$ |
| 转位酶 | 70 | AX+B‖ ⇌ A+X+‖B<br>（Side Ⅰ）（Side Ⅱ） |

a. 统计截至2020年6月

#### 2. 酶催化反应实例

氧化还原酶，是催化范围广泛的化学反应，具有很高的特异性、效率和选择性。大多数氧化还原酶是烟酰胺辅因子依赖性酶，对烟酰胺腺嘌呤二核苷酸（NAD）或烟酰胺腺嘌呤二核苷酸磷酸（NADP）有较高的选择性。它们又分为六大类，即氧化酶、脱氢酶、羟化酶、加氧酶、过氧化物酶和还原酶。2016年，Manfred Reetz团队使用定向进化的P450BM-3（EC1.1.1.B57）突变体和醇脱氢酶突变体构建级联反应合成(*R*,*R*)-、(*S*,*S*)-或*meso*-环己烷-1,2-二醇（Li *et al.*，2016）。P450蛋白催化底物羟基化时，铁原子经历了多个过渡态过程（图3.11）。底物需要和铁原子保持合适的距离（1到2个化学键），才能顺利地完成羟基化（McIntosh *et al.*，2014）。

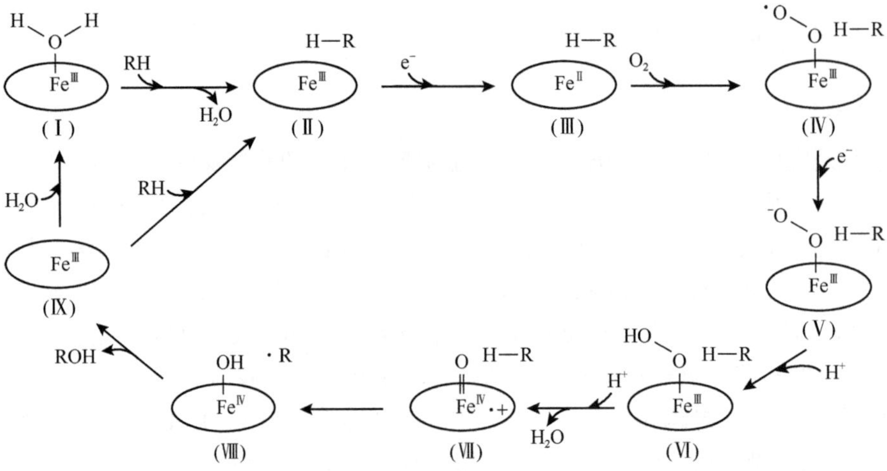

图 3.11 P450 催化机理流程图

转移酶可催化底物某基团转移至另外一个底物的反应。其中转氨酶（transaminase，TA）作为转移酶的主要代表，可催化羰基到氨基之间的可逆反应。西他列汀（sitagliptin）作为捷诺维（Januvia）的主要成分，已经成为糖尿病治疗领域的有效药物。经过默克公司对西他列汀合成方法的不断改进，使用生物酶法，即利用节杆菌 *Arthrobacter* sp. 来源的 (*R*)-选择性转氨酶（EC2.6.1.B16）为模板，经过十余轮定向进化获得的最优突变体 ATA-117，催化西他列汀前体酮的不对称氨化反应，产物的立体选择性高达 99.95%（图 3.12），取代了原有的化学法，并成功实现了产业化应用（Savile *et al.*，2010）。

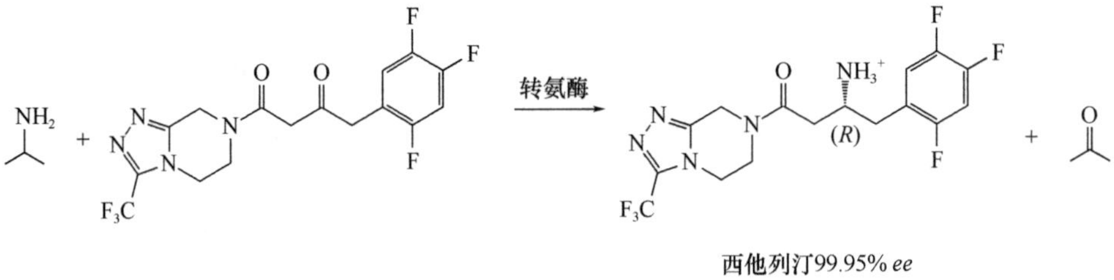

西他列汀99.95% *ee*

图 3.12 转氨酶法合成西他列汀

水解酶参与不同底物中的不同化学键的断裂。所裂解的化学键包括 C—O 键、C—N 键、C—C 键、C—P 键、C—卤键、C—S 键、P—N 键、S—N 键和 S—S 键等（Sousa *et al.*，2015）。水解酶的催化机制相对保守，大多是用水分子通过亲核攻击遵循双分子亲核取代反应完成水解过程。例如，环氧水解酶的开环机制，水分子通过对 C1 或 C2 的选择性攻击实现产物手性控制，并取决于水分子进攻的距离、角度和能垒（Sun *et al.*，2018）（图 3.13）。

裂解酶可催化底物不饱和双键结合另外一个分子，或者从底物脱去一个基团形成双键的反应。例如，苯丙氨酸裂解酶（phenylalanine ammonialyase，PAL）（EC4.3.1.24）在生物体内可催化肉桂酸到 *L*-苯丙氨酸（*L*-Phe）的可逆反应，且不依赖于任何辅因子，因此颇受工业界青睐。例如，PAL 可用来合成高值非天然 *D*-苯丙氨酸（*D*-Phe）（图 3.14），Nicholas Turner 团队基于饱和突变技术，对鱼腥藻 *Anabaena variabilis* 来源的

PAL 进行设计改造并获得突变体 H359Y，对 *D*-Phe 的催化活性由野生型的 3.23 U/mg 提升至 11.35 U/mg（Parmeggiani *et al.*，2015）。

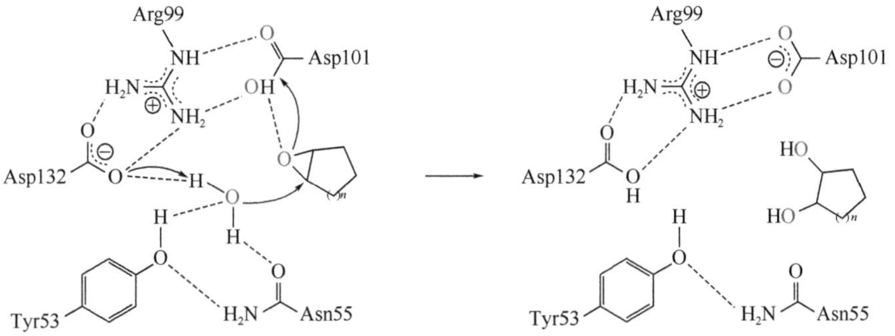

图 3.13　柠檬烯环氧水解酶催化环氧化合物的不对称水解反应

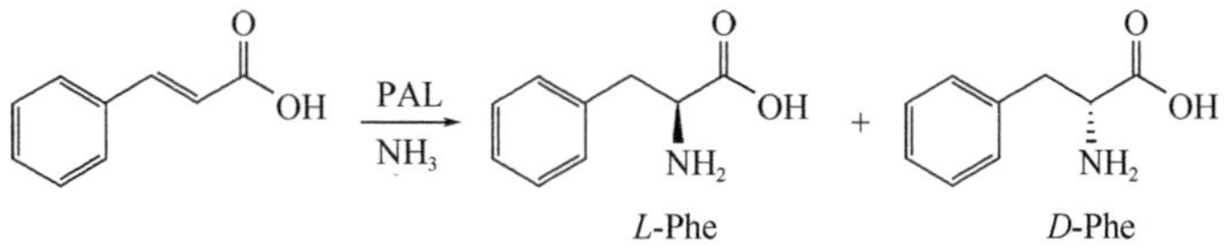

图 3.14　苯丙氨酸（Phe）裂解酶催化合成 *L*-/*D*-苯丙氨酸示意图

异构酶包括顺反异构酶、差向异构酶以及消旋酶等。以葡萄糖异构酶（glucose isomerase，GI）（EC5.3.1.5）为例，GI 在三界生物中广泛分布，可催化 *D*-葡萄糖等醛糖异构化为相应酮糖。早在 20 世纪 70 年代人们就已开展对 GI 的应用研究，是迄今为止最重要的工业用酶之一（Sheldon and Woodley，2017）。GI 是工业上生产糠醛的关键酶，可直接催化葡萄糖或葡萄糖类碳水化合物生成果糖，并经热处理过程的脱水作用产生 5-羟甲基糠醛（5-hydroxymethylfurfural，HMF）（图 3.15）。

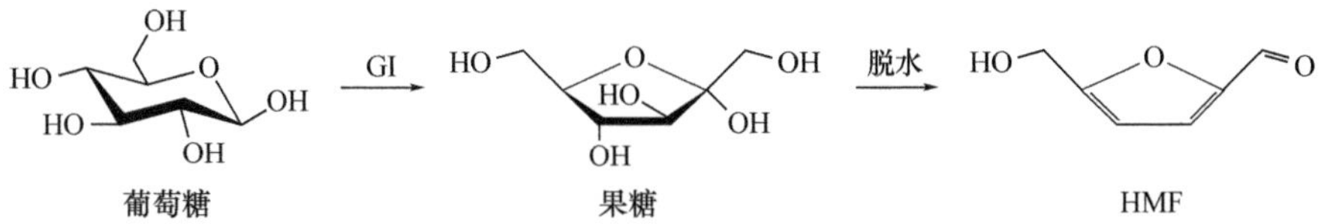

图 3.15　葡萄糖经果糖合成 5-羟甲基糠醛（HMF）

连接酶可催化两个分子的成键反应，需要 ATP 的参与。其成键类型包括 C—O、C—S、C—N 以及 C—C 等。以 C—N 成键为例，它是合成药物化学最重要的反应之一，如海洋 β-咔啉生物碱类化合物具有抗肿瘤、抗病毒、抗菌和抗寄生虫等药理活性，传统化学法合成较为困难。鞠建华团队从海洋放线菌（*Marinactinospora thermotolerans*）分离和鉴定出的 ATP 依赖型酰胺键合成酶 McbA 是合成海洋 β-咔啉生物碱类化合物的关键酶之一。McbA 催化过程类似于非核糖体多肽合酶家族（non-ribosomal peptide synthases，NRPS），首先对羧酸类底物进行 ATP 活化，产生的腺苷中间体继而进行 C—N 成键反应，生成对应的酰胺产物（图 3.16）。该酶的发现为生物催化合成酰胺类化合物奠定了基础（Chen *et al.*，2013；Petchey *et al.*，2018）。

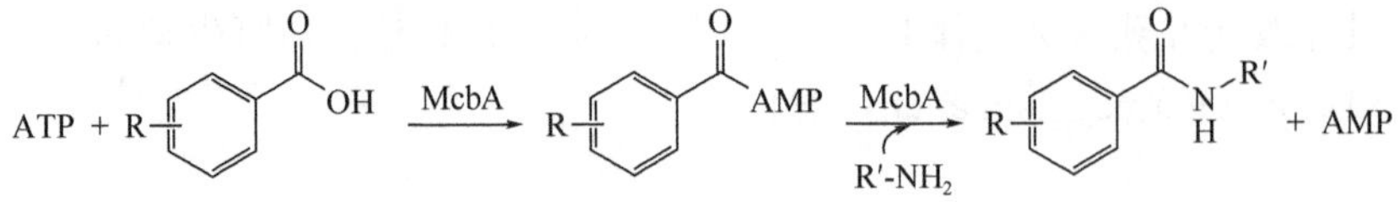

图 3.16 ATP 依赖型酰胺键合成酶催化反应示意图

## 3.6.2 酶活性口袋与识别

酶活性口袋（enzyme activity pocket）又被称为酶的催化活性中心（enzyme catalytic active center），是酶蛋白结构上可以结合底物的区域，一般包括起催化作用的氨基酸残基，并由与空间上相连的氨基酸所组成的口袋结构域。酶活性口袋的形状和性质是影响其功能发挥的关键因素，受到活性口袋结构柔性、组成氨基酸的物理化学性质、底物进入通道的位阻、变构以及组成氨基酸与底物之间的相互作用等的影响（Mazmanian *et al.*，2020）。酶活性口袋组成氨基酸的位阻效应是决定其催化口袋形状的重要因素，对其催化功能的实现具有重要影响。以南极假丝酵母脂肪酶 B（*Candida antarctica* lipase B，CALB）为例，该酶可催化仲醇拆分，具有高立体选择性和高催化活力。其醇基结合口袋由大口袋和小口袋组成，其中 Trp104 位于小口袋底部，限制其空间大小，使得其只能容纳小于或等于乙基的基团。将 Trp104 突变成 Ala，CALB 催化部分仲醇的立体选择性反转。基于此，Sandström 等（2012）通过多重序列比对，将酶活性口袋周边氨基酸理性设计为位阻效应增大或减小的氨基酸残基（表 3.5），实现了对该酶拆分布洛芬酯的活力和立体选择性改造。

表 3.5 氨基酸替换以增大或者减小 CALB 酶活性口袋体积（Sandström *et al.*，2012）

| 氨基酸类型 | 扩张口袋体积 | | 高度扩张口袋体积 | | 减少口袋体积 | | 高度减少口袋体积 | |
|---|---|---|---|---|---|---|---|---|
| | 替代氨基酸 | 简并密码子 | 替代氨基酸 | 简并密码子 | 替代氨基酸 | 简并密码子 | 替代氨基酸 | 简并密码子 |
| Ala | Gly | GSA | — | — | Val | GYA | — | — |
| Arg | Lys | ARA | — | — | — | — | Trp | WGG |
| Asn | Ser | ARC | — | — | — | — | Tyr | ASN |
| Asp | — | — | Ala | GMC | Glu | GAK | — | — |
| Cys | Ser | TSC | — | — | — | — | Tyr | TRC |
| Gln | — | — | Leu | CWA | — | — | Arg | CRA |
| Glu | Asp | GAK | — | — | — | — | Gln | SAA |
| Gly | — | — | — | — | — | — | — | — |
| His | — | — | Pro | CMC | Arg | CRC | — | — |
| Ile | Val | RTA | — | — | Leu | MTA | Phe | WTC |
| Leu | Ile | MTA | Val | KTA | Ile | MTA | Phe | TTK |
| Lys | Thr | AMA | — | — | Arg | ARA | — | — |
| Met | Ile | ATK | Val | RTG | Leu | MTG | — | — |
| Phe | Leu | TTK | Val | KTC | — | — | — | — |
| Pro | Ala | SCA | — | — | Leu | CYA | — | — |
| Ser | Gly | RGC | — | — | Thr | ASC | Tyr | TMC |

续表

| 氨基酸类型 | 扩张口袋体积 | | 高度扩张口袋体积 | | 减少口袋体积 | | 高度减少口袋体积 | |
|---|---|---|---|---|---|---|---|---|
| | 替代氨基酸 | 简并密码子 | 替代氨基酸 | 简并密码子 | 替代氨基酸 | 简并密码子 | 替代氨基酸 | 简并密码子 |
| Thr | Ser | ASC | — | — | — | — | Asn | AMC |
| Trp | Leu | TKG | Gly | KGG | — | — | — | — |
| Tyr | Asn | WAC | Ser | TMC | — | WAC | Ser | TMC |

酶的功能也受其底物进入通道的影响，底物进入通道的形状往往决定其催化选择性和底物特异性。Marton 等（2010）通过 CALB 底物进入通道组成氨基酸的单点突变，提高了 CALB 拆分仲醇的立体选择性。Manfred Reetz 团队采用迭代饱和突变（iterative saturation mutagenesis，ISM）策略，同时将底物进入通道和结合口袋内的残基进行组合改造，以 1-甲基-1,2,3,4-四氢异喹啉为底物，成功地提高了黑曲霉（*Aspergillus niger*）单胺氧化酶（monoamine oxidase，MAO）的活性并调控了立体选择性，其中突变体 LG-I-D11（Trp230Arg/Trp430Cys/Cys214Leu）的 $k_{cat}$ 和 $k_{cat}/K_m$ 较之前报道的突变体 Asn336Ser/Ile246Met 分别提高了 10 倍和 2.8 倍（Li *et al.*，2016）。

### 3.6.3　影响酶催化效率的因素

1）酶的内在属性决定了其催化天然底物的效率。通过对数千种天然酶的 $k_{cat}$ 和 $K_m$ 值的分析发现，中央代谢途径中的酶催化活性平均比次级代谢途径酶高 30 倍左右。底物的物理化学性质影响酶动力学参数，具体地说，低分子质量和疏水性似乎限制了 $K_m$ 值的优化，导致了酶的平均效率偏“中等效率”，并且表现出的催化效率水平远远低于“完美酶”所期望的扩散极限水平（Bar-Even *et al.*，2011）。

2）酶催化反应的条件也是影响酶催化效率的重要因素，包括有机溶剂、底物浓度、温度、水活度及酶微环境的 pH 等。非水相酶催化体系中，反应介质如离子液体、有机溶剂体系、超临界 $CO_2$ 体、离子液体和超临界二氧化碳混合双相、低共熔溶剂、双水相、微乳液、反相微乳液等的选择均可影响酶的催化效率，甚至反转酶催化反应的方向（De Barros *et al.*，2018）。酶催化反应介质及其影响详见第 13 章。

## 3.7　总结与展望

本章围绕酶的结构与功能，先后介绍了蛋白质一级序列的保守性与多样性、二级结构以及超二级结构单元及其特点；着重介绍了酶蛋白的三级结构，包括其结构特征、实验解析方法，以及常用的结构预测手段等，并从进化的角度重点讨论了酶的结构与功能之间的关系，两者体现了动态性、多样性、可逆性等特点。正是依赖于结构与功能的不断演化，才得以诞生丰富多彩的酶蛋白家族，按其催化反应类型可以分为七大类，每一类天然酶反应类型均为酶工程领域应用提供了无限的借鉴思路与可能性。

自从有生命以来，酶分子结构与催化功能就一直处在不断进化的历程中，基于环境变化与人类的需求向着多样化和专一化的不同方向发展。现代酶保存着祖先酶留下来的结构与功能关系上的痕迹，为我们研究酶的构效关系提供了重要线索。同时还应指出酶结构与功能之间具有高度的统一性和适应性，为了满足人们生产生活的需求，对酶的结构进行设计与改造并赋予其新功能，以及基于结构与功能基础从头设计自然界不存在的人工酶的研究势必会继续进行下去，从而满足工业生物技术与合成生物学快速发展的重大需求。

## 参考文献


张锟, 曲戈, 刘卫东, 等. 2019. 工业酶结构与功能的构效关系. 生物工程学报, 35(10): 1806-1818.

Abraham S J, Cheng R C, Chew T A, *et al.* 2015. $^{13}$C NMR detects conformational change in the 100-kD membrane transporter CIC-ec1. Journal of Biomolecular NMR, 61(3-4): 209-226.

Baek M, DiMaio F, Anishchenko I, *et al.* 2021. Accurate prediction of protein structures and interactions using a three-track neural network. Science, 373(6557): 871-876.

Baier F, Copp J N, Tokuriki N. 2016. Evolution of enzyme superfamilies: Comprehensive exploration of sequence-function relationships. Biochemistry, 55(46): 6375-6388.

Baldwin R L. 1989. How does protein folding get started? Trends in Biochemical Sciences, 14(7): 291-294.

Bar-Even A, Noor E, Savir Y, *et al.* 2011. The moderately efficient enzyme: Evolutionary and physicochemical trends shaping enzyme parameters. Biochemistry, 50(21): 4402-4410.

Bertolani S J, Siegel J B. 2019. A new benchmark illustrates that integration of geometric constraints inferred from enzyme reaction chemistry can increase enzyme active site modeling accuracy. PLoS One, 14(4): e0214126.

Bhattacharya S, Roche R, Bhattacharya D. 2020. Discover: Distance-based covariational threading for weakly homologous proteins. bioRxiv: 2020.2001.2031.923409.

Buchan D W A, Jones D T. 2017. EigenTHREADER: Analogous protein fold recognition by efficient contact map threading. Bioinformatics, 33(17): 2684-2690.

Callaway E. 2020. 'It opens up a whole new universe': Revolutionary microscopy technique sees individual atoms for first time. Nature, 582: 156-157.

Chang Y G, Cohen S E, Phong C, *et al.* 2015. Circadian rhythms. A protein fold switch joins the circadian oscillator to clock output in cyanobacteria. Science, 349(6245): 324-328.

Chen Q, Ji C, Song Y, *et al.* 2013. Discovery of McbB, an enzyme catalyzing the β-carboline skeleton construction in the marinacarboline biosynthetic pathway. Angewandte Chemie International Edition, 52(38): 9980-9984.

Chouhan B P S, Maimaiti S, Gade M, *et al.* 2019. Rossmann-fold methyltransferases: Taking a "β-turn" around their cofactor, *S*-adenosylmethionine. Biochemistry, 58(3): 166-170.

Clifton B E, Kaczmarski J A, Carr P D, *et al.* 2018. Evolution of cyclohexadienyl dehydratase from an ancestral solute-binding protein. Nature Chemical Biology, 14(6): 542-547.

Cross B C, Bond P J, Sadowski P G, *et al.* 2012. The molecular basis for selective inhibition of unconventional mrna splicing by an ire1-binding small molecule. Proceedings of the National Academy of Sciences of the United States of America, 109(15): E869-E878.

De Barros D P C, Pinto F, Pfluck A C D, *et al.* 2018. Improvement of enzyme stability for alkyl esters synthesis in miniemulsion systems by using media engineering. Journal of Chemical Technology and Biotechnology, 93: 1338-1346.

Dejene E A, Li Y, Showkatian Z, *et al.* 2020. Regulation of poly(A)-specific ribonuclease activity by reversible lysine acetylation. Journal of Biological Chemistry, 295(30): 10255-10270.

Devamani T, Rauwerdink A M, Lunzer M, *et al.* 2016. Catalytic promiscuity of ancestral esterases and hydroxynitrile lyases. Journal of the American Chemical Society, 138(3): 1046-1056.

Dill K A. 1985. Theory for the folding and stability of globular proteins. Biochemistry, 24(6): 1501-1509.

Drienovská I, Roelfes G. 2020. Expanding the enzyme universe with genetically encoded unnatural amino acids. Nature Catalysis, 3(3): 193-202.

Edgell D R, Derbyshire V, Roey P V, *et al.* 2004. Intron-encoded homing endonuclease I-TevI also functions as a transcriptional autorepressor. Nature Structural & Molecular Biology, 11(10): 936-944.

Entelis N, Brandina I, Kamenski P, *et al.* 2006. A glycolytic enzyme, enolase, is recruited as a cofactor of tRNA targeting toward mitochondria in saccharomyces cerevisiae. Genes and Development, 20(12): 1609-1620.

Fademrecht S, Scheller P N, Nestl B M, *et al.* 2016. Identification of imine reductase-specific sequence motifs. Proteins: Structure, Function, and Bioinformatics, 84(5): 600-610.

Fan X, Wang J, Zhang X, *et al.* 2019. Single particle cryo-EM reconstruction of 52 kDa streptavidin at 3.2 angstrom resolution. Nature Communications, 10(1): 2386.

Ferrada E. 2019. The site-specific amino acid preferences of homologous proteins depend on sequence divergence. Genome Biology and Evolution, 11(1): 121-135.

Frank J. 2018. Single-particle reconstruction of biological molecules—story in a sample (nobel lecture). Angewandte Chemie International Edition, 57(34): 10826-10841.

Furnham N, Dawson N L, Rahman S A, *et al.* 2016. Large-scale analysis exploring evolution of catalytic machineries and mechanisms in enzyme superfamilies. Journal of Molecular Biology, 428(2 Pt A): 253-267.

Gahloth D, Dunstan M S, Quaglia D, *et al.* 2017. Structures of carboxylic acid reductase reveal domain dynamics underlying catalysis. Nature Chemical Biology, 13(9): 975-981.

Goodey N M, Benkovic S J. 2008. Allosteric regulation and catalysis emerge via a common route. Nature Chemical Biology, 4(8): 474-482.

Hai Y, Huang A M, Tang Y. 2019. Structure-guided function discovery of an NRPS-like glycine betaine reductase for choline biosynthesis in fungi. Proceedings of the National Academy of Sciences of the United States of America, 116(21): 10348-10353.

Hammer S C, Knight A M, Arnold F H. 2017. Design and evolution of enzymes for non-natural chemistry. Current Opinion in Green and Sustainable Chemistry, 7: 23-30.

Harrison S C, Durbin R. 1985. Is there a single pathway for the folding of a polypeptide chain? Proceedings of the National Academy of Sciences of the United States of America, 82(12): 4028-4030.

Hensen U, Meyer T, Haas J, *et al.* 2012. Exploring protein dynamics space: The dynasome as the missing link between protein structure and function. PLoS One, 7(5): e33931.

Henzler-Wildman K, Kern D. 2007. Dynamic personalities of proteins. Nature, 450: 964-972.

Herzik M A, Wu M, Lander G C. 2019. High-resolution structure determination of sub-100 kDa complexes using conventional cryo-EM. Nature Communications, 10(1): 1032.

Holcomb J, Jiang Y, Lu G, *et al.* 2014. Structural insights into PDZ-mediated interaction of NHERF2 and $LPA_2$, a cellular event implicated in CFTR channel regulation. Biochemical and Biophysical Research Communications, 446(1): 399-403.

Holcomb J, Spellmon N, Zhang Y, *et al.* 2017. Protein crystallization: Eluding the bottleneck of X-ray crystallography. AIMS Biophys, 4(4): 557-575.

Huang P S, Feldmeier K, Parmeggiani F, *et al.* 2016. *De novo* design of a four-fold symmetric TIM-barrel protein with atomic-level accuracy. Nature Chemical Biology, 12(1): 29-34.

Huang R, Qi W, Su R, *et al.* 2010. Integrating enzymatic and acid catalysis to convert glucose into 5-hydroxymethylfurfural. Chemical Communications, 46(7): 1115-1117.

Jacob J, Duclohier H, Cafiso D S. 1999. The role of proline and glycine in determining the backbone flexibility of a channel-forming peptide. Biophysical Journal, 76(3): 1367-1376.

Jumper J, Evans R, Pritzel A, *et al.* 2021. Highly accurate protein structure prediction with AlphaFold. Nature, 596(7873): 583-589.

Kaltenbach M, Burke J R, Dindo M, *et al.* 2018. Evolution of chalcone isomerase from a noncatalytic ancestor. Nature Chemical Biology, 14(6): 548-555.

Kamerlin S C L, Warshel A. 2010. At the dawn of the 21st century: Is dynamics the missing link for understanding enzyme catalysis? Proteins: Structure, Function & Bioinformatics, 78(6): 1339-1375.

Karagöz G E, Duarte A M S, Akoury E, *et al.* 2014. Hsp90-Tau complex reveals molecular basis for specificity in chaperone action. Cell, 156(5): 963-974.

Karpinski K, Hauber I, Chemnitz J, *et al.* 2016. Directed evolution of a recombinase that excises the provirus of most HIV-1 primary isolates with high specificity. Nature Biotechnology, 34(4): 401-409.

Karplus M, Weaver D L. 1976. Protein-folding dynamics. Nature, 260(5550): 404-406.

Khoshouei M, Radjainia M, Baumeister W, *et al.* 2017. Cryo-EM structure of haemoglobin at 3.2 Å determined with the Volta phase plate. Nature Communications, 8(1): 16099.

Ko S, Kim H Y, Choi I, *et al.* 2017. Gold nanoparticles as nucleation-inducing reagents for protein crystallization. Crystal Growth & Design, 17(2): 497-503.

Kratz P A, Böttcher B, Nassal M. 1999. Native display of complete foreign protein domains on the surface of hepatitis B virus capsids. Proceedings of the National Academy of Sciences of the United States of America, 96(5): 1915-1920.

Le A T, Joo J C, Yoo Y J, *et al.* 2012. Development of thermostable *Candida antarctica* lipase B through novel in silico design of disulfide bridge. Biotechnology and Bioengineering, 109: 867-876.

Leopold P E, Montal M, Onuchic J N. 1992. Protein folding funnels: a kinetic approach to the sequence-structure relationship. Proceedings of the National Academy of Sciences of the United States of America, 89: 8721-8725.

Li A, Ilie A, Sun Z, *et al.* 2016. Whole-cell-catalyzed multiple regio- and stereoselective functionalizations in cascade reactions enabled by directed evolution. Angewandte Chemie International Edition, 55(39): 12026-12029.

Li G, Yao P Y, Gong R, *et al.* 2017. Simultaneous engineering of an enzyme's entrance tunnel and active site: The case of monoamine oxidase MAO-N. Chemical Science (Royal Society of Chemistry: 2010), 8(5): 4093-4099.

Li J C, Nastertorabi F, Xuan W, *et al.* 2019. A single reactive noncanonical amino acid is able to dramatically stabilize protein structure. ACS Chemical Biology, 14(6): 1150-1153.

Lisi G P, Loria J P. 2016. Using NMR spectroscopy to elucidate the role of molecular motions in enzyme function. Progress in Nuclear Magnetic Resonance Spectroscopy, 92-93: 1-17.

Liu C T, Hanoian P, French J B, *et al.* 2013. Functional significance of evolving protein sequence in dihydrofolate reductase from bacteria to humans. Proceedings of the National Academy of Sciences of the United States of America, 110(25): 10159-10164.

Liu Y, Huynh D T, Yeates T O. 2019. A 3.8 Å resolution cryo-EM structure of a small protein bound to an imaging scaffold. Nature Communications, 10(1): 1864.

Malyshev D A, Dhami K, Lavergne T, *et al.* 2014. A semi-synthetic organism with an expanded genetic alphabet. Nature, 509: 385-388.

Marion D. 2013. An introduction to biological NMR spectroscopy. Molecular & Cellular Proteomics, 12(11): 3006-3025.

Marton Z, Léonard-Nevers V, Syrén P O, *et al.* 2010. Mutations in the stereospecificity pocket and at the entrance of the active site of *Candida antarctica* lipase B enhancing enzyme enantioselectivity. Journal of Molecular Catalysis B: Enzymatic, 65(1): 11-17.

Mazmanian K, Sargsyan K, Lim C. 2020. How the local environment of functional sites regulates protein function. Journal of the American Chemical Society, 142(22): 9861-9871.

McIntosh J A, Farwell C C, Arnold F H. 2014. Expanding P450 catalytic reaction space through evolution and engineering. Current Opinion in Chemical Biology, 19(1): 126-134.

Meeuwsen S M, Hodac A N, Adams L M, *et al.* 2017. Investigation of intrinsic dynamics of enzymes involved in metabolic pathways using coarse-grained normal mode analysis. Cogent Biology, 3(1): 1291877.

Merk A, Bartesaghi A, Banerjee S, *et al.* 2016. Breaking cryo-EM resolution barriers to facilitate drug discovery. Cell, 165(7): 1698-1707.

Moon H, Lee W S, Oh M, *et al.* 2014. Design, solid-phase synthesis, and evaluation of a phenyl-piperazine-triazine scaffold as α-helix mimetics. ACS Combinatorial Science, 16(12): 695-701.

Nakane T, Kotecha A, Sente A, *et al.* 2020. Single-particle cryo-EM at atomic resolution. Nature, 587(7832): 152-156.

Nazimov I V, Bublyaev R A. 2019. Mass spectrometric amino acid sequencing of short and mid-sized peptides in a ESI-O-TOF system as an alternative to MS/MS. II: Selective fragmentation of dansylated peptides with predominant formation of b-ions. Russian Journal of Bioorganic Chemistry, 45(1): 9-17.

Newton M S, Arcus V L, Gerth M L, *et al.* 2018. Enzyme evolution: Innovation is easy, optimization is complicated. Current Opinion in Structural Biology, 48: 110-116.

Ngo S T, Nguyen P H, Derreumaux P. 2020. Stability of aβ11-40 trimers with parallel and antiparallel β-sheet organizations in a membrane-mimicking environment by replica exchange molecular dynamics simulation. Journal of Physical Chemistry B, 124(4): 617-626.

O'Rourke K F, Axe J M, D'Amico R N, *et al.* 2018. Millisecond timescale motions connect amino acid interaction networks in alpha tryptophan synthase. Frontiers in Molecular Biosciences, 5: 92.

Ollis A A, Zhang S, Fisher A C, *et al.* 2014. Engineered oligosaccharyltransferases with greatly relaxed acceptor-site specificity. Nature Chemical Biology, 10: 816-822.

Orozco M. 2014. A theoretical view of protein dynamics. Chemical Society Reviews, 43(14): 5051-5066.

Pabis A, Risso V A, Sanchez-Ruiz J M, *et al.* 2018. Cooperativity and flexibility in enzyme evolution. Current Opinion in Structural Biology, 48: 83-92.

Parmeggiani F, Lovelock S L, Weise N J, *et al.* 2015. Synthesis of *D*- and *L*-phenylalanine derivatives by phenylalanine ammonia lyases: A multienzymatic cascade process. Angewandte Chemie International Edition, 54(15): 4608-4611.

Petchey M, Cuetos A, Rowlinson B, *et al.* 2018. The broad aryl acid specificity of the amide bond synthetase McbA suggests potential for the biocatalytic synthesis of amides. Angewandte Chemie International Edition, 57(36): 11584-11588.

Pfluck A C D, de Barros D P C, Fonseca L P, *et al.* 2018. Stability of lipases in miniemulsion systems: Correlation between secondary structure and activity. Enzyme and Microbial Technology, 114: 7-14.

Pochapsky T C, Pochapsky S S. 2019. What your crystal structure will not tell you about enzyme function. Accounts of Chemical Research, 52(5): 1409-1418.

Puthenveetil R, Vinogradova O. 2019. Solution NMR: A powerful tool for structural and functional studies of membrane proteins in reconstituted environments. The Journal of Biological Chemistry, 294(44): 15914-15931.

Reisky L, Büchsenschütz H C, Engel J, *et al.* 2018. Oxidative demethylation of algal carbohydrates by cytochrome P450 monooxygenases. Nature Chemical Biology, 14(4): 342-344.

Ribeiro A J M, Tyzack J D, Borkakoti N, *et al.* 2020. A global analysis of function and conservation of catalytic residues in enzymes. Journal of Biological Chemistry, 295(2): 314-324.

Robb C S, Reisky L, Bornscheuer U T, *et al.* 2018. Specificity and mechanism of carbohydrate demethylation by cytochrome P450 monooxygenases. Biochemical Journal, 475(23): 3875-3886.

Rodríguez-Almazán C, Arreola R, Rodríguez-Larrea D, *et al.* 2008. Structural basis of human triosephosphate isomerase deficiency: Mutation E104D is related to alterations of a conserved water network at the dimer interface. Journal of Biological Chemistry, 283(34): 23254-23263.

Rohl C A, Strauss C E M, Misura K M S, *et al.* 2004. Protein structure prediction using Rosetta. *In*: Methods in enzymology (Vol. 383). Cambridge: Academic Press: 66-93.

Ryde U, Söderhjelm P. 2016. Ligand-binding affinity estimates supported by quantum-mechanical methods. Chemical Reviews, 116(9): 5520-5566.

Saio T, Guan X, Rossi P, *et al.* 2014. Structural basis for protein antiaggregation activity of the trigger factor chaperone. Science, 344(6184): 1250494.

Sali A, Blundell T L. 1993. Comparative protein modelling by satisfaction of spatial restraints. Journal of Molecular Biology, 234(3): 779-815.

Sandström A G, Wikmark Y, Engström K, *et al.* 2012. Combinatorial reshaping of the *Candida antarctica* lipase a substrate pocket for enantioselectivity using an extremely condensed library. Proceedings of the National Academy of Sciences of the United States of America, 109(1): 78-83.

Sato R, Ishida T. 2019. Protein model accuracy estimation based on local structure quality assessment using 3D convolutional neural network. PLoS One, 14(9): e0221347.

Savile C K, Janey J M, Mundorff E C, *et al.* 2010. Biocatalytic asymmetric synthesis of chiral amines from ketones applied to sitagliptin manufacture. Science, 329(5989): 305-309.

Senior A W, Evans R, Jumper J, *et al.* 2020. Improved protein structure prediction using potentials from deep learning. Nature, 577(7792): 706-710.

Sheldon R A, Woodley J M. 2017. Role of biocatalysis in sustainable chemistry. Chemical Reviews, 118: 801-838.

Shen Z, Cheng F, Xu Y, *et al.* 2012. Investigation of indazole unbinding pathways in CYP2E1 by molecular dynamics simulations. PLoS One, 7(3) e33500.

Sladek V, Harada R, Shigeta Y. 2019. Protein dynamics and the folding degree. Journal of Chemical Information and Modeling, 60(3): 1559-1567.

Smyth D R, Mrozkiewicz M K, McGrath W J, *et al.* 2003. Crystal structures of fusion proteins with large-affinity tags. Protein Science, 12(7): 1313-1322.

Sousa S F, Ramos M J, Lim C, *et al.* 2015. Relationship between enzyme/substrate properties and enzyme efficiency in hydrolases. ACS Catalysis, 5(10): 5877-5887.

Sun Z, Liu Q, Qu G, *et al.* 2019. Utility of B-factors in protein science: Interpreting rigidity, flexibility, and internal motion and engineering thermostability. Chemical Reviews, 119: 1626-1665.

Sun Z, Wu L, Bocola M, *et al.* 2018. Structural and computational insight into the catalytic mechanism of limonene epoxide hydrolase mutants in stereoselective transformations. Journal of the American Chemical Society, 140(1): 310-318.

Verma R, Schwaneberg U, Roccatano D. 2013. Conformational dynamics of the FMN-binding reductase domain of monooxygenase P450BM-3. Journal of Chemical Theory and Computation, 9(1): 96-105.

Walter T S, Meier C, Assenberg R, *et al.* 2006. Lysine methylation as a routine rescue strategy for protein crystallization. Structure, 14(11): 1617-1622.

Warshel A. 2014. Multiscale modeling of biological functions: From enzymes to molecular machines (nobel lecture). Angewandte Chemie International Edition, 53(38): 10020-10031.

Waterhouse A, Bertoni M, Bienert S, *et al.* 2018. Swiss-model: Homology modelling of protein structures and complexes. Nucleic Acids Research, 46(W1): W296-W303.

Wetlaufer D B. 1973. Nucleation, rapid folding, and globular intrachain regions in proteins. Proceedings of the National Academy of Sciences of the United States of America, 70(3): 697-701.

Whittier S K, Hengge A C, Loria J P. 2013. Conformational motions regulate phosphoryl transfer in related protein tyrosine phosphatases. Science, 341(6148): 899-903.

Xiao Y, Yang J, Tian X, *et al.* 2017. Biochemical basis for hydrolysis of organophosphorus by a marine bacterial prolidase. Process Biochemistry, 52: 141-148.

Yang J, Anishchenko I, Park H, *et al.* 2020. Improved protein structure prediction using predicted inter-residue orientations. Proceedings of the National Academy of Sciences of the United States of America, 117(3): 1496-1503.

Yang J, Yan R, Roy A, *et al.* 2015. The I-TASSER suite: Protein structure and function prediction. Nature Methods, 12(1): 7-8.

Yip K M, Fischer N, Paknia E, *et al.* 2020. Atomic-resolution protein structure determination by cryo-EM. Nature, 587(7832), 157-161.

Zafred D, Steiner B, Teufelberger A R, *et al.* 2015. Rationally engineered flavin-dependent oxidase reveals steric control of dioxygen reduction. The FEBS Journal, 282(16): 3060-3074.

Zamaraev A V, Kopeina G S, Prokhorova E A, *et al.* 2017. Post-translational modification of caspases: The other side of apoptosis regulation. Trends in Cell Biology, 27(5): 322-339.

Zea D J, Monzon A M, Parisi G, *et al.* 2018. How is structural divergence related to evolutionary information? Molecular Phylogenetics and Evolution, 127: 859-866.

Zhang Y, Ptacin J L, Fischer E C, *et al.* 2017. A semi-synthetic organism that stores and retrieves increased genetic information. Nature, 551(7682): 644-647.

Zhang Y. 2008. I-TASSER server for protein 3D structure prediction. BMC Bioinformatics, 9(1): 40.

Zheng W, Wuyun Q, Li Y, *et al.* 2019. Detecting distant-homology protein structures by aligning deep neural-network based contact maps. PLoS Computational Biology, 15(10): e1007411.

Zwanzig R, Szabo A, Bagchi B. 1992. Levinthal's paradox. Proceedings of the National Academy of Sciences of the United States of America, 89(1): 20-22.

# 第4章

# 酶催化化学与计算解析

刘永军
山东大学

蛋白类酶和核酸类酶的化学组成、化学结构和空间结构有所不同，其催化功能和特性也不相同。在这一章中，我们将以蛋白类酶为主要研究对象，从化学角度来理解酶催化反应以及如何采用现代实验方法和计算化学手段来解析酶催化反应的微观机制，从而为进一步的实验研究、酶设计与酶工程奠定必要的理论基础。随着新的实验和理论结果的出现，在原子水平上对酶催化反应的探索仍在继续和不断深入。

在化学反应中，反应物原有的某些化学键解离需要克服一定的能垒，而形成新的化学键又会使得体系的总能量降低，所以大多数化学反应的发生都需要一定的活化能。在某些难以发生化学反应的体系中，加入催化剂可降低反应的活化能，因而能加速化学反应和控制产物的选择性。如果从化学角度来理解酶催化反应，所有的酶催化反应都可以看作有机分子之间的反应，而其中的催化剂就是蛋白质或者核酸。在酶催化反应体系中，各因素（包括底物、辅酶、残基等）之间的相互作用都可以按一个大的化学反应体系来处理，只不过其中的催化剂属于最复杂的因素，其构象在反应中可能会发生较大的变化。酶催化反应与一般化学催化反应一样，也包括底物与催化剂结合形成复合体、发生催化反应、产物的离去等物理或化学过程。一般来说，酶催化反应的效率主要是由酶活性中心的结构与残基组成所决定，底物在酶活性中心发生化学反应的速率决定了整个酶催化反应的速率。此外，活性口袋周围的残基、辅因子的种类、溶液的酸碱性、底物的结合构象等对酶催化反应都具有一定的影响，不同的酶反应受各种因素影响的程度和微观机制不同。

## 4.1 酶的化学反应机制

酶催化反应的类型多种多样，主要包括氧化还原反应、转移反应、水解反应、裂解反应、异构反应、连接反应等，其中每一种反应类型又涉及许多具体的类型，如水解反应包括硫酯键、酯键、肽键、糖苷键等的水解，裂解反应包括C—C、C—N、C—O键等的断裂。根据酶催化反应的类型可将酶分为相应的六类，包括氧化还原酶、转移酶、水解酶、裂合酶、异构酶、连接酶。有些酶仅由蛋白质或核糖核酸组成，这种酶称为单成分酶，而有些酶除蛋白质或核糖核酸外，还需要有其分子成分才能具有催化作用，这种酶称为双成分酶或多成分酶，其中的非生物大分子成分称为酶的辅助因子。辅酶因子可以是无机金属离子，也可以是有机小分子，还可以是某些蛋白类辅酶。这些辅酶因子在催化反应中通过不同的方式起作用，如铁离子、铜离子、镍离子、锌离子、镁离子等金属离子，它们既可以稳定酶蛋白的稳定构象，又可以通过自身的氧化还原进行电子传递，还可以在酶蛋白与底物之间起到连接桥梁的作用；有机小分子辅因子主要有维生素、维生素衍生物和铁卟啉等，它们在催化反应中主要起传递电子、原子或基团的作用。总的来说，辅助因子通过各种物理或化学过程参与催化反应，酶组成的多样性造成了生物催化剂的结构和催化反应机制的复杂性。

### 4.1.1 酶对底物识别的分子机制

底物进入酶活性中心是酶催化反应发生的前提条件。对于有辅酶和共底物参与的酶催化反应，辅酶及共底物需要以特定方式结合到酶活性中心。酶对辅酶、共底物及底物的识别过程本质上是蛋白质催化剂通过各种分子间弱相互作用或化学反应与这些小分子化合物形成复合物的过程。某些酶催化反应的底物可能是分子量较大的分子，如某些聚合物降解酶的底物分子量可能达到数千，这时蛋白类酶需要有一个特殊的底物通道供大分子底物进入反应活性中心。正是酶活性口袋的大小、形状以及起催化作用和结合作用的残基的多样性赋予了酶催化多种类型反应的能力。酶对底物一般具有很高的选择性，这主要是由于酶活性口袋具有特定的形状和残基组成，导致某一类型的酶通过特殊的相互作用对底物进行识别，这些相互作用主要包括氢键、静电、疏水作用等。例如，咪唑啉酮酸酶（HutI，EC3.5.2.7）是组氨酸降解路径中的一种关键酶（Revel and Magasanik，1958），它专一性地催化*S*型咪唑啉酮丙酸（IPA）的降解，最后生成*L*-谷氨酸（图4.1A）。IPA是组氨酸降解途径中尿苷酸酶（HutU）催化的产物，它可通过自发的互变异构反应转变成外消旋的4(5)-咪唑啉酮-5(4)-丙酸（Bender，2012），即IPA有两种异构体：4-咪唑啉酮-5-丙酸和5-咪唑啉酮-4-丙酸。每种异构体又可分为*S*型和*R*型异构体。刘永军课题组的计算结果表明（Su *et al.*，2016），咪唑啉酮酸酶的活性口袋对*S*型4-咪唑啉酮-5-丙酸具有高的结合选择性，其形成的复合物对应的能量最低，且在催化反应中对应

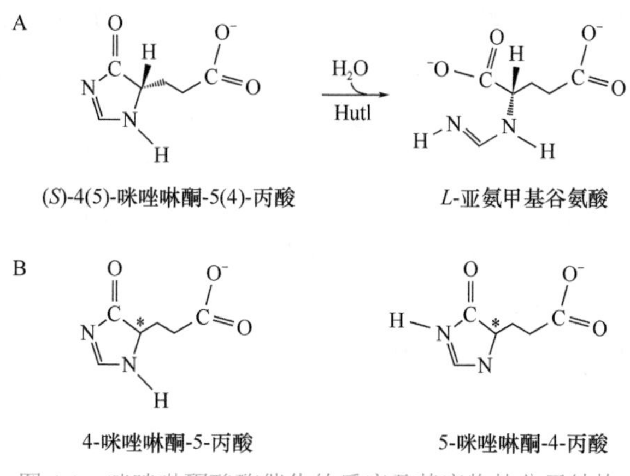


图4.1 咪唑啉酮酸酶催化的反应及其底物的分子结构

A. 咪唑啉酮酸酶催化的反应；B. 咪唑啉酮酸酶底物的两种异构体

的决速步骤的能垒也最低。所以，虽然尿苷酸酶催化反应的产物有两种异构体，但咪唑啉酮酸酶选择性地结合 *S* 型 4-咪唑啉酮-5-丙酸，形成 *L*-谷氨酸。图 4.2 为计算得到的 *S* 型和 *R* 型两种 IPA 异构体在咪唑啉酮酸酶活性口袋的结合模式（Su *et al.*，2016）。可以看出，4 种底物异构体羧基侧链的朝向不同，与周围残基形成不同的氢键相互作用。因此，对底物在酶活性口袋的结合模式进行研究可为理解酶反应机制提供结构基础。

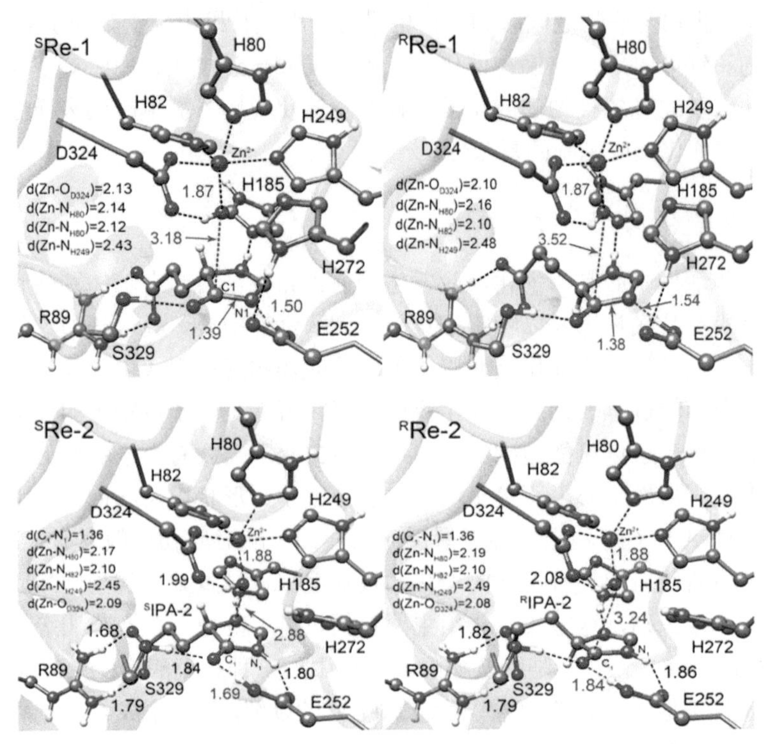


图 4.2　*S* 型和 *R* 型的 4-咪唑啉酮-5-丙酸（Re-1）和 5-咪唑啉酮-4-丙酸（Re-2）在活性中心的结合示意图

## 4.1.2　酶催化选择性的理论分析

如上所述，酶催化反应具有高的底物选择性和立体选择性，主要依赖于酶活性口袋对底物特殊的识别作用或定位作用。对酶催化反应来说，起关键催化作用的残基或辅酶因子在酶蛋白中占据特有的位置，只有它们与底物的反应位点处于有利于发生催化反应的位置，酶催化反应才能发生。所以，酶对不同底物特有的识别作用不仅决定了底物的选择性，还决定了反应的立体选择性，并在一定程度上影响了酶催化反应的速率。由于组成活性口袋的各个残基在底物识别与催化反应中担任不同的角色，这些残基突变时，可能对反应基本没有影响，也可能对反应具有非常大的影响。酶分子中心结构和底物的匹配性是影响酶催化反应的最根本因素。例如，非血红素 α-酮戊二酸依赖酶 AusE 和 PrhA 是两种高度同源的 $Fe^{II}$/αKG 加氧酶（Nakashima *et al.*，2018；Gao *et al.*，2018），在真菌萜类生物合成途径中两种酶都以甲壳素杂萜（preaustinoid A1）作为底物，但这两种酶能催化不同的重排反应分别形成奥斯醇的前体和伯克利二烯酮的环庚二烯部分，主要是由于两种酶的活性位点具有微小的差别，底物相对于高价 $Fe^{IV}{=}O$ 复合物具有不同的朝向。突变其中的第 50 和 232 号氨基酸残基就可以使非血红素 α-酮戊二酸依赖酶 PrhA

和 AusE 催化相同的反应，实现功能转换。

### 4.1.3　酶催化的化学机制

酶催化反应可以看作底物分子在酶活性中心发生的化学反应。活性口袋的残基通过与底物之间的各种作用，如形成共价复合物、提供或接受质子等起催化作用。研究酶催化反应机制主要是探讨酶催化反应的各步基元反应，包括涉及的中间体、过渡态的结构、基元反应的速率常数、总的反应速率常数、活化能以及其他热力学常数，研究酶活性中心的几何结构和电子结构演化规律可以解释某种酶催化某一类化学反应的本质原因。从化学平衡角度看，酶可以促使反应快速达到平衡，但是不会改变反应的平衡点。酶催化反应效率比一般催化剂（无机催化剂或者有机催化剂）更高，主要是酶通过某些方式改变了反应物转变为产物所经历的反应途径，降低了整个反应的活化能，其催化反应的过程比传统的催化反应更复杂，但催化反应本质没有改变。对于酶催化反应来说，即使一个看似很简单的反应，也可能包括若干步的基元反应。例如，在 *β*-内酰胺类抗生素碳青霉烯生物合成中，碳青霉烯合成酶（CarC）催化 (3*S*,5*R*)-碳青霉烷-3-羧酸转变为 5*R*-碳青霉烯-3-羧酸（Li *et al.*，2000；Stapon *et al.*，2003）(图 4.3)。总的来看，反应分两步进行，第一步为 5-位氢原子的异构化，第二步为 C2、C3 位的去饱和化。在催化反应中，碳青霉烯合成酶以 $Fe^{2+}$ 为辅因子，以氧气和 α-酮戊二酸为共底物，首先通过高活性 $Fe^{IV}{=}O$ 引发的抽氢反应将底物 (3*S*,5*S*)-碳青霉烷异构化为 (3*S*,5*R*)-碳青霉烷，然后经过另一分子酶的催化反应通过去饱和反应生成碳青霉烯-3-羧酸。多年的实验与理论研究（Chang *et al.*，2014；Ma *et al.*，2015）发现，碳青霉烯合成酶催化的异构化和去饱和反应包含若干步基元反应，包括氧气的活化、$Fe^{IV}{=}O$ 引发的抽氢、底物自由基的翻转、中间体 (3*S*,5*R*)-碳青霉烷-3-羧酸从活性位点的离去与再结合、$Fe^{IV}{=}O$ 引发去饱和化等，其催化循环过程见图 4.4。通过理论计算不仅可以获得反应涉及的中间体、过渡态的结构及相对能量，还可以得到一些副产物方面的信息。图 4.5 为碳青霉烯合成酶催化的底物差向异构化和羟基化机制。

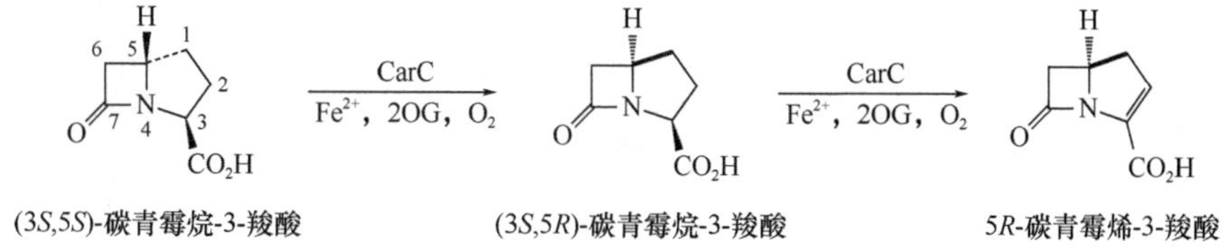

(3*S*,5*S*)-碳青霉烷-3-羧酸 —CarC, $Fe^{2+}$，2OG，$O_2$→ (3*S*,5*R*)-碳青霉烷-3-羧酸 —CarC, $Fe^{2+}$，2OG，$O_2$→ 5*R*-碳青霉烯-3-羧酸

图 4.3　碳青霉烯合成酶催化的 C5-差向异构化和 C2/3-去饱和化反应

## 4.2　酶反应机制及化学分析方法

### 4.2.1　研究酶催化反应机制的意义

酶反应机制是化学与生物学的核心问题之一。在原子水平上揭示酶催化反应发生的细节无论对实验研究还是计算模拟都充满了挑战，这主要是由酶催化反应的复杂性造成的。一是酶催化反应体系的结构变化多样，底物在反应中发生成键或断键过程不仅容易引起酶活性口袋的结构变化，也可能导致周围残基甚至整个酶蛋白发生一定程度的构象

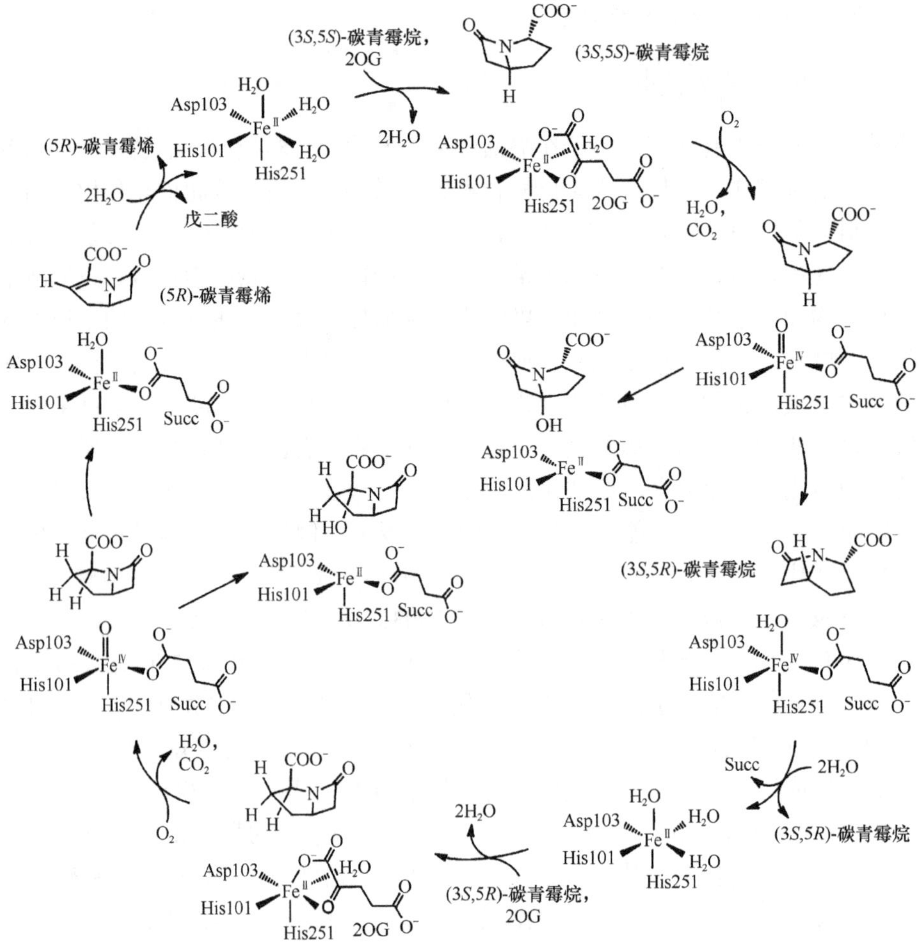

图 4.4 根据计算建议的碳青霉烯合成酶的催化循环

Succ. 戊二酸

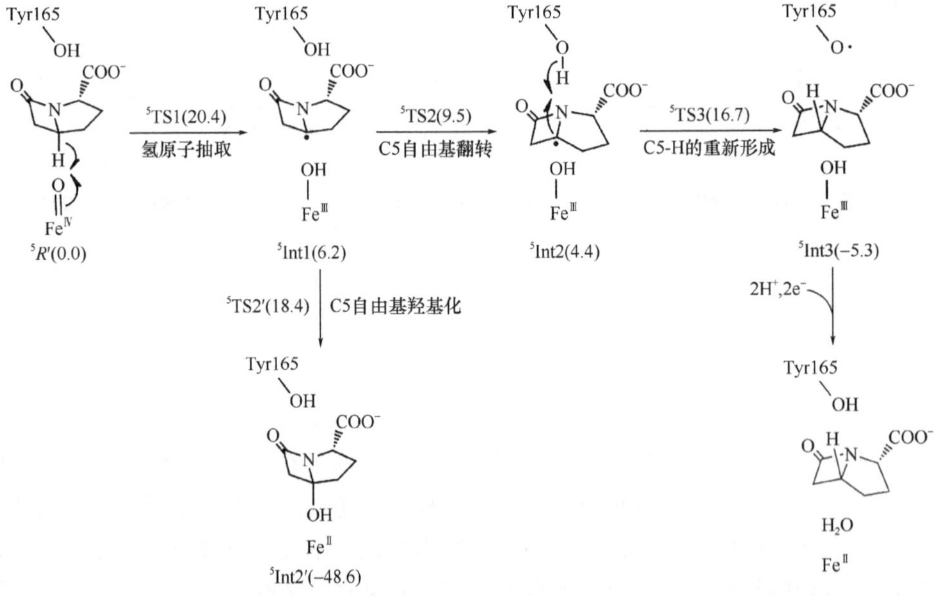

图 4.5 碳青霉烯合成酶催化的底物差向异构化和羟基化机制

变化。二是酶催化过程时间尺度范围宽，底物化学键断裂与生成、蛋白质局部氨基酸残基的运动往往处于飞秒至皮秒的时间尺度，溶剂分子的移动如水的动力学一般在皮秒时间尺度，而蛋白质 α 螺旋和 β 折叠等二级结构运动周期则在纳秒级别。时间尺度不同对酶催化反应体系的动力学研究造成极大的困难。三是酶催化反应体系包含的原子数多、反应速率高，对实验技术也提出了更高的要求。目前来看，理论方法与实验技术相结合才是解析酶催化反应机制的有效方法。从微观上系统解析酶催化反应的机制，不仅是理解相关生物大分子的结构、功能及生命过程的根本性要求，也是应用酶的高效、专一性服务于工业生产过程的内在需求。

### 4.2.2 研究酶反应机制的实验方法

在原子水平上理解酶催化反应的机制，需要从本质上明确两个主要问题。一是厘清催化反应体系的结构演化规律，包括酶蛋白的结构、底物的结合、反应中间体和过渡态的结构。二是要理解整个催化循环中涉及的各基元反应的速率（动力学问题）和热效应（热力学问题）。

研究酶反应机制的实验方法有很多。研究酶的催化机制，往往单一研究手段难以解决问题，而是要同时采用多种方法进行研究，取得大量相互验证、相互补充的数据和信息。酶反应机制的研究方法主要有 X 射线衍射法、中间产物检测法、酶分子修饰法和酶反应动力学法等。

对酶晶体进行 X 射线衍射可以获得酶蛋白的结构，这对酶催化机制研究具有重要意义。通过 X 射线不仅可以测得整个酶分子的结构，更重要的是如果能对得到的酶-底物（产物）复合物晶体进行 X 射线测定，还可以得知酶活性中心的位置以及酶与底物（产物）的结合模式。对于大多数酶来说，酶-底物复合物的晶体结构一般较难得到，因为与底物结合后会很快发生反应。人们经常采用具有反应惰性的类似物代替底物进行结晶。

中间产物检测法主要是利用化学检测、光学检测、同位素检测等较为灵敏的手段测定反应中产生的中间体。但由于中间产物很容易分解，难以监测到，常采用一些方法减缓中间体的分解，如改变溶液的 pH、降低体系的温度、采用捕获剂获得中间产物的信息等。

酶分子修饰法主要通过侧链化学修饰、氨基酸置换修饰、核苷酸置换修饰等了解各种残基在催化反应中所起的不同作用。

酶反应动力学主要研究酶催化反应的速率以及各种因素，如底物浓度、酶浓度、pH 和温度等对催化反应的影响。通过设计实验，还可以对催化反应的各步基元反应开展动力学研究。例如，用某些反应中间体作为酶反应的底物，可以研究从中间体开始反应的速率常数。开展酶动力学研究有助于理解酶与底物的结合机制和作用方式。根据参与反应底物的数量和反应特点，酶反应可分为单底物反应和多底物反应。一些异构酶和裂解酶类催化的反应属于单底物反应，水解酶类催化的反应可认为是假（准）单底物反应，因为水在反应过程中浓度变化甚微，可以作为常量处理。米凯利斯（Michaelis）和门腾（Menten）提出的米氏学说适用于单底物的酶反应动力学。但是，许多转移酶、氧化还原酶和连接酶催化的反应往往是双底物或多底物间的反应，这类催化反应的历程要更复杂一些。多底物反应通常可分为有序反应、随机反应以及乒乓反应。有序反应的特征是底物结合和产物释放有一定顺序，如底物A先和酶结合导致酶的结合位点发生一定的变化后，底物B再跟酶结合。随机反应是指底物A和B能随机与酶结合，其产物也能随机地脱离。在乒乓反应中，酶先与其中的一种底物结合并发生反应生成一种中间产物M，然后另一种底物B再结合并与M反应形成最终产物。多底物反应机制可以通过分析各底物浓度的变化或同位素实验进行鉴别。

在酶反应机制研究中，测定酶活性中心与底物、中间体或产物形成的复合物结构非常关键。酶的活性中心主要是指酶分子中与催化功能直接相关的氨基酸残基以及按照特定的立体构象组成的活性结构区域。整个酶催化反应过程包括两个重要环节，即酶与底物的结合以及酶催化底物的反应。因此，对酶活性中心的测定也是针对这两个部分进行的。根据不同的原理，测定方法分为共价标记法、动力学参数测定法、生化分析法和X射线衍射法等。

研究发现，在酶蛋白分子的众多氨基酸残基中，构成酶活性中心的只有少数几个氨基酸残基，其中有7种氨基酸残基参与蛋白类酶活性中心的频率最高，包括组氨酸、天冬氨酸、丝氨酸、酪氨酸、赖氨酸、半胱氨酸和谷氨酸。活性中心的残基可分为两类：一类为接触残基，它们直接与底物接触，其侧链中与底物结合的基团称为结合基团，而起催化作用的基团称为催化基团。结合基团有时也起催化作用，难以绝对区分。另一类称为辅助残基，它们不与底物直接接触，主要辅助接触残基对底物的结合。需要说明的是，活性口袋之外的有些残基虽然不在酶的活性中心范围内，但在维持酶分子完整的空间结构并使之形成特定的空间构象方面起重要作用，对酶的催化活性有一定影响，常称为贡献残基。其余的称为非贡献残基，可由其他氨基酸残基代替。非贡献残基虽然对酶活性无作用，但它们在酶的运输转移、防止酶的降解或其他方面起重要作用。

需要指出的是，通过晶体结构测定、中间体检测和酶反应动力学推测的反应机制往往是对该酶催化反应的一种解释，而不是唯一的解释。对于和实验结果不一致的反应机制，有学者认为可以根据动力学否定它们。然而，仅用某些动力学参数证明一种反应机制的可靠性是不够的，必须在原子水平上认识底物在活性中心所发生的一系列成键和断键过程，了解反应所经历的各中间体和过渡态的结构，获得各基元反应和整个酶催化反应的热力学及动力学信息，才能全面地理解酶催化反应的机制。近几年快速发展的计算化学、分子模拟等方法为研究酶反应机制提供了一种强有力的手段，与实验研究形成了很好的互补和相互验证。

### 4.2.3 研究酶反应机制的理论方法

研究酶活性位点化学是实验和计算生物物理及生物化学的长期目标。在过去几十年间，人们获得了许多蛋白类酶的高分辨率晶体结构，但仅通过对活性位点进行结构分析还不足以在原子水平上揭示酶催化反应的详细机制。酶催化反应通常涉及一系列中间体和过渡态，而它们详细的结构信息通常是未知的。即使通过实验获得了催化循环中所有中间体和过渡态的结构，它们之间的能量关系也不能通过结构测定直接得到，这使得认识酶催化反应动力学及热力学特性极为困难。由于以上原因，能够对催化反应进行完整表征的酶数量极少，甚至有些人认为这一数量为零。而对酶活性位点的化学计算模拟可以提供大量从实验数据中无法得到的详细信息，包括各步基元反应涉及的过渡态和中间体的结构及相对能量等，从而使人们在原子水平上理解酶催化反应中底物以及酶活性位点的结构演化规律和能量变化过程。研究酶催化反应机制的理论方法主要包括分子对接、分子动力学模拟以及量子化学等。

### 1. 分子对接

明确酶-底物复合物的结构对揭示酶催化反应机制尤为重要，但目前通过实验手段仅确定了一小部分酶-底物复合物的三维结构，大部分底物在酶活性中心的结合模式还要靠理论预测。分子对接是根据小分子的特征及其与生物大分子之间的相互作用来预测其结合模式与亲和力的一种理论方法（Lang *et al.*，2009；Morris *et al.*，2009；Wodak *et al.*，1987；Gotz *et al.*，2014），其基本原理是基于已有的靶蛋白结构，将拟结合的配体小分子置于靶蛋白的活性中心，通过对配体小分子的位置和构象以及受体分子靶蛋白的骨架和残基侧链进行不断优化，计算二者的相互作用力与结合能，通过打分函数得到二者结合的最佳构象。分子对接方法遵循的两个原则是空间互补和能量互补。空间互补是分子间发生相互作用的基础，通常使用格点计算和片段生长等方法进行几何匹配的计算。能量互补则是分子间能够保持稳定结合的基础，一般采用模拟退火和遗传算法等方法进行能量优化。

分子对接机制有三类：①刚性对接，是指在对接模拟中保持受体和配体的构象不发生变化。该简化模型计算速度快，一般适合考察蛋白质-蛋白质及蛋白质与核酸这类较大体系之间的对接；②半柔性对接，是指在对接模拟中允许配体的构象在一定的范围内变化而受体保持刚性，这种方式适合处理小分子与大分子间的对接；③柔性对接，是指在对接模拟中受体与配体构象都可以自由改变，这种方法的对接结果最精确，但是消耗的计算资源也最大，效率偏低。

实现分子对接的软件有很多，常用的有 AutoDock（Lang *et al.*，2009）、AutoDock Vina（Morris *et al.*，2009）、DOCK（Wodak *et al.*，1987）及 SLIDE（Gotz *et al.*，2014）等。这些计算软件选用的搜索算法及打分函数不同。

### 2. 分子动力学模拟

分子动力学（molecular dynamics，MD）是研究原子和分子物理运动的一种计算模拟方法。在模拟过程中允许原子和分子在固定的时间段相互作用，并给出体系的动力学演变过程，进而对体系的热力学和动力学性质、各种平衡态的性质以及可能的构象进行研究。在多粒子体系中，原子和分子的运动轨迹用牛顿运动方程数值求解，其中粒子之间的作用力及其势能用原子相互作用势或分子力学力场计算。MD 方法最初是在 20 世纪中期的理论物理学领域内发展起来的，现在广泛应用于化学、物理、材料和生物分子模拟等领域。

分子动力学模拟需要定义势函数，它是分子的势能与原子间距的函数。在材料物理中势函数称为原子相互作用势，而在化学和生物学中势函数统称为力场。力场的能量包括键伸缩势能、键角弯曲势能、二面角扭曲势能、离平面振动势能和库仑静电势能等。力场的定义需要原子电荷、范德瓦耳斯参数、标准键长、键角和二面角等参数。力场参数可以通过拟合从头算或半经验计算结果与实验数据得到。分子力场具有经验性，所有的力场都不是完全“准确”的。计算模拟中常用的力场有 CHARMM（Brooks *et al.*，1983）、AMBER（Cornell *et al.*，1995）、OPLS（Jorgensen *et al.*，1996）、COMPASS（Sun，1998）和 CFF（Warshel *et al.*，1970）等。不同的力场具有不同的适用范围和局限性，动力学模拟结果准确与否与选用的力场密切相关。

分子动力学模拟过程大致可分为 5 个步骤：①选取研究体系并设定合适的模拟模型；②设定模拟的边界条件和粒子间的作用势模型；③设定初始条件，包括体系粒子的初始位置和初始速度；④计算体系粒子之间的相互作用势以及粒子的位置和速度；⑤体系平衡后，统计体系的宏观特性。根据所模拟系统状态的不同，经典分子动力学模拟可分为平衡态的分子动力学模拟和非平衡态的分子动力学模拟。平衡态的分子动力学模拟又可细分为微正则系综（NVE）、正则系综（NVT）、等温等压系综（NPT）和等焓等压系综（NHP）动力学模拟等。在分子模拟过程中，通常用小数目粒子的行为拟合宏观体系的性质，因此边界条件和边界效应的处理是否正确直接关系到模拟的成败。对于固态物质或者液态体系，通常使用周期性边界条件，而蛋白质的模拟则更适合使用球形边界条件。

虽然动力学方法已经在大分子体系中广泛应用并取得巨大成功，但是其缺陷仍不可忽略。例如，绝大多数力场描述静电相互作用时都使用固定点电荷模型，某些势函数不能与实验数据准确拟合，经常存在缺失参数的问题，不能准确描述金属等含自由电子的体系等。为了解决这些问题，诸多学者仍不断努力改进势函数的形式并开发一些新的力场及模拟方法，如可极化力场、第一性原理 MD 方法等。随着理论方法的持续改进以及计算机技术的飞速发展，MD 方法不断得到完善，其应用也愈加广泛。

### 3. 量子化学

量子化学是应用量子力学基本原理和方法研究化学问题的一门科学。随着计算机技术的发展，量子化学计算精度也越来越高。对于较小体系，量子化学计算精度已经达到或超过了实验精度。

酶催化反应主要在酶的活性中心完成，只有少数的氨基酸残基参与底物的结合和催化反应，而周围的蛋白骨架通常只提供静电和氢键等弱相互作用，这样，酶催化反应在很大程度上只依赖于酶活性中心，受周围蛋白质环境影响很小。因此，可以把酶活性中心从晶体结构中直接提取出来，作为一个“团簇模型”（cluster model）进行机制研究。团簇模型中通常只包含底物分子、辅因子、参与催化的残基侧链以及与底物和辅因子有弱相互作用的残基侧链和水分子等。Himo（2017）提出了应用量子化学方法研究酶促反应的通用流程。

用量子化学方法探究酶促反应时，应该重点考虑以下几个方面。

1）选取大小合适的计算模型。模型应该至少包括底物以及参与反应的所有残基，通常包含第二层配位层或者其他重要残基。

2）考虑立体效应。用团簇模型探究酶促反应时，通常需要固定截断位置的原子，即“锁定坐标方案”来模拟立体效应。但是，选取固定原子时需格外小心，避免因为某些残基过于僵化而导致几何构型异常。

3）考虑周围酶环境静电相互作用的影响，酶促反应一般发生在凝聚相中（如水溶液）。因此在计算中需要使用连续溶剂化方法（隐式溶剂化模型）来模拟周围环境

（Tomasi *et al.*，2005），如 PCM 模型和 COSMO 模型等（Cossi *et al.*，1995；Klamt and Schuurmann，1993）。

目前量子化学计算方法主要有以分子轨道理论为概念基础的 Hartree-Fock（HF）方法和以密度泛函理论发展的密度泛函方法（DFT）。密度泛函方法在量子计算中以其精度高、速度快的特点成为量子化学计算中最常用的计算方法。

DFT 中应用最多的泛函为 B3LYP 泛函（Perdew *et al.*，1996），该泛函是由一定比例的 Hartree-Fock 交换项与交换泛函线性组合而成的。B3LYP 表达式如下：

$$E_{xc}^{\mathrm{B3LYP}} = E_x^{\mathrm{LDA}} + a_0\left(E_x^{\mathrm{HF}} - E_x^{\mathrm{LDA}}\right) + a_x\left(E_x^{\mathrm{GGA}} - E_x^{\mathrm{LDA}}\right) + E_c^{\mathrm{LDA}} + a_c\left(E_x^{\mathrm{GGA}} - E_x^{\mathrm{LDA}}\right) \quad (4\text{-}1)$$

式中，B3LYP 为杂化的密度泛函方法；LDA 为局域密度泛函近似方法；GGA 为广义梯度近似方法；HF 为哈特利-福克方法。通过与实验值对照后得出的最佳系数为 $a_0$=0.20，$a_x$=0.72，$a_c$=0.81。$E_x^{\mathrm{GGA}}$ 和 $E_c^{\mathrm{GGA}}$ 是广义梯度近似（generalized gradient approximation，GGA）（Tao *et al.*，2003；Becke，1993），$E_c^{\mathrm{LDA}}$ 是交换泛函的 VWN 局域密度近似项（Lee *et al.*，1988）。尽管在很多基准测试中 B3LYP 泛函并不是表现最好的，但在描述体系的大多数化学性质方面仍是最有效且高效的选择（Grimme，2006；Grimme *et al.*，2010）。

可以实现量子化学计算的软件有很多，常用的有 Gaussian、Q-Chem、CASTEP、Turbomole 以及 Gamess-US 等。

使用 QM-cluster 方法探究酶促反应的代表性人物有 Per Siegbahn 和 Fahmi Himo 等（Blomberg *et al.*，2014；Himo and Siegbahn，2009；Himo，2006；Leopoldini *et al.*，2007；Siegbahn and Himo，2011，2009；Ramos and Fernandes，2008；Siegbahn and Crabtree，1997；Wirstam *et al.*，1999），他们对于 QM-cluster 建模方法的应用做出了重要贡献，促进了酶促反应理论研究的发展。目前，200～300 个原子规模的 QM 团簇模型计算已经成为常态（Kazemi *et al.*，2016；Sheng and Himo，2017）。另外，Margareta Blomberg（Siegbahn and Blomberg，2009）、Walter Thiel（Liao and Thiel，2013a）、Ulf Ryde（Li *et al.*，2015）等科学家对于 QM-cluster 方法的使用和发展也做出了重要贡献。

#### 4. 分子力学与量子力学结合方法

虽然通过量子力学（QM）计算能得到体系较为精确的能量信息及结构，但 QM 只能应用于原子数较少的体系，大大限制了其对凝聚态、酶蛋白等大尺度体系的理论研究。而基于分子力学（MM）的分子动力学模拟虽能研究大尺度体系，但其不能描述电子的运动，也不能对化学反应的细节（成键和断键）进行研究。在 20 世纪 70 年代 Karplas、Warshel 和 Levitt 建立了量子力学与分子力学结合的方法（QM/MM），三人因此获得 2013 年的诺贝尔化学奖。近年来，QM/MM 方法在研究凝聚态反应以及生物大分子中取得了极大的成功。

QM/MM 的基本思想是将体系的核心部分（QM 区）用量子力学来描述，剩余的部分（MM 区）用分子力学来描述（图 4.6）。对于酶催化体系来说，选择的 QM 区主要包括起催化作用的关键残基侧链、底物分子、辅因子及参与反应或起重要作用的水分子等，其余部分则划分到 MM 区。在 QM/MM 计算中，通过对 QM 区的量子化学计算可以研究化学键形成及断裂过程，而对 MM 部分的分子力学计算可以有效地模拟蛋白质环境对反应的影响。由于 QM 区与 MM 区存在较强的相互作用（如库仑作用、范德瓦耳斯作用以及极化作用等），体系的总能量（$E_{total}$）不能简单地看作 QM 部分能量（$E_{QM}$）与 MM 部分能量（$E_{MM}$）的加和，即 $E_{total}≠E_{QM}+E_{MM}$。在处理 QM/MM 边界区，尤其是在处理蛋白质体系时通常会涉及断裂横跨两个区域的共价键，这时需考虑 QM 区与 MM 区的耦合项（$E_{QM\text{-}MM}$）。

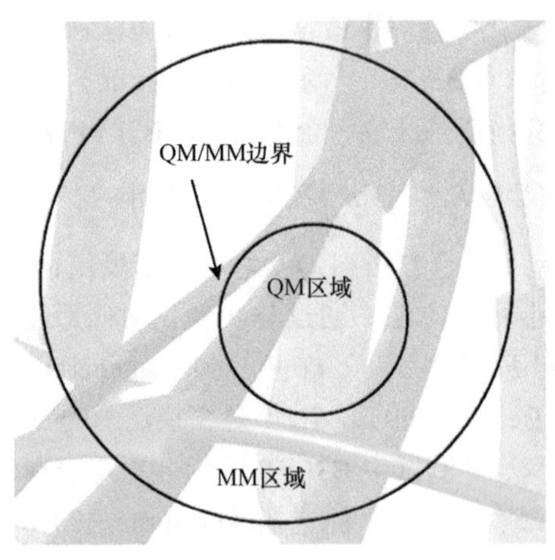


图 4.6　QM/MM 区域划分示意图

QM/MM 方法中主要有两种对区域间相互作用的处理办法：减法方案（subtractive scheme）和加法方案（additive scheme）。减法方案中体系总能量可表达为：$E_{total}=E_{QM}+E_{MM(total)}-E_{MM(QM)}$，其中 $E_{MM(total)}$ 代表整个体系通过 MM 方法计算的能量，$E_{MM(QM)}$ 则为 QM 区用 MM 方法计算的能量。减法处理方案不涉及显式 QM-MM 耦合项的计算，减小了计算难度。但是减法方案对 QM 区中的原子也需要用合适的力场参数来描述，而这些力场参数通常较难获得。加法方案中体系总能量表达为：$E_{total}=E_{QM}+E_{MM}+E_{QM\text{-}MM}$。加法方案中存在 QM-MM 耦合项（$E_{QM\text{-}MM}$），并且 MM 计算只针对 MM 区进行。在两个方案中 $E_{QM}$ 都是代表包含了“盖帽”原子的 QM 区的能量。$E_{QM\text{-}MM}$ 项具体可以表达为：$E_{QM\text{-}MM}=E^{b}_{QM\text{-}MM}+E^{vdW}_{QM\text{-}MM}+E^{el}_{QM\text{-}MM}$，其中包括成键作用（$E^{b}_{QM\text{-}MM}$）、范德瓦耳斯相互作用（$E^{vdW}_{QM\text{-}MM}$）和静电相互作用（$E^{el}_{QM\text{-}MM}$）。静电作用通常是对体系影响最大也是最难处理的一项。

对 $E^{el}_{QM\text{-}MM}$ 项的计算可以分为三种方式：机械嵌入（mechanical embedding）、静电嵌入（electrostatic embedding）和极化嵌入（polarized embedding）（Bakowies and Thiel，1996；Antes and Thiel，1998）。在机械嵌入方法中，$E_{QM\text{-}MM}$ 项只考虑了范德瓦耳斯相互作用，QM-MM 静电相互作用看作 MM-MM 的静电作用来进行处理。该方法虽然计算简单、速度快，但存在一系列缺点，如处于 MM 区外层的电子不能与 QM 区发生作用。通常在化学反应中 QM 区电荷分布会发生变化，这种情况在机械嵌入方案中会导致势能面不连续等问题。机械嵌入的这一缺陷可以通过在 MM 电荷模型下进行 QM 计算来避免，如将 MM 区电荷合并为 QM 哈密顿算符中的单电子项：

$$\hat{H}^{el}_{QM\text{-}MM}=-\sum_{i}^{N}\int_{J\in MM}^{L}\frac{q_J}{|r_i-R_J|}+\sum_{\alpha\in QM}^{M}\sum_{J\in MM}^{L}\frac{q_J Q_\alpha}{|R_\alpha-R_J|} \tag{4-2}$$

式中，$N$ 为 QM 区总的电子数；$i$ 为 QM 区的第 $i$ 个电子；$L$ 为连接原子总的数目；$J$ 为第 $J$ 个连接原子；$r_i$ 为电子 $i$ 到连接原子核的距离；$R_J$ 为连接原子到 QM 区某原子的距离；$M$

为MM区总的原子数；$\alpha$为MM区的第$\alpha$个原子；$R_\alpha$为MM区的$\alpha$原子到QM区某原子的距离；$q_J$为MM区电荷；$Q_\alpha$为QM原子核电荷。在这种方案中，QM-MM静电相互作用在QM水平上进行计算，MM区电荷可以直接影响"盖帽"QM区的电子结构并对该区域施加极化效应。这使得静电嵌入方案比机械嵌入方案计算更加精确，当然也大大增加了计算量。静电嵌入方案是目前QM/MM计算中最常用的方案，但是该方案中MM区的原子电荷是固定的，不能反映真实的反应体系。更为精确的处理方案是极化嵌入方案，在该方案中有两种模型：一种模型中MM区电荷可以被QM电荷极化，而变化的MM区电荷不再对QM区施加影响；另一种模型则是将可极化的MM模型引入QM哈密顿算符中，这样就可以计算这两个区域间的极化相互作用。但极化嵌入方案目前还没有适用于生物体系的极化力场，这使得该方法在生物体系的QM/MM计算中难以应用。

在对整个酶催化体系进行QM区与MM区划分时难免会涉及断裂共价键。这时需要注意QM区断裂共价键的饱和、在静电嵌入中MM区对QM区过极化以及避免成键作用重复计算等问题。QM/MM的边界处理方法有边界原子法（Antes and Thiel，1999）、定域轨道法（Philipp and Friesner，1999），以及连接原子法等（Singh and Kollman，1986；Field *et al.*，1990），其中连接原子法是较为常用的一种处理办法，其基本思想是在断键的位置加入与其键连的原子进行饱和。

目前，QM/MM方法已经广泛应用于复杂生物分子体系的计算，其结果的准确性以及高效性已经得到了验证。例如，Adrian Mulholland等采用QM/MM方法探究了分支酸合成酶的催化反应机制，利用离散傅里叶变换（DFT）方法和一系列从头算法进行了全面的比较研究（Lawan *et al.*，2014）；Gao等采用QM/MM方法探究了含糖催化体系以及一系列SQM方法在酶催化聚糖反应机制中的准确性（Govender *et al.*，2014）；Sason Shaik课题组使用QM/MM方法研究了多种血红素和非血红素含铁酶体系，使用价键模型解释了催化反应中电子转移问题（Shaik and Shurki，1999）。另外，Ulf Ryde（Fouda and Ryde，2016）、Walter Thiel（Liao and Thiel，2013a，2013b）、Qiang Cui（Hou *et al.*，2012）、Marcus Elstner（Gillet *et al.*，2016）、Jochen Blumberger（Breuer *et al.*，2014）、Sam P. de Visser（Ghafoor *et al.*，2019）、Sharon Hammes-Schiffer（Soudackov and Hammes-Schiffer，2014）、Keiji Morokuma（Lundberg and Morokuma，2009）等在QM/MM方法的发展和应用方面上也做出了重要贡献。

熵效应和动态效应都是由有限温度下平衡能量和结构的热波尔兹曼波动引起的，这两种效应在评估空间效应、清晰地描述蛋白质构象以及探索自由能方面发挥着重要作用（Schopf *et al.*，2015；Chang *et al.*，2005）。上文中描述的QM-cluster方法和QM/MM方法均没有考虑平衡蛋白构象和动态效应。另外，这两种建模方法探索范围比较有限，仅涉及反应势能面上的一些局部最小值或鞍点。若要更好地模拟真实的酶促反应，还需要满足两个要求：一是能够提供一个描述键的形成和断裂过程的合理准确的势能面；二是进行大量的采样，因为酶体系至少包含几千个原子并且能量分布非常复杂，足够的采样量才能达到描述真实反应环境的要求。这两个条件可以通过伞形取样的玻恩-奥本海默从头算（Born-Oppenheimer *ab initio*）QM/MM分子模拟（QM/MM MD）来实现（Zhou *et al.*，2016）。

Zhang等已经证明了基于减法方案的QM/MM MD方法在描述酶促反应方面的可行性

（Ke *et al.*，2011；Wu *et al.*，2012）。Adrian Mulholland 等使用 QM/MM MD 方法探究了 A 类$\beta$-内酰胺酶中碳青霉烯的水解反应机制（Chudyk *et al.*，2014；Der Kamp and Mulholland，2013）。研究表明，在 QM/MM MD 方法中使用半经验 QM 方法能够得到可靠的结果（Lin *et al.*，2011）。使用此方法的代表性人物还有：Arieh Warshel（Bora *et al.*，2015）、Ulf Ryde（Olsson *et al.*，2016）、Ursula Röthlisberger（Van Keulen *et al.*，2017）等。但是此方法需要大量数目的采样量用于获得收敛平均值，导致其所需的计算资源较大。随着计算机技术和算法开发的不断进步，QM/MM MD 方法有望在不久的将来成为模拟生物化学反应的首选方法。

常用的软件 QM/MM 软件包有 ChemShell、ADF、NWChem、Q-Chem/Tinker 等。

## 4.3 酶反应热力学计算

### 4.3.1 酶催化反应的量热学

酶催化反应和普通化学反应一样，在反应物转化为产物过程中，成键或断键的键能不同导致研究体系的热力学函数发生变化。此外，在酶催化反应中，生物催化剂的构象以及底物或产物的结合方式与结合能也会发生相应的变化，从而导致热力学函数的变化。一般来讲，酶催化反应吸收或放出热量的多少主要由反应本身的特点来决定，催化剂一般只能改变过渡态能量的高低，对反应初始态和产物状态的相对能量影响较小。随着反应的进行，体系的熵也会发生相应的变化。

现代量热技术如等温滴定量热法和流动量热法非常适用于酶催化反应热力学及动力学性质的研究（Lonhienne and Winzor，2004；Wiseman *et al.*，1989；De Meis，2001；Ruy *et al.*，2004）。量热学不仅能直接得到反应的热力学参数，通过计算热演化速率还可以得到酶-底物络合物转化为产物的速率。反应热（$Q$）正比于反应的焓变（$\Delta H$）以及一定体积（$V$）溶液中生成的产物的浓度 $[P]$，如下式所示：

$$Q = n \cdot \Delta H = [P]^{\text{total}} \cdot V \cdot \Delta H \tag{4-3}$$

式中，$n$ 为催化反应总的物质的量；$[P]^{\text{total}}$ 为在一定体积 $V$ 的反应体系中产物的浓度。恒温功率补偿量热计还可以测量酶催化反应的热流（$\mathrm{d}Q/\mathrm{d}t$），它正比于产物的生成速率（$\mathrm{d}[P]/\mathrm{d}t$），可表示为：

$$\frac{\mathrm{d}Q}{\mathrm{d}t} = \Delta H \cdot V \cdot \frac{\mathrm{d}[P]}{\mathrm{d}t} \tag{4-4}$$

对于一级反应动力学，热流（$\mathrm{d}Q/\mathrm{d}t$）与速率常数（$k$）的关系为：

$$\frac{\mathrm{d}Q}{\mathrm{d}t} = \Delta H \cdot V \cdot k \cdot [C_0] \cdot \exp^{(-kt)} \tag{4-5}$$

式中，$k$ 为反应速率常数；$t$ 为时间；exp 为自然指数；$[C_0]$ 为底物的初始浓度。将反应中产生的总热量（$Q_T$）除以底物完全消耗时生成的产物量可以确定反应的焓变（$\Delta H^{\text{cal}}$）。总热量可通过积分热谱峰下的面积（$\mathrm{d}Q/\mathrm{d}t$ 作为时间的函数）得到。

流动量热法也可用于酶动力学的研究（Eftink *et al.*，1981；Watt，1990；Cai *et al.*，2001）。此技术可测定原始组织匀浆中二氢叶酸还原酶的催化反应。使用量热法的主要优点是可以直接测定，不需要纯的样品，因为量热测量不涉及光的吸收或反射。另一个优点是可掌握反应的精确温度，从而可以精确地确定反应的热力学参数。实验结果表明，反应动力学的量热数据和分光光度数据之间有很好的相关性。总之，用量热法研究酶反应不仅有助于动力学参数的直接测定，还有助于反应热力学参数的确定。

### 4.3.2　酶反应中的过渡态及中间体

对大量酶催化反应的研究证实，多数酶催化反应包含多步基元反应，即底物在酶活性中心要经历若干个中间体和过渡态结构的演化才能最终变为产物。每一步基元反应既可以是放热过程，也可以是吸热过程，只有了解每一步基元反应进行的细节，才能从微观上阐明酶催化反应的热力学特性。在不同类型的酶催化反应中，活性口袋的残基、辅酶或溶剂分子会与底物通过共价或非共价作用形成各种类型的复合物结构。在反应过程中，不仅底物的几何结构和电子结构会发生较大的变化，酶活性中心起关键催化作用的基团也会发生相应的变化。

由于酶催化反应速度很快，通过实验测定反应中间体和过渡态极为困难。目前，只有极少量相对稳定的反应中间体可以通过实验方法进行测定，反应过渡态的实验检测仍异常困难。

### 4.3.3　酶反应的热力学计算

热力学原理自20世纪30年代起被用于研究生化反应（Urs and Luuk，1997），目前仍被用于生物技术过程的设计和分析。生物热动力学的进一步应用还包括估算最大生长速率、利用非平衡热力学分析生物过程动力学和预测代谢网络。酶催化反应的关键热力学量反映吉布斯自由能变化。在给定的温度和压力下，吉布斯自由能变化为负值时，反应才能自发进行。但也有研究表明，某些反应的吉布斯自由能变化为正值时反应也能自发进行，如糖酵解反应。许多因素如温度、pH、电解质、溶剂和底物浓度都会影响反应吉布斯自由能变化，从而影响反应进行的可能性和转化率（Held and Sadowski，2011）。

酶催化反应的吉布斯自由能变化（$\Delta^R G$）可用下式计算：

$$\Delta^R G = \Delta^R G^0 + RT\ln\left(\prod a_i^{v_i}\right) \tag{4-6}$$

式中，$\Delta^R G^0$为反应的标准自由能，它只与温度有关；$\Pi \alpha_i^{v_i}$为催化反应中各物质的热力学活度比；$a_i$为物质$i$的热力学活度，它与温度$T$、物质浓度以及活度系数有关；$v_i$为反应式中的计量系数；$R$为气体常数。

当把此公式用于自发进行的糖酵解反应时（Mavrovouniotis，1993；Vojinovi and Stockar，2009），只有当反应物质的浓度设为不合理数值时才能使反应的吉布斯自由能变化为负值。这意味着热力学在生物反应中的应用是困难的，并且需要对数据进行热力学上正确的分析。如果出现反应能自发进行而计算得到的吉布斯自由能变化为正值的情况，通常认为这是由实验不确定性引起的（Minakami and Yoshikawa，1965）。

由于大多数生物反应是在低底物浓度下进行的，其热力学行为与纯组分标准状态有很大的不同。在生化反应中，通常把1 kg水中的1摩尔物质作为标准态，并假设物质分子间的相互作用与它们无限稀释溶液中的相同（Bergman *et al.*，2010；Boyer and

Robbins，1957）。不同的反应物质也可采用不同的标准态。有些物质既是反应物之一，又作为溶剂，这些物质可采用纯组分标准态。需要说明的是文献中的数值 $\Delta^R G^0$ 通常不是在标准条件下得到的，不能直接用于计算反应的吉布斯自由能变化。图 4.7 为文献报道的 ATP 水解反应的 $\Delta^R G^0$（Bergman *et al.*，2010；Boyer and Robbins，1957）。这些数值是分散的，即使在同一温度下，有些数值也会相差 25%。ATP 水解是一个关键的生化反应，通常与其他反应同时发生，而 $\Delta^R G^0$ 的选择会影响许多相关反应的结论。

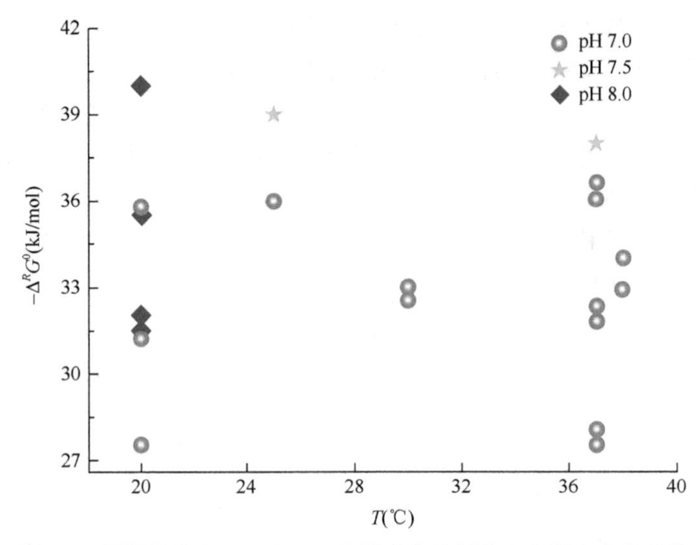


图 4.7　不同温度和 pH 下 ATP 水解反应的标准吉布斯自由能变化

如果参与反应的物质都采用纯组分标准态，生化反应的标准自由能变化（$\Delta^R G^0$）可根据各物质的生成自由能计算。生成自由能通常不是直接获得的，而是通过实验测定各反应物质的燃烧焓和生成熵计算得到的。自 20 世纪初以来，许多生物化合物的生成焓已通过测量纯化合物的燃烧热确定。此外，计算量子化学方法也已应用于预测生物化合物代谢反应的标准吉布斯自由能变化和热力学性质（Verevkin *et al.*，2015a，2015b）。

$$\Delta^R G^0 = \sum v_i \cdot \Delta^F G_i^0 \tag{4-7}$$

$$\Delta^F G_i^0 = \Delta^F B_i^0 - T\Delta^F S_i^0 \tag{4-8}$$

式中，$\Delta^F G_i^0$ 为物质 $i$ 的生成吉布斯自由能；$\Delta^F S_i^0$ 为物质 $i$ 的生成熵；$\Delta^F B_i^0$ 为物质 $i$ 的燃烧焓。如生化反应达到热力学平衡，反应的标准自由能变化（$\Delta^R G^0$）也可以根据热力学平衡常数（$K_a$）进行计算。$\Delta^R G^0$ 和 $K_a$ 的数值依赖于物质标准态的选择。

$$\Delta^R G^0 = -RT\ln\left(K_a\right) \tag{4-9}$$

温度对 $\Delta^R G^0$ 的影响可以通过在不同温度下测定的平衡常数或使用范托夫方程来获得。

对生化反应来说，体系的热力学性质可能会随着 pH 的变化而发生巨大的变化，其主要原因是反应物的解离导致中性或离子化合物的浓度随 pH 的变化而变化，称为反应物的 pH 依赖性分布（Reschke *et al.*，2012；Alberty *et al.*，2011）。反应物的酸性或碱性官能团越多，受 pH 影响的多样性就越高。在生化反应中，一种反应物的浓度通常表示为其各种存在形式（如不同的质子化状态）的总和。这样得到的平衡常数称为表观平衡常数，用 $K_m$ 表示，其与 pH 的关系（Alberty，2003）为

$$K_m(\mathrm{pH}) = K_m(\mathrm{pH}=7)\cdot\prod\left(\frac{\left(p_i^{v_i}\right)}{\left[\mathrm{H}^+\right]^{vi}}\right) \tag{4-10}$$

式中，$[H^+]$ 为溶液中的 $H^+$浓度；$P_i$ 为反应物 $i$ 的结合多样性，$P_i=C_i^{\mathrm{tol}}/C_{i,j}^{\mathrm{Species}}$，其中 $C_i^{\mathrm{tol}}$ 表示反应物 $i$ 的总浓度，$C_{i,j}$ 表示反应物 $i$ 通过某一种解离反应 $j$ 所形成的某物质的浓度。Hoffmann 等（2013，2014）测定了 pH 对不同生化反应的影响，发现即使 pH 的微小变化也会强烈影响阿魏酸甲酯水解的 $K_m$ 值。因为在反应中，底物是酯（阿魏酸甲酯）而产物是酸（阿魏酸），pH 的变化不影响反应物的种类分布，但强烈影响产物的种类分布。相反，G6P 异构化的表观 $K_m$ 值不随 pH 变化而变化，因为反应物（G6P）和产物（F6P）的解离常数相似。

体系中离子和带电分子的存在也会影响反应的平衡性质（Held *et al.*，2014）。底物分子本身可能带电荷，体系中的缓冲溶液、辅因子、共底物等也可能带电荷，造成反应溶液的非理想性质。这种非理想性质可以用德拜-休克尔方程表示，其中 $A$、$B$ 为与温度有关的常数，$Z_i$ 为反应物质所带电荷，$I$ 为离子强度。

$$\log\left(\gamma_{i,m}^{*}\right) = -\frac{AZ_i^2\sqrt{I}}{1+B\sqrt{I}} \tag{4-11}$$

式中，$\log(\gamma^{*}_{i,m})$ 表示生化反应溶液的非理想性质，即反应受离子和带电物质的影响程度。

根据热力学函数可以预测生化反应的转化率及限度问题，但是需要深入理解体系的热力学性质，尤其是反应的标准吉布斯自由能变化以及各反应物的热力学活度。尽管 $\Delta^R G^0$ 只与温度有关，但文献中报道的 $\Delta^R G^0$ 差别很大。如果应用这些数据进行代谢分析，其结果的可信度令人担忧。当然，$\Delta^R G^0$ 的偏差在一定程度上是由在实验上难以准确测定各反应物的浓度引起的。另外，在通过测定平衡常数计算 $\Delta^R G^0$ 时忽略了各组分的活度系数，而活度系数与温度、浓度、溶剂等均相关。总的来说，由于生化反应体系的复杂性，在应用热力学数据讨论反应时，应当考虑系统的非理想性质。如果应用得当，热力学是评估生化反应和系统性质的有力工具。

## 4.4 酶反应动力学

传统的酶促反应动力学主要研究酶促反应的速率以及影响反应速率的各种因素。掌握酶促反应的动力学特征及有关规律可为研究酶的结构与功能关系、酶的作用机制奠定必要的基础。

在一般的化学反应动力学研究中，经常通过实验方法测定反应速率与反应物浓度的关系来确定反应的级数。了解反应的级数对于推测反应的微观机制大有帮助，但酶催化反应的复杂性导致底物浓度对反应速率的影响呈现特殊的特征。当酶的浓度一定时，底物浓度与反应速率的关系曲线具有双曲线特征，由此可导出著名的米氏动力学方程（郑穗平等，2009；王镜岩等，2002；黄熙泰等，2012）。需要说明的是米氏方程并没有给出酶加速反应进程的微观机制，而仅仅描述了酶（E）及其底物分子（S）在进入产物（P）之前形成络合物的动力学图像。米氏方程为用 $k_{\mathrm{cat}}$ 和 $K_m$ 表征酶提供了一种实用的方法，高的 $k_{\mathrm{cat}}$、低的 $K_m$ 或高的 $k_{\mathrm{cat}}/K_m$ 可看作酶有效性的重要指标。

然而，许多实验结果表明，即使是一些单底物酶催化反应也并不符合米氏方程，并且对表观速率常数 $k_{cat}$ 和 $K_m$ 物理意义的理解也变得更加困难。这是由于大多数的酶促反应是多底物的反应，即由两个或者两个以上的底物参与化学反应。真正的单底物反应只有异构反应（包括变位酶、消旋酶）、裂合酶催化的单向底物反应，不超过总酶量的 20%。对于多底物的酶促反应，有多种反应机制来解释其动力学行为，包括序列反应（sequential reaction）或单-置换反应（single-displacement reaction）、乒乓反应（ping-pong reaction）或双-置换反应（double-displacement reaction）等。

### 4.4.1 酶促反应高效性的动力学分析

根据化学反应的过渡态理论，酶催化反应的本质是通过酶的作用降低了反应的活化能。酶是如何降低反应的活化能的？一般有如下解释（郑穗平等，2009；王镜岩等，2002；黄熙泰等，2012）。

1）邻近效应和定位效应：指底物与酶活性位点的邻近以及底物分子与酶活性位点基团之间的严格定向。邻近效应使得底物在酶中的有效浓度大大提高，而底物分子在活性位点的定向排布又为分子轨道交叉提供了有利条件，从而大大增加了酶-底物络合物进入过渡态的概率。

2）“张力”和“变形”：在底物进入酶的活性位点时发生构象变化的酶活性中心可以使底物分子的敏感键产生“张力”甚至“变形”，从而使敏感键更易于发生反应，促使酶-底物络合物进入过渡态。

3）酸碱催化：在酶的活性位点上有许多残基侧链可以充当质子供体或受体，这些基团在反应中可以瞬时地与反应物发生质子交换以稳定过渡态，从而加速反应进行。

4）共价催化：有的酶可以与底物形成反应活性很高的不稳定中间体，该中间体易变为过渡态，因此可以大大降低反应活化能。

5）酶活性中心的疏水性：酶的活性位点通常位于酶分子裂缝内，裂缝内非极性基团较多，构成一个疏水环境，有利于酶催化反应进行。

酶催化反应中通常不是单一机制起作用，不同种类酶催化反应的影响因素亦不相同。对一个基元化学反应来说，反应的过渡态可以看作反应物变为产物必须经历的能量最小路径中一个不稳定的中间结构，常称为鞍点。反应的活化能可简单地看作过渡态与反应物的能量差。在非酶催化反应中，反应体系的结构以及演化过程比较简单，计算反应的活化能时，只要能准确计算过渡态和反应物的能量，就可以获得该基元反应的活化能。可是，对于酶催化反应来说，整个体系的能量既包括底物的能量，也包括酶分子的能量，而准确得到整个体系的能量十分困难。另外，在反应物经由过渡态变为另一个中间体或产物的过程中，除底物发生化学键的断裂和生成引起能量的变化外，活性中心的残基与底物之间的相互作用也会发生相应变化，甚至整个酶体系的构象都会发生变化。这样，在酶促反应体系中，有多种能降低反应活化能的方式。一是底物与残基之间可通过共价作用和非共价作用降低反应的活化能；二是底物与酶分子通过构象变化引起能量的改变，这些方式往往是耦合在一起的。理论计算表明，即使对于一个相对稳定的酶-底物（或抑制剂）络合物，体系构象在平衡附近的微小涨落也可引起体系的总能量发生几十甚至上百 kcal/mol 的瞬时变化。这可能是酶催化反应具有高效性的一个主要原因。

总之，酶对化学反应所起的催化作用，本质上是通过结构、构象和作用强度的改变来降低反应的活化能。

### 4.4.2 酶反应动力学计算

酶反应动力学主要研究酶催化的反应速率以及影响反应速率的各种因素。从宏观上探讨酶促反应速率可采用前面提到的米氏方程。通过对实验数据拟合可以得到两个重要的酶反应动力学常数，即米氏常数（$K_m$）和速率常数（$k_{cat}$）。但同一种相对专一的酶，一般有多个底物，因此对于每一种底物来说各有一个特定的 $K_m$ 值，其中最小 $K_m$ 值对应的底物称为该酶的最适底物或天然底物。$1/K_m$ 可近似表示酶对底物亲和力的大小，$1/K_m$ 越大说明达到最大酶促反应速率一半时所需的底物浓度越小，表明酶对底物的亲和力越大。影响反应速率的主要因素包括酶浓度、底物浓度、pH、温度等，这也是许多实验工作者在开展酶动力学研究时的主要研究内容。但需要指出的是，这里的反应速率一般指整个酶催化反应的表观反应速率。

从微观角度分析，酶反应一般包含若干步的基元反应，总的反应速率应该由反应最慢的一步（称为限速步骤）所决定。要阐明酶反应的微观机制，必须在弄清每一步基元反应的基础上，找出反应的决速步骤，即反应速率最慢的一步基元反应。通常应用过渡态理论对反应速率进行理论计算。

过渡态理论于 1935 年由 Eyring、Evans 和 Polanyi 等在统计热力学和量子力学的基础上提出（Glasstone *et al.*，1941；Wigner，1938），它假定体系从一个能量最小值点到另一个最小值点中间要经过一个能量最大值点。过渡态就是在势能面上反应物区与产物区的分界点的构型，也就是分子在从一个能量极小值点连续变化到另一个极小值点之间所经历的多维空间势能面上的一阶鞍点，即在反应坐标方向为最大值点，其余方向上均为最小值点。

过渡态理论假定在沿反应坐标的所有点上对所有可能的量子态进行能量平衡分布。分子处于某一特定量子态的概率正比于 $e^{-\Delta E/k_BT}$，即符合玻尔兹曼分布（$k_B$ 为玻尔兹曼常数）。假设在过渡态（TS）的分子与反应物平衡，则宏观速率常数（$k$）可写为

$$k = \frac{k_B T}{h} \mathrm{e}^{-\Delta G^{\neq}/kT} \tag{4-12}$$

式中，$h$ 为普朗克常数；e 为自然指数；$\Delta G^{\neq}$是过渡态与反应物之间的吉布斯自由能之差；$T$ 为绝对温度。实际上，上述表达式只有在全部分子都通过 TS 到达反应物时才成立，即没有一个分子到了 TS 又返回反应物。为了允许某些分子返回，有时要引入一个系数 $\kappa$，称为穿透系数。此系数实际上包括了量子的隧道效应，即允许不够翻越 TS 能量的分子也能穿过势垒到达产物构型。穿透系数难以计算，常取为一个离 1 不远的数，在极少数情况下可以在 0.5～2 变化。在低温下，要强调隧道效应，取 $\kappa>1$；而在高温下，要强调返回效应，则取 $\kappa<1$。实际计算时往往不用这个系数。

从（4-12）可见，只要计算出 TS 与反应物之间的自由能之差，就易求得速率常数。与之相类似，反应的平衡常数（$k_{eq}$）也容易通过下式求得

$$k_{eq} = e^{-\Delta G_0/k_B T} \tag{4-13}$$

式中，$\Delta G_0$ 是反应物与产物之间自由能之差。自由能可由 $G=H-TS$ 而得。宏观系统中焓（$H$）和熵（$S$）可以由各个分子的性质取统计力学平均而得到。

## 4.5 酶的构效关系计算解析

### 4.5.1 影响酶反应关键结构因素分析

前面已经讨论过，影响酶催化反应速率的因素有很多。在这里，我们仅讨论影响酶催化反应的一些结构因素。酶活性中心结构发生变化主要包括以下情况。

1）活性中心残基突变引起结构变化。

2）底物的结合、形变和诱导契合引起活性口袋发生结构变化。

3）溶液的 pH 变化，导致残基的质子化状态发生改变，进而引起活性中心的结构变化。

4）活性中心远处构象变化引起活性中心变化。

必须指出，对于不同的酶上述诸因素所起的作用各不相同，有时各因素在一种酶中同时起作用，有时可能只受一种或几种因素的影响。

### 4.5.2 酶活性中心结构与反应机制的理论计算

通过 X 射线衍射分析可以获知酶活性中心结构，但单晶结构通常不足以在原子水平上详细说明酶催化反应机制，催化循环涉及的一系列的中间体和过渡态、各驻点的能量信息还必须依赖于计算化学方法得到。

目前人们经常用量子化学（QM）原子簇方法或量子化学与分子力学结合（QM/MM）方法来研究活性中心所发生的一系列化学反应，下面两个例子可以说明上述方法在揭示酶活性位点所发生反应中的应用。

#### 1. 苯丙氨酸氨基变位酶的催化机制

苯丙氨酸氨基变位酶（TcPAM）催化 (2*S*)-*α*-苯丙氨酸异构化生成 (3*R*)-*β*-苯丙氨酸（图 4.8）（Feng *et al.*，2011；Ratnayake *et al.*，2011），是著名的抗癌药紫杉醇的 13 位侧链合成的第一步反应。苯丙氨酸氨基变位酶是在植物中首次发现的氨基变位酶，也是目前在生物体内发现的唯一的苯丙氨酸氨基变位酶。

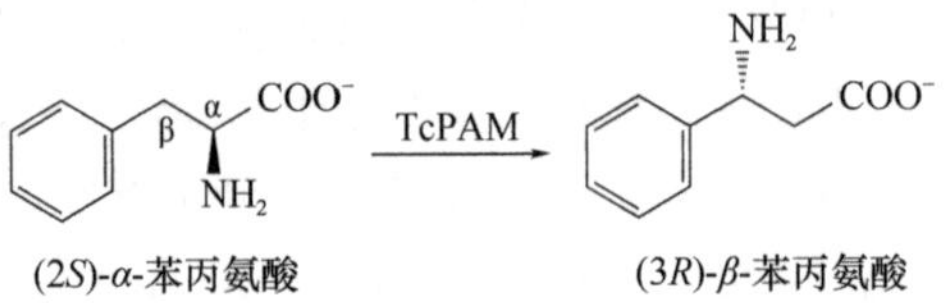

$NH_2$ α β $COO^-$ TcPAM $NH_2$ $COO^-$

(2*S*)-*α*-苯丙氨酸 (3*R*)-*β*-苯丙氨酸

图 4.8 TcPAM 催化 (2*S*)-*α*-苯丙氨酸异构化生成 (3*R*)-*β*-苯丙氨酸

在苯丙氨酸氨基变位酶活性口袋中，存在特殊的亲电试剂 4-亚甲基-1H-咪唑-5(4H)-酮（MIO），它是残基三联体 Ala-Ser-Gly 通过自身催化而形成的。氨基变位酶催化过程有两种可能的反应机制（Rachid *et al.*，2007；Krug and Muller，2009；Van Lanen *et al.*，2007）：米切尔加成反应和傅氏反应。两种不同机制的核心问题是 MIO 到底是与底物中的氨基反应还是与苯环反应。米切尔加成机制认为，底物苯丙氨酸中的氨基作为亲核试剂，其通过共轭加成进攻 MIO 上的亚甲基碳原子，形成氮烷基化加合物，然后通

过 $\alpha,\beta$-消除反应形成肉桂酸中间体，最后氨基重新结合肉桂酸，形成 $\beta$-苯丙氨酸。傅氏反应机制认为，MIO 亚甲基碳原子进攻芳环邻位碳原子，形成碳正离子，使 $\beta$ 位质子被酸化，发生氨消除反应，该环再度芳构化，并重新生成 MIO。

为了揭示氨基变位的机制，Wang 等（2013）以苯丙氨酸氨基变位酶的晶体结构为基础，构建了活性位点的结构模型，利用密度泛函理论（DFT）中的 B3LYP/6-31G(d,p) 方法对反应物、过渡态、中间体和产物结构进行优化，从理论上确认苯丙氨酸氨基变位酶催化的氨基变位反应遵循米切尔加成机制，其反应机制如图 4.9 所示。在米切尔加成反应机制中，$C_\beta$ 脱氢过程为整个催化反应的决速步骤，由于中间体肉桂酸发生了分子内旋转，因此产物的立体结构与 $\alpha$-酪氨酸-2,3-氨基变位酶（SgTAM）的产物不同。通过计算，他们还发现 Tyr80 直接参与 $C_\alpha$ 和 $C_\beta$ 之间的质子传递反应，在催化反应中起关键作用。

### 2. 异腈基合成酶 ScoE 的催化机制

结构分析和生物化学结果表明，来自蓝藻链霉菌的异腈基合成酶（ScoE）属于非血红素铁/$\alpha$-酮戊二酸依赖脱羧酶，其通过去饱和化和脱羧步骤催化异腈基团的形成（Harris *et al.*，2018）。这一发现为异腈基的形成提供了一种新的机制。在其他一些异腈基合成酶如 IsnA、XnPvcA 或者 AmbI1/AmbI2 催化异腈形成时（Brady and Clardy，2005；Crawford *et al.*，2012；Drake and Gulick，2008；Hillwig *et al.*，2014a，2014b），通常需要引入额外的碳单元将底物 R—CH(—$NH_2$)—$CO_2^-$ 中的氨基转化为异腈基团，而异腈基合成酶（ScoE）可以通过其催化的氧化脱羧反应将底物 R—NH—$CH_2$—$CO_2^-$ 直接转化为 R—N≡C。基于晶体结构和相关实验，前人提出了大致的反应机制（Harris *et al.*，2018），见图 4.10。

为了探索异腈基合成酶的催化反应机制，Li 和 Liu 等（2020）在高分辨率晶体结构的基础上，构建了酶-底物复合物模型（图 4.11）。由于异腈基合成酶的晶体结构缺失共底物 $\alpha$-酮戊二酸，作者首先通过与类似酶牛磺酸-$\alpha$-酮戊二酸非血红素酶（TauD）的比较确定了 $\alpha$-酮戊二酸的位置，并采用分子对接方法将底物置入活性中心。进一步的 QM/MM 计算表明，在去饱和化过程中，高价铁氧基团既可以先抽取底物 $\alpha$-甲基上的氢，也可以先抽取 $\beta$-氨基上的氢来引发反应（图 4.12），两种抽氢途径对应相似的反应能垒，这与其他非血红素 Fe/α-KG 依赖酶催化的去饱和化过程类似。通过量子化学计算还可以确定抽氢过程中电子转移的微观机制，如图 4.13 所示，高价 Fe═O 复合物抽取 $\alpha$-甲基上的氢时遵循 π 通道机制，而抽取 $\beta$-氨基上的氢时遵循 σ 通道机制，这主要是由 Fe═O 复合物和所抽取 H 原子的相对位置不同造成的。

为研究异腈基合成酶催化的脱羧反应，Li 和 Liu 等（2020）基于去饱和化的中间体 IM2 构建了模型 IM2′，并计算了两种可能的脱羧路径，见图 4.14。首先是高活性的 $Fe^{IV}$═O 抽取底物 $\alpha$-C 上的氢原子形成底物自由基中间体 IM3。在路径Ⅰ中，IM3 直接脱羧生成产物；而在路径Ⅱ中，底物首先生成羟基化中间体 IM4，然后再通过活性位点的残基协助发生脱水及脱羧反应，生成产物。计算结果表明，路径Ⅰ是最可行的反应路径，但脱羧过程中包含残基 R310 介导的质子耦合电子转移过程，见图 4.15。在脱羧过程中，随着 C—C 键的延长，反应体系的前线轨道 α-LUMO 和 α-HOMO 发生相应的变化（图 4.16）。在脱羧前，α-LUMO 定域在铁中心的 d 轨道上，而 α-HOMO 定域在底物

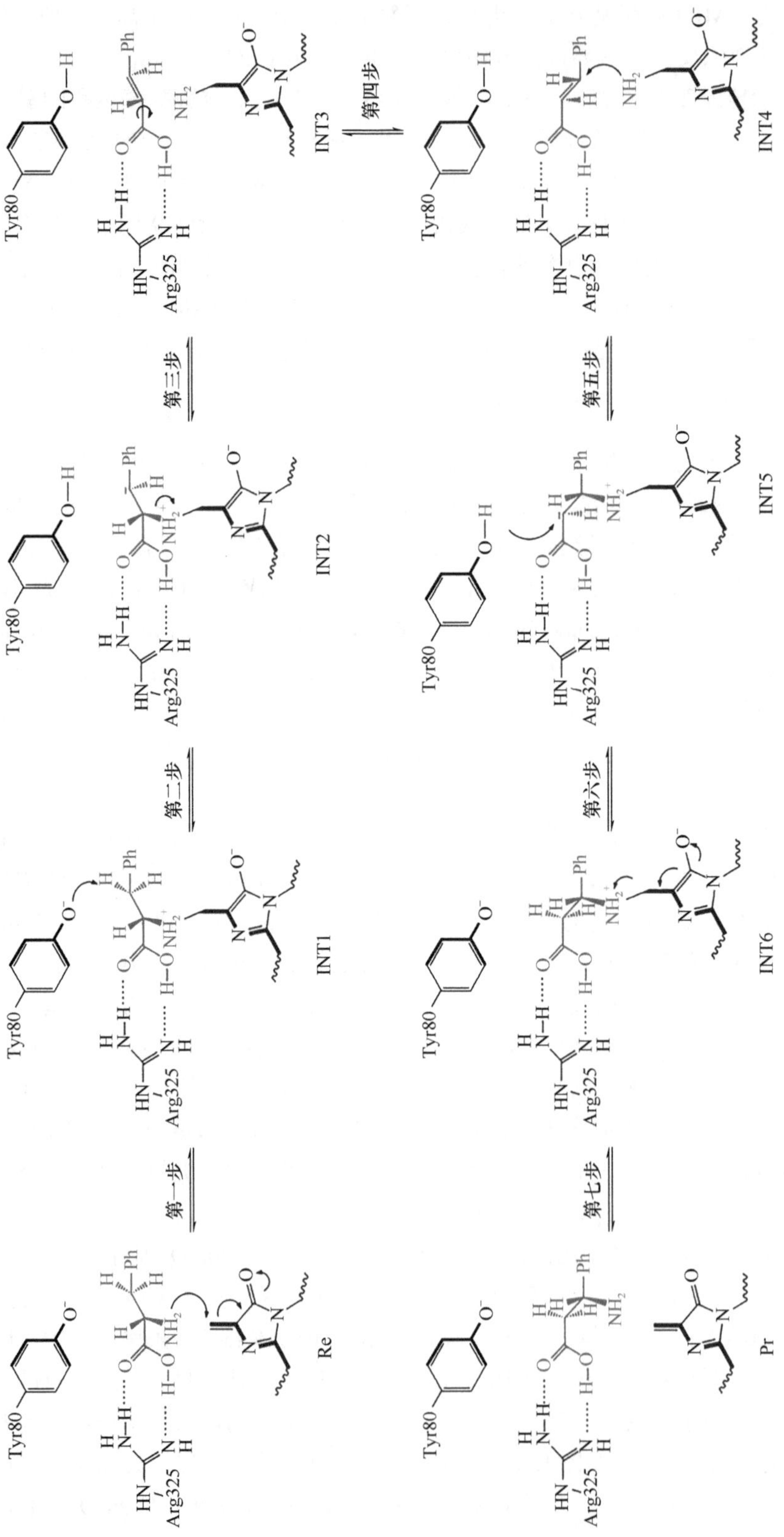

图 4.9 苯丙氨酸氨基变位酶催化的米切尔加成反应过程

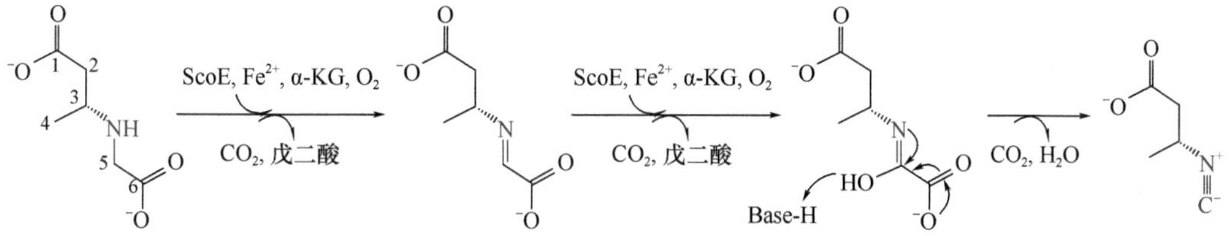

ScoE, $Fe^{2+}$, α-KG, $O_2$　　ScoE, $Fe^{2+}$, α-KG, $O_2$

$CO_2$, 戊二酸　　$CO_2$, 戊二酸　　$CO_2$, $H_2O$

Base-H

图 4.10　ScoE 酶催化的可能反应机制

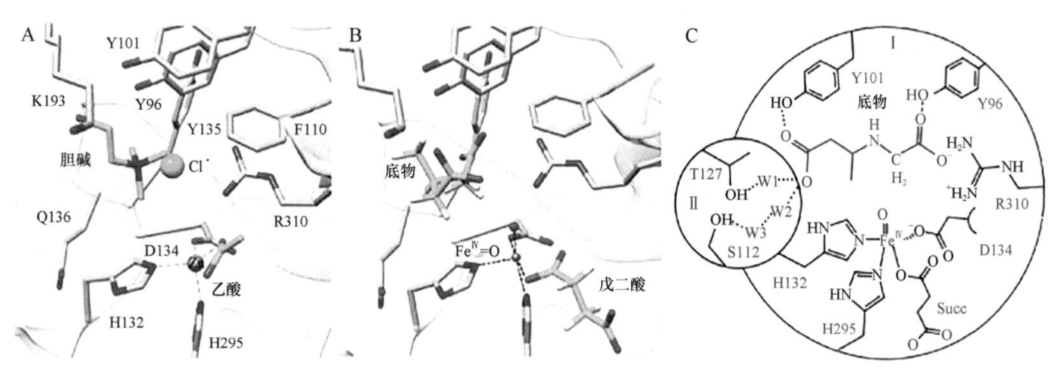


图 4.11　基于晶体结构构建的计算模型

A. 异腈基合成酶（ScoE）的活性位点；B. 构建的酶蛋白-底物复合物；C. 计算中选择的 QM 区

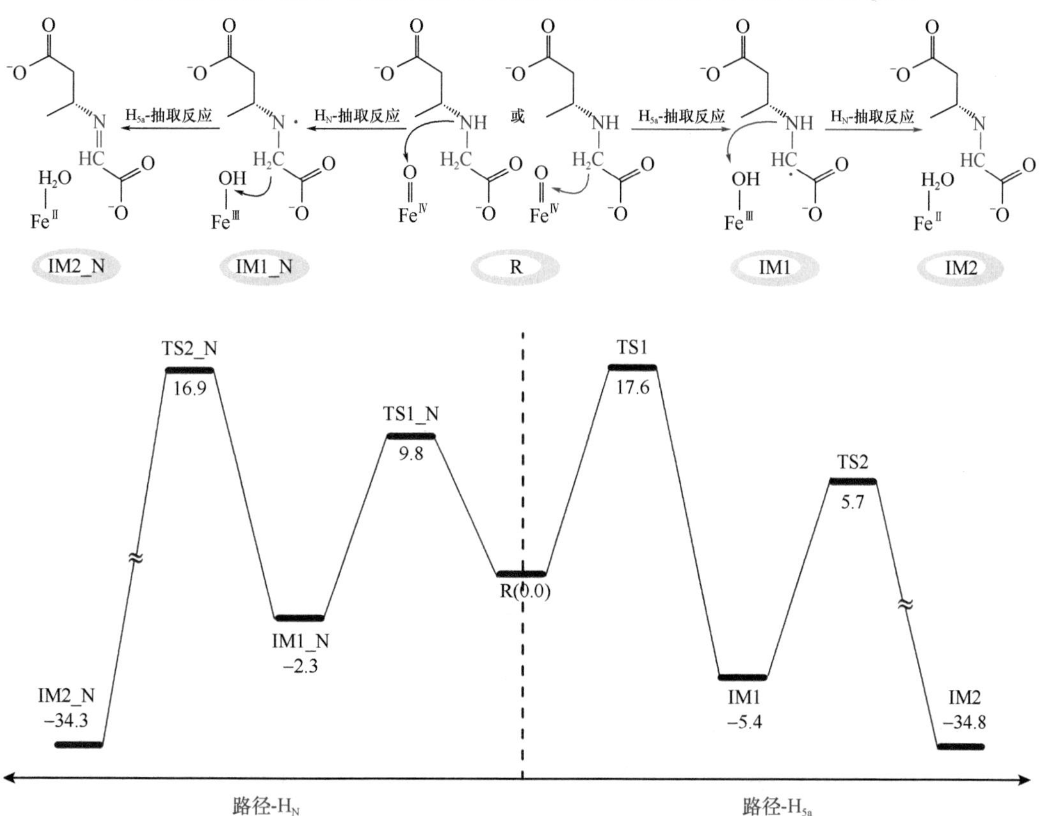


图 4.12　铁中心为五重态时异腈基合成酶（ScoE）催化去饱和化过程的势能剖面图

图中数据为各物种相对能量（kcal/mol）

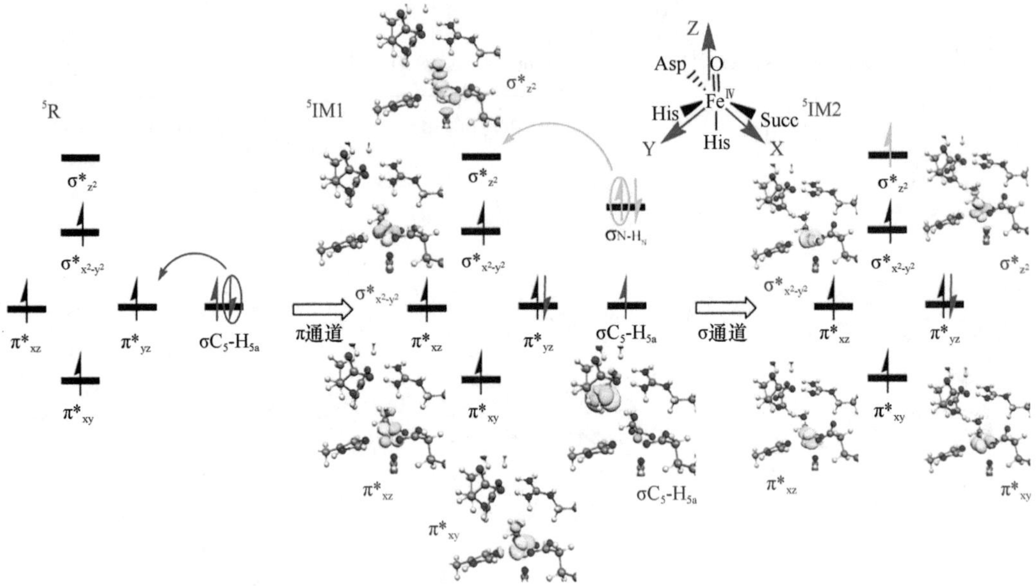

图 4.13 异腈基合成酶（ScoE）催化形成的中间体 $^5$IM1 和 $^5$IM2 的价电子轨道图和电子转移示意图

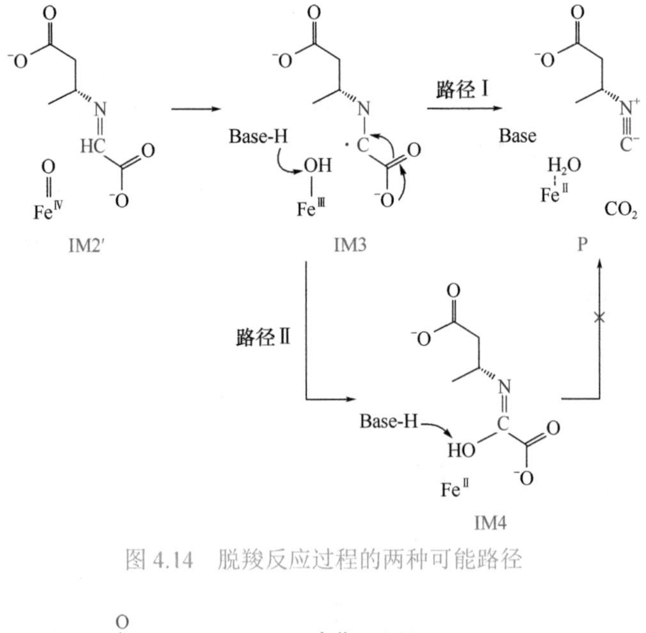

图 4.14 脱羧反应过程的两种可能路径

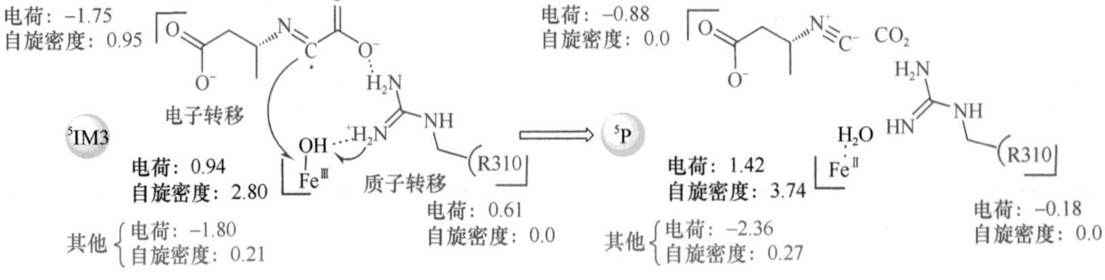

图 4.15 脱羧反应中涉及的质子耦合电子转移过程

上，脱羧后，α-HOMO 定域在铁中心，说明底物上的 α-电子已经转移到铁中心的 d 轨道上。计算结果还表明，第一步 C—N 去饱和化过程中涉及的氢抽取是整个反应的决速步骤，且两种抽氢路径对应的能垒非常相似（17.6 kcal/mol 或者 16.9 kcal/mol），与实验估计值（17.9～18.1 kcal/mol）一致。根据上述结果可以得到异腈基合成酶（ScoE）催化反应的详细路径（图 4.17）。

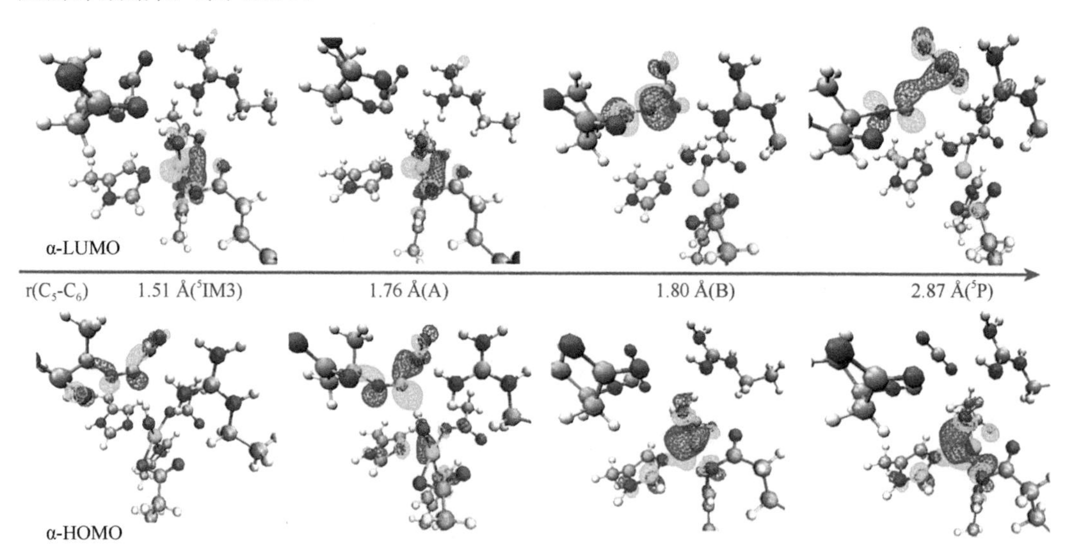


图 4.16　五重态下脱羧过程中 α 前线轨道随 C—C 键长的变化

### 4.5.3　酶催化反应构效关系

酶所具有的特定催化功能主要是由其特殊的结构决定的。酶分子结构的变化也在一定程度上导致酶活性的改变。深入理解酶结构与其催化功能的关系对于理解酶的生物学功能以及酶设计具有重要意义。由于酶分子结构的复杂性，系统研究酶的构效关系仍面临严峻的挑战，但可从以下几个方面来理解酶的结构与功能关系。

酶一级结构的改变主要指酶分子主链（包括肽链和核苷酸链）的断裂。主链的断裂可能使酶的活力丧失，也可能对酶活性基本无影响。一般来说，如果酶分子主链断裂的位置远离酶的活性中心，主链断裂没有引起活性口袋的变化，这种一级结构的变化就不会影响酶的催化活性。如果酶分子主链断裂的位置离酶的活性中心较近、造成活性口袋发生改变，就可能导致酶的催化活性发生大的变化，甚至酶活力完全丧失。酶的二级、三级结构对维持酶活性口袋的空间结构也起到重要作用。

所以，我们在讨论酶结构与其催化功能的关系时，要抓住酶活性中心是否改变这一核心问题。为了研究酶分子中主链、侧链、组成单位、金属离子等因素对酶结构和活性的影响，人们经常对酶进行分子修饰，使酶的分子结构发生某些改变，以提高酶的活力，增加酶的稳定性。自 20 世纪 80 年代以来，人们通过基因定位突变技术改变 DNA 的碱基序列，使酶分子的组成和结构发生改变，从而获得具有新催化功能的蛋白类酶。

酶分子修饰方法主要包括主链修饰、侧链基团修饰、组成单位置换修饰、金属离子置换修饰和物理修饰等。

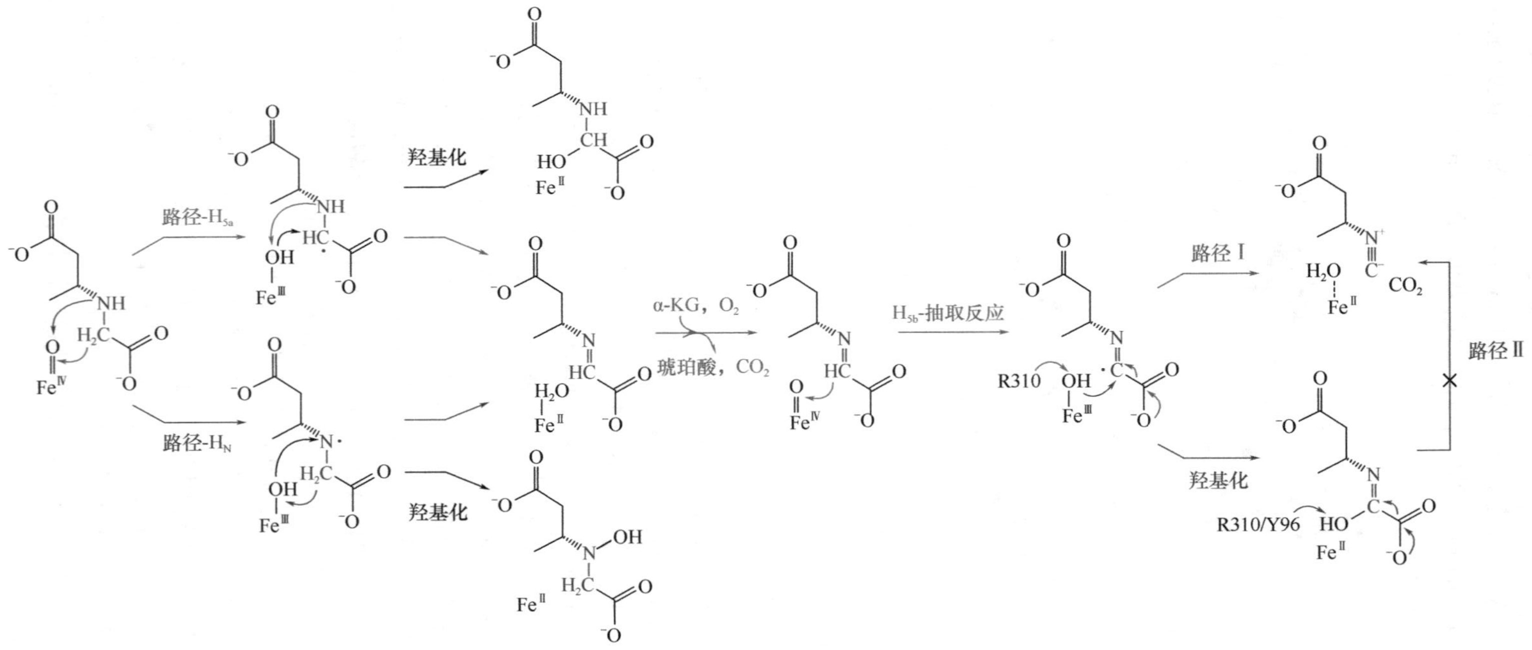

图 4.17 基于 QM/MM 计算提出的异腈基合成酶（ScoE）催化反应机制

### 4.5.4 酶的理性设计

酶作为生物催化剂，广泛应用于医药、化工领域，且具有经济、环保等优势。但自然界发现的酶有时会存在某些不足，需要对天然酶的活性、底物选择性、区域选择性及稳定性等进行改造或设计以获得一些新酶。近年来，对自然酶进行改造以及通过酶设计获得催化效率更高、选择性更好、底物谱更广的新酶已经成为重要的研究热点。

定向进化是目前改造和获得新酶的有效方法，它从随机突变产生的大量突变体中筛选出满足需要的突变体。这种方法不需要事先了解酶的空间结构和催化机制，而是通过模拟自然进化过程实现对酶的改造。另外一种获得新酶的重要方法是理性设计，它需要对酶的空间结构和催化机制有非常充分的了解。理性设计又分为基于实验结果的设计和计算机辅助设计。酶设计的核心是构建满足特定反应要求的微环境，促进催化反应的进行。相对于基于实验结果设计的传统方法，计算机辅助设计技术体现了更为高效、经济的优势，尤其是从头设计已经成为新酶设计的一个重要方向。

关于酶设计与改造将分别在第5、6章做专门介绍。

从头设计方法需要根据特定的催化反应类型、底物结构、过渡态模型、产生催化作用的关键残基等拟定明确的目标空间结构，找出能折叠成目标结构的氨基酸序列，筛选出可以容纳活性中心模型的蛋白骨架，优化后表达最优设计并进行活性鉴定，最后通过定向进化来优化催化活性。在酶设计中，需要充分考虑决定蛋白质结构的一些基本因素，包括疏水作用、静电作用、氢键、盐桥、范德瓦耳斯作用等。近30年来，酶的理性设计已经取得了一系列重大突破，成为新酶设计领域不可或缺的工具。此外，理性设计也有助于理解酶结构-功能关系。理性设计可以通过一些算法并借助于计算机程序来实现。在新酶理性设计中，最具挑战性的是金属酶的设计，因为金属离子的结合位点更易多变，且金属离子可具有不同的氧化态，其配位结构呈现多样性。在酶设计所需参数方面，金属离子与残基之间相互作用的力场参数也相对缺乏。下面举几个关于金属酶设计的成功例子，说明酶催化反应机制对酶设计的重要指导作用。

2009年Lu课题组成功设计了一氧化氮还原酶（nitric oxide reductase，NOR）（Yeung *et al.*，2009），它在厌氧菌脱硝途径中将NO还原为$N_2O$，属于所有生物氮循环中的一种关键酶，他们以抹香鲸肌红蛋白为骨架蛋白，在其远端活性口袋引入了三个组氨酸和一个谷氨酸残基作为金属离子配体，构建了能催化NO还原的活性中心。对所设计金属蛋白的晶体结构的分析表明，其活性中心包含一个血红素/非血红素Fe中心（图4.18），位于活性中心的谷氨酸和组氨酸对于铁离子的结合和NO的还原都是必需的。这种一氧化氮还原酶分子小、易表达，为进一步研究其催化机制提供了结构基础。

设计能催化非自然反应的新酶更是一项挑战。2008年，Baker课题组成功设计了一类能催化肯普（Kemp）消除反应的新酶（Rothlisberger *et al.*，2008）。该类新酶利用两个不同的催化模体催化Kemp消除反应，其设计思路是利用活性位点的碱性残基（去质子化的羧基或羧基-组氨酸二联体）从底物甲基上抽取一个质子来启动消除反应，见图4.19。所设计的新酶的晶体结构与理论设计结果高度一致，其$k_{cat}/K_m$可达2600 mol/(L·s)，且$k_{cat}/k_{uncat}>10^6$。此外，Baker课题组还设计了能催化分子间第尔斯-阿尔德反应（Diels-Alder反应）的新酶（Siegel *et al.*，2010）（图4.20）以及有效降解有机磷农药的单核锌金属酶（Khare *et al.*，2012），后者的催化效率（$k_{cat}/K_m$）可达到 104 mol/(L·s)。2016 年诺贝尔奖获得者 Arnold 课题组设计了能催化分子间环丙烷化反应的 P450 酶（Renata *et al.*，2016），见图 4.21。

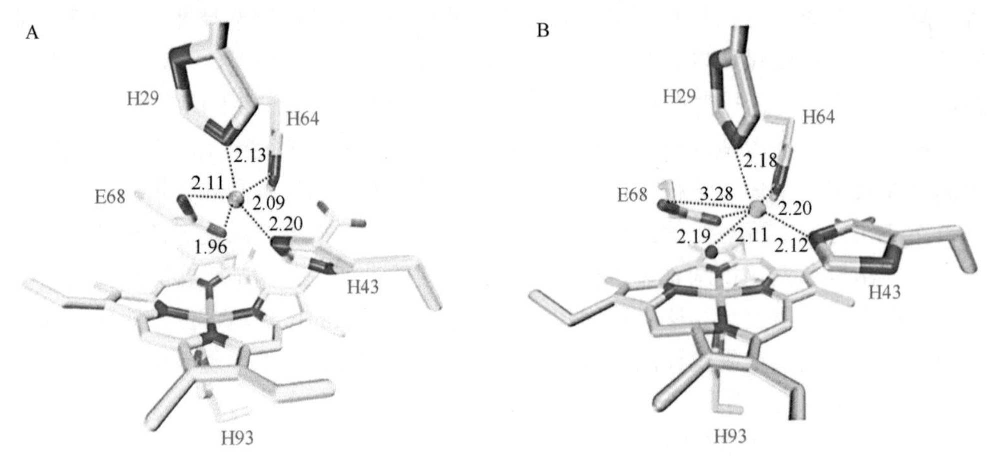


图 4.18 理论设计的活性中心模型（A）及金属蛋白晶体结构中的活性中心结构示意图（B）

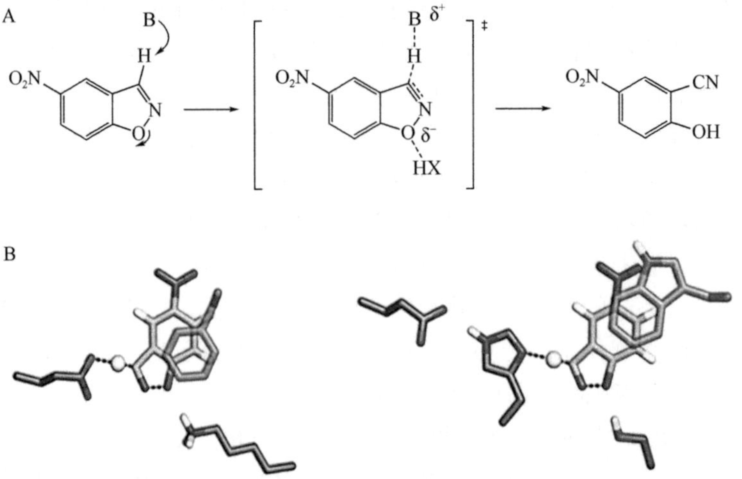

图 4.19 肯普（Kemp）消除反应机制（A）及去质子化羧基抽取质子的活性结构示意图（B）

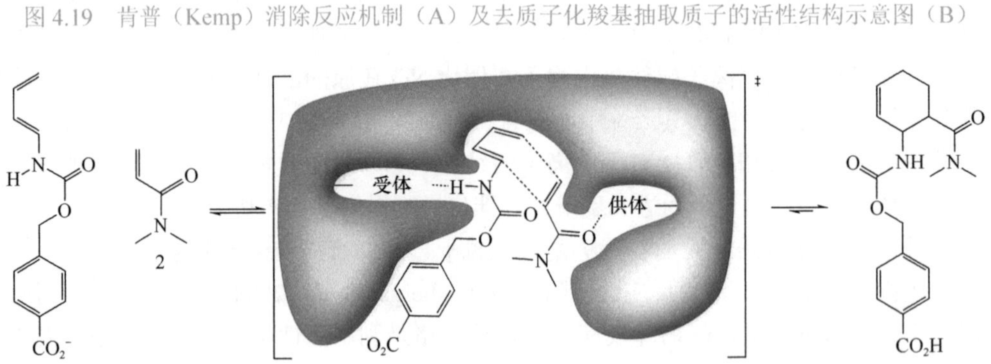

图 4.20 设计酶催化的分子间 Diels-Alder 反应

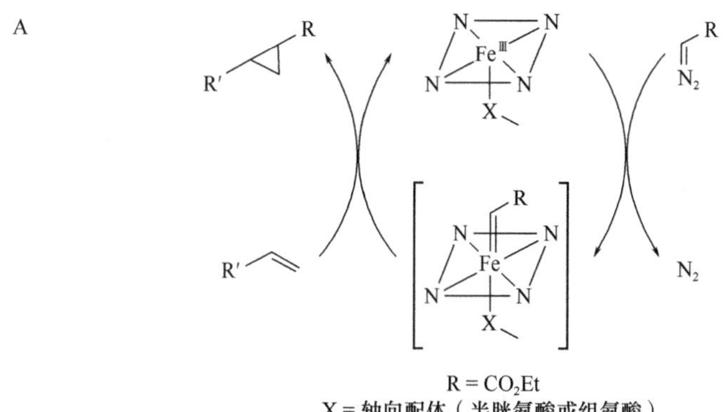


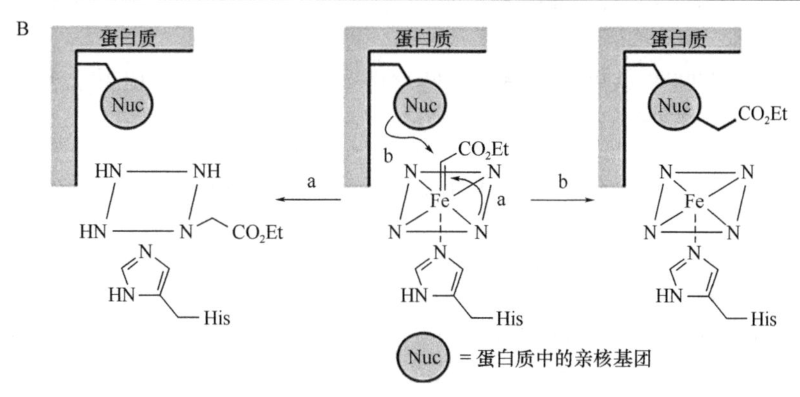


图 4.21 P450 酶催化的卡宾转移反应

其他关于新酶设计的大量实例可参阅相关文献综述（Kiss *et al.*，2013；Yu *et al.*，2014；Strohmeier *et al.*，2011；Steiner and Schwab，2012）。

## 4.6 总结与展望

酶的专一性体现在许多方面。从构效关系的角度分析，每种类型的酶具有其特殊的活性口袋。酶对底物的选择性主要来源于活性口袋的特殊形状和能与底物形成较强分子间相互作用的残基。酶催化反应的立体选择性取决于底物在活性口袋中的结合构象，底物以特定的方式结合并使底物的反应位点靠近或朝向具有催化作用的关键残基，赋予酶催化反应的立体异构专一性。不同类型的化学反应需要特定类型的残基或辅酶来引发，因此催化不同类型的反应需要不同类型的口袋残基组成。

酶设计的基本思路是在充分认识化学反应类型及微观机制的基础上进行理性设计。根据底物分子的结构和尺寸定制活性口袋的大小，根据底物参与反应的官能团和反应类型设计能催化该反应类型的活性残基。酶设计可以对已掌握的酶催化机制进行严格的测试，并为生物技术应用创造新酶。

## 参考文献

黄熙泰, 于自然, 李翠凤. 2012. 现代生物化学. 北京: 化学工业出版社.
王镜岩, 朱圣庚, 徐长法. 2002. 生物化学. 北京: 高等教育出版社.

郑穗平，郭勇，潘力. 2009. 酶学. 2 版. 北京：科学出版社.

Alberty R A, Cornishbowden A, Goldberg R N, *et al.* 2011. Recommendations for terminology and databases for biochemical thermodynamics. Biophysical Chemistry, 155(2-3): 89-103.

Alberty R A. 2003. Thermodynamics of Biochemical Reactions. Hoboken: Wiley-Interscience.

Antes I, Thiel W. 1998. On the Treatment of Link Atoms in Hybrid Methods. Washington, DC: American Chemical Society.

Antes I, Thiel W. 1999. Adjusted connection atoms for combined quantum mechanical and molecular mechanical methods. The Journal of Physical Chemistry A, 103(46): 9290-9295.

Bakowies D, Thiel W. 1996. Hybrid models for combined quantum mechanical and molecular mechanical approaches. The Journal of Physical Chemistry, 100(25): 10580-10594.

Becke A D. 1993. Density-functional thermochemistry. Ⅲ. The role of exact exchange. The Journal of Chemical Physics, 98(7): 5648-5652.

Bender R A. 2012. Regulation of the histidine utilization (Hut) system in bacteria. Microbiology and Molecular Biology Reviews, 76(3): 565-584.

Bergman C, Kashiwaya Y, Veech R L. 2010. The effect of pH and free $Mg^{2+}$ on ATP linked enzymes and the calculation of Gibbs free energy of ATP hydrolysis. Journal of Physical Chemistry B, 114(49): 16137-16146.

Blomberg M R A, Borowski T, Himo F, *et al.* 2014. Quantum chemical studies of mechanisms for metalloenzymes. Chemical Reviews, 114(7): 3601-3658.

Bora R P, Mills M J L, Frushicheva M P, *et al.* 2015. On the challenge of exploring the evolutionary trajectory from phosphotriesterase to arylesterase using computer simulations. The Journal Physical Chemistry B, 119(8): 3434-3445.

Boyer P D, Robbins E A. 1957. Determination of the equilibrium of the hexokinase reaction and the free energy of hydrolysis of adenosine triphosphate. Journal of Biological Chemistry, 224(1): 121-135.

Brady S F, Clardy J. 2005. Systematic investigation of the escherichia coli metabolome for the biosynthetic origin of an isocyanide carbon atom. Angewandte Chemie, 44(43): 7045-7048.

Breuer M, Rosso K M, Blumberger J. 2014. Electron flow in multiheme bacterial cytochromes is a balancing act between heme electronic interaction and redox potentials. Proceedings of the National Academy of Sciences of the United States of America, 111(2): 611-616.

Brooks B R, Bruccoleri R E, Olafson B D, *et al.* 1983. CHARMM: A program for macromolecular energy, minimization, and dynamics calculations. Journal of Computational Chemistry, 4(2): 187-217.

Cai L, Cao A, Lai L. 2001. An isothermal titration calorimetric method to determine the kinetic parameters of enzyme catalytic reaction by employing the product inhibition as probe. Analytical Biochemistry, 299(1): 19-23.

Chang C E, Chen W, Gilson M K. 2005. Evaluating the accuracy of the quasiharmonic approximation. Journal of Chemical Theory and Computation, 1(5): 1017-1028.

Chang W C, Guo Y S, Wang C, *et al.* 2014. Mechanism of the C5 stereoinversion reaction in the biosynthesis of carbapenem antibiotics. Science, 343(6175): 1140-1144.

Chudyk E I, Limb M A L, Jones C, *et al.* 2014. QM/MM simulations as an assay for carbapenemase activity in class a β-lactamases. Chemical Communications, 50(94): 14736-14739.

Cornell W D, Cieplak P, Bayly C I, *et al.* 1995. A second generation force field for the simulation of proteins, nucleic acids, and organic molecules. Journal of the American Chemical Society, 117(19): 5179-5197.

Cossi M, Tomasi J, Cammi R. 1995. Analytical expressions of the free energy derivatives for molecules in solution. Application to the Geometry Optimization. International Journal of Quantum Chemistry, 56: 695-702.

Crawford J M, Portmann C, Zhang X, *et al.* 2012. Small molecule perimeter defense in entomopathogenic bacteria. Proceedings of the National Academy of Sciences of the United States of America, 109(27): 10821-10826.

De Meis L. 2001. Uncoupled ATPase activity and heat production by the sarcoplasmic reticulum $Ca^{2+}$-ATPase. Regulation by ADP. Journal of Biological Chemistry, 276(27): 25078-25087.

Der Kamp M W, Mulholland A J. 2013. Combined quantum mechanics/molecular mechanics (QM/MM) methods in computational enzymology. Biochemistry, 52(16): 2708-2728.

Drake E J, Gulick A M. 2008. Three-dimensional structures of *Pseudomonas aeruginosa* PvcA and PvcB, two proteins involved in the synthesis of 2-isocyano-6,7-dihydroxycoumarin. Journal of Molecular Biology, 384(1): 193-205.

Eftink M R, Johnson R E, Biltonen R L. 1981. The application of flow microcalorimetry to the study of enzyme kinetics. Analytical Biochemistry, 111(2): 305-320.

Feng L, Wanninayake U, Strom S, *et al.* 2011. Mechanistic, mutational, and structural evaluation of a taxus phenylalanine aminomutase. Biochemistry, 50(14): 2919-2930.

Field M J, Bash P A, Karplus M. 1990. A combined quantum mechanical and molecular mechanical potential for molecular dynamics simulations. Journal of Computational Chemistry, 11(6): 700-733.

Fouda A, Ryde U. 2016. Does the DFT self-interaction error affect energies calculated in proteins with large QM systems? Journal of Chemical Theory and Computation, 12(11): 5667-5679.

Gao S S, Naowarojna N, Cheng R, *et al.* 2018. Recent examples of α-ketoglutarate-dependent mononuclear non-haem iron enzymes in natural product biosyntheses. Natural Product Reports, 35(8): 792-837.

Ghafoor S, Mansha A, de Visser S P. 2019. Selective hydrogen atom abstraction from dihydroflavonol by a nonheme iron center is the key step in the enzymatic flavonol synthesis and avoids byproducts. Journal of the American Chemical Society, 141(51): 20278-20292.

Gillet N, Berstis L, Wu X, *et al.* 2016. Electronic coupling calculations for bridge-mediated charge transfer using constrained density functional theory (CDFT) and effective hamiltonian approaches at the density functional theory (DFT) and fragment-orbital density functional tight binding (FODFTB) level. Journal of Chemical Theory and Computation, 12(10): 4793-4805.

Glasstone S, Laidler K J, Eyring H. 1941. The Theory of Rate Processes. New York: McGraw-Hill.

Gotz A W, Clark M, Walker R C. 2014. An extensible interface for QM/MM molecular dynamics simulations with AMBER. Journal of Computational Chemistry, 35(2): 95-108.

Govender K, Gao J, Naidoo K J. 2014. AM1/d-CB1: A semiempirical model for QM/MM simulations of chemical glycobiology systems. Journal of Chemical Theory and Computation, 10(10): 4694-4707.

Grimme S, Antony J, Ehrlich S, *et al.* 2010. A consistent and accurate *ab initio* parametrization of density functional dispersion correction (DFT-D) for the 94 elements H-Pu. Journal of Chemical Physics, 132: 154104.

Grimme S. 2006. Semiempirical GGA-type density-functional constructed with a long range dispersion correction. Journal of Computational Chemistry, 27(15): 1787-1799.

Harris N C, Born D A, Cai W, *et al.* 2018. Isonitrile formation by a non-heme iron(II)-dependent oxidase/decarboxylase. Angewandte Chemie, 130(31): 9855-9858.

Held C, Reschke T, Muller R, *et al.* 2014. Measuring and modeling aqueous electrolyte/amino-acid solutions with ePC-SAFT. The Journal of Chemical Thermodynamics, 68: 1-12.

Held C, Sadowski G. 2011. Thermodynamics of bioreactions. Annual Review of Chemical Biomolecular Engineering, 7(1): 395-414.

Hillwig M L, Fuhrman H A, Ittiamornkul K, *et al.* 2014a. Identification and characterization of a welwitindolinone alkaloid biosynthetic gene cluster in the stigonematalean cyanobacterium *Hapalosiphon welwitschii*. ChemBioChem, 15(5): 665-669.

Hillwig M L, Zhu Q, Liu X. 2014b. Biosynthesis of ambiguine indole alkaloids in cyanobacterium *Fischerella ambigua*. ACS Chemical Biology, 9(2): 372-377.

Himo F, Siegbahn P E. 2009. Recent developments of the quantum chemical cluster approach for modeling enzyme reactions. Journal of Biological Inorganic Chemistry, 14(5): 643-651.

Himo F. 2006. Quantum chemical modeling of enzyme active sites and reaction mechanisms. Theoretical Chemistry Accounts, 116(1-3): 232-240.

Himo F. 2017. Recent trends in quantum chemical modeling of enzymatic reactions. Journal of the American Chemical Society, 139(20): 6780-6786.

Hoffmann P, Held C, Maskow T, *et al.* 2014. A thermodynamic investigation of the glucose-6-phosphate isomerization. Biophysical Chemistry, 195: 22-31.

Hoffmann P, Voges M, Held C, *et al.* 2013. The role of activity coefficients in bioreaction equilibria: thermodynamics of methyl ferulate hydrolysis. Biophysical Chemistry, 173: 21-30.

Hou G, Zhu X, Elstner M, *et al.* 2012. A modified QM/MM hamiltonian with the self-consistent-charge density-functional-tight-binding theory for highly charged QM regions. Journal of Chemical Theory and Computation, 8(11): 4293-4304.

Jorgensen W L, Maxwell D S, Tiradorives J. 1996. Development and testing of the OPLS all-atom force field on conformational energetics and properties of organic liquids. Journal of the American Chemical Society, 118(45): 11225-11236.

Kazemi M, Himo F, Åqvist J. 2016. Peptide release on the ribosome involved substrate-assisted base catalysis. ACS Catalysis, 6(12): 8432-8439.

Ke Z, Guo H, Xie D, *et al.* 2011. *Ab initio* QM/MM free-energy studies of arginine deiminase catalysis: The protonation state of the Cys nucleophile. The Journal of Physical Chemistry B, 115(13): 3725-3733.

Khare S D, Kipnis Y, Greisen P J, *et al.* 2012. Computational redesign of a mononuclear zinc metalloenzyme for organophosphate hydrolysis. Nature Chemical Biology, 8(3): 294-300.

Kiss G, Celebiolcum N, Moretti R, *et al.* 2013. Computational enzyme design. Angewandte Chemie, 52(22): 5700-5725.

Klamt A, Schuurmann G. 1993. COSMO: A new approach to dielectric screening in solvents with explicit expressions for the screening energy and its gradient. Journal of the Chemical Society-Perkin Transactions 2, 5: 799-805.

Krug D, Muller R. 2009. Discovery of additional members of the tyrosine aminomutase enzyme family and the mutational analysis of CmdF. ChemBioChem, 10(4): 741-750.

Lang P T, Brozell S R, Mukherjee S, *et al.* 2009. DOCK 6: Combining techniques to model RNA-small molecule complexes. RNA, 15(6): 1219-1230.

Lawan N, Ranaghan K E, Manby F R, *et al.* 2014. Comparison of DFT and *ab initio* QM/MM methods for modelling reaction in chorismate synthase. Chemical Physics Letters, 608(21): 380-385.

Lee C T, Yang W T, Parr R G. 1988. Development of the colic-salvetti correlation-energy formula into a functional of the electron density. Physical Review B, 37(2): 785-789.

Leopoldini M, Marino T, Michelini M C, *et al.* 2007. The role of quantum chemistry in the elucidation of the elementary mechanisms of catalytic processes: from atoms, to surfaces, to enzymes. Theoretical Chemistry Accounts, 117(5-6): 765-779.

Li H, Liu Y J. 2020. Mechanistic investigation of isonitrile formation catalyzed by the nonheme iron/α-KG-dependent decarboxylase (ScoE). ACS Catalysis, 10(5): 2942-2957.

Li J, Andrejić M, Mata R A, *et al.* 2015. A computational comparison of oxygen atom transfer catalyzed by dimethyl sulf-oxide reductase with Mo and W. European Journal of Inorganic Chemistry, 21: 3580-3589.

Li R F, Stapon A, Blanchfield A J T, *et al.* 2000. Three unusual reactions mediate carbapenem and carbapenam biosynthesis. Journal of the American Chemical Society, 122(38): 9296-9297.

Liao R Z, Thiel W. 2013a. Convergence in the QM-only and QM/MM modeling of enzymatic reactions: A case study for acetylene hydratase. Journal of Computational Chemistry, 34(27): 1-9.

Liao R Z, Thiel W. 2013b. On the effect of varying constraints in the quantum mechanics only modeling of enzymatic reactions: The case of acetylene hydratase. Journal of Physical Chemistry B, 117(15): 3954-3961.

Lin Y L, Gao J, Rubinstein A, *et al.* 2011. Molecular dynamics simulations of the intramolecular proton transfer and carbanion stabilization in the pyridoxal 5′-phosphate dependent enzymes *L*-dopa decarboxylase and alanine racemase. Biochimica et Biophysica Acta(BBA)-Proteins and Proteomics, 1814(11): 1438-1446.

Lonhienne T G, Winzor D J. 2004. A potential role for isothermal calorimetry in studies of the effects of thermodynamic non-ideality in enzyme-catalyzed reactions. Journal of Molecular Recognition, 17(5): 351-361.

Lundberg M, Morokuma K. 2009. The oniom method and its applications to enzymatic reactions. Multi-Scale Quantum Models for Biocatalysis, 7: 21-55.

Ma G C, Zhu W Y, Su H, *et al.* 2015. Uncoupled epimerization and desaturation by carbapenem synthase: Mechanistic insights from QM/MM studies. ACS Catalysis, 5(9): 5556-5566.

Mavrovouniotis M L. 1993. Identification of localized and distributed bottlenecks in metabolic pathways. International Conference on Intelligent Systems for Molecular Biology, 1: 275-283.

Minakami S, Yoshikawa H. 1965. Thermodynamic considerations on erythrocyte glycolysis. Biochemical and Biophysical Research Communications, 18(3): 345-349.

Morris G M, Huey R, Lindstrom W, *et al.* 2009. AutoDock4 and AutoDockTools4: Automated docking with selective receptor flexibility. Journal of Computational Chemistry, 30(16): 2785-2791.

Nakashima Y, Mori T, Nakamura H, *et al.* 2018. Structure function and engineering of multifunctional non-heme iron dependent oxygenases in fungal meroterpenoid biosynthesis. Nature Communications, 9(104): 1-10.

Olsson M A, Söderhjelm P, Ryde U. 2016. Converging ligand-binding free energies obtained with free-energy perturbations at the quantum mechanical level. Journal Computational Chemistry, 37(17): 1589-1600.

Perdew J P, Burke K, Ernzerhof M. 1996. Generalized gradient approximation made simple. Physical Review Letters, 77(18): 3865-3868.

Philipp D M, Friesner R A. 1999. Mixed *ab initio* QM/MM modeling using frozen orbitals and tests with alanine dipeptide and tetrapeptide. Journal of Computational Chemistry, 20(14): 1468-1494.

Rachid S, Krug D, Weissman K J, *et al.* 2007. Biosynthesis of (*R*)-beta-tyrosine and its incorporation into the highly cytotoxic chondramides produced by *Chondromyces crocatus*. Journal of Biological Chemistry, 282(30): 21810-21817.

Ramos M J, Fernandes P A. 2008. Computational enzymatic catalysis. Accounts of Chemical Research, 41(6): 689-698.

Ratnayake N D, Wanninayake U, Geiger J H, *et al.* 2011. Stereochemistry and mechanism of a microbial phenylalanine aminomutase. Journal of the American Chemical Society, 133(22): 8531-8533.

Renata H, Lewis R D, Sweredoski M J, *et al.* 2016. Identification of mechanism-based inactivation in P450-catalyzed cyclopropanation facilitates engineering of improved enzymes. Journal of the American Chemical Society, 138(38): 12527-12533.

Reschke T, Naeem S, Sadowski G. 2012. Osmotic coefficients of aqueous weak electrolyte solutions: influence of dissociation on data reduction and modeling. Journal of Physical Chemistry B, 116(25): 7479-7491.

Revel H R, Magasanik B. 1958. The enzymatic degradation of urocanic Acid. Journal of Biological Chemistry, 233(4): 930-935.

Rothlisberger D, Khersonsky O, Wollacott A M, *et al.* 2008. Kemp elimination catalysts by computational enzyme design. Nature, 453(7192): 190-195.

Ruy F, Vercesi A E, Andrade P B M, *et al.* 2004. A highly active ATP-insensitive $K^+$ import pathway in plant mitochondria. Journal of Bioenergetics and Biomembranes, 36(2): 195-202.

Schopf P, Mills M J L, Warshel A. 2015. The entropic contributions in vitamin $B_{12}$ enzymes still reflect the electrostatic paradigm. Proceedings of the National Academy of Sciences of the United States of America, 112(14): 4328-4333.

Shaik S, Shurki A. 1999. Valence bond diagrams and chemical reactivity. Angewandte Chemie International Edition, 38(5): 586-625.

Sheng X, Himo F. 2017. Theoretical study of enzyme promiscuity: Mechanisms of hydration and carboxylation activities of phenolic acid decarboxylase. ACS Catalysis, 7(3): 1733-1741.

Siegbahn P E M, Blomberg M R A. 2009. A combined picture from theory and experiments on water oxidation, oxygen reduction and proton pumping. Dalton Transactions, 30: 5832-5840.

Siegbahn P E M, Crabtree R H. 1997. Mechanism of C-H activation by diiron methane monooxygenases: Quantum chemical studies. Journal of the American Chemical Society, 119(13): 3103-3113.

Siegbahn P E M, Himo F. 2009. Recent developments of the quantum chemical cluster approach for modeling enzyme reactions. JBIC Journal of Biological Inorganic Chemistry, 14(5): 643-651.

Siegbahn P E M, Himo F. 2011. The quantum chemical cluster approach for modeling enzyme reactions. Wiley Interdisciplinary Reviews: Computational Molecular Science, 1(3): 323-336.

Siegel J B, Zanghellini A, Lovick H M, *et al.* 2010. Computational design of an enzyme catalyst for a stereoselective bimolecular Diels-Alder reaction. Science, 329(5989): 309-313.

Singh U C, Kollman P A. 1986. A combined *ab initio* quantum mechanical and molecular mechanical method for carrying out simulations on complex molecular systems: Applications to the $CH_3Cl+Cl^-$ exchange reaction and gas phase protonation of polyethers. Journal of Computational Chemistry, 7(6): 718-730.

Soudackov A V, Hammes-Schiffer S. 2014. Probing nonadiabaticity in the proton-coupled electron transfer reaction catalyzed by soybean lipoxygenase. The Journal of Physical Chemistry Letter, 5(18): 3274-3278.

Stapon A, Li R F, Townsend C A. 2003. Carbapenem biosynthesis: confirmation of stereochemical assignments and the role of CarC in the ring stereoinversion process from *L*-proline. Journal of the American Chemical Society, 125(28): 8486-8493.

Steiner K, Schwab H. 2012. Recent advances in rational approaches for enzyme engineering. Computational and Structural Biotechnology Journal, 2(3): 1-12.

Strohmeier G A, Pichler H, May O, *et al.* 2011. Application of designed enzymes in organic synthesis. Chemical Reviews, 111(7): 4141-4164.

Su H, Sheng X, Liu Y J. 2016. Exploring the substrate specificity and catalytic mechanism of imidazolonepropionase (HutI) from *Bacillus subtilis*. Physical Chemistry Chemical Physics, 18(40): 27928-27938.

Sun H. 1998. COMPASS: An *ab initio* force-field optimized for condensed-phase applications overview with details on alkane and benzene compounds. The Journal of Physical Chemistry B, 102(38): 7338-7364.

Tao J, Perdew J P, Staroverov V N, *et al.* 2003. Climbing the density functional ladder: Nonempirical metageneralized gradient approximation designed for molecules and solids. Physical Review Letters, 91(14): 146401.

Tomasi J, Mennucci B, Cammi R. 2005. Quantum mechanical continuum solvation models. Chemical Reviews, 105(8): 2999-3093.

Urs V S, Luuk A M W. 1997. Thermodynamics in biochemical engineering. Journal of Biotechnology, 59(1): 25-37.

Van Keulen S C, Gianti E, Carnevale V, *et al.* 2017. Does proton conduction in the voltage-gated $H^+$ channel hHv1 involve grotthuss-like hopping via acidic residues? The Journal of Physical Chemistry B, 121(15): 3340-3351.

Van Lanen S G, Oh T, Liu W, *et al.* 2007. Characterization of the maduropeptin biosynthetic gene cluster from *Actinomadura madurae* ATCC 39144 supporting a unifying paradigm for enediyne biosynthesis. Journal of the American Chemical Society, 129(43): 13082-13094.

Verevkin S P, Emel'yanenko V N, Garist I V. 2015a. Benchmark thermodynamic properties of alkanediamines: experimental and theoretical study. Journal of Chemical Thermodynamics, 87: 34-42.

Verevkin S P, Zaitsau D H, Emelyanenko V N, *et al.* 2015b. Thermodynamic properties of glycerol: experimental and theoretical study. Fluid Phase Equilibria, 397(15): 87-94.

Vojinovi V, Stockar U V. 2009. Influence of uncertainties in pH, pMg, activity coefficients, metabolite concentrations, and other factors on the analysis of the thermodynamic feasibility of metabolic pathways. Biotechnol and Bioengineering, 103(4): 780-795.

Wang K, Hou Q, Liu Y. 2013. Insight into the mechanism of aminomutase reaction: A case study of phenylalanine aminomutase by computational approach. Journal of Molecular Graphics and Modelling, 46: 65-73.

Warshel A, Levitt M, Lifson S. 1970. Consistent force field for calculation of vibrational spectra and conformations of some amides and lactam rings. Journal of Molecular Spectroscopy, 33(1): 84-99.

Warshel A, Levitt M. 1976. Theoretical studies of enzymic reactions: Dielectric, electrostatic and steric stabilization of the carbonium ion in the reaction of lysozyme. Journal of Molecular Biology, 103(2): 227-249.

Watt G D. 1990. A microcalorimetric procedure for evaluating the kinetic parameters of enzyme-catalyzed reactions: kinetic measurements of the nitrogenase system. Analytical Biochemistry, 187(1): 141-146.

Wigner E P. 1938. The transition state method. Trans Faraday Soc, 34: 29-41.

Wirstam M, Blomberg M R A, Siegbahn P E M. 1999. Reaction mechanism of compound I formation in heme peroxidases? A Density Functional Theory Study. Journal of the American Chemical Society, 121(43): 10178-10185.

Wiseman T, Williston S, Brandts J F, *et al.* 1989. Rapid measurement of binding constants and heats of binding using a new titration calorimeter. Analytical Biochemistry, 179(1): 131-137.

Wodak S J, De Crombrugghe M D, Janin J. 1987. Computer studies of interactions between macromolecules. Progress in Biophysics & Molecular Biology, 49(1): 29-63.

Wu R, Gong W, Liu T, *et al.* 2012. QM/MM molecular dynamics study of purine-specific nucleoside hydrolase. The Journal of Physical Chemistry B, 116(6): 1984-1991.

Yeung N, Lin Y W, Gao Y G, *et al.* 2009. Rational design of a structural and functional nitric oxide reductase. Nature, 462(7276): 1079-1082.

Yu F, Cangelosi V M, Zastrow M L, *et al.* 2014. Protein design: Toward functional metalloenzymes. Chemical Reviews, 114(7): 3495-3578.

Zhou Y, Wang S, Li Y, *et al.* 2016. Born-oppenheimer *ab initio* QM/MM molecular dynamics simulations of enzyme reactions. Methods in Enzymology, 577: 105-118.

# 第5章

# 酶的计算设计方法与应用

孙瑨原　崔颖璐　吴　边
中国科学院微生物研究所

酶是生物技术的“心脏”。设计新型、高效的酶是推动现代生物技术发展的关键动力。蛋白质结构和酶催化机制研究提供的理论，理性设计与定向进化获得的经验，以及分子生物学技术和计算科学的发展，为酶的计算设计奠定了科学和技术上的基础。目前，已有多种用于生物大分子计算模拟的算法与软件被开发，在此基础上设计的策略也已经在酶的从头设计与再设计领域取得成功。本章将在回顾酶的计算设计算法、软件与策略的基础上，着重介绍酶的计算设计各个分支的应用与前沿进展。

## 5.1　酶设计简介

### 5.1.1　酶的理性与非理性设计历史

天然酶作为生物体内各种反应的催化剂，不仅能高效地加快化学反应的速率，同时还具有良好的化学、区域和立体选择专一性。但是，天然酶有限的催化能力和自身性质成为其作为生物催化剂应用于化学工业和作为元件应用于合成生物学的瓶颈（Gutte and Klauser，2018）。过去数十年，改造和创造具有特定性质的蛋白质催化剂在理论、方法和实践三个层面都获得了巨大的进步。随着人们对蛋白质结构与酶催化反应的逐步认识和分子生物学技术的发展，20 世纪 80 年代兴起了蛋白质与酶工程的理性设计方法（Bornscheuer *et al.*，2012；Lutz and Iamurri，2018），定点突变技术的基础聚合酶链式反应的发明者穆利斯于 1993 年获诺贝尔化学奖。但是理性设计要求科研人员对酶的结构和催化特性有深刻的理解，对不同酶的改造方法特殊性要求较高，这不仅导致理性设计成功率低，而且难以在其他酶上复制。随着以易错 PCR 为代表的分子生物学技术和高通量筛选技术的发展，定向进化技术展现出了巨大的威力，酶的定向进化技术的关键人物弗朗西丝·阿诺德于 2018 年获得诺贝尔化学奖（Romero and Arnold，2009；Tracewell and Arnold，2009）。定向进化方法不依赖于酶的高级结构与反应机理信息，模拟自然进化途径，通过足够大的突变体文库与高通量筛选，获得满足需求的突变体（Romero and Arnold，2009）。但是在随机突变中产生所需要特定性质的概率是渺茫的，对于一条长 1000 bp 的核酸序列，突变连续三个相邻碱基的概率是 $10^{-9}$，这意味着即使获得特定的性质只依赖于单个氨基酸的改变，有时也需要测试成千上万的突变株，对高通量筛选技术的开发提出了巨大的挑战，成为限制定向进化方法的瓶颈。为了进一步降低获得工业酶的前期成本，加快工业酶的研发速度，人们迫切需要开发更具有普适性的新一代蛋白质工程技术。

### 5.1.2 蛋白质的计算设计简介

20世纪末开始萌芽的蛋白质计算设计（computational protein design，CPD）起源于结构生物学与计算科学的发展与交叉（Street and Mayo，1999）。蛋白质计算设计的主要目的是在物理、化学和结构生物学的理论基础上，利用计算机算法和软件，设计出具有特定的活性或行为的蛋白质。伴随摩尔定律预言下计算能力的成倍增长，蛋白质计算设计在21世纪的前十年开始取得突破（Pantazes *et al.*，2011）。蛋白质计算设计以其快速和低成本的特征开始被应用于医疗、工业和食品领域的蛋白质设计与改造（Chen *et al.*，2020），并在2016年被*Science*杂志遴选为当年仅次于引力波的十大科技突破亚军。

蛋白质计算设计的理论基础建立在由Christian Anfinsen提出的设想之上，该理论认为蛋白质倾向于折叠成其氨基酸序列可接近的最低能量状态。这意味着蛋白质序列包含着其空间结构的信息，而整个构象空间中能量最低的点即为该蛋白质行使功能的活性构象。反之，如果确定了所需蛋白质的结构，理论上可以溯源推测出能够折叠成此种结构的序列。通过对目前已知的蛋白质结构信息进行综合分析，可以得知蛋白质空间结构的保守性远远高于其一级序列的保守性，这样的性质首先使得同源建模成为可能。在同源建模中，通常认为序列同源性高于30%的序列在高级结构上是相似的，因此在已知序列的情况下，算法首先对主链结构进行局部的模拟，再进一步模拟侧链的构象。为此而开发的能量函数和侧链旋转异构体库为后续的蛋白质设计打下了基础。随后，固定主链的蛋白质设计发展起来，这一方法也可以被认为是给定结构的蛋白质序列设计。通过对固定主链蛋白质进行设计，科学家进一步验证与加深了对序列-结构-功能关系的认识，并开发出相应的软件与算法，本章酶的计算设计使用的算法、软件大部分来自固定主链序列设计。在此基础上更进一步，科学家正在开展蛋白质完全从头设计的研究，即没有确定的主链结构也没有序列，仅仅定义一个架构，在这个架构上进行不依赖序列的主链采样和侧链构象采样，最终设计出可折叠的蛋白质。

除了上述从物理学原理出发的方法，还有一些利用序列与进化信息的统计学方法。其中最具有代表性的是统计耦合分析（statistical coupling analysis，SCA）和在这之上发展出的直接耦合分析（direct coupling analysis，DCA）。2020年，Ranganathan课题组使用DCA统计模型从序列数据中构建人工酶，该模型考虑了氨基酸位置的保守性以及氨基酸对（pairs）在进化中的相关性，以预测具有蛋白质家族特性的新人工序列。对分支酸变位酶家族，Russ等（2020）的实验证明了人工序列显示出与天然酶相当的催化功能与活性。因为模型探索了巨大的序列空间，所以这种基于进化的统计方法可以用于设计同一家族具有不同性质的蛋白质。

### 5.1.3 酶的计算设计简介

酶的计算设计从蛋白质的计算设计发展而来，其主要目的是利用计算方法高效地对自然界中已有的酶进行重新设计，使其具有所需要的特定功能，或从头设计满足要求的新酶。近20年来，有关蛋白质计算设计的相关文献逐渐增多（图5.1）。重新设计天然蛋白质以获得新功能（如催化位点）时，通过大量氨基酸残基的改变以引入新功能将不可避免地改变蛋白质本身的结构，而天然蛋白质通常处于比较稳定的边缘，序列变化容易导致解折叠或聚集。在对计算设计的酶的晶体结构进行研究时发现，计算设计的酶与模型往往在柔性环区不能做到完美一致。除要保证酶蛋白本身的正确结构、可溶表达和稳定性之外，针对酶的催化特性，还需要考虑催化底物进入、中间体形成与稳定和产物释放过程等多种因素（Kiss *et al.*，2013）。此外，酶对于底物的兼容性、蛋白质-小分子识别的特异性、金属等辅因子的结合也是酶设计中的重要研究内容。本章节列举了酶的从头设计（5.3.1），酶与生物大分子的相互作用设计（5.3.2），酶与有机小分子的相互作用设计（5.3.3），金属酶的计算设计（5.3.4），非催化位点的计算设计（5.3.5）和酶的计算设计在合成生物学中的应用（5.3.6）。由于蛋白质的稳定性对工业酶和医疗用蛋白都有重大的意义，本章还介绍了酶的稳定性设计（5.4）。

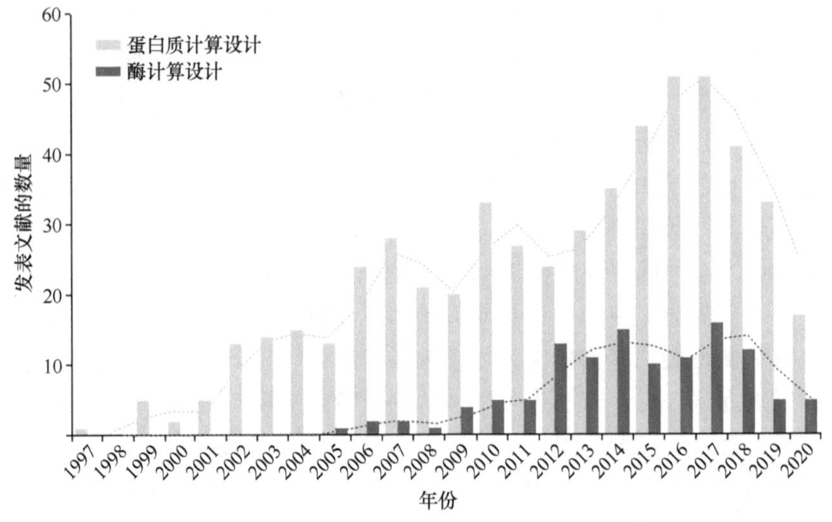


图5.1 *Web of Science* 中蛋白质计算设计与酶计算设计的文献统计

其中仅仅统计了明确提到蛋白质计算设计与酶计算设计的文献，使用了相关方法但并未明确提及的文献未被统计

## 5.2 酶的计算设计方法：策略、软件与算法

在介绍酶的计算设计之前，首先介绍主链固定的蛋白质计算设计方法。总体而言，主链固定的蛋白质计算设计方法采取三步走的策略，分别为侧链放置、能量计算和序列优化。第一步，将离散的侧链构象放置于主链上；第二步，使用能量函数计算被放置的侧链与侧链、侧链与主链之间的能量；第三步，使用搜索算法优化序列和构象的组合。整个过程涉及一系列的序列组合及其对应结构的优化（Huang *et al.*，2016；Richardson and Richardson，1989）。大部分的酶计算设计工作都是在已有的结构上进行再设计，所以正确地模拟突变后侧链构象至关重要，这一步通常使用“主链依赖的侧链旋转异构体库”（backbone dependent side-chain rotamer library），随后的侧链优化又依赖于力场与能量函数。对于涉及与配体相互作用的设计，还需考虑两个分子间相互作用的打分，这同

样依赖于能量函数。

能量函数是这些软件对各序列组合的不同构象结构打分时的主要依据。不同软件使用的能量函数不尽相同，主要的能量项包括了主链二面角势能、侧链扭转能量、氢键能、静电能、范德瓦耳斯相互作用等（Li *et al.*，2013）。Rosetta 软件在 2015 年发布了新的全原子能量函数 Rosetta Energy Function 2015（REF15）（Alford *et al.*，2017），相比于上一代能量函数在氢键模型、溶剂化模型和骨架与旋转异构体构象评价方面均有改善，且通过对实验数据的拟合将 Rosetta 能量单位 R.E.U. 转换为了更为常见的 kcal/mol。虽然科研人员在不断开发新的能量函数，但是总体来说目前的能量函数依然存在精度不高、计算量大等缺点，如何做到准确快速的能量打分是蛋白质（酶）计算设计领域的重要挑战。

酶是有催化功能的蛋白质，酶的计算设计除使用蛋白质计算设计方法外，还需要根据反应的催化机理定义一个包含直接参与催化的原子和其他需要被稳定原子的高能过渡态（transition state，TS）复合物。该复合物在由 Baker 课题组提出的由内而外（inside-out）策略中被称为理论酶（theozyme）（Richter *et al.*，2011）。理论酶通常使用量子力学（quantum mechanics，QM）计算得到，包含了多个原子对之间的距离、角度与二面角限制。在获得了理论酶后，通常使用底物放置（ligand placement）或匹配（match）算法将其放置于主链上，随后优化附近的序列与构象，利用打分函数优选组合，进一步剔除不合理的序列和构象，最后表达设计的酶并验证其活性（图 5.2）。

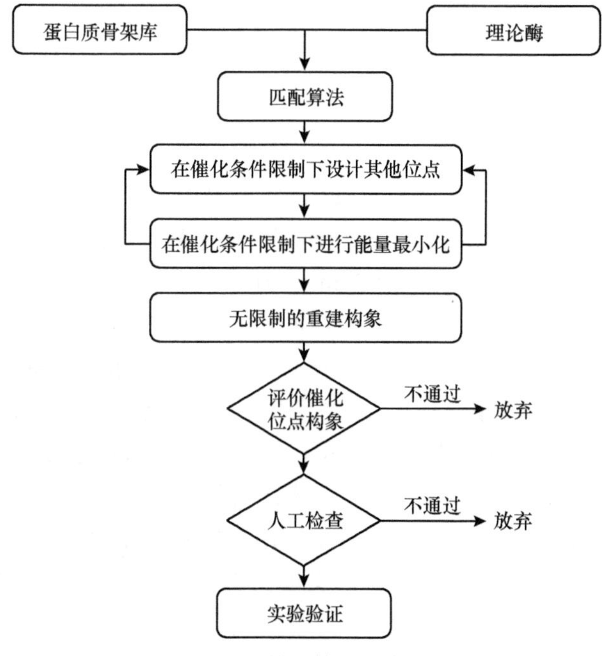


图 5.2　酶的计算设计流程图

由内而外策略首先使用 QM 计算确定理论酶的构象，随后使用 RosettaMatch 应用在数据库中搜索能够接纳该构象的蛋白质骨架。对于每一个在骨架上匹配产生的虚拟突变体使用 RosettaDesign 进一步设计突变，这些突变的主要目的是稳定匹配的理论酶构象以及优化非催化残基与底物的相互作用。考虑到巨大的序列空间和更大的构象空间，遍历所有的构象组合实际上是不可能的（Pierce and Winfree，2002）。因此 Rosetta 被设计为一个采用蒙特卡洛方法的随机软件，通过对多次模拟产生的大量构象进行统计分析，然后给出数值解（Leaver-Fay *et al.*，2011）。Rosetta首先利用随机数生成器生成随机的构象，随机微扰此构象后对新构象打分，若打分变好则继续迭代，直至在给定的循环次数内挑选出打分最好的结果。对于设计类型的工作，Rosetta开发人员建议的模拟数量级为$10^4$。但是，这种迭代算法容易陷入局部最小值，为了得到全局能量最小构象，除了借助分子动力学模拟方法，Rosetta还利用物理学中的动量概念（想象一个小球从能量函数高处滚下，动量足够大时小球就不会被卡在小坑里，而是会冲向最后的峡谷），在迭代时不仅考虑这一次的能量变化，还兼顾上一次的能量变化（Ruder，2016）。

目前Rosetta几乎可以完成所有的生物分子模拟工作，包括蛋白质从头设计、分子对接、生物大分子结构预测与优化、抗体设计、分子相互作用界面设计等，还形成了一个有良好互动的开源社区（https://rosettacommons.org/），该社区极大地推动了Rosetta的发展（Koehler-Leman *et al.*，2020）。Rosetta的成功展示了开放与合作对交叉学科的重要意义。除Rosetta之外，还采用“计算-搭建”（compute-and-build）设计策略的ORBIT软件（Bolon and Mayo，2001）；Houk课题组开发的与RosettaMatch相似的SABER软件（Nosrati and Houk，2012）；刘海燕课题组开发的ABACUS（a backbone based amino acid usage survey）统计能量模型（Xiong *et al.*，2020）；计算突变引起的自由能变的FoldX软件（Delgado *et al.*，2019）等。

## 5.3 酶计算设计的应用

### 5.3.1 酶的从头设计

所谓从头（*de novo*）设计，即在对某化学反应催化惰性的蛋白质骨架上设计突变使其具有预先定义的催化活性（Sterner and Schmid，2004）。设计能够催化非天然的生物化学反应的酶是一项惊人的成就（Zanghellini，2014），计算化学与生物学的交叉产生的由内而外的策略是实现这一成就的途径。由内而外的策略先利用QM计算方法，确定参与催化原子的空间几何结构，再根据原子选择有合适侧链基团的氨基酸残基。随后为理论酶搭配一个合适的蛋白质骨架以稳定催化反应的过渡态复合物。研究人员可以使用蛋白质从头设计方法设计全新的骨架序列，也可以利用PDB数据库里已有的蛋白质骨架。通常来说，“嫁接”后的催化位点附近不参与催化的侧链基团需要重新设计，一是需要能接纳嫁接的参与催化的残基，保证这些残基的侧链构象仍然满足QM计算得到的限制条件，二是需要能容纳底物的疏水空腔。仅仅依赖此策略设计的酶的活性与天然酶有较大的差距，但是辅助以定向进化、分子动力学模拟等方法能够极大地提高设计的酶的活性（图5.3）。

第一个从头设计成功的酶是华盛顿大学Baker课题组于2008年设计的Kemp消除酶。研究者使用由内到外策略，共设计了59个Kemp消除酶，分布在17种不同的骨架上，其中8个展示出了可测量的活性，随后使用定向进化的方法使其$k_{cat}/K_m$提高了200倍（Röthlisberger *et al.*，2008）。Korendovych等（2011）设计了可变构的消除酶AlleyCat，他们利用钙调蛋白结合钙离子后变构的特性，根据可容纳羧基的口袋、在米歇尔复合物

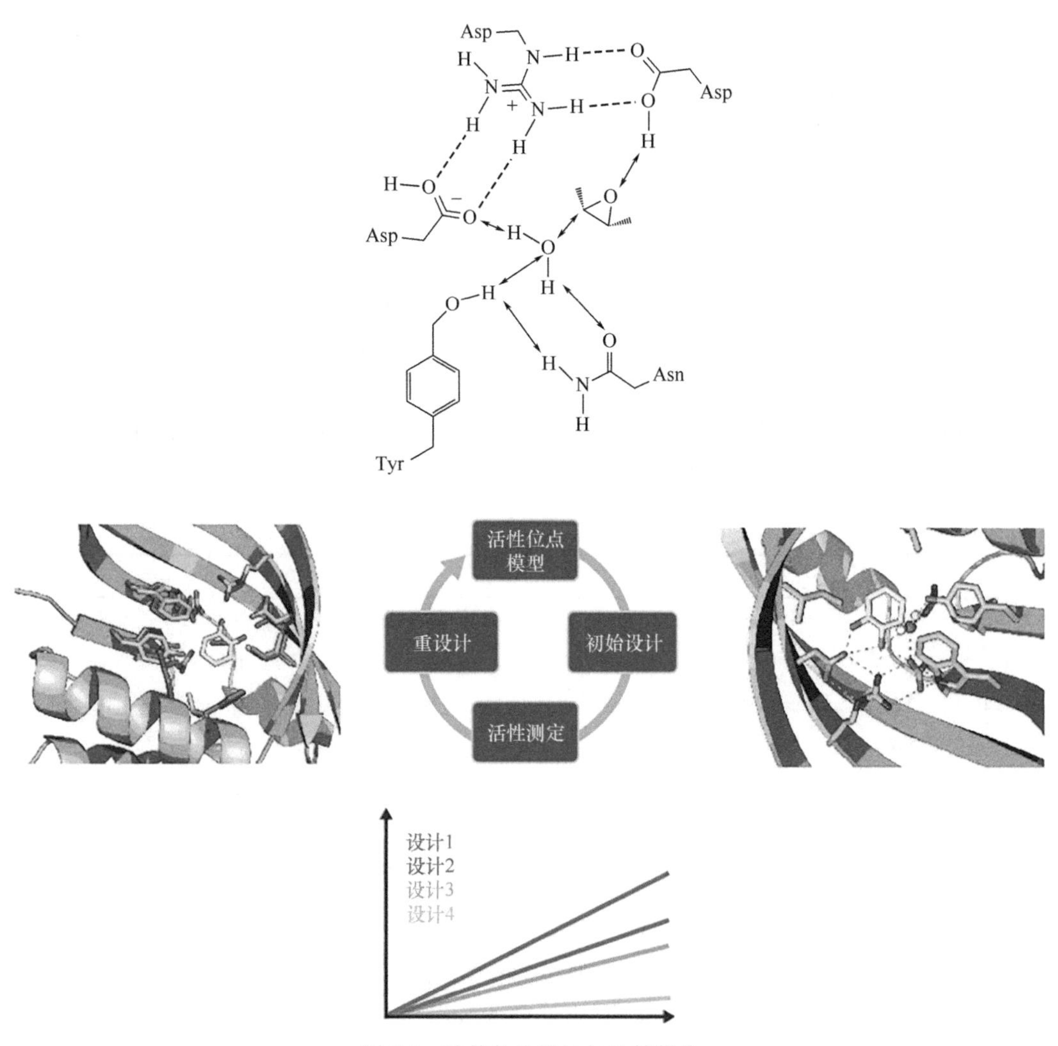


图 5.3　酶的从头设计与计算优化

中与底物产生有催化作用的相互作用、稳定过渡态这三个条件计算设计了突变，获得了与催化抗体相当的活性，但是分子量只有其十分之一。Privett 等（2012）使用晶体结构和分子动力学模拟分析了不成功设计的失败原因，并在此基础上开展新一轮设计替代定向进化等实验手段的迭代方法从而重新设计了 Kemp 消除酶。首先使用先前建立的计算手段获得了无催化活性的初始设计 HG-1，利用晶体结构和分子动力学模拟研究设计的缺陷后，重新设计了 HG-2。随后获得了 HG-2 和过渡态类似物复合物的共晶结构，使用分子动力学模拟进一步设计了几个点突变来阻止催化残基不理想的翻转，进而获得了活性提升 3 倍的 HG-3，其 $k_{cat}/K_m$ 为 430 mol/(L·s)。Blomberg 等（2013）在 HG-3 的基础上利用 17 轮定向进化，获得了 HG3.17，$k_{cat}/K_m$ 为 230 000 mol/(L·s)。Vaissier 等（2018）以未经过实验室定向进化实验设计改造的 KE15 为起点，使用计算方法筛选了能够改善过渡态静电稳定性和催化位点空间构象的突变，成功把 $k_{cat}/K_m$ 从 27 mol/(L·s) 提高到了 403 mol/(L·s)。区别于之前设计 Kemp 消除酶时使用的酸碱催化机理，Li 等（2017）利用氧化还原的催化机理重新设计了 Kemp 消除酶，首先鉴定了来自巨大芽孢杆菌的 P450-

BM3 能够用氧化还原通路催化 Kemp 消除反应，$k_{cat}/K_m$ 为 240 mol/(L·s)，并通过分子动力学模拟结合 QM/MM 方法揭示了反应机理，随后使用计算设计方法获得了多个突变株，其中 A82F 的 $k_{cat}/K_m$ 为 31 000 mol/(L·s)。

除相对简单的单分子单步的键断裂反应之外，酶的从头计算设计在更加复杂的单分子多步断键反应上也获得了成功。同样使用由内而外策略，Baker 课题组的 Jiang 等（2008）设计了 retro-aldol 酶，在 72 个经过实验验证的设计中，有 32 个显示出了可检测到的催化活性。除了化学键断裂的反应，从头计算设计的酶在双分子成键的单步与多步反应中也获得了成功。Siegel 等（2010）设计了催化 Diels-Alder 反应的酶，蛋白质的晶体结构与计算设计吻合得比较好，设计的 DA_20_10 拥有很好的底物与立体选择性。Houk 与 Baker 课题组从头设计了可催化森田-贝里斯-希尔曼（Morita-Baylis-Hillman）反应形成碳单键的双分子多步反应的酶（Bjelic *et al.*，2013），使用 Rosetta 软件设计的 48 个蛋白质中有 2 个显示出了可检测到的活性。

表 5.1　使用由内而外策略计算设计或后续再设计获得的酶部分实例

| 酶 | $k_{cat}$（$s^{-1}$） | $K_m$（μmol/L） | $k_{cat}/K_m$［mol/(L·s)］ | $k_{cat}/k_{uncat}$ | PDB | 参考文献 |
|---|---|---|---|---|---|---|
| KE59 | 0.29 | $1.8\times10^3$ | $1.6\times10^2$ | $2.5\times10^5$ | N.A. | Röthlisberger *et al.*，2008 |
| HG-3 | 0.68 | $1.6\times10^3$ | $5.9\times10^4$ | $8.2\times10^6$ | N.A. | Privett *et al.*，2012 |
| HG3.17 | $7.0\times10^2$ | $3.0\times10^3$ | $2.3\times10^5$ | $6.0\times10^8$ | 4BS0 | Blomberg *et al.*，2013 |
| RA95 | $1.6\times10^{-4}$ | $5.1\times10^2$ | $5.5\times10^{-2}$ | $4.8\times10^3$ | 4A29 | Althoff *et al.*，2012 |
| DA_20_10 | $2.8\times10^{-5}$ | $3.5\times10^3$ | $6.0\times10^{-2}$ | 4.4 | 3I1C | Siegel *et al.*，2010 |
| BH32 | N.A. | N.A. | N.A. | 54.0 | 3U26 | Bjelic *et al.*，2013 |

注：N.A. 表示没有 PDB

相比于定向进化，从头计算设计能更加有效地获得新的功能。Kipins 和 Baker（2012）在 Kemp 消除酶和 retro-aldol 酶设计中使用的骨架上引入了随机突变，结果发现，自然进化倾向于保留酶的催化“本性”，而计算设计可以引入新的催化残基转换其催化“本性”。虽然目前仅仅通过由内而外策略设计的酶的活性与稳定性离天然酶有较大差距，但是利用晶体结构再设计或定向进化能达到与天然酶同一数量级的活性。未来酶的从头计算设计在总体的策略上可以借鉴合成生物学中的“设计-构建-测试-学习”（design-build-test-learn）循环（Opgenorth *et al.*，2019），一方面加深人类对酶的理解和认识，为设计更好的算法、软件和策略打下基础，另一方面前三步产生的数据可以用来训练机器学习模型从而来拟合非线性的构效关系。

## 5.3.2 酶与生物大分子的相互作用设计

在细胞中，蛋白质与大分子（蛋白质、核酸和多糖）的相互作用对于包括细胞骨架形成、免疫防御和细胞间信息传递在内的许多生命过程都是至关重要的（Boger *et al.*，2003；Keskin *et al.*，2016；Vyas，1991）。因此，设计和改造酶蛋白与其他大分子的相互作用既能检验我们对生物学过程的理解，也能进一步实现对生命过程的控制，为基因编辑等分子生物学研究与应用提供更丰富的工具。对于酶的计算设计而言，主要研究内容聚焦于核酸内切酶的底物选择性设计。

归巢核酸内切酶（homing endonuclease）能够通过同源重组诱导基因转化，设计其切割特异性可以靶向特定的生物学位点以进行基因校正。Ashworth 等（2006）以来自藻类 *Monomastix* 的归巢核酸内切酶 I-MsoI 为起始结构，首先选取了野生型难以结合的单碱基取代序列，然后使用蒙特卡洛方法优化每个不利取代序列周围的氨基酸替换和构象。与野生型相比，重新设计的酶识别取代后序列的能力增强了约 10 000 倍，其晶体结构亦显示与核酸分子有良好结合。Fajardo-Sanchez 等（2008）对归巢核酸内切酶 I-CreI 进行改造设计，首先设计了 KTG 和 QAN 两个识别不同序列的同源二聚体，随后设计了可形成异源二聚体的 KTG-A2 和 QAN-B3，从而扩展了可编辑的核酸序列库。Thyme 等（2009）研究了核酸内切酶 Y2 I-AniI 与序列上不同位置带有不同单核苷酸替换的底物的催化与结合能力，发现序列中间位置上游的替换对 $K_m$ 影响较大但是对 $k_{cat}$ 影响较小，序列中间位置下游的替换对 $K_m$ 影响较小但是对 $k_{cat}$ 影响较大。基于此发现，他们利用 Rosetta 设计了 8 种针对不同底物序列的突变，结果表明对 $K_m$ 和 $k_{cat}$ 的各自改变或同时改变都可以改变该酶的底物特异性。Ashworth 等（2010）使用蛋白质计算设计来更改 I-MsoI 对三个连续碱基对取代的切割特异性（图 5.4），产生的突变体对新位点的活性和特异性可与野生型 I-MsoI 的原始位点相媲美。实验表明，同时考虑连续三个位点的协同设计比依次针对单取代的模块化方法更容易成功，说明整体性依赖（context-dependent）在重新设计和优化蛋白质-DNA 相互作用中的重要性。改造的复合物的晶体结构揭示了 DNA 构象的重大变化，并进一步设计了一种新的核酸内切酶，可特异性地切割 4 个连续碱基对取代的位点。

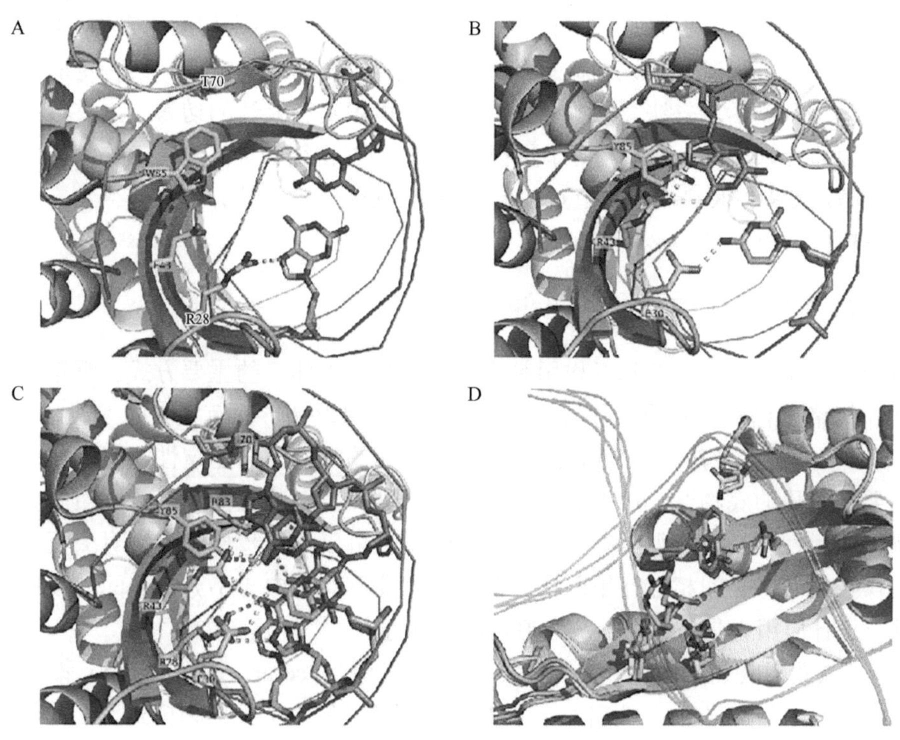


图 5.4　再设计的几种 I-MsoI 突变体

A. 可识别-8G 的突变体（PDB：3MIS）；B. 可识别-7C 的突变体（PDB：3KO2）；C. 可识别-8GCG 的突变体（PDB：3MIP）；D. 野生型与三种突变体在突变位点的比较。A～C. 核酸链中被识别的位点和蛋白质中突变的位点用棒状模型展示，D. 野生型为黄色，设计的突变体为绿色，核酸链用透明黄色飘带展示在对核酸内切酶与底物核酸链结合和催化的特征和内在机理不完全清楚的情况下，难以进行准确建模并在模型基础上指导特异性的计算设计。2014 年，Baker 课题组使用了实验与计算相结合的方式来尝试改变大范围核酸内切酶的底物序列选择性：首先，鉴定多个对单个碱基对替换有活性的特异性突变体；其次，利用此信息来改造核酸酶从而切割更多不同的目标位点；最后，通过使用计算和建库筛选整合来自单点切割变异体的信息，设计了具有多个碱基对取代的核酸内切酶切割目标位点（Thyme *et al.*，2014）。在这个过程中引入了蛋白质-DNA 互作基序（motif）的策略。这些基序定义为 6 个原子的空间排列，三个在 DNA 碱基上，三个在蛋白质残基上。在 Rosetta 计算的基础上，从先前发表的晶体结构中收集具有高相互作用能的蛋白质-DNA 基序，并生成一个基序相互作用库。从 PDB 序列号为 2qoj 的蛋白质-DNA 复合体的坐标出发，使用 Rosetta 应用程序 motif_dna_packer_design 识别了每个碱基对取代的潜在基序相互作用。如果在特定的氨基酸类型和目标碱基对之间可以形成强烈的基序相互作用，则氨基酸同一性在所选碱基对的固定文库中固定。该方法最终获得了 26 种具有不同底物DNA序列特异性的突变体。

这些例子表明，计算设计可以实现特异性核酸内切酶的底物特异性的转换，并且设计和结构解析的迭代为产生基因编辑所需的特异性核酸内切酶提供了一条途径。目前关于大范围核酸内切酶的底物 DNA 序列单碱基突变的设计已经较为成功，但是在后续的组合突变中，该酶却显示出了一定的不可叠加性质。此前的工作显示了碱基对取代之间意外的相关性，并且内切酶对底物 DNA 序列的识别机制远远超出了底物的中心区域。大范围核酸内切酶底物特异性改变突变的不可叠加性质可能源自 N 端和 C 端结构域之间的相互作用或靶位点中心的 DNA 弯曲。在做到准确设计核酸内切酶的底物 DNA 序列特异性之前需要进一步研究其识别机制。核酸内切酶的底物较为特殊，其特定的序列性质更有利于作为机器学习方法介入酶与底物相互作用识别和设计的切入口，将数据驱动的模型引入酶的计算设计。同时，对于蛋白质-核酸相互作用的计算设计工作积累的经验也可以用于改造 CRISPR-Cas 家族中 Cas 蛋白识别 PAM 序列的特异性或广谱性方面，推动了基因编辑技术的发展。

### 5.3.3 酶与有机小分子的相互作用设计

蛋白质与小分子之间的相互作用是许多药物与靶点作用的主要方式。近年来，相关的算法和策略在有机小分子和肽与蛋白质的相互作用设计方面有极大的发展（Ryde and Soderhjelm，2016）。酶的专一性保障了生物学过程的准确性与稳定性，但是在工业应用中，需要调整酶的底物专一性以满足生产需求。另外，在某些拥有特定性质的骨架嫁接特定酶类的活性中心来获得具有特殊性质的酶，也可以进一步检验我们对酶反应机理的认识与操控复杂分子间相互作用网络的能力。因此，酶蛋白与小分子之间的设计改造在酶的计算设计应用中是最广泛也是最迫切的研究方向。

Mayo 课题组使用 ORBIT 软件依照“计算-搭建”（compute-and-build）策略以大肠杆菌的硫氧还原蛋白（Trx）为骨架，以对硝基苯乙酸酯水解反应为模式反应，设计了由组氨酸介导催化水解反应的类酶蛋白 PZD2，反应动力学分析进一步确认了 PZD2 催化的水解反应具有酶反应的特征（Bolon and Mayo，2001）。Baker 课题组利用 His-Cys 组成的活性中心设计了水解酶，但是随后解析的晶体结构表明活性中心内组氨酸的位置与设计的并不相同（Richter *et al.*，2012）。为了更精确地进行设计与验证，Baker 课题组进一步设计了以丝氨酸侧链的羟基为亲核基团的水解酶（Rajagopalan *et al.*，2014）。因为相比于半胱氨酸侧链的巯基，丝氨酸侧链羟基的亲核性更加依赖于激活残基的正确位置，极大地增加了设计的难度。在使用 RosettaMatch 搜索了 800 个骨架并且使用 RosettaDesign 优化了活性中心口袋后获得了 85 个设计的水解酶。随后对这 85 个设计进行表达验证时发现有一半的设计没能取得可溶性表达，获得可溶性表达的设计中，也只有两个设计 OSH55 和 OSH98 表现出了平庸的活性。对 OSH55 进行晶体结构解析后发现设计用来稳定 His146 的 Glu6 的位置发生了偏移，将 Glu6 突变并没有影响该设计的活性。随后对 OSH55 又进行了一轮计算设计，尝试使用 His、Asp 或 Glu 形成氢键来稳定 His146。在 OSH55.4 中，形成了 Ser151-His146-His6 催化三联体，具有与天然酶相当的活性。

对于改造天然酶的底物选择性以用于生物合成，更是有大量的探索与成功的范例。Janssen 课题组提出了 CASCO（catalytic selectivity by computational design）策略来改造酶的立体选择性（Wijma *et al.*，2015），利用 RosettaDesign 设计能够容纳底物的口袋，然后利用高通量多次独立分子动力学模拟（high-throughput-multiple independent MD simulation，HTMI-MD）的方法获得底物在不同突变体中的运动轨迹，计算近攻击态（near-attack conformation，NAC）出现的频率来评估突变体的立体特异性从而进行突变体的虚拟筛选，获得了具有高度立体专一性的环氧化物水解酶。2016 年，Huang 课题组使用分子对接与分子动力学模拟方法改造了来自河流弧菌（*Vibrio fluvialis*）的转氨酶使其能接纳新的底物（Dourado *et al.*，2016）。在发现野生型的酶对 2-苯乙酮没有明显的活性后，使用分子对接与分子动力学模拟分析酶与底物的相互作用模式发现，底物被不利于催化的相互作用束缚（F19 侧链的苯环与底物形成 π-π 相互作用，W53 侧链吲哚上的氮原子与底物形成氢键），然而磷酸吡哆胺（PMP）的氨基与 2-苯乙酮的羰基之间的距离为 5.1 Å，并且 2-苯乙酮的苯基朝向 PMP。为了改善底物的结合和转化，设计了能够扩大口袋空间的突变，同时增加了活性中心附近 A 链 W57、M259、V422 和 R415 位置的疏水性，减少 K163、R415 和 B 链 R88 位置的活性中心的电荷，并改善酶在 V153 位置的结构稳定性。最终设计的七突变体的反应速率有了明显提高，5 mmol/L 底物的转化率为 5.63%。

目前利用蛋白质-小分子的相互作用设计来改造工业用酶的研究与应用已经初见成效。2018 年，吴边课题组利用 RosettaDesign 和 HTMI-MD 成功改造了天冬氨酸酶，获得了一系列绝对位置选择性与立体选择性的人工 β 氨基酸合成酶（图 5.5），反应体系中底物浓度可达到 300 g/L，实现 99% 的转化率、99% 的区域选择性和 99% 的立体选择性（Li *et al.*，2018）。利用人工 β 氨基酸合成酶的千吨级生产线已经投产。

由于前期计算机辅助药物设计的发展，蛋白质-小分子相互作用设计的方法比较完善，分子对接和分子动力学模拟算法和软件都很成熟。但是酶-底物相互作用与药物-靶点相互作用又是有区别的，静态的分子对接仅仅给出一个或几个静态的构象和对应的能量信息并不足以对催化的过程进行准确建模。利用分子对接的能量函数开发描述能量最小构象与附近构象的概率分布模型是一个可尝试的方法。分子动力学是一个描述系统动态发展的有力手段，但是大量的分子动力学模拟对计算资源有较高的要求。虽然开发了 HTMI-MD 这种方法，可使用更小的计算资源获得更加均匀的采样，但是该方法需要使

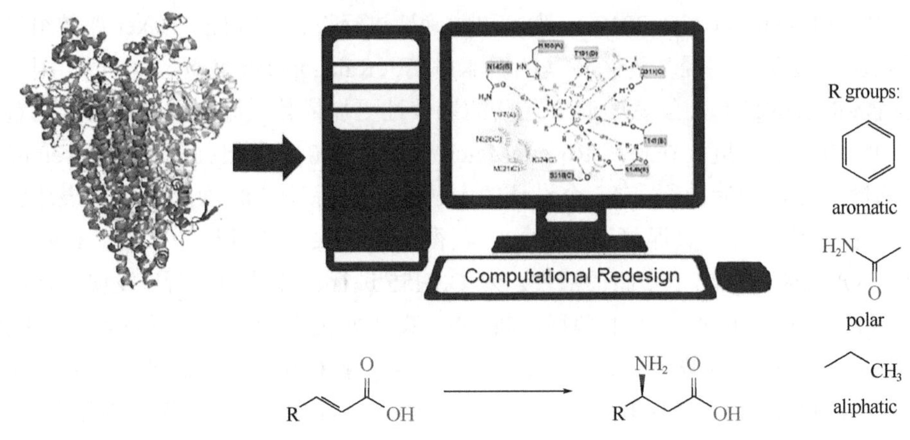


图 5.5 计算机辅助设计 AspB 人工合成 β-氨基酸

用量子化学计算获得近攻击态，而且目前仅在改造立体选择性时获得了成功的应用。本质上，分子模拟方法并无法模拟共价键的形成与断裂，亦无法量化酶催化反应速率，而量子化学计算手段在计算上又过于昂贵。目前迅猛发展的机器学习方法也许可以给出一条新路，如将一些被测试的突变体的活性数据与计算获得的数据（分子对接的构象、能量，动力学模拟的轨迹等）拟合尝试建立回归模型，再使用计算与回归模型探索更大的序列-结构-功能空间。

## 5.3.4 金属酶的计算设计

包含有金属的蛋白质占据了自然界中蛋白质总数的一半，金属酶作为潜在的优秀催化剂获得了大量的关注（Schwizer *et al.*，2018）。早在 20 世纪 70 年代，Kaiser 等及 Wilson 和 Whitesides（1978）就报道了构建 ArM 的最初尝试，但是由于当时蛋白质工程手段的匮乏，这一领域很快沉寂了，直到 21 世纪初再次复兴（Schwizer *et al.*，2018）。目前人工金属酶已经能够催化水解反应、碳碳键形成和氧转移反应等具有重要应用价值的反应，甚至目前合成催化剂无法催化的化学反应也能通过人工金属酶催化。

2012 年，Baker 课题组重新设计了含有 Zn(Ⅱ) 的蛋白质催化有机磷酸盐的水解反应（Khare *et al.*，2012）。他们使用 RosettaMatch 和 RosettaDesign 在结合有 Zn(Ⅱ) 且空出一个配位键的蛋白质骨架上设计了新的活性口袋。在表达出的 12 个突变体中有 6 个可溶，在腺苷脱氨酶（PDB：1A4L）上设计的 8 突变体 PT3 中检测到了活性，随后利用定向进化获得的 PT3.3 的 $k_{cat}/K_m$ 为（9750±1534）mol/(L·s)。单点突变 V218F 将 PT3 的 $k_{cat}$ 提高了 20 倍，晶体结构显示 V218F 改变了 217～221 这一段环区的构象来容纳较大的侧链。这也暴露了主链固定设计的缺陷，未来需要在设计过程中保留骨架一定的灵活性，并使用更精确的静电相互作用模型来囊括 pKa 效应。2015 年，Ward 和 Baker 课题组报道了 Rosetta 设计人工转移氢化酶（以下简称 ATHase），在人源碳酸酐酶 2（hCAⅡ）内引入金属铱催化环亚胺的不对称还原以产生水杨酸的前体（Heinisch *et al.*，2015）。基于 hCAⅡ 的晶体结构，计算设计提供了 4 个 hCAⅡ 突变体，这些突变在保留蛋白质骨架稳定性的同时，引入了结合辅因子的疏水腔体。新设计的突变体可用于生产 *S*-甜菜碱，立体选择性从 72% 提高到了 90%，转化率也提高了 4 倍。进一步解析 ATHase 的晶体结构证实，良好的立体选择性是将金属配合物部分作为辅因子嵌入蛋白质中而产生的，这与计算模型相一致。

除使用天然氨基酸来耦合有催化功能的金属之外，还可以通过引入非天然氨基酸的方法来进一步扩大人工金属酶的范围。2013 年，Baker 课题组扩展了 Rosetta 设计方法来设计金属蛋白，其中使用非天然氨基酸 2,2′-联吡啶-5-丙氨酸（Bpy-Ala）作为结合的金属离子的主要配体，设计了一个具有八面体配位几何结构的金属结合位点。该位点由 Bpy-Ala、两个蛋白质天然氨基酸侧链和两个与金属结合的水分子组成。实验表明，Bpy-Ala 介导的金属蛋白具有结合二价阳离子 $Zn^{2+}$、$Fe^{2+}$和 $Ni^{2+}$、$Co^{2+}$的能力，其中 $Zn^{2+}$的 $K_d$ 约为 40 pmol/L。与 $Co^{2+}$和 $Ni^{2+}$结合的设计蛋白的 X 射线晶体结构在结合位点的所有原子上与设计模型的 RMSD 分别为 0.9 Å 和 1.0 Å。这个设计包含的非天然氨基酸蛋白质为后续引入非天然氨基酸设计金属酶打下了基础。

多电子氧化还原反应通常需要多辅因子金属酶来促进电子和质子的耦合运动，但是由于结构和功能的复杂性，设计人工酶来催化这些重要的反应具有挑战性。2018 年，Yi 课题组在细胞色素 c 过氧化物酶（*Cc*P）中设计结合铁硫簇结合位点，利用铁硫簇与 *Cc*P 中原有的血红素模拟亚硫酸盐还原酶（SiR）的活性位点结构来实现亚硫酸盐的还原（图 5.6）（Mirts *et al.*，2018）。在获得有活性的 SiR*Cc*P 设计后进一步调节铁硫簇和底物结合位点周围的次级相互作用，使得 SiR*Cc*P.1 活性接近于天然 SiR 活性。通过深入解析迄今为止尚无合成催化剂的苛刻的六电子七质子反应的要求，提供了设计高功能多辅因子人工酶的策略。

金属酶具有广阔的前景，但是目前计算方法仍然不能很好地服务于金属酶的设计，一方面，因为目前使用的力场是为蛋白质设计的，往往不能很好地描述大部分金属离子，需要额外修改力场。另一方面，天然氨基酸只有 7 个能与金属离子形成配位，无疑进一步减少了可能的应用场景。想要让金属这位化学催化中最勇猛的“武将”在生物催化中真正地大显神威就需要给他配上最好的坐骑。所以必须要发展金属原子力场和非天然氨基酸力场才能更好地设计金属酶。

### 5.3.5　非催化位点的计算设计

蛋白质具有刚性从而能够维持其结构，但是在执行生物学活性功能的过程中往往是刚柔并济的。对于催化过程而言，有些酶的底物进入活性中心前要经过一个通道或者需要蛋白质的帽子结构域打开，这样的过程有可能成为酶催化动力学中的限速步骤，这些参与底物与酶识别过程的氨基酸残基虽不直接参与催化但是有时可能对酶的催化效率或底物选择性有重要的影响。同时，限于目前的计算能力，对酶的计算设计通常聚焦于底物口袋附近的一定范围以缩小计算量，但目前发现许多长程相互作用对蛋白质结构与功能具有影响，对活性位点之外的骨架进行有效的设计来拓展酶的“装备库”也是酶的计算设计关注的问题。

2009 年，Damborsky 课题组通过设计酶的底物通道，获得了对 1,2,3-三氯丙烷（TCP）具有比野生型高 32 倍活性的玫瑰色红球菌（*Rhodococcus rhodochrous*）卤代烷脱卤酶突变体（Pavlova *et al.*，2009）。首先从结构分析确定了溶剂到活性位点的通道中的关键残基，对关键位置进行饱和突变并进行实验验证。活性最高的突变体在三个设计位置中有

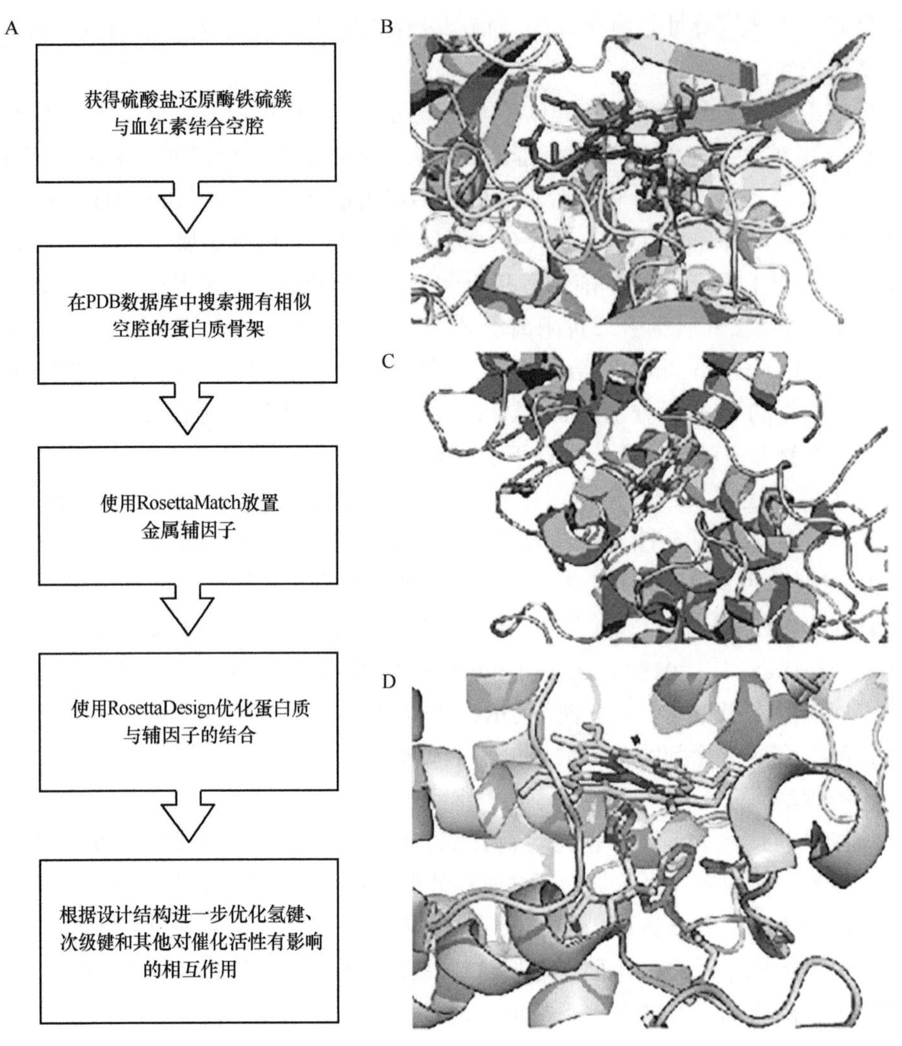


图 5.6 SiRC*c*P 计算设计流程图（Mirts *et al.*，2018）

两个被设计为芳香族残基。动力学分析证实，该突变改善了碳-卤键的裂解，并将限速步骤转移至产物的释放（图 5.7）。通过将计算设计与定向进化相结合来设计通道，对于改善具有埋藏活性位点的酶的催化特性是一种有价值的策略。Fleishman 课题组设计了一种骨架片段组装进行酶设计的通用自动化方法（Lapidoth *et al.*，2018）。该方法以一组同源但具有一定结构多样性的酶为起点，使用序列片段组装设计了新的主链并使用 Rosetta 优化氨基酸序列，同时保留了关键的催化残基。在碳水化合物活性酶家族 10（GH10）的木聚糖酶和磷酸三酯酶样内酯酶（PLL）这两个均具有 TIM 桶折叠的酶家族内使用此方法，分别设计了 43 种和 34 种人工酶。其中 21 个 GH10 和 7 个 PLL 的设计具有活性，有 4 个人工酶具备接近天然酶催化能力的活性。对晶体结构的分析进一步证实了高活性 GH10 设计的准确性。这项研究表明类似于定向进化中的 DNA 混编技术的骨架片段组装设计方法可用于在酶家族内产生具有新的特征的酶。Fleishman 课题组还设计了 Funclib 策略并搭建了在线服务器用于产生一系列具有非活性位点组合突变的突变体。该策略首先在非冗余序列数据库中搜索同源序列，根据序列比对获得每个位点存在的变异，对不参与催化与底物识别的位点存在的变异进行组合后使用 Rosetta 打分，保留能量上有优势的突变体进行下一步的筛选（Khersonsky *et al.*，2018）。2020 年，Hecht 课题组设计了一个四螺旋束的 ATP 水解酶，命名为 AltTPase（Wang and Hecht，2020）。Go 等（2008）首先使用亲疏水二元特征生成四螺旋束蛋白方法生成了可折叠成四螺旋束的序列，随后在约 1100 条序列的库里筛选出了 5 条具有对硝基苯（*p*NP）棕榈酸酯或 *p*NP 磷酸酯活性的序列，对这 5 条序列进行纯化并进一步测定 ATP 水解活性后获得了 AltTPase。该酶具有与天然 ATP 酶完全不同的结构与序列特征，且 $Mg^{2+}$ 会抑制其 ATP 水解活性，这也解释了为什么天然进化没有产生此类的 ATP 酶。

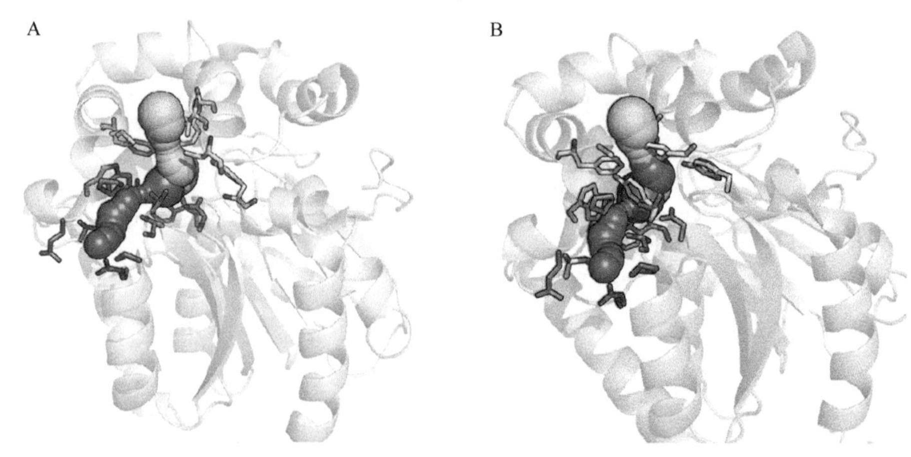


图 5.7　卤代烷脱卤酶野生型与突变体的比较

A. 通道分别显示为紫色与黄色，通道附近的氨基酸以相应的颜色表示；B. 突变后的氨基酸以白色表示

由于目前的能量函数对长程相互作用能量项计算的误差较大，非活性位点的设计仍然较为依赖长时间分子动力学模拟与相对较大的突变体文库筛选。未来需要开发能够更加准确地描述酶催化的底物识别与产物释放过程的计算策略，来贴近真实情况中酶反应的多步过程，达到更加准确的设计效果。另外，酶的非活性位点设计也带来了获取自然条件下进化无法获得的酶的可能性，有潜力拓展催化某一反应的蛋白质的序列家族来获得其他独特的性质。

### 5.3.6　酶的计算设计在合成生物学中的应用

合成生物学作为一门工程学科，在本质上是通过对生命过程的模块化调控来更加高效地利用生命过程。酶在合成生物学中往往作为催化元件存在，对基因线路正常运转起着重要的作用。另外，通过设计和发展新的酶反应和化学物质，可以增加“合成代谢”的生化解决方案空间，来实现全新的生物合成与降解途径。

目前已有计算机辅助设计的酶应用于合成生物学中用于设计或组成新的代谢通路。2015 年，Baker 课题组通过计算设计聚甲醛酶（formolase，FLS），将甲醛聚合形成二羟丙酮（图 5.8A），首次通过催化元件设计指导新型代谢通路合成（Siegel *et al.*，2015）。使用 RosettaDesign 与 Foldit 设计苯甲醛裂解酶（benzaldehyde lyase，BAL）的底物结合口袋以优化其结合甲醛的能力，获得设计的聚甲醛酶。相比于 BAL，FLS 的聚甲醛活性提高了两个数量级。在设计的甲酸-磷酸二羟丙酮途径中，需要把甲酸还原为甲醛，这个反应在热力学上障碍很大。为实现甲酸转化，Baker 课题组先利用大肠杆菌来源的乙酰-CoA 合酶（*Ec*ACS）将甲酸活化为甲酰-CoA，降低热力学障碍。随后在 BRENDA 数据库中挖掘了能高效地将甲酰-CoA 还原为甲醛的酰化醛脱氢酶（*Lm*ACDH），并将 *Ec*ACS 与 *Lm*ACDH 串联催化甲酸转化为甲醛，再串联上述设计的 FLS 与磷酸二羟丙酮激酶，实现了甲酸到磷酸二羟丙酮的转化。这项工作充分展示了酶的计算设计引导新代谢途径设计的潜力。

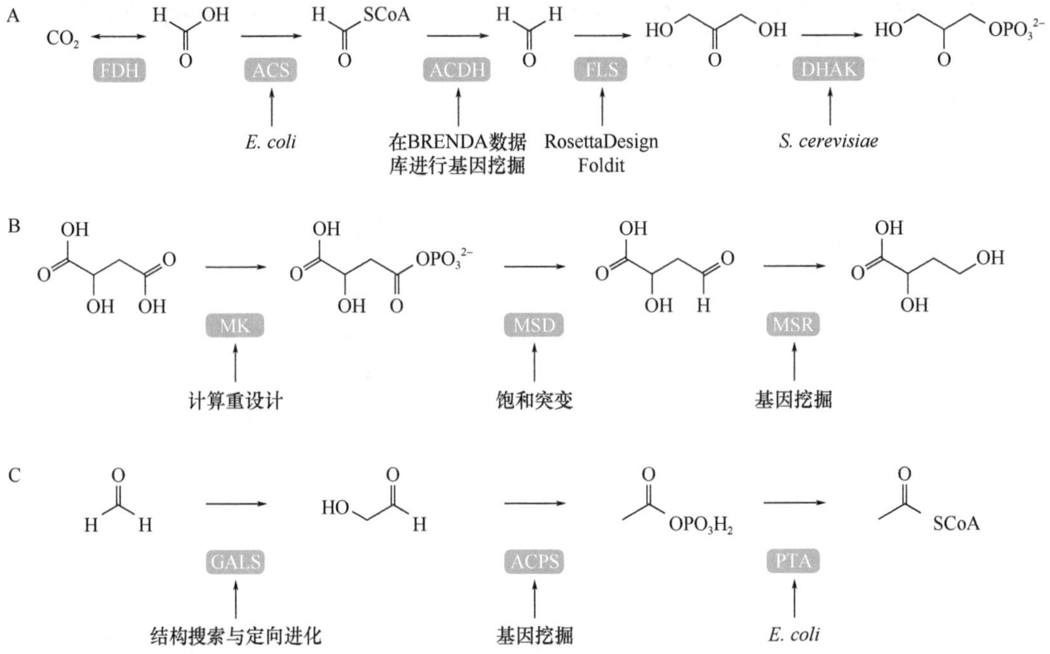

图 5.8　3 条人工设计的途径

A. 人工设计的一碳单位固定途径；B. 人工设计的 DHB 合成途径；C. 人工设计的乙酰辅酶 A 合成途径

2017 年，Francois 课题组设计了 2,4-二羟基丁酸（DHB）（图 5.8B）的生物合成途径（Walther *et al.*，2017）。在确定反应途径热力学可行后，将大肠杆菌的天冬氨酸激酶Ⅲ（Ec-LysC）改造为苹果酸激酶（MK）催化 *L*-苹果酸的磷酸化。在以 Ec-LysC 中的 119 位氨基酸残基为中心活性位点的口袋中 9 个位置（Ser39、Ala40、Thr45、Val115、Glu119、Phe184、Thr195、Ser201、Thr359）使用 RosettaDesign 进行计算设计，最终获得的四突变体 Ec-LysC V115A/E119S/E250K/E434V 以 *L*-苹果酸为底物时测得 $k_{cat}/K_m$ 为 0.82 mmol/(L·s)，与野生型 Ec-LysC 催化其天然底物 *L*-天冬氨酸在同一个数量级。在进一步设计改造天冬氨酸半醛脱氢酶（Bs-Asd）获得苹果酸半醛脱氢酶（MSD）活性和设计改造高丝氨酸还原酶（Ms-Ssr）获得苹果酸半醛还原酶（MSR）活性后，研究人员将所得质粒 pDHB 转化到野生型大肠杆菌 MG1655 菌株中摇瓶培养 24 h 后，产生了 60 μg/mg 的 DHB，表达相应高丝氨酸途径酶的野生型对照菌株中则没有检测到 DHB 的生成。

乙酰辅酶 A 在生命过程中起着重要的作用，是合成代谢与分解代谢的桥梁。作为乙酰基的唯一供体，乙酰辅酶 A 提供的 C2 基团服务于大量生物分子的合成。为了高效地合成乙酰辅酶 A，江会锋课题组利用计算机辅助方法，从头设计了一条以甲醛为底物与天然代谢途径正交的乙酰辅酶A合成途径SACA（图5.8C）（Lu *et al.*，2019）。该途径首先利用羟基乙醛合酶（GALS）将两个甲醛分子聚合成一个羟基乙醛，然后使用乙酰磷酸合酶（ACPS）使用羟基乙醛合成乙酰磷酸，最后使用磷酸乙酰转移酶（PTA）合成乙酰辅酶A。为了催化甲醛的缩合反应，从RCSB数据库中搜索了37个非冗余的包含硫胺素焦磷酸的蛋白质，使用分子对接筛选了6个有希望的蛋白质进行了试验验证，鉴定了三个有活性的GALS，随后使用定向进化优化了活性。磷酸转酮酶可以利用果糖-6-磷酸或木糖-5-磷酸产生乙酰磷酸，使用生物信息学方法分析了111个细菌家族的磷酸转酮酶序列后试验验证了8条序列，筛选出的活性最好的ACPS的$k_{cat}/K_m$达到3.21 mol/(L·s)。最后，将鉴定出的GALS和ACPS与已有的PTA串联，在以1 g/L甲醛为底物的转化试验中获得了5.5 mmol/L的乙酰辅酶A。尽管SACA途径目前在体内尚不可行，但酶的计算设计与发掘使得目前已知的实现甲醛到乙酰辅酶A转化的最短途径成为可能，显示了酶的计算设计与发掘在新代谢途径设计中的重要价值。

在自然进化中，也许是因为生物只来自少数几个祖先，初级代谢产物的数量是比较有限的，目前鉴定出的生物合成途径并不能满足人类所有的需求。如果能在合理设计代谢途径的基础上快速设计出高效拼接出所需代谢途径的酶，将会大大扩大生物合成的范围。

## 5.4 酶的稳定性设计

酶的工业应用常因工业过程中的恶劣环境受阻，包括高温、极端的pH和多种有机溶剂的存在。从蛋白质进化的角度来考虑，蛋白质的天然构象通常是该蛋白质在其天然环境中所能获得的能量最低的构象，也是其稳定性最好的构象。目前基于结构的计算软件通常利用经验力场公式估算突变体与野生型各自的折叠自由能变（$\Delta G$），进而用二者的差值预测相应突变对应的自由能变的差值（$\Delta\Delta G$）。在蛋白质稳定性的计算设计实践中，除了挑选$\Delta\Delta G$较小的突变，还会根据结构特征设计二硫键，或者利用进化信息进行祖先序列重建或共义分析（consensus analysis）。

Janssen课题组开发了FRESCO（framework for rapid enzyme stabilization by computational libraries）策略，可以通过较小的文库构建筛选出大幅度提高热稳定性的突变体（Wijma *et al.*，2018）。在FRESCO策略中，首先使用FoldX和Rosetta中的ddg_monomer软件计算突变的$\Delta\Delta G$，并使用YASARA软件设计二硫键，使用动力学模拟剔除不合理的突变后进行实验验证，再对实验验证能够提高热稳定性的突变进行叠加（图5.9）。使用FRESCO策略设计的柠檬烯环氧化物水解酶的熔融温度提高了35℃。Damborsky课题组提出了FireProt策略（Dokholyan *et al.*，2015），根据蛋白质家族的保守性共义氨基酸和突变的$\Delta\Delta G$计算设计多点组合突变，通过仅仅表征几个少数的突变体，将卤代烷脱卤酶DhaA和γ-六氯环己烷脱盐酸酶LinA的热稳定性分别提高了24℃和21℃，目前该策略已经设立了在线服务网站，服务于蛋白质热稳定性自动化在线设计（Musil *et al.*，2017）。2019年，吴边课题组在计算突变的$\Delta\Delta G$时加入了ABACUS改进FRESCO策略，来改造黑曲霉葡萄糖氧化酶AnGOD的热稳定性以满足工业需要，在480个突变体中筛选出了16个显著提高热稳定性的突变，随后叠加5个突变点构建出AnGOD-m，熔融温度提高了8.5℃，并且可以获得324 g/L的葡萄糖酸产率（Mu *et al.*，2019）。2020年，

Janssen 课题组结合序列分析与 FRESCO 方法计算设计了来自 *Pseudomonas jessenii* 的 I 型 ω 转氨酶，发现在这个二聚体的界面处设计增强相互作用的突变能够以远超全局的成功率提高转氨酶的热稳定性（Meng *et al.*，2020）。在二聚体界面处的设计显著提高热稳定性的比例为 56%，而全局设计的成功率仅仅为 13%，由此发现二聚体界面的重新设计可以作为快速高效的转氨酶稳定策略，最终获得了两个耐热的突变体，表观熔融温度分别为 85℃(六突变）和 80℃(四突变)。这两个突变体在最佳温度下的活性也提高了 5 倍，并能耐受高浓度的异丙胺和助溶剂。这意味着能以高收率（92%，野生型转氨酶为 24%）将 100 mmol/L 苯乙酮转化为 *S*-1-苯基乙胺（对映体过量 *ee*＞99%)。

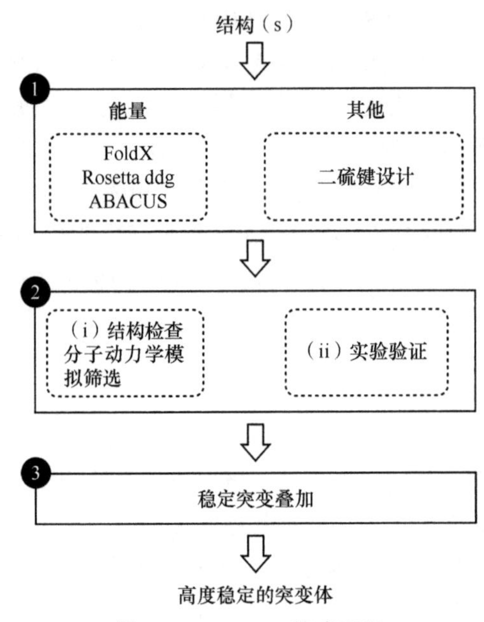


图 5.9 FRESCO 策略流程

FRESCO 策略流程包括：第一步，产生可能使得蛋白质结构稳定的突变，除了计算 $\Delta\Delta G$，还可以设计二硫键或者分析保守性；第二步，首先通过人工检验或者分子动力学模拟剔除不合理的突变，进一步缩小范围后进行实验验证；第三步，组合提高稳定性且不影响活性的突变，来获得最终的稳定性大幅度提高的突变。

值得注意的是，在热稳定性的计算设计中通常需要人工检查突变体的结构来剔除不合理的设计。其实这在蛋白质的计算设计实践中是很常见的，简单的计算并不能正确回答所有的问题，基于对蛋白质结构与功能关系的认识是解读计算产生结果的必备条件。此处介绍一些蛋白质热稳定性计算设计中常见的判断标准。

1）引入的残基不允许破坏氢键或盐桥，尤其是不允许在蛋白质的疏水核心内部破坏。

2）不允许引入的残基形成不饱和氢键相互作用，尤其是在蛋白质的疏水部分。

3）除了活性位点，蛋白质的溶剂可及表面不允许引入疏水侧链。

4）引入的残基不允许与其余结构发生空间冲突。

5）不允许引入的残基在蛋白质内部造成空腔。

6）不允许引入的残基破坏蛋白质的二级结构。

蛋白质的热稳定性设计取得了较多的成功，但是软件对突变能量的计算仍然有缺陷，如有时会在蛋白质内部引入电荷或空腔、在表面引入疏水氨基酸或破坏原有的氢键。这些问题在计算设计的过程中需要人工进行排查。由于对单个蛋白质测定的突变数据过少，如何恰当地使用数据增强技术与小样本量训练方法训练深度学习模型来替代人工排查的步骤是一个待解决的问题。

## 5.5 总结与展望

在过去的十年里，酶的计算设计方法取得了一系列的突破。科研人员已经有能力从催化机理出发从头设计自然界中尚未发现或不存在的酶催化反应。虽然计算设计的酶与天然酶在活性上有一定的差距，但是辅助以定向进化或计算再设计手段可以将活性提高到与天然酶一个数量级。相比于从头设计，对于酶的底物特异性、立体选择性和热稳定性等的计算再设计已经产生了投入使用的工业酶（Welborn and Head-Gordon，2019）。以深度学习（deep learning）为代表的人工智能技术已经在蛋白质结构预测领域取得了巨大突破，世界顶尖人工智能公司 DeepMind 开发的第二代 AlphaFold 预测的蛋白质结构模型与实验测定的结构仅有微小的差异（Jumper *et al.*，2021）。基于深度学习端到端的思想，Baker 团队开发了 RoseTTAFold，在 Rosetta 力场的辅助下也达到了较高的精度，并且在开源代码的同时提供了在线服务器（Baek *et al.*，2021）。虽然目前暂时缺乏与晶体结构数据库一样高质量的酶工程数据库，但是伴随着高通量实验技术的发展以及人工智能在元学习（meta-learning）和小样本量训练领域取得的突破（Santoro *et al.*，2016；Zhou *et al.*，2018），酶的计算设计也在经历从计算驱动到计算数据双驱动的转型，新模式赋能的酶的计算设计将给生物催化科学与合成生物学带来巨大的变革。

## 参考文献

Alford R F, Leaver-Fay A, Jeliazkov J R, *et al.* 2017. The Rosetta all-atom energy function for macromolecular modeling and design. Journal of Chemical Theory and Computation, 13: 3031-3048.

Althoff E A, Wang L, Jiang L, *et al.* 2012. Robust design and optimization of retroaldol enzymes. Protein Science, 21: 717-726.

Ashworth J, Havranek J J, Duarte C M, *et al.* 2006. Computational redesign of endonuclease DNA binding and cleavage specificity. Nature, 441: 656-659.

Ashworth J, Taylor G K, Havranek J J, *et al.* 2010. Computational reprogramming of homing endonuclease specificity at multiple adjacent base pairs. Nucleic Acids Research, 38: 5601-5608.

Baek M, DiMaio F, Anishchenko I, *et al.* 2021. Accurate prediction of protein structures and interactions using a three-track neural network. Science, 373(6557): eabj8754.

Bjelic S, Nivón L G, Çelebi-Ölçüm N, *et al.* 2013. Computational design of enone-binding proteins with catalytic activity for the Morita-Baylis-Hillman reaction. ACS Chemical Biology, 8: 749-757.

Blomberg R, Kries H, Pinkas D M, *et al.* 2013. Precision is essential for efficient catalysis in an evolved Kemp eliminase. Nature, 503: 418-421.

Boger D L, Desharnais J, Capps K. 2003. Solution-phase combinatorial libraries: modulating cellular signaling by targeting protein-protein or protein-DNA interactions. Angewandte Chemie International Edition, 42: 4138-4176.

Bolon D N, Mayo S L. 2001. Enzyme-like proteins by computational design. Proceedings of the National

Academy of Sciences of the United States of America, 98: 14274-14279.
Bornscheuer U T, Huisman G W, Kazlauskas R J, *et al.* 2012. Engineering the third wave of biocatalysis. Nature, 485: 185-194.
Chen Q, Xiao Y, Zhang W, *et al.* 2020. Current methods and applications in computational protein design for food industry. Critical Reviews in Food Science and Nutrition, 60: 3259-3270.
Delgado J, Radusky L G, Cianferoni D, *et al.* 2019. FoldX 5.0: working with RNA, small molecules and a new graphical interface. Bioinformatics, 35: 4168-4169.
Dokholyan N V, Bednar D, Beerens K, *et al.* 2015. FireProt: energy- and evolution-based computational design of thermostable multiple-point mutants. PLoS Computational Biology, 11: e1004556.
Dourado D F A R, Pohle S, Carvalho A T P, *et al.* 2016. Rational design of a (*S*)-selective-transaminase for asymmetric synthesis of (1*S*)-1-(1,1′-biphenyl-2-yl) ethanamine. ACS Catalysis, 6: 7749-7759.
Fajardo-Sanchez E, Stricher F, Paques F, *et al.* 2008. Computer design of obligate heterodimer meganucleases allows efficient cutting of custom DNA sequences. Nucleic Acids Research, 36: 2163-2173.
Go A, Kim S, Baum J, *et al.* 2008. Structure and dynamics of *de novo* proteins from a designed superfamily of 4-helix bundles. Protein Science, 17: 821-832.
Gutte B, Klauser S. 2018. Design of catalytic polypeptides and proteins. Protein Engineering, Design and Selection, 31: 457-470.
Heinisch T, Pellizzoni M, Dürrenberger M, *et al.* 2015. Improving the catalytic performance of an artificial metalloenzyme by computational design. Journal of the American Chemical Society, 137: 10414-10419.
Huang P S, Boyken S E, Baker D. 2016. The coming of age of *de novo* protein design. Nature, 537: 320-327.
Jiang L, Althoff E A, Clemente F R, *et al.* 2008. *De novo* computational design of retro-aldol enzymes. Science, 319: 1387-1391.
Jumper J, Evans R, Pritzel A, *et al.* 2021. Highly accurate protein structure prediction with AlphaFold. Nature, 596(7873): 1-11.
Keskin O, Tuncbag N, Gursoy A. 2016. Predicting protein-protein interactions from the molecular to the proteome level. Chemical Reviews, 116: 4884-4909.
Khare S D, Kipnis Y, Takeuchi R, *et al.* 2012. Computational redesign of a mononuclear zinc metalloenzyme for organophosphate hydrolysis. Nature Chemical Biology, 8: 294-300.
Khersonsky O, Lipsh R, Avizemer Z, *et al.* 2018. Automated design of efficient and functionally diverse enzyme repertoires. Molecular Cell, 72: 178-186.
Kipnis Y, Baker D. 2012. Comparison of designed and randomly generated catalysts for simple chemical reactions. Protein Science, 21: 1388-1395.
Kiss G, Çelebi-Ölçüm N, Moretti R, *et al.* 2013. Computational enzyme design. Angewandte Chemie International Edition, 52: 5700-5725.
Koehler-Leman J, Weitzner B D, Renfrew P D, *et al.* 2020. Better together: Elements of successful scientific software development in a distributed collaborative community. PLoS Computational Biology, 16(5): e1007507.
Korendovych I V, Kulp D W, Wu Y, *et al.* 2011. Design of a switchable eliminase. Proceedings of the National Academy of Sciences of the United States of America, 108: 6823-6827.
Lapidoth G, Khersonsky O, Lipsh R, *et al.* 2018. Highly active enzymes by automated combinatorial backbone assembly and sequence design. Nature Communications, 9: 2780.
Leaver-Fay A, Tyka M, Lewis S M, *et al.* 2011. ROSETTA3: an object-oriented software suite for the simulation and design of macromolecules. Methods in Enzymology, 487: 545-574.
Li A, Wang B, Ilie A, *et al.* 2017. A redox-mediated Kemp eliminase. Nature Communications, 8: 14876.

Li R, Wijma H J, Song L, *et al.* 2018. Computational redesign of enzymes for regio- and enantioselective hydroamination. Nature Chemical Biology, 14: 664-670.

Li Z, Yang Y, Zhan J, *et al.* 2013. Energy functions in *de novo* protein design: current challenges and future prospects. Annual Review of Biophysics, 42: 315-335.

Lu X, Liu Y, Yang Y, *et al.* 2019. Constructing a synthetic pathway for acetyl-coenzyme A from one-carbon through enzyme design. Nature Communications, 10: 1378.

Lutz S, Iamurri S M. 2018. Protein engineering: past, present, and future. Methods in Molecular Biology, 1685: 1-12.

Meng Q, Capra N, Palacio C M, *et al.* 2020. Robust omega-transaminases by computational stabilization of the subunit interface. ACS Catalysis, 10: 2915-2928.

Mirts E N, Petrik I D, Hosseinzadeh P, *et al.* 2018. A designed heme-[4Fe-4S] metalloenzyme catalyzes sulfite reduction like the native enzyme. Science, 361: 1098-1101.

Mu Q, Cui Y, Tian Y, *et al.* 2019. Thermostability improvement of the glucose oxidase from *Aspergillus niger* for efficient gluconic acid production via computational design. International Journal of Biological Macromolecules, 136: 1060-1068.

Musil M, Stourac J, Bendl J, *et al.* 2017. FireProt: web server for automated design of thermostable proteins. Nucleic Acids Research, 45: W393-W399.

Nosrati G R, Houk K N. 2012. SABER: a computational method for identifying active sites for new reactions. Protein Science, 21: 697-706.

Opgenorth P, Costello Z, Okada T, *et al.* 2019. Lessons from two design-build-test-learn cycles of dodecanol production in *Escherichia coli* aided by machine learning. ACS Synthetic Biology, 8: 1337-1351.

Pantazes R J, Grisewood M J, Maranas C D. 2011. Recent advances in computational protein design. Current Opinion in Structural Biology, 21: 467-472.

Pavlova M, Klvana M, Prokop Z, *et al.* 2009. Redesigning dehalogenase access tunnels as a strategy for degrading an anthropogenic substrate. Nature Chemical Biology, 5: 727.

Pierce N A, Winfree E. 2002. Protein design is NP-hard. Protein Engineering, Design and Selection, 15: 779-782.

Privett H K, Kiss G, Lee T M, *et al.* 2012. Iterative approach to computational enzyme design. Proceedings of the National Academy of Sciences of the United States of America, 109: 3790-3795.

Rajagopalan S, Wang C, Yu K, *et al.* 2014. Design of activated serine-containing catalytic triads with atomic-level accuracy. Nature Chemical Biology, 10: 386.

Richardson J S, Richardson D C. 1989. The *de novo* design of protein structures. Trends in Biochemical Sciences, 14: 304-309.

Richter F, Blomberg R, Khare S D, *et al.* 2012. Computational design of catalytic dyads and oxyanion holes for ester hydrolysis. Journal of the American Chemical Society, 134: 16197-16206.

Richter F, Leaver-Fay A, Khare S D, *et al.* 2011. *De novo* enzyme design using Rosetta3. PLoS One, 6: e19230.

Romero P A, Arnold F H. 2009. Exploring protein fitness landscapes by directed evolution. Nature Reviews Molecular Cell Biology, 10: 866-876.

Röthlisberger D, Khersonsky O, Wollacott A M, *et al.* 2008. Kemp elimination catalysts by computational enzyme design. Nature, 453: 190-195.

Ruder S. 2016. An overview of gradient descent optimization algorithms. arXiv:1609.04747.

Russ W P, Figliuzzi M, Stocker C, *et al.* 2020. An evolution-based model for designing chorismate mutase enzymes. Science, 369: 440-445.

Ryde U, Soderhjelm P. 2016. Ligand-binding affinity estimates supported by quantum-mechanical methods.

Chemical Reviews, 116: 5520-5566.

Santoro A, Bartunov S, Botvinick M, *et al.* 2016. Meta-learning with memory-augmented neural networks. *In*: International Conference on Machine Learning: 1842-1850.

Schwizer F, Okamoto Y, Heinisch T, *et al.* 2018. Artificial metalloenzymes: reaction scope and optimization strategies. Chemical Reviews, 118: 142-231.

Siegel J B, Smith A L, Poust S, *et al.* 2015. Computational protein design enables a novel one-carbon assimilation pathway. Proceedings of the National Academy of Sciences of the United States of America, 112: 3704-3709.

Siegel J B, Zanghellini A, Lovick H M, *et al.* 2010. Computational design of an enzyme catalyst for a stereoselective bimolecular Diels-Alder reaction. Science, 329: 309-313.

Sterner R, Schmid F X. 2004. *De novo* design of an enzyme. Science, 304: 1916-1917.

Street A G, Mayo S L. 1999. Computational protein design. Structure, 7: R105-R109.

Thyme S B, Boissel S J, Quadri S A, *et al.* 2014. Reprogramming homing endonuclease specificity through computational design and directed evolution. Nucleic Acids Research, 42: 2564-2576.

Thyme S B, Jarjour J, Takeuchi R, *et al.* 2009. Exploitation of binding energy for catalysis and design. Nature, 461: 1300.

Tracewell C A, Arnold F H. 2009. Directed enzyme evolution: climbing fitness peaks one amino acid at a time. Current Opinion in Chemical Biology, 13: 3-9.

Vaissier V, Sharma S C, Schaettle K, *et al.* 2018. Computational optimization of electric fields for improving catalysis of a designed kemp eliminase. ACS Catalysis, 8: 219-227.

Vyas N K. 1991. Atomic features of protein-carbohydrate interactions. Current Opinion in Structural Biology, 1: 732-740.

Walther T, Topham C M, Irague R, *et al.* 2017. Construction of a synthetic metabolic pathway for biosynthesis of the non-natural methionine precursor 2,4-dihydroxybutyric acid. Nature Communications, 8: 15828.

Wang M S, Hecht M H. 2020. A completely *de novo* ATPase from combinatorial protein design. Journal of the American Chemical Society, 142: 15230-15234.

Welborn V V, Head-Gordon T. 2019. Computational design of synthetic enzymes. Chemical Reviews, 119: 6613-6630.

Wijma H J, Floor R J, Bjelic S, *et al.* 2015. Enantioselective enzymes by computational design and in silico screening. Angewandte Chemie International Edition, 54: 3726-3730.

Wijma H J, Fürst M J, Janssen D B. 2018. A computational library design protocol for rapid improvement of protein stability: FRESCO. *In*: Protein Engineering. New York: Springer: 69-85.

Wilson M E, Whitesides G M. 1978. Conversion of a protein to a homogeneous asymmetric hydrogenation catalyst by site-specific modification with a diphosphinerhodium (I) moiety. Journal of the American Chemical Society, 100: 306-307.

Xiong P, Hu X, Huang B, *et al.* 2020. Increasing the efficiency and accuracy of the ABACUS protein sequence design method. Bioinformatics, 36: 136-144.

Zanghellini A. 2014. *De novo* computational enzyme design. Current opinion in biotechnology, 29: 132-138.

Zhou F, Wu B, Li Z. 2018. Deep meta-learning: Learning to learn in the concept space. arXiv: 1802.03596v1.

# 第6章

# 酶的分子改造与修饰

曲　戈　孙周通
中国科学院天津工业生物技术研究所

生命在地球上经历了40多亿年的自然进化，孕育了无数功能丰富、结构多样具有催化功能的蛋白质——酶，酶的三维结构决定其生物学功能，而三维结构又由其内在的氨基酸序列决定（详见第3章）。酶的序列空间极为庞大，以一条100个氨基酸长度的蛋白质为例，每个位点可以突变成20种天然氨基酸，它的序列空间达到$20^{100}$（约$10^{130}$），这一数字甚至超过了宇宙中所包含原子数目总和（约$10^{80}$）。因此，自然界需要花费数百万年来进化才能得到具有新功能的酶蛋白。

人类利用酶作为催化剂已有上百年历史，但自然界孕育的天然酶是为了满足宿主适应外界环境生存需要，并非为人类服务而生，其催化活性、稳定性及选择性大多不能满足实际应用需求，因此天然酶不是理想催化剂，需要对其开展有针对性的改造与修饰。当今随着合成生物技术的飞速发展，对各类高性能酶元件的需求与日俱增。因此，如何快速获得性能优异的酶元件，就需要不断探索高效的酶分子改造与修饰方法，以支撑合成生物学、生物催化等领域的重大需求。本章将从酶的分子改造发展历程、早期应用及最新技术进展展开讨论。

## 6.1　酶分子改造概述

### 6.1.1　酶分子改造历史进程

1953年，沃森（James Watson）和克里克（Francis Crick）发现了DNA双螺旋结构，并获得了1962年诺贝尔生理学或医学奖，开启了分子生物学时代。随后诞生于20世纪70年代的DNA混编技术为利用生物工程手段的研究和应用奠定了重要基石。在此基础上，Michael Smith首次报道了定点突变（site-specific mutagenesis，SSM）技术，该技术于1993年获得诺贝尔化学奖，揭开了酶人工设计改造的序幕，从此，蛋白质工程应运而生。20世纪80年代，聚合酶链反应（polymerase chain reaction，PCR）技术的出现为人类改造蛋白质的DNA序列提供了高效的分子操作手段，研究者运用PCR技术在基因序列特定位点引入突变，从而改变蛋白质对应位置的氨基酸残基种类。最初的蛋白质设计案例中，由于彼时缺少蛋白质结构与催化机理研究，突变位点的选择完全依赖研究人员的个人经验，因此是一种初级理性设计策略，适用性较窄。在此之后，酶的分子改造经历了辉煌发展的30年，定向进化（详见6.3节）、半理性设计（详见6.4节）以及理性设计（详见6.5节）等策略相继出现；近年来，随着机器学习等人工智能技术的广泛关注与应用，为酶设计改造注入了新的研究思路（详见6.6节）（图6.1）。上述技术均是对酶的遗传信息进行设计改造，此外，还可通过对酶进行物理化学方面的修饰，进而改善酶的性能（详见6.2节）。随着以上策略/技术的应用领域不断扩大，现已涉及生物技术、生物医药、功能食品、基因治疗和环境治理等诸多方面。

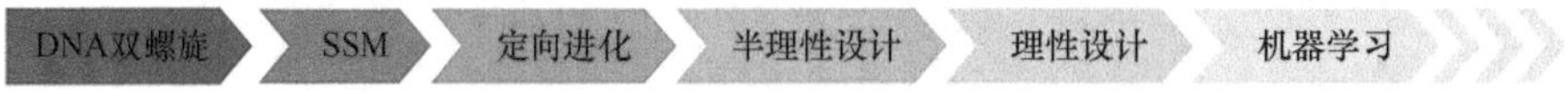

DNA双螺旋 → SSM → 定向进化 → 半理性设计 → 理性设计 → 机器学习

图6.1 酶分子改造历史进程示意图

### 6.1.2 酶分子改造常用策略

1985年，James Wells团队开发了寡核苷酸饱和突变（oligonucleotide-based saturation mutagenesis，OSM）技术，实现了对基因序列的单点饱和突变（Wells *et al.*，1985）；1989年David Leung团队率先提出易错PCR概念，并应用于体外抗体改造筛选（Leung，1989）；该技术被Chen和Arnold（1993）发展为连续多轮易错PCR，连续反复地对枯草杆菌蛋白酶E编码基因进行随机突变，并逐步积累正向突变，最终获得可在高浓度有机溶剂二甲基甲酰胺（DMF）中稳定存在且表现出活性的突变体。这种在实验室中通过对蛋白质进行多轮突变、表达和筛选，诱导蛋白质的性能朝着预定方向进化，从而大幅缩短蛋白质自然进化过程，标志着酶定向进化（directed evolution）技术的诞生。Stemmer等（1994）开创了用于单基因或多基因间的DNA混编（DNA shuffling），将一组带有有益突变位点的同源基因切成随机片段（通常10～50 bp），使用PCR使之延伸重组获得全长基因，成功提高了β-内酰胺酶的活性，为定向进化领域做出了开拓性贡献。随着分子克隆、DNA组装等分子技术的不断发展，以上述三大方法（分别为饱和突变、易错PCR和DNA混编技术）为基础，最近几十年不断有衍生的方法出现，大大提高了酶进化的成功效率。

酶定向进化领域另外一位开拓者Reetz等（2005）发现对酶催化手性选择有益的突变位点主要集中在底物结合口袋区域，由此创立了组合活性中心饱和突变（combinatorial active-site saturation test，CAST）以及迭代饱和突变（iterative saturation mutagenesis，ISM）技术体系（Reetz and Carballeira，2007）。作为广为所知的半理性设计技术，该技术体系极大地精简了突变体文库的构建规模，从而提高了筛选效率，被广泛应用于酶的立体/区域选择性、热稳定性、底物特异性及催化活性等参数的改造。除此之外，Steven Benner团队从进化的角度出发，基于序列保守性分析，设计了REAP（reconstructed evolutionary adaptive path，REAP）分析方法，使聚合酶可接受3′端氨基化的三磷酸底物（Chen *et al.*，2010）；Peter Schaap团队利用基于结构的多重序列比对，开发了3D-多重序列比对（3D-multiple sequence alignment，3DM）技术，应用于酶催化活性和对映体选择性等参数的改造（Kuipers *et al.*，2010）；Gjalt Huisman团队将统计学方法与定向进化技术相结合，提出蛋白质序列功能互作（protein sequence activity relationship，ProSAR）策略，可加速突变体设计优化速度，成功提升了脱卤酶的催化效率（Fox *et al.*，2007）；为提高随机突变效率，Miguel Alcalde 开发了体内同源分组诱导突变重组技术（mutagenic organized recombination process by homologous *in vivo* grouping，MORPHING），成功改造了过氧化物酶和环化酶等酶的催化性能（Gonzalez-Perez *et al.*，2014）；Sun 等（2016a，2016b）在 CAST 方法的基础上，通过精简密码子设计，理性选择 1～3 种氨基酸密码子作为饱和突变的建构单元，开发了三密码子饱和突变（triple code saturation mutagenesis，TCSM）等技术，通过构建“小而精”的突变体文库，有效降低筛选工作量，并成功应用于酶的立体选择性、区域选择性及热稳定性等参数的定向改造。除以上所述酶改造的常用策略外，近 20 年来涌现了一系列酶改造技术，将在本章 6.2、6.3、6.4 节具体展开。

### 6.1.3 酶改造早期应用

1967 年，Sol Spiegelman 及其同事开展了一项开创性的体外达尔文进化工作。他们从噬菌体 Qβ 抽提 RNA，并加入核苷酸混合体中，在 Qβ 复制酶的作用下进行 RNA 复制，通过缩短复制时间来控制 RNA 长度，经过 74 次传代，RNA 长度缩短了 80% 且提高了复制效率，为至今定向进化的工作奠定了基础（Mills *et al.*，1967）。然而 RNA 进化与蛋白质进化还有很大的区别，前者更聚焦于 RNA 适配子的选取、RNA 聚合酶的进化等。人类最初从事酶的改造探索可追溯至 20 世纪 80 年代，在事先了解蛋白质空间结构的基础上，采用定点突变技术改变蛋白质分子中特定氨基酸所对应的碱基序列，并在蛋白质热稳定性改造中取得了部分成功。例如，通过在蛋白质表面位点突变引入新的氢键相互作用，从而使得蛋白质在热处理过程中保持结构稳定折叠。Robert Hageman 团队于 1986 年采用两轮突变策略，利用携带穿梭质粒的 *E. coli* mutD5 致突变菌株（mutator strain）作为体内定向进化的突变载体，成功将卡那霉素核苷酸转移酶的热稳定性由 47℃提高至 70℃（Liao *et al.*，1986）。1991 年，吉林大学张今团队在体外建立天冬氨酸酶基因的随机突变库，通过限制 4 种碱基中某特定碱基的浓度，使引物沿模板延伸至该碱基对的碱基前，引入另外三个错配碱基造成点突变（张红缨等，1991）。

## 6.2 酶的物理化学修饰

在酶分子改造技术广泛应用之前，酶修饰（enzyme modification）是常用的酶改造方法，指通过各种方法使酶结构发生某些改变，从而使酶的特性和功能发生改变的过程，经过不断发展，一直沿用至今。自然界中的酶在实际应用中往往在稳定性、催化活力、抗原性等方面不能够满足实际应用需求，而酶修饰则能够有效地改善酶在使用过程中存在的不足，使得酶修饰在酶工程领域所扮演的角色变得越来越重要，可以有效弥补基于遗传改造提升酶催化性能的局限性。

### 6.2.1 常用修饰方法

酶的后修饰主要有物理修饰和化学修饰。物理修饰是指通过各种物理方法使酶分子的空间构象发生某些变化，从而改变酶的某些特性和功能的方法。常见的物理修饰方法有酶反应体系控制和固定化等。酶的化学修饰是指通过化学基团的引入或去除造成酶的共价结构发生改变使酶分子的空间构象发生某些变化，从而改变酶的某些特性和功能的方法。常用的化学修饰方法有金属离子置换、大分子结合、肽链有限水解、氨基酸置换以及侧链基团修饰等。

### 6.2.2 修饰原理

对于物理修饰而言，主要体现在酶与环境的相互作用上，如在不同温度、pH 缓冲体系及外在限制因素（固定化限域效应）的作用下，酶的组成单位、基团及其分子内的共价键不发生改变，但是酶的作用力，包括氢键、盐键、疏水键和范德瓦耳斯力等发生某些变化和重排，使酶分子的空间构象发生改变，从而导致酶分子的特性和功能也发生相应改变。

化学修饰相对于物理修饰而言作用力会更强一些，主要是利用化学修饰剂所具有的各种基团的特性，直接或间接地经过一定的活化过程与酶分子的基团发生化学反应，从而改造酶分子的结构，最终导致酶分子的特性和功能发生改变（图 6.2）。天然酶分子中的三维结构能够通过适当的化学方法进行修饰，通常酶的化学修饰针对的是酶分子的侧链基团、功能基团等，化学修饰后的酶能减少酶分子伸展打开，一定程度上也可防御外界环境的变化对酶分子的影响，从而能够获得在稳定性、催化活力、抗原性等方面表现优异的修饰酶。

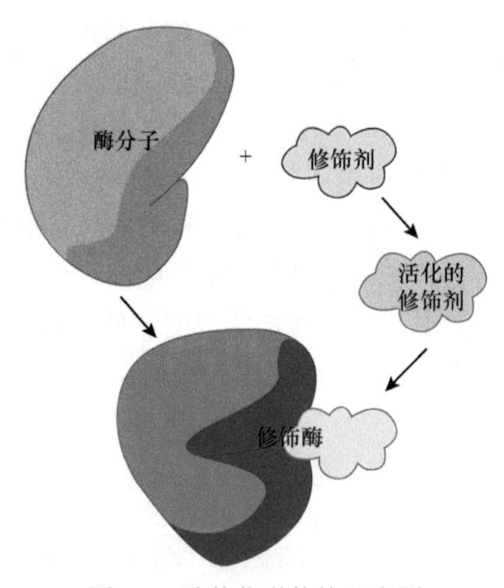


图 6.2 酶的化学修饰示意图

### 6.2.3 应用实例

酶的物理修饰、化学修饰已经广泛地应用于酶催化性能的提升上，用来改善酶的催化活力、稳定性等。物理修饰主要体现在温度、压力、pH 及固定化等方面；化学修饰主要包括金属离子置换、侧链基团修饰等。酶的物理修饰、化学修饰应用的部分实例见表 6.1。因篇幅受限，本章内容不再展开，可参考酶固定化及酶反应介质等章节。

表 6.1　酶的物理修饰、化学修饰应用部分实例

| | 修饰方法 | 改造对象 | 性能测试 | 参考文献 |
|---|---|---|---|---|
| 物理修饰 | 高盐 | 苯丙氨酸脱氢酶 | 在 3 mol/L 的 NaCl 下孵育 2 h，活性提高 1.8 倍 | Jiang *et al.*，2018 |
| | 高压 | 二氢叶酸还原酶 | 随着压力增强，活性提高 1.5～2.8 倍 | Murakami *et al.*，2010 |
| | 极端 pH | 甲酸脱氢酶 | pH 10.5 下活性最优 | Altaş *et al.*，2017 |
| | | 激酶 | 在 pH 低于 3.5 或高于 9.0 时酶稳定性优于中性 pH | Naz *et al.*，2016 |
| | 吸附/包埋等固定化方式 | 脲酶 | 使用加入丁基咪唑的 PS-DVB 材料吸附固定，提高酶稳定性长达 30 天 | Kim *et al.*，2019 |
| | | 纤维素酶 | 磁性颗粒 γ-$Fe_2O_3$ 吸附提高酶活性 | Mo *et al.*，2020 |
| | | 唾液酸酶 | 使用磁性颗粒、海藻酸钠包埋等 4 种方式固定化唾液酸酶 | Ji *et al.*，2019 |
| | | 蛋白酶 | 固定于壳聚糖，固定化效率为 94%～96% | Elchinger *et al.*，2015 |
| 化学修饰 | 金属离子置换 | 淀粉酶 | $Ca^{2+}$、$Co^{2+}$可提高催化活性，而 $Hg^{2+}$抑制酶活 | McWethy and Hartman，1977 |
| | 大分子结合 | *L*-天冬酰胺酶 | 利用羧甲基葡聚糖修饰比酶活提升约 10 倍，37℃下半衰期提高约 8 倍 | Chahardahcherik *et al.*，2020 |
| | | 纤维素酶 | 聚乙二醇修饰提高酶在离子液体 [$C_2$OHmim][OAc] 中的耐受性，24 h 后仍维持 80% 活性 | Lu *et al.*，2018 |
| | 侧链基团修饰 | 天冬氨酸酶 | 乙酸酐修饰后酶活提高 7.5 倍 | La *et al.*，2002 |
| | | 漆酶 | 经丁二酸酐修饰，最适 pH 由 4.5 提升至 5.5，且酶活提高 60% | Xiong *et al.*，2011 |
| | 肽链有限水解 | 碱性蛋白酶 | 信号肽切除后对大豆蛋白分离率提升至 16.5% | Ke *et al.*，2018 |

## 6.3　酶定向进化

定向进化策略在 20 世纪 80～90 年代不断发展，通过位点饱和突变、易错 PCR 及 DNA 混编等技术，构建高序列多样性的随机突变体文库，表达并筛选特定性状提高的目标突变体。酶定向进化具体分为 4 个步骤：①突变，通过分子生物学技术，在编码目的蛋白的基因上随机引入突变，构建突变体文库；②表达，将多样性突变基因转化至宿主菌，并借助宿主体内蛋白表达系统合成多样性突变体蛋白文库；③筛选，使用设定的筛选手段筛选出目标突变体，舍弃不符合要求的突变体；④循环，即以筛选得到的优良突变体为模板，进入下一轮“突变-筛选”循环，直至获得具有预期性能的突变体（图 6.3）。

将上述过程重复数轮，通过连续积累有益突变，可获得性能改进或具有新功能的酶分子。定向进化是一种工程化的改造思路，其优点是不需要对酶结构信息及催化机制有深入了解，仅需通过随机突变和片段重组的方法模拟自然进化，并通过迭代有益突变，实现酶分子性能的改良。由于该策略是以随机的方式引入突变，突变体文库规模非常庞大，它的瓶颈在于突变体文库的有效筛选。因此，如何设计构建高质量的基因多样性突变体文库和建立高效、快速的筛选方法，是定向进化策略面临的主要挑战（曲戈等，2018）。

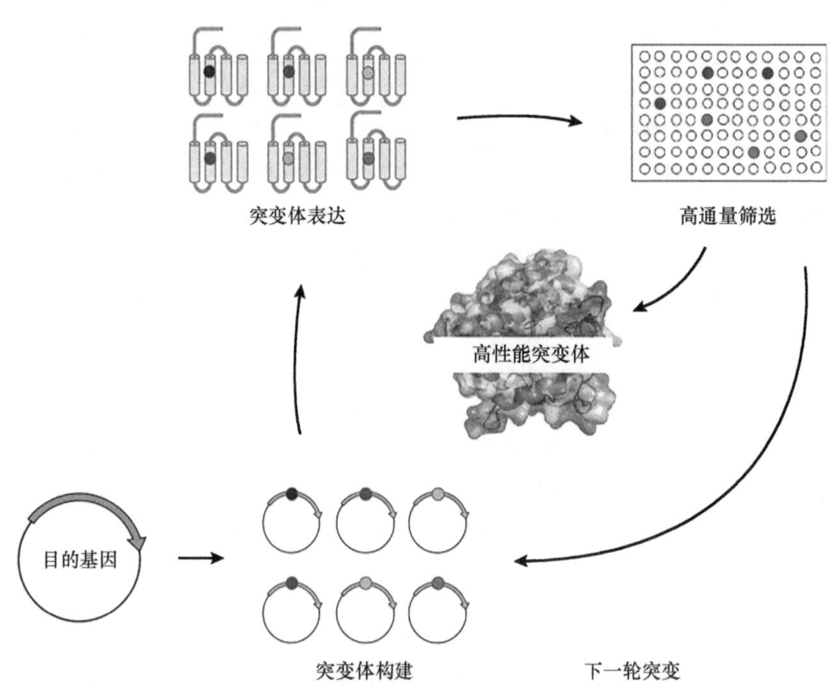


图 6.3 酶定向进化示意图

### 6.3.1 易错 PCR

易错 PCR 是一种随机突变（random mutagenesis）技术，基于酶蛋白的 DNA 序列，比较适用于结构及催化机制尚不清楚的酶蛋白进化，原理是在采用 DNA 聚合酶进行目的基因扩增时，通过调整反应条件，如提高镁离子浓度、加入锰离子、改变体系中 4 种 dNTP 浓度、使用低保真度 DNA 聚合酶以及使用重水溶剂等，来改变扩增过程中的突变频率，从而以一定的频率向目的基因中随机引入突变，获得酶蛋白分子的随机突变体库。该技术的优点在于不需要蛋白质结构信息、操作简单，但也受以下三方面的制约：聚合酶的碱基偏好性（通常 AG＞TC）、缺少后续突变（每轮每基因仅 3～5 个突变）以及密码子冗余（每个编码的氨基酸有 1～6 个密码子）。Baldwin 等（2008a）提出三核苷酸交换（trinucleotide exchange，TriNEx）方法，通过将一个连续的三核苷酸序列随机替换为另一序列来产生新的分子多样性，多样性产生不涉及 PCR 步骤，因此避免了任何扩增偏差以及密码子的冗余和偏好性。

近年来，衍生出众多高效的随机诱变方法，如基于改造宿主 DNA 聚合酶（DNAP）和修复系统来提高突变率的高度易错正交复制系统（OrthoRep）（Ravikumar *et al.*，2018），以及利用 DNA 滚环扩增原理的易错滚环扩增（error-prone rolling circle amplification）技术（Fujii *et al.*，2004），省去了酶切、连接等步骤，极大程度上简化了操作过程，也使得随机突变技术的应用变得更为普遍。此外还有基于转座子方法的多密码子扫描诱变（multi-codon scanning mutagenesis，MCST）（Liu and Cropp，2012）、利用 2′-脱氧肌苷 5′-三磷酸的 dITP-epPCR（Pai *et al.*，2012）、延长重叠延伸 PCR（prolonged overlap extension-PCR，POE-PCR）（You and Zhang，2012）、串联重复插入（tandem repeat insertion，TRINS）（Kipnis *et al.*，2012），以及易错多引物滚动环扩增（error-prone multiply-primed rolling circle amplification，epRCA）

(Luhe *et al.*, 2010)、casting epPCR (cepPCR)(Yang *et al.*, 2017) 等技术，应用这些新方法已经有相当一部分成功的例子（表 6.2）。

表 6.2 酶分子随机突变的部分应用实例

| 改造对象 | 使用策略 | 改造性能 | 参考文献 |
|---|---|---|---|
| 1,3-丙二醇氧化还原酶 | epPCR | 活性 | Jiang *et al.*, 2015 |
| 酯酶 | epPCR，SM | 活性 | Luan *et al.*, 2015 |
| 木酶 | epPCR，SM | 热稳定性 | Acevedo *et al.*, 2017 |
| 酮还原酶 | epPCR，SM | 立体选择性、活性 | Zhao *et al.*, 2017 |
| 大环内酯激酶 | SM | 底物特异性 | Pawlowski *et al.*, 2018 |
| CotA-漆酶 | DNA 混编 | 活性 | Ouyang and Zhao，2019 |
| GH11 木聚糖内切酶 | DNA 混编 | 活性 | Liu *et al.*, 2019a |
| 羧肽酶 | DNA 混编，epPCR | 活性 | Al-Qahtani *et al.*, 2019 |
| β-内酰胺酶 | DNA 混编 | 活性 | Po *et al.*, 2017 |
| 漆酶 | DNA 混编 | 活性 | Ihssen *et al.*, 2017 |
| 脂肪酶 Lip3 | StEP | 可溶性、热稳定性 | Alfaro-Chávez *et al.*, 2019 |
| 丙酮酸脱羧酶 | StEP | 热稳定性 | Sutiono *et al.*, 2019 |
| 漆酶 | DNA 混编 | 热/酸碱稳定性、有机溶剂耐受性 | Pardo *et al.*, 2018 |
| 铜外排氧化酶 | cepPCR | 起始电位 | Zhang *et al.*, 2019a |
| DNA 聚合酶 I | SDM | 活性、精确性 | Aye *et al.*, 2018 |
| $P450_{BM3}$ | SM | 活性 | Rousseau *et al.*, 2019 |
| $P450_{cin}$ | SM，SeSaM | 活性 | Belsare *et al.*, 2017 |
| 卤醇脱卤酶 | SM | 活性 | Wang *et al.*, 2015a |
| 半胱天冬酶 | SM | 底物识别 | Hill *et al.*, 2016 |
| 磷酸酶 | SM | 活性 | Mighell *et al.*, 2018 |
| 葡萄糖氧化酶 | OmniChange | 活性 | Gutierrez *et al.*, 2013 |

### 6.3.2 DNA 混编

DNA 混编的原理是利用 DNase Ⅰ将欲改造的基因或基因家族打断成一定大小的片段，在 PCR 变性后的复性过程中利用片段间具有的部分同源性发生错配，错配的片段互为模板进行延伸。而与此同时，不同来源的基因间也可发生重组，形成融合基因，经过反复的变性、复性（错配）和延伸（重组），直至扩增出全长基因，主要用于单基因或多基因的重组，不仅可加速有益突变的积累，还能组合两个或多个已优化的参数。DNA 混编的优势在于避免了终止密码子和随机引入新的且可能破坏三维结构的氨基酸，杂合突变体文库中有益突变体概率会更高，且仅需要较低的筛选能力；缺点是要求基因序列间至少具有 70% 的一致性。

在此基础上，Willem Stemmer 团队又提出了 DNA 家族混编（DNA family shuffling）技术，将自然界中不同物种来源、基因序列有所差异但功能相似的基因家族进行混组。与单基因混编相比，基因重组效率和基因突变概率均得到提高（Stemmer，1994）。随后，Zhao 等（1998）提出交错延伸过程（staggered extension process，StEP）方法，即在一个反应体系中以两个以上相关的DNA片段为模板，进行多轮变性和短暂的复性-延伸循环，每次循环被延伸的片段在复性时与不同的模板配对，这种交错延伸过程继续进行，直到获得全长基因。与DNA混编相比，StEP省去了用DNA酶切割成片段的过程，且序列杂交效果更好。同时期，该团队还提出了体外随机引发重组（random-priming *in vitro* recombination，RPR）技术（Shao *et al.*，1998），通过随机序列引物产生大量携带点突变的DNA片段库，然后进行类似于DNA混编的全长基因装配反应，进而获得多样性文库。21世纪初，Lutz等提出SCRATCHY这一非同源序列间重组技术，将DNA混编与杂合酶合成递增平截（incremental truncation for the creation of hybrid enzyme，ITCHY）技术结合（Lutz *et al.*，2001），最大的优势是不依赖基因序列同源性也能产生序列杂交，克服了DNA混编对重组同源性高于70%的缺陷。2002年，David Liu团队提出非同源重组技术（Bittker *et al.*，2002），可使DNA片段能够以长度可控的方式随机重组，且不需要序列同源，进一步提升了重组技术的便捷性。

除此之外，近些年来DNA混编衍生技术层出不穷，如简并寡核苷酸基因混编（degenerate oligonucleotide gene shuffling，DOGS）（Gibbs *et al.*，2001）、golden gate shuffling（GGS）（Engler *et al.*，2009）、截短宏基因组基因特异性PCR（truncated metagenomic gene-specific PCR，TMGS-PCR）（Wang *et al.*，2010）、基于硫代磷酸酯DNA重组（phosphorothioate-based DNA recombination，PTRec）（Marienhagen *et al.*，2012）等，大大拓展了DNA混编技术工具箱以及定向进化技术应用范围。

### 6.3.3 饱和突变

饱和突变属于聚焦突变（focused mutagenesis），它的优势在于理性、精准，通过密码子的简并性来减少筛选工作，避免引入终止密码子以及可精确计算达到饱和所需的筛选量；不足之处在于简并引物很难满足底物口袋多个氨基酸位点的共同突变，以及密码子的冗余等。

2003年，Manfred Reetz团队建立了寡核苷酸设计重组（assembly of designed oligonucleotide，ADO）技术（Zha *et al.*，2003），通过不依赖引物的聚合酶循环组装并经PCR扩增，可实现多位点饱和突变体文库的构建。接着，Ulrich Schwaneberg团队开发了序列饱和突变（sequence saturation mutagenesis，SeSaM）方法（Wong *et al.*，2004），通过通用碱基调节突变频率，可以用所有4种标准核苷酸来可控地饱和靶序列的每个单核苷酸位置；2008年，该团队将其进一步发展为颠换序列饱和突变（SeSaM-transversion，SeSaM-Tv+）方法（Wong *et al.*，2008），极大地克服了聚合酶偏好性所引起的局限。2012年，汤丽霞等报道了一种小而精突变体文库构建方法（small-intelligent library method，SILM），通过引入简并密码子NDT（对应12个密码子，编码12种氨基酸）、VMA（对应6个密码子，编码6种氨基酸）、ATG（编码甲硫氨酸）和TGG（编码色氨酸）4条引物，按照12∶6∶1∶1混合进行PCR扩增，可得到覆盖20种氨基酸的单点饱和突变库，避免引入终止密码子及密码子偏好性。类似地，Kille等（2013）开发了22c trick方法，使用NDT、VHG和TGG三条引物（共包含22个密码子，编码20种氨基酸），同样可实现覆盖20种氨基酸的单点饱和突变。和SILM方法相比，22c trick少了1条引物，提高了操作简便性，但是多引入了编码缬氨酸和亮氨酸的两个密码子。近些年来，其他团队进一步发展了饱和突变的衍生方法，如 OmniChange 方法（Dennig *et al.*，2011）可使编码序列中的多个密码子同时发生位点饱和突变，而与其在 DNA 序列上的位置无关，解决了引物长度难题。

### 6.3.4 应用实例

酶定向进化策略被广泛应用在酶改造的各个领域（表 6.2）。其中 2018 年诺贝尔化学奖得主 Frances Arnold 团队在这一领域做出了杰出贡献，其团队通过使用随机突变及单点饱和突变策略改造 P450 氧化酶，取得了碳-硅成键、碳-硼成键、烯烃反马氏氧化、卡宾碳-氢键插入等一系列令人瞩目的成果（Arnold，2018）。定向进化技术在工业化应用领域也扮演了重要角色。例如，美国克迪科思（Codexis）公司通过对羰基还原酶和卤醇脱卤酶进行定向改造，实现降胆固醇药物立普妥关键手性砌块的产业化生产（Ma *et al.*，2010）；同时期，克迪科思与默克（Merck）公司联合攻关转氨酶法合成治疗糖尿病药物西他列汀的工业化应用，经过十余轮的迭代突变，最终实现催化合成前体手性胺 99.95% 的对映体选择性（Savile *et al.*，2010）；近期，这两家公司又共同构建了一条体外合成抗人类免疫缺陷病毒（HIV）药物伊斯拉曲韦（Islatravir）的多酶级联反应路线。为使其能够催化非天然底物，研究人员对反应路线中的 5 个关键酶进行了多轮定向进化，成功改造了催化活性及立体选择性等性能（Huffman *et al.*，2019）。

## 6.4 半理性设计

酶分子的定向进化技术是一种有效的、师法自然进化的蛋白质工程策略，然而依然存在突变体文库较大、有益突变率低等缺点。为有效克服定向进化的筛选瓶颈，在随机突变的基础上，半理性设计借助生物信息学方法，基于同源蛋白序列比对、三维结构或已有知识，理性选取多个氨基酸残基作为改造靶点，结合简并密码子的理性选用，指导高质量突变体文库的构建，有针对性地对蛋白质进行改造。在最大限度保证突变体文库的质量的同时大大降低了筛选工作量（曲戈等，2019a）。由于半理性设计兼顾了序列空间（sequence space）多样性和筛选量，近年来成为应用非常广泛的酶改造技术。本节列举了几种常用的指导突变体文库构建的计算工具与策略（6.4.1 和 6.4.2）以及它们的相关应用（6.4.3）。

### 6.4.1 常用策略

#### 1. B 因子

基于蛋白质结构中B因子的设计改造策略：B因子又称德拜-沃勒因子（Debye-Waller factor）或温度因子（temperature factor），用来描述 X 射线衍射蛋白质晶体结构时由原子热运动造成的射线衰减或散射现象。蛋白质结构中 B 因子所体现的数值（*B* 值）越高的区域其运动性越好，反之 *B* 值越低意味着刚性越强（图 6.4）。由于 *B* 值可用于识别蛋白质结构中的原子、氨基酸侧链及 loop 区域的运动性及柔性，对酶稳定性及催化功能均有影响（Sun *et al.*，2019）。在此基础上，Manfred Reetz 团队利用 B 因子来阐释蛋白质柔性、刚性及热稳定性关系，并通过分子设计以寻求结构柔性与刚性间平衡，开发了具有相对普适性的 B-FIT（B-factor iterative test）分子进化工具。用户使用该工具仅需提交目的蛋白的晶体结构文件即可。B-FIT 通过定位并突变蛋白质结构中 *B* 值较大的氨基酸残基来稳定整个蛋白质结构，结合迭代突变方式逐步改进酶的催化性能，包括立体选择性、热稳定性和对有机溶剂的耐受性及催化活性等（Reetz and Carballeira，2007）。

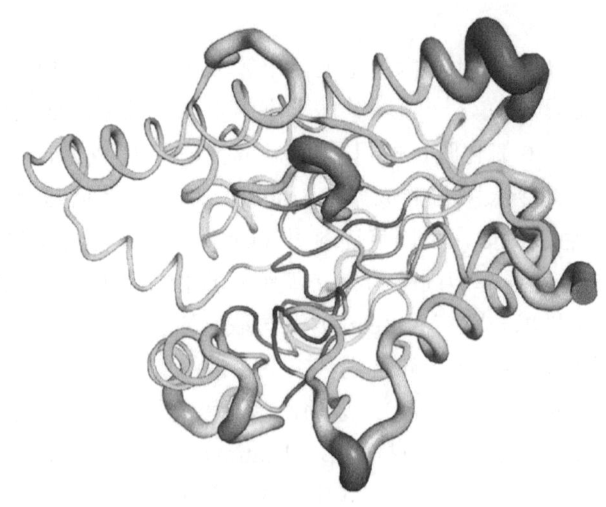

图 6.4 基于 B 因子的结构展示图（PDB：1EX9）
氨基酸残基位点 *B* 值越大，对应的颜色越红、线条越粗

### 2. SCHEMA

SCHEMA 是一种基于结构分析的蛋白质重组方法。来自同源家族的成员蛋白质间可展现出较高的序列多样性、功能多样性和热稳定性等特点。基于此，经 SCHEMA 打分函数（*E*-score）评估氨基酸位点间的相互作用，在不对蛋白质整体结构造成严重破坏前提下，对自然界中已经存在的蛋白质结构片段进行交换重组。使用该技术获得大量酶家族与超家族中的二级结构片段，然后经 PCR 技术进行片段替换，可重组获得性能优良、功能差异化明显的新颖杂合酶蛋白。用户使用 SCHEMA 工具时需要提前准备好拟改造蛋白质的多重序列比对文件及三维结构。利用 SCHEMA 设计突变体文库，可以减少结构干扰，避免重组突变体的结构无法正确折叠。因此这种基于结构的重组方法比基于序列的 DNA 混编具有更高的效率，利于快速筛选出稳定性或其他性能得到提高或改善的突变体，目前已成功应用于提升酶蛋白的催化活性、热稳定性以及底物特异性（Voigt *et al.*，2002）。

### 3. OPTCOMB

最优拼接组合文库设计（optimal pattern of tiling for combinatorial library design，OPTCOMB）策略也是通过检测亲本的特性来预测最优突变体。与 SCHEMA 不同的是，OPTCOMB 在优化重组体文库的设计中几乎很少用到实验，其使用的评分模型是基于同一家族中其他蛋白质的序列比对来实现的。Costas Maranas 团队测试了两种新的基于序列的蛋白质评分系统（S1、S2），通过将具有相似理化性质（如体积、疏水性、带电荷等）的氨基酸结合在一起，用来评估给定蛋白质功能的可能性。OPTCOMB 中的 S1 得分通过独立检查氨基酸比对中每个位置（“列”）的频率分布情况，找出突变体中可接受的氨基酸。S2 分数通过考虑列之间的统计依赖性来扩展 S1。OPTCOMB 根据备用库构建策略使用了两个优化模型 M1 和 M2。两种模型均采用 S2 评分系统来识别最佳交叉位置，从而使突变体文库的总体评分最大化。这两种模型都涉及交叉位置的选择，然而 M2 允许省略会降低突变序列得分的亲本序列片段（Pantazes *et al.*，2007）。

#### 4. ProSAR

蛋白质序列与活性对应关系（protein sequence activity relationship，ProSAR）策略也是突变体设计的常用方法。类似于药物研发中小分子和靶蛋白的定量构效关系，ProSAR 通过迭代的方式，基于蛋白质序列-活性关系预测最佳突变体。首先通过多种方式（如随机突变、饱和突变、基因重组、理性设计等）构建突变体文库，然后通过高通量筛选及测序等方法获得各突变体对应的实验数据，并建立蛋白质功能与序列对应的线性/非线性模型。使用偏最小二乘法等算法对模型进行回归分析，并根据统计分析挑选出有益突变，作为下一轮突变模板进行反复迭代突变，直至获得最优突变体（Fox *et al.*，2007）。由于 ProSAR 仍依赖突变体文库的构建，本章作者将其归为半理性设计。此外，在众多半理性设计方法中，CAST/ISM 技术体系是应用最为广泛的策略，将在下节重点介绍。

### 6.4.2　CAST 与 ISM

CAST/ISM 指基于序列和/或结构信息，借助计算机模拟在酶催化活性中心周围选取与底物有直接相互作用的氨基酸残基，通过理性分组进行单轮或多轮迭代饱和突变（Reetz and Carballeira，2007），并利用简并密码子构建突变体文库，最终得到理想突变体。CAST/ISM 的半理性设计方法试图通过构建针对特定改造靶点“小而精”的高质量突变体文库来解决筛选瓶颈。其核心策略是通过分子对接、序列保守性分析等手段选取酶催化活性中心周围的氨基酸残基作为改造靶点。Romas Kazlauskas 团队统计分析并比较了位于活性中心和远离活性中心的氨基酸位点突变对酶的活性、底物选择性、对映体选择性及稳定性的影响，指出前者更有利于改造酶的底物选择性及对映体选择性，从统计学的角度支持了在酶催化活性中心周围选取靶氨基酸的科学性（Morley and Kazlauskas，2005）。

CAST 的优点是聚焦酶的底物结合口袋，大大减少了筛选量；缺点是由于酶蛋白别构效应等可能会漏掉催化活性中心口袋之外有作用的位点（图 6.5A）。选取靶点之后，将 2～4 个在酶催化口袋活性中心彼此空间上靠近的氨基酸残基分为一组进行组合迭代突变。这种分组的优点是克服了因靶位点多而导致饱和突变体文库太大的短板，不足是可能因为分组会漏掉一些可能的优势组合。以 4 位点（A、B、C 和 D）的 ISM 系统为例（图 6.5B），共有 24 条进化路径，其中每个位点可包括 1 至多个氨基酸残基，对每个位点分别进行饱和突变，产生 4 个不同的突变体文库。在进行下一轮迭代突变时，已进行过突变的位点保留。因此理论上 4 个位点全部完成迭代突变共需 4 轮，即构建 64 个突变体文库。然而实际上由于仅选取每轮迭代筛选到的最优突变体进行下一轮突变，因此构建的突变体文库数目远小于理论值。为了防止进入进化路线中局部最优的“死胡同”（红色虚线，图 6.5C），可从上轮筛选中选取性能好的突变体作为模板，进行后续的迭代突变。

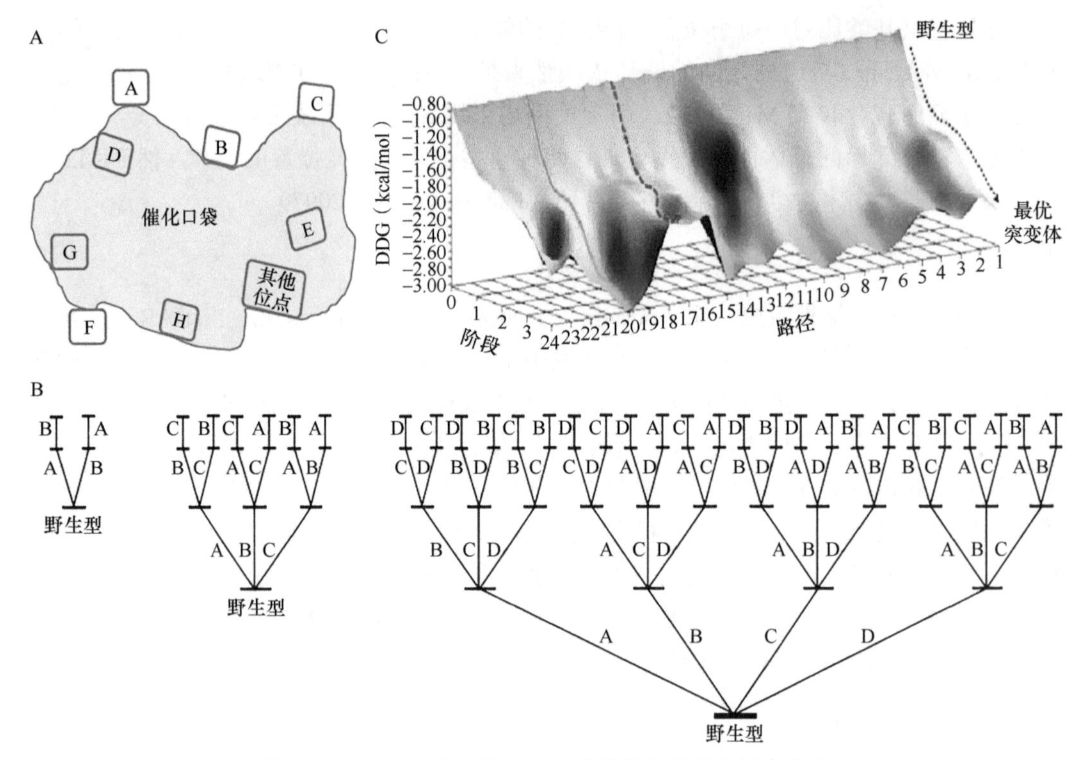


图 6.5　CAST 结合口袋、ISM 系统进化路径及能垒分布

A. CAST 结合口袋：A、B、C 等表示潜在的随机位点，每个位点均包含一个、两个或多个连接结合口袋的氨基酸残基。B. ISM 系统进化路径：包含 2、3 和 4 个位点系统的 ISM 方案，分别涉及 2、6、24 条路径。C. 能垒分布：环氧水解酶动力学拆分环氧化物中 4 个位点 ISM 系统的 24 条路径能垒分布。绿线：ISM 四步序列中的每个突变体文库均包含改良的突变体（无局部最小值）；红色：ISM 四步序列中至少有一个文库缺少改良的突变体（局部最小值）

关于饱和突变体文库的构建方式，可分为以下两种策略（图 6.6）：策略 1，对所有选取的氨基酸位点全部使用相同的简并密码子进行饱和取代。基于酶催化口袋的理化性质（如亲水性、疏水性等）以及已有突变体实验信息，理性选取某一特定的氨基酸密码子作为建构单元进行单密码子扫描、多密码子饱和突变等；策略 2，所选取的多个氨基酸位点分别使用不同的简并密码子进行饱和突变。可基于蛋白质序列（多重序列同源比对确定保守位点）及三维结构（晶体结构或同源建模）等相关信息，结合酶的催化性质

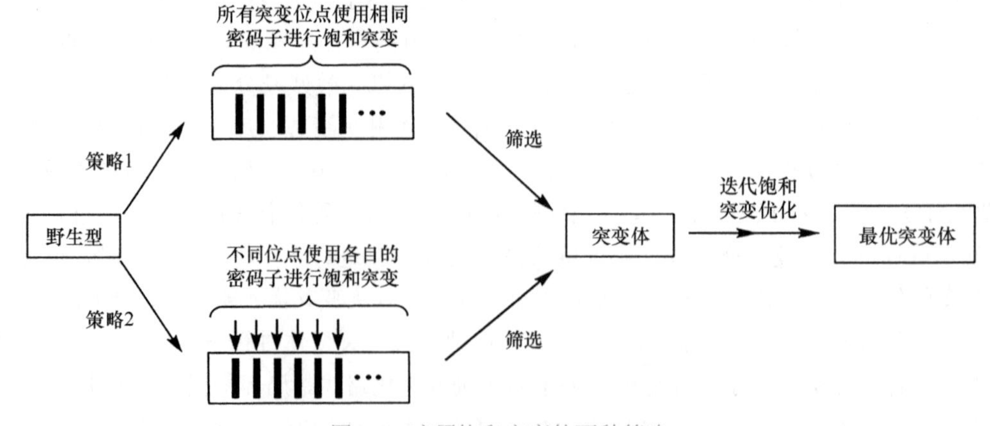


图 6.6　应用饱和突变的两种策略

及已知实验数据支持，理性选择数种密码子作为饱和突变的建构单元。策略 1 相对简单易于操作，而策略 2 的挑战在于优势氨基酸的准确选择（Sun *et al.*，2016c）。

为系统比较评价这两种建库策略，Qu 等（2018）以嗜热醇脱氢酶 TbSADH 为研究对象，基于上述两种策略分别构建突变体文库，测试了针对四氢呋喃-3-酮等前手性酮类化合物的催化活性和立体选择性。结果表明，在筛选工作量相同的前提下，均获得了系列 *R*-和 *S*-选择性提高的突变体，证实了这两种策略均可对立体选择性进行有效改造，拓展了多密码子的设计应用空间。

### 6.4.3 应用实例

半理性设计方法广泛应用于酶的催化活性、立体选择性、热稳定性、pH 稳定性、盐耐受性以及有机溶剂耐受性等改造（表 6.3）。Sun 等（2016b）通过 TCSM 策略对嗜热醇脱氢酶 TbSADH 的 5 个拟突变位点理性分为两组，分别选取 V-N-L 和 V-Q-L 为构造单元进行迭代组合突变，可高效得到 *R*-和 *S*-选择性突变体，*ee* 值达到 95%～99%。Song 等（2015）通过计算分析选取了与黑曲霉 *Aspergillus niger* GH10 木聚糖酶热稳定性相关的 5 个重要残基，通过迭代组合突变后得到半衰期（$t_{1/2}$）提高 30 倍的突变体。姚斌团队从湿热真菌 *Talaromyces leycettanus* 筛选到 $\beta$-葡萄糖苷酶 Bgl3A，并对其酸碱耐受性进行了设计改造，通过对潜在的 *O*-糖基化位点进行定点突变，成功筛选到优势突变体，其 pH 耐受性由野生型的 4.0～5.0 扩展到 3.0～10.0（Xia *et al.*，2016）。Saraf 等（2005）基于各种变异的细菌序列，应用 OPTCOMB 设计 DHFR 蛋白的重组文库，并实现突变体文库的多样性和质量最大化。ProSAR 已经成功地应用于多种酶的定向进化，例如，Richard Fox 及其同事开发出降低胆固醇药物立普妥（Lipitor）的生产催化剂卤代醇脱卤酶（HHDH），使生物催化氰化过程的效率提高了约 4000 倍（Fox *et al.*，2007）。

表 6.3 半理性设计应用于酶分子改造的部分实例

| 改造对象 | 使用策略 | 性能 | 参考文献 |
|---|---|---|---|
| P450 BM3 | TCSM/ISM | 区域/立体选择性 | Li *et al.*，2016 |
| P450 CYP153A | SM，ISM | 活性 | Duan *et al.*，2016 |
| 过氧化物酶 Dyp1B | CAST | 活性、热稳定性 | Rahman *et al.*，2019 |
| 支链淀粉酶 | TCSM | 活性、稳定性 | Wang *et al.*，2018 |
| 醇脱氢酶 TbSADH | CAST | 活性 | Li *et al.*，2017 |
| 脂肪酶 Thio-CALB | CAST/ISM | 活性、立体选择性 | Cen *et al.*，2019 |
| 卤酸脱卤酶 | CAST，SM | 活性 | Burke *et al.*，2019 |
| 4-oxalocrotonate 异构酶 | SM，ISM | 活性、立体选择性 | Biewenga *et al.*，2019 |
| 胆碱氧化酶 | SM，B-FIT | 热稳定性 | Heath *et al.*，2019 |
| 色氨酸合酶 | B-FIT | 热稳定性 | Xu *et al.*，2020 |
| 肝素酶Ⅲ | B-FIT | 活性 | Wang *et al.*，2020 |
| 过氧化物酶 | MORPHING | 稳定性 | Gonzalez-Perez *et al.*，2014 |
| DNA 聚合酶 | SCOPE | 强化表型 | O'Maille *et al.*，2002 |

## 6.5 理性设计

在半理性设计的基础上，理性设计（rational design）主要通过计算机技术考察并评估对目标酶蛋白稳定性、正确折叠以及与底物结合亲和力等方面有影响的关键氨基酸残基位点，然后通过进一步计算，对这些位点进行虚拟突变筛选，选取虚拟突变效果最好的氨基酸（如2～3个）作为构建单元并设计简并引物，将精简密码子引入目标酶蛋白对应的编码序列。每个位点仅需筛选数个突变体，乃至不需要构建突变体文库，即可快速获得有益突变体。通过计算机辅助的理性设计，可以精准定位酶蛋白的关键活性位点，并结合虚拟突变与筛选，给出某位点突变后的最优解，从而对蛋白质进化进行设计指导（曲戈等，2019b）。

理性设计更加注重与计算方法的结合，以及我们对酶结构与催化机理的理解，从而提高了在未来酶改造工作中的成功率。这些计算方法主要着重于关键氨基酸残基位点的选取以及对突变体设计的优劣评估两方面（表6.4），选取恰当的计算工具可以起到事半功倍的作用，极大地加速酶设计改造流程。本节聚焦于对已知酶蛋白进行改造（关于从头设计新酶详见第5章），主要从关键氨基酸残基位点定位（6.5.1）、虚拟突变筛选（6.5.2）以及精简密码子设计（6.5.3）三方面展示理性设计技术及部分计算工具在酶改造领域的应用。

表6.4 酶设计改造常用的一些计算工具列表

| 计算工具 | 用途 | 网址 | 参考文献 |
|---|---|---|---|
| CASTp | 找位点 | http://cast.engr.uic.edu/ | Dundas *et al.*，2006 |
| 3D-SURFER | 找位点 | http://dragon.bio.purdue.edu/3d-surfer/ | La *et al.*，2009 |
| Fpocket | 找位点 | http://fpocket.sourceforge.net/ | Schmidtke *et al.*，2010 |
| LigPlot+ | 找位点 | http://www.ebi.ac.uk/thornton-srv/software/LigPlus/ | Laskowski and Swindells，2011 |
| MetaPocket | 找位点 | http://projects.biotec.tu-dresden.de/metapocket/ | Zhang *et al.*，2011 |
| PISA | 找位点 | http://www.ebi.ac.uk/msd-srv/prot_int/pistart.html | Krissinel and Henrick，2007 |
| PoseView | 找位点 | http://poseview.zbh.uni-hamburg.de/ | Stierand and Rarey，2010 |
| Q-SiteFinder | 找位点 | http://www.modelling.leeds.ac.uk/qsitefinder/ | Laurie and Jackson，2005 |
| SITEHOUND | 找位点 | http://scbx.mssm.edu/sitehound/sitehound-web/Input.html | Hernandez *et al.*，2009 |
| CAVER | 找位点 | http://www.caver.cz/ | Chovancova *et al.*，2012 |
| MolAxis | 找位点 | http://bioinfo3d.cs.tau.ac.il/MolAxis/ | Yaffe *et al.*，2008 |
| MOLE | 找位点 | http://webchem.ncbr.muni.cz/Platform/App/Mole | Berka *et al.*，2012 |
| B-FITTER | 找位点 | http://www.kofo.mpg.de/en/research/biocatalysis | Reetz and Carballeira，2007 |
| WebLogo | 找位点 | http://weblogo.berkeley.edu/ | Crooks *et al.*，2004 |
| PLIP | 找位点 | https://plip.biotec.tu-dresden.de/plip-web/plip/index | Salentin *et al.*，2015 |
| 3DM | 评估性能 | http://3dmcsis.systemsbiology.nl/ | Kuipers *et al.*，2010 |
| ConSurf | 评估性能 | http://consurf.tau.ac.il/ | Ashkenazy *et al.*，2010 |
| CUPSAT | 评估性能 | http://cupsat.tu-bs.de/ | Parthiban *et al.*，2006 |

续表

| 计算工具 | 用途 | 网址 | 参考文献 |
|---|---|---|---|
| Evolutionary Trace | 评估性能 | http://mammoth.bcm.tmc.edu/ETserver.html | Mihalek *et al.*，2004 |
| I-Mutant | 评估性能 | http://folding.uib.es/i-mutant/i-mutant2.0.html | Capriotti *et al.*，2005 |
| MBLOSUM | 评估性能 | http://apps.cbu.uib.no/mblosum/ | Ma and Berezovsky，2010 |
| PANTHER | 评估性能 | http://www.pantherdb.org/tools/csnpScoreForm.jsp | Thomas *et al.*，2003 |
| PROVEAN | 评估性能 | http://provean.jcvi.org/ | Choi *et al.*，2012 |
| SIFT | 评估性能 | http://blocks.fhcrc.org/sift/SIFT.html | Ng and Henikoff，2003 |
| FoldX | 评估性能 | http://foldx.crg.es/ | Guerois *et al.*，2002 |
| ddg_monomer | 评估性能 | https://github.com/Kortemme-Lab/ddg | Kellogg *et al.*，2011 |
| Flex_ddG | 评估性能 | https://github.com/Kortemme-Lab/flex_ddG_tutorial | Barlow *et al.*，2018 |
| Cartesian_ddG | 评估性能 | https://github.com/wendao/CAGE-Prox/ | Park *et al.*，2016 |
| PoPMuSiC | 找位点、评估性能 | http://babylone.ulb.ac.be/popmusic/ | Dehouck *et al.*，2011 |
| HotSpot Wizard | 找位点、评估性能 | http://loschmidt.chemi.muni.cz/hotspotwizard/ | Pavelka *et al.*，2009 |
| Funclib | 找位点、评估性能 | http://funclib.weizmann.ac.il/bin/steps/ | Khersonsky *et al.*，2018 |

### 6.5.1 关键氨基酸残基位点定位

氨基酸残基定位技术是指基于晶体结构，通过序列保守性分析、分子对接、分子动力学模拟（molecular dynamic simulation，MD）以及量子力学（quantum mechanics，QM）等一系列计算方法，定位与酶催化特性（如底物特异性、催化活性、立体/区域选择性、酸碱耐受性等）相关的关键氨基酸残基位点。

#### 1. 基于酶的催化口袋进行分析

通过分析酶的催化口袋和底物之间的相互作用，与底物直接接触的氨基酸残基可从酶-配体络合物的结构中识别出来。计算工具包括用于生成蛋白质-配体相互作用二维图的 LigPlot+，可基于蛋白质-配体复合体的三维坐标生成配体和单个蛋白质残基之间相互作用二维示意图。类似的程序包括 PoseView、LPC、PDBePISA 等，均可分析并提供蛋白质和结合配体之间原子间相互作用信息。

在此基础上，经分子动力学模拟可得到一系列蛋白质和配体相互作用信息，将其形象地称为指纹图谱分析技术，如 PLIP（protein-ligand interaction profiler）程序，可自动检测动态过程中蛋白质-配体相互作用，涵盖 7 种相互作用类型（氢键、疏水相互作用、π 堆积、π 阳离子相互作用、盐桥、水桥和卤素键）。以塞格尼氏杆菌（*Segniliparus rugosus*）来源的羧酸还原酶 SrCAR 为例，孙周通团队使用 PLIP 程序分析 300 ns 分子动力学轨迹文件，得到模式底物与 A-结构域（图 6.7A，B）和 R-结构域（图 6.7C）催化口袋氨基酸残基的指纹图谱信息，共定位 17 个关键位点（图 6.7）。经试验验证，其中 10 个位点突变后模式底物活性均有明显提高（Qu *et al.*，2019）。

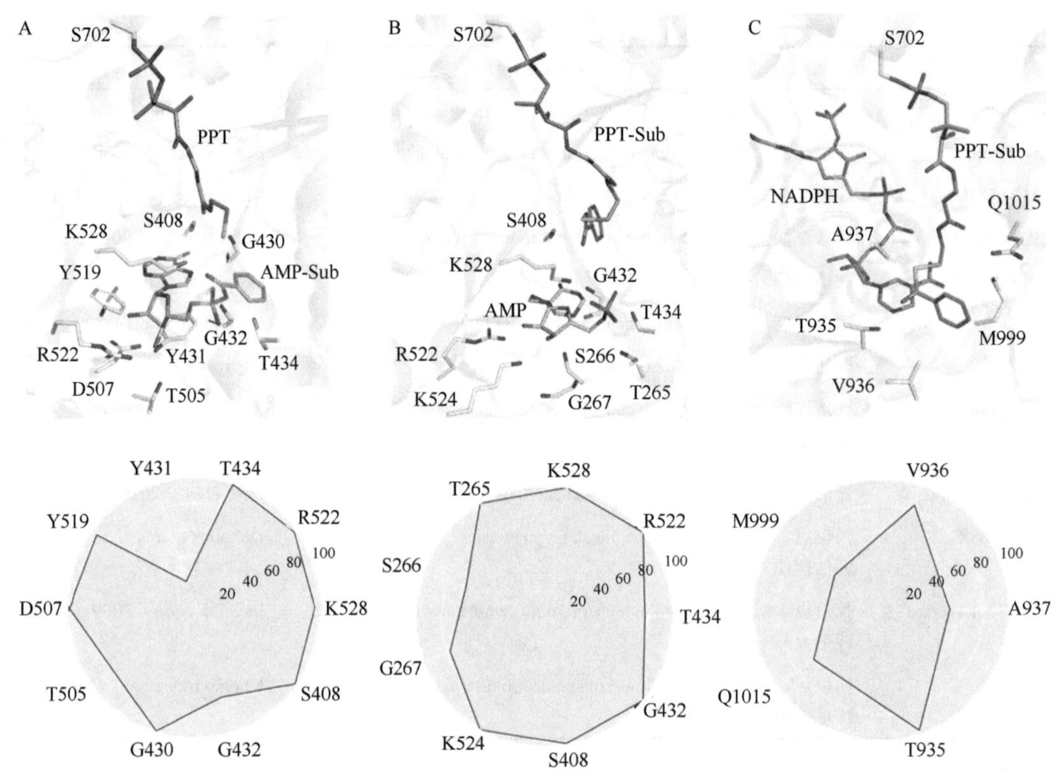


图 6.7 SrCAR 催化口袋氨基酸位点与底物指纹图谱分析（Qu *et al.*，2019）

A. 腺苷化阶段；B. 硫酯化阶段；C. 还原阶段。AMP-Sub. AMP 和底物复合体；
PPT-Sub. 磷酸泛酰巯基乙胺基团与底物复合体

除分析蛋白质-配体相互作用外，蛋白质的构象动力学（conformational dynamics）方法也可用来定位关键氨基酸残基。通过分析酶与底物结合部位的构象变化，从而设计突变体，来改善酶的催化特性。该方法主要采用分子动力学模拟技术分析蛋白质的构象变化，通过计算分析得到原子的运动轨迹，使用均方根涨落（root mean square fluctuation，RMSF）表示分子中各个原子运动的自由度，从而表征蛋白质某一部位的构象变化，获得拟突变位点信息。经构象动力学分析，孙周通团队发现高温厌氧杆菌（*Thermoanaerobacter brockii*）来源的醇脱氢酶 TbSADH 催化口袋内的 A85、I86 位点的运动自由度较差（图 6.8A），推测这将影响该酶催化双芳基大体积底物的活性，之后对这两个位点进行定点突变，获得了最优突变体 A85G/I86L，改造后位点所在 loop 区域柔性（图 6.8B）相较野生型（图 6.8C）明显增强，导致催化口袋体积增大，证明在 A85 和 I86 位点引入突变可有效重塑酶催化口袋，并成功将大体积的酮还原为具有高对映选择性的醇产物（99% *ee*）（Liu *et al.*，2019b）。

此外，底物结合口袋中的许多氨基酸残基在催化循环过程中可能与配体接触。因此，即使不知道配体在活性位点的取向，研究者也可以通过识别活性位点口袋准确地预测哪些残基可能与配体相互作用。目前，研究者已经开发了许多用于识别和分析口袋的工具，如 CASTp、MetaPocket 2.0、PocketFinder、Q-SiteFinder、SITEHOUND、Fpocket 或 3D-SURFER 等，这些服务器都描绘了构成每个识别口袋的氨基酸残基。使用者只要知道活性位点的大致位置（如 1～2 催化残基），就能够识别活性位点口袋，从而容易获

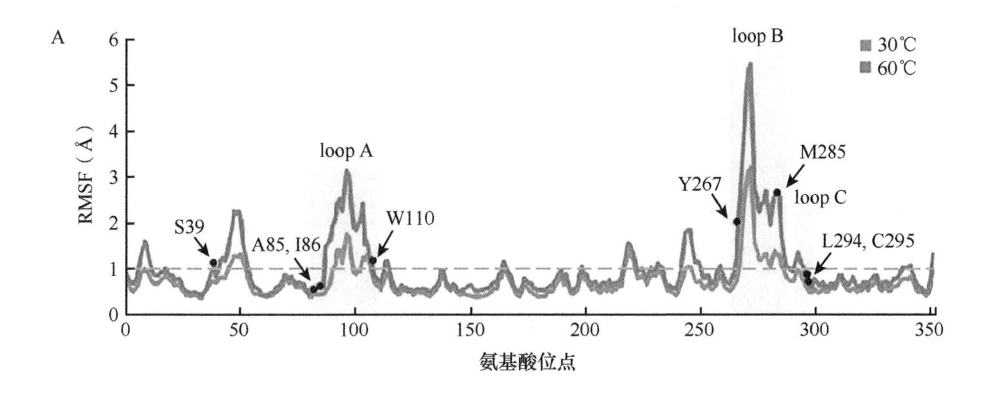


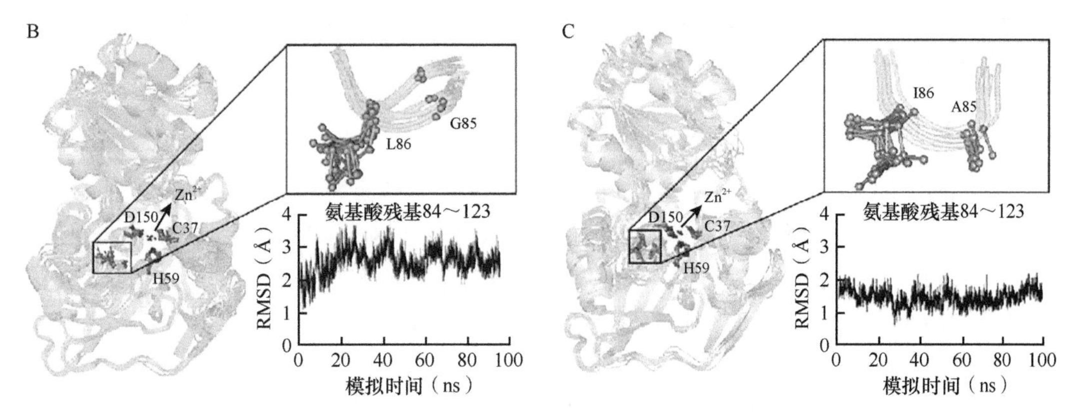


图 6.8　醇脱氢酶催化口袋及关键氨基酸位点分析（Liu *et al.*，2019b）

A. 催化口袋各位点运动性分析；B. 最优突变体；C. 野生型改造位点所在 loop 区域柔性

得用于饱和突变的合适位点。CASTp web 服务器提供了蛋白质结构中所有口袋的详细特征描述。Jiri Damborsky 教授团队集成了多个生物信息数据库和计算工具开发了 HotSpot Wizard web 服务器，它会自动使用 CASTp 识别具有催化性能的功能性残基并估算其可变性，随后提供 4 种不同的关键氨基酸位点选择策略：①位于酶催化口袋或进出通道中的功能性残基；②与灵活残基相对应的稳定性残基；③从回归到一致性分析的稳定性残基；④对应于成对共同进化残基的相关残基，用户可以根据自己需求设计智能库。此外，MetaPocket 2.0 web 服务器可从蛋白质三维结构出发预测配体结合位点和结合残基。

在许多酶中，活性位点深入蛋白质三维结构核心，改变通道形状、物理化学性质或其构象动力学，可能导致酶活性、底物特异性和立体选择性发生显著变化，反映出配体进入和释放对酶催化的重要性。通过分析蛋白质结构，使用识别底物进出通道的计算工具，可以很容易地获得通道形成的残基。适用于分析通道的工具包括 CAVER 3.0、MOLE 2.0 和 MolAxis。CAVER 3.0 是一个广泛应用的工具，用于识别和表征静态与动态大分子结构中的通路，而 MOLE 2.0 web 服务器支持在单个大分子结构中识别和交互分析访问路径。

### 2. 基于酶的氨基酸残基特征

前期研究表明，氨基酸残基自身特征可作为位点选择的重要参考依据，如氨基酸残基的运动性（*B* 值）、保守性等。通过分析各氨基酸残基位点的 *B* 值，Manfred Reetz 教授团队开发了 B-FITTER 工具，根据蛋白质的静态灵活性大小，从而定位用于稳定性设计的关键位点。除此之外，PoPMuSiC 服务器能够非常快速地预测球状蛋白质单点突变引起的稳定性变化。FoldX 是一个广泛使用的程序，用于评估突变对蛋白质、核酸和大分子复合物稳定性的影响。

通过氨基酸残基位点的保守性分析也可快速定位拟突变位点。人们已经提出了许多不同的方法来对残基保守性、可变性或易变性进行评分。可用的 web 服务器包括 ConSurf、HotSpot Wizard、Evolutionary Trace、Scorecons、MBLOSUM 或 WebLogo。残基保守性是通过一组相关蛋白质序列的多重比对来计算的，ConSurf、Evolutionary Trace 和 HotSpot Wizard 工具可以自动执行数据库搜索，获得预先计算出的已知结构蛋白的保守评分，如 ConSurf-DB、Evolutionary Trace、DSSP 或者 3DM。ConSurf web 服务器可以计算出蛋白质和核酸中单个氨基酸位置的进化保守水平。

### 6.5.2 虚拟突变筛选

按照半理性设计的思路，一旦选好关键氨基酸残基位点之后，接下来就要建立突变体文库并进行筛选。而在理性设计方案中，可以将筛选这一步转移至计算机上来进行，基于计算技术进行虚拟突变筛选，从而进一步减少烦琐的实验室工作量。本节主要介绍两种较为常见的评估虚拟突变体优劣的方式：基于突变体分子稳定性以及突变体与底物结合亲和力。

计算突变体折叠自由能（folding energy）变化，这类方法通常基于打分函数评估分子稳定性，进而判断虚拟突变体优劣。例如，FoldX 程序基于上千个点突变实验数据校准的自由能经验公式，通过计算分子间各种常见的作用力（如氢键、范德瓦耳斯力、静电作用力、氨基酸与溶剂分子间作用力等）以及构象熵变化等，可快速定量评估氨基酸突变对蛋白质结构稳定性的影响。类似的软件或程序还有 PoPMuSiC、CUPSAT、I-Mutant 等。使用这类程序时，通常要求用户提供的输入数据包括目标蛋白结构（晶体/同源建模均可）和拟突变位点信息（单位点或多位点），经数小时/数天后自动给出的输出数据包括给定位点所有可能替换的预测自由能变化等。用户可根据自由能变化（$\Delta\Delta G$）等指标自行判断选取最有潜力的突变体。

此外，还有一系列基于 Rosetta 打分函数以及蒙特卡洛采样算法计算单点突变自由能的程序，也是通过计算野生型与突变体的 $\Delta\Delta G$ 来考察突变体是否稳定，如 ddg_monomer、Funclib、Flex_ddG、Cartesian_ddG 等。Cartesian_ddG 是一种新的采样方法，与 ddg_monomer 不同，对于骨架柔性的计算并不需要大量重复的强限制约束，而是采取了笛卡儿空间的优化来允许小幅度的骨架运动。在计算 $\Delta\Delta G$ 时，Cartesian_ddG 方法使用两步放松的方法：预先使用 FastRelax 进行优化，确定野生型以及点突变氨基酸最佳的侧链排布方式，再对局部区域（如点突变位置 6 Å 范围内）进行彻底“放松”，评估野生型以及突变型蛋白质的能量差，并使用能量函数特异性的校正因子对 $\Delta\Delta G$ 进一步矫正，提高其预测精度。

### 6.5.3　精简密码子设计

精简密码子的前身是简并密码子。简并密码子根据密码子的简并性及偏好性，合理地设计简并引物，其优点是克服了密码子冗余，减少了筛选量。常见的简并密码子有：NNK（N=A/T/C/G; K=T/G），对应 32 个密码子，可编码全部 20 种天然氨基酸（20 AA）；NDT（N=A/T/C/G; D=A/G/T），对应 12 个密码子，可编码 12 种天然氨基酸（12 AA）（Phe、Leu、Ile、Val、Tyr、His、Asp、Cys、Asn、Arg、Ser 和 Gly）。然而随着突变位点的增多，筛选量呈指数级增长，以 NNK 简并密码子为例，设定 95% 文库覆盖度，如果同时饱和突变 10 个位点时，需筛选 $3.4\times10^{15}$ 个转化子（表 6.5）。为了进一步降低筛选规模，有必要开发更为精简的密码子（仅编码 1～3 种氨基酸）作为构建单元。以单密码子为例，突变 10 个位点时筛选工作量仅为 3000 余个。

表 6.5　95% 文库覆盖度下 NNK、NDT 等简并密码子的筛选规模

| 拟突变位点数量 | NNK（20 AA） | | NDT（12 AA） | | 三密码子（3 AA） | | 双密码子（2 AA） | | 单密码子（1 AA） | |
|---|---|---|---|---|---|---|---|---|---|---|
| | 密码子 | 筛选量 | 密码子 | 筛选量 | 密码子 | 筛选量 | 密码子 | 筛选量 | 密码子 | 筛选量 |
| 1 | 32 | 94 | 12 | 34 | 4 | 12 | 3 | 9 | 2 | 6 |
| 2 | 1 028 | 3 066 | 144 | 430 | 16 | 48 | 9 | 27 | 4 | 12 |
| 3 | 32 768 | 98 163 | 1 728 | 5 175 | 64 | 192 | 27 | 81 | 8 | 24 |
| 4 | $1.05\times10^{6}$ | $3.1\times10^{6}$ | 20 736 | 62 118 | 256 | 767 | 81 | 243 | 16 | 48 |
| 5 | $3.36\times10^{7}$ | $1\times10^{8}$ | $2.4\times10^{5}$ | $7.5\times10^{5}$ | 1 024 | 3 066 | 243 | 728 | 32 | 96 |
| 6 | $>1\times10^{9}$ | $>3.2\times10^{9}$ | $>2.9\times10^{6}$ | $>8.9\times10^{6}$ | 4 096 | 12 271 | 729 | 2 184 | 64 | 192 |
| 7 | $3.4\times10^{10}$ | $1\times10^{11}$ | $3.5\times10^{7}$ | $1.1\times10^{8}$ | 16 384 | 49 083 | 2 187 | 6 552 | 128 | 384 |
| 8 | $1\times10^{12}$ | $3.3\times10^{12}$ | $4.2\times10^{8}$ | $1.3\times10^{9}$ | 65 536 | 196 328 | 6 561 | 19 655 | 256 | 767 |
| 9 | $>3.5\times10^{13}$ | $>1.0\times10^{14}$ | $>5.1\times10^{9}$ | $>1.5\times10^{10}$ | 262 144 | 785 314 | 19 683 | 58 965 | 512 | 1 534 |
| 10 | $>1.1\times10^{15}$ | $>3.4\times10^{15}$ | $>6.1\times10^{10}$ | $1.9\times10^{11}$ | $>1.0\times10^{6}$ | $>3.1\times10^{6}$ | 59 049 | $>1.7\times10^{5}$ | 1 024 | 3 068 |

如何通过精简密码子设计并构建高质量突变体文库从而克服筛选瓶颈受到越来越多的关注。孙周通团队以柠檬烯环氧水解酶和 P450 单加氧酶为研究对象，分别用 NNK、NDT、理性设计的简并密码子等多种精简密码子设计方法构建突变体文库，实验结果表明，在相同筛选量下理性设计的精简密码子获得有益突变体数量显著增高，并基于统计学分析得到理论支持，首次证明了精简密码子设计与高覆盖度的筛选可快速获得有益突变体（Li *et al.*, 2019）。在此基础上，Manfred Reetz 团队将理性设计引入精简密码子选取，并提出了一种基于定向进化和理性设计相融合的高效蛋白质工程改造策略——聚焦理性迭代位点突变（focused rational iterative site-specific mutagenesis，FRISM）技术。通过前文介绍过的氨基酸精准定位技术及虚拟突变技术，对单个突变位点提出有限数量的预测建议，通常每个位点只需要筛选 1～3 个突变体即可，经实验验证选择每个位点对应的最佳突变体，然后迭代下一个关键氨基酸位点，直至筛选到最终优异突变体（图 6.9）（Qu *et al.*, 2020）。通过该策略彻底摒弃了突变体文库的构建，极大程度上缩小了筛选工作量。

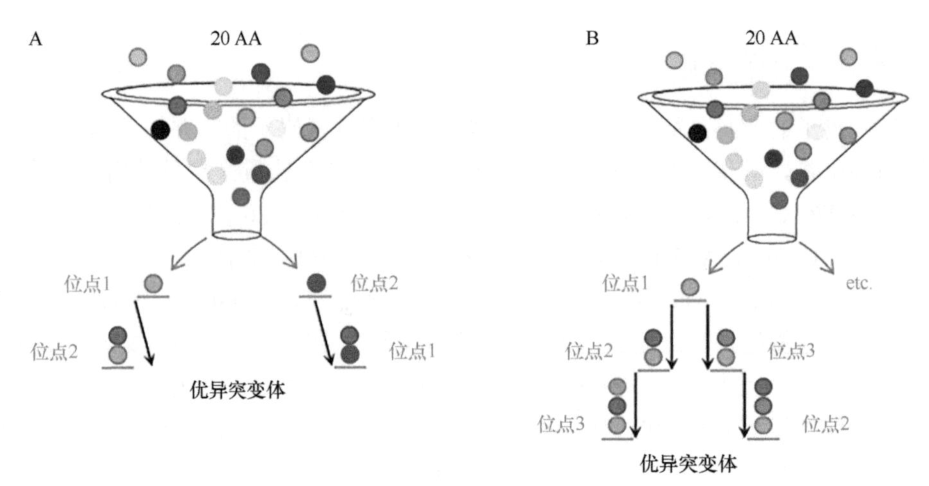


图 6.9 FRISM 策略示意图

## 6.5.4 应用实例

近年来，越来越多的研究团队采用关键氨基酸残基位点定位技术缩小筛选工作量。例如，罗会颖团队成功使用 HotSpot Wizard 网页服务器定位了来源于 *Talaromyces leycettanus* 的木聚糖酶 Tlxyn11B 的两个保守催化氨基酸 E94 和 E185，成功定位了可以提高酶热稳定性的位点 D35，得到最耐高温的突变体 S3F/D35I（Wang *et al.*，2017）。邬敏辰团队使用 B-FIT 方法分析乌萨米曲霉 *Aspergillus usamii* 来源的阿魏酰酯酶 AuFaeA，精准定位了 S33 和 N92 两个氨基酸，对这两个氨基酸进行饱和突变，突变体 S33E/N92R 成功提高了酶的热稳定性（Yin *et al.*，2015）。为阐明柠檬烯环氧化物水解酶 LEH 各个突变体与活性底物之间在动力学模拟过程中的原子细节，孙周通团队使用指纹图谱分析方法分析了与底物相互作用的氨基酸残基位点。结果显示在每个突变体中，环氧化物中的氧原子始终与质子化的 D101 建立牢固的氢键相互作用，质子化的 D101 与 R99、D132、W130、Y53、N55 和水分子形成专用的氢键网络，在 LEH 突变体中，催化位点附近残基的不同突变会改变疏水相互作用曲线，为进一步理性设计优异突变体奠定了基础（Sun *et al.*，2018）。John Dueber 团队使用指纹图谱分析方法分析了葡萄糖转移酶 PtUGT1 与底物硫酸吲哚酚之间的疏水相互作用、π-堆积相互作用、氢键相互作用，从而定位了与底物具有直接相互作用的关键氨基酸残基 L123、A393、E394、F124 和 E88，通过改造提高了突变体对尿蓝母的转化率，为靛蓝染色的工业化应用提供了可能性（Hsu *et al.*，2018）。Elfiky Abdo 团队使用指纹图谱分析方法结合分子对接和结构生物信息学，分析了新型冠状病毒 COVID-19 与细胞表面受体葡萄糖调节蛋白 GRP78 的结合位点，发现在对接时主要存在氢键作用和疏水作用这两种相互作用，同时使用 PLIP 部分解释了 COVID-19 与 GRP78 的结合亲和力（Ibrahim *et al.*，2020）。除此之外，表 6.6 列举了理性设计指导酶改造部分应用实例。

表 6.6 理性设计指导酶改造的部分应用实例

| 酶名称 | 计算工具 | 改造目的 | 参考文献 |
|---|---|---|---|
| 木聚糖酶 AoXyn11A | B-FITTER，MD | 热稳定性 | Li *et al.*，2018 |
| 转氨酶 AT-ATA | B-FITTER，MD | 热稳定性 | Huang *et al.*，2017 |

续表

| 酶名称 | 计算工具 | 改造目的 | 参考文献 |
|---|---|---|---|
| 醇脱氢酶 PQQ-ADH | B-FITTER，3DM | 热稳定性 | Wehrmann and Klebensberger，2018 |
| 腺苷脱氨酶 | ConSurf，MD | 识别不利于结构稳定性的非同义突变 | Essadssi *et al.*，2019 |
| 吡嗪酰胺酶 PncA | CUPSAT | 热稳定性 | Yoon *et al.*，2014 |
| 葡萄糖激酶 | PoPMuSic，I-Mutant 等 | 热稳定性 | George *et al.*，2014 |
| 转氨酶 ω-TAs | FoldX | 热稳定性 | Buß *et al.*，2018 |
| 木聚糖酶 Tlxyn11B | HotSpot Wizard，MD | 热稳定性 | Wang *et al.*，2017 |
| 1,4-α-葡聚糖分支酶 GtGBE | DSSP | 二硫键设计 | Ban *et al.*，2020 |
| 单加氧酶 LPMO | MODiP，DbD | 二硫键设计 | Tanghe *et al.*，2017 |
| 苯唑西林酶 OXA | LigPlot+等 | 识别酶水解作用位点 | Pal and Tripathi，2016 |
| 邻氨基苯甲酸磷酸核糖转移酶 AnPRT | PDBePISA | 二聚体解离 | Schlee *et al.*，2019 |
| 琼脂水解酶 AgWH50C | PoPMuSiC 等 | 热稳定性 | Zhang *et al.*，2019b |
| 转录因子 PITX2 | PROVEAN，CUPSAT 等 | 稳定性和催化功能 | Seifi and Walter，2018 |
| 组织蛋白酶 CTSB | SIFT，PANTHER 等 | 稳定性和催化功能 | Singh *et al.*，2019 |
| 羧酸还原酶 SrCAR | PLIP，MD | 催化活性 | Qu *et al.*，2019 |

## 6.6 机器学习

得益于计算速度的大幅提升以及海量数据集的出现，当前人工智能技术的发展如火如荼。在人工智能领域，机器学习（machine learning）已经成为开发计算机视觉、语音识别、自然语言处理、机器人操控和其他应用范畴的首选方法。近年来，机器学习等人工智能方法也被应用于蛋白质工程，包括 Frances Arnold、Manfred Reetz 等定向进化先驱所领导的实验室均涉足机器学习领域，利用其指导酶设计改造（蒋迎迎等，2020）。

### 6.6.1 概述

随着人工智能和大数据时代的到来，机器学习等技术在复杂酶结构的特征表征、多模态融合、样本自动生成等方面表现出独特的优势，为酶分子设计提供了新的可能。基于机器学习的方法已应用于蛋白质工程中，近年来人们可以通过蛋白质测序技术、X 射线晶体衍射技术获得大量蛋白质序列、结构等一系列数据，这些数据给解决生物模式识别问题带来机遇和挑战。除被广泛使用的定向进化和理性设计两种酶工程策略以外，机器学习是设计新型生物催化剂的第三种方法，在过去的几十年中一直备受关注。该方法可显著提高蛋白质工程中的筛选通量及有益突变体序列空间的质量和多样性。由于蛋白质突变体及其对应的实验数据本身是无法被机器学习算法直接识别的，因此构建被机器学习算法识别模型的关键在于对序列、结构、功能等特征（feature）信息的提取。特征提取之后，可以使用机器学习算法进行学习并生成可以描述数据模型的目标函数，并对蛋白质序列进行虚拟进化，通过训练和测试评估效能，最终给出预测结果，其操作流程如图 6.10 所示。

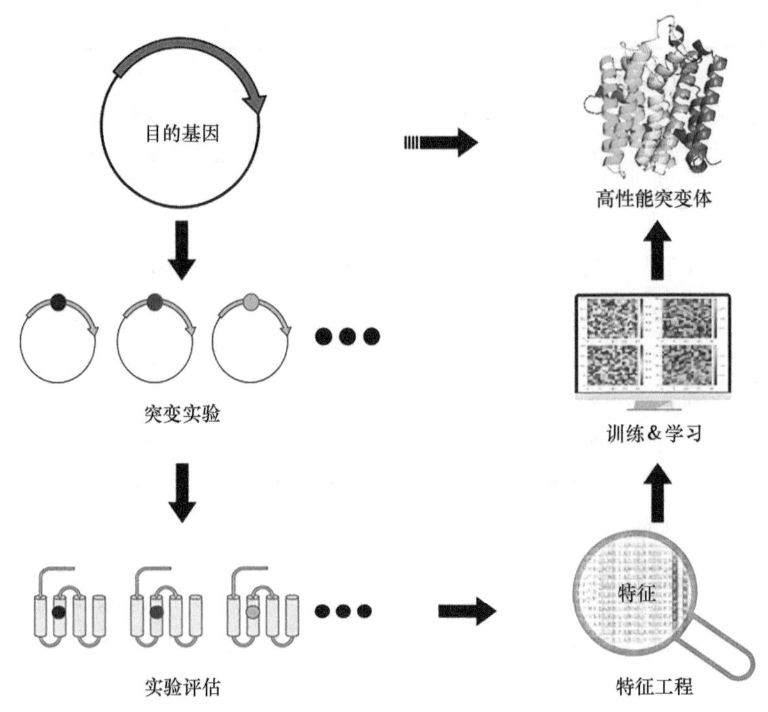


图 6.10 机器学习指导的蛋白质改造流程图

### 6.6.2 常用策略

机器学习算法的优势在于从可用数据中挖掘学习的能力，其常用策略主要包括三种：有监督学习（supervised learning）、无监督学习（unsupervised learning）和半监督学习（semi-supervised learning）。到目前为止，没有一种普适的学习算法可以应对所有的策略。因此，需要科研工作者在相应的情况下，通过测试比对的方式选用合适的算法进行设计。

有监督学习策略是指为机器提供一个数据集（即一组数据点），以及这些数据点对应的正确结果（或称标签，label）。为了能够学习准确的模型，这种算法通常需要具有大量带有结果的数据点，即标记的数据集。所以，使用机器学习技术的第一个重要步骤是收集大量有代表性的训练示例并将其存储为适合计算目的的形式；然后必须学习数据集中每个数据点内的关键特征，才能确定最优模型；最后，当下一次将新的数据点提供给机器时，基于关键特征所建的最优模型，有监督学习策略就能给出定性（如分类分析）或定量（如回归分析）的预测。

在无监督学习中，机器虽然能获得一组数据，但不会获得任何正确结果。通过给定的海量数据，机器可以识别具有相似性结论的趋势。这种算法将识别与现有组具有相似性特点的聚类（clustering）、组（group）或新项目（new item）等。

半监督学习是介于有监督学习和无监督学习之间的一种策略。这种策略能为机器提供一个大型数据集，其中这些训练数据点中的一部分是有对应的结果，而另一部分则无对应结果。这种算法将使用聚类（clustering）技术（无监督学习）来识别给定数据集中的组，并使用每个组中的几个标记数据点为同一群集/组中的其他数据点提供标签。当拥有大量未标记数据点时，半监督学习非常有用。半监督学习可能比有监督学习具有更大的挑战性，并且也会是一个更加活跃的研究领域。

### 6.6.3 应用实例

有监督学习是这三种策略中发展最快的方法，并且在蛋白质工程的大多数应用中大量使用了这种策略，旨在改善各种酶的特性。表 6.7 总结了近十几年来运用机器学习中有监督学习策略应用于酶工程的部分应用实例，包括预测蛋白质结构与功能、可溶性和稳定性等。

表 6.7 机器学习中有监督学习策略应用于酶工程的部分应用实例

| 应用领域 | 数据集 | 算法或模型 | 预测目标 | 参考文献 |
| --- | --- | --- | --- | --- |
| 结构预测 | 6128 个非同源蛋白 | 循环神经网络 | 二级结构 | Kaae and Winther，2014 |
| | 11 个跨膜蛋白 | Evfold 方法 | 三维结构 | Hopf *et al.*，2012 |
| | 723 个非冗余多肽链 | DeepCNF 模型 | 蛋白质无序区域 | Wang *et al.*，2015b |
| | 5840 个晶体结构分辨率＜2 Å 的非同源蛋白 | 深度神经网络 | 蛋白质骨架 $C_α$ 角度和二面角 | Lyons *et al.*，2014 |
| 功能预测 | ENZYME、SWISS-PROT 数据库 | DEEPre 方法 | 酶 EC 编号 | Li *et al.*，2018 |
| | 155 个绿色荧光蛋白突变体 | 高斯过程 | 荧光性预测 | Saito *et al.*，2018 |
| | 107 个糖基转移酶 | 决策树 | 催化活性 | Yang *et al.*，2018 |
| | 蛋白酶 K 数十个突变体 | 线性模型 | 催化活性 | Liao *et al.*，2007 |
| | 酮醇酸还原异构酶 KARI 的上百万个模拟催化轨迹 | LASSO 回归 | 催化活性 | Bonk *et al.*，2019 |
| | 445 个 *Rma* NOD 双加氧酶突变体 | 线性、核模型、浅层神经网络等 | 立体选择性 | Wu *et al.*，2019 |
| | 环氧水解酶 ANEH 数十个突变体 | ASRA 算法 | 立体选择性 | Feng *et al.*，2012 |
| | 环氧水解酶 ANEH 38 个突变体 | Innov'SAR 算法 | 立体选择性 | Cadet *et al.*，2018 |
| 可溶性和稳定性预测 | 58 689 个可溶蛋白及 70 954 个不可溶蛋白序列 | 卷积神经网络 | 可溶性 | Khurana *et al.*，2018 |
| | 数千个大肠杆菌来源蛋白质 | 随机森林 | 可溶性 | Hou *et al.*，2020 |
| | 985 条细胞色素 P450 重组序列 | 支持向量机 | 热稳定性 | Buske *et al.*，2009 |
| | 细胞色素 P450 重组序列 | 高斯过程 | 热稳定性 | Romero *et al.*，2013 |

#### 1. 机器学习用于预测蛋白质结构与功能

蛋白质结构预测（protein structure prediction）是生物化学中长期存在的具有挑战性的课题之一，因为解析结构的数量要大大落后于已知序列的数量，所以预测蛋白质的结构是一个具有非常深远意义的研究领域。在这一领域中，深度神经网络算法在最近两年一次的蛋白质结构预测方法 CASP13 评估中显示出最为显著的效果。2018 年，谷歌公司 DeepMind 团队在 PDB entries 上使用深度学习训练了 AlphaFold，预测蛋白质的物理性质和三维结构，并在比赛中一举夺魁；José Armenteros 团队使用深度神经网络（deep neutral network，DNN）算法仅基于序列信息预测蛋白质亚细胞定位，取得了不错的预测结果，对膜结合蛋白的预测准确度可达 92%（Almagro *et al.*，2017）。这类蛋白质结构预测的算法在生物化学中扮演着越来越重要的角色，通过研究者的试验证明，也体现出这一领域具有广阔的前景。

在蛋白质工程中，除了预测蛋白质的结构，预测催化活性是在这一领域另一个最有意义的研究方向。不管是从序列到结构，还是从基因到基因组和交互组，蛋白质功能预测的计算方法可用范围很广泛。最近，Gao 团队成功通过深度学习方法，基于序列进行酶 EC（enzyme commission）编号预测，从而确定酶的功能。他们预测了谷氨酰胺酶的 3 个亚型和极光激酶的 5 个亚型的活性，该预测与实验数据能够高度吻合。使用两个大规模数据集上执行的深入交叉验证实验显示 DEEPre 方法改善了预测性能，并且超过以前的最新方法。迄今为止，积累的大量酶结构和活性数据集已经可以在催化活性工程中使用深度学习（Li *et al.*，2018）。

若将机器学习训练固定在特定的酶家族中，该方法可用于训练较小数据集，进行更精确的功能预测。Benjamin Davis 团队选择了糖基转移酶超家族 1（GT1）进行分析，将来自基于拟南芥的 91 种底物和 54 种酶的无标记质谱分析数据用于功能预测，训练了基于序列的决策树，系统地改变了理化特性的组合，成功测试了来自 4 个不同生物体的 4 个单独选择的基因序列以及两个完整的酶家族。这种多方面的酶预测方法可以指导生物催化剂的合理设计和利用，以及有助于发现其他全家族蛋白质的功能（Yang *et al.*，2018）。

### 2. 机器学习用于预测蛋白质的溶解性和稳定性

蛋白质溶解性和稳定性在实际应用中非常重要，由于蛋白质活性是重组蛋白作为生物催化剂的重要特性，其高活性降低了生物催化剂的使用量，而某些蛋白质的活性与溶解性和稳定性是相关的，因此提高溶解性和稳定性在蛋白质改造中尤为重要。Zhou 团队比较了 7 种不同的二元和连续机器学习算法：逻辑斯谛回归（logistical regression）、决策树、支持向量机、朴素贝叶斯、随机森林、XGboost 和人工神经网络，对蛋白质溶解性进行预测，结果显示支持向量机在 10 倍交叉验证的基础上获得了最高的精度（Han *et al.*，2019）。关于蛋白质溶解性预测的另一种观点是研究单个突变的影响。运用深层突变扫描（deep mutational scanning）技术成功收集突变体影响蛋白质溶解性变化数据，最新成果表明在不久的将来，该方法会促进基于机器学习蛋白质溶解性预测的发展。预测氨基酸替换产生的影响作用不仅限于溶解性，如果有足够的数据，稳定性、底物特异性、催化活性和对映选择性也可以作为目标。Buske 等（2009）采用经重组或随机突变获得的实验数据，经支持向量机算法成功预测了细胞色素 P450 的热稳定性。

### 3. 机器学习用于指导酶定向进化

机器学习在蛋白质工程中另一个有趣的应用是设计用于蛋白质定向进化的智能组合突变。这个方法对于同时改变多个位点，减少实验误差，并改善对序列空间的探索具有很大潜力。此外，它还可以近似于经验性适应度图谱（fitness landscape），为下一轮筛选提供一组经过改进的突变体。Wu 等（2019）利用已发表的 GB1 结合蛋白的大量数据分析，证实了机器学习协助的定向进化方法可以比其他方法更容易发现更优的突变体。利用这一策略，他们成功进化了双加氧酶 RmaNOD，仅通过两轮突变就找到了优势突变体，可催化新型卡宾 Si-H 插入反应，并生成两种对映体产物。Mitsuo Umetsu 团队使用高斯过程算法利用第一轮的突变体文库构建机器学习模型来指导第二轮的突变，成功用于绿色荧光蛋白的进化（Saito *et al.*，2018）。Manfred Reetz 团队与 Herschel Rabitz 合作，在 CAST/ISM 的定向进化基础上使用自适应取代基重排算法（adaptive substituent reordering algorithm，ASRA）（Liang *et al.*，2005）成功预测了黑曲霉 *Aspergillus niger* 来源的环氧水解酶 ANEH 潜在突变体的立体选择性（Feng *et al.*，2012）。除此之外，该团队还与 Frederic Cadet 团队合作使用 Innov'SAR 算法在少量序列信息和突变体实验结果基础上成功预测了 ANEH 高立体选择性的突变体（Cadet *et al.*，2018）。

机器学习作为一种人工智能形式，由算法和统计模型组成，可用于提高计算机在不同任务下的性能，通过训练数据从而做出决策和预测。由于酶的定向进化产生了大量潜在的训练数据，因此机器学习非常适合支持这种蛋白质工程技术，未来将在这一领域发挥巨大作用。

## 6.7 总结与展望

自 20 世纪 80 年代以来，酶分子改造领域经历了辉煌发展的 30 多年，从物理化学修饰（6.2 节）、定向进化（6.3 节）、半理性设计（6.4 节）、理性设计（6.5 节），再到机器学习（6.6 节），每个阶段均涌现了一系列广泛应用的改造策略和技术，同时对计算技术的依赖也不断加深。定向进化不依赖蛋白质晶体结构及催化机制等信息，但存在筛选瓶颈；半理性设计兼顾了序列多样性和筛选工作量；理性设计则可以构建自然界不存在的新酶新反应。而如今数据驱动的人工智能技术正在全球范围方兴未艾，为酶设计改造注入了新动能。在开展具体的酶改造研究时，应充分考虑到上述因素，并基于改造目的灵活选用合适的改造策略，达到快速获得高性能酶催化元件的目的，满足工业界绿色、节能、环保转型升级需求。

## 参考文献


蒋迎迎, 曲戈, 孙周通. 2020. 机器学习助力酶定向进化. 生物学杂志, 37(4): 1-11.

曲戈, 张锟, 蒋迎迎, 等. 2019a. 2018 诺贝尔化学奖: 酶定向进化与噬菌体展示技术. 生物学杂志, 36(1): 1-6.

曲戈, 赵晶, 郑平, 等. 2018. 定向进化技术的最新进展. 生物工程学报, 34(1): 1-11.

曲戈, 朱彤, 蒋迎迎, 等. 2019b. 蛋白质工程: 从定向进化到计算设计. 生物工程学报, 35(10): 1843-1856.

张红缨, 李正强, 张今. 1991. 酶法体外建立天冬氨酸酶基因的随机突变库. 科学通报, 19: 1500-1502.

Acevedo J P, Reetz M T, Asenjo J A, *et al.* 2017. One-step combined focused epPCR and saturation mutagenesis for thermostability evolution of a new cold-active xylanase. Enzyme and Microbial Technology, 100: 60-70.

Alfaro-Chávez A L, Liu J W, Porter J L, *et al.* 2019. Improving on nature's shortcomings: Evolving a lipase for increased lipolytic activity, expression and thermostability. Protein Engineering, Design & Selection, 32(1): 13-24.

Al-Qahtani A D, Bashraheel S S, Rashidi F B, *et al.* 2019. Production of "biobetter" variants of glucarpidase with enhanced enzyme activity. Biomedicine and Pharmacotherapy, 112: 108725.

Altaş N, Aslan A S, Karataş E, *et al.* 2017. Heterologous production of extreme alkaline thermostable $NAD^+$-dependent formate dehydrogenase with wide-range pH activity from *Myceliophthora thermophila*. Process Biochemistry, 61: 110-118.

Armenteros J J A, Sønderby C K, Sønderby S K, *et al.* 2017. DeepLoc: Prediction of protein subcellular localization using deep learning. Bioinformatics, 33(21): 3387-3395.

Arnold F H. 2018. Directed evolution: Bringing new chemistry to life. Angewandte Chemie International Edition, 57(16): 4143-4148.

Ashkenazy H, Erez E, Martz E, *et al.* 2010. Consurf 2010: Calculating evolutionary conservation in sequence and structure of proteins and nucleic acids. Nucleic Acids Research, 38(Web Server issue): W529-533.

Aye S L, Fujiwara K, Ueki A, *et al.* 2018. Engineering of DNA polymerase I from *Thermus thermophilus* using compartmentalized self-replication. Biochemical and Biophysical Research Communications, 499(2): 170-176.

Baldwin A J, Busse K, Simm A M, *et al.* 2008. Expanded molecular diversity generation during directed evolution by trinucleotide exchange (trinex). Nucleic Acids Research, 36(13): e77.

Ban X, Wu J, Kaustubh B, Lahiri P, *et al.* 2020. Additional salt bridges improve the thermostability of 1,4-α-glucan branching enzyme. Food Chemistry, 316: 126348.

Barlow K A, Conchúir S, Thompson S, *et al.* 2018. Flex ddG: Rosetta ensemble-based estimation of changes in protein-protein binding affinity upon mutation. The Journal of Physical Chemistry B, 122(21): 5389-5399.

Belsare K D, Horn T, Ruff A J, *et al.* 2017. Directed evolution of P450cin for mediated electron transfer. Protein Engineering, Design and Selection, 30(2): 119-127.

Berka K, Hanak O, Sehnal D, *et al.* 2012. MOLEonline 2.0: Interactive web-based analysis of biomacromolecular channels. Nucleic Acids Research, 40(Web Server issue): W222-227.

Biewenga L, Saravanan T, Kunzendorf A, *et al.* 2019. Enantioselective synthesis of pharmaceutically active γ-aminobutyric acids using a tailor-made artificial michaelase in one-pot cascade reactions. ACS Catal, 9(2): 1503-1513.

Bittker J A, Le B V, Liu D R. 2002. Nucleic acid evolution and minimization by nonhomologous random recombination. Nature Biotechnology, 20(10): 1024-1029.

Bonk B M, Weis J W, Tidor B. 2019. Machine learning identifies chemical characteristics that promote enzyme catalysis. Journal of the American Chemical Society, 141(9): 4108-4118.

Burke A J, Lovelock S L, Frese A, *et al.* 2019. Design and evolution of an enzyme with a non-canonical organocatalytic mechanism. Nature, 570(7760): 219-223.

Buske F A, Their R, Gillam E M, *et al.* 2009. *In silico* characterization of protein chimeras: Relating sequence and function within the same fold. Proteins, 77(1): 111-120.

Buß O, Muller D, Jager S, *et al.* 2018. Improvement in the thermostability of a β-amino acid converting ω-transaminase by using foldX. ChemBioChem, 19(4): 379-387.

Cadet F, Fontaine N, Li G, *et al.* 2018. A machine learning approach for reliable prediction of amino acid interactions and its application in the directed evolution of enantioselective enzymes. Scientific Reports, 8(1): 16757.

Capriotti E, Fariselli P, Casadio R. 2005. I-Mutant2.0: Predicting stability changes upon mutation from the protein sequence or structure. Nucleic Acids Research, 33(Web Server issue): W306-310.

Cen Y, Singh W, Arkin M, *et al.* 2019. Artificial cysteine-lipases with high activity and altered catalytic mechanism created by laboratory evolution. Nat Commun, 10(1): 3198.

Chahardahcherik M, Ashrafi M, Ghasemi Y, *et al.* 2020. Effect of chemical modification with carboxymethyl dextran on kinetic and structural properties of *L*-asparaginase. Analytical Biochemistry, 591: 113537.

Chen F, Gaucher E A, Leal N A, *et al.* 2010. Reconstructed evolutionary adaptive paths give polymerases accepting reversible terminators for sequencing and SNP detection. Proceedings of the National Academy of Sciences of the United States of America, 107(5): 1948-1953.

Chen K, Arnold F H. 1993. Tuning the activity of an enzyme for unusual environments: Sequential random mutagenesis of subtilisin e for catalysis in dimethylformamide. Proceedings of the National Academy of Sciences of the United States of America, 90(12): 5618-5622.

Choi Y, Sims G E, Murphy S, *et al.* 2012. Predicting the functional effect of amino acid substitutions and indels. PLoS One, 7(10): e46688.

Chovancova E, Pavelka A, Benes P, *et al.* 2012. CAVER 3.0: A tool for the analysis of transport pathways in dynamic protein structures. PLoS Computational Biology, 8(10): e1002708.

Crooks G, Hon G, Chandonia J, *et al.* 2004. WebLogo: A sequence logo generator. Genome Research, 14: 1188-1190.

Dehouck Y, Kwasigroch J M, Gilis D, *et al.* 2011. PoPMuSiC 2.1: A web server for the estimation of protein stability changes upon mutation and sequence optimality. BMC Bioinformatics, 12: 151.

Dennig A, Shivange A V, Marienhagen J, *et al.* 2011. OmniChange: The sequence independent method for simultaneous site-saturation of five codons. PLoS One, 6(10): e26222.

Duan Y, Ba L, Gao J, *et al.* 2016. Semi-rational engineering of cytochrome CYP153a from *Marinobacter aquaeolei* for improved ω-hydroxylation activity towards oleic acid. Applied Microbiology and Biotechnology, 100(20): 8779-8788.

Dundas J, Ouyang Z, Tseng J, *et al.* 2006. CASTp: Computed atlas of surface topography of proteins with structural and topographical mapping of functionally annotated residues. Nucleic Acids Research, 34(Web Server issue): W116-118.

Elchinger P H, Delattre C, Faure S, *et al.* 2015. Immobilization of proteases on chitosan for the development of films with anti-biofilm properties. International Journal of Biological Macromolecules, 72: 1063-1068.

Engler C, Gruetzner R, Kandzia R, *et al.* 2009. Golden gate shuffling: A one-pot DNA shuffling method based on type iis restriction enzymes. PLoS One, 4(5): e5553.

Essadssi S, Krami A M, Elkhattabi L, *et al.* 2019. Computational analysis of nsSNPs of ADA gene in severe combined immunodeficiency using molecular modeling and dynamics simulation. J Immunol Res, 5902391.

Feng X, Sanchis J, Reetz M T, *et al.* 2012. Enhancing the efficiency of directed evolution in focused enzyme libraries by the adaptive substituent reordering algorithm. Chemistry, 18(18): 5646-5654.

Fox R J, Davis S C, Mundorff E C, *et al.* 2007. Improving catalytic function by ProSAR-driven enzyme evolution. Nature Biotechnology, 25(3): 338-344.

Fujii R, Kitaoka M, Hayashi K. 2004. One-step random mutagenesis by error-prone rolling circle amplification. Nucleic Acids Research, 32(19): e145.

George D C, Chakraborty C, Haneef S A, *et al.* 2014. Evolution- and structure-based computational strategy reveals the impact of deleterious missense mutations on MODY 2 (maturity-onset diabetes of the young, type 2). Theranostics, 4(4): 366-385.

Gibbs M D, Nevalainen K M, Bergquist P L. 2001. Degenerate oligonucleotide gene shuffling (DOGS): A method for enhancing the frequency of recombination with family shuffling. Gene, 271(1): 13-20.

Gonzalez-Perez D, Molina-Espeja P, Garcia-Ruiz E, *et al.* 2014. Mutagenic organized recombination process by homologous *in vivo* grouping (MORPHING) for directed enzyme evolution. PLoS One, 9(3): e90919.

Guerois R, Nielsen J E, Serrano L. 2002. Predicting changes in the stability of proteins and protein complexes: A study of more than 1000 mutations. Journal of Molecular Biology, 320(2): 369-387.

Gutierrez E A, Mundhada H, Meier T, *et al.* 2013. Reengineered glucose oxidase for amperometric glucose determination in diabetes analytics. Biosensors and Bioelectronics, 50: 84-90.

Han X, Wang X, Zhou K. 2019. Develop machine learning-based regression predictive models for engineering protein solubility. Bioinformatics, 35(22): 4640-4646.

Heath R S, Birmingham W R, Thompson M P, *et al.* 2019. An engineered alcohol oxidase for the oxidation of primary alcohols. ChemBioChem, 20(2): 276-281.

Hernandez M, Ghersi D, Sanchez R. 2009. SITEHOUND-web: A server for ligand binding site identification in protein structures. Nucleic Acids Research, 37(Web Server issue): W413-416.

Hill M E, Macpherson D J, Wu P, *et al.* 2016. Reprogramming caspase-7 specificity by regio-specific mutations and selection provides alternate solutions for substrate recognition. ACS Chemical Biology, 11(6): 1603-1612.

Hopf T A, Colwell L J, Sheridan R, *et al.* 2012. Three-dimensional structures of membrane proteins from genomic sequencing. Cell, 149(7): 1607-1621.

Hou Q, Kwasigroch J M, Rooman M, *et al.* 2020. SOLart: A structure-based method to predict protein solubility and aggregation. Bioinformatics, 36(5): 1445-1452.

Hsu T M, Welner D H, Russ Z N, *et al.* 2018. Employing a biochemical protecting group for a sustainable indigo dyeing strategy. Nature Chemical Biology, 14(3): 256-261.

Huang J, Xie D F, Feng Y. 2017. Engineering thermostable (*R*)-selective amine transaminase from *Aspergillus terreus* through *in silico* design employing B-factor and folding free energy calculations. Biochemical and Biophysical Research Communications, 483(1): 397-402.

Huffman M A, Fryszkowska A, Alvizo O, *et al.* 2019. Design of an *in vitro* biocatalytic cascade for the manufacture of islatravir. Science, 366(6470): 1255-1259.

Ibrahim I M, Abdelmalek D H, Elshahat M E, *et al.* 2020. COVID-19 spike-host cell receptor GRP78 binding site prediction. Journal of Infection, 80(5): 554-562.

Ihssen J, Jankowska D, Ramsauer T, *et al.* 2017. Engineered *Bacillus pumilus* laccase-like multi-copper oxidase for enhanced oxidation of the lignin model compound guaiacol. Protein Engineering, Design & Selection, 30(6): 449-453.

Ji L, Qiao Z, Zhang X, *et al.* 2019. Preparation of ganglioside GM1 by supercritical $CO_2$ extraction and immobilized sialidase. Molecules, 24(20): 3732.

Jiang W, Wang Y L, Fang B S. 2018. Resolution mechanism and characterization of an ammonium chloride-tolerant, high-thermostable, and salt-tolerant phenylalanine dehydrogenase from *Bacillus halodurans*. Applied Biochemistry and Biotechnology, 186(3): 789-804.

Jiang W, Zhuang Y, Wang S, *et al.* 2015. Directed evolution and resolution mechanism of 1,3-propanediol oxidoreductase from *Klebsiella pneumoniae* toward higher activity by error-prone PCR and bioinformatics. PLoS One, 10(11): e0141837.

Ke Y, Yuan X, Li J, *et al.* 2018. High-level expression, purification, and enzymatic characterization of a recombinant *Aspergillus sojae* alkaline protease in pichia pastoris. Protein Expression and Purification, 148: 24-29.

Kellogg E H, Leaver-Fay A, Baker D. 2011. Role of conformational sampling in computing mutation-induced changes in protein structure and stability. Proteins: Structure, Function and Bioinformatics, 79(3): 830-838.

Khersonsky O, Lipsh R, Avizemer Z, *et al.* 2018. Automated design of efficient and functionally diverse enzyme repertoires. Molecular Cell, 72(1): 178-186.e175.

Khurana S, Rawi R, Kunji K, *et al.* 2018. DeepSol: A deep learning framework for sequence-based protein solubility prediction. Bioinformatics, 34(15): 2605-2613.

Kille S, Acevedo-Rocha C G, Parra L P, *et al.* 2013. Reducing codon redundancy and screening effort of combinatorial protein libraries created by saturation mutagenesis. ACS Synth Biol, 2(2): 83-92.

Kim H, Hassouna F, Muzika F, *et al.* 2019. Urease adsorption immobilization on ionic liquid-like macroporous polymeric support. Journal of Materials Science, 54(24): 14884-14896.

Kipnis Y, Dellus-Gur E, Tawfik D S. 2012. TRINS: A method for gene modification by randomized tandem repeat insertions. Protein Engineering, Design & Selection, 25(9): 437-444.

Krissinel E, Henrick K. 2007. Inference of macromolecular assemblies from crystalline state. Journal of Molecular Biology, 372(3): 774-797.

Kuipers R K, Joosten H J, van Berkel W J H, *et al.* 2010. 3DM: Systematic analysis of heterogeneous superfamily data to discover protein functionalities. Proteins-Structure Function and Bioinformatics, 78(9): 2101-2113.

La D, Esquivel-Rodriguez J, Venkatraman V, *et al.* 2009. 3D-SURFER: Software for high-throughput protein surface comparison and analysis. Bioinformatics, 25(21): 2843-2844.

La I J, Kim J, Kim J R, *et al.* 2002. Activation changes of *Hafnia alvei* aspartase by acetic anhydride. Bulletin of the Korean Chemical Society, 23(8): 1057-1061.

Laskowski R A, Swindells M B. 2011. LigPlot+: Multiple ligand-protein interaction diagrams for drug discovery. Journal of Chemical Information and Modeling, 51(10): 2778-2786.

Laurie A T, Jackson R M. 2005. Q-SiteFinder: An energy-based method for the prediction of protein-ligand binding sites. Bioinformatics, 21(9): 1908-1916.

Leung D W, Chen E, Goeddel D V. 1989. A method for random mutagenesis of a defined DNA segment using a modified polymerase chain reaction. Technique, 1: 11-15.

Li A, Ilie A, Sun Z, *et al.* 2016. Whole-cell-catalyzed multiple regio- and stereoselective functionalizations in cascade reactions enabled by directed evolution. Angewandte Chemie International Edition, 55(39): 12026-12029.

Li A, Qu G, Sun Z, *et al.* 2019. Statistical analysis of the benefits of focused saturation mutagenesis in directed evolution based on reduced amino acid alphabets. ACS Catalysis, 9(9): 7769-7778.

Li C, Li J, Wang R, *et al.* 2018. Substituting both the N-terminal and "cord" regions of a xylanase from *Aspergillus oryzae* to improve its temperature characteristics. Applied Biochemistry and Biotechnology, 185: 1044-1059.

Li G, Maria-Solano M A, Romero-Rivera A, *et al.* 2017. Inducing high activity of a thermophilic enzyme at ambient temperatures by directed evolution. Chemical Communications, 53(68): 9454-9457.

Li L, Yan J S, Yu S T, *et al.* 2018. Stability and activity of cellulase modified with polyethylene glycol (peg) at different amino groups in the ionic liquid [$C_2$OHmim][OAc]. Chemical Engineering Communications, 205(7): 986-990.

Li Y, Wang S, Umarov R, *et al.* 2018. DEEPre: Sequence-based enzyme EC number prediction by deep learning. Bioinformatics, 34(5): 760-769.

Liang F, Feng X, Lowry M, *et al.* 2005. Maximal use of minimal libraries through the adaptive substituent reordering algorithm. The Journal of Physical Chemistry B, 109(12): 5842-5854.

Liao H, McKenzie T, Hageman R. 1986. Isolation of a thermostable enzyme variant by cloning and selection in a thermophile. Proceedings of the National Academy of Sciences of the United States of America, 83(3): 576-580.

Liao J, Warmuth M K, Govindarajan S, *et al.* 2007. Engineering proteinase K using machine learning and synthetic genes. BMC Biotechnology, 7: 16.

Liu B, Qu G, Li J K, *et al.* 2019b. Conformational dynamics-guided loop engineering of an alcohol dehydrogenase: Capture, turnover and enantioselective transformation of difficult-to-reduce ketones. Advanced Synthesis & Catalysis, 361(13): 3182-3190.

Liu J, Cropp T A. 2012. A method for multi-codon scanning mutagenesis of proteins based on asymmetric transposons. Protein Engineering Design & Selection, 25(2): 67-72.

Liu M Q, Li J Y, Rehman A U, *et al.* 2019a. Laboratory evolution of GH11 endoxylanase through DNA shuffling: Effects of distal residue substitution on catalytic activity and active site architecture. Front Bioeng Biotechnol, 7: 350.

Luan Z J, Li F L, Dou S, *et al.* 2015. Substrate channel evolution of an esterase for the synthesis of cilastatin. Catalysis Science & Technology, 5(5): 2622-2629.

Luhe A L, Ting E N Y, Tan L, *et al.* 2010. Engineering of small sized DNAs by error-prone multiply-primed rolling circle amplification for introduction of random point mutations. Journal of Molecular Catalysis B: Enzymatic, 67(1): 92-97.

Lutz S, Ostermeier M, Moore G L, *et al.* 2001. Creating multiple-crossover DNA libraries independent of sequence identity. Proceedings of the National Academy of Sciences of the United States of America, 98(20): 11248-11253.

Lyons J, Dehzangi A, Heffernan R, *et al.* 2014. Predicting backbone $C_\alpha$ angles and dihedrals from protein sequences by stacked sparse auto-encoder deep neural network. Journal of Computational Chemistry, 35(28): 2040-2046.

Ma B G, Berezovsky I N. 2010. The MBLOSUM: A server for deriving mutation targets and position-specific substitution rates. Journal of Biomolecular Structure and Dynamics, 28(3): 415-419.

Ma S K, Gruber J, Davis C, *et al.* 2010. A green-by-design biocatalytic process for atorvastatin intermediate. Green Chemistry, 12(1): 81-86.

Marienhagen J, Dennig A, Schwaneberg U. 2012. Phosphorothioate-based DNA recombination: An enzyme-free method for the combinatorial assembly of multiple DNA fragments. BioTechniques, 52(5): 26307251.

McWethy S J, Hartman P A. 1977. Purification and some properties of an extracellular alpha-amylase from *Bacteroides amylophilus*. Journal of Bacteriology, 129(3): 1537-1544.

Mighell T L, Evans-Dutson S, O'Roak B J. 2018. A saturation mutagenesis approach to understanding PTEN lipid phosphatase activity and genotype-phenotype relationships. American Journal of Human Genetics, 102(5): 943-955.

Mihalek I, Res I, Lichtarge O. 2004. A family of evolution-entropy hybrid methods for ranking protein residues by importance. Journal of Molecular Biology, 336(5): 1265-1282.

Mills D R, Peterson R L, Spiegelman S. 1967. An extracellular Darwinian experiment with a self-duplicating nucleic acid molecule. Proceedings of the National Academy of Sciences of the United States of America, 58(1): 217-224.

Mo H, Qiu J, Yang C, *et al.* 2020. Preparation and characterization of magnetic polyporous biochar for cellulase immobilization by physical adsorption. Cellulose, 27(9): 4963-4973.

Morley K L, Kazlauskas R J. 2005. Improving enzyme properties: When are closer mutations better? Trends in Biotechnology, 23(5): 231-237.

Murakami C, Ohmae E, Tate S, *et al.* 2010. Cloning and characterization of dihydrofolate reductases from deep-sea bacteria. Journal of Biochemistry, 147(4): 591-599.

Naz F, Singh P, Islam A, *et al.* 2016. Human microtubule affinity-regulating kinase 4 is stable at extremes of pH. Journal of Biomolecular Structure and Dynamics, 34(6): 1241-1251.

Ng P C, Henikoff S. 2003. SIFT: Predicting amino acid changes that affect protein function. Nucleic Acids Research, 31(13): 3812-3814.

O'Maille P E, Bakhtina M, Tsai M D. 2002. Structure-based combinatorial protein engineering (scope).

Journal of Molecular Biology, 321(4): 677-691.

Ouyang F, Zhao M. 2019. Enhanced catalytic efficiency of CotA-laccase by DNA shuffling. Bioengineered, 10(1): 182-189.

Pai J C, Entzminger K C, Maynard J A. 2012. Restriction enzyme-free construction of random gene mutagenesis libraries in *Escherichia coli*. Analytical Biochemistry, 421(2): 640-648.

Pal A, Tripathi A. 2016. An *in silico* approach to elucidate structure based functional evolution of oxacillinase. Computational Biology and Chemistry, 64: 145-153.

Pantazes R J, Saraf M C, Maranas C D. 2007. Optimal protein library design using recombination or point mutations based on sequence-based scoring functions. Protein Engineering, Design & Selection, 20(8): 361-373.

Pardo I, Rodriguez-Escribano D, Aza P, *et al.* 2018. A highly stable laccase obtained by swapping the second cupredoxin domain. Scientific Reports, 8(1): 15669.

Park H, Bradley P, Greisen P, *et al.* 2016. Simultaneous optimization of biomolecular energy functions on features from small molecules and macromolecules. Journal of Chemical Theory and Computation, 12(12): 6201-6212.

Parthiban V, Gromiha M M, Schomburg D. 2006. CUPSAT: Prediction of protein stability upon point mutations. Nucleic Acids Research, 34: W239-W242.

Pavelka A, Chovancova E, Damborsky J. 2009. HotSpot Wizard: A web server for identification of hot spots in protein engineering. Nucleic Acids Research, 37: W376-W383.

Pawlowski A C, Stogios P J, Koteva K, *et al.* 2018. The evolution of substrate discrimination in macrolide antibiotic resistance enzymes. Nature Communications, 9(1): 112.

Po K H L, Chan E W C, Chen S. 2017. Functional characterization of CTX-M-14 and CTX-M-15 β-lactamases by *in vitro* DNA shuffling. Antimicrobial Agents and Chemotherapy, 61(12).

Pour R R, Ehibhatiomhan A, Huang Y, *et al.* 2019. Protein engineering of *Pseudomonas fluorescens* peroxidase Dyp1B for oxidation of phenolic and polymeric lignin substrates. Enzyme and Microbial Technology, 123: 21-29.

Qu G, Li A, Acevedo-Rocha C G, *et al.* 2020. The crucial role of methodology development in directed evolution of selective enzymes. Angewandte Chemie International Edition, 59(32): 13204-13231.

Qu G, Liu B, Zhang K, *et al.* 2019. Computer-assisted engineering of the catalytic activity of a carboxylic acid reductase. Journal of Biotechnology, 306: 97-104.

Qu G, Lonsdale R, Yao P, *et al.* 2018. Methodology development in directed evolution: Exploring options when applying triple-code saturation mutagenesis. ChemBioChem, 19(3): 239-246.

Ravikumar A, Arzumanyan G A, Obadi M K A, *et al.* 2018. Scalable, continuous evolution of genes at mutation rates above genomic error thresholds. Cell, 175(7): 1946-1957.e1913.

Reetz M T, Bocola M, Carballeira J D, *et al.* 2005. Expanding the range of substrate acceptance of enzymes: Combinatorial active-site saturation test. Angewandte Chemie International Edition, 44(27): 4192-4196.

Reetz M T, Carballeira J D. 2007. Iterative saturation mutagenesis (ISM) for rapid directed evolution of functional enzymes. Nature Protocols, 2(4): 891-903.

Romero P A, Krause A, Arnold F H. 2013. Navigating the protein fitness landscape with gaussian processes. Proceedings of the National Academy of Sciences of the United States of America, 110(3): E193-201.

Rousseau O E, Maximilian C C J C, Quaglia D, *et al.* 2019. Indigo formation and rapid NADPH consumption provide robust prediction of raspberry ketone synthesis by engineered cytochrome P450 BM3. ChemCatChem, 12(3): 837-845.

Saito Y, Oikawa M, Nakazawa H, *et al.* 2018. Machine-learning-guided mutagenesis for directed evolution of fluorescent proteins. ACS Synth Biol, 7(9): 2014-2022.

Salentin S, Schreiber S, Haupt V J, *et al.* 2015. PLIP: Fully automated protein-ligand interaction profiler. Nucleic Acids Research, 43(W1): W443-W447.

Saraf M C, Gupta A, Maranas C D. 2005. Design of combinatorial protein libraries of optimal size. Proteins, 60(4): 769-777.

Savile C K, Janey J M, Mundorff E C, *et al.* 2010. Biocatalytic asymmetric synthesis of chiral amines from ketones applied to sitagliptin manufacture. Science, 329(5989): 305-309.

Schlee S, Straub K, Schwab T, *et al.* 2019. Prediction of quaternary structure by analysis of hot spot residues in protein-protein interfaces: The case of anthranilate phosphoribosyltransferases. Proteins: Structure, Function, and Bioinformatics, 87(10): 815-825.

Schmidtke P, Le Guilloux V, Maupetit J, *et al.* 2010. Fpocket: Online tools for protein ensemble pocket detection and tracking. Nucleic Acids Research, 38(Web Server issue): W582-589.

Seifi M, Walter M A. 2018. Accurate prediction of functional, structural, and stability changes in PITX2 mutations using in silico bioinformatics algorithms. PLoS One, 13(4): e0195971.

Shao Z, Zhao H, Giver L, *et al.* 1998. Random-priming *in vitro* recombination: An effective tool for directed evolution. Nucleic Acids Research, 26(2): 681-683.

Singh G, Jayadev Magani S K, Sharma R, *et al.* 2019. Structural, functional and molecular dynamics analysis of cathepsin B gene SNPs associated with tropical calcific pancreatitis, a rare disease of tropics. PeerJ, 7: e7425.

Sønderby S K, Winther O. 2014. Protein secondary structure prediction with long short term memory networks. arXiv: 1412.7828.

Song L, Tsang A, Sylvestre M. 2015. Engineering a thermostable fungal GH10 xylanase, importance of N-terminal amino acids. Biotechnology and Bioengineering, 112(6): 1081-1091.

Stemmer W P. 1994. Rapid evolution of a protein *in vitro* by DNA shuffling. Nature, 370: 389-391.

Stierand K, Rarey M. 2010. Drawing the PDB: Protein-ligand complexes in two dimensions. ACS Medicinal Chemistry Letters, 1(9): 540-545.

Sun Z, Liu Q, Qu G, *et al.* 2019. Utility of B-factors in protein science: Interpreting rigidity, flexibility, and internal motion and engineering thermostability. Chemical Reviews, 119: 1626-1665.

Sun Z, Lonsdale R, Ilie A, *et al.* 2016b. Catalytic asymmetric reduction of difficult-to-reduce ketones: Triple-code saturation mutagenesis of an alcohol dehydrogenase. ACS Catalysis, 6(3): 1598-1605.

Sun Z, Lonsdale R, Wu L, *et al.* 2016a. Structure-guided triple-code saturation mutagenesis: Efficient tuning of the stereoselectivity of an epoxide hydrolase. ACS Catalysis, 6(3): 1590-1597.

Sun Z, Wikmark Y, Backvall J E, *et al.* 2016c. New concepts for increasing the efficiency in directed evolution of stereoselective enzymes. Chemistry, 22(15): 5046-5054.

Sun Z, Wu L, Bocola M, *et al.* 2018. Structural and computational insight into the catalytic mechanism of limonene epoxide hydrolase mutants in stereoselective transformations. Journal of the American Chemical Society, 140(1): 310-318.

Sutiono S, Satzinger K, Pick A, *et al.* 2019. To beat the heat-engineering of the most thermostable pyruvate decarboxylase to date. RSC Advances, 9(51): 29743-29746.

Tang L, Gao H, Zhu X, *et al.* 2012. Construction of "small-intelligent" focused mutagenesis libraries using well-designed combinatorial degenerate primers. BioTechniques, 52(3): 149-158.

Tanghe M, Danneels B, Last M, *et al.* 2017. Disulfide bridges as essential elements for the thermostability of lytic polysaccharide monooxygenase LPMO10C from *Streptomyces coelicolor*. Protein Engineering Design and Selection, 30(5): 401-408.

Thomas P D, Campbell M J, Kejariwal A, *et al.* 2003. PANTHER: A library of protein families and subfamilies indexed by function. Genome Research, 13(9): 2129-2141.

Voigt C A, Martinez C, Wang Z G, *et al.* 2002. Protein building blocks preserved by recombination. Nature Structural Biology, 9(7): 553-558.

Wang H, Zhang L, Wang Y, *et al.* 2020. Engineering the heparin-binding pocket to enhance the catalytic efficiency of a thermostable heparinase III from *Bacteroides thetaiotaomicron*. Enzyme and Microbial Technology, 137: 109549.

Wang Q, Wu H, Wang A, *et al.* 2010. Prospecting metagenomic enzyme subfamily genes for DNA family shuffling by a novel PCR-based approach. Journal of Biological Chemistry, 285(53): 41509-41516.

Wang S, Weng S, Ma J, *et al.* 2015b. DeepCNF-D: Predicting protein order/disorder regions by weighted deep convolutional neural fields. International Journal of Molecular Sciences, 16(8): 17315-17330.

Wang X, Lin H, Zheng Y, *et al.* 2015a. MDC-analyzer-facilitated combinatorial strategy for improving the activity and stability of halohydrin dehalogenase from *Agrobacterium radiobacter* AD1. Journal of Biotechnology, 206: 1-7.

Wang X, Ma R, Xie X, *et al.* 2017. Thermostability improvement of a *Talaromyces leycettanus* xylanase by rational protein engineering. Scientific Reports, 7(1): 15287.

Wang X, Nie Y, Xu Y. 2018. Improvement of the activity and stability of starch-debranching pullulanase from *Bacillus naganoensis* via tailoring of the active sites lining the catalytic pocket. Journal of Agricultural and Food Chemistry, 66(50): 13236-13242.

Wang Y, Wang Q, Hou Y. 2020. A new cold-adapted and salt-tolerant glutathione reductase from antarctic psychrophilic bacterium *Psychrobacter* sp. and its resistance to oxidation. International Journal of Molecular Sciences, 21(2): 420.

Wehrmann M, Klebensberger J. 2018. Engineering thermal stability and solvent tolerance of the soluble quinoprotein PedE from *Pseudomonas putida* KT2440 with a heterologous whole-cell screening approach. Microbial Biotechnology, 11(2): 399-408.

Wells J A, Vasser M, Powers D B. 1985. Cassette mutagenesis: An efficient method for generation of multiple mutations at defined sites. Gene, 34(2-3): 315-323.

Wong T S, Roccatano D, Loakes D, *et al.* 2008. Transversion-enriched sequence saturation mutagenesis (SeSam-Tv+): A random mutagenesis method with consecutive nucleotide exchanges that complements the bias of error-prone PCR. Biotechnology Journal, 3(1): 74-82.

Wong T S, Tee K L, Hauer B, *et al.* 2004. Sequence saturation mutagenesis (SeSaM): A novel method for directed evolution. Nucleic Acids Research, 32(3): e26.

Wu Z, Kan S B J, Lewis R D, *et al.* 2019. Machine learning-assisted directed protein evolution with combinatorial libraries. Proceedings of the National Academy of Sciences of the United States of America, 116(18): 8852-8858.

Xia W, Xu X, Qian L, *et al.* 2016. Engineering a highly active thermophilic β-glucosidase to enhance its pH stability and saccharification performance. Biotechnol Biofuels, 9: 147.

Xiong Y, Gao J, Zheng J, *et al.* 2011. Effects of succinic anhydride modification on laccase stability and phenolics removal efficiency. Chinese Journal of Catalysis, 32(9): 1584-1591.

Xu L, Han F, Dong Z, *et al.* 2020. Engineering improves enzymatic synthesis of *L*-tryptophan by tryptophan synthase from *Escherichia coli*. Microorganisms, 8(4): 519.

Yaffe E, Fishelovitch D, Wolfson H J, *et al.* 2008. MolAxis: A server for identification of channels in macromolecules. Nucleic Acids Research, 36(Web Server issue): W210-215.

Yang J, Ruff A J, Arlt M, *et al.* 2017. Casting epPCR (cepPCR): A simple random mutagenesis method to generate high quality mutant libraries. Biotechnology and Bioengineering, 114(9): 1921-1927.

Yang M, Fehl C, Lees K V, *et al.* 2018. Functional and informatics analysis enables glycosyltransferase activity prediction. Nature Chemical Biology, 14(12): 1109-1117.

Yin X, Li J F, Wang C J, *et al.* 2015. Improvement in the thermostability of a type a feruloyl esterase, AuFaeA, from *Aspergillus usamii* by iterative saturation mutagenesis. Applied Microbiology and Biotechnology, 99(23): 10047-10056.

Yoon J H, Nam J S, Kim K J, *et al.* 2014. Characterization of *pncA* mutations in pyrazinamide-resistant *Mycobacterium tuberculosis* isolates from Korea and analysis of the correlation between the mutations and pyrazinamidase activity. World Journal of Microbiology and Biotechnology, 30(11): 2821-2828.

You C, Zhang Y H P. 2012. Easy preparation of a large-size random gene mutagenesis library in *Escherichia coli*. Analytical Biochemistry, 428(1): 7-12.

Zha D X, Eipper A, Reetz M T. 2003. Assembly of designed oligonucleotides as an efficient method for gene recombination: A new tool in directed evolution. ChemBioChem, 4(1): 34-39.

Zhang L, Cui H, Zou Z, *et al.* 2019a. Directed evolution of a bacterial laccase (CueO) for enzymatic biofuel cells. Angewandte Chemie International Edition in English, 58(14): 4562-4565.

Zhang P, Zhang J, Zhang L, *et al.* 2019b. Structure-based design of agarase AgWH50C from *Agarivorans gilvus* WH0801 to enhance thermostability. Applied Microbiology and Biotechnology, 103(3): 1289-1298.

Zhang Z, Li Y, Lin B, *et al.* 2011. Identification of cavities on protein surface using multiple computational approaches for drug binding site prediction. Bioinformatics, 27(15): 2083-2088.

Zhao F J, Liu Y, Pei X Q, *et al.* 2017. Single mutations of ketoreductase ChKRED20 enhance the bioreductive production of (1*S*)-2-chloro-1-(3,4-difluorophenyl) ethanol. Applied Microbiology and Biotechnology, 101(5): 1945-1952.

Zhao H, Giver L, Shao Z, *et al.* 1998. Molecular evolution by staggered extension process (step) *in vitro* recombination. Nature Biotechnology, 16(3): 258-261.

# 第7章

# 酶的高效筛选

马富强　冯　雁　杨广宇

上海交通大学

通过蛋白质工程技术提高天然酶的活性、拓宽催化范围、改善催化特性，不仅可以为生物技术产业提供高效的生物催化剂（Hult and Berglund，2003；Arnold，2019；Hammer *et al.*，2017），而且对加深理解酶催化与底物识别机制、阐明酶分子进化历程具有重要意义（Trudeau and Tawfik，2019；Yang *et al.*，2020）。定向进化是重要的酶非理性设计途径，它利用自然进化原理，通过随机突变和高通量筛选，可以快速塑造和增强酶功能，近年来已成为国际学术界关注的焦点（Zeymer and Hilvert，2018；Stemmer，1994；Fasan *et al.*，2019；Acevedo-Rocha *et al.*，2018）。然而，蛋白质随机突变库具有极大的容量，如在由200个氨基酸组成的蛋白质中随机引入3个突变位点，就可以产生90亿（$9\times10^9$）种不同的突变体（表7.1）。而常规筛选方法所能筛选的库容量通常只有$10^3$～$10^5$，仅占突变库总容量很小的一部分，导致筛选数量不足成为许多定向进化项目失败的原因。发展高效、高灵敏度的新型酶高通量筛选技术，探索更大的蛋白质序列空间，显著提升获得性质优良的突变体的概率，是酶工程领域的重要内容。

表7.1　随机突变库中突变酶的理论数量

| 含随机突变位点数量 | 蛋白质序列长度（aa） | | |
|---|---|---|---|
| | 5 | 10 | 200 |
| 1 | 95 | 190 | 3 800 |
| 2 | 3 610 | 16 245 | 7 183 900 |
| 3 | 68 590 | 823 080 | 9 008 610 600 |
| 4 | 651 605 | 27 367 410 | 8 429 807 368 950 |
| 5 | 2 476 099 | 623 976 948 | 6 278 520 528 393 960 |
| 6 | | 9 879 635 010 | 3 876 986 426 283 270 300 |
| 7 | | 107 264 608 680 | 2 041 510 281 040 019 189 400 |

突变体理论总数

目前酶工程领域的高通量筛选方法主要包括：孔板筛选、流式细胞仪单细胞筛选、液滴微流控筛选技术、展示技术、生长偶联等（Hanes and Plückthun，1997；Zeymer and Hilvert，2018；Vasina *et al.*，2020；Orencia *et al.*，2001；MacBeath *et al.*，1998；Amstutz *et al.*，2002；Seelig and Szostak，2007）。其中孔板筛选（如 96 孔板或 384 孔板）是应用最广泛的酶活性筛选方法，该方法操作简便、通用性好，因此被广泛用于酶基因文库的筛选。但孔板筛选也存在操作工作量大、筛选通量相对低（不超过 $10^5$）等缺点，仅能对突变库中很小的一部分突变体进行筛选。遗传选择系统（genetics election system）将酶活性与宿主细胞的生长速度偶联起来，极大地提高了筛选通量（Reetz *et al.*，2008；Boersma *et al.*，2008），每天可以筛选超过 $10^9$ 个突变体。但由于该方法需要经过特殊遗传改造的缺陷型菌株及配套的底物分子，开发难度很高，从而限制了其广泛应用。表面展示技术（如噬菌体展示、核糖体展示等）将突变蛋白展示在载体表面，在筛选抗体或酶对特定靶标的亲和力方面具有较高的通量（可达 $10^{10}$），但只能用于分子量较小的蛋白质或酶（He and Khan，2005）。荧光激活细胞分选（fluorescence-activated cell sorting，FACS）是流式细胞仪的一种应用，该筛选系统通过建立酶活性与宿主细胞荧光信号的偶联，最终将酶活性转化为宿主细胞的荧光信号，再使用流式细胞仪根据细胞荧光信号的强弱进行筛选，可以在每天超过 $10^8$ 通量对突变体进行定量筛选，显著提高了对大容量酶突变库的处理能力（Yang and Withers，2009；Becker *et al.*，2004），但其局限性在于需要设计较为复杂的荧光偶联策略。液滴微流控筛选技术，又称荧光激活液滴分选（fluorescence activated droplet sorting，FADS）技术，是近年来发展起来的超高通量筛选新技术（Agresti *et al.*，2010）。FADS 筛选将单细胞酶反应体系包裹在微液滴中，再利用微流控芯片根据微反应器中酶催化产生的荧光信号强度来对酶活性进行高效定量及筛选，通量可以达到每天 1000 万（$10^7$）个突变体。FADS 的优点在于其高度的灵活性，只要有合适的荧光底物即可进行筛选，目前已可用于多种重要酶类的筛选和进化（Colin *et al.*，2015；Larsen *et al.*，2016；Ostafe *et al.*，2014a，2014b）。后文将分别介绍这几种高通量筛选方法。

## 7.1 孔板筛选

### 7.1.1 孔板筛选的流程和策略

孔板筛选即利用微孔板（通常为 96 孔板或 384 孔板）中酶反应导致的光学信号变化，利用酶标仪检测来对酶突变库进行筛选的技术。在孔板筛选过程中，首先需要将突变库制备成单菌落，再将每个单菌落接种到对应的微孔中进行单菌落的培养及突变酶的表达，培养后的菌体经过离心、细胞裂解、重悬、再离心，制备成为粗酶液，之后通过加入底物来触发酶反应，产生光学信号。人们常利用酶标仪来检测突变酶的活性（图 7.1）。

由于孔板筛选方法操作简单、通用性很强，能够用于几乎所有类型酶的筛选，因此成为目前酶突变库筛选最常用的方法（Watt *et al.*，2000；Peng *et al.*，2006）。酶标仪可以很容易地对 96 孔板中的样品进行可见光、紫外光（UV）、荧光和化学发光信号检测，为大容量突变库筛选提供了自动化的样品检测方法。然而，孔板筛选的主要缺点在于筛选通量较低，如果仅依靠人工操作，每天仅可以筛选不到 1000 个突变体（Xiao *et al.*，2015）。为了提升筛选通量，人们开发了很多配套的自动化设备，如菌落自动挑取仪、微孔板摇床、自动化移液工作站、多轴机械手等（Sundberg，2000）。随着液体处理技术和自动化技术的进步，微孔板上面的孔数也从 96 孔（100～200 μl/孔）逐步发展到 384

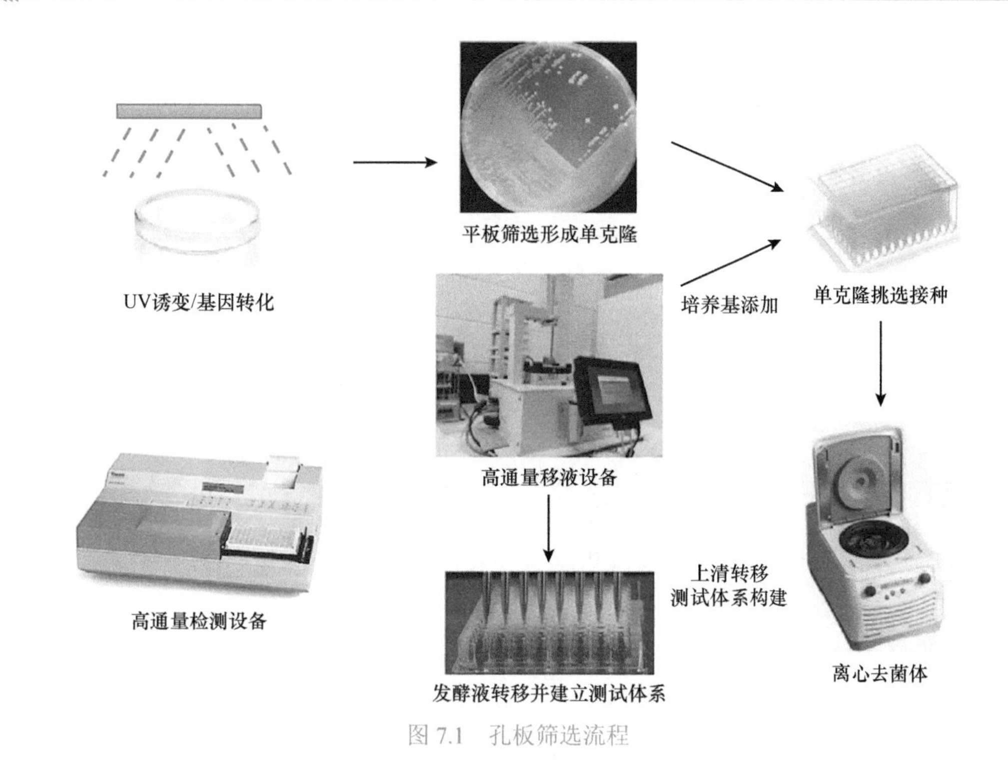


图 7.1 孔板筛选流程

孔（30～100 μl/孔），甚至 1536 孔（2.5～10 μl/孔），一些学者用约 200 nl 的小体积微柱取代微孔，每个标准大小的孔板所容纳的样本数量甚至可以进一步增加到 100 000 个（Lafferty and Dycaico，2004；Rule and Henion，1999；Mayr and Bojanic，2009）。

### 7.1.2 酶筛选底物设计

目前，比色法和荧光法是酶高通量筛选的主流技术方法。带生色基团或荧光基团的酶底物参与的催化反应最容易实现高通量筛选（Mattanovich and Borth，2006；Agresti *et al.*，2010），通过使用比色（或荧光）检测器检测反应过程中显色底物（或荧光底物）的颜色（或荧光）变化而产生的信号，可以有效地监测微孔板中酶反应的进行速度。大部分荧光和显色底物都是带高酸度的苯酚或苯胺离去基团，当前广泛应用的是以硝基苯和伞形酮衍生物等作为底物的检测方法。例如，Maeda 课题组以荧光素为母体，引入了吸电子的 2,4-二硝基苯磺酰基氯，设计了荧光探针底物。由于该底物存在分子内电荷转移效应，因此其本身不带荧光，当含巯基化合物与该底物发生芳环的亲核取代而磺酸酯键断裂，2,4-二硝基苯磺酰基离去，从而释放出具有荧光的荧光素（Maeda *et al.*，2005）。但这类底物通常不够稳定，反应特异性差，反应速度快，比普通底物高出几个数量级，不适用于一些难转化的和难合成的反应、粗酶催化的反应、反应条件剧烈的反应（高温、高 pH 等），从而缩小了其应用范围。

随着化学生物学技术的发展，人们设计合成了多种性质稳定、信号更加灵敏的酶底物。例如，Miller（2010）通过人工设计，将磺化分子设计成磺酸盐酯的形式，开发了高度水溶性的新型荧光基团。Ma 等（2016）受此启发，通过将这种具有高度反应性和不稳定的硝基酚酸酯转化为稳定的酚醚，并且附加一个高度疏水的酶切部分，从而为酯酶、糖苷酶等常见的工业酶设计了新的荧光底物（图 7.2，图 7.3）。

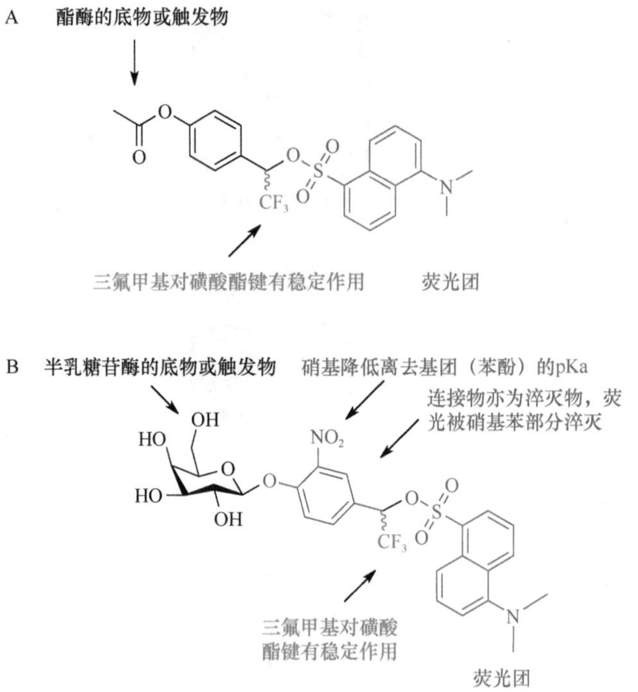

图 7.2 荧光探针底物举例

A. Miller（2010）设计的酯酶荧光探针；B. Ma 等（2016）设计的半乳糖苷酶荧光探针

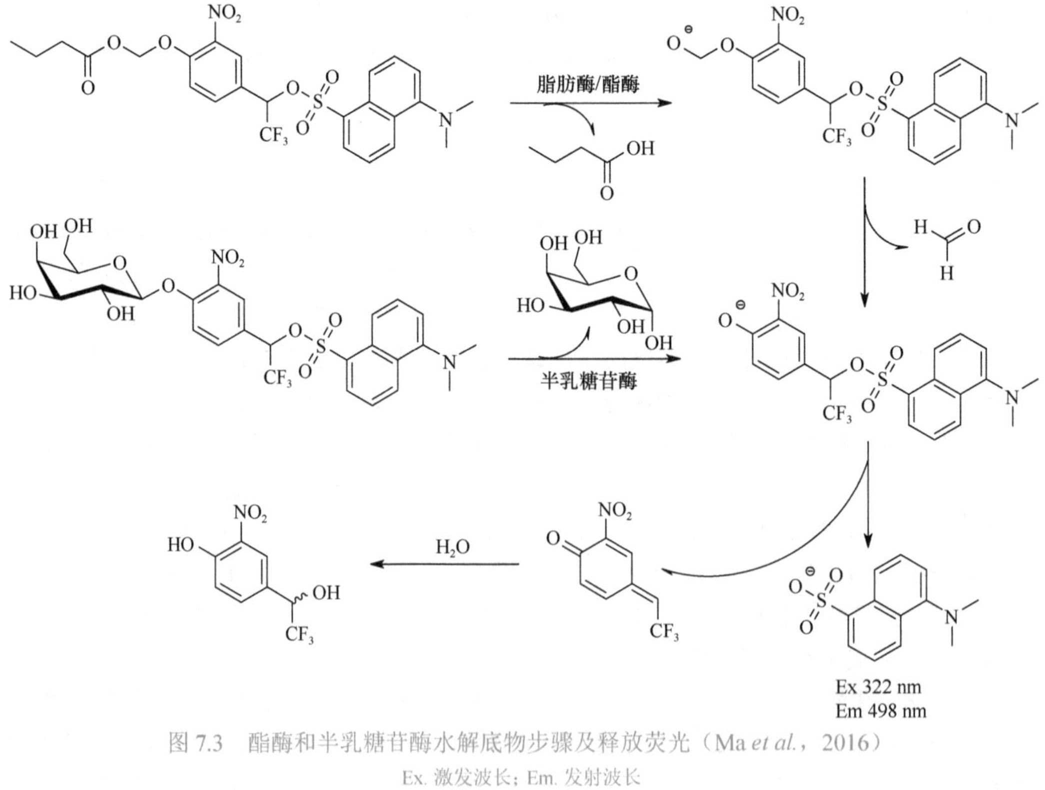

图 7.3 酯酶和半乳糖苷酶水解底物步骤及释放荧光（Ma *et al.*，2016）

Ex. 激发波长；Em. 发射波长

### 7.1.3 多酶级联检测体系

大多数酶在催化其天然底物的过程中，并不直接产生可以检测到的光学信号。但是，许多酶催化过程中经常能够产生不同的副产物（表 7.2），而这些副产物能够与显色（或荧光）底物在另一种酶的催化下产生可检测到的光学信号。这样，根据酶催化底物反应式，就能够通过对其释放辅因子的方法间接地对酶活性进行分析，这种由两种或者两种以上的酶组成的检测体系被称为多酶级联检测体系（图 7.4）。由于多酶级联检测体系具有不受非天然底物造成的假阳性干扰、灵活性强、适用范围广等优点，被广泛应用于多种酶类的检测和筛选。

表 7.2 部分酶类反应及其副产物（引自 Lin *et al.*，2017）

| 酶家族 | 副产物 | 举例 |
| --- | --- | --- |
| 氧化酶 | 过氧化氢（$H_2O_2$） | 长链醇氧化酶 |
| 磷酸核糖转移酶、辅酶 A 连接酶、合酶 | 焦磷酸（PPi） | 紫杉烯合成酶 |
| 脱氢酶 | 还原型烟酰胺腺嘌呤二核苷酸（磷酸）(NAD(P)H) | 吗啡脱氢酶 |
| 酰基转移酶和水解酶 | 辅酶 A（CoA） | 醇乙酰转移酶 |
| 辅酶 A 转移酶和脱羧酶 | 乙酰辅酶 A（acetyl-CoA） | 丙二酸辅酶 A脱羧酶 |
| 甲基转移酶 | *S*-腺苷-*L*-同型半胱氨酸（AdoHcy） | 白藜芦醇-*O*-甲基转移酶 |
| 激酶 | 二磷酸腺苷（ADP） | 甲羟戊酸激酶 |

$H_2O_2$ + Amplex UltraRed $\xrightarrow{\text{HRP}}$ $H_2O$ + 1/2 $O_2$ + 试卤灵 (Ex:530 nm/Em:590 nm)

PPi + PEP $\xrightarrow{\text{PPDK}}$ 丙酮酸 + ATP => 丙酮酸 + Pi $\xrightarrow{\text{POX}}$ $H_2O_2$

NAD(P)H + 刃天青 $\xrightarrow{\text{心肌黄酶}}$ $NAD(P)^+$ + 刃天青 (Ex:530 nm/Em:590 nm)

CoA + $\alpha$-KG + Cys + $NAD^+$ $\xrightarrow{\alpha\text{-KGDH}}$ Succinyl-CoA + $CO_2$ + NADH (Abs:340 nm)

acetyl-CoA + OAA $\xrightarrow{\text{CS}}$ 柠檬酸 + CoA

AdoHcy $\xrightarrow{\text{AdoHcy核苷酶}}$ *S*-核糖同型半胱氨酸 $\xrightarrow{\text{LuxS}}$ 同型半胱氨酸 $\xrightarrow{\text{DTNB}}$ TNB (Abs:412 nm)

ADP + 葡萄糖 $\xrightarrow{\text{ADPGK}}$ AMP + 6-G-P => 6-G-P + $NADP^+$ $\xrightarrow{\text{G6PDH}}$ 6-磷酸葡萄糖酸 + NADPH (Abs:340 nm)

图 7.4 不同副产物的显色及荧光反应式（Lin *et al.*，2017）

Amplex UltraRed. 一种荧光探针；HRP. 辣根过氧化物酶；PEP. 磷酸烯醇丙酮酸；PPDK. 丙酮酸磷酸双激酶；POX. 过氧化物酶；$\alpha$-KG. $\alpha$-酮戊二酸；Cys. 半胱氨酸；$NAD^+$. 烟酰胺腺嘌呤二核苷酸；$\alpha$-KGDH. $\alpha$-酮戊二酸脱氢酶；Succinyl-CoA. 琥珀酰辅酶；OAA. 草酰乙酸；CS. 柠檬酸合成酶；LuxS. *S*-核糖同型半胱氨酸裂解酶；DTNB. 5,5′-二硫代双-(2-硝基苯甲酸)，也称作 Ellman 试剂；TNB. 2-硝基-5-硫代苯甲酸；ADPGK. ADP 依赖的葡萄糖激酶；AMP. 单磷酸腺苷；6-G-P. 6-磷酸葡萄糖；$NADP^+$. 烟酰胺腺嘌呤二核苷酸磷酸；G6PDH. 葡萄糖-6-磷酸脱氢酶；Abs. 吸收波长

通常，由于副产物在酶级联反应中不断被消耗，能够促进主产物的生成，从而减少了不稳定中间产物和副产物积累的干扰。Deloache 等（2015）利用左旋多巴（DOPA）双加氧酶催化 *L*-DOPA 生成荧光产物甜菜黄素的荧光检测方法，用于筛选酪氨酸羟化

酶突变库，成功获得催化活性提高 2.8 倍的阳性突变体。Hendricks 等（2004）将白藜芦醇-*O*-甲基转移酶、*S*-腺苷-*L*-同型半胱氨酸核苷酶、*S*-核糖同型半胱氨酸裂解酶及 Ellman 试剂偶联反应，获得有色化合物 TNB，实现了吸光度法检测白藜芦醇产量。

## 7.2 流式细胞仪单细胞筛选

流式细胞仪是专门用于如细胞、微球、微液滴等单颗粒高效检测的仪器，可以定量地提供单颗粒大小、结构、荧光强度等信息。基于流式细胞仪的荧光激活细胞分选（fluorescence-activated cell sorting，FACS）能够根据荧光信号的不同，从大量样品中快速分选出具有特定性质的群体。流式细胞仪具有极快的检测速度，近年来被人们用于酶活性的筛选，在一个项目周期内可处理的样品数可达 $10^{10}$ 个，因此使用流式细胞仪进行酶高通量筛选的技术也被称为超高通量筛选方法（ultrahigh-throughput screening method）。另外，由于 FACS 技术仅需极微量的底物，极大降低了筛选所需的试剂成本，比传统 96 孔板筛选具有独特的优势。

### 7.2.1 FACS 筛选策略

荧光激活细胞分选方法使用细胞壁或细胞膜以维持基因型-表型关联，在单个细胞水平上对大量群体进行“询问”，是效率最高的筛选方法之一（Packer and Liu，2015）。流式细胞仪将细胞悬浮液夹带在快速流动的鞘液中心，细胞之间存在大于细胞直径的间隔。液流通过荧光测量后，振动使液流破碎成液滴。基于测定的荧光强度，液滴加上电荷，带不同电荷的液滴通过静电偏转系统落到不同容器中（图 7.5）。FACS 技术通过多轮连续的富集来完成筛选，通常在一轮筛选中富集占总体 0.5%～1.0% 的最高荧光信号的细胞群，通过多轮富集后，酶活力提高的突变群体逐渐被筛选获得。

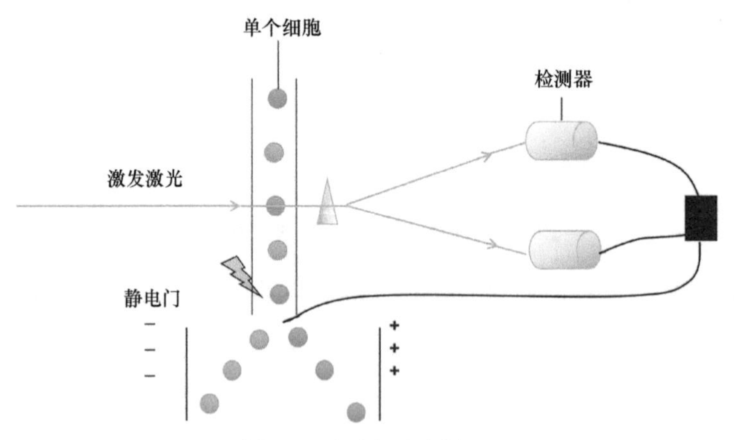


图 7.5 流式细胞术原理

使用 FACS 对酶活性进行筛选的关键是将酶活性转化为可检测到的荧光信号，并与酶基因所在的细胞构建某种物理联系。因此，怎样将易扩散的荧光产物偶联在细胞上，是建立 FACS 方法的核心问题。根据荧光产物与酶及其编码基因偶联形式的不同，FACS 方法主要分为以下几种筛选策略：①胞内荧光捕获；②生物传感器；③在细胞周围形成水凝胶等（图 7.6）。

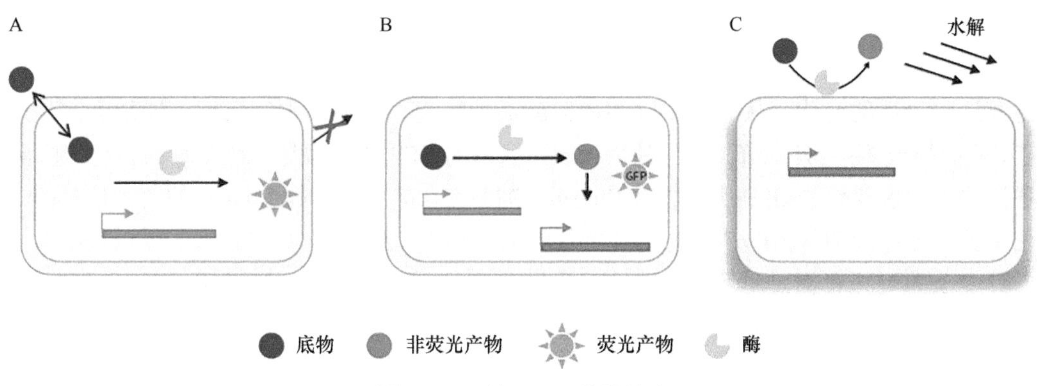


图 7.6 三种 FACS 常见策略

胞内荧光捕获利用酶底物与产物物理化学性质的不同，使可自由穿透细胞膜的荧光底物在细胞内被酶转化为产物后滞留，从而完成酶活性与细胞荧光强度的偶联。胞内荧光捕获操作简便、灵敏度高，是较为常见的一种 FACS 酶活性筛选策略。胞内荧光捕获要求荧光底物必须能够穿过细胞膜，而酶催促转化得到的荧光产物则必须保留在细胞内。

利用细胞膜的选择性转运蛋白来捕获荧光产物是一类最为常见的胞内荧光捕获策略。利用这种原理的一个实例是利用位于细胞膜上乳糖透过酶（LacY）的精确底物特异性，来筛选相应的糖基转移酶。首先设计一种带有乳糖基团的荧光底物，它能通过乳糖透过酶被转运至胞内，细胞内的糖基转移酶可以催化荧光底物的糖基化反应，但生成的产物则由于结构变化不再能被透过酶识别转运，因此带荧光基团的产物被保留在细胞内（图 7.7）。建立该系统的 *α*-2,3-岩藻唾液酸转移酶 CstⅡ，通过该方法定向进化获得了活性提高 400 倍的突变体（Aharoni *et al.*，2006）。Yang 等（2010）在此基础上，针对 *β*-1,3-半乳糖基转移酶 CgtB 的天然受体底物半乳糖，设计和合成的荧光底物分别带有香豆素（coumarin）及氟化硼二吡咯两种不同结构及颜色的荧光基团。用两种荧光底物共同筛选可以有效地排除对单一荧光底物亲和力提高而导致的假阳性突变体。应用此技术，仅用 2 周时间就从 $2.5\times10^7$ 的超大型突变库中筛选获得酶活力提高 300 倍以上的突变体。Tan 等（2019）将该方法进一步拓展到 *α*-1,3-岩藻糖基转移酶中。来源于幽门螺杆菌的

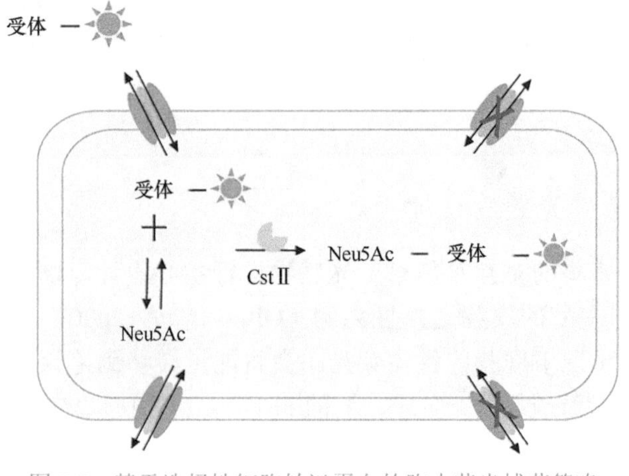


图 7.7 基于选择性细胞转运蛋白的胞内荧光捕获策略

荧光标记的受体底物和唾液酸（供体底物的前体，Neu5Ac）被选择性转运蛋白转运到胞内，并被唾液酸转移酶 CstⅡ催化。唾液酸化的荧光产物被捕获在细胞内，从而实现酶活性与细胞荧光强度的偶联

$\alpha$-1,3-岩藻糖基转移酶获得了催化活性显著提高的突变体。

许多酶发挥活性会导致细胞内pH、活性氧等生理与生化指标的变化，生物传感器可检测这些指标的变化，从而反映细胞内的酶活性情况。例如，水解酶反应通常会产生质子，从而导致体系pH的降低。一种名为pHluorin的GFP突变体是一种特殊的pH传感器，通过共表达水解酶和GFP突变体pHluorin，细胞在488 nm和405 nm下的荧光信号即可用于灵敏地评价细胞内的水解酶活性（Schuster *et al.*，2005）。此类方法的优点是不需要设计复杂的荧光底物，而是使用特定的生物传感器对酶活进行检测。随着越来越多的生物传感器出现，该类方法将逐渐成为重要的FACS技术。

利用与酶活相关联的荧光水凝胶将基因型和表型联系起来，使用流式细胞仪可对表达活性突变体细胞进行鉴定。这种技术最初设计用于进化植酸酶，酶活与细胞表面荧光水凝胶的偶联实现了$10^7$个突变体的吞吐量（Pitzler *et al.*，2014）。更具通用性的FACS策略是利用细胞、病毒或颗粒展示，使酶能够直接接触到底物（Longwell *et al.*，2017），并通过特殊的机制将酶活性产生的测定信号束缚到具有突变基因的细胞外部，从而建立酶基因型与荧光表型的联系。例如，对于成键酶（bond-forming enzyme），可将一种底物在溶液中进行荧光标记，而另一种底物通过物理方式固定在细胞表面，表面展示的酶将标记的底物附着到细胞膜表面，因而产生的荧光值与酶活性成正比。对于像蛋白酶这样的键断裂酶（bond-breaking enzyme），可以在细胞表面束缚的底物中添加荧光共振能量转移（fluorescence resonance energy transfer，FRET）探针，从而在酶催化后丧失FRET活性（Olsen *et al.*，2000），在后续的实例中将详细介绍这一案例。

体外区室化（*in vitro* compartmentalization，IVC）体系通过将编码酶的基因和无细胞蛋白质表达体系（或整个细胞），以及酶底物、产物全部包裹在同一微液滴中，形成“油-水”（water in oil）或“水-油-水”（water in oil in water）的微液滴来模拟天然细胞的结构，从而建立基因型和表现型的偶联。微液滴平均直径仅为2.6 μm，在1 ml乳液中可含有多达$10^{10}$个微液滴，这使得IVC-FACS成为高通量筛选的理想手段。应用IVC-FACS体系，Andrew D. Griffiths课题组对$\beta$-半乳糖苷酶Ebg进行定向进化，筛选速度大于每小时$10^7$个突变体，从活性可忽略不计的野生型出发，获得了具有明显$\beta$-半乳糖苷酶活性的突变体（Mastrobattista *et al.*，2005）。Ma（2014）等采用膜挤出仪开发了新的“水-油-水”微液滴制备方法，生成的微液滴均一度显著提高。利用该体系，成功实现了嗜热酯酶AFEST的定向进化。通过对随机突变库进行仅一轮筛选，便获得了酶活性提高2倍的阳性突变体。

### 7.2.2 FACS筛选荧光底物设计

胞内荧光产物富集的难点是需对荧光底物进行精心设计。以利用荧光共振能量转移（FRET）进化蛋白酶的底物选择性为例（Olsen *et al.*，2000），FRET是一种与距离有关的现象，正常情况下底物的供体荧光团会将能量转移到淬灭剂上，不会发出荧光（图7.8），而当酶促裂解破坏两个分子之间的FRET效应，使供体和淬灭剂相互分离，可以观察到供体发射的荧光。因此在设计探针时，将供体置于目标酶催化断裂的键的一侧，将淬灭剂置于另一侧，当催化反应发生时，即可检测到FRET信号的变化。供体荧光团带有的正电，附着在带有负电的细胞膜表面，从而区分具有催化活性和不具有催化活性的酶。

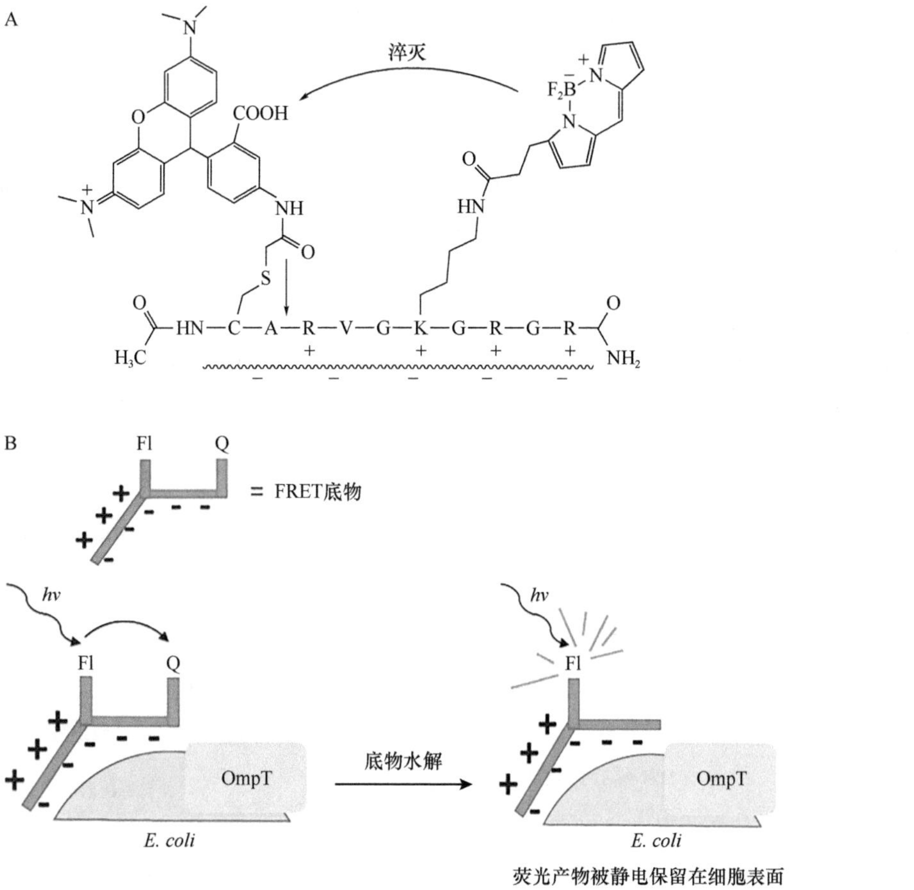

A

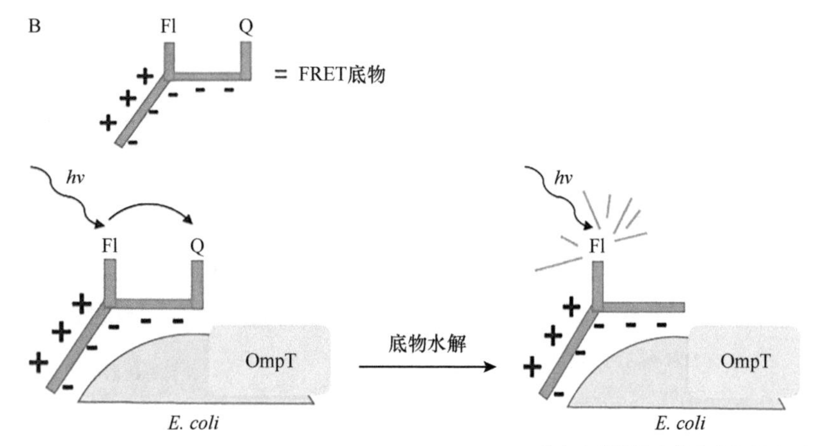


图 7.8　基于 FRET 技术的 FACS 筛选荧光底物设计

A. FRET 底物的化学结构；B. FRET 底物原理。细胞表面展示的蛋白酶 OmpT（外膜蛋白酶 T）将 FRET 底物水解。生成带正电的荧光产物被静电保留在细胞表面

Fl. 荧光基团；Q. 淬灭基团；*hv*. 激发光

利用细胞膜上的转运蛋白乳糖透过酶（LacY），可以进行糖基转移酶的筛选（Aharoni *et al.*，2006；Yang *et al.*，2010；Tan *et al.*，2019）。乳糖透过酶具有精细的底物特异性，设计一种带有乳糖基团的荧光底物（图 7.9），它能通过乳糖透过酶转运至胞内。细胞内的糖基转移酶可以催化荧光底物，但糖基转移酶催化生成的荧光产物则由于结构

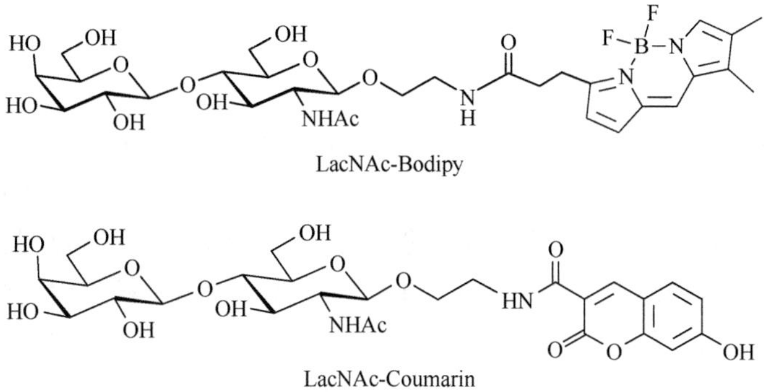

LacNAc-Bodipy

LacNAc-Coumarin

图 7.9　针对 *α*-1,3-岩藻糖基转移酶的单细胞荧光捕获分析的荧光底物的化学结构（引自 Tan *et al.*，2019）

LacNAc-Bodipy. *N*-乙酰乳糖胺-氟化硼二吡咯；LacNAc-Coumarin. *N*-乙酰乳糖胺-香豆素

的变化，不能被乳糖透过酶识别转运，因此带荧光基团的产物富集在细胞内。通过检测荧光信号的强弱，可以区分糖基转移酶突变体的活力高低。

### 7.2.3 基于生物传感器的 FACS 筛选

基于生物传感器的 FACS 筛选是通过酶促反应产物与生物传感器作用，使绿色荧光蛋白等报告基因表达上调，最终导致荧光或颜色信号的形成，从而完成基因型和表现型的偶联（图 7.10），是近几年才发展起来的高通量筛选的理想技术（Mahr and Frunzke，2016; Kortmann *et al.*，2019）。基于荧光蛋白（如增强型绿色荧光蛋白——eGFP）的生物传感器结合 FACS 技术具有简单快速、高通量等优点（Shaner *et al.*，2005），近年来也被广泛应用于大容量基因库的筛选。

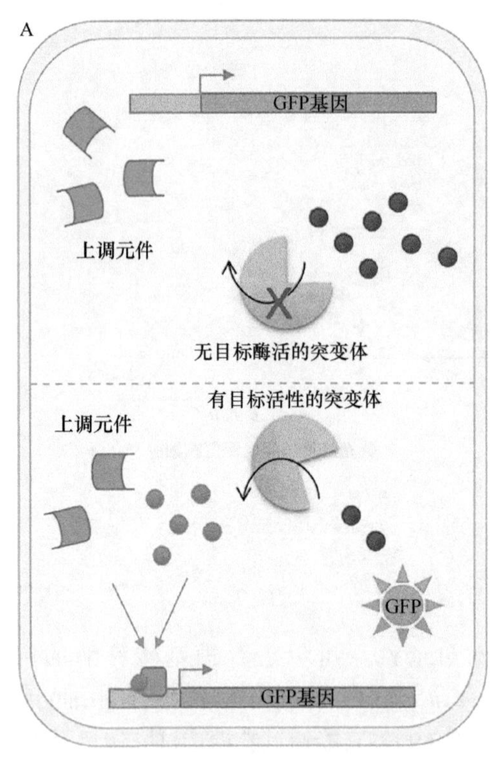


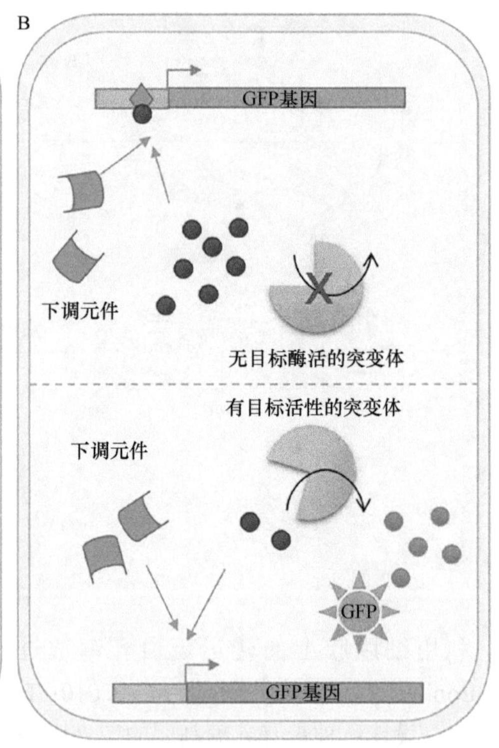


图 7.10　基于转录因子的生物传感器

酶活性可以与荧光蛋白（如 GFP）的表达偶联。在给定酶反应的底物或产物时，基因表达的调节元件（转录因子：激活物或阻遏物）会改变荧光蛋白行为（基因表达的上调或下调）。例如，(A）酶催化产物与上调元件共同诱导 GFP 表达；(B）酶的底物与下调元件共同抑制 GFP 表达，有目标活性的突变体对底物的消耗可以诱导 GFP 基因表达

精氨酸作为辅阻遏物（corepressor）与精氨酸阻遏物（repressor）结合形成的复合物，可以结合在精氨琥珀酸合成酶的启动子上并阻遏其转录。如果使用精氨琥珀酸合成酶的启动子控制 eGFP 表达，那么 eGFP 的荧光将与细胞内精氨酸浓度呈负相关。Cheng 等（2015）基于该原理建立了一种新型的 FACS 筛选平台用于精氨酸脱亚氨酶（arginine deiminase，ADI）的定向进化。精氨酸脱亚氨酶和精氨酸阻遏物竞争性转化/结合精氨酸。高活性的 ADI 突变体消耗了细胞内精氨酸，从而高效表达 eGFP 产生荧光信号。精氨酸

脱亚氨酶经过三轮定向进化，产生了催化活性提高970倍的突变体。利用类似的原理，Siedler等（2014）发展了基于转录调节因子SoxR的NADPH生物传感器，并利用该系统对乙醇脱氢酶进行了定向进化，仅通过一轮FACS筛选就获得催化活性提高的突变体。

除荧光蛋白以外，酶也可以作为生物传感器下游的报告基因。Barahona等（2016）利用荚膜红细菌的天然氢分子传感系统，设计了一种超高通量筛选方法以对固氮酶进行改造。在该筛选系统中，固氮酶催化产生氢分子，从而导致*hup*基因簇（*HupUV*、*HupT*、*HupR*）的转录被上调，最终诱导*β*-半乳糖苷酶表达，切割荧光素2-*β*-*D*-吡喃半乳糖苷（fluorescein-di-*β*-*D*-galactopyranoside，FDG）释放出荧光素。通过流式细胞仪筛选并回收高荧光水平的细胞，获得了氢气产量增加10倍的突变体。

使用SOS启动子控制GFP报告基因，细胞可响应DNA损伤体现出不同强度的荧光。基于该原理，Copp等（2014，2017）对来源于大肠杆菌的硝基还原酶NfsA进行定向进化。硝基还原酶将非活性的硝基芳香族前药转化为破坏DNA的分子，亚致死水平的DNA损伤导致GFP报告基因上调。通过对随机突变文库、定点饱和突变文库以及多点组合文库的筛选，最终成功获得了$K_m$值降低约92%的硝基还原酶突变体。

### 7.2.4　应用实例

由于FACS筛选方法具有快速、灵敏度高、底物消耗量低等优点，近年来被广泛应用于各种酶的定向进化。Aharoni等（2006）利用胞内荧光捕获策略，设计了针对唾液酸转移酶的特殊荧光底物，最终成功筛选了大于$10^6$库容量的文库，将唾液酸转移酶CstⅡ的活力提高了400倍。Yang等（2010）在此基础上，针对*β*-1,3-半乳糖基转移酶CgtB的催化活性，设计和合成了基于其天然受体底物半乳糖的荧光底物，建立了针对半乳糖基转移酶的荧光激活细胞分选（FACS）超高通量筛选方法。应用此技术，仅用2周时间就从$2.5\times10^7$的超大型突变库中筛选获得酶活力提高300倍以上的突变体。Tan等（2019）将该方法进一步拓展到*α*-1,3-岩藻糖基转移酶中，对来源于幽门螺杆菌的*α*-1,3-岩藻糖基转移酶FutA进行定向进化，成功获得了目前国际报道催化效率最高的突变体。Sadler等（2018）利用FAD依赖性氧化酶的特性，通过FACS成功筛选出对新型底物具有活性的新单胺氧化酶变体。使用对$H_2O_2$敏感的荧光探针处理细胞，当添加胺底物时，表达活性提高突变体的细胞将产生更多的$H_2O_2$并显示出更高的荧光。Janesch等（2019）利用GFP与失活的唾液酸内切酶融合形成的荧光探针，特异性检测细菌表面的聚唾液酸，采用FACS的超高通量测定方法结合基于孔板的高通量筛选，发现了酶活性提高和热稳定性改善的聚唾液酸转移酶突变体（表7.3）。Körfer等（2016）开发了超高通量的无细胞体外区室化平台，包括优化（W/O/W）乳液的产生，乳液内纤维素酶的无细胞表达，以及基于流式细胞仪的分选策略，成功进化了纤维素酶CelA2，将其活力提高了13.3倍。Deweid等（2018）通过酵母细胞表面展示与FACS联用的方法成功改造了转谷氨酰胺酶。将转谷氨酰胺酶的表面展示细胞与生物素化的谷氨酰胺供体肽孵育后，细胞被生物素标记，随后对生物素化的细胞进行荧光染色，使用FACS进行分析和筛选。在最终获得的13个重组突变体中，有6个显示出增强的活性。

表 7.3 流式细胞仪荧光分选应用于酶分子改造的部分实例

| 改造对象 | 使用策略 | 性能 | 参考文献 |
|---|---|---|---|
| 聚唾液酸转移酶 | 报告基因 | 活性，热稳定性 | Janesch *et al.*，2019 |
| 单胺氧化酶 | 胞内荧光捕获 | 活性 | Sadler *et al.*，2018 |
| 唾液酸转移酶 | 胞内荧光捕获 | 活性 | Aharoni *et al.*，2006 |
| 半乳糖基转移酶 | 胞内荧光捕获 | 活性 | Yang *et al.*，2010 |
| 岩藻糖基转移酶 | 胞内荧光捕获 | 活性 | Tan *et al.*，2019 |
| P450 单加氧酶 | 胞内荧光捕获 | 活性 | Ruff *et al.*，2012 |
| 对氧磷酶 | 体外区室化 | 活性 | Gupta *et al.*，2011 |
| 角质酶 | 体外区室化 | 活性 | Hwang，2012 |
| 纤维素酶 | 体外区室化 | 活性 | Körfer *et al.*，2016 |
| 蛋白酶 | 体外区室化 | 对蛋白酶抑制剂耐受性 | Tu *et al.*，2011 |
| 硫代内酯酶 | 体外区室化 | 活性 | Aharoni *et al.*，2005 |
| 精氨酸脱亚氨酶 | 生物传感器 | 活性 | Cheng *et al.*，2015 |
| 脱甲基酶 | 生物传感器 | 活性，产物专一性 | Michener and Smolke，2012 |
| 烟草蚀刻病毒蛋白酶 | 酵母表面展示 | 活性和热稳定性 | Yi *et al.*，2013 |
| 转谷氨酰胺酶 | 酵母表面展示 | 活性 | Deweid *et al.*，2018 |
| APEX2 过氧化物酶 | 酵母表面展示 | 活性 | Han *et al.*，2019 |
| 木质素过氧化物酶 | 酵母表面展示 | 氧化稳定性 | Ilić *et al.*，2020 |

## 7.3 液滴微流控筛选技术

### 7.3.1 微流控芯片技术概述

微流控芯片（microfluidic chip）技术，又称为芯片实验室（lab-on-a-chip），是指通过微加工技术将常规实验室的样品制备、反应、分离、检测等基本操作单元集成在只有几平方厘米尺寸的芯片上，并由微流道形成网络，可控流体贯穿整个系统，从而实现微型化、自动化和集成化的技术体系（林炳承和秦建华，2008）。2004 年，美国 *Business 2.0* 杂志将微流控技术列为“改变世界”的七大技术之一，2006 年 *Nature* 杂志推出专辑“lab on a chip”，从不同角度阐述了芯片实验室的研究历史、现状和应用前景，并在文献中评论：芯片实验室可能成为这一世纪的技术。微流控芯片各个操作单元通过设计适当结构的微通道网络，实现芯片内的流体流动相互联系。流动方式和微通道网络在很大程度上决定了它的功能，灵活的微通道网络设计是微流控芯片基本单元操作设计的关键。微流控芯片不但是一门科学，更是直面社会各行各业实际需求的一门技术。其涉及的领域除酶的高通量筛选之外，也包括疾病诊断（Khondakar *et al.*，2019）、药物筛选（Tang *et al.*，2021）、环境检测（Wang *et al.*，2019）、食品安全等（Cui *et al.*，2016）方面。与此同时在生物应用方面也展现出独特的优势，在生物领域大体可分为单细胞分析（Rakszewska *et al.*，2014）、免疫分析（Gérard *et al.*，2020）及基因分析（Lin and Nagl，2020；Wu *et al.*，2017）三个方面。

### 7.3.2 基于液滴微流控技术的荧光激活液滴分选系统

液滴微流控是通过微流控芯片生成微米级的液滴，并利用液滴良好的生物相容性，将液滴作为微反应器进行一系列样本处理过程的微流控技术（Kintses *et al.*，2010），已成为微流控技术发展的重要方向之一，为解决酶分子改造的超高通量筛选提供了可行的解决方案。如图 7.11 所示，液滴微流控操纵技术通常包括：液滴制备、混匀、液滴融合、短期孵育、定位储存、液滴检测、液滴分选、重注射、液滴分割及离线孵育等步骤。其中，

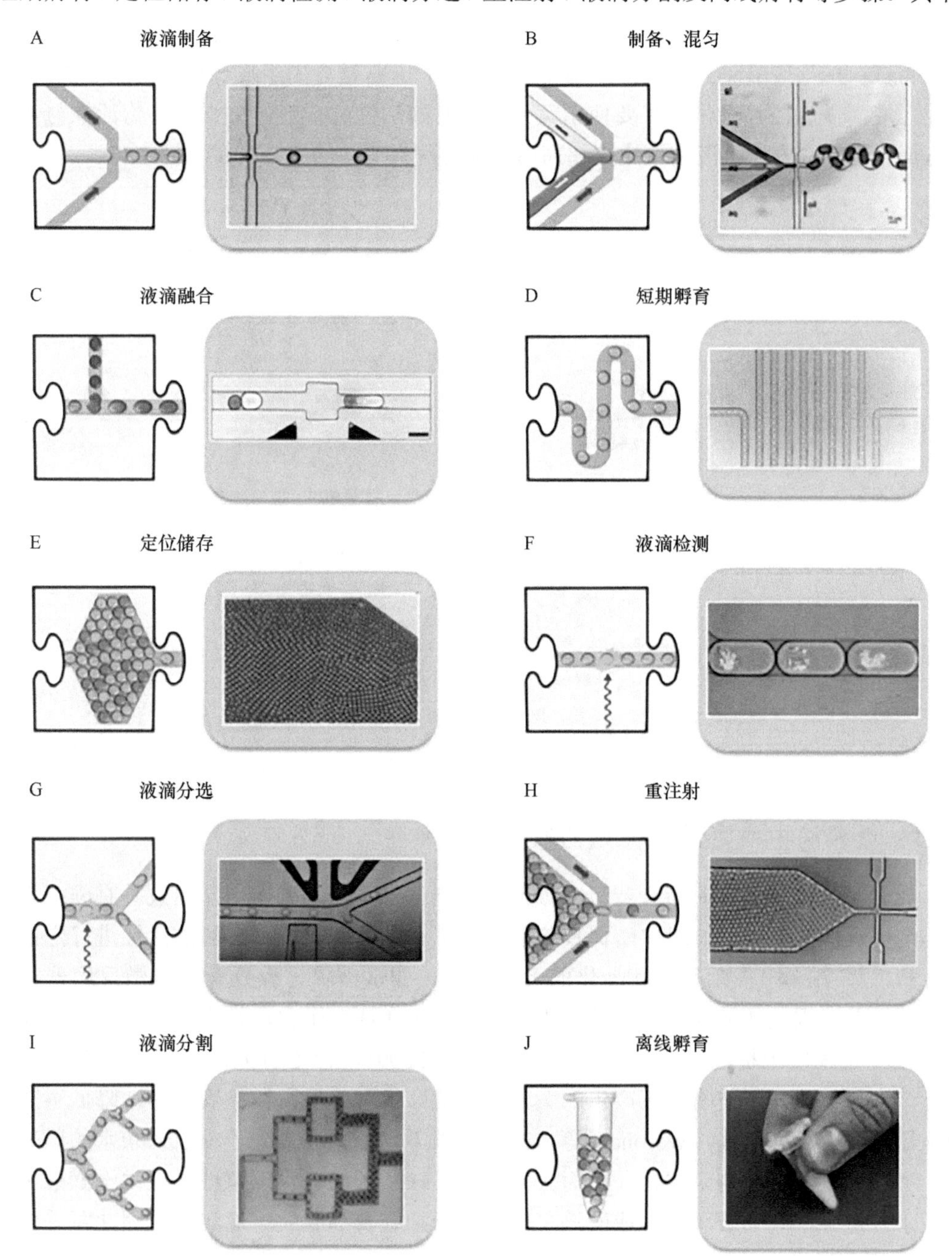


图 7.11 液滴微流控操纵技术（马富强和杨广宇，2017）

液滴制备指包裹细胞的液相在遇到油相时，通过油相对液相的剪切力，将液相分隔成包裹单细胞的液滴；液滴孵育指将已制备完成的液滴稳定静置，让液滴中的单细胞微反应器在特定温度下发生反应，可在液滴微流控芯片内部完成，也可以离线孵育；液滴检测和液滴分选指根据荧光信号强弱，利用介电电场对目标液滴进行分选。

液滴微流控技术相较于传统筛选体系，主要包括两种优势：①液滴微流控对液滴的筛选通量可达到 $10^8$ 个/d，提升了科学家对样品的筛选处理能力，节省了人力物力，极大地提升了筛选效率（Wen *et al.*，2016）；②微液滴的体积仅有皮升级，仅为传统筛选体系的百万分之一，这大大减少了反应体系中对试剂的需求量，节省了试剂和耗材费用（Kaminski *et al.*，2016）。荧光检测系统灵敏度高，非常适合用于皮升级微反应器的检测。因此，液滴微流控筛选体系主要使用荧光信号对酶活性进行定量分析，将酶活性与荧光进行偶联的检测方法是液滴微流控超高通量筛选酶突变体的核心所在（图 7.12）。

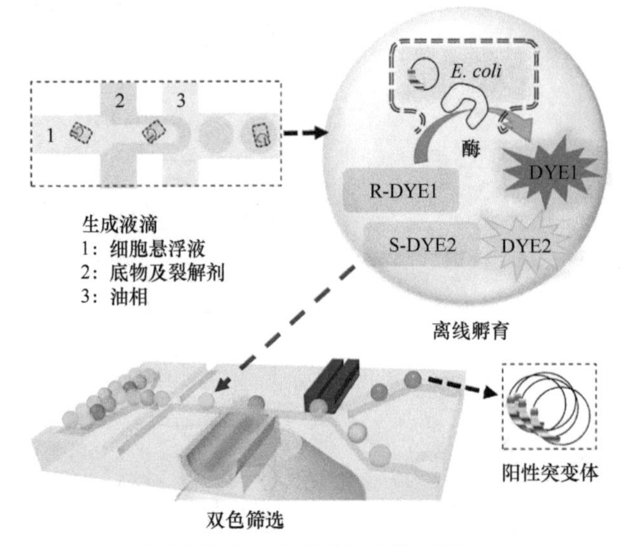


图 7.12 基于液滴微流控的超高通量筛选体系原理（Ma *et al.*，2018）

本实例中使用不同的荧光基团修饰不同手性的底物分子，以分离对一种底物活性提高但对另一种底物活性降低的突变体。R-DYE1. *R* 型底物-荧光基团 1；S-DYE1. *S* 型底物-荧光基团 2；DYE1. 荧光基团 1；DYE2. 荧光基团 2

## 7.3.3 微液滴中的酶活性荧光偶联策略

荧光底物本身通常无荧光或只有很低的荧光信号，但经酶作用能生成具有强荧光信号的酶促反应产物，通过对比酶促反应前后的荧光强度变化，可对酶的活性进行定性定量分析（图 7.13A）。大多数商品化的荧光分子，如试卤灵、香豆素等在微反应器中的保留性较差，因此如何提高保留性很重要。通过牛血清白蛋白、甘露糖等添加剂的使用可以在一定程度上提高保留性（Courtois *et al.*，2009），但更有效的办法是对荧光分子进行亲水修饰。为了使酶反应产生的荧光产物能够很好地保留在微液滴中，降低不同微反应器之间的相互干扰，Woronoff 等（2011）在 7-氨基香豆素分子中引入亲水的磺酸甲基，增加了整个分子的亲水性，从而大大提高了该分子的液滴保留性。但由于磺酸甲基的亲水性过强，底物必须在生成液滴之前直接与细胞及细胞裂解液混合，因此背景信号较高。基于此，Ma 等（2016）通过化学修饰改变分子亲水性及液滴保留性，在 7-羟基香豆素引入亲水的羧基，有效地提高了荧光分子的液滴保留性，且详细研究了分子亲水性与微液滴保留性的关系，并据此开发了一种称为“荧光液滴捕获（fluorescence droplet entrapment，FDE）”的微反应器荧光底物设计策略。根据 FDE 底物设计策略，分别设计了针对磷酸三酯酶、羧酸酯酶及糖苷酶的底物，并确定它们在单细胞微反应器筛选体系中的应用可行性。

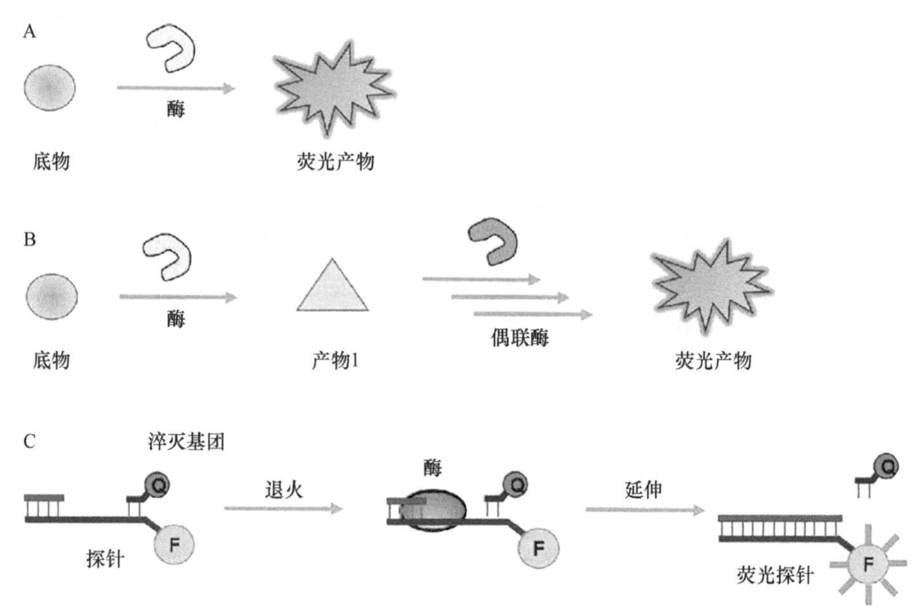


图 7.13 液滴微流控体系的荧光信号偶联策略

A. 荧光底物法；B. 酶联荧光偶联法；C. 荧光探针法

许多重要的酶活性无法直接通过荧光信号检测，是利用液滴微流控体系进行酶定向进化的瓶颈。利用荧光偶联的方法，间接将酶活性转换为荧光信号，为解决这一问题提供了有效途径（图 7.13B）。最常见的是氧化酶的偶联方法，如 Ostafe 等（2014a）开发了针对纤维素酶的筛选方法，利用纤维素酶水解产生的还原性单糖与特定的氧化酶反应产生葡萄糖内酯和过氧化氢，再经通用的显色反应将过氧化氢转化为荧光信号后进行微流控芯片筛选。此后，Rosario Vanella 和 Raluca Ostafe 课题组分别将该酶联荧光偶联技术进一步应用于葡萄糖氧化酶（GOX）性能优化研究中（Ostafe *et al.*，2014b），通过酶联荧光偶联方法，将 GOX 催化活性转为荧光信号，建立了 GOX 的超高通量筛选体系（Prodanović *et al.*，2020；Vanella *et al.*，2019）。2017 年，Uwe T. Bornscheuer 课题组开发了 NADP 依赖的细胞色素 P450 酶荧光偶联方法，利用 NADPH 氧化生成 NADP，而 $O_2$ 还原生成 $H_2O_2$，经过氧化物酶 HRP 作用，非荧光底物氧化生成荧光产物，成功将 P450 氧化酶活性转化为荧光信号（Morlock *et al.*，2018）。2018 年，Joanna C. Sadler 等及 Donald Hilvert 课题组开发了 FAD 依赖的单胺氧化酶荧光偶联方法，单胺氧化酶将胺类化合物底物转化生成亚胺，同时辅因子 FAD 被消耗生成 $FADH_2$。在氧气存在条件下，$FADH_2$ 反应生成 FAD 及 $H_2O_2$，最后经通用的显色反应将 $H_2O_2$ 转为荧光信号（Sadler *et al.*，2018；Debon *et al.*，2019）。类似地，Karamitros 等（2020）开发了酰胺水解酶的荧光偶联方法，利用 *L*-天冬酰胺水解酶水解 *L*-天冬酰胺生成 *L*-天冬氨酸，偶联 *L*-天

冬氨酸氧化酶生成 $H_2O_2$，再经通用的显色反应将 $H_2O_2$ 转为荧光信号后进行微流控芯片筛选。

除此之外，各种荧光探针也被用于酶活性荧光偶联，荧光探针可以直接与酶反应产物结合，并释放出荧光，或者利用目标酶特殊的性质产生荧光。2016 年，Larsen 等建立了光学传感器检测微流控液滴中 DNA 聚合酶活性策略，在大肠杆菌中表达 DNA 聚合酶变体库，表达突变酶的单个细胞被包裹在含有 DNA 聚合酶反应荧光底物的微液滴中。在细胞裂解后，DNA 聚合酶被释放到液滴中，与引物-模板复合物结合，起始 DNA 延伸，成功将引物-模板复合物延伸为全长产物的聚合酶通过破坏淬灭基团产生荧光信号，从而实现 DNA 聚合酶活性与荧光信号的偶联（图 7.13C）。该方法具有通用性，可用于筛选不同 DNA 聚合酶（Larsen *et al.*，2016；Vallejo *et al.*，2019）。链置换活性的 DNA 聚合酶在 DNA 扩增技术领域广泛应用，如环介导等温扩增（loop-mediated isothermal amplification，LAMP）、链置换扩增（strand displacement amplification，SDA）、螺旋酶依赖扩增（helicase-dependent amplification，HDA）和缺口酶扩增反应（nicking enzyme amplification reaction，NEAR）等。对于该类酶，Vallejo 等（2019）采用改良的聚合酶荧光偶联策略，该方法中含有一个链更长、热稳定更高的荧光淬灭链，通过链置换产生荧光信号，成功实现了链置换活性 DNA 聚合酶与荧光信号的偶联。

### 7.3.4 荧光激活液滴分选的酶改造筛选应用

荧光激活液滴分选（FADS）为酶突变体基因文库的筛选提供了有力的工具。2009 年，Andrew D. Griffiths 课题组建立了 FADS 系统，首次在微液滴检测分选芯片上进行酶活性筛选实验，为 FADS 系统应用于酶定向进化研究奠定了良好的基础。该系统利用微流控液滴生成芯片，制备生成含有荧光素的油包水（W/O）单分散液滴，直径为 28 μm，体积为 12 pl。以含有 $\beta$-葡萄糖苷酶水解非荧光底物生成荧光产物体系液滴为例，孵育一定时间后，依然保持液滴稳定性，将液滴重新注入分选装置中，速率高达2000 个/s。随后，基于荧光信号强弱，将阈值范围内荧光信号超出设定阈值的液滴分选出来，获得具有目标性能的阳性液滴（Baret *et al.*，2009）。利用液滴微流控技术进行高通量筛选，获得符合预期性质的新酶，对酶定向进化技术有重要意义。

目前，利用液滴微流控技术已成功对各类酶的不同性质进行了改造（表 7.4）。Agresti 等（2010）率先利用 FADS 技术对氧化还原酶（辣根过氧化物酶，HRP）进行定向进化，通过对 $10^7$ 个展示在酵母细胞表面的 HRP 突变体进行筛选，成功将初始催化效率已经很高的商品化酶活性提高了 10 倍。整个进化历程筛选时间累计只有 10 h，消耗试剂总计 150 μl，与孔板法相比，成本降低至百万分之一，充分显示出液滴微流控体系作为新一代超高通量筛选体系的巨大优势。2019 年，Donald Hilvert 课题组基于 FADS 体系，对 FAD 辅因子依赖的环己胺氧化酶（cyclohexylamine oxidase，CHAO）进行定向进化，通过对 $1.7\times10^6$ 个 CHAO 突变体进行筛选，成功获得催化非天然底物 (*S*)-1-苯基-1,2,3,4-四氢异喹啉活性提高 960 倍的突变体，为索利那新（Solifenacin）药物合成提供了手性前体（Debon *et al.*，2019；Sheludko and Fessner，2020）。

表 7.4 用液滴微流控技术进行筛选的酶性质改造及新酶发现实例

| 目标酶 | 筛选宿主 | 筛选通量（个/s） | 性质提高幅度 | 参考文献 |
|---|---|---|---|---|
| 辣根过氧化物酶 | *S. cerevisiae* EBY100 | ～2000 | 活性提高 12 倍 | Agresti *et al.*，2010 |
| 硫酸酯酶 | *E. coli* BL21(DE3) | ～1000 | 活性和表达量均提高 6 倍 | Kintses *et al.*，2012 |
| 纤维二糖水解酶 | *Grammaproteobacteria*、*Bacillales* 等 | ～300 | 纤维二糖水解酶和内切葡糖酶活性分别高出 17 倍和 7 倍 | Najah *et al.*，2014 |
| 纤维素酶 | *S. cerevisiae* YPH500 | 未报道 | 模式分选，富集比例为 300 倍 | Ostafe *et al.*，2014a |
| α-淀粉酶 | *S. cerevisiae* MH34 | ～400 | α-淀粉酶表达量提高 2 倍 | Sjostrom *et al.*，2014 |
| 核酶 | 无细胞转录系统 | ～300 | 稳态下转化数（$k^{ss}_{cat}$，turn-over number in the steady state）提高 28 倍 | Ryckelynck *et al.*，2015 |
| 硫酸酯酶<br>磷酸三酯酶 | *E. coli* 10G | 2000～2500 | 获得硫酸酯酶和磷酸三酯酶新基因 | Colin *et al.*，2015 |
| retro-醛缩酶 | *E. coli* BL21-Gold (DE3) | 500～1500 | 活性提高 30 倍 | Obexer *et al.*，2017 |
| β-1,4-木聚糖内切酶 | *Yarrowia lipolytica* | ～300 | 热稳定性提高 34.7 倍 | Beneyton *et al.*，2017 |
| 酯酶 | *E. coli* 10G | ～1400 | 立体选择性提高 700 倍 | Ma *et al.*，2018 |

水解酶是工业生物催化的主力，尤其是针对手性化合物拆分应用广泛。酯酶是水解酶中重要组成部分，尽管其种类繁多，但通过定向进化和理性设计来提高其活性、稳定性和特异性仍具有重要意义。2012 年，Florian Hollfelder 课题组结合 FADS 系统，通过在微液滴制备时引入细胞裂解试剂来破碎细胞，使胞内表达的酶或细胞不通透的底物能够应用于该体系，通过对硫酸酯酶进行定向进化筛选，筛选通量约 1000 个/s，成功将该酶的活性和表达量都提高了 6 倍（Kintses *et al.*，2012）。Ma 等（2018）开发了基于微流控芯片的双色荧光筛选体系，利用该体系对 *Archaeoglobus fulgidus* 来源的嗜热酯酶 AFEST 进行了立体选择性的定向进化，以生产非甾体抗炎药物异丙基布洛芬手性药物，经多轮随机突变及定点饱和突变，最终获得了一系列活性及立体选择性都显著提高的突变体，其中，立体选择性提高了约 700 倍，证实了微流控芯片双色液滴筛选体系的有效性。纤维素酶在多个工业领域如生物燃料、纺织、食品等领域中均起到重要作用，但该酶活性和稳定性都较低。Ostafe 等（2014a）以酿酒酵母为宿主，开发了纤维素酶的筛选方法，利用纤维素酶水解产生的还原性单糖与己糖氧化酶（hexose oxidase，HOx）反应产生葡萄糖内酯和过氧化氢，再经通用的显色反应将过氧化氢转化为荧光信号进行微流控芯片筛选。为评价该系统对阳性细胞的富集能力，对仅含有 0.1% 阳性细胞的混合体系完成一轮筛选，分选结果中阳性菌落比例大于 30%，富集比例可达 300 倍。Beneyton 等（2017）基于液滴微流控技术，首次开发了解脂耶氏酵母分泌蛋白活性分析系统，对木聚糖酶、纤维二糖水解酶、蛋白酶进行了活性分析，并对 β-1,4-木聚糖内切酶突变库进行筛选，通量达到 $10^5$ 个/h，成功获得热稳定性提高的突变体。

聚合酶（polymerase）是生物催化合成脱氧核糖核酸（DNA）和核糖核酸（RNA）的一类酶的统称。2016 年，Larsen 等以大肠杆菌为宿主，开发了基于 DNA 聚合酶活性的荧光偶联方法，经模式筛选验证，其富集比例约为 1200 倍。利用该系统，课题组进一步对 TNA（*α-L*-threofuranosyl nucleic acid，*α-L*-苏呋喃糖，一种非天然核酸）聚合酶进行定向进化筛选，进化出的 TNA 聚合酶对模版复制保真度高于 99%，这种筛选技术具有普遍性，适用于进化不同种类聚合酶（Larsen *et al.*，2016）。基于液滴的 RNA 适配体（RNA-aptamers-in-droplets，RAPID）是一种利用超高通量液滴筛选能力增强分泌表型菌株的通用方法，RAPID 的核心创新是使用 Spinach-适配体将分泌的目标分子浓度转化为适合液滴分选的荧光信号。Spinach-适配体是一种模块化传感技术，由 RNA 分子组成，可以结合外源染料和靶配体以产生荧光信号。RNA 序列可以重新编程以识别不同的靶配体，包括氨基酸、核苷酸，甚至蛋白质。Adam 课题组通过筛选生产酪氨酸的工程酵母菌株，获得了生产量提升 28 倍的突变体。类似地，使用酵母分泌生产链霉亲和素（streptavidin）重组蛋白，对分泌标签突变文库的高通量筛选获得了蛋白质生产量提高 3 倍的阳性突变体，该方法极大地扩展了超高通量微流体筛选的通用性（Abatemarco *et al.*，2017）。

醛缩酶催化 C—C 键的可逆断裂，且具有高度的立体选择性，在工业化不对称合成中具有广阔的应用前景。基于荧光底物与 FADS 系统，Obexer 等（2017）对已经过 13 轮以上定向进化的醛缩酶进行了 6 轮突变并分选，获得一个高立体选择性的突变体，其活性比进化起点增加了 30 倍，与天然醛缩酶活性相比则提高了 $10^9$ 倍以上。表 7.4 总结了部分利用荧光激活液滴分选方法进行酶性能改造及新酶基因挖掘的案例。

## 7.4 展示技术

分子文库展示技术在体外抗体筛选、酶进化、药物筛选等应用领域均发挥着重要作用。分子文库展示技术主要分为两类：以细胞表面展示（cell-surface display）和噬菌体展示（phage display）为代表的基于细胞的展示（cell-based display）技术，以及以核糖体展示技术、mRNA 展示技术为代表的无细胞展示（cell-free display）技术两种（图 7.14）。所有的展示技术，都是基于将表型（蛋白质）和基因型（基因信息）偶联起来的原则来进行筛选。

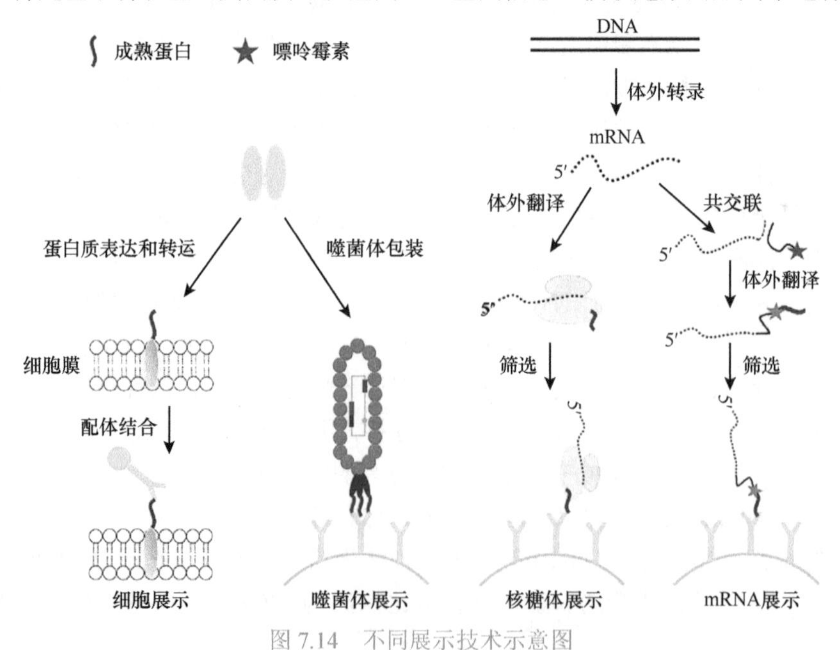


图 7.14　不同展示技术示意图

### 7.4.1 细胞表面展示技术及应用实例

细胞表面展示（cell-surface display）技术，指通过重组 DNA 技术，将外源功能蛋白表达定位于特定细胞的表面，以达到一定的研究与应用目的。作为最常用的原核和真核蛋白质表面展示系统，细菌和酵母表面展示系统已广泛应用于重组细菌疫苗、生物燃料电池、全细胞催化剂和生物修复等多个领域。

细胞表面展示系统主要由宿主（host）、载体（carrier）和靶蛋白（又称乘客蛋白，passenger protein）三部分组成。宿主细胞充当结合外源融合蛋白和锚定基序的基质。载体是一些跨膜蛋白和细胞表面的附属物，其信号肽可以促进靶蛋白从细胞内横穿到表面。靶蛋白一般是外源蛋白，可通过该技术展示在细胞表面。宿主、载体和靶蛋白这三个基本要素必须相协调才能建立成功的表面展示系统。

微生物细胞表面展示技术涉及膜运输过程，这与蛋白质分泌的机制密切相关。在不同的细胞类型中存在多种蛋白质展示机制（图 7.15）。例如，使用自动转运蛋白（autotransporter protein，AT）作为载体的特定细胞表面展示机制（图 7.16）。自动转运蛋白的结构特征包括其 N 端与 Sec 转运子互作的信号肽，中部承载生理转位功能的乘客区（passenger region）以及被称为易位单元（translocation unit，TU）的 C 端。Sec 转运子可以识别信号肽以引导多肽链通过内膜进入周质空间，然后在信号肽酶的催化下，信号肽被水解并去除。自动转运蛋白的 C 端易位单元穿膜后会正确折叠成一个 β 桶状结构，该

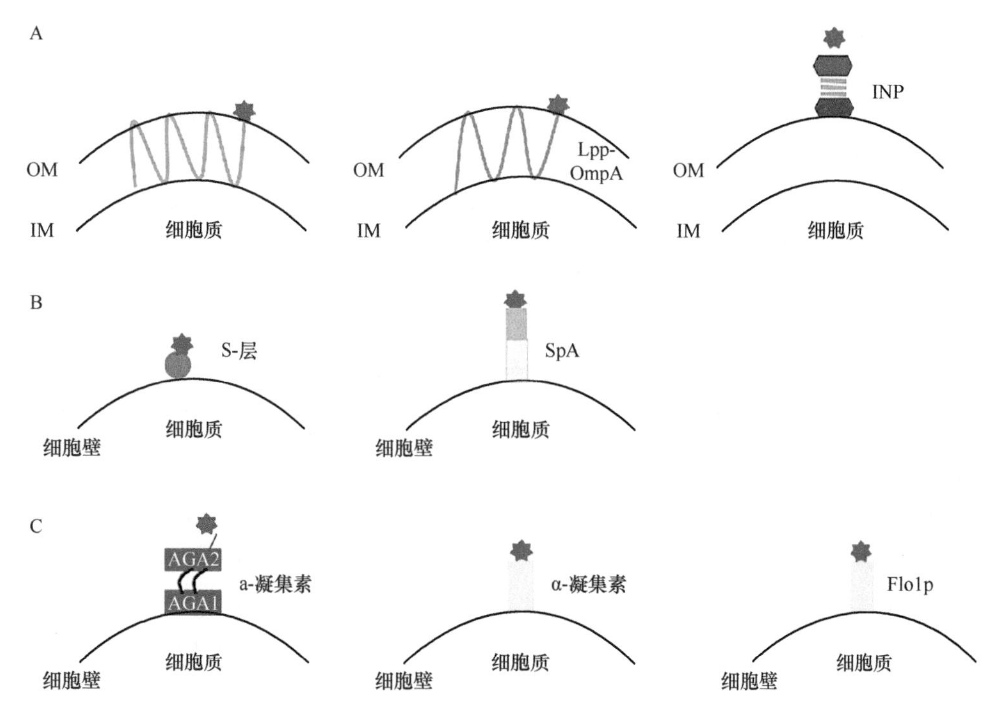


图 7.15 革兰氏阴性细菌（A）、革兰氏阳性细菌（B）和酵母（C）细胞表面展示系统中使用的一些典型载体

红星代表靶蛋白；OM. 外膜；IM. 内膜；Lpp-OmpA. 脂蛋白和外膜蛋白 A 嵌合体；INP. 冰核蛋白；SpA. 金黄色葡萄球菌蛋白 A；S-层在许多古细菌和细菌的细胞结构外面；a-凝集素和 α-凝集素可以介导酵母细胞之间的交配；Flo1p 是酿酒酵母的絮凝蛋白

结构插入细胞外膜形成一个通道，位于自动转运蛋白中部的乘客区则通过该通道被转运到细菌表面。

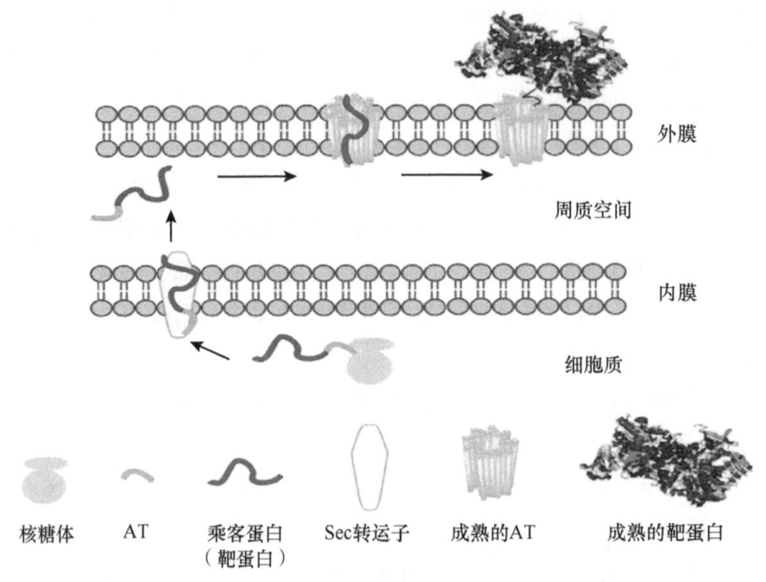


图 7.16 使用自动转运蛋白作为载体的特定细胞表面展示机制

细胞表面展示在代谢、环境污染治理、催化及医药等领域有广泛的应用前景。Grimm 等（2018）建立了基于细胞表面展示的全细胞生物杂交催化剂系统，使用灭活的酯酶自转运蛋白在大肠杆菌表面上展示带有金属铑催化剂的蛋白支架，实现了苯乙炔的高效立体选择聚合。利用类似的原理，Baiyoumy 等（2021）提出了基于大肠杆菌表面展示的人工金属酶的定向进化方法，使用脂蛋白-外膜蛋白 A-链霉亲和素系统在大肠杆菌表面展示烯丙基脱烯酶突变体，并使用酶促产物诱导表达的 GFP 作为生物传感器来反映突变体的酶活。通过对双点突变文库的筛选成功获得了催化活性增加 5.9 倍的突变体。部分应用实例如表 7.5 所示。

表 7.5 细胞表面展示技术的部分应用实例

| 改造性能 | 使用策略 | 参考文献 |
|---|---|---|
| 筛选纳米抗体 | 大肠杆菌细胞表面展示 | Salema and Fernández，2017 |
| 单克隆抗体的筛选 | 哺乳动物细胞表面展示 | Bruun *et al.*，2017 |
| 提高绿色荧光蛋白热稳定性 | 酵母细胞表面展示 | Pavoor *et al.*，2012 |
| 改变辣根过氧化物酶对手性底物的偏好性 | 酵母细胞表面展示 | Lipovsek *et al.*，2007 |
| 提高葡萄糖氧化酶活性 | 酵母细胞表面展示 | Ostafe *et al.*，2014b |
| 提高蛋白质-蛋白质亲和力 | 酵母细胞表面展示 | Lim *et al.*，2017 |

### 7.4.2 噬菌体展示技术及应用实例

噬菌体展示技术（phage display technology）的原理是将编码蛋白质的核苷酸序列掺入噬菌体基因组中，使核苷酸序列与编码噬菌体外壳蛋白的基因融合。这种融合确保了在噬菌体颗粒组装时，要展示的蛋白质出现在成熟噬菌体表面（图 7.17）。由此建立的噬菌体展示文库可通过淘选，即将展示文库作为流动相，靶分子（抗体、受体、抗原、酶的底物等）固定在固相载体上，洗去不能与固定相特异结合的文库中的大部分成员，将特异结合的成员洗脱下来再进一步扩增，进行下一轮淘选。经过多轮的淘选，对靶分子具有高度亲和力的蛋白质即可被筛选出来。噬菌体展示技术是药物开发和酶进化的强有力工具，因此获得了2018年的诺贝尔化学奖。蛋白质的表型和基因型与噬菌体复制能力之间的物理联系是支撑所有噬菌体展示技术的结构要素。

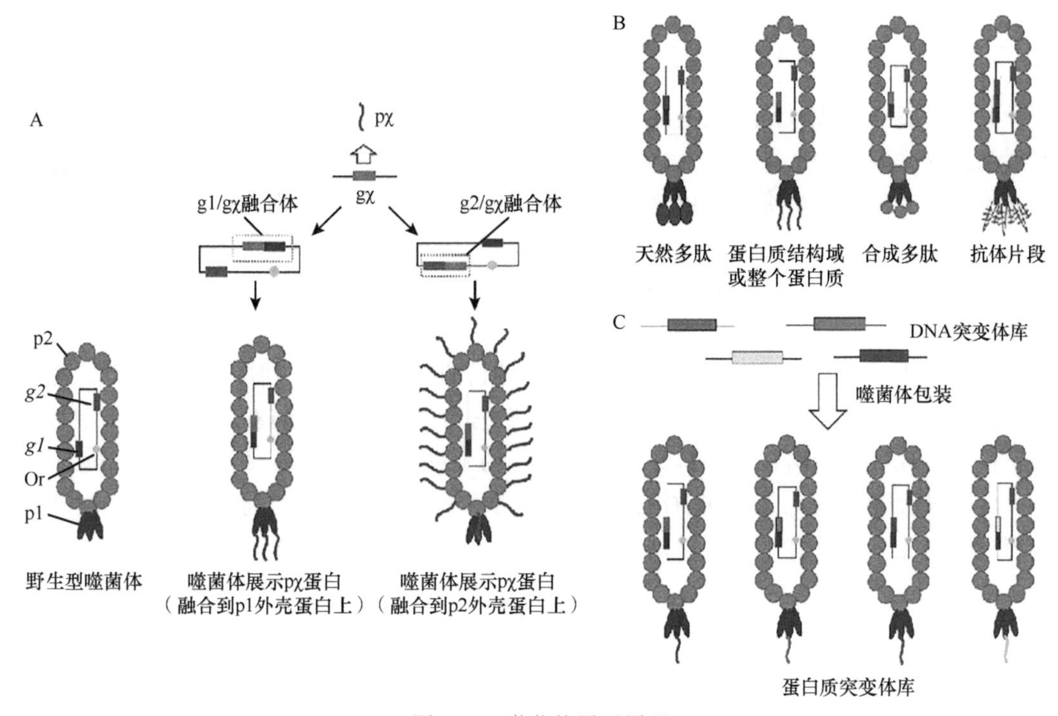


图 7.17　噬菌体展示原理

A. 简化的噬菌体基因组，包含复制起点（Or）和编码两种外壳蛋白 p1 和 p2 的基因（*g1* 和 *g2*）。基因 $g\chi$ 编码外源蛋白 $p\chi$，可通过与其中一个噬菌体外壳蛋白基因融合，从而在噬菌体表面展示。展示的 $p\chi$ 的拷贝数与选择哪种噬菌体外壳蛋白（p1 或 p2）作为融合伴侣有关。B. 该原理可应用于天然肽或随机肽、蛋白质结构域、完整蛋白质或抗体片段的表达。C. 使用噬菌体展示，可以将核苷酸序列突变文库转化为肽或蛋白质的突变文库。筛选噬菌体展示文库，可以分离具有所需性质的噬菌体展示肽或蛋白质

噬菌体展示技术在研究蛋白质相互作用、筛选新的结合蛋白质及药物研制和疾病机理方面显示出巨大潜力。Che 等（2015）利用 M13 噬菌体展示技术，使用集成的微流控系统成功地筛选了三种与结肠癌细胞和结肠癌干细胞特异结合的肽。由于自然界中所存在的一些光控蛋白结合伴侣并不清楚，Reis 等（2018）利用噬菌体表面展示技术来筛选与光敏蛋白结合的伴侣，有助于进一步了解光控蛋白的机制。其他一些代表性的应用实例如表 7.6 所示。

表 7.6　噬菌体表面展示技术的部分应用实例

| 筛选目标 | 使用策略 | 参考文献 |
| --- | --- | --- |
| 筛选鉴定食品过敏原相关的 IgE 表位 | 噬菌体肽展示技术 | Chen and Dreskin，2017 |
| 筛选特异性结合 $Fe_3O_4$ 纳米粒子的肽 | 噬菌体肽展示技术 | You *et al.*，2016 |

续表

| 筛选目标 | 使用策略 | 参考文献 |
|---|---|---|
| 筛选半胱氨酸蛋白酶和丝氨酸水解酶的环肽共价抑制剂 | 噬菌体表面展示技术 | Chen *et al.*，2021 |
| 筛选针对跨膜糖蛋白 CD133 的抗体 | 噬菌体表面展示技术 | Glumac *et al.*，2018 |
| 筛选光敏蛋白的选择性结合物 | 噬菌体表面展示技术 | Reis *et al.*，2018 |
| 从随机肽库中筛选出 IgY 结合肽作为 IgY 纯化的配体 | T7 噬菌体表面展示技术 | Khan *et al.*，2017 |

### 7.4.3 核糖体/mRNA 展示技术及应用实例

核糖体展示技术和 mRNA 展示技术为无细胞方法，因此不同于噬菌体展示和细胞表面展示这些常规方法，能够构建非常大的文库（$10^{12}$～$10^{13}$ 个不同的序列）。此外，这两种方法在文库构建中都使用了 PCR，每轮选择后，mRNA 的回收为进一步诱变提供了便捷条件。这两种方法之间最显著的区别在于蛋白质与 mRNA 的物理连接方式。核糖体展示技术主要是在 DNA 文库的序列上同时引入 T7 启动子、核糖体结合位点及茎-环结构，体外转录成 mRNA，该融合体在 mRNA 水平上缺少终止密码子，因此防止了 mRNA 和多肽从核糖体上释放。随后在体外进行翻译，使目的基因的翻译产物及 mRNA 同时展示在核糖体表面，形成“mRNA-核糖体-蛋白质”三元复合物（图 7.18），构成核糖体展示的蛋白质文库。然后用相应的抗原从翻译混合物中进行筛选洗脱，并从中分离 mRNA。通过反转录聚合酶链反应（RT-PCR）为下一轮展示提供模板，也可通过克隆进行测序分析等。

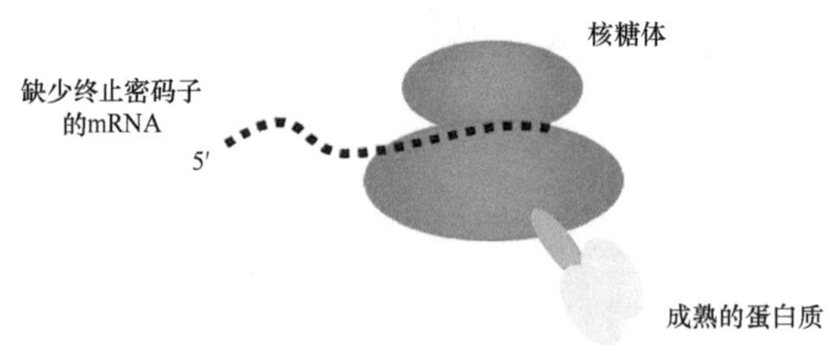


图 7.18 “mRNA-核糖体-蛋白质”三元复合物结构示意图

而在 mRNA 展示中，则依赖于 mRNA 与新生多肽的共价偶联（图 7.19）。首先体外转录 DNA 获得 mRNA，再通过光交联等方法使 mRNA 3′ 端带有氨酰 tRNA 类似物嘌呤霉素，当 3′ 端带有嘌呤霉素连接子的 mRNA 在体外翻译系统中完成翻译时，嘌呤霉素模拟 tRNA 末端的氨酰基结构，进入核糖体的 A 位点，抑制了蛋白质的翻译，在新生肽链和嘌呤霉素的 *O*-甲基酪氨酸之间形成稳定的酰胺键，使 mRNA 的 3′ 端与多肽的羧基端共价结合起来，形成 mRNA-蛋白质融合体，从而实现了基因型（mRNA）和表型（蛋白质）的结合。随后用亲和层析技术将 mRNA-蛋白质融合体纯化出来，并对 mRNA 进行反转录，生成 cDNA-mRNA-蛋白质融合体。筛选的靶物质固定化于固相载体上，含有目标蛋白的 cDNA-mRNA-蛋白质融合体就能与固相载体上的靶物质特异性结合而得到分离。

核糖体展示技术是高通量筛选蛋白质、多肽和 RNA 等生物大分子的有力研究工具。Fleming 等（2020）首次使用 mRNA 展示技术来了解蛋白质翻译后修饰酶对不同肽底物

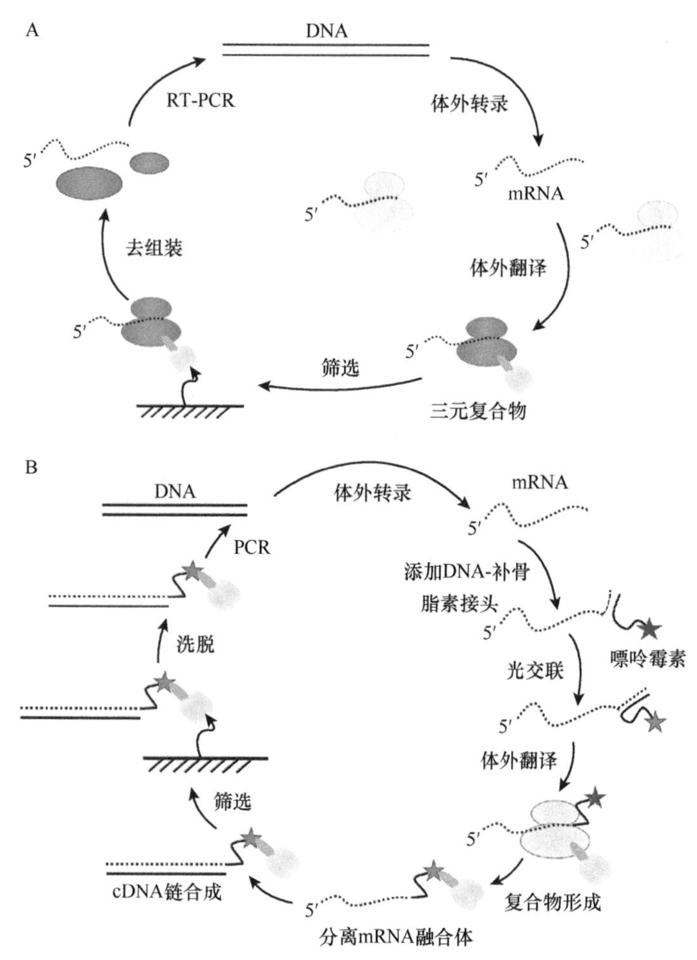


图 7.19 核糖体展示和 mRNA 展示技术循环示意图

A. 核糖体展示循环示意图；B. mRNA 展示循环示意图；在（A）和（B）中，黑线对应于 DNA，虚线对应于 mRNA，星号代表嘌呤霉素

的识别作用，筛选出了蛋白质修饰酶 PaaA 的底物偏好序列特征。对核糖体进行定向进化是一个挑战，因为对细胞活力的要求限制了可以发生的突变，Hammerling 等（2020）结合无细胞合成和核糖体展示技术解决了这一难题，开发了一种完全体外的方法用于核糖体合成和进化（ribosome synthesis and evolution，RISE），他们从 $1.7\times10^7$ 个核糖体 RNA（rRNA）变异体文库中选择活性基因型，并从 $4\times10^3$ 个基因库中鉴定抗克林霉素突变核糖体，验证了 RISE 方法的有效性。

## 7.5 生长偶联

生长偶联筛选方法将待筛选的酶的活性与菌株的生长状况紧密联系，通过对菌落表型的筛选，获得能够完成目标反应的酶（表 7.7）。使用生长偶联法筛选的酶，需要对宿主的存活或繁殖速率等关键参数有影响，并通过精心设计工程化菌株或培养条件，使宿主菌株产生易于检测的表型。

表 7.7　生长偶联应用于酶筛选的部分实例

| 改造性能 | 使用策略 | 参考文献 |
|---|---|---|
| 提高消旋酶催化效率 | 必需氨基酸的生长补充 | Femmer *et al.*，2020 |
| 提高磷酸转酮酶催化效率 | 糖酵解关键酶的生长补充 | Dele-Osibanjo *et al.*，2019 |
| 改善亚胺还原酶的底物抑制，改变硝基还原酶的底物特异性等 | 烟酰胺腺嘌呤二核苷酸（$NAD^+$）的生长补充 | Sellés Vidal *et al.*，2021 |
| 二氢叶酸还原酶对甲氧苄啶的耐药性 | 抗生素作为筛选压力 | Toprak *et al.*，2011 |
| 提高鸟氨酸环脱氨酶催化效率 | 基于稀有密码子的抗生素抗性蛋白作为筛选压力 | Long *et al.*，2020 |

生长偶联筛选实验的设计重点在于将待筛选的酶的活性与方便筛选的表型绑定（图 7.20）。常见的生长偶联筛选方法包括建立营养缺陷型（auxotrophic）菌株，具有目标酶活的突变体才能使营养缺陷型菌株在缺陷型培养基生存（Chen *et al.*，2022）；而基

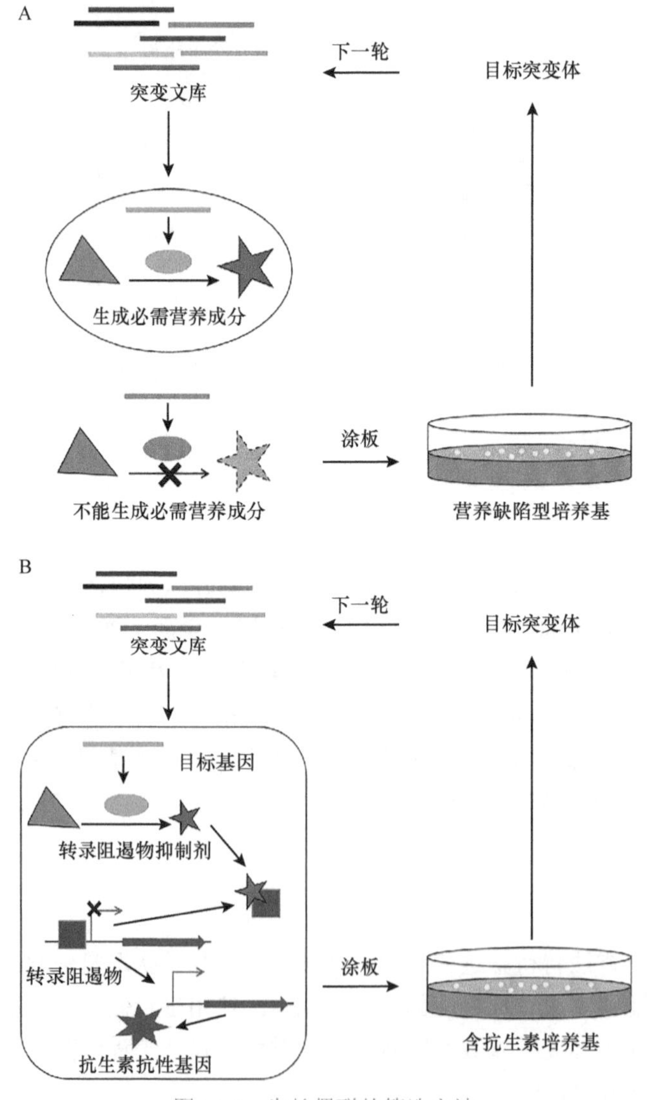


图 7.20　生长偶联的筛选方法

A. 通过营养缺陷型菌株的遗传互补；B. 激活报告基因以产生抗性，获得具有期望活性的酶

于抗生素等报告基因的筛选方式，通过将待筛选的酶的活性与抗生素抗性蛋白的表达相偶联，这样具有耐药性的菌株才能在抗性培养基中生存，从而筛选得到具有目标性状的酶（Xiao *et al.*，2015）。基于生长偶联的筛选方法操作简单，通量高，对设备的依赖程度低，但敏感性较低，通常不支持定量检测。很多酶不具备相应的筛选底物，或者酶反应前后宿主细胞没有明显的表型差异，从而限制了该筛选方法的使用范围。近年来，噬菌体辅助的连续进化将噬菌体的侵染能力与待筛选酶的特定功能偶联，也获得了较多关注。

### 7.5.1 生长补充法

生长补充法（growth complementation）要求待筛选的酶为宿主细胞生长提供必需组分，使得只有表达所需酶（突变体）的宿主细胞才能在选择性培养基中存活。这种方法要求酶的产物位于主代谢通路中，所以适用范围较窄。例如，trpF 和 HisA 分别是色氨酸和组氨酸合成中行使类似功能的异构酶，Jürgens 等（2000）使用敲除 trpF 的工程大肠杆菌筛选出了能够完成 trpF 反应的 HisA 突变体酶。*argA* 基因是 *L*-鸟氨酸生物合成的重要一环，Femmer 等（2020）使用敲除 *argA* 基因的大肠杆菌筛选出了将 *D*-鸟氨酸转化为 *L*-鸟氨酸的消旋酶变体，催化效率提高约 3 倍。

大肠杆菌细胞中，DXS（1-deoxy-d-xylulose-5-phosphate synthase，1-脱氧-*D*-木酮糖-5-磷酸合酶）是萜类化合物合成通路中的重要蛋白质之一，Saravanan 等（2017）在敲除了 *dxs* 基因的缺陷型菌株中转入转酮酶（transketolase）的半理性突变文库，筛选验证了能催化生成 1-脱氧-*D*-木酮糖 5-磷酸的转酮酶变体。

为探究含修饰的 RNA 的降解机理，立陶宛大学的 Jaunius Urbonavicius 课题组（Aučynaitė *et al.*，2018a，2018b，2018c）通过基因敲除，构建了尿嘧啶营养缺陷型大肠杆菌，成功在宏基因组库中筛选到将 2-硫尿嘧啶、异胞嘧啶、2-氧甲基尿苷等带有不同修饰的核苷（碱基）转化为尿嘧啶的酶。

对于无法敲除的酶，可以通过设置条件失活，以创造缺陷型工程菌株。一个例子是使用工程化的热敏性大肠杆菌，其 DNA 聚合酶 I 对温度敏感，故该菌株在 30℃生长，在 37℃不生长。该菌株若转入功能正常的 DNA 聚合酶质粒，即可在 37℃生长增殖。该法成功筛选出了新的 *Taq* DNA 聚合酶 I 突变体（Suzuki *et al.*，2000）和能够抵抗 3′ 叠氮-3′ 脱氧胸苷（3′-azido-3′-deoxythymidine，AZT，一种核酸类似物/诱变剂）的逆转录酶突变体（Kim *et al.*，1996）等。

### 7.5.2 利用对特定分子的抗性进行目标酶的筛选

如上文所述，生长补充将目标酶活与菌株生长必需的营养物质或分子机器偶联，使含目标酶的菌株被富集。与其相对应，在培养过程中也可施加特定分子作为筛选压力，将目标酶活与对环境压力的抵抗能力偶联。常见的筛选压力包括抗生素等，其浓度可根据菌株生长情况进行动态调整。

甲氧苄啶作为一种抗生素，通过与二氢叶酸还原酶（DHFR）结合来抑制叶酸的生物合成，从而抑制细菌的生长繁殖。Toprak 等（2011）设计了名为“恒浊器”（morbidostat）的培养装置，根据菌液繁殖情况动态调节抗生素的浓度，筛选出了对甲氧苄啶有抗性的二氢叶酸还原酶（图 7.21）。

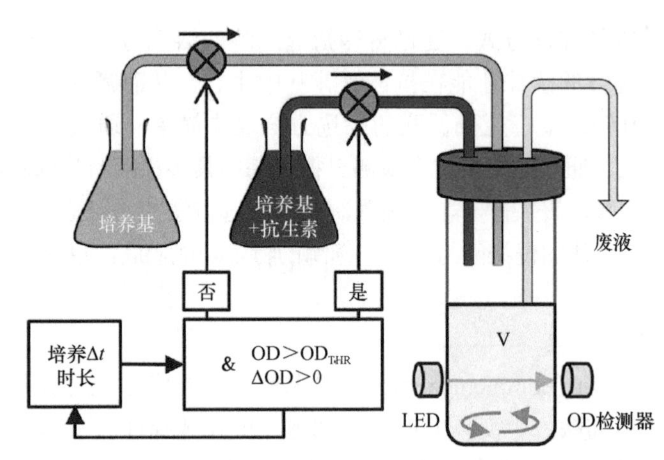


图 7.21 恒浊器是一种连续培养设备，可自动调节抗生素浓度以保持持续的筛选压力

当菌液浓度（OD）大于设定值（$OD_{THR}$）且不断上升时，添加含抗生素培养基（红色），反之则添加无抗生素培养基（绿色）。Δ*t*：循环间隔时间；OD：光密度；$OD_{THR}$（optical density threshold）：光密度设定值；ΔOD：光密度变化值；LED（light emitting diode）：发光二极管；V：培养基体积

van Sint Fiet 等（2006）使用转录激活因子 NahR 来检测苯甲醛脱氢酶 XylC 的活性。XylC 的产物是苯甲酸酯或 2-羟基苯甲酸酯。这些产物与转录激活因子 NahR 的结合启动了报告基因 *tetA*（四环素抗性基因）的表达，从而可使用四环素培养基筛选出阳性菌落。菌落大小与产物浓度有关，通过调整四环素的浓度可以调整真假阳性的比例。

生长补充和抗性筛选也可有机地结合起来。Zheng 等（2018）使用氨基酸稀有密码子，筛选高产目标氨基酸的菌株。稀有密码子的翻译依赖于对应的稀有 tRNA。在氨基酸饥饿状态下，稀有 tRNA 无法完全荷载，可能导致翻译中断或延迟。使用抗生素抗性蛋白和显色蛋白作为报告蛋白，他们成功从大肠杆菌随机突变库中筛选出过量生产亮氨酸、精氨酸或丝氨酸的大肠杆菌菌株，并测序定位到突变产生的基因。

类似地，Long 等（2020）通过稀有密码子技术进化鸟氨酸环脱氨酶，以大量生产脯氨酸（图 7.22）。他们使用了 nCas9（nickases Cas9，Cas9 切口酶）和易错 DNA 聚合酶产生靶基因突变体。在作为报告蛋白的抗生素抗性基因中，脯氨酸被替换为稀有密码子。高活性的鸟氨酸环脱氨酶突变体能高效催化鸟氨酸生成脯氨酸，从而及时表达抗性蛋白并恢复生长。

### 7.5.3 噬菌体辅助的进化技术

1967 年，连续进化的概念首次出现，Mills（1967）等在试管中成功进化 RNA 分子。在这项开创性的工作中，他们将不断减少的自复制时间作为筛选压力，获得了自复制速度加快且更精简的 RNA 复制酶变体。其后，RNA 聚合酶启动子（Breaker *et al.*，1994）、RNA 连接酶（Wright and Joyce，1997）和 RNA 聚合酶（Voytek and Joyce，2007）也成功进行了体外连续进化，但成功的案例仅限于核酶（ribozyme）等核酸类生物大分子。

David R. Liu 课题组的 Esvelt 等（2011）开发了一种连续的分子定向进化系统，称为噬菌体辅助连续进化（phage-assisted continuous evolution，PACE）。噬菌体辅助连续进化将基于报告基因的选择策略与定向进化相结合，并辅以自动化的噬菌体感染，从而避免了传统定向进化所需的大量人工操作。与传统方法相比，噬菌体辅助连续进化在多轮突

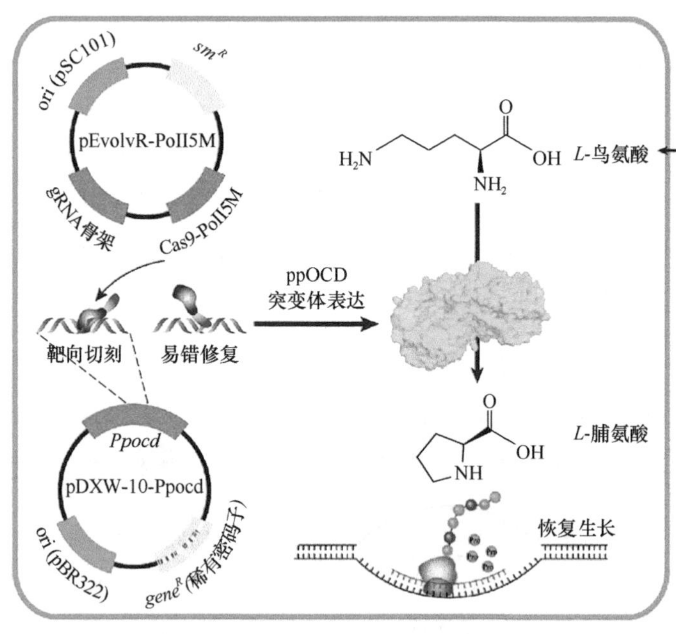


图 7.22 鸟氨酸环脱氨酶筛选系统

pEvolvR-PolI5M 质粒［表达 nCas9-PolI5M 系统，且含有温度敏感的复制原点 ori（pSC101）］和 pDXW-10-Ppocd 质粒（携带鸟氨酸环脱氨酶基因 *Ppocd* 和抗性基因 $gene^R$，其中抗性基因的脯氨酸密码子被稀有密码子取代）在大肠杆菌中共表达。重组菌株在 30℃下接种在含有 *L*-鸟氨酸的培养基中。pEvolvR 系统将仅产生单链断裂的 nCas9 蛋白与容易出错的 DNA 聚合酶 PolI5M 融合在一起，该融合蛋白由 gRNA 引导至特定的靶序列（鸟氨酸环脱氨酶基因）。随后，nCas9 蛋白的切割导致单链缺口，易出错的 DNA 聚合酶开始修复缺口并替换下游核苷酸。将混合物在 42℃中进一步培养以消除 pEvolvR-PolI5M 质粒，并产生一系列鸟氨酸环脱氨酶突变体。ppOCD. 源于 *Pseudomonas putida* 的鸟氨酸环脱氨酶（OCD）

变-筛选的循环过程中不需要人工干预，进化速度更快。

PACE 系统主要包含工程噬菌体、诱变质粒及辅助质粒三个主要部分（图 7.23）。工程噬菌体的 *M13* 基因中负责包装及感染的 *gIII* 基因被移除，并插入待进化酶的基因；大

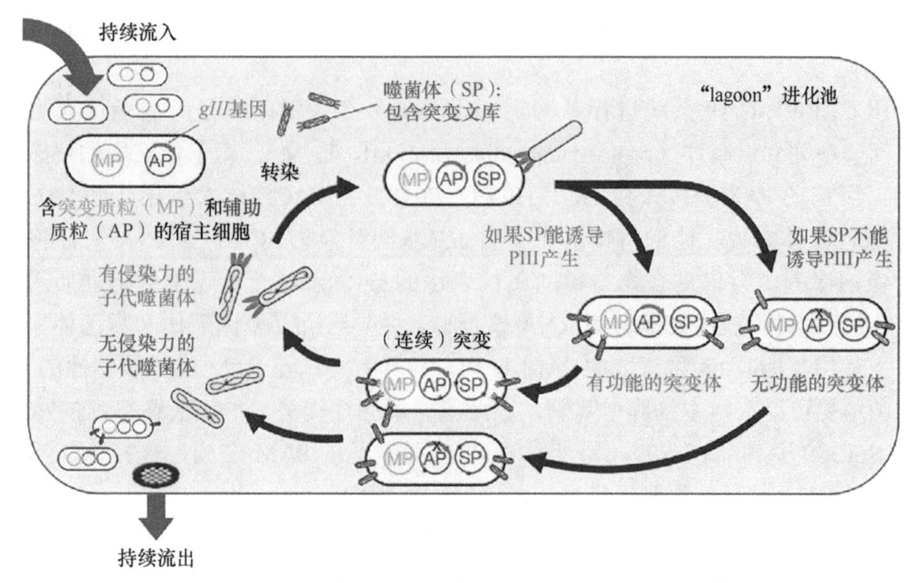


图 7.23 噬菌体辅助连续进化（PACE）工作原理

MP. 突变质粒；AP. 辅助质粒；SP. 筛选用工程噬菌体；PIII. *gIII* 基因的表达产物，参与噬菌体感染

肠杆菌内带有一个诱变质粒，该诱变质粒可以被阿拉伯糖诱导。诱导后，诱变质粒通过表达破坏 DNA 校对和修复的蛋白质，提高 DNA 复制过程中的错误率，最高可提高突变率 300 000 倍；辅助质粒带有原本位于噬菌体的 *gIII* 基因，并使 *gIII* 基因的表达与待进化酶的活性相关联。当酶的突变体具有目标活性时，*gIII* 基因的转录被触发，从而产生有侵染力的噬菌体。这些新产生的子代噬菌体能够感染新的宿主菌开始下一轮复制增殖，从而在称为“lagoon”的进化池中存留下来。而无目标活性的酶则不能启动 *gIII* 表达，也不能分泌子代噬菌体进行增殖，噬菌体的数量不会提高，最终从体系中被洗脱。由此将工程化的噬菌体繁殖能力与所需的酶活性联系起来。大肠杆菌流过进化池的时间短于大肠杆菌的分裂进程，以防止细菌基因组的同时进化干扰实验，故只有能从大肠杆菌质粒中诱导出足够 *gIII* 的噬菌体才能留在进化容器中。

噬菌体 T7 RNA 聚合酶被广泛用于在体外和细胞中转录 RNA。T7 RNA 聚合酶对其 T7 启动子序列具有高度特异性，而在 T3 启动子上则几乎没有显示可检测的活性。Esvelt 等（2011）在辅助质粒改用 T3 启动子控制 *gIII* 基因的转录，在一周之内完成了数百个进化周期，成功获得了可识别 T3 启动子的 T7 RNA 聚合酶。类似地，也获得了以 ATP/CTP（cytidine triphosphate，三磷酸胞苷）而非 GTP（guanosine triphosphate，三磷酸鸟苷）起始转录的 T7 RNA 聚合酶变体。

Suzuki 等（2017）在此基础上建立了噬菌体辅助的非连续进化（phage-assisted non-continuous evolution，PANCE）技术。吡咯赖氨酸-tRNA 合成酶（pyrrolysyl-tRNA synthetase，PylRS）是使用非天然氨基酸进行遗传密码扩展的主要工具。运用 PANCE 技术，他们进化出增强活性和氨基酸特异性的新型 PylRS 变体。与 PACE 相比，PANCE 不需要“lagoon”进化池，而是通过连续转接进行不断稀释，从而降低了对实验仪器的依赖。PANCE 系统具有较低的严格性，进化速度相对较慢，但是非常适合在深孔板中平行地多线程进化。在该研究中，他们将带有若干 UAG 终止密码子的 *gIII* 基因插入辅助质粒，而噬菌体中的 *gIII* 基因被替换为待进化的 tRNA 合成酶基因，同时转染过程中补充目标非天然氨基酸，经过约 20 代的转染后，富集到了可以通读多个 UAG 终止密码子的 PylRS 变体。

使用 CRISPR-Cas9 系统进行基因组编辑等的一个关键限制是：在靶位点附近是否存在原间隔序列邻近基序（protospacer adjacent motif，PAM）。对于最常用的化脓链球菌 SpCas9，所需的 PAM 序列为 NGG。Hu 等（2018）将 PACE 技术运用于进化 CRISPR-Cas9 系统，具体来说，他们将噬菌体中的 *gIII* 基因替换为 dCas9 与 RNA 聚合酶 ω 亚基的融合蛋白序列。当该复合物与辅助质粒表达的 sgRNA 结合，识别到辅助质粒 gIII 上游的 PAM 序列时，就会在此募集 RNA 聚合酶，并导致 *gIII* 基因表达和噬菌体繁殖。辅助质粒上使用了所有 64 种可能的 PAM 序列，故具有更广泛 PAM 序列兼容性的 Cas9 变体的噬菌体更可能在宿主细胞中复制，因此具有适应性优势。他们最终得到扩展了 PAM 序列的 SpCas9 变体（xCas9），该变体可以识别广泛的 PAM 序列，包括 NG、GAA 和 GAT，同时 DNA 特异性得到了提高，并降低了脱靶率。

David R. Liu 课题组的 Blum 等（2021）通过噬菌体辅助连续进化技术进化了肉毒杆菌神经毒素蛋白酶，他们通过正向筛选使蛋白酶识别新底物，通过反向筛选去除原本的底物特异性，将其改造成具有新活性的蛋白酶。在正向筛选中，辅助质粒Ⅰ编码一个活性被溶菌酶抑制的T3 RNA聚合酶和由T3启动子控制的*gIII*。溶菌酶是RNA聚合酶的天然抑制剂，其与T3 RNA聚合酶之间的连接包含蛋白酶的水解目标序列。当选择质粒编码的蛋白酶可以切割T3 RNA聚合酶和溶菌酶之间的连接时，T3 RNA聚合酶的活性得以释放，从而转录*gIII*，进而得到有侵染活性的噬菌体。与此同时，反向筛选系统辅助质粒Ⅱ使用一段脱靶序列连接T7 RNA聚合酶和溶菌酶。若蛋白酶能够切断该脱靶序列，那么被意外激活的T7 RNA聚合酶将启动下游T7启动子控制的*gIII*阴性变体，其表达的pIII-阴性蛋白能够抑制噬菌体复制。他们为更好地控制筛选压力、提高通量，还使用PANCE系统完成进一步的正向和逆向筛选，最终成功对蛋白酶的活性实现了重新设计，不仅可以使其识别一个全新的底物，还通过反向筛选几乎完全去除了原本的活性。噬菌体辅助进化的部分实例见表7-8。

表7.8 噬菌体辅助进化的部分实例

| 改造性能 | 使用策略 | 参考文献 |
|---|---|---|
| 拓展T7 RNA聚合酶的启动子 | 噬菌体辅助连续进化 | Esvelt *et al.*，2011 |
| 改变蛋白酶的底物特异性 | 噬菌体辅助连续进化 | Packer *et al.*，2017 |
| 新型的杀虫蛋白 | 噬菌体辅助连续进化 | Badran *et al.*，2016 |
| 增强吡咯赖氨酰-tRNA合成酶活性和氨基酸特异性 | 噬菌体辅助非连续进化 | Suzuki *et al.*，2017 |
| 提高甲醇脱氢酶的催化活性 | 噬菌体辅助非连续进化 | Roth *et al.*，2019 |
| 拓展Cas9的PAM区兼容性，提高DNA特异性 | 噬菌体辅助连续进化和非连续进化 | Hu *et al.*，2018 |

## 7.6 总结与展望

近年来，为提升酶分子改造的效率，科学家开发出各种“小而精”的突变库（small but smart library）来降低所需筛选的酶突变库容量，但此类突变库一定程度上在文库多样性方面进行了“妥协”，难免丢失一部分可能的阳性突变类型；此外，由于酶分子改造往往涉及大量位点的突变，即便采用这些策略，同时对多个位点进行饱和突变考察，产生的库容量也仍然很大，如要对10个位点同时进行考察，采用4种氨基酸进行饱和突变，需要筛选约300万个突变体才能覆盖95%的库容量，即使只采用3种氨基酸进行饱和突变，也仍需要筛选约17.7万个突变体，这对高通量筛选方法提出了迫切需求。基于此，科学家一直努力开发各种高通量筛选技术，这些高通量筛选技术大大提升了人们获取阳性突变体的效率，推动了酶工程的发展。从目前来看，孔板筛选方法虽然通量较低，但由于操作简便、通用性好等优点，将仍旧是广泛应用的筛选方法，尤其是在利用其他超高通量筛选方法对突变文库进行筛选富集后，仍要依靠孔板筛选方法进行复筛验证；液滴微流控筛选技术以其较高的通量及良好通用性，已成功用于多种重要酶的筛选，受到广泛的关注。随着以上技术体系的发展和相关仪器的商业化，以上筛选方法有望成为未来酶工程筛选广泛应用的方法。而其他筛选方法如流式细胞仪单细胞筛选、展示技术、生长偶联等在其适用的领域也具有独特的优势，值得受到持续的关注。

# 参考文献

林炳承, 秦建华. 2009. 微流控芯片分析化学实验室. 高等学校化学学报, 30(3): 433-445.

马富强, 杨广宇. 2017. 基于液滴微流控技术的超高通量筛选体系及其在合成生物学中的应用. 生物技术通报, 33(1): 83-92.

Abatemarco J, Sarhan M F, Wagner J M, *et al.* 2017. RNA-aptamers-in-droplets (RAPID) high-throughput screening for secretory phenotypes. Nat Commun, 8(1): 332.

Acevedo-Rocha C G, Ferla M, Reetz M T. 2018. Directed evolution of proteins based on mutational scanning. Methods Mol Biol, 1685: 87-128.

Agresti J J, Antipov E, Abate A R, *et al.* 2010. Ultrahigh-throughput screening in drop-based microfluidics for directed evolution. Proc Natl Acad Sci USA, 107(9): 4004-4009.

Aharoni A, Amitai G, Bernath K, *et al.* 2005. High-throughput screening of enzyme libraries: thiolactonases evolved by fluorescence-activated sorting of single cells in emulsion compartments. Chem Biol, 12(12): 1281-1289.

Aharoni A, Thieme K, Chiu C P, *et al.* 2006. High-throughput screening methodology for the directed evolution of glycosyltransferases. Nat Methods, 3(8): 609-614.

Amstutz P, Pelletier J N, Guggisberg A, *et al.* 2002. *In vitro* selection for catalytic activity with ribosome display. J Am Chem Soc, 124(32): 9396-9403.

Arnold F H. 2019. Innovation by evolution: bringing new chemistry to life (Nobel Lecture). Angew Chem Int Ed Engl, 58(41): 14420-14426.

Aučynaitė A, Rutkienė R, Gasparavičiūtė R, *et al.* 2018a. A gene encoding a DUF523 domain protein is involved in the conversion of 2-thiouracil into uracil. Environ Microbiol Rep, 10(1): 49-56.

Aučynaitė A, Rutkienė R, Tauraitė D, *et al.* 2018b. Discovery of bacterial deaminases that convert 5-fluoroisocytosine into 5-fluorouracil. Front Microbiol, 9: 2375.

Aučynaitė A, Rutkienė R, Tauraitė D, *et al.* 2018c. Identification of a 2′-O-methyluridine nucleoside hydrolase using the metagenomic libraries. Molecules, 23(11): 2904.

Badran A H, Guzov V M, Huai Q, *et al.* 2016. Continuous evolution of *Bacillus thuringiensis* toxins overcomes insect resistance. Nature, 533(7601): 58-63.

Baiyoumy A, Vallapurackal J, Schwizer F, *et al.* 2021. Directed evolution of a surface-displayed artificial allylic deallylase relying on a GFP reporter protein. ACS Catal, 11(17): 10705-10712.

Barahona E, Jiménez-Vicente E, Rubio L M. 2016. Hydrogen overproducing nitrogenases obtained by random mutagenesis and high-throughput screening. Sci Rep, 6: 38291.

Baret J C, Miller O J, Taly V, *et al.* 2009. Fluorescence-activated droplet sorting (FADS): efficient microfluidic cell sorting based on enzymatic activity. Lab Chip, 9(13): 1850-1858.

Becker S, Schmoldt H U, Adams T M, *et al.* 2004. Ultra-high-throughput screening based on cell-surface display and fluorescence-activated cell sorting for the identification of novel biocatalysts. Curr Opin Biotechnol, 15(4): 323-329.

Beneyton T, Thomas S, Griffiths A D, *et al.* 2017. Droplet-based microfluidic high-throughput screening of heterologous enzymes secreted by the yeast *Yarrowia lipolytica*. Microb Cell Fact, 16(1): 18.

Blum T R, Liu H, Packer M S, *et al.* 2021. Phage-assisted evolution of botulinum neurotoxin proteases with reprogrammed specificity. Science, 371(6531): 803-810.

Boersma Y L, Dröge M J, Van Der Sloot A M, *et al.* 2008. A novel genetic selection system for improved enantioselectivity of *Bacillus subtilis* lipase A. Chembiochem, 9(7): 1110-1115.

Breaker R R, Banerji A, Joyce G F. 1994. Continuous *in vitro* evolution of bacteriophage RNA polymerase promoters. Biochemistry, 33(39): 11980-11986.

Bruun T H, Grassmann V, Zimmer B, *et al.* 2017. Mammalian cell surface display for monoclonal antibody-based FACS selection of viral envelope proteins. MAbs, 9(7): 1052-1064.

Chen J, Wang Y, Zheng P, *et al.* 2022. Engineering synthetic auxotrophs for growth-coupled directed protein evolution. Trends Biotechnol, 40(7):773-776.

Che Y J, Wu H W, Hung L Y, *et al.* 2015. An integrated microfluidic system for screening of phage-displayed peptides specific to colon cancer cells and colon cancer stem cells. Biomicrofluidics, 9(5): 054121.

Chen S, Lovell S, Lee S, *et al.* 2021. Identification of highly selective covalent inhibitors by phage display. Nat Biotechnol, 39(4): 490-498.

Chen X, Dreskin S C. 2017. Application of phage peptide display technology for the study of food allergen epitopes. Mol Nutr Food Res, 61(6).

Cheng F, Kardashliev T, Pitzler C, *et al.* 2015. A competitive flow cytometry screening system for directed evolution of therapeutic enzyme. ACS Synth Biol, 4(7): 768-775.

Colin P Y, Kintses B, Gielen F, *et al.* 2015. Ultrahigh-throughput discovery of promiscuous enzymes by picodroplet functional metagenomics. Nat Commun, 6: 10008.

Copp J N, Mowday A M, Williams E M, *et al.* 2017. Engineering a multifunctional nitroreductase for improved activation of prodrugs and PET probes for cancer gene therapy. Cell Chem Biol, 24(3): 391-403.

Copp J N, Williams E M, Rich M H, *et al.* 2014. Toward a high-throughput screening platform for directed evolution of enzymes that activate genotoxic prodrugs. Protein Eng Des Sel, 27(10): 399-403.

Courtois F, Olguin L F, Whyte G, *et al.* 2009. Controlling the retention of small molecules in emulsion microdroplets for use in cell-based assays. Anal Chem, 81(8): 3008-3016.

Cui X, Hu J, Choi J R, *et al.* 2016. A volumetric meter chip for point-of-care quantitative detection of bovine catalase for food safety control. Anal Chim Acta, 935: 207-212.

Debon A, Pott M, Obexer R, *et al.* 2019. Ultrahigh-throughput screening enables efficient single-round oxidase remodelling. Nature Catalysis, 2: 740-747.

Dele-Osibanjo T, Li Q, Zhang X, *et al.* 2019. Growth-coupled evolution of phosphoketolase to improve L-glutamate production by *Corynebacterium glutamicum*. Appl Microbiol Biotechnol, 103(20): 8413-8425.

Deloache W C, Russ Z N, Narcross L, *et al.* 2015. An enzyme-coupled biosensor enables (*S*)-reticuline production in yeast from glucose. Nat Chem Biol, 11(7): 465-471.

Deweid L, Neureiter L, Englert S, *et al.* 2018. Directed evolution of a bond-forming enzyme: ultrahigh-throughput screening of microbial transglutaminase using yeast surface display. Chemistry, 24(57): 15195-15200.

Esvelt K M, Carlson J C, Liu D R. 2011. A system for the continuous directed evolution of biomolecules. Nature, 472(7344): 499-503.

Fasan R, Jennifer Kan S B, Zhao H. 2019. A continuing career in biocatalysis: Frances H. Arnold. ACS Catal, 9(11): 9775-9788.

Femmer C, Bechtold M, Held M, *et al.* 2020. In vivo directed enzyme evolution in nanoliter reactors with antimetabolite selection. Metab Eng, 59:15-23.

Fleming S R, Himes P M, Ghodge S V, *et al.* 2020. Exploring the post-translational enzymology of PaaA by mRNA display. J Am Chem Soc, 142(11): 5024-5028.

Gérard A, Woolfe A, Mottet G, *et al.* 2020. High-throughput single-cell activity-based screening and sequencing of antibodies using droplet microfluidics. Nat Biotechnol, 38(6): 715-721.

Glumac P M, Forster C L, Zhou H, *et al.* 2018. The identification of a novel antibody for CD133 using human antibody phage display. Prostate, 78(13): 981-991.

Grimm A R, Sauer D F, Polen T, *et al.* 2018. A whole cell *E. coli* display platform for artificial metalloenzymes: poly (phenylacetylene) production with a rhodium−nitrobindin metalloprotein. ACS catalysis, 8(3): 2611-2614.

Günay K A, Klok H A. 2015. Identification of soft matter binding peptide ligands using phage display. Bioconjug Chem, 26(10): 2002-2015.

Gupta R D, Goldsmith M, Ashani Y, *et al.* 2011. Directed evolution of hydrolases for prevention of G-type nerve agent intoxication. Nat Chem Biol, 7(2): 120-125.

Hammer S C, Knight A M, Arnold F H. 2017. Design and evolution of enzymes for non-natural chemistry. Curr. Opin. Green Sust, 7: 23-30.

Hammerling M J, Fritz B R, Yoesep D J, *et al.* 2020. *In vitro* ribosome synthesis and evolution through ribosome display. Nat Commun, 11(1): 1108.

Han Y, Branon T C, Martell J D, *et al.* 2019. Directed evolution of split APEX2 peroxidase. ACS Chem Biol, 14(4): 619-635.

Hanes J, Plückthun A. 1997. *In vitro* selection and evolution of functional proteins by using ribosome display. Proc Natl Acad Sci U S A, 94(10): 4937-4942.

He M, Khan F. 2005. Ribosome display: next-generation display technologies for production of antibodies *in vitro*. Expert Rev Proteomics, 2(3): 421-430.

Hendricks C L, Ross J R, Pichersky E, *et al.* 2004. An enzyme-coupled colorimetric assay for *S*-adenosylmethionine-dependent methyltransferases. Anal Biochem, 326(1): 100-105.

Hu J H, Miller S M, Geurts M H, *et al.* 2018. Evolved Cas9 variants with broad PAM compatibility and high DNA specificity. Nature, 556(7699): 57-63.

Hult K, Berglund P. 2003. Engineered enzymes for improved organic synthesis. Curr Opin Biotechnol, 14(4): 395-400.

Hwang B-Y. 2012. Directed evolution of cutinase using *in vitro* compartmentalization. Biotechnol Bioproc E, 17(3): 500-505.

Ilić Đurđić K, Ece S, Ostafe R, *et al.* 2020. Flow cytometry-based system for screening of lignin peroxidase mutants with higher oxidative stability. J Biosci Bioeng, 129(6): 664-671.

Janesch B, Baumann L, Mark A, *et al.* 2019. Directed evolution of bacterial polysialyltransferases. Glycobiology, 29(7): 588-598.

Jürgens C, Strom A, Wegener D, *et al.* 2000. Directed evolution of a (beta alpha)8-barrel enzyme to catalyze related reactions in two different metabolic pathways. Proc Natl Acad Sci U S A, 97(18): 9925-9930.

Kaminski T S, Scheler O, Garstecki P. 2016. Droplet microfluidics for microbiology: techniques, applications and challenges. Lab Chip, 16(12): 2168-2187.

Karamitros C S, Morvan M, Vigne A, *et al.* 2020. Bacterial expression systems for enzymatic activity in droplet-based microfluidics. Anal Chem, 92(7): 4908-4916.

Khan K H, Himeno A, Kosugi S, *et al.* 2017. IgY-binding peptide screened from a random peptide library as a ligand for IgY purification. J Pept Sci, 23(10): 790-797.

Khondakar K R, Dey S, Wuethrich A, *et al.* 2019. Toward personalized cancer treatment: from diagnostics to therapy monitoring in miniaturized electrohydrodynamic systems. Acc Chem Res, 52(8): 2113-2123.

Kim B, Hathaway T R, Loeb L A. 1996. Human immunodeficiency virus reverse transcriptase. Functional mutants obtained by random mutagenesis coupled with genetic selection in *Escherichia coli*. J Biol Chem, 271(9): 4872-4878.

Kintses B, van Vliet L D, Devenish S R, *et al.* 2010. Microfluidic droplets: new integrated workflows for biological experiments. Curr Opin Chem Biol, 14(5): 548-555.

Kintses B, Hein C, Mohamed M F, *et al.* 2012. Picoliter cell lysate assays in microfluidic droplet compartments for directed enzyme evolution. Chem Biol, 19(8): 1001-1009.

Körfer G, Pitzler C, Vojcic L, *et al.* 2016. *In vitro* flow cytometry-based screening platform for cellulase engineering. Sci Rep, 6(1): 26128.

Kortmann M, Mack C, Baumgart M, *et al.* 2019. Pyruvate carboxylase variants enabling improved lysine production from glucose identified by biosensor-based high-throughput fluorescence-activated cell sorting screening. ACS Synth Biol, 8(2): 274-281.

Lafferty M, Dycaico M J. 2004. GigaMatrix: a novel ultrahigh throughput protein optimization and discovery platform. Methods Enzymol, 388: 119-134.

Larsen A C, Dunn M R, Hatch A, *et al.* 2016. A general strategy for expanding polymerase function by droplet microfluidics. Nat Commun, 7(1): 11235.

Lee Y F, Tawfik D S, Griffiths A D. 2002. Investigating the target recognition of DNA cytosine-5 methyltransferase HhaI by library selection using *in vitro* compartmentalisation. Nucleic Acids Res, 30(22): 4937-4944.

Lim S, Chen B, Kariolis M S, *et al.* 2017. Engineering high affinity protein-protein interactions using a high-throughput microcapillary array platform. ACS Chem Biol, 12(2): 336-341.

Lin J L, Wagner J M, Alper H S. 2017. Enabling tools for high-throughput detection of metabolites: Metabolic engineering and directed evolution applications. Biotechnol Adv, 35(8): 950-970.

Lin X, Nagl S. 2020. A microfluidic chip for rapid analysis of DNA melting curves for BRCA2 mutation screening. Lab Chip, 20(20): 3824-3831.

Lipovsek D, Antipov E, Armstrong KA, *et al.* 2007. Selection of horseradish peroxidase variants with enhanced enantioselectivity by yeast surface display. Chem Biol, 14(10): 1176-1185.

Long M, Xu M, Qiao Z, *et al.* 2020. Directed evolution of ornithine cyclodeaminase using an EvolvR-based growth-coupling strategy for efficient biosynthesis of l-proline. ACS Synth Biol, 9(7): 1855-1863.

Longwell C K, Labanieh L, Cochran J R. 2017. High-throughput screening technologies for enzyme engineering. Curr Opin Biotechnol, 48: 196-202.

Lülsdorf N, Pitzler C, Biggel M, *et al.* 2015. A flow cytometer-based whole cell screening toolbox for directed hydrolase evolution through fluorescent hydrogels. Chem Commun (Camb), 51(41): 8679-8682.

Ma F, Chung M T, Yao Y, *et al.* 2018. Efficient molecular evolution to generate enantioselective enzymes using a dual-channel microfluidic droplet screening platform. Nat Commun, 9(1): 1030.

Ma F, Fischer M, Han Y, *et al.* 2016. Substrate engineering enabling fluorescence droplet entrapment for IVC-FACS-based ultrahigh-throughput screening. Anal Chem, 88(17): 8587-8595.

Ma F, Xie Y, Huang C, *et al.* 2014. An improved single cell ultrahigh throughput screening method based on *in vitro* compartmentalization. PLoS One, 9(2): e89785.

MacBeath G, Kast P, Hilvert D. 1998. Redesigning enzyme topology by directed evolution. Science, 279(5358): 1958-1961.

Maeda H, Matsuno H, Ushida M, *et al.* 2005. 2,4-Dinitrobenzenesulfonyl fluoresceins as fluorescent alternatives to Ellman's reagent in thiol-quantification enzyme assays. Angew Chem Int Ed Engl, 44(19): 2922-2925.

Mahr R, Frunzke J. 2016. Transcription factor-based biosensors in biotechnology: current state and future prospects. Appl Microbiol Biotechnol, 100(1): 79-90.

Markel U, Essani K D, Besirlioglu V, *et al.* 2020. Advances in ultrahigh-throughput screening for directed enzyme evolution. Chem Soc Rev, 49(1): 233-262.

Mastrobattista E, Taly V, Chanudet E, *et al.* 2005. High-throughput screening of enzyme libraries: *in vitro* evolution of a beta-galactosidase by fluorescence-activated sorting of double emulsions. Chem Biol, 12(12): 1291-1300.

Mattanovich D, Borth N. 2006. Applications of cell sorting in biotechnology. Microb Cell Fact, 5: 12.

Mayr L M, Bojanic D. 2009. Novel trends in high-throughput screening. Curr Opin Pharmacol, 9(5): 580-588.

Michener J K, Smolke C D. 2012. High-throughput enzyme evolution in Saccharomyces cerevisiae using a synthetic RNA switch. Metab Eng, 14(4): 306-316.

Miller S C. 2010. Profiling sulfonate ester stability: identification of complementary protecting groups for sulfonates. J Org Chem, 75(13): 4632-4635.

Mills D R, Peterson R L, Spiegelman S. 1967. An extracellular Darwinian experiment with a self-duplicating nucleic acid molecule. Proc Natl Acad Sci U S A, 58(1): 217-224.

Morlock L K, Böttcher D, Bornscheuer U T. 2018. Simultaneous detection of NADPH consumption and $H_2O_2$ production using the Ampliflu ™ Red assay for screening of P450 activities and uncoupling. Appl Microbiol Biotechnol, 102(2): 985-994.

Najah M, Calbrix R, Mahendra-Wijaya I P, *et al.* 2014. Droplet-based microfluidics platform for ultra-high-throughput bioprospecting of cellulolytic microorganisms. Chem Biol, 21(12): 1722-1732.

Obexer R, Godina A, Garrabou X, *et al.* 2017. Emergence of a catalytic tetrad during evolution of a highly active artificial aldolase. Nat Chem, 9(1): 50-56.

Olsen K N, Budde B B, Siegumfeldt H, *et al.* 2002. Noninvasive measurement of bacterial intracellular pH on a single-cell level with green fluorescent protein and fluorescence ratio imaging microscopy. Appl Environ Microbiol, 68(8): 4145-4147.

Olsen M J, Stephens D, Griffiths D, *et al.* 2000. Function-based isolation of novel enzymes from a large library. Nat Biotechnol, 18(10): 1071-1074.

Ong J L, Loakes D, Jaroslawski S, *et al.* 2006. Directed evolution of DNA polymerase, RNA polymerase and reverse transcriptase activity in a single polypeptide. J Mol Biol, 361(3): 537-550.

Orencia M C, Yoon J S, Ness J E, *et al.* 2001. Predicting the emergence of antibiotic resistance by directed evolution and structural analysis. Nat Struct Biol, 8(3): 238-242.

Ostafe R, Prodanovic R, Lloyd Ung W, *et al.* 2014a. A high-throughput cellulase screening system based on droplet microfluidics. Biomicrofluidics, 8(4): 041102.

Ostafe R, Prodanovic R, Nazor J, *et al.* 2014b. Ultra-high-throughput screening method for the directed evolution of glucose oxidase. Chem Biol, 21(3): 414-421.

Packer M S, Rees H A, Liu D R. 2017. Phage-assisted continuous evolution of proteases with altered substrate specificity. Nat Commun, 8(1): 956

Packer M S, Liu D R. 2015. Methods for the directed evolution of proteins. Nat Rev Genet, 16(7): 379-394.

Pavoor T V, Wheasler J A, Kamat V, *et al.* 2012. An enhanced approach for engineering thermally stable proteins using yeast display. Protein Eng Des Sel, 25(10): 625-630.

Peng S X, Cousineau M, Juzwin S J, *et al.* 2006. A 96-well screen filter plate for high-throughput biological sample preparation and LC-MS/MS analysis. Anal Chem, 78(1): 343-348.

Pitzler C, Wirtz G, Vojcic L, *et al.* 2014. A fluorescent hydrogel-based flow cytometry high-throughput screening platform for hydrolytic enzymes. Chem Biol, 21(12): 1733-1742.

Prodanović R, Ung W L, Đurđić K I, *et al.* 2020. A high-throughput screening system based on droplet microfluidics for glucose oxidase gene libraries. Molecules, 25(10): 2418.

Rakszewska A, Tel J, Chokkalingam V, *et al.* 2014. One drop at a time: toward droplet microfluidics as a versatile tool for single-cell analysis. NPG Asia Materials, 6(10): e133-e133.

Reetz M T, Höbenreich H, Soni P, *et al.* 2008. A genetic selection system for evolving enantioselectivity of enzymes. Chem Commun (Camb), (43): 5502-5504.

Reis J M, Xu X, Mcdonald S, *et al.* 2018. Discovering selective binders for photoswitchable proteins using phage display. ACS Synth Biol, 7(10): 2355-2364.

Roth T B, Woolston B M, Stephanopoulos G, *et al.* 2019. Phage-assisted evolution of *Bacillus methanolicus* methanol dehydrogenase 2. ACS Synth Biol, 8(4): 796-806.

Ruff A J, Dennig A, Wirtz G, *et al.* 2012. Flow cytometer-based high-throughput screening system for accelerated directed evolution of P450 monooxygenases. ACS Catalysis, 2(12): 2724-2728.

Rule G, Henion J. 1999. High-throughput sample preparation and analysis using 96-well membrane solid-phase extraction and liquid chromatography-tandem mass spectrometry for the determination of steroids in human urine. J Am Soc Mass Spectrom, 10(12): 1322-1327.

Ryckelynck M, Baudrey S, Rick C, *et al.* 2015. Using droplet-based microfluidics to improve the catalytic properties of RNA under multiple-turnover conditions. Rna, 21(3): 458-469.

Sadler J C, Currin A, Kell D B. 2018. Ultra-high throughput functional enrichment of large monoamine oxidase (MAO-N) libraries by fluorescence activated cell sorting. Analyst, 143(19): 4747-4755.

Salema V, Fernández L. 2017. *Escherichia coli* surface display for the selection of nanobodies. Microb Biotechnol, 10(6): 1468-1484.

Saravanan T, Junker S, Kickstein M, *et al.* 2017. Donor promiscuity of a thermostable transketolase by directed evolution: efficient complementation of 1-deoxy-d-xylulose-5-phosphate synthase activity. Angew Chem Int Ed Engl, 56(19): 5358-5362.

Schuster S, Enzelberger M, Trauthwein H, *et al.* 2005. pHluorin-based *in vivo* assay for hydrolase screening. Anal Chem, 77(9): 2727-2732.

Seelig B, Szostak J W. 2007. Selection and evolution of enzymes from a partially randomized non-catalytic scaffold. Nature, 448(7155): 828-831.

Sellés Vidal L, Murray JW, Heap JT. 2021. Versatile selective evolutionary pressure using synthetic defect in universal metabolism. Nat Commun, 12(1): 6859

Shaner N C, Steinbach P A, Tsien R Y. 2005. A guide to choosing fluorescent proteins. Nat Methods, 2(12): 905-909.

Sheludko Y V, Fessner W D. 2020. Winning the numbers game in enzyme evolution-fast screening methods for improved biotechnology proteins. Curr Opin Struct Biol, 63: 123-133.

Siedler S, Schendzielorz G, Binder S, *et al.* 2014. SoxR as a single-cell biosensor for NADPH-consuming enzymes in *Escherichia coli*. ACS Synth Biol, 3(1): 41-47.

Sjostrom S L, Bai Y, Huang M, *et al.* 2014. High-throughput screening for industrial enzyme production hosts by droplet microfluidics. Lab Chip, 14(4): 806-813.

Stemmer W P. 1994. Rapid evolution of a protein *in vitro* by DNA shuffling. Nature, 370(6488): 389-391.

Sundberg S A. 2000. High-throughput and ultra-high-throughput screening: solution- and cell-based approaches. Curr Opin Biotechnol, 11(1): 47-53.

Suzuki M, Yoshida S, Adman E T, *et al.* 2000. *Thermus aquaticus* DNA polymerase I mutants with altered fidelity. Interacting mutations in the O-helix. J Biol Chem, 275(42): 32728-32735.

Suzuki T, Miller C, Guo L T, *et al.* 2017. Crystal structures reveal an elusive functional domain of pyrrolysyl-tRNA synthetase. Nat Chem Biol, 13(12): 1261-1266.

Tan Y, Zhang Y, Han Y, *et al.* 2019. Directed evolution of an α1,3-fucosyltransferase using a single-cell ultrahigh-throughput screening method. Sci Adv, 5(10): eaaw8451.

Tang Q, Li X, Lai C, *et al.* 2021. Fabrication of a hydroxyapatite-PDMS microfluidic chip for bone-related cell culture and drug screening. Bioact Mater, 6(1): 169-178.

Toprak E, Veres A, Michel J B, *et al.* 2011. Evolutionary paths to antibiotic resistance under dynamically sustained drug selection. Nat Genet, 44(1): 101-105.

Trudeau D L, Tawfik D S. 2019. Protein engineers turned evolutionists-the quest for the optimal starting point. Curr Opin Biotechnol, 60: 46-52.

Tu R, Martinez R, Prodanovic R, *et al.* 2011. A flow cytometry-based screening system for directed evolution of proteases. J Biomol Screen, 16(3): 285-294.

Vallejo D, Nikoomanzar A, Paegel B M, *et al.* 2019. Fluorescence-activated droplet sorting for single-cell directed evolution. ACS Synth Biol, 8(6): 1430-1440.

Van Sint Fiet S, Van Beilen J B, Witholt B. 2006. Selection of biocatalysts for chemical synthesis. Proc Natl Acad Sci USA, 103(6): 1693-1698.

Vanella R, Ta D T, Nash M A. 2019. Enzyme-mediated hydrogel encapsulation of single cells for high-throughput screening and directed evolution of oxidoreductases. Biotechnol Bioeng, 116(8): 1878-1886.

Vasina M, Vanacek P, Damborsky J, *et al.* 2020. Exploration of enzyme diversity: High-throughput techniques for protein production and microscale biochemical characterization. Methods Enzymol, 643: 51-85.

Voytek S B, Joyce G F. 2007. Emergence of a fast-reacting ribozyme that is capable of undergoing continuous evolution. Proc Natl Acad Sci USA, 104(39): 15288-15293.

Wang J, Meng J, Ding G, *et al.* 2019. A novel microfluidic capture and monitoring method for assessing physiological damage of *C. elegans* under microgravity. Electrophoresis, 40(6): 922-929.

Watt A P, Morrison D, Locker K L, *et al.* 2000. Higher throughput bioanalysis by automation of a protein precipitation assay using a 96-well format with detection by LC-MS/MS. Anal Chem, 72(5): 979-984.

Wen N, Zhao Z, Fan B, *et al.* 2016. Development of droplet microfluidics enabling high-throughput single-cell analysis. Molecules, 21(7): 881.

Woronoff G, El Harrak A, Mayot E, *et al.* 2011. New generation of amino coumarin methyl sulfonate-based fluorogenic substrates for amidase assays in droplet-based microfluidic applications. Anal Chem, 83(8): 2852-2857.

Wright M C, Joyce G F. 1997. Continuous *in vitro* evolution of catalytic function. Science, 276(5312): 614-617.

Wu Z, Bai Y, Cheng Z, *et al.* 2017. Absolute quantification of DNA methylation using microfluidic chip-based digital PCR. Biosens Bioelectron, 96: 339-344.

Xiao H, Bao Z, Zhao H. 2015. High throughput screening and selection methods for directed enzyme evolution. Ind Eng Chem Res, 54(16): 4011-4020.

Yang G, Miton C M, Tokuriki N. 2020. A mechanistic view of enzyme evolution. Protein Sci, 29(8): 1724-1747.

Yang G, Rich J R, Gilbert M, *et al.* 2010. Fluorescence activated cell sorting as a general ultra-high-throughput screening method for directed evolution of glycosyltransferases. J Am Chem Soc, 132(30): 10570-10577.

Yang G, Withers S G. 2009. Ultrahigh-throughput FACS-based screening for directed enzyme evolution. Chembiochem, 10(17): 2704-2715.

Yi L, Gebhard M C, Li Q, *et al.* 2013. Engineering of TEV protease variants by yeast ER sequestration screening (YESS) of combinatorial libraries. Proc Natl Acad Sci USA, 110(18): 7229-7234.

You F, Yin G, Pu X, *et al.* 2016. Biopanning and characterization of peptides with $Fe_3O_4$ nanoparticles-binding capability via phage display random peptide library technique. Colloids Surf B Biointerfaces, 141: 537-545.

Zeymer C, Hilvert D. 2018. Directed evolution of protein catalysts. Annu Rev Biochem, 87: 131-157.

Zheng B, Ma X, Wang N, *et al.* 2018. Utilization of rare codon-rich markers for screening amino acid overproducers. Nat Commun, 9(1): 3616.

# 第8章

# 酶的表达与分离纯化

盖园明　姜　玮　张　洁　张大伟

中国科学院天津工业生物技术研究所

## 8.1　概述

酶的表达与生产制备，是指将产酶生物进行培养，对培养物中的酶蛋白进行分离与纯化，并将其加工成具有催化功能的生物制品。

动物、植物和微生物都能产生酶。动物和植物来源的酶在总酶源中所在的比重较小。植物来源的酶，如木瓜蛋白酶、半胱氨酸蛋白酶可从植物番木瓜的绿色果实和叶子中获得。由于受到季节、气候、生产地域等诸多方面的影响，植物产酶的质量和产量方面的稳定性都难以保障，并且从植物中提取酶操作烦琐，一般不将植物作为工业酶制剂的主要来源。动物产生的酶，一般是从屠宰牲畜的腺体中进行分离与提取，其来源非常有限，产量远远不能满足需求。

微生物是酶制剂的主要来源，利用微生物来生产制造酶制剂具有很多优势：①微生物培养方法简单，培养周期短，易于操作，容易进行扩大生产，可以满足大规模的市场需求（Jiang and Zhu，2013）；②在许多情况下，微生物产生的酶比植物或动物来源的酶具有更好的特性，如高稳定性（Huang *et al.*，2008；Yoo，2017）；③在实际应用过程中，需要对酶蛋白的性能（酶的温度耐受性、pH 耐受性、酶的活力等）进行改造来满足不同的制备工艺及降低生产成本等方面的要求，对适宜的产酶微生物进行诱变或者基因工程改造，可以实现酶蛋白的生产性能的快速改善及酶活力的快速提升。

本章将对酶的微生物表达菌种、微生物发酵培养条件及酶的分离纯化等进行介绍。

## 8.2　酶的微生物表达

### 8.2.1　酶生产菌种的要求和来源

工业上对产酶菌种的要求：①蛋白质产量高，分泌型表达最佳，产品易于分离纯化；②培养条件易于控制，细胞繁殖力和适应性强，容易操作管理；③能利用廉价的培养基原料进行生产，生长速度快，发酵周期短；④菌种安全可靠，本身不是致病菌，不产生毒素及其他有害的活性物质；⑤菌种遗传稳定性强，不易变异退化，抗噬菌体及杂菌污染的能力强，可以保证生产过程的稳定性。

菌种来源：①如果微生物本身可直接合成酶蛋白，可以从自然界中筛选获得相应的菌种，随后通过物理或者化学的方法对菌种进行诱变改良，从突变个体中分离获得符合工业生产要求的优良菌种；②如果产酶的微生物菌株本身活性较低，耐受性较差，则不适宜用来进行工业生产，可以将具有优良性质的酶基因导入常规的微生物模式菌株中进行表达，将构建好的基因工程菌进行比较与优化，从而获得可用于工业生产的优良菌种。目前，基因工程菌已经成为主要的酶制剂工业生产菌种，诺维信公司有 75% 的酶制剂由工程菌发酵生产。

### 8.2.2 常用微生物菌种及其研究进展

常用的微生物菌种如表 8.1 所示。其中，原核表达系统中的大肠杆菌和枯草芽孢杆菌（*Bacillus subtilis*）表达系统，真核表达系统中的毕赤酵母和丝状真菌表达系统发展较为成熟，本节将做详细介绍。

表 8.1 常用微生物菌种类型

| 表达类型 | 系统名称 | 模式菌株 | GRAS 菌株 | 主要表达类型 | 含二硫键蛋白质表达 | 酶制剂表达 |
|---|---|---|---|---|---|---|
| 原核 | 大肠杆菌 | BL21（DE3）系列 | 否 | 胞内 | 不适用 | 分子生物学工具酶（限制性内切酶、DNA 聚合酶、DNA 连接酶）<br>甾体转化酶 |
| | 枯草芽孢杆菌 | *B. subtilis* 168 | 是 | 分泌 | 不适用 | 淀粉酶 9201.1 U/ml（Yao *et al.*，2019）<br>普鲁兰酶 5951.8 U/ml（Zhang *et al.*，2018） |
| | 谷氨酸棒杆菌 | ATCC 13032 | 是 | 分泌 | 适用 | 木聚糖酶 1.54 g/L（Choi *et al.*，2018）<br>腈水解酶 1432 U/ml（Yang *et al.*，2019） |
| 真核 | 毕赤酵母 | GS115、X33 | 是 | 分泌 | 适用 | 植酸酶 9.58 g/L、35 032 U/ml（Li *et al.*，2015）<br>木聚糖酶 45 225 U/ml（Wang *et al.*，2016）<br>甘露聚糖酶 29 600 U/ml（张晓龙等，2015） |
| | 克鲁维酵母 | GG799 | 是 | 分泌 | 适用 | 凝乳酶 333 U/ml（Spohner *et al.*，2016） |
| | 丝状真菌 | 米曲霉 RIB40<br>黑曲霉 ATCC9029<br>里氏木霉 QM9414 | 是 | 分泌 | 适用 | 糖化酶（25～30 g/L）（Nevalainen *et al.*，2018）<br>纤维素酶（100 g/L）（Nevalainen *et al.*，2018） |

注：GRAS. 一般认为安全

#### 1. 原核表达系统

（1）大肠杆菌表达系统

大肠杆菌表达系统是目前应用最广泛的外源蛋白表达系统之一，其研究背景清晰、成本低、繁殖快、操作简单。

大肠杆菌表达系统中可使用的表达元件非常丰富。常用的表达载体包括 pET 系列、pQE 系列、pGE 系列等。大肠杆菌中常用的启动子包括 T7、Plac、Ptac、Ptrc 等。其中，Novagen 公司开发的 pET 系列应用最为广泛，利用 pET 系列载体在大肠杆菌表达系统中表达外源蛋白最高效，产量和成功率也最高。该系统的强大性得益于来源于噬菌体的T7 RNA 聚合酶与T7启动子的高效匹配性（Hoffmann-Sommergruber *et al.*，1997；Kang *et al.*，2007）。

外源蛋白在大肠杆菌表达系统中的表达以胞质内表达形式为主。大肠杆菌含有内毒素，不适宜用作食品、饲用酶的生产菌株；缺乏真核细胞的翻译后加工修饰体系，不适宜用作二硫键含量高的真核蛋白表达。通过密码子优化、使用融合标签、分子伴侣共表达等策略均可在一定程度上提升外源蛋白在大肠杆菌中的表达水平。

外源蛋白在大肠杆菌表达系统中异源表达面临的主要问题是重组蛋白经常由于错误折叠而聚集形成包涵体。融合标签的开发和使用在很大程度上可以帮助解决这一问题。表8.2列举了常用的融合标签，包括MBP、GST、NusA、SUMO、TrxA、mCherry等。不同的融合标签发挥不同的功能。例如，MBP（40 kDa）可充当分子伴侣的角色，帮助融合蛋白的正确折叠。MBP可通过与未折叠蛋白质的疏水性氨基酸相互作用，以防止其发生聚集或蛋白质水解（Needle and Waugh，2014）。NusA（55 kDa）可以在转录暂停时减慢翻译速度，为蛋白质折叠提供更多的时间，并稳定翻译过程中的蛋白质。由于这些融合标签的分子质量都比较大，可能会干扰目标蛋白的构象，影响其发挥正常功能，并且在后续操作中需要利用特殊的蛋白酶处理进行融合标签的去除。基于以上问题，科研人员开发出一些长度较短的短肽融合标签（如D5、E5、NT11等）进行应用。Kim等（2015）设计了一种含有不同阴离子氨基酸（天冬氨酸、谷氨酸、天冬酰胺或谷氨酰胺）的短肽新融合标签系统。研究发现由pelB信号序列和上述这些新融合标签相结合使用，能够有效地促进南极假丝酵母（*Candida antarctica*）来源的脂肪酶B（CalB）的细胞内表达和细胞外分泌。CalB的胞外分泌量最多可达到1.9 g/L，并且具有同商业CalB相同的酶促性质（Kim *et al.*，2015）。通过在直链淀粉酶的N端添加短肽融合标签，该酶的细胞外活性提高了4倍以上（Wang *et al.*，2019）。Nguyen等（2019）设计开发的促溶标签NT11，其氨基酸序列来源于杜氏藻属（*Dunaliella*）的碳酸酐酶的11个氨基酸，研究发现NT11标签同 *Thermovibrio ammonifican* 来源的碳酸酐酶融合表达，可提高后者在大肠杆菌中的整体表达量（6.9倍）和胞内可溶性水平（5倍），并且该标签不会影响目标蛋白的功能。

表8.2 常用的融合标签

| 融合标签 | 蛋白质名称 | 分子质量（kDa） | 参考文献 |
| --- | --- | --- | --- |
| MBP | 麦芽糖结合蛋白 | 40 | Needle and Waugh，2014 |
| GST | 谷胱甘肽硫转移酶 | 26 | Harper and Speicher，2011 |
| NusA | N利用质A | 55 | Yang *et al.*，2015 |
| SUMO | 小泛素相关修饰物 | 11 | Butt *et al.*，2005 |
| sfGFP | 超级绿色荧光蛋白 | 27 | Liu *et al.*，2019 |
| mCherry | 红色荧光蛋白 | 28 | Mestrom *et al.*，2019 |
| TrxA | 硫氧还蛋白 | 12 | Savitsky *et al.*，2010 |
| Fh8 | 肝片吸虫抗原 | 8 | Costa *et al.*，2014 |
| D5 | Asp-Asp-Asp-Asp-Asp | 0.593 | Kim *et al.*，2015 |
| NT11 | VSEPHDYNYEK | 0.138 | Nguyen *et al.*，2019 |

（2）枯草芽孢杆菌表达系统

芽孢杆菌的主要优势在于具有高效的分泌系统，外源蛋白可直接分泌到发酵培养基中，不易形成包涵体，易于分离和纯化（王金斌等，2014）。

枯草芽孢杆菌（*Bacillus subtilis*）的遗传背景清晰、蛋白质分泌性好（分泌量可达到20～25 g/L）、无内毒素和致病源、无严格的密码子偏好性、具有良好的发酵研究基础和大规模生产经验，被美国食品药品监督管理局（FDA）批准为GRAS菌株，是一种重要的工业生产菌种。*B. subtilis*168是研究革兰氏阳性菌的模式菌。美国俄亥俄州立大学*Bacillus*遗传保存中心（BGSC，http://www.bgsc.org/）保存了大量的*B. subtilis* 168突变体，2014年已经达到1291个。利用*B. subtilis*制备工业酶制剂如淀粉酶、蛋白酶等，已占据世界工业酶制剂产量的一半以上。

*B. subtilis*的表达载体包括质粒载体和整合载体。质粒载体主要用于目标蛋白的表达，常用的质粒载体包括pWB980、pHT43、pHY300PLK等。整合载体一般用于调控基因的表达，常用的整合载体包括pSG1151、pDG1661等。*B. subtilis*中常用的启动子包括$P_{spac}$、$P_{grac}$、$P_{43}$、$P_{xyl}$等，但是这些启动子的表达强度和调控的精确性远不及大肠杆菌中的强启动子。启动子元件的相对匮乏是制约工业菌种改造和优化的一个关键问题。启动子元件可从自然界中分离获得，也可对已有的天然启动子进行修饰、重组和改造，进而获得新的表达元件。Yang等（2013）通过使用启动子捕获系统筛选到地衣芽孢杆菌来源的启动子pShuttle-09，发现其在*B. subtilis*中的活性是$P_{43}$强启动子的8倍。通过对该启动子的鉴定与分析，重构了双启动子$P_{laps}$，启动子活性进一步提高了60%。Song等（2016）将绿色荧光蛋白GFP报告分子整合到*B. subtilis*染色体上，利用GFP的相对荧光强度对84个预测的内源性启动子强度进行表征，这些预测启动子来源于不同类别蛋白质（包括热激蛋白、细胞膜蛋白、对有毒金属具有抗逆性的蛋白质和其他种类）的基因上游序列，研究发现这些测定的启动子的表达水平是强启动子$P_{43}$活性的0.0023～4.53倍。Yue等（2017）通过对麦芽糖启动子的长度及抑制剂的结合位点进行分析与改造，获得的新型麦芽糖启动子在缺失了麦芽糖利用基因（*malL*和*yvdK*）的*B. subtilis*新菌株中表达萤光素酶和*D*-氨酰基酶的活性均高于$P_{hpaII}$强启动子。Yang等研究分析了来源于DBTBS数据库的114个内源启动子的性质，将这些启动子分为四类：对数期表达启动子、对数中期和稳定期表达启动子、持续性表达启动子和稳定期表达启动子。这些启动子的转录强度是$P_{43}$的0.03～2.03倍。研究发现，对于不同酶而言，适合表达的启动子类型有所不同，例如，脂肪酶适合用对数期启动子表达，角蛋白酶适合用对数中期和稳定期启动子表达，而碱性果胶酶适合用持续性启动子进行表达（Yang *et al.*，2017）。

*B. subtilis*的分泌机制研究得较为深入和清楚。科研人员针对*B. subtilis*的分泌系统，包括信号肽分子、分泌途径、调控系统等多方面进行了很多细致的研究，这些研究为分泌蛋白的有效表达和大量制备提供了极大的帮助。然而，目前，还没有通用型的表达元件被开发出来，满足所有目标蛋白在*B. subtilis*中的高效分泌表达。针对目的基因在体内的转录、翻译、折叠和转运等诸多过程对*B. subtilis*表达系统进行优化，将不同的优化模块进行组装和拼搭，仍然是实现对目标蛋白定制化地提高表达量的主要策略（张大伟和康倩，2019）。Fu等（2018）以淀粉酶AmyS为目标蛋白，构建了含有173个Sec途

径的信号肽的表达载体，并通过淀粉-碘的高通量筛选方法确定了15个能够提升AmyS分泌量的信号肽。Chen等（2015a）以淀粉酶AmyL为报告基因，发现在*B. subtilis*中过表达分子伴侣PrsA、AmyL的分泌量可增加2.5倍。为了进一步提高AmyL的分泌效率，Chen等（2015b）对*B. subtilis*中涉及Sec途径或与Sec途径密切相关的23个主要基因或基因操纵子通过增加染色体上的额外拷贝来单独过表达，发现同时过表达*prsA*和*dnaK*部分操纵子后，AmyL的α-淀粉酶活性提高了160%。

*B. subtilis*本身会分泌300多种胞外蛋白酶，容易降解目标蛋白，以蛋白酶缺陷菌株作为宿主菌，有利于外源基因的表达。Zhang等（2018）在已有蛋白酶（nprE和aprE）缺陷菌株*B. subtilis* WS5中利用CRISPR-Cas9系统敲除了其他6个蛋白酶，利用构建的不同新菌进行普鲁兰酶的表达，通过培养和发酵条件的优化，发现缺失6个蛋白酶（ΔnprE、ΔaprE、ΔnprB、Δbpr、Δmpr、Δepr）的菌株WS9PUL表达普鲁兰酶的效果最好，酶活最高可达5951.8 U/ml。

*B. subtilis*中存在非经典蛋白分泌途径，该途径蛋白质分泌不需要典型信号肽的引导，对于该类型蛋白的选择机制、细胞定位和通道蛋白等方面的工作也是一个研究热点，能否开辟类似的新的途径用于蛋白质的表达值得关注（Zhao *et al.*，2017；Zhang *et al.*，2020）。

*B. subtilis*缺乏真核细胞中的内质网等细胞器，胞内更趋向于还原环境，通常不能表达二硫键含量高的蛋白质，能否在细菌细胞内人工构建类似真核细胞的拟细胞器，创造新的氧化环境并引入二硫键氧化酶，将有望解决含有二硫键蛋白质的折叠与表达问题（Wei *et al.*，2020）。

（3）谷氨酸棒杆菌表达系统

谷氨酸棒杆菌（*Corynebacterium glutamicum*）是一种好氧、不产孢子的革兰氏阳性菌，无内毒素，是一种GRAS的氨基酸发酵的工业生产菌株，也是一种新型的外源蛋白表达系统。该系统主要有两种蛋白质分泌途径：Sec和Tat依赖型途径。其中Sec途径转运非折叠蛋白质，Tat途径转运折叠蛋白质。Sec转运系统主要由SecYEG、SecA、SecDF和YajC等组成，Tat转运系统主要由TatA类似蛋白（TatA、TatB、TatE）和TatC组成。两种转运系统中以Sec蛋白分泌途径为主。两种途径具有单独的特异性信号肽，Sec途径主要有CspA信号肽，主要应用有谷氨酰胺转移酶的分泌表达；Tat途径主要有Troa信号肽，主要应用有以IPTG进行诱导的绿色荧光蛋白的分泌表达。该系统的主要优势在于：外源蛋白可分泌表达；细胞本身不分泌胞外蛋白酶，并且分泌的宿主蛋白成分很少，目标蛋白稳定且易于下游纯化；胞内可以形成正确的二硫键（Danieis *et al.*，2010）；具有高密度细胞培养的工程经验（Eggeling and Bott，2015）。日本味之素公司开发了*C. glutamicum*蛋白质/多肽表达系统CORYNEX，并在2010年开始进行商业化推广（Yokoyama *et al.*，2010）。*C. glutamicum* ATCC 13032是*C. glutamicum*的模式菌株。该表达系统存在的主要问题包括蛋白质表达量低及可用的遗传工具较少，这些限制了其在蛋白质分泌生产中的应用。

该系统组成元件主要包括载体骨架、启动子、SD序列、信号肽、目的基因、抗性基因、复制子等。①载体骨架：主要为*E. coli-C. glutamicum*穿梭载体，也有部分*B.*

*subtilis-C. glutamicum* 穿梭载体及内源性载体。②启动子：应用较多的属诱导型启动子，主要有 3 种，a）内源性启动子，如 $P_{AH6}$、$P_{gro}$ 等强启动子；b）异源性启动子，如来自 pEC-XK99E、卡那霉素基因 $P_{aph}$ 启动子、$P_{tac}$ 启动子；c）随机突变合成的启动子，如 PH36 启动子、P69 和 P70 等强于 $P_{tac}$ 的启动子。③ SD 序列：除原 SD 序列外，Lee 等（2014）以 tpi-SD 替换原 SD 序列时，GFP 表达量提高了 2.9 倍。④信号肽：*C. glutamicum* 中主要有两种依赖型的信号肽，分别为 Sec 和 Tat 依赖型。两种信号肽的相同之处即都有 N 端区、疏水区和 C 端区，两者的不同之处在于 Tat 型信号肽的 N 端区氨基酸序列稍长于 Sec 型，疏水区的疏水性较弱，最明显的特点就是在 Tat 型信号肽的 N 端有双精氨酸残基—RR—，而 Sec 型信号肽没有，双精氨酸残基组合介导了 Tat 转运途径的特性。⑤复制子：*C. glutamicum* 内源常见的复制子有 pBL1、pCG1、pXZ10142 和 pCRY4 等家族。部分应用举例如表 8.3 所示。

表 8.3 *C. glutamicum* 表达系统部分应用

| 外源蛋白 | 启动子 | 信号肽 | 产量 | 参考 |
| --- | --- | --- | --- | --- |
| 谷氨酰胺转移酶 | PcspB | CspA | 876 mg/L | Date *et al.*，2004 |
| 木聚糖酶 | Pcg1514 | Cg1514 | 1067 mg/L | Yim *et al.*，2016 |
| 木聚糖酶 | Pcg1514 | Cg1514 | 1.54 g/L | Choi *et al.*，2018 |
| 淀粉酶 | Pcg1514 | Cg1514 | 782.6 mg/L | Yim *et al.*，2016 |
| 腈水解酶 | $P_{T7}$ | — | 1432 U/ml | Yang *et al.*，2019 |

作为一种新型蛋白质表达系统，对其优化工作也在不断探索和研究之中，除工艺条件等优化措施之外，分子生物学方面则主要对其表达元件进行优化，总体策略包括：①启动子优化，主要策略为筛选高效启动子、替换成高效启动子或对已有启动子进行改造；②信号肽优化，根据目标蛋白转运途径选择强效信号肽，若目标蛋白能同时适应两种途径的信号肽，则选 Tat 信号肽进行分泌表达，由于 Tat 信号肽介导的是折叠后转运，折叠之后的蛋白质较少暴露自身的蛋白酶降解位点，这样可以避免在跨膜过程中被降解从而提高分泌蛋白的完整性及表达量；③其他优化策略，主要包括密码子优化、双顺反子的载体结构优化、提高质粒拷贝数、目的基因整合基因组同时结合质粒表达、宿主蛋白酶的敲除、提高分泌蛋白的转运速率、提高蛋白质跨膜后的分泌效率等。

### 2. 真核表达系统

（1）酵母表达系统

酵母细胞，既具有原核细胞生长速度快、容易培养、便于基因工程操作等特点，又具有真核生物表达时对蛋白质的加工和修饰等功能，并且可高效分泌表达，是现代分子生物学研究中最重要的重组蛋白表达系统之一，广泛应用于酶蛋白的生产领域。

酵母表达系统中，毕赤酵母（*Pichia pastoris*）和克鲁维酵母（*Kluyveromyces lactis*）是常用的两种蛋白质表达系统，两者均被美国 FDA 认定为 GRAS 微生物。

A. 毕赤酵母表达系统

毕赤酵母表达系统是目前仅次于大肠杆菌的最常用的蛋白质表达系统，在工业酶制剂领域，有许多酶制剂，包括植酸酶、木聚糖酶、脂肪酶、甘露聚糖酶等，利用毕赤酵母均实现了产业化规模的生产（Rabert *et al.*，2013）。

毕赤酵母是一种甲醇营养型酵母，可利用甲醇作为唯一的碳源和能源进行生长。含有外源蛋白基因的表达载体都需要整合到毕赤酵母的染色体上进行表达。美国Invitrogen公司已开发多种毕赤酵母表达系统试剂盒，如Multi-Copy *Pichia* Expression Kit、EasySelect *Pichia* Expression Kit、PichiaPink$^{TM}$ Expression System等。该公司开发的pPICZα、pPIC9K和pPinkα-HC等系列质粒常作为整合表达载体用于酶蛋白的表达。常用的商业化表达菌株包括GS115、X33和SMD1168等。由于蛋白质的表达量与基因剂量息息相关，经常采用体外构建多拷贝质粒和体内高效筛选相结合的策略来确定与毕赤酵母宿主细胞相匹配的酶蛋白的适宜表达剂量。

毕赤酵母中最常用的两种启动子分别为$P_{AOX1}$和$P_{GAP}$启动子。其中，$P_{AOX1}$是一种醇氧化酶启动子，是目前调控强度最高和最严谨的启动子之一。该启动子能够严格调控外源基因的表达，使外源基因只在含有甲醇的培养基中进行高效表达。$P_{GAP}$启动子为组成型表达启动子，不需要诱导剂，使用该启动子，毕赤酵母可在葡萄糖等碳源培养基上生长，然而该启动子的表达强度常常不如$P_{AOX1}$，并且不适用于表达对酵母有毒性作用的蛋白质。由于甲醇有毒且易燃、易爆，在工业生产使用中存在一定的危险性（曹东艳等，2013）。因此，设计构建可用于工业生产的非甲醇的蛋白质诱导系统，是开发毕赤酵母表达系统的一个重要研究方向。Shen等（2016a）通过敲除毕赤酵母中涉及$P_{AOX1}$调节的激酶*GUT1*或者*DAK*基因，发现构建的新菌可利用甘油或者二羟基丙酮作为诱导剂进行蛋白质表达。在小型规模发酵培养条件下，以二羟基丙酮作为诱导剂，最佳设计方案中，蛋白质产量可达到甲醇诱导水平的60%（Shen *et al.*，2016b）。科研人员对$P_{AOX1}$的调控机制进行了深入解析，发现以甲醇作为诱导剂时，毕赤酵母中有三种转录激活因子（Mit1、Mxr1和Prm1）发挥作用，它们能够在不同区域结合并激活$P_{AOX1}$，而这三者彼此间并无相互作用（Wang *et al.*，2016）。另有研究发现当葡萄糖或者甘油存在时，有三种转录抑制因子（mig1、mig2和nrg1）可抑制$P_{AOX1}$活性。Wang等（2017）在毕赤酵母中将上述的三种转录抑制因子进行敲除，同时过表达带有$P_{GAP}$的转录激活因子Mit1，通过该策略构建了一株可利用$P_{AOX1}$但不需要甲醇诱导的菌株。以绿色荧光蛋白（GFP）为报告基因，发现该菌株在甘油存在时，GFP的表达水平可以达到甲醇诱导水平的77%。使用优化的无甲醇生物反应器，胰岛素前体的产量可达到2.46 g/L，相当于甲醇诱导系统的58.6%（Wang *et al.*，2017）。Vogl等（2018）发现培养基中抑制性碳源耗尽情况下，通过表达转录因子Mxr1或者Mit1可以实现毕赤酵母不需要甲醇诱导的$P_{AOX1}$下的启动。

毕赤酵母的同源重组效率较低，除少数特定的整合位点（如$P_{AOX1}$、$P_{GAP}$、HIS4等）外，外源基因在染色体上其他位置的重组率仅为1%～10%，可利用的遗传筛选标记也很有限，这些都阻碍了有针对性地对毕赤酵母基因组进行遗传改造。为了解决这些问题，科研人员尝试设计开发新的编辑技术。Weninger等（2018）对不同来源的Cas9蛋白的密码子、不同的gRNA序列和RNA聚合酶Ⅲ进行了测试和优化，建立了在毕赤酵母中利用CRISPR-Cas9系统进行基因编辑的方法。由于毕赤酵母中存在非同源末端连接机制，该方法的同源重组效率仅为20%。随后，该科研团队将毕赤酵母中参与非同源末端连接修复的*Ku70*基因敲除，使得敲除菌在利用CRISPR-Cas9进行编辑时只能通过同源重组方式修复。研究发现，这种方法可使毕赤酵母的基因整合效率提高至接近100%

（Weninger *et al.*，2018）。通过 CRISPR-Cas9 系统在毕赤酵母中进行染色体上的多基因编辑也取得了一定进展。Liu 等（2019）在 *P. pastoris*（Δ*Ku70*）菌中选择了三个位点（$P_{AOX1}$、$P_{TEF1}$ 和 $P_{FLD1}$）进行染色体上多基因的整合测试，发现两基因同时发生整合的效率在 57.7%～70%，三基因同时发生整合的效率在 12.5%～32.1%。

B. 克鲁维酵母表达系统

克鲁维酵母是一种非常规酵母，分子遗传背景与酿酒酵母比较接近，易于遗传操作，具有超强的分泌能力和良好的大规模发酵特性（发酵密度可高达 100 g/L）。该系统与毕赤酵母表达系统的不同之处在于发酵过程中不需要添加甲醇，不用甲醇防爆设备，更有利于安全生产。该菌种尤其适合表达食品酶，已被用于在食品工业中生产乳糖酶（*β*-半乳糖苷酶）和凝乳酶。常用的商业化菌株为乳酸克鲁维酵母 GG799。克鲁维酵母含有稳定的载体系统，既有整合于染色体基因组上的整合型表达载体，又有独立于染色体外的附加型载体。克鲁维酵母表达系统中常用的启动子包括天然启动子和来自酿酒酵母的启动子，这些启动子都可以高水平表达外源基因。天然启动子以 *β*-半乳糖苷酶（LAC4）启动子为代表，NEB 公司开发了含有 LAC4 启动子的商业化整合型表达载体 pKLAC1 和 pKLAC2，已用于表达多种酶制剂（Colussi and Taron，2005）。常用的来源于酿酒酵母的启动子包括组成型启动子——磷酸甘油酸酯激酶（PGK）启动子和三磷酸甘油醛脱氢酶（GAP）启动子，以及诱导型启动子——酸性磷酸酯酶（PHO5）启动子。

（2）丝状真菌表达系统

丝状真菌表达系统是一种具有高效分泌蛋白质能力的真核表达系统，在工业生产中常被用于生产多种生物酶。该系统的主要优势在于：蛋白质表达量大；分泌效率高；蛋白质分子折叠和修饰系统与高等真核细胞相近，能够进行各种翻译后加工，如蛋白酶切割、糖基化修饰和二硫键形成等；生长迅速，容易进行大规模发酵并进行产业化生产。

常用的丝状真菌表达系统包括黑曲霉（*Aspergillus niger*）、米曲霉（*A. oryzae*）和里氏木霉（*Trichoderma reesei*）等。这些菌株均属于 GRAS 菌株，并且具有很强的蛋白质分泌能力。利用黑曲霉表达同源的糖化酶，分泌量可达 25～30 g/L；里氏木霉是工业上生产纤维素酶的常用菌株，在控制的发酵罐中培养，可产生多达 100 g/L 的细胞外蛋白，其中大多数的酶可以降解纤维素（Nevalainen *et al.*，2018）。用来研究丝状真菌的模式菌包括黑曲霉 ATCC9029、米曲霉 RIB40、里氏木霉 QM9414 等。然而，从市场上很难购买到开发成熟的用于外源蛋白表达的商业化丝状真菌表达系统。在丝状真菌中常用的最具代表性的强启动子是 cbh1 启动子。目前已有超过 100 种真菌的基因组完成测序，这些信息为探索新的启动子及其他表达元件提供了丰富的资源（刘瑞，2015）。

丝状真菌的蛋白质分泌和菌丝的生长紧密相连（Ward，2012），并且蛋白质的分泌效率受菌丝的形态学影响，在不同的培养方法下产生的菌丝形态不同，蛋白质的分泌效率也不同。该系统的不足之处在于除少数蛋白质外，丝状真菌表达异源蛋白的产量远不如同源或者内源蛋白高。增加基因拷贝数、增强转录水平、降低蛋白酶的水解活性、与内源基因融合等策略可一定程度上提高异源蛋白在丝状真菌中的表达水平（王春丽和朱凤妹，2017）。除此之外，对丝状真菌表达系统的研究还包括胞内蛋白质量控制的细胞机制、分泌途径改造、蛋白糖基化修饰加工以及工程菌稳定性改造等。

丝状真菌由于遗传背景复杂、遗传操作困难，同源重组效率低，在很长时间内，缺乏有效的遗传转化系统，严重制约着丝状真菌的分子生物学的发展及菌种改造。以 CRISPR-Cas 核酸酶为代表的新兴基因编辑技术，在丝状真菌中也得到迅速开发与应用。表 8.4 对近些年丝状真菌建立的 CRISPR-Cas9 系统进行了汇总。新的编辑系统的建立及应用可以帮助科研人员更好地进行丝状真菌表达系统的遗传改造，提升菌株的蛋白质表达能力。

表 8.4　丝状真菌建立的 CRISPR-Cas9 系统汇总

| 菌种名称 | 主要发现 | 编辑效率 | 参考文献 |
| --- | --- | --- | --- |
| 里氏木霉 | 建立了适用于丝状真菌里氏木霉的 CRISPR-Cas9 系统，不仅可以在同源臂较短的条件下实现靶基因高效率的同源重组，也可对多个靶基因进行同时编辑 | 较高 | Liu *et al.*，2015 |
| 米曲霉 | 构建 Cas9 表达质粒，对米曲霉进行基因编辑，突变率在 10%～20%，结果表明，单碱基的缺失或插入突变较多，且不会对菌株的生长造成影响。该技术有利于对米曲霉进行定向诱变研究 | 突变率为 10%～20% | Katayama *et al.*，2016 |
| 烟曲霉 | 建立了以 CRISPR-Cas9 技术为基础的微同源介导的末端连接（MMEJ）靶基因突变系统，仅需 35 bp 的较短同源臂，基因编辑的效率和精准性得到显著提升 | 定点突变率 95%～100% | Zhang *et al.*，2016 |
| 黑曲霉 | 开发了一种基于 5S rRNA 的新型高效 CRISPR-Cas9 系统，短同源臂供体 DNA 仅需要 40 bp，可以简便地实现单位点、多位点的基因插入以及长至大片段 DNA（长至 48 kb）的基因敲除 | 基因组定点切割效率可达 100% | Zheng *et al.*，2019 |

### 8.2.3　菌株改造策略

选择微生物宿主菌时，需要综合考虑多种因素，如蛋白质产量和质量、生产成本、下游纯化的难易程度。酶的高效表达与多种因素有关，如外源基因的特点、菌种的特征、外源基因表达与宿主细胞两者的适配性。菌种的改造策略主要包括对产酶基因和表达元件进行改造和优化，以及提升宿主细胞的蛋白质表达与分泌能力。

#### 1. 基因改造及表达元件优化

常规的基因改造的策略主要包括：①密码子优化，根据表达宿主密码子的偏好性，优化密码子组成；②融合表达，目的基因与促融标签进行融合表达，提高蛋白质的可溶性表达量，或者连接到宿主菌高度分泌的内源性蛋白质的 3′ 端，使其自身的蛋白质携带外源蛋白并帮助其在分泌过程中的正确定位，并避免内源性蛋白酶对目标蛋白的降解；③增强基因的拷贝数，选用高拷贝数的质粒载体，或者提高目的基因在染色体上的拷贝数；④构建高效的基因表达盒，对启动子、核糖体结合位点（RBS）、信号肽等进行筛选、改造与优化。这些常规的基因改造策略在微生物菌种介绍中有涉及，本部分不再赘述。

#### 2. 宿主细胞的改造

对菌种宿主细胞的改造是提升酶蛋白表达与分泌水平的一个重要方面。蛋白质的表达与分泌过程非常复杂，包括蛋白质的折叠、修饰、转运、降解等多个步骤，涉及基因多达成百上千个，对于特定的目标蛋白，如何从中识别出有效的改造靶点是对菌种进行遗传改造的一个重点问题。科研人员需要兼顾理性设计、反向工程、对代谢网络的全局调控等多种策略来解决表达与分泌的限制问题。

1）理性设计与改造。根据表达宿主菌和目标蛋白的特性，对于在表达过程中可能存在的限速步骤，通过查阅文献及专利等资料，建立一系列调控元件库来进行酶制剂高产菌株的筛选工作。这些调控元件库具体包括：①分子伴侣、折叠酶过表达菌株库，帮助蛋白质折叠成正确的构象，减少包涵体的形成；②信号肽酶、转运元件过表达菌株库，提升蛋白质的转运与分泌能力；③蛋白酶敲除菌株库，减少目标蛋白的降解。已有很多成熟的菌种库，如大肠杆菌的单基因敲除菌株库、BGSC 保存的 *B. subtilis* 168 突变体菌株库、谷氨酸棒杆菌单基因失活菌株库（Wang *et al.*，2018）等可以直接应用，帮助减轻建库方面的工作，提升菌种改造的速度。

2）反向工程。该策略是近些年科研人员的一个主要研究方向，主要是利用各种组学分析的手段比较酶蛋白的高、中、低产菌株在培养的不同时期或者不同培养条件下存在的组学差异，通过数据分析显著上调或者下调的基因，从微生物菌种的全基因组范围内挖掘影响宿主表达和分泌的新靶点，并且能够加深和拓宽我们对蛋白质表达系统的认识。Gasser 等（2007）用比较转录组学的方法挖掘到毕赤酵母中之前未报道的伴侣基因 *CUP5*、*SSA4*、*BMH2* 和 *KIN2*，发现这些基因过表达对于 2F5 Fab 抗体的分泌有明显的促进作用。通过蛋白质组学分析模拟微重力条件下毕赤酵母表达 $\beta$-葡萄糖醛酸苷酶（PGUS）时 6 个显著上调的基因，发现过表达 *TPX*、*FBA* 和 *PGAM* 基因时，PGUS 的产量分别提高了 2.46 倍、1.58 倍和 1.33 倍，酶活分别提高了 2.33 倍、2.09 倍和 1.32 倍（Huangfu *et al.*，2015）。王迎政等（2018）通过转录组分析了一株产磷脂酶的毕赤酵母在甘油及甲醇诱导两种条件下的 857 个发生显著改变的基因，发现差异基因集中在核糖体组分、甲醇代谢、糖酵解（EMP）、磷酸戊糖途径（PPP）、三羧酸循环（TCA）以及蛋白质加工等过程，分析表明碳源改变对胞内代谢会产生全局影响，进而影响蛋白质的合成与分泌。

3）对细胞全局碳、氮代谢网络的调控。重组蛋白的生产会对重组蛋白产生代谢负担，还会影响宿主细胞的能量和氧化还原稳态。很多涉及氨基酸合成和碳代谢途径中的基因也会直接或者间接影响目标蛋白的合成。基于此策略，科研人员期望通过改变宿主细胞的物质流和能量流的流向使得物质和能量更多地用于表达外源蛋白。Nocon 等（2016）通过在毕赤酵母中同时过表达葡萄糖-6-磷酸脱氢酶（ZWF1）和葡萄糖酸内酯酶（SOL3），使得人源超氧化物歧化酶（hSOD）的产量提高了 3.8 倍。通过 $^{13}$C 同位素标记的代谢物分析，检测到胞内 PPP 到糖酵解的通量比上升及 6-磷酸葡萄糖酸的水平增加（Nocon *et al.*，2016）。Cao 等（2018）通过对 *B. subtilis* 的多向转录调节因子 CodY 和 CcpA 进行随机诱变，系统地重构了菌株的全局性碳源和氮源代谢的调节网络，以实现菌株的最佳营养摄入，利用 $\beta$-半乳糖苷酶作为表达和筛选系统，产量增加最高可达 290%。GFP、木聚糖酶和肽酶在 CodY 和 CcpA 双突变株中过表达，产量也均提高，进一步证实了对中央代谢途径的微调可以提高蛋白质的生产水平（Cao et al.，2018）。

## 8.3 发酵条件优化

发酵是指微生物利用适当的原料养分，在一定的控制条件下，经特定代谢途径转化或合成目标产物的过程。发酵情况既与菌体基因组成、代谢特点、组学特点和微观物理结构等分子生物学水平要素有关，又与反应器结构、生产规模、培养基成分、种子质量、原料质量、过程控制工艺、反应器及外周设备的物理状况等工程要素有关。基于这种复杂性，针对不同科研目的，应充分考虑发酵研究的重要作用。而以工程转化为目标的菌种研究，则必须经过发酵研究这一关，尤其是要重视工程化思维，对菌种做较为全面的发酵工艺研究。

发酵生产的一般工艺流程如图 8.1 所示。

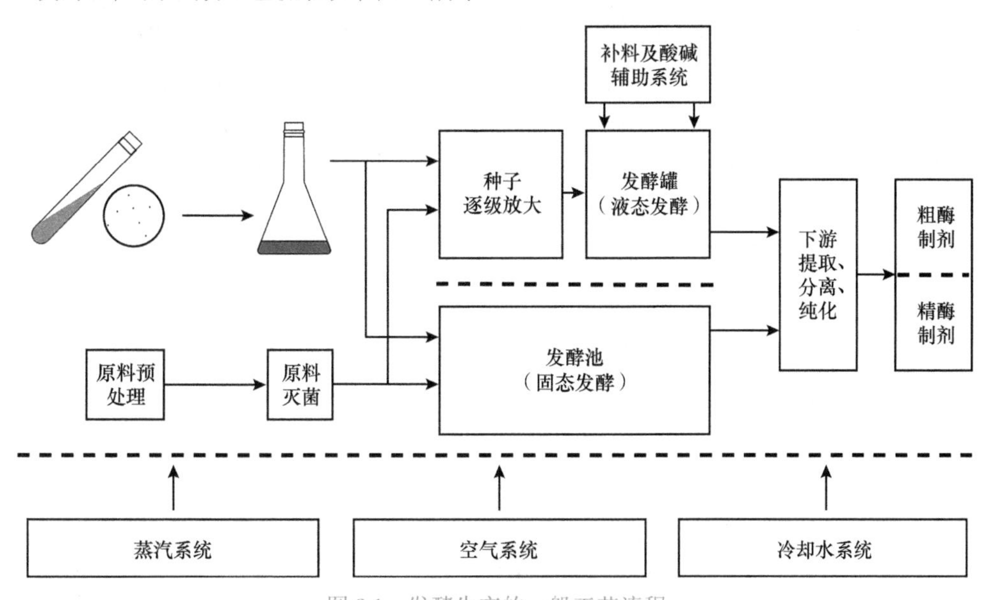


图 8.1 发酵生产的一般工艺流程

### 8.3.1 发酵培养条件

发酵过程是大量菌体在逐渐变化的限制条件下生长的过程，具有高度复杂性。了解影响发酵的因素对过程的影响、掌握菌的生理代谢和过程变化规律，可以帮助人们有效地控制微生物的生长和生产，使发酵过程展现出人们所需要的特点，达到最终目的。

#### 1. 常规发酵参数特点及影响

（1）温度

不同菌种有不同的最适生长温度，主要原因之一在于酶的最适温度不同。通常产酶微生物在生长阶段与产酶阶段会采用不同发酵温度，且大部分产酶阶段温度低于生长阶段。

料液黏度也受温度影响较大，进而影响氧传质速率、基质混合和传质速率等，间接影响菌的生长和产物合成。此外，温度还可能影响菌对养分的分解和吸收速率，以及分泌至发酵液中的酶产品的释放速率等。

（2）pH

通常微生物内环境 pH 不会随发酵液 pH 变化而改变，但 pH 的变化会影响各种胞外酶酶活性、微生物细胞壁结构、各种基质的化学状态、膜电荷状况、基质通透性和利用速率，以及产物分泌情况，进而影响菌体的生长和产物合成，如产黄青霉的菌细胞壁厚度会随 pH 的增加而减小。重组人血清白蛋白的生产则会因蛋白酶的活性受较大影响，在 pH 5.0 以下，蛋白酶活性迅速上升，导致产物损失（储炬和李友荣，2006）。

不同微生物，其发酵最适 pH 不同，有时微生物生长阶段及产酶阶段的最适 pH 也不同。控制 pH 应首先从培养基配方考虑，然后通过加酸碱和补料来控制。一般小型发酵罐都配有全自动比例-积分-微分（PID）反馈控制系统，可以根据需要自动补加酸碱，通过补糖等基质来控制 pH，若想实现自动，需要设备具有一定程序编辑功能。因为基质补加后，需经过菌体代谢，才会对发酵液 pH 有影响，pH 的反应具有明显滞后性。

在培养液缓冲能力不强的情况下，根据发酵过程中 pH 的特定变化趋势和变化速度，可以较为方便地判断菌体发酵状态。例如，pH 上升超过最适值，可能提示碳源不足；过量的糖会使 pH 下降。用氨水中和有机酸时，需要提防过量 $NH_3$ 可能会使微生物中毒，引起呼吸强度下降。但对于蛋白质产品的发酵生产，又需要大量氮源作为合成原料。如何获得最佳工艺，需要根据菌体特性做全面的考虑。

（3）溶氧

酶的合成需要大量 ATP，ATP 大量产生依赖于氧气参与的有氧呼吸。溶氧（DO）情况是整个发酵过程中最关键的影响因素之一。

目前普遍使用的溶氧测量方式是基于极谱原理的覆膜电极，采用铂和银-氯化银内电极。近些年还有一种基于荧光法的光学溶氧电极逐渐普遍化应用于生物制药领域，光学电极维护成本低，稳定性较好。

通常控制发酵过程供氧量的主要手段是改变通气量和搅拌转速（搅拌功率），对于高密度培养等对氧有更高需求的工艺来说，有时还需要向空气中掺入纯氧，供发酵使用。但对于丝状真菌发酵，过高的搅拌有可能打断菌丝，干扰生长。泡沫是影响溶氧和发酵过程的另一个关键因素。有些菌种的发酵过程会产生大量泡沫，使微生物与氧的接触表面积减小，溶氧效率下降。过多的泡沫还可能造成逃液，引起染菌或产量损失。

### 2. 培养基对发酵的影响

培养基的组成对微生物发酵产酶有巨大影响，每种产物都有其最适合的培养基配比和生产条件。通常实验初期培养基配方的设计主要根据过去的文献报道，并通过试验调整。从发酵产物或菌株优化筛选到初步确定，便可以开始进行培养基的优化。

（1）碳源

可用于发酵的碳源很多，如葡萄糖（包括淀粉、糊精、糖蜜等）、乙醇和甲醇等醇类、甘油、乳糖甚至 12～16 碳长链烷烃等天然来源、价格低廉的还原型碳化合物。Lee 等（2020）还获得了以 CO 为碳源同时产 $H_2$ 和淀粉酶的嗜热菌菌株。碳源主要用于为菌体增殖及产物合成提供能源、碳骨架等。

培养基的碳源浓度很重要，如较高的葡萄糖浓度对绝大多数微生物代谢有阻遏。较高的碳源浓度可能还会造成细菌脱水。使用非阻遏性碳源可以避免葡萄糖造成的反馈抑制，也可以使用较低浓度的基础培养基，并采用流加补料的方式控制碳源浓度和菌体生长速度。

（2）氮源

微生物能够利用的氮源有两类，即有机氮源和无机氮源。有机氮源如各类蛋白胨、酵母膏/粉、牛肉膏、豆粕/花生饼粉等饼粕类、鱼粉、玉米浆、尿素等。无机氮源则为铵盐、硝酸盐、氨水等。有机氮源除富含可溶性杂蛋白、氨基酸等氮源成分外，通常还富含各类微生物生长所必需的生长素、维生素、活性前体物质，更有利于菌体生长。然而也由于其成分复杂，容易出现由于来源或批次不同而各成分含量不稳定的情况，对发酵过程的稳定性造成较大影响。无机氮源成分清楚、质量稳定性更可控，但菌体利用起来相对较难，且同时必须人工添加各种菌体所需的生长因子，操作较为烦琐。同时需要注意的是，铵离子或某些易利用的氮源浓度过高会对菌体代谢有阻遏作用。

配制培养基时，应当格外注意培养基的碳氮比。一般酶制剂发酵培养基的C/N较其他发酵产品低一些。但不同的酶产品，其最适培养基C/N是不同的。

（3）无机盐

除碳源、氮源外，微生物发酵还需要一些其他元素，如P、Mg、K、S、Na、Cl等相对大量的元素，以及Cu、Zn、Co、Mo、Mn、Fe等微量元素。这些元素通常作为各种酶具有酶活的必要辅助因子行使作用。以天然来源的碳源、氮源和自来水配制的复合培养基通常都含有充足的微量元素，无需额外添加。而全合成培养基则需要人工添加，添加时需要注意大多数这些金属离子，尤其是无机磷酸盐，可能会对部分菌体的次级代谢产物合成有阻遏作用。添加无机盐时还需要注意加入顺序，避免培养基产生沉淀。

（4）特殊养分

特殊养分主要指生长因子，包括维生素、某些氨基酸和嘌呤、嘧啶类等三种。微生物自身不能合成这些物质，因此必须在培养基中添加足够的生长因子，以支持发酵的进行。

天然来源的培养基复合性基质，尤其是氮源物质成分中通常含有丰富的生长因子，如前所述的酵母膏/粉、饼粕粉类、玉米浆等。

### 8.3.2　发酵过程监测传感器与过程优化

发酵设备，能够创造优于摇瓶的理化条件和工艺，使菌株的产酶优势得以最大化地发挥。微生物在发酵罐中的初始表现与在摇瓶中可能存在巨大差异。结合发酵尺度和组学尺度分析菌体特征，寻找这些差异存在的原因，进一步挖掘优良产酶菌株的潜力，是发酵工艺优化的目的。

#### 1. 发酵过程监测传感器

发酵控制技术是工业微生物发酵的重要部分，通过调控菌体外的物理化学参数，引起菌体代谢行为改变，是发酵的核心。菌体改变代谢行为也会反过来影响菌体外理化参数，引起相应的发酵宏观参数改变。因此尽可能多地做到在线监控发酵过程参数，对发酵过程研究具有重要意义。在表8.5中列举了现在能够在线监测的部分发酵过程参数。

表8.5 常规发酵参数测量及控制方式

| 参数 | 特性 | 测定/显示范围 | 测量方式 | 控制方式① |
|---|---|---|---|---|
| 温度 | 在线监测 | 0～150℃ | Pt热电偶等 | 外供冷却水/蒸汽，PID控制 |
| pH | 在线监测 | 2～12 | pH电极 | 补加酸碱或糖等，PID控制 |
| 溶氧（DO） | 在线监测 | 0%～200% | 溶氧电极 | 受搅拌转速、通气量、气体成分和罐压影响，可PID控制 |
| 溶解$CO_2$ | 在线监测 | 0～100 mbar | 二氧化碳电极 | — |
| 搅拌转速/搅拌功率 | 在线监测 | 0～1500 r/min② | 转速计/功率计 | 改变电机输出功率 |
| 罐压 | 在线监测 | 0～2 bar | 压力传感器 | 尾气可变开度阀门及进气量综合调节 |
| 通气量 | 在线监测 | 0～4 vvm③ | 质量流量计、涡街流量计等 | 外供空气/混合气源，以可变开度阀门控制 |
| 液位 | 在线监测 | | | |
| 培养液重量/体积 | 在线监测 | 0～3000 kg④ | 罐体称重 | 发酵过程补水、调整补料浓度 |
| 细胞量 | 在线监测 | 0～500（$OD_{600}$为例） | 活细胞在线检测设备 | — |
| 加料速率：基质、前体、诱导物 | 在线监测 | 0%～100% | 计量泵 | 变速泵，或定速泵间歇性启停；部分类型（如糖）可PID控制 |
| 积累消耗量：基质、酸碱、消泡剂 | 在线计算 | — | 程序计量或补料称重 | 在线计算累积量 |
| 黏度 | 在线监测 | 0.2～300 cp | 在线黏度计 | — |
| 氧化还原电位 | 在线监测 | −0.6～0.3 V | 氧化还原电极 | — |
| 排气$O_2$分压 | 在线监测 | 16%～21% | 尾气分析仪/质谱仪 | — |
| 排气$CO_2$分压 | 在线监测 | 0%～5% | 尾气分析仪/质谱仪 | — |
| 其他排气成分 | 在线监测 | — | 质谱仪 | — |
| 电导率 | 在线监测 | 0～40 mS/cm | 活细胞在线检测设备 | 可通过补料控制 |
| 成分浓度：糖/氮/前体/诱导物/产物 | 在线/离线监测 | — | 葡萄糖、谷氨酸等部分成分可实现在线取样测定，其他需离线测定 | 过程补加可控制特定成分浓度 |
| 产物量 | 离线监测 | — | 根据产物确定方法，取样测定 | — |

注：①全自动或半自动发酵系统中，部分参数可实现PID反馈控制，手动系统中，则需要操作人员掌握相应的经验或计算能力，以实现较高精度的控制；②不同规模的发酵罐转速上限不同，体积越大，转速上限越低；③生产上常使用通气量（体积）与发酵料液体积之比来表示通气条件，单位即为vvm；④不同规模的发酵罐会适配不同量程的称重系统

早期生物过程传感器包括基于电化学、光学、热敏电阻等原理的传感器（王泽建等，2018）。其中，基于电化学的传感器目前最为常见，光电传感器和波谱传感器则逐渐成为发展最快的新型传感技术，这部分简要介绍其中几种。

（1）过程质谱仪

基于四级杆原理精确测定发酵尾气中的$O_2$、$CO_2$、$N_2$、$H_2$、醇类及$^{13}CO_2$等挥发性代谢物。通常由进气采集系统、真空系统和检测系统组成。相比基于电化学原理与红外

线原理的传统尾气 $O_2$、$CO_2$ 分析仪，过程质谱仪可以多通道检测、检测精度高、漂移小、样量小、测定范围更大（Cao *et al.*，2017）。通过发酵设备软件平台整合尾气检测数据后，可以实现摄氧速率（OUR）、$CO_2$ 生成率（CER）、呼吸商（RQ）、体积氧传递系数（$K_La$）等细胞生理代谢状态参数的在线计算，辅助判断菌体代谢状态。

（2）在线菌浓监测传感器

传统菌浓计算需要取样测定，以 $OD_{600}$、干湿重等方式表示。取样操作烦琐，存在人工误差，容易造成菌体污染。目前有两种在线菌浓监测传感器。一种基于光学原理，传感器末端发出激光，测定检测位料液的吸光度，从而确定菌体浓度。它的操作和维护比较简便，但测定结果受发酵罐气泡大小、数量和不溶物的影响较大，波动剧烈，菌浓的准确度有限。另一种基于电容原理，电极末端产生交变电场（频率 100～20 MHz），发酵液中具有完整原生质膜的活菌细胞会被极化，形成小的电容器，发酵液中电容量直接与活菌生物量、菌的多少有关，通过预实验确定电容量与菌数的定量关系，即可方便地在线监测菌浓。它的操作略微复杂，但测定结果不受气泡影响，也很少受固形物影响，或可以通过改变电场频率尽量排除其影响。

通过在线监测发酵过程中菌浓变化，并将数据纳入发酵设备软件平台，参与在线计算，可以在线获得包括比生长速率（$\mu$）在内的更多细胞生理代谢状态参数。

（3）针对发酵液成分的在线监测方法

测量发酵过程中底物及代谢物的浓度，对于分析细胞代谢十分重要，限制性基质与氮源等重要营养物质的浓度直接影响细胞生长和酶的合成。而有些酶通过代谢副产物的浓度则可以间接判断酶的产量或活性。因此在线监测底物浓度很有意义。

目前针对这个需求，有三种解决办法。第一种是开发在线取样及样品测定设备。这种设备通常由在线取样系统和生化分析仪/其他分析设备等两部分组成，这类设备通常整合了补料系统，可以根据测定结果及设定要求自动补料。第二种是在线红外光谱仪，设备发出红外光源，基于衰减全反射（ATR）技术通过样品表面的反射信号获得样品表层化学成分的结构信息和浓度信息（谢非等，2015）。第三种是在线拉曼光谱仪，设备发射激光照射样品，样品中的分子使激光发生拉曼散射，散射光与入射光之间的频率差称为拉曼位移。拉曼位移与入射光频率无关，只与散射分子本身的结构有关。根据该原理，经过一系列的预实验分析，可能能够确定特定分子的浓度（Gray *et al.*，2013）。

需要指出的是，这三种方法目前的应用都有较大局限性，在发酵领域的应用研究尚未成熟。

### 2. 发酵间接参数及其计算

发酵过程既要着眼于宏观层面发酵罐控制参数，如温度、通气搅拌、pH、溶氧等，使发酵过程向有利于产酶的方向进行，又要着眼于微观层面菌体代谢途径的情况、特征、在不同理化条件刺激下的代谢途径和物质、能量流走向变化，从而做到有依据地改变理化条件，获得最佳发酵工艺。本部分简要介绍部分辅助判断发酵代谢状况和阶段的间接参数、意义及计算公式。表 8.6 列举了一些发酵过程分析常用间接参数的计算公式。

表 8.6　常用间接参数的计算公式

| 参数 | 特性 | 计算公式 | 参数释义 |
| --- | --- | --- | --- |
| 呼吸商（RQ） | 在线计算或离线计算［当配备罐体称重、在线菌浓测定电极[2]、在线取样测糖仪、尾气分析仪（尾气质谱）[3]等在线检测设备，基于数据协议将全部数据整合进一个软件平台，并做相应的程序编辑，即可实现间接参数的在线计算］ | RQ=CER/OUR | $F$ 为空气流量（mmol/L）<br>$V$ 为发酵液体积（L）<br>$X$ 为菌体浓度（g/L）<br>$C_{O_{2in}}$、$C_{O_{2out}}$ 分别为进气和尾气 $O_2$ 含量<br>$C_{N_{2in}}$、$C_{N_{2out}}$ 分别为进气和尾气 $N_2$ 含量<br>$C_{CO_{2in}}$、$C_{CO_{2out}}$ 分别为进气和尾气 $CO_2$ 含量<br>$C^*$ 为液体中的 $O_2$ 饱和浓度（mmol/L）<br>$C_L$ 为液体中的溶氧浓度（mmol/L）<br>$K_L$ 为氧传质系数（m/h）<br>$a$ 为比界面面积（$m^2/m^3$） |
| 呼吸强度（$Q_{O_2}$）[1] | | $Q_{O_2}$=OUR/$X$ | |
| 摄氧速率（OUR，mmol/L） | | $OUR=F(C_{O_{2in}}-C_{O_{2out}}\times C_{N_{2out}}/C_{N_{2in}})/V$ | |
| $CO_2$ 生成率（CER） | | $CER=F(C_{CO_{2out}}\times C_{N_{2out}}/C_{N_{2in}}-C_{CO_{2in}})/V$ | |
| 比生长速率（$\mu$） | | $\mu=Q_{O_2}\times Y_{X/O}$<br>$dX/dt=\mu X$ | |
| 体积氧传递系数（$K_La$） | | $K_La=OUR/(C^*-C_L)$ | |
| 菌体浓度（$X_t$） | | $X_t=e^{\mu t}X$ | |

注：① $Q_{O_2}$ 为单位质量的干菌体在单位时间的耗氧量，mmol/(g·h)；②可在线测定菌浓，目前有两种：基于光学原理的在线菌浓测定电极和基于电容原理的在线活细胞分析设备。前者操作相对简单，测定结果与传统 $OD_{600}$ 相类似，但易受气泡及培养及成分中的不溶物影响，数值有较大波动；后者仅测定具有完整细胞膜的活细胞浓度，结果不受气泡影响，可能受料液中较大颗粒物影响，设定相对复杂；③尾气分析仪价格便宜、易于维护和安装，仅能测定尾气中 $O_2$、$CO_2$ 体积分数，测定精度适中，结果可能受气体流量影响；尾气质谱基于质谱原理，可测定尾气中所有已知挥发性物质的浓度，精度高，但设备体积大，价格昂贵，维护难度较大

产酶菌都需要好氧发酵，设备和工艺的供氧能力对菌体代谢状况的影响很大。发酵液中氧的供需不平衡表现出来就是溶氧值的变化，如下式表示：

$$\frac{dC}{dt}=K_La\left(C^*-C_L\right)$$

式中，$dC/dt$ 是单位时间发酵液溶氧浓度的变化，单位为 mmol $O_2$/(L·h)；$K_L$ 是氧传质系数，单位为 m/h；$a$ 是比界面面积，单位为 $m^2/m^3$；$K_La$ 是表征体积氧传递系数；$C_L$ 代表。从式中可知，提高 $K_La$ 和 $C^*$ 的因素均可改善供氧。通气中混入纯氧，以提高氧分压，提高罐压，提高通气量等都可以提高 $C^*$。提高 $K_La$，则需要从改善搅拌、改善黏度、限制菌体生长速度等方面采取措施。

OUR 指摄氧速率，是单位体积发酵液对 $O_2$ 的消耗量，可以指示菌体对 $O_2$ 的总体利用情况。$Q_{O_2}$ 指呼吸强度，是单位体积发酵液内单位菌体对 $O_2$ 的消耗量，反映单位菌体对 $O_2$ 的需求情况，可以辅助人们判断菌体代谢状况。

CER 指 $CO_2$ 生成率，与 OUR 相对应，指示菌体的 $CO_2$ 释放情况。在相同温度、罐压条件下，$CO_2$ 比 $O_2$ 水溶性更好，一旦温度下降，或压力提高，$CO_2$ 在水中的溶解度比 $O_2$ 增加更快。大多数微生物适应低 $CO_2$ 浓度，当尾气 $CO_2$ 浓度过高时，微生物的糖代谢与呼吸速率将下降。

发酵过程中尾气 $O_2$ 含量的变化与 $CO_2$ 含量变化正好相反。计算过程中呼吸商（RQ），可以去除菌浓对参数的影响，更客观地反映菌的代谢情况。例如，酵母培养过程中 RQ=1，表示糖代谢走有氧分解代谢途径，仅供生长，没有产物形成。若 RQ＞1.1，表示走 EMP 途径，生成乙醇。菌在利用不同基质时，其 RQ 值也不同。通过对 RQ 改变的监测，可以辅助判断菌利用底物的情况。

### 8.3.3 发酵工艺优化

有效提高酶的发酵产量，还需要依据菌体代谢和发酵特征，优化补料工艺，或探索添加可以促进酶产量的成分。

#### 1. 发酵过程补料工艺

微生物发酵过程可分为分批发酵、补料-分批发酵、半连续发酵和连续发酵几种方式。

（1）分批发酵

分批发酵中除气体外，没有其他物料流入流出。该工艺下发酵罐是一种准封闭系统，除空气流通外，所有液体进出流量几乎为零，适合探索分析菌体对不同限制性基质的亲和力和利用速率，获得对不同限制性基质的最大比生长速率、$K_s$ 值等基本参数。分批发酵操作简单，染菌风险较小，因此在发酵工业中仍有重要地位。但由于高浓度的初始基质对微生物有阻遏或抑制作用，随着菌体生长，代谢废物积累，发酵液中有害物质浓度增加，对菌体毒害作用加大，分批发酵工艺不利于提高酶产量。若采用复合培养基，菌体会出现二次生长等其他情况，因此分批发酵也不利于对菌体生长动力学和产酶动力学特性的进一步探究。

根据微生物生长与酶合成是否同步关联，酶的合成动力学可分为4种基本模式，分别为同步合成型、延续合成型、中期合成型和滞后合成型。同步合成型的酶生物合成与细胞生长同步进行，又称为生长偶联型。延续合成型酶的生物合成也伴随菌体生长同步开始，但由于酶的mRNA相对稳定，不会即刻降解，因此进入平衡期后，酶会持续合成一段时间。通过测定发酵过程生长曲线及酶合成曲线，可以判断酶合成动力学模式和mRNA稳定性，从而明确发酵条件调整策略（杜敬河等，2016）。中期合成型的酶合成受分解代谢物或产物等的阻遏，合成从对数生长期才开始。合成酶所需的mRNA稳定性也比较差，因此一旦生长停止，进入平衡期，mRNA不再生成，酶的合成即停止，产酶动力学与同步合成型相同。滞后合成型的酶，在发酵开始一段时间，菌体有所积累，或细胞生长进入平衡期后才开始合成，且由于mRNA比较稳定，酶的合成可以一直延续至平衡期后相当长的时间。

（2）补料-分批发酵

降低初始培养基某些基质的浓度，在营养成分耗竭时补入新鲜料液，解决了底物抑制的问题，同时能够弥补分批发酵中养分不足、有害物质累积、发酵过早结束的劣势。整个过程中发酵系统只有料液流入，没有流出，发酵液体积持续增加。

补料-分批发酵工艺有利于缩短适应期，根据需求调整发酵周期各阶段时间。例如，对同步合成型和中期合成型酶品种，可以通过优化补料工艺，维持发酵周期内一段较长的对数生长期，并获得更为稳定的比生长速率、较高的菌浓；对于滞后合成型，则可以尝试在前期提高比生长速率，缩短对数生长期，让菌体尽快达到较大菌浓，并维持较低比生长速率，拉长酶的生物合成时间。对于延续合成型的酶品种，则需要综合考虑对数生长期和平衡期的重要性，确定最佳策略。

（3）半连续发酵

半连续发酵指在补料-分批发酵过程中，间歇放掉部分发酵液的工艺类型。放掉部分发酵液可以使发酵系统中有害或有抑制性的代谢物减少，在后续补料中进一步被稀释，有利于菌体生长和产物合成。该工艺也有其不足之处，放掉的发酵液中可能含有未利用的营养物质、菌体产生的半合成产品，对于基因工程菌来说，可能存在不产酶或丢失质粒的突变株，这类突变株生长速度快于产酶菌株，间歇放掉发酵液后，不产酶的突变株生长更快，不利于提高终产量。

（4）连续发酵

连续发酵指发酵过程中一边补料，一边以接近的流速放料，发酵体系总体积维持基本不变的发酵工艺。连续培养系统又称为恒化器，其中菌体生长速率受一种限制性基质控制。对于工业过程来说，连续发酵达到稳态后，包括物料准备、灭菌、下罐处理等在内的非生产时间占用比其他工艺少很多，对发酵及周边设备利用率高，操作简单，产品质量较稳定，但对菌种稳定性要求非常高。

### 2. 提高酶产量的措施

除改造菌种、优化培养基、过程控制及补料方式等发酵工艺外，还有一些可以提高酶产量的具体措施。

（1）添加诱导物或控制阻遏

添加酶作用的底物或底物结构类似物能够诱导酶的大量合成。此外，添加酶作用的产物或产物结构类似物对一些酶也有诱导作用，尤其是一些分解大分子底物的酶，如纤维素酶、果胶酶等。

有些酶的生物合成受到某些阻遏物的阻遏作用，如产物阻遏或分解代谢物阻遏。除改变发酵培养基配方、使用替代营养物和改变补料工艺的方法解除阻遏外，有些情况下，添加末端产物的类似物也可以解除对酶合成的阻遏。

（2）添加试剂增强细胞膜透性

酶在菌体胞内的大量合成和累积可能引起菌体代谢负担或反馈抑制。添加能够增强细胞膜通透性的物质或试剂，可以促进酶向胞外的移动或分泌，能够帮助改善及提高产量。例如，聚山梨酯（吐温）、聚乙二醇辛基苯基醚（Triton X-100）等非离子型表面活性剂能够溶解脂质，增强细胞膜透过性，但对蛋白质之间原有的相互作用破坏很小。

此外还有一些物质也能够增强细胞膜透过性，如甘氨酸和甘氨酰甘氨酸在$\beta$-半乳糖苷酶发酵过程中使大肠杆菌细胞膨大、变形，细胞壁透过性增加，产量提高。这类物质可能与菌体细胞壁的形成及维持有关。Yadava 等（2020）使用超声处理芽孢杆菌细胞，使果胶酶、纤维素酶和木聚糖酶的总产量酶活分别提高了 38.15%、53.77% 和 24.59%，超声处理可能增加了细胞膜透性，从而提高了营养物质摄入及酶的合成。

（3）添加产酶促进剂

有些试剂或物质能够促进产酶，但作用机制暂未明确，这类物质或试剂一般称为产酶促进剂。例如，聚乙烯醇能够促进糖化酶合成，植酸钙镁能够促进霉菌蛋白酶和橘青霉磷酸二酯酶合成等。由于作用机制尚不完全清楚，寻找这类物质往往无规律可循，需通过试验观察确定。

## 8.4 酶的提取与分离纯化

酶的提取与分离纯化是指把酶从细胞或其他酶原料中提取出来，尽可能除去样品中不需要的杂蛋白，并使之达到与使用目的相适应的纯度，同时仍然保留酶的生物学活性和化学完整性。理论上任何一种酶都能利用现有的技术方法来建立起一套合适的提取、分离纯化工艺，这一节重点介绍酶提取与分离纯化过程中常用的技术及方法。

### 8.4.1 产酶料的选择

酶在分离纯化过程中，能否成功提取与原材料的选用有密切的关系。从工业生产角度考虑，理想的原料应含量高，来源丰富，稳定性好，成本低，新鲜以及制备工艺简单等，但完全具备以上条件的原料常常无法获得，因此我们只需根据实验的目的和目标酶的酶学性质来选择。目前，酶蛋白主要包括三个来源：①动物组织和植物组织等的直接提取；②产酶生物（大多数是微生物）的直接培养；③基因工程异源表达。

### 8.4.2 组织和细胞的破碎

对选定后的材料进行预处理时，动物材料需要除去与实验无关的组织，植物种子需要除壳，微生物胞外产酶通过分离获得粗酶液，胞内产酶通过细胞破碎技术将酶释放到体外，且要保持酶的生物活性。由于细胞壁成分不同，细胞壁的坚固程度不同，破碎的难易程度也不同。工业上最常用的是机械破碎和非机械破碎方法，机械破碎方法是依靠剪切力进行大规模的细胞破碎。非机械破碎方法具有条件温和、设备简单等优势。下面列举了常用的细胞破碎方法（梁蕊芳等，2013）（表 8.7）。

表 8.7　常用的细胞破碎方法

| 分类 | | 作用机理 | 适应性 |
|---|---|---|---|
| 机械方法 | 珠磨法 | 固体剪切作用 | 可达较高破碎率，可大规模操作，大分子目的产物易失活，浆液分离困难 |
| | 高压匀浆法 | 液体剪切作用 | 可达较高破碎率，可大规模操作，不适合丝状菌和革兰氏阳性菌 |
| | 超声破碎法 | 液体剪切作用 | 对酵母菌效果较差，破碎过程升温剧烈，不适合大规模操作 |
| | X-press 法 | 固体剪切作用 | 破碎率高，活性保留率高，对冷冻敏感的酶产物不适合 |
| 非机械方法 | 酶溶法 | 酶分解作用 | 具有高度专一性，条件温和，浆液易分离，价格高，通用性差 |
| | 化学渗透法 | 改变细胞膜的渗透性 | 具一定选择性，浆液易分离，但释放率较低，通用性差 |
| | 渗透压法 | 渗透压剧烈改变 | 破碎率较低，常与其他方法结合使用 |
| | 冻结融化法 | 反复冻结-融化 | 破碎率较低，不适合对冷冻敏感的酶 |
| | 干燥法 | 改变细胞膜渗透性 | 条件变化剧烈，易引起大分子物质失活 |

目前超声破碎法和非机械方法处在实验室应用阶段，高压匀浆法和珠磨法在实验室与工业上得到应用，下面重点介绍珠磨法和高压匀浆法。

### 1. 珠磨法

珠磨法的工作原理是研磨剂、珠子和细胞之间剪切碰撞，使细胞释放出内含物，延长研磨时间、增加珠体量、提高搅拌转速和操作温度等都可有效地提高细胞破碎率。中试规模采用胶质磨处理，工业规模中采用高速珠磨机处理。珠磨法适用于几乎所有的微生物细胞，但对真菌菌丝和藻类更合适（陆孔泳等，2019）。

### 2. 高压匀浆法

高压匀浆法的工作原理是利用高压使细胞悬浮液通过针形阀，突然减压和高速冲击撞击使细胞破裂。影响破碎的主要因素是压力、通过匀浆器的次数以及温度。一般来说，高压匀浆法最适合于酵母和细菌，不适合丝状菌和有包涵体的工程菌。

## 8.4.3 酶的抽提

酶的提取是指用适当的溶剂或溶液处理含酶原料，使酶充分溶解到溶剂或溶液中的过程。酶提取时首先应根据酶的特性选择适当的溶剂。一般来说都遵循相似相溶原理。提取分离的一般原则是尽可能多地提取目标蛋白，同时避免造成活性丢失。提取液应选择合适的 pH，例如：用固体发酵生产的麸曲中含 $\alpha$-淀粉酶、糖化酶、蛋白酶等胞外酶，用 0.15 mol/L 的氯化钠溶液或 0.02～0.05 mol/L 的磷酸缓冲液提取。抽提过程中也有一些注意事项：比如选择的 pH 不超出酶酸碱稳定范围，且远离酶的等电点；温度通常控制在 0～10℃；抽提液用量一般为含酶原料体积的 2～5 倍；提取液可加入适量的保护剂等。

## 8.4.4 酶纯化工艺的建立与优化

### 1. 酶纯化工艺建立的总体原则

首先要符合实际应用要求，如纺织工业 $\alpha$-淀粉酶脱胶处理过程采用液体粗酶便可，皮革工业亦是如此（周世婷等，2019），食品工业应用达到食品级标准要求则无需进一步纯化（李美玲等，2015），应用于医药、化学试剂的酶液须进一步纯化；其次要考虑用量，测定序列或克隆只要几微克，而工业和医药用途则可达几千克；最后要符合纯度标准，如临床治疗所需生物药品，其纯度应为 99.9% 以上（陈晗，2018）。因此，我们要根据研究的目的和应用要求，综合考虑酶纯度、纯化规模以及回收率等，将目标蛋白从细胞或杂蛋白中分离出来，同时保留其活性和化学完整性。工业生产上还要求酶分离纯化技术成本低、回收率高。例如，多数酶回收纯化过程成本约占 70%；医用酶的生产回收过程成本高达 85%；基因工程表达产物的回收纯化过程成本一般占 85% 以上。

### 2. 分离纯化的一般流程

酶的分离纯化主要分为 4 个步骤：①预处理，包括固液分离和细胞破碎等；②酶的粗分级分离，除去与目的产物性质差异很大的杂质；③酶的细分级分离，除去与产物性质相似的杂质；④酶的稳定与保存，通过浓缩干燥等方法使酶与溶剂分离的过程。

### 3. 酶纯化步骤的定量评价

（1）酶活力测定方法

酶活力是通过测定酶促反应过程中单位时间内底物的减少量或产物的生成量来获得。酶的总活力=酶活力×总体积（ml）或=酶活力×总质量（g）。另外，比活力、纯化倍数以及回收率也是在纯化过程中的重要参数。比活力是酶纯度指标，比活力愈高表示酶愈纯，即表示单位蛋白质中酶催化反应的能力愈大；纯化倍数愈大，提纯效果愈佳；回收率愈高，其损失愈少。

（2）酶纯度鉴定方法

酶纯度鉴定常用的方法有超速离心沉降分析法、凝胶色谱法、等电聚焦法、电泳法、粒度分析法等。目前广泛采用的是电泳法，从电泳分析的结果可判断试样中是否存在杂质，并选择有针对性的分离方法对试样进行进一步的纯化处理。

### 4. 酶的纯化策略

现有酶的分离纯化方法都是依据酶和杂质在性质上的差异而建立的。酶和杂质的性质差异及分离方法大体如下。

1）溶解度大小不同：盐析法、有机溶剂沉淀法、共沉淀法、选择性沉淀法、等电点沉淀法等。

2）分子大小差异：离心分离法、筛膜分离法、凝胶过滤法等。

3）电学、解离特性差异：吸附法、离子交换法、电泳法（区带、等电聚焦）、聚焦层析、疏水层析、高效液相层析（HPLC）等。

4）酶分子特殊基团专一性结合：亲和层析法等。

5）稳定性差异：选择性热变性、选择性酸碱变性、选择性表面变性。

6）其他方法：免疫吸附层析等。

工艺次序的选择策略包括：首先运用非特异的低分辨率操作单元，如沉淀、超滤和吸附等，去除大多数杂质；随后是高分辨率操作单元，如具有高选择性的离子交换层析、亲和层析和疏水层析去除主要杂质；将凝胶过滤色谱这类分离规模小、分离速度慢的操作单元放在最后，可提高分离效果。

### 5. 酶的粗分级分离

酶的粗分级分离的目的为酶制剂的浓缩和换液。胞外酶常用的方法是膜过滤法和沉淀法；胞内酶破碎后往往需要用到离心过滤、双水相萃取、超滤和沉淀法。

（1）沉淀分离

凡能破坏蛋白质分子水合作用或减弱分子间同性相斥作用的因素，都可能降低蛋白质在水中的溶解度，使其沉淀。常用的方法有盐析法、有机溶剂法、非离子聚合物法和选择性变性沉淀法。

盐析法常用的盐析剂是硫酸铵，其盐析能力强，水溶解度大，价格适宜，不会引起蛋白质活性的丧失。但该方法分辨能力差，固液分离难，不适合大规模操作。韦荣霞等（2014）用20%～50%硫酸铵分级盐析曲霉 *Aspergillus* sp. RSD发酵液中的生淀粉糖化酶，获得产物的酶的比活力为 185.43 U/mg，纯化倍数为 2.29，回收率为 75.4%。

有机溶剂沉淀法是利用有机溶剂能降低溶液的介电常数，增强偶极离子之间的静电引力，从而使蛋白质分子聚集沉淀。常用的有机溶剂沉淀剂为丙酮和乙醇。为防止蛋白质变性，该方法一般都要求在低温下进行，较少用于大规模操作。苏明慧等（2015）用 45%～65% 乙醇分级沉淀来源于短短芽孢杆菌 FM4B 发酵液的几丁质酶，获得产物的酶的比活力为 105.85 U/mg，纯化倍数为 1.74，回收率为 73.1%。

非离子聚合物可工业规模选择性沉淀蛋白质，其具有无毒、不易燃的特点，且对多数蛋白质有保护作用，沉淀完全，如聚乙二醇（PEG）、聚丙烯酸（PAA）、葡聚糖等高分子聚合物。目前，已成功地用聚丙烯酸以工业规模从 *Aspergillus* spp. 中纯化淀粉葡萄糖苷酶，从大豆中生产淀粉酶（李淑喜和黎新明，2009）。

（2）离心分离

在酶的提取和分离纯化过程中，细胞收集、细胞碎片和沉淀的分离以及酶的纯化等均要使用离心分离。离心机分为低速、高速和超速三种。低速离心主要用于细胞、细胞碎片和培养基残渣等固形物的分离，高速离心主要用于沉淀、细胞碎片和细胞器等的分离，超速离心可采用差速离心或等密度梯度离心等方法来进行酶的分离纯化。目前大规模纯化使用的是工业用连续流离心机，这类离心机分离固液的能力不如实验室用离心机，但它可以持续处理样品，适合大规模生产。

### 6. 过滤与膜分离

过滤是从细胞抽提物中除掉固体的另一种方式，微生物抽提液有凝胶化趋向，难于用传统方法有效过滤。膜分离作为一种新兴的高效分离浓缩技术，兼有分离、浓缩、纯化和精制的功能，已广泛应用于工业酶的大规模生产。与常规方法相比，膜分离可以在常温下进行，并且无物质相态变化，无化学变化，分离系数较大、能够实现连续操作，能大幅度提高酶的浓缩倍数和回收率。常见的膜分离过程包括微滤、超滤、纳滤、反渗透和电渗析五大类，在酶制剂工业中，应用较多的是微滤及超滤技术，其中微滤常用于较为精细的固液分离，如层析前去除细胞或菌体碎片，而超滤膜孔径较小，可以有效截留蛋白质等生物大分子而使水和盐类等小分子透过，常用于生物样品的浓缩和除盐，如程小飞等（2011）对粗酶液预处理，再进行超滤，使溴过氧化物酶的比活力达 212 U/mg，纯化倍数为 21 倍，酶活回收率为 96%。

谭晶等（2007）使用内压式聚砜中空纤维超滤膜，研究了超滤分离具有壳聚糖酶活力的木瓜蛋白酶的工艺操作条件。结果表明不同的跨膜压差、浓缩倍数和操作时间对超滤分离效果影响较大，且通过超滤法去除了原木瓜蛋白酶制剂中的大部分小分子还原糖，使得木瓜蛋白酶的纯度有所提高，酶活力也提高了 1.22 倍。李春艳等（2000）在利用超滤法浓缩植酸酶发酵液的实验中，采用截留分子量为 20 000 的管式超滤膜对植酸酶发酵液进行浓缩精制处理，结果显示，植酸酶的浓缩倍数可达 6.53 倍，浓缩收率高达 99.69%，截留率甚至达到 99.93%，超滤系统连续浓缩时长可达 10 h。

### 7. 酶的细分级分离——柱层析分离

为了获得更高的纯度，粗分级蛋白还要进行细分级分离，主要通过理化性质的差异以色谱法（层析法）来对蛋白质进行分离。色谱系统由两相组成：固定相和流动相。当待分离的混合物随流动相通过固体相时，各组分与两相发生相互作用，并因作用力的不同导致流出时间上的差异，分部收集流出液，可以得到样品中所含的各单一组分，从而达到分离各组分的目的。主要的层析分离纯化方法包括离子交换层析、亲和层析、疏水层析、凝胶过滤层析等，见表8.8。实际应用中，层析分离次序的选择同样重要，一个好的层析工艺设计不仅能够获得高的纯化倍数和回收率，而且使分离纯化顺畅，改变条件较少即可进行各步骤间的衔接。例如，离子交换层析之后进行疏水层析，不必经过缓冲液的更换；硫酸铵沉淀后可以直接进行疏水层析，因为多数蛋白质在高离子强度下与疏水介质结合能力较强；凝胶过滤最后进行又可以直接过渡到适当的缓冲体系中以利于产品成型保存。纯化的部分案例如表8.8。

表8.8 常用层析方法

| 分离原理 | 分离方法 | 特点 | 用途 |
| --- | --- | --- | --- |
| 分子大小 | 凝胶过滤层析 | 分辨率适中，分级分离时流速较慢，脱盐时流速快；容量受样品体积限制 | 适用于纯化的后期阶段，脱盐可用于任何阶段，特别是步骤衔接时的缓冲液更换 |
| 电荷 | 离子交换层析 | 分辨率较高，流速快；容量很大，不受样品体积限制 | 最适用于大体积样品且蛋白质纯度较低的样品早期纯化，可分批操作 |
| 疏水极性 | 疏水层析 | 分辨率较高，流速快；容量很大，不受样品体积限制 | 适用于纯化的任何阶段，特别适用于离子强度较高的样品，如沉淀、离子交换后的样品 |
| 生物亲和性 | 亲和层析 | 分辨率极高，流速很快；容量视配体可大可小，不受样品体积限制 | 适用于纯化的任何阶段，特别是样品浓度小、杂质含量多时，可以减少纯化步骤 |
| 等电点 | 聚焦层析 | 分辨率较高，流速快；容量大，不受样品体积限制 | 最适用于纯化的最后阶段 |

1）刘艳如等（2014）结合阴离子交换层析和凝胶过滤层析分离伯克霍尔德氏菌属（*Burkholderia* sp.）ZYB002胞外脂肪酶，获得酶的比活力为1902.5 U/mg，纯化倍数为8.98，回收率为11.36%。

2）李晔等（2016）结合硫酸铵分级沉淀、Butyl FF疏水层析及Superdex™ 200凝胶过滤层析等方法对 *Bacillus cereus* R75E菌株分泌的胶原酶进行后处理，获得了纯度高于90%的胶原酶，其比活力达到8.289 U/mg，纯化倍数达到18.4。

大规模纯化的第一步须处理大体积溶液，离子交换色谱、亲和色谱和疏水色谱可放到第一阶段，将目标物进行分离浓缩并进行稳定化处理；在中度纯化阶段，分辨率高的层析技术如离子交换和疏水层析等去除制品中的大量杂质，如杂蛋白和核酸、内毒素等；在精细纯化阶段，仅剩下一些痕量的杂质或者与目标物非常接近的相关物质，一般选择处理体积小、分辨率更高的凝胶过滤层析、离子交换层析等完成最终的纯化，详细介绍如下。

（1）离子交换层析

离子交换层析是利用样品中不同组分表面带电荷的差异导致对离子交换剂亲和力的不同而达到分离目的的一种方法。按活性基团的性质不同，离子交换剂可以分为阳离子交换剂和阴离子交换剂。由于酶分子具有两性性质，因此可用阳离子或阴离子交换剂进行酶的分离纯化。在离子交换层析分离过程中，通过调节溶液 pH 控制带电分子与带相反电荷的离子交换剂之间的可逆相互作用来实现特定分子的结合和洗脱，从而达到分离的效果。

（2）凝胶过滤层析

凝胶过滤层析是指以各种多孔凝胶为固定相，利用流动相中所含各种组分的大小和形状的不同而达到物质分离目的的一种层析技术。凝胶层析柱中装有多孔凝胶，当混合溶液流经凝胶层析柱时，大分子物质因分子直径较大，只能分布于凝胶颗粒的间隙中，以较快的速度流过凝胶柱。较小的分子能进入凝胶的微孔内，不断地进出于颗粒的微孔内外，这就使小分子物质向下移动的速度比大分子的速度慢，从而使混合溶液中各组分按照由大到小的顺序先后流出层析柱，而达到分离的目的。常用的凝胶：葡聚糖凝胶、琼脂糖凝胶、聚丙烯酰胺凝胶等。凝胶过滤往往在最后的处理中被使用，它的应用主要包括脱盐、生物大分子分级分离以及分子量测定等。

（3）疏水层析

疏水层析是利用固定相载体上偶联的疏水性配基与流动相中的一些疏水分子发生可逆性结合而进行分离的层析技术。一般在 1 mol/L $(NH_4)_2SO_4$ 或 2 mol/L NaCl 高浓度盐溶液中，掩藏于分子内的疏水性残基可以与疏水性固定相作用，含有辛基和苯基的琼脂糖是最常用的疏水吸附剂。与离子交换层析相比，虽然它的选择性较低，但不同的疏水吸附剂之间存在选择性，可选用不同的吸附剂进行试验。

（4）亲和层析

亲和层析往往只需要一步处理即可使某种待分离的蛋白质从复杂的蛋白质混合物中分离出来，达到千倍以上的纯化，并保持较高的活性。亲和层析的核心元件是亲和配基，配基被固定到亲水的固相介质上，通过特异性识别与目标蛋白结合达到纯化蛋白的目的。常用的亲和标签是各种标签蛋白，如 His、GST、MBP 等，目前在试验室中已广泛采用，但由于亲和填料不稳定且价格昂贵，较少用于工业生产规模。

### 8. 萃取分离

萃取分离是利用溶质在互不相溶的两相之间溶解度的不同而使溶质得到纯化或浓缩的方法。按照两相组成可分为有机溶剂萃取、双水相萃取、超临界萃取和反胶束萃取等。其中双水相体系萃取是具有工业开发潜力的新型分离技术之一，它的原理是当两种水溶性聚合物或者聚合物与盐混合时，由于聚合物水溶液的疏水性差，易发生相分离而形成双水相。常用的双水相体系有聚乙二醇（PEG）-葡聚糖（Dex）、PEG-磷酸钾、PEG-硫酸镁体系。PEG 和葡聚糖这类无毒聚合物可作为蛋白质和酶的稳定剂，且形成的两相均含质量分数 70% 以上的水，为蛋白质的溶解和抽提提供了适宜的环境。双水相萃取现已用于后处理工艺的精制，使产品达到相当高的纯度，不仅可用于澄清发酵液的酶分离，而且适用于直接从含有固体细胞的原始发酵液和带有细胞碎片的细胞匀浆液中提取纯化目的酶。此法不要求特殊处理就可与后续提纯步骤相衔接，可使提纯工艺更为有效、连续与经济。

双水相萃取的一个重要研究方向是在高分子聚合物上引入具有生物特异性的配基，

这样可以使某种蛋白质在某一特定相中的分配更具选择性。例如，将 Cibacron 固定到 PEG 上形成 Cibacron-PEG 聚合物，只用两步抽提就可将酵母磷酸果糖激酶提纯 58 倍（郑楠和刘杰，2006）。

#### 9. 酶的结晶分离

结晶是溶质以晶体形式从溶液中析出的过程。酶的结晶是酶分离纯化的一种手段，不仅为酶的结构、功能等的研究提供了适宜的样品，而且为较高的纯度的酶的获得和应用创造了条件。常用的结晶方法有：盐析结晶、有机溶剂结晶、透析平衡结晶、等电点结晶、气象扩散法、pH 诱导法、温度诱导法等。

## 8.5 总结与展望

本章主要介绍了用于酶制剂表达的主要微生物菌种的特点及菌种改造策略、微生物菌种的发酵条件优化及酶在提取与分离纯化过程中常用的技术及方法。

未来的很长时间内，微生物发酵产酶将继续占据重要地位。深入探索及解析蛋白质表达分泌的新机制，有利于指导菌种改造。2013 年，三位美国科学家詹姆斯·罗斯曼、兰迪·谢克曼以及托马斯·聚德霍夫由于发现了细胞囊泡运输的调控机制而获得了诺贝尔生理学或医学奖。然而，目前人们对细胞内复杂而精细的运输系统的认识，仍然是初步的和框架性的，迫切需要阐明蛋白质转运的更精细的调控机制。细胞内可能存在精确调控货物分选与运送的一套“运输密码”指令。深入探索及解码这套指令，对于理解细胞功能和菌种改造具有重要意义。多学科交叉将帮助实现对细胞内蛋白表达、转运等过程的实时和长时监控。

基因编辑工具的开发仍然是未来菌种改造的一个重点。一方面，基因编辑使得常用的微生物菌种的改造速度得以提升。科学家也一直致力于对新的编辑技术的改进和完善，随着编辑效率的提高、新的编辑方法的建立和完善，未来对菌种的改造特别是涉及多途径和多基因的精确调控将变得越来越简单。另一方面，基因编辑技术的发展，使得更多优秀的菌种有望开发用于酶制剂的表达与生产。

发酵及提取是衔接实验室与工厂的重要一环，从事发酵过程研究，既要具备科研思维，又要具备工程化思维。前者包括基因组、转录组、蛋白质组、代谢组等多个层面的理论、技术和工具的发展，后者包括培养基优化、发酵控制理论和技术研究、规模放大理论研究、发酵设备工程设计、反应器流场特性研究、工业自动化控制研究、相应的软硬件开发和环保领域研究等一系列涉及多学科交叉领域的主题。新的发酵过程检测传感器的开发和应用能够提高发酵过程监测效率，更好地辅助发酵控制、规模放大、工业自动化控制和环保等领域的理论和技术研究。随着产酶微生物上游菌种层面研究工具的更新和获得的更多成果，如何将这些数据与发酵研究中产生的大量过程数据更好地综合利用，成为未来面临的重要问题。华东理工大学生物工程学院基于既往的融合了过程质谱仪、活细胞在线监测等多种新型过程监测传感器的发酵过程系统，结合以往在菌体代谢特征与发酵过程参数之间相关性方面研究的成果，开发出一套能够对大量发酵过程数据进行实时智能化分析的功能软件。这在解决综合利用实验室端和发酵过程端的大数据问题方面走出了第一步。随着相关技术发展，相信未来包括工业酶在内的生物工程产品的成果转化将变得越来越智能，进一步实现生物工程上游菌种改造与中下游发酵提取良性互动循环，推动技术进一步发展。

## 参考文献

曹东艳, 柳倩, 贺晓云, 等. 2013. 源于 GAP 启动子的毕赤酵母组成型表达系统的研究进展. 食品安全质量检测学报, 4(4): 1217-1221.

陈晗. 2018. 生化制药技术. 2 版. 北京: 化学工业出版社.

程小飞, 章表明, 薛松, 等. 2011. 超滤膜分离纯化珊瑚藻溴过氧化物酶. 中国生物工程杂志, 31(3): 76-80.

储炬, 李友荣. 2006. 现代工业发酵调控学. 北京: 化学工业出版社.

杜敬河, 王栩, 朱永安, 等. 2016. 产甲壳素酶多粘类芽孢杆菌 A1 的筛选鉴定及发酵产酶条件研究. 食品工业科技, 37(13): 157-161.

李春艳, 林新华, 方富林, 等. 2000. 超滤膜分离技术在植酸酶浓缩中的应用. 福建医科大学学报, 34(4): 374-376.

李美玲, 蔡美萍, 李珍丽, 等. 2015. 食品酶的生产及应用. 食品安全导刊, 108(18): 127.

李淑喜, 黎新明. 2009. 菠萝蛋白酶的提取及其在医药中的应用. 广州化工, 37(2): 52-53.

李晔, 张西轩, 曹广秀, 等. 2016. 产胶原酶的蜡样芽胞杆菌发酵条件优化及酶的分离纯化. 微生物学通报, 43(7): 1419-1428.

梁蕊芳, 徐龙, 岳明强. 2013. 细胞破碎技术应用研究进展. 内蒙古农业科技, 239(1): 113-114.

刘瑞. 2015. 丝状真菌高效表达异源蛋白的研究进展. 生物技术世界, 91(6): 26.

刘艳如, 邱芳锦, 舒正玉, 等. 2014. 伯克霍尔德菌 ZYB002 胞外脂肪酶的分离纯化及其酶学性质分析. 福建师范大学学报 (自然科学版), 30(3): 100-105.

陆孔泳, 谢友坪, 赵旭蕊, 等. 2019. 珠磨法破碎小球藻提取类胡萝卜素的动力学及能量消耗分析. 食品科学, 40(11): 102-108.

苏明慧, 胡雪芹, 顾东华, 等. 2015. 短短芽孢杆菌几丁质酶的分离纯化及酶学性质. 食品科学, 36(19): 176-179.

谭晶, 陈季旺, 夏文水, 等. 2007. 超滤分离具有壳聚糖酶活力的木瓜蛋白酶. 食品与机械, 23(6): 20-23.

王春丽, 朱凤妹. 2017. 异源蛋白在丝状真菌中高效表达策略研究进展. 食品安全导刊, (23): 72-73.

王金斌, 陈大超, 李文, 等. 2014. 食品级枯草芽孢杆菌表达系统的最新研究进展. 上海农业学报, 30(1): 115-120.

王迎政, 喻晓蔚, 徐岩. 2018. 巴斯德毕赤酵母甲醇诱导表达磷脂酶 A2 的转录组学分析. 微生物学报, 58(1): 91-108.

王泽建, 王萍, 张琴, 等. 2018. 微生物发酵过程生理参数检测传感器技术与过程优化. 生物产业技术, 63(1): 19-32.

韦荣霞, 张梁, 石贵阳. 2014. *Aspergillus* sp. RSD 生淀粉糖化酶的分离纯化及酶学性质. 微生物学通报, 41(1): 17-25.

谢非, 吴琼水, 曾立波. 2015. 面向生物过程的在线式傅里叶变换红外光谱仪. 光谱学与光谱分析, 35(8): 2357-2361.

张大伟, 康倩. 2019. 枯草芽胞杆菌蛋白质表达分泌系统发展及展望. 微生物学杂志, 39(1): 1-10.

张晓龙, 肖静, 王瑞明. 2015. 毕赤酵母高密度发酵产 $\beta$-甘露聚糖酶的工艺优化. 湖北农业科学, 54(23): 5978-5983.

郑楠, 刘杰. 2006. 双水相萃取技术分离纯化蛋白质的研究. 化学与生物工程, 23(10): 7-9.

周世婷, 李伏益, 王珂, 等. 2019. 蛋白酶与脂肪酶在制革浸水中的作用效果研究. 中国皮革, 48(7): 1-6.

Butt T R, Edavettal S C, Hall J P, *et al.* 2005. SUMO fusion technology for difficult-to-express proteins. Protein Expression and Purification, 43(1): 1-9.

Cao H, Villatoro-hernandez J, Weme R D O, *et al.* 2018. Boosting heterologous protein production yield by adjusting global nitrogen and carbon metabolic regulatory networks in *Bacillus subtilis*. Metabolic Engineering, 49: 143-152.

Cao J, Packer J, Waterston R, *et al.* 2017. Principles of systems biology, No. 21. Cell Systems, 5(3): 158-160.

Chen J, Fu G, Gai Y, *et al.* 2015b. Combinatorial Sec pathway analysis for improved heterologous protein secretion in *Bacillus subtilis*: identification of bottlenecks by systematic gene overexpression. Microbial Cell Factories, 14(1): 92.

Chen J, Gai Y, Fu G, *et al.* 2015a. Enhanced extracellular production of $\alpha$-amylase in *Bacillus subtilis* by optimization of regulatory elements and over-expression of PrsA lipoprotein. Biotechnology Letters, 37(4): 899-906.

Choi J W, Yim S S, Jeong K J. 2018. Development of a high-copy-number plasmid via adaptive laboratory evolution of *Corynebacterium glutamicum*. Applied Microbiology and Biotechnology, 102(2): 873-883.

Colussi P A, Taron C H. 2005. *Kluyveromyces lactis* LAC4 promoter variants that lack function in bacteria but retain full function in *K. lactis*. Applied and Environmental Microbiology, 71(11): 7092-7098.

Costa S, Almeida A, Castro A, *et al.* 2014. Fusion tags for protein solubility, purification, and immunogenicity in *Escherichia coli*: the novel Fh8 system. Frontiers in Microbiology, 5: 63.

Danieis R, Mellroth P, Bernsei A, *et al.* 2010. Disulfide bond formation and cysteine exclusion in gram-positive bacteria. Journal of Biological Chemistry, 285(5): 3300-3309.

Date M, Yokoyama K, Umezawa Y, *et al.* 2004. High level expression of *Streptomyces mobaraensis* transglutaminase in *Corynebacterium glutamicum* using a chimeric pro-region from *Streptomyces cinnamoneus* transglutaminase. Journal of Biotechnology, 110(3): 219-226.

Eggeling L, Bott M. 2015. A giant market and a powerful metabolism: *L*-lysine provided by *Corynebacterium glutamicum*. Applied Microbiology and Biotechnology, 99(8): 3387-3394.

Fu G, Liu J, Li J, *et al.* 2018. Systematic screening of optimal signal peptides for secretory production of heterologous proteins in *Bacillus subtilis*. Journal of Agricultural and Food Chemistry, 66(50): 13141-13151.

Gasser B, Sauer M, Maurer M, *et al.* 2007. Transcriptomics-based identification of novel factors enhancing heterologous protein secretion in yeasts. Applied and Environmental Microbiology, 73(20): 6499-6507.

Gray S R, Peretti S W, Lamb H H. 2013. Real-time monitoring of high-gravity corn mash fermentation using *in situ* raman spectroscopy. Biotechnology and Bioengineering, 110(6): 1654-1662.

Harper S, Speicher D W. 2011. Purification of proteins fused to glutathione *S*-transferase. Methods in Molecular Biology, 681: 259-280.

Hoffmann-Sommergruber K, Susani M, Ferreira F, *et al.* 1997. High-level expression and purification of the major birch pollen allergen, Betv1. Protein Expression and Purification, 9(1): 33-39.

Huang H J, Ramaswamy S, Tschirner U W. 2008. A review of separation technologies in current and future biorefineries. Separation and Purification Technology, 62(1): 1-21.

Huangfu J, Qi F, Liu H, *et al.* 2015. Novel helper factors influencing recombinant protein production in *Pichia pastoris* based on proteomic analysis under simulated microgravity. Applied Microbiology and Biotechnology, 99(2): 653-665.

Jiang L Y, Zhu J M. 2013. Separation technologies for current and future biorefineries—status and potential of membrane-based separation. Wiley Interdiplinary Reviews Energy & Environment, 2(6): 673-690.

Kang Y, Son M S, Hoang T T. 2007. One step engineering of T7-expression strains for protein production: increasing the host-range of the T7-expression system. Protein Expression and Purification, 55(2): 325-333.

Katayama T, Tanaka Y, Okabe T, *et al.* 2016. Development of a genome editing technique using the CRISPR-Cas9 system in the industrial filamentous fungus *Aspergillus oryzae*. Biotechnology Letters, 38(4): 637-642.

Kim S, Park Y, Lee H H, *et al.* 2015. Simple amino acid tags improve both expression and secretion of *Candida antarctica* lipase B in recombinant *Escherichia coli*. Biotechnology and Bioengineering, 112(2): 346-355.

Lee J. 2014. Development and characterization of expression vectors for *Corynebacterium glutamicum*. Journal of Microbiology and Biotechnology, 24(1): 70-79.

Lee S H, Lee S, Lee J, *et al.* 2020. Biological process for coproduction of hydrogen and thermophilic enzymes during CO fermentation. Bioresource Technology, 305: 123067.

Li C, Lin Y, Zheng X, *et al.* 2015. Combined strategies for improving expression of *Citrobacter amalonaticus* phytase in *Pichia pastoris*. BMC Biotechnology, 15: 88.

Liu M, Wang B, Wang F, *et al.* 2019. Soluble expression of single-chain variable fragment (scFv) in *Escherichia coli* using superfolder green fluorescent protein as fusion partner. Applied Microbiology and Biotechnology, 103(15): 6071-6079.

Liu Q, Shi X, Song L, *et al.* 2019. CRISPR-Cas9-mediated genomic multiloci integration in *Pichia pastoris*. Microbial Cell Factories,18(1): 144.

Liu R, Chen L, Jiang Y, *et al.* 2015. Efficient genome editing in filamentous fungus *Trichoderma reesei* using the CRISPR-Cas9 system. Cell Discovery, 1: 15007.

Mestrom L, Marsden S R, Dieters M, *et al.* 2019. Artificial fusion of mCherry enhances trehalose transferase solubility and stability. Applied and Environmental Microbiology, 85(8): e03084-18.

Needle D, Waugh D S. 2014. Rescuing aggregation-prone proteins in *Escherichia coli* with a dual $His_6$-MBP tag. Methods in Molecular Biology, 1177: 81-94.

Nevalainen H, Peterson R, Curach N. 2018. Overview of gene expression using filamentous fungi. Current Protocols in Protein Science, 92(1): e55.

Nguyen T K M, Ki M R, Son R G, *et al.* 2019. The NT11, a novel fusion tag for enhancing protein expression in *Escherichia coli*. Applied Microbiology and Biotechnology, 103(5): 2205-2216.

Nocon J, Steiger M, Mairinger T, *et al.* 2016. Increasing pentose phosphate pathway flux enhances recombinant protein production in *Pichia pastoris*. Applied Microbiology and Biotechnology, 100(13): 5955-5963.

Phan T T P, Nguyen H D, Schumann W. 2012. Development of a strong intracellular expression system for *Bacillus subtilis* by optimizing promoter elements. Journal of Biotechnology, 57(1): 167-172.

Rabert C, Weinacker D, Pessoa A J, *et al.* 2013. Recombinants proteins for industrial uses: utilization of *Pichia pastoris* expression system. Brazilian Journal of Microbiology, 44(2): 351-356.

Savitsky P, Bray J, Cooper C D, *et al.* 2010. High-throughput production of human proteins for crystallization: the SGC experience. Journal of Structural Biology, 172(1): 3-13.

Shen W, Kong C, Xue Y, *et al.* 2016a. Kinase screening in *Pichia pastoris* identified promising targets involved in cell growth and alcohol oxidase 1 promoter (PAOX1) regulation. PLoS One, 11(12): e0167766.

Shen W, Xue Y, Liu Y, *et al.* 2016b. A novel methanol-free *Pichia pastoris* system for recombinant protein expression. Microbial Cell Factories, 15 (1): 178.

Song Y, Nikoloff J M, Fu G, *et al.* 2016. Promoter screening from *Bacillus subtilis* in various conditions hunting for synthetic biology and industrial applications. PLoS One, 11(7): e0158447.

Spohner S C, Schaum V, Quitmann H, *et al.* 2016. An emerging tool in biotechnology. Journal of Biotechnology, 222: 104-116.

Vogl T, Sturmberger L, Fauland P C, *et al.* 2018. Methanol independent induction in *Pichia pastoris* by simple derepressed overexpression of single transcription factors. Biotechnology and Bioengineering, 115(4): 1037-1050.

Wang J, Li Y, Liu D. 2016. Improved production of *Aspergillus usamii* endo-*β*-1,4-xylanase in *Pichia pastoris* via combined strategies. BioMed Research International, 2016: 3265895.

Wang J, Wang X，Shi L, *et al.* 2017. Methanol-independent protein expression by AOX1 promoter with trans-acting elements engineering and glucose-glycerol-shift induction in *Pichia pastoris*. Scientific Reports, 7: 41850.

Wang X, Chen Y, Nie Y, *et al.* 2019. Improvement of extracellular secretion efficiency of *Bacillus naganoensis* pullulanase from recombinant *Escherichia coli*: Peptide fusion and cell wall modification. Protein Expression and Purification, 155: 72-77.

Wang X, Wang Q, Wang J, *et al.* 2016. Mit1 transcription factor mediates methanol signaling and regulates the alcohol oxidase 1 (AOX1) promoter in *Pichia pastoris*. Journal of Biological Chemistry, 291(12): 6245-6261.

Wang Y, Liu Y, Liu J, *et al.* 2018. MACBETH: Multiplex automated *Corynebacterium glutamicum* base editing method. Metabolic Engineering, 47: 200-210.

Ward O P. 2012. Production of recombinant proteins by filamentous fungi. Biotechnology Advances, 30(5): 1119-1139.

Wei S, Qian Z, Hu C, *et al.* 2020. Formation and functionalization of membraneless compartments in *Escherichia coli*. Nature Chemical Biology, 16(10): 1143-1148.

Weninger A, Fischer J E, Raschmanova H, *et al.* 2018. Expanding the CRISPR-Cas9 toolkit for *Pichia pastoris* with efficient donor integration and alternative resistance markers. Journal of Cellular Biochemistry, 119(4): 3183-3198.

Weninger A, Hatzl A, Schmid C, *et al.* 2016. Combinatorial optimization of CRISPR-Cas9 expression enables precision genome engineering in the methylotrophic yeast *Pichia pastoris*. Journal of Biotechnology, 235: 139-149.

Yadav A, Ali A A M, Ingawale M, *et al.* 2020. Enhanced co-production of pectinase, cellulase and xylanase enzymes from *Bacillus subtilis* ABDR01 upon ultrasonic irradiation. Process Biochemistry, 92: 197-201.

Yang F, Pan Y, Chen Y, *et al.* 2015. Expression and purification of *Canis* interferon α in *Escherichia coli* using different tags. Protein Expression and Purification, 115: 76-82.

Yang M, Zhang W, Ji S, *et al.* 2013. Generation of an artificial double promoter for protein expression in *Bacillus subtilis* through a promoter trap system. PLoS One, 8(2): e56321.

Yang S, Du G, Chen J, *et al.* 2017. Characterization and application of endogenous phase-dependent promoters in *Bacillus subtilis*. Applied Microbiology and Biotechnology, 101(10): 4151-4161.

Yang Z, Pei X, Xu G, *et al.* 2019. Efficient inducible expression of nitrile hydratase in *Corynebacterium glutamicum*. Process Biochemistry, 76: 77-84.

Yao D, Su L, Li N, *et al.* 2019. Enhanced extracellular expression of *Bacillus stearothermophilus* *α*-amylase in *Bacillus subtilis* through signal peptide optimization, chaperone overexpression and *α*-amylase mutant selection. Microbial Cell Factories, 18(1): 69.

Yim S S, Choi J W, Lee R J, *et al.* 2016 . Development of a new platform for secretory production of recombinant proteins in *Corynebacterium glutamicum*. Biotechnology and Bioengineering, 113(1): 163-172.

Yokoyama K, Utsumi H, Nakamura T, *et al.* 2010. Screening for improved activity of a transglutaminase from *Streptomyces mobaraensis* created by a novel rational mutagenesis and random mutagenesis. Applied Microbiology and Biotechnology, 87(6): 2087-2096.

Yoo Y J, Feng Y, Kim Y, *et al.* 2017. Fundamentals of Enzyme Engineering. Berlin, Germany: Springer Netherlands.

Yue J, Fu G, Zhang D, *et al.* 2017. A new maltose-inducible high-performance heterologous expression system in *Bacillus subtilis*. Biotechnology Letters, 39(8): 1237-1244.

Zhang C, Meng X, Wei X, *et al.* 2016. Highly efficient CRISPR mutagenesis by microhomology-mediated end joining in *Aspergillus fumigatus*. Fungal Genetics and Biology, 86: 47-57.

Zhang K, Su L, Wu J. 2018. Enhanced extracellular pullulanase production in *Bacillus subtilis* using protease-deficient strains and optimal feeding. Applied Microbiology and Biotechnology, 102(12): 5089-5103.

Zhang M, Liu L, Lin X, *et al.* 2020. A translocation pathway for vesicle-mediated unconventional protein secretion. Cell, 181(3): 637-652.

Zhao L, Chen J, Sun J, *et al.* 2017. Multimer recognition and secretion by the non-classical secretion pathway in *Bacillus subtilis*. Scientific Reports, 7: 44023.

Zheng X, Zheng P, Zhang K, *et al.* 2019. 5S rRNA promoter for guide RNA expression enabled highly efficient CRISPR-Cas9 genome editing in *Aspergillus niger*. ACS Synthetic Biology, 8(7): 1568-1574.

# 第9章

# 体内多酶级联反应设计

宋 伟 刘立明
江南大学

## 9.1 体内多酶级联反应概述

### 9.1.1 体内多酶级联反应定义

由生物酶催化的两个或两个以上反应步骤的组合被称为酶的级联反应，若酶的级联反应发生在细胞内，则称为体内多酶级联反应或者全细胞多酶级联反应。严格来说，“体内多酶级联反应”是指在单个细胞内发生的两个或多个酶的级联；然而，最新研究报道了包含两个或多个独立细胞间的级联（Parmeggiani *et al.*，2019a）。在过去的几十年中，随着酶发现、改造和筛选方法的改进，一个不断扩大的生物催化工具箱已经形成，由生物催化剂介导的有机反应种类正在迅速增加。因此，许多基于天然酶、工程或进化酶和人工酶的全细胞生物转化过程被开发出来，用以合成大量的化学品。

### 9.1.2 体内多酶级联反应发展历程和现状

30年前首次报道了工业生产规模上的多步全细胞生物转化过程。它们基于少数天然途径的酶转化非天然底物来积累相关化学产品。例如，利用恶臭假单胞菌（*Pseudomonas putida*）或农杆菌属（*Agrobacterium* sp. DSM 6336）的天然途径，通过2～3步的体内级联反应大规模生产杂环芳香羧酸（Kiener，1992；Wieser *et al.*，1997）。类似地，利用农杆菌HK13突变株，通过全细胞内四步反应的催化，可将4-丁甜菜碱转化为左旋肉碱（Meyer and Robins，2005），该工艺的工业规模大于100 t/a（Breuer *et al.*，2004）。重组DNA技术的迅速发展导致了从开发天然途径到设计新型体内多酶级联反应的转变，重组细胞包含了合成目标化合物的外源酶和/或外源途径。例如，Galanie等（2015）以酵母为宿主，设计了23步的多酶级联反应，通过将来源于植物、哺乳动物、细菌和酵母本身的酶进行级联，可以葡萄糖为底物合成阿片类药物。从简单的利用天然途径到现在人工设计复杂的非天然途径，从单个细胞内的级联到多个细胞间的级联，全细胞生物催化已成为合成高附加值精细化工产品、大宗化工产品和医药产品的重要手段。

### 9.1.3 体内多酶级联反应的优势和所面临的挑战

体内多酶级联催化包含两个因素：多酶级联催化和全细胞催化剂。因此，体内多酶级联催化同时包含两者的优点（Ramsden *et al.*，2019；Schrittwieser *et al.*，2018；Wu and Li，2018）：①可以避免反应中间产物的分离，大大节省了资源、试剂和反应时间；②可以避免有毒化合物对细胞和酶的毒性，因为这些有毒化合物可以通过无毒底物来原位生成，并在形成后立即消耗；③无需进一步的蛋白质纯化过程，细胞培养成本低；④细胞环境为许多酶提供自然环境和辅助因子再生；⑤细胞壁和细胞膜可以保护酶免受恶劣反应条件的影响；⑥细胞内多种酶的共域化增加了酶的局部浓度，减少了多步反应中间产物的扩散。近年来，人工设计的新型多酶级联反应打破了天然酶的使用界限，为克服某些具有挑战性的反应提供了一种非常有效的方法。

虽然全细胞级联催化具有诸多优点，但是在使用全细胞级联催化合成目标化学品的过程中面临着两个关键问题：①如何设计和创建有效生物级联催化路径，使得目标化学品能够被有效合成（9.2 节和 9.3 节内容）；②如何对路径进行精细调控，实现目标化学品的高效制备（9.4 节和 9.5 节内容）。本章将分为 4 部分内容进行阐述：级联反应的设计、辅因子循环体系的设计、体内多酶级联反应途径的优化以及体内多酶级联反应的应用。

## 9.2 体内多酶级联反应途径设计

体内多酶级联反应途径设计的重点包括：生物转化途径的简单性、起始材料的可用性、反应物的运输、级联酶的功能表达、反应物和产物的毒性、热力学平衡、辅因子依赖性以及代谢酶和/或副产物形成的背景反应等。级联途径的设计主要有 4 种方式：①天然途径的重构；②天然途径的改造或重组；③从底物到产物的顺序推导；④从产物到底物的逆合成分析。

### 9.2.1 天然途径的重构

天然途径的重构是将动植物体内合成天然产物的关键路径在微生物体内重构，利用微生物生长周期短、易培养的优点，高效合成天然产物。天然途径重构的原则主要有3点：①目标化合物价值高产量少，其天然宿主不易培养；②目标产物的合成前体容易获得；③目标产物的合成途径明确。能够合成高值天然化合物的宿主，往往无法进行大规模培养，如来源于植物体内的萜烯和甾体等。此外，由于许多天然化合物的复杂性，必须采用基于酶的生物合成途径来获得。因此，天然途径的重构已成为生产珍稀天然产物的主要方法之一，已被用来合成萜烯、甾体、生物碱、脂肪酸、黄酮和其他重要次生代谢物。

白藜芦醇（反式-3,5,4′-三羟基反式二苯乙烯）是一种多酚化合物，常见于葡萄、树莓、花生、蔓越莓和其他植物。白藜芦醇的生物活性包括抗氧化、抗炎、抗癌和化学预防能力，具有延缓衰老和延长寿命的潜力。然而，即使在白藜芦醇含量最丰富的植物中，如花生和葡萄，也只含有不超过 4 μg/g DW（干重）。因此，将白藜芦醇的生物合成路径在微生物中重构，是实现其高效合成的重要方法。在植物体内（图 9.1），白藜芦醇合成途径始于苯丙氨酸解氨酶（PAL）催化的苯丙氨酸解氨生成肉桂酸，肉桂酸经肉桂酸-4-羟化酶（C4H）催化生成4-香豆酸。然后通过4-香豆酸-CoA连接酶（4CL）连接辅酶A（CoA），然后连接产物香豆酰-CoA在二苯乙烯合成酶（STS）作用下，与3个单位丙二酰辅酶A反应用于C的链延长，C2到C7的羟醛环化反应合成白藜芦醇。因此，Li等（2016）在 *S. cerevisiae* 中异源表达苯丙氨酸解氨酶（PAL）、C4H、4CL和STS，以 *L*-苯丙氨酸为底物合成白藜芦醇。将4CL和STS共表达于 *E. coli* 中，可以4-香豆酸为底物合成白藜芦醇（Lim *et al.*，2011）。然而，在一些工程菌株中，PAL和C4H可被酪氨酸解氨酶（TAL）取代，所以在 *E. coli* 中过量表达TAL、4CL和STS，则可以 *L*-酪氨酸为底物合成白藜芦醇（Wu *et al.*，2013）。

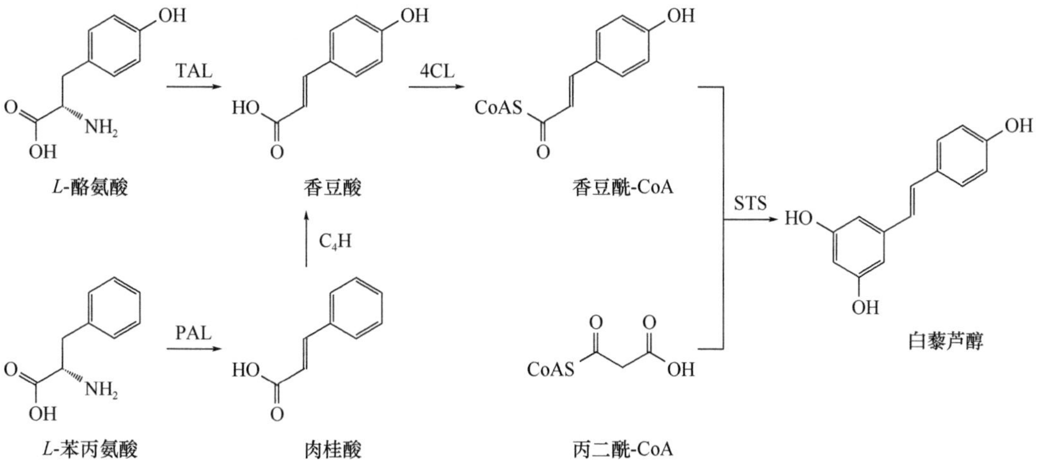

*L*-酪氨酸　香豆酸　香豆酰-CoA　白藜芦醇　*L*-苯丙氨酸　肉桂酸　丙二酰-CoA

图9.1　天然途径重构合成白藜芦醇

PAL：苯丙氨酸解氨酶；PAL：苯丙氨酸解氨酶；C4H：肉桂酸-4-羟化酶；4CL：4-香豆酸-CoA连接酶；STS：二苯乙烯合成酶

### 9.2.2　天然途径的改造或重组

对天然代谢途径的改造或重组是通过对目标反应的分析，从不同的生物体内找到目标反应相似的部分，然后将不同来源的天然途径进行改造或重组，从而形成新的非天然路径。该方法的基本原则是：目标反应与天然途径的底物或产物结构相似，或者路径酶具有的催化功能相似。由于天然途径的应用范围受到途径鉴定、自然丰度和综合适用性的限制，因此对天然途径的改造或重组可用于扩展其应用范围，用于合成一些天然化合物的类似物。

自然界中不存在将对二甲苯（*p*X）转化为对苯二甲酸（TPA）的代谢途径，但将该途径拆分为两部分后，可分别在不同的微生物中找到类似的路径（Luo and Lee，2017）。首先将转化 *p*X 生成TPA的路径拆解为两部分，分别为转化 *p*X 为对甲苯甲酸（*p*TA）的上游途径和转化 *p*TA 生成TPA的下游途径。上游途径存在于恶臭假单胞菌中 *p*X 自然降解的最初三个步骤中（图9.2），可将 *p*X 中的一个甲基依次氧化为相应的醇（对甲苯醇，*p*TALC）、醛（对甲苯醛，*p*TALD）和 *p*TA。从 *p*TA 到TPA的下游路径存在于对甲苯磺酸盐和对苯二甲酸的自然降解反应中，经过三步反应催化 *p*TA 剩余甲基依次氧化为相应的醇（4-羟甲基苯甲酸，4-CBAL）、醛（4-甲醛苯甲酸，4-CBA）和酸（TPA）。将上游途径和下游途径结合起来，即可建立一个完整的合成途径，将 *p*X 转化为TPA。

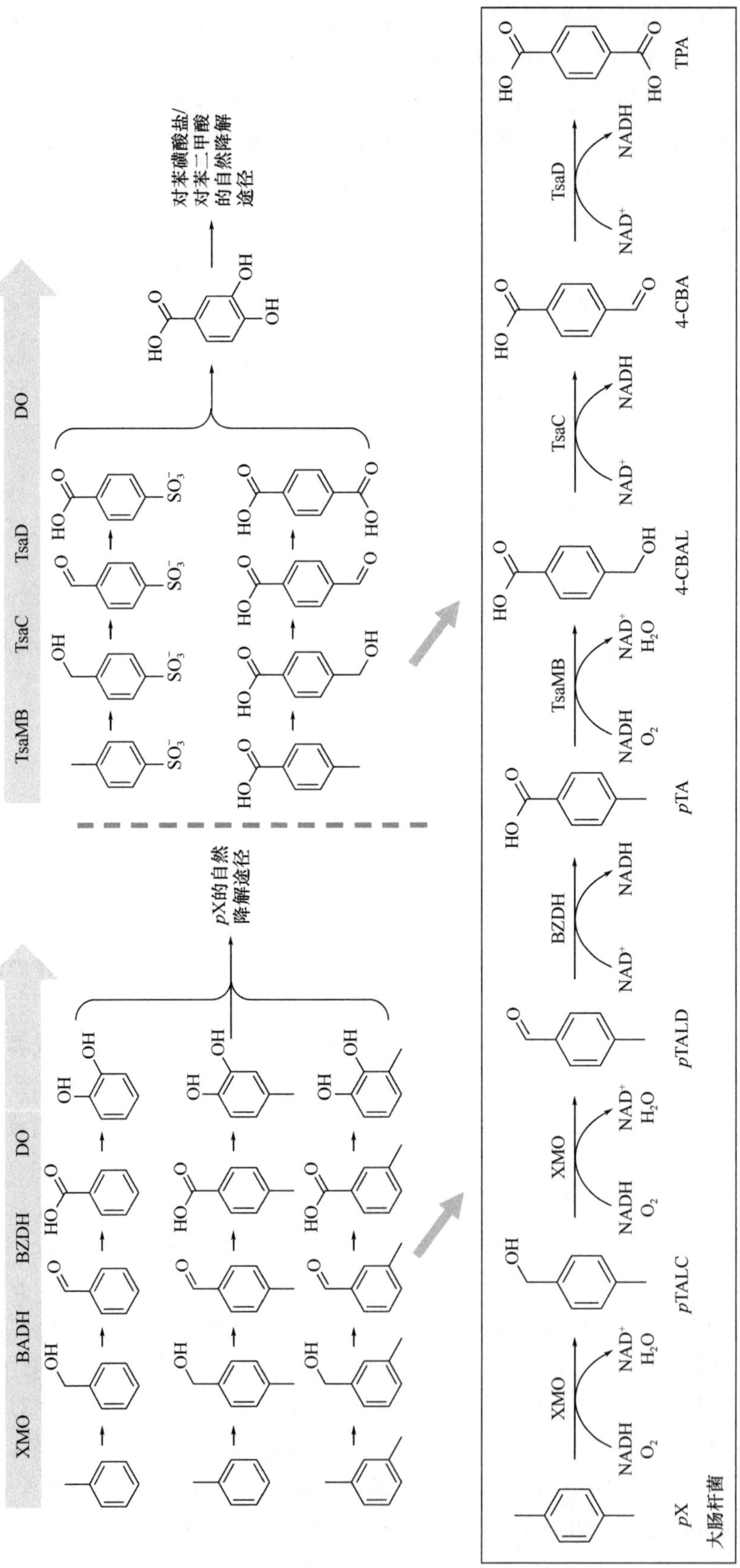

图 9.2　天然途径重组合成对苯二甲酸

XMO：二甲苯单加氧酶；BADH：苯甲醇脱氢酶；BZDH：苯甲醛脱氢酶；DO：双加氧酶；TsaMB：甲苯磺酸甲酯单加氧酶；*p*X：对二甲苯；*p*TALC：对甲苯醇；*p*TALD：对甲苯醛；4-CBAL：4-羟甲基苯甲酸；TsaC：4-CBLA 脱氢酶；4-CBA：4-甲醛苯甲酸；TsaD：4-CBA 脱氢酶；TPA：对苯二甲酸

### 9.2.3 从底物到产物的顺序推导

从底物到产物的顺序推导是根据特定底物和目标产物之间的结构关系，通过功能基团的变换以及关键砌块的组装或拆解，将特定底物一步步导向目标产物的设计方法（Liardo *et al.*，2016；Yu *et al.*，2018；Zhou *et al.*，2020）。该方法一般用于将给定的廉价底物导向特定的高附加值产物。

植物油是一种廉价而丰富的可再生资源，其中C18脂肪酸（油酸和亚油酸）是植物油的主要成分。如图9.3所示，Jeon等（2016）设计了以油酸和亚油酸为底物合成C9羧酸的级联路径。以油酸和亚油酸为底物合成C9羧酸，需要断裂其分子中间的C═C双键。而C═C双键的断裂是比较困难的，因此Jeon等先将C═C双键转变为C—C键，随后再转变化为容易断裂的酯键，最后水解酯键获得两分子C9羧酸产物。级联路径的设计如下：先通过脂肪酸双键水合酶的水合作用转化为10-羟基脂肪酸；然后通过长链二级醇脱氢酶进一步转化为相应的10-氧代-十八烷酸；随后再通过拜耳-维立格（Baeyer-Villiger）单加氧酶（BVMO）的氧化C—C键裂解生成酯键，10-氧代-十八烷酸被进一步氧化为酯脂肪酸；最后，用脂肪酶水解酯脂肪酸，生成两分子C9羧酸产物。

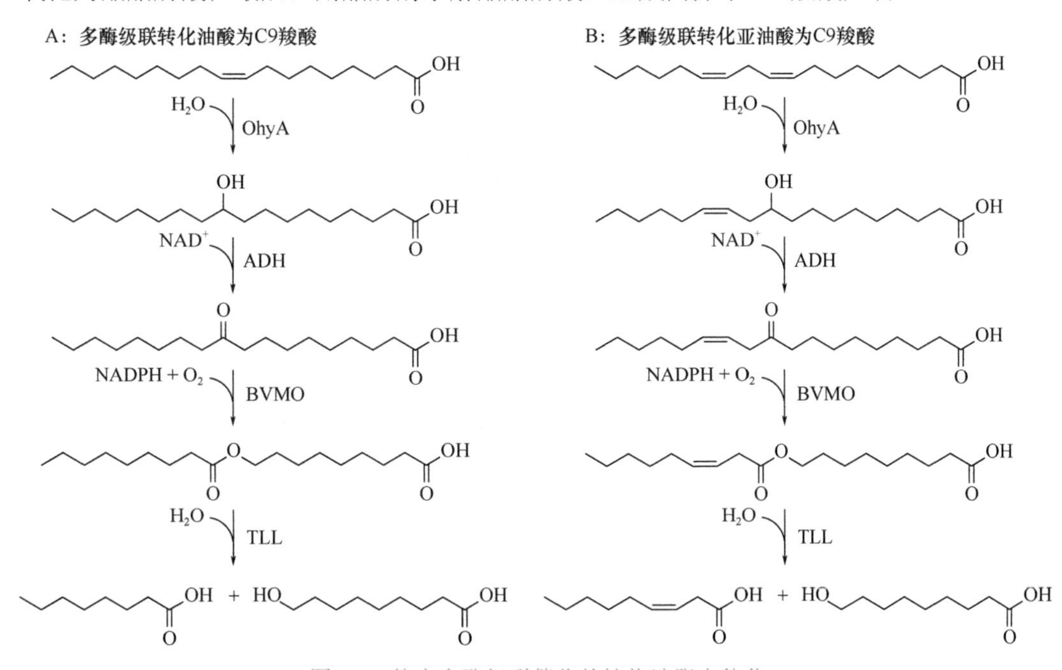


图9.3 体内多酶级联催化的植物油脂高值化

OhyA：脂肪酸双键水合酶；ADH：醇脱氢酶；BVMO：Baeyer-Villiger单加氧酶；TLL：脂肪酶

### 9.2.4 从产物到底物的逆合成分析

逆合成分析是通过C—X键的异裂和均裂以及官能团相互转化（FGI），将目的产物拆解为若干合成子的反向合成过程（Fu *et al.*，2018；Hepworth *et al.*，2017；Turner and O'Reilly，2013）。这种方法的原则是系统地断开连接合成目标主要成分的化学键，直到得到简单的合成砌块或现成的起始材料。为了在有机分子的定向合成中有效地利用生物催化剂，现在应该考虑制定“生物催化逆合成”的指导方针或规则，其中：①分子是在生物催化剂可用于关键键合步骤的基础上断开的；②所识别的构建砌块也可以使用生物催化剂通过 FGI 产生。这种利用逆合成分析来设计有机分子合成的方法，在很大程度上促进了合成方法学工具箱的不断发展。自 20 世纪 90 年代以来，许多重大进展都来自新功能生物催化剂的开发，这些催化剂介导新的 C—X 键形成反应，以及具有特殊的化学、区域、非对映体和对映体选择性的 FGI。

曼彻斯特大学 Turner 教授课题组对多种含氮药物或其关键中间体进行了逆合成分析，如图 9.4A 所示，环胺类化合物是一类重要的医药和农药中间体，该课题组通过逆合成分析将高价值的环胺逆向推导为简单的线性酮酸（Hepworth *et al.*，2017）。首先，环胺可由环状亚胺通过亚胺还原酶催化的还原反应来获得，而环状亚胺可由线性氨基酮的自发环化来制备。其次，氨基酮可由转氨酶催化的酮醛的选择性胺化来合成。最后，基于羧酸还原酶催化的羧基还原反应，将酮醛逆向推导为简单的线性酮酸底物。该级联途径从酮酸还原开始，通过转氨作用、亚胺形成和随后的亚胺还原，而酮酸是一种稳定的化合物，很容易通过化学和生物途径获得。反应只需要起始原料、胺供体和全细胞催化剂以及葡萄糖代谢提供的辅因子，以较高的转化率（高达 93%）和对映体过量值（高达 93%）合成环状胺化合物。类似地，该课题组还利用逆合成分析推导了西他列汀关键中间体 *D*-(2,4,5-三氟苯基) 丙氨酸的路线（图 9.4B），共得到 4 种逆合成路线，分别以相应的酮酸、外消旋体、肉桂酸和溴丙烯酸盐为底物（Parmeggiani *et al.*，2019b）。

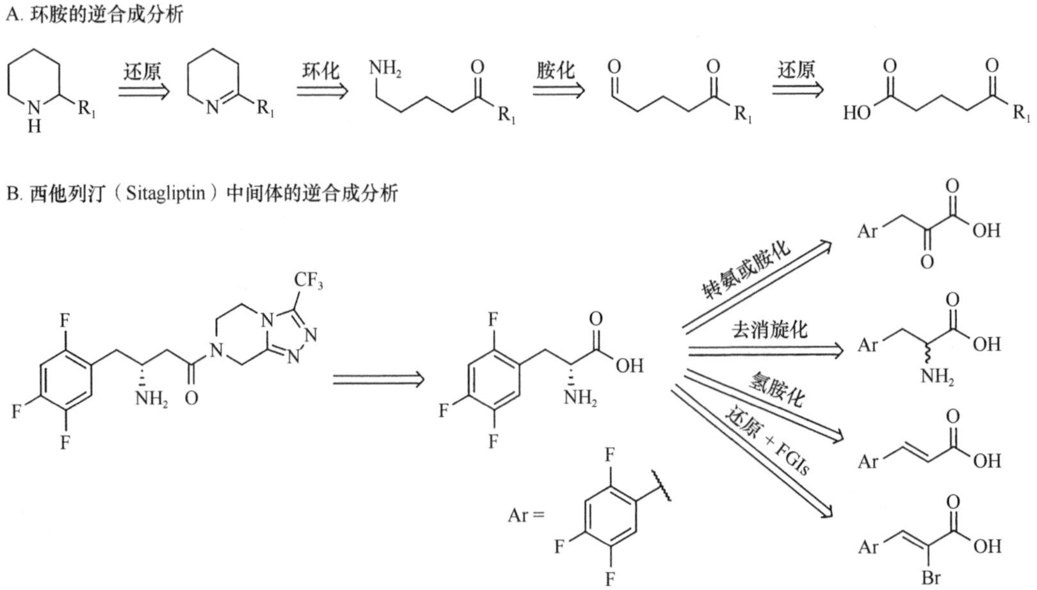

A. 环胺的逆合成分析

还原 环化 $NH_2$ 胺化 还原 HO $R_1$

B. 西他列汀（Sitagliptin）中间体的逆合成分析

$CF_3$ F $NH_2$ O OH Ar OH 转氨或胺化 去消旋化 氢胺化 还原 + FGIs Ar = Br

图 9.4 生物催化逆合成分析

## 9.3 辅因子循环体系的设计

酶催化的五大生化反应（氧化还原、水解、裂合、异构、转移）除水解反应以外，其他酶促反应都需要辅因子参与，辅因子可以稳定酶的构象并在催化过程中起到传递质子、能量以及转移基团的作用，对推动生化反应具有重要的作用（Kara *et al.*，2014）。采取直接外源添加辅因子是最直接有效的方式，但很多含高能化学键的辅因子价格昂贵，直接添加将导致生物转化的成本陡增，且不可持续。因此，设计与构建可实现辅因子连续供给的循环再生系统具有非常重大的意义，符合绿色化学的理念，也是生物转化体系应用的重要基础。

由于体内多酶级联反应包含级联路径和微生物本身的代谢路径，因此按照辅因子循环体系与代谢路径的关系，将辅因子循环体系分为三类：辅因子循环体系与代谢路径非关联、辅因子循环体系与代谢路径关联、反应路径和辅因子循环体系均与代谢路径关联。

### 9.3.1 辅因子循环体系与代谢路径非关联

辅因子循环体系与代谢路径非关联时，微生物代谢路径不会为级联反应提供辅酶，微生物细胞仅作为微反应器，为酶提供一个更加稳定和自然的催化环境。不需要将级联反应的辅因子循环体系与代谢路径关联的情况主要有三种：①辅因子功能性自循环；②辅因子在级联反应的酶之间形成内循环；③辅因子可通过廉价的辅底物进行再生。

辅因子功能性自循环是指该辅因子在酶行使催化功能的过程中，经过一系列的变化后又恢复原本的状态，如磷酸吡哆醛（PLP）、焦磷酸硫胺素（TPP）、黄素单核苷酸（FMN）和铁卟啉等。例如，大多数 PLP 依赖型的酶在反应之前，需要 PLP 先与高度保守的活性位点赖氨酸残基结合，形成席夫碱，只有以这种内醛亚胺形式，酶才会被激活（图 9.5）。随后，PLP-酶复合物与底物反应，PLP 与活性位点赖氨酸的亚胺键断裂，并且与底物的氨基连接形成一个新的席夫碱，生成外醛亚胺，然后经过一系列过渡态生成产物并重新变为反应最初时的形态——内醛亚胺形式（Oliveira *et al.*，2011）。

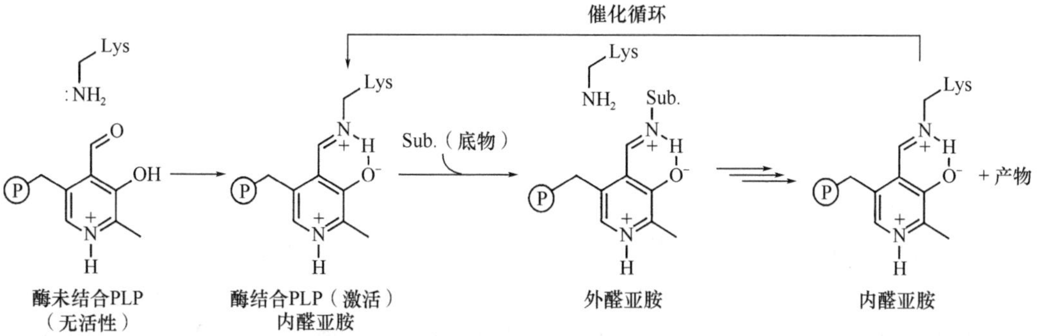

图 9.5 PLP 催化循环过程

在级联反应过程中，若两个酶催化的反应依赖于同一辅因子的不同氧化还原状态，则辅因子会在这两个酶之间形成内循环，常见于氧化-还原中性反应的级联过程中（Schrittwieser *et al.*，2011）。最典型的案例是以醇制胺的氧化-还原级联反应（图 9.6A），第一步为醇脱氢酶（ADH）催化的氧化反应，将底物醇转化为中间体酮；第二步反应为氨脱氢酶（AmDH）催化的还原反应，将酮转化为终产物胺。其中，ADH 以氧化态的烟酰胺腺嘌呤二核苷酸（$NAD^+$）为辅因子，而 AmDH 则依赖于还原态的烟酰胺腺嘌呤二核苷酸（NADH），辅因子在级联反应内部实现循环，没有产生净消耗（Wang and Reetz，2015；Yu *et al.*，2018）。类似地，一个 6 步级联反应将对二甲苯转化为对苯二甲酸，该路径中共有三个氧化反应和三个还原反应，实现了三组 $NAD^+$和 NADH 的内循环（Luo and Lee，2017）。辅因子的自循环系统有时候需要其他酶的辅助才能实现，如图 9.6B 所示，在以 *L*-苯丙氨酸为底物合成苯乙醇和苯乳酸的过程中，辅底物 α-酮戊二酸（2-OG）被转化成 *L*-谷氨酸，辅因子 NAD(P)H 被氧化为 $NAD(P)^+$；通过引入谷氨酸脱氢酶，*L*-谷氨酸被再次转为 2-OG，该过程消耗一分子 $NAD(P)^+$ 并生成 NAD(P)H，实现辅底物和辅因子的双循环（Wang *et al.*，2017）。

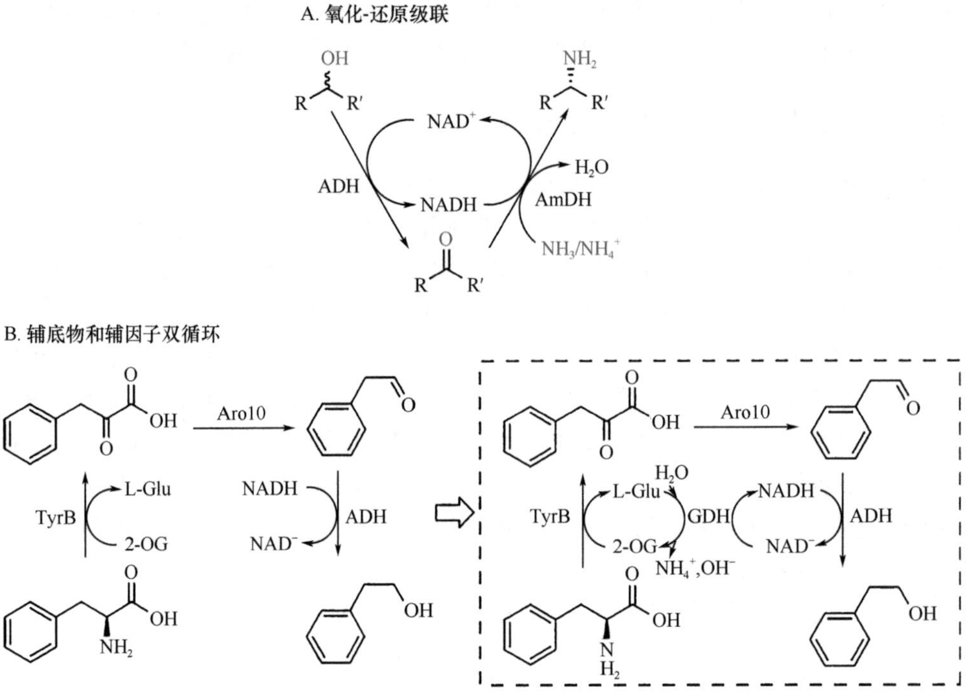

A. 氧化-还原级联

B. 辅底物和辅因子双循环

图 9.6　氧化还原辅酶内循环

ADH：醇脱氢酶；AmDH：氨脱氢酶；TyrB：酪氨酸转氨酶；Aro10：苯丙酮酸脱羧酶；*L*-Glu：*L*-谷氨酸；2-OG：α-酮戊二酸；GDH：谷氨酸脱氢酶

某些辅因子循环还可通过添加辅底物以实现辅因子循环再生，此时需要在级联反应路径中引入辅因子循环所需的酶或模块。例如，通过 *L*-氨基酸脱氨酶（LAAD）和 2-羟基异己酸脱氢酶（HicDH）两步级联，可将 *L*-氨基酸转化为相应的羟基酸，但第二步反应依赖于辅因子 NADH，限制了级联反应的效率（Busto *et al.*，2014）。为了循环 NADH，作者在级联系统中添加了甲酸脱氢酶（FDH）（图 9.7），可以廉价的甲酸铵为辅底物，将 $NAD^+$ 再生为 NADH，副产物 $CO_2$ 可直接从反应体系中逸出（Gourinchas *et al.*，2015）。类似地，在级联体系中加入葡萄糖脱氢酶，可以廉价的葡萄糖为辅底物实现辅因子 NADPH 的循环。

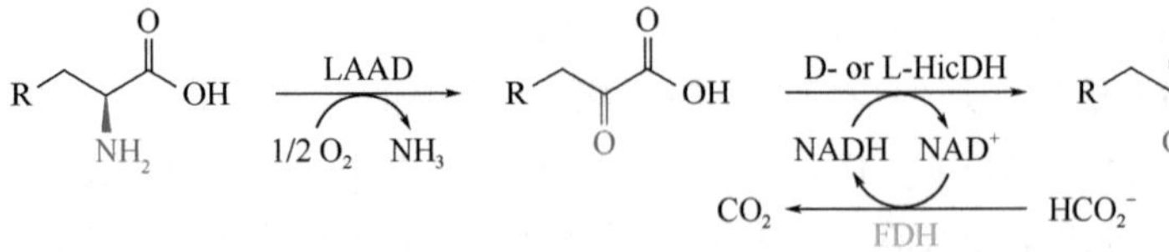

图 9.7　借助 FDH 循环辅酶 NADH

LAAD：*L*-氨基酸脱氨酶；HicDH：2-羟基异己酸脱氢酶；FDH：甲酸脱氢酶 *：表示手性碳原子

### 9.3.2 辅因子循环体系与代谢路径关联

当级联反应所需辅因子价格比较昂贵，且无法使用简单的方法再生时，可选择将辅因子循环与微生物代谢路径关联，通过微生物生长代谢过程来提供辅因子（图 9.8）。微生物细胞以简单的碳源氮源进行生长，细胞内因代谢过程不断产生多种辅因子，如 NAD(P)H、ATP、辅酶 A（CoA）等，可保障级联反应的顺利进行。在这种类型的级联反应中，提高辅因子供应的方法主要有：①提供辅酶合成的底物；②辅酶合成路径优化。

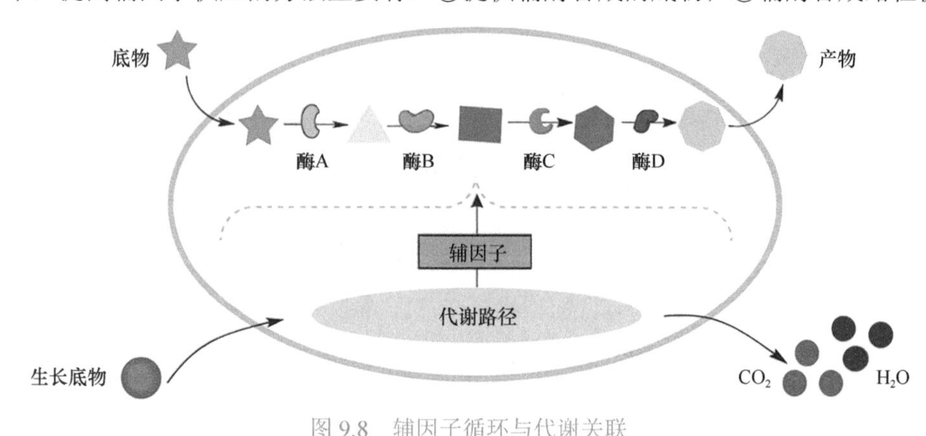


图 9.8 辅因子循环与代谢关联

直接提供辅酶合成所需的底物可增加辅酶供给并提高级联反应的转化率。例如，在转化苯乙烯生产氨基醇的 5 步级联过程中，每生成 1 分子氨基醇需要消耗 2 分子 NADH，而添加葡萄糖能够显著地提高氨基醇的产量（Wu *et al.*，2016）。此时，微生物细胞通过代谢底物葡萄糖实现 NADH 的再生。类似地，在利用 8 步反应转化苯乙烯为 (*S*)-苯甘氨酸时，辅因子净消耗为 1 分子 NADPH，Wu 利用添加葡萄糖的方法将转化率从 55% 提高至 80%（Wu *et al.*，2016）。通过代谢工程手段改造优化辅酶合成路径是促进辅酶供给效率进而提高转化率的另一种有效手段。在以酪氨酸为底物合成 (2*S*)-柚皮素的级联路径中，需要用到 4 分子的 CoA。为了提高 CoA 的供给，进而有效提高级联路径的合成效率，Wu 等（2014）通过在 *E. coli* 中建立一种提高胞内 CoA 水平的 asRNA 系统，将 (2*S*)-柚皮素的浓度提高到 431%（391 mg/L），这是以 *L*-酪氨酸为底物获得的最高产量。

### 9.3.3 反应路径和辅因子循环体系均与代谢路径关联

当以微生物代谢产物作为底物时，所设计的转化该代谢产物的多酶级联体系可以与宿主微生物的天然代谢途径相结合，实现直接以糖为底物生产高价值手性化合物。此时，宿主细胞除提供辅因子外，其初级代谢产物（如天然氨基酸和萜类）可通过异源酶/途径扩展，从而转化成目标化学品（图 9.9）。

由于对氨基酸代谢路径的研究比较透彻，因此目前主要的研究方向是对天然氨基酸代谢路径进行新路径的扩展。如图 9.10 所示，新加坡国立大学 Li 教授课题组利用 8 个反应设计了 5 个多酶级联体系，分别将 *L*-苯丙氨酸转化为 (*S*)-环氧苯乙烷、(*S*)-和 (*R*)-1-苯乙烷-1,2-二醇、(*S*)-扁桃酸和 (*S*)-苯甘氨酸（Zhou *et al.*，2016）。随后，将这 5 个级联反应分别导入到大肠杆菌细胞中，利用大肠杆菌本身的代谢途径提供 *L*-苯丙氨酸底物和辅

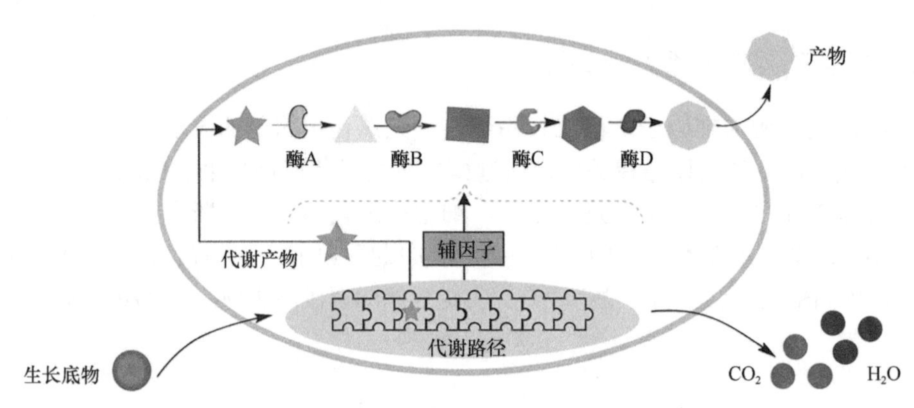


图 9.9 反应路径和辅因子循环均与代谢关联

因子，以葡萄糖为底物分别合成了上述 5 种高值手性化学品。2020 年，该课题组又设计了一个 9 步级联反应，通过与 *L*-苯丙氨酸合成路径相关联，可以葡萄糖为底物合成苯甲酸（Zhou *et al.*，2020）。通过开发新型非天然生物催化级联，可将易得的生物基大宗化学品（微生物代谢产物）转化为目标精细化学品，为非天然手性精细化学品的绿色、高效和可持续生产提供了一种方便可行的方法。

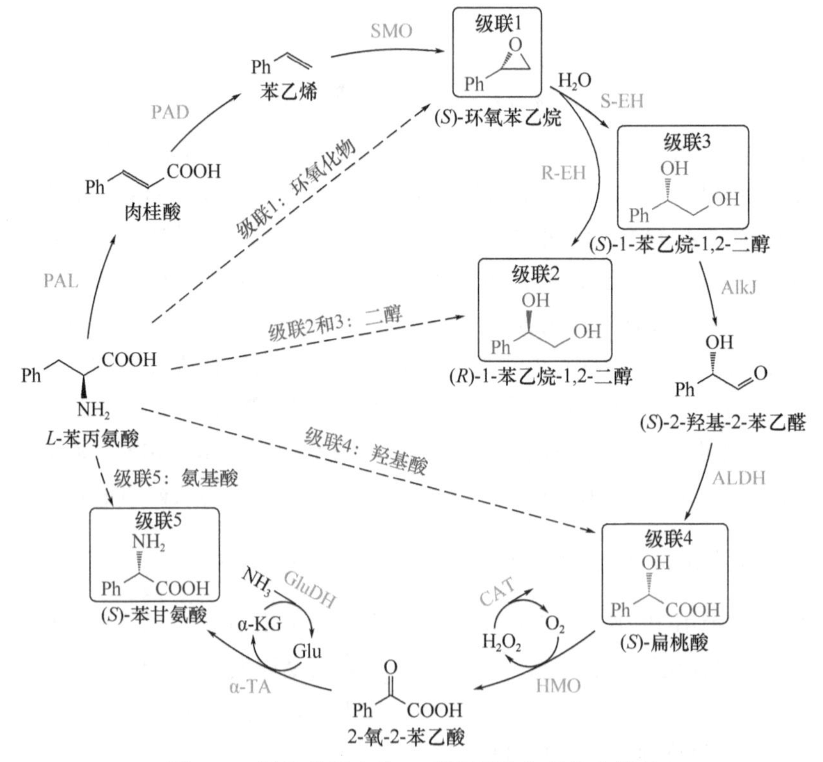


图 9.10 转化代谢产物 *L*-苯丙氨酸为高值化学品

PAL：苯丙氨酸解氨酶；PAD：苯丙烯酸脱羧酶；SMO：苯乙烯单加氧酶；EH：环氧水解酶；AlkJ：醇脱氢酶；ALDH：苯乙醛脱氢酶；HMO：羟基扁桃酸氧化酶；CAT：过氧化氢酶；α-TA：支链氨基酸转氨酶；GluDH：谷氨酸脱氢酶

由于反应路径和辅因子循环体系均与代谢路径关联，微生物通过葡萄糖进行生长的过程中会提供足量的辅因子，因此提高前体的供给是提升目标产物产量的主要方法。

Liao 课题组利用大肠杆菌宿主的高活性氨基酸生物合成途径，通过引入酮酸脱羧酶和醇脱氢酶将氨基酸合成前体 2-酮酸导向高级醇的合成（Atsumi *et al.*，2008）。为了提高异丁醇的产量，Liao 利用代谢工程手段提高 2-酮酸的合成通路，使得异丁醇的产量提高了 5 倍。最终使得大肠杆菌利用葡萄糖生产多种高级醇，包括异丁醇、1-丁醇、2-甲基-1-丁醇、3-甲基-1-丁醇和 2-苯乙醇。该方法对于生物燃料的开发具有重要意义。类似地，Nielsen 课题组在 *S. cerevisiae* 中异源表达 PAL、C4H、4CL 和 STS，并通过代谢工程手段提高了 *L*-苯丙氨酸的供给，使得白藜芦醇的产量提高了 30%（Li *et al.*，2016）。

## 9.4　体内多酶级联反应途径优化

多酶级联路径在评价和使用过程中普遍存在底物适配性（酶与底物之间的问题）、环境兼容性（酶与反应环境之间的问题）和反应协同性（酶与酶之间的问题）的问题，正是由于这些问题的存在限制了整个级联反应的效率（Chen *et al.*，2018；Erdmann *et al.*，2017；Hammer *et al.*，2015；Lichman *et al.*，2017；Schwander *et al.*，2016；You *et al.*，2017）。如何改善酶的底物适配性和环境兼容性，促进级联反应高效协同运转，是提高级联反应效率、实现目标化学品高效合成的关键所在。

### 9.4.1　底物适配性优化

底物适配性问题的本质是酶与底物的匹配度不佳，其核心问题是酶功能不足，其原因主要为以下几点：①级联反应中酶底物谱窄（Cheong *et al.*，2016；Parmeggiani *et al.*，2015；Okamoto *et al.*，2016；Peschke *et al.*，2016；Sharma *et al.*，2016）；②级联反应中酶对非天然底物的活性不高（Habib *et al.*，2018；Wagner *et al.*，2015）；③级联反应中酶竞争性转化其他反应底物（France *et al.*，2016；Metternich and Gilmour，2016）。如何拓宽酶的底物范围，提高酶对非天然底物的适配性，使其可转化高浓度非天然底物，是级联反应中所面临的问题之一。

解决底物适配性问题常用的解决手段是通过重新筛选新酶和蛋白质工程改造来拓展酶的功能。例如，在薄荷体内合成 (1*R*,2*S*,5*R*)-(−)-薄荷醇的途径中，催化 (+)-*cis*-异戊烯酮为 (*R*)-(+)-长叶薄荷酮的酶异戊烯异构酶（IPGI）目前尚未被鉴定。为了利用生物法合成薄荷醇，Currin 等（2018）通过功能筛选发现来源于恶臭假单胞菌的 Δ5-3-酮甾体异构酶（KSI）具有微弱的 IPGI 活性，随后利用半理性改造策略，获得了一个活性提高 4.3 倍的 KSI 四突变体。最终基于该突变体在 *E. coli* 细胞内构建了 6 步级联反应，以柠檬烯为底物合成了 159 μmol/L 的薄荷醇。在另一个案例中，Song 等（2018）设计了手性基团重置级联系统来合成非天然 α-功能化有机酸，但是该多酶级联体系中催化第二步脱氨反应的苏氨酸脱氨酶仅对小体积的脂肪族底物具有较好的催化活性，而对大体积芳香族底物则无活性。为了合成大体积非天然 α-功能化有机酸，Song 通过改造底物通道使其能接受位阻较大的底物，实现了大体积芳香族非天然 α-功能化有机酸的合成，最终合成了 9 种 α-酮酸、18 种 α-羟基酸和 18 种 α-氨基酸。

### 9.4.2 反应协同性优化

反应协同性的问题本质上是酶和酶之间的矛盾，核心问题是各反应速率不协调，造成中间产物过量积累。造成反应协同性问题的原因主要包括以下几点：①关键酶表达水平低（France *et al.*，2017）；②级联反应中酶的稳定性和反应效率低（Zhang *et al.*，2018）；③多酶生物合成路径中上下游模块反应速率不平衡（Busto *et al.*，2015；Luo and Lee，2017；Zhou *et al.*，2016）。

通过表达元件调控提高限速酶的表达量可以实现多酶级联反应的高效协同运转，进而提升单位时间内的流量，减少中间产物的积累。例如，Qian 等（2018）在以富马酸为底物合成β-丙氨酸过程中，利用基因重复表达策略和启动子工程平衡了富马酸酶和天冬氨酸α脱羧酶之间的酶活比，解除了中间产物 *L*-天冬氨酸的积累，β-丙氨酸的转化率提高到 95.3%（80.4 g/L）。此外，新酶筛选或蛋白质工程也可以改善多酶级联反应协同性的问题，通过提高酶元件的稳定性或催化效率等，进而提升单位时间流速，促使中间产物迅速转化。因此，在上述研究的基础上，Qian 等（2020）又利用构象动力学手段将天冬氨酸脱α脱羧酶的催化稳定性提高了 3.5 倍，使得β-丙氨酸提高到了 118.6g/L。在很多案例中，对酶表达水平的调控不是以单个酶为单位，而是将多个酶作为一个模块来调控。例如，Lee 课题组通过构建包含 6 步酶促级联反应的 *E. coli* 工程菌，将二甲苯转化为苯二甲酸，Lee 通过基因工程手段调控上游模块（将二甲苯转化为对甲基苯甲酸）和下游模块（将对甲基苯甲酸转化为苯二甲酸）的表达水平来平衡转化过程，解除了中间产物对甲基苯甲酸的积累，最终使得苯二甲酸产量提高了 3.3 倍，转化率达到了 96.7%（Luo and Lee，2017）。

### 9.4.3 环境兼容性优化

级联反应中酶的来源可能比较广泛，酶的最适 pH、最适温度、金属离子依赖性以及环境耐受性等特性各不相同，甚至不同反应之间会存在交叉抑制的问题，因此会存在不同反应之间不兼容的现象。环境兼容性问题本质上是酶的最适条件与真实反应条件之间的矛盾，其核心问题是某些酶无法发挥出本身的最佳性能。引起环境兼容性问题的原因主要有以下几点：①级联反应中酶的最适 pH、温度等条件不兼容（Zhang *et al.*，2017）；②级联反应中底物或某一反应的产物抑制其他反应的催化效率（Busto *et al.*，2016；Tan *et al.*，2017）；③级联反应中不同反应之间存在交叉抑制或被反应组成成分灭活的问题（Klermund *et al.*，2017）。

从反应条件入手是解决上述问题最简单的方法，通过将每个酶的反应环境单独区分开，来为这些酶提供一个理想的反应环境，常用解决方法有两种：分阶段（从时间角度出发）和分区域（从空间角度出发）。Yu 等（2018）设计了以环己烷为模型底物的 C—H 胺化反应（图 9.11），并采用两阶段反应策略提高胺化反应的产率：第一阶段先将 pH 调整为 8.5，使得 P450 酶催化的氧化反应优先进行；然后第二阶段将 pH 调整为 9.5，以便于羰基还原酶催化的氧化反应以及氨脱氢酶催化的还原反应的进行。最终使得环己烷胺化产率从 74% 提高到 87.4%，产物环己胺的产量为 12.8 mmol/L。Yu 随后将该系统用于苯乙烷的胺化，合成了 2.2 mmol/L 的 (*R*)-1-苯乙胺，*ee* 值大于 99%。类似的两阶段反应策略也被用于解决产物抑制（Busto *et al.*，2016）和反应条件引起的交叉抑制（Wang *et al.*，2020）所造成的环境兼容性问题。

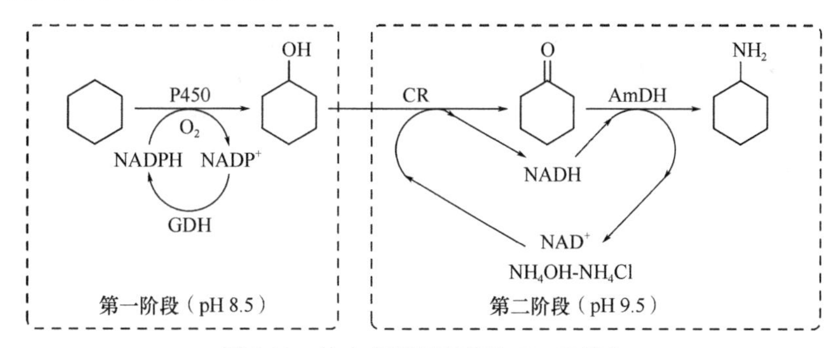


图 9.11 体内多酶级联催化 C—H 胺化

P450：细胞色素 P450 酶；CR：羰基还原酶；AmDH：氨脱氢酶

由于全细胞多酶级联反应在体内实现，而真核细胞中不同的细胞器、小泡和膜结合结构为酶提供了多种独立的反应环境，而且不同的细胞器能够提供不同的前体和辅因子库，并隔离潜在的抑制或有毒化合物，因此真核生物的多种细胞器提供了区域化级联反应的策略。近年来，这种利用线粒体和过氧化物酶体等亚细胞来进行区域化多酶级联生物合成，已被成功地用于生产各种化合物（Quin *et al.*，2017）。最典型的案例是青霉素 G 的生物合成，独特亚细胞组织保证了在细胞器中进行的每一个酶步骤都有其自身的最佳环境条件（Martín *et al.*，2010）。在青霉素 G 的合成过程中（图 9.12），三种内源氨基酸 *L*-氨基己二酸、*L*-半胱氨酸和 *L*-缬氨酸经 ACV 合成酶（ACVS）催化形成三肽 Δ-*L*-α-氨基己基-*L*-半胱氨酰-*D*-缬氨酸（ACV），随后 ACV 在异青霉素合成酶 N(IPNS) 的作用下生成异青霉素 N(IPN)。而外源苯乙酸（PA）在苯乙酰辅酶 A 连接酶（PCL）的作用下与 CoA 结合生成苯乙酰辅酶 A（PA-CoA），随后在 IPN 酰基转移酶（IAT）的作用下将苯乙酰基转移到 IPN 上，生成青霉素 G（PenG）。其中，ACVS 和 IPNS 的最适

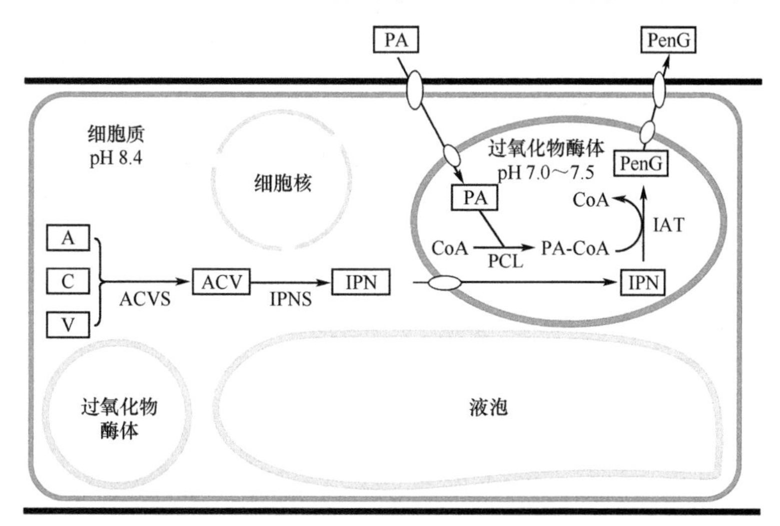


图 9.12 区域化策略优化环境兼容性

A：*L*-氨基己二酸；C：*L*-半胱氨酸；V：*L*-缬氨酸；ACV：Δ-*L*-α-氨基己基-*L*-半胱氨酸-*D*-缬氨酸；ACVS：ACV 合成酶；IPN：异青霉素 N；IPNS：异青霉素合成酶 N；PA：苯乙酸；PCL：苯乙酰辅酶 A 连接酶；PA-CoA：苯乙酰辅酶 A；IAT：IPN 酰基转移酶；PenG：青霉素 G pH在8.4左右，因此表达于细胞质中；而PCL和IAT则表达于过氧化物酶体中，因其最适pH为微碱性（7.0～7.5），与过氧化物酶体内部的pH一致。类似的区域化策略还可以利用囊泡、液泡、线粒体甚至多细胞体系来优化多酶级联反应，以充分利用它们的特殊环境、前体和辅因子库。最近，研究人员利用多细胞转化体系实现区域化来优化体内多酶级联反应，使得体内级联体系催化蒂巴因合成可待因的转化率从19%提升至64%（Li *et al.*，2020）。

## 9.5 体内多酶级联反应的应用

### 9.5.1 C—H功能化形成C—X键

在过去十年中，以C—H功能化为关键步骤的总合成数量急剧增加，但实现化学和区域选择性C—H功能化仍然是一个艰巨的挑战。人工设计的多酶级联反应打破了天然酶的使用界限，为克服某些具有挑战性的C—H功能化反应提供了一种非常有效的方法，如C—N键（Both *et al.*，2016；Hepworth *et al.*，2017；Mutti *et al.*，2015；Yu *et al.*，2018）、C—O键（Li *et al.*，2016）以及C—C键（Hernandez *et al.*，2017）的生成等。

#### 1. 形成C—O键

由酶催化选择性地生成C—O键是自然界中一个基本的化学概念，在化学合成中具有非常重要的作用（Dong *et al.*，2018）。如图9.13所示，通过结合依赖于NAD(P)H的单加氧酶和依赖于NAD(P)$^+$的脱氢酶，可以将（环状）烷烃双重氧化成相应的醛或酮（Pennec *et al.*，2015；Staudt *et al.*，2013）。该策略已应用于α-异佛尔酮转化为茶香酮的反应（Tavanti *et al.*，2017）和戊烯转化为炔酮的反应（Schulz *et al.*，2015）。德国马克斯普朗克研究所Reetz教授课题组对这个系统进一步扩展，利用改造过的不同选择性的细胞色素P450酶和醇脱氢酶构建了4步级联反应，实现了环己烷的多种氧化功能化，可将环己烷转化为(*R,R*)-、(*S,S*)-和*meso*-环己烷-1,2-二醇（Li *et al.*，2016）。

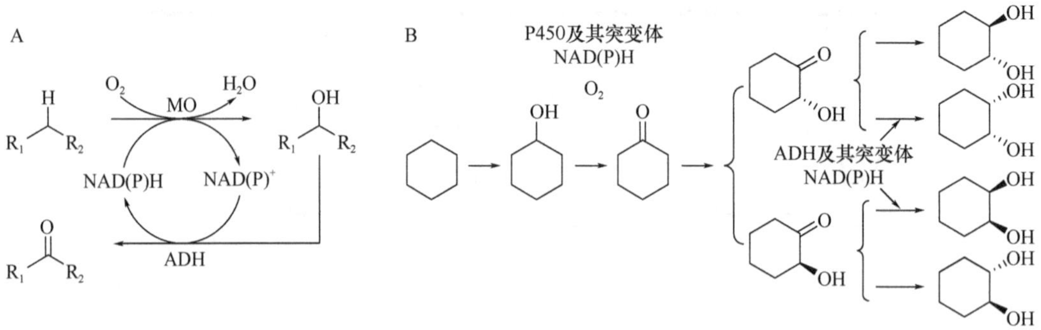

图9.13 多酶级联催化C—H氧化功能化

MO：单加氧酶；ADH：醇脱氢酶

#### 2. 形成C—N键

氮是功能分子的关键组成部分，80%的小分子药物至少含有一个氮原子（Hili and Yudin，2006）。通过多酶级联实现立体选择性C—H胺化反应是一种非常有吸引力的合成高价值手性胺类化合物的方法。目前，通过人工设计的三步级联反应即可实现对C—H键的选择性胺化：首先利用单加氧酶将O原子插入C—H键中生成C—O键，然后利用醇脱氢酶将C—O键还原为C═O键，最后利用转氨酶或者氨脱氢酶将C═O键转化为C—N键。如图9.14所示，Both等（2016）利用$P450_{cam}$酶突变体、醇脱氢酶和转氨酶级联，将苯乙烷及其衍生物转化为一系列胺化产物。类似地，Yu等（2018）利用$P450_{BM3}$酶突变体、醇脱氢酶和氨脱氢酶级联，将环己烷转化为环己胺。

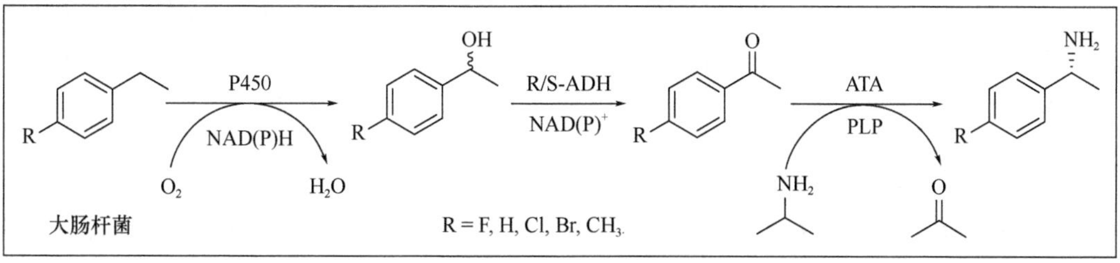

图9.14 多酶级联催化C—H氨化功能化
P450：P450单加氧酶；ADH：醇脱氢酶；ATA：氨基转移酶

### 3. 形成C—C键

基于C—H活化生成C—C键是有机合成中构建有机分子碳骨架的关键反应，它通过连接更小的亚结构来建立每个有机分子的碳骨架，从而获得更复杂的分子（Hartwig，2016；Schmidt *et al.*，2016）。碳骨架的构建可以通过催化脂肪族C—C键形成或芳香族取代的机械多样性酶家族来实现，其中许多生物催化剂已成功地应用于药物中间体的合成中。例如，Keasling课题组在酵母中构建了合成大麻素及其类似物的途径，用天然丙烯酰胺转移酶*Cs*PT4及两种黄素依赖性合成酶THCA和CBDAS，通过一系列C—C连接反应（图9.15），分别制备大麻素类似物Δ9-四氢大麻素酸（THCA）和大麻素酸（CBGA）（Luo *et al.*，2019）。该路径通过酰基激活酶（*Cs*AAE1）和橄榄酸环化酶（TKS-OAC）产生橄榄酸类似物，并通过丙烯酰胺转移酶*Cs*PT4与GPP结合，最后利用大麻素

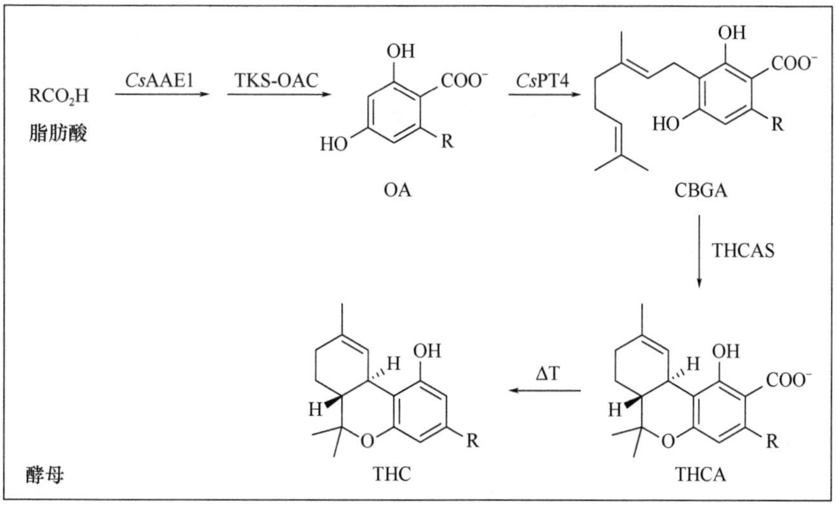

图9.15 多酶级联催化C—C连接功能化
*Cs*AAE1：酰基激活酶；TKS-OAC：橄榄酸环化酶；*Cs*PT4：丙烯酰胺转移酶；THCAS：大麻素合成酶；ΔT：受热；CBGA：大麻素酸；THCA：Δ9-四氢大麻素酸；THC：Δ9-四氢大麻酚

合成酶（THCAS）将 CBGA 转化为 THCA。受热后，THCA 脱羧转化为 Δ9-四氢大麻酚（THC）。以不同链长（*R*═C4—C7）或支链和不同饱和度的脂肪酸为底物，共得到 6 个新的 THCA 衍生物。

## 9.5.2 大宗化学品高值化

利用人工设计的多酶级联方法，将廉价大宗化学品开发为高附加值产品，可提高有限资源的利用率，为高值化学品的生产提供了经济、有效的途径。目前，全细胞多酶级联催化已被广泛应用于氨基酸高值化（Song *et al.*，2020）、烯烃高值化（Wu *et al.*，2019）以及脂肪酸（植物油脂）高值化（Song *et al.*，2020）等领域。

### 1. 氨基酸高值化

基于胞内级联反应对氨基酸进行高值化，可用于合成天然产物（Miyahisa *et al.*，2006；Wu *et al.*，2014）、医药中间体（Shin and Kim，2009；Tao *et al.*，2014）以及平台化合物（Hong *et al.*，2018；Rohles *et al.*，2018；Wang *et al.*，2016）等高附加值产品。最典型的案例是将 *L*-苯丙氨酸和 *L*-酪氨酸转化为苯丙素类化合物，包括苯基丙酸、芪类和黄酮类等。其中，黄酮类化合物具有很高的药用潜力，目前已有许多将植物黄酮类化合物合成途径在酿酒酵母或大肠杆菌中重构的报道。

黄酮类化合物（图 9.16），包括黄酮烷、黄酮、黄酮醇等，具有很高的药用潜力。黄酮类化合物在植物体内的合成从 *L*-苯丙氨酸和 *L*-酪氨酸脱氨基形成肉桂酸和 4-香豆素酸开始，然后在 4CL 的催化作用下分别与 CoA 结合，生成肉桂酰-CoA 和香豆酰-CoA。肉桂酰-CoA 和香豆酰-CoA 再与三个单位的丙二酰-CoA 经查耳酮合成酶（CHS）的催化进行克莱森（Claisen）环化，生成 (*S*)-松属素查耳酮和 (*S*)-柚皮苷查耳酮。然后通过查耳酮异构酶（CHI）分别转化为 (*S*)-乔松素和 (*S*)-柚皮素。最近，Wu 等（2014）通过将上述三种酶在 *E. coli* 中共表达，将 *L*-酪氨酸转化为 (*S*)-柚皮素，产物的浓度达到 391 mg/L。所有天然黄酮类化合物都可以通过使用适当的酶修饰 (*S*)-乔松素和 (*S*)-柚皮素的分子结构来获得（Winkel-Shirley，2001），黄酮合成酶 I（FNS I）可将 (*S*)-乔松素和 (*S*)-柚皮素分别转化为白杨素和芹菜素（黄酮），而黄酮烷 3β-羟化酶（F3H）和黄酮醇合成酶（FLS）可将 (*S*)-乔松素和 (*S*)-柚皮素分别转化为高良姜素和山柰酚（黄酮烷）。比如，Miyahisa 等（2006）把 FNS I 与 PAL、4CL、CHS 和 CHI 共表达于 *E. coli* 中，将 3 mmol/L *L*-苯丙氨酸和 *L*-酪氨酸分别转化为 9.4 mg/L 白杨素和 13.0 mg/L 芹菜素，然后又用黄酮烷 3β-羟化酶（F3H）和黄酮醇合成酶（FLS）替代 FNS I 合成了 1.1 mg/L 的高良姜素和 15.1 mg/L 的山柰酚。

### 2. 烯烃高值化

烯烃可经过石油炼化和裂解而轻易获得，且烯烃的 C═C 键具有多功能反应性，因此烯烃是有机合成的优良起始材料。通过胞内级联催化，可将烯烃转化为胺、醇、羧酸、二醇、羟基酸、氨基醇和氨基酸等高附加值产品（Wu *et al.*，2019）。Wu 等（2014）利用重组 *E. coli* 细胞，通过 2 酶级联将 20 种芳香族烯烃转化为 *trans*-二醇（图 9.17A）。类似地，脂肪族烯烃也可通过 2 酶体内级联反应转化为 (*S*,*S*)-、(*R*,*R*)- 或 *meso*- 二醇

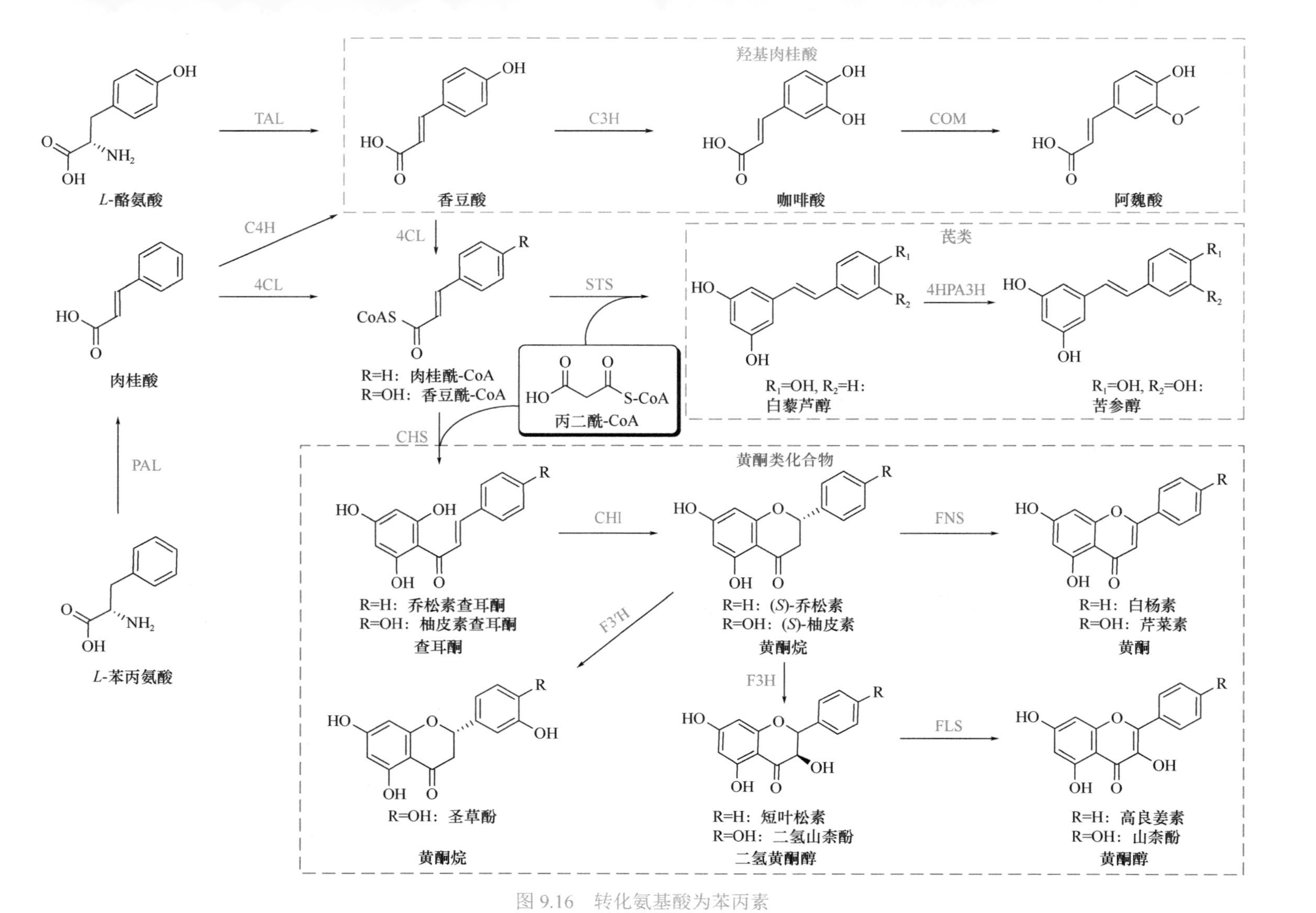


图 9.16 转化氨基酸为苯丙素

PAL：苯丙氨酸解氨酶；4CL：4-香豆酸-CoA 连接酶；TAL：酪氨酸解氨酶；C4H：肉桂酸-4-羟化酶；C3H：4-香豆素-3-羟化酶；COM：O-甲基转移酶；STS：二苯乙烯合成酶；4HPA3H：4-羟基苯乙酸 3-羟化酶；CHS：查耳酮合成酶；CHI：查尔酮异构酶；FNS I：黄酮合成酶 I；F3H：黄酮烷 3β-羟化酶；F3'H：类黄酮 3'-羟化酶；FLS：黄酮醇合成酶

（图 9.17B～D）（Desai *et al.*，2016）。Wu 等（2017b）还设计了一个 23 酶级联反应，通过反马氏氧化将苯乙烯及其衍生物转化为芳香族羧酸（图 9.17E），随后又利用 3 酶级联介导的反马氏水合和反马氏氢胺化反应将苯乙烯及其衍生物分别转化为苯乙醇（图 9.17F）和苯乙胺（图 9.17G）的类似物（Wu *et al.*，2017a）。此外，该课题组还设计了更复杂的 4～8 酶级联反应，可以将苯乙烯及其衍生物转化为芳香族的 (*S*)-α-羟基酸（图 9.17H）、(*S*)-氨基醇（图 9.17I）和 (*S*)-α-氨基酸（图 9.17J）等高值化学品（Wu *et al.*，2016）。

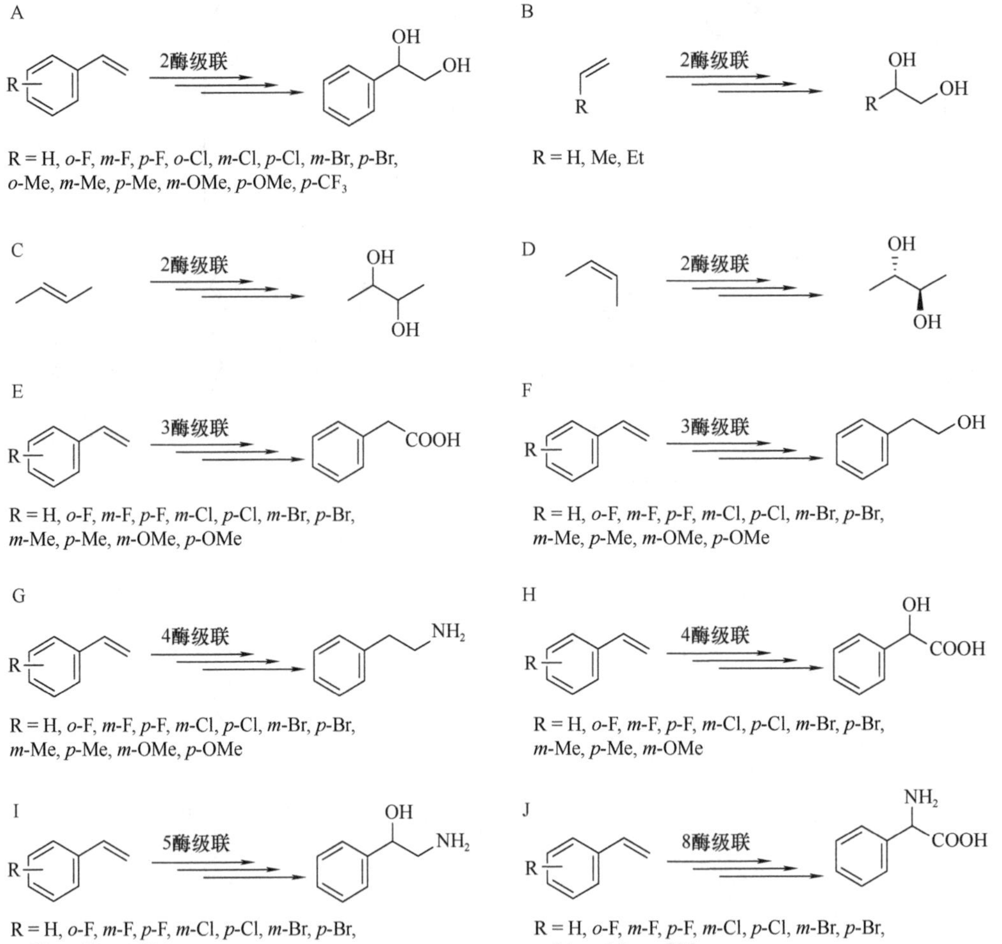

A　2酶级联
R = H, *o*-F, *m*-F, *p*-F, *o*-Cl, *m*-Cl, *p*-Cl, *m*-Br, *p*-Br, *o*-Me, *m*-Me, *p*-Me, *m*-OMe, *p*-OMe, *p*-$CF_3$

B　2酶级联
R = H, Me, Et

C　2酶级联

D　2酶级联

E　3酶级联
R = H, *o*-F, *m*-F, *p*-F, *m*-Cl, *p*-Cl, *m*-Br, *p*-Br, *m*-Me, *p*-Me, *m*-OMe, *p*-OMe

F　3酶级联
R = H, *o*-F, *m*-F, *p*-F, *m*-Cl, *p*-Cl, *m*-Br, *p*-Br, *m*-Me, *p*-Me, *m*-OMe, *p*-OMe

G　4酶级联
R = H, *o*-F, *m*-F, *p*-F, *m*-Cl, *p*-Cl, *m*-Br, *p*-Br, *m*-Me, *p*-Me, *m*-OMe, *p*-OMe

H　4酶级联
R = H, *o*-F, *m*-F, *p*-F, *m*-Cl, *p*-Cl, *m*-Br, *p*-Br, *m*-Me, *p*-Me, *m*-OMe

I　5酶级联
R = H, *o*-F, *m*-F, *p*-F, *m*-Cl, *p*-Cl, *m*-Br, *p*-Br, *m*-Me, *p*-Me, *m*-OMe

J　8酶级联
R = H, *o*-F, *m*-F, *p*-F, *m*-Cl, *p*-Cl, *m*-Br, *p*-Br, *m*-Me, *p*-Me, *m*-OMe

图 9.17　体内多酶级联催化烯烃高值化

### 3. 脂肪酸高值化

利用高效全细胞生物级联催化，通过对脂肪酸链 C═C 双键的功能化或者在脂肪酸链上引入羟基、氨基或羧基，能将可再生脂肪酸转化为工业相关的油脂化合物，如表 9-1 所示，包括肝素、正壬酸、9-羟基壬酸、9-氨基壬酸和 1,9-壬二酸等。一般对饱和脂肪酸的高值化主要是官能团的转换和功能化，例如，利用体内多酶级联对正壬酸甲酯的末端 C 原子进行氧化可得到 1,9-壬二酸单甲酯（Schrewe *et al.*，2011，2014），而对 ω-羟基脂肪酸的末端羟基进行胺化得到ω-氨基脂肪酸（Sung *et al.*，2018）。而对不饱和脂肪酸的高值化则主要依赖于对C═C双键的断裂和功能化，例如，对油酸、亚油酸和10,12-二羟基十八碳烯酸 $C_{12}$ 位上的C═C双键进行连续氧化使其断裂，可分别得到2分子的九碳羧酸（Cha *et al.*，2018；Jeon *et al.*，2016；Otte *et al.*，2013；Song *et al.*，2013）；而利用胞内多酶级联对花生四烯酸、二十碳五烯酸、二十二碳六烯酸和二十二碳四烯酸等多不饱和脂肪酸的C═C双键进行连续氧化使其环氧化和羟基化，可分别得到羟基环氧素（Hepoxilins A3、B3、A4和A5）和三羟基烯酸代谢物（羟基环氧素A3、B3、A4和A5）等高附加值生物活性化合物（Lee *et al.*，2019）。

表9.1 体内多酶级联催化转化脂肪酸为高附加值产品

| 底物 | 产物 | 级联步骤 | 参考文献 |
|---|---|---|---|
| ω-羟基脂肪酸 | ω-氨基脂肪酸 | 2酶级联 | Sung *et al.*，2018 |
| 正壬酸甲酯 | 1,9-壬二酸单甲酯 | 3酶级联 | Schrewe *et al.*，2014 |
| 蓖麻油酸 | 正庚酸和11-羟基十一烯酸 | 3酶级联 | Song *et al.*，2013 |
| 亚油酸 | 1,9-壬二酸 | 3酶级联 | Otte *et al.*，2013 |
| 花生四烯酸 | 羟基环氧素A3 | 4酶级联 | Lee *et al.*，2019 |
| 二十碳五烯酸 | 羟基环氧素B3 | 4酶级联 | Lee *et al.*，2019 |
| 二十二碳六烯酸 | 羟基环氧素A4 | 4酶级联 | Lee *et al.*，2019 |
| 二十二碳四烯酸 | 羟基环氧素A5 | 4酶级联 | Lee *et al.*，2019 |
| 正十二烷酸甲酯 | 12-氨基-十二烷酸甲酯 | 5酶级联 | Ladkau *et al.*，2016 |
| 油酸 | 1,9-壬二酸、9-羟基壬酸、正壬酸 | 5酶级联 | Jeon *et al.*，2016 |
| 10,12-二羟基十八碳烯酸 | 3-羟基壬酸和1,9-壬二酸 | 5酶级联 | Cha *et al.*，2018 |

## 9.6 总结与展望

在过去的几年中，越来越多的级联生物转化成功地证明可以将容易获得的化石原料或生物基原料转化为多种高附加值化学品。这些全细胞生物转化过程，使很多化学品的合成过程变得简单、经济。然而，大多数报道的全细胞级联反应底物范围较窄，最终产物浓度较低。因此，所报道的大多数全细胞多酶级联生物转化在工业过程中的应用仍然存在许多挑战。

随着基因组挖掘、酶从头设计、定向进化新方法和人工金属酶的创制等技术方面的创新，酶反应功能库也在不断扩大，为设计新型的非天然级联途径提供了更多的机会。得益于基因工程和合成生物学技术的快速发展，在给定的宿主细胞中构建更复杂的生物催化级联变得越来越可行。通过发展先进的酶工程技术，在重组细胞内进行多酶共同改造，将显著提高全细胞级联的进化效率。此外，针对级联反应特点，设计适用于特定反应的多腔室人造细胞，在未来可能会成为全细胞催化的主要特色之一。通过这些努力，我们设想在可预见的将来，全细胞级联生物转化将是工业上一种有用且实用的方法，将用于制造更多、价值更高的化学品。

# 参考文献


Atsumi S, Hanai T, Liao J C. 2008. Non-fermentative pathways for synthesis of branched-chain higher alcohols as biofuels. Nature, 451(7174): 86-89.

Both P, Busch H, Kelly P P, *et al.* 2016. Whole-cell biocatalysts for stereoselective C—H amination reactions. Angewandte Chemie International Edition, 55(4): 1511-1513.

Breuer M, Ditrich K, Habicher T, *et al.* 2004. Industrial methods for the production of optically active intermediates. Angewandte Chemie International Edition, 43(7): 788-824.

Busto E, Richter N, Grischek B, *et al.* 2014. Biocontrolled formal inversion or retention of *L*-α-amino acids to enantiopure (*R*)- or (*S*)-hydroxyacids. Chemistry-A European Journal, 20(35): 11225-11228.

Busto E, Simon R C, Kroutil W. 2015. Vinylation of unprotected phenols using a biocatalytic system. Angewandte Chemie International Edition, 54(37): 10899-10902.

Busto E, Simon R C, Richter N, *et al.* 2016. One-pot, two-module three-step cascade to transform phenol derivatives to enantiomerically pure (*R*)- or (*S*)-*p*-hydroxyphenyl lactic acids. ACS Catalysis, 6(4): 2393-2397.

Cha H J, Seo E J, Song J W, *et al.* 2018. Simultaneous enzyme/whole-cell biotransformation of C18 ricinoleic acid into (*R*)-3-hydroxynonanoic acid, 9-hydroxynonanoic acid, and 1,9-nonanedioic acid. Advanced Synthesis & Catalysis, 360(4): 696-703.

Chen F, Zheng G, Liu L, *et al.* 2018. Reshaping the active pocket of amine dehydrogenases for asymmetric synthesis of bulky aliphatic amines. ACS Catalysis, 8(3): 2622-2628.

Cheong S, Clomburg J M, Gonzalez R. 2016. Energy- and carbon-efficient synthesis of functionalized small molecules in bacteria using non-decarboxylative Claisen condensation reactions. Nature Biotechnology, 34(5): 556-561.

Currin A, Dunstan M S, Johannissen L O, *et al.* 2018. Engineering the "missing link" in biosynthetic (−)-menthol production: bacterial isopulegone isomerase. ACS Catalysis, 8(3): 2012-2020.

Desai S H, Koryakina I, Case A E, *et al.* 2016. Biological conversion of gaseous alkenes to liquid chemicals. Metabolic Engineering, 38: 98-104.

Dong J, Fernández-Fueyo E, Hollmann F, *et al.* 2018. Biocatalytic oxidation reactions: a chemist's perspective. Angewandte Chemie International Edition, 57(30): 9238-9261.

Erdmann V, Lichman B R, Zhao J X, *et al.* 2017. Enzymatic and chemoenzymatic three-step cascades for the synthesis of stereochemically complementary trisubstituted tetrahydroisoquinolines. Angewandte Chemie International Edition, 56(41): 12503-12507.

France S P, Hepworth L J, Turner N J, *et al.* 2017. Constructing biocatalytic cascades: *in vitro* and *in vivo* approaches to *de novo* multi-enzyme pathways. ACS Catalysis, 7(1): 710-724.

France S P, Hussain S, Hill A M, *et al.* 2016. One pot cascade synthesis of mono- and di-substituted piperidines and pyrrolidines using carboxylic acid reductase (CAR), ω-transaminase (ω-TA) and imine reductase (IRED) biocatalysts. ACS Catalysis, 6(6): 3753-3759.

Fu H, Zhang J, Saifuddin M, *et al.* 2018. Chemoenzymatic asymmetric synthesis of the metallo-β-lactamase inhibitor aspergillomarasmine A and related aminocarboxylic acids. Nature Catalysis, 1(3): 186-191.

Galanie S, Thodey K, Trenchard I J, *et al.* 2015. Complete biosynthesis of opioids in yeast. Science, 349(6252): 1095-1100.

Gourinchas G, Busto E, Killinger M, *et al.* 2015. A synthetic biology approach for the transformation of L-α-amino acids to the corresponding enantiopure (*R*)- or (*S*)-α-hydroxy acids. Chemical Communications, 51(14): 2828-2831.

Habib M, Trajkovic M, Fraaije M W. 2018. The biocatalytic synthesis of syringaresinol from 2,6-dimethoxy-4-allylphenol in one-pot using a tailored oxidase/peroxidase system. ACS Catalysis, 8(6): 5549-5552.

Hammer S C, Marjanovic A, Dominicus J M, *et al.* 2015. Squalene hopene cyclases are protonases for stereoselective Brønsted acid catalysis. Nature Chemical Biology, 11(2): 121-126.

Hartwig J. 2016. Evolution of C—H bond functionalization from methane to methodology. Journal of the American Chemical Society, 138(1): 2-24.

Hepworth L J, France S P, Hussain S, *et al.* 2017. Enzyme cascades in whole cells for the synthesis of chiral cyclic amines. ACS Catalysis, 7(4): 2920-2925.

Hernandez K, Bujons J, Joglar J, *et al.* 2017. Combining aldolases and transaminases for the synthesis of 2-amino-4-hydroxybutanoic acid. ACS Catalysis, 7(3): 1707-1711.

Hili R, Yudin A K. 2006. Making carbon-nitrogen bonds in biological and chemical synthesis. Nature Chemical Biology, 2(6): 284-287.

Hong Y, Moon Y, Hong J, *et al.* 2018. Production of glutaric acid from 5-aminovaleric acid using *Escherichia coli* whole cell bio-catalyst overexpressing *GabTD* from *Bacillus subtilis*. Enzyme and Microbial Technology, 118: 57-65.

Jeon E Y, Seo J H, Kang W R, *et al.* 2016. Simultaneous enzyme/whole-cell biotransformation of plant oils into C9 carboxylic acids. ACS Catalysis, 6(11): 7547-7553.

Kara S, Schrittwieser J H, Hollmann F, *et al.* 2014. Recent trends and novel concepts in cofactor-dependent biotransformations. Applied Microbiology and Biotechnology, 98(4): 1517-1529.

Kiener A. 1992. Enzymatic oxidation of methyl groups on aromatic heterocycles: a versatile method for the preparation of heteroaromatic carboxylic acids. Angewandte Chemie International Edition, 31(6): 774-775.

Klermund L, Poschenrieder S T, Castiglione K. 2017. Biocatalysis in polymersomes: improving multienzyme cascades with incompatible reaction steps by compartmentalization. ACS Catalysis, 7(6): 3900-3904.

Ladkau N, Assmann M, Schrewe M, *et al.* 2016. Efficient production of the Nylon 12 monomer ω-aminododecanoic acid methyl ester from renewable dodecanoic acid methyl ester with engineered *Escherichia coli*. Metabolic Engineering, 36: 1-9.

Lee I G, An J U, Ko Y J, *et al.* 2019. Enzymatic synthesis of new hepoxilins and trioxilins from polyunsaturated fatty acids. Green Chemistry, 21(11): 3172-3181.

Li A, Ilie A, Sun Z, *et al.* 2016. Whole-cell-catalyzed multiple regio- and stereoselective functionalizations in cascade reactions enabled by directed evolution. Angewandte Chemie International Edition, 55(39): 12026-12029.

Li M, Schneider K, Kristensen M, *et al.* 2016. Engineering yeast for high-level production of stilbenoid antioxidants. Scientific Reports, 6: 36827.

Li X, Krysiak-Baltyn K, Richards L, *et al.* 2020. High-efficiency biocatalytic conversion of thebaine to codeine. ACS Omega, 5(16): 9339-9347.

Liardo E, Ríos-Lombardía N, Morís F, *et al.* 2016. Developing a biocascade process: concurrent ketone reduction-nitrile hydrolysis of 2-oxocycloalkanecarbonitriles. Organic Letters, 18(14): 3366-3369.

Lichman B R, Zhao J, Hailes H C, *et al.* 2017. Enzyme catalysed Pictet-Spengler formation of chiral 1,1′-disubstituted-and spiro-tetrahydroisoquinolines. Nature Communications, 8: 14883.

Lim C G, Fowler Z L, Hueller T, *et al.* 2011. High-yield resveratrol production in engineered *Escherichia coli*. Applied and Environmental Microbiology, 77(10): 3451-3460.

Luo X, Reiter M A, Espaux L, *et al.* 2019. Complete biosynthesis of cannabinoids and their unnatural analogues in yeast. Nature, 567(7746): 123-126.

Luo Z W, Lee S Y. 2017. Biotransformation of *p*-xylene into terephthalic acid by engineered *Escherichia coli*. Nature Communications, 8: 15689.

Martín J F, Ullán R V, García-Estrada C. 2010. Regulation and compartmentalization of β-lactam biosynthesis. Microbial Biotechnology, 3(3): 285-299.

Metternich J B, Gilmour R. 2016. One photocatalyst, n activation modes strategy for cascade catalysis: emulating coumarin biosynthesis with (−)-riboflavin. Journal of the American Chemical Society, 138(3): 1040-1045.

Meyer H P, Robins K T. 2005. Large scale bioprocess for the production of optically pure *L*-carnitine. Monatshefte für Chemie/Chemical Monthly, 136(8): 1269-1277.

Miyahisa I, Funa N, Ohnishi Y, *et al.* 2006. Combinatorial biosynthesis of flavones and flavonols in *Escherichia coli*. Applied Microbiology and Biotechnology, 71(1): 53-58.

Mutti F G, Knaus T, Scrutton N S, *et al.* 2015. Conversion of alcohols to enantiopure amines through dual-enzyme hydrogen-borrowing cascades. Science, 349(6255): 1525-1529.

Okamoto Y, Kohler V, Ward T R. 2016. An NAD(P)H-dependent artificial transfer hydrogenase for multienzymatic cascades. Journal of the American Chemical Society, 138(18): 5781-5784.

Oliveira E F, Cerqueira N M, Fernandes P A, *et al.* 2011. Mechanism of formation of the internal aldimine in pyridoxal 5′-phosphate-dependent enzymes. Journal of the American Chemical Society, 133(39): 15496-15505.

Otte K B, Kirtz M, Nestl B M, *et al.* 2013. Synthesis of 9-oxononanoic acid, a precursor for biopolymers. ChemSusChem, 6(11): 2149-2156.

Parmeggiani F, Lovelock S L, Weise N J, *et al.* 2015. Synthesis of D- and L-phenylalanine derivatives by phenylalanine ammonia lyases: a multienzymatic cascade process. Angewandte Chemie International Edition, 54(15): 4608-4611.

Parmeggiani F, Rué Casamajo A, Walton C J W, *et al.* 2019a. One-pot biocatalytic synthesis of substituted *D*-tryptophans from indoles enabled by an engineered aminotransferase. ACS Catalysis, 9(4): 3482-3486.

Parmeggiani F, Rué Casamajo A, Colombo D, *et al.* 2019b. Biocatalytic retrosynthesis approaches to *D*-(2,4,5-trifluorophenyl)alanine, key precursor of the antidiabetic sitagliptin. Green Chemistry, 21(16): 4368-4379.

Pennec A, Hollmann F, Smit M S, *et al.* 2015. One-pot conversion of cycloalkanes to lactones. ChemCatChem, 7(2): 236-239.

Peschke M, Haslinger K, Brieke C, *et al.* 2016. Regulation of the P450 oxygenation cascade involved in glycopeptide antibiotic biosynthesis. Journal of the American Chemical Society, 138(21): 6746-6753.

Qian Y, Liu J, Song W, *et al.* 2018. Production of β-alanine from fumaric acid using a dual-enzyme cascade. ChemCatChem, 10(21): 4984-4991.

Qian Y, Lu C, Liu J, *et al.* 2020. Engineering protonation conformation of *L*-aspartate-α-decarboxylase to relieve mechanism-based inactivation. Biotechnology and Bioengineering, 117(6): 1607-1614.

Quin M B, Wallin K, Zhang G, *et al.* 2017. Spatial organization of multi-enzyme biocatalytic cascades. Organic & Biomolecular Chemistry, 15(20): 4260-4271.

Ramsden J I, Heath R S, Derrington S R, *et al.* 2019. Biocatalytic N-alkylation of amines using either primary alcohols or carboxylic acids via reductive aminase cascades. Journal of the American Chemical Society, 141(3): 1201-1206.

Rohles C M, Gläser L, Kohlstedt M, *et al.* 2018. A bio-based route to the carbon-5 chemical glutaric acid and to bionylon-6,5 using metabolically engineered *Corynebacterium glutamicum*. Green Chemistry, 20(20): 4662-4674.

Schmidt N G, Eger E, Kroutil W. 2016. Building bridges: biocatalytic C—C-bond formation toward multifunctional products. ACS Catalysis, 6(7): 4286-4311.

Schrewe M, Julsing M K, Lange K, *et al.* 2014. Reaction and catalyst engineering to exploit kinetically controlled whole-cell multistep biocatalysis for terminal FAME oxyfunctionalization. Biotechnology and Bioengineering, 111(9): 1820-1830.

Schrewe M, Magnusson A O, Willrodt C, *et al.* 2011. Kinetic analysis of terminal and unactivated C—H bond oxyfunctionalization in fatty acid methyl esters by monooxygenase-based whole-cell biocatalysis. Advanced Synthesis & Catalysis, 353(18): 3485-3495.

Schrittwieser J H, Sattler J, Resch V, *et al.* 2011. Recent biocatalytic oxidation–reduction cascades. Current Opinion in Chemical Biology, 15(2): 249-256.

Schrittwieser J H, Velikogne S, Hall M, *et al.* 2018. Artificial biocatalytic linear cascades for preparation of organic molecules. Chemical Reviews, 118(1): 270-348.

Schulz S, Girhard M, Gaßmeyer S K, *et al.* 2015. Selective enzymatic synthesis of the grapefruit flavor (+)-nootkatone. ChemCatChem, 7(4): 601-604.

Schwander T, Borzyskowski L S, Burgener S, *et al.* 2016. A synthetic pathway for the fixation of carbon dioxide *in vitro*. Science, 354(6314): 900-904.

Sharma U K, Sharma N, Kumar Y, *et al.* 2016. Domino carbopalladation/C—H functionalization sequence: an expedient synthesis of bis-heteroaryls through transient alkyl/vinyl-palladium species capture. Chemistry-A European Journal, 22(2): 481-485.

Shin J S, Kim B G. 2009. Transaminase-catalyzed asymmetric synthesis of *L*-2-aminobutyric acid from achiral reactants. Biotechnology Letters, 31(10): 1595-1599.

Song J W, Jeon E Y, Song D H, *et al.* 2013. Multistep enzymatic synthesis of long-chain α,ω-dicarboxylic and ω-hydroxycarboxylic acids from renewable fatty acids and plant oils. Angewandte Chemie International Edition, 52(9): 2534-2537.

Song J W, Seo J H, Oh D K, *et al.* 2020. Design and engineering of whole-cell biocatalytic cascades for the valorization of fatty acids. Catalysis Science & Technology, 10(1): 46-64.

Song W, Chen X L, Wu J, *et al.* 2020. Biocatalytic derivatization of proteinogenic amino acids for fine chemicals. Biotechnology Advances, 40: 107496.

Song W, Wang J H, Wu J, *et al.* 2018. Asymmetric assembly of high-value α-functionalized organic acids using a biocatalytic chiral-group-resetting process. Nature Communications, 9: 3818.

Staudt S, Burda E, Giese C, *et al.* 2013. Direct oxidation of cycloalkanes to cycloalkanones with oxygen in water. Angewandte Chemie International Edition, 52(8): 2359-2363.

Sung S, Jeon H, Sarak S, *et al.* 2018. Parallel anti-sense two-step cascade for alcohol amination leading to ω-amino fatty acids and α,ω-diamines. Green Chemistry, 20(20): 4591-4595.

Tan H, Guo S, Dinh N D, *et al.* 2017. Heterogeneous multi-compartmental hydrogel particles as synthetic cells for incompatible tandem reactions. Nature Communications, 8: 663.

Tao R, Jiang Y, Zhu F, *et al.* 2014. A one-pot system for production of *L*-2-aminobutyric acid from *L*-threonine by *L*-threonine deaminase and a NADH-regeneration system based on *L*-leucine dehydrogenase and formate dehydrogenase. Biotechnology Letters, 36(4): 835-841.

Tavanti M, Parmeggiani F, Castellanos J R G, *et al.* 2017. One-pot biocatalytic double oxidation of α-isophorone for the synthesis of ketoisophorone. ChemCatChem, 9(17): 3338-3348.

Turner N J, O'Reilly E. 2013. Biocatalytic retrosynthesis. Nature Chemical Biology, 9(5): 285-288.

Wagner N, Bosshart A, Failmezger J, *et al.* 2015. A separation-integrated cascade reaction to overcome thermodynamic limitations in rare-sugar synthesis. Angewandte Chemie International Edition, 54(14): 4182-4186.

Wang J H, Song W, Wu J, *et al.* 2020. Efficient production of phenylpropionic acids by an amino-grouptransformation biocatalytic cascade. Biotechnology and Bioengineering, 117(3): 614-625.

Wang J, Reetz M T. 2015. Chiral cascades. Nature Chemistry, 7(12): 948-949.

Wang P, Yang X, Lin B, *et al.* 2017. Cofactor self-sufficient whole-cell biocatalysts for the production of 2-phenylethanol. Metabolic Engineering, 44: 143-149.

Wang X, Cai P, Chen K, *et al.* 2016. Efficient production of 5-aminovalerate from *L*-lysine by engineered *Escherichia coli* whole-cell biocatalysts. Journal of Molecular Catalysis B: Enzymatic, 134: 115-121.

Wieser M, Heinzmann K, Kiener A. 1997. Bioconversion of 2-cyanopyrazine to 5-hydroxypyrazine-2-carboxylic acid with *Agrobacterium* sp. DSM 6336. Applied Microbiology and Biotechnology, 48(2): 174-176.

Winkel-Shirley B. 2001. Flavonoid biosynthesis. A colorful model for genetics, biochemistry, cell biology, and biotechnology. Plant Physiology, 126(2): 485-493.

Wu J J, Liu P, Fan Y, *et al.* 2013. Multivariate modular metabolic engineering of *Escherichia coli* to produce resveratrol from *L*-tyrosine. Journal of Biotechnology, 167(4): 404-411.

Wu J J, Yu O, Du G C, *et al.* 2014. Fine-tuning of the fatty acid pathway by synthetic antisense RNA for enhanced (2*S*)-naringenin production from *L*-tyrosine in *Escherichia coli*. Applied and Environmental Microbiology, 80(23): 7283-7292.

Wu S K, Chen Y Z, Xu Y, *et al.* 2014. Enantioselective *trans*-dihydroxylation of aryl olefins by cascade biocatalysis with recombinant *Escherichia coli* coexpressing monooxygenase and epoxide hydrolase. ACS Catalysis, 4(2): 409-420.

Wu S K, Li Z. 2018. Whole-cell cascade biotransformations for one-pot multistep organic synthesis. ChemCatChem, 10(10): 2164-2178.

Wu S K, Liu J, Li Z. 2017a. Biocatalytic formal anti-Markovnikov hydroamination and hydration of aryl alkenes. ACS Catalysis, 7(8): 5225-5233.

Wu S K, Zhou Y, Li Z. 2019. Biocatalytic selective functionalisation of alkenes via single-step and one-pot multi-step reactions. Chemical Communications, 55(7): 883-896.

Wu S K, Zhou Y, Seet D, *et al.* 2017b. Regio- and stereoselective oxidation of styrene derivatives to arylalkanoic acids via one-pot cascade biotransformations. Advanced Synthesis & Catalysis, 359(12): 2132-2141.

Wu S K, Zhou Y, Wang T W, *et al.* 2016. Highly regio- and enantioselective multiple oxy- and amino-functionalizations of alkenes by modular cascade biocatalysis. Nature Communications, 7: 11917.

You C, Shi T, Li Y, *et al.* 2017. An *in vitro* synthetic biology platform for the industrial biomanufacturing of myo-inositol from starch. Biotechnology and Bioengineering, 114(8): 1855-1864.

Yu H L, Li T, Chen F F, *et al.* 2018. Bioamination of alkane with ammonium by an artificially designed multienzyme cascade. Metabolic Engineering, 47: 184-189.

Zhang G, Quin M B, Schmidt-Dannert C. 2018. Self-assembling protein scaffold system for easy *in vitro* coimmobilization of biocatalytic cascade enzymes. ACS Catalysis, 8(6): 5611-5620.

Zhang Y, Wang Q, Hess H. 2017. Increasing enzyme cascade throughput by pH-engineering the microenvironment of individual enzymes. ACS Catalysis, 7(3): 2047-2051.

Zhou Y, Sekar B S, Wu S, *et al.* 2020. Benzoic acid production via cascade biotransformation and coupled fermentation-biotransformation. Biotechnology and Bioengineering, 117(8): 2340-2350.

Zhou Y, Wu S K, Li Z. 2016. Cascade biocatalysis for sustainable asymmetric synthesis: from biobased *L*-phenylalanine to high-value chiral chemicals. Angewandte Chemie International Edition, 128(38): 11819-11822.

# 第10章

# 体外多酶分子机器

魏欣蕾　游　淳

中国科学院天津工业生物技术研究所

## 10.1　体外多酶分子机器概述

体外多酶分子机器是不依赖细胞，而直接将多种酶元件与底物混合进行生物催化的反应系统（魏欣蕾和游淳，2019）。体外多酶分子机器遵循所设计的催化途径，通过多酶级联反应将特定的底物转化为目标化合物。酶元件是体外多酶分子机器的核心组分，以粗酶液或纯酶的形式存在。此外，一些体外多酶分子机器也包含辅酶等非蛋白质组分。

体外多酶分子机器的构建流程通常包括下列步骤（图 10.1）：①确定初始底物和目标产物，设计反应途径，从热力学角度预测所设计的反应途径是否能实现高底物转化率和高产品得率；②寻找合适的酶元件的来源，制备酶元件并对其进行酶学性质表征；③将酶元件与底物、缓冲液、金属离子、辅酶等组分混合，进行概念实验，采用时间取样法，对底物的消耗、中间产物的积累和产物的生成等参数进行检测；④确认反应系统的物质流瓶颈，使用酶工程改造、单因素实验优化反应条件、计算机辅助动力学分析、分步骤进行反应等手段，实现反应系统中各组分的有效适配，提升反应速率和产品得率。

使用非细胞系统进行生物催化的历史可追溯到 19 世纪 90 年代（表 10.1）。Buchner（1897）发现酵母细胞的裂解液能够将糖转化为乙醇，证明发酵过程不需要完整的活细胞即可进行。这一贡献开辟了现代酶学与现代生物化学的领域，而 Buchner 教授也因此获得了 1907 年的诺贝尔化学奖。20 世纪 60 年代，人们以淀粉酶（amylase）和淀粉葡糖苷酶（amyloglucosidase）的酶法催化取代了传统的酸水解法，用淀粉生产葡萄糖，自此打开了体外生物制造的大门（Fernandes，2010）。向上述反应系统中引入葡萄糖异构酶（glucose isomerase），将一部分由淀粉产生的葡萄糖异构化为果糖，至今仍是世界上最常用的果葡糖浆的生产方法（da Silva *et al.*，2006）。近年来，随着基因合成、序列分析、工程菌培养、酶晶体结构解析、蛋白质工程、计算机模拟分析等技术的发展和进步，研究人员已经能够通过简单的制备流程获得大量具有高催化活性和优良稳定性的酶元件（Bornscheuer *et al.*，2012；Fessner，2015），并在此基础上设计和构建体外多酶分子机器，以经济易得的底物实现了多种化学品的高效合成（Krutsakorn *et al.*，2013；Opgenorth *et al.*，2016；Schultheisz *et al.*，2011；Valliere *et al.*，2019；Wang *et al.*，2011；Wei *et al.*，2018）。

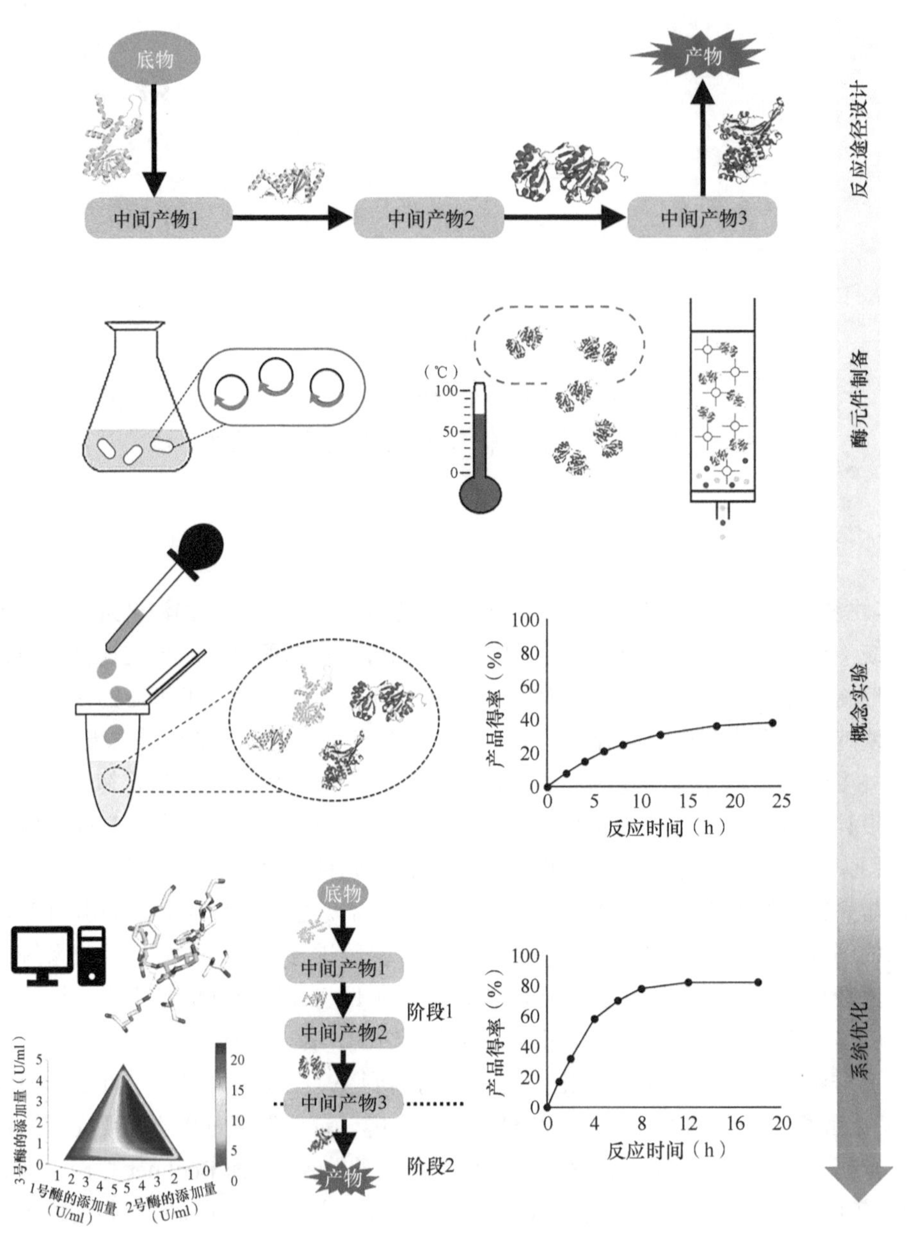


图 10.1 体外多酶分子机器的常规构建流程

**表 10.1 使用非细胞系统进行生物催化的代表性研究进展**

| 年份/时期 | 代表性研究进展 | 参考文献 |
|---|---|---|
| 1897 年 | 使用酵母细胞裂解液发酵生产乙醇 | Buchner，1897 |
| 20 世纪 60 年代 | 以淀粉酶和淀粉葡糖苷酶的酶法催化代替酸水解法分解淀粉 | Fernandes，2010 |
| 20 世纪 70 年代 | 无细胞合成头孢菌素（cephalosporin） | Konomi *et al.*，1979 |
| 20 世纪 80 年代 | 无细胞蛋白合成 | Spirin *et al.*，1988 |
| 20 世纪 90 年代 | 利用酶法催化生产药物前体<br>构建包含辅酶再生反应的双酶系统进行生物催化 | Mahmoudian *et al.*，1997；<br>Bruggink *et al.*，2003 |

续表

| 年份/时期 | 代表性研究进展 | 参考文献 |
|---|---|---|
| 21世纪以来 | 使用含有多种酶元件的体外多酶分子机器，一锅法合成高值化学品 | Bruggink *et al.*，2003 |
| | 设计构建复杂度更高、更稳定、得率更高的体外多酶分子机器，进行燃料、食品、化学品等的合成，最终实现工业化生产 | Zhang，2015；You *et al.*，2017b；Sperl and Sieber，2018 |

与目前主流的微生物催化系统相比，体外多酶分子机器不涉及细胞的生长代谢问题，因而具有很多优势，如副反应少（Zhang，2010）、产品得率高（Opgenorth *et al.*，2016；Rollin *et al.*，2015）、反应速度快（Zhang，2015；Zhang *et al.*，2011）、产品易分离（Kim and Zhang，2016；Qi *et al.*，2014）、可耐受有毒的环境（Zhang，2010）、系统可操作性强（Zhang，2010）等。然而如何在含有多种元件的体外多酶分子机器中实现各组分的有效适配是当前研究面临的关键问题。此外，与微生物细胞工厂不同的是，体外多酶分子机器中的酶元件具有不可再生性，因此对反应系统的稳定性提出了较高的要求。

本章首先从反应途径设计以及辅酶的改造与调控两个角度对体外多酶分子机器的构建策略进行介绍，之后探讨体外多酶分子机器反应条件的优化方法，最后列举体外多酶分子机器在合成多种化学品方面的研究进展，揭示该系统在生物制造领域的潜在应用价值。

## 10.2 体外多酶反应途径的设计

随着体外多酶分子机器系统复杂程度的增加，其反应途径逐渐呈现出模块化的特点（Busto *et al.*，2016；Sperl and Sieber，2018；Taniguchi *et al.*，2017；Valliere *et al.*，2019）。每个反应模块由若干酶元件（有时也包含辅酶等非酶元件）构成，能够完成特定的催化功能。元件、模块的自由组合使体外多酶分子机器的催化功能得到了极大的拓展。由于同样的催化反应往往可以利用不同的酶反应途径实现，在设计反应途径时，便需要综合考虑酶元件的性质、反应平衡常数、反应的热力学常数、辅酶的使用、辅酶再生、产物分离等因素（Zhang，2015）。合理的反应途径旨在以尽可能简洁的多酶催化步骤实现廉价底物的高效利用和目标产物的高得率生产，同时减少副产物的生成，并保证反应系统内辅酶的循环再生。本节将从反应途径设计的角度，首先对基于天然多酶催化途径和非天然催化途径的体外多酶反应模块及体外多酶分子机器进行介绍，之后以热力学驱动的反应途径设计和提高底物原子经济性的反应途径设计为例，介绍从途经设计层面提高体外多酶分子机器催化效率的策略。

### 10.2.1 天然催化途径与非天然催化途径

生物体内的天然多酶催化途径可作为标准化的反应模块，应用于体外多酶分子机器中。例如，在生物有机体中最常见的葡萄糖分解代谢途径是糖酵解（glycolysis）。在此过程中，葡萄糖被转化为丙酮酸，同时产生 ATP 和还原力。这条天然催化途径被视为一个反应模块，应用于 Valliere 等（2019）设计的体外多酶分子机器中，实现了从葡萄糖到大麻素（cannabinoids）的生产（图 10.2A）。磷酸戊糖途径（pentose phosphate pathway，PPP）是自然界中另一种葡萄糖的分解代谢方式。该反应途径以葡萄糖 6-磷酸（glucose 6-phosphate，G6P）为起始，首先将其脱氢生成 6-磷酸葡萄糖酸内酯（6-phosphogluconolactone），而后水解生成 6-磷酸葡萄糖酸（6-phosphogluconate），再氧化脱羧生成核酮糖 5-磷酸（ribulose 5-phosphate，Ru5P）。Moustafa 等（2016）在天然 PPP 反应模块的基础上添加了将木寡糖磷酸化为木糖 1-磷酸（xylose 1-phosphate，X1P）的反应模块、将 X1P 异构为 Ru5P 的反应模块，以及利用 PPP 途径提供的还原力产氢的反应模块，从而构建了利用木寡糖产氢气的体外多酶分子机器（图 10.2B）。

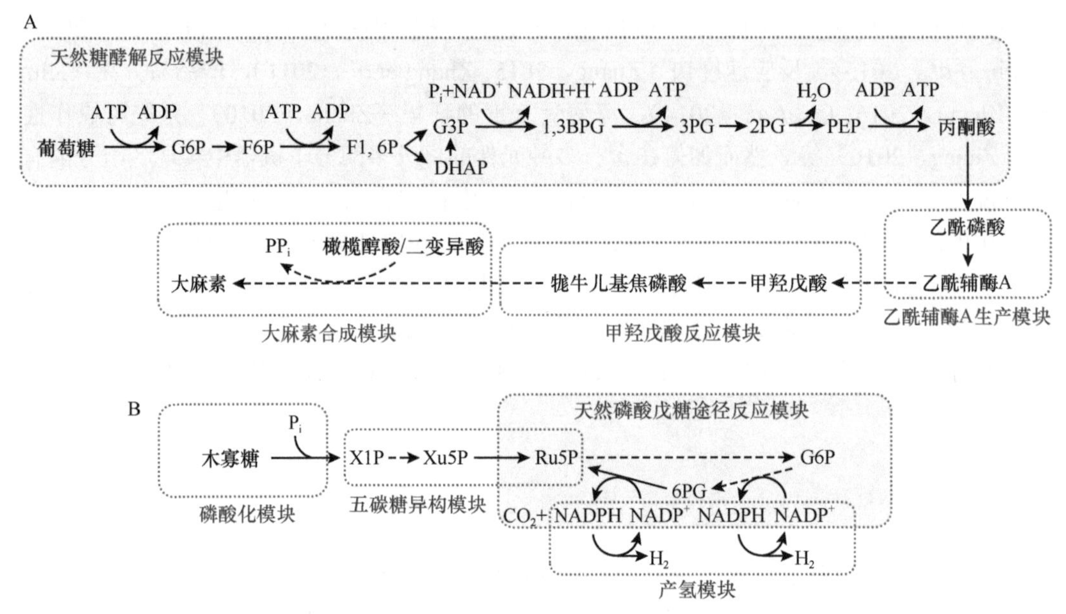


图 10.2 天然催化途径在体外多酶分子机器中的应用

A. 基于天然糖酵解途径构建的利用葡萄糖生产大麻素的体外多酶分子机器；B. 基于天然磷酸戊糖途径构建的利用木寡糖生产氢气的体外多酶分子机器。图中实线表示单酶催化的反应，虚线表示多酶级联反应。1,3BPG. 1,3-二磷酸甘油酸；2PG. 2-磷酸甘油酸；3PG. 3-磷酸甘油酸；6PG. 6-磷酸葡萄糖酸；DHAP. 磷酸二羟丙酮；F1,6P. 果糖-1,6-双磷酸；F6P. 果糖 6-磷酸；G3P. 甘油醛 3-磷酸；PEP. 磷酸烯醇丙酮酸；$P_i$. 无机磷；$PP_i$. 焦磷酸；Xu5P. 木酮糖 5-磷酸

在利用天然多酶催化途径的同时，越来越多的研究人员着眼于非天然催化途径的设计，旨在以种类更少的酶元件实现所需的催化功能，减少辅酶的使用，甚至获得天然生物体所不能实现的新催化功能。一些非天然途径是在生物体天然催化途径的基础上改造所得。例如，Guterl 等（2012）设计了利用葡萄糖生产异丁醇的体外多酶分子机器，其反应途径包含一个上游的非天然糖酵解模块，以及一个将丙酮酸转化成为异丁醇的下游模块（图 10.3）。其中，非天然糖酵解模块是基于嗜热古菌的非磷酸化 ED 途径（non-phosphorylative Entner-Doudoroff pathway，np-ED）而设计的。在天然的 np-ED 途径中，葡萄糖经由葡萄糖酸（gluconate）和 2-酮-3-脱氧葡萄糖酸（2-keto-3-deoxygluconate，KDG）转化为丙酮酸，同时生成甘油醛（glyceraldehyde），甘油醛进而通过磷酸化和去磷酸化的一系列级联反应生成丙酮酸。为了简化上述天然 np-ED 途径，同时避免 ATP 的使用，研究人员通过分析反应下游异丁醇合成模块中二羟酸脱水酶（dihydroxy acid dehydratase，DHAD）的底物特异性，发现 DHAD 是一个多功能酶，既能够催化葡萄糖酸生成 KDG 的反应，同时也能够经由一步催化反应将甘油酸直接转化为丙酮酸。因此，

研究人员以 DHAD 替代了天然 np-ED 途径中的部分酶元件（图 10.3），构建出仅含有 4 种酶元件的人工糖酵解模块，极大地简化了反应体系。该非天然糖酵解模块也可与其他的下游反应模块组合，生产乙醇和异丁醇等。

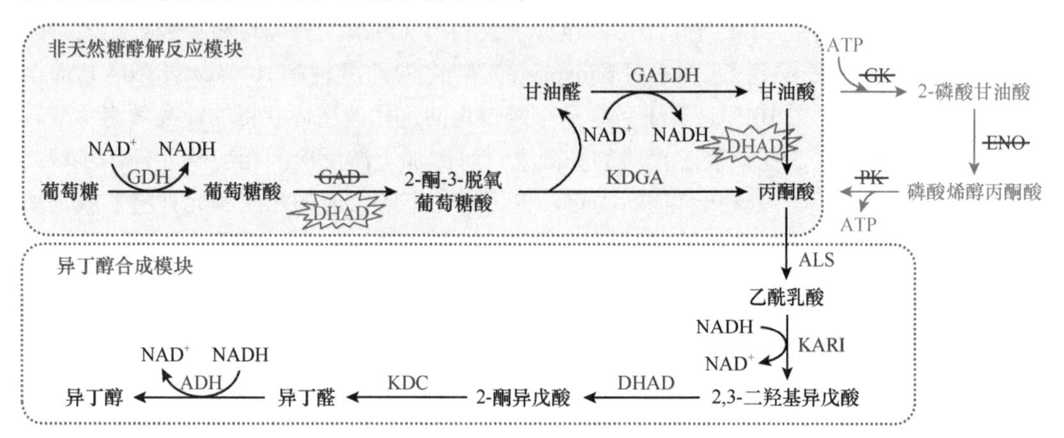


图 10.3 非天然糖酵解途径的构建及其在以葡萄糖为底物生产异丁醇的体外多酶分子机器中的应用

ADH. 醇脱氢酶；ALS. 乙酰乳酸合酶；ENO. 烯醇化酶；GAD. 葡萄糖酸脱水酶；GALDH. 甘油醛脱氢酶；GDH. 葡萄糖脱氢酶；GK. 甘油酸激酶；KARI. 醇酮酸还原异构酶；KDC. 2-酮酸脱羧酶；KDGA. 2-酮-3-脱氧葡萄糖酸醛缩酶；PK. 丙酮酸激酶

除了对天然催化途径进行改造，一些研究也设计了全新的非天然催化途径。例如，生物体内利用天然代谢途径将甘油转化为丙酮酸的过程涉及至少 8 种酶元件以及 NAD、ATP 等辅酶元件的参与（Chao *et al.*，1993；Gonzalez *et al.*，2008；Murarka *et al.*，2008），为了简化反应系统，Gao 等（2015）设计了一个全新的非天然反应途径，仅使用醛糖醇氧化酶（alditol oxidase）和 DHAD 两种热稳酶元件即可将甘油经甘油醛和甘油酸转化为丙酮酸（图 10.4）。在此基础上，研究人员添加了过氧化氢酶（catalase）以分解上述反

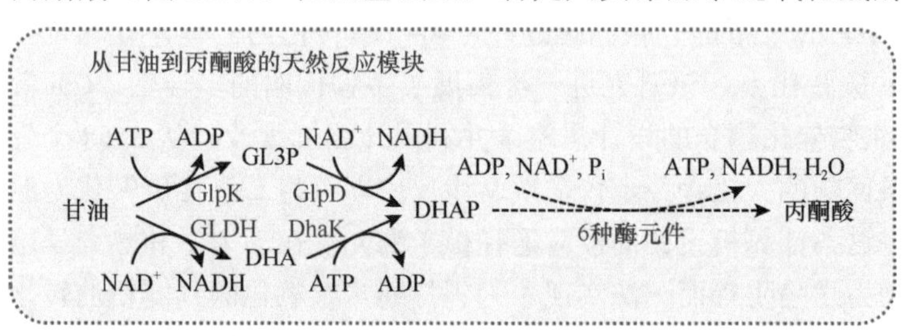


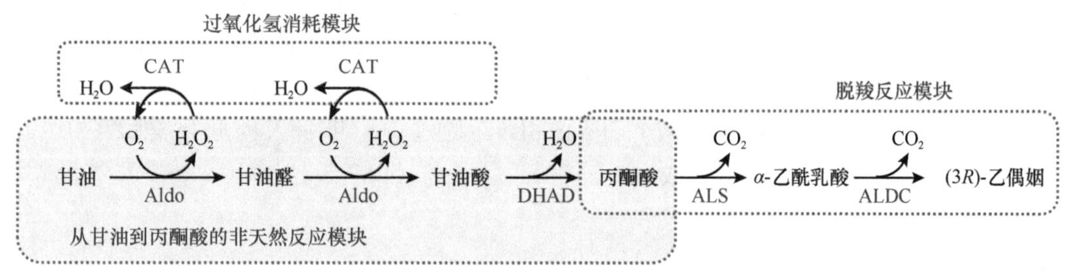


图 10.4 将甘油转化为丙酮酸的天然途径与全新非天然途径的对比以及该非天然途径在生产 (3*R*)-乙偶姻方面的应用

ALDC. *α*-乙酰乳酸脱羧酶；Aldo. 醛糖醇氧化酶；ALS. 乙酰乳酸合酶；CAT. 过氧化氢酶；DHA. 二羟基丙酮；DHAP. 磷酸二羟丙酮；DhaK. 二羟基丙酮激酶；GL3P. 甘油 3-磷酸；GLDH. 甘油脱氢酶；GlpD. 甘油 3-磷酸脱氢酶；GlpK. 甘油激酶；$P_i$. 无机磷

应过程中产生的过氧化氢，并添加了另外两种下游的酶元件，进行了 (3*R*)-乙偶姻［(3*R*)-acetoin］的生产，获得了 85.5% 的高产品得率。这一简单、稳定、高效的非天然反应途径为构建以甘油为底物经由丙酮酸生产其他生物化学品的体外多酶分子机器奠定了良好基础。在另一项研究中，Lu 等（2019）设计了仅利用 3 种酶元件即可将甲醛经由乙醇醛（glycoaldehyde）和乙酰磷酸（acetyl phosphate）转化为乙酰辅酶 A（acetyl-CoA）的全新非天然反应模块（图 10.5），其中包含一个经过定向进化改造而获得的能高效将甲醛转化为乙醇醛的酶元件。在该反应模块的基础上，可添加上游反应的相应酶元件，实现二氧化碳、甲烷、甲醇等一碳化合物的固定，也可添加下游反应的相应酶元件将乙酰辅酶 A 进一步转化为蛋白质、糖类等产品。该非天然催化途径为未来以一碳化合物为底物高效生产高值化学品提供了新的思路。

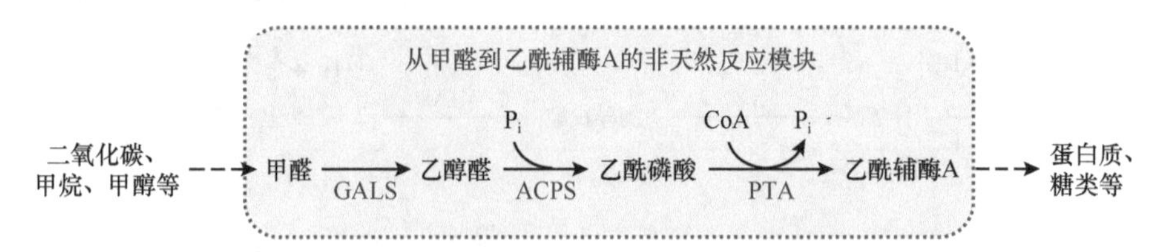


图 10.5 将甲醛转化为乙酰辅酶 A 的全新非天然反应途径及其应用

ACPS. 乙酰磷酸合成酶；GALS. 乙醇醛合酶；PTA. 磷酸转乙酰酶

近年来，计算机设计在非天然反应途径的创建过程中发挥着越来越重要的作用。利用计算机设计，研究人员可以快速地从成千上万个已知的生化反应中选取特定反应组成最优的人工途径，从而实现复杂的催化过程，如一碳化合物的固定等。Bar-Even 等（2010）首次提出利用计算机设计人工二氧化碳固定途径的思路。Trudeau 等（2018）计算设计了无碳损失的光呼吸途径。Yang 等（2019）根据数据库中的 6578 个天然酶反应，利用计算设计创建了无需 ATP 的全新的一碳同化途径，将甲醛转化为乙酸，并通过实验证明了该途径具有较高的碳转化率，该研究进一步拓展了生物代谢的多样性。Cai 等（2021）提出将化学催化与生物催化耦合的设计思路，并利用计算机设计，从 6568 个生化反应中选择并设计了一条简洁的人工途径，仅需要 9 步反应即可将二氧化碳转化为淀粉。然而最初的测试表明，这条计算机设计的反应途径由于酶元件在动力学和热力学层面不适配、副产物抑制、动力学陷阱等而无法实现。为了打通从二氧化碳到淀粉的转化途径，该团队对途径中的部分反应模块进行了重新设计，并对各反应模块分别调试后选择最优的模块进行组装，最终构建出一条包含 11 步反应的人工淀粉合成途径（artificial starch anabolic pathway，ASAP）（图 10.6A），成功地利用二氧化碳合成了直链淀粉，淀粉的生产强度达到 400 mg/(L·h)（图 10.6B）。通过进一步引入糖原分支酶（SBE），ASAP 也可以实现支链淀粉的合成。

## 10.2.2 热力学驱动的反应途径设计

为了使所设计的反应途径更加可行与高效，研究人员通常需要考虑每一步酶催化反应的能量变化，从热力学角度预测所设计的反应途径是否能实现高底物转化率和高产品得率。在 You 等（2017b）设计的利用淀粉生产肌醇（*myo*-inositol）的体外多酶分子机器中使用了肌醇 1-磷酸合成酶（inositol 1-phosphate synthase，IPS）和肌醇单磷酸酶

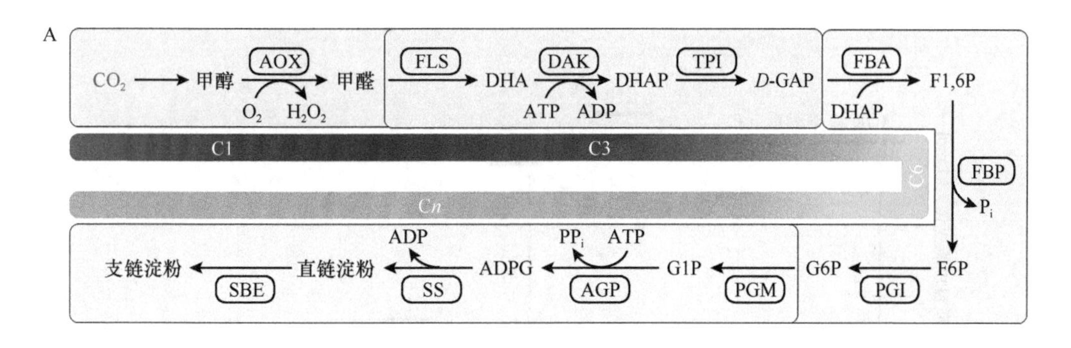


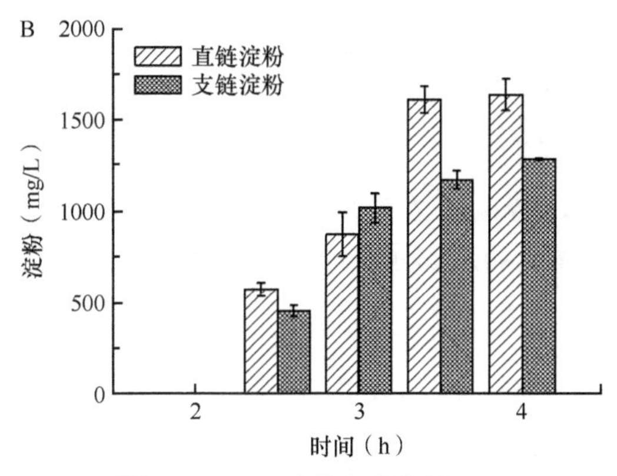


图 10.6 人工淀粉合成途径

A. ASAP 示意图；B. 通过 ASAP 利用二氧化碳分别生产直链淀粉和支链淀粉的实验结果。ADPG. 二磷酸腺苷葡萄糖；AGP. 二磷酸腺苷葡萄糖焦磷酸化酶；AOX. 醇氧化酶；DAK. 二羟基丙酮激酶；*D*-GAP. *D*-甘油醛 3-磷酸；F1,6P. 果糖-1,6-双磷酸；F6P. 果糖 6-磷酸；FBA. 果糖二磷酸醛缩酶；FBP. 果糖 1,6-双磷酸酶；FLS. 甲醛酶；G1P. 葡萄糖 1-磷酸；PGI. 磷酸葡萄糖异构酶；PGM. 磷酸葡萄糖变位酶；$PP_i$. 焦磷酸；SBE. 糖原分支酶；SS. 淀粉合酶；TPI. 磷酸丙糖异构酶

（inositol monophosphatase，IMP），将葡萄糖 6-磷酸（G6P）经由肌醇 1-磷酸（inositol 1-phosphate）转化为肌醇。在设计上游生产 G6P 的反应途径时，研究人员首先考虑了以葡萄糖作为起始底物的可行性。经热力学分析，以葡萄糖和无机磷为原料生成 G6P 这一反应过程的吉布斯自由能变化为 8.8 kJ/mol，表明该反应转化效率较低。而使用 ATP 对葡萄糖进行磷酸化则会增加肌醇的生产成本。与此相对的是，淀粉可以在 *α*-葡聚糖磷酸化酶（*α*-glucan phosphorylase，*α*GP）的催化作用下利用无机磷生成葡萄糖 1-磷酸（glucose 1-phosphate，G1P），G1P 继而可以在磷酸葡萄糖变位酶（phosphoglucomutase，PGM）的催化作用下生成 G6P，这个过程从热力学角度而言更高效（图 10.7）。因此，研究人员以淀粉作为底物进行了肌醇的生产。在整条反应途径中，最下游的 IPS 和 IMP 所催化的反应的吉布斯自由能变化分别为−55.2 kJ/mol 和−20.7 kJ/mol，表明这两个反应是不可逆的，能带动整个体外多酶分子机器朝着肌醇生产的方向运行，实现底物的完全转化。在一锅法的概念实验中，该体外多酶分子机器消耗 5.0 g/L 的淀粉并生产了 4.5 g/L 的肌醇，证明所设计的反应途径可行且高效。

合理的多酶催化途径设计能够规避热力学不可行的反应，实现从底物到目标产物的转化。例如，根据热力学分析，将 *L*-阿拉伯糖（*L*-arabinose）转化为 *L*-核酮糖（*L*-ribulose）的单酶催化反应是难以进行的。为了实现从 *L*-阿拉伯糖到 L-核酮糖的高效转化，Chuaboon 等（2019）设计了包含两种酶元件的反应模块，将 *L*-阿拉伯糖经由

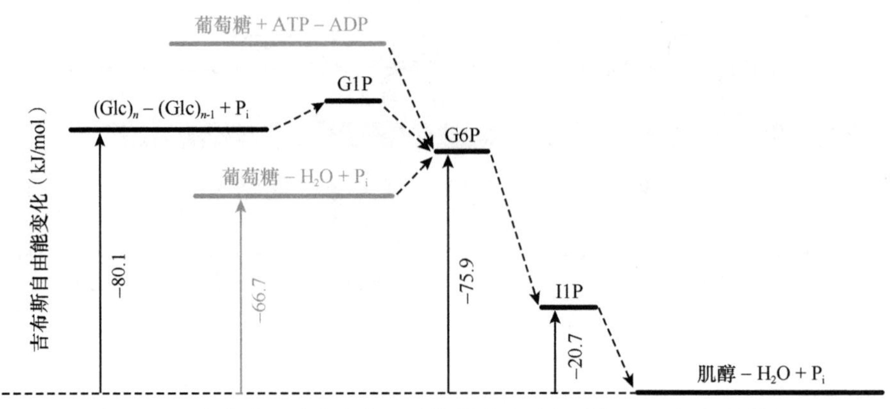


图 10.7 热力学驱动的生产肌醇的体外多酶分子机器反应途径设计

$(Glc)_n$. 淀粉；I1P. 肌醇 1-磷酸

keto-arabinose 转化为 *L*-核酮糖。在该反应模块中，吡喃糖氧化酶（pyranose 2-oxidase）催化 *L*-阿拉伯糖生成 keto-arabinose 的过程需要消耗氧气，通过提高氧气供应的方式推动整个反应模块的运行。

### 10.2.3 提高底物原子经济性的反应途径设计

在体外多酶分子机器中，由于不存在细胞膜的屏障，酶元件无需转运蛋白的协助即可直接利用诸如木糖、蔗糖、淀粉、甘油、几丁质等廉价易得的原料作为底物进行催化（Taniguchi *et al.*，2017）。为了进一步降低生产成本，研究人员需要完善反应途径的设计，使反应体系内的底物尽可能被完全利用，且减少副产物的生成，从而提高底物的原子经济性。例如，以 *α*-1,4-糖苷键连接而成的直链淀粉可通过 *α*-葡聚糖磷酸化酶（αGP）进行磷酸化，生成葡萄糖 1-磷酸（G1P），在反应过程中，淀粉链不断缩短，最终生成不能被 αGP 所利用的麦芽糖（You *et al.*，2017b）。而在实际生产中，作为原料的淀粉往往含有大量支链，其分支节点为 αGP 所不能切割的 *α*-1,6-糖苷键（Zhou *et al.*，2016）。为了提高淀粉的原子经济性，研究人员设计了由 αGP、异淀粉酶（isoamylase，IA）和 4-*α*-糖基转移酶（4-*α*-glucanotransferase，4GT）共同构成的淀粉磷酸化模块（图 10.8），将淀粉和无机磷完全转化为 G1P 并生成少量葡萄糖，且在其下游添加了其他的酶元件或反应模块，进一步利用 G1P 实现氢气（Kim *et al.*，2017）、肌醇（You *et al.*，2017b）、昆布二

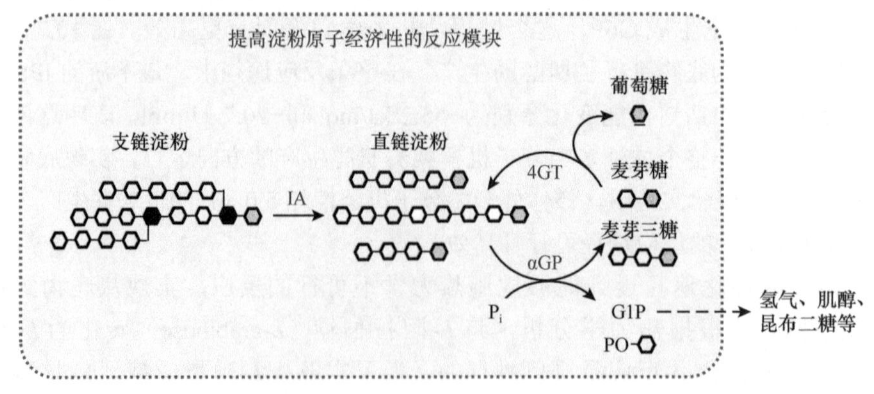


图 10.8 能够提高淀粉原子经济性的淀粉磷酸化反应途径

糖（Sun *et al.*，2019）等的高效生产。

在上述以淀粉为底物产氢的体外多酶分子机器中（Kim *et al.*，2017），葡萄糖1-磷酸在磷酸葡萄糖变位酶的催化作用下生成葡萄糖6-磷酸（G6P），进而通过天然磷酸戊糖途径生成核酮糖5-磷酸（Ru5P），并生成用于产氢的NADPH。为了提高底物的原子经济性，该体外多酶分子机器也借鉴了天然磷酸戊糖途径、糖酵解途径和糖异生代谢途径的反应，将副产物Ru5P重新转化为G6P。像这样通过多酶级联催化，将反应系统生成的含碳副产物重新转化为可被系统所利用的含碳中间产物的过程，被称为碳重排（carbon rearrangement）反应。在Cheng等（2019）设计的以木糖为底物生产肌醇的体外多酶分子机器中，反应系统的核心即为一个碳重排模块，将6分子的木酮糖5-磷酸（xylulose 5-phosphate）转化为5分子的G6P，从而完成了从五碳化合物到六碳化合物的转变（图10.9）。碳重排模块也可实现由四碳化合物向六碳化合物的转化。例如，Bogorad等（2013）设计的非氧化糖酵解（non-oxidative glycolysis）体外多酶分子机器中包含1个将3分子赤藓糖4-磷酸（erythrose 4-phosphate）转化为2分子果糖6-磷酸（fructose 6-phosphate，F6P）的碳重排模块，以实现该反应途径的最终产物——乙酰磷酸的化学计量数生成。在这个碳重排模块的基础上，Wei等（2018）添加了淀粉磷酸化模块和*L*-茶氨酸生产元件，构建了以淀粉为底物、以乙酰磷酸为直接能量供体的体外多酶ATP再生底盘系统，实现了ATP的化学计量数再生，并以再生的ATP进行了*L*-茶氨酸的高效生产。

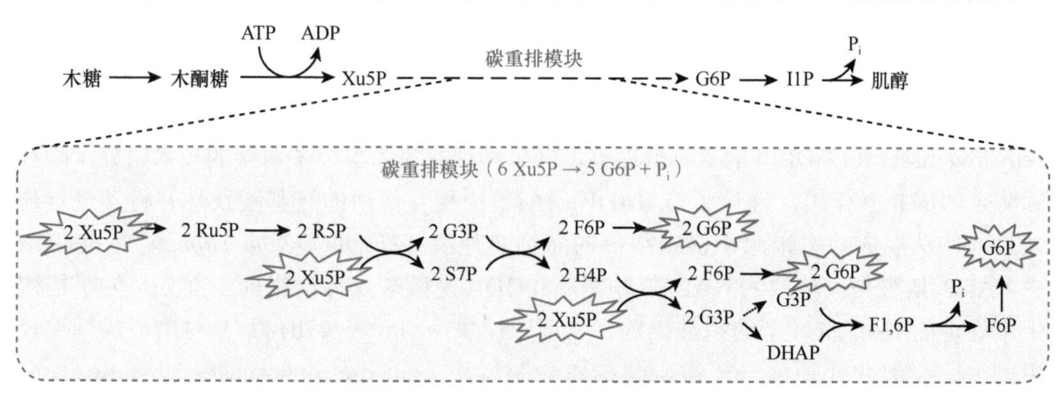


图10.9 碳重排模块及其应用示例

E4P. 赤藓糖4-磷酸；F1,6P. 果糖-1,6-双磷酸；F6P. 果糖6-磷酸；G3P. 甘油醛3-磷酸；R5P. 核糖5-磷酸；S7P. 景天庚酮糖7-磷酸

## 10.3 辅酶相关的体外多酶分子机器的设计

许多生物在进化过程中都发展出了辅酶再生代谢途径，进行如NAD、NADP、ATP等辅酶的循环利用，以保证生物体内的氧化还原力平衡和能量供应等（Guterl *et al.*，2012）。同样地，对于不可避免需要使用辅酶的体外多酶分子机器而言，辅酶再生对于维持整个系统的辅酶平衡和降低目标产物的生产成本至关重要。本节将从辅酶偏好性改造、辅酶再生、辅酶浓度调控三个方面，对体外多酶分子机器的设计与构建进行介绍。

### 10.3.1 辅酶偏好性改造

体外多酶分子机器有时包含多种氧化还原酶元件及相应的辅酶元件。其中，烟酰胺类辅酶 NADP(H) 和 NAD(H) 是生命体氧化还原过程中最常见的电子中介体。大多数氧化还原酶都具有特定的辅酶偏好性（Cahn *et al.*，2017）。解决酶元件与辅酶元件的适配问题有助于使整个体外多酶分子机器协调运转，实现高效的生物制造。利用黄递酶（diaphorase，DI）将反应体系中的 NADP(H) 与 NAD(H) 进行相互转化，是对体外多酶分子机器中酶元件与辅酶元件进行协调适配的一种策略（Song *et al.*，2019），而对氧化还原酶元件进行辅酶偏好性改造则是一种更为常见的实现酶与辅酶有效适配的方法。

酮醇酸还原异构酶（ketol-acid reductoisomerase，KARI）通常为 NADPH 依赖型（Dumas *et al.* 2001），在支链氨基酸（branched-chain amino acid，BCAA）等化学品的生产中发挥着重要作用（Arfin and Umbarger，1969；Atsumi *et al.*，2008；Guterl *et al.*，2012；Shen and Liao，2008）。Brinkmann-Chen 等（2013）以 KARI 为例，通过蛋白质序列比对、蛋白质晶体结构分析等手段，总结出转换此类酶的辅酶偏好性的通用方法。经改造后的 NADH 依赖型 KARI 能够与产生 NADH 的反应模块（如糖酵解模块）相结合，实现 BCAA 的生产。

为了降低生产成本，用于构建体外多酶分子机器的酶元件通常以细胞破碎液形式或经过简单硫酸铵沉淀即投入使用，导致酶元件中不可避免地含有少量杂质。提升体外多酶分子机器的反应温度有助于减少杂质导致的副反应，提高产品得率，但对元件的稳定性提出了更高的要求。相对于 NADP，NAD 的价格较低且相对稳定（Paul *et al.*，2014；You *et al.*，2017a；Zhang，2015）。将天然依赖 NADP 的具有热稳定性的酶元件改造为 NAD 依赖型，有助于酶元件和整个体外多酶分子机器效率的提升。Chen 等（2016）比较与分析了多种 NADP 和 NAD 依赖型的 6- 葡萄糖酸脱氢酶（6-phosphogluconate dehydrogenase，6PGDH）的氨基酸序列，并借助计算机模拟分子对接的技术研究了酶和辅酶之间的相互作用，确认了与 $NADP^+$ 磷酸基团相互作用的氨基酸残基并将其进行理性设计，从而成功将来源于极端嗜热的海栖热袍菌（*Thermotoga maritima*）的 6PGDH 由 $NADP^+$ 依赖型改造成为 $NAD^+$ 依赖型。6PGDH 是磷酸戊糖途径的一部分。为了构建一个稳定的 NAD 依赖型的磷酸戊糖人工反应模块，Kim 等（2018）又对磷酸戊糖途径中的另一个氧化还原酶——葡萄糖 6- 磷酸脱氢酶（glucose 6-phosphate dehydrogenase，G6PDH）进行了辅酶偏好性改造，将来源于 *T. maritima* 的 G6PDH 由 $NADP^+$ 依赖型改造为 $NAD^+$ 依赖型，从而实现了磷酸戊糖反应模块中的辅酶适配。该反应模块被应用于以淀粉为能量来源的体外多酶分子机器，能够在 80℃条件下高效催化淀粉和水，产生氢气。

人工仿生辅酶（biomimetic cofactor）元件的创制，有望进一步提高辅酶的稳定性并降低其成本（Paul *et al.*，2014；Rollin *et al.*，2013），从而给基于酶元件催化的生物制造模式带来更广阔的工业化前景。此外，改造特定的酶元件使其偏好人工辅酶，可以将相应的酶催化反应与体外多酶分子机器中其他消耗天然辅酶的酶催化反应分离开来，有利于生物催化过程的精准调控（Ji *et al.*，2011）。烟酰胺类人工仿生辅酶是目前研究的热点。基于天然存在的 NAD 和 NADP，目前人们已创制出多种烟酰胺类人工仿生辅酶元件（图 10.10），并对酶元件进行了改造，以实现其与人工仿生辅酶的有效适配。Ji 等（2011）以非天然的氟胞嘧啶（flucytosine）取代天然辅酶 NAD 中的腺嘌呤部分，创制出 NAD 的类似物——烟酰胺氟代胞嘧啶二核苷酸（nicotinamide flucytosine dinucleotide，NFCD），并通过定点饱和突变的方式改造出偏好 NFCD 的苹果酸脱氢酶

（malate dehydrogenase）和乳酸脱氢酶（lactate dehydrogenase）。这两种突变酶元件的组合形成了一个将苹果酸转化为乳酸，同时实现 NFCD 循环的简单反应模块。在后续的探索中，研究人员又将 NFCD 中的氟原子分别以氯原子、溴原子或甲基取代，创制出更多人工仿生辅酶元件，以及偏好这些人工仿生辅酶元件的突变型苹果酸酶（malic enzyme）（Ji *et al.*，2013）。相比由野生型苹果酸酶与 NAD 组合而成的反应模块，由突变型苹果酸酶与人工仿生辅酶元件组合而成的反应模块具有更高的催化效率（$k_{cat}/K_m$）。Liu 等（2019）通过半理性设计的方式，改造出偏好另一人工仿生辅酶——烟酰胺胞嘧啶二核苷酸（nicotinamide cytosine dinucleotide，NCD）的亚磷酸脱氢酶，并解析了突变酶与 NCD 的结合机制。在对酶元件利用天然辅酶的能力进行改造时，也可能同时获得对人工仿生辅酶具有催化活性的突变体酶元件。例如，Campbell 等（2010）对来自极端嗜热的激烈火球菌（*Pyrococcus furiosus*）的醇脱氢酶（alcohol dehydrogenase）的辅酶结合口袋进行了理性改造，使其对 NAD 和 NADP 的催化活性都得到了提升。研究人员对改造后的醇脱氢酶做了进一步研究，发现这个酶元件能够利用人工仿生辅酶烟酰胺单核苷酸（nicotinamide mononucleotide，NMN）进行催化（Campbell *et al.*，2012）。Maurer 等（2005）将细胞色素 P450 的 2 个氨基酸残基进行突变，使该细胞色素 P450 从 NADPH 偏好型转变为 NADH 偏好型。而 Ryan 等（2008）发现经改造后的该细胞色素 P450 还获得了利用人工仿生辅酶 1-苄基-1,4-二氢烟酰胺（1-benzyl-1,4-dihydro-nicotinamide，BNA）进行催化的能力。

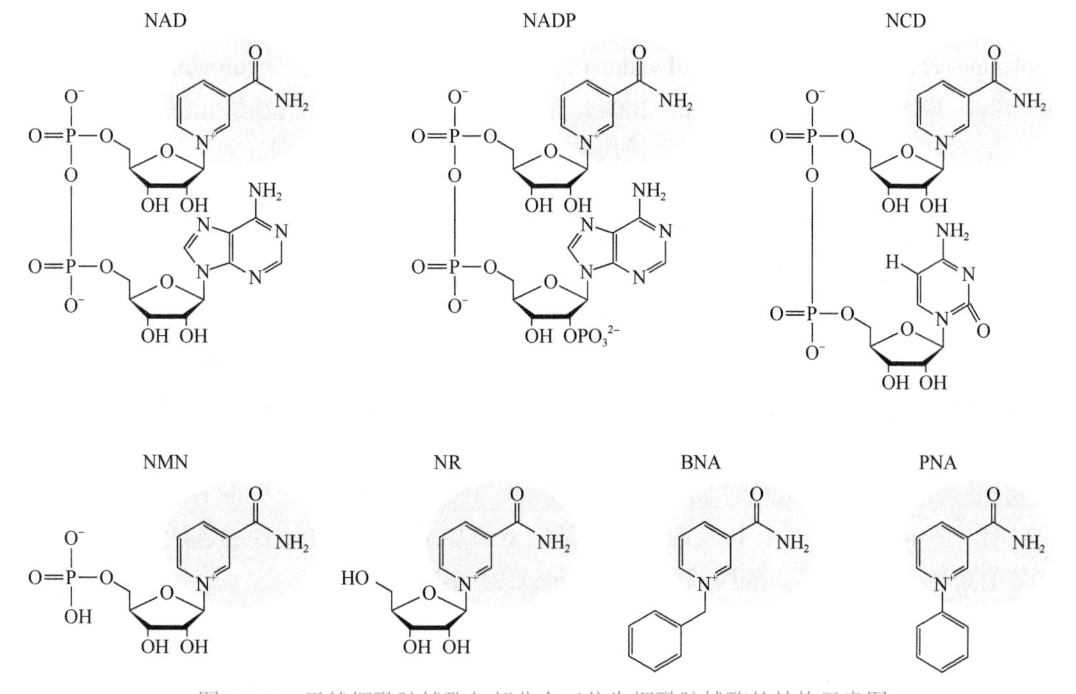


图 10.10　天然烟酰胺辅酶与部分人工仿生烟酰胺辅酶的结构示意图

阴影部分为介导氧化还原反应的烟酰胺基团，所有烟酰胺辅酶都含有此基团。NAD. 烟酰胺腺嘌呤二核苷酸；NADP. 烟酰胺腺嘌呤二核苷酸磷酸；NCD. 烟酰胺胞嘧啶二核苷酸；NMN. 烟酰胺单核苷酸；NR. 烟酰胺核糖；PNA.1-苯基-1,4-二氢烟酰胺

由于多数人工仿生辅酶与天然辅酶存在较明显的结构差异，对人工仿生辅酶的创制

与开发利用仍处于初期研究阶段，面临诸多挑战（Maurer *et al.*，2005）。在未来，研究人员需要创制更多稳定性高、价格低廉的人工辅酶，并对相应的酶元件进行辅酶偏好性改造，进而将人工仿生辅酶与相适配的酶元件应用于更复杂的体外多酶分子机器反应系统中，充分发挥其优势。

## 10.3.2 辅酶再生

在多数情况下，体外多酶分子机器反应系统会不可避免地需要辅酶的参与。辅酶由于价格昂贵，稳定性差，在高浓度时对某些酶的活性造成抑制等，不适合一次性大量加入体外多酶分子机器中进行反应（Iwamoto *et al.*，2007；Wu *et al.*，2013）。辅酶再生模块能够很好地解决上述问题，是构建可持续运作的辅酶依赖型体外多酶分子机器的重要前提。

天然的烟酰胺类辅酶 NAD(P) 是氧化还原酶元件最常用的电子中介体，通过在 $NAD(P)^+$（氧化态）和 NAD(P)H（还原态）之间相互转化实现电子的传递。常见的 $NAD(P)^+$ 再生模块由 NAD(P)H 氧化酶［NAD(P)H oxidase］（Opgenorth *et al.*，2016；Wu *et al.*，2012）或乳酸脱氢酶（Tong *et al.*，2011）等单一的酶元件与相应的辅酶元件组合而成。而常见的最简单的 NAD(P)H 再生模块则由醇脱氢酶（Fossati *et al.*，2006；Tong *et al.*，2011）、甲酸脱氢酶（formate dehydrogenase）（Božič *et al.*，2010；Tao *et al.*，2014；Wong and Whitesides，1982）、葡萄糖脱氢酶（glucose dehydrogenase）（Eguchi *et al.*，1992；Wong *et al.*，1985；Xu *et al.*，2007）、亚磷酸脱氢酶（phosphite dehydrogenase）（Johannes *et al.*，2005；Relyea and van der Donk，2005）或氢化酶（hydrogenase）（Eberly and Ely，2008；Mertens and Liese，2004）等单一的酶元件与相应的辅酶元件组合而成。

更为复杂的烟酰胺类辅酶再生模块包含多种酶元件。例如，Kim 等（2013）利用醇脱氢酶、醛脱氢酶（aldehyde dehydrogenase）和甲酸脱氢酶组合成反应模块，使 1 分子甲醇完全氧化并产生 3 分子 NADH（图 10.11A），这些还原力可用于生物产电。该反应模块可作为一个以甲醇为底物的高效 NADH 再生模块与其他消耗 NADH 的酶反应模块结合，创建新的体外多酶分子机器。来源于极端嗜热的激烈火球菌 *P. furiosus* 的可溶性氢化酶（soluble hydrogenase I，SHI）偏好辅酶 $NADP^+$ 而对 $NAD^+$ 的活性极低，可以氢气为底物在高温下进行 NADPH 的再生（Ma *et al.*，2000；Mertens *et al.*，2003）。为了实现基于氢化酶的 NADH 再生，Song 等（2019）构建了一个包含 SHI 和具有热稳定性的黄递酶（diaphorase，DI）的 NADH 再生模块，利用 DI 将 SHI 产生的 NADPH 转化为 NADH（图 10.11B），并在该反应模块的基础上添加了具有热稳定性的乳酸脱氢酶，在 50℃的条件下实现了从丙酮酸到乳酸（lactate）的完全转化。

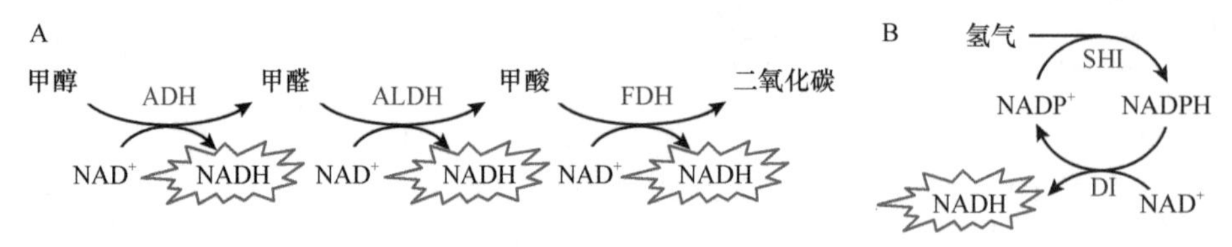


图 10.11 利用多酶进行辅酶再生的示例

A. 使用三酶级联反应以甲醇为底物再生 NADH；B. 使用可溶性氢化酶与黄递酶的偶联反应，以氢气为底物再生 NADH。ALDH. 醛脱氢酶；FDH. 甲酸脱氢酶烟酰胺类辅酶再生模块通常进行的是 $NAD(P)^+$ 与 NAD(P)H 之间的转化。这类辅酶再生模块与消耗辅酶的反应模块结合，用以达到理想状态下体外多酶分子机器内部的辅酶平衡。由于多酶反应常常在高温下进行，而 $NAD(P)^+$ 和 NAD(P)H 易遇热分解，在较高的温度下进行反应的体外多酶分子机器在运行过程中辅酶的浓度逐渐降低，影响了催化效率（Krutsakorn *et al.*，2013；Ye *et al.*，2012）。Honda 等（2016）发现在高温条件下，$NAD^+$ 被分解为更稳定的烟酰胺（nicotinamide）和 ADP-核糖（ADP-ribose），因此构建了包含 8 种热稳酶元件的辅酶再生模块，将 $NAD^+$ 受热分解产生的烟酰胺和 ADP-核糖重新合成为 $NAD^+$，使反应体系中 $NAD^+$ 的浓度在 60℃能够保持恒定达 15 h。该辅酶再生模块能够在一定程度上缓解辅酶的不稳定性对体外多酶分子机器造成的负面影响。

三磷酸腺苷（adenosine triphosphate，ATP）是一种高能磷酸化合物，通过与二磷酸腺苷（adenosine diphosphate，ADP）的相互转化实现能量的贮存和释放，为生物催化过程提供能量。含有 ATP 的体外多酶分子机器通常需要加入 ATP 再生模块，以保证 ATP 的持续供应。以多聚磷酸激酶（polyphosphate kinase，PPK）和 ADP 构成的反应模块是目前应用最为广泛的 ATP 再生策略（Cao *et al.*，2017；Liu *et al.*，2016；Meng *et al.*，2016；Zhang *et al.*，2017）。该 ATP 再生模块利用价格低廉的多聚磷酸（polyphosphate）作为 ATP 再生的磷酸供体。然而高浓度的多聚磷酸会与体外多酶分子机器反应系统中的二价金属离子螯合，影响酶元件的催化活性（Kameda *et al.*，2001；Wang *et al.*，2017）。因此，研究人员开发出更为复杂的 ATP 再生模块，以经济易得的不含磷化合物作为能量来源，将 ADP 和无机磷重新生成为 ATP。例如，Kim 和 Swartz（2001）使用含有 3 种酶元件的反应模块，将丙酮酸经由乙酰辅酶 A 和乙酰磷酸转化为乙酸，同时完成 ATP 的再生，每分子丙酮酸能再生 1 分子 ATP。该 ATP 再生模块也被称为 PANOx 系统（图 10.12）。为了进一步提高 ATP 的产量，研究人员向 PANOx 模块上游添加了糖酵解模块，以葡萄糖为底物生产 ATP 再生所需的丙酮酸，改进后的 ATP 再生模块每消耗 1 分子葡萄糖底物可再生 3 分子 ATP。在这个改进后的 ATP 再生模块中，葡萄糖首先在己糖激酶（hexokinase，Hex）的催化作用下被磷酸化为 G6P，并消耗 ATP。为了进一步提高 ATP 的再生效率，Wang 和 Zhang（2009）又使用 *α*-葡聚糖磷酸化酶（αGP）和磷酸葡萄糖变位酶（PGM）取代了己糖激酶，构建了以麦芽糖糊精（maltodextrin）和无机磷为底物的 ATP 再生模块（Wang and Zhang，2009）。该模块避免了葡萄糖磷酸化这一消耗 ATP 的过程，因此每个葡萄糖当量的麦芽糖糊精共可再生 4 分子 ATP（图 10.12）。然而这些复杂的 ATP 再生模块都需要 NAD(H) 和辅酶 A（coenzyme A，CoA）等昂贵辅酶的参与。为了规避价格昂贵且不稳定的 NAD(P) 以及 CoA 的使用，Wei 等（2018）构建了另一种基于麦芽糖糊精的 ATP 再生模块，在利用 *α*-葡聚糖磷酸化酶和磷酸葡萄糖变位酶将麦芽糖糊精磷酸化为 G6P 后，使用磷酸葡萄糖异构酶（phosphoglucose isomerase，PGI）将 G6P 转化为 F6P，进而利用磷酸转酮酶（phosphoketolase，PKL）将 F6P 分解为 E4P 和乙酰磷酸，之后以乙酰磷酸为直接磷酸供体完成 ATP 的再生。在将 E4P 重新转化为 F6P 的碳重排模块的协助下，上述 ATP 再生模块每消耗 1 个葡萄糖当量的麦芽糖糊精可再生 3 分子 ATP（图 10.12）。

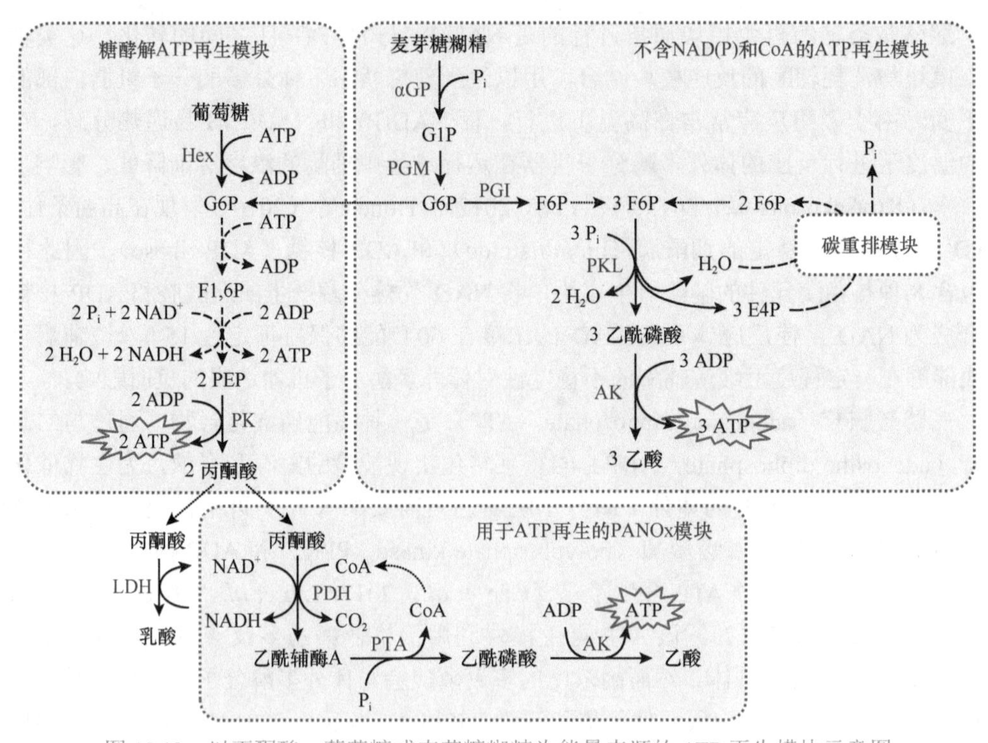


图 10.12 以丙酮酸、葡萄糖或麦芽糖糊精为能量来源的 ATP 再生模块示意图

AK. 乙酸激酶；E4P. 赤藓糖 4- 磷酸；F1,6P. 果糖-1,6- 双磷酸；F6P. 果糖 6- 磷酸；G6P. 葡萄糖 6- 磷酸；LDH. 乳酸脱氢酶；PDH. 丙酮酸脱氢酶；PEP. 磷酸烯醇丙酮酸；PGI. 磷酸葡萄糖异构酶；PGM. 磷酸葡萄糖变位酶；$P_i$. 无机磷；PK. 丙酮酸激酶；PTA. 磷酸转乙酰酶

对于消耗 ATP 产生单磷酸腺苷（adenosine monophosphate，AMP）的酶元件而言，相应的 ATP 再生模块需要将 AMP 转化为 ATP（Kitabatake *et al.*，1987）。Resnick 和 Zehnder（2000）构建了包含两种酶元件的 ATP 再生模块，首先以多聚磷酸（$polyP_n$）为磷酸供体，使用多磷酸 AMP 磷酸转移酶（polyphosphate：AMP phosphotransferase，PAP）将 AMP 磷酸化为 ADP，之后使用腺苷酸激酶（adenylate kinase，ADK）将 2 分子 ADP 转化为 1 分子 ATP 和 1 分子 AMP（图 10.13A）。Kameda 等（2001）利用 PAP 和 PPK 这两种能够以多聚磷酸为磷酸供体的酶元件构建了 ATP 再生模块，将 AMP 经由 ADP 转化为 ATP（图 10.13 B）。该 ATP 再生模块与消耗 ATP 产生 AMP 的乙酰辅酶 A 合成酶（acetyl-CoA synthase）联用，实现了以乙酸和辅酶 A 为底物的乙酰辅酶 A 的生产，产物基于辅酶 A 的得率达到 99.5%。

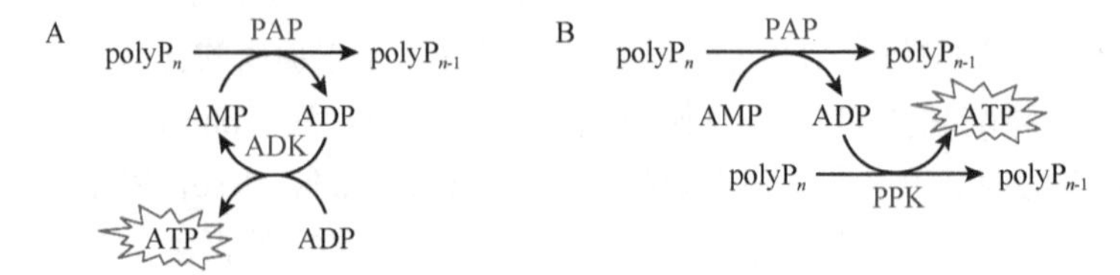


图 10.13 从 AMP 再生 ATP 的两种策略

A. 基于多磷酸 AMP 磷酸转移酶（PAP）和腺苷酸激酶（ADK）的 ATP 再生策略；B. 基于多磷酸 AMP 磷酸转移酶（PAP）和多聚磷酸激酶（PPK）的 ATP 再生策略

### 10.3.3 辅酶浓度调控

在构建含有辅酶元件的体外多酶分子机器时，常规策略是通过合理的反应途径设计，达到理想状态下辅酶消耗与再生的化学计量数平衡。然而，体外多酶分子机器的实际运作过程往往伴随一些消耗辅酶的副反应，如NADH的自发性氧化（Opgenorth *et al.*，2014）、ATP的自发性水解，以及难以完全去除的ATP水解酶对ATP的消耗（Opgenorth *et al.*，2017）等。这些副反应导致了辅酶的实际消耗量大于理论值。因此，在体外多酶分子机器长时间运转后往往会出现体系中辅酶浓度逐渐降低的状况，影响了反应效率。前文所述的利用辅酶受热降解的产物重新合成辅酶的策略是解决上述问题的一种思路（Honda *et al.*，2016），而另一种研究思路则是向体外多酶分子机器中加入可自动调控辅酶浓度的模块，以确保反应系统的稳定运行。

受变阻器工作原理的启发，Opgenorth等（2017）设计了一个ATP变阻器（ATP rheostat）模块，以解决体外多酶分子机器中ATP降解的问题（图10.14）。该模块包含2个独立的反应分支，代表变阻器的两种状态。每个分支均能将反应的中间产物甘油醛3-磷酸（glyceraldehyde 3-phosphate，G3P）转化为下游反应所需的3-磷酸甘油酸（3-phosphoglycerate，3PG）。其中，代表变阻器关闭状态的反应分支仅包含一种不能进行磷酸化的磷酸甘油醛脱氢酶（nonphosphorylating glyceraldehyde phosphate dehydrogenase，GapN），在将G3P转化为3PG的同时生成下游反应所需的NAPDH，该反应并不产生ATP；而代表变阻器开启状态的反应分支则包含可进行磷酸化的磷酸甘油醛脱氢酶（phosphorylating glyceraldehyde phosphate dehydrogenase，mGapDH）和磷酸甘油酸激酶（phosphoglycerate kinase，PGK），在这两个酶的作用下，将G3P经由1,3-二磷酸甘油酸（1,3-bisphosphoglycerate，1,3-BPG）转化为3PG并产生NADPH，同时将ADP和无机磷再生为ATP。变阻器的开启与关闭状态由体外多酶分子机器中的磷浓度决定：当磷浓度较低时，变阻器处于关闭状态，GapN分支发挥作用进行NADPH的生产，该反应模块并无ATP生成；当ATP经由副反应水解导致体系中磷浓度升高时，变阻器开启，mGapDH/PGK支路发挥作用消耗无机磷，产生额外的ATP以弥补系统中ATP的损耗，从而将体外多酶分子机器中的ATP浓度长时间维持在一个恒定的水平，也因此大幅度提高了产品的生成量。

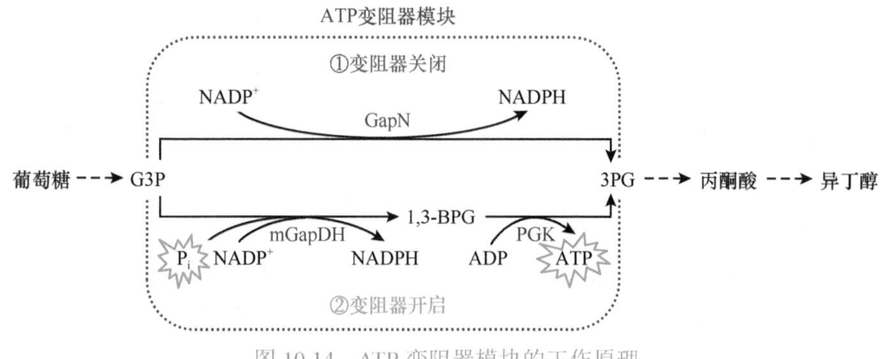


图10.14　ATP变阻器模块的工作原理

在构建体外多酶分子机器的过程中，有时难以通过简单的途径设计达到辅酶消耗与再生的化学计量数平衡。例如，在 Opgenorth 等（2014）设计的以丙酮酸为底物的聚羟基丁酸酯（polyhydroxybutyrate，PHB）合成途径中，丙酮酸脱氢酶（pyruvate dehydrogenase，PDH）将 1 分子丙酮酸、1 分子辅酶 A 以及 1 分子 $NADP^+$转化为 1 分子乙酰辅酶 A 和 1 分子 NADPH；乙酰辅酶 A 和 NADPH 进而被下游的 PHB 合成模块以 2∶1 的化学计量数所利用，即每消耗 1 分子乙酰辅酶 A 仅再生 1/2 分子的 $NADP^+$，使整个体外多酶分子机器在长时间运行过程中出现 NADPH 的积累。为解决这一问题，研究人员设计了一个维持体外多酶分子机器内部 $NADP^+$与 NADPH 平衡的控制阀模块（图 10.15）。该控制阀模块包含 3 种酶元件，分别为依赖 $NADP^+$的突变型 PDH（$PDH_{MUT}^{NADP+}$）、依赖 $NAD^+$的野生型 PDH（$PDH_{WT}^{NAD+}$），以及仅能消耗 NADH 的 NADH 氧化酶（NADH oxidase，NoxE）。当系统中 NADPH/$NADP^+$较低的时候，控制阀处于关闭状态，$NADP^+$依赖型 PDH 正常发挥功能生成乙酰辅酶 A，同时产生 NADPH；当系统中 NADPH/$NADP^+$升高时，控制阀被打开，此时 $NADP^+$依赖型 PDH 的活性受到抑制，乙酰辅酶 A 的生产由 $NAD^+$依赖型 PDH 完成，而 NoxE 消耗了所产生的 NADH，既保证了系统中 $NAD^+$的再生，又避免了无用的 NADH 的积累。该控制阀模块为体外多酶分子机器的反应途径设计提供了更灵活的思路。

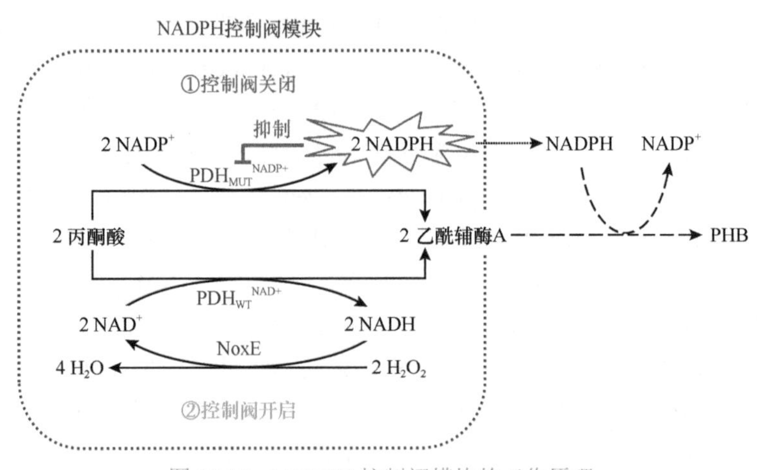


图 10.15 NAPDH 控制阀模块的工作原理

## 10.4 体外多酶分子机器的优化

在设计和构建体外多酶分子机器后，通常首先需要进行概念实验，验证反应途径是否畅通，有无目标产物生成。而为了提高体外多酶分子机器的反应速率和产品得率，往往需要从多角度对反应系统进行优化。酶元件是体外多酶分子机器的核心，其表达制备的难易程度直接影响了体外多酶分子机器的生产成本，而酶元件活性、底物选择性和稳定性等特性则影响了体外多酶分子机器的运行效率。本书的第 5～8 章对酶的表达制备与功能改造等研究领域进行了详细介绍，而本章第 10.3 节所述辅酶偏好性改造、辅酶再生与辅酶浓度调控相关内容则是实现体外多酶分子机器中辅酶适配的手段。除此之外，在一个多酶体系中如何确定适合的反应条件并实现各种酶元件的有效适配，也是提升体外多酶分子机器催化效率的重要考虑因素。因此，本节将主要从反应条件与酶适配性的角度对体外多酶分子机器的优化方法进行介绍。

### 10.4.1 一锅法的反应条件优化

一锅法是不经过中间产物的分离，直接从原料出发获得最终产物的反应方式，也是体外多酶分子机器最常用的反应策略。与微生物细胞工厂相比，体外多酶分子机器的反应途径和组成成分相对简单，因此更易于通过实验的方式寻找和确认制约反应效率提升的关键因素，并对反应条件进行优化。例如，Su 等（2019）构建了含有 7 种酶元件的体外多酶分子机器，以蔗糖（sucrose）为底物一锅法生产葡萄糖酸（glucaric acid，GA）。为了提高 GA 的产量，研究人员首先通过实验方法确认了该体外多酶分子机器的最适运行温度、最适 pH、最佳缓冲液类型等条件，进而又采用了若干实验方法，包括：①控制单一变量，每次降低 1 种酶元件的浓度，并检测产物 GA 的得率；②测试产物 GA 对各个酶元件的抑制作用；③测试各个酶元件的稳定性，从而找到该体外多酶分子机器中的限速酶元件，而后通过提高限速酶的浓度以及在反应过程中流加限速酶的手段，解除了物质流瓶颈，使 GA 的产量得到了进一步提升。

对于含有较少酶元件的体外多酶分子机器，可以通过正交实验和单因素实验对反应条件进行优化（Bai *et al.*，2019；Wang *et al.*，2017；Xie *et al.*，2018）。而随着生物信息学技术的迅速发展，计算机模拟分析（*in silico* analysis）也逐渐成为实现体外多酶分子机器体系适配的重要辅助手段。例如，Zhong 等（2017）设计了一个将蔗糖转化为纤维二糖（cellobiose）的体外三酶分子机器，测定了每种酶元件的动力学参数并代入反应的动力学方程，从而建立了整个反应系统的动力学模型，用于预测系统中 3 种酶元件之间的最优比例，并在计算机模拟结果的指导下进行了实验。在该研究中，优化后的体外多酶分子机器表现出更高的催化速率，极大地缩短了达到反应平衡所需的时间。计算机模拟也适用于更为复杂的体外多酶分子机器的反应条件优化，能够大幅度地减轻实验工作量。例如，Korman 等（2017）设计的将葡萄糖转化为单萜类化合物（monoterpenes）的体外多酶分子机器含有 20 余种酶元件。为了使这些酶元件有效适配，研究人员利用 COPASI 软件（Hoops *et al.*，2006）建立了该多酶分子机器的动力学模型，识别了系统的限速瓶颈，并在此基础上进行了实验验证，从而实现了单萜类化合物的高效生产。

体外多酶分子机器动力学模型的仿真性是准确预测实验结果和提供合理优化依据的重要前提。然而在实际操作中，将测定的酶动力学参数代入反应模型并进行运算后，经常会出现模拟结果与实验数据不匹配的现象（Ishii *et al.*，2007）。这可能是由于体外多酶分子机器中的酶元件存在相互作用，而酶元件的动力学参数通常是在单酶系统中检测获得的，因此所测定的酶动力学参数未能准确反映酶元件在多酶系统中的催化效率（Zhong *et al.*，2017）。此时可通过参数调试（parameter tuning），使模型模拟的数据与实验数据相吻合（Ishii *et al.*，2007；Ye *et al.*，2009；Zhong *et al.*，2017）。除了简单的手动随机调试，Rollin 等（2015）采用了遗传算法（genetic algorithm）以获得与实验数据最匹配的动力学参数集合。然而参数调试并不能从根本上解决动力学模型的仿真性问题。在未来，研究人员应深入探索酶元件在体外多酶分子机器中的相互作用机制，添加相应的能够反映酶元件相互作用的特征参数，完善反应模型，使计算机模拟更好地服务于体外多酶分子机器的优化研究。

### 10.4.2 分步反应

除对体外多酶分子机器内部的物质浓度、反应温度、pH、缓冲液类型等条件进行优化之外，研究人员也常采用分步反应的策略，以提升整个系统的反应速度和产品得率。

产物抑制是制约体外多酶分子机器效率的常见因素之一。在 Busto 等（2016）的研究中，使用将酚类衍生物转化为对羟基苯基乳酸（*p*-hydroxyphenyl lactic acid）的体外多酶分子机器进行概念实验时，产品得率仅为 24%。经过实验检测，研究人员发现该体外多酶分子机器的最终产物对系统中催化第一步反应的酶元件有抑制作用。为了克服产物抑制，研究人员采用了分步反应的策略，首先向反应体系中加入进行第一步催化反应的酶元件，待其完成反应后再添加下游酶元件，从而将产品得率提升至 58%～85%。

分步反应的策略也可用于解决体外多酶分子机器中某些酶元件稳定性差的问题。例如，Tian 等（2019）设计了利用 4 种酶元件将蔗糖转化为棉子糖（raffinose）的体外多酶分子机器，其中反应途径最下游的棉子糖合成酶（raffinose synthase）在 30℃反应 36 h 后活性显著下降。为了提高棉子糖的得率，研究人员采用了分步反应的策略，将整个多酶分子机器的反应途径分为两个反应阶段：第一阶段，反应途径上游的 3 种较为稳定的酶元件首先进行反应，积累大量可被用于后续反应的中间产物；第二阶段，较不稳定的棉子糖合成酶被添加入反应体系中，进行棉子糖的生产。这种分步反应的策略使棉子糖的得率提高了 4.2 倍。

另一种分步反应的方法是一次性加入所有的酶元件，但在不同的阶段使用不同的反应温度。例如，Meng 等（2018）使用以纤维多糖为底物生产肌醇的体外多酶分子机器时，首先在 55℃的起始条件下进行一锅式反应，在 8 h 后将温度提升至 70℃继续反应。这是因为该体外多酶分子机器中各个酶元件的最适反应温度并不一致：反应途径上游的 3 种酶元件的最适温度为 55℃，而下游的另外 3 种酶元件均具有更高的最适温度，其中肌醇 1-磷酸合成酶（inositol 1-phosphate synthase，IPS）只有在温度超过 60℃时才有较高酶活。如在 55℃持续反应，将 10 g/L 底物完全转化的反应时间将长达 60 h。通过检测系统中底物和中间产物的浓度随时间的变化情况，研究人员发现在反应进行 8 h 后上游 3 种酶元件催化的级联反应已完成，于是将反应温度提升至 70℃以解除下游 IPS 的催化瓶颈，最终仅需 36 h 即可达到接近 100% 的肌醇得率。

上述实例表明，分步反应的方法保证了整个体外多酶分子机器的稳定性与适配性，是一种提高反应速率和产品得率的有效策略。

## 10.5 体外多酶分子机器的应用

许多研究表明，体外多酶分子机器由于不需维持细胞的生长，具有反应路径明确、副反应少、无细胞膜的阻碍、生产过程具有高度可调控性等特点，能够以廉价易得的底物进行目标产物的高效生产。You 等（2017b）研发出首例应用于工业规模生产的体外多酶分子机器，通过 6 种热稳酶元件的级联催化，以淀粉为底物生产肌醇。这一案例减少了人们长久以来对于体外多酶分子机器的酶元件生产成本和酶元件稳定性方面的疑虑，表明体外多酶分子机器有望在未来成为一个强大的生物制造平台。本节将以生物燃料、糖类、手性分子以及高分子聚合物为例，对体外多酶分子机器在上述产品制造领域的研究现状进行介绍，展示体外多酶分子机器良好的工业应用前景。

### 10.5.1 生物燃料的体外多酶合成

生物燃料通常以可再生的生物质为原料，经由生物催化法生产，主要应用于运输行业（Zhang，2011）。近年来，受石油价格波动、环境污染和全球气候变化等影响，绿色、环保的生物燃料的开发与应用受到世界范围的广泛关注（Niphadkar *et al.*，2018）。尽管目前的运输燃料主要来自石油资源，非石油运输燃料的消耗也在逐年增长。2014 年，运输行业使用的非石油燃料占 8.5%，其中源自玉米的生物乙醇是轿车和轻负荷汽车使用量最大的非石油基能源（靳爱民，2015）。

早在 1985 年，研究人员就已经构建了基于糖酵解途径的体外多酶分子机器，使用纯化的来源于酵母的酶元件，将葡萄糖转化为乙醇并释放二氧化碳。在 8 h 内，该体外多酶分子机器能够将 1 mol/L 葡萄糖转化为 2 mol/L 乙醇，产物得率与利用酵母细胞经由糖酵解途径生产乙醇的最高得率相近（Welch and Scopes，1985）。Guterl 等（2012）设计了一条仅包含 4 种酶元件的最短人工催化途径，将葡萄糖转化为丙酮酸，并添加了下游的丙酮酸脱羧酶（pyruvate decarboxylase）和醇脱氢酶，将丙酮酸经由乙醛转化为乙醇。该体外多酶分子机器在反应 19 h 后，可将 25 mmol/L 葡萄糖转化为 28.7 mmol/L 乙醇。虽然上述实验的反应条件未经优化，导致在反应结束时系统中仍存在部分底物和反应中间产物，但该体外多酶分子机器并未产生乳酸、乙酸等副产物，表明其具有良好的特异性。

相对于乙醇而言，丁醇的能量密度更高，吸湿性和低挥发性较低，是更理想的生物燃料（Atsumi *et al.*，2008）。然而链长大于等于 4 的醇类对于微生物代谢具有较强的抑制作用（Jia *et al.*，2010）。尽管研究人员已通过多种手段改造工程菌，在一定程度上提高了菌体对醇类的耐受性，醇类毒性仍然是微生物发酵过程中遇到的最常见问题。因此，丁醇等醇类生物燃料更适于通过体外多酶分子机器进行生产。Krutsakorn 等（2013）构建了将葡萄糖转化为正丁醇的体外多酶分子机器并进行了反应条件优化，使正丁醇的生产速率达到 8.2 μmol/(L·min)，摩尔得率达到 82%。Guterl 等（2012）设计了将葡萄糖经由丙酮酸转化为异丁醇（isobutanol）的非天然催化途径，并构建了相应的体外多酶分子机器。在概念实验中，该多酶分子机器以 19.1 mmol/L 葡萄糖为底物，反应 23 h 后生成了 10.3 mmol/L 异丁醇，摩尔得率为 53%。在含有 4% 异丁醇的环境中，该系统依然能保持运转，表明体外多酶分子机器相较于微生物系统具有更高的异丁醇耐受性。Opgenorth 等（2017）构建了一个包含 ATP 调控模块（ATP rheostat）的体外多酶分子机器，以葡萄糖为底物生产异丁醇（isobutanol），反应 72 h 后系统中的异丁醇浓度达到 24.1 g/L，产品得率为理论值的 91.5%。相对于已报道的不包含产物移除步骤的微生物发酵系统，该体外多酶分子机器具有更高的产品滴度和产品得率。

氢气具有能量密度大、能量转化效率高、无污染等特点，是理想的生物燃料（Myung *et al.*，2014）。微生物可利用糖类底物通过多种代谢途径生产氢气，其生产上限为每摩尔葡萄糖产生 4 mol 氢气，被称为 Thauer 极限（Thauer *et al.*，2008）。而理论上，每摩尔葡萄糖被完全转化后可产生 12 mol 氢气（Zhang，2015）。为了提高氢气的产量，Zhang 等（2007）构建了含有 13 种酶元件的体外多酶分子机器，进行了以淀粉和水为底物产生氢气和二氧化碳的概念实验，每摩尔葡萄糖当量的淀粉产生了 5.19 mol 氢气。在此基础上，Kim 等（2017）优化了反应途径，添加了能够提高淀粉利用率的异淀粉酶、4-*α*-糖基转移酶、聚磷酸葡萄糖激酶（polyphosphate glucokinase）等酶元件，使氢气基于淀粉的得率达到了理论值，在使用 20 g/L 淀粉时，最大产氢速率达到 90.2 mmol/(L·h)。除淀粉之外，蔗糖（Myung *et al.*，2014）、木糖（Martín del Campo *et al.*，2013）、木寡糖（Moustafa *et al.*，2016）等碳水化合物均可以作为体外多酶分子机器的底物，生产接近理论得率的氢气。

### 10.5.2 糖类的体外多酶合成

根据国际稀少糖学会（the International Society of Rare Sugars，ISRS）的定义，稀少糖是指在自然界中存在但含量极少的单糖及其衍生物（Granstrom *et al.*，2004）。稀少糖因潜在的特殊生物活性而在膳食、保健、医药等领域引起了广泛关注。例如，*D*-阿洛酮糖（*D*-allulose 或 *D*-psicose）（Baek *et al.*，2010）、*D*-塔格糖（*D*-tagatose）（Espinosa and Fogelfeld，2010）和木糖醇（xylitol）（Salli *et al.*，2019）都是低热量的甜味剂，*D*-阿洛糖（*D*-allose）具有潜在的抗氧化作用（Murata *et al.*，2003），*L*-核糖（*L*-ribose）是抗病毒和抗肿瘤药物的前体（Gumina *et al.* 2001；Mathé and Gosselin，2006），氨基葡萄糖（glucosamine）与其他药物联合可用于骨关节炎的治疗（Bruyere *et al.*，2016）等。

为了推动稀少糖的工业化生产，ISRS 主席 Izumori 教授提出了一套适用于所有四碳糖、五碳糖和六碳糖的生物制备策略——Izumoring 方法，利用 *D*-塔格糖 3-差向异构酶（*D*-tagatose-3-epimerase）、醛糖异构酶（aldose isomerase）、醛糖还原酶（aldose reductase）和氧化还原酶实现单糖之间的相互转化（Granstrom *et al.*，2004）。该方法的优势在于其能够以淀粉、半纤维素、乳清等廉价易得的原料为起始底物，为稀少糖的低成本生产奠定了基础。遵循该策略，Zhu 等（2020）设计并构建了含有外切菊粉酶（exo-inulinase）和 *D*-塔格糖 3-差向异构酶的体外双酶分子机器，以菊粉为原料经由果糖制造 *D*-阿洛酮糖，实现了 *D*-阿洛酮糖的低成本一锅法生产，产品得率达到 67%。

2-脱氧-*D*-核糖（2-deoxy-*D*-ribose，DR）是核苷类药物的基础原料和关键中间体。Wang 等（2020）构建了体外多酶分子机器，首先以淀粉为底物获得反应体系的中间产物磷酸二羟丙酮（dihydroxyacetone phosphate，DHAP）和 *D*-甘油醛 3-磷酸（*D*-glyceraldehyde 3-phosphate，G3P），进而利用磷酸丙糖异构酶（triosephosphate isomerase）完成 DHAP 和 G3P 的相互转化，之后利用 G3P 和乙醛在醛缩酶、脱磷酶的级联作用下实现 DR 的合成，产品得率达到 96.7%。在替换该多酶分子机器下游的醛缩酶和脱磷酶后，所构成的新系统也可用于 *L*-塔格糖、*L*-木酮糖、*L*-果糖、*D*-阿洛酮糖等稀有酮糖的高效生产。

除稀少糖外，寡糖也可以通过体外多酶分子机器实现高效合成。例如，Zhong 等（2017）构建了一个包含 3 种热稳酶元件的体外多酶分子机器，将蔗糖转化为纤维二糖，产品摩尔得率达到 62.3%。Sun 等（2019）构建了一个包含 4 种热稳酶元件的体外多酶分子机器，以淀粉和葡萄糖为底物生产昆布二糖（laminaribiose），产品基于淀粉的得率达到 91.9%。Tian 等（2019）构建了利用 4 种酶元件将蔗糖转化为棉子糖的体外多酶分子机器，能够将每摩尔蔗糖转化为 0.39 mol 棉子糖，达到了理论得率的 78%。向该体外多酶分子机器的下游添加水苏糖合成酶（stachyose synthase），即可利用所生成的棉子糖继续生产水苏糖（stachyose）。

功能性糖醇也可以通过体外多酶分子机器进行生产。例如，(−)-*vibo*-栎醇［(−)-*vibo*-quercitol］是多种药物的前体 (Ogawa *et al.*，2005；Ogawa and Kanto，2007)。利用微生物发酵以肌醇为原料进行 (−)-*vibo*-栎醇的生产，会同时生成 (+)-*epi*-栎醇和 (+)-*proto*-栎醇等副产物，导致 (−)-*vibo*-栎醇的得率仅有 35%（Takahashi *et al.*，1999)。Bai 等（2019）构建了以淀粉为底物的体外多酶分子机器，使 (−)-*vibo*-栎醇的得率达到 77%。肌醇广泛分布于动植物体内，在农业（EFSA FEEDAP Panel，2014)、医药（Colodny and Hoffman，1998）等领域均有重要价值。传统的肌醇生产方法需要首先从植物种子中提取植酸（phytate)，而后在高温高压和酸性条件下将植酸水解，产品成本较高（You *et al.*，2017b)。为了降低肌醇的生产成本，研究人员设计了多种体外多酶分子机器，以廉价的生物质为原料实现了肌醇的高效制备。例如，You 等（2017b）设计了能够在 70℃运行的体外多酶分子机器，以淀粉为底物生产肌醇，产品得率高达 98.9%（质量百分比)。该体外多酶分子机器已实现了工业规模的生产。Meng 等（2018）构建了能够将纤维素转化为肌醇的体外多酶分子机器，实现了化学计量数的肌醇生产。Cheng 等（2019）构建了以木糖为底物的体外多酶分子机器，获得了 96.8% 的肌醇得率。

### 10.5.3 手性分子的体外多酶合成

手性是自然界中化合物最重要的属性之一。手性化合物在生命科学、医药、合成化学、环境化学、食品化学等领域扮演着不可或缺的角色。同一化合物的两种对映异构体不仅具有相异的光学性质，而且往往具有不同的生物活性。例如，非甾体类抗炎药（non-steroidal anti-inflammatory drug，NSAID）布洛芬（Ibuprofen）的 (*S*) 型对映异构体活性为其 (*R*) 型对映异构体的 100 倍（Mayer and Testa，1997)，局部麻醉药布比卡因（bupivacaine）的 (*S*)-(−)-型对映异构体的心脏毒性比其 *R* 型对映异构体更低（Bardsley *et al.*，1998）等。

获得手性化合物的传统方法之一是利用拆分试剂对外消旋底物进行拆分或者不对称水解。然而，使用化学拆分试剂对消旋化合物进行拆分需要耗用大量的手性拆分试剂，成本压力大且环境不友好。由于酶元件的催化具有高度立体专一性，体外多酶分子机器在手性化合物的高效合成方面正展现出日益增强的竞争力。例如，Codexis 公司使用醇脱氢酶和葡萄糖脱氢酶（glucose dehydrogenase）进行 (*S*)-4-氯-3-羟基丁酸乙酯的生产，转化率高达 99.5%，*ee* 值大于 99.9%（Davis *et al.*，2005)。Xu 等（2011）构建了含有 *D*-氨基酰化酶（*D*-aminoacylase）和洋葱假单胞菌脂肪酶（lipase PS）的双酶分子机器，在有机溶剂中进行反应，合成了一系列手性 *β*-硝基醇（*β*-nitroalcohol)，产品得率接近 50%，*ee* 值超过 95%。Busto 等（2016）构建了含有 3 种酶元件的体外多酶分子机器，将酚类衍生物转化为对映异构体纯的对羟基苯基乳酸（*p*-hydroxyphenyl lactic acid)，产品得率达 58%～85%，*ee* 值大于 97%。通过传统化学合成法生产抗 HIV 药物 islatravir 需要 12～18 个催化反应，其中涉及多个保护和去保护的步骤，并且难以选择产物的立体构象，导致产品得率只有 2.5%～18%（Kageyama *et al.*，2012)。为了提高 islatravir 的得率，默克公司构建了含有 9 种酶元件的体外多酶分子机器，其中包含 5 个通过定向进化获得的关键酶元件，能够催化非天然底物的不对称反应；在另外4个天然酶元件的辅助之下，该体外多酶分子机器实现了islatravir的水相三步一锅法合成，产品得率达到51%（Huffman *et al.*，2019）。这项工作不但表明了生物催化在不对称有机合成领域正发挥着日益重要的作用，也显现出体外多酶分子机器在手性药物合成方面的强大潜能。

体外多酶分子机器也可用于各种天然和非天然氨基酸的高效合成。Liu等（2016）构建了含有ATP再生模块的双酶分子机器，以谷氨酸盐（glutamate）和乙胺（ethylamine）为底物，以聚磷酸（polyphosphate）为ATP供体，进行了*L*-茶氨酸（*L*-theanine）的合成，产率达到93%。Hara等（2016）设计了含有3种酶元件的体外多酶分子机器，以*L*-精氨酸（*L*-arginine）为底物，进行了反-3-羟基-*L*-脯氨酸（*trans*-3-hydroxy-*L*-proline）的生产。与微生物发酵法相比，该体外多酶分子机器不会产生反-4-羟基-*L*-脯氨酸（*trans*-4-hydroxy-*L*-proline）等副产物，具有更良好的特异性。

### 10.5.4 高分子聚合物的体外多酶合成

体外多酶分子机器也可用于高分子聚合物材料的制备，为高分子合成领域开辟了一条全新高效且环境友好的途径。直链淀粉（amylose）可作为肥胖人群的功能性食品（Maki *et al.*，2012），可被用于制备透明且延展性好的淀粉塑料薄膜（van Soest and Vliegenthart，1997），还是高能量密度的产氢原料（Kim *et al.* 2017），在食品、医药、材料、能源等领域有着广泛的应用。You等（2013）构建了将纤维素转化为直链淀粉的体外多酶分子机器，首先将纤维素水解为纤维二糖，之后利用纤维二糖进行直链淀粉的生产。该体外多酶分子机器能够将纤维素中30%的葡萄糖单元转化为直链淀粉。为了实现直链淀粉的高效体外合成，Qi等（2014）构建了含有蔗糖磷酸化酶（sucrose phosphorylase，SP）和土豆$\alpha$-葡聚糖磷酸化酶（potato $\alpha$-glucan phosphorylase，PGP）的体外双酶分子机器，以蔗糖为底物一锅法合成直链淀粉，每克蔗糖可产生0.346 g直链淀粉，达到了理论得率的73%。反应系统中，SP首先将蔗糖分解为果糖和葡萄糖1-磷酸（G1P），而PGP以体系中少量的麦芽糖糊精（maltodextrin）作为引物，利用G1P进行淀粉链的延长并释放无机磷。通过改变麦芽糖糊精引物的添加量，研究人员获得了数均聚合度（number-average degree of polymerization）为33～262的不同直链淀粉产品，为生产链长可控的直链淀粉奠定了基础。Cai等（2021）设计构建了一个利用甲醇合成淀粉的体外多酶分子机器，并将其与化学催化二氧化碳生成甲醇的反应耦合，首次在体外实现了以二氧化碳为原料到直链淀粉和支链淀粉的人工合成。通过利用定向进化提高限速酶元件的活性、利用蛋白质理性设计改造减少辅酶ATP和ADP对特定酶元件的抑制、开发时空分离的化学-酶反应体系等策略，研究人员将该系统合成淀粉的能力提高了130多倍，淀粉的生产强度达到400 mg/(L·h)。此外，该系统的二氧化碳转化速率为22 nmol/(min·mg)，是之前报道的CETCH人工途径（Schwander *et al.*，2016）转化速率的5倍。

聚3-羟基丁酸酯［poly(3-hydroxybutyrate)，PHB］是大部分微生物能够合成的胞内脂肪族聚酯（Ackermann *et al.*，1995；Daniel *et al.*，2003），既具有与传统的聚丙烯材料相近的特性，也具有良好的生物相容性和生物可降解性（Kariduraganavar *et al.*，2014），是传统石油基塑料的绿色环保替代品。Satoh等（2003）设计了包含5种纯酶元件，以乙酸盐（acetate）为底物生产PHB的体外多酶分子机器，PHB产品的重均分

子量为 $6.64 \times 10^6$，聚合物分散性指数（polymer dispersity index）为 1.36，表明体外多酶分子机器能够合成分子量高且均一度较好的 PHB 产品。Bowie 研究组设计了两种分别以丙酮酸（pyruvate）和葡萄糖为底物生产 PHB 的体外多酶分子机器。在以丙酮酸为底物生产 PHB 的体外多酶分子机器中，研究人员利用丙酮酸脱氢酶复合物（pyruvate dehydrogenase complex，PDHC）催化丙酮酸氧化脱羧转化成乙酰辅酶 A（acetyl-CoA），并通过一个 NADPH 控制阀模块实现了系统的辅酶适配，最终使丙酮酸的转化率达到 94%（Opgenorth *et al.*，2014）。然而 PDHC 的制备过程困难（Valliere *et al.*，2019），不适合应用于大规模生产。在以葡萄糖为底物生产 PHB 的体外多酶分子机器中，葡萄糖首先发生磷酸化并消耗 ATP，之后通过多酶级联反应转化为乙酰磷酸，进而在磷酸转乙酰酶（phosphate acetyltransferase）的催化下生成乙酰辅酶 A，用于 PHB 的合成（Opgenorth *et al.*，2016）。优化后的该系统在室温下反应，最终 PHB 基于葡萄糖的摩尔得率高达 93.6%。该系统的一个优势在于：经离心移除沉淀的 PHB 后，酶反应液可被重复使用，既提高了酶元件的利用率，又降低了产物分离的成本。

## 10.6 总结与展望

体外多酶分子机器具有不需维持细胞的生长，反应途径明确，副反应少，无细胞膜的阻碍，生产过程具有高度可调控性等特点，是高效生产目标化合物的重要手段。体外多酶分子机器作为一个强大的生物制造平台，具有广阔的应用前景。例如，以淀粉为底物生产肌醇的体外多酶分子机器已被用于工业规模的生产（You *et al.*，2017b），初步展现出这一生物制造平台的工业应用价值。然而，总体来说，体外多酶分子机器的稳定性和系统中各元件、模块的适配性仍是目前亟须改善的两大最关键问题。未来体外多酶分子机器的研究方向和发展趋势是：①建立可共享的酶元件、非酶元件以及反应模块数据库，实现反应途径的精简化、智能化设计；②继续新酶元件的发掘和对现有酶元件的改造，以获得催化活性高、热稳定性良好的新酶元件，并创制成本低廉、稳定性高的人工辅酶和蛋白质骨架等非酶元件，提升体外多酶分子机器的稳定性；③开发多样化的有效手段，解决反应系统中的元件与模块适配问题，加快反应速度和提升产品得率；④建立并完善目标化合物的大规模生产和产物分离纯化等相关技术，促进体外多酶分子机器的工业化应用。随着相关研究的逐渐深入，体外多酶分子机器这一生物制造平台将会发挥出更大的潜力，更好地服务于科学研究和工业生产。

## 参考文献

靳爱民. 2015. 运输燃料逐渐远离石油. 石油炼制与化工, 46(9): 74.

魏欣蕾, 游淳. 2019. 体外多酶分子机器的现状和最新进展. 生物工程学报, 35(10): 1870-1888.

Ackermann J-U, Müller S, Lösche A, *et al.* 1995. *Methylobacterium rhodesianum* cells tend to double the DNA content under growth limitations and accumulate PHB. Journal of Biotechnology, 39(1): 9-20.

Arfin S M, Umbarger H E. 1969. Purification and properties of the acetohydroxy acid isomeroreductase of *Salmonella typhimurium*. The Journal of Biological Chemistry, 244(5): 1118-1127.

Atsumi S, Hanai T, Liao J C. 2008. Non-fermentative pathways for synthesis of branched-chain higher alcohols as biofuels. Nature, 451(7174): 86-89.

Baek S H, Park S J, Lee H G. 2010. *D*-psicose, a sweet monosaccharide, ameliorate hyperglycemia, and dyslipidemia in C57BL/6J db/db mice. Journal of Food Science, 75(2): H49-H53.

Bai X, Meng D D, Wei X L, *et al.* 2019. Facile synthesis of (−)-*vibo*-quercitol from maltodextrin via an *in vitro* synthetic enzymatic biosystem. Biotechnology and Bioengineering, 116(10): 2710-2719.

Bardsley H, Gristwood R, Baker H, *et al.* 1998. A comparison of the cardiovascular effects of levobupivacaine and *rac*-bupivacaine following intravenous administration to healthy volunteers. British Journal of Clinical Pharmacology, 46(3): 245-249.

Bar-Even A, Noor E, Lewis N E, *et al.* 2010. Design and analysis of synthetic carbon fixation pathways. Proceedings of the National Academy of Sciences of the United States of America, 107(19): 8889-8894.

Bogorad I W, Lin T S, Liao J C. 2013. Synthetic non-oxidative glycolysis enables complete carbon conservation. Nature, 502(7473): 693-697.

Bornscheuer U T, Huisman G W, Kazlauskas R J, *et al.* 2012. Engineering the third wave of biocatalysis. Nature, 485(7397): 185-194.

Božič M, Pricelius S, Guebitz G M, *et al.* 2010. Enzymatic reduction of complex redox dyes using NADH-dependent reductase from *Bacillus subtilis* coupled with cofactor regeneration. Applied Microbiology and Biotechnology, 85(3): 563-571.

Brinkmann-Chen S, Flock T, Cahn J K, *et al.* 2013. General approach to reversing ketol-acid reductoisomerase cofactor dependence from NADPH to NADH. Proceedings of the National Academy of Sciences of the United States of America, 110(27): 10946-10951.

Bruggink A, Schoevaart R, Kieboom T. 2003. Concepts of nature in organic synthesis: cascade catalysis and multistep conversions in concert. Organic Process Research & Development, 7(5): 622-640.

Bruyere O, Altman R D, Reginster J Y. 2016. Efficacy and safety of glucosamine sulfate in the management of osteoarthritis: Evidence from real-life setting trials and surveys. Seminars in Arthritis and Rheumatism, 45(4 Suppl): S12-S17.

Buchner E. 1897. Alkoholische Gärung ohne Hefezellen. Berichte der Deutschen Chemischen Gesellschaft, 30: 117-124.

Busto E, Simon R C, Richter N, *et al.* 2016. One-pot, two-module three-step cascade to transform phenol derivatives to enantiomerically pure (*R*)- or (*S*)-*p*-hydroxyphenyl lactic acids. ACS Catalysis, 6(4): 2393-2397.

Cahn J K, Werlang C A, Baumschlager A, *et al.* 2017. A general tool for engineering the NAD/NADP cofactor preference of oxidoreductases. ACS Synthetic Biology, 6(2): 326-333.

Cai T, Sun H B, Qiao J, *et al.* 2021. Cell-free chemoenzymatic starch synthesis from carbon dioxide. Science, 373(6562): 1523-1527.

Campbell E, Meredith M, Minteer S D, *et al.* 2012. Enzymatic biofuel cells utilizing a biomimetic cofactor. Chemical Communications, 48(13): 1898-1900.

Campbell E, Wheeldon I R, Banta S. 2010. Broadening the cofactor specificity of a thermostable alcohol dehydrogenase using rational protein design introduces novel kinetic transient behavior. Biotechnology and Bioengineering, 107(5): 763-774.

Cao H, Li C, Zhao J, *et al.* 2017. Enzymatic production of glutathione coupling with an ATP regeneration system based on polyphosphate kinase. Applied Biochemistry and Biotechnology, 185(2): 385-395.

Chao Y P, Patnaik R, Roof W D, *et al.* 1993. Control of gluconeogenic growth by pps and pck in *Escherichia coli*. Journal of Bacteriology, 175(21): 6939-6944.

Chen H, Zhu Z G, Huang R, *et al.* 2016. Coenzyme engineering of a hyperthermophilic 6-phosphogluconate dehydrogenase from NADP(+) to NAD(+) with its application to biobatteries. Scientific Reports, 6: 36311.

Cheng K, Zheng W M, Chen H G, *et al.* 2019. Upgrade of wood sugar *D*-xylose to a value-added nutraceutical by *in vitro* metabolic engineering. Metabolic Engineering, 52: 1-8.

Chuaboon L, Wongnate T, Punthong P, *et al.* 2019. One-pot bioconversion of *L*-arabinose to *L*-ribulose in an enzymatic cascade. Angewandte Chemie International Edition, 58(8): 2428-2432.

Colodny L, Hoffman R L. 1998. Inositol—clinical applications for exogenous use. Alternative Medicine Review, 3(6): 432-447.

da Silva E A B, de Souza A A U, de Souza S G U, *et al.* 2006. Analysis of the high-fructose syrup production using reactive SMB technology. Chemical Engineering Journal, 118(3): 167-181.

Daniel K, Edouard J, Yaacov O. 2003. Involvement of the reserve material poly-beta-hydroxybutyrate in *Azospirillum brasilense* stress endurance and root colonization. Applied and Environmental Microbiology, 69(6): 3244-3250.

Davis C, Grate J, Gray D, *et al.* 2005. Enzymatic processes for the production of 4-substituted 3-hydroxybutyric acid derivatives: US EP03785237.3.

Dumas R, Biou V, Halgand F, *et al.* 2001. Enzymology, structure, and dynamics of acetohydroxy acid isomeroreductase. Accounts of Chemical Research, 34(5): 399-408.

Eberly J O, Ely R L. 2008. Thermotolerant hydrogenases: biological diversity, properties, and biotechnological applications. Critical Reviews in Microbiology, 34(3-4): 117-130.

EFSA FEEDAP Panel. 2014. Scientific opinion on the safety and efficacy of inositol as a feed additive for fish, dogs and cats. EFSA Journal, 12(5): 3671.

Eguchi T, Kuge Y, Inoue K, *et al.* 1992. NADPH regeneration by glucose dehydrogenase from *Gluconobacter scleroides* for *L*-leucovorin synthesis. Bioscience, Biotechnology, and Biochemistry, 56(5): 701-703.

Espinosa I, Fogelfeld L. 2010. Tagatose: from a sweetener to a new diabetic medication? Expert Opinion on Investigational Drugs, 19(2): 285-294.

Fernandes P. 2010. Enzymes in food processing: a condensed overview on strategies for better biocatalysts. Enzyme Research, 2010: 862537.

Fessner W D. 2015. Systems biocatalysis: development and engineering of cell-free "artificial metabolisms" for preparative multi-enzymatic synthesis. New Biotechnology, 32(6): 658-664.

Fossati E, Polentini F, Carrea G, *et al.* 2006. Exploitation of the alcohol dehydrogenase-acetone NADP-regeneration system for the enzymatic preparative-scale production of 12-ketochenodeoxycholic acid. Biotechnology and Bioengineering, 93(6): 1216-1220.

Gao C, Li Z, Zhang L J, *et al.* 2015. An artificial enzymatic reaction cascade for a cell-free bio-system based on glycerol. Green Chemistry, 17(2): 804-807.

Gonzalez R, Murarka A, Dharmadi Y, *et al.* 2008. A new model for the anaerobic fermentation of glycerol in enteric bacteria: trunk and auxiliary pathways in *Escherichia coli*. Metabolic Engineering, 10(5): 234-245.

Granstrom T B, Takata G, Tokuda M, *et al.* 2004. Izumoring: a novel and complete strategy for bioproduction of rare sugars. Journal of Bioscience and Bioengineering, 97(2): 89-94.

Gumina G, Song G Y, Chu C K. 2001. *L*-Nucleosides as chemotherapeutic agents. FEMS Microbiology Letters, 202(1): 9-15.

Guterl J K, Garbe D, Carsten J, *et al.* 2012. Cell-free metabolic engineering: production of chemicals by minimized reaction cascades. ChemSusChem, 5(11): 2165-2172.

Hara R, Kitatsuji S, Yamagata K, *et al.* 2016. Development of a multi-enzymatic cascade reaction for the synthesis of *trans*-3-hydroxy-*L*-proline from *L*-arginine. Applied Microbiology and Biotechnology, 100(1): 243-253.

Honda K, Hara N, Cheng M, *et al.* 2016. *In vitro* metabolic engineering for the salvage synthesis of $NAD^+$. Metabolic Engineering, 35: 114-120.

Hoops S, Sahle S, Gauges R, *et al.* 2006. COPASI—a complex pathway simulator. Bioinformatics, 22(24): 3067-3074.

Huffman M A, Fryszkowska A, Alvizo O, *et al.* 2019. Design of an *in vitro* biocatalytic cascade for the manufacture of islatravir. Science, 366(6470): 1255-1259.

Ishii N, Suga Y, Hagiya A, *et al.* 2007. Dynamic simulation of an *in vitro* multi-enzyme system. FEBS Letters, 581(3): 413-420.

Iwamoto S, Motomura K, Shinoda Y, *et al.* 2007. Use of an *Escherichia coli* recombinant producing thermostable polyphosphate kinase as an ATP regenerator to produce fructose 1,6-diphosphate. Applied and Environmental Microbiology, 73(17): 5676-5678.

Ji D B, Wang L, Hou S H, *et al.* 2011. Creation of bioorthogonal redox systems depending on nicotinamide flucytosine dinucleotide. Journal of the American Chemical Society, 133(51): 20857-20862.

Ji D B, Wang L, Liu W J, *et al.* 2013. Synthesis of NAD analogs to develop bioorthogonal redox system. Science China: Chemistry, 56(3): 296-300.

Jia K Z, Zhang Y P, Li Y. 2010. Systematic engineering of microorganisms to improve alcohol tolerance. Engineering in Life Sciences, 10(5): 422-429.

Johannes T W, Woodyer R D, Zhao H M. 2005. Directed evolution of a thermostable phosphite dehydrogenase for NAD(P)H regeneration. Applied and Environmental Microbiology, 71(10): 5728-5734.

Kageyama M, Miyagi T, Yoshida M, *et al.* 2012. Concise synthesis of the anti-HIV nucleoside EFdA. Bioscience, Biotechnology, and Biochemistry, 76(6): 1219-1225.

Kameda A, Shiba T, Kawazoe Y, *et al.* 2001. A novel ATP regeneration system using polyphosphate-AMP phosphotransferase and polyphosphate kinase. Journal of Bioscience and Bioengineering, 91(6): 557-563.

Kariduraganavar M Y, Kittur A A, Kamble R R. 2014. Polymer Synthesis and Processing. In: Kumbar S G, Laurencin C T, Deng M, eds. Natural and Synthetic Biomedical Polymers. Cambridge: Elsevier Inc. 1-31

Kim D M, Swartz J R. 2001. Regeneration of adenosine triphosphate from glycolytic intermediates for cell-free protein synthesis. Biotechnology and Bioengineering, 74: 309-316.

Kim E J, Kim J E, Zhang Y-H P J. 2018. Ultra-rapid rates of water splitting for biohydrogen gas production through *in vitro* artificial enzymatic pathways. Energy & Environmental Science, 11(8): 2064-2072.

Kim J E, Kim E J, Chen H, *et al.* 2017. Advanced water splitting for green hydrogen gas production through complete oxidation of starch by *in vitro* metabolic engineering. Metabolic Engineering, 44: 246-252.

Kim J E, Zhang Y-H P. 2016. Biosynthesis of *D*-xylulose 5-phosphate from *D*-xylose and polyphosphate through a minimized two-enzyme cascade. Biotechnology and Bioengineering, 113(2): 275-282.

Kim Y H, Campbell E, Yu J, *et al.* 2013. Complete oxidation of methanol in biobattery devices using a hydrogel created from three modified dehydrogenases. Angewandte Chemie International Edition, 52(5): 1437-1440.

Kitabatake S, Dombou M, Tomioka I, *et al.* 1987. Synthesis of P1,P4-di(adenosine 5′-) tetraphosphate by leucyl-tRNA synthetase, coupled with ATP regeneration. Biochemical and Biophysical Research Communications, 146(1): 173-178.

Konomi T, Herchen S, Baldwin J E, *et al.* 1979. Cell-free conversion of delta-(*L*-alpha-aminoadipyl)-*L*-cysteinyl-*D*-valine into an antibiotic with the properties of isopenicillin N in Cephalosporium acremonium. Biochemical Journal, 184(2): 427-430.

Korman T P, Opgenorth P H, Bowie J U. 2017. A synthetic biochemistry platform for cell free production of monoterpenes from glucose. Nature Communications, 8: 15526.

Krutsakorn B, Honda K, Ye X, *et al.* 2013. *In vitro* production of *n*-butanol from glucose. Metabolic Engineering, 20: 84-91.

Liu S, Li Y, Zhu J. 2016. Enzymatic production of *L*-theanine by γ-glutamylmethylamide synthetase coupling with an ATP regeneration system based on polyphosphate kinase. Process Biochemistry, 51(10): 1458-1463.

Liu Y X, Feng Y B, Wang L, *et al.* 2019. Structural insights into phosphite dehydrogenase variants favoring a non-natural redox cofactor. ACS Catalysis, 9(3): 1883-1887.

Lu X Y, Liu Y W, Yang Y Q, *et al.* 2019. Constructing a synthetic pathway for acetyl-coenzyme A from one-carbon through enzyme design. Nature Communications, 10(1): 1378.

Ma K, Weiss R, Adams M W. 2000. Characterization of hydrogenase II from the hyperthermophilic archaeon *Pyrococcus furiosus* and assessment of its role in sulfur reduction. Journal of Bacteriology, 182(7): 1864-1871.

Mahmoudian M, Noble D, Drake C S, *et al.* 1997. An efficient process for production of N-acetylneuraminic acid using N-acetylneuraminic acid aldolase. Enzyme and Microbial Technology, 20(5): 393-400.

Maki K C, Pelkman C L, Finocchiaro E T, *et al.* 2012. Resistant starch from high-amylose maize increases insulin sensitivity in overweight and obese men. Journal of Nutrition, 142(4): 717-723.

Martín del Campo J S, Rollin J, Myung S, *et al.* 2013. High-yield production of dihydrogen from xylose by using a synthetic enzyme cascade in a cell-free system. Angewandte Chemie International Edition in English, 52(17): 4587-4590.

Mathé C, Gosselin G. 2006. *L*-nucleoside enantiomers as antivirals drugs: a mini-review. Antiviral Research, 71(2-3): 276-281.

Maurer S C, Kühnel K, Kaysser L A, *et al.* 2005. Catalytic hydroxylation in biphasic systems using CYP102A1 mutants. Advanced Synthesis & Catalysis, 347(7-8): 1090-1098.

Mayer J M, Testa B. 1997. Pharmacodynamics, pharmacokinetics and toxicity of ibuprofen enantiomers. Drugs of the Future, 22(12): 1347.

Meng D D, Wei X L, Zhang Y-H P J, *et al.* 2018. Stoichiometric conversion of cellulosic biomass by *in vitro* synthetic enzymatic biosystems for biomanufacturing. ACS Catalysis, 8(10): 9550-9559.

Meng Q L, Zhang Y F, Ju X Z, *et al.* 2016. Production of 5-aminolevulinic acid by cell free multi-enzyme catalysis. Journal of Biotechnology, 226: 8-13.

Mertens R, Greiner L, van den Ban E C D, *et al.* 2003. Practical applications of hydrogenase I from *Pyrococcus furiosus* for NADPH generation and regeneration. Journal of Molecular Catalysis B: Enzymatic, 24-25: 39-52.

Mertens R, Liese A. 2004. Biotechnological applications of hydrogenases. Current Opinion in Biotechnology, 15(4): 343-348.

Moustafa H M A, Kim E J, Zhu Z G, *et al.* 2016. Water splitting for high-yield hydrogen production energized by biomass xylooligosaccharides catalyzed by an enzyme cocktail. ChemCatChem, 8(18): 2898-2902.

Murarka A, Dharmadi Y, Yazdani S S, *et al.* 2008. Fermentative utilization of glycerol by *Escherichia coli* and its implications for the production of fuels and chemicals. Applied and Environmental Microbiology, 74(4): 1124-1135.

Murata A, Sekiya K, Watanabe Y, *et al.* 2003. A novel inhibitory effect of *D*-allose on production of reactive oxygen species from neutrophils. Journal of Bioscience and Bioengineering, 96(1): 89-91.

Myung S, Rollin J, You C, *et al.* 2014. *In vitro* metabolic engineering of hydrogen production at theoretical yield from sucrose. Metabolic Engineering, 24: 70-77.

Niphadkar S, Bagade P, Ahmed S. 2018. Bioethanol production: insight into past, present and future perspectives. Biofuels, 9(2): 229-238.

Ogawa S, Asada M, Ooki Y, *et al.* 2005. Design and synthesis of glycosidase inhibitor 5-amino-1,2,3,4-cyclohexanetetrol derivatives from (−)-*vibo*-quercitol. Bioorganic & Medicinal Chemistry, 13(13): 4306-4314.

Ogawa S, Kanto M. 2007. Synthesis of valiolamine and some precursors for bioactive carbaglycosylamines from (−)-*vibo*-quercitol produced by biogenesis of *myo*-inositol. Journal of Natural Products, 70(3): 493-497.

Opgenorth P H, Korman T P, Bowie J U. 2014. A synthetic biochemistry molecular purge valve module that maintains redox balance. Nature Communications, 5: 4113.

Opgenorth P H, Korman T P, Bowie J U. 2016. A synthetic biochemistry module for production of bio-based chemicals from glucose. Nature Chemical Biology, 12(6): 393-395.

Opgenorth P H, Korman T P, Iancu L, *et al.* 2017. A molecular rheostat maintains ATP levels to drive a synthetic biochemistry system. Nature Chemical Biology, 13(9): 938-942.

Paul C E, Arends I W C E, Hollmann F. 2014. Is simpler better? Synthetic nicotinamide cofactor analogues for redox chemistry. ACS Catalysis, 4(3): 788-797.

Qi P, You C, Zhang Y-H P. 2014. One-pot enzymatic conversion of sucrose to synthetic amylose by using enzyme cascades. ACS Catalysis, 4(5): 1311-1317.

Relyea H A, van der Donk W A. 2005. Mechanism and applications of phosphite dehydrogenase. Bioorganic Chemistry, 33(3): 171-189.

Resnick S M, Zehnder A J. 2000. *In vitro* ATP regeneration from polyphosphate and AMP by polyphosphate: AMP phosphotransferase and adenylate kinase from *Acinetobacter johnsonii* 210A. Applied and Environmental Microbiology, 66(5): 2045-2051.

Rollin J A, Martin del Campo J, Myung S, *et al.* 2015. High-yield hydrogen production from biomass by *in vitro* metabolic engineering: mixed sugars coutilization and kinetic modeling. Proceedings of the National Academy of Sciences of the United States of America, 112(16): 4964-4969.

Rollin J A, Tam T K, Zhang Y-H P. 2013. New biotechnology paradigm: cell-free biosystems for biomanufacturing. Green Chemistry, 15(7): 1708-1719.

Ryan J D, Fish R H, Clark D S. 2008. Engineering cytochrome P450 enzymes for improved activity towards biomimetic 1,4-NADH cofactors. Chem Bio Chem, 9(16): 2579-2582.

Salli K, Lehtinen M J, Tiihonen K, *et al.* 2019. Xylitol's health benefits beyond dental health: a comprehensive review. Nutrients, 11(8): 1813.

Satoh Y, Tajima K, Tannai H, *et al.* 2003. Enzyme-catalyzed poly(3-hydroxybutyrate) synthesis from acetate with CoA recycling and NADPH regeneration *in vitro*. Journal of Bioscience and Bioengineering, 95(4): 335-341.

Schultheisz H L, Szymczyna B R, Scott L G, *et al.* 2011. Enzymatic *de novo* pyrimidine nucleotide synthesis. Journal of the American Chemical Society, 133(2): 297-304.

Schwander T, von Borzyskowski L S, Burgener S, *et al.* 2016. A synthetic pathway for the fixation of carbon dioxide *in vitro*. Science, 354(6314): 900-904.

Shen C R, Liao J C. 2008. Metabolic engineering of *Escherichia coli* for 1-butanol and 1-propanol production via the keto-acid pathways. Metabolic Engineering, 10(6): 312-320.

Song Y H, Liu M X, Xie L P, *et al.* 2019. A recombinant 12-His tagged *Pyrococcus furiosus* soluble [NiFe]-hydrogenase I overexpressed in *Thermococcus kodakarensis* KOD1 facilitates hydrogen-powered *in vitro* NADH regeneration. Biotechnology Journal, 14(4): e1800301.

Sperl J M, Sieber V. 2018. Multienzyme cascade reactions—status and recent advances. ACS Catalysis, 8(3): 2385-2396.

Spirin A S, Baranov V I, Ryabova L A, *et al.* 1988. A continuous cell-free translation system capable of producing polypeptides in high yield. Science, 242(4882): 1162-1164.

Su H H, Guo Z W, Wu X L, *et al.* 2019. Efficient bioconversion of sucrose to high-value-added glucaric acid by *in vitro* metabolic engineering. ChemSusChem, 12(10): 2278-2285.

Sun S S, Wei X L, You C. 2019. The Construction of an *in vitro* synthetic enzymatic biosystem that facilitates laminaribiose biosynthesis from maltodextrin and glucose. Biotechnology Journal, 14(4): e1800493.

Takahashi A, Kanbe K, Tamamura T, *et al.* 1999. Bioconversion of myo-inositol to rare cyclic sugar alcohols. Anticancer Research, 19: 3807.

Taniguchi H, Okano K, Honda K. 2017. Modules for *in vitro* metabolic engineering: pathway assembly for bio-based production of value-added chemicals. Synthetic and Systems Biotechnology, 2(2): 65-74.

Tao R S, Jiang Y, Zhu F Y, *et al.* 2014. A one-pot system for production of *L*-2-aminobutyric acid from *L*-threonine by *L*-threonine deaminase and a NADH-regeneration system based on *L*-leucine dehydrogenase and formate dehydrogenase. Biotechnology Letters, 36(4): 835-841.

Thauer R K, Kaster A K, Seedorf H, *et al.* 2008. Methanogenic archaea: ecologically relevant differences in energy conservation. Nature Reviews Microbiology, 6(8): 579-591.

Tian C Y, Yang J G, Zeng Y, *et al.* 2019. Biosynthesis of raffinose and stachyose from sucrose via an *in vitro* multienzyme system. Applied and Environmental Microbiology, 85(2): e02306-e02318.

Tong X D, El-Zahab B, Zhao X Y, *et al.* 2011. Enzymatic synthesis of *L*-lactic acid from carbon dioxide and ethanol with an inherent cofactor regeneration cycle. Biotechnology and Bioengineering, 108(2): 465-469.

Trudeau D L, Edlich-Muth C, Zarzycki J, *et al.* 2018. Design and *in vitro* realization of carbon-conserving photorespiration. Proceedings of the National Academy of Sciences of the United States of America, 115(49): E11455-E11464.

Valliere M A, Korman T P, Woodall N B, *et al.* 2019. A cell-free platform for the prenylation of natural products and application to cannabinoid production. Nature Communications, 10(1): 565.

van Soest J J, Vliegenthart J F. 1997. Crystallinity in starch plastics: consequences for material properties. Trends in Biotechnology, 15(6): 208-213.

Wang W, Liu M, You C, *et al.* 2017. ATP-free biosynthesis of a high-energy phosphate metabolite fructose 1,6-diphosphate by *in vitro* metabolic engineering. Metabolic Engineering, 42: 168-174.

Wang W, Yang J G, Sun Y X, *et al.* 2020. Artificial ATP-free *in vitro* synthetic enzymatic biosystems facilitate aldolase-mediated C—C bond formation for biomanufacturing. ACS Catalysis, 10(2): 1264-1271.

Wang Y, Huang W, Sathitsuksanoh N, *et al.* 2011. Biohydrogenation from biomass sugar mediated by *in vitro* synthetic enzymatic pathways. Chemistry & Biology, 18(3): 372-380.

Wang Y, Zhang Y-H P. 2009. Cell-free protein synthesis energized by slowly-metabolized maltodextrin. BMC Biotechnol, 9(1): 58.

Wei X L, Xie L P, Zhang Y-H P J, *et al.* 2018. Stoichiometric regeneration of ATP by a NAD(P)/CoA-free and phosphate-balanced *in vitro* synthetic enzymatic biosystem. ChemCatChem, 10(24): 5597-5601.

Welch P, Scopes R K. 1985. Studies on cell-free metabolism: Ethanol production by a yeast glycolytic system reconstituted from purified enzymes. Journal of Biotechnology, 2(5): 257-273.

Wong C H, Drueckhammer D G, Sweers H M. 1985. Enzymatic vs fermentative synthesis: thermostable glucose dehydrogenase catalyzed regeneration of NAP(P)H for use in enzymatic synthesis. Journal of the American Chemical Society, 107(13): 4028-4031.

Wong C H, Whitesides G M. 1982. Enzyme-catalyzed organic synthesis: NAD(P)H cofactor regeneration using ethanol/alcohol dehydrogenase/aldehyde dehydrogenase and methanol/alcohol dehydrogenase/aldehyde dehydrogenase/formate dehydrogenase. Journal of Organic Chemistry, 47(14): 2816-2818.

Wu H, Tian C Y, Song X K, *et al.* 2013. Methods for the regeneration of nicotinamide coenzymes. Green Chemistry, 15(7): 1773-1789.

Wu X, Kobori H, Orita I, *et al.* 2012. Application of a novel thermostable NAD(P)H oxidase from hyperthermophilic archaeon for the regeneration of both NAD plus and NADP. Biotechnology and Bioengineering, 109(1): 53-62.

Xie L P, Wei X L, Zhou X G, *et al.* 2018. Conversion of *D*-glucose to *L*-lactate via pyruvate by an optimized cell-free enzymatic biosystem containing minimized reactions. Synthetic and Systems Biotechnology, 3(3): 204-210.

Xu F, Wang J, Liu B, *et al.* 2011. Enzymatic synthesis of optical pure $\beta$-nitroalcohols by combining *D*-aminoacylase-catalyzed nitroaldol reaction and immobilized lipase PS-catalyzed kinetic resolution. Green Chemistry, 13(9): 2359-2361.

Xu Z N, Jing K J, Liu Y, *et al.* 2007. High-level expression of recombinant glucose dehydrogenase and its application in NADPH regeneration. Journal of Industrial Microbiology & Biotechnology, 34(1): 83-90.

Yang X, Yuan Q, Luo H, *et al.* 2019. Systematic design and *in vitro* validation of novel one-carbon assimilation pathways. Metabolic Engineering, 56: 142-153.

Ye X, Honda K, Sakai T, *et al.* 2012. Synthetic metabolic engineering-a novel, simple technology for designing a chimeric metabolic pathway. Microbial Cell Factories, 11: 120.

Ye X, Wang Y, Hopkins R C, *et al.* 2009. Spontaneous high-yield production of hydrogen from cellulosic materials and water catalyzed by enzyme cocktails. ChemSusChem, 2(2): 149-152.

You C, Chen H, Myung S, *et al.* 2013. Enzymatic transformation of nonfood biomass to starch. Proceedings of the National Academy of Sciences of the United States of America, 110(18): 7182-7187.

You C, Huang R, Wei X L, *et al.* 2017a. Protein engineering of oxidoreductases utilizing nicotinamide-based coenzymes, with applications in synthetic biology. Synthetic and Systems Biotechnology, 2(3): 208-218.

You C, Shi T, Li Y J, *et al.* 2017b. An *in vitro* synthetic biology platform for the industrial biomanufacturing of *myo*-inositol from starch. Biotechnology and Bioengineering, 114(8): 1855-1864.

Zhang X, Wu H, Huang B, *et al.* 2017. One-pot synthesis of glutathione by a two-enzyme cascade using a thermophilic ATP regeneration system. Journal of Biotechnology, 241: 163-169.

Zhang Y-H P, Evans B R, Mielenz J R, *et al.* 2007. High-yield hydrogen production from starch and water by a synthetic enzymatic pathway. PLoS One, 2(5): e456.

Zhang Y-H P, Myung S, You C, *et al.* 2011. Toward low-cost biomanufacturing through *in vitro* synthetic biology: bottom-up design. Journal of Materials Chemistry, 21(47): 18877-18886.

Zhang Y-H P. 2010. Production of biocommodities and bioelectricity by cell-free synthetic enzymatic pathway biotransformations: challenges and opportunities. Biotechnology and Bioengineering, 105(4): 663-677.

Zhang Y-H P. 2011. Simpler is better: high-yield and potential low-cost biofuels production through cell-free synthetic pathway biotransformation (SyPaB). ACS Catalysis, 1(9): 998-1009.

Zhang Y-H P. 2015. Production of biofuels and biochemicals by *in vitro* synthetic biosystems: opportunities and challenges. Biotechnology Advances, 33(7): 1467-1483.

Zhong C, Wei P, Zhang Y-H P. 2017. A kinetic model of one-pot rapid biotransformation of cellobiose from sucrose catalyzed by three thermophilic enzymes. Chemical Engineering Science, 161: 159-166.

Zhou W, You C, Ma H W, *et al.* 2016. One-pot biosynthesis of high-concentration $\alpha$-glucose 1-phosphate from starch by sequential addition of three hyperthermophilic enzymes. Journal of Agricultural and Food Chemistry, 64(8): 1777-1783.

Zhu P, Zeng Y, Chen P, *et al.* 2020. A one-pot two-enzyme system on the production of high value-added *D*-allulose from Jerusalem artichoke tubers. Process Biochemistry, 88: 90-96.

# 第11章

# 化学-酶偶联催化

姚培圆　朱敦明

中国科学院天津工业生物技术研究院

## 11.1 概述

化学对于满足人类不断增长的物质文化生活的需求至关重要。20世纪以来，化学合成技术在其他学科的推动下已得到了高速发展，形成了成熟的化学工业，极大地促进了材料、药物、食品添加剂、化妆品等精细化学品的生产。同时，化学合成由于其自身的特点，导致环境污染的加剧，对我们的健康和日常生活产生不利影响，因此，亟须开发绿色合成方法生产我们需要的化工产品，促进化工行业的可持续发展。

此外，自然界创造了各种各样的酶，在生物体中催化各种化学反应。与传统的化学反应相比，生物催化反应具有多种优势，如高化学选择性、区域选择性、立体选择性和反应条件温和等。同时，酶可以催化传统化学反应难以实现的各种反应。生物催化可以避免活性基团的保护和去保护步骤，从而大幅减少反应步骤。例如，治疗丙肝的药物波普瑞韦（Boceprevir）关键中间体的合成（图11.1），传统化学合成需要8步反应，而利用单胺氧化酶MAO-N选择性氧化前手性底物为手性亚胺的方法仅需两步反应即可，使产率提高了150%，原料和水分别节省了60%和61%，污染物排放减少了63%，整个合成途径更加绿色环保节能，从而更加适合工业化生产（Li *et al.*，2012）。

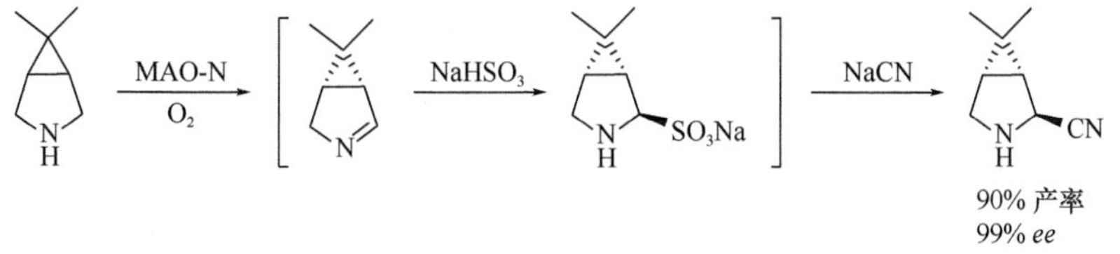

MAO-N, $O_2$ → $NaHSO_3$ → NaCN; $SO_3Na$; CN; 90% 产率; 99% *ee*

图11.1　波普瑞韦关键中间体的合成

化学和酶催化的逆合成分析促进了药物、天然产物等复杂有机分子新合成路线的设计。化学-酶偶联反应由于可以有效减少废弃物的排放、能源消耗和生产成本，因此在开发绿色化学过程中起着极其重要的作用。在过去二十年中，该领域取得了长足的进步，工业界也越来越关注酶在药物、食品添加剂、化妆品等精细化学品生产中的应用。

在本章中，我们将介绍与传统化学反应相比酶催化反应的独特特征，并通过一些示例介绍化学-酶偶联催化的不同模式。

### 11.1.1 酶催化反应的优势

酶催化反应通常具有高度的化学选择性，即酶催化可以实现一个官能团的特异性转化，而不影响其他活性官能团，这是传统化学反应难以实现的。例如，化学水解氰基为羧酸需要在高温、强碱性或强酸性条件下，而在该条件下酯基也会被水解，所以在传统的化学方法中，不可能选择性地水解氰基而不水解酯基。腈水解酶可以解决这一问题，该酶在中性条件下可以催化氰基的化学特异性水解，在存在其他对酸或碱敏感的官能团的情况下生成相应的羧酸（Wang，2005）。例如，来源于拟南芥（*Arabidopsis thaliana*）的腈水解酶（AtNIT2）可以催化 (*R*)-4-氰基-3-羟基丁酸乙酯化学选择性水解为 (*R*)-3-羟基戊二酸乙酯（图 11.2），时空产率达到 625.5 g/(L·d)（Yao *et al.*，2015）。

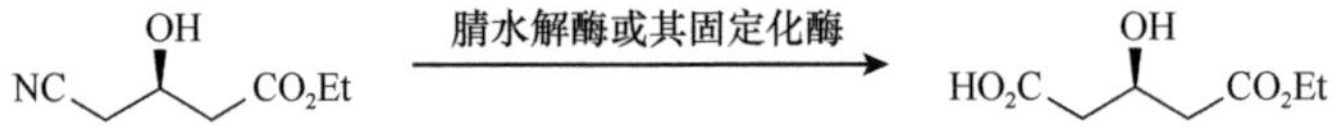

OH NC CO₂Et —腈水解酶或其固定化酶→ OH HO₂C CO₂Et

图 11.2 腈水解酶催化 (*R*)-4-氰基-3-羟基丁酸乙酯的化学选择性水解

此外，酶可以区分一个分子中不同位置相同的官能团，因此酶促反应通常具有很高的区域选择性。将区域特异性酶促反应引入有机合成中，可以避免官能团的保护和去保护步骤，从而简化目标化合物的合成路线。如图 11.3 所示，在一个分子中同时存在三氟甲基和甲基取代二酮的情况下，一些商业化的羰基还原酶就可以实现三氟甲基和甲基取代酮的选择性还原，生成相应的手性羟基酮产物（Grau *et al.*，2007）。

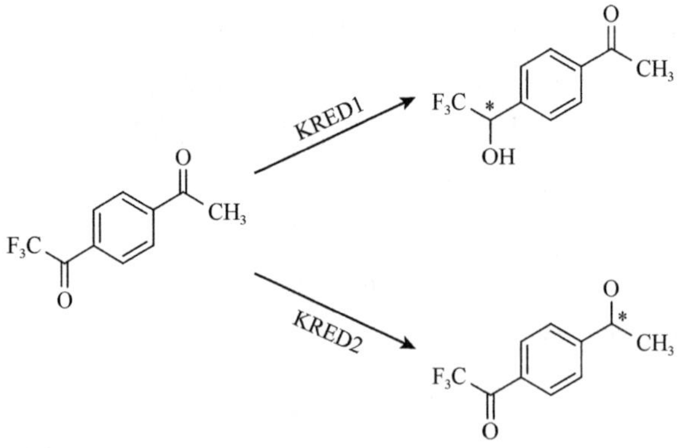

KRED1 / KRED2

图 11.3 酶催化三氟甲基和甲基取代二酮的区域选择性还原

* 代表手性中心

酶催化反应的立体选择性通常优于传统的化学催化反应，使酶催化成为化学不对称转化的替代或补充。利用化学法还原酮，只有当羰基两侧的取代基在空间和/或电子上差别较大时，才具有较高的对映选择性。(*R*)-3-羟基四氢噻吩是合成广谱抗菌药硫培南的关键中间体，3-四氢噻吩酮的还原是最直接的合成方法。但是，该底物空间上近乎对称，使得化学不对称还原的立体选择性较低（23%～82% *ee*）。而通过对开菲尔乳杆菌（*Lactobacillus kefir*）来源的羰基还原酶（LBADH）的改造，可以实现 100 g/L 底物的完全转化，*R*-构型产物的 *ee* 值大于 99%，产率为 81%～88%，该工艺已成功替代传统化学工艺路线（Liang *et al.*，2010）。类似地，通过对布氏嗜热产乙醇杆菌（*Thermoethanolicus brockii*）羰基还原酶（TbADH）的改造，可以实现3-四氢呋喃酮及其他难以不对称还原的酮的对映选择性还原，生成相应的*R*-或*S*-构型醇（Sun *et al.*，2016）（图11.4）。

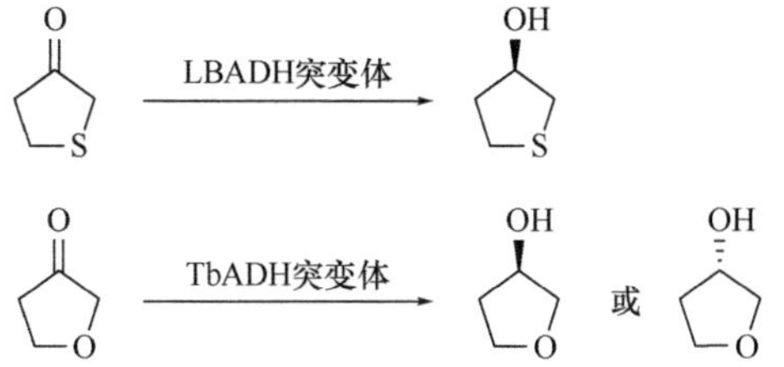

LBADH突变体

TbADH突变体

或

图11.4 羰基还原酶催化3-四氢噻吩酮与3-四氢呋喃酮的不对称还原

(13*R*,17*S*)-ethyl secol是合成孕二烯酮及左炔诺孕酮等甾体药物的关键中间体，ethyl secodione的去对称还原可以同时构建两个手性中心，是合成这类化合物最直接、最有效的方法。但是传统化学方法需要在低温下进行，生成(13*R*,17*R*)-ethyl secol的产率只有25%～30%，*ee*值为75%（Contente *et al.*，2016）。而以RasADH的突变体RasADH F12为催化剂，可以生成单一构型的(13*R*,17*S*)-ethyl secol，分离产率达到94%（Chen *et al.*，2019）（图11.5）。

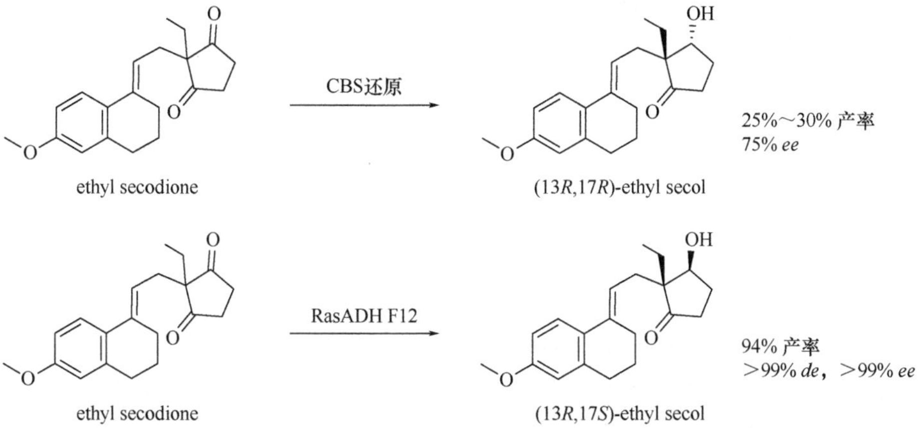

ethyl secodione

CBS还原

(13*R*,17*R*)-ethyl secol

25%～30%产率
75% *ee*

ethyl secodione

RasADH F12

(13*R*,17*S*)-ethyl secol

94%产率
>99% *de*，>99% *ee*

图11.5 ethyl secodione的化学和生物不对称还原

*de*为非对映体过量

众所周知，除高度的化学选择性、区域选择性和立体选择性外，酶促反应通常在室温下中性或接近中性的缓冲液中进行。这些温和的条件可以避免分子中不稳定官能团的转化。通过将生物催化反应整合到目标化合物的合成中，可以避免传统化学合成过程中不稳定官能团的保护和去保护步骤。另外，酶促反应可以有效、清洁地进行，减少副产物的形成。

### 11.1.2 化学-酶偶联催化的模式

由于高度的立体选择性、化学选择性、区域选择性和温和的反应条件，酶有望在“绿色化学”中发挥更重要的作用。化学-酶偶联的反应策略为开发高效和可持续的合成技术提供了契机，有望解决我们今天面临的健康、环境、能源和安全问题。

化学-酶偶联反应可分为以下三种模式：分步分釜反应、分步同釜反应、同步同釜反应。分步分釜反应是将化学反应和酶促反应分别在单独的反应器中进行，可以充分发挥化学反应与酶促反应各自的优势，不必考虑两者的兼容性，因此这种模式可以达到复杂分子的合成目的。例如，羰基还原酶与化学反应偶联可用于抗抑郁药——度洛西汀的合成。首先由 2-乙酰基噻吩经曼尼希反应生成中间体 3-(二甲氨基)-1-(2′-噻吩基)-1-丙酮，然后经圆红冬孢酵母（*Rhodosporidium toruloides*）羰基还原酶催化不对称还原生成 (*S*)-3-(二甲氨基)-1-(2′-噻吩基)-1-丙醇，再进一步利用化学反应转化为 (*S*)-度洛西汀，产物的总产率达到 60%，*ee* 值大于 98.5%（Chen *et al.*，2016）（图 11.6）。

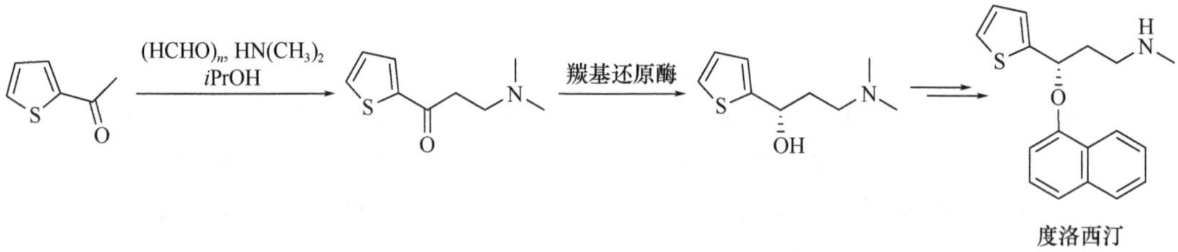

$(HCHO)_m$, $HN(CH_3)_2$
*i*PrOH
羰基还原酶
度洛西汀

图 11.6 度洛西汀化学-酶法合成

分步同釜反应是将化学反应和酶促反应依次在一个釜中进行，避免了反应中间产物的分离纯化。例如，有机催化氧化与生物催化还原结合实现仲醇的去消旋化，利用 2-氮杂金刚烷-*N*-氧自由基（AZADO）催化醇消旋体氧化生成相应的酮，然后利用立体选择性互补的羰基还原酶将其还原生成相应的手性醇（Liardo *et al.*，2018）（图 11.7）。

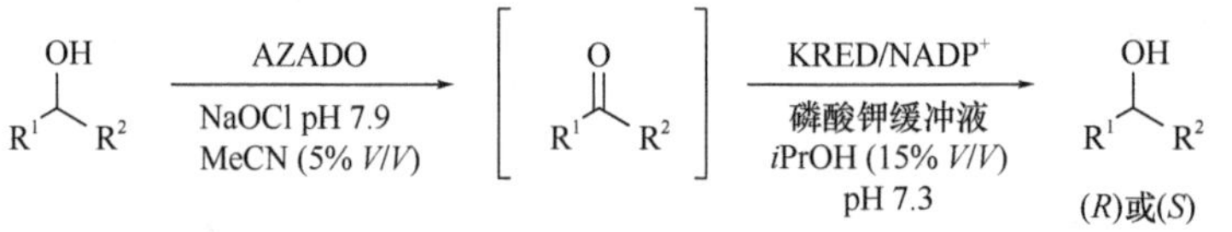

AZADO
NaOCl pH 7.9
MeCN (5% *V*/*V*)
KRED/NADP$^+$
磷酸钾缓冲液
*i*PrOH (15% *V*/*V*)
pH 7.3
(*R*)或(*S*)

图 11.7 仲醇的化学-酶法去消旋化

同步同釜反应是指化学反应与酶促反应在同一反应釜中同时进行。该反应模式不仅可以避免中间产物的累积，还可以充分发挥化学反应与酶促反应的协同作用。例如，利用环己胺氧化酶（CHAO）与硼铵实现 2-甲基-1,2,3,4-四氢喹啉的去消旋化（图 11.8）。CHAO 选择性氧化 (*S*)-2-甲基-1,2,3,4-四氢喹啉生成亚胺中间体，然后硼铵将其还原为消旋体，经过多轮的循环，实现 *R*-构型产物的累积，最终产物的 *ee* 值达到 98%，分离产率为 76%（Li *et al.*，2014b）。

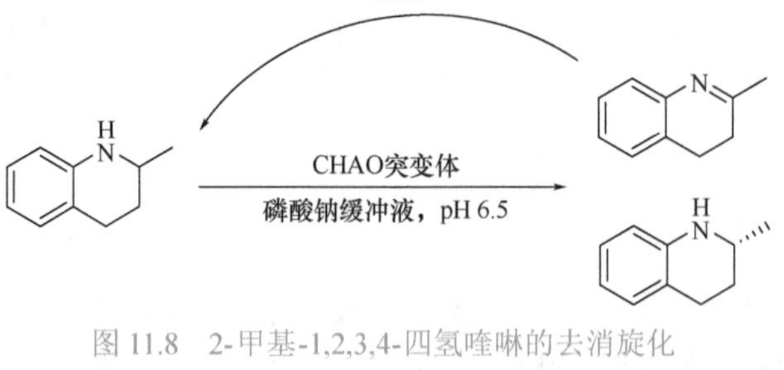

硼铵
CHAO突变体
磷酸钠缓冲液，pH 6.5

图 11.8 2-甲基-1,2,3,4-四氢喹啉的去消旋化

就分子构建和官能团转化的能力而言，化学反应和酶促反应具有各自的优势与不足。

化学反应和酶促反应的结合可以充分发挥各自的优势，通过设计从起始原料到产物的新型合成路线，为开发高效、可持续的工艺提供了巨大的潜力。分步分釜反应模式比较容易实现，因为化学反应和酶促反应都被单独视为合成步骤，而无需考虑两者反应条件的兼容性。但是，这种反应模式比另外两种反应模式效率低，本章不做过多阐述。分步同釜反应和同步同釜反应模式实际上是有机合成中的级联反应。级联反应包括至少两个连续的反应，后续的反应借助于在先前反应中形成的化学官能团而发生。在级联反应的最严格定义中，级联反应的连续步骤之间的反应条件不会改变，并且在初始步骤之后不添加新试剂。这种顺序反应也称为多米诺骨牌反应。但是，文献中经常采用相对宽泛的定义，即不排除在第一次反应后添加新试剂或改变条件。本章采用较宽泛的级联反应定义，所指的级联反应包括同釜顺次反应和并发反应。

## 11.2 分步同釜化学-酶偶联催化模式

### 11.2.1 模式特点

分步分釜反应涉及反应中间产物的分离纯化过程，使得生产效率相对较低，生产成本较高。故人们开发了分步同釜化学-酶偶联催化模式，即化学合成与酶促反应在同一反应釜中分步进行，避免了中间产物的分离纯化过程，从而简化了操作步骤，减少了有机溶剂的使用，大幅提高了生产效率。

### 11.2.2 挑战及解决方案

分步同釜化学-酶偶联催化模式也面临许多挑战，如化学反应一般反应条件比较苛刻且在有机溶剂中进行，而酶促反应条件相对比较温和且在水相中进行，如何实现两者的有效匹配是亟待解决的问题。但近年来通过对反应体系的设计与优化，该反应模式已取得很大的进展（Dumeignil *et al.*，2018）。

### 11.2.3 进展与实例

以下按酶的类型简要介绍分步同釜化学-酶偶联催化模式的研究进展。

#### 1. 脂肪酶

脂肪酶由于其高度的化学选择性、区域选择性、立体选择性及较强的有机溶剂耐受性，可应用于分步同釜模式与许多金属及有机催化反应偶联。例如，通过对光延反应（Mitsunobu 反应）条件的控制，可以将 (*R*)-1,5-十一碳二烯-3-醇构型翻转，生成 (*S*)-1,5-十一碳二烯-3-醇。该反应串联脂肪酶催化动力学拆分 1,5-十一碳二烯-3-醇，可得到单一构型的 (*S*)-1,5-十一碳二烯-3-醇乙酸酯，然后通过酯水解，生成 (*S*)-1,5-十一碳二烯-3-醇，产率为 96%，*ee* 值为 90%（Wallner *et al.*，2003）（图 11.9）。

脂肪酶不仅能催化酯化与酯交换反应，也可以催化酰胺化反应。例如，南极假丝酵母脂肪酶 B（CAL-B）可催化羧酸甲酯与炔丙胺反应生成 *N*-炔丙基酰胺，该类化合物可继续与叠氮化物在亚铜催化下发生点击反应，生成相应的 1,2,3-三唑类化合物，产率为 51%～85%（Hassan *et al.*，2013）（图 11.10）。

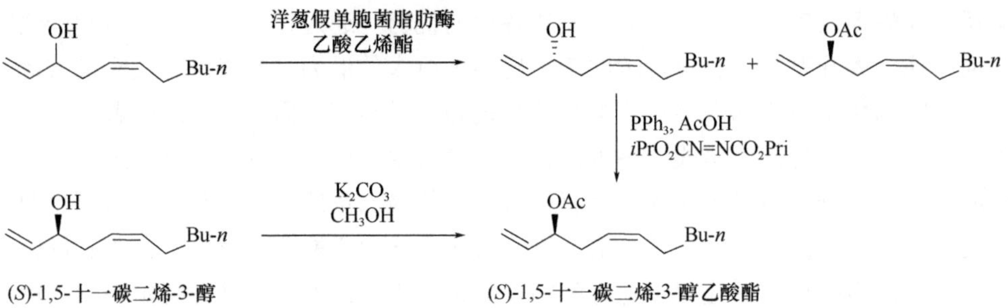

图 11.9 脂肪酶与 Mitsunobu 反应偶联合成 (S)-1,5-十一碳二烯-3-醇乙酸酯与 (S)-1,5-十一碳二烯-3-醇

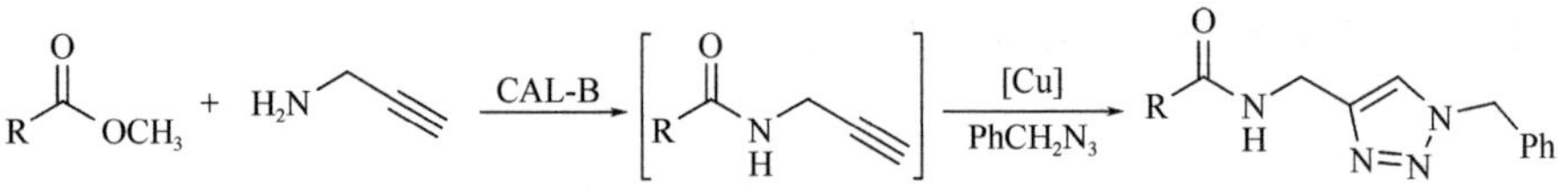

图 11.10 脂肪酶与点击反应偶联制备 1,2,3-三唑类化合物

## 2. 羰基还原酶

羰基还原酶已被广泛整合到高值化学品的不对称合成中，如羰基还原酶与羟醛缩合反应串联不对称合成手性 1,3-二醇类化合物。不对称羟醛缩合反应是合成手性 $\beta$-羟基酮类化合物的重要反应，有机催化剂 (*S*,*S*)-1 和 (*R*,*R*)-1 可以催化对氯苯甲醛与丙酮的羟醛缩合反应生成相应的 *R*-或 *S*-构型的 $\beta$-羟基酮（82%～83% *ee*）。*R*-构型的产物可进一步被 *S*-或 *R*-选择性的羰基还原酶还原生成相应的 (1*R*,3*S*)-1,3-二醇产物或 (1*R*,3*R*)-1,3-二醇产物（图 11.11），同样，*S*-构型的产物可以合成 (1*S*,3*S*)-1,3-二醇产物或 (1*S*,3*R*)-1,3-二醇产物，从而得到 4 种单一构型的 1,3-二醇产物（Baer *et al.*，2009）。

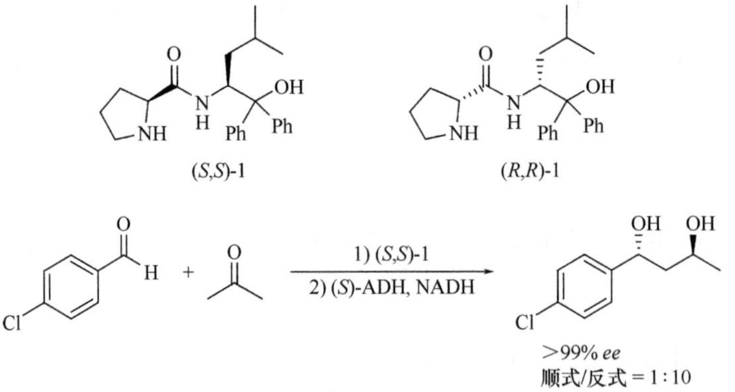

图 11.11 羰基还原酶与羟醛缩合反应串联合成手性 1,3-二醇类化合物

羰基还原酶与 Suzuki-Miyaura 交叉偶联反应串联可以合成骨质疏松症治疗药物奥当卡替关键中间体（图 11.12）。赤红球菌来源的羰基还原酶催化不对称还原 1-(4-溴苯基)-2,2,2-三氟乙酮生成 (*R*)-1-(4-溴苯)-2,2,2-三氟乙醇，接着在钯催化下与 4-甲磺酰基苯基硼酸发生 Suzuki-Miyaura 交叉偶联反应生成相应的 (*R*)-2,2,2-三氟-1-(4′-甲磺酰基-1,1′-联苯基)-1-乙醇（产率 73%，99% *ee*）（Lopes *et al.*，2014）。近年来，人们发现也可以先利用钯催化 1-(4-溴苯基)-2,2,2-三氟乙酮与 4-甲磺酰基苯基硼酸发生 Suzuki-

Miyaura交叉偶联反应生成相应的联苯化合物，然后利用罗尔斯通（*Ralstonia* species）来源的羰基还原酶RasADH将其还原为(*R*)-2,2,2-三氟-1-(4′-甲磺酰基-1,1′-联苯基)-1-乙醇［产率85%，时空产率128 g/(L·d)］（Gonzalez-Martinez *et al.*，2019）。

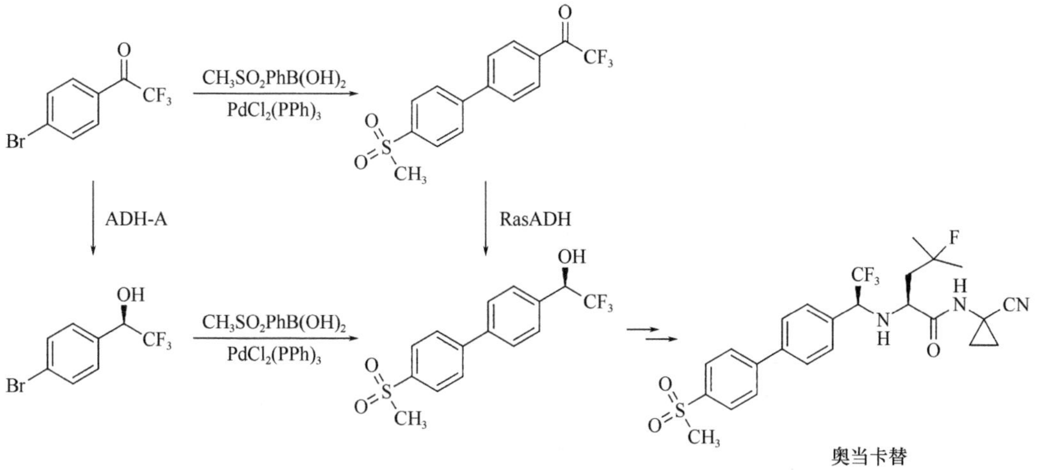

O
CF3
Br
$CH_3SO_2PhB(OH)_2$
$PdCl_2(PPh)_3$
O
CF3
O
S
O
CH3
ADH-A
RasADH
OH
CF3
Br
$CH_3SO_2PhB(OH)_2$
$PdCl_2(PPh)_3$
OH
CF3
O
S
O
CH3
F
CF3
H
N
CN
N
H
O
O
S
O
CH3
奥当卡替

图11.12 奥当卡替关键中间体的化学-酶法合成

此外，通过将钯催化剂负载在氟硅胶上，可以在水中温和的条件下催化对碘苯酚与3-丁烯-2-醇发生赫克反应（Heck反应）生成4-(4′-羟基苯基)-2-丁酮，然后利用短乳杆菌（*Lactobacillus brevis*）来源的羰基还原酶LBADH催化该化合物的不对称还原得到杜鹃醇（产率90%，＞99% *ee*）（Boffi *et al.*，2011）（图11.13）。

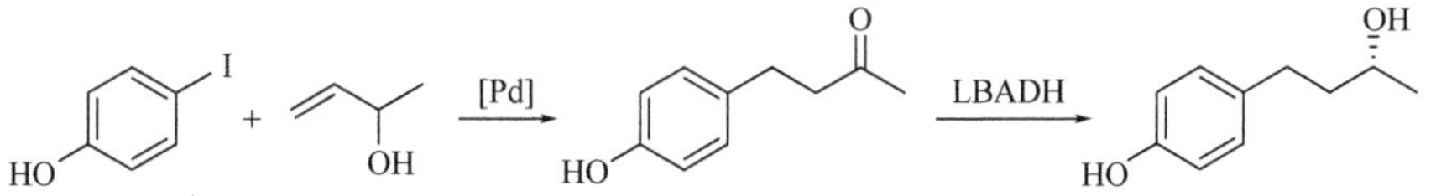

I
HO
+
OH
[Pd]
O
HO
LBADH
OH
HO
杜鹃醇

图11.13 杜鹃醇的化学-酶法合成

## 3. 烯还原酶

芳香醛与叶立德试剂可以在水中发生维蒂希反应（Wittig反应）生成相应的*α*,*β*-不饱和酮，然后利用烯酮/烯酯还原酶GoER可进一步将其还原为4-芳基-2-丁酮（产率＞95%）（Krausser *et al.*，2011）（图11.14）。

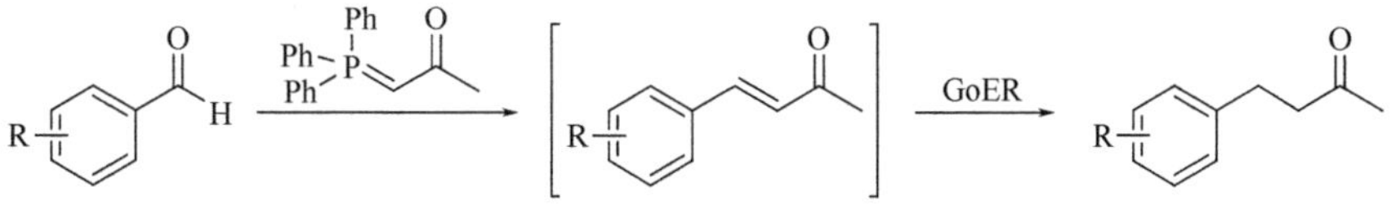

O
R
H
Ph
Ph-P
Ph
O
R
O
GoER
R
O

图11.14 烯还原酶与Wittig反应串联合成4-芳基-2-丁酮

烯还原酶OYE1突变体OYE1W116A可以催化顺式-*β*-芳基-*β*-氰基丙烯酸甲酯不对称还原生成(*S*)-构型产物，而在OYE1W116L作用下则生成(*R*)-构型产物。然后通过氰基还原及水解生成相应的(*S*)-或(*R*)-*β*-芳基-*γ*-氨基丁酸（Brenna *et al.*，2015）（图11.15）。

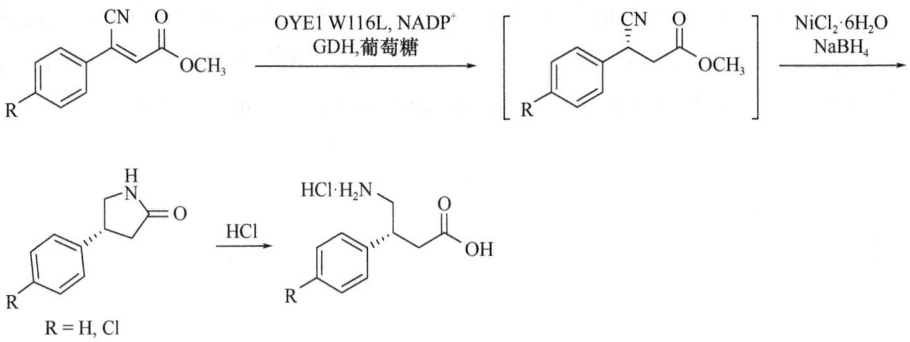

图 11.15 (*R*)-*β*-芳基-*γ*-氨基丁酸的化学-酶法合成

#### 4. 转氨酶

瓦克氧化（Wacker 氧化）是指芳基乙烯在钯与铜催化下氧化生成相应的芳基乙酮。该反应与 *ω*-转氨酶偶联可以合成手性 1-芳基乙胺，但是铜催化剂会使转氨酶失活，故使用只能透过疏水性物质而截留水溶性物质的聚二甲基硅烷套管将两个反应体系分开，从而实现 Wacker 氧化与 *ω*-转氨酶的级联反应。合成 1-芳基乙胺的转化率为 72%～93%，*ee* 值为 97%～99%（Uthoff *et al.*，2017）（图 11.16）。

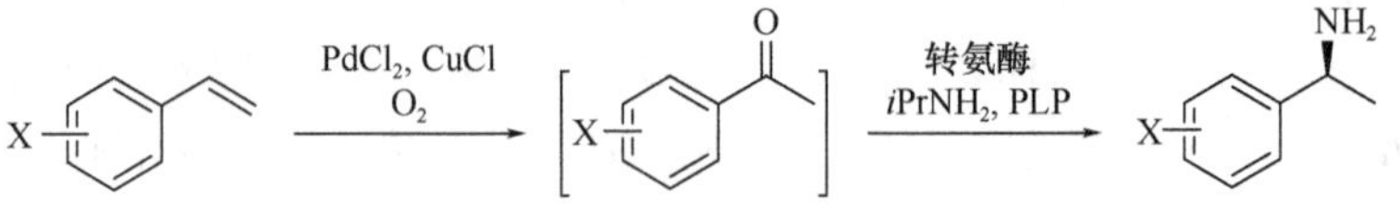

图 11.16 芳基乙烯 Wacker 氧化与 *ω*-转氨酶偶联合成 1-芳基乙胺

共晶溶剂（DES）是指将两种或多种不同的氢键受体和氢键供体，以一定的比例在一定温度下混合，直到形成均匀透明液体。DES 具有比单一成分更低的熔点，是一种环境友好的溶剂。近年来，人们发现来源于外生外瓶霉（*Exophiala xenobiotica*）的 *ω*-转氨酶突变体 EX-STA 在氯化胆碱与甘油组成的 DES 与磷酸钾缓冲液中稳定，故开发了钯催化铃木反应（Suzuki 反应）与 *ω*-转氨酶偶联的反应体系用来制备手性 1-联苯乙胺（分离产率 90%，＞99% *ee*）（Paris *et al.*，2019）（图 11.17）。

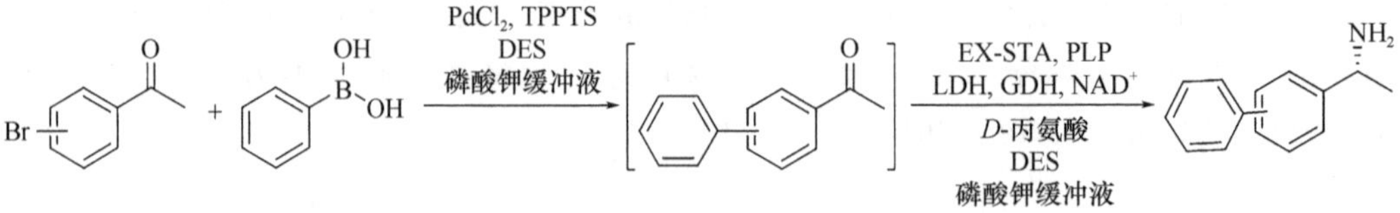

图 11.17 DES-缓冲液体系中的 Suzuki 反应与 *ω*-转氨酶偶联反应

#### 5. 环氧化物水解酶

通常环氧化物水解酶催化环氧化物水解是一个动力学拆分的过程，理论上得到各 50% 的手性邻二醇及环氧化合物，而一锅两步化学-酶偶联方法可以解决这一难题。诺卡菌（*Nocardia* spp.）催化 2,2-二取代环氧乙烷选择性水解生成相应的 (*S*)-2,2-二取代乙二醇与 (*R*)-2,2-二取代环氧乙烷，然后通过反应条件的控制，(*R*)-2,2-二取代环氧乙烷在酸性条件下发生构型翻转，生成相应的 (*S*)-2,2-二取代乙二醇（图 11.18）。因此，2,2-二取代环氧乙烷通过对映体汇聚反应生成单一构型的 (*S*)-2,2-二取代乙二醇（产率 98%，

98% *ee*）（Orru *et al.*，1998）。同样，使用具有 (*R*)-选择性环氧化物水解酶活性的红球菌 *Rhodococcus* sp. R312 可以实现 2-甲基环氧丙基苄醚的化学-酶法去消旋化生成 (*R*)-1-苄氧基-2-甲基-2,3-丙二醇（产率 78%，>97% *ee*）（Simeo and Faber，2006）。

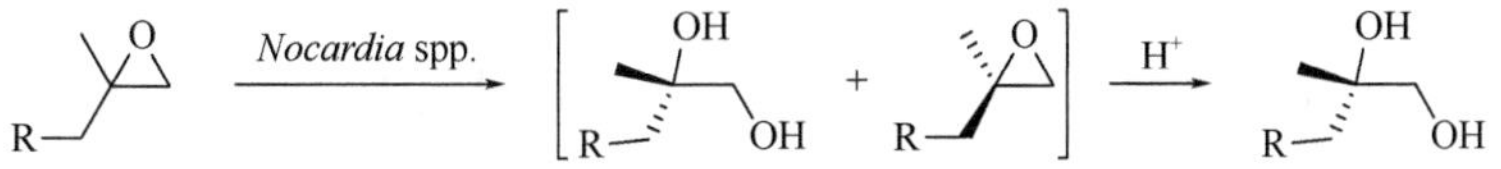

图 11.18 2,2-二取代环氧乙烷的化学-酶法去消旋化水解

## 6. 其他酶

2-酮酸醛缩酶可以催化 2-酮酸与甲醛的羟醛缩合反应生成相应的 3-取代-4-羟基-2-丁酮酸，然后通过氧化脱羧生成手性 2-取代-3-羟基丙酸酯。例如，使用对映选择性互补的 *L*-2-氧-3-脱氧鼠李糖酸醛缩酶双突变体（MBP-YfaU）与 3-甲基-2-氧代丁酸羟甲基转移酶（KPHMT，Ⅱ型醛缩酶）可以分别得到相应的 (*S*)-构型产物（分离产率 69%～80%，94%～99% *ee*）与 (*R*)-构型产物（分离产率 57%～88%，88%～98% *ee*）（Marín-Valls *et al.*，2019）（图 11.19）。

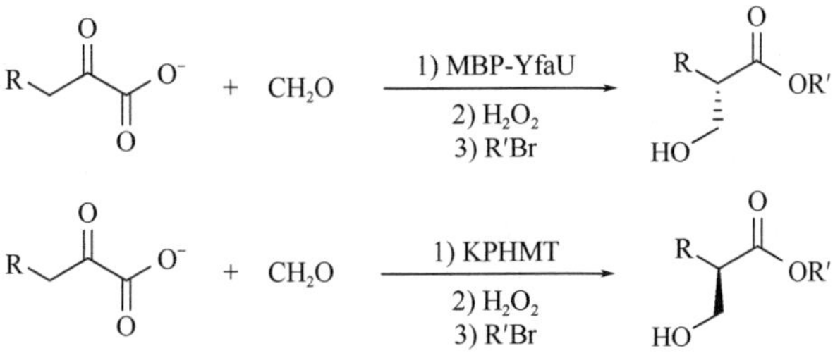

图 11.19 化学-酶法合成手性 2-取代-3-羟基丙酸酯

此外，利用羰基还原酶、卤醇脱卤酶与点击反应可以由卤代酮合成光学纯 *β*-羟基-1,2,3-三唑类化合物。首先构建立体选择性互补的共表达菌株，一种是高温厌氧杆菌（*Thermoanaerobacter* sp.）来源的 *R*-选择性羰基还原酶 AdhT 与放射形土壤杆菌（*Agrobacterium radiobacter* AD1）来源的 *R*-选择性卤醇脱卤酶 HheC 的共表达菌，另一种是布氏乳杆菌（*Lactobacillus brevis*）来源的 *S*-选择性羰基还原酶 AdhL 与分枝杆菌 *Mycobacterium* sp. GP1 来源的 *S*-选择性卤醇脱卤酶 HheBGP1 的共表达菌；然后分别利用这两种全细胞生物催化剂将前手性的 *α*-卤代酮转化为相应的 1-取代-*β*-叠氮乙醇（产率 35%～70%，96%～99% *ee*）。生成的产物若不分离，直接往反应体系中加入苯乙炔、硫酸铜、抗坏血酸钠与 MonoPhos 配体可以发生点击反应，得到手性 *β*-羟基-1,2,3-三唑类化合物（分离产率 18%～65%，97%～99% *ee*）（Szymanski *et al.*，2010）（图 11.20）。

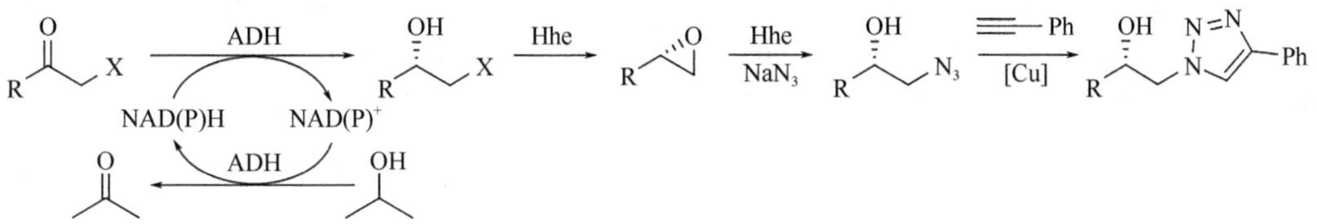

图 11.20 化学-酶法合成手性 *β*-羟基-1,2,3-三唑类化合物

## 11.3 同步同釜化学-酶偶联催化模式

### 11.3.1 模式特点

同步同釜化学-酶偶联是指化学反应和酶促反应同时发生，没有大量中间体积累，这是化学-酶偶联反应最有效的模式。在该模式中，一个过程即可实现多个反应，具有巨大的操作和经济优势。由于该模式无中间体的累积，对于那些中间产物不稳定或对催化剂具有抑制作用的反应，采用该模式具有极大的优势。如果最后一步反应是不可逆反应，则有利于带动前面反应的热力学平衡，使反应趋于完全。同步同釜化学-酶偶联催化模式中有两种特殊的反应，即化学-酶偶联动态动力学拆分、化学-酶偶联去消旋化反应。近年来，关于这两类反应的研究也比较多，后文会先介绍这两类反应，然后介绍其他同步同釜化学-酶偶联反应。

### 11.3.2 挑战及解决方案

该模式也有许多挑战，化学反应和酶促反应的反应条件必须完全兼容。必须解决由复杂的反应系统中存在大量的组分而引起的（生物）催化剂的抑制或失活问题。金属和有机催化的反应通常在有机溶剂中进行，而酶促反应则需要水性缓冲液作为反应介质。为了解决这些不兼容的问题，科学家通过设计可在水中进行的化学催化剂和不断发展具有有机溶剂耐受性的酶催化剂，以便这些催化剂可以在相同的反应条件下工作，并通过反应工程开发了一系列有效且经济的同步同釜化学-酶偶联反应。

### 11.3.3 化学-酶偶联动态动力学拆分

动力学拆分（kinetic resolution，KR）是指外消旋体在手性试剂或催化剂作用下，若其中一种构型底物［如 (*S*)-A］转化为对应产物（C）的速率远远大于另一种构型［(*R*)-A］转化的速率（即 $k_S \gg k_R$），则只有一种构型能转化为对应产物（图 11.21）。动力学拆分是有机合成中获得光学活性中间体的重要方法，可获得高对映体过量的目标化合物，但是动力学拆分最高产率不超过 50%（Ahmed *et al.*，2012）。

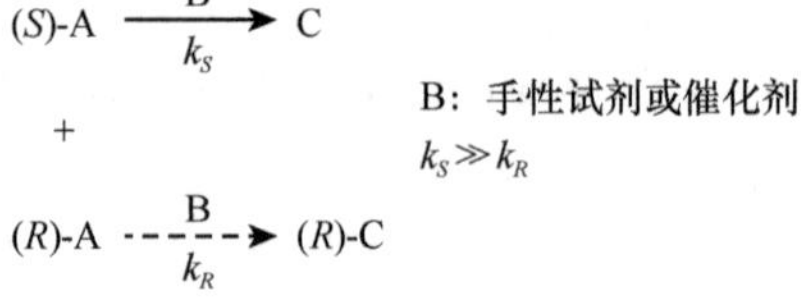

$$
\begin{array}{l}
(S)\text{-A} \xrightarrow[k_S]{\text{B}} \text{C} \\
\quad + \\
(R)\text{-A} \overset{\text{B}}{\underset{k_R}{\dashrightarrow}} (R)\text{-C}
\end{array}
\qquad
\begin{array}{l}
\text{B: 手性试剂或催化剂} \\
k_S \gg k_R
\end{array}
$$

图 11.21 动力学拆分原理示意图

为了克服动力学拆分的不足，人们开发了动态动力学拆分（dynamic kinetic resolution，DKR）的方法，即在动力学拆分的同时伴随着底物的消旋化，从而达到将外消旋体完全转化成单一构型产物的方法，是目前手性拆分方法研究的一个新热点。一个高效的 DKR 必须满足 5 个条件：①动力学拆分过程不可逆；②底物［(*R*)-A］的构型不稳定，能在选定的反应条件下现场消旋化，且它的消旋化速度 $k_{rac}$ 相对于反应速度 $k_R$ 足够大，一般 $k_{rac} > 10k_R$；③选择性因数 $E$（$k_S/k_R$）不能低于 20；④产物（C）在反应条件下能够稳定存在且不易发生消旋化；⑤动力学拆分与消旋化反应条件的兼容性（图 11.22）（张占辉和刘庆彬，2005）。由于酶促反应具有高度的化学选择性、区域选择性、立体选择性，且反应条件温和，用酶促 DKR 更符合经济和环境的要求。

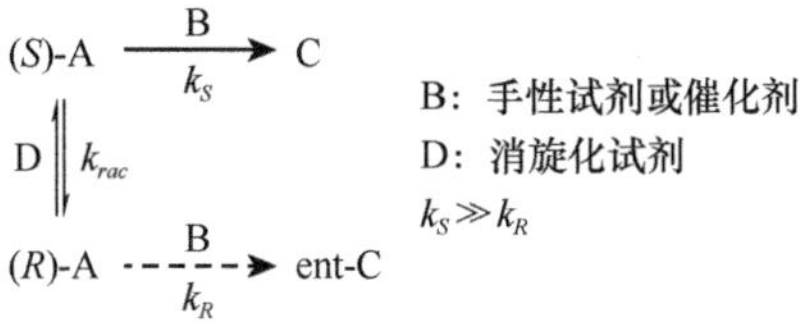

(*S*)-A —B, $k_S$→ C
D ⇅ $k_{rac}$
(*R*)-A --B, $k_R$--> ent-C

B：手性试剂或催化剂
D：消旋化试剂
$k_S \gg k_R$

图 11.22 动态动力学拆分原理示意图

根据底物的类型不同可以选择不同的消旋化方法，如热消旋化、碱催化消旋化、酸催化消旋化、通过形成席夫碱消旋化、酶催化的消旋化、通过氧化还原和自由基反应的消旋化。自 Allen 和 Williams（1996）用酶-金属催化剂结合将外消旋体丙烯酸酯和仲醇通过 DKR 直接制备手性醇以来，各种手性醇、手性胺等通过该方法被高效制备，取得了令人鼓舞的结果。

### 1. 手性醇的动态动力学拆分

Allen 和 Williams（1996）首次报道了脂肪酶-金属催化仲醇的 DKR。用 $[Ir(coe)Cl]_2$/PSL（*Pseudomonas* species lipase）、$[Rh(cod)Cl]_2$/PFL（*Pseudomonas fluorescens* lipase）和 $Rh_2(OAc)_4$/PFL 催化系统，在邻菲咯啉、苯乙酮和碱存在下，乙酸乙烯酯作为酰基供体，虽然最好的结果仅为 76% 的转化率和 80% *ee*（图 11.23），但通过此实验证明酶和金属结合的 DKR 是可行的（Dinh *et al.*，1996）。Persson 等（1999a）对该方法进行了改进，以 1-羟基四苯基环戊二烯基 (四苯基-2,4-环戊二烯基-1-酮)-μ-羟基四羰基二钌（Ⅱ）为消旋化催化剂，以热稳定性好的脂肪酶 CAL-B（商品名 Novozym-435）作为生物催化剂，以乙酸对氯苯基酯作为酰基供体，使产物的产率和对映选择性有了很大提高。Koh 等（1999）发现氯化茚基-二 (三苯基膦) 钌是一个极好的消旋化仲醇的催化剂，在三乙胺和催化量氧气的存在下，用固定化的脂肪酶 PCL 催化拆分仲醇，取得了更好的结果，产率高达 98%，对映选择性达到 99% *ee*。

氨甲基吡啶钌化合物是一种易于获得且具有氢转移活性的金属催化剂，其中邻位金属化的氨甲基吡啶钌化合物 2 是一个高活性的消旋化催化剂（图 11.24），在 70℃，

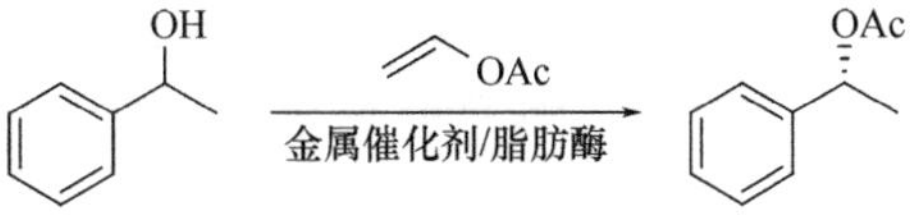

OH → (OAc, 金属催化剂/脂肪酶) → OAc

图 11.23 α-苯乙醇的化学-酶法动态动力学拆分

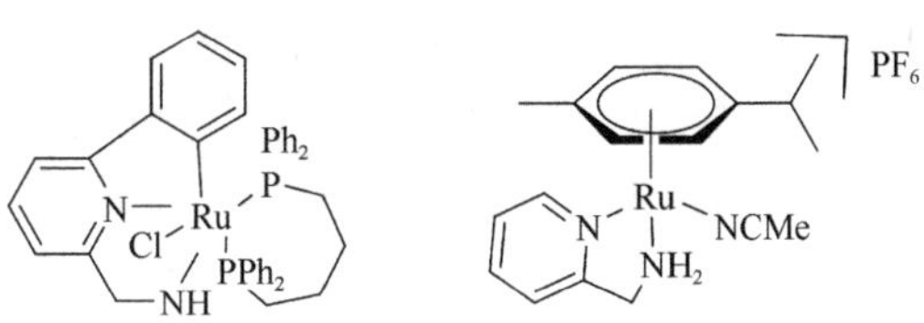

Ph₂P, Ru, N, Cl, PPh₂, NH — 2；Ru, N, NCMe, NH₂, PF₆ — 3

图 11.24 钌催化剂的结构式

10 min 即可实现 α-苯乙醇的 100% 转化。将氨甲基吡啶钌化合物 3 与脂肪酶结合，可以高效实现 α-苯乙醇的 DKR（86% 产率，＞99% *ee*）（Eckert *et al.*，2007）。

除钌化合物以外，基于可逆的氢转移策略，其他金属化合物也被成功应用于仲醇的 DKR，如铁螯合物可以在温和条件下实现广谱的苄醇完全消旋化。对空气与水敏感的铁氢化合物 4 与脂肪酶 CAL-B 结合，以乙酸对氯苯基酯为酰基供体，可以实现苄醇与脂肪仲醇的 DKR 生成相应的 (*R*)-乙酸酯（Gustafson *et al.*，2017）。有报道指出化合物 4 可以由空气与水稳定的前体化合物 5 现场制备（图 11.25），化合物 5 与脂肪酶 CAL-B 结合也可以实现仲醇的 DKR。若在 1 个大气压氢气环境下，化合物 4 与脂肪酶结合，可以实现芳基乙酮、脂肪酮、杂环酮与二酮的还原、消旋化与动力学拆分生成相应的手性乙酸酯（El-Sepelgy *et al.*，2017）。

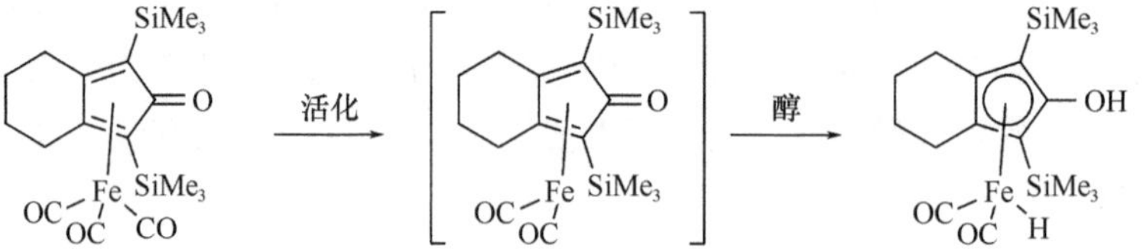

图 11.25 铁氢化合物 4 的现场制备

脂肪酶-金属催化仲醇的 DKR 通常生成 *R*-构型产物，而枯草杆菌蛋白酶催化仲醇的动力学拆分可以得到互补的 *S*-构型产物（图 11.26），但是，枯草杆菌蛋白酶活性低且在非水溶剂中稳定性差。为了解决这一问题，人们将地衣芽孢杆菌（*Bacillus licheniformis*）来源的枯草杆菌蛋白酶用离子型表面活性剂处理后，发现其在四氢呋喃中催化丁酸三氟乙酯与 α-苯乙醇的转酯化活性显著提高，且对大多数仲醇（如间位或对位取代-α-苯乙醇）具有高度的对映选择性，与钌消旋化催化剂结合后可以生成单一 *S*-构型产物（产率 80%～94%，90%～99% *ee*）（Kim *et al.*，2017）。

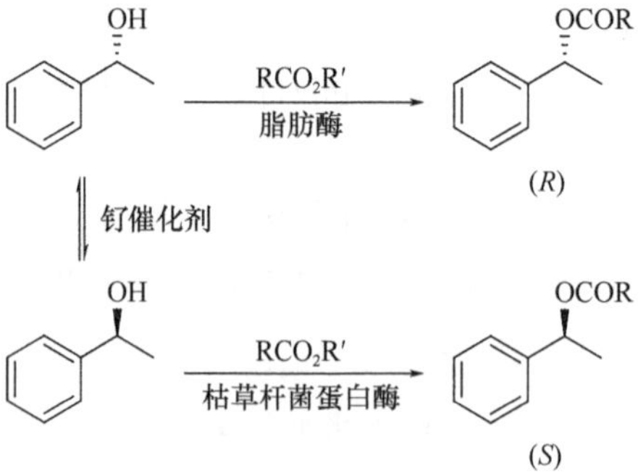

图 11.26 脂肪酶与枯草杆菌蛋白酶催化仲醇的动力学拆分

通过冷冻干燥将伯克霍尔德菌（*Burkholderia* species）来源的脂蛋白脂肪酶 LPL 表面涂上一层糊精（dextrin，D）与离子型表面活性剂，活化后的脂蛋白脂肪酶 LPL-D1 对二芳基甲醇与乙酸异丙烯酯的活性是野生型的 3000 倍。LPL-D1 与钌催化剂结合后，可以实现不同二芳基甲醇高产率（71%～96%）、高立体选择性（90%～99% *ee*）的 DKR，其中对止咳药氯哌斯汀前体（对三甲基硅基苯基）苯甲醇的 DKR 生成相应 *R*-构型的乙酸酯（产率 82%，96% *ee*）（Lee *et al.*，2015）（图 11.27）。

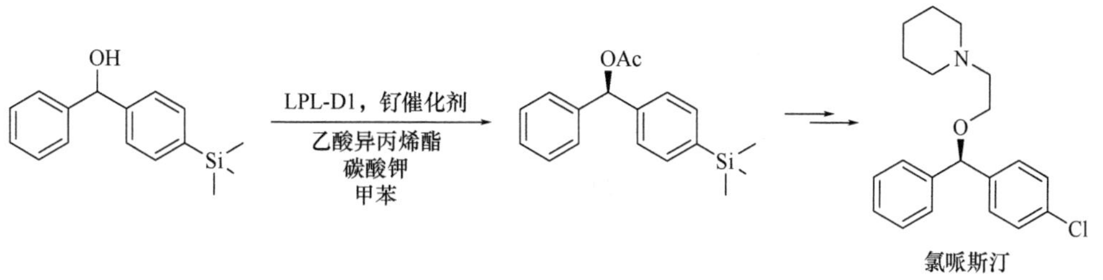

LPL-D1，钌催化剂
乙酸异丙烯酯
碳酸钾
甲苯

氯哌斯汀

图 11.27 （对三甲基硅基苯基）苯甲醇的 DKR

在酶-金属催化仲醇的 DKR 中，金属通过可逆的氧化-还原反应现场消旋化未反应的对映异构体。可是，$\beta$ 位具有手性中心的伯醇的消旋化是不同的。在金属催化剂（Shvo's 催化剂）的作用下，伯醇被氧化为醛，醛会继续发生烯醇化反应，然后钌催化剂催化醛的还原，从而达到伯醇的非直接消旋化。一种来源于洋葱伯克霍尔德菌（*Burkholderia cepacia*）的脂肪酶以 3-苯基丙酸乙烯酯为酰基供体，可以实现不同伯醇的高效动力学拆分。在此基础上，以 Shvo's 催化剂为消旋化催化剂，以 3-[(4-三氟甲基) 苯基 ] 丙酸对硝基苯酯为酰基供体，在“Amano”脂肪酶 PS-D Ⅰ 催化下实现 $\beta$-消旋伯醇的 DKR，对映选择性高达 99% *ee*（Strubing *et al.*，2007）（图 11.28）。

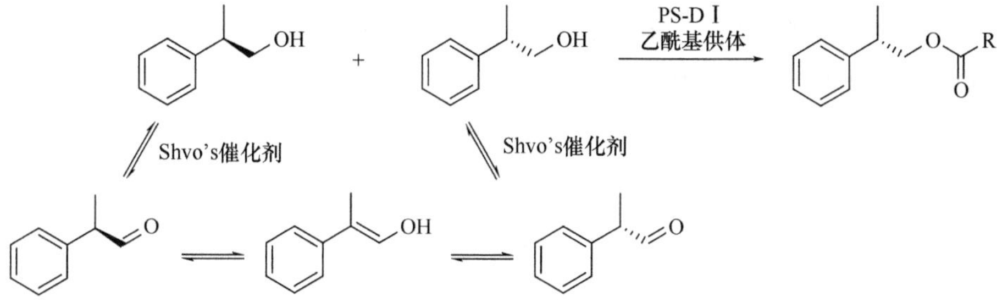

PS-D Ⅰ
乙酰基供体
Shvo's催化剂
Shvo's催化剂

图 11.28 $\beta$-消旋的伯醇的化学-酶法 DKR

光学纯卤代醇是合成手性环氧乙烷、$\beta$-氨基醇、吡咯烷、官能团化的环丙烷衍生物的前体。来源于洋葱假单胞菌（*Pseudomonas cepacia*）的脂肪酶 PS-C“Amano”Ⅱ 与 $(\eta^5\text{-}C_5Ph_5)Ru(CO)_2Cl$ 结合，以乙酸异丙烯酯为酰基供体，可以实现外消旋体卤代醇的 DKR，并应用于 (*R*)-丁呋洛尔关键中间体 DKR，对映体选择性＞99% *ee*（Johnston *et al.*，2010；Traff *et al.*，2008）（图 11.29）。

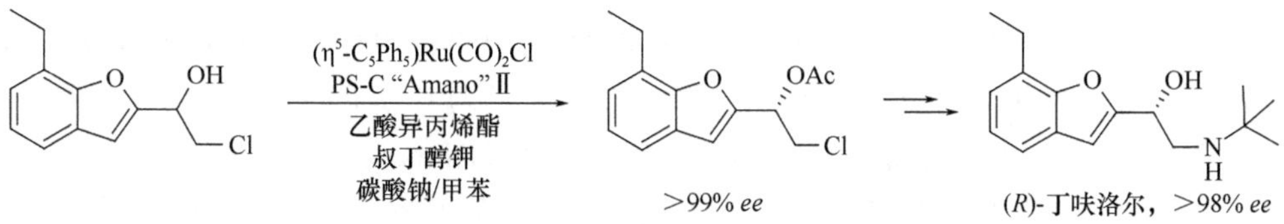

$(\eta^5\text{-}C_5Ph_5)Ru(CO)_2Cl$
PS-C “Amano” Ⅱ
乙酸异丙烯酯
叔丁醇钾
碳酸钠/甲苯
＞99% *ee*
(*R*)-丁呋洛尔，＞98% *ee*

图 11.29 (*R*)-丁呋洛尔关键中间体的化学-酶法合成

手性对称二醇是一类重要的手性合成源和配体，可用于磷脂、吡咯烷等的合成。利用 Shvo's 催化剂和脂肪酶 CAL-B，以乙酸对氯苯酯为酰基供体，可以将 2,4-戊二醇与 2,5-己二醇转化为相应的二乙酸酯，(*R*,*R*)-二乙酸酯∶内消旋体分别为 38∶62 与 86∶14（Persson *et al.*，1999b）。通过进一步筛选金属消旋化催化剂与优化反应条件，发现 $(\eta^5\text{-}C_5Ph_5)Ru(CO)_2Cl$ 与脂肪 CAL-B 结合，以乙酸异丙烯酯为酰基供体，2,4-戊二醇与 2,5-己二醇的 DKR 效果最好，(*R*,*R*)-二乙酸酯：内消旋体可以达到 97∶3 与 94∶6（Martin-Matute *et al.*，2006）（图 11.30）。

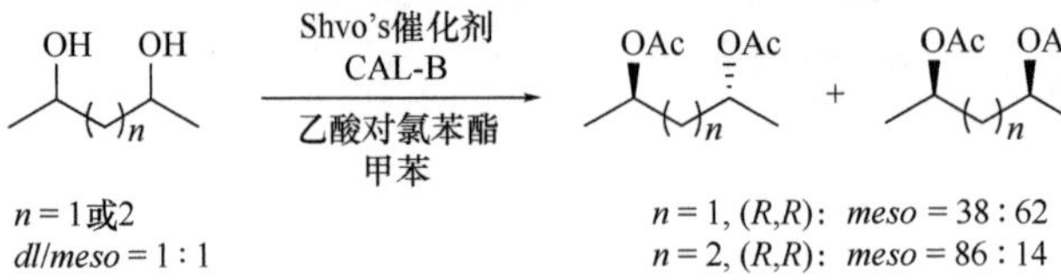
OH OH
Shvo's催化剂
CAL-B
乙酸对氯苯酯
甲苯
OAc OAc
n = 1或2
dl/meso = 1 : 1
n = 1, (R,R): meso = 38 : 62
n = 2, (R,R): meso = 86 : 14

图 11.30 2,4-戊二醇和 2,5-己二醇的 DKR

### 2. 手性胺的动态动力学拆分

手性胺是一类非常重要的化合物，广泛应用于医药、农药及其他精细化学品的合成。1996 年，Reetz 等首次用金属-酶结合的 DKR 方法制备了光学纯手性胺。以钯/碳作外消旋催化剂，CAL-B 作对映选择性的酰基化生物催化剂，乙酸乙酯为酰化剂，1-苯基乙胺被转化为 (*R*)-*N*-(1-苯基乙基) 乙酰胺（产率为 64%，99% *ee*）（Reetz and Schimossek，1996）。由于外消旋过程中零价钯促进的胺-亚胺平衡是一个很慢的过程，反应需要 8 天且有副产物苯乙酮的生成。在氢气存在下，钯/碳可以催化前手性酮肟还原为外消旋胺，因此，脂肪酶 CAL-B 结合钯/碳，以乙酸乙酯为酰化剂，在 60℃、1 个大气压氢气条件下可以实现酮肟的动态动力学拆分还原生成相应的手性乙酰胺（产率 70%～89%，94%～99% *ee*）（Choi *et al.*，2001）（图 11.31）。

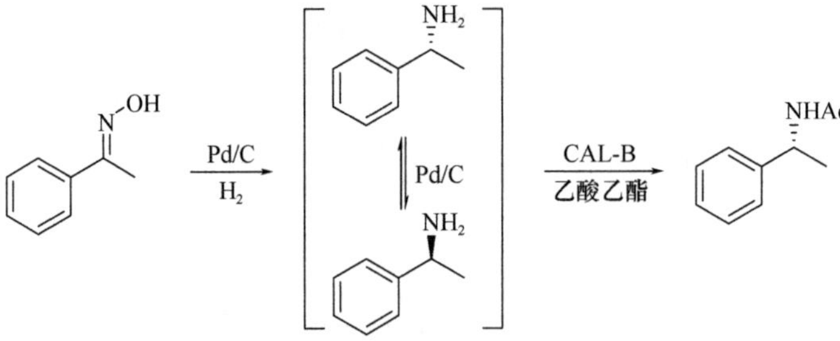
N
OH
Pd/C
H₂
NH₂
Pd/C
NH₂
CAL-B
乙酸乙酯
NHAc

图 11.31 前手性酮肟的动态动力学拆分还原制备光学纯酰胺化合物

钯纳米粒子负载在氢氧化铝上得到 Pd/AlO(OH) 催化剂，平均粒径为 2.34 nm，该催化剂对 (*S*)-1-苯基乙胺的消旋化活性比商业化的 $Pd/Al_2O_3$ 更高。将 Pd/AlO(OH) 与脂肪酶 CAL-B 结合，以乙酸乙酯或甲氧基乙酸乙酯为酰基供体，在 70℃可以实现许多苄基和烷基伯胺的 DKR 生成相应的 (*R*)-构型酰胺（产率 89%～99%，97%～99% *ee*）（Kim *et al.*，2007）。通过改变催化剂的制备工艺，可以得到平均粒径为 1.73 nm 的 Pd/AlO(OH) 催化剂，在相同条件下，更小粒径的催化剂具有更快反应速度（Kim *et al.*，2010）。使用非均相的钯消旋化催化剂与脂肪酶 CAL-B 结合，实现了外消旋氨基酰胺与 *β*-氨基酸酯的 DKR 制备光学纯氨基酸衍生物，同时可以使用 DKR 方法制备雷沙吉兰关键中间体（Choi *et al.*，2009; Engstrom *et al.*，2011; Ma *et al.*，2014）（图 11.32）。

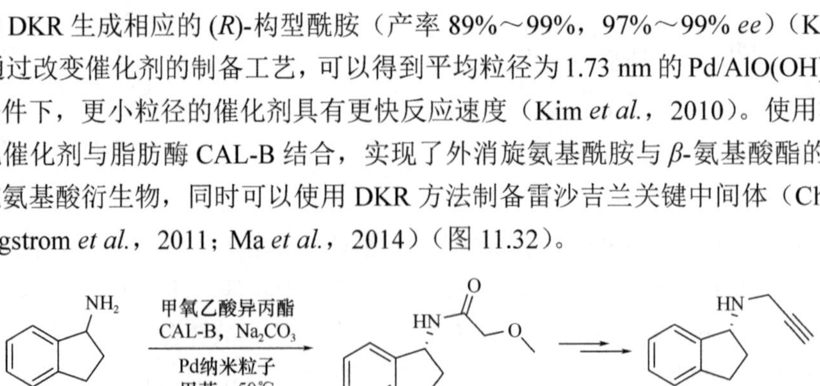
NH₂
甲氧乙酸异丙酯
CAL-B，Na₂CO₃
Pd纳米粒子
甲苯，50℃
O
HN
O
HN
雷沙吉兰

图 11.32 雷沙吉兰关键中间体的 DKR

钯负载在氨或3-(1-哌嗪)丙基官能团化的硅胶上，与脂肪酶CAL-B结合，可以实现许多苄基胺外消旋体的DKR生成相应的(*R*)-酰胺，产率为90%，光学纯度为99% *ee*（Parvulescu *et al.*，2009）。此外，将钯纳米粒子负载在氨基官能团化的氧化硅介孔泡沫材料（Pd-AmP-MCF）上，在较低的温度下（50℃）即可实现1-苯基乙胺的消旋化，与热稳定性较差的Amano脂肪酶PS-C1结合，可实现1-苯基乙胺的DKR生成(*R*)-2-甲氧基-*N*-(1-苯基乙基)乙酰胺（产率82%，99% *ee*）（Gustafson *et al.*，2014）。

由于金属催化的胺消旋化一般需要较高的温度（70℃以上），因此一般只能使用热稳定性好的脂肪酶CAL-B作为生物催化剂，从而得到(*R*)-构型的手性胺。为了得到对映异构体互补的手性胺，需要开发低温下胺消旋的方法。在偶氮二异丁腈（AIBN）存在下，350 nm光照可形成磺酰基自由基，结合脂肪酶CAL-B或碱性蛋白酶，可以在40℃实现胺消旋体的DKR生成(*R*)-或(*S*)-酰胺（El Blidi *et al.*，2010；Poulhes *et al.*，2011）（图11.33）。

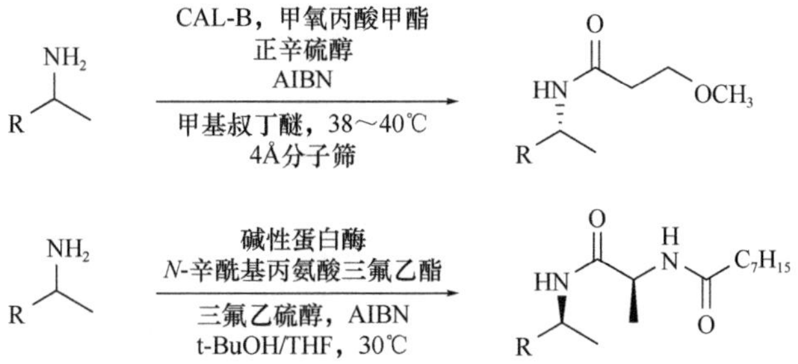

图11.33 基于自由基消旋化的手性胺的DKR

### 3. 其他化合物的动态动力学拆分

在以上的讨论中，手性化合物的消旋化都需要使用催化剂。而有些底物在酶促反应条件下即可自发消旋，从而实现手性化合物的DKR。两个典型的例子是氰醇和手性中心含有活泼氢的化合物的DKR。

在弱碱性条件下，氰醇与醛、氢氰酸之间存在一个平衡，若使用腈水解酶选择性将其中一种构型的氰醇水解为羟基酸，另一种构型的氰醇通过这一平衡会自发消旋化，最终全部转化为单一构型的羟基酸。利用该过程可以高产率、高立体选择性（95%～99% *ee*）合成(*R*)-扁桃酸衍生物（DeSantis *et al.*，2002）（图11.34）。

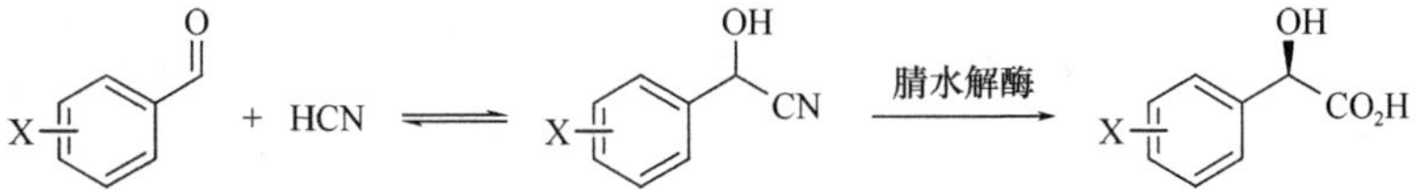

图11.34 扁桃腈衍生物的DKR水解

对于一些$\alpha$位含有手性中心的醛、酮、羧酸及其衍生物，在碱性条件下，$\alpha$-氢正离子可逆交换会使手性中心消旋化，若结合选择性的不可逆反应则可实现这类化合物的DKR。研究得较多的是$\alpha$-取代-$\beta$-酮酸衍生物的动态还原动力学拆分（DYRKR）（Applegate and Berkowitz，2015），如白地霉菌可以催化2-甲基3-氧丁酸乙酯的DYRKR生成(2*S*,3*S*)-2-甲基-3-羟基丁酸乙酯（产率80%，98% *de*，98% *ee*）（Buisson *et al.*，1991）。来源于赤红球菌（*R. ruber*）的羰基还原酶ADH-A、来源于近平滑念珠菌（*C. parapsilosis*）的羰基还原酶 CPADH 和来源于嗜热厌氧乙醇杆菌（*T. ethanolicus*）的羰基还原酶 TesADH 催化 2-甲基-3-氧代丁酸异丙酯的 DYRKR 生成相应的 (2*R*,3*S*)-2-甲基-3-羟基丁酸异丙酯（99% *de*，>99% *ee*）（图 11.35）。使用反普雷洛格规则（反 Prelog 规则）的来源于短乳杆菌（*L. brevis*）的羰基还原酶 LBADH，可得到顺式-(*S*)-3-[(*R*)-1-羟基乙基] 二氢呋喃-2(3*H*)-酮（90% *de*，>99% *ee*）（Cuetos *et al.*，2012）（图 11.36）。

CPADH

99% *de*，>99% *ee*

图 11.35 (2*R*,3*S*)-2-甲基-3-羟基丁酸异丙酯的合成

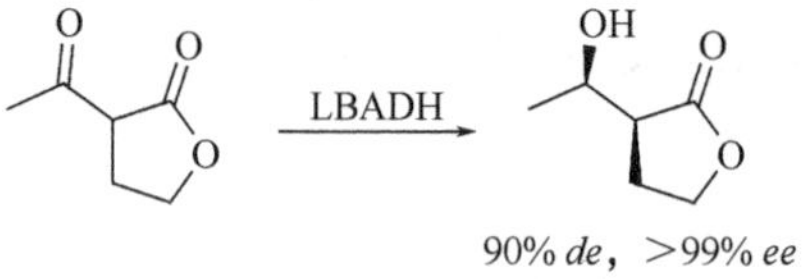

LBADH

90% *de*，>99% *ee*

图 11.36 *α*-乙酰基-*γ*-丁内酯的 DYRKR

酶催化羰基的还原通常在 pH<8、室温下进行，而由于酮 *α*-H 的酸性较弱，其 *α* 位的消旋需要更高的 pH 与更高的温度，如 (1-氧-1-苯基-5-己炔-2-) 氨基甲酸叔丁酯只有在≥45℃与 pH≥10 的条件下才能快速消旋化。商业化的羰基还原酶在 pH 7 与 30℃下能催化该底物还原生成 (*R*,*R*)-构型产物，非对映异构体比率为 16∶1，对映体过量值>99%。通过对该酶的改造获得的突变体能在 45℃与 pH 10 的条件下稳定，这样 (*S*)-构型底物就能快速消旋化。使用此突变体实现了该底物的 DYRKR，得到 (*R*,*R*)-构型产物的非对映异构体比率>100∶1，对映体过量值>99%（图 11.37），该中间体是 $\beta_3$ 肾上腺素受体（ADRB3）激动剂 Vibegron 合成的关键中间体（Xu *et al.*，2018a）。

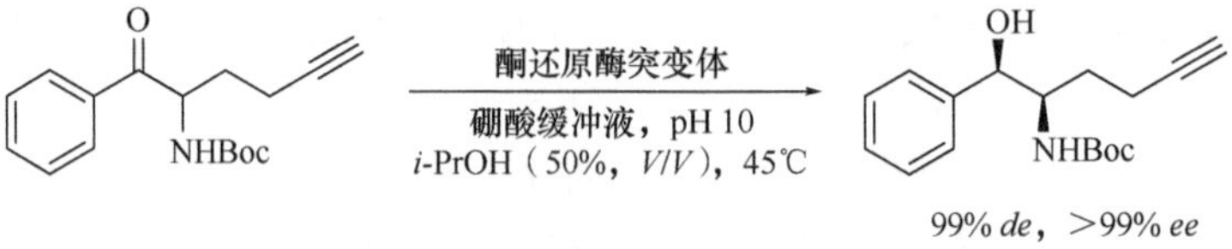

NHBoc

酮还原酶突变体

硼酸缓冲液，pH 10

*i*-PrOH（50%，*V*/*V*），45℃

NHBoc

99% *de*，>99% *ee*

图 11.37 (1-氧-1-苯基-5-己炔-2-) 氨基甲酸叔丁酯的 DYRKR

### 11.3.4 化学-酶偶联去消旋化反应

动态动力学拆分（DKR）是一种将消旋体底物完全转化为单一构型产物的方法，而去消旋化是将外消旋体化合物完全转化为其单一对映异构体的方法。在底物与目标产物结构一致的情况下，去消旋化的方法更有效。去消旋化可以有 3 种模式：①立体选择性翻转，即消旋体底物（A）中的一种构型发生反应生成中间体（C），然后立体选择性转化为单一构型的 A；②循环去消旋化，与立体选择性翻转模式类似，即立体选择性反应消旋体底物（A）中的一种构型生成中间体（C），然后转化中间体（C）为消旋体底物（A），经过多轮循环实现单一构型产物的富集；③外消旋的化合物 A 转化为中间体（C），然后通过对映选择性反应生成一种构型的化合物 A，即线性去消旋化（图 11.38）。

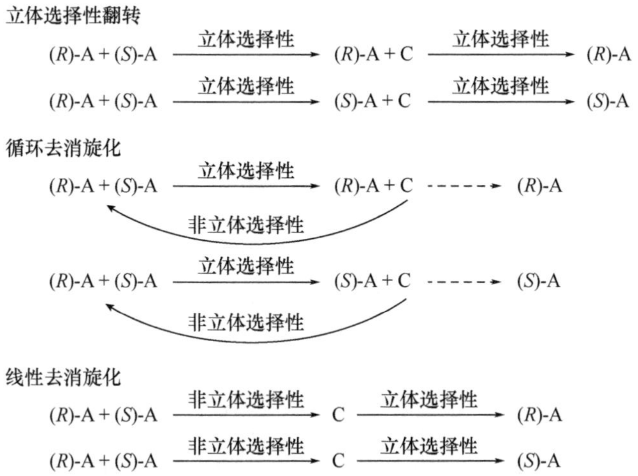

立体选择性翻转

(*R*)-A + (*S*)-A —立体选择性→ (*R*)-A + C —立体选择性→ (*R*)-A

(*R*)-A + (*S*)-A —立体选择性→ (*S*)-A + C —立体选择性→ (*S*)-A

循环去消旋化

(*R*)-A + (*S*)-A —立体选择性→ (*R*)-A + C - - - - -→ (*R*)-A（C —非立体选择性→ (*R*)-A + (*S*)-A）

(*R*)-A + (*S*)-A —立体选择性→ (*S*)-A + C - - - - -→ (*S*)-A（C —非立体选择性→ (*R*)-A + (*S*)-A）

线性去消旋化

(*R*)-A + (*S*)-A —非立体选择性→ C —立体选择性→ (*R*)-A

(*R*)-A + (*S*)-A —非立体选择性→ C —立体选择性→ (*S*)-A

图 11.38 去消旋化反应的模式

### 1. 氨基酸与胺的去消旋化

氨基酸与胺的去消旋化是指利用酶催化立体选择性氧化其中一种构型的胺生成前手性亚胺，然后利用化学还原剂将亚胺还原为胺消旋体。一个典型的例子是脯氨酸的去消旋化制备 *L*-脯氨酸，*D*-氨基酸氧化酶对映选择性氧化消旋体中的 *D*-脯氨酸生成 Δ1-二氢吡咯-2-羧酸，然后硼氢化钠将其还原为脯氨酸消旋体，经过多轮氧化还原循环，最终转化为光学纯的 *L*-脯氨酸，产率为 98%（Huh *et al.*，1992）（图 11.39）。此方法也已应用于 2-哌啶酸消旋体去消旋化合成光学纯 *L*-2-哌啶酸（Soda *et al.*，2001）。

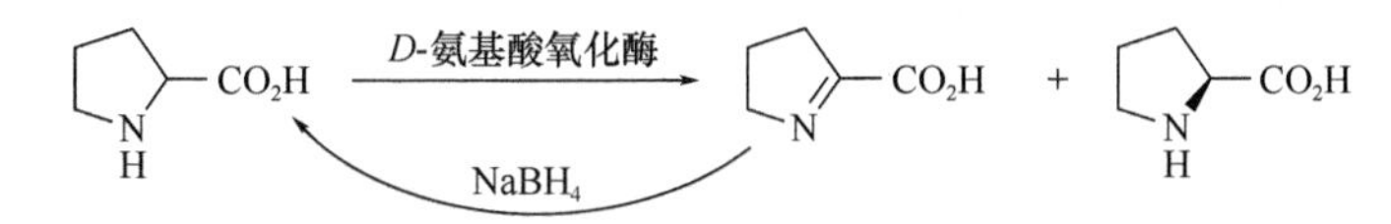


图 11.39 *D*-氨基酸氧化酶结合硼氢化钠实现脯氨酸的化学-酶法去消旋化

由于硼氢化钠会与水反应，因此反应中需要使用高达 500 倍的还原剂。Beard 和 Turner（2002）使用更温和、在水中稳定的还原剂氰基硼氢化钠代替硼氢化钠，结合猪肾来源的 *D*-氨基酸氧化酶，只需 3 倍的还原剂即可实现脯氨酸与 2-哌啶酸的去消旋化，生成相应的 *L*-脯氨酸（产率＞99%，＞99% *ee*）与 *L*-2-哌啶酸（产率 86%，＞99% *ee*）。使用变异三角酵母（*Trigonopsis variabilis*）来源的 *D*-氨基酸氧化酶（TvDAAO）固定化酶，结合硼铵可以将 2-氨基-3-(6-邻甲苯基-3-吡啶基) 丙酸消旋体去消旋化制备相应的 (*S*)-对映异构体，产率为 76%～79%，光学纯度为＞99.9% *ee*（Enright *et al.*，2003；Hanson *et al.*，2008）（图 11.40）。

当使用 *L*-氨基酸氧化酶时，则生成相应的 *D*-氨基酸。例如，使用变形杆菌 *Proteus myxofaciens* 来源的 *L*-氨基酸氧化酶与硼铵，可以得到一系列光学纯的 *D*-氨基酸，产率高达 90%，光学纯度＞99% *ee*（Alexandre *et al.*，2002）。Schnepel 等（2019）发现一种特殊的来源于放线菌 *L. aerocolonigenes* 的 *L*-氨基酸氧化酶 RebO，可以选择性氧化 *L*-色氨酸生成相应的亚胺酸。将 RebO 与硼铵结合，实现了许多卤代 *L*-色氨酸的立体选择性翻转生成相应的卤代 *D*-色氨酸（＞98% *ee*）。将该体系与色氨酸卤化酶串联，可以由 *L*-色氨酸一锅法合成 *D*-5-溴色氨酸或 *D*-7-溴色氨酸（图 11.41）。

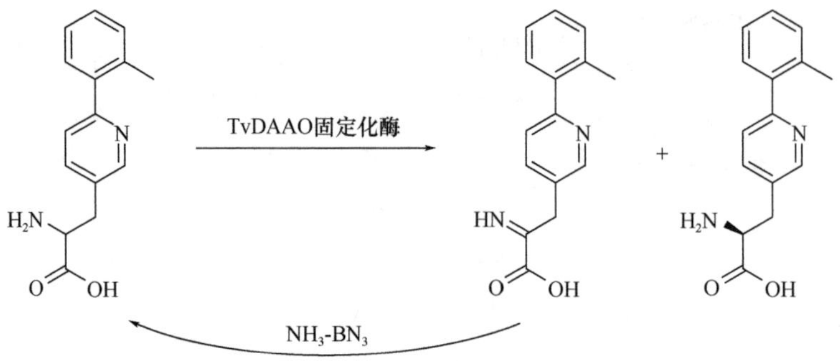

图 11.40 2-氨基-3-(6-邻甲苯基-3-吡啶基) 丙酸的化学-酶法去消旋化

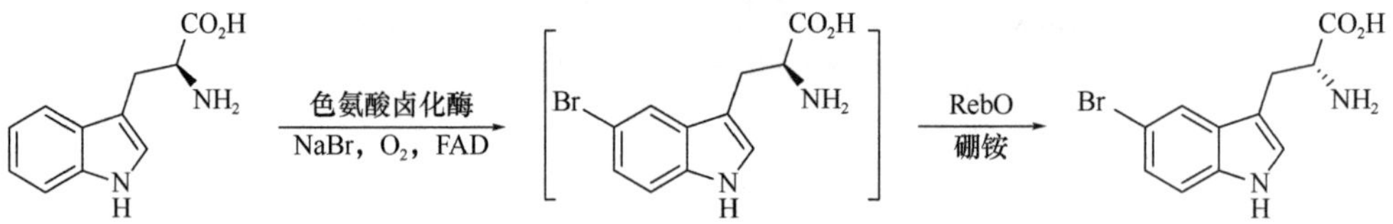

图 11.41 *D*-5-溴色氨酸的化学-酶法合成

2002 年，Turner 等通过对黑曲霉（*Aspergillus niger*）来源的单胺氧化酶（MAO-N）的改造获得突变体 Asn336Ser，结合非选择性的化学还原剂硼铵，首次实现了非氨基酸类一级胺的去消旋化，其中生成 (*R*)-α-甲基苄胺的产率为 77%，光学纯度为 93% *ee*（Alexeeva *et al.*，2002）。通过对 MAO-N 突变体底物特异性的研究，发现其对一级胺具有高度对映选择性，对于二级胺如 1-甲基四氢异喹啉活性很低（Carr *et al.*，2003）。以 1-甲基四氢异喹啉为筛选底物，对 MAO-N 进行随机突变，发现了高活性、高立体选择性的突变体 Asn336Ser/Ile246Met，并应用于 1-甲基四氢异喹啉的去消旋化制备 (*R*)-1-甲基四氢异喹啉，分离产率为 71%，光学纯度＞99% *ee*（Carr *et al.*，2005）（图 11.42）。

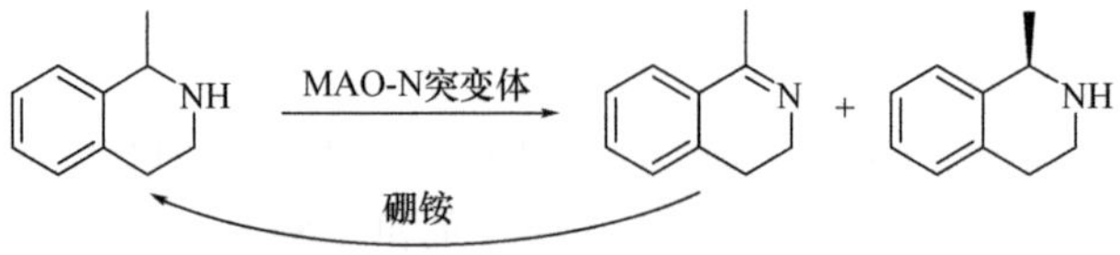

图 11.42 1-甲基四氢异喹啉的化学-酶法去消旋化

通过对 MAO-N 的进一步改造，发现突变体 I246M/N336S/M348K/T384N/D385S (MAO-N D5) 对三级胺尤其是对 2 位大位阻取代的吡咯烷具有较高的活性。可以实现 *N*-甲基-2-苯基吡咯烷的去消旋化，生成 (*R*)-对映异构体，分离产率为 75%，光学纯度为 99% *ee*（Dunsmore *et al.*，2006）。MAO-N D5 突变体对于 2-苯基氮杂环庚烷也具有高度的对映选择性，对其动力学拆分可以得到 (*R*)-对映异构体，光学纯度＞99% *ee*（图 11.43）。由于氧化后的中间体在水中易开环生成氨基酮，并会进一步被还原为相应的氨基醇，因此不适合化学-酶法去消旋化。但是对于 1-甲基-2,3,4,5-四氢-1H-苯并氮杂环庚烷，突变体 MAO-N D11 结合硼铵则可以实现其去消旋化，得到相应的 (*R*)-对映异构体，产率为 90%，光学纯度为 98% *ee*（Zawodny *et al.*，2018）（图 11.44）。此外，通过对 MAO-N 的改造，实现了生物碱 crispine A、(*R*)-harmicine 与治疗膀胱多动症药物索非那新关键中间体的合成（Bailey *et al.*，2007；Ghislieri *et al.*，2013；Rowles *et al.*，2012）。

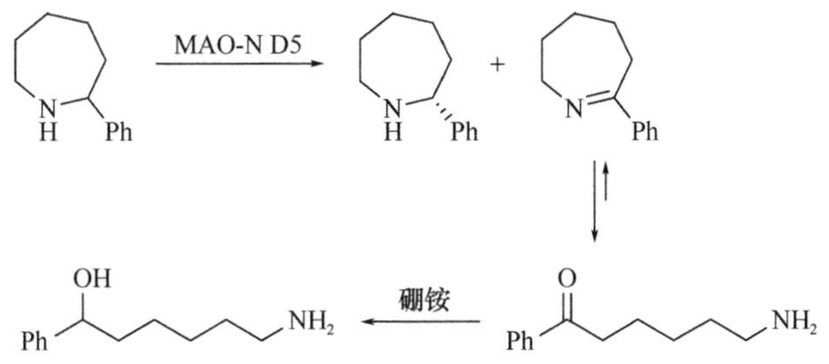

图 11.43 2-苯基氮杂环庚烷的化学-酶反应

图 11.44 1-甲基-2,3,4,5-四氢-1H-苯并氮杂环庚烷的化学-酶法去消旋化

小檗碱桥连酶（BBE）可以选择性催化 *N*-甲基-1-苄基-1,2,3,4-四氢异喹啉类化合物中的 *N*-甲基与苯环偶联，得到 (*S*)-小檗碱和未反应的 (*R*)-*N*-甲基-1-苄基-1,2,3,4-四氢异喹啉类化合物，若在反应中加入单胺氧化酶突变体 MAO-N D11 与吗啉硼烷络合物，则可完全转化为 (*S*)-小檗碱（Schrittwieser *et al.*，2014a，2014b）（图 11.45）。

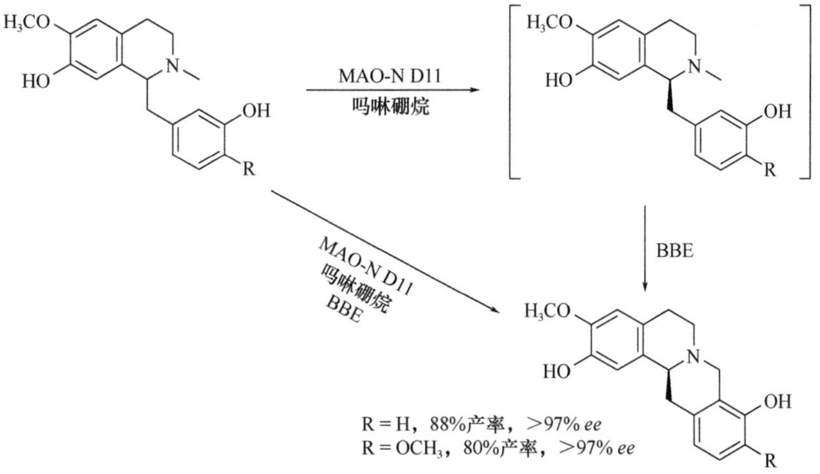

图 11.45 (*S*)-小檗碱的化学-酶法合成

我们基于结构分析比对，对环己胺氧化酶进行了功能位点分析、定点突变和底物特异性研究，发现突变体酶 M226A 和 L353M 对底物的活力分别提高了 5%～400%（M226A）和 7%～445%（L353M）。使用突变体酶 L353M 与硼铵，成功实现了抗抑郁药物 *N*-去甲舍曲林（Norsertraline）手性前体 (*R*)-1,2,3,4-四氢-1-萘胺的合成，分离产率为 76%，*ee* 值大于 99%（Li *et al.*，2014a）（图 11.46）。

随后，通过对 CHAO 的改造，实现了镇咳药右美沙芬关键中间体 (*S*)-1-(4-甲氧苄基)-1,2,3,4,5,6,7,8-八氢异喹啉的合成，分离产率为 78%，*ee* 值为 99%（Li *et al.*，2016）（图 11.47）。同时，将突变体库与 2-取代四氢喹啉进行组合筛选，获得了 9 个活力明显提高的突变体。利用活力提高的突变体对底物做手性拆分，发现 L225A 与 Q233A 对 2-环

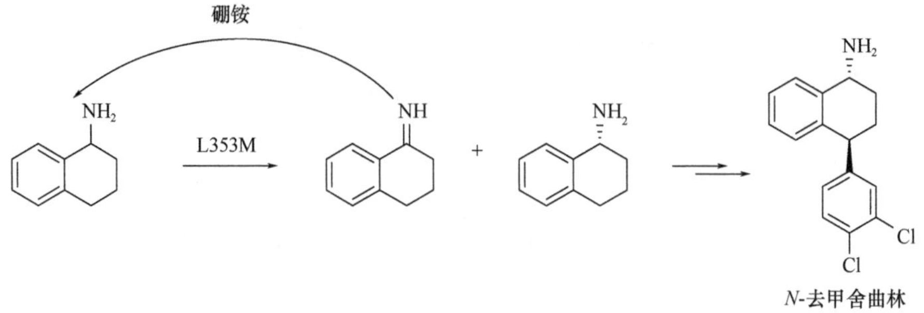

图 11.46 (*R*)-1,2,3,4-四氢-1-萘胺的化学-酶法合成

丙基四氢喹啉及 2-异丙基四氢喹啉显示出相反的立体偏好性。利用活力高、立体选择性好的突变体结合硼铵对 2-取代四氢喹啉进行去消旋化，产物的 *ee* 值高达 99%（Yao *et al.*，2018）（图 11.48）。进一步通过对环己胺氧化酶突变体库的筛选及迭代突变，获得了对缬氨酸乙酯活力提高 30 倍的突变体 Y321IM226T，开发出一条由缬氨酸乙酯合成 *D*-缬氨酸的新途径（Gong *et al.*，2018）。

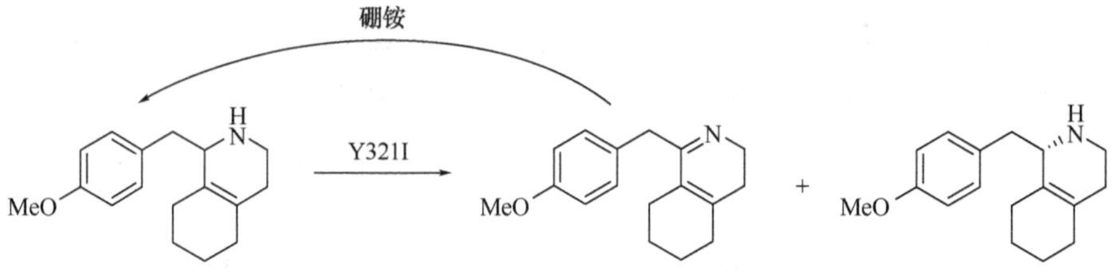

图 11.47 (*S*)-1-(4-甲氧苄基)-1,2,3,4,5,6,7,8-八氢异喹啉的化学-酶法合成

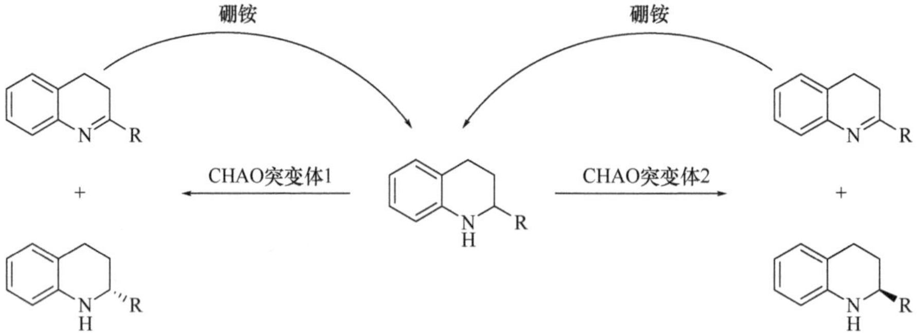

图 11.48 对映体互补的 2-取代四氢喹啉的化学-酶法合成

Heath 等（2014）通过对 6-羟基-*D*-烟碱氧化酶的改造，获得 (*R*)-选择性的单胺氧化酶，其中突变体 E350L/E352D 对 (*R*)-构型的胺表现出广谱的活性，可用于许多胺外消旋体的去消旋化制备相应的 (*S*)-构型产物。此外，Yasukawa 等（2014）将猪肾 *D*-氨基酸氧化酶 pkDAO 成功改造为 (*R*)-选择性的胺氧化酶，可以将 *α*-甲基苄胺去消旋化生成 (*S*)-对映异构体。通过进一步的理性设计得到突变体 I230A/R283G，可以实现大位阻底物如 4-氯二苯甲胺（CBHA）的去消旋化生成 (*R*)-CBHA（96% *ee*）（Yasukawa *et al.*，2018）（图 11.49）。

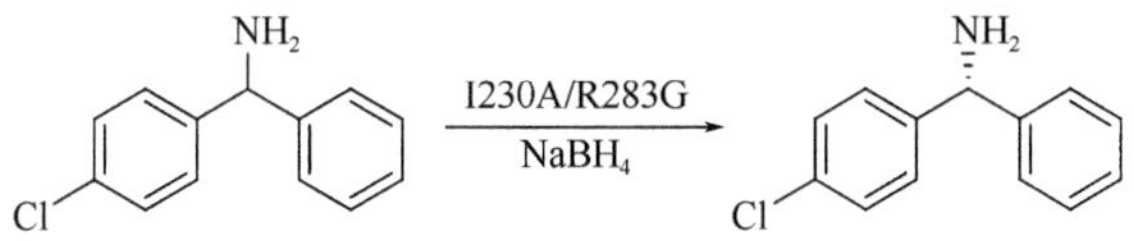

NH2 I230A/R283G NaBH4 Cl NH2 Cl

图 11.49 4-氯二苯甲胺的去消旋化

近年来，Aleku 等发现来源于米曲霉（*Aspergillus oryzae*）的还原胺化酶 AspRedAm 可以催化酮的还原胺化生成相应 (*R*)-构型手性胺。AspRedAm 也可以催化胺氧化为相应的亚胺，在 NADPH 氧化酶（NOX）存在时，AspRedAm 可以催化许多一级胺与二级胺的动力学拆分生成 (*S*)-构型胺。将该体系与硼铵结合，实现了包括雷沙吉兰与猪毛菜碱在内的许多环胺与非环胺的去消旋化（转化率＞98%，＞99% *ee*）。使用立体选择性翻转的 AspRedAm 突变体 W210A，则可以得到 (*R*)-构型胺（Aleku *et al.*，2018）。

## 2. 羟基酸与醇的去消旋化

上述循环去消旋化方法也可用于将乳酸或 *L*-乳酸转化为 *D*-乳酸，即采用 *L*-乳酸氧化酶选择性氧化 *L*-乳酸生成丙酮酸，结合非选择性的还原剂如硼氢化钠将丙酮酸还原为乳酸消旋体，最终得到单一构型的 *D*-乳酸，产率为 99%，光学纯度＞99% *ee*。使用电化学还原代替硼氢化钠与辅因子循环体系，结合 *L*-乳酸氧化酶，可将 *L*-乳酸转化为 *D*-乳酸（Biade *et al.*，1992；Oikawa *et al.*，2001）。

Nagaoka（2016b）发现来源于荧光假单胞菌（*Pseudomonas fluorescens*）的血红素载体蛋白 HasApf 可以催化 (*R*)-1-(6-甲氧基-2-萘) 乙醇选择性氧化生成相应的酮，结合硼氢化钠即可将 1-(6-甲氧基-2-萘) 乙醇消旋体转化为 (*S*)-1-(6-甲氧基-2-萘) 乙醇，分离产率＞90%，光学纯度＞99% *ee*。随后，Nagaoka（2016a）将 HasApf 固定在多空陶瓷颗粒上，实现了 1-(6-甲氧基-2-萘) 乙醇、1-(2-萘) 乙醇与取代苯基乙醇等二级醇的化学-酶法去消旋化（图 11.50）。

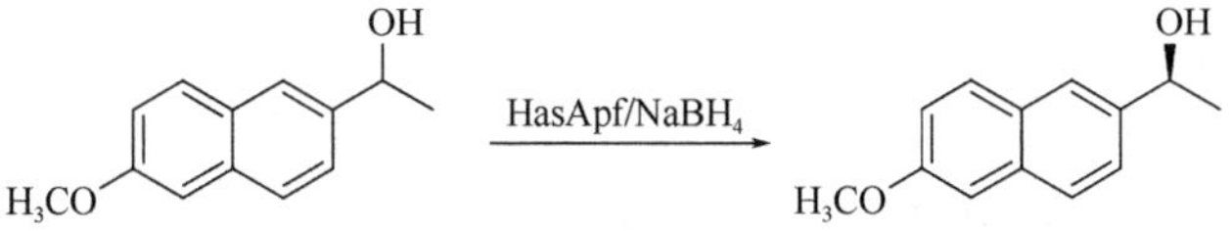

OH HasApf/NaBH4 H3CO OH H3CO

图 11.50 1-(6-甲氧基-2-萘) 乙醇的化学-酶法去消旋化

## 3. 亚砜的去消旋化

手性亚砜是一类非常重要的生物活性化合物，如奥美拉唑、兰索拉唑等。许多金属催化、有机催化和酶催化的方法相继被开发出来。近期，Tudorache 等（2012）报道了去消旋化的方法合成手性亚砜。大肠杆菌选择性催化 (*R*)-构型亚砜还原为硫醚，生成的硫醚被非均相催化剂 $Ta_2O_5$-$SiO_2$ 催化氧化为亚砜消旋体，经过 3 轮循环，得到 (*S*)-甲基对甲苯硫醚的产率为 56%，光学纯度为 97.5% *ee*。最近，Nosek 与 Míšek（2018）发现甲硫氨酸亚砜还原酶 MsrA 可以高选择性地还原手性亚砜，将其与氧杂吖丙啶氧化剂结合，实现了许多亚砜消旋体的去对称化，高产率生成相应的手性亚砜（图 11.51）。

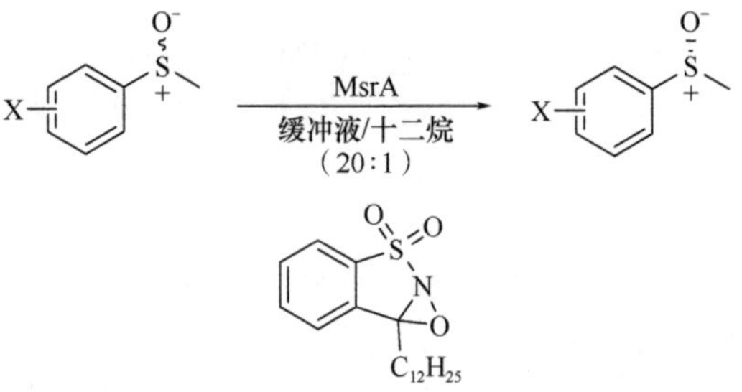

图 11.51 手性亚砜的化学-酶法去消旋化

## 11.3.5 其他同步同釜化学-酶偶联反应

同步同釜化学-酶偶联反应除动态动力学拆分与去消旋化反应之外，还存在很多其他的反应模式，如吡咯衍生物的化学-酶法合成，$\omega$-转氨酶选择性催化邻二酮中的一个羰基胺化生成相应的中间体 $\alpha$-氨基酮，该中间体继续与具有更强 $\alpha$-活泼氢的 $\beta$-酮酯发生帕勒-克诺尔反应（Paal-Knorr 反应）生成吡咯衍生物，从而推动平衡向生成产物的方向进行（Xu *et al.*，2018b）（图 11.52）。

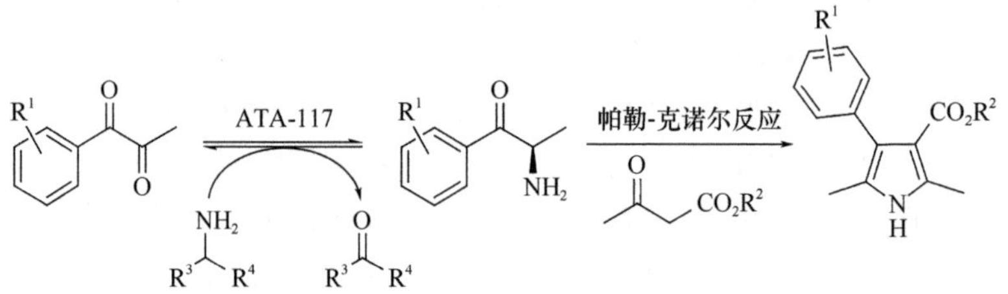

图 11.52 吡咯衍生物的化学-酶法合成

烯还原酶通常只催化顺式或反式烯烃中的一种异构体还原，而光催化可以实现烯烃现场异构化，两者偶联可以实现顺式和反式烯烃的不对称还原，生成光学纯的生物活性物质（Litman *et al.*，2018）（图 11.53）。Odachowski 等（2018）报道了单胺氧化酶（MAO-N D5）与四氯金酸的偶联，实现了 *N*-烷基四氢异喹啉的 1 位炔基化（图 11.54）。

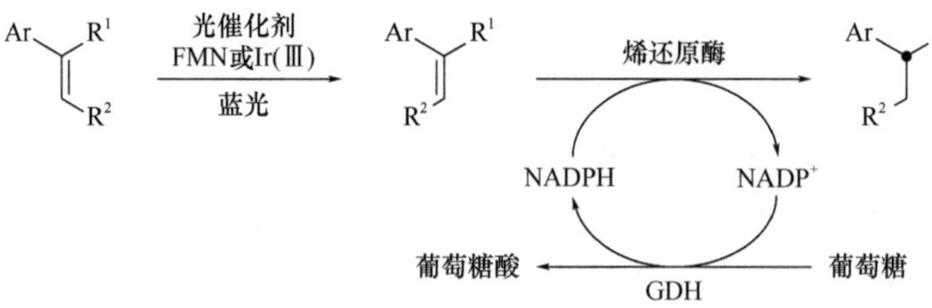

图 11.53 光催化与烯还原酶的偶联反应

图 11.54 *N*-烷基四氢异喹啉的炔基化反应

## 11.4 总结与展望

虽然化学-酶偶联催化已经取得了很大的发展，并成功应用于一些精细化学品及手性药物中间体的生产。但是，此反应模式也存在许多挑战，如化学反应与酶促反应的反应条件兼容性、催化剂的抑制或失活等（Schmidt *et al.*，2018）。科学家正在设计用于水性反应介质的化学催化剂，以及不断发展的具有有机溶剂耐受性的酶催化剂，以便这些催化剂可以在相同的反应条件下工作。同时，设计合适的反应工程使两者能很好地匹配，主要包括两相反应、反应位点分离、膜过滤、酶固定化等技术手段，使化学反应与酶促反应互不干扰（Groeger and Hummel，2014）。该领域涉及生物化学与分子生物学、微生物学、合成生物学、有机合成化学、计算化学、量子化学等多学科的交叉，需要多学科科研人员的通力合作。随着这些学科的发展和相互渗透，化学-酶偶联催化将会发挥越来越大的作用。

## 参考文献

张占辉, 刘庆彬. 2005. 酶-过渡金属配合物催化的动态动力学拆分研究进展. 有机化学, 25(7): 780-787.

Ahmed M, Kelly T, Ghanem A. 2012. Applications of enzymatic and non-enzymatic methods to access enantiomerically pure compounds using kinetic resolution and racemisation. Tetrahedron, 68(34): 6781-6802.

Aleku G A, Mangas-Sanchez J, Citoler J, *et al.* 2018. Kinetic resolution and deracemization of racemic amines using a reductive aminase. ChemCatChem, 10(3): 515-519.

Alexandre F R, Pantaleone D P, Taylor P P, *et al.* 2002. Amine-boranes: effective reducing agents for the deracemisation of *DL*-amino acids using *L*-amino acid oxidase from *Proteus myxofaciens*. Tetrahedron Letters, 43(4): 707-710.

Alexeeva M, Enright A, Dawson M J, *et al.* 2002. Deracemization of *α*-methylbenzylamine using an enzyme obtained by *in vitro* evolution. Angewandte Chemie International Edition, 41(17): 3177-3180.

Allen J V, Williams J M J. 1996. Dynamic kinetic resolution with enzyme and palladium combinations. Tetrahedron Letters, 37(11): 1859-1862.

Applegate G A, Berkowitz D B. 2015. Exploiting enzymatic dynamic reductive kinetic resolution (DYRKR) in stereocontrolled synthesis. Advanced Synthesis & Catalysis, 357(8): 1619-1632.

Baer K, Krausser M, Burda E, *et al.* 2009. Sequential and modular synthesis of chiral 1,3-diols with two stereogenic centers: access to all four stereoisomers by combination of organo- and biocatalysis. Angewandte Chemie International Edition, 48(49): 9355-9358.

Bailey K R, Ellis A J, Reiss R, *et al.* 2007. A template-based mnemonic for monoamine oxidase (MAO-N) catalyzed reactions and its application to the chemo-enzymatic deracemisation of the alkaloid (+/−)-crispine A. Chemical Communications, (35): 3640-3642.

Beard T M, Turner N J. 2002. Deracemisation and stereoinversion of *α*-amino acids using *D*-amino acid oxidase and hydride reducing agents. Chemical Communications, 7(3): 246-247.

Biade A E, Bourdillon C, Laval J M, *et al.* 1992. Complete conversion of *L*-lactate into *D*-lactate, a generic approach involving enzymatic catalysis, electrochemical oxidation of NADH, and electrochemical reduction of pyruvate. Journal of the American Chemical Society, 114(3): 893-897.

Boffi A, Cacchi S, Ceci P, *et al.* 2011. The Heck reaction of allylic alcohols catalyzed by palladium nanoparticles in water: Chemoenzymatic synthesis of (*R*)-(−)-rhododendrol. ChemCatChem, 3(2): 347-353.

Brenna E, Crotti M, Gatti F G, *et al.* 2015. Opposite enantioselectivity in the bioreduction of (*Z*)-*β*-aryl-*β*-cyanoacrylates mediated by the tryptophan 116 mutants of old yellow enzyme 1: Synthetic approach to (*R*)- and (*S*)-*β*-aryl-*γ*-lactams. Advanced Synthesis & Catalysis, 357(8): 1849-1860.

Buisson D, Azerad R, Sanner C, *et al.* 1991. Stereocontrolled reduction of *β*-ketoesters by *Geotrichum-candidum*-preparation of D-3-hydroxyalkanoates. Tetrahedron: Asymmetry, 2(10): 987-988.

Carr R, Alexeeva M, Dawson M J, *et al.* 2005. Directed evolution of an amine oxidase for the preparative deracemisation of cyclic secondary amines. ChemBioChem, 6(4): 637-639.

Carr R, Alexeeva M, Enright A, *et al.* 2003. Directed evolution of an amine oxidase possessing both broad substrate specificity and high enantioselectivity. Angewandte Chemie International Edition, 42(39): 4807-4810.

Chen X, Liu Z Q, Lin C P, *et al.* 2016. Chemoenzymatic synthesis of (*S*)-duloxetine using carbonyl reductase from *Rhodosporidium toruloides*. Bioorganic Chemistry, 65: 82-89.

Chen X, Zhang H L, Maria-Solano M A, *et al.* 2019. Efficient reductive desymmetrization of bulky 1,3-cyclodiketones enabled by structure-guided directed evolution of a carbonyl reductase. Nature Catalysis, 2(10): 931-941.

Choi Y K, Kim M J, Ahn Y, *et al.* 2001. Lipase/palladium-catalyzed asymmetric transformations of ketoximes to optically active amines. Organic Letters, 3(25): 4099-4101.

Choi Y K, Kim Y, Han K, *et al.* 2009. Synthesis of optically active amino acid derivatives via dynamic kinetic resolution. Journal of Organic Chemistry, 74(24): 9543-9545.

Contente M L, Molinari F, Serra I, *et al.* 2016. Stereoselective enzymatic reduction of ethyl secodione: preparation of a key intermediate for the total synthesis of steroids. European Journal of Organic Chemistry, 2016(7): 1260-1263.

Cuetos A, Rioz-Martínez A, Bisogno F R, *et al.* 2012. Access to enantiopure *α*-alkyl-*β*-hydroxy esters through dynamic kinetic resolutions employing purified/overexpressed alcohol dehydrogenases. Advanced Synthesis & Catalysis, 354(9): 1743-1749.

DeSantis G, Zhu Z L, Greenberg W A, *et al.* 2002. An enzyme library approach to biocatalysis: development of nitrilases for enantioselective production of carboxylic acid derivatives. Journal of the American Chemical Society, 124(31): 9024-9025.

Dinh P M, Howarth J A, Hudnott A R, *et al.* 1996. Catalytic racemisation of alcohols: Applications to enzymatic resolution reactions. Tetrahedron Letters, 37(42): 7623-7626.

Dumeignil F, Guehl M, Gimbernat A, *et al.* 2018. From sequential chemoenzymatic synthesis to integrated hybrid catalysis: Taking the best of both worlds to open up the scope of possibilities for a sustainable future. Catalysis Science & Technology, 8(22): 5708-5734.

Dunsmore C J, Carr R, Fleming T, *et al.* 2006. A chemo-enzymatic route to enantiomerically pure cyclic tertiary amines. Journal of the American Chemical Society, 128(7): 2224-2225.

Eckert M, Brethon A, Li Y X, *et al.* 2007. Study of the efficiency of amino-functionalized ruthenium and ruthenacycle complexes as racemization catalysts in the dynamic kinetic resolution of 1-phenylethanol. Advanced Synthesis & Catalysis, 349(17-18): 2603-2609.

El Blidi L, Vanthuyne N, Siri D, *et al.* 2010. Switching from (*R*)- to (*S*)-selective chemoenzymatic DKR of amines involving sulfanyl radical-mediated racemization. Organic & Biomolecular Chemistry, 8(18): 4165-4168.

El-Sepelgy O, Brzozowska A, Rueping M. 2017. Asymmetric chemoenzymatic reductive acylation of ketones by a combined iron-catalyzed hydrogenation-racemization and enzymatic resolution cascade. ChemSusChem, 10(8): 1664-1668.

Engstrom K, Shakeri M, Bäckvall J E. 2011. Dynamic kinetic resolution of $\beta$-amino esters by a heterogeneous system of a palladium nanocatalyst and *Candida antarctica* lipase A. European Journal of Organic Chemistry, 2011(10): 1827-1830.

Enright A, Alexandre F R, Roff G, *et al.* 2003. Stereoinversion of $\beta$- and $\gamma$-substituted $\alpha$-amino acids using a chemo-enzymatic oxidation-reduction procedure. Chemical Communications, (20):2636-2637.

Ghislieri D, Green A P, Pontini M, *et al.* 2013. Engineering an enantioselective amine oxidase for the synthesis of pharmaceutical building blocks and alkaloid natural products. Journal of the American Chemical Society, 135(29): 10863-10869.

Gong R, Yao P Y, Chen X, *et al.* 2018. Accessing *D*-valine synthesis by improved variants of bacterial cyclohexylamine oxidase. ChemCatChem, 10(2): 387-390.

Gonzalez-Martinez D, Gotor V, Gotor-Fernandez V. 2019. Chemoenzymatic synthesis of an odanacatib precursor through a Suzuki-Miyaura cross-coupling and bioreduction sequence. ChemCatChem, 11(23): 5800-5807.

Grau B T, Devine P N, DiMichele L N, *et al.* 2007. Chemo- and enantioselective routes to chiral fluorinated hydroxyketones using ketoreductases. Organic Letters, 9(24): 4951-4954.

Groeger H, Hummel W. 2014. Combining the 'two worlds' of chemocatalysis and biocatalysis towards multi-step one-pot processes in aqueous media. Current Opinion in Chemical Biology, 19: 171-179.

Gustafson K P J, Gudmundsson A, Lewis K, *et al.* 2017. Chemoenzymatic dynamic kinetic resolution of secondary alcohols using an air- and moisture-stable iron racemization catalyst. Chemistry—A European Journal, 23(5): 1048-1051.

Gustafson K P J, Lihammar R, Verho O, *et al.* 2014. Chemoenzymatic dynamic kinetic resolution of primary amines using a recyclable palladium nanoparticle catalyst together with lipases. Journal of Organic Chemistry, 79(9): 3747-3751.

Hanson R L, Davis B L, Goldberg S L, *et al.* 2008. Enzymatic preparation of a *D*-amino acid from a racemic amino acid or keto acid. Organic Process Research & Development, 12(6): 1119-1129.

Hassan S, Tschersich R, Mueller T J J. 2013. Three-component chemoenzymatic synthesis of amide ligated 1,2,3-triazoles. Tetrahedron Letters, 54(35): 4641-4644.

Heath R S, Pontini M, Bechi B, *et al.* 2014. Development of an *R*- selective amine oxidase with broad substrate specificity and high enantioselectivity. ChemCatChem, 6(4): 996-1002.

Huh J W, Yokoigawa K, Esaki N, *et al.* 1992. Synthesis of *L*-proline from the racemate by coupling of enzymatic enantiospecific oxidation and chemical nonenantiospecific reduction. Journal of Fermentation and Bioengineering, 74(3): 189-190.

Johnston E V, Bogar K, Bäckvall J E. 2010. Enantioselective synthesis of (*R*)-Bufuralol via dynamic kinetic resolution in the key step. Journal of Organic Chemistry, 75(13): 4596-4599.

Kim K, Lee E, Kim C, *et al.* 2017. Ionic-surfactant-coated subtilisin: activity, enantioselectivity, and application to dynamic kinetic resolution of secondary alcohols. Organic & Biomolecular Chemistry, 15(41): 8836-8844.

Kim M J, Kim W H, Han K, *et al.* 2007. Dynamic kinetic resolution of primary amines with a recyclable Pd nanocatalyst for racemization. Organic Letters, 9(6): 1157-1159.

Kim Y, Park J, Kim M J. 2010. Fast racemization and dynamic kinetic resolution of primary benzyl amines. Tetrahedron Letters, 51(42): 5581-5584.

Koh J H, Jung H M, Kim M J, *et al.* 1999. Enzymatic resolution of secondary alcohols coupled with ruthenium-catalyzed racemization without hydrogen mediator. Tetrahedron Letters, 40(34): 6281-6284.

Krausser M, Winkler T, Richter N, *et al.* 2011. Combination of C=C bond formation by Wittig reaction and enzymatic C=C bond reduction in a one-pot process in water. ChemCatChem, 3(2): 293-296.

Lee J, Oh Y, Choi Y K, *et al.* 2015. Dynamic kinetic resolution of diarylmethanols with an activated lipoprotein lipase. ACS Catalysis, 5(2): 683-689.

Li G Y, Ren J, Yao P Y, *et al.* 2014b. Deracemization of 2-methyl-1,2,3,4-tetrahydroquinoline using mutant cyclohexylamine oxidase obtained by iterative saturation mutagenesis. ACS Catalysis, 4(3): 903-908.

Li G Y, Yao P Y, Cong P Q, *et al.* 2016. New recombinant cyclohexylamine oxidase variants for deracemization of secondary amines by orthogonally assaying designed mutants with structurally diverse substrates. Scientific Reports, 6: 24973.

Li G, Ren J, Iwaki H, *et al.* 2014a. Substrate profiling of cyclohexylamine oxidase and its mutants reveals new biocatalytic potential in deracemization of racemic amines. Applied Microbiology and Biotechnology, 98(4): 1681-1689.

Li T, Liang J, Ambrogelly A, *et al.* 2012. Efficient, chemoenzymatic process for manufacture of the Boceprevir bicyclic [3.1.0] proline intermediate based on amine oxidase-catalyzed desymmetrization. Journal of the American Chemical Society, 134(14): 6467-6472.

Liang J, Mundorff E, Voladri R, *et al.* 2010. Highly enantioselective reduction of a small heterocyclic ketone: biocatalytic reduction of tetrahydrothiophene-3-one to the corresponding (*R*)-alcohol. Organic Process Research & Development, 14(1): 188-192.

Liardo E, Rios-Lombardia N, Moris F, *et al.* 2018. A straightforward deracemization of sec-alcoholscombining organocatalytic oxidation and biocatalytic reduction. European Journal of Organic Chemistry, (23): 3031-3035.

Litman Z C, Wang Y J, Zhao H M, *et al.* 2018. Cooperative asymmetric reactions combining photocatalysis and enzymatic catalysis. Nature, 560(7718): 355-359.

Lopes R D O, de Miranda A S, Reichart B, *et al.* 2014. Combined batch and continuous flow procedure to the chemo-enzymatic synthesis of biaryl moiety of Odanacatib. Journal of Molecular Catalysis B: Enzymatic, 104: 101-107.

Ma G, Xu Z, Zhang P, *et al.* 2014. A novel synthesis of Rasagiline via a chemoenzymatic dynamic kinetic resolution. Organic Process Research & Development, 18(10): 1169-1174.

Marín-Valls R, Hernández K, Bolte M, *et al.* 2019. Chemoenzymatic hydroxymethylation of carboxylic acids by tandem stereodivergent biocatalytic aldol reaction and chemical decarboxylation. ACS Catalysis, 9(8): 7568-7577.

Martin-Matute B, Edin M, Bäckvall J E. 2006. Highly efficient synthesis of enantiopure diacetylated C-2-symmetric diols by ruthenium- and enzyme-catalyzed dynamic kinetic asymmetric transformation (DYKAT). Chemistry—A European Journal, 12(23): 6053-6061.

Nagaoka H. 2016a. Continuous reusability using immobilized HasApf in chemoenzymatic deracemization: A new heterogeneous enzyme catalysis. Biomolecules, 6(4): 41.

Nagaoka H. 2016b. Heterogeneous asymmetric oxidation catalysis using hemophore HasApf. Application in the chemoenzymatic deracemization of sec-alcohols with sodium borohydride. Catalysts, 6(3): 38.

Nosek V, Míšek J. 2018. Chemoenzymatic deracemization of chiral sulfoxides. Angewandte Chemie International Edition, 57(31): 9849-9852.

Odachowski M, Greaney M F, Turner N J. 2018. Concurrent biocatalytic oxidation and C-C bond formation via gold catalysis: One-pot alkynylation of *N*-alkyl tetrahydroisoquinolines. ACS Catalysis, 8(11): 10032-10035.

Oikawa T, Mukoyama S, Soda K. 2001. Chemo-enzymatic *D*-enantiomerization of *DL*-lactate. Biotechnology and Bioengineering, 73(1): 80-82.

Orru R V A, Mayer S F, Kroutil W, *et al.* 1998. Chemoenzymatic deracemization of (+/−)-2,2-disubstituted oxiranes. Tetrahedron, 54(5-6): 859-874.

Paris J, Telzerow A, Rios-Lombardia N, *et al.* 2019. Enantioselective one-pot synthesis of biaryl-substituted amines by combining palladium and enzyme catalysis in deep eutectic solvents. ACS Sustainable Chemistry & Engineering, 7(5): 5486-5493.

Parvulescu A N, Jacobs P A, De Vos D E. 2009. Support influences in the Pd-catalyzed racemization and dynamic kinetic resolution of chiral benzylic amines. Applied Catalysis A: General, 368(1-2): 9-16.

Persson B A, Huerta F F, Bäckvall J E. 1999a. Dynamic kinetic resolution of secondary diols via coupled ruthenium and enzyme catalysis. Journal of Organic Chemistry, 64(14): 5237-5240.

Persson B A, Larsson A L E, Ray M L, *et al.* 1999b. Ruthenium- and enzyme-catalyzed dynamic kinetic resolution of secondary alcohols. Journal of the American Chemical Society, 121(8): 1645-1650.

Poulhes F, Vanthuyne N, Bertrand M P, *et al.* 2011. Chemoenzymatic dynamic kinetic resolution of primary amines catalyzed by CAL-B at 38-40℃ . Journal of Organic Chemistry, 76(17): 7281-7286.

Reetz M T, Schimossek K. 1996. Lipase-catalyzed dynamic kinetic resolution of chiral amines: Use of palladium as the racemization catalyst. Chimia, 50(12): 668-669.

Rowles I, Malone K J, Etchells L L, *et al.* 2012. Directed evolution of the enzyme monoamine oxidase (MAO-N): Highly efficient chemo-enzymatic deracemisation of the alkaloid (+/−)-crispine A. ChemCatChem, 4(9): 1259-1261.

Schmidt S, Castiglione K, Kourist R. 2018. Overcoming the incompatibility challenge in chemoenzymatic and multi-catalytic cascade reactions. Chemistry—A European Journal, 24(8): 1755-1768.

Schnepel C, Kemker I, Sewald N. 2019. One-pot synthesis of *D*-halotryptophans by dynamic stereoinversion using a specific *L*-amino acid oxidase. ACS Catalysis, 9(2): 1149-1158.

Schrittwieser J H, Groenendaal B, Resch V, *et al.* 2014a. Deracemization by simultaneous bio-oxidative kinetic resolution and stereoinversion. Angewandte Chemie International Edition, 53(14): 3731-3734.

Schrittwieser J H, Groenendaal B, Willies S C, *et al.* 2014b. Deracemisation of benzylisoquinoline alkaloids employing monoamine oxidase variants. Catalysis Science & Technology, 4(10): 3657-3664.

Simeo Y, Faber K. 2006. Selectivity enhancement of enantio- and stereo-complementary epoxide hydrolases and chemo-enzymatic deracemization of (+/−)-2-methylglycidyl benzyl ether. Tetrahedron: Asymmetry, 17(7): 402-409.

Soda K, Oikawa T, Yokoigawa K. 2001. One-pot chemo-enzymatic enantiomerization of racemates. Journal of Molecular Catalysis B-Enzymatic, 11(4-6): 149-153.

Strubing D, Krumlinde P, Piera J, *et al.* 2007. Dynamic kinetic resolution of primary alcohols with an unfunctionalized stereogenic center in the *β*-position. Advanced Synthesis & Catalysis, 349(10): 1577-1581.

Sun Z, Lonsdale R, Ilie A, *et al.* 2016. Catalytic asymmetric reduction of difficult-to-reduce ketones: triple-code saturation mutagenesis of an alcohol dehydrogenase. ACS Catalysis, 6(3): 1598-1605.

Szymanski W, Postema C P, Tarabiono C, *et al.* 2010. Combining designer cells and click chemistry for a one-pot four-step preparation of enantiopure *β*-hydroxytriazoles. Advanced Synthesis & Catalysis, 352(13): 2111-2115.

Traff A, Bogar K, Warner M, *et al.* 2008. Highly efficient route for enantioselective preparation of chlorohydrins via dynamic kinetic resolution. Organic Letters, 10(21): 4807-4810.

Tudorache M, Nica S, Bartha E, *et al.* 2012. Sequential deracemization of sulfoxides via whole-cell resolution and heterogeneous oxidation. Applied Catalysis A: General, 441: 42-46.

Uthoff F, Sato H, Groeger H. 2017. Formal enantioselective hydroamination of non-activated alkenes: transformation of styrenes into enantiomerically pure 1-phenylethylamines in chemoenzymatic one-pot synthesis. ChemCatChem, 9(4): 555-558.

Wallner A, Mang H, Glueck S M, *et al.* 2003. Chemo-enzymatic enantio-convergent asymmetric total synthesis of (*S*)-(+)-dictyoprolene using a kinetic resolution-stereoinversion protocol. Tetrahedron: Asymmetry, 14(16): 2427-2432.

Wang M X. 2015. Enantioselective biotransformations of nitriles in organic synthesis. Accounts of Chemical Research, 48(3): 602-611.

Xu F, Kosjek B, Cabirol F L, *et al.* 2018a. Synthesis of vibegron enabled by a ketoreductase rationally designed for high pH dynamic kinetic reduction. Angewandte Chemie International Edition, 57(23): 6863-6867.

Xu J, Green A P, Turner N J. 2018b. Chemo-enzymatic synthesis of pyrazines and pyrroles. Angewandte Chemie-International Edition, 57(51): 16760-16763.

Yao P Y, Cong P Q, Gong R, *et al.* 2018. Biocatalytic route to chiral 2-substituted-1,2,3,4-tetrahydroquinolines using cyclohexylamine oxidase muteins. ACS Catalysis, 8(3): 1648-1652.

Yao P Y, Li J J, Yuan J, *et al.* 2015. Enzymatic synthesis of a key intermediate for rosuvastatin by nitrilase-catalyzed hydrolysis of ethyl (*R*)-4-cyano-3-hydroxybutyate at high substrate concentration. ChemCatChem, 7(2): 271-275.

Yasukawa K, Motojima F, Ono A, *et al.* 2018. Expansion of the substrate specificity of porcine kidney *D*-amino acid oxidase for *S*-stereoselective oxidation of 4-Cl-benzhydrylamine. ChemCatChem, 10(16): 3500-3505.

Yasukawa K, Nakano S, Asano Y. 2014. Tailoring *D*-amino acid oxidase from the pig kidney to *R*-stereoselective amine oxidase and its use in the deracemization of $\alpha$-methylbenzylamine. Angewandte Chemie International Edition, 53(17): 4428-4431.

Zawodny W, Montgomery S L, Marshall J R, *et al.* 2018. Chemoenzymatic synthesis of substituted azepanes by sequential biocatalytic reduction and organolithium-mediated rearrangement. Journal of the American Chemical Society, 140(51): 17872-17877.

# 第12章 光促酶催化

陈 曦 刘 娜 朱敦明
中国科学院天津工业生物技术研究所

## 12.1 概述

光催化反应（光促反应）是指利用光源作为光催化剂产生催化作用的驱动力，从而促进化学反应的进行，与光合作用类似，其本质是将光能转化成化学能（Lewis，2007）。光催化反应作为一种绿色、可持续的催化技术，在解决环境污染和能源危机方面具有巨大的潜力，在过去几十年里受到了研究者的广泛关注，并在能源、材料、环境和化学等领域得到长足的发展。光照前后造成底物化合物的基态和激发态电子组态不同，因此光催化反应可以实现一些传统热化学、电化学难以实现的反应。光催化作为一种可常温操作和以清洁可再生太阳光能为动力的绿色技术，将是21世纪现代绿色化学合成的重要发展方向之一。

然而光促反应在某些方面也有一定的局限性，其中一个比较大的缺陷是光促有机反应是单电子自由基反应，反应的能垒比较低，导致反应的立体选择性低，限制了光促反应在不对称有机合成中的应用。而酶催化反应由于发生在蛋白质的底物结合空腔内，通常具有很高的立体选择性，而且蛋白质底物结合空腔的构象可以通过蛋白质工程来调整，以便适用于不同的反应底物，实现高立体选择性的反应。将光促反应与酶催化耦合，使光促反应产生的活性中间体在酶的底物空腔内发生反应，有望解决光促反应立体选择性低的问题。近年来在该交叉领域已有一些探索，并取得了很好的成果（Hyster，2019；Nakano *et al.*，2019；Schmermund *et al.*，2019）。本章将对这些研究成果进行总结，以期促进该领域的进一步发展。

本章将首先讨论光促反应产生的活性中间体在氧化还原酶底物空腔内发生的新颖立体选择性反应，这类反应不同于氧化还原酶催化的自然反应，即光促进的酶混杂性反应。接着将讨论光催化的化学转化与生物转化的偶联反应，在这类反应过程中，光促化学反应的产物是下一步酶催化反应的底物，或者反过来，酶催化反应的产物是下一步光促反应的反应物。最后简单介绍一下光促氧化还原酶的辅酶再生以及光促酶。光促酶是一类光驱动酶，必须在光驱动下，这类酶才行使其功能。

## 12.2 光促进的酶催化混杂性

在光催化化学氧化还原反应中，光能激发底物分子常会产生有机小分子自由基。在氧化还原酶催化过程中基态还原型烟酰胺腺嘌呤二核苷酸（NADH）（或还原型烟酰胺腺嘌呤二核苷酸磷酸（NADPH））为弱单电子还原剂，通常作为氢化物源，催化双电子转移反应。另外，NADH（或 NADPH）的 $C_4$—H 键具有较低的均裂自由能，激发态的 NADH（或 NADPH）会成为一种强的有效的单电子还原剂，从而以氢自由基（H·）得以转移，这种单电子转移过程不同于双电子转移反应，可能导致新颖的非天然反应，而不是酶天然能够催化的反应，由此产生了酶催化的混杂性。当辅酶因子形成的自由基处于酶活性中心时，酶活性中心独特的构象可能对自由基反应的立体选择性具有一定的控制作用。如果光催化剂提供的单电子没有到达酶活性中心的手性环境时，便失去了立体选择性的控制，因此在选择光催化剂时需要谨慎。由于羰基还原酶、烯还原酶的辅酶为烟酰胺类，因此目前报道中多是羰基还原酶、烯还原酶在光催化下发生的催化混杂性，本章节将介绍这方面的研究进展。

### 12.2.1 光促羰基还原酶催化混杂性

羰基还原酶在辅酶存在的情况下，可逆催化醇的氧化和羰基的还原。近期文献报道指出，在可见光照射下，羰基还原酶能够催化自由基机制的 *α*-卤代内酯的高对映选择性脱卤反应，*α*-卤内酯的 *α*-位取代基团是溴和（取代）苯基。首先是特定立体构型的卤内酯与辅酶 NADPH 在羰基还原酶活性中心形成电荷转移复合物，在光激发条件下单电子从辅酶转移到底物，产生 NADPH 阳离子自由基和卤内酯阴离子自由基。卤内酯阴离子自由基的 C-Br 键裂解产生 $Br^-$ 和内酯自由基，然后该内酯自由基从 NADPH 阳离子自由基中获得氢自由基，形成脱卤内酯和 $NADP^+$。在这个反应过程中，NADPH 需要额外体系以实现其再生，酶活性中心严格的立体构型控制使得氢原子能够从特定的方向进攻，从而生成 (*R*) 或 (*S*)-构型脱卤产物。来源于克菲尔乳杆菌（*Lactobacillus kefir*）的短链脱氢酶 LKADH 的突变体可以催化多种卤代内酯发生立体选择性的脱卤反应，获得 (*R*)-脱卤内酯对映体，而来自罗尔斯通氏菌（*Ralstonia* species）的醇脱氢酶 RasADH 催化则以 (*S*)-脱卤内酯对映体为主要产物（图 12.1）（Emmanuel *et al.*，2016）。

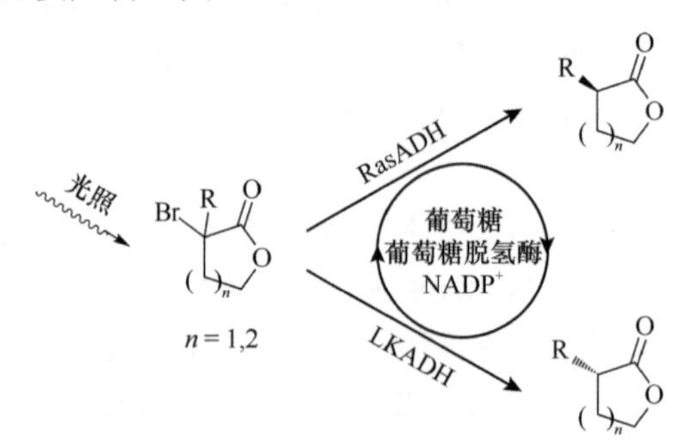


图 12.1 光催化下羰基还原酶的脱卤反应

但是当底物为 *α*-溴代酰胺和 *α*-溴代-*α*-烷基-*γ*-内酯时，由于无法在酶活中心与

NAD(P)H 形成电荷转移复合物，因此脱卤反应不能进行。通过使用光氧化还原催化剂如伊红 Y（eosin Y，曙红 Y）进行电子转移介导，可以将单电子从 NADPH 转移到底物。在伊红 Y 加入后，530 nm LED 照射情况下，各种 $\alpha$-溴代酰胺和 $\alpha$-溴代-$\alpha$-烷基-$\gamma$-内酯在 LKADH 突变体的催化下，以 58%～71% 的产率、60%～94% *ee* 获得脱卤产物。此种方法不仅可以应用于卤代底物，对于多种取代 $\alpha$-烷基-$\alpha$-乙酰氧基四氢萘酮底物也可以采用相同的策略，但是光敏剂需要更改为染料玫瑰红。根据推测的反应机理，可见光照射下，激发态染料玫瑰红夺取辅酶电子，随后转移电子至被酶活化的底物 $\alpha$-烷基-$\alpha$-乙酰氧基四氢萘酮，底物获得电子后脱去乙酰氧基负离子后成为活性自由基，NADPH 上的氢原子随即转移至底物后生成 NADP 自由基，以 38%～85% 的产率、40%～94% *ee* 获得脱乙酰氧基产物，随后染料玫瑰红夺取 NADP 自由基上的电子，生成 $NADP^+$ 和自由基（Biegasiewicz *et al.*，2018）。

### 12.2.2 光促烯还原酶催化混杂性

除了羰基还原酶被报道可以在光催化下实现混杂性的反应，光诱导黄素依赖的烯还原酶同样也可以发生新颖的非天然反应。烯还原酶可以立体选择性地利用来源于还原态黄素的氢负离子立体选择性还原活化的烯烃。在光激发下，通过合理地构建反应，烯还原酶能够实现羰基的还原生成手性醇。在 460 nm LED 照射下，光氧化还原催化剂 $Ru(bpy)_3Cl_2$（bpy=2,2′-双吡啶）作为单电子转移介质，将电子从黄素转移到底物酮上，来源于恶臭假单胞菌（*Pseudomonas putida*）的吗啡酮还原酶（MorB）能够还原一系列取代的酮底物为相应的手性醇，产率较高，但是立体选择性中等（Sandoval *et al.*，2019）。

2020 年，Huang 等报道了可见光诱导的烯还原酶催化末端烯烃与易获得的 $\alpha$-卤代羰基化合物的分子间自由基加氢烷基化反应。在酶转化的混杂性反应中，不同于之前的报道，不使用光催化剂或者光敏剂，而是酶活性位点的底物/烯还原酶复合物的形成触发了对映选择性光诱导的自由基反应（图 12.2）。该方法为具有 $\gamma$-立体中心的各种羰基化合物提供了一种有效的合成方法，该方法具有优异的转化率和对映选择性（高达 99% 的转化率，99% 的对映体含量），这很难通过化学催化获得（Huang *et al.*，2020）。

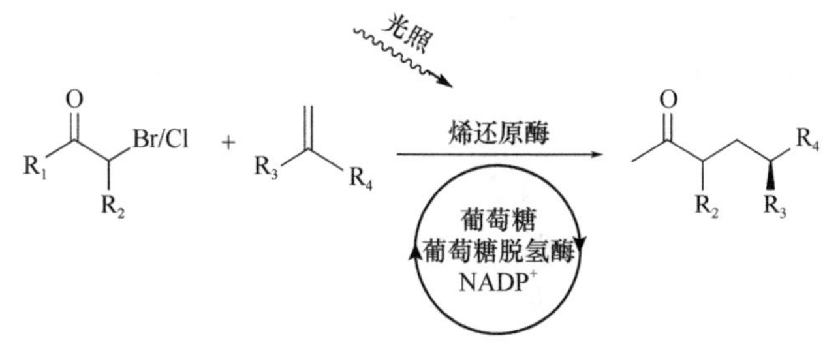


图 12.2 烯还原酶光催化下的自由基加成反应

## 12.3 光促化学催化与酶催化反应的偶联

### 12.3.1 光促化学催化与酶催化偶联反应的类型与特点

在光催化化学反应和生物催化反应的“真正”级联反应中，光化学反应生成一种作为生物转化底物的中间体，反之亦然。光化学反应和生物催化反应都可以在（或接近）室温条件下进行，这为酶催化和光反应的结合提供了必要条件，并且也是这种偶联反应的优势。近年来，光诱导化学转化与生物催化反应相结合的线性级联反应已被开发出来，为可持续化学合成提供了一种新的策略。本节将讨论这一新兴领域的最新进展。对于偶联的一锅反应，往往有两种类型，一种是先实现偶联的一个反应，第一步反应完成后，再加入第二步反应的催化剂和试剂进行的分步反应模式；另外一种是同时进行的一锅反应，偶联的反应即使存在先后顺序，也将偶联反应所用的催化剂和试剂同时加入反应体系中。同时进行的一锅法更有利于一些中间体不稳定的反应和热力学平衡上不利的第一步反应。

### 12.3.2 光催化产 $H_2O_2$ 与过氧化（物）酶偶联

过氧化（物）酶（EC 1.11.X）可以利用过氧化氢催化各种有趣的反应，如 C—H 氧化和卤化反应。但由于反应混合物中高浓度的 $H_2O_2$ 会对过氧化物酶造成不可逆的氧化失活，因此，在整个反应过程中保持适量且稳定的 $H_2O_2$ 浓度对生物催化过程至关重要，尤其是大规模的生物催化过程。蓝光激发的黄素单核苷酸（FMN）可以在夺取电子供体的电子后被还原为 $FMNH_2$，然后 $FMNH_2$ 将空气中的 $O_2$ 氧化还原为 $H_2O_2$。这种连续、光驱动的过程保证了溶液中一个恒定较低浓度的 $H_2O_2$，可以将此种光激发产生 $H_2O_2$ 的方法与生物催化中需要 $H_2O_2$ 的反应进行偶联。

溶有溴化钾（KBr）的 2-(*N*-吗啉) 乙磺酸（MES）缓冲液中，FMN 在 455 nm 光激发下，将氧气还原为 $H_2O_2$，来源于蓝藻细菌（*Acaryochloris marina*）的含钒金属的过氧化物酶（AmVHPO）作为生物催化剂，有效地实现了多个不同的富电子（杂）芳香族化合物的溴代反应。在相同的反应条件下，使用来自土壤真菌不等弯孢菌（*Curvularia inaequalis*）的过氧化物酶（CiVHPO）在氯化钾（KCl）的存在下对芳香族化合物进行了类似的氯代反应。在这个偶联反应中 2-(*N*-吗啉) 乙磺酸是一种有效的电子供体（Seel *et al.*，2018）。

在空气中，掺杂有金纳米颗粒的 $TiO_2(Au\text{-}TiO_2)$ 作为光催化剂，可以使甲醇和水氧化，生成 $H_2O_2$。对 Au-$TiO_2$ 纳米粒子在不同发射波段光源照射下水的氧化进行检测，其中在 375 nm 光照射下生成 $H_2O_2$ 的浓度可以达到 600 μmol/L。在磷酸缓冲液中，水作为电子供体，原位生成 $H_2O_2$，AmVHPO 催化了 2,6-二甲氧基吡啶的溴化反应。在上述催化体系中，原位再生的 $H_2O_2$ 可以被来源于茶树菇（*Agrocybe aegerita*）的非特异性的过氧化物酶（AaeUPO）应用于烃类化合物的立体选择性氧化。在这个反应体系中，环烷烃和苯基烷烃的羟基化反应具有中等的转化率及较高的立体选择性，但被引入的羟基有可能会被继续氧化为酮羰基，只是酮产物比例较低（Zhang *et al.*，2018）。

近年来，石墨相氮化碳（g-$C_3N_4$）被证明是一种很有前途的光催化剂，能够以甲酸盐或甲醇作为电子供体来还原 $O_2$，生成 $H_2O_2$。这种多相光催化生成的 $H_2O_2$ 可以作为底物，参与过氧化物酶催化的羟基化反应。过氧化物酶 AaeUPO 作为催化剂，乙基苯作为底物，可以被有效地羟基化，得到 (*R*)-1-苯基乙醇，生物催化剂的周转次数超过 6 万次，继续被氧化为酮产物的比例也较低（van Schie *et al.*，2019b）。

FMN、酚藏花红（phenosafranine）和亚甲基蓝也被用作光敏剂，将氧气还原为$H_2O_2$，同样过氧化氢酶利用光催化产生的$H_2O_2$作为底物催化乙基苯羟基化。光催化剂在可见光照射下由基态变为激发态，夺取辅酶因子NADH的两个电子，进而将电子传递给氧气并将其还原为$H_2O_2$。$H_2O_2$作为过氧化物酶AaeUPO的底物可以实现乙基苯上乙基的羟基化。辅酶NADH可以通过来源于博伊丁假丝酵母（*Candida boidinii*）的甲酸脱氢酶（CbFDH）实现其再生（Willot *et al.*，2019）。

### 12.3.3 光催化异构化与烯还原酶偶联

烯还原酶可以催化碳碳双键的立体选择性还原生成手性产物。由于烯烃存在*E*和*Z*异构体，而烯还原酶的活性位点与烯烃*E*和*Z*异构体之间的相互作用不同，因此烯还原酶通常只能还原烯烃的*E*/*Z*混合物中的一个异构体。例如，来自伯氏耶尔森菌（*Yersinia bercovieri*）的烯还原酶YersER专一催化(*E*)-2-苯基-2-烯-丁二酸二甲酯的还原，利用葡萄糖脱氢酶/葡萄糖体系进行辅因子再生，产物(*R*)-2-苯基琥珀酸二甲酯具有高收率和优良的对映选择性。光催化烯烃的异构化反应可以与酶催化烯烃的还原氢化反应偶联，利用光催化将烯烃*E*/*Z*混合物中的一种构型异构为烯还原酶可以反应的构型，随后再进行还原氢化反应，实现烯烃的*E*/*Z*混合物的立体选择性还原。一系列光催化剂应用于(*Z*)-2-苯基-2-烯-丁二酸二甲酯的光异构化，结果发现当使用5%的FMN或者铱（Ⅲ）金属配合物［$Ir(dmppy)_2(dtbbpy)]PF_6$[dmppy, 4-甲基-2-(4-甲基苯基)吡啶；dtbbpy, 4,4′-二叔丁基-2,2′-联吡啶］时获得的异构化转化率和产率最高。在蓝光照射下，FMN或者铱（Ⅲ）金属配合物作为光催化剂，烯还原酶作为生物催化剂，多种含有不同官能团顺/反的芳基烯烃混合物可以高产率、高对映选择性地被还原为相应的芳基烷烃。不同的反应过程对反应结果的影响是很明显的。例如，对于(*Z*)-*α*-氰基-*α*,*β*-不饱和酯，当使用铱（Ⅲ）金属配合物或FMN实现光异构化后，再加入烯还原酶OYE2还原顺式底物，产率和*ee*值与同时进行的一锅法相比都较低（Litman *et al.*，2018）。

### 12.3.4 光催化迈克尔加成与羰基还原酶偶联

巯基酮是通过化学或生物催化还原制备光学纯1,3-巯基烷醇的前体，巯基烷醇是一类具有芳香活性的挥发性硫化物，广泛应用于食品和饮料中。巯基酮可以通过苯硫酚与烯基酮的迈克尔（Michael）加成反应合成。然而传统的Michael加成反应条件与生物催化反应条件不相容，无法利用巯基酚和乙烯基酮实现同时进行的化学-酶一锅法生产1,3-巯基烷醇。近年来，温和条件下光催化Michael加成反应的实现，使得Michael加成反应与酶催化反应以一锅法同时进行成为可能。在可见光照射下，以$Ru(bpy)_3Cl_2$（bpy=2,2′-联吡啶）为光催化剂，在pH 7.0的磷酸钾缓冲液中，巯基酮与乙烯基酮的Michael加成反应完全，实现了巯基酮的定量转化。光催化Michael加成反应与生物催化羰基还原反应可在一锅中进行（图12.3）。从384个羰基还原酶酶库中筛选了不同立体选择性的羰基还原酶KRED 311和KRED 349，以光催化-生物催化耦合一锅法，高产率、高立体选择性地合成了光学纯(*R*)-和(*S*)-1,3-巯基烷醇（Lauder *et al.*，2018）。

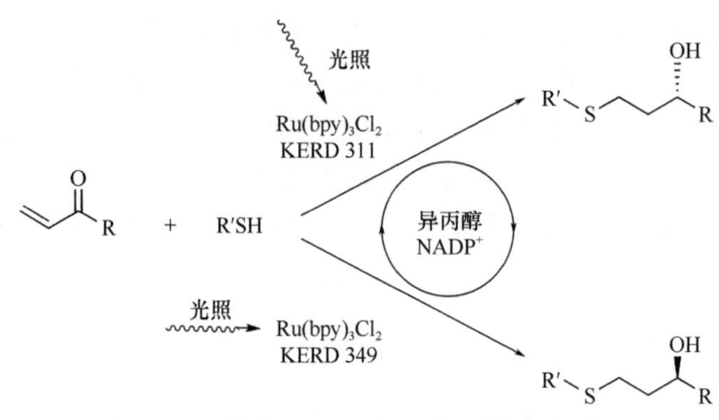


图 12.3　光催化 Michael 加成与羰基还原酶偶联

## 12.3.5　光催化氧化与脂肪酶反应偶联

来源于小麦胚芽的 I 型脂肪酶（WGL）具有催化混杂性，能够催化 3-取代-2H-1,4 苯并噁嗪与丙酮的曼尼希反应（Mannich 反应），以 15%～54% 的产率和高达 95% 的 *ee* 值生成 $\beta$-氨基酮。另外，在可见光照射下，以 $Ru(bpy)_3Cl_2$ 为光催化剂，可将 2-芳基吲哚氧化为 2-芳基吲哚-3-酮，氧化产物 2-芳基吲哚-3-酮在酶活性中心经过 Asp（或 Glu）-His-Ser 催化三联体活化后生成酮亚胺阳离子，与在酶活性中心的丙酮发生 Mannich 反应，最后以 62% 的产率和 78% 的 *ee* 值生成目标产物（图 12.4）。同时进行的一锅法可以应用于一系列 2-芳基吲哚的氧化和 Mannich 反应，生成 2-位手性季碳的 2,2-双取代吲哚-3-酮，产率为 10%～70%，立体选择性中等，说明了可见光催化与水解酶非天然催化活性相结合的可行性，为一锅立体选择性合成复杂化合物提供了一种温和实用的方法（Ding *et al.*，2019）。

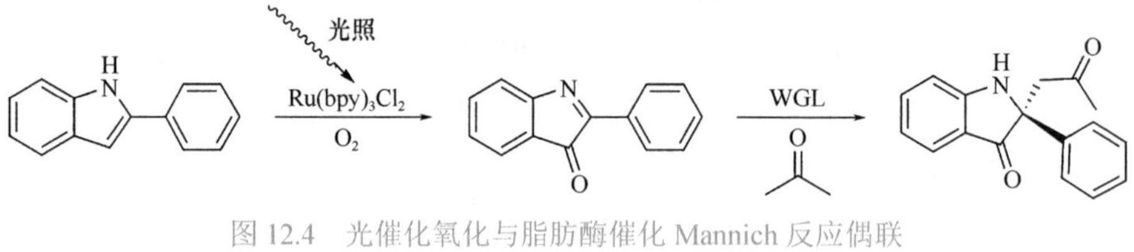

图 12.4　光催化氧化与脂肪酶催化 Mannich 反应偶联

## 12.3.6　C—H 的光催化氧化与多种酶反应偶联

蒽醌-2-磺酸钠（sodium anthraquinone 2-sulfate，SAS）作为有机光催化剂，可以催化烷烃 C—H 键的氧化，产物为醛或酮，还可以催化氧化各种醇生成醛或酮。这种光驱动的烷烃功能化与不同的酶转化相结合，在一锅法反应模式下可以合成各种化学品。

光照下，苯甲醇容易被蒽醌-2-磺酸钠氧化为苯甲醛，然后在 4-羟基苯乙酮单氧合酶（HAPMO）催化下发生拜耳-魏立格（Baeyer-Villiger）反应转化为甲酸苯酯（图 12.5A）；环己醇也会在同样条件下被光氧化为环己酮，在环己酮单氧化酶（CHMO）催化下，生成 $\varepsilon$-己内酯（$\varepsilon$-caprolactone）（图 12.5B）。当甲苯作为底物时，无法检测到产物，这是由于底物/产物对酶分子的抑制作用，当使用双相体系时，仍然是甲苯作底物，终产物甲酸苯酯可以被检测到。甲苯光氧化与羟腈裂解酶（HNL）催化偶联得到手性扁桃腈（图 12.5C），当甲苯光氧化与苯甲醛裂解酶（BAL）偶联，产物为苯偶姻（图 12.5D）。

乙基苯通过光氧化为苯乙酮，然后通过转氨酶催化转氨反应，产物苯乙胺 *ee* 值＞99%；但是当各种醇的光氧化和酶还原胺化一锅一步法进行时，醇转化为胺的转化率较低。更换反应策略为一锅两步法后转化率显著提高。一系列脂肪族和芳香族醇可以通过光氧化与 (*R*) 或 (*S*)-选择性转氨酶/羰基还原酶催化转氨/还原反应偶联转化为相应的 (*R*)-或 (*S*)-胺/(*R*)-或 (*S*)-醇（图 12.5E，F）。1-甲基环己烯首先通过光氧化获得 2-甲基-1-环己烯酮，由于光氧化与烯还原酶的反应条件不兼容，反应在一锅法一步反应时导致较低的转化率。但光催化氧化和生物催化反应以分步一锅法进行时，最终产物的 GC 产率由 2.2% 提高到 11.6%（图 12.5G）。光氧化还原催化与生物催化相结合，实现了简单烷烃的 C—H 键的杂原子插入，并且生物催化转化实现了不对称碳氢键功能化（Zhang *et al.*，2019b）。

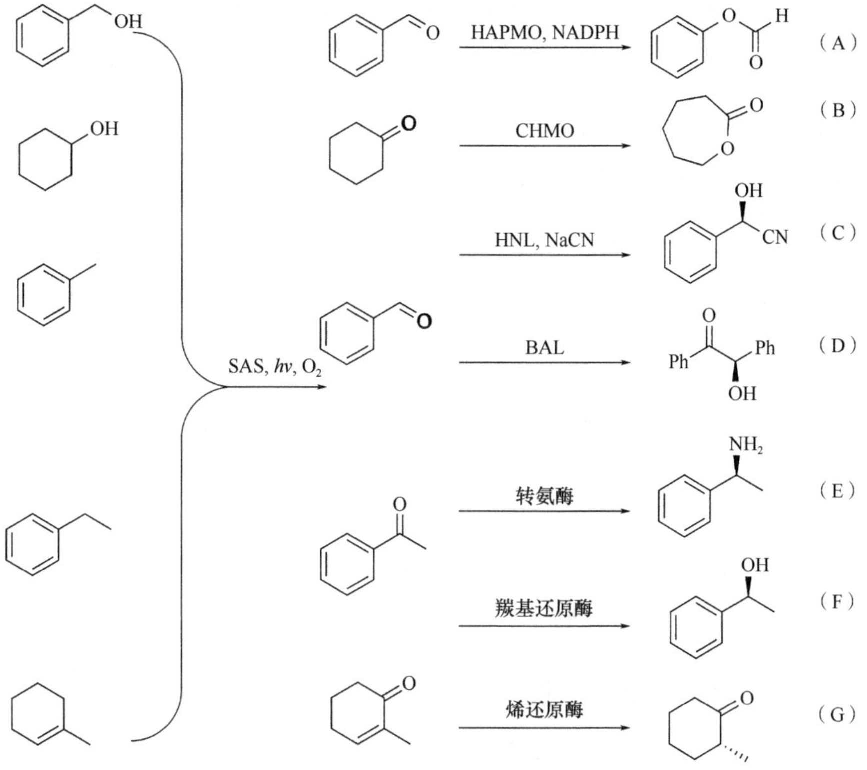

图 12.5 光催化氧化与多种酶反应偶联

虽然上述 C—H 键光催化氧化和酶催化反应耦合能够实现乙基苯氧化功能化，但是由于生物催化与光催化的反应条件不能兼容，因此产物 1-苯乙醇的产率和 *ee* 值很低，这限制了这种高度激活的 C—H 键氧化功能化在构建广泛存在于药物和天然产品中的手性醇的应用。

9-均三甲苯基-10-甲基吖啶（9-mesityl-10-methylacridinium ion，$Acr^+$-Mes $ClO_4^-$）近期被开发为 (对甲氧基苯基) 乙烷的 C—H 键氧化的光催化剂。以乙基苯为底物，4 h 后以 89% 的分离产率获得苯乙酮；当光催化氧化与酶催化还原同时进行时，用于 NAD(P)H 再生的共底物异丙醇对光催化反应是有害的。因此，当光氧化反应进行完全后，再加入异丙醇进行羰基还原，以 89% 的产率和＞98% 的 *ee* 值获得目标产物 (*R*)-苯乙醇。此种方法适用于多种取代的乙基苯（图 12.6），为合成具有高区域选择性和对映选择性的手性醇提供了有力的策略。类似地，以 4-芳基丁酸乙酯和 5-芳基戊酸乙酯为底物，连续的光氧化和酶催化还原共同作用使苄基 C—H 键羟基化，形成的羟基酯自发环化生成相应的内酯，此种转化具有良好的产率和优良的对映选择性（Betori *et al.*，2019）。

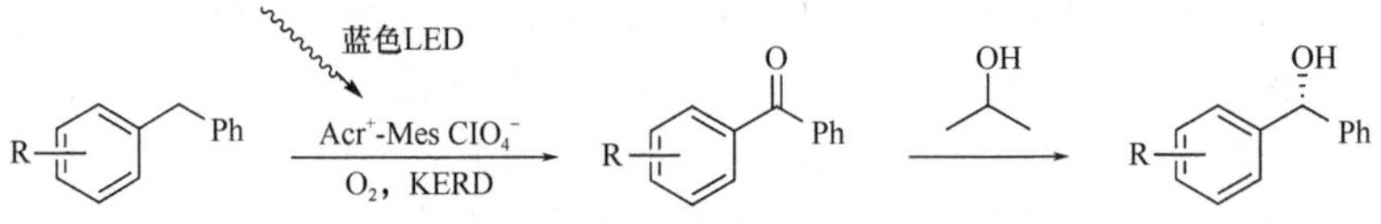

图 12.6　C—H 光催化氧化与羰基还原酶偶联

在光激发下，催化剂蒽醌-2-磺酸钠可以实现羧酸的脱羧反应，在反应过程中产生自由基，在氧气存在下自由基中间体引入羟基后被继续氧化为羰基。在蓝色 LED 照射下 2-苯基丙酸脱羧后生成苄基自由基中间体，在氧气作用下转化为苯乙酮，收率 98%。光诱导脱羧羰基化适用于多种羧酸底物，生成相应的苯乙酮衍生物，产率高达 99%。随后，苯乙酮可以在羰基还原酶的作用下还原为手性醇。然而，当光驱动的羧酸脱羧羰基化反应和生物催化还原反应同时进行时，没有得到醇类产物。这可能是由光催化系统蒽醌-2-磺酸钠氧化醇的能力导致产物被氧化所致。幸运的是，当以含有羰基还原酶如来自耐热克鲁维酵母（*Kluyveromyces thermotolerans*）的 (*R*)-选择性羰基还原酶（KtCR）或来自芽孢杆菌 *Bacillus* 的 (*S*)-选择性羰基还原酶（YueD）的大肠杆菌全细胞作为生物催化剂时，采用一锅顺序级联反应制备了具有 (*R*) 或 (*S*) 构型的多种手性醇，其产率可达 93%，*ee* 值可达 99%。这种光催化-酶催化的一锅顺序反应为 *α*-取代羧酸转化为相应的手性醇提供了一种温和、有效和高度立体选择性的方法（Gacs *et al.*，2019）。

### 12.3.7　光催化消旋化与脂肪酶/单胺氧化酶偶联

近十年来，手性胺的动态动力学拆分（DKR）研究取得了巨大的进展。实现胺 DKR 的关键是寻找有效的胺外消旋化催化剂，过渡金属如 Ru、Pd、Co 和 Ni 已被用作胺外消旋化的催化剂。最近，研究开发了一种光氧化还原介导的氢原子转移（HAT）方案用于胺的外消旋，并与脂肪酶催化胺的动力学拆分相结合，实现了温和条件下光酶共同驱动的手性胺动力学拆分。

在 LED（32 W）照射下，以 (*S*)-4-苯基-2-丁胺为模板底物，考察了各种光催化剂和硫醇氢原子转移（HAT）催化剂，结果表明 $Ir(ppy)_2(dtb\text{-}bpy)PF6$ 和 *n*-辛硫醇分别为有效的光催化剂和 HAT 外消旋催化剂。反应体系中加入 2% 摩尔的 $Ir(ppy)_2(dtb\text{-}bpy)PF_6$、50% 摩尔的 *n*-辛硫醇、4 Å 分子筛，能够实现 (*S*)-4-苯基-2-丁胺完全消旋化。将来源于南极假丝酵母（*Candida antarctica*）的脂肪酶 B（Novozym 435）和 *β*-甲氧基丙酸甲酯加入消旋体系时，以 98% 的产率和 99% 的 *ee* 值获得 (*R*)-酰胺。通过这种光氧化还原介导的胺外消旋反应，结合脂肪酶催化的动力学拆分，实现了多种一级胺的动态动力学拆分，提供了相应 (*R*)-胺的单一对映体，产率为 61%～97%，*ee* 值为 99%。值得注意的是，利用这种光酶方法还实现了 2,5-己二胺（*dl* ∶ *meso*=1∶1）的动态动力学拆分，以 99% 的 *ee* 值和 64% 的收率分离得到了相应的二胺（Yang *et al.*，2018）。

除了动态动力学拆分，循环去消旋化也成为一种有吸引力的策略，能够将外消旋混合物转化为单一对映体。在一个典型的循环去消旋化过程中，外消旋化合物（A 和 A′）的一个对映体（A）被对映选择性地转化为另一个化合物（B），而未反应的另一个对映体（A′）则不断积累；随后的反应条件将化合物（B）转化为化合物（A 和 A′）的外消旋形式。随着时间的推移，这种选择性反应和去消旋化导致化合物（A′）对映体的富集（图 12.7）。

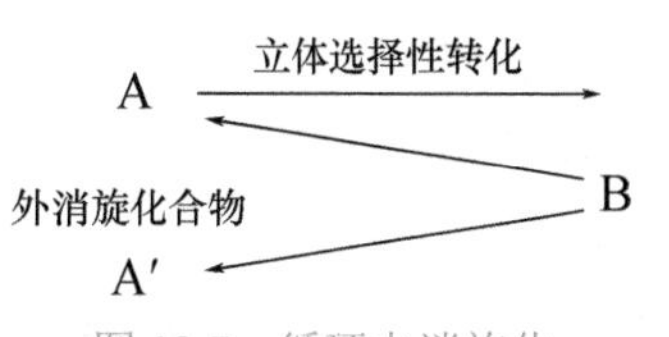

图 12.7 循环去消旋化

环状亚胺在光催化剂存在的情况下，光诱导形成高活性的 *α*-胺基烷基自由基，夺取反应体系中抗坏血酸或硫醇的氢原子，从而实现非手性还原，而单胺氧化酶则对还原后的胺具有手性选择性，氧化其中一个对映异构体，将环状亚胺的光催化非手性还原与单胺氧化酶手性氧化相结合，则可以实现环状亚胺的消旋，得到其单一的对映体。以 $Na_3[Ir(sppy)_3]$ 为光催化剂，以抗坏血酸为还原剂，在 pH 8.0 的磷酸盐缓冲液中，蓝光（405 nm）照射下，2-环己基-1-吡咯啉被还原为消旋的 2-环己基-1-吡咯，单胺氧化酶（MAO-N-9）催化对映选择性胺氧化反应与光驱动亚胺还原耦合，得到产物 (*R*)-2-环己基-1-吡咯的收率和 *ee* 值都很高。采用光催化还原和酶催化氧化同时进行的方法对于制备烷基取代的吡咯 *ee* 值较高，但是苄基取代的吡咯 *ee* 值偏低，对于产物二氢异喹啉的 *ee* 值也仅为 35%（Guo *et al.*，2018）。

### 12.3.8 光催化脱羧与脂肪酶偶联

以 $Ru(bpy)_3Cl_2$（bpy=2,2′-双吡啶）为光敏剂，*N*-对甲苯基甘氨酸在可见光照射下脱羧，生成 *α*-胺基自由基，再被氧化成亚胺离子。获得的亚胺离子随后与吲哚发生弗里德-克拉夫茨反应（Friedel-Crafts 反应），生成 3-取代吲哚。*N*-对甲苯基甘氨酸可以通过 *N*-对甲苯基甘氨酸乙酯由脂肪酶 CALB 水解后获得。该酶催化水解结合可见光驱动脱羧反应，随后对甲苯基 *α*-胺基自由基中间体被氧化，形成的亚胺离子与吲哚发生 Friedel-Crafts 反应。一系列的取代苯基甘氨酸与吲哚的一锅法级联反应进展良好，实现了 *α*-氨基的烷基化，产物 3-取代吲哚收率高达 96%（He *et al.*，2016）。

吖啶也可以作为羧酸脱羧的光敏剂，双重光诱导吖啶催化的氢原子转移和烷基钴肟催化的氢原子转移能够实现羧酸脱氢脱羧生成烯烃。通过吖啶-羧酸氢键复合物内的氢原子转移，羧酸底物脱去 $CO_2$，生成烷基自由基，然后烷基自由基在烷基钴肟催化下 $C_α$—H 氢原子转移，最终实现烯烃的形成。甘油三酯是植物油脂和藻类油脂的主要成分，是可再生的原料。脂肪酶在温和反应条件下催化甘油三酯的水解，生成长链脂肪酸。可以预见，脂肪酶催化的甘油三酯水解与光催化的羧酸脱氢脱羧反应相结合，将使可再生油脂直接转化为有价值的烯烃。事实上，来自洋葱伯克霍尔德菌（*Burkholderia cepacia*）的 Amano 脂肪酶 PS 催化不同来源的甘油三酯的水解，该酶催化水解与上述双重光诱导催化脱羧过程耦合，可以实现各种植物油直接转化成相应的长链末端烯烃。末端烯烃可以用作生物基聚合物材料的单体，具有重要的应用价值（Nguyen *et al.*，2019）。

## 12.4 光促产生的电子促进的氧化还原酶催化反应

氧化还原酶催化各种氧化还原反应，如不对称还原、C—H 羟基化、环氧化和 Baeyer-Villiger 氧化等，已经越来越多地应用于药物、食品添加剂和燃料的合成。氧化还原酶通常需要等当量（辅酶因子）的电子转移来驱动酶活性位点的氧化还原反应，最常见的辅酶因子是烟酰胺腺嘌呤二核苷酸［NAD(P)H］，它们介导了各种生物催化氧化还原的电子转移。由于辅酶因子非常昂贵，为合成目的加入化学计量的辅酶因子是不划算的，因此，人们已经做出许多努力来开发有效的辅酶因子再生方法。应用广泛的是一系列的酶催化方法，用于在共底物存在的情况下原位再生辅酶因子，并在合成过程中得到了应用。近年来，电化学和光化学再生辅酶因子的技术也得到了广泛的研究。电化学辅酶因子再生方法利用了电极产生的电子，被认为是一种清洁的方法，但是直接电化学还原烟酰胺辅酶因子存在区域选择性低、过电位高、电极污染等问题。

相较于电化学辅酶因子再生，光化学辅酶因子再生利用光能进行电子传递，也得到了越来越多的关注。上一节介绍的是光催化反应与生物催化的耦合反应，光催化产生的电子同样可以作为还原力来促进氧化还原酶催化的反应。通常来说，有机分子很难被可见光催化活化，之前的很多光反应研究都是借助有机物吸收短波长、高能量的紫外线达到激发态来实现的。但是使用紫外线有极大的弊端，不仅反应操作复杂，需要特殊的光反应器，而且这些高能量的光子还会引发不可控的光降解过程，增大了副反应发生的可能性，极大限制了光反应构筑有机分子的发展。然而借助光敏剂，通过可见光驱动氧化还原催化很大程度上解决了这一弊端。使用光敏剂/光催化剂可以极大地避免底物直接被高能量光激发所带来的副反应。光催化剂/光敏剂可以吸收能量较低的长波光子，自身被激发进入激发态，激发态的光催化剂/光敏剂随后与底物或电子供体发生单电子转移，进而发生后续反应，制备目标产物，实现催化循环。光催化剂/光敏剂催化的普遍原理为：当入射光子的能量高于光催化剂的带隙能量（Eg）时，光催化剂可以吸收入射光子而被激发，被激发的价带（VB）/最高占据轨道电子跃迁到导带（CB）/最低空轨道，同时在 VB/最高占据轨道中留下空穴，这样光催化剂便具有了氧化和还原的中心（图 12.8）。如果光激发的电子和空穴具有足够的活性，则会在反应体系中形成活性物种，直接或间接实现对目标物种表现出氧化还原性能，实现光催化氧化还原反应。随着对光催化研究的深入，化学家对于光催化剂的探究也随之加深，比较常见的包括伊红、吖啶等有机染料，金属配合物，$FeCl_3$ 等无机吸光物质，以及有机无机半导体材料等。本章常用的光催化剂为氧化物（如 $TiO_2$）、硫化物、氮化物、伊红、吖啶等有机染料及金属配合物等。

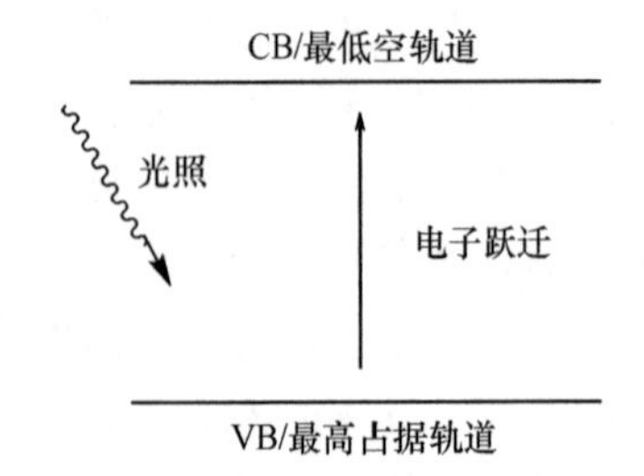

图 12.8 光催化剂的光激发过程

由于光催化剂同时具有氧化中心和还原中心，因此在不同的反应条件下，激发态的光催化剂会有两种不同模式的反应途径，一种是氧化猝灭模式，另一种是还原猝灭模式。当体系中有氧化性的物质存在时，光催化剂被氧化，失去一个电子；当体系中有还原性的物质存在时，如抗坏血酸、三级胺、乙二胺四乙酸等，光催化剂夺取一个电子从而被还原。当反应体系中存在酶和辅酶因子时，光催化剂夺取的电子可以直接转移到氧化还原酶活性部位的金属簇辅基或辅酶因子（如铁、钼、镍）或有机基团（如烟酰胺类、血红素、黄素等），或通过电子介质间接转移到活性部位的辅基或辅酶因子，实现光敏剂/光催化剂和酶之间的电子穿梭，从而推动酶催化的氧化还原反应（图 12.9）。

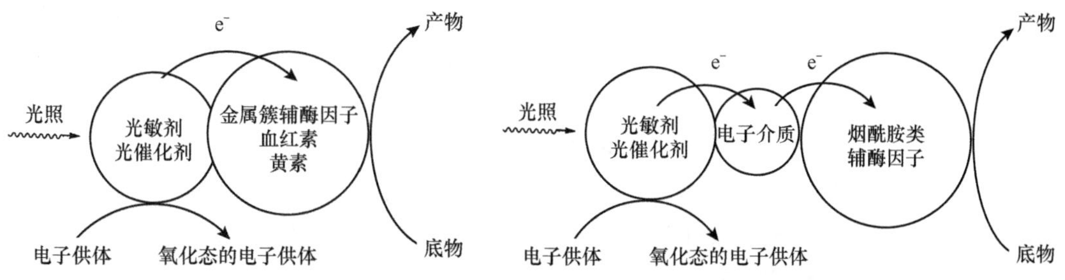

图 12.9 光促无/有辅酶因子再生的模型

光激发光催化剂/光敏剂的电子直接转移到氧化还原酶活性部位的金属簇、血红素或 FMN/FAD 上，从而实现活性部位的活化，而不是利用还原态烟酰胺类［如 NAD(P)H］辅酶因子进行电子传递而活化，从而避免了对昂贵的辅酶因子的需求。在酶的催化反应中，氧化还原酶较多涉及电子传递，因此本部分主要涉及的是氧化还原酶，如细胞色素 P450 酶、脱氢酶、氢化酶和固氮酶等。

### 12.4.1 光促产生的电子转移至酶中血红素

含血红素的细胞色素 P450 酶可催化多种底物如烷烃、脂肪酸、萜烯类、类固醇和外源性物质的羟基化、氧化、亚砜化、脱羧或脱烷基化。P450 酶通常由一个含黄素的还原酶结构域和一个血红素结构域组成，黄素还原酶结构域负责从辅酶因子 NAD(P)H 夺取电子后，血红素结构域将电子作用于底物从而实现底物的转化。由此可见对血红素有效的电子供应是 P450 酶启动催化生物转化的关键。光催化激发的电子通过光敏剂直接转移到 P450 酶的血红素结构域，可以在无辅酶因子 NAD(P)H 的情况下成功地激活 P450 酶。

Ngoc-Han Tran 等 2013 年报道了以伊红 Y 或 Ru(Ⅱ)-二亚胺复合物作为光敏剂，将其直接与 P450 BM3 酶共价键连接，在 NAD(P)H 缺失的情况下，可以高效还原血红素中心。此种策略也同样适用于 P450 BM3 突变体，有效地避免了 NAD(P)H 和 NAD(P)H-P450 还原酶（结构域）的加入。在不添加辅酶因子 NAD(P)H 的条件下，大肠杆菌表达不同来源 P450 酶的整细胞光生物催化系统能够应用于辛伐他汀、洛伐他汀、奥美拉唑、甾体、月桂酸等多种底物的催化转化（Park *et al.*，2015；Tran *et al.*，2013）。

上述策略中需要伊红 Y 或 Ru(Ⅱ)-二亚胺复合物与 P450 酶共价键连接，额外增加了反应步骤，而且在共价连接中会导致酶活的损失，限制了其应用范围。因此 Thien-Kim Le 等改变策略，通过加入 FMN 作为光敏剂，乙二胺四乙酸（盐）（EDTA）作为电子供体，在光照条件下电子通过 FMN 转移至 P450 酶的血红素结构区域，使得细菌来源的 CYP102A1 在没有辅酶因子 NAD(P)H 和 NAD(P)H-P450 还原酶的条件下，实现了 4-硝基苯酚和月桂酸的羟基化（Le *et al.*，2019）。

### 12.4.2 光促产生的电子转移至酶中铁硫簇

异丙苯双氧化酶属于非血红素铁氧合酶（RO），该类酶能够通过激活分子氧为活性氧，实现烷基底物的羟基化或其他氧化反应。与P450酶类似，此类酶也是很有前景的C—H键功能化的生物催化剂，但是同样依赖于复杂的电子传递系统进行原位辅酶/辅基的再生。为了避免构建复杂的电子传递体系，2020年，Özgen等构建了大肠杆菌全细胞系统，此系统包含可以捕获光能的复合物，该复合物介导电子供体向酶的电子转移，实现了催化底物C—H键的羟基化。以来源于荧光假单胞菌（*Pseudomonas fluorescens* IP01）的异丙苯双氧化酶突变体作为催化剂，染料伊红Y、5(6)-羧基曙红或玫瑰红作为光敏剂，EDTA、3-(*N*-吗啉)丙磺酸（MOPS）或2-(*N*-吗啉)乙磺酸（MES）作为电子供体，在可见光的照射下，(*R*)-柠檬烯可转化为(1*R*,5*S*)-香芹醇，甲苯可转化为苯甲醇，茚可转化为1-茚酚和*cis*/*trans*-1,2-茚二酚混合物。在这个催化过程中不需要辅酶NAD(P)H，产物浓度可以达到1.3 g/L，反应速率为1.6 mmol/(L·h)（Özgen *et al.*，2020）。

碳量子点（carbon dot，CD）与EDTA的体系同样可以应用于[NiFeSe]-氢酶的催化转化。与富马酸还原酶类似，碳量子点的表面被带正电荷的铵离子修饰时，氢酶才能够实现制氢反应；使用带负电荷的末端羧酸盐修饰碳量子点（$CD\text{-}CO_2^-$）导致氢酶几乎没有活性，推测原因为带正电荷的铵离子与带负电荷的酶在碳量子点-酶界面上的静电相互作用，促进了光激发的电子直接转移到酶上，导致了在$CD\text{-}NHMe_2^+$上观察到高光催化活性。在pH 6条件下，48 h内每摩尔氢酶可以转化（52±8）×$10^3$ mol $H_2$（Hutton *et al.*，2016）。

不仅碳量子点可以作为光敏剂，石墨相碳氮化碳如庚嗪环碳氮聚合物也可以作为光敏剂，在光照下，夺取EDTA的电子后传递给[NiFeSe]-氢酶，可以将水中的氢质子还原为氢气，每摩尔氢酶转化数可以达到＞50 000 mol $H_2$（Caputo *et al.*，2014）。

将来源于希尔登伯勒普通脱硫弧菌（*Desulfovibrio vulgaris Hildenborough*）的甲酸脱氢酶（DvH）和光敏剂钌*tris*-2,2′-双吡啶络合物（RuP）或并二酮吡咯（diketopyrrolopyrrole，DPP）固定化到$TiO_2$纳米颗粒上，三乙醇胺作为电子供体，光敏剂在光激发条件下将电子供体提供的电子通过二氧化钛传递到甲酸脱氢酶的催化活性中心，从而实现将二氧化碳转化为甲酸的反应。使用钌联吡啶复合物和并二酮吡咯激活的二氧化钛的转化频率分别为（11±1.0）和（5±0.6）$s^{-1}$（6 h后）。就转化效率而言，同样都是光敏剂激发的二氧化钛纳米颗粒进行的还原反应，由于二氧化碳还原和氢气生成并不需要介质进行扩散，酶的转化频率优于合成体系的转化频率。在现有的体系中，RuP|$TiO_2$|FDH体系还原$CO_2$的转化频率最高。较强的界面相互作用促进了$TiO_2$向酶的快速电子转移，对整个催化体系的高活性和稳定性起着重要作用（Miller *et al.*，2019）。

### 12.4.3 光促产生的电子转移至酶结合的辅基黄素

黄素依赖的氧化还原酶，如Baeyer-Villiger单氧化酶（BVMO）和老黄酶Old Yellow（OYE）含有紧密结合的黄素分子（如FAD、FMN），它通过两个电子（$H^-$）、一个电子（H）或无电子（$H^+$）介导氢转移，实现各种化学转化。还原态烟酰胺辅因子NAD(P)H通常等当量地再生黄素的氧化态。光能够通过激发光敏剂产生电子后，直接转移到黄素结构上活化黄素依赖的酶，在不添加NAD(P)H的条件下实现酶催化反应，这种方式利用光能为高附加值化学品提供了更为绿色和可持续的制备方法。

早在1959年，就有文献报道，在光照条件下，含氮化合物可以实现黄素类化合物的还原，黄素依赖的氧化还原酶可以利用光照实现黄素辅酶的再生。但是黄素类化合物的反应特性，决定了在其参与的反应中存在“解偶联”现象，解偶联出现的原因是在反应过程中生成了活性氧，活性氧的存在会降低酶的稳定性，可以通过添加过氧化氢（物）酶消除活性氧（Wilheilm *et al.*，1959）。

碳量子点（CD）具有优良的光学性质，如良好的水溶性、低毒性、环境友好、原料来源广、成本低、生物相容性好等。金属纳米颗粒与碳量子点的复合物作为催化剂，可以氧化环己烷为环己酮。光照下，碳量子点既可以作为电子供体也可以作为电子受体。

2016年，Georgina A. M. Hutton等以碳量子点作为光敏剂，考察了其在富马酸还原酶反应体系中的电子传递效率。来源于希瓦氏菌（*Shewanella oneidensis* MR-1）的富马酸还原酶作为生物催化剂，碳量子点吸收太阳能活化后，夺去了EDTA的电子，随后电子被转移到酶活性中心黄素结合位点，富马酸通过从酶结合的黄素中接受一个负氢，从精氨酸残基中接受一个质子后被还原为琥珀酸。当使用带正电的末端氮修饰碳量子点（$CD\text{-}NHMe_2^+$）作为光敏剂时，24 h内每摩尔富马酸还原酶可以转化生成（6.0±0.6）×$10^3$摩尔琥珀酸（Hutton *et al.*，2016）。

1972年，Fujishima和Honda首次利用$TiO_2$进行了光催化分解水的反应，由于其具有成本低、操作相对简易以及稳定性强等优点，在常温常压下即可完成对水的分解和对有机物的降解。不仅如此，$TiO_2$光催化剂在众多领域也起到了重要的作用，并且整个过程绿色无污染，迅速引起了科学家广泛的关注。当利用光催化剂或者光敏剂在光照下从电子供体处得到电子后将电子转移至酶活性中心部位辅酶的距离越短越能够有效地实现电子转移。将光催化剂/光敏剂和氧化还原酶共固定化到如金属氧化物纳米颗粒的支撑材料上，可以促进光激发电子从光敏剂转移到酶上，从而促进光化学氧化还原反应。

将黄酮细胞色素c3和光敏剂$[Ru(bpy)_2(4,4'\text{-}(PO_3H_2)_2\ bpy)]Br_2$（bpy=2,2′-联吡啶）共吸附到$TiO_2$纳米粒子上，将其悬浮于溶有富马酸二钠盐的2-(*N*-吗啉)乙磺酸（MES）缓冲液中。用可见光照射搅拌中的悬浮液，实现富马酸盐加氢得到琥珀酸盐，4 h后的转化数为5800，平均转化数为0.4 $s^{-1}$（Bachmeier *et al.*，2014）。

2007年，Hollmann等开发了一种Baeyer-Villiger单氧化酶（BVMO）的光活化催化方法，该方法基于含氮化合物可以还原FAD。在BV氧化体系中，添加催化量的FAD和$NADP^+$，在转化过程中EDTA作为电子供体传递电子实现光化学还原FAD，进而与氧气生成过氧化中间体以实现对环酮的对映选择性Baeyer-Villiger氧化，对映选择性高达97%。光还原的FAD催化BVMO的共底物氧为气体，反应受扩散控制，导致EDTA提供的约95%的还原当量没有与酶反应耦合生成FAD而是生成了$H_2O_2$，进而导致表观周转频率明显低于以NADPH作为还原剂的表观周转频率（Hollmann *et al.*，2007）。

在吗啉结构的缓冲液中，如在3-(*N*-吗啉)丙磺酸（MOPS）中，MOPS不仅可以作为电子供体提供电子用于再生光敏剂，而且还可以起到稳定黄素激发三线态和黄素半醌基自由基阴离子（自旋关联离子对$^3[flavin^-\text{-}MOPS^+]$）的作用。使用光催化还原FMN实现的环己酮单氧酶催化氧化环己酮生成ε-己内酯所获得的转化率及立体选择性与GDH/葡萄糖/$NADP^+$体系的结果类似(Gonçalves *et al.*，2019)。

以来源于假单胞菌（*Pseudomonas* sp. VLB120）的苯乙烯单氧化酶（StyA）为生物催化剂，EDTA 作为电子供体，过氧化氢酶存在的情况下，光照射诱导生成 $FADH_2$，实现了各种结构苯乙烯环氧化，产物苯乙烯环氧化物的 *ee* 值均＞95%（van Schie *et al.*，2019a）。

老黄酶（OYE）是一种不依赖氧的黄素酶，可以在厌氧条件下催化 C═C 键的不对称还原，无需氧气的反应有效避免了在 BVMO 中氧气的扩散所引起的表观周转频率低的问题。以来源于枯草芽孢杆菌的老黄酶 YqjM 为生物催化剂，在光照条件下，EDTA 作为电子供体还原 FMN 后，在酶活中心的还原态 FMN 将电子转移到底物酮异戊二烯酮，从而实现其还原。

以来源于栖热菌属（*Thermus scotoductus* SA-01）的老黄酶（TsOYE）为生物催化剂，在紫外光/可见光照射下，包含了金颗粒-二氧化钛的光敏剂夺取水的电子后转移到老黄酶的 FMN，实现茶香酮（ketoisophorone）的不对称还原，产物 (*R*)-2,2,6-三甲基-1,4-环己二酮（levodione）的转化率为 66%，*ee* 值为 86%（Mifsud *et al.*，2014）。当可见光照射含有 CdSe 量子点、甲基紫精（$MV^{2+}$）和三乙醇胺（TEOA）的水溶液时，TEOA 作为电子供体，CdSe 量子点夺取电子后传递给甲基紫精，甲基紫精作为电子传递介质生成生 $MV^{+}\cdot$ 自由基，进一步将电子传递给 FMN，烯还原酶 YqjM 催化 1,3,3-三甲基-2,4-环己二酮对映选择性还原，产物 (*R*)-左旋酮的 *ee* 值为 64%（Burai *et al.*，2012）。

有机染料作为光敏剂/光催化剂同样可以应用于氧化还原反应中。2019 年，Sahng Ha Lee 等报道了以氧杂蒽类染料如玫瑰红为光敏剂，三乙醇胺为电子供体，玫瑰红夺取的电子转移到酶分子中的 FMN，从而实现 2-甲基环己烯酮还原，生成 (*R*)-2-甲基环己酮，转化率 80%～90%，*ee* 值＞99%（Lee *et al.*，2017）。将烯还原酶 TsOYE 与玫瑰红染料共固定在海藻酸钠的水凝胶中，这种水凝胶形成的胶囊同样可以在光照下以 70% 的转化率实现 2-甲基环己烯酮的不对称氢化，产物 (*R*)-2-甲基环己酮的 *ee* 值＞99%（Yoon *et al.*，2019）。

以包括 3-(*N*-吗啉) 丙磺酸（MOPS）在内的吗啉类化合物为电子供体，能使来源于假单胞菌（*Pseudomonas* sp.）的烯酯还原酶 XenB 在有氧条件下有效催化茶香酮的不对称还原，生成的 (*R*)-左旋二酮的气相色谱收率为 91%，*ee* 值＞ 94%（Gonçalves *et al.*，2019）。

近年来，有报道在黄素依赖的色氨酸卤代酶催化氯代反应中，光诱导酶结合黄酮类化合物的还原也能抑制游离黄酮类自由基负离子与氧气的反应。在蓝光的照射下，EDTA 作为电子供体，实现还原态 $FADH_2$ 的再生。来源于链霉菌（*Streptomyces rugosporus*）的卤代酶 PyrH 能够有效地催化色氨酸（0.5 mmol/L）的 5 位进行卤代，在不添加游离 FAD 和过氧化氢酶的情况下转化率为 70%，虽然低于添加 FAD 和过氧化氢酶的转化率，但是此种方法简化了 FAD-依赖酶的还原态 $FADH_2$ 的再生步骤（Schroeder *et al.*，2018）。

## 12.5 光促产生的电子转移至游离的辅酶因子 $NAD(P)^+$

上一节介绍的是对于需要烟酰胺类辅酶因子和金属簇、血红素或 FMN/FAD 的氧化还原酶，光敏剂/光催化剂的电子可以直接跳过烟酰胺类辅酶因子直接/间接将电子传递给金属簇、血红素或FMN/FAD。对于只需要烟酰胺类辅酶因子的氧化还原酶，可以将光激发电子直接或者通过人工介质［如甲基紫精（$MV^{2+}$）］转移给烟酰胺类辅酶因子，实现辅酶再生。本节将介绍光激发产生电子以实现烟酰胺类辅酶因子的再生。烟酰胺类辅酶因子的高效再生在氧化还原生物催化中起着至关重要的作用，近年来有关其光化学再生的研究报道较多。通常情况下光催化再生辅酶因子NAD(P)H，电子从电子供体转移至光敏剂，随后通过介质区域选择性地转移至辅酶$NAD(P)^+$，生成反应所需的还原态辅酶NAD(P)H。电子介质传递电子给辅酶$NAD(P)^+$时，需要满足如下两个条件：①同时传递两个电子，避免辅酶$NAD(P)^+$自由基的形成；②要有区域选择性，将电子传递到烟酰胺的4位碳上。在光化学中，能够满足上述条件，应用最为广泛的电子介质是金属铑配合物$[Rh(bpy)(Cp^*)H_2O]^{2+}$（bpy=bipyridine，Cp*=pentamethylcyclodienyl），在TEOA或EDTA作为电子供体的条件下，实现辅酶因子NAD(P)H的再生（Lee *et al.*，2013）。接下来我们将介绍利用光催化方法再生辅酶NAD(P)H及其在酶转化中的应用。

较早利用金属铑配合物是将其应用到L-谷氨酸脱氢酶的辅酶因子再生。可见光激发光催化剂$W_2Fe_4Ta_2O_{17}$产生的两个电子转移到电子介质$[Rh(bpy)(Cp^*)H_2O]^{2+}$上，生成还原态的铑复合物。还原态铑复合物从EDTA夺取一个质子，随后将氢质子和两个电子转移至$NAD^+$生成NADH，实现了还原态辅酶因子的再生，进而L-谷氨酸脱氢酶催化$\alpha$-酮戊二酸生成L-谷氨酸（Park *et al.*，2008）。更换光催化剂，如利用在二氧化硅上生长的CdS纳米晶体作为光催化剂，在可见光的照射下，$[Rh(bpy)(Cp^*)H_2O]^{2+}$为电子介质，TEOA为电子供体，可以实现类似的NADH再生，成功地与L-谷氨酸氧化还原酶结合生成L-谷氨酸（Lee *et al.*，2011）。

正如前文介绍，有机染料如玫瑰红、曙红等均可以作为光催化剂使用。因此在L-谷氨酸脱氢酶催化的氧化还原反应中，对很多不同的黄嘌呤染料作为可见光驱动的NADH再生光敏剂的转化能力进行了试验。其中，荧光桃红B、赤藓红B、曙红Y和玫瑰红显示出了优越的双电子转移性能，电子转移介质铑金属复合物以高的转化率和转化数转化$NAD^+$生成NADH（Lee *et al.*，2009）。

锌卟啉复合物也有望成为利用捕获太阳能再生NADH的光敏剂。锌复合物通过非共价键作用与电子介质相互作用，光激发的电子能够有效地从锌卟啉复合物转移到$[Rh(bpy)(Cp^*)H_2O]^{2+}$上，从而实现光驱动NADH的再生，并应用于L-谷氨酸脱氢酶转化$\alpha$-酮戊二酸生成L-谷氨酸（Kim *et al.*，2011）。在$[Rh(bpy)(Cp^*)H_2O]^{2+}$作为电子介质的情况下，原黄素也可以作为光诱导NADH再生的高效光敏剂，用于合成L-谷氨酸。然而，当用类似三环的黄素衍生物（FAD、FMN、光色素和核黄素）取代原黄素时，在光照射下没有观察到NADH再生。与原黄素相比，黄素衍生物对$NAD^+$的还原没有促进作用，反而对NADH的氧化有促进作用（Nam and Park，2012）。

$[Ru(bpy)_3]^{2+}$染料在可见光区（分别在450 nm和600 nm左右）具有较强的吸光性和光致发光性，能够夺取水的电子将其传递给$[Rh(bpy)(Cp^*)H_2O]^{2+}$。当铑配合物的联吡啶配体有羧基取代时，反应条件下，羧基带负电，钌配合物和$[Cp^*Rh(dcbpy)(H_2O)]^{2+}$之间的静电相互作用促进了电子转移，同时实现了水的光催化氧化和辅助因子$NAD^+$的还原。在NADH光再生的条件下，用L-谷氨酸脱氢酶催化合成了L-谷氨酸（Ryu *et al.*，2014）。

将硫化镉量子点（CdS QD）沉积在鱼精蛋白-二氧化钛（protamine-titania，PTi）微胶囊的内壁上，形成人工类囊体。TEOA 作为电子供体，PTi 微胶囊中的 CdS QD 可以在光激发后夺取电子，$[Rh(bpy)Cp^{*}H_2O]^{2+}$ 作为电子介质将电子传递给辅酶因子，从而实现 NADH 再生。这种类胶囊结构，能够将活性氧与激发态光催化剂有效地分开，从而增加了光催化和生物催化的相容性。由此产生的人工类囊体-酶耦合系统有效地促进了酶催化二氧化碳还原生产甲酸，还原速率为 1500 μmol/(L·h)。在上述反应体系中除加入甲酸脱氢酶外，再增加甲醛脱氢酶和醇脱氢酶，甲酸会进一步被还原为甲醇，但是速率大大降低，仅为 99 μmol/(L·h)（Zhang *et al.*，2019a）。

老黄酶通常的反应过程是 NAD(P)H 的氢负离子转移到 FMN，通过 FMN 转移到底物上，然后从酪氨酸残基上夺取氢质子。正如之前所讨论的，紫外/可见光能够将激发态光敏剂如玫瑰红的电子直接转移到老黄酶的辅基 FMN 上，能够实现碳碳双键还原，不使用 NAD(P)H。然而，在某些情况下，这种直接的电子转移并不能有效地为酶还原提供还原态 FMN。

前文介绍的 $[Rh(bpy)(Cp^{*})H_2O]^{2+}$ 作为电子介质可以实现烟酰胺类辅酶的再生，因此同样可以用于烯还原酶的辅酶因子再生。以 TEOA 作为电子供体，N 掺杂碳量子点（N-CD）夺取其电子后传递给 $[Rh(bpy)(Cp^{*})H_2O]^{2+}$，而后将其传递给辅酶 NADH 后，NADH 继续传递给 TsOYE［来源于栖热菌（*Thermus scotoductus*）的烯还原酶］酶活中心的 FMN，进而对 *α,β* 不饱和酮或醛（如 2-甲基-2-环己烯酮和反式肉桂醛）进行有效地立体选择性氢化。此种方法不仅可以实现 $NAD^+$ 的还原，而且可以实现 $NAD^+$ 类似物的还原（Kim *et al.*，2018）。

除了 $[Rh(bpy)(Cp^{*})H_2O]^{2+}$ 铑配合物，钌配合物 $[(tbbpy)_2Ru(tpphz)]^{2+}$(tbbpy=4,4′-ditert-butyl-2,2′-bipyridine, tpphz=tetrapyrido[3,2-a:2′,3′-c:3″,2″-h:2‴,3‴-j]phenazine) 和异双核染料 $[(tbbpy)_2Ru(tpphz)Rh(Cp^{*})Cl]Cl(PF6)_2$ 在三乙胺（TEA）作为电子供体的情况下，可见光激发下能够实现 1-苄基-3-甲酰胺吡啶鎓阳离子和 $NAD(P)^+$ 的还原。由于氧化的烟酰胺辅因子在反应过程中也发生了单电子还原，导致非活性二聚辅因子物种的不断积累，因此该辅酶再生体系与乳酸脱氢酶催化丙酮酸还原为乳酸的反应耦合时，光催化剂的总转化数比较低，仅为 350（Mengele *et al.*，2017）。

蓝藻细菌可以进行光合作用实现水分子裂解，为还原酶反应提供电子。这种光驱动的蓝细菌生物转化已被用于亚胺还原催化反应的辅因子再生。在 30℃条件下，以集胞藻属藻（*Synechocystis* sp. PCC 6803）作为表达宿主，分别表达三个重组亚胺还原酶（IRED），考察了它们催化 8 个环状亚胺底物还原时蓝藻光催化再生辅酶的能力。在优化的反应条件下，来源于链霉菌（*Streptomyces* sp. GF3587）的亚胺还原酶表现最佳，催化前手性亚胺的还原得到的胺产物具有高达＞99% 的 *ee* 值（Büchsenschütz *et al.*，2020）。

## 12.6 光促酶/光酶

光促酶/光酶是指需要光激发才能发生生化反应的一类酶，即需要光的照射才能够表现出活性，把底物转化成产物，而在没有光的情况下没有活性而无法实现生物转化的酶。

目前，已经发现了 4 种类型的光促酶/光酶，分别是：原叶绿素酸酯氧化还原酶、光解酶、光系统和光脱羧酶（Björn，2018）。

### 12.6.1 原叶绿素酸酯氧化还原酶

光依赖的原叶绿素酸酯氧化还原酶（protochlorophyllide-oxireductase，LPOR，NADPH依赖）催化原叶绿素酸酯还原为叶绿素酸酯。底物原叶绿素酸酯进入酶后，通过吸收光能后被激发到更高的能级从而引起了自身构象的变化，原叶绿素酸酯氧化还原酶进而对其进行还原（图 12.10）。原叶绿素酸酯氧化还原酶催化的反应被认为是受含氧大气影响而进化的一种耗氧光合作用，然而最近在无氧光养 α-变形菌 *Dinoroseobacter shibae* DFL12T 中也发现了这种酶（Gabruk and Mysliwa-Kurdziel，2015）。

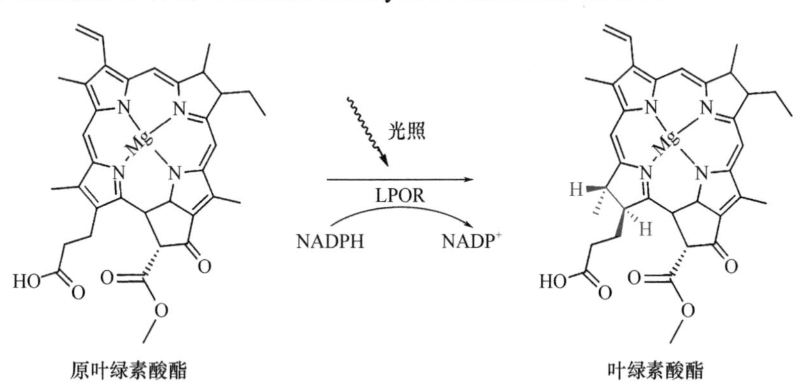


图 12.10 原叶绿素酸酯氧化还原酶催化还原反应

### 12.6.2 光解酶

紫外线（200～300 nm）能使生物体受到损伤，如生长迟缓、致畸和死亡等。细胞对 DNA 光损伤的自我修复是通过光促酶催化的复活作用来修复的，光修复所使用的酶为光解酶（photolyase）。光解酶是一类以黄素腺嘌呤二核苷酸（flavin adenine dinucleotide，FAD）分子为关键辅基的黄素蛋白，是“结构特殊的 DNA 结合蛋白”。

在紫外-可见光或蓝光照射下，环丁烷嘧啶二聚体（CPD）光解酶与经紫外线照射而形成的 DNA 链中的环丁基嘧啶二聚体结合形成复合体，因吸收可见光而被激活，断裂胸腺嘧啶二聚体的环丁烷环，形成两个正常的胸腺嘧啶，使受损 DNA 得以修复，将环丁烷嘧啶二聚体解离成单体结构，嘧啶-嘧啶酮光解酶将嘧啶 [6-4] 嘧啶酮解离为单体结构从而修复紫外线照射引起的 DNA 损伤（图 12.11）。不同亚科的光解酶在辅基 $FADH^-$的结合折叠构型上相似，但是在整体结构上差异较大，并且与氢醌阴离子 $FADH^-$和 DNA 识别以及电子转移途径上存在差异。在不同类型的光解酶中，$FADH^-$与底物的不同结合方式可能导致不同的反应动力学，并导致修复量子产率（QY）在不同类型光解酶中的差别较大（Zhang *et al.*，2017）。

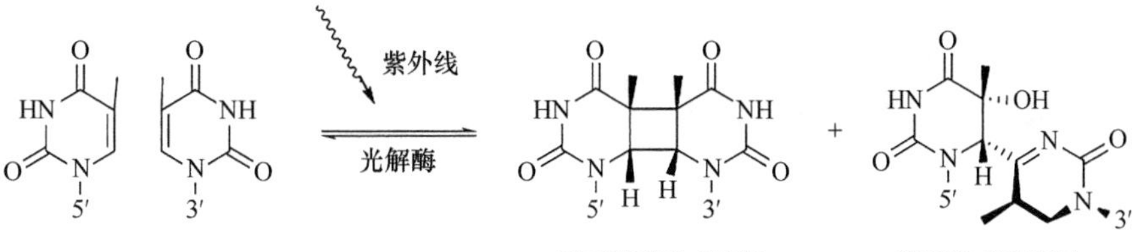

紫外线

光解酶

环丁烷嘧啶二聚体 嘧啶[6-4]嘧啶酮

图 12.11 紫外线对 DNA 的损伤及光解酶对 DNA 的修复

### 12.6.3 光系统

光系统（photosystem）是吸收光、传递能量和电子的功能蛋白复合物，是产生光合作用的初级光化学反应系统。每一个光系统含有两个主要成分：光捕获复合物（light-harvesting complex）和反应中心复合物（reaction-center complex）。光系统的光反应中心被光捕获复合物所包围，反应中心是能够利用光来启动电子转移的酶。光系统分为两种类型，光系统Ⅰ型（photosystem Ⅰ，PSⅠ），包含质体青苷和铁氧还蛋白氧化还原酶；光系统Ⅱ型（photosystem Ⅱ，PSⅡ），包含水和质体醌氧化还原酶。它们在光合作用中起着重要的作用，是进行光吸收的功能单位。在光系统Ⅰ型中，类铁硫蛋白作为终端电子受体，而在光系统Ⅱ型中，醌类作为终端电子受体（Bao and Burnap，2016；Björn，2018）。

### 12.6.4 光脱羧酶

光脱羧酶（photodecarboxylase）是光促酶中的比较“年轻”的成员。最近，在小球藻 *Chlorella variabilis* NC64A 中发现了一种光促酶，该酶可以在蓝光照射下从 C12～C18 脂肪酸分子的羧基上攫取一个电子进而发生脱羧反应，生成正烷烃或烯烃，该酶便是第四种光促酶——脂肪酸光脱羧酶（FAP）。来源于小球藻（*C. variabilis*）的脂肪酸光脱羧酶（CvFAP）包含了一个黄素腺嘌呤二核苷酸（FAD），在蓝光照射下（400～520 nm）才具有活性，而此照射波长正是 FAD 的吸收波长范围，这意味着 FAD 可能是蛋白质的光捕获部分。该酶属于葡萄糖-甲醇-胆碱氧化还原酶家族，对底物谱研究发现该酶对棕榈酸（十六烷酸）、十七烷酸、硬脂酸（十八烷酸）和花生酸（二十烷酸）的脱羧反应转化率最高（图 12.12A）（Huijbers *et al.*，2018；Sorigué *et al.*，2017；Zhang *et al.*，2019c）。虽然脂肪酸光脱羧酶可以利用较易获得的羧酸作为底物，但是此酶对于较短链的羧酸活性很低。受 P450 单加氧酶 P450 BM3 研究中活性诱导分子可以将底物谱进行拓展的研究思路启发（Kawakami *et al.*，2011；Zilly *et al.*，2011），2019 年，Zhang 等利用不同碳链长度的烷烃作为 CvFAP 的活性诱导分子，显著地提升了该酶催化短链羧酸的活性（图 12.12B）。例如，采用催化剂量的正十五烷，可实现对甲酸脱羧进而制备氢气（Zhang *et al.*，2019c）。此种方法的催化效率仍然偏低，因此在解析机理的基础上，设计获得对短链脂肪酸脱羧活性提高的突变酶，实现短链脂肪酸脱羧高效合成短链烷烃，将使燃料的高效生物合成成为可能。

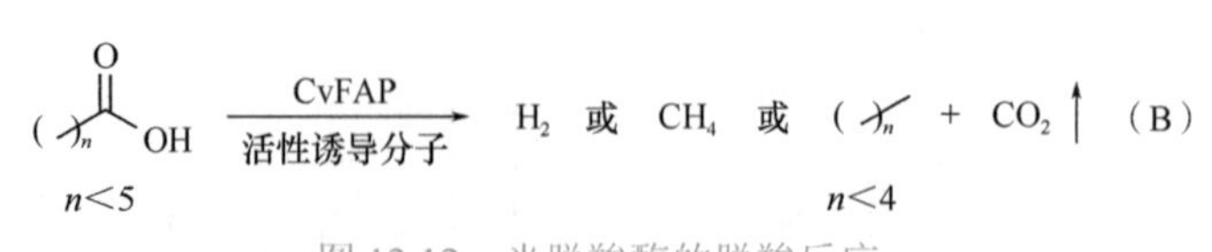

CvFAP　+ $CO_2$↑ （A）
$10<n<20$　　$9<n<19$

CvFAP / 活性诱导分子　$H_2$ 或 $CH_4$ 或　+ $CO_2$↑ （B）
$n<5$　　$n<4$

图 12.12 光脱羧酶的脱羧反应

野生型脂肪酸光脱羧酶（CvFAP）不仅对顺式和反式油酸表现出了不同活性，而且

对羧酸 α-碳位具有一定的立体选择识别能力，偏好对 (*S*)-羧酸进行脱羧反应，留下未反应的 (*R*)-羧酸，但是立体选择性偏低。令人欣慰的是，通过对底物通道的氨基酸残基进行大位阻氨基酸扫描获得了突变体 CvFAP G462Y。在蓝光的激发下以 2-羟基辛酸为底物，突变体 CvFAP G462Y 的催化效率［6.99 mmol/(L·s)］比野生型催化效率［0.23 mmol/(L·s)］提高了 30 多倍，能够以 51% 的产率、99% 的 *ee* 值获得未脱羧的 (*R*)-2-羟基辛酸。脂肪酸光脱羧酶突变体催化了各种 α-羟基酸和 α-氨基酸的动力学拆分，(*S*)-对映体脱羧后，获得高产率和立体选择性的 (*R*)-α-取代羧酸（高达 99% *ee* 值，图 12.13）。这种光驱动的动力学拆分过程的氧化还原酶不需要 NADPH 再生，也不需要水解酶催化方法中底物酯的制备，是获得手性 α-羟基酸和 α-氨基酸的一种有效方法，而且反应过程中利用光能也使得生产过程更加节能环保（Xu *et al.*，2019）。

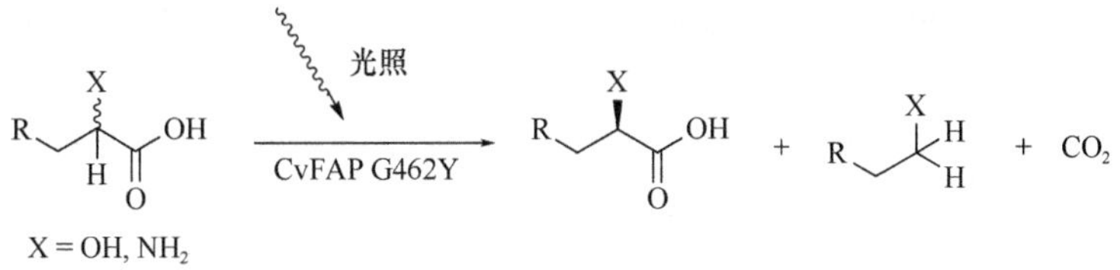

光照
CvFAP G462Y
+ $CO_2$
X = OH, $NH_2$

图 12.13 脂肪酸脱羧酶光催化下的脱羧拆分反应

CvFAP 不仅可以单独进行脂肪酸的脱酸反应，还可以与醇脱氢酶、转氨酶/Baeyer-Villiger 单氧化酶、油酸水合酶进行多步级联催化，显示出多酶级联反应在高选择性地合成高级脂肪胺及高级脂肪酯方面具有良好的应用潜力，而这两类化合物在传统催化合成过程中面临反应条件苛刻、反应体系复杂及副产物多等挑战（Cha *et al.*，2020；Zhang *et al.*，2020）。

## 12.7 总结与展望

本章的主要内容包括光促酶催化、光促反应与酶催化反应偶联。光促反应通常是单电子自由基反应，立体选择性低。而酶催化氧化还原反应通常是双电子转移反应，所以在光照条件下，氧化还原酶可能会催化一些非天然的化学反应，由于反应发生在蛋白质的底物结合空腔内，具有很高的立体选择性，且可以通过改变蛋白质底物结合空腔的构象来调节。光促酶催化可以实现一些新颖的高立体选择性反应。光催化技术具有成本低、操作相对简易以及稳定性强等优点，反应在常温常压下即可完成，并且整个过程绿色无污染，迅速引起了科学家广泛的关注。酶催化反应具有催化效率高，高度的底物、产物专一性，温和的反应条件等特点，将光催化反应与酶催化反应高效地结合，是合成一系列化合物的有效方法。随着技术的进步，光催化条件越来越温和，而酶催化则越来越能够在苛刻的反应条件下进行，在可以预见的未来，光催化技术和生物催化技术的有机结合是未来合成具有高附加值化学品的一条有效的生产途径。目前光催化再生辅酶因子的效率仍然与酶催化共底物再生辅酶因子的效率相比仍然偏低，处于实验室研究阶段，光催化如何在生物催化的发酵罐中进行，而不因为溶液的透光度差影响反应都将是未来光催化需要考虑的问题。

# 参考文献


Bachmeier A, Murphy B J, Armstrong F A. 2014. A multi-heme flavoenzyme as a solar conversion catalyst. Journal of the American Chemical Society, 136(37): 12876-12879.

Bao H, Burnap R L. 2016. Photoactivation: The light-driven assembly of the water oxidation complex of photosystem II. Frontiers in Plant Science, 7: 578.

Betori R C, May C M, Scheidt K A. 2019. Combined photoredox/enzymatic C-H benzylic hydroxylations. Angewandte Chemie International Edition, 58(46): 16490-16494.

Biegasiewicz K F, Cooper S J, Emmanuel M A, *et al.* 2018. Catalytic promiscuity enabled by photoredox catalysis in nicotinamide-dependent oxidoreductases. Nature Chemistry, 10: 770-775.

Björn L O. 2018. Photoenzymes and related topics: an update. Photochemistry and Photobiology, 94(3): 459-465.

Büchsenschütz H C, Vidimce-Risteski V, Eggbauer B, *et al.* 2020. Stereoselective biotransformations of cyclic imines in recombinant cells of *Synechocystis* sp. PCC 6803. ChemCatChem, 12(3): 726-730.

Burai T N, Panay A J, Zhu H, *et al.* 2012. Light-driven, quantum dot-mediated regeneration of FMN to drive reduction of ketoisophorone by old yellow enzyme. ACS Catalysis, 2(4): 667-670.

Caputo C A, Gross M A, Lau V W, *et al.* 2014. Photocatalytic hydrogen production using polymeric carbon nitride with a hydrogenase and a bioinspired synthetic Ni catalyst. Angewandte Chemie International Edition, 53(43): 11538-11542.

Cha H J, Hwang S Y, Lee D S, *et al.* 2020. Whole-cell photoenzymatic cascades to synthesize long-chain aliphatic amines and esters from renewable fatty acids. Angewandte Chemie International Edition, 59(18): 7024-7028.

Ding X, Dong C L, Guan Z, *et al.* 2019. Concurrent asymmetric reactions combining photocatalysis and enzyme catalysis: direct enantioselective synthesis of 2,2-disubstituted indol-3-ones from 2-arylindoles. Angewandte Chemie International Edition, 58(1): 118-124.

Emmanuel M A, Greenberg N R, Oblinsky D G, *et al.* 2016. Accessing non-natural reactivity by irradiating nicotinamide-dependent enzymes with light. Nature, 540: 414.

Fujishima A, Honda K. 1972. Electrochemical photolysis of water at a semiconductor electrode. Nature, 238: 37-38.

Gabruk M, Mysliwa-Kurdziel B. 2015. Light-dependent protochlorophyllide oxidoreductase: phylogeny, regulation, and catalytic properties. Biochemistry, 54(34): 5255-5262.

Gacs J, Zhang W, Knaus T, *et al.* 2019. A photo-enzymatic cascade to transform racemic alcohols into enantiomerically pure amines. Catalysts, 9(4): 305.

Gonçalves L C P, Mansouri H R, Bastos E L, *et al.* 2019. Morpholine-based buffers activate aerobic photobiocatalysis via spin correlated ion pair formation. Catalysis Science and Technology, 9(6): 1365-1371.

Guo X, Okamoto Y, Schreier M R, *et al.* 2018. Enantioselective synthesis of amines by combining photoredox and enzymatic catalysis in a cyclic reaction network. Chemical Science, 9(22): 5052-5056.

He Y H, Xiang Y, Yang D C, *et al.* 2016. Combining enzyme and photoredox catalysis for aminoalkylation of indoles via a relay catalysis strategy in one pot. Green Chemistry, 18(19): 5325-5330.

Hollmann F, Taglieber A, Schulz F, *et al.* 2007. A light-driven stereoselective biocatalytic oxidation. Angewandte Chemie International Edition, 46(16): 2903-2906.

Huang X, Wang B, Wang Y, *et al.* 2020. Photoenzymatic enantioselective intermolecular radical hydroalkylation. Nature, 584: 69-74.

Huijbers M M E, Zhang W, Tonin F, *et al.* 2018. Light-driven enzymatic decarboxylation of fatty acids. Angewandte Chemie International Edition, 57(41): 13648-13651.

Hutton G A M, Reuillard B, Martindale B C M, *et al.* 2016. Carbon dots as versatile photosensitizers for solar-driven catalysis with redox enzymes. Journal of the American Chemical Society, 138(51): 16722-16730.

Hyster T K. 2019. Radical biocatalysis: using non-natural single electron transfer mechanisms to access new enzymatic functions. Synlett, 31(3): 248-254.

Kawakami N, Shoji O, Watanabe Y. 2011. Use of perfluorocarboxylic acids to trick cytochrome P450 BM3 into initiating the hydroxylation of gaseous alkanes. Angewandte Chemie International Edition, 50(23): 5315-5318.

Kim J H, Lee S H, Lee J S, *et al.* 2011. Zn-containing porphyrin as a biomimetic light-harvesting molecule for biocatalyzed artificial photosynthesis. Chemical Communications, 47(37): 10227-10229.

Kim J, Lee S H, Tieves F, *et al.* 2018. Biocatalytic C═C bond reduction through carbon nanodot-sensitized regeneration of NADH analogues. Angewandte Chemie International Edition, 57(42): 13825-13828.

Lauder K, Toscani A, Qi Y, *et al.* 2018. Photo-biocatalytic one-pot cascades for the enantioselective synthesis of 1,3-mercaptoalkanol volatile sulfur compounds. Angewandte Chemie International Edition, 57(20): 5803-5807.

Le T K, Park J H, Choi D S, *et al.* 2019. Solar-driven biocatalytic C-hydroxylation through direct transfer of photoinduced electrons. Green Chemistry, 21(3): 515-525.

Lee S H, Choi D S, Pesic M, *et al.* 2017. Cofactor-free, direct photoactivation of enoate reductases for the asymmetric reduction of C═C bonds. Angewandte Chemie International Edition, 56(30): 8681-8685.

Lee S H, Kim J H, Park C B. 2013. Coupling photocatalysis and redox biocatalysis toward biocatalyzed artificial photosynthesis. Chemistry—A European Journal, 19(14): 4392-4406.

Lee S H, Nam D H, Park C B. 2009. Screening xanthene dyes for visible light-driven nicotinamide adenine dinucleotide regeneration and photoenzymatic synthesis. Advanced Synthesis and Catalysis, 351(16): 2589-2594.

Lee S H, Ryu J, Nam D H, *et al.* 2011. Photoenzymatic synthesis through sustainable NADH regeneration by $SiO_2$-supported quantum dots. Chemical Communications, 47(16): 4643-4645.

Lewis N S. 2007. Toward cost-effective solar energy use. Science, 315(5813): 798-801.

Litman Z C, Wang Y, Zhao H, *et al.* 2018. Cooperative asymmetric reactions combining photocatalysis and enzymatic catalysis. Nature, 560: 355-359.

Mengele A K, Seibold G M, Eikmanns B J, *et al.* 2017. Coupling molecular photocatalysis to enzymatic conversion. Chem Cat Chem, 9(23): 4369-4376.

Mifsud M, Gargiulo S, Iborra S, *et al.* 2014. Photobiocatalytic chemistry of oxidoreductases using water as the electron donor. Nature Communications, 5: 3145.

Miller M, Robinson W E, Oliveira A R, *et al.* 2019. Interfacing formate dehydrogenase with metal oxides for the reversible electrocatalysis and solar-driven reduction of carbon dioxide. Angewandte Chemie International Edition, 58(14): 4601-4605.

Nakano Y, Biegasiewicz K F, Hyster T K. 2019. Biocatalytic hydrogen atom transfer: an invigorating approach to free-radical reactions. Current Opinion in Chemical Biology, 49: 16-24.

Nam D H, Park C B. 2012. Visible light-driven NADH regeneration sensitized by proflavine for biocatalysis. ChemBioChem, 13(9): 1278-1282.

Nguyen V T, Nguyen V D, Haug G C, *et al.* 2019. Alkene synthesis by photocatalytic chemoenzymatically compatible dehydrodecarboxylation of carboxylic acids and biomass. ACS Catalysis, 9(10): 9485-9498.

Özgen F F, Runda M E, Burek B O, *et al.* 2020. Artificial light-harvesting complexes enable rieske oxygenase catalyzed hydroxylations in non-photosynthetic cells. Angewandte Chemie International Edition, 59(10): 3982-3987.

Park C B, Lee S H, Subramanian E, *et al.* 2008. Solar energy in production of *L*-glutamate through visible light active photocatalyst-redox enzyme coupled bioreactor. Chemical Communications, 2008(42): 5423-5425.

Park J H, Lee S H, Cha G S, *et al.* 2015. Cofactor-free light-driven whole-cell cytochrome P450 catalysis. Angewandte Chemie International Edition, 54(3): 969-973.

Ryu J, Nam D H, Lee S H, *et al.* 2014. Biocatalytic photosynthesis with water as an electron donor. Chemistry—A European Journal, 20(38): 12020-12025.

Sandoval B A, Kurtoic S I, Chung M M, *et al.* 2019. Photoenzymatic catalysis enables radical-mediated ketone reduction in ene-reductases. Angewandte Chemie International Edition, 58(26): 8714-8718.

Schmermund L, Jurkaš V, Özgen F F, *et al.* 2019. Photo-biocatalysis: biotransformations in the presence of light. ACS Catalysis, 9(5): 4115-4144.

Schroeder L, Frese M, Müller C, *et al.* 2018. Photochemically driven biocatalysis of halogenases for the green production of chlorinated compounds. Chem Cat Chem, 10(15): 3336-3341.

Seel C J, Králík A, Hacker M, *et al.* 2018. Atom-economic electron donors for photobiocatalytic halogenations. Chem Cat Chem, 10(8): 3960-3963.

Sorigué D, Légeret B, Cuiné S, *et al.* 2017. An algal photoenzyme converts fatty acids to hydrocarbons. Science, 357(6354): 903-907.

Tran N H, Nguyen D, Dwaraknath S, *et al.* 2013. An efficient light-driven P450 BM3 biocatalyst. Journal of the American Chemical Society, 135(39): 14484-14487.

van Schie M M C H, Paul C E, Arends I W C E, *et al.* 2019a. Photoenzymatic epoxidation of styrenes. Chemical Communications, 55(12): 1790-1792.

van Schie M M C H, Zhang W, Tieves F, *et al.* 2019b. Cascading $g$-$C_3N_4$ and peroxygenases for selective oxyfunctionalization reactions. ACS Catalysis, 9(8): 7409-7417.

Wilheilm R F, Choong W C, Cosmo F M. 1959. Catalysis of oxidation of nitrogen compounds by flavin coenzymes in the presence of light. Journal of Chemical Biology, 234(5): 1297-1302.

Willot S J P, Fernández-Fueyo E, Tieves F, *et al.* 2019. Expanding the spectrum of light-driven peroxygenase reactions. ACS Catalysis, 9(2): 890-894.

Xu J, Hu Y, Fan J, *et al.* 2019. Light-driven kinetic resolution of $\alpha$-functionalized carboxylic acids enabled by an engineered fatty acid photodecarboxylase. Angewandte Chemie International Edition, 58(25): 8474-8478.

Yang Q, Zhao F, Zhang N, *et al.* 2018. Mild dynamic kinetic resolution of amines by coupled visible-light photoredox and enzyme catalysis. Chemical Communications, 54(100): 14065-14068.

Yoon J, Lee S H, Tieves F, *et al.* 2019. Light-harvesting dye-alginate hydrogel for solar-driven, sustainable biocatalysis of asymmetric hydrogenation. ACS Sustainable Chemistry and Engineering, 7(6): 5632-5637.

Zhang M, Wang L, Zhong D. 2017. Photolyase: dynamics and mechanisms of repair of sun-induced DNA damage. Photochemistry and Photobiology, 93(1): 78-92.

Zhang S, Shi J, Sun Y, *et al.* 2019a. Artificial thylakoid for the coordinated photoenzymatic reduction of carbon dioxide. ACS Catalysis, 9(5): 3913-3925.

Zhang W, Fernández-Fueyo E, Ni Y, *et al.* 2018. Selective aerobic oxidation reactions using a combination of photocatalytic water oxidation and enzymatic oxyfunctionalizations. Nature Catalysis, 1: 55-62.

Zhang W, Fueyo E F, Hollmann F, *et al.* 2019b. Combining photo-organo redox- and enzyme catalysis facilitates asymmetric C—H bond functionalization. European Journal of Organic Chemistry, 2019(1): 80-84.

Zhang W, Lee J H, Younes S H H, *et al.* 2020. Photobiocatalytic synthesis of chiral secondary fatty alcohols from renewable unsaturated fatty acids. Nature Communications, 11: 2258.

Zhang W, Ma M, Huijbers M M E, *et al.* 2019c. Hydrocarbon synthesis via photoenzymatic decarboxylation of carboxylic acids. Journal of the American Chemical Society, 141(7): 3116-3120.

Zilly F E, Acevedo J P, Augustyniak W, *et al.* 2011. Tuning a P450 enzyme for methane oxidation. Angewandte Chemie International Edition, 50(12): 2720-2724.

# 第13章 酶催化反应介质及其影响

李梦帆　熊　隽　刘姝利　娄文勇
华南理工大学

## 13.1 概述

### 13.1.1 酶催化反应的基本概念与定义

新陈代谢是生命活动的最基本特征之一，而构成新陈代谢的许多复杂而有规律的物质变化和能量变化都是在酶催化下进行的。在生物体中发生的化学反应几乎都需要催化剂的参与，但这些催化剂不是分子筛，也不是金属络合物，而是能够影响反应中心化学键断裂、稳定过渡态的蛋白质、核酸及其复合物，这种具有生物催化功能的高分子物质被称为酶（enzyme）。

酶催化反应（enzyme catalysis）又称酶促反应或酵素催化作用，是指以酶为生物催化剂催化的化学反应。根据酶催化反应类型的不同，国际生物化学与分子生物学联盟将酶分为六大类，分别为：氧化还原酶（oxido-reductase）、转移酶（transferase）、水解酶（hydrolase）、裂合酶（lyase）、异构酶（isomerase）和合成酶（synthetase）（姜锡瑞，1996）。大多数酶的本质是蛋白质，其催化反应与化学催化反应相比，既有共性，又有个性。共性即是酶可以降低反应活化能，显著提高反应速率，使反应迅速达到平衡点，但不改变反应的平衡点，且反应前后催化剂的数量并未发生变化。个性方面，与一般的化学催化剂相比，酶催化反应的反应条件更加温和，反应溶剂更加绿色，具有可持续性、催化效率和选择性更高的特点。

### 13.1.2 酶催化反应的历史

人们对于酶催化的认识来源于生产实践和科学研究。早在几千年前，人们就已经开始利用微生物中的酶来制造食品，如我国劳动人民在4000多年前就已经在酿酒、制酱、制造奶酪等发酵过程中不自觉地利用了酶的催化作用。

人们对酶的认识也正是从科学家发现生物材料具有催化作用开始的。1896年，巴克纳兄弟发现酵母的无细胞抽提液也能将糖发酵成乙醇，提出了发酵与细胞并无关系，而是与细胞液中的酶有关，同时也表明酶不仅仅能够在细胞内进行催化反应，而且也能够在一定条件下于细胞外进行催化作用（王强毅，2014）。同年，日本的高峰让吉（Takamine Jokichi）首先从米曲霉中制得南峰淀粉酶，并用作消化剂的生产，开创了有目的地进行酶的生产和应用的先例（彭志英，1991）。

此后一直到20世纪初，大部分研究人员都是集中研究水相中的酶催化反应，这是因为他们一直认为有机溶剂是酶的变性剂、失活剂，因此有机溶剂中酶催化反应的研究几乎毫无进展。直到1984年美国克里巴诺夫（Klibanov A. M.）发现在仅含微量水的有机介质中酶能够促进酯、肽、手性醇等许多有机化合物的合成，人们才发现在有机溶剂-缓冲液反应系统中也能进行酶催化反应，此时非水溶剂中酶催化的研究才得到了突破性的进展（Klibanov，2001）。而后，在1986年，Girardin M. 发现多种酶在几乎无水的有机体系中的催化效率远远高于在水相中的酶催化反应，进一步肯定了在有机溶剂中也能进行酶催化反应，且催化效果更好（Humeau *et al.*，1998）。

早在1914年，就已经出现了室温离子液体硝酸乙基铵，但是当时这种离子液体并未得到研究人员的重视。Wilkes 和 Zaworotko（1992）以1-甲基-3-乙基咪唑为阳离子合成了低熔点、抗水解、稳定性强的1-乙基-3甲基咪唑四氟硼酸盐离子液体，离子液体的研究才得以迅速发展。离子液体的出现，为我们提供了价格更加低廉、毒性更低、更加绿色、反应条件更加温和的反应溶剂，并且在生物催化体系中能提高酶的催化活性和对底物的选择性。

Abbott 等（2003）在研究酰胺和季铵盐混合物性质时发现，氯化胆碱与尿素在常温下可产生液态共晶，混合物熔点远小于其组分熔点，并首次提出了深度共熔溶剂的概念。在研究中他们发现酰胺与季铵盐按照一定条件混合可以形成低熔点共晶体，其性质不同于寻常的溶剂，具有随温度升高而显著提高的高导电性，且黏度及导电性受酰胺和季铵盐影响较大。这种混合物具有可持续性和可生物降解的特点，而且更易于合成，解决了离子液体难以合成的问题。

迄今为止，研究人员在研究过程中发现了成千上万种反应溶剂，各种反应体系下的酶催化反应也已经被广泛应用于食品、化工、材料和医药等领域。而且在未来，更加绿色、更易合成、成本更低、更利于酶催化反应的反应体系仍会不断被发现。

### 13.1.3 酶催化反应介质的重要性及其类型

针对不同的酶催化反应，选择不同的反应介质对于反应的稳定高效进行至关重要。优质的反应介质不仅仅会提高酶的催化活性、促进底物的溶解和产物的生成，而且对环境的污染较少。但是不适宜的反应介质会影响催化反应的进行。例如，最早出现的缓冲液反应系统，它虽然具有较好的生物相容性，对环境的污染较小，但是由于生物催化的大多数底物水溶性较低，极大地影响了酶催化反应速率，特别是一些催化反应难以在水相中进行，并且容易产生副反应，如脂肪酶的酯化反应，在水相中常出现酯的水解，降低了目标产物的产率。

为了解决酶催化反应在水相介质中的不足问题，人们不断探索新的更加优质更加绿色的反应介质，直到20世纪80年代，人们才发现脂肪酶在有机相中表现出较出色的催化性能，从此揭开了含有机溶剂的生物催化反应体系研究的篇章。有机溶剂是目前研究、应用最多的反应体系。与水溶液相比，有机溶剂不仅仅能够改变酶的底物特异性和立体选择性，而且能够与酶的结合水层相互作用，可直接或间接地影响酶的活性，从而可以更好促进底物的溶解，利于酶催化反应的进行，避免或减少副反应的发生，而且酶在有机相中会更加稳定，具有较高的重复利用率，降低生产成本。

但是由于有机溶剂的易挥发性和有毒性等缺点，人们又开发了含离子液体的生物催化反应体系。与有机溶剂相比，离子液体具有不易挥发、溶剂比较稳定、溶剂性质可调、提升酶催化的选择性、避免了对人体和环境的影响等优点，因而受到了研究人员的追捧，相关的文献报道也越来越多，但是离子液体的成本较高并且合成步骤烦琐，这使得离子液体难以得到更加广泛的应用。

深度共熔溶剂的出现，为研究者提供了一种新型绿色溶剂。深度共熔溶剂与离子液体具有相似的热力学性质，同样难以挥发、热稳定性好，但是与离子液体相比，深度共熔溶剂更易合成、毒性更低、对环境友好，甚至具备一定的生物可降解性。

酶催化反应介质包括水相酶催化和非水相酶催化。水是酶促反应最常用的反应介质，但对于大多数有机化合物来说，水并不是一种适宜的溶剂，因为许多有机化合物（底物）在水介质中难溶或不溶，而使得酶的催化活性受到抑制。同时，也会由于水的存在，加速了如水解、消旋化、聚合和分解等副反应的发生。1984 年，美国 Klibanov A. M. 提出了非水相酶催化，即天然或非天然的疏水性底物和产物的转化可以在非水相体系下由酶催化完成，且表现出很高的催化活力。非水相酶催化不仅能够增加水不溶性底物酶促催化转化的范围，而且可以提高酶结构的“刚性”，催化水溶液中不能发生的反应，增强酶的热稳定性，提高反应速率。酶的非水相催化介质包括有机溶剂、反胶束体系、离子液体、深度共熔溶剂、多相介质体系、超临界流体和溶剂体系。因此，选择适宜的溶剂有利于有机化合物的非水相酶催化反应，加速酶催化反应速率，增强酶催化反应的稳定性，有利于目标产物的获取。

## 13.2 水相中酶催化

水相中酶催化是指酶在水溶液中进行的催化作用。在自然环境中酶大多存在于水环境中，一些生物大分子如蛋白质、核酸等均能够在水溶液中发挥生物功能，水溶液是这些大分子存在和相互作用的天然介质，是酶催化反应最常用的反应介质。

### 13.2.1 水相中酶催化特性

早在几十年乃至上百年前，人们就已经发现酶可以在水中进行催化反应，且具有显著的优越性。

1）高效性：水相中酶催化反应可以在常温、常压和温和的酸碱条件下，高效地进行。与非酶催化反应相比，酶催化反应速度高 $10^7$～$10^{13}$ 倍（黄卓烈和朱利泉，2004）。换句话来说，1 个酶分子可以在 1 min 内使数百万个底物分子进行转化。

2）专一性：酶与一般的化学催化剂相比具有极其严格的专一性。酶催化的专一性是指对底物有严格的选择性，即一种酶只能作用于一种物质，或一类分子结构相似的物质，促使其进行一定的化学反应，产生一定的反应产物。例如，蛋白酶只能水解蛋白质，脂肪酶只能水解脂肪，而淀粉酶只能作用于淀粉。酶催化的专一性由酶活性中心的结构决定。

### 13.2.2 水相中酶催化的影响因素

很多因素都能够影响水相中的酶催化反应，其影响因素主要包括：反应底物浓度和种类、酶浓度、反应温度、酸碱度、激活剂、抑制剂、反应产物等（李荣秀和李平作，2004）。

#### 1. 反应底物浓度和种类

底物浓度会影响水相酶催化反应的初始反应速率和反应的最终平衡点。在保持其他条件不变的情况下，将底物浓度对酶催化反应速率的影响作图，结果呈矩形双曲线。当底物浓度在一定的范围内，增加底物浓度可以增加反应速率，反应呈一级反应。底物浓度继续增大，反应速率增加的幅度变小，当底物浓度达到某个特定值时，酶活性中心被底物饱和，反应速率与底物浓度几乎无关，达到最大反应速率不再继续增加，反应呈零级反应（图 13.1）。而底物种类也同样会影响水相酶催化反应的速率。易溶于水的化合物容易进行水相酶催化反应，而一些难溶于水的有机物会大大降低其在水相中酶催化反应的速率。

#### 2. 酶浓度

在保持其他条件不变的情况下，酶浓度对酶催化反应速率的影响呈直线关系。当反应体系中底物大量存在时，形成产物的量就取决于酶浓度。酶浓度越大，则底物转化为产物的量也相应增加。相反，酶浓度越低，则酶催化反应速率就降低（图 13.2）。当体系中所有底物都已经与酶结合生成酶-底物复合物之后，增加酶浓度对于酶催化反应速率没有影响。

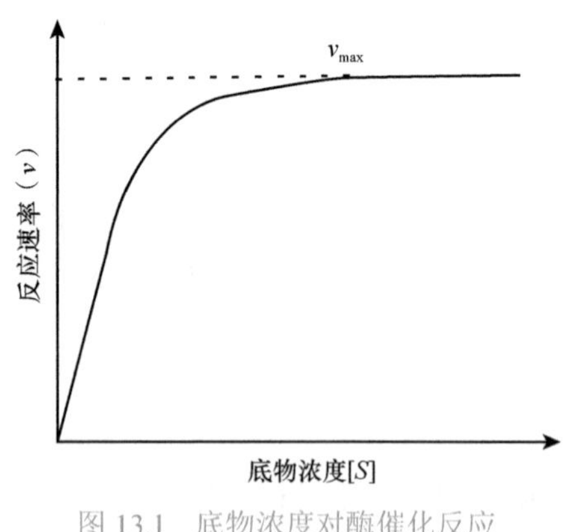


图 13.1 底物浓度对酶催化反应速率的影响

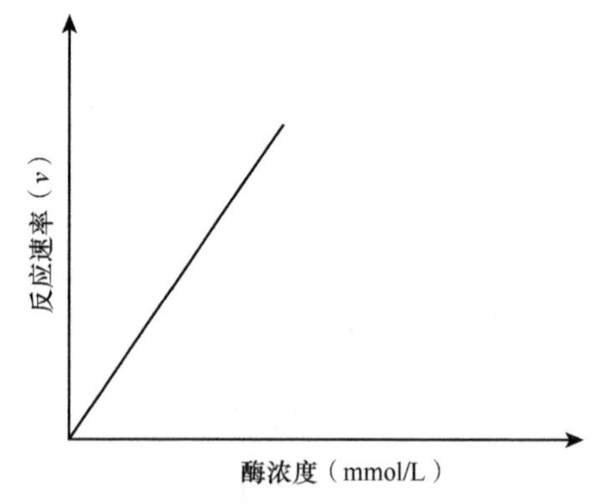


图 13.2 底物浓度远高于酶浓度时酶浓度对酶催化反应速率的影响

#### 3. 反应温度

正如大多数化学反应一样，水相中的酶催化反应也会受到反应温度的影响。在较低的温度条件下，随着温度的升高，分子扩散加速，水相酶催化反应加快，当温度达到一定值后，继续升高反应温度反而会降低反应速率（图 13.3）。这是因为大多数酶的本质是蛋白质，高温会使蛋白质变性失活，使得酶活力下降。因此，酶只有在一定温度时才会显示出最大的催化活力，这一温度称为酶的最适温度（optimum temperature）。不同的酶对温度的敏感性也不同，大多数酶在55～60℃时会变性失活，但是也有一些酶具有较高的抗热性，如木瓜蛋白酶（papain）、核糖核酸酶（ribonuclease，RNase）、超氧化物歧化酶（superoxide dismutase，SOD）以及生活于温泉中各种嗜热菌体内的酶等（黄卓烈和朱利泉，2004）。

#### 4. 酸碱度

水相中酶催化反应的稳定性也会受到pH的影响。这是因为在酶分子、底物以及辅酶中存在许多极性基团，而pH的改变会影响这些极性基团的解离状态和带电状态，从而影响它们之间的亲和力，进而表现为对酶催化反应速率的影响。在一定pH下，水相中酶催化反应具有最大的反应速率，高于或低于此值，酶催化反应速率就会下降，通常将此pH称为最适pH（optimum pH）（图13.4）。在偏离最适pH较小程度时，可以通过重新调整pH而恢复酶活性达到最大值。但是偏离程度较大时，无法通过重新调整pH而恢复酶活性，这是因为pH较大程度的偏离导致酶分子的空间构象发生了不可逆的改变，导致酶活性降低甚至丧失。

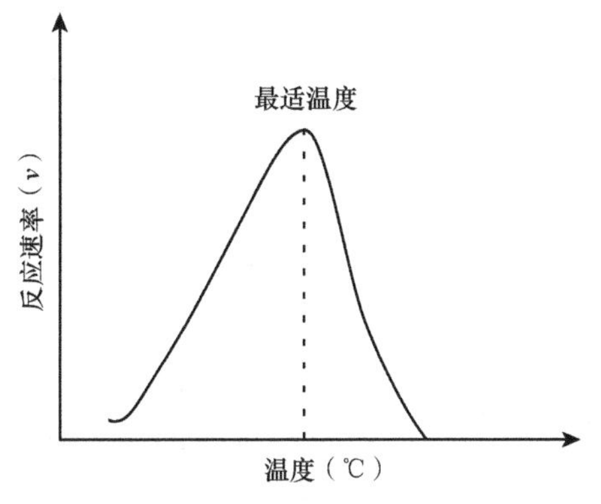

图13.3　反应温度对酶催化反应速率的影响

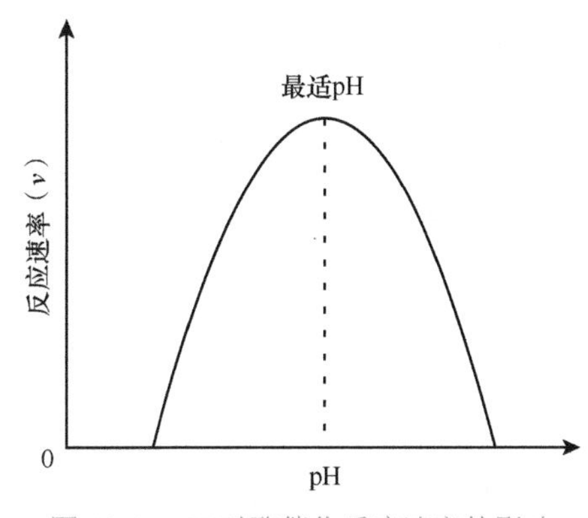

图13.4　pH对酶催化反应速率的影响

不同的酶，其最适pH也不同。一般酶的最适pH为4.0～8.0，植物及微生物来源的酶最适pH大部分为4.5～6.5，动物体内的酶最适pH大部分为6.5～8.0。但是也有例外，如胃蛋白酶（pepsin）、肝的精氨酸酶（arginase）和胰蛋白酶（trypsin）的最适pH分别为1.9、9.7和8.1，不同酶的活性随pH变化的情况也会不同（郑宝东，2006）。

酶对pH的敏感程度比对温度的敏感程度还要高，一般在较低温度条件下，酶的活性很小，在高温时，也会有一些酶存在瞬间的催化活性，如*Taq* DNA聚合酶在95℃条件下反应2 h后，仍残留40%的活性。但对pH而言，当溶液pH不是在酶的适宜范围内，就会使得酶丧失全部催化活性。

#### 5. 激活剂

凡是能提高酶活性、增加酶促反应速率的物质都称为该酶的激活剂（activator）。在酶促反应体系中加入激活剂可以使原本不具催化活性的酶具有催化活性，也可导致水相中酶催化反应速率增加。大部分的激活剂是无机离子和小分子有机化合物。按其化学属性可以分为以下3类。

1）无机离子激活剂：有$Cl^-$、$Br^-$、$I^-$、$CN^-$等阴离子和某些金属离子如$Na^+$、$K^+$、

$Mg^{2+}$、$Ca^{2+}$、$Zn^{2+}$、$Mn^{2+}$等，如$Mg^{2+}$是多数激酶及合成酶的激活剂，$Cl^-$是唾液淀粉酶的激活剂。

2）小分子有机化合物激活剂：一些小分子有机化合物可以作为酶的激活剂，如一些金属螯合剂乙二胺四乙酸（ethylenediamine tetraacetic acid，EDTA）等能除去重金属离子对酶的抑制作用，也可视为酶的激活剂。

3）生物大分子激活剂：一些蛋白激酶可对某些酶激活，如磷酸化酶 b 激酶可激活磷酸化酶 b，而磷酸化酶 b 激酶又受到 cAMP 依赖性蛋白激酶的激活。

激活剂对水相中酶催化作用有一定的选择性，即一种激活剂对某些酶起激活作用，而对另一些酶可能起到抑制作用，如$Mg^{2+}$是脱羧酶、烯醇化酶、DNA 聚合酶的激活剂，但对肌球蛋白腺苷三磷酸酶却起到抑制作用。

### 6. 抑制剂

通过改变酶必需基团的化学性质从而引起酶活力降低或丧失的作用称为抑制作用，能引起酶抑制作用的物质称为抑制剂。这些物质包括药物、抗生素、毒物和抗代谢物等。抑制剂对酶的抑制作用有一定的选择性。一种抑制剂只能引起某一种酶或某一类酶的活性降低或丧失。

酶的抑制作用包括不可逆抑制作用和可逆抑制作用。

（1）不可逆抑制作用

不可逆抑制剂通过共价键牢固地结合到酶分子上的必需基团中，引起酶的永久性失活，其抑制作用不能够用透析、超滤等温和物理手段解除，这种抑制作用称为不可逆抑制（irreversible inhibition）作用。有机磷化合物如二异丙基氟磷酸（diisopropyl fluorophosphate，DIPF）能与胰蛋白酶或乙酰胆碱酯酶活性中心的 Ser 残基反应，形成稳定的共价键而使酶丧失活性。一些重金属离子、有机汞、有机砷化合物，如$Pb^{2+}$、$Hg^{2+}$及含$Hg^{2+}$、$Ag^{2+}$、$As^{3+}$的离子化合物，可与酶活性中心的必需基团（如巯基）结合而使酶丧失活性。另外，一些氰化物和一氧化碳能与金属离子形成稳定络合物，而使一些需要金属离子的酶（如含铁卟啉辅基的细胞色素氧化酶）的活性受到抑制。

（2）可逆抑制作用

可逆抑制剂与酶蛋白以非共价键结合，引起酶活性暂时性丧失，其抑制作用可以通过透析、超滤等手段解除，这种抑制作用称为可逆抑制（reversible inhibition）作用。可逆抑制作用主要包括竞争性抑制作用和非竞争性抑制作用（图 13.5）。

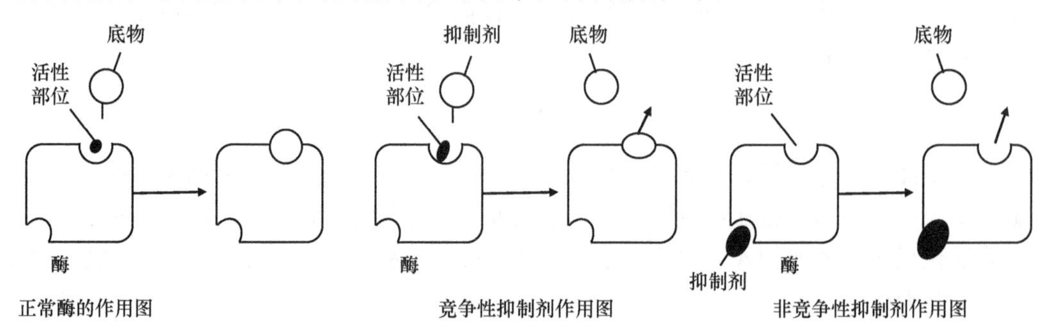


图 13.5 酶的可逆性抑制作用

a. 竞争性抑制作用

竞争性抑制（competitive inhibition）作用是指抑制剂与底物竞争结合酶的活性部位，从而阻止底物与酶的结合，即酶能结合底物形成酶-底物复合物，或者酶和抑制剂结合形成酶-抑制剂复合物，但不能同时结合毒物和抑制剂形成酶-抑制剂-底物三元复合物。例如，丙二酸对琥珀酸脱氢酶的抑制作用，琥珀酸为丁二酸，丙二酸与其结构相似，但是酶对丙二酸的亲和力远大于琥珀酸，造成竞争性抑制。另外，还有磺胺类药物对二氢叶酸合成酶的抑制作用，这是因为磺胺类药物的化学结构与对氨基苯甲酸相似，对氨基苯甲酸是二氢叶酸合成的原料（底物）。

b. 非竞争性抑制作用

非竞争性抑制（noncompetitive inhibition）作用是指抑制剂和底物可同时结合到同一个酶的不同部位，即抑制剂和酶结合后，并不妨碍酶再与底物结合，底物仍能够结合到酶-抑制剂复合物上形成酶-抑制剂-底物三元复合物，而该三元复合物不能够分解形成产物。极样激酶（Polo-like kinase，Polo 样激酶，Plk）是一类丝/苏氨酸蛋白激酶，其中 Plk1 在多种肿瘤细胞中有过度表达，抑制 Plk1 的功能可以抑制肿瘤的生长，并诱导肿瘤细胞的凋亡。而 Plk1 抑制剂大部分是 ATP 竞争性抑制剂，如勃林格殷格翰研发的 BI-2536(1)、BI-6727(2)，Nerviano Medical Sciences 研发的 NMS-P937(3)，以及葛兰素史克研发的 GSK461364(4) 等。竞争性抑制能够通过增加底物浓度得以解除，而非竞争性抑制不能够通过增加底物浓度解除（刘雨等，2018）。

### 13.2.3　水相中酶催化的应用

水相中酶催化反应因为其高效、专一、反应条件温和等诸多优点，一直以来在多糖、蛋白质、脂类等物质水解上得到广泛应用，其反应产物也被广泛应用在药物化学、食品化学、食品添加剂等各个行业中。

#### 1. 水相酶催化在多糖水解中的应用

多糖酯有着较大的潜在应用价值。但是由于多糖是多羟基物质，对特定位点的羟基进行特异性地修饰是有机合成的难题。采用传统的有机合成方法，对多糖糖链上羟基基团进行位置特异性地化学修饰几乎是不可能的。相反，采用酶法合成可以实现区域选择性、立体选择性的酯化，也已经在纤维素、淀粉、右旋糖酐、环糊精、菊粉等多糖中得到了应用（黄振华和刘晨光，2011）。例如，Subtilisin Carlsberg 蛋白酶（源自枯草杆菌），在吡啶中催化丙酸乙烯酯、丙烯酸乙烯酯酯化成的纤维素小颗粒可以在水相中被该酶水解（Xie and Hsieh，2001）；脂肪酶 A12（lipase A12）（源自黑曲霉，*Aspergillus niger*）是一种能在水相中催化酯合成的水解酶，能够催化羧甲基纤维素（CMC）与乙酸乙烯酯的转酯反应（Yang *et al.*，2004；Yang and Wang，2004）。皱褶假丝酵母（*Candida rugosa*）、pH-印迹的假丝酵母脂肪酶（lipase A Y，源自 *Candida rugosa*）在二甲基亚砜（DMSO）中可催化右旋糖酐（dextran）T-40 与葵酸乙烯酯的转酯反应，5 d 反应 25 h 后，葵酸乙烯酯最高转化率可达到 52%，而在水相中，假丝酵母脂肪酶表现出的活力比在 DMSO 中高 15%（Kaewprapan *et al.*，2007）。

#### 2. 水相酶催化在蛋白质、脂质水解中的应用

水相酶法应用于蛋白质、脂质的制取研究国内外已有较多报道。一般大豆中油脂的含量在16%～24%，蛋白质占40%左右，是一种较好的蛋白质原料，也是脂质的重要来源（倪倩和何东平，2008）。传统的水剂法提油要对油料进行高温热处理，容易使蛋白质变性，这不利于大豆蛋白的利用，也不利于油脂的提取。研究表明，对植物油料如大豆、可可、菜籽、玉米胚芽等采用水相酶催化的方法制油，在提取植物油的同时可以得到优质的低变性植物蛋白。例如，利用水相酶法在pH为6.8、反应温度49℃、酶解时间3.0 h、加酶量0.58%的条件下，从冷榨大豆饼中提取油和蛋白质，其中大豆饼的水解度为8.43；也可以利用水相中酶催化的方法对菜籽进行制油的同时提取蛋白质，其中该工艺提取的菜籽油与菜籽蛋白得率分别为69%～90%和66%～81%（刘志强等，2004）；而碱性蛋白酶（alcalase）也能作用于干法粉碎后的花生酱体系，同时提取86%的花生清油（破乳后总的油脂得率）和89%的花生水解蛋白（王瑛瑶和王璋，2003）；碱性蛋白酶也能从花生中同时提取油和水解蛋白，通过一步酶解反应可提取79.32%的游离油和71.38%的水解蛋白。对工艺所得的渣和乳状液，进一步选用中性蛋白酶Asl-398进行二次酶解时，最终总游离油得率可达91.98%，总水解蛋白得率可达88.21%（华娣等，2006）。

## 13.3 有机相中酶催化

有机相酶催化是指酶在含有一定量水的有机溶剂中进行的催化反应，适用于底物、产物两者或其中之一为疏水性物质的酶催化反应。由于水分子直接或间接地通过氢键、静电作用、疏水键、范德瓦耳斯力等分子力维持着酶分子的催化活性构型，因此有机介质中酶催化必需微量水（Schmitke *et al.*，1998）。

相较于水相催化，有机相中酶催化具有许多优势，增大了疏水性底物的溶解度，有利于疏水性底物的反应；可以催化在水中不能进行的反应；减少水参与的副反应以及产物与底物的抑制作用；酶的稳定性提高；由于酶不溶于有机溶剂，通常不需要进行固定化；减少微生物的污染；产物分离容易，酶与产物易回收等（Díaz-García and Valencia-González，1995）。

### 13.3.1 有机介质中酶催化特性

由于有机溶剂的极性与水差别很大，酶的表面结构、活性中心的结合部位和底物性质都会受到一定影响，同时水分子的减少使得酶分子的构象更具有“刚性”（Khmelnitsky *et al.*，1988）。这导致酶在有机介质中表现出与水相介质不同的性质。

#### 1. 底物特异性

在有机介质中，由于酶分子活性中心的结合部位与底物之间的结合状态发生某些变化，酶的底物特异性也会发生改变。例如，用有机溶剂取代水介质后，$\alpha$-糜蛋白酶、枯草杆菌蛋白酶和酯酶的底物特异性发生了显著变化（Zaks and Klibanov，1986）。溶剂对酶底物特异性的影响不仅发生在酶从水相转移到有机相中，在不同有机溶剂中也存在。

一般来说，极性较强的有机溶剂中，疏水性较强的底物易反应；极性较弱的有机溶剂中，疏水性较弱的底物易反应。

#### 2. 立体选择性

立体选择性（stereoselectivity）又称为对映体选择性，指一个反应可能产生几个立体异构式，优先得到其中一个立体异构体，是酶在对称的外消旋化合物中识别一种异构体能力大小的指标。由于介质特性发生改变，酶在有机介质中的立体选择性也与在水溶液中的不同。酶在水溶液中催化的立体选择性较强，在疏水性强的有机介质中立体选择性较差。例如，水溶液中蛋白酶只水解含有 *L*-氨基酸的蛋白质，而在有机介质中，某些蛋白酶可用 *D*-氨基酸合成多肽。

#### 3. 区域选择性

酶在有机介质中进行的催化反应具有区域选择性（regioselectivity），即酶能够选择底物分子中某一区域的基团优先进行反应。在二甲基甲酰胺（dimethylformamide，DMF）溶剂体系中，枯草杆菌蛋白酶催化环糊精酯交换，反应选择性发生在 C-2 位仲羟基，而不是通常最易发生的 C-6 伯羟基；在吡啶溶剂体系中，枯草杆菌蛋白酶选择性催化曲克卢丁羟乙基伯羟基的酯化；在 2-甲基-2-丁醇体系中，Novozym 435 酶选择性催化柚皮苷葡萄糖基上 C-6 位伯羟基的酯交换反应（肖咏梅，2005）。以肌苷和 2′-脱氧尿苷为原料，利用丙酮中脂肪酶催化产生 5′-*O*-酰基核苷，猪胰脂肪酶（porcine pancreatic lipase，PPL）催化产生 3′-*O*-酰基核苷，可以合成可聚合的 3′-*O*-酰基核苷衍生物和 5′-*O*-酰基核苷衍生物（Sun *et al.*，2004）。

#### 4. 键选择性

酶在有机介质中进行的催化反应具有化学键选择性，即在同一个底物分子中有两种以上的化学键都可以与酶反应时，酶对其中一种化学键优先进行反应。键选择性与酶的来源和有机介质的种类有关。例如，不同来源的脂肪酶催化 6-氨基-1-己醇的酰化反应时，对其中的氨基和羟基具有选择性，毛霉脂肪酸与黑曲霉脂肪酸分别催化生成肽键和酯键。

#### 5. 酶的 pH 记忆

有机介质中酶所处的 pH 环境，与酶在冻干或吸附到载体之前所溶解的缓冲液 pH 相同，这种现象称为 pH 记忆（pH-imprinting）。这是因为在有机介质中，酶的刚性结构使酶还能保持在水溶液中的电离状态（Guinn *et al.*，1991）。酶在有机介质中催化反应的最适 pH，通常与酶在水溶液中反应的最适 pH 接近或者相同，可以利用酶的 pH 记忆特性，通过控制缓冲液的 pH，以控制有机介质中酶催化反应的最适 pH。

#### 6. 热稳定性

许多酶在有机介质中的热稳定性比在水溶液中更好，如水溶液中，热处理温度高于 50℃后，脂肪酶催化甘油三酯水解的活力会迅速下降，而在正庚烷中，温度达到 85℃脂肪酶仍表现出较高活性（宗敏华等，1995）。通常情况下随着介质中含水量的增加，酶的热稳定性会降低。不同有机溶剂的性质对酶热稳定性也有较大影响。亲水性有机溶剂可能夺去酶必需水而使酶失活，导致酶在疏水性有机溶剂中比在亲水性有机溶剂中的热稳定性高。

### 13.3.2 有机介质中酶催化的影响因素

酶的种类和温度、底物种类和浓度、有机溶剂、水含量、pH、温度以及离子强度等因素都会影响有机相酶催化，其中水含量和有机溶剂是影响其活性及稳定性的关键因素。

#### 1. 水含量

有机介质中的水含量与酶的催化活性、催化反应速率以及稳定性等都有密切关系。

有机相中的微量水主要以两种形式存在，一类是与酶分子紧密结合的结合水，另一类是溶于有机相的游离水。与酶分子紧密结合的水在酶分子的周围形成一层水化层，将酶与表面的溶剂分离，以确保有机介质中酶的催化活性构象。研究证实，酶活性与蛋白质结合的水量有关，而与有机溶剂中的水浓度无关（Zaks and Klibanov，1988）。为了维持酶分子完整空间构象所必需的最低水含量称为必需水（essential water）。不同酶所需要的必需水差别很大，如脂肪酶只需要几分子的水；糜蛋白酶在辛烷中需要50分子的水；而多酚氧化酶在氯仿中需要约$3.5\times10^7$个水分子才能显示催化活性。若加入过量的水会引起酶活性中心内部水簇的生成，从而改变酶活性中心的结构，导致酶活性下降。

在水含量较低的情况下，酶的催化反应速率随水含量的增加而升高，催化反应速率达到最高时的水含量称为最适水含量。最适水含量包括酶分子水合的必需水、有机介质水合以及固定化酶载体水合等所需的水量，因此即便采用相同的酶催化同一种反应，反应体系的最适水含量也会随着有机溶剂的种类、固定化酶载体的特性等变化而有所差别。

水含量对酶的稳定性也有明显的影响。水为酶分子提供了结构上的高度易变性，同时水的存在也可能导致酶的“热失活”，降低酶催化的稳定性，在有水生成的可逆反应（如酯化反应）中，水也会对热力学平衡产生影响，不利于产物的生成，因此脱水会使其结构刚性增大，稳定性提高。

#### 2. 有机溶剂

有机溶剂影响酶催化的途径有三种，溶剂渗透到蛋白质的疏水核心直接与酶发生作用，通过干扰氢键和疏水相互作用改变蛋白质的天然构型，导致酶活性的抑制或酶的失活；有机溶剂影响酶反应过程中底物和产物扩散，从而间接地影响酶活性；有机溶剂和酶周围的基质水相互作用，夺取酶表面必需水，导致酶活性降低。

有机溶剂的极性大小对酶促反应影响很大，极性较强的有机溶剂会夺取酶分子的结合水影响酶分子微环境的水化层，从而降低酶的催化活性，甚至引起酶的变性失活；而疏水性溶剂破坏酶分子水化层的能力较弱，因此对催化活性的影响较小。酶制剂在疏水性高的溶剂中表现出比在疏水性较低的溶剂中更高的稳定性，用极性系数 lg $P$ 来表示有机溶剂的极性强弱：

$$\lg P = \lg \frac{K_0}{K_w}$$

式中，$P$ 为溶剂在有机相中的分配系数 $K_0$，与其在水相中分配系数 $K_w$ 的比值。通常情况下，在 lg $P<2$ 的极性溶剂中酶活性较低，在 lg $P=2\sim4$ 的溶剂中酶活性中等，在 lg $P>4$ 的非极性溶剂中酶活性较高。一般选用 $2\leqslant$ lg $P\leqslant5$ 的有机溶剂。

### 13.3.3 有机介质中酶催化的应用

酶在有机相中可以催化多种反应，生成一些具有特殊性质与功能的产物，使其在精细化工、食品、医药和特种新材料等领域的研制与生产中具有广阔的应用前景。如今有机相的酶催化已经由理论研究逐渐走向生产实践，酶催化的应用范围也在扩大。

#### 1. 单相有机介质的应用

单相有机介质包括微水介质体系和均匀单相溶液体系。微水介质体系是由有机溶剂和微量的水组成的反应体系，即通常所说的有机介质体系。微量的水主要是酶分子的结合水，用于维持酶分子的空间构象和催化活性；另外有一部分水分配在有机溶剂中。由于酶分子不能溶于疏水有机溶剂，酶常以冻干粉或固定化酶的形式悬浮于有机介质中。

均匀单相溶液体系由水和极性较大的有机溶剂混合而成。酶、底物和产物都能溶解在该体系中，消除了底物和产物在有机相与水相之间的扩散限制，有利于加快反应速度（Castro and Knubovets，2003）。在均相介质中进行催化反应，要求选用的酶能溶于有机溶剂，且具有稳定良好的催化活性，因此能在该反应体系进行催化的酶较少。微生物酶，特别是极端微生物产生的酶，在有机溶剂中通常具有较高的稳定性和活性。例如，地衣芽孢杆菌 S-86 在 50% 二甲基亚砜和乙醇的均相溶剂中表现出较高的酯酶活性（Torres and Castro，2004）。

利用有机相中酶催化的立体选择性，可以拆分外消旋的醇、酸及其他物质，得到纯度很高的光学异构体，且反应条件温和、催化效率高、专一性强、操作简单，易于工业化生产。例如，一类重要的非甾体抗炎药——布洛芬（2-芳基丙酸），具有很好的抗炎、镇痛、解热等作用，是世界卫生组织和美国 FDA 唯一共同推荐的儿童退烧药，在其 $\alpha$-碳上存在一个手性中心，因此具有两种光学对映异构体，其中 *S*-对映体的药理活性是 *R*-型的 160 倍。以皱褶假丝酵母脂肪酶（candida rugosa lipase，CRL）为催化剂，在异辛烷等有机溶剂中酯化拆分外消旋布洛芬，并结合固定化酶技术提高拆分效率，可以获得高纯度的 *S*-型异构体（黄霜霜，2015）。

糖类是一种多羟基化合物，对其羟基进行选择性酰化制备的糖酯是高效无毒的非离子型表面活性剂，糖类的特殊结构还可合成糖聚酯等化工材料。糖的亲水性使其只能在少数亲水性有机溶剂（如吡啶、二甲基甲酰胺）中进行反应。在 2-甲基-2-丙醇溶剂中，采用固定化南极洲假丝酵母脂肪酶 B（Novozym 435）对纯化的和果实中的黄酮苷进行酰化，柚皮苷（柚皮素-7-鼠李糖苷）和异槲皮素（槲皮素-3-*O*-葡萄糖苷）都产生了主要的单酰化产物（Stevenson *et al.*，2006）。

酚醛树脂是一种应用广泛的酚类聚合物，可以用作黏合剂、化学定影剂等。辣根过氧化物酶在此均相体系中会催化苯酚等酚类物质聚合，生成分子量分布窄、结构均一、耐热性高的酚类聚合物（Joo *et al.*，1997）。

### 2. 两相有机介质的应用

两相体系由水相和非极性的有机溶剂相组成。游离酶、亲水性底物或产物溶解于水相，疏水性底物或产物溶解于有机溶剂相。酶则以悬浮形式存在于两相的界面。催化反应通常在两相的界面进行，适用于底物和产物两者或其一是疏水化合物的反应。在水相中溶有酶、有机相中有大部分底物的情况下，振摇或搅拌，底物会从有机相转移到水相，经酶催化形成产物，并最终转移至有机相（邱树毅等，1998）。与传统的水溶液催化相比，水-有机溶剂两相介质中的生物催化能增加非极性底物和产物的溶解度，加快反应速率；当水量很少时，被水解酶所催化的反应趋向于合成而不是水解，允许通常不能在水溶液中发生的反应发生（如酯交换、硫酯化、氨解）；抑制依赖水的副反应等（Dordick，1991）。

多肽是一些药物、毒物、甜味剂的成分或前体。在水-有机溶剂双相体系中，蛋白酶可催化蛋白质水解的逆反应合成多肽，如阿斯巴甜前体的合成（Kamikubo *et al.*，1985）。此外，有机溶剂中脂肪酶也有合成肽键的功能，因为脂肪酶没有酰胺酶的活性，肽的水解被抑制，这对寡肽的合成很有利。

生物柴油是利用生物油脂生产的有机燃料，具有安全无毒、可降解、可再生等优点。有机介质中，可以脂肪酶作为催化剂用于生物柴油的合成。由动植物油脂与短链的醇（甲醇或乙醇）通过脂肪酶催化进行酯交换反应得到脂肪酸酯类物质。但是在含有高浓度甲醇的反应体系中，脂肪酶往往易失活，因此在生物柴油的合成中往往需要筛选耐极性有机溶剂的脂肪酶。

## 13.4 离子液体中酶催化

离子液体（ionic liquid，IL）作为绿色有机溶剂，在化学工业中的应用是近二十年来的研究热点。与传统有机溶剂相比，离子液体具有价格低廉、毒性低、可降解、反应条件温和等特点。研究表明，IL 在生物催化体系中能提高酶的催化活性和对底物的选择性，因此在生物转化领域得到迅速发展。在这部分，我们将对离子液体的定义及类型、制备及性质、酶催化特性和影响规律及机制等进行介绍，旨在为离子液体在酶催化中进一步的研究和工业应用提供参考。

### 13.4.1 离子液体的定义及类型

离子液体是由有机阳离子和无机阴离子或有机阴离子构成的在室温或接近室温（$<$100℃）下呈液态的盐类化合物，通常称为室温离子液体（room-temperature ionic liquid，RTIL）。目前，离子液体已经在化学合成与催化、电化学、生物转化、生物技术等领域得到广泛的应用。

离子液体种类繁多，不同的阳离子和阴离子能组合出不同的离子液体（图 13.6）。离子液体常见的阳离子类型有 1-烷基-3-甲基取代的咪唑阳离子、1-烷基取代的吡啶阳离子及烷基季铵盐阳离子，其中最稳定的是 1-烷基-3-甲基取代的咪唑阳离子。根据阴离子的不同，可将 IL 分为三大类，一类是 $[AlCl_4]^-$ 和 $[FeCl_4]^-$ 型，如 $C_4MIm{\cdot}Cl$ 中的

$C_4MIm \cdot AlCl_4$。这类的IL往往对水敏感，遇水分解产生具有腐蚀性的HCl，并且在空气中不稳定，须在真空或惰性环境下使用，属于第一代IL（图13.7）。第二类IL是卤素离子、六氟磷酸根$[PF_6]^-$和四氟硼酸根$[BF_4]^-$型，它们常与阳离子烷基吡啶、二烷基咪唑、季铵盐和季磷盐搭配，构成对水和空气都很稳定的IL，属于第二代IL。第三类IL主要由天然的离子构成，如羧酸、氨基酸以及糖类，这些IL大多数具有毒性低和生物可降解的特点，是对环境友好的绿色溶剂，属于第三代IL，也被称为新离子液体。迄今为止，IL作为绿色溶剂用于生物催化与转化的主要由1-烷基-3-甲基取代的咪唑阳离子、1-烷基取代的吡啶阳离子及烷基季铵盐阳离子分别与不同阴离子组合而成（表13.1）。

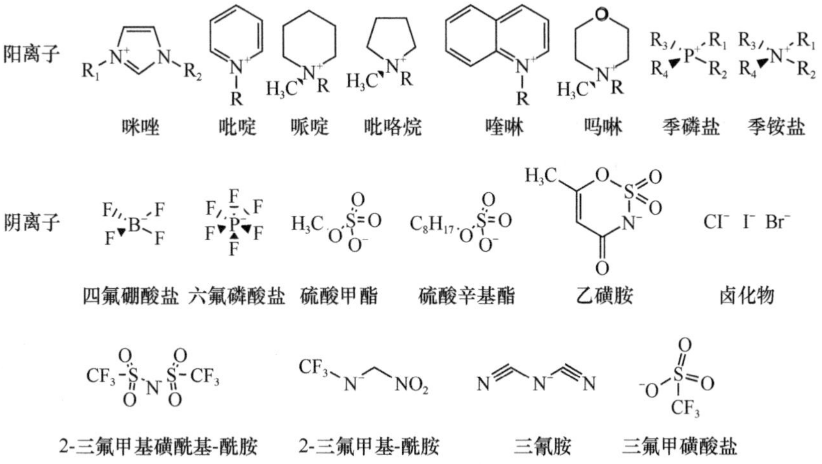

阳离子：咪唑　吡啶　哌啶　吡咯烷　喹啉　吗啉　季磷盐　季铵盐

阴离子：四氟硼酸盐　六氟磷酸盐　硫酸甲酯　硫酸辛基酯　乙磺胺　卤化物（$Cl^-$ $I^-$ $Br^-$）

2-三氟甲基磺酰基-酰胺　2-三氟甲基-酰胺　三氰胺　三氟甲磺酸盐

图13.6 常用于离子液体合成的阳离子和阴离子（Egorova *et al.*，2017）

表13.1 常用于生物催化的离子液体（娄文勇，2017）

1-烷基-3-甲基咪唑阳离子

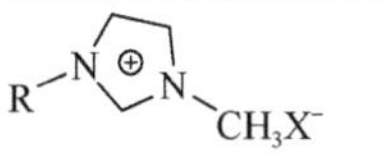

| 简称 | R | X |
|---|---|---|
| $C_1MIm \cdot MeSO_4$ | $CH_3$ | $CH_3OSO_3$ |
| $C_4MIm \cdot PF_6$ | $n$-$C_4H_9$ | $PF_6$ |
| $C_4MIm \cdot BF_4$ | $n$-$C_4H_9$ | $BF_4$ |
| $C_2MIm \cdot Tf_2N$ | $C_2H_5$ | $(CF_3SO_2)_2N$ |
| $C_4MIm \cdot MeSO_4$ | $n$-$C_4H_9$ | $CH_3OSO_3$ |
| $C_8MIm \cdot BF_4$ | $n$-$C_8H_{17}$ | $BF_4$ |
| $C_4MIm \cdot TfO$ | $n$-$C_4H_9$ | $CF_3SO_3$ |
| $C_4MIm \cdot NO_3$ | $n$-$C_4H_9$ | $NO_3$ |
| $C_4MIm \cdot$ lactate | $n$-$C_4H_9$ | $CH_3CH(OH)COO$ |
| $C_2MIm \cdot EtSO_4$ | $C_2H_5$ | $C_2H_5OSO_3$ |
| $MOEMIm \cdot BF_4$ | $CH_3OC_2H_4$ | $BF_4$ |
| $C_4MIm \cdot Cl$ | $n$-$C_4H_9$ | Cl |
| $C_8MIm \cdot PF_6$ | $n$-$C_8H_{17}$ | $PF_6$ |

1-烷基取代的吡啶阳离子

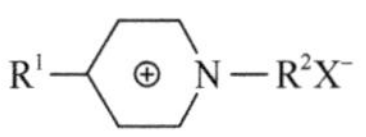

| 简称 | $R^1$ | $R^2$ | X |
|---|---|---|---|
| $C_2Py \cdot TFA$ | H | $C_2H_5$ | $CF_3CO_2$ |
| $C_4MPyr \cdot BF_4$ | $CH_3$ | $n$-$C_4H_9$ | $BF_4$ |

烷基季铵盐阳离子

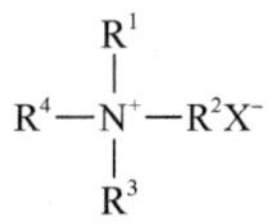

| 简称 | $R^1$ | $R^2$ | $R^3$ | $R^4$ | X |
|---|---|---|---|---|---|
| $EtNH_3 \cdot NO_3$ | $C_2H_5$ | H | H | H | $NO_3$ |

注：$n$表示"正"，如$n$-$C_4H_9$表示正丁基。

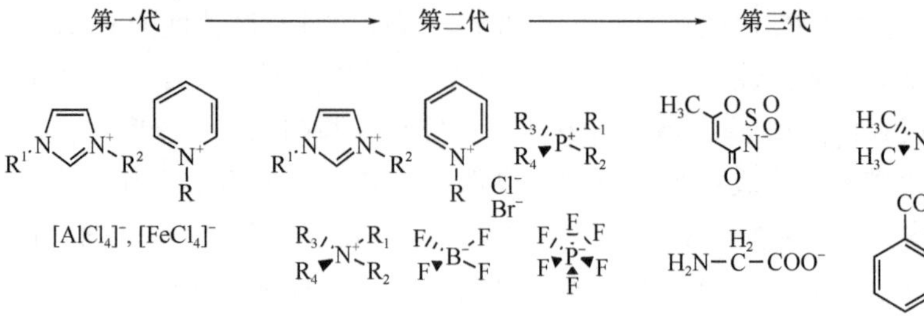

第一代 → 第二代 → 第三代

$[AlCl_4]^-$, $[FeCl_4]^-$

图 13.7　三代离子液体的发展

## 13.4.2　离子液体的制备及性质

### 1. 离子液体的制备

目前，制备离子液体的常规方法主要有两种：一步法和两步法。此外，还有利用微波和超声波加热辅助以及微反应器以提高传质效率等来优化 IL 的合成。这里主要介绍制备 IL 的两种常规方法。

（1）一步法

一步法包括由亲核试剂——叔胺（吡啶、咪唑等）与卤代烷烃或酯类物质（羧酸酯、磷酸酯和硫酸酯）发生亲核加成反应，或利用胺的碱性与酸发生中和反应而一步生成目标离子液体的方法。该方法操作简便、产物纯度高，可用于部分四氟硼酸盐类、卤化吡啶盐类以及 1-乙基 3-甲基咪唑盐类离子液体的合成。例如，将二乙基硫酸酯逐滴加入等摩尔的 1-甲基咪唑的苯溶液中，在充满氮气的条件下合成 1-乙基-3-甲基咪唑乙基硫酸盐离子液体，见图 13.8。

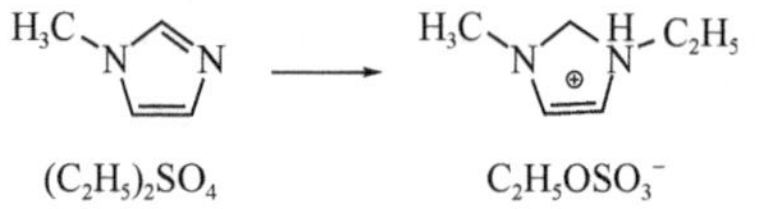

$(C_2H_5)_2SO_4$ → $C_2H_5OSO_3^-$

图 13.8　一步法制备 1-乙基-3-甲基咪唑乙基硫酸盐离子液体的合成路线

（2）两步法

当一步法难以实现目标离子液体的合成时，可以采用两步法（图 13.9）。第一步先由叔胺与卤代烃反应合成季铵的卤化物；第二步再通过离子交换、络合反应、电解法或复分解反应等，将卤素离子转换为目标离子液体的阴离子。其中，离子交换法是将含目标阳离子的离子液体前体配成水溶液，然后通过含目标分子阴离子的交换树脂以得到目标离子的水溶液，然后蒸发除水得到产品。阴离子络合反应主要是利用卤素离子与过渡金属卤化物的络合反应生成单核或多核的络合阴离子，这些阴离子包括 $[AlCl_4]^-$、$[Al_2Cl_7]^-$、$[FeCl_4]^-$、$[ZnCl_3]^-$、$[CuCl_3]^-$、$[SnCl_3]^-$等。电解法是直接电解含目标阳离子的氯化物前体

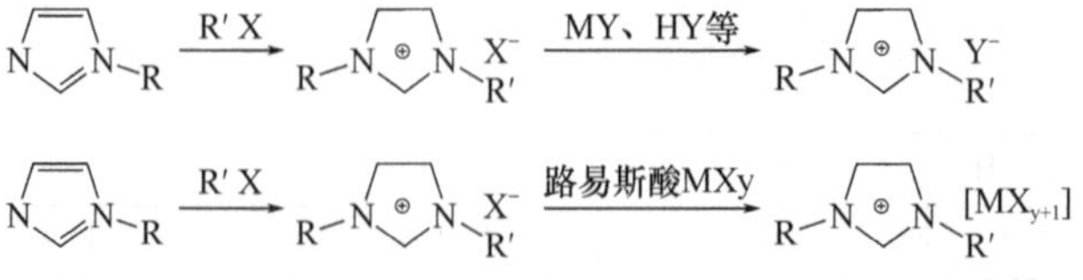

R′X　MY、HY等

R′X　路易斯酸MXy

图 13.9　两步法制备离子液体的合成路线

X 指卤原子；M 指金属阳离子；Y 指阴离子；MXy 指路易斯酸

水溶液，生成氯气和含目标阳离子的氢氧化物，后者再与含目标阴离子的酸发生中和反应。复分解反应是离子液体合成的最常用的方法，分别包含目标阴阳离子的两种电解质通过复分解反应得到所需的离子液体。

2. 离子液体的性质

离子液体外观看起来像水或甘油，但实际上却具有许多水或传统有机溶剂无法比拟的性质。

（1）低熔点，低蒸气压

IL 的熔点与其阳离子和阴离子的组合有关，由于组成 IL 的阴离子尺寸小，而阳离子尺寸大且结构不对称，加之阴阳离子的数目相等时 IL 呈现电中性的特点，因此阴阳离子之间无法形成规则有序的吸引，静电势降低，出现了低熔点。一般来说，阴离子尺寸的增加以及阳离子不对称程度的提高都能降低 IL 的熔点。另外，阴阳离子之间的强相互作用又使得 IL 具有了低蒸气压的特性。而这种特点能减少 IL 自身的挥发，减轻了对环境的污染，因此，IL 也被称为“绿色溶剂”。

（2）良好的溶解能力

IL 具有高溶解性和弱配位性或非配位性，可以溶解许多无机、有机、金属有机、高分子材料等物质，包括强极性物质（如碳水化合物）和弱极性物质（如甲苯），且溶解度相对较大。在含甲苯磺酸根阴离子季铵盐的 IL 中，季铵盐阳离子侧链的加长，即非极性特征增强，会提高底物（正辛烯）的溶解能力。IL 不仅表现出溶解范围广、溶解能力强的特性，而且 IL 的强离子环境还可以维持这些物质的活性。因此，IL 适合作为反应溶剂、分离溶剂或构成反应/分离耦合新体系。

（3）高黏度

离子液体的黏度很高，如 $C_4MIm \cdot BF_4$ 的黏度（25℃，$19.6 \times 10^{-3}$ Pa·s）虽然与乙烯二醇的黏度（25℃，$16 \times 10^{-3}$ Pa·s）相近，但是比相同温度下水（$0.9 \times 10^{-3}$ Pa·s）、甲醇（$0.5 \times 10^{-3}$ Pa·s）、甲苯（$0.6 \times 10^{-3}$ Pa·s）的黏度高很多。离子液体的高黏度并不利于底物和产物的传质，而且会降低酶反应速度，增加反应液过滤和酶分散的困难。因此，可通过提高反应温度和加入有机溶剂或水的方式来降低离子液体的黏度。

（4）可设计性

离子液体的酸性、溶解性、熔点、热稳定性等物理化学特性均可通过改变或适当修饰其阳离子和/或阴离子来调节，因此，可以根据自身需求对离子液体体系进行定向设计。

（5）相对安全、对环境友好

第三代 IL 主要由天然存在的离子组成，可再生可生物降解，对人体和环境低毒甚至无毒性。多数 IL 可重复利用，并且 IL 的非挥发性也规避了空气污染的风险。

### 13.4.3 离子液体中酶催化特性

离子液体由于其突出的物理化学特性而在酶催化领域备受关注。研究表明，在某些含离子液体的介质中，酶的催化活性、稳定性及选择性得到了一定的提高。例如，以

$[PF_6]^-$和$[BF_4]^-$为阴离子，分别与甲基咪唑$[BMIm]^+$、羟乙基甲基咪唑$[HOEMIm]^+$、四乙基氨盐$[Net_4]^+$和*N*-乙基吡啶$[EPy]^+$等不同的阳离子组合而成的离子液体均能提高木瓜蛋白酶的活性及热稳定性。尤其在BMIm·$PF_6$介质中，木瓜蛋白酶的水解活性最高；在HOEMIm·$BF_4$介质中其热稳定性最好（侯雪丹等，2012）。

另外，与水相（磷酸盐缓冲液）和传统有机相（如2-丙醇、乙腈）介质相比，离子液体介质对酶活性、稳定性和选择性的影响更明显。在不对称水解*D,L*-对羟基苯甘氨酸甲酯为对映体*L*-羟苯基甘氨酸的实验中（见13.4.5），木瓜蛋白酶的催化活性和对映体选择性与反应介质中离子液体BMIm·$BF_4$的含量正相关。另外，在枯草杆菌蛋白酶Carlsberg介导的*N*-乙酰氨基酸酯水解成相应的对映体氨基酸研究中，用15%的EPI·TFA水溶液代替相同体积分数的乙腈后，酶的对映选择性和催化活性明显提高。而且，在脂肪酶催化多种手性醇的酯交换反应中，酶在离子液体介质中的对映体选择性比在传统有机溶剂（如甲苯、四氢呋喃）中高25倍（Nishihara *et al.*，2017）。这些例子都能说明，离子液体对酶催化特性有着积极的影响，在生物催化转化方面发挥独特的优势。

### 13.4.4 离子液体对酶催化反应的影响规律及机制

#### 1. 离子液体对胞外酶催化反应的影响规律及机制

目前，关于离子液体对胞外酶催化反应影响机制的解释主要有两种，第一种解释是离子液体以溶剂的特性，如极性、疏水性、亲核性及氢键碱性等物理化学特性来影响酶的催化反应。第二种解释是离子液体的霍夫梅斯特效应（Hofmeister series）。

（1）离子液体的溶剂特性

如前文提及的，离子液体可以根据自身的需求，通过改变或修饰阴离子和阳离子的结构来设计离子液体的性质。因此，离子液体对酶催化反应的影响也具有“可调性”。与有机溶剂一样，离子液体通过与酶、底物及产物的相互作用来影响酶的性质和酶的反应速度，而这种相互作用与离子液体的溶剂性质如极性、疏水性、亲核性及氢键碱性等密切相关。以木瓜蛋白酶催化水解*D,L*-对羟基苯甘氨酸甲酯为例，随着离子液体中咪唑基阳离子上1号位的取代烷基碳链长的缩短，离子液体的极性越强，疏水性越弱，酶的催化活性越高，反应速度越快（见13.4.5）。这可能是因为，一方面，底物在高极性的离子液体中更容易解溶剂化，有利于酶与底物的结合；另一方面，离子液体能降低酶活性中心的疏水性，促进极性底物与酶活性中心的结合，以此提高其催化活性。相反，木瓜蛋白酶的对映体选择性和稳定性均随着离子液体疏水性增加而增大。这是因为离子液体的疏水性增加，使酶分子结构的刚性增强，酶的对映体选择提高。并且，由于酶蛋白分子与离子液体之间的静电作用，在酶的周围形成一层保护层，因此，酶的稳定性提高。除此之外，酶的催化行为还与离子液体中阴离子的亲核能力和氢键碱性密切相关。当阴离子亲核能力与氢键碱性较弱时，酶的催化活性和稳定性会提高。

（2）霍夫梅斯特效应

近年来，大量的研究以离子液体的Hofmesister效应来解释其对酶催化行为的影响。离子液体的水合能力（kosmotropicity）是决定酶催化行为的关键因素。水合能力以其黏度*B*系数来定量描述。阴阳离子根据其*B*系数的大小来决定其对酶蛋白催化活性、稳定性及选择性的影响程度，据此排序即为 Hofmeister 效应（张社利等，2016）。该效应提出离子液体的阴阳离子通过其水合能力的大小改变酶分子周围水的结构（使水结构的有序性增加或者减少），进而影响酶蛋白的结构，并指出水合阴离子可稳定蛋白质，反之则使蛋白质稳定性降低（图 13.10）。

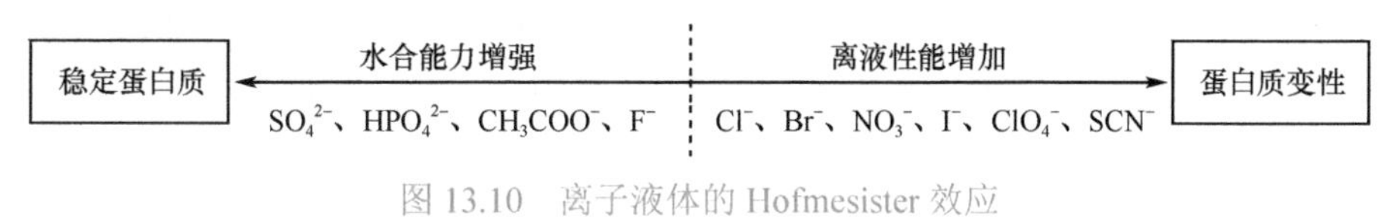


图 13.10 离子液体的 Hofmesister 效应

### 2. 离子液体对全细胞催化反应的影响规律及机制

微生物细胞常被用于催化潜手性酮不对称还原制备对映体手性醇，这是因为辅酶 NADH(P) 可在细胞内再生，无需额外添加，从而降低生产成本。离子液体对酶催化反应的影响不仅体现在胞外酶，而且还有胞内参与反应的酶。这主要归因于离子液体的生物相容性，使离子液体能进入细胞内从而影响酶的催化行为。离子液体对全细胞生物催化反应的影响主要表现在细胞活性、细胞膜通透性、底物与产物的分配系数以及细胞内的相关酶等方面。

（1）对细胞活力的影响

细胞活力和膜完整性是衡量离子液体毒性的两种参数，而离子液体的生物相容性与细胞活力密切相关。因此，离子液体的生物相容性是其应用于全细胞催化的关键因素。葡萄糖代谢活力保留值（metabolic activity retention，MAR）指微生物细胞代谢葡萄糖的能力，是衡量细胞对溶剂耐受性的指标，可以用来表征离子液体对细胞的生物相容性。研究表明，用不同的离子液体对细胞进行处理后，其 MAR 值均有不同程度的下降，说明所用的离子液体对细胞有一定的毒性（Xu *et al.*，2016b）。用底物 4-(三甲基硅基)-3-丁炔-2 酮（TMSBO，6 mmol/L）和离子液体同时处理细胞后，细胞的 MAR 值随着离子液体阳离子上烷基链的延长而显著降低，另外，在阳离子 $[C_2MIm]^+$上增加羟基也能提高离子液体对微生物细胞的生物相容性（Zhang *et al.*，2012）。羟基功能化的离子液体 1-(2-羟乙基)-3-甲基咪唑硝酸盐［$(E_2OH)MIm·NO_3$］直接与水分子作用形成质子化的 OH 桥微环境，而这种微环境可能有利于细胞发挥催化的功能。大量的研究表明，含有 $[BF_4]^-$和 $Cl^-$的离子液体会降低细胞的生物相容性，然而离子液体的种类、浓度、底物和产物性质、处理方式、所用细胞的种类和浓度等会影响细胞的活力（Lou *et al.*，2009a，2009b），因此，不能直接下结论说明这两种阴离子组成的离子液体比含有其他离子的离子液体毒性更强，其中的影响机制还需进一步探讨。

（2）对细胞膜通透性的影响

细胞膜通透性是决定全细胞催化效率的一个重要影响因素。离子液体能适度提高细胞膜的通透性，使底物和产物更容易扩散到细胞内外，从而加速生物催化。但是，膜完整性的破坏可能会降低细胞活力，损害细胞代谢并降低生物催化反应的产率。Bräutigam 等（2007）报道了基于咪唑类离子液体对重组大肠杆菌菌株的细胞膜完整性的影响。结果表明，$[PF_6]^-$阴离子对细胞膜完整性有一定程度的破坏性影响，处理 5 h 后，细胞膜的完整性只有 70%，而用磷酸盐处理相同时间后细胞膜完整性达 95%。

目前，细胞膜完整性的表征方法包括透射电子显微镜法、荧光分光光度计法以及流式细胞仪法。常规的表征方法往往检测的是一定体积样品的总体效果，即一个样本的数据；而流式细胞仪检测的是每一个细胞，在检测一定体积样品时，可以得到数万个细胞的样本数据，因此可以更快速、全面、准确地检测离子液体对细胞膜完整性的影响。不同离子液体对细胞膜通透性的影响程度不同。用含 $[BF_4]^-$ 的离子液体处理后，微生物细胞（醋杆菌 *Acetobacter* sp. CCTCC M209061）内蛋白和核酸的释放量最高，说明该类离子液体能显著提高细胞膜的通透性（Xiao *et al.*，2012）。然而，这些 $[BF_4]^-$ 类离子液体的存在会降低细胞内相关酶的催化活性。因此，$[BF_4]^-$ 类离子液体很可能会破坏细胞膜使其不能维持细胞的有效催化活性。细胞膜通透性的适度增加可以提高反应效率，而通透性的大幅度提高则对细胞产生不可逆的活性降低作用。在 $C_n MIm \cdot NO_3$ 或 $C_n MIm \cdot Br$ 体系中，随着烷基侧链的延长，即 $n$ 值的增大，醋杆菌细胞膜的完整性逐渐降低。

（3）对底物和产物的分配系数的影响

在双相体系中，底物和产物的分配系数也是影响全细胞催化效率的重要因素。在缓冲液/IL 两相体系中，如果底物和产物在 IL 相的溶解能力较强，则底物和产物在水相中的溶解能力较弱，反应的抑制作用得到有效缓解，全细胞的催化效率也相应提高。在含 $C_4 MIm \cdot PF_6$ 双相体系全细胞催化乙酰乙酸乙酯（ethyl acetoacetate，EAA）不对称还原为 3-羟基丁酸乙酯（ethyl 3-hydroxybutyrate，EHB）的实验中，其底物 EAA 和产物 EHB 的分配系数远高于正己烷/缓冲液双相体系（Wang *et al.*，2013），说明离子液体对底物和产物的萃取效率都优于有机溶剂。在 $C_n MIm \cdot PF_6$（$n$=4～7）双相体系中，随着 $n$ 值的增加，底物 EAA 的分配系数减小，在离子液体中的浓度降低。迄今为止，在离子液体双相体系中底物和产物的分配系数仍然难以准确预测，但是，原则上，结合底物和产物的性质，选择合适的离子液体双相体系依然可以用于特定的全细胞催化反应。

（4）对胞内酶的影响

在疏水性离子液体中微生物细胞催化还原反应的研究中，发现生物相容性好的离子液体能有效解除底物或产物对细胞的毒性或抑制作用，且能在线分离产物，具有很好的应用潜力。借助荧光成像显微镜检测分析，发现离子液体能进入细胞，与胞内的酶发生相互作用，从而影响细胞内的酶系统，使细胞内的反应发生改变（Lou *et al.*，2009a）。研究表明，离子液体可以在微生物细胞内积累并通过影响细胞膜的渗透性来提高反应效率。但是，离子液体在酶和基因控制水平上对全细胞催化的作用机制还需进一步研究。

### 13.4.5 离子液体中酶催化的应用

近年来，离子液体作为绿色反应介质，在手性药物及其中间体的合成、绿色能源的预处理及生产等方面应用广泛。

#### 1. 手性药物及其中间体的合成

目前，手性药物及其中间体的不对称合成是酶催化领域的一个重要方向。这里主要介绍对羟基苯甘氨酸甲酯的不对称水解。*D*-对羟基苯甘氨酸及其衍生物是合成阿莫西林、头孢羟氨苄、头孢哌酮、头孢罗奇、头孢羟胺唑等 $\beta$-内酰胺抗生素药物必不可少的侧链，是国家重点发展的一种药物中间体；*L*-对羟基苯甘氨酸是生产治疗缺血性心脏病、心力衰竭、糖尿病药物的重要原料。过去，国内外 D/L 型对羟基苯甘氨酸（HPG）的制备主要采用手性试剂拆分法和酶法。前者步骤繁多、成本昂贵，且产率和产物纯度难以达到预期目标；后者也存在工艺复杂、污染环境等问题。而离子液体作为反应介质在全细胞中进行催化转化手性药物及其中间体是目前生物催化领域的热点。如图 13.11 所示，通过理性设计离子液体的结构促进木瓜蛋白酶的对映体选择性、稳定性和催化活性。而且，底物浓度、酶量、体系 pH、反应温度等条件都会对反应的速率、产率和转化率产生影响（娄文勇，2017）。

木瓜蛋白酶，$H_2O$
离子液体/缓冲液混合溶剂

*D,L*-对羟基苯甘氨酸甲酯　　*D*-对羟基苯甘氨酸甲酯　+　*L*-对羟基苯甘氨酸甲酯

图 13.11　离子液体/缓冲液混合溶剂中酶促对羟基苯甘氨酸甲酯不对称水解反应

### 2. 生物柴油的生产

生物柴油是采用动物或植物脂肪进行酯交换后的产物，具有对生态友好、可持续性发展的特点，是石油柴油的替代品。利用脂肪酶催化酯交换反应制备生物柴油时，反应介质常为有机溶剂，其对生物酶的毒害性较大，常会使酶失活，并且造成废溶剂难以处理等环境污染问题。而以离子液体为溶剂时，脂肪酶在离子液体中稳定性较强，不易失活。且在以离子液体为反应溶剂的两相体系中，反应产物与溶剂易分层，同时脂肪酶与离子液体可重复使用，降低了生产成本。

### 3. 生物质原料的预处理

离子液体作为一种有效介质，已被应用于生物质或生物质组分的化学修饰或溶解。离子液体对木质纤维素材料表现出出色的溶解能力，并产生易于被纤维素酶水解的无定形和多孔结构。离子液体对生物质原料的预处理可降低或除去生物质结构对外界作用的抵抗能力，使纤维素酶可有效接触纤维素组分。

## 13.4.6　离子液体的回收与重复利用

尽管离子液体相比于传统有机溶剂具有许多优势，但目前离子液体的合成与制备成本还比较高，因此，如何回收和重复利用离子液体来降低成本成为一个关键问题。目前，回收离子液体的主要方法有萃取法、蒸馏法、吸附法和相分离法。

（1）萃取法

利用水、有机溶剂等萃取剂将离子液体体系中的非挥发性物质或者其他物质分离出来，可以实现离子液体体系中其他组分的分离以及离子液体的回收利用。萃取法主要应用于疏水性离子液体的回收，此法简单有效，可连续操作，且不需要复杂的设备，但利用有机溶剂萃取回收离子液体时，难以避免有机溶剂存在的二次污染问题。

（2）蒸馏法

由于离子液体是非挥发性的，因此可以通过减压蒸馏除去乙醇和水等挥发性产物，非挥发性产物也可以得到有效分离。此外，对于一些非挥发性物质/离子液体体系，也可采用直接蒸馏离子液体的方法。离子液体并非完全没有蒸气压，有些离子液体仍然可以通过直接蒸馏回收。

（3）吸附法

吸附法因具有吸附剂与溶质作用小、设备简单、操作简便、安全、廉价等优点被众多科研工作者用于分离回收离子液体，并取得了一定的效果。例如，运用色谱柱吸附分离离子液体，将含有杂质的离子液体注入连续流动的溶剂中，并传递至色谱柱，通过选择合适的溶剂和吸附剂，使得杂质和离子液体的吸附强度不同，这样各种物质因通过色谱柱的速率不同而分离开来。

（4）相分离法

相分离法主要是从水中回收离子液体，其原理是通过引入某种新物质或者改变温度导致相分离，形成富离子液体相，实现离子液体的回收。例如，在离子液体水溶液中加入盐可以形成双水相体系，从而实现离子液体的浓缩回收。

## 13.5 深度共熔溶剂中酶催化

近年来，离子液体引起了广泛的关注，相关的文献报道越来越多，虽然离子液体具有不易挥发、热稳定性好、溶解能力强等优势，但是它的成本较高且合成步骤烦琐，这使得离子液体难以得到更广泛的应用。因此，需要开发出成本低、毒性低、生物降解性好的新型绿色溶剂。

深度共熔溶剂（deep eutectic solvent，DES）是目前生化催化领域最有潜力的候选者，DES 具有与 IL 相似的热力学性质，同样难以挥发、热稳定性好，并且相比于 IL 更易合成、毒性更低、对环境友好，甚至具备一定的生物可降解性。如今，DES 已经取得了不错的进展，在有机合成、萃取、材料合成、电化学、生物催化等多个领域都得到了应用。

### 13.5.1 深度共熔溶剂的定义及类型

深度共熔溶剂是由氢键受体（hydrogen-bond acceptor，HBA）和氢键供体（hydrogen-bond donor，HBD）按一定摩尔比组合而成的（图 13.12）。常见的氢键受体有季铵盐（氯化胆碱）等，氢键供体有尿素、甘油、乙二醇、氨基酸等。深度共熔溶剂一般是由两组分混合而成，如氯化胆碱/尿素（ChCl/urea，ChCl/U）、氯化胆碱/甘油（ChCl/glycerol，

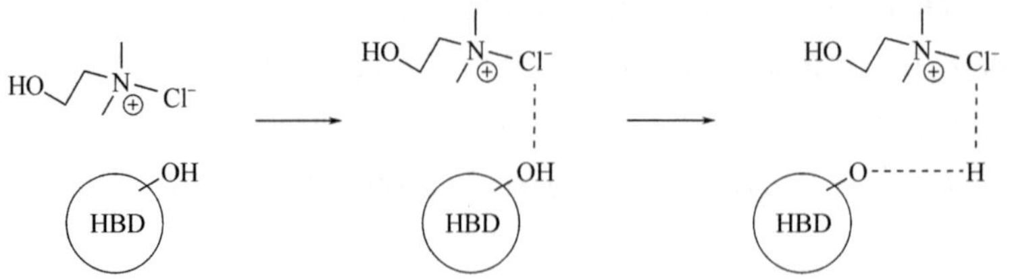

图 13.12 季铵盐（氯化胆碱）与氢键供体之间的相互作用

ChCl/G），也有一些三组分的混合物，通常是一种氢键受体混合两种氢键供体，如氯化胆碱/甘油/乙二醇（ChCl/glycerol/ethylene glycol，ChCl/G/EG）、氯化胆碱/甘油/尿素（ChCl/glycerol/urea，ChCl/G/U）。图 13.13 展示了常见的含氯化胆碱的 DES 结构。

ChCl/尿素（1:2） ChCl/乙酰胺（1:2） ChCl/乙二醇（1:2） ChCl/丙三醇（1:2）

ChCl/丁二醇（1:4） ChCl/三甘醇（1:4） ChCl/木糖醇（1:1）

ChCl/山梨醇（1:1） ChCl/对甲苯磺酸（1:1） ChCl/草醇（1:1）

ChCl/乙酰丙酸（1:2） ChCl/丙二酸（1:1） ChCl/苹果酸（1:1）

ChCl/柠檬酸（1:1） ChCl/酒石酸（2:1） ChCl/木糖/水（1:1:1）

ChCl/山梨醇（1:1） ChCl/果糖/水（5:2:5） ChCl/葡萄糖/水（5:2:5）

ChCl/麦芽糖/水（5:2:5）

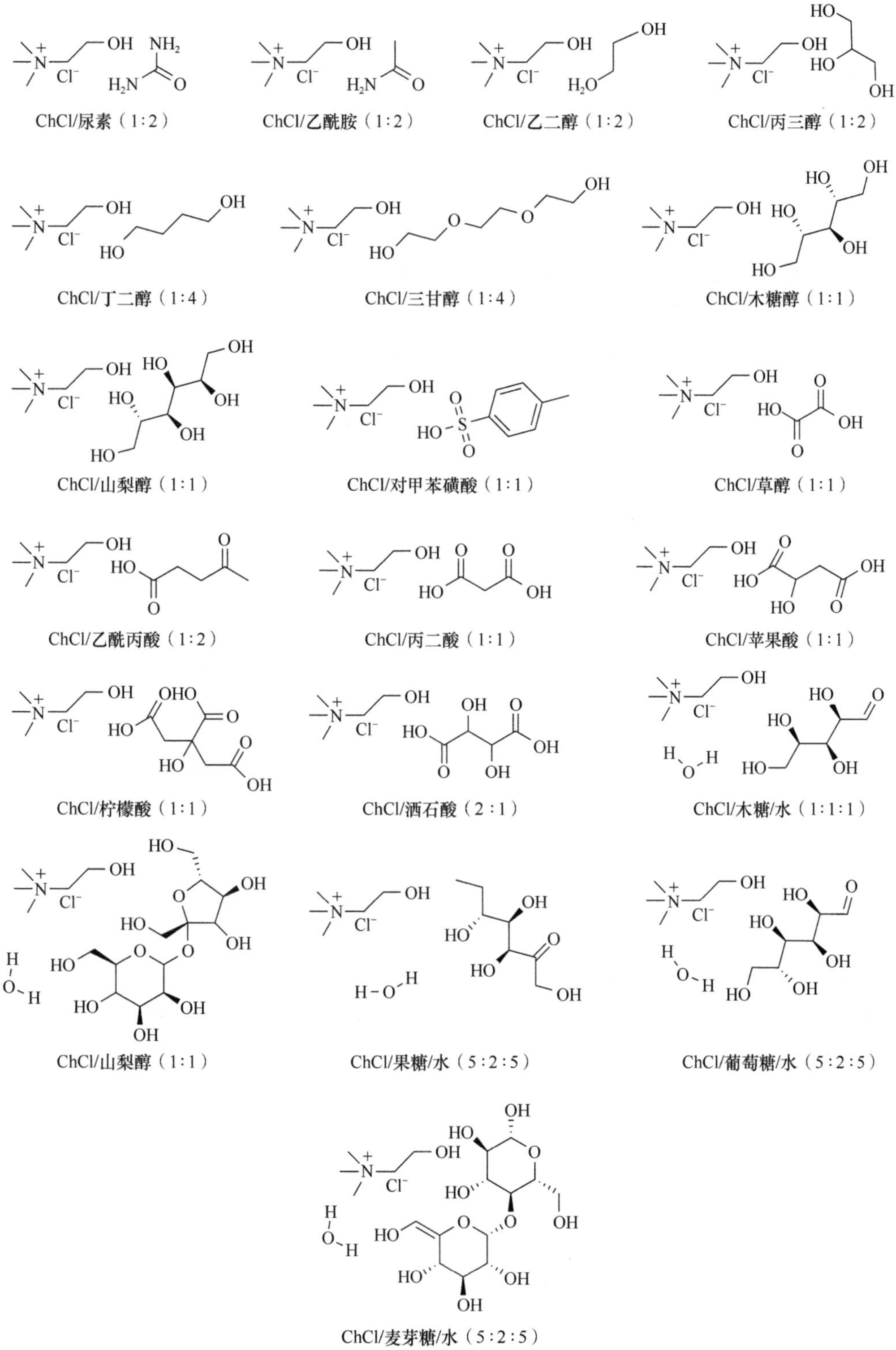

图 13.13 常见的含氯化胆碱的 DES 结构（Zhao *et al.*，2015）

Smith 等（2014）总结出了 DES 中的通式：$Cat^+X^-zY$，其中 $Cat^+$表示铵盐、磷盐或硫阳离子，$X^-$是路易斯（Lewis）酸，一般是卤化物阴离子，复合的阴离子由 $X^-$与另一个路易斯酸或质子酸 Y 组成，$z$ 指 Y 的分子数，并且根据此通式将 DES 分为 4 类：

| | | |
|---|---|---|
| Ⅰ型 | $Cat^+X^-zMCl_x$ | M=Zn、Sn、Fe、Al、Ga、In |
| Ⅱ型 | $Cat^+X^-zMCl_x\cdot yH_2O$ | M=Cr、Co、Cu、Ni、Fe |
| Ⅲ型 | $Cat^+X^-zRZ$ | Z=$CONH_2$、COOH、OH |
| Ⅳ型 | $MCl_x^+RZ=MCl_{x-1}^+\cdot RZ^+MCl_{x+1}^-$ | M=Al、Zn；Z=$CONH_2$、OH |

DES 主要根据所用络合剂的性质来分类。Ⅰ型 DES 是由 $MCl_x$ 和季铵盐组合而成，与金属卤化物/咪唑盐体系类似。Ⅱ型 DES 与Ⅰ型 DES 的主要区别在于使用了金属卤化物水合物，金属卤化物水合物的熔点低于相应的无水盐，这使得许多水合金属卤化物盐可以作为 HBD 合成 DES，并且它们的成本相对较低。Ⅲ型 DES 由季铵盐和氢键供体（如醇、羧酸、酰胺等）形成。Ⅳ型 DES 由金属卤化物和氢键供体形成。

与离子液体相比，DES 的制备方法通常比较简单，生产成本较低，其原料往往来源于天然材料，如甘油和氯化胆碱，并且还能由葡萄糖、苹果酸等合成，无副产物产生，无需进一步纯化，实现了 100% 的原子利用率，充分体现了绿色化学的特点。

### 13.5.2 深度共熔溶剂的制备及性质

#### 1. 深度共熔溶剂的制备

理论上，通过不同的 HBA 和 HBD 组合，可以设计出数以万计的 DES。但在实际制备过程中，往往需要选择合适的 HBA 和 HBD 并在适宜的配比下形成 DES。

（1）加热法

将初始化合物 HBA 与 HBD 按一定比例混合，在较高的温度下（如 80℃、100℃）不断搅拌，直到形成稳定均匀的溶液，之后冷却至室温即可，如将氯化胆碱与甘油按 1∶1 的摩尔比混合，在 80℃下搅拌 2 h，然后室温下冷却，此过程中无沉淀析出，冷却后呈液体状态，合成后的 DES 可真空干燥后保存。加热法是目前最为简单、快速的制备 DES 的方法，也是最为常用的制备方法。

（2）研磨法

研磨法是将真空干燥后的初始化合物混合，在室温下用研钵研磨，直至形成均一稳定的液体，再收集并密封保存。与加热法相比，该法制备的 DES 不仅纯度高，溶剂的含水量也相对较低。

（3）旋转蒸发法

将初始化合物溶解在水中，利用旋转蒸发仪在 50℃下旋转蒸发以最大限度地除去水分后，再转移至干燥器内。该法适合制备由两种或多种难以混溶的组分构成的 DES。

#### 2. 深度共熔溶剂的性质

DES 是由初级化合物 HBA 与 HBD 之间通过氢键相互作用形成的。这种氢键作用的强弱与 DES 的相转变温度、稳定性以及溶剂的特性息息相关。

（1）熔点

两种固态的初级化合物通过氢键作用自组装形成的 DES 液体溶剂，其熔点比组成它的任意组分都低。例如，氯化胆碱/尿素（1∶2 摩尔比）混合物的熔点为 12℃，远低于两个组分的熔点，氯化胆碱和尿素的熔点分别是 302℃和 133℃。季铵盐卤阴离子与氢键供体之间的氢键作用力越强，所合成的 DES 熔点降低的幅度越大。表 13.2 列举了以氯化胆碱为氢键受体，与不同氢键供体构成的 DES 的熔点。其中，2,2,2-三氟乙酰胺与氯化胆碱在室温下相互作用即可形成液态的 DES，这主要归因于前者可与氯化胆碱形成强大的氢键作用力。目前，熔点在 50℃以下的 DES 最具吸引力，在许多领域可作为安全而廉价的介质加以应用。在以氯化胆碱作为氢键受体制备 DES 时，采用羧酸或者糖类衍生物作为氢键供体更易获得液态的 DES（赵冰怡，2016）。

表 13.2　由氯化胆碱与不同氢键供体组成的深度共熔溶剂的熔点

| HBD | 摩尔比（ChCl∶HBD） | $T_m^*$（℃） | $T_m$（℃） |
|---|---|---|---|
| 硫脲 | 1∶2 | 134 | 12 |
| 1,3-二甲基尿素 | 1∶2 | 102 | 70 |
| 2,2,2-三氟乙酰胺 | 1∶2.5 | 72 | −45 |
| 苯乙酸 | 1∶1 | 77 | 25 |
| 苯丙酸 | 1∶1 | 48 | 20 |
| 琥珀酸 | 1∶1 | 185 | 71 |
| 三碳烯酸 | 1∶1 | 159 | 90 |
| *D*-异山梨醇 | 1∶2 | 62 | 室温下液态 |
| 木糖醇 | 1∶1 | 96 | 室温下液态 |
| 咖啡酸 | 1∶0.5 | 212 | 67±3 |

注：$T_m^*$ 表示氢键供体的熔点，$T_m$ 表示深度共熔溶剂的熔点

（2）黏度

与 IL 类似，DES 也常常表现出高黏度的特点，DES 的黏度与其组分的性质，以及其组分 HBA、HBD 的摩尔比等均相关，而且温度是影响黏性的重要因素，随着温度升高，黏度随之减小。此外，含水量也会影响黏度，黏度随含水量的增加而降低。高黏度通常被认为与各组分间形成的氢键网络有关，另外，静电和范德瓦耳斯力也会导致其黏度升高（Aroso *et al.*，2017）。

（3）电导率

电导率高意味着溶液中离子成分越多，与黏度相反，含水量和温度的提高会使 DES 的电导率提升，离子成分的运动水平取决于溶剂的稠度，当使用盐如铵盐、磷盐或有机盐（如氯化胆碱）等作 HBA 时，含盐量的增加也会使电导率提高。电导率越高，溶液中离子种类越多，高黏度的 DES 具有较低的电导率，这证明了电导率值的变化与黏度的变化成反比，原因很简单，离子物种的运动水平由溶剂的稠度决定。以氯化胆碱/丙三醇为例，当两者摩尔比为 1∶4 时，DES 的电导率为 0.85 mS/cm；随着氯化胆碱摩尔含量

的持续升高，DES 的黏度会小于 400 cP①，电导率大于 1 mS/cm（表 13.3）。这是因为胆碱盐含量的升高会导致氢键网络结构的断裂，促进了内部分子的流动性。因此，DES 结构中盐的高重量比有助于提高电导率。

表 13.3 基于氯化胆碱深度共熔溶剂的特性

| DES | 摩尔比 | 含水量（质量分数） | 黏度[a]（Pa·s） | 电导率[a]（mS/cm） | 密度[a]（$g/cm^3$） |
|---|---|---|---|---|---|
| ChCl/尿素 | 1∶2 | 1.89±0.01 | 0.214 | 1.287 | 1.1879 |
| ChCl/乙酰胺 | 1∶2 | 2.83±0.02 | 0.127 | 2.710 | 1.0852 |
| ChCl/乙二醇 | 1∶2 | 3.79±0.01 | 0.025 | 9.730 | 1.1139 |
| ChCl/丙三醇 | 1∶2 | 1.68±0.01 | 0.177 | 1.647 | 1.1854 |
| ChCl/1,4-丁二醇 | 1∶4 | 2.87±0.01 | 0.047 | 2.430 | 1.0410 |
| ChCl/三甘醇 | 1∶4 | 2.47±0.03 | 0.044 | 1.858 | 1.1202 |
| ChCl/木糖醇 | 1∶1 | 1.21±0.01 | 3.867 | 0.172 | 1.2445 |
| ChCl/*D*-山梨糖醇 | 1∶1 | 1.10±0.02 | 13.736 | 0.063 | 1.2794 |
| ChCl/对甲苯磺酸[b] | 1∶1 | 5.85±0.01 | 0.183 | 1.138 | 1.2074 |
| ChCl/草酸[c] | 1∶1 | 6.68±0.02 | 0.089 | 2.350 | 1.2371 |
| ChCl/乙酰丙酸 | 1∶2 | 2.55±0.01 | 0.119 | 1.422 | 1.1320 |
| ChCl/丙二酸 | 1∶1 | 3.36±0.01 | 0.616 | 0.732 | 1.2112 |
| ChCl/苹果酸 | 1∶1 | 1.72±0.01 | 11.475 | 0.041 | 1.2796 |
| ChCl/柠檬酸[b] | 1∶1 | 4.06±0.01 | 45.008 | 0.018 | 1.3313 |
| ChCl/酒石酸 | 2∶1 | 1.35±0.05 | 66.441 | 0.014 | 1.2735 |
| ChCl/木糖/水 | 1∶1∶1 | 9.85±0.02 | 0.887 | 1.092 | 1.2505 |
| ChCl/蔗糖/水 | 5∶2∶5 | 5.43±0.03 | 3.939 | 0.147 | 1.2737 |
| ChCl/果糖/水 | 5∶2∶5 | 9.35±0.02 | 0.598 | 1.399 | 1.2095 |
| ChCl/葡萄糖/水 | 5∶2∶5 | 9.35±0.06 | 0.584 | 2.820 | 1.2094 |
| ChCl/麦芽糖[b]/水 | 5∶2∶5 | 9.47±0.01 | 3.122 | 0.421 | 1.2723 |

a. 30℃条件下的测定；b. 水化合物；c. 无水

（4）密度

大多数 DES 的密度均大于水。以氯化胆碱/HBD 类深度共熔溶剂为例，它们的密度均大于 1 $g/cm^3$（表 13.3）。不同 DES 的密度均存在差异性，这主要取决于分子间的空隙，当不同组分混合后其分子空隙的平均孔径发生改变，溶剂的密度也随之改变。另外，DES 的密度会随着盐含量的增加而减少。

（5）溶解性能

DES 由于内部存在氢键网络结构而具有一定的极性，使其表现出溶解范围广、溶解能力强的特点。DES 可溶解多种气体，如氯化胆碱/乙二醇和氯化胆碱/硫脲在 20℃条件下溶解 $SO_2$ 能力达到 2.88 mol/mol 和 2.96 mol/mol。DES 可溶解金属氧化物，如 ZnO、CuO、$Fe_3O_4$ 等。另外，DES 可溶解水溶性差的天然产物以及部分水不溶性的高分子化

① 1 cP=$10^{-3}$ Pa·s

合物，如芦丁、槲皮素、紫杉醇、面筋、DNA、淀粉等，其在DES中的溶解度是水中的18～460 000倍。由于其优越的溶解性能，DES作为反应介质在气体催化反应、天然产物提取以及生物催化等领域得到广泛的应用。

（6）生物相容性

大部分组成DES的初始化合物是未经修饰的、无毒的、非持久性存在于自然界的化合物，例如，氯化胆碱，又称为维生素$B_4$，是人体所需的必需营养素，广泛存在于自然界中。从表象上看，其构成的DES应是一种优异的绿色溶剂。但是，DES的毒性仍需考虑组分间的潜在协同效应。基于氯化胆碱的DES生物相容性与溶剂所选的氢键供体种类、化学结构以及溶剂pH有关。基于氯化胆碱的DES其对革兰氏阴性菌（$G^-$）的最低抑菌浓度（MIC值）和最低杀菌浓度（MBC值）普遍低于革兰氏阳性菌（$G^+$）的，说明$G^-$相较于$G^+$对氯化胆碱/有机酸深度共熔溶剂更加敏感。但是，与吡啶基离子液体相比，这些DES具有更低的毒性，可被认为是无毒或低毒的溶剂。

（7）生物可降解能力

生物可降解能力与“绿色”息息相关，DES的组成成分大多是天然产物，如丙三醇、尿素、羧酸、氨基酸、糖类等，因此被认为具有生物可降解性。绝大多数基于氯化胆碱的深度共熔溶剂在28天后的生物降解率均超过69%（Zhao *et al.*，2015）。当氯化胆碱作为HBA时，DES的生物降解能力因HBD的不同而存在差异性。根据HBD的不同，生物降解能力排序为：HBD为胺类的DES ≈ HBD为糖类的DES＞HBD为多元醇的DES＞HBD为有机酸的DES。而以上所有基于氯化胆碱的DES，其生物降解能力远高于咪唑基或吡啶基离子液体的生物降解能力。氯化胆碱/尿素的生物降解率最高（表13.4），达97.1%，而这种高降解性与它的组分易降解有关。

表13.4 基于氯化胆碱深度共熔溶剂的生物降解率

| DES | ChCl：HBD摩尔比 | 生物降解率（%） | | | |
|---|---|---|---|---|---|
| | | 7天 | 14天 | 21天 | 28天 |
| ChCl/尿素 | 1：2 | 39.7±0.6 | 81.2±0.7 | 90.3±0.6 | 97.1±0.7 |
| ChCl/乙酰胺 | 1：2 | 25.8±0.5 | 62.5±0.1 | 81.1±0.6 | 89.5±0.6 |
| ChCl/乙二醇 | 1：2 | 24.1±0.5 | 58.2±0.5 | 77.3±0.5 | 81.9±0.6 |
| ChCl/丙三醇 | 1：2 | 46.3±1.5 | 83.2±0.6 | 90.9±0.6 | 95.9±0.7 |
| ChCl/1,4-丁二醇 | 1：4 | 29.4±0.8 | 51.6±1.1 | 62.0±0.1 | 73.6±0.9 |
| ChCl/三甘醇 | 1：4 | 10.7±1.5 | 29.7±0.5 | 51.4±0.3 | 69.3±0.5 |
| ChCl/木糖醇 | 1：1 | 31.6±2.4 | 66.0±0.6 | 77.6±0.8 | 84.3±0.6 |
| ChCl/山梨醇 | 1：1 | 37.4±1.5 | 63.4±0.4 | 80.1±0.6 | 86.2±0.5 |
| ChCl/对甲苯磺酸 | 1：1 | 32.3±1.4 | 72.8±0.4 | 76.3±2.1 | 80.4±0.3 |
| ChCl/草酸 | 1：1 | 40.6±0.4 | 61.4±0.5 | 65.0±0.4 | 73.4±1.5 |
| ChCl/乙酰丙酸 | 1：2 | 33.9±0.8 | 49.4±1.0 | 67.2±0.5 | 74.2±2.2 |
| ChCl/丙二酸 | 1：1 | 34.6±1.3 | 50.2±0.6 | 60.8±1.6 | 76.3±1.3 |
| ChCl/苹果酸 | 1：1 | 37.9±0.9 | 62.9±0.7 | 73.3±0.6 | 79.4±1.0 |

续表

| DES | ChCl∶HBD 摩尔比 | 生物降解率（%） | | | |
|---|---|---|---|---|---|
| | | 7 天 | 14 天 | 21 天 | 28 天 |
| ChCl/柠檬酸 | 1∶1 | 39.5±1.3 | 65.3±1.6 | 75.0±0.8 | 81.6±0.7 |
| ChCl/酒石酸 | 2∶1 | 54.2±1.4 | 76.4±0.6 | 81.3±1.0 | 84.6±0.3 |
| ChCl/木糖/水 | 1∶1∶1 | 50.8±1.3 | 70.6±0.3 | 82.0±1.1 | 89.7±0.7 |
| ChCl/蔗糖/水 | 5∶2∶5 | 55.6±0.4 | 68.0±1.9 | 87.4±1.8 | 91.6±0.3 |
| ChCl/果糖/水 | 5∶2∶5 | 48.4±0.5 | 73.6±1.3 | 88.2±1.6 | 93.7±1.3 |
| ChCl/葡萄糖/水 | 5∶2∶5 | 58.6±1.2 | 77.4±1.0 | 89.4±1.0 | 92.0±0.4 |
| ChCl/麦芽糖/水 | 5∶2∶5 | 53.0±0.8 | 73.7±2.0 | 84.6±1.2 | 90.0±0.5 |

### 13.5.3 深度共熔溶剂中酶催化特性

#### 1. 深度共熔溶剂体系中的酶催化特性

DES 混合物作为水溶液中的助溶剂，能有效地提高酶的活性及稳定性。以脂肪酶为例，DES 的组成成分对酶的影响非常大，尤其是 HBD 的不同使得 DES 具备不同的性质。含甘油的 DES 对提高脂肪酶的活性和稳定性非常有效，而含甲酰胺的 DES 不能有效地提高脂肪酶的活性和稳定性。在 pH=7 时，脂肪酶在含乙二醇的 DES 中半衰期延长了 5.3～8.9 倍，而在含甘油的 DES 中，半衰期提高 2.9～9.2 倍。含尿素的 DES 能提高脂肪酶活性，但不能有效提高脂肪酶的稳定性。而且，脂肪酶在含甘油的 DES 水溶液中显示出较高的酸稳定性和碱稳定性，在含甲酰胺和含尿素的 DES 中分别只有较低的酸稳定性和碱稳定性（Kim *et al.*，2016）。不过也有研究表明，甘油可能通过吸附在催化剂上而对脂肪酶的活性和稳定性产生负面影响，因为减少了疏水性底物向脂肪酶活性位点的扩散（Durand *et al.*，2012）。在三元体系氯化胆碱/尿素/甘油（ChCl/U/G）中，脂肪酶活性随尿素浓度的增加而增加，稳定性随着甘油浓度的增加而增加（Oh *et al.*，2019）。除此之外，含胺类化合物的 DES 会降低脂肪酶的稳定性，而含多元醇基的 DES 则提高了生物催化剂的稳定性（Zhou *et al.*，2017）。酶的稳定性提高很有可能是因为 DES 保护了酶的二级结构。DES 并非只是组分性质的叠加，更有可能在混合过程中发生了复杂的反应，使其拥有了特殊的性质，尽管尿素和乙酸胆碱会削弱脂肪酶的稳定性，但辣根过氧化物酶能稳定存在于含有它们的 DES 中，这意味着 DES 主要是通过 DES 复合物本身而不是其单个成分来影响酶的催化特性的（Wu *et al.*，2014）。

#### 2. 深度共熔溶剂体系中的全细胞催化反应

由于深度共熔溶剂具有良好的生物相容性，其在全细胞催化领域的研究成为 DES 的拓展应用而备受关注。2014 年，Maugeri 和 Domínguez 首次将 DES 体系作为反应介质应用于酵母催化的不对称还原反应（图 13.14A）。研究发现，体系中 DES 的含量对反应的对映体选择性具有很大的影响，可能是 DES 改变了细胞内参与反应的酶的活性导致（Maugeri*et al.*，2014）。随后，该团队将 DES 应用于表达醇脱氢酶的重组大肠杆菌的不对称还原反应（图 13.14B），在 DES 含量高达 80% 时，细胞仍然具有催化活性（Müller

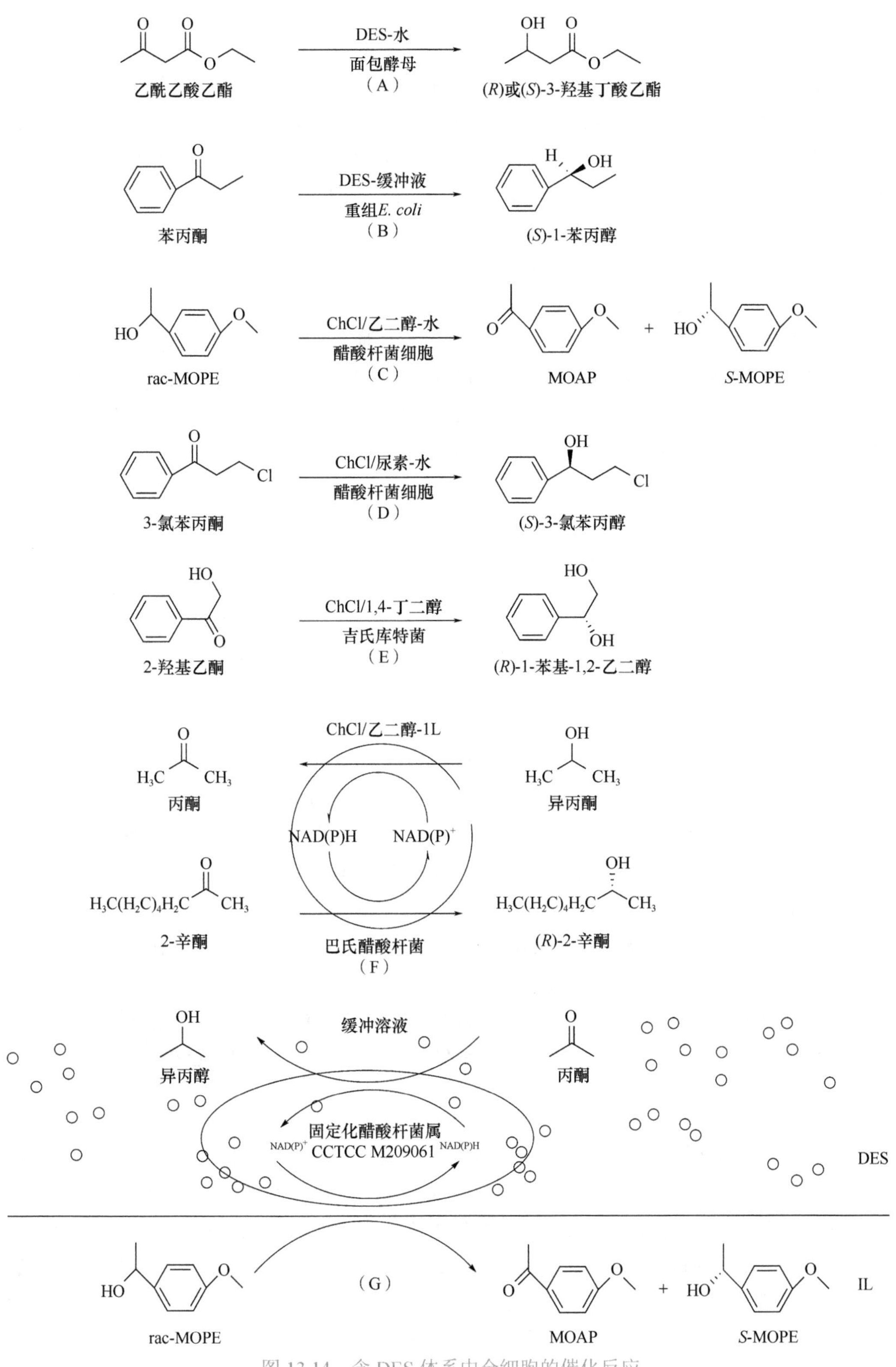


图 13.14 含 DES 体系中全细胞的催化反应

MOPE 为 1-(4-甲氧基苯基) 乙醇；MOAP 为 4'-甲氧基苯乙酮

*et al.*，2015）。宗敏华课题组也对 DES 体系中醋酸杆菌 *Acetobacter* sp. CCTCC M209061（Xu *et al.*，2015a，2015b）、吉氏库特菌 *Kurthia gibsonii* SC0312（Peng *et al.*，2020）以及巴氏醋酸杆菌 *Acetobacter pasteurianus* GIM1.158（Xu *et al.*，2016a）催化的不对称氧化还原反应进行研究（图 13.14C～G）。DES 浓度能影响反应的催化效率，这主要是因为 DES 能改变细胞膜的通透性，加快传质效率以提高反应的初始速度，同时缓解产物抑制，而 DES 对细胞膜结构的影响还不足以引起细胞死亡。不同的 DES 对细胞膜的通透性有着不同的影响，并且氢键供体对通透性的影响更大，含羧酸和咪唑的 DES 会破坏细胞膜的完整性，甚至使细胞死亡，而以丙三醇、尿素、乙二醇为氢键供体的 DES 对细胞膜的完整性影响较小，可适度改善细胞膜通透性以提高反应速率。研究表明，氯化胆碱/丙三醇、氯化胆碱/三甘醇、氯化胆碱/1,4-丁二醇、氯化胆碱/乙二醇以及氯化胆碱/尿素均能增强细胞膜的通透性，尤其适量的氯化胆碱/1,4-丁二醇（2%）不仅能降低底物对细胞的毒性，还能促进细胞生长。另外，DES 还能不同程度地改变细胞内 DNA 结构，影响其转录和翻译，从而改变细胞的催化活性。总之，DES 在全细胞催化领域显示出巨大的应用潜力。

### 13.5.4 深度共熔溶剂中酶催化的影响因素

#### 1. DES 的种类

DES 组成种类对反应速率也有影响。在酶促合成磷脂酰丝氨酸反应中，含乙二醇、1,4-丁二醇、三甘醇等醇类的 DES 中反应的初始速率较高；含尿素、乙酰胺等胺类的 DES 次之；而在柠檬酸、苹果酸、丙二酸等酸类 DES 中反应速率最慢。不同 DES 中反应速率有差异，这可能与 DES 的黏度和 pH 有关。DES 黏度越低，越有利于物质交换，反应速率越大。不同 DES 的黏度大小依次为：醇类 DES ＜ 胺类 DES ＜ 酸类 DES。DES 的 pH 会影响酶或细胞的活性，因此也会影响体系的反应速率，而 DES 的 pH 主要受其组分的影响，不同 DES 的 pH 大小依次为：胺类 DES ＞ 醇类 DES ＞ 酸类 DES（Xu *et al.*，2016a）。为了优化 DES 介质中酶催化的反应速率，酶的最适 pH 是需要考虑的重要因素之一。此外，即使是同一种 DES，在不同的酶催化反应中其对催化速率的影响程度也存在差异性。例如，在酵母催化 3-氧代丁酸乙酯还原反应中，氯化胆碱/尿素作为反应介质会严重损害细胞，导致体系的催化效率低；而在醋酸杆菌催化 3-氯苯丙酮不对称还原反应中，该介质可以提高其产率，达 86%，产物 *ee* 值（对映体光学纯度）＞ 99%。

#### 2. 含水量

一些水分子对于非常规介质中酶的活性至关重要，水对酶的催化过程有着重要的影响，如在脂肪酶催化乙酸酐与 1-丁醇反应生成短链酯乙酸丁酯的反应模型中，当含水量极低时，增加含水量会增加酯化产率，而当到达一定程度后，进一步加水会减少酯化产率，当含水率过低时，1-丁醇通过氢键与 DES 缔合，很难发生反应，当含水量高于最佳值时，活性位点附近过量的水分子会产生竞争性水解反应，导致产量降低。在最佳含水率下，不仅底物从氢键网络中释放出来，DES 还可以将酯化过程中形成的水分子“捆绑”在氢键网络中（Bubalo *et al.*，2015）。蛋白酶在 DES 中也有同样的情况存在，在一定范围内加水能实现酶的高活性，而如果加入过量的水，蛋白酶可能会发生水解反应

（Maugeri *et al.*，2013）。除此之外，在疏水性DES中，如四辛基溴化铵/乙二醇，仍然需要一定水来加快反应速率（Milker *et al.*，2019）。

#### 3. DES组分的摩尔比

DES的组成及各组分的摩尔比也对酶催化过程有着很大的影响，酶催化所需要的水分含量会因为HBD的不同而改变，最佳含水量的差异可以用在DES中形成的氢键强度的差异来解释。与乙二醇中的羟基相比，丙三醇含有三个强HBD位点（羟基），而尿素中的两个酰胺基通常具有比羟基弱的氢键供体性质。这意味着在丙三醇作为HDB时需要更多的水来“占据”所有可能的氢键位点（Bubalo *et al.*，2015）。

#### 4. 反应温度

与水介质中的酶一样，温度的变化也会改变酶的活性，在一定范围内温度的升高会加快酶的初始反应速率，而高温会使酶变性失活，从而抑制反应。例如，在DES中进行的脂肪酶催化反应，当在尿素和甘油与氯化胆碱混合的DES中温度升高20℃（从40℃到60℃）时，酶活是初始比活的1.5倍，并且DES提高的酶的热稳定性，即使在60℃的高温下，脂肪酶仍有较高的活性（Durand *et al.*，2012）。

#### 5. 酶与底物的比例

酶、底物及产物的量也是影响因素之一，在底物达到饱和之前加入一定量底物会加大反应速率，当产物过量时也会抑制反应正向进行。在烯烃进行化学酶环氧化过程中，当加入底物（辛酸和过氧化氢）一定量达到饱和，产物（过辛酸）过多时都会限制反应速率（Zhou *et al.*，2017）。在生物柴油的生产过程中，产物也会对反应有影响，脂肪酶催化酯交换反应生成甘油，甘油堆积会使体系黏度增加，从而减慢反应速率（Merza *et al.*，2018）。

### 13.5.5 深度共熔溶剂中酶催化的应用

深度共熔溶剂在生物催化过程中往往充当着共熔剂、助溶剂的角色，由于其熔点低的特点，它能在酶催化中保持液体状态，可以用于脂肪酶、蛋白酶、环氧化物水解酶等酶的催化，一些水解酶在DES中显现出比在IL中更好的活性，还能用作萃取剂，以及在生物质预处理中发挥作用。

#### 1. 深度共熔溶剂在脂肪酶中的应用

目前，生物催化领域关于DES的应用方面，脂肪酶是研究最为广泛的酶，如南极假丝酵母脂肪酶B、念珠菌脂肪酶、羊毛脂酶等，这是由于脂肪酶相对稳定，在水介质和非水介质，以及离子液体和深度共熔溶剂中，脂肪酶均能维持一定的活性。

Oh等（2019）使用两个HBD组分合成三组分的DES溶剂，对比17种用于脂肪酶催化酯交换反应中的DES发现，在氯化胆碱/尿素/甲酰胺（1∶1∶1）中脂肪酶活性最高，而在氯化胆碱/丙三醇/乙二醇（1∶1∶1）中脂肪酶稳定性最高。Zhou等（2017）在氯化胆碱/山梨醇中催化的脂肪酶环氧化，最大转化率约为70%，与离子液体$BMIm \cdot BF_4$相比，不仅合成步骤大大减少，复杂程度降低，并且没有降低性能，对环境污染小。

另外，通过脂肪酶促酯交换法生产生物柴油是目前在DES中应用较多的例子，氯化胆碱/丙三醇（1∶2）中生物柴油产率为34%，氯化胆碱/丙三醇/水的三元DES体系中，产率可达到44%，均高于使用离子液体BMIm·$PF_6$时的产率。虽然DES成本更低，但是难以成功地重复使用，这主要是由于甘油在其中的积累，增加了混合物的黏度，沉积在基质内，阻止底物与酶接触。而使用1-丁醇萃取甘油可以提升体系重复利用的次数（Merza *et al.*，2018）。

**2. 深度共熔溶剂在蛋白酶中的应用**

DES可以作为蛋白酶催化肽合成的反应介质，以氯化胆碱搭配丙三醇、尿素、木糖醇和异山梨醇制得多种DES，利用*α*-胰凝乳蛋白酶在DES中合成短肽，不同的DES在蛋白酶的合成中均产生积极的影响。当丙三醇或异山梨醇用作HBD时，达到了完全转化。这使得DES可能成为生物催化合成肽的新型溶剂（Maugeri *et al.*，2013）。另外，在木瓜蛋白酶催化合成*N*-(苄氧羰基)-丙氨酸-谷氨酰胺（Z-Ala-Gln）的研究中，氯化胆碱/尿素（1∶2）作为反应介质时其收率高达71.5%（Cao *et al.*，2015）。

除此之外，DES还能在酶介导的磷脂酰胆碱与*L*-丝氨酸的转磷酸作用中充当反应介质，在氯化胆碱/乙二醇反应介质中磷脂酰丝氨酸的产率可以超过90%（Yang and Duan，2016）。而且，在胃蛋白酶催化的芳香醛和环酮之间的交叉醛醇反应中，当氯化胆碱/丙三醇为1∶2时，胃蛋白酶获得了更好的选择性及较高的产率（Wang *et al.*，2020）。

**3. 深度共熔溶剂在环氧化物水解酶中的应用**

环氧化物水解酶（epoxide hydrolase，EH）是另一种重要的水解酶，它催化环氧化合物对映选择水解成相应的二醇，而这种二醇是重要的手性合成中间体。Gorke等（2008）首先报道了通过向缓冲液中添加25%（*V*/*V*）氯化胆碱/丙三醇以催化转化氧化苯乙烯，发现该反应的转化率从4.6%提高至92%。Widersten等（2010）用乙烷二醇、甘油和尿素用作氢键供体。相比之下，氯化胆碱/丙三醇在该反应中显示出优异的溶剂性。

### 13.5.6 深度共熔溶剂的回收与重复利用

DES在大规模工业生产中的应用仍处于起步阶段，需要做大量的工作，而DES的回收和重复利用就是需要解决的重要问题之一。DES具有蒸气压过低的性质，虽然蒸气压低的特性使其难以挥发，有利于用作生物催化过程中的溶剂，但也因为溶剂蒸气压过低，难以用常规的蒸发法使其分离出来，因此其回收变得十分困难。即使DES的回收并不容易，人们仍对它的回收利用越来越感兴趣。

DES可采用简单的蒸发水分的方式来回收，但这无法除去DES中含有的反应副产物，回收后的DES性能大大降低。Li等（2018）以盐酸氨基胍和甘油制成DES，DES通过简单的蒸馏程序重复使用了5次，回收后的DES仍然含有难以去除的杂质。

由于DES溶解性受氢键影响，易与质子溶剂（水、甲醇等）混溶，而不溶于非质子溶剂（甲苯、乙醚等），因此可以用非质子溶剂作为萃取剂，以液液萃取的方法对DES进行分离。Liu等（2016）通过液液萃取成功将DES和产物分离，产物回收率超过94%，分离后的DES仍然保持很好的完整性。也有人采用固液萃取以及添加反溶剂以沉淀DES

的方式对其进行回收（Cao *et al.*，2019）。以上这些方法不可避免地会用到有机溶剂，这也许与DES的绿色化学理念相违背。

由于DES中具有盐组分，因此，可以使用电渗析的方法对其进行回收。Liang等（2019）在生物质预处理后对氯化胆碱/乙二醇回收过程中，采用超滤法除去氯化胆碱/乙二醇中的木质素，再用电渗析法分离了氯化胆碱和乙二醇，两者的回收率均超过92%，回收纯度均高达98%。DES回收率主要受生物质组分的溶解再生和反溶剂的影响，尽管回收重组后DES用于木质素分离的效果变弱，但重组后的DES明显优于经过简单过滤后直接重复使用的DES。电渗析与超滤处理相结合的回收工艺具有成本低、效率高的优势，在DES大规模工业生产上具有很大的应用潜力。

## 13.6 多相介质体系中酶催化

### 13.6.1 多相介质体系中酶催化的基本概念

多相介质体系是由两种以上的介质组成的反应体系，除前文提及的离子液体/深度共熔溶剂/水三相体系以外，还有近年来研究较热门的离子液体微乳液体系。本节将对离子液体微乳液体系的概念和应用进行简单介绍。

#### 1. 微乳液

Hoar和Schulman在1943年首次报道了水、油与表面活性剂（助表面活性剂）通过简单混合可以自发形成透明体系。这种由水、油和表面活性剂或助表面活性剂按一定比例组成的混合液体称为微乳液（鄢克倩，2015）。

微乳液是一个热力学稳定、各向同性的分散体系，根据结构，微乳液可以分为三类。

1）水包油型（O/W）：指当水相的体积分数大于80%时，通常形成的一类由水连续相、油核及界面膜组成的微乳液，其中界面膜由表面活性剂和/或助表面活性剂组成，且其极性基团朝向水连续相。

2）油包水型（W/O）：指当水相的体积分数小于20%时，通常形成的一类由油连续相、水核及界面膜组成的微乳液，表面活性剂和/或助表面活性剂的极性基团朝向水核。

3）双连续型：指当体系内水相和油相的体积相当时，油与水各自形成连续相，并且油连续相与水连续相相互贯穿缠绕形成的一类微乳液结构。这种体系综合了水包油型和油包水型两种结构的特点，且结构多样（汪镇，2013）。

而根据Winsor（1948）系统分类法，微乳液可分为4种相平衡类型，如图13.15所示。

1）Winsor Ⅰ型：指表面活性剂主要溶解在水中形成水包油型微乳液，且与过量的油相平衡共存的两相体系，也称下相微乳液。

2）Winsor Ⅱ型：指表面活性剂主要溶解在油中形成油包水型微乳液，且与过量的水相平衡共存的两相体系，也称上相微乳液。

3）Winsor Ⅲ型：指富含表面活性剂的双连续型微乳液与过量的水相、油相共存的三相体系，也称中相微乳液。

4）Winsor Ⅳ型：指水包油型、油包水型和双连续型微乳液的单相体系。

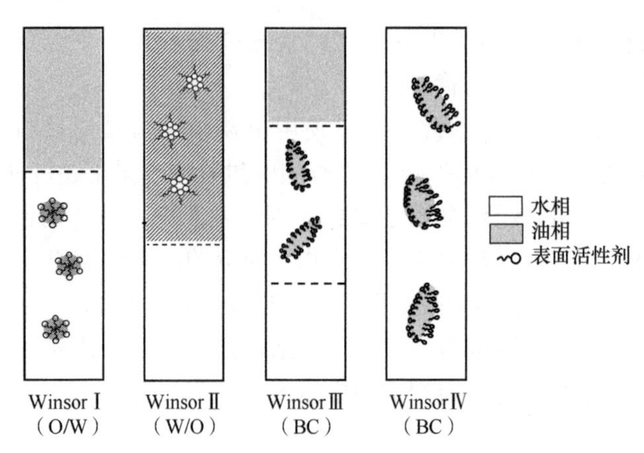


图 13.15　Winsor 系统分类的 4 种微乳液

相比于传统的乳液，微乳液具有很多不同的特性和优势，它们的主要区别如表 13.5 所示（汪镇，2013）。

表 13.5　乳液与微乳液之间的区别

| 乳液 | 微乳液 |
| --- | --- |
| 不稳定，液滴聚集容易分相 | 热力学稳定体系 |
| 液滴尺寸相对较大（1～10 μm） | 液滴为纳米尺寸（10～100 nm） |
| 内部结构相对静态 | 内部结构高度动态 |
| 中等程度的界面 | 界面面积大，界面张力超低 |
| 油水界面曲率小 | 油水界面曲率可能很大 |
| 不需添加表面活性剂 | 需表面活性剂或助表面活性剂 |
| 需机械设备提供能量 | 各组分混合后自动形成 |

将微乳液作为酶催化反应的介质，具有许多传统介质所没有的特性和优点，包括以下方面。

1）微乳液对油和水均具有较强的增溶作用，有利于增加亲油性和亲水性的底物的溶解性；某些具有特殊结构的微乳液能够避免酶与有机溶剂的直接接触，从而降低了酶失活的可能性。

2）对于生物酶催化的水解反应和缩合反应，可以通过控制微乳液体系中水的含量来打破其原有的热力学平衡，从而使得产物收率得到一定程度的提高。

3）微乳液可能会在一定程度上减轻产物的抑制作用。

4）微乳液可能会在一定程度上增强酶的活性、选择性和稳定性。

5）微乳液中增溶的水与细胞中的水具有十分相似的性质，因而可以利用微乳液来模拟一些发生在生物体内的反应。

尤其对于 Winsor Ⅲ型微乳液，即具有稳定中相的水/微乳液/油三相平衡体系，作为酶催化反应的介质包括以下优点。

1）反应主要在稳定的中相微乳液中进行，具有较大的反应接触面积，中相的量在反应过程中几乎不会变化。

2）相比于形成 Winsor Ⅳ型单相微乳液所需的表面活性剂的量（一般＞20%），形成 Winsor Ⅲ型三相微乳液所需的表面活性剂的量较少（一般＜5%）。

3）在反应过程中，水溶性物质溶解于水相，油溶性物质溶解于油相，有利于产物的分离提纯，适于规模化。

#### 2. 离子液体微乳液

由于独特的理化性质，离子液体在化学合成和酶催化反应等领域的应用不断扩大。尽管如此，离子液体也有一些缺点，如高黏度、高成本、低蒸气压等。这些缺点会降低反应传质速率，不利于产物的提取分离等。将离子液体与微乳液相结合得到离子液体微乳液体系（IL-based microemulsion），不仅可以改善以上这些负面影响，还能综合两者的优点，实现 1+1＞2 的催化效果。在该体系中，离子液体既可以作为油相，也可以作为水相，目前已有研究报道的离子液体微乳液主要包括以下类型。

1）离子液体/表面活性剂/油微乳液（IL/surfactant/oil）。

2）离子液体/表面活性剂/水微乳液（IL/surfactant/water）。

3）离子液体/表面活性剂/离子液体微乳液（IL/surfactant/IL）。

4）无表面活性剂的离子液体/离子液体微乳液（IL/IL）。

用亲油性离子液体代替三相体系中的油相，或者用亲水性离子液体代替三相体系中的水相，通过适量的表面活性剂的作用也能形成具有稳定中相的离子液体微乳液三相体系，即水/微乳液/亲油性离子液体体系或油/微乳液/亲水性离子液体体系。这类体系兼并了普通三相微乳液体系和离子液体的优点，例如，将水/微乳液/亲油性离子液体体系用作酶催化反应的介质时，亲水性底物和水溶性酶更多地进入水相，亲油性底物更多地进入亲油性离子液体，产物进入水相或油相中，而反应主要在具有较大接触面积的中相微乳液中进行，这样便解决了酶直接接触有机溶剂而导致的活性降低的问题。该体系对环境无污染，能耗低，催化效率高，在生物催化和有机合成领域具有很大的应用潜力。

### 13.6.2 多相介质体系中酶催化的影响因素

#### 1. 多相介质中的非水组分

酶分子的表面有一层结合水构成的水化层，水化层是保证酶分子具有一定柔性、能行使催化功能的必要条件。在水相体系中，水在作为反应介质的同时还能充当“润滑剂”，能够维持酶蛋白的结构柔性并保证酶的催化活力。而在多相介质体系中，非水相的溶剂，尤其是有机溶剂的介电常数通常比水低，使得酶蛋白分子之间的相互静电作用增强，酶蛋白结构更趋于刚性。酶在有机介质中表现出来的特殊性质如分子印迹、热力学稳定性提高等现象即证实了酶在非水介质中结构刚性增强（Sheldon and Brady，2018）。除了非水介质对反应体系水活度和酶表面水化层的影响，强极性的有机溶剂（如二甲基亚砜、甲醇等）还能竞争性地破坏酶蛋白分子结构中的氢键，使其天然折叠结构展开，导致酶蛋白变性失活。非极性溶剂同样能造成酶在非水介质中活性的下降。20 世纪末的研究表明（Schmitke *et al.*，1998），溶剂分子可以进入酶的活性中心，并与底物分子竞争酶活性中心的结合位点，类似底物的竞争性抑制剂，且溶剂的极性越弱，竞争抑制的效果可能越强。非极性的溶剂分子进入酶活性中心后还会降低活性中心的局部极性，导致酶和底物之间的静电排斥增强，酶分子与底物分子的结合力减弱，使得酶在非水相介质中的 $K_m$ 值相比在水相中显著增大（Sheldon and Woodley，2018）。

值得注意的是，多相介质中的非水相成分对酶分子结构的改变不一定都会降低酶的催化活性。例如，脂肪酶在油水界面处酶分子活性中心外的“盖子”结构打开，更有利于底物分子与酶活性中心的接触，从而提高了脂肪酶的催化活性。在疏水离子液体基微乳液中，辣根过氧化物酶的催化活性高于传统的二(2-乙基己基)琥珀酸酯磺酸钠-水-异辛烷体系，原因是离子液体包水型微乳液有利于保持酶的天然构象（Moniruzzaman and Goto，2011）。

### 2. 底物和产物的分配系数

酶促反应通常是在围绕着酶分子周围的一圈薄水层内进行的，在多相介质体系中，溶剂可以与底物或产物发生相互作用，进而控制底物和产物在水层内的浓度来影响酶的活性。底物、产物在非水相和水相之间的分配系数（$P_s$、$P_p$）是影响多相介质中酶催化反应的重要因素。对于多相介质中的酶催化反应，参与反应过程的每种底物都有一个最佳 $P_s$ 值，酶催化反应的效率通常与 $P_s$ 值呈钟罩形关系（Wei *et al.*，2020）。当 $P_s$ 值过小时，大部分底物分布在水相中，酶的水化层内底物浓度太高，可能发生底物抑制；当 $P_s$ 值过大时，酶的水化层内底物浓度太低，底物浓度不足限制了酶促反应的速率。这说明在有机介质中的酶活性与酶的水合层内的底物浓度有关，而与溶剂本身没有直接关系。产物在溶剂、水两相之间的分配系数（$P_p$）也能影响反应效率，$P_p$ 值高的介质能从酶分子表面的水化层夺取产物分子，避免产物过量积累对酶的抑制作用，促进反应正向进行。因此，多相介质中的酶催化反应应当根据底物、产物的性质选择合适的溶剂。

### 3. 反应自由能

底物的溶剂化程度越高，底物的基态越稳定，酶催化反应所需的自由能越高。Ryu 和 Dordick（1992）通过实验证实，在有机介质中，自由基的基态相较于水相介质中更稳定，因而辣根过氧化物酶在有机溶剂中的催化活性比水相低。同时，非水相介质还能影响酶促反应的过渡态进而影响反应活化能。极性过渡态在极性环境中更容易得到稳定，且在极性介质中，酶活性中心内的局部极性也相对较高，进一步对极性过渡态起到稳定化的作用，从而使酶反应的活化能降低，反应速度增加（Kim *et al.*，2000）。

## 13.6.3 多相介质体系中酶催化反应类型与应用

多种类型的酶如水解酶、氧化还原酶、转移酶等都能在多相介质体系中进行催化，其中最为常见的几类反应是水解反应、酯化/转酯化反应和氧化还原反应。

### 1. 水解反应

利用多相溶剂为酶促水解反应的反应介质，亲水的酶分子可溶解分散在水相中，而疏水性的底物在有机相中均匀分布，水解反应获得的疏水性产物能迅速从水相中分离，提高酶催化水解反应的效率。脂肪酶催化的酯键水解是一类经典的水解反应，Song 等

（2012）通过亲脂性离子液体和表面活性剂等构建水/微乳液/离子液体三相微乳液，以其作为水解4-硝基苯丁酸酯的反应介质，在该体系中，脂溶性底物4-硝基苯丁酸酯溶于油相，酶溶于水相，而反应在微乳液相中进行，有效避免了有机溶剂与酶的直接接触，使酶保持高催化活性。近年来，多相介质中酶催化的不对称水解受到越来越多的关注。其中腈水解酶催化合成光学纯产物是一类重要的反应，大部分腈类化合物的疏水性较强，利用多相体系对腈类化合物的溶解能力，可以增强腈水解酶的催化效率。利用腈水解酶在多种有机-水相体系中通过水解反应合成光学纯的邻氯扁桃酸，有机相的极性与产物的转化率有关，非极性的有机相更有利于产物的转化，以异辛烷为有机溶剂，转化率可达93%以上，*ee*值高达99%。脂肪酶也可用于手性拆分，在多相介质中，脂肪酶可手性拆分对羟基苯甘氨酸生成抗生素的前体*D*-对羟基苯甘氨酸，研究表明异丙醇为该水解反应最适有机相（Wang *et al.*，2010）。

### 2. 酯化/转酯化反应

催化酯化/转酯化反应的多为脂肪酶，多相介质的界面效应有利于脂肪酶催化活力的提升。由于脂肪酶能同时催化酯化反应及酯化反应的逆反应水解反应，为提高酯类化合物的转化率，通常采用转酯化反应。脂肪酶在多相体系中催化的脂肪酸糖酯合成是近年来的研究热点，以南极假丝酵母脂肪酶B为催化剂，通过脂肪酸乙烯酯和乳糖的转酯化反应，在油水界面可获得高达93%的糖酯转化率，其中转化率受多相介质中有机溶剂的种类影响较大（Enayati *et al.*，2018）。除含水相的多相体系外，在离子液体微乳液反应介质中进行酯化催化的研究也多有报道。Pavlidis等（2009）构建了两种离子液体微乳液，并研究了微乳液中的酶促酯化反应，结果表明，微乳液对酶同时具有屏蔽和保护的作用，脂肪酶的表观催化活力虽然有所降低，但稳定性得到明显提高。Xue等（2012）在离子液体微乳液介质中利用脂肪酶催化乙酸乙烯酯与苯甲醇的转酯化反应合成调味剂乙酸苄酯，离子液体微乳液体系有利于副产物的有效分离，促进转酯化反应的正向进行，最终获得的产物产率高达94%。

### 3. 氧化还原反应

除脂肪酶外，氧化还原酶如辣根过氧化物酶、漆酶、酪氨酸酶均能在多相介质体系中进行催化反应。Zhou课题组研究了表面活性剂TX-100稳定的BMim $PF_6$离子液体微乳液中多种酶催化的氧化还原反应，结果表明，在微乳液体系中木质素酶、漆酶、乙醇脱氢酶均有较高的催化活力，然而在纯离子液体或水饱和的离子液体中，酶活力显著降低（Zhou *et al.*，2008）。在氧化还原反应的产物中，具有抗氧化活性的多酚类物质大多水溶性差，含有机相的多相介质相比水相体系能溶解更多的酚类底物，有利于提升产物转化率。Yu等（2015）以离子液体作为油相、乙酸缓冲液作为水相构建了双相微乳液体系，并向体系中加入了不同烷基链长的醇类助溶剂。研究发现，醇类助溶剂可通过增大液滴的界面进而提高微乳液界面上酶的催化活性，且烷基链相对较短的醇类助溶剂更有利于在离子液体微乳液介质中进行生物催化。在以正己醇为添加剂的离子液体微乳液体系中，漆酶对底物2,6-二甲氧基苯酚的亲和力得到增强，同时酚类底物在微乳液中的溶解度大，最终获得了高产量的目标产物。

## 13.7 反应介质工程在酶催化中面临的机遇与挑战

20 世纪 80 年代以来，单一水相介质在酶催化领域中的缺陷越来越凸显，反应介质工程逐渐成为生物催化领域的研究热点，非水相酶学的发展极大地拓展了酶作为催化剂的应用范围。时至今日，非水相体系已由最原始的有机溶剂体系逐步发展到反胶束、离子液体和深度共熔溶剂等体系，应用范围逐步扩展到有机合成、手性药物制备、食品工业等各种重要领域。

相较于单一水相介质，非水相介质中的酶催化诸多优越性/非水相介质的应用能抑制酶催化过程中因水而产生的副反应，并可将反应体系拓展到水相难以发生的反应中；疏水性底物在非水相介质中有较大的溶解度，能充分利用酶催化的高效性；非水介质中酶的结构刚性往往得到增强，稳定性相比在水相中有所提高，更适于工业生产；酶与产物更容易从非水相介质中分离回收，降低了生产分离成本；许多非水相介质还能抑制微生物的生长繁殖，降低了工业生产中微生物污染的风险。

经过半个多世纪的发展，非水相介质工程已成为酶工程领域的重要课题之一，极大地推动了有机化学、药物化学等学科的发展，并在精细化工、材料科学、医药等方面的应用上展示了广阔的前景。但是围绕着如何在非水相介质中提高酶活性还有很多方面值得探索，如如何避免酶在非水介质中的活性损失；如何在多相体系中保证物质的传递。另外，非水介质与水以及酶分子之间的相互作用规律还有待进一步探索和解析。随着对反应介质工程研究的不断深入，我们将更有效地设计和制备出适用于酶促反应的新型介质和具有高活性的酶制剂，从而使非水酶学的应用得到更大程度的推广。

## 参考文献

丁辉. 2002. 油-水两相体系中包衣酶催化水解反应. 天津大学硕士学位论文.
侯雪丹, 娄文勇, 颜丽强, 等. 2012. 离子液体对木瓜蛋白酶催化特性的影响. 高等学校化学学报, 33(6): 1245-1251.
华娣, 许时婴, 王璋, 等. 2006. 酶法提取花生油与花生水解蛋白的研究. 食品与机械, 22(6): 16-19.
黄霜霜. 2015. 脂肪酶拆分手性药物布洛芬的工艺研究. 华中科技大学硕士学位论文.
黄振华, 刘晨光. 2011. 酶催化的多糖酯化反应研究进展. 食品科学, 32(21): 283-288.
黄卓烈, 朱利泉. 2004. 生物化学. 北京: 中国农业出版社.
姜锡瑞. 1996. 酶制剂应用技术. 北京: 中国轻工业出版社.
李荣秀, 李平作. 2004. 酶工程制药. 北京: 化学工业出版社.
刘雨, 陈艳红, 李芝艳. 2018. ATP 非竞争性的 Plk1 抑制剂研究进展. 广东化工, 45(12): 139-141.
刘志强, 刘擘, 曾云龙. 2004. 水相酶解法同时提取菜籽油与菜籽蛋白研究: 菜籽蛋白质酶水解的工艺过程及动力学. 中国粮油学报, (4): 58-62.
娄文勇. 2017. 离子液体中生物催化不对称反应研究. 广州: 华南理工大学出版社.
栾盼盼. 2014. 纳米纤维界面酶膜强化油水两相多环芳烃降解反应的研究. 河北工业大学硕士学位论文.
倪倩, 何东平. 2008. 水相酶法从冷榨大豆饼中提取油和蛋白的研究. 中国粮油学会油脂分会: 276-280.
彭志英. 1991. 酶制剂工业的现状及其发展前景. 食品工业科技, (2): 14-15.
邱树毅, 姚汝华, 宗敏华. 1998. 有机相中酶催化作用. 食品与发酵科技, (1): 4-10.
汪镇. 2013. 离子液体三相微乳液在生物催化中的应用研究. 河南师范大学硕士学位论文.

王强毅. 2015. 酶法制备紫甘薯饮料工艺研究. 集美大学硕士学位论文.
王瑛瑶, 王璋. 2003. 水酶法从花生中提取蛋白质与油: 酶解工艺参数. 无锡轻工大学学报: 食品与生物技术, 22(4): 60-64.
肖咏梅. 2005. 有机相酶促方法选择性合成含糖化合物. 浙江大学博士学位论文.
鄢克倩. 2015. $C_nE_m$ 稳定的疏水离子液体基微乳液的构建及应用. 山东大学硕士学位论文.
张社利, 闫月荣, 范云场. 2016. 离子液体在酶催化应用中的研究进展. 应用化工, 45(9): 1760-1762.
张志霞, 常盼盼, 全灿, 等. 2015. 离子液体-超临界 $CO_2$ 两相体系中葡萄糖月桂酸酯的合成. 科学通报, 60(26): 2567-2572.
赵冰怡. 2016. 深度共熔溶剂的制备、性质及其应用于芦丁萃取的研究. 华南理工大学硕士学位论文.
郑宝东. 2006. 食品酶学. 南京: 东南大学出版社.
宗敏华, 刘耘, 尹顺义, 等. 1995. 反应介质对脂肪酶稳定性的影响. 中国生物化学与分子生物学报, 11(6): 721-725.
Abbott A P, Capper G, Davies D L, *et al.* 2003. Novel solvent properties of choline chloride urea mixtures. Chemical Communications, 9(1): 70-71.
Aroso I M, Paiva A, Reis R L, *et al.* 2017. Natural deep eutectic solvents from choline chloride and betaine-physicochemical properties. Journal of Molecular Liquids, 241: 654-661.
Bräutigam S, Bringer M S, Weuster B D. 2007. Asymmetric whole cell biotransformations in biphasic ionic liquid/water-systems by use of recombinant *Escherichia coli* with intracellular cofactor regeneration. Tetrahedron: Asymmetry, 18(16): 1883-1887.
Bubalo M C, Tusek A J, Vinkovic M, *et al.* 2015. Cholinium-based deep eutectic solvents and ionic liquids for lipase-catalyzed synthesis of butyl acetate. Journal of Molecular Catalysis B: Enzymatic, 122: 188-198.
Cao Q, Li J, Xia Y, *et al.* 2019. Green extraction of six phenolic compounds from rattan (*Calamoideae faberii*) with deep eutectic solvent by homogenate-assisted vacuum-cavitation method. Molecules, 24(113): 1-15.
Cao S L, Deng X, Xu P, *et al.* 2017. Highly efficient enzymatic acylation of dihydromyricetin by the immobilized lipase with deep eutectic solvents as cosolvent. Journal of Agricultural and Food Chemistry, 65(10): 2084-2088.
Cao S L, Xu H, Li X H, *et al.* 2015. Papain@magnetic nanocrystalline cellulose nanobiocatalyst: A highly efficient biocatalyst for dipeptide biosynthesis in deep eutectic solvents. ACS Sustainable Chemistry & Engineering, 3(7): 1589-1599.
Castro G R, Knubovets T. 2003. Homogeneous biocatalysis in organic solvents and water-organic mixtures. Critical Reviews in Biotechnology, 23(3): 195-231.
Cheng H, Zou Y, Luo X, *et al.* 2018. Enzymatic synthesis of catechol-functionalized polyphenols with excellent selectivity and productivity. Process Biochemistry, 70: 90-97.
Díaz-García M E, Valencia-González M J. 1995. Enzyme catalysis in organic solvents: A promising field for optical biosensing. Talanta, 42(11): 1763-1773.
Dordick J S. 1991. Non-aqueous enzymology. Current Opinion in Biotechnology, 2(3): 401-407.
Durand E, Lecomte J, Barea B, *et al.* 2012. Evaluation of deep eutectic solvents as new media for *Ccandida antarctica* B lipase catalyzed reactions. Process Biochemistry, 47(12): 2081-2089.
Egorova K S, Gordeev E G, Ananikov V R. 2017. Biological activity of ionic liquids and their application in pharmaceutics and medicine. Chemical Reviews, 117(10): 7132-7189.
Enayati M, Gong Y, Goddard J M, *et al.* 2018. Synthesis and characterization of lactose fatty acid ester biosurfactants using free and immobilized lipases in organic solvents. Food Chemistry, 266: 508-513.
Gorke J T, Srienc F, Kazlauskas R J. 2008. Hydrolase-catalyzed biotransformations in deep eutectic solvents. Chemical Communications, 10: 1235-1237.
Guinn R M, Guinn R M, Skerker P S, *et al.* 1991. Activity and flexibility of alcohol dehydrogenase in organic

solvents. Biotechnology and Bioengineering, 37(4): 303-308.

Humeau C, Girardin M, Rovel B, *et al.* 1998. Effect of thermodynamic water activity and the reaction medium hydrophobicity on the enzymatic synthesis of ascorbyl palmitate. Journal of Biotechnology, 63(1): 1-8.

Joo H, Chae H J, Yeo J S, *et al.* 1997. Depolymerization of phenolic polymers using horseradish peroxidase in organic solvent. Process Biochemistry, 32(4): 291-296.

Kaewprapan K, Tuchinda P, Marie E, *et al.* 2007. PH-imprinted lipase catalyzed synthesis of dextran fatty acid ester. Journal of Molecular Catalysis B: Enzymatic, 47(3-4): 135-142.

Kamikubo T, Matsuno R, Nakanishi K. 1985. Continuous synthesis of *n*-(benzyloxycarbonyl)-l-aspartyl-l-phenylalanine methyl ester with immobilized thermolysin in an organic solvent. Nature Biotechnology, 3(5): 459-464.

Khmelnitsky Y L, Levashov A V, Klyachko N L, *et al.* 1988. Engineering biocatalytic systems in organic media with low water content. Enzyme and Microbial Technology, 10(12): 710-724.

Kim J, Clark D S, Dordick J S. 2000. Intrinsic effects of solvent polarity on enzymic activation energies. Biotechnology and Bioengineering, 67(1): 112-116.

Kim S H, Park S, Yu H, *et al.* 2016. Effect of deep eutectic solvent mixtures on lipase activity and stability. Journal of Molecular Catalysis B: Enzymatic, 128: 65-72.

Klibanov A M, Samokhin G P, Martinek K, *et al.* 1977. A new mechanochemical method of enzyme immobilization. Biotechnology and Bioengineering, 19(2): 211-218.

Klibanov A M. 2001. Improving enzymes by using them in organic solvents. Nature, 409(6817): 241-246.

Li P, Sirvio J A, Asante B, *et al.* 2018. Recyclable deep eutectic solvent for the production of cationic nanocelluloses. Carbohydrate Polymers, 199: 219-227.

Liang X, Fu Y, Chang J. 2019. Effective separation, recovery and recycling of deep eutectic solvent after biomass fractionation with membrane-based methodology. Separation and Purification Technology, 210: 409-416.

Lindberg D, Fuente R M, Widersten M. 2010. Deep eutectic solvents (DESs) are viable cosolvents for enzyme-catalyzed epoxide hydrolysis. Journal of Biotechnology, 147(3-4): 169-171.

Liu Y, Garzon J, Friesen J B, *et al.* 2016. Countercurrent assisted quantitative recovery of metabolites from plant-associated natural deep eutectic solvents. Fitoterapia, 112: 30-37.

Lou W Y, Wang W, Li R F, *et al.* 2009a. Efficient enantioselective reduction of 4′-methoxyacetophenone with immobilized *Rhodotorula* sp. AS2.2241 cells in a hydrophilic ionic liquid-containing co-solvent system. Journal of Biotechnology, 143(3): 190-197.

Lou W Y, Wang W, Smith T J, *et al.* 2009b. Biocatalytic anti-prelog stereoselective reduction of 4′-methoxyacetophenone to (*R*)-1-(4-methoxyphenyl)ethanol with immobilized *Trigonopsis variabilis* AS2.1611 cells using an ionic liquid-containing medium. Green Chemistry, 11(9): 1377-1384.

Maugeri Z, Domínguez de María P. 2014. Whole-cell biocatalysis in deep-eutectic-solvents/aqueous mixtures. Chem Cat Chem, 6(6): 1535-1537.

Maugeri Z, Leitner W, de Maria P D. 2013. Chymotrypsin-catalyzed peptide synthesis in deep eutectic solvents. European Journal of Organic Chemistry, (20): 4223-4228.

Merza F, Fawzy A, AlNashef I, *et al.* 2018. Effectiveness of using deep eutectic solvents as an alternative to conventional solvents in enzymatic biodiesel production from waste oils. Energy Reports, 4: 77-83.

Milker S, Paetzold M, Bloh J Z, *et al.* 2019. Comparison of deep eutectic solvents and solvent-free reaction conditions for aldol production. Molecular Catalysis, 466: 70-74.

Moniruzzaman M, Goto M. 2011. Molecular assembly-biocatalytic reactions in ionic liquids. Methods in Molecular Biology, 743: 37-49.

Müller C R, Lavandera I, Gotor-Fernández V, *et al.* 2015. Performance of recombinant-whole-cell-catalyzed reductions in deep-eutectic-solvent-aqueous-media mixtures. Chem Cat Chem, 7(17): 2654-2659.

Nishihara T, Shiomi A, Kadotani S, *et al.* 2017. Remarkable improved stability and enhanced activity of a *Burkholderia cepacia* lipase by coating with a triazolium alkyl-PEG sulfate ionic liquid. Green Chemistry, 9(21): 5250-5256.

Oh Y, Park S, Yoo E, *et al.* 2019. Dihydrogen-bonding deep eutectic solvents as reaction media for lipase-catalyzed transesterification. Biochemical Engineering Journal, 142: 34-40.

Pavlidis I V, Gournis D, Papadppoulos K G, *et al.* 2009. Lipases in water-in-ionic liquid microemulsions: Structural and activity studies. Journal of Molecular Catalysis B: Enzymatic, 60: 50-56.

Peng F, Chen Q S, Li F Z, *et al.* 2020. Using deep eutectic solvents to improve the biocatalytic reduction of 2-hydroxyacetophenone to (*R*)-1-phenyl-1,2-ethanediol by *Kurthia gibsonii* SC0312. Molecular Catalysis, 484: 110-773.

Probst A, Marko M, Kmetko L, *et al.* 2002. Effect of organic solvent on the enzyme bleaching agent system. Bulletin of Tenshi College, 2: 49-55.

Ryu K, Dordick J S. 1992. How do organic solvents affect peroxidase structure and function? Biochemistry, 31(9): 2588-2598.

Schmitke J L, Stern L J, Klibanov A M. 1998. Comparison of X-ray crystal structures of an acyl-enzyme intermediate of subtilisin Carlsberg formed in anhydrous acetonitrile and in water. Proceedings of the National Academy of Sciences of the United States of America, 95(22): 12918-12923.

Sheldon R A, Brady D. 2018. The limits to biocatalysis: Pushing the envelope. Chemical Communications, 54(48): 6088-6104.

Sheldon R A, Woodley J M. 2018. Role of biocatalysis in sustainable chemistry. Chemical Reviews, 118(2): 801-838.

Smith E L, Abbott A P, Ryder K S. 2014. Deep eutectic solvents (DESs) and their applications. Chemical Reviews, 114(21): 11060-11082.

Song S L, Wang Z, Qian Y H, *et al.* 2012. The release rate of curcumin from calcium alginate beads regulated by food emulsifiers. Journal of Agricultural and Food Chemistry, 60: 4388-4395.

Stevenson D E, Wibisono R, Jensen D J, *et al.* 2006. Direct acylation of flavonoid glycosides with phenolic acids catalysed by *Candida antarctica* lipase b B (Novozym 435®). Enzyme and Microbial Technology, 39(6): 1236-1241.

Sun X F, Wang N, Wu Q, *et al.* 2004. Controllable regioselective enzymatic synthesis of polymerizable 5′-*O*-vinyl- and 3′-*O*-vinyl-nucleoside analogues in acetone. Biotechnology Letters, 26(12): 1019-1022.

Torres S, Castro G R. 2004. Non-aqueous biocatalysis in homogeneous solvent systems. Food Technology and Biotechnology, 42(4): 271.

Wang X T, Yue D M, Zong M H, *et al.* 2013. Use of ionic liquid to significantly improve asymmetric reduction of ethyl acetoacetate catalyzed by *Acetobacter* sp. CCTCC M209061 cells. Industrial & Engineering Chemistry Research, 52(35): 12550-12558.

Wang Y S, Zheng R C, Xu J M, *et al.* 2010. Enantioselective hydrolysis of (*R*)-2, 2-dimethylcyclopropane carboxamide by immobilized cells of an *R*-amidase-producing bacterium, *Delftia tsuruhatensis* CCTCC M 205114, on an alginate capsule carrier. Journal of Industrial Microbiology and Biotechnology, 37(5): 503-510.

Wang Y, Chen X Y, Liang X Y, *et al.* 2020. Pepsin-catalyzed asymmetric cross aldol reaction promoted by ionic liquids and deep eutectic solvents. Catalysis Letters, 150(9): 2549-2557.

Wei Y X, Lu X F, Cheng H, *et al.* 2020. Enzymatic synthesis of a catecholic polyphenol product with excellent antioxidant activity. Biocatalysis and Biotransformation, 38(5): 1-7.

Wilkes J S, Zaworotko M J. 1992. Air and water stable 1-ethyl-3-methylimidazolium based ionic liquids. Journal of the Chemical Society, Chemical Communications, (13): 965-967.

Winsor P A. 1948. Hydrotropy, solubilisation and related emulsification processes. Transactions of the Faraday Society, 44: 376.

Wu B P, Wen Q, Xu H, *et al.* 2014. Insights into the impact of deep eutectic solvents on horseradish peroxidase: Activity, stability and structure. Journal of Molecular Catalysis. B: Enzymatic, 101: 101-107.

Xiao Z J, Du P X, Lou W Y, *et al.* 2012. Using water-miscible ionic liquids to improve the biocatalytic anti-Prelog asymmetric reduction of prochiral ketones with whole cells of *Acetobacter* sp. CCTCC M209061. Chemical Engineering Science, 84: 695-705.

Xie J, Hsieh Y L. 2001. Enzyme-catalyzed transesterification of vinyl esters on cellulose solids. Journal of Polymer Science Part A: Polymer Chemistry, 39(11): 1931-1939.

Xu P, Cheng J, Lou W Y, *et al.* 2015a. Using deep eutectic solvents to improve the resolution of racemic 1-(4-methoxyphenyl) ethanol through *Acetobacter* sp. CCTCC M209061 cell-mediated asymmetric oxidation. RSC Advances, 5(9): 6357-6364.

Xu P, Du P X, Zong M H, *et al.* 2016a. Combination of deep eutectic solvent and ionic liquid to improve biocatalytic reduction of 2-octanone with *Acetobacter pasteurianus* GIM 1.158 cell. Scientific Reports, 6: 26-158.

Xu P, Xu Y, Li X F, *et al.* 2015b. Enhancing asymmetric reduction of 3-chloropropiophenone with immobilized *Acetobacter* sp. CCTCC M209061 cells by using deep eutectic solvents as cosolvents. ACS Sustainable Chemistry & Engineering, 3(4): 718-724.

Xu P, Zheng G W, Du P X, *et al.* 2016b. Whole-cell biocatalytic processes with ionic liquids. ACS Sustainable Chemistry & Engineering, 4(2): 371-386.

Xue L Y, Li Y, Zou F X, *et al.* 2012. The catalytic efficiency of lipase in a novel water-in-[Bmim][PF6] microemulsion stabilized by both AOT and Triton X-100. Colloids Surf B Biointerfaces, 92: 360-366.

Yang K, Wang Y J J E, Technology M. 2004. Lipase-catalyzed transesterification in aqueous medium under thermodynamic and kinetic control using carboxymethyl cellulose acetylation as the model reaction. Enzyme and Microbial Technology, 35(2-3): 223-231.

Yang K, Wang Y J. 2004. Lipase-catalyzed transesterification in aqueous medium under thermodynamic and kinetic control using carboxymethyl cellulose acetylation as the model reaction. Enzyme and Microbial Technology, 35(2): 223-231.

Yang S L, Duan Z Q. 2016. Insight into enzymatic synthesis of phosphatidylserine in deep eutectic solvents. Catalysis Communications, 82: 16-19.

Yu X X, Li Q, Wang M M, *et al.* 2015. Study on the catalytic performance of laccase in the hydrophobic ionic liquid-based bicontinuous microemulsion stabilized by polyoxyethylene-type nonionic surfactants. Soft Matter, 12: 1713-1720.

Zaks A, Klibanov A M. 1986. Substrate specificity of enzymes in organic solvents vs. water is reversed. Journal of the American Chemical Society, 108(10): 2767-2768.

Zaks A, Klibanov A M. 1988. Enzymatic catalysis in nonaqueous solvents. Journal of Biological Chemistry, 263(7): 3194-3201.

Zhang B B, Lou W Y, Chen W J, *et al.* 2012. Efficient asymmetric reduction of 4-(trimethylsilyl)-3-butyn-2-one by *Candida parapsilosis* cells in an ionic liquid-containing system. PLoS One, 7(5): e37641.

Zhao B Y, Xu P, Yang F X, *et al.* 2015. Biocompatible deep eutectic solvents based on choline chloride: Characterization and application to the extraction of rutin from *Sophora japonica*. ACS Sustainable Chemistry, Engineering, 3(11): 2746-2755.

Zhou G P, Zhang Y, Huang X R, *et al.* 2008. Catalytic activities of fungal oxidases in hydrophobic ionic liquid 1-butyl-3-methylimidazolium hexafluorophosphate-based microemulsion. Colloids and Surfaces B Biointerfaces, 66: 146-149.

Zhou P, Wang X, Yang B, *et al.* 2017. Chemoenzymatic epoxidation of alkenes with *Candida antarctica* lipase b and hydrogen peroxide in deep eutectic solvents. RSC Advances, 7(21): 12518-12523.

Zoheb K, Qayyum H, Rohana A, *et al.* 2011. Remediation of model wastewater polluted with methyl parathion by reverse micelle entrapped peroxidase. Water Quality Research Journal, 46(4): 345-354.

# 第14章

# 酶的固定化与全细胞催化

石家福　孙艺瀛　贾静姗　储子仪　王雪莹　姜忠义
天津大学

## 14.1　概述

### 14.1.1　体外酶催化过程

体外酶催化过程是指使用经过提纯的酶分子在合适的反应条件（温度、pH 等）下催化底物生成目标产物的过程。

由于微环境的不同以及体系的复杂程度不同，体外酶催化与体内酶催化过程存在很多区别。在体内酶催化中，细胞中各种细胞器并非均匀分布在细胞质中，并且真核细胞中存在与细胞膜结合的小室，因此细胞质并不是均相的溶液，而被视为水凝胶，其黏度为水的 3～7 倍。但是，体外酶催化一般使用单一提纯的酶分子均匀分散在反应介质中，其催化过程可视为发生在均相的溶液中。另外，体外酶催化具有稀释效应。细胞体积很小，其中仅约 70% 为细胞质溶液，所以即便只有少量的酶分子存在，分子内的酶浓度也远远大于体外酶催化过程中使用的酶浓度。稀释效应的存在大大弱化了体外酶催化中蛋白质之间的相互作用。细胞内代谢过程是一个复杂的过程，多种酶之间往往存在对底物的竞争关系。而在体外酶催化过程中，由于酶的种类显著减少且多酶系统大多为级联反应，这种竞争关系的影响可以忽略（Punekar，2018）。

相较于传统化学催化过程，酶催化过程具有绿色环保、节能高效、反应条件温和等特点。传统化学催化多用于有机溶剂中，而酶催化过程多在水体系中完成且无需高温、高压等大量耗能条件。更重要的是，酶作为催化剂能够显著提高反应速率，具有高选择性，这也使得产物更为纯净，能够有效简化后续产物提纯过程，减少分离成本。酶作为催化剂已经运用到氧化还原反应、胺化反应、糖基化反应、水解和逆水解反应、碳-碳键形成反应和碳-碳键裂解反应等单步反应以及工业多步或多组分反应中（Wohlgemuth，2010）。但是存在以下缺点：①酶提纯过程复杂，耗时长（Robles-Medina *et al.*，2009）；②酶在高温、有机溶剂、酸碱环境等苛刻反应条件下稳定性差，易失活（Illanes *et al.*，2012）；③大部分酶需要昂贵的辅酶等（France *et al.*，2017）。以上缺点限制了酶催化在工业上的大规模应用。

## 14.1.2 环境因素对酶的影响

### 1. 底物浓度的影响

在保持其他条件不变的情况下，将底物浓度对酶促反应速率的影响作图，呈对数增长曲线，如图14.1所示。当底物浓度较低时，催化速率随底物浓度增加而加快，反应呈一级反应。当底物浓度继续增大，反应速率增加的幅度变小，进一步加大底物浓度，酶的活性中心被底物饱和，反应速率保持稳定不再继续增加，反应呈零级反应。

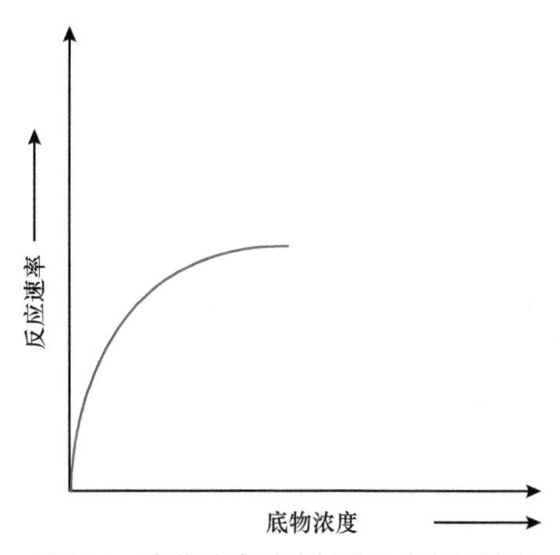

图14.1 底物浓度对酶促反应速率的影响

然而在某些情况下，底物与酶的复合物并不能生成产物，从而抑制酶的活性。酶在高浓度底物条件下活性降低出现底物抑制的现象主要有以下原因。

1）高浓度的底物导致酶重要活性位点金属离子或者辅酶丢失。

2）酶分子上存在底物的其他低亲和力位点，当底物与该位点结合，不能生成目标产物。

3）酶分子上部分位点与底物结合形成非目标性的复合物体系。

4）存在大量未复合的底物，如三磷酸腺苷（ATP）。大多数情况下，Mg-ATP复合物是真正与酶结合的底物，单独的ATP不能与酶结合，所以控制ATP与$Mg^{2+}$的相对浓度十分重要。

### 2. 酶浓度的影响

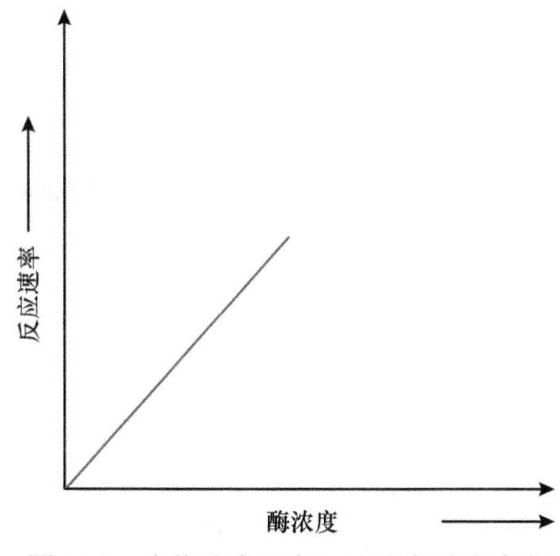

图14.2 底物浓度远高于酶浓度时酶浓度对反应速率的影响

反应体系中底物浓度一定时，酶浓度对酶促反应速率的影响与底物浓度的影响类似。当酶浓度较低时，随着酶浓度不断增加，酶促反应速率不断提高。进一步提高酶浓度，反应速率增长幅度变小。当体系中所有底物均已与酶结合生成酶-底物复合物后，增大酶浓度对反应速率没有影响。在底物浓度远远大于酶浓度的情况下，这时酶被底物饱和，增加酶的浓度能够提高反应速率，反应速率与酶浓度成正比关系，如图14.2所示。

### 3. 温度的影响

温度对酶促反应有双重影响。升高温度可以加快酶促反应速率（$k_{cat}$），也会导致酶分子在高温下不可逆变性失活，如图14.3所示。在经典双态模型（two-state model）中，这些速率常数的温度依赖性通过催化活化能

（$\Delta G^{\ddagger}_{cat}$）以及灭活活化能（$\Delta G^{\ddagger}_{inact}$）来表示。温度以及测试时间对酶活性的影响通过公式（14-1）来描述。

$$V_{max} = k_{cat} * [E_0] e^{-k_{inact} * t} \tag{14-1}$$

$$k_{cat} = \frac{k_B T}{h} * e^{-\left(\frac{\Delta G^{\ddagger}_{cat}}{RT}\right)} \tag{14-2}$$

$$k_{inact} = \frac{k_B T}{h} * e^{-\left(\frac{\Delta G^{\ddagger}_{inact}}{RT}\right)} \tag{14-3}$$

式中，$V_{max}$ 是酶的最大反应速率；$k_{cat}$ 是酶促反应速率；$[E_0]$ 是体系中酶的总浓度；$k_{inact}$ 是热灭活速率常数；$t$ 是时间；$k_B$ 是玻尔兹曼常数；$R$ 是气体常数；$T$ 是绝对温度；$h$ 是普朗克常数。

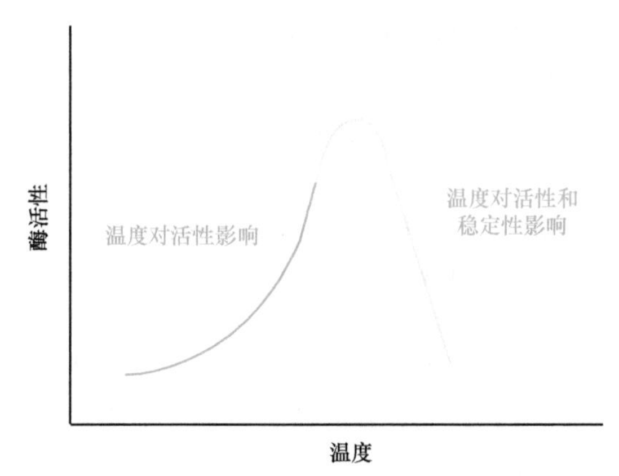


图 14.3 温度对酶活性的影响曲线

根据经典模型公式（14-1）～（14-3）可以构造温度以及测试时间对酶活性的影响谱图。由于酶失活是一个依赖时间的过程，因此在 $t$=0 时，所有酶依旧保持活性，没有失活。

平衡模型（equilibrium model）引入失活酶（$E_{inact}$）与活性酶（$E_{act}$）之间的转化平衡，失活酶会经历不可逆的热灭活，最终变性（$X$）。活性酶与失活酶之间的转化可能是由于温度对稳定和破坏蛋白质结构的各种弱的相互作用有不同影响，为结构随温度的变化提供了许多机会，从而导致了活性的改变。

$$E_{act} \overset{k_{eq}}{\leftrightarrow} E_{inact} \overset{k_{inact}}{\rightarrow} X \tag{14-4}$$

#### 4. pH 对酶的影响

在酶分子、底物以及辅酶中都存在许多极性基团，pH 的改变会影响这些极性基团的解离状态以及带电状态，从而影响它们之间的亲和力，最终表现出对催化效率的影响。大多数情况下，酶只有在某种特定的解离状态时才能够达到最大催化效率。在偏离最佳 pH 的程度小时，这种解离状态是可逆的，重新调整 pH 至最佳 pH 可以恢复酶的活性以达到最大催化速率。pH 还能够影响酶分子的空间构象，从而影响其活性。在偏离最佳 pH 的程度大时，酶分子的构象发生改变，重新调整 pH 至最佳 pH 不再能够恢复酶的活性。

5. 抑制剂对酶的影响

抑制剂是能降低酶催化活性而不引起蛋白质变性的分子，其相对分子质量一般较低。根据抑制效果的可逆性，抑制剂可以分为可逆抑制剂、不可逆抑制剂。可逆抑制剂与酶分子通过非共价键结合，使酶的活性降低或完全消失。通过渗析、超滤、凝胶过滤色谱等方法能够将小分子抑制剂与酶分子分离。分离后的酶分子能够恢复其活性。相反，不可逆抑制剂通过共价键与酶分子结合，无法用渗析、超滤、凝胶过滤色谱等方法将其除去，对于酶活性的抑制效果是不可逆的。并且不可逆抑制剂只能根据化学计量关系抑制体系中的部分酶分子，对于超出计量关系的酶分子没有抑制作用，如图 14.4 所示。

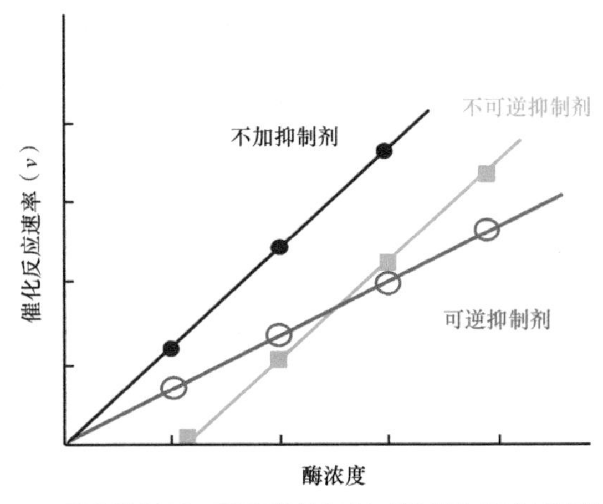


图 14.4 可逆抑制剂、不可逆抑制剂对酶催化反应速率的影响

可逆抑制剂通过与底物之间的竞争性作用、非竞争性作用以及反竞争性作用达到抑制酶活性的效果。其中等位抑制剂（isosteric inhibitor）具有与底物或产物分子相似的结构，能够与底物竞争酶分子的活性位点，但等位抑制剂-酶复合物不具有催化活性，从而抑制酶催化反应的进行。变构抑制剂（allosteric inhibitor）分子结构与底物或产物分子均不相同，因此不能与酶分子活性位点结合，与底物之间存在非竞争关系，不改变酶对底物的亲和力。变构抑制剂与酶分子上的变构位点结合，引发酶分子发生构象改变，从而达到抑制酶活性的效果。反竞争性抑制剂不与酶结合，仅与底物和酶形成的中间复合物结合，这样一方面减少了中间产物转化为产物，另一方面减少了从中间产物解离出底物和酶分子的量。

6. 激活剂对酶的影响

能够增加酶活性的物质被称为激活剂。大多数激活剂为金属离子，如 $K^+$、$Mg^{2+}$、$Mn^{2+}$等，少数激活剂是 $Cl^-$等阴离子，也有如胆汁酸盐等有机激活剂。激活剂可以分为必要激活剂和非必要激活剂。大多数金属离子属于必要激活剂，对酶促反应是不可或缺的，否则酶无法表现出活性。这类激活剂会与酶、底物形成复合物参与催化反应，但不会转化为产物。非必要激活剂能够与酶或底物复合从而提高酶的催化活性。在缺少非必要激活剂的条件下，酶仍然能表现出一定的催化活性。

## 14.2 酶固定化方法和载体

### 14.2.1 酶固定化方法

酶催化作为一种典型的绿色工艺技术，可以在不改变化学反应平衡和消耗酶的情况下大幅度提高反应效率且操作条件温和，在常温、常压及生理 pH 条件下即可实现（Liang *et al.*，2020）。然而，游离的酶在使用过程中稳定性较差，难以回收，且在恶劣条件（高温、有机溶剂、机械摩擦、表面活性剂、强酸强碱溶液等）下易变性失活（Venezia *et al.*，2020；Iyer and Ananthanarayan，2008；Altinkaynak *et al.*，2016；Lian *et al.*，2017）。酶固定化技术可以通过吸附法、包埋法、交联法、共价结合法（图 14.5）以及无载体法将酶固定或嵌入到载体上，从而对酶起到保护作用，保持酶活性，提高稳定性（表 14.1）。

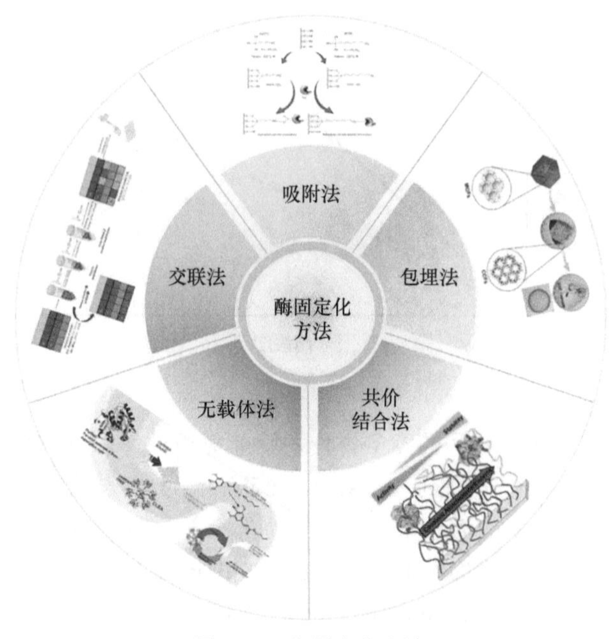


图 14.5 酶固定化方法

表 14.1 酶固定化方法及其优缺点

| 方法 | 特点 | 优势 | 劣势 | 参考文献 |
|---|---|---|---|---|
| 吸附法 | 利用氢键、离子键、范德瓦耳斯力、疏水作用等将酶分子固定在载体上 | 操作简单，条件温和，对酶的催化活性影响较小 | 酶与载体结合力较弱，易脱落 | Mohamad *et al.*，2015；Kim *et al.*，2019 |
| 包埋法 | 将酶包埋于半透性的载体中，载体的孔径只允许小分子的底物、产物自由通过，不允许大分子的酶穿过 | 机械稳定性好，寿命长 | 底物和产物的扩散受到限制；受传质阻力的影响，不宜催化大分子底物的反应 | Li *et al.*，2020a，2020b |
| 交联法 | 利用双功能或多功能试剂将酶分子交联在一起，使酶分子和多功能试剂之间形成共价键，得到三相的交联网架结构 | 不需要额外的载体材料 | 酶分子间和分子内发生交联，导致酶活性下降 | Mohamad *et al.*，2015 |

续表

| 方法 | 特点 | 优势 | 劣势 | 参考文献 |
| --- | --- | --- | --- | --- |
| 共价结合法 | 酶蛋白分子上的官能团和固相支持物表面上的反应基团之间形成化学共价键 | 酶与载体作用力强，稳定性好 | 涉及化学反应，对酶活性有影响 | Cao *et al.*，2016 |
| 无载体法 | 通过使用不同的沉淀剂沉淀酶液中的蛋白质，并向体系中加交联剂使酶分子在交联剂的作用下通过共价键彼此连接，形成酶分子的聚集体 | 产率高，成本低，操作稳定性好 | 沉淀剂可能会对酶活性有一定的影响 | Grajales-Hernández *et al.*，2020 |

吸附法是一种可逆的酶固定化方法。酶的固定主要基于氢键、离子键、范德瓦耳斯力、疏水作用等将酶分子固定在载体上（Mohamad *et al.*，2015；Kim *et al.*，2019）。该方法制备条件温和、操作简单，通常将载体浸泡在酶溶液中来完成物理吸附过程。该方法酶的构象变化较小或基本不变，对酶的催化活性影响较小，但由于酶分子与载体间结合力较弱，酶分子很容易从载体上脱落，与底物及产物分子难以分离。正因为如此，该技术并未在工业上广泛使用。

包埋法是用一定的方法将酶包埋于半透性的载体中，制成固定化酶。载体的孔径只允许小分子的底物、产物自由通过，不允许大分子的酶穿过，从而使酶易于与产物分离（Liu *et al.*，2017）。目前主要通过两种途径将酶分子嵌入载体材料框架中，一种是将酶分子封装于已经制备好的载体材料中，这种方法对酶的破坏性最小，但要求载体材料孔道的尺寸与酶分子的尺寸相当或者稍大；另一种则是以酶为核，利用生物界面和载体材料［如金属有机框架材料（MOF 材料）］间的强相互作用促进载体材料形成于酶分子表面，该方法要求载体材料在酶分子表面的生长必须以生物相容的方式进行，避免酶的聚集或展开（Huang *et al.*，2020）。研究表明，载体的网状结构起到屏障作用，可以有效地提高酶的机械稳定性，防止酶的泄露，延长酶的使用寿命（Li *et al.*，2020a，2020b）。但是，包埋法存在的主要问题是底物和产物的扩散受到限制，催化反应受传质阻力的影响，不宜催化大分子底物的反应。

交联法利用双功能或多功能试剂将酶分子交联在一起，使酶分子和多功能试剂之间形成共价键，得到三相的交联网架结构。该方法不需要额外的载体材料，酶分子和交联剂作用本身作为载体。交联法酶固定化过程中常采用的交联剂为戊二醛，主要因为该试剂廉价易得。涉及的化学反应为席夫碱反应和迈克尔加成，而确切的反应由反应体系的 pH 所决定（Mohamad *et al.*，2015）。该方法的主要弊端在于在反应过程中除酶分子间发生交联外，还存在一定程度的分子内交联，有可能破坏酶的活性位点，导致酶活性下降。单用交联剂制备的固定化酶活力较低，所以这种方法很少单独使用，一般作为其他酶固定化方法的辅助手段，常和吸附法、包埋法结合使用，可以得到活力更高的固定化酶。

共价结合法是酶蛋白分子上的官能团和固相支持物表面上的反应基团之间形成化学共价键连接，从而固定酶的方法（Cao *et al.*，2016）。由于酶与载体间连接牢固，酶不易脱落，有良好的稳定性及重复利用性。但是这种方法也存在明显的缺点：由于涉及化学反应，反应条件剧烈，在反应过程中可能会引起酶蛋白高级结构的变化，破坏部分活性中心，因此往往得不到活力高的固定化酶。

无载体固定化酶是通过使用不同的有机溶剂、无机盐或非离子聚合物等沉淀剂沉淀酶液中的蛋白质，并将得到的酶蛋白沉淀，向体系中加交联剂使酶分子在交联剂的作用下通过共价键彼此连接，形成酶分子的聚集体。交联酶聚体（CLEA）是一种无载体的酶固定化方法，包括沉淀和交联两个阶段，主要有三项优点：①单位体积酶活大，产率高；②操作稳定性较好；③制备方法简单且成本低。因此，它在固定化酶的工业化应用上更有优势。由于上述优点，交联酶聚体技术目前已经成功应用于有机试剂合成、生物产品催化转化、蛋白质或肽类药物的转载，以及用于固定化多种生物酶。

总的来说，上述几种方法各有利弊（表 14.1），在使用过程中需要根据实际情况（如酶分子种类、载体材料特性等）来选择一种或多种适宜的酶固定化方法。

### 14.2.2 酶固定化载体

除酶分子本身的特性外，载体材料特性也是影响固定化酶活性以及使用寿命的重要因素。载体材料的选择是一个相当复杂的问题，取决于酶的种类、反应介质、反应条件等。不同的载体材料提供了不同的物理化学特性，如孔径大小、亲疏水性等，这些特性在很大程度上影响了酶的固定化效果以及酶的催化活性。在近几年的研究中，无机材料、金属有机框架（MOF）、磁性纳米材料、聚合物材料等通常被选作载体材料（Mohamad *et al.*，2015），如图 14.6 所示。

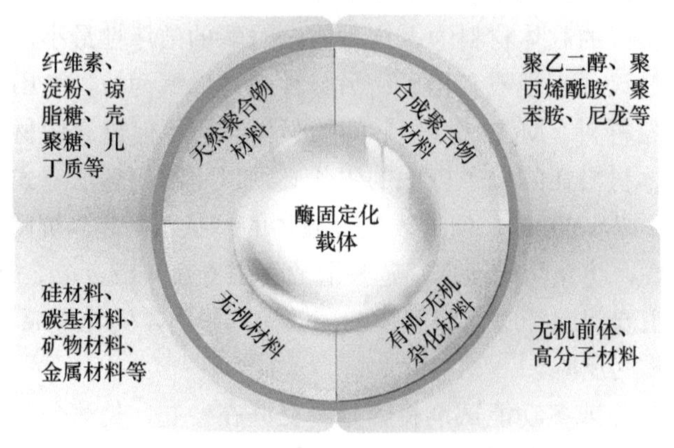


图 14.6 酶固定化载体分类

#### 1. 天然聚合物材料

许多天然聚合物材料（如纤维素、淀粉、琼脂糖、几丁质、壳聚糖等）由于无毒无害且具有良好的生物相容性、生物可降解性、生理惰性、抗菌性等特点备受青睐。其自然来源与生物相容性最大限度地减少了其对酶的结构和特性的负面影响，因此固定的酶能够保持高催化活性。此外，结构中的反应性官能团（主要是羟基，还有氨基和羰基）使酶和载体之间能够直接反应，并促进其表面的修饰。最重要的是，这些材料是可再生的，而且来源广泛、价格低廉，降低了与固定过程相关的成本。天然聚合物通过吸附和共价结合进行酶的固定，然而，它们具有形成各种几何构型和形成凝胶的倾向，这意味着它们也可以通过包封和包埋进行固定化。纤维素在每个无水葡萄糖单元上都含有三个羟基，通用性强，负载量大，因而被视为理想的载体材料。有研究表明，纤维素固定化酶能够很好地保持酶原有的活性，提高酶的稳定性和耐溶剂性（Cao *et al.*，2016；Thangaraj and Solomon，2019）。几丁质是继纤维素之后最丰富的天然聚合物，广泛存在于甲壳动物和昆虫的骨骼中。其分子结构中的氨基基团易与蛋白质结合，适合用于酶分子的固定。

### 2. 合成聚合物材料

合成聚合物材料是指通过聚合反应制备得到的一类相对分子量较大的化合物材料。相比于天然聚合物，合成聚合物种类十分丰富，常见的有聚乙二醇、聚丙烯酰胺、聚苯胺、尼龙等，此类材料用作固定化酶的载体可以抵抗微生物的攻击和化学干扰。合成高分子材料作为载体材料的最大优点是，可以根据酶的要求和固定化工艺选择制造聚合物链的单体。单体的类型与数量决定了聚合物的化学结构和性质。单体成分对聚合物的溶解度、孔隙度、稳定性和机械性能有强烈影响。聚合物的结构中存在各种化学官能团，包括羰基、羧基、羟基、环氧基、胺基和二醇基团，以及强疏水性烷基。这些基团能有效地促进酶的结合以及聚合物表面的官能化。官能团的类型决定了酶是通过吸附还是通过形成共价键而锚定在载体上，因为在以合成聚合物材料作为载体时，主要发生的是这两种方式的固定。另外，官能团的类型和数量决定了载体的疏水/亲水特性，进而决定了与酶形成极性或疏水相互作用的能力。此外，通过使用聚合物载体，可以控制载体和酶的间隔长度。较长的间隔可使酶保留较高的构象柔性，而较短的间隔可保护生物分子免于热灭活并减少酶的泄露。

各种聚合物材料都可以用作有效的载体，并改善固定化酶的性能，如热稳定性和可重复使用性。聚合物层在保护酶的活性位点免受反应混合物和工艺条件的不利影响中起着非常重要的作用。然而，具有所需性质和官能团的聚合物的合成通常是耗时且昂贵的过程。虽然聚乙二醇可以用作载体，但研究表明其效果远不如聚丙烯酰胺。聚丙烯酰胺吸附在聚乙二醇水凝胶中不仅可以有效提高其机械强度，而且由于酶分子与聚乙烯酰胺之间共价键的作用，酶的稳定性增强，一周后酶活性依然可以达到初始酶活性的80%，而聚乙二醇固定化酶两天内就失去了大部分酶活性（Thangaraj and Solomon，2019）。

### 3. 无机材料

一些具有较大比表面积和孔体积的无机材料也被用作固定化酶的载体，如二氧化硅、氧化铝、石墨烯等。

（1）硅材料

二氧化硅是酶固定最常用的无机材料之一。它具有比表面积大（可高达1000 $m^2/g$）、高耐热性、化学稳定性及良好的机械性能（Song *et al.*，2019），最常用的二氧化硅材料为MCM-41和SBA-15。同时，二氧化硅的高比表面积和多孔结构使其具有良好的吸附性能。这些特性有利于酶的附着，并且能够减少扩散限制。此外，在二氧化硅表面存在许多羟基基团，不仅有助于酶附着，还能促进其与表面修饰剂（如戊二醛或3-氨基丙基三乙氧基硅烷）的功能化。这种材料的另一个优点是它可以以许多不同的形式使用。以溶胶-凝胶二氧化硅（Xiao *et al.*，2018）、气相二氧化硅（Ganonyan *et al.*，2020）、胶体二氧化硅纳米粒子（Leboukh *et al.*，2018）和硅胶作为载体已固定了许多催化类别的酶，如氧化还原酶、转移酶、水解酶和异构酶。所获得的生物催化体系显示出高的催化活性保留能力以及良好的耐热性和耐 pH 性能。例如，脂肪酶固定在硅胶基质和介孔二氧化硅上分别可以保留 91% 和 96% 的游离酶活性。

除考虑上述因素外，载体材料的选择通常还需要考虑介孔载体材料和蛋白质的表面性质，吸附剂表面的电荷性质与蛋白质分子必须是相反的，保证两者可以通过静电力的作用吸附在一起。以介孔二氧化硅作为载体材料，可以通过物理吸附法或者共价结合法实现酶的固定。和物理吸附法相比，共价结合法固定化酶更稳定，能够承受更高的反应温度，缺点是酶的构象可能会发生改变，导致酶活性降低（Mohamad *et al.*，2015）。

（2）*碳基材料*

在过去的 20 年中，碳基材料因碳原子之间化学成键方式不同，可构成不同形态的材料，具有不同物化性能，是目前研究最多、应用最广的无机材料之一。用于充当固定化酶载体的碳材料主要有活性炭、石墨烯等。这些材料的多孔结构发达，具有各种大小和体积的孔以及高比表面积（高达 1000 $m^2/g$），这意味着这些材料表面含有许多可以用于酶固定的接触点。高吸附容量、丰富的官能团和极少的细颗粒物质释放使碳基材料适合各种酶的吸附固定。例如，未修饰的木炭载体用于固定淀粉葡糖苷酶。当固定化酶未经任何其他处理用于淀粉水解时，保留了 90% 以上的游离酶催化活性。

碳基材料中的石墨烯作为酶的载体材料也引起了人们的极大关注，因其具有独特的特性，如生物降解性、二维结构、高比表面积和孔隙体积以及良好的热稳定性与化学稳定性等。另外，许多不同官能团的存在，如羧基（—COOH）、羟基（—OH）或环氧基团等，可促进酶与载体之间的强相互作用。由于这些特性，脂肪酶或过氧化物酶等可以通过吸附、共价结合或包埋等方法固定在氧化石墨烯（GO）表面。此外，石墨烯基的载体还具有抗氧化特性，可以促进反应混合物中游离自由基的去除，减少酶的失活（Thangaraj and Solomon，2019）。

（3）*矿物材料*

矿物也可以用作载体材料在反应条件下增强酶的稳定性，建立可回收的生物催化系统。它们性质丰富，易于获得，具有很高的生物相容性，可以不经进一步处理和纯化而直接使用，因此价格相对便宜。此外，矿物质表面上存在许多官能团（如—OH、—COOH、C═O、—SH、$—NH_2$），可以在酶和载体之间形成共价键，并有助于修饰矿物质。当引入其他官能团时，载体的黏附面积和疏水性增加，而空间位阻可能减小。用作固定化酶载体的矿物主要是黏土材料，如膨润土、埃洛石、高岭石、蒙脱石和海泡石。从理论上讲，属于许多催化类别的酶可以不限制地附着在矿物材料的表面，但实际上最常固定的是脂肪酶、*α*-淀粉酶、酪氨酸酶和葡萄糖氧化酶。固定在矿物上的酶主要用于环境工程中的废物和废水处理以及生物传感器中，以提高线性范围和检测极限。

（4）*金属材料*

金属材料普遍具有优异的光电传导性、耐热性，同时与酶有良好的亲和力。酶固定化金属材料主要包括各种金属单质、金属氧化物和金属合金，常见的有 Ag、Pt、Au、$Fe_3O_4$、$TiO_2$、$Al_2O_3$ 等。Krajewska（2004）利用 Au 和巯基之间的静电吸附及共价作用，制备了双酶葡萄糖传感器。

#### 4. 有机-无机杂化材料

可以将有机和无机来源的材料组合在一起，以产生用于固定化酶的杂化复合载体。最常用的无机前体包括二氧化硅等无机氧化物（如锌和钛的氧化物）以及矿物、碳材料和磁性纳米粒子。它们可以与合成来源的高分子材料（如聚丙烯腈、聚乙烯亚胺和聚乙烯醇）结合，也可以与生物聚合物（如壳聚糖、木质素和藻酸盐）结合（Song *et al.*，2019）。这些材料主要用于水解酶、氧化还原酶和转移酶的吸附或共价固定。有机-无机杂化材料作为酶的载体材料显示出巨大的潜力。这样的杂化提供了良好的稳定性和机械性能以及对生物分子的亲和力。高稳定性和化学惰性也与无机前体的特征有关。结合酶的良好能力归因于有机成分，因为合成聚合物和生物聚合物在其结构中具有许多能够与生物催化剂的化学基团相互作用的官能团（Xiao *et al.*，2018）。

随着酶固定化技术和材料领域的不断发展，新型固定化酶材料也在不断开发中，如纳米材料、框架材料等，有关内容将在第14.4节进行单独介绍。

### 14.2.3 固定化酶性能评价

#### 1. 负载量

负载量是指1 g载体所能负载的酶的质量。酶的负载量与时间和载体的结合位点有关。当载体量维持不变时，酶浓度较小的情况下，随着固定化时间的增加，酶负载量呈现增加的趋势；若酶浓度足够大时，酶负载量的趋势呈先增加后逐渐趋于水平，主要是因为酶量足够大，最终载体材料的结合位点达到饱和，不再与酶分子结合。因此，在实验过程中，为了达到较好的固定化酶效果，除选用结合位点较多的载体材料外，还应使固定化时间足够长，使载体与尽可能多的酶分子结合。

#### 2. 酶活性

酶活性是指酶催化某一化学反应的能力，与化学反应速率的大小成正比。酶的固定化可能会导致酶活力一定程度地下降。主要因为酶分子与载体材料结合的过程中会发生力的作用，如氢键、离子键、范德瓦耳斯力、疏水相互作用等，导致酶构象的转变，或者由于共价键的形成酶分子的活性位点遭到破坏，或载体材料降低了酶分子与底物分子的接触可能性。所以在固定酶分子的过程中，我们要综合考虑多种因素，设计出最佳的酶固定化方法。

#### 3. pH稳定性

大部分酶都是蛋白质，对pH十分敏感。对于一种酶而言，通常会有一个适宜的pH范围，在此范围内酶活力较高，超出此范围酶活力会大幅降低，甚至变性失活，因此需要寻求有效的方法来解决这一问题。研究表明，将酶分子包埋于载体材料的框架中可以在很大程度上提高酶的pH稳定性，与游离酶相比，固定化酶能够承受更宽的pH范围而不失活。但是采用此类方法需要考虑酶分子与底物的接触以及产物分子的扩散问题。

#### 4. 温度稳定性

和大多数化学反应一样，适当提高温度对酶促反应是有利的，可以提高酶促反应速率，但当温度升高到一定程度以后，继续提高温度，酶开始热变性，最终失去活性。不同酶的最适温度是不同的，如动物细胞的最适温度在35℃左右，植物细胞的最适温度在45℃左右，而嗜热细菌最适温度较高，温度高于85℃时，依然可以保持良好的活性。通常情况下，大多数酶在60℃以上会完全失活。酶的温度稳定性可以通过固定化酶的方法增强。当酶分子与载体材料以共价键结合时，该共价键能够降低酶分子的灵活性和热运动，从而降低酶热变性失活的可能性。

#### 5. 循环稳定性

循环稳定性一般用连续循环催化一定次数后酶活力大小与初始酶活力大小的比值来衡量。一般而言，固定化酶的循环稳定性相比于游离酶都会在一定程度上增强。但随着循环次数的增加，酶的循环稳定性会逐渐下降，这主要是因为酶分子在反应过程中或者回收过程中从载体材料上脱落。酶的循环稳定性对于实际工业化生产过程尤为重要，因此酶的固定化要选择合适的载体材料以及适宜的固定化酶。

## 14.3 固定化酶催化

固定化酶是通过物理或化学方法使溶液酶变为在一定空间内运动受到约束（完全或局部）但仍具活性的酶。处于限域状态的酶在单相中或相界面上作用于底物进行催化反应，实现底物到产物的转化。反应溶剂通过影响酶分子的空间结构与活性基团、底物产物与酶分子的相互作用和底物产物的分配影响酶催化过程。固定化酶催化过程按酶的实际应用条件可以分为单液相反应过程（包括水相和有机相）、双液相反应过程（水相-有机相）和气液相反应过程。

### 14.3.1 固定化酶催化单液相反应过程

#### 1. 固定化酶催化水相反应过程

大多数酶都是水溶性酶，因而酶催化水相反应过程是最为常见也是研究最多的。目前，已有关于六大酶类（包括氧化还原酶、转移酶、水解酶、裂合酶、异构酶、合成酶）在水溶液中反应的多项研究（Sheldon and Woodley，2018）。

目前，科学研究中常用的酶包括葡萄糖氧化酶、脱氢酶、水解酶等。其中，葡萄糖氧化酶（GOD）作为一种比较常见的氧化还原酶，在有氧溶液中可专一高效地催化*β-D-*葡萄糖转变为葡萄糖酸（Yang *et al.*，2016）。GOD极易溶于水，基本不溶于丙酮、甲醇、乙醚和甘油等有机溶剂（Wu *et al.*，2019）。当GOD发生催化作用时，生成1分子的葡萄糖酸需要1分子的氧气。目前，已有大量研究利用介孔氧化硅、石墨烯、高分子材料、框架材料等进行GOD的吸附与包埋，并常利用其与辣根过氧化物酶、过氧化氢酶联合探究多酶系统的机制（Zhang *et al.*，2016；Zhuang *et al.*，2019）。GOD因其独特性质及商业重要性，近几年已经广泛应用在食品、化工、医药、临床化学、生物技术和其他行业，其中主要是用于工业葡萄糖酸的生产以及因其去氧和杀菌作用而常用于食品的保鲜（Sheldon and Pereira，2017）。

**2. 固定化酶催化有机相反应过程**

在传统观念中，有机溶剂能够使酶变性失活，直到20世纪80年代初，由于非水酶学的发展，酶在有机溶剂中的催化作用的研究才取得突破性进展，大量研究表明，酶在有机溶剂中的催化反应具有如下优点（Ogino and Ishikawa，2001；Cantone *et al.*，2013）：①提高底物和产物的溶解度，得到高分子量的聚合物；②抑制由水引起的副反应；③酶不溶于有机介质，可以回收再利用；④产物的纯化分离比在水中容易；⑤酶的热稳定性比在水中高，且无微生物污染。当然，在有机溶剂中，酶分子周围也需要少量水，以维持酶具有催化活性的柔性结构，这部分水称为“必需水”。

目前，常用于有机相酶催化反应的酶有漆酶、酯酶等（Mate and Alcalde，2017）。据统计，漆酶可催化氧化的底物种类已超过250种，且研究发现漆酶可以作用的底物范围还在不断增加。根据底物的结构分类，漆酶的底物主要分为以下几类（Biswal *et al.*，2013；Corici *et al.*，2016）：酚类及其衍生物，主要包括邻苯二酚、对苯二酚等，芳胺及其衍生物、羧酸及其衍生物、甾体激素和生物色素等。由于漆酶作用底物广泛和功能多样，已成为近年来的研究热点之一。作为环境友好型的绿色环保催化剂，漆酶在化学、生物、食品、医学、电子等多个学科领域应用，如造纸工业、废水处理、食品加工、生物监测和环境修复等（Samoylova *et al.*，2018）。

### 14.3.2 固定化酶催化双液相反应过程（包括水相-有机相）

在水中加入有机溶剂，可增加疏水性底物和产物的溶解度，还可以抑制水解反应，从而提高产物的分子量，这种体系又可分为两类，与水互溶的有机共溶体系和与水不互溶的有机混合溶剂体系，前者中有机溶剂有较强的亲水性，如四氢呋喃（THF）、丙酮等（Britton *et al.*，2016）。例如，在水∶THF（75∶25，体积分数）体系中，用漆酶催化聚合甲基丙烯酸甲酯（MMA）和苯乙烯能得到分子量很高的聚合物。而后者中的有机溶剂属疏水性溶剂，如环己烷、二氯甲烷等（Wu *et al.*，2011）。相对来说，酶在与水互溶的有机溶剂体系中更容易失活，因为这些亲水性强的有机溶剂易夺去保持活性所必需的必需水。

在水相-有机相双液相酶催化反应中，最常用的酶是脂肪酶。脂肪酶能在油水界面催化酯的水解或酯化、转酯化等有机合成反应（Adlercreutz，2013）。传统意义上水解酶在水相中催化脂肪酸侧链和动物脂肪/油脂脂质骨架之间酯键的水解得到甘油和脂肪酸，而脂肪酸和其他短链醇在脂肪酶的催化作用下生成酯基和水，水是唯一副产物（Gao *et al.*，2017）。醇解、酸解和酯交换或酯化后分别得到醇、酸或酯。随着过去几十年中有机酯类（如生物燃料）的广泛应用，脂肪酶的酯化催化受到更多专注，其酯化机理为：脂肪酶和脂肪酸形成酯基-酶中间体复合物，释放1分子水，然后该酯基-酶中间体和醇结合，生成脂肪酶-酯复合物，最终释放酯和游离酶（Biswal *et al.*，2013；Stergiou *et al.*，2013）。

### 14.3.3 固定化酶催化气液相反应过程（包括气相-液相）

气液相酶催化反应主要是需要气相参与的酶催化反应，该反应中所需的酶包括碳酸酐酶（carbonic anhydrase，CA）、甲烷单加氧酶等。碳酸酐酶是一种锌酶，能高效地催化 $CO_2$ 的可逆水合反应（Morisaki *et al.*，2012）。它广泛存在于细菌、真菌及动植物体内，通过催化 $CO_2$ 水合反应及某些酯、醛类水化反应，参与多种离子交换，对维持机体内环境稳态发挥着至关重要的作用。碳酸酐酶的主要功能为催化 $CO_2$ 的可逆水合反应，是目前已知的催化速度最快的酶之一。

## 14.4 新型纳米酶催化

### 14.4.1 框架材料固定化酶催化

#### 1. 金属有机框架材料固定化酶催化

金属有机框架（metal organic framework，MOF）材料是一类由金属节点和有机配体连接的多孔材料，以刚性的有机基团为配体，单金属或金属簇为配位中心，通过配位键组成具有周期性的网络结构。在传统的无机多孔材料中，常用的是表面吸附、扩散至孔道和原位合成（Li *et al.*，2016）。然而，MOF 的刚性骨架结构具有可定制的超高孔隙率（高达 90% 的自由体积）、高比表面积（超过 6000 $m^2/g$）和多用途的骨架组成等优点（Chen *et al.*，2017）。MOF 表面携带的众多官能团很可能与酶分子上的基团发生相互作用，这也有利于提高被固定的酶的稳定性。在以 MOF 为载体的众多固定化酶制备方法中，客体分子通常被牢牢限制在其通道或孔笼结构中，防止了客体分子的泄露。

以 MOF 作为酶的载体是一种新兴的固定化生物技术，它克服了传统多孔固体所带来的缺点。在过去，主要是通过化学接枝或物理吸附将酶固定在 MOF 颗粒的外表面，这依赖于 MOF 的有机配体与酶的表面组分之间的相互作用（Lian *et al.*，2017）。虽然这种方法对酶有一定的保护作用，但大多数酶是直接暴露的，仍然容易受到外界刺激。此外，锚点局限在 MOF 的外表面，没能充分利用 MOF 内部的大孔隙体积。将酶封装在 MOF 腔内（酶 @MOF）是解决上述问题的最佳方法，MOF 的超高孔隙率为宿主提供了足够的空间；同时，紧密包围的 MOF 层通过构象约束使酶的稳定性显著提高。原位合成法又被形象地称为“一锅法”，指将前驱体与生物大分子一同搅拌，在 MOF 晶体形成的过程中将客体分子嵌入晶体中（Liang *et al.*，2015）。这样的合成原理使得“一锅法”可以将比 MOF 孔径稍大的客体分子也包埋进其内部孔道中，为 MOF 固定化酶提供了更大的可行性。此外，可定制的多孔网络允许底物的选择性传质，从而促进催化过程。这些优点使酶 @MOF 在生物催化、生物传感和纳米催化医学等领域具有巨大的应用潜力。

#### 2. 共价有机框架材料固定化酶催化

共价有机框架（covalent organic framework，COF）材料由强有机共价键以周期性排列的方式构建而成，已成为材料研究的新领域。COF 完全由轻元素（即 H、B、C、N 和 O）构成，具有低密度、高比表面积、高孔隙等特点，通过其可定制的组成，可以轻松调整其表面上的官能团，利用 COF 与酶之间的特定相互作用，从而调节酶的活性（Samui *et al.*，2020）。此外，COF 在纳米尺度上提供了连续且狭窄的开放通道，为酶提供了高比表面积界面，并为试剂的快速运输提供了途径。此外，与大多数 MOF 类似物相比，COF 的结构更加坚固（Sun *et al.*，2019）。

共价有机框架材料的合成往往需要借助由热力学控制的可逆反应，通过共价键的可逆形成（形成—断裂—再形成）完成结构缺陷的自修复，构建热力学稳定的晶形聚合物（Sun *et al.*，2018）。共价有机框架材料用于固定化酶的主要合成方法有：机械研磨、超声辅助等。Biswal 等（2013）发现通过机械研磨方法可以合成一些已知的 $\beta$-酮烯胺 COF。仅用研钵和研杵机械研磨两种反应前体，得到的产物与使用溶剂热合成的批次相比，机械化学合成的 COF 结晶度较低，仅具有 100 $m^2/g$ 的比表面积，而它们的化学稳定性与溶剂热合成的产物相当。另一种合成方法是超声辅助方法，通过施加超声波，在溶剂中形成气泡，导致溶液中产生非常高的局部温度和压力，从而加速化学反应。这种合成方法可以用于合成 COF-1 和 COF-5，并且仅需 0.5～2 h 的反应时间，该方法所制备材料的比表面积可高达 2122 $m^2/g$（Wu *et al.*，2016）。

### 3. 氢键有机框架材料固定化酶催化

氢键有机框架（hydrogen-bonded organic framework，HOF）材料是把氢键作为主要的作用力之一连接具有给-受电子体的有机结构基元，同时在其他弱相互作用，如 $\pi$-$\pi$ 相互作用、范德瓦耳斯相互作用和偶极-偶极相互作用等的协助之下，自组装而形成的纯有机骨架材料。HOF 通常与极性有机溶剂如 *N*,*N*-二甲基甲酰胺（DMF）和二甲基亚砜（DMSO）不相溶，但 Morshedi 等（2017）利用聚氨基和聚羧酸盐合成 HOF，它们在水和极性溶剂中稳定。随后 Liang 等（2019）制备了由 HOF 封装的固定化酶，拓宽了酶的活性范围。

## 14.4.2　仿生微囊固定化酶催化

微囊是一种具有独特核壳结构的中空材料，具有比表面积大和质量传输距离短等特点。中空的内部可装载多种“货物”或充当密闭空间，而外部半渗透的囊壁可被赋予多种功能（Bollhorst *et al.*，2017）。微囊的大小可介于纳米到毫米尺度。基于以上特点，微囊在催化、分离、检测、控制传递等方面具有广泛的应用。为得到高性能和超强的稳定性，微囊应具备半透、强健、灵活并可调控的结构。

传统上，微囊根据囊壁的化学成分可分为有机微囊（主要是聚合物微囊）和无机微囊。有机微囊的囊壁完全由有机部分组成，通常具有多功能性和可调节性，但机械强度差。相比较而言，无机微囊具有良好的物理、化学、机械稳定性，但刚性和惰性常常限制了它们的广泛应用。杂化微囊集成了有机和无机微囊的优点，在催化、分离、药学、生物化学等领域呈现广泛的应用前景。与大部分杂化材料相同，杂化微囊能获得更多的自由度来操纵多个相互作用（氢键、共价键、配位键等），创建多层次结构和集成多种功能。因此，设计与合成具有特定结构和优越性能的杂化微囊将成为一个新兴的研究领域。

### 1. 仿生黏合固定化酶催化

生物黏合是指两种物质通过物理化学作用黏附在一起，而其中至少一种为生物性物质。通过对贻贝类足丝的结构特征和化学成分进行分析，发现了贻贝黏附蛋白（MAP）是一种超强黏液，而其具有极强黏合作用的关键在于结构中所富含的3,4-二羟苯丙氨酸（DOPA）（Cai *et al.*，2019；Lee *et al.*，2007）。在生物黏合过程中，DOPA的羟基与接触表面形成的氢键远远超过水分子与表面的氢键，因此能够在水环境下牢固地附着在物体表面。在足丝固化过程中，部分DOPA可被氧化形成DOPA醌，通过迈克尔（Michael）加成反应与赖氨酸和半胱氨酸间产生共价交联，进一步增加了其内聚力。

Lee等（2007）首次发现一种与黏附蛋白中多巴和赖氨酸结构相似的小分子物质——多巴胺。多巴胺能在中性或碱性条件下自聚合形成薄膜，能黏附于几乎任何物质表面，并赋予表面多功能特性。例如，其能与氨基或巯基反应，还原金属离子等。近年来，多巴胺的聚合机理是研究者不断探索的热点课题之一。

仿生黏合过程因反应条件较温和可控，形成的聚多巴胺层具有多功能性，而在酶催化领域有所应用。Lee等（2009）利用多巴胺自聚在基底表面生成一层聚多巴胺层，然后利用聚多巴胺中的儿茶酚基团与酶分子中氨基的加成反应，将胰蛋白酶固定在其表面。与传统的EDC/NHS法相比，这种新型交联方法使固定化酶的稳定性显著提高。该课题组将此方法从膜表面修饰固定化酶拓展到氧化铁纳米颗粒表面固定化酶，进而实现了酶分子的高负载及催化活性的显著提高。

### 2. 仿生矿化固定化酶催化

氧化钛是一种重要的金属氧化物，由于其独特的物理性质、化学性质和良好的生物相容性被广泛应用。受启发于自然界中的生物矿化过程，以生物分子及其衍生物作为诱导剂的仿生矿化方法已经演变成一种简单、高效制备氧化钛和基于氧化钛材料（钛基材料）的新颖方法。蛋白质、多肽和聚多巴胺因具有高含量的带正电的氨基酸残基（如精氨酸、赖氨酸）或氨基官能团，可进行仿生钛化的研究。为了扩展仿生钛化过程，氨基酸和胺类小分子也作为诱导剂应用在氧化钛材料的制备中，如天冬氨酸、丝氨酸、谷氨酸等（Zhang *et al.*，2017）。

由于仿生钛化过程可在室温、中性条件下进行，且具有良好的结构可控性和生物相容性，因此利用仿生钛化方法制备无机材料或有机-无机杂化材料特别适合酶的温和、高效固定。近年来，本课题组利用仿生钛化构建了基于氧化钛材料的酶催化系统。利用精蛋白诱导钛的前驱体［Ti(Ⅳ) bis-(ammonium lactate) dihydroxide，Ti-BALDH］水解和缩聚，生成氧化钛纳米微球，同时原位包埋醇脱氢酶，包埋效率大于90%，且酶分子稳定性显著提高（Zhang *et al.*，2015）。

### 3. 皮克林乳化固定化酶催化

皮克林（pickering）乳化是利用纳米颗粒稳定水/油乳液或油/水乳液的过程，是一种利用物理截留制备杂化微囊的方法（Shi *et al.*，2013）。Chen等（2007）首次通过皮克林乳化和辅助苯乙烯聚合的方法合成氧化钛-聚合物的杂化微囊。在此过程中，具有适当的亲水性/疏水性的氧化钛纳米颗粒首先聚集在乳液液滴的界面。苯乙烯、二乙烯基苯和必要的引发剂包围在油滴周围后聚合成交联的聚苯乙烯网络。油相（正十六烷）是交联的聚苯乙烯网络的不良溶剂，会导致相分离和在界面上沉淀，因此氧化钛纳米颗粒可被锁定到微囊表面，并最终合成氧化钛-聚合物杂化微囊。通过改变有机前驱体（或单体）和纳米颗粒的种类，可制备不同种类的无机-聚合物杂化微囊。

### 14.4.3 纳米凝胶固定化酶催化

纳米结构材料的使用使得围绕酶分子的生物相容性微环境的构建成为可能。目前，纳米纤维、纳米多孔材料、碳纳米管、磁性或非磁性纳米颗粒、纳米复合材料、纳米容器、纳米薄片等功能化纳米结构材料已经用于生物催化剂的研究（Smeets *et al.*，2020）。纳米载体具有高酶载量、高比表面积和显著的生物催化潜力等独特特性，是商业规模的水/非水介质生物催化的理想载体。高比表面积体积比、反应过程中的不溶性、易回收和可重复使用性、对酶的高亲和力和高的酶负载能力等使纳米材料成为酶固定化的重要载体。

#### 1. 纳米纤维固定化酶催化

在用于纳米催化剂组装的纳米材料中，纳米纤维具有许多独特的特性，包括增强酶的结合和均匀分散。此外，互连性和较高的孔隙率都为纳米纤维提供了低传质阻力。纳米纤维的这些关键特征和自组装性能为开发基于生物反应器系统的生物加工应用的纳米生物催化剂提供了潜力。静电纺丝以及熔喷、拉伸、自组装、模板合成、相分离和强制纺丝等几种其他已报道的方法，可用于生产多种尺度的纳米纤维（Ariga *et al.*，2013）。除单纤维结构外，静电纺丝还可以产生混合纳米纤维。纳米纤维可以进行修饰或以原始形式使用，以最大程度地减少蛋白质变性和酶活性损失。酶可以通过表面吸附、包埋或共价偶联技术固定在纳米纤维材料上。

#### 2. 纳米多孔材料固定化酶催化

介孔二氧化硅材料具有可调节的纳米结构和均匀的纳米孔，是应用于固定化酶的理想载体。介孔/纳米孔结构具有较大的表面积和较强的酶捕获能力，提供了更具有生物相容性的微环境。还可以通过对介孔载体进行表面修饰以提高负载能力（Suib，2017）。当前已经使用了几种不同的技术来开发各种介孔材料，如MCM-41、SBA-15、MCF等，并且可以对这些材料进行工程设计，以实现不同的固定化要求。在以前的报道中，具有大比表面积和高度有序的纳米孔的介孔二氧化硅材料，即SBA-15，被广泛用作生物催化载体。

#### 3. 碳纳米管固定化酶催化

碳纳米管（CNT）是一种新型载体材料，近年来引起了人们的广泛关注。单壁碳纳米管和多壁碳纳米管由于有序的无孔结构、生物相容性、大比表面积以及优异的化学、热、机械和电学性能而被证明是优良的固定化载体（Babadi *et al.*，2016）。CNT很容易进行表面修饰，从而促进载体与酶之间形成稳定的相互作用。与其他材料相比，CNT在固定的酶和底物之间表现出更大的电子转移能力，因此广泛用于固定氧化还原酶以进行环境检测和修复。

#### 4. 磁性纳米颗粒固定化酶催化

近年来，纳米颗粒作为固定化酶的重要载体材料得到了广泛的关注，因为它们具有较大的比表面积，可以提高酶的负载量，进而提升固定化产率。与其他无机材料相比，纳米颗粒的另一个优势是能够减少扩散限制。近几年来，磁性纳米材料逐渐进入人们的视野，被用作固定化酶的理想材料。磁性纳米材料是一类具有磁性内核、聚合物外壳的纳米材料。这类纳米材料毒性小，易于改性，酶负载量高，重复使用性好（Bohara *et al.*，2016）。目前，磁铁矿和磁赤铁矿因无毒、来源广、稳定性高、环境友好、易从反应混合物中回收等优点而被广泛应用。一般来说，磁性纳米颗粒（MNP）由一个被聚合物外壳包围的磁芯组成，可以组成不同的材料，如丙烯酰胺、纤维素、壳聚糖、二氧化硅等。

与其他固定化技术和载体相比，酶附着在磁性载体上可以提高底物亲和力，保护所得到的纳米颗粒不受 pH 和温度变化的影响。此外，酶分子可以借助外界磁场的作用很好地与反应介质分离，从而有助于酶在较长的贮藏时间内有效地保持其活性。

#### 5. 非磁性纳米颗粒固定化酶催化

各种无机材料和一些具有不同物理化学性质的半导电材料被用于制备具有高敏感性与特异性的纳米颗粒。在这些材料中，金纳米颗粒由于出色的生物相容性、化学活性以及电学和光学性能，引起了越来越多研究人员的兴趣，成为极具吸引力的载体材料。二氧化钛（$TiO_2$）具有相对较低的制造成本、化学稳定性和高折射率，也是一种很好的固定化酶的载体材料（Ansari and Husain，2012）。

## 14.5 细胞固定化方法与载体

细胞固定化技术是 20 世纪 70 年代在固定化酶的基础上发展起来的一种新兴生物技术，是指利用物理或化学手段将游离细胞定位于限定的空间区域并使其保持活性和可反复使用的一种基础技术（王洪祚和刘世勇，1997）。1959 年，Hattori 和 Furusaka 首次将大肠杆菌 *E. coli* 吸附在树脂上，实现了细胞的固定化。细胞固定化方法主要包括吸附、包埋、交联及共价结合 4 种。与酶固定化技术相比较，细胞固定化技术的优点主要在于：①细胞无需进行酶的分离与纯化，降低制备成本；②细胞内环境可很好地保持酶的原始活性和稳定性，可长期使用与储藏；③可反复使用，大大降低生产成本；④为实现生产的管道化、连续化与自动化提供了可能（奚悦等，2013；Liang *et al.*，2012）。细胞固定化载体的种类对其催化性能有着重要的影响，选择合适的载体材料可使固定化细胞适用于不同的反应环境。常用的细胞固定化载体大体可分为三类：①有机高分子载体；②无机载体；③复合载体。目前，细胞固定化技术已被广泛应用于环境治理、食品发酵、能源开发和药物制备等领域。

### 14.5.1 细胞固定化方法

固定化细胞的制备方法是多种多样的，任何一种限制细胞自由流动的技术，都可以用于制备固定化细胞。一般来说，固定化技术大致可以分成吸附法、包埋法、交联法和共价结合法，其中以包埋法使用最为普遍。几种固定化方法还可以联用以实现优势互补。Mansfeld 等（1992）采用吸附-交联法，即先将细胞吸附在树脂上再用交联剂交联，提高了细胞的活性与稳定性。除此之外，还有包埋-交联法（罗少华等，2011）、包埋-吸附法（陶书中等，2013）、包埋-共价结合法等。各种固定化方法都有其特点和适用范围，无论采用何种方法，都需要考虑稳定性，细胞、载体及试剂的费用，操作难易等因素。

#### 1. 吸附法

吸附法又称载体结合法，是指载体和细胞间通过物理吸附或离子键合作用结合在一起，实现固定化。吸附法可分为物理吸附法和离子吸附法，前者是使用具有高度吸附能力的硅胶、活性炭、多孔玻璃、石英砂和纤维素等吸附剂将细胞吸附到表面上使之固定化。后者是根据细胞在解离状态下可因静电引力（即离子键合作用）而固着于带有相异电荷的离子交换剂上，如二乙氨乙基纤维素（DEAE-纤维素）、羧甲基纤维素（CM-纤维素）等。此方法操作简单、反应条件温和、固定细胞活性高、载体可以反复利用，但结合不牢固，且易因 pH、温度、离子浓度等环境条件的改变，造成固定化细胞脱离吸附载体。Nagadomi 等（2000）用多孔陶瓷固定促光合细菌以处理废水。Bonin 等（2001）研究了利用多孔玻璃珠吸附固定化 *Marinobacter* sp.，用于降解疏水性化合物 C18 类异戊二烯酮。

#### 2. 包埋法

包埋法是将微生物细胞用物理方法包埋在各种载体之中。包埋法根据载体材料和方法可分为凝胶包埋和微胶囊包埋，即将细胞包裹于凝胶等物质内部的微孔中或由各种高分子聚合物制成的小球内。该方法操作简单，条件温和，对细胞活性影响较小，制作的固定化细胞颗粒的强度较高，是目前研究最广泛的方法。肖美燕等（2003）对包埋法固定化技术的特点、常用包埋剂的包埋方法以及改性研究等进行了综述。徐忠强等（2018）将包埋法固定化细胞技术用于三维电极生物膜反应器，在增加氢自养优势菌属浓度的同时，提高电流的利用效率，从而强化了三维电极生物膜反应器工艺对再生水的深度脱氮效果。

#### 3. 交联法

交联法是使用凝聚剂将菌体细胞形成聚集体，再利用双功能或多功能交联剂，与细胞表面的基团（如氨基、羟基、巯基、咪唑基等）发生反应，形成共价键来固定细胞。常用的交联剂有戊二醛、偶联苯胺等。此方法结合强度高，稳定性能好，但对细胞表面结构影响较大，固定化的细胞活性易受影响。可以通过尽可能降低交联剂浓度和缩短反应时间来减少交联剂对细胞活性的损害，常与其他方法联用。郑建永等（2017）利用聚乙烯亚胺/戊二醛交联法对重组酯酶大肠杆菌 *E. coli* BL21 细胞进行固定化研究，并对交联工艺条件进行了优化。岳雨霞（2017）以海藻酸钠和聚乙烯醇（PVA）为载体，以戊二醛为交联剂，对拜氏梭菌进行了固定化技术的研究。

#### 4. 共价结合法

共价结合法是细胞表面上功能团和固相支持物表面的反应基团之间形成化学共价键

连接，从而成为固定化细胞的方法。该法细胞与载体之间结合牢固，使用过程中不易发生脱落，稳定性好，但反应条件较难控制、操作复杂，易造成细胞死亡，应用较少。有研究者曾用此法将卡尔酵母固定在已活化的多孔玻璃珠上，虽然细胞已经死亡，但仍然保留生产尿酐酸的活性。

### 14.5.2 细胞固定化载体

细胞固定化技术的关键在于所采用的固定化载体材料的性能。作为固定化细胞的载体材料应具备以下性能：①对细胞无毒，具有高的载体活性；②具有良好的传质性能；③具有较高的细胞容量；④具有生物、化学及热力学稳定性，机械强度较高，使用时间较长；⑤原料廉价易得，制备简便，适于大规模生产。常用固定化细胞载体材料主要分为有机高分子载体材料、无机载体材料和复合载体材料三类。

利用吸附法固定细胞时大多使用无机载体材料；用包埋法固定细胞时通常使用天然有机高分子载体材料，如海藻酸钠、壳聚糖等；用交联法固定细胞时一般采用非水溶性的载体；用共价结合法固定细胞时通常用有机载体或无机载体，需要根据所固定细胞表面上的功能团和材料表面的反应基团之间能否形成化学共价键来选择。

#### 1. 有机高分子载体材料

有机高分子载体材料主要分为天然有机高分子载体材料和人工合成有机高分子载体材料两大类。

天然有机高分子载体材料具有以下优点：一般对生物无毒性，传质性能好，具有生物相容性，能够大量分离提纯，可被制备成各种各样的形式，但也有一些缺点，如机械强度较低、弹性差，在厌氧条件下易被微生物分解。常见的天然有机高分子载体材料有琼脂、明胶、角叉菜胶、海藻酸钠、壳聚糖等。Tasima 等（2005）将壳聚糖微胶囊和聚赖氨酸微胶囊用于肝细胞移植治疗肝功能衰竭，并比较了二者包埋肝细胞的效果。结果表明，壳聚糖微胶囊可以维持肝细胞的增殖和功能并具有优异的免疫保护及低温保存性质。

人工合成有机高分子载体材料抗微生物分解性能强、机械强度高、稳定性好，但传质性能较差，在包埋细胞的过程中会降低细胞的活性。常见的人工合成有机高分子载体材料有聚丙烯酰胺、聚乳酸、聚氨基酸、聚乙烯醇、聚丙烯酸。其中聚乙烯醇（PVA）凝胶强度较高、化学稳定性好、抗微生物分解性能强，相对于聚丙烯酰胺凝胶，对生物的毒性很小，细胞的活性损失小，是目前国内外研究最为广泛的一种包埋固定化载体。丁丽娜（2011）在先期对菌株 *Enterobactor* sp. S8 的固定化研究的基础上，选用 PVA 作为固定化载体，对菌株 *Enterobactor* sp. S8 的固定化条件和固定化细胞小球的脱色反应条件进行了研究。Chang 和 Tseng（1998）以 50% $NaNO_3$ 代替饱和硼酸作交联剂以改进硼酸交联法制备 PVA 凝胶的方法，大大降低了对微生物的毒害性，并增加了凝胶的成球性和传质性能。

#### 2. 无机载体材料

无机载体材料多为多孔性物质，如高岭土、多孔硅、活性炭、多孔玻璃、氧化铝等。它们多为多孔结构，具有较强的吸附能力和静电引力，可以将细胞吸附到表面上使之固定化。此过程操作简便，反应条件温和，载体可以反复利用，但结合不牢固，细胞易脱落。其中，氧化铝颗粒可用于固定化酿酒酵母细胞进行发酵蔗糖的研究。安庆大等（2000）以新型无机材料羟基磷灰石为载体，以中华根霉AS3.817为菌种，固态培养固定化细胞，探索了以羟基磷灰石作为载体的可行性。Mallouchos等（2002）将酿酒酵母固定化在葡萄皮上，实验显示其葡萄糖和果糖的吸收率及乙醇生产率在实验温度范围内都比游离细胞快。

#### 3. 复合载体材料

复合载体材料由有机和无机载体材料结合而成，同时具备了有机高分子载体材料良好的生物相容性和无机载体材料较高的稳定性及机械强度等优点，从而在酶的固定、药物释放、生物反应器和传感器的制备等领域有着良好的应用前景。朱新荣等（2007）以海藻酸钠-琼脂为复合载体，用包埋法对啤酒酵母的固定化效果进行了初步探讨。沈俞等（2008）用卡拉胶-明胶复合载体固定大肠杆菌，优化了固定化细胞的制备条件，并利用该复合载体固定大肠杆菌细胞进行酶法制备$\gamma$-氨基丁酸的研究。邓立红等（2011）以聚乙烯醇（PVA）-海藻酸钠复合载体包埋热带假丝酵母细胞，制备成固定化细胞颗粒，并系统研究了载体的质量浓度对细胞颗粒的磷酸盐耐受性、机械强度与机械稳定性、形貌及木糖醇发酵性能的影响。

除传统有机、无机材料混合制备固定化载体外，利用金属离子与有机材料的配位作用形成的网状结构也是一种良好的载体材料，这类材料常用于单细胞固定化。Park等（2014）采用一步浸没法利用$Fe^{3+}$与单宁酸（TA）产生配位作用形成的$Fe^{3+}$-TA络合物，在细胞表面形成$Fe^{3+}$-TA涂层，并且可通过多次浸没对涂层进行叠加，随着层数的增加，细胞对外界的抗性增强。除$Fe^{3+}$-TA外，金属有机框架（MOF）材料也可以用于单细胞固定化，研究表明，细胞膜和细胞壁中含有可以富集MOF前体的物质，为MOF的结晶提供了界面（Doonan *et al.*，2017）。Liang等（2017）利用细胞表面与酶之间的静电引力和MOF原位包埋酶的技术，在酵母细胞表面合成了$\beta$-半乳糖苷酶（$\beta$-Gal）/MOF涂层，使自然状态下不能利用乳糖的酵母细胞可以在以乳糖为糖原的培养基中存活。

### 14.5.3 固定化细胞评价方法

人们对于固定化细胞的研究主要集中于维持细胞的活性以及细胞的耐受性，因此对于固定化细胞的评价方法也围绕这两点展开。

#### 1. 催化活性

细胞的催化活性是全细胞催化研究中重要的一环，提高细胞的催化活性是全细胞催化研究的根本目的。由于细胞的种类以及用途不同，催化合成的产物也不同，因此对于催化活性的检测方法也不相同，但其原理都是根据细胞催化的产物或者中间产物的量以及反应时间来测量细胞催化的活性。

以固定化氧化葡萄糖酸杆菌的活性测试为例，以甘油为底物利用氧化葡萄糖酸杆菌催化合成二羟基丙酮来衡量细胞的活性，反应结束后可以利用1 mol/L的HCl溶液终止反应，离心过滤后产物二羟基丙酮可以通过高效液相色谱来检测。

#### 2. 稳定性

固定化细胞的稳定性通常指两个方面：一方面，固定化后的细胞可以在不利条件下仍然能维持细胞的活性，如极端温度、强酸强碱环境以及促溶剂（尿素）等；另一方面，固定化细胞需要在特定的环境中释放，这就要求固定化材料可以在一定的环境中降解使细胞可以定向释放。这就要求我们在稳定性评价中既需要评价固定化细胞的稳定性又要评价它的不稳定性。

典型的既需要稳定性又需要不稳定性的固定化细胞系统就是固定化益生菌，益生菌是我们肠道中的一类有益细菌，它可以促进营养物质的消化吸收，也可以维持肠道菌群结构平衡，是消化不良者的良药。但口服的益生菌需要穿过呈强酸性的胃液（pH=2）才能进入肠道，但益生菌在经过强酸性的胃液时已经失去了活性，丧失了对于肠道的调节作用，因此固定化后的益生菌需要有足够的稳定性才可以减小胃液对益生菌活性的影响。然而固定化后的益生菌在经过胃部进入肠道后，固定化外壳依然存在，这就需要固定化材料在肠液的作用下溶解、释放益生菌，这就需要固定化细胞的不稳定性。因此 Kim 等（2017）测试了经过胃液处理后经过肠液处理的固定化细胞的稳定性，试验中对比了经过胃液孵化 2 h 的天然细胞以及固定化细胞的存活率，随后继续在人造肠液中孵化固定化细胞，查看固定化材料的溶解性。

#### 3. 蛋白质总量

细胞产物是细胞新陈代谢等生命活动中所产生的代谢产物，能够进行新陈代谢的是活细胞，反之为死细胞，蛋白质是主要的一类细胞产物，因此是检测蛋白质总量是测试细胞活性的一种重要手段。

检测蛋白质常用的方法是考马斯亮蓝检测法，考马斯亮蓝染料存在 4 种不同的离子形式（Zuo and Lundahl，2005），其中阴离子形式的染料与蛋白质结合后呈蓝色，此时，在 595 nm 左右具有最大光吸收，测定的蛋白质浓度在 2.5～1000 μg/ml，并且光吸收值与蛋白质含量成正比。这种染料最容易与蛋白质中的精氨酰和赖氨酰键结合（Sedmak and Grossberg，2005），这种特异性导致对不同的蛋白质检测时结果差异较大，这是此方法的主要缺陷。

#### 4. 半衰期

与物理学中的相似，细胞的半衰期是指细胞有半数死亡所需要的时间，这是一种检测固定化材料与细胞相容性的手段。自然界中细胞也存在半衰期，不同种类的细胞其半衰期也有差异。

## 14.6 全细胞催化

### 14.6.1 固定化细胞催化单液相反应过程

#### 1. 固定化细胞催化水相反应过程

与游离酶相比，采用微生物全细胞作为催化剂不需要进一步纯化酶以及添加昂贵的辅酶；与游离细胞相比，固定化细胞具有较好的储藏稳定性、热稳定性和溶剂耐受性等明显优势（Chen *et al.*，2012）。水作为无生物毒害作用的液体，是固定化细胞催化最常用的溶剂。

黄宇美等（2015）利用海藻酸钠固定化醋酸杆菌 *Acetobacter* sp. CCTCC M209061 细胞催化 4-三甲基硅基-3-丁炔-2-酮不对称还原合成对映体纯的 (*R*)-4-三甲基硅基-3-丁炔-2-醇，游离细胞与固定化细胞均可以高选择性地催化 3-氯苯丙酮不对称还原反应，并且产物的 *ee* 值均在 99.0% 以上。但游离的 *Acetobacter* sp. CCTCC M209061 细胞催化的反应初始速率［3.85 mmol/(L·h)］是固定化细胞［1.63 mmol/(L·h)］的 2 倍多，并且达到反应平衡时所需要的时间（6.0 h）明显短于固定化细胞（10.0 h）。但固定化细胞的热稳定性、pH 稳定性及操作稳定性明显优于游离细胞。

Nordmeier 和 Chidambaram（2019）通过静电纺丝技术利用 F127 二甲基丙烯酸酯（FDMA）将酿酒酵母细胞固定，在固定化细胞反应器（ICR）中实现了短期连续生产乙醇。虽然固定化细胞的调整期较长（2 天），但连续反应 4 天后，乙醇的产率可达到 94%，平均产率为 90.3%，连续反应 14 天后发现，与游离酿酒酵母细胞相比，固定化细胞的日产率更加稳定。

Liu 等（2018）以琼脂为载体对海洋源性黏胶酵母进行了固定化，固定化细胞显示出不对称还原各种酮的潜力。游离细胞在 pH 为 7.0 时表现出最佳活性，对碱性或酸性环境非常敏感，固定在琼脂上的细胞在 pH 3.5～9 保持了约 99% 的初始活性，而在 pH 10 和 11 时略有下降（Liu *et al.*，2018）。琼脂固定化细胞在 60℃孵育 1 h 后仍保持原有活性的 99% 以上，40℃孵育 1 h 后游离细胞活力下降到 70%，证明了固定在琼脂上的细胞保持了与游离细胞相当的活性和选择性。

### 2. 固定化细胞催化有机相反应过程

有机溶剂对细胞存在一定的毒害作用，如甲苯会使革兰氏阴性菌的细胞内膜变得不稳定，细胞膜的双分子层结构改变从而使细胞膜破裂，蛋白质、油脂等细胞内容物流出导致细胞死亡（Juan *et al.*，1997）。Rajagopal（1996）的研究表明，细胞在有机溶剂中的活性与细胞的生理状态有关，处于对数期的细胞对有机溶剂的耐受性最大而处于稳定期的细胞耐受性下降。有些细胞在有机溶剂中虽然可以存活，但没有催化反应活性。细胞在有机溶剂中的活性可能与溶剂的疏水性（夏仕文等，1997）、产物与底物的性质、介质的浓度等有关，并且这些因素之间也相互影响（Westate *et al.*，1998）。

Cui 等（1998）在有机相中还原 *β*-双酮生成 *β*-羟基酮时都得到了比水相中更高 *ee* 值的产物。*ee* 值就是指（*S* 构型产物−*R* 构型产物）/（产物中的 *S* 构型产物+*R* 构型产物），结果显示几乎所有的有机溶剂都大大提高了 *S* 构型的比例，Nakamura 等（1991）在苯中用面包酵母还原 *β*-酮基酯得到了与水相中不同的立体选择性。而 Dumanski 等（2001）却发现了细胞在有机相中催化时发生了与水相中不同的基团选择性。在有机相中只还原亚甲基，羰基不被还原，而在水相中羰基和亚甲基都能被还原。

Zhong 等（2011）首次报道了鞘氨醇单胞菌 ZUTE03 凝胶包埋细胞在两相转化系统中提高辅酶 CoQ10 产量的研究。重复 15 次后，CoQ10 的产率保持在 40 mg/L 以上的较高水平。

詹喜等（2006）以香叶醇转化为香茅醇作为模型反应，通过气相色谱法定性和定量分析研究了影响该有机相生物转化反应的几个基本因素，考察了两种有机溶剂正己烷和乙酸丁酯对生物相容性的影响，选用甲醇、乙醇、乙二醇、正丁醇和1-己醇分别作为能量物质进行实验，比较其对转化的影响并探讨了Baker's酵母、酒精酵母、假丝酵母、安琪酵母和梅山酵母等8种不同酵母作为生物催化剂对模型反应的催化能力。结果表明，正己烷作为有机溶剂，其生物相容性明显好于乙酸丁酯，更加有利于该生物转化反应进行；乙二醇作为能量物质，该模型反应转化率最高；而Baker's酵母作为生物催化剂，对该模型反应的催化能力最强，最适合作为该模型反应的催化剂。

何军邀和孙志浩（2005）将酵母细胞用海藻酸钙包埋后用于有机相催化不对称还原4-氯乙酰乙酸乙酯制备具有光学活性的4-氯-3-羟基丁酸乙酯，从中筛选得到具有较高立体选择性和还原能力的假丝酵母SW0401菌株，将此菌株的细胞作为研究对象，系统考察了固定化条件、固定化细胞大小、反应溶剂、初始底物浓度、辅助底物、固定化细胞热处理和抑制剂对还原反应的影响。结果表明，上述因素对反应的摩尔转化率和产物(*S*)-CHBE光学纯度有显著影响。对固定化细胞热处理和添加抑制剂烯丙醇均能够明显改善产物的光学纯度，但对提高摩尔转化率有负面影响。

### 14.6.2 固定化细胞催化双液相反应过程

近年来，在两相体系中进行细胞的生物转化越来越引起研究者的关注。两相体系的主要优点是提高了反应物质的溶解性、反应的选择性（底物选择性、区域选择性、立体选择性），减少了在水相中可能发生的副反应，有利于产物的分离，提高收率，在非极性溶剂中增强酶的稳定性等（Cabral *et al.*，1999）。

戴冕等（2007）通过调节不同两相体系及其浓度，测定了海藻酸钙与聚乙烯醇（PVA）复合材料固定化酵母在不同条件下*L*-苯基乙酰基甲醇（*L*-PAC）的产量。其中，在10%石油醚与水两相体系中，*L*-PAC的产量最高达8.11 g/L。

程景等（2014）利用固定化醋酸杆菌*Acetobacter* sp. CCTCC M209061细胞在有机溶剂/缓冲液双相体系中选择性地催化1-(4-甲氧基)-苯基乙醇（MOPE）的不对称氧化反应，并且成功拆分得到对映体纯(*S*)-MOPE。通过优化反应条件，该反应的初始速度（80 μmol/min）、对映体回收率（51.0%）和残留底物*ee*值（99.9%）优于相同条件下的单水相体系。

为了解决低水溶性黄酮类化合物在水相糖苷合成反应过程中底物浓度低、糖苷化产物产率低等问题，许婷婷等（2018）利用海藻酸钠固定化细胞在水-亲水性有机溶剂的非水相反应体系中催化合成葛根素糖苷，其中极性有机溶剂不但可降低反应体系的水活度，提高糖苷化产物产率，而且极性有机溶剂的加入也提高了疏水性底物质量浓度，使受热力学控制的逆水解反应平衡向着糖苷合成方向进行，提高了反应效率。

在水-有机两相介质合成糠醛的过程中，糠醛分子可以从水相快速转移到有机溶剂中，这可以防止糠醛的降解，从而提高糠醛的收率（Mittal *et al.*，2017）。Ma等（2020）通过连续的微波辅助固体酸转化和固定化全细胞生物催化方法，开发了硬秆高粱秆（*Sorghum durra* stalk，SDS）化学转化为糠酸的方法。首先，在水-正丁醇两相介质中，利用微波辅助的含锡白陶土（Sn-argil）从SDS中生产糠醛。然后，用固定化的短杆菌属将 SDS 生成的糠醛生物氧化为糠酸，产率达 57.8%。

## 14.7　总结与展望

酶固定化与细胞固定化技术在酶体外应用和细胞工业应用中发挥重要作用。目前，研究者已开发出多种固定化酶/细胞的载体与方法。本章对固定化酶/细胞与方法进行了总结，分析了吸附法、包埋法、交联法、共价结合法以及无载体法等多种固定化方法的原理、特点及优缺点；对固定化酶/细胞的载体进行了总结与分类，探讨了天然聚合物材料、合成聚合物材料、无机材料、有机-无机复合材料用于固定化技术的优缺点和研究进展，并进一步对框架材料、纳米材料、微囊材料等新型酶固定化材料进行了分析和介绍。此外，本章对酶/细胞固定化技术的评价指标和固定化酶/细胞催化的应用实例及研究进展进行了总结与介绍。

酶固定化与细胞固定化技术在酶/细胞工业实践中已广泛应用，在环境治理、食品发酵、能源开发和药物制备等领域具广泛的应用前景。但从现实情况和固定化酶/细胞的长远发展来看，仍存在诸多挑战。首先，酶/细胞固定化技术的研究对象多集中在过氧化氢酶、脂肪酶、大肠杆菌等酶或者底盘微生物，导致催化体系相对单一，将来应关注固定化酶/细胞催化体系的拓展，特别是由低碳反应物到高碳产物的拓展。其次，酶/细胞固定化技术在实际工况下的长时间运行仍存在问题，开发具长久稳定性、高活性的酶/细胞固定化载体依然是研究重点之一。再次，关注固定化酶/细胞催化与其他催化过程的偶联，开发化学-酶催化或化学-细胞催化合成体系，进行多学科、多领域交叉发展，是固定化酶/细胞催化领域的前沿方向之一。最后，关注新型固定化酶/细胞载体材料开发，如框架材料等，巧妙利用其规整结构和分子包埋机制，将对研究和理解固定化酶/细胞催化过程及机制具重要科学意义。

## 参考文献


安庆大, 周玉俐, 陈海昌. 2000. 新型材料固定化细胞及其优化条件. 大连轻工业学院学报, 2: 92-94.

程景, 娄文勇, 宗敏华, 等. 2014. 有机溶剂/缓冲液双相体系中固定化 *Acetobacter* sp. CCTCC M209061 细胞催化 1-(4-甲氧基)-苯基乙醇不对称氧化反应. 高等学校化学学报, 35(7): 1529-1535.

戴冕, 许激扬, 宁华中. 2007. 两相体系中固定化细胞生物合成 *L*-苯基乙酰基甲醇. 中国生化药物杂志, 28(3): 166-169.

邓立红, 蒋建新, 姚思宇. 2011. 聚乙烯醇质量浓度对复合载体固定化热带假丝酵母颗粒强度、形貌与木糖醇发酵的影响. 食品科学, 32(23): 210-214.

丁丽娜, 陈亮, 黄满红, 等. 2011. 聚乙烯醇包埋脱色菌 *Enterobactor* sp. S8 的研究//上海市化学化工学会 2011 年度学术年会论文集. 上海市化学化工学会, 128-130.

何军邀, 孙志浩. 2005. 固定化细胞有机相催化不对称还原 *β*-羰基酯. 生物加工过程, 4: 23-27.

黄宇美, 徐玉, 赵冰怡, 等. 2015. 水相体系中固定化 *Acetobacter* sp. CCTCC M209061 细胞催化 (*S*)-3-氯苯丙醇不对称合成. 现代食品科技, 31(9): 124-131.

罗少华, 邵伟, 仇敏. 2011. 包埋-交联法固定大肠杆菌细胞制备 *γ*-氨基丁酸的研究. 中国酿造, 11: 142-145.

沈俞, 刘均忠, 刘茜, 等. 2008. 复合载体固定化大肠杆菌制备 *γ*-氨基丁酸. 精细化工, 5: 459-462, 510.

陶书中, 黄亚东, 朱玉洁. 2013. 吸附-包埋复合固定化酵母在啤酒连续后发酵中的应用研究. 酿酒科技, 10: 58-61.

王洪祚, 刘世勇. 1997. 酶和细胞的固定化. 化学通报, 2: 25-30.
奚悦, 焦姮, 刘小宇. 2013. 固定化细胞技术及其应用研究进展. 生命的化学, 33(5): 576-580.
夏仕文, 慰迟力, 李树本. 1997. 水-有机溶剂两相体系中甲基单胞菌 Z201 催化丙烯环氧化的初步研究. 生物工程学报, 13(4): 44-46.
肖美燕, 徐尔尼, 陈志文. 2003. 包埋法固定化细胞技术的研究进展. 食品科学, 24 (4): 158-161.
徐忠强, 郝瑞霞, 任晓克, 等. 2018. 包埋法固定化细胞技术用于三维电极生物膜反应器. 中国给水排水, 34(19): 37-42.
许婷婷, 项梦, 潘扬, 等. 2018. *Acinetobacter johnsonii* G2 细胞的固定化及其非水相介质中催化合成葛根素糖苷. 现代化工, 38(4): 131-134.
岳雨霞. 2017. 拜氏梭菌细胞固定化技术的研究. 科技创新导报, 14(16): 139-141.
詹喜, 王庆利, 邹慧熙, 等. 2006. 有机溶剂中固定化酵母细胞催化香叶醇还原生物转化的研究. 江大学学报 (农业与生命科学版), 4: 391-395.
郑建永, 李天一, 张伟, 等. 2017. 聚乙烯亚胺/戊二醛交联法固定化重组酯酶大肠杆菌细胞. 生物加工过程, 15(3): 7-11, 24.
朱新荣, 胡筱波, 潘思轶, 等. 2007. 复合载体对啤酒酵母细胞的固定化效果. 湖北农业科学, 3: 450-452.
Adlercreutz P. 2013. Immobilisation and application of lipases in organic media. Chemical Society Reviews, 42(15): 6406-6436.
Alatawi F S, Monier M, Elsayed N H. 2018. Amino functionalization of carboxymethyl cellulose for efficient immobilization of urease. Int J Biol Macromol, 114: 1018-1025.
Altinkaynak C, Tavlasoglu S, Özdemir N, *et al.* 2016. A new generation approach in enzyme immobilization: organic-inorganic hybrid nanoflowers with enhanced catalytic activity and stability. Enzyme Microb Technol, 93: 105-112.
Ansari S A, Husain Q. 2012. Potential applications of enzymes immobilized on/in nano materials: a review. Biotechnology Advances, 30(3): 512-523.
Ariga K, Ji Q, Mori T, *et al.* 2013. Enzyme nanoarchitectonics: organization and device application. Chemical Society Reviews, 42(15): 6322-6345.
Babadi A A, Bagheri S, Hamid S B A. 2016. Progress on implantable biofuel cell: nano-carbon functionalization for enzyme immobilization enhancement. Biosensors & Bioelectronics, 79: 850-860.
Biswal B P, Chandra S, Kandambeth S, *et al.* 2013. Mechanochemical synthesis of chemically stable isoreticular covalent organic frameworks. Journal of the American Chemical Society, 135(14): 5328-5331.
Bohara R A, Thorat N D, Pawar S H. 2016. Role of functionalization: strategies to explore potential nano-bio applications of magnetic nanoparticles. Rsc Advances, 6(50): 43989-44012.
Bollhorst T, Rezwan K, Maas M. 2017. Colloidal capsules: nano- and microcapsules with colloidal particle shells. Chemical Society Reviews, 46(8): 2091-2126.
Bonin P, Rontani J F, Bordenave L. 2001. Metabolic differences between attached andfree-living marine bacteria: inadequacy of liquid cultures for describing in situbacterial activity. FEMS Microbiology Letters, 194: 111-119.
Britton J, Raston C L, Weiss G A. 2016. Rapid protein immobilization for thin film continuous flow biocatalysis. Chemical Communications, 52(66): 10159-10162.
Cabral J M S, Aeres-Burros M R, Pinheiro H, *et al.* 1999. Biotransformation in organic media by enzymes and whole cells. Biotechnology, 59(3): 133-143.
Cai Z, Shi J, Li W, *et al.* 2019. Mussel-inspired pH-switched assembly of capsules with an ultrathin and robust nanoshell. ACS Applied Materials & Interfaces, 11(31): 28228-28235.
Cantone S, Ferrario V, Corici L, *et al.* 2013. Efficient immobilisation of industrial biocatalysts: criteria and constraints for the selection of organic polymeric carriers and immobilisation methods. Chemical Society

Reviews, 42(15): 6262-6276.

Cao S L, Huang Y M, Li X H, *et al.* 2016. Preparation and characterization of immobilized lipase from *Pseudomonas cepacia* onto magnetic cellulose nanocrystals. Sci Rep, 6: 20420.

Chang C C, Tseng S K. 1998. Immobilization of *Alcaligenes eutrophus* using PVA cross-linked with sodium nitrate. Biotechnology Techniques, 12(12): 865-868.

Chen L, Luque R, Li Y. 2017. Controllable design of tunable nanostructures inside metal-organic frameworks. Chemical Society Reviews, 46(15): 4614-4630.

Chen T, Colver P J, Bon S A F. 2007. Organic-inorganic hybrid hollow spheres are prepared by using a $TiO_2$-stabilized Pickering emulsion polymerization. Advanced Materials, 19(17): 2286-2289.

Chen X H, Wang X T, Lou W Y, *et al.* 2012. Immobilization of *Acetobacter* sp. CCTCC M209061 for efficient asymmetric reduction of ketones and biocatalyst recycling. Microbial Cell Factories, 11: 119.

Corici L, Ferrario V, Pellis A, *et al.* 2016. Large scale applications of immobilized enzymes call for sustainable and inexpensive solutions: rice husks as renewable alternatives to fossil-based organic resins. Rsc Advances, 6(68): 63256-63270.

Cui J N, Ema T, Sakai T, *et al.* 1998. Control of enantioszieclivity in the baker's yeast asymmetric reauction of $\gamma$-chloro-$\beta$-diketones to $\gamma$-chloro(*S*)-$\beta$-hydroxy ketones. Tetrahedron Asymmetry, 9: 2681-2692.

Doonan C, Riccò R, Liang K, *et al.* 2017. Metal-organic frameworks at the biointerface: synthetic strategies and applications. Accounts of Chemical Research, 50: 1423.

Dumanski P G, Florey P, Knettig M, *et al.* 2001. The baker's yeast-mediated reduction of conjugated methylene groups in an organic solvent. Journal of Molecular Catalysis B: Enzymatic, 11: 905-908.

France S P, Hepworth L J, Turner N J, *et al.* 2017. Constructing biocatalytic cascades: *in vitro* and *in vivo* approaches to *de novo* multi-enzyme pathways. ACS Catalysis, 7(1): 710-724.

Gaitzsch J, Huang X, Voit B. 2016. Engineering functional polymer capsules toward smart nanoreactors. Chemical Reviews, 116(3): 1053-1093.

Ganonyan N, Benmelech N, Bar G, *et al.* 2020. Entrapment of enzymes in silica aerogels. Materials Today, 33: 24-35.

Gao J, Kong W, Zhou L, *et al.* 2017. Monodisperse core-shell magnetic organosilica nanoflowers with radial wrinkle for lipase immobilization. Chemical Engineering Journal, 309: 70-79.

Grajales-Hernández D A, Velasco-Lozano S, Armendáriz-Ruiz M A, *et al.* 2020. Carrier-bound and carrier-free immobilization of type A feruloyl esterase from *Aspergillus niger*: searching for an operationally stable heterogeneous biocatalyst for the synthesis of butyl hydroxycinnamates. J Biotechnol, 316: 6-16.

Huang S, Kou X, Shen J, *et al.* 2020. "Armor-Plating" enzymes with metal-organic frameworks (MOFs). Angew Chem Int Ed Engl, 59(23): 8786-8798.

Illanes A, Cauerhff A, Wilson L, *et al.* 2012. Recent trends in biocatalysis engineering. Bioresource Technology, 115: 48-57.

Iyer P V, Ananthanarayan L. 2008. Enzyme stability and stabilization-aqueous and non-aqueous environment. Process Biochemistry, 43(10): 1019-1032.

Jiang H, Liu L, Li Y, *et al.* 2020. Inverse pickering emulsion stabilized by binary particles with contrasting characteristics and functionality for interfacial biocatalysis. ACS Applied Materials & Interfaces, 12(4): 4989-4997.

Kim B J, Han S, Lee K B, *et al.* 2017. Biphasic supramolecular self-assembly of ferric ions and tannic acid across interfaces for nanofilm formation. Advanced Materials, 29: 1700784.

Kim H, Hassouna F, Muzika F, *et al.* 2019. Urease adsorption immobilization on ionic liquid-like macroporous polymeric support. Journal of Materials Science, 54(24): 14884-14896.

Krajewska B. 2004. Application of chitin- and chitosan-based materials for enzyme immobilizations: a review. Enzyme and Microbial Technology, 35(2-3): 126-139.

Leboukh S, Gouzi H, Coradin T, *et al.* 2018. An optical catechol biosensor based on a desert truffle tyrosinase extract immobilized into a sol-gel silica layered matrix. Journal of Sol-Gel Science and Technology, 86(3): 675-681.

Lee H, Dellatore S M, Miller W M, *et al.* 2007. Mussel-inspired surface chemistry for multifunctional coatings. Science, 318(5849): 426-430.

Lee H, Rho J, Messersmith P B. 2009. Facile conjugation of biomolecules onto surfaces via mussel adhesive protein inspired coatings. Advanced Materials, 21(4): 431.

Li H, Lu X, Lu Q, *et al.* 2020a. Hierarchical porous and hydrophilic metal-organic frameworks with enhanced enzyme activity. Chem Commun (Camb), 56(34): 4724-4727.

Li M, Qiao S, Zheng Y, *et al.* 2020b. Fabricating covalent organic framework capsules with commodious microenvironment for enzymes. J Am Chem Soc, 142(14): 6675-6681.

Li P, Moon S Y, Guelta M A, *et al.* 2016. Nanosizing a metal-organic framework enzyme carrier for accelerating nerve agent hydrolysis. ACS Nano, 10(10): 9174-9182.

Lian X Z, Fang Y, Joseph E, *et al.* 2017. Enzyme-MOF (metal-organic framework) composites. Chemical Society Reviews, 46(11): 3386-3401.

Lian X, Fang Y, Joseph E, *et al.* 2017. Enzyme-MOF (metal-organic framework) composites. Chem Soc Rev, 46(11): 3386-3401.

Liang F Y, Huang J, He J Y, *et al.* 2012. Improved enantioselective hydrolysis of racemic ethyl-2,2-dimethylcyclopropanecarboxylate catalyzed by modified Novozyme. Biotechnology and Bioprocess Engineering, 17(5): 952-958.

Liang K, Ricco R, Doherty C M. 2015. Biomimetic mineralization of metal-organic frameworks as protective coatings for biomacromolecules. Nature Communications, 6: 7240.

Liang K, Richardson J J, Doonan C J, *et al.* 2017. An enzyme-coated metal−organic framework shell for synthetically adaptive cell survival. Angewandte Chemie International Ed, 56: 8510-8515.

Liang S, Wu X L, Xiong J, *et al.* 2020. Metal-organic frameworks as novel matrices for efficient enzyme immobilization: an update review. Coordination Chemistry Reviews, 406.

Liang W, Carraro F, Solomon M B, *et al.* 2019. Enzyme encapsulation in a porous hydrogen-bonded organic framework. J Am Chem Soc, 141: 14298-14305.

Liu H, Duan W D, de Souza F, *et al.* 2018. Asymmetric ketone reduction by immobilized *Rhodotorula mucilaginosa*. Catalysts, 8: 165.

Liu X, Qi W, Wang Y, *et al.* 2017. A facile strategy for enzyme immobilization with highly stable hierarchically porous metal-organic frameworks. Nanoscale, 9(44): 17561-17570.

Ma Z, Liao Z, Ma C L, *et al.* 2020. Chemoenzymatic conversion of *Sorghum durra* stalk into furoic acid by a sequential microwave-assisted solid acid conversion and immobilized whole-cells biocatalysis. Bioresource Technology, 311: 123474.

Mallouchos A, Reppa P, Aggelis G, *et al.* 2002. Grape skins as a natural support for yeast immobilization. Biotechnology Letters, 24(16): 1331-1335.

Manseld J, Schellenberger A, Römbach J. 1992. Application of polystyrene-bound invertase to continuous sucrose hydrolysis on pilot scale. Biotechnology and Bioprocess Engineering, 40(9): 997-1003.

Mate D M, Alcalde M. 2017. Laccase: a multi-purpose biocatalyst at the forefront of biotechnology. Microbial Biotechnology, 10(6): 1457-1467.

Mi L, Yu J, He F, *et al.* 2017. Boosting gas involved reactions at nanochannel reactor with joint gas-solid-liquid interfaces and controlled wettability. Journal of the American Chemical Society, 139(30): 10441-10446.

Mittal A, Black S K, Vinzant T B, *et al.* 2017. Production of furfural from process-relevant biomass-derived pentoses in a biphasic reaction system. ACS Sustainable Chemistry & Engineering, 5: 5694-5701.

Mohamad N R, Marzuki N H C, Buang N A, *et al.* 2015. An overview of technologies for immobilization of enzymes and surface analysis techniques for immobilized enzymes. Biotechnol Biotechnol Equip, 29(2): 205-220.

Morisaki Y, Gon M, Tsuji Y, *et al.* 2012. Synthesis and characterization of [2.2]paracyclophane-containing conjugated microporous polymers. Macromolecular Chemistry and Physics, 213(5): 572-579.

Morshedi M, Thomas M, Tarzia A, *et al.* 2017. Supramolecular anion recognition in water: synthesis of hydrogen-bonded supramolecular frameworks. Chem Sci, 8: 3019-3025.

Nagadomi H, Kitamura T, Watanabe M, *et al.* 2000. Simultaneous removal of chemical oxygen demand (COD), phosphate, nitrate and $H_2S$ in the synthetic sewage wastewater using porous ceramic immobilized photosynthetic bacteria. Biotechnology Letters, 22(17): 1369-1374.

Nakamura K, Kondo S I, Kawail Y, *et al.* 1991. Reduction by baker's yeast in bezene. Tetrahetron Letters, 32(48): 7075-7078.

Nordmeier A, Chidambaram D. 2019. Use of electrospun threads in immobilized cell reactors for continuous ethanol production. Colloids and Surfaces B: Biointerfaces, 181: 989-993.

Ogino H, Ishikawa H. 2001. Enzymes which are stable in the presence of organic solvents. Journal of Bioscience and Bioengineering, 91(2): 109-116.

Park J H, Kim K, Lee J, *et al.* 2014. A cytoprotective and degradable metal-polyphenol nanoshell for single-cell encapsulation. Angewandte Chemie International Ed, 53: 12420.

Punekar N. 2018. Enzymes: catalysis, kinetics and mechanisms. Focus on Catalysts, 8: 7.

Rajagopal A N. 1996. Growth of $Gram^-$ negative bacteria in the presence of organic solvents. Enzyme and Microbial Technology, 19(8): 606-613.

Ramos J L, Duque E, Rodriguez-Herva J J. 1997. Mechanisms for solvent tolerance in bacteria. Biological Chemistry, 272: 3887-3890.

Robles-Medina A, González-Moreno P A, Esteban-Cerdán L, *et al.* 2009. Biocatalysis: towards ever greener biodiesel production. Biotechnology Advances, 27(4): 398-408.

Samoylova Y V, Sorokina K N, Piligaev A V, *et al.* 2018. Preparation of stable cross-linked enzyme aggregates (CLEAs) of a *Ureibacillus thermosphaericus* esterase for application in malathion removal from wastewater. Catalysts, 8(4): 19.

Samui A, Happy, Sahu S K. 2020. Integration of alpha-amylase into covalent organic framework for highly efficient biocatalyst. Microporous and Mesoporous Materials, 291: 9.

Sedmak J J, Grossberg S E. 2005. A rapid, sensitive and versatile assay for protein using Coomassie brilliant blue G250. Analytical Biochemistry, 79: 544-552.

Sheldon R A, Pereira P C. 2017. Biocatalysis engineering: the big picture. Chemical Society Reviews, 46(10): 2678-2691.

Sheldon R A, Woodley J M. 2018. Role of biocatalysis in sustainable chemistry. Chemical Reviews, 118(2): 801-838.

Shi J, Wang X, Zhang W, *et al.* 2013. Synergy of pickering emulsion and sol-gel process for the construction of an efficient, recyclable enzyme cascade system. Advanced Functional Materials, 23(11): 1450-1458.

Smeets V, Baaziz W, Ersen O, *et al.* 2020. Hollow zeolite microspheres as a nest for enzymes: a new route to hybrid heterogeneous catalysts. Chemical Science, 11(4): 954-961.

Song Y, Ding Y, Wang F, *et al.* 2019. Construction of nano-composites by enzyme entrapped in mesoporous dendritic silica particles for efficient biocatalytic degradation of antibiotics in wastewater. Chemical Engineering Journal, 375: 121968-1-121968-9.

Stergiou P Y, Foukis A, Filippou M, *et al.* 2013. Advances in lipase-catalyzed esterification reactions.

Biotechnology Advances, 31(8): 1846-1859.

Suib S L. 2017. Review of recent developments of mesoporous materials. Chemical Record, 17(12): 1169-1183.

Sun J, Wang C, Wang Y, *et al.* 2019. Immobilization of carbonic anhydrase on polyethylenimine/dopamine codeposited membranes. Journal of Applied Polymer Science, 136(29): 47784.

Sun Q, Aguila B, Lan P C, *et al.* 2019. Tuning pore heterogeneity in covalent organic frameworks for enhanced enzyme accessibility and resistance against denaturants. Advanced Materials, 31(19): 7.

Sun Q, Fu C W, Aguila B, *et al.* 2018. Pore environment control and enhanced performance of enzymes infiltrated in covalent organic frameworks. Journal of the American Chemical Society, 140(3): 984-992.

Tasima H, Chen H M, Wei O Y. 2005. *In vitro* study of alginate-chitosan microcapsules: an alternative to liver cell transplants for the treatment of liver failure. Biotechnology Letters, 27: 317-322.

Thangaraj B, Solomon P R. 2019. Immobilization of lipases—a review. Part Ⅱ: carrier materials. ChemBioEng Reviews, 6(5): 167-194.

Titirici M M, White R J, Brun N, *et al.* 2015. Sustainable carbon materials. Chemical Society Reviews, 44(1): 250-290.

Venezia V, Sannino F, Costantini A, *et al.* 2020. Mesoporous silica nanoparticles for $\beta$-glucosidase immobilization by templating with a green material: tannic acid. Microporous and Mesoporous Materials, 302: 110203.

Westate S, Vaidaya A M, Bell G, *et al.* 1998. High specific activity of whole cells in an aqueous- organic two-phase membrane bioreactor. Enzyme and Technology, 22: 575-577.

Wohlgemuth R. 2010. Biocatalysis-key to sustainable industrial chemistry. Current Opinion in Biotechnolog, 21(6): 713-724.

Wu C, Bai S, Ansorge-Schumacher M B, *et al.* 2011. Nanoparticle cages for enzyme catalysis in organic media. Advanced Materials, 23(47): 5694-5699.

Wu L, Wu S, Xu Z, *et al.* 2016. Modified nanoporous titanium dioxide as a novel carrier for enzyme immobilization. Biosensors & Bioelectronics, 80: 59-66.

Wu X, Yue H, Zhang Y, *et al.* 2019. Packaging and delivering enzymes by amorphous metal-organic frameworks. Nature Communication, 10(1): 5165.

Xiao X, Siepenkoetter T, Whelan R, *et al.* 2018. A continuous fluidic bioreactor utilising electrodeposited silica for lipase immobilisation onto nanoporous gold. Journal of Electroanalytical Chemistry, 812: 180-185.

Yang Y, Zhu G, Wang G, *et al.* 2016. Robust glucose oxidase with a $Fe_3O_4$@C-silica nanohybrid structure. Journal of Materials Chemistry B, 4(27): 4726-4731.

Zhang S, Jiang Z, Qian W, *et al.* 2017. Preparation of ultrathin, robust nanohybrid capsules through a "beyond biomineralization" method. ACS Applied Materials & Interfaces, 9(14): 12841-12850.

Zhang S, Jiang Z, Shi J, *et al.* 2016. An efficient, recyclable, and stable immobilized biocatalyst based on bioinspired microcapsules-in-hydrogel scaffolds. ACS Applied Materials & Interfaces, 8(38): 25152-25161.

Zhang S, Jiang Z, Zhang W, *et al.* 2015. Polymer-inorganic microcapsules fabricated by combining biomimetic adhesion and bioinspired mineralization and their use for catalase immobilization. Biochemical Engineering Journal, 93: 281-288.

Zhong W, Wang W, Kong Z, *et al.* 2011. Coenzyme Q10 production directly from precursors by free and gel-entrapped *Sphingomonas* sp. ZUTE03 in a water-organic solvent, two-phase conversion system. Applied Microbiology and Biotechnology, 89(2): 293-302.

Zhuang W, Huang J, Liu X, *et al.* 2019. Co-localization of glucose oxidase and catalase enabled by a self-assembly approach: matching between molecular dimensions and hierarchical pore sizes. Food Chemistry, 275: 197-205.

Zuo S S, Lundahl P. 2005. A micro-bradford membrane protein assay. Analytical Biochemistry, 284: 162-164.

第15章

# 酶制剂在饲料食品及日化用品中的应用

周　樱　辜玲芳　张　立　付大波　王　冠
武汉新华扬生物股份有限公司

## 15.1　工业酶制剂的定义与种类

生物催化技术是工业可持续发展最有希望的技术，而工业酶是生物催化在工业生产应用过程中解决高消耗和高污染等问题的关键。《中国制造2025》中曾明确指出，截至2020年，中国将建成千家绿色示范工厂和百家绿色示范园区，重点行业主要污染物排放强度下降20%。毫无疑问，工业酶将在这一场绿色发展的技术革命中担当重要角色。随着定向进化、基因工程技术的发展，可大大加速高性能工业酶的获取。

全世界发现的酶类有3000多种，而在工业上生产上的有60多种，但真正工业化大规模生产的只有20余种。全世界酶制剂市场正以年平均11%的速度逐年增加，因此，酶制剂工业的发展前景相当广阔。由于工业酶在生产过程中具有催化效率高、专一性强和污染少等特点，酶制剂在食品加工、生物制造、环境保护、农业、化工及医药等行业都有很大的应用。

本节讲述工业酶制剂的定义和工业酶制剂的种类，从来源、产品组成、剂型、用途、催化条件、作用底物和反应类型这七个方面进行分类阐述。

### 15.1.1　工业酶制剂的定义

酶制剂是经过提纯、加工后具有催化功能的生物催化剂制品。而工业酶制剂属于酶制剂中的一类，食品用酶、饲料用酶、洗涤用酶、造纸用酶、医药用酶等使用的酶制剂均属于工业酶制剂。

目前生产的工业酶80%以上是水解酶，它们主要用于降解自然界中的高聚物，如淀粉、蛋白质、脂肪等物质，因而蛋白酶、淀粉酶和脂肪酶是目前工业应用的三大主要酶制剂。蛋白酶可用于去污剂、奶制品业、皮革业等；淀粉酶用于烘焙、酿造、淀粉糖化和纺织业等；脂肪酶用于生产去污剂、食品等。

### 15.1.2 工业酶制剂的种类

#### 1. 按照来源分类

根据来源的不同，酶可以分为动物酶、植物酶、微生物酶三类。

大多数酶都是微生物来源，只有有限数量的植物和动物是经济的酶源。植物和动物来源的酶是食品工业的重要用酶。植物来源的酶有木瓜蛋白酶、菠萝蛋白酶、无花果蛋白酶、麦芽淀粉水解酶、大豆脂肪氧合酶等。考虑到工业用酶的迅猛发展，大量生产植物来源的酶需要依赖植物的培养条件、生长周期和天气条件等，因而进行稳定的大规模生产还有一定的局限性。动物产生的酶主要从屠宰牲畜的腺体中提取，目前广泛使用的动物酶有猪胰蛋白酶和胃脂肪酶等，来源有限。随着细胞工程和基因工程技术的发展，现在某些动植物来源的酶可以用细胞培养及重组技术来生产。生产酶制剂的微生物有丝状真菌、酵母、细菌三大类群。而微生物生产的酶可满足任何规模的需求，产率高、质量稳定。微生物酶制剂既可取代性能相同的动植物主要酶制剂种类，又能生产出在100℃起催化作用的高温-淀粉酶和在 pH 10.0～12.0 起作用的洗涤剂蛋白酶等品种。表15.1 中是可用于饲料工业及食品工业的酶种，每种酶制剂都规定了相应的来源。

表 15.1 不同行业酶制剂来源

| 编号 | 酶种 | 应用行业 | 来源 |
|---|---|---|---|
| 1 | 植酸酶 | 饲料工业 | 黑曲霉、米曲霉、长柄木霉、毕赤酵母 |
| 2 | 木聚糖酶 | | 米曲霉、孤独腐质霉、长柄木霉、枯草芽孢杆菌、绳状青霉、黑曲霉、毕赤酵母 |
| 3 | β-甘露聚糖酶 | | 迟缓芽孢杆菌、黑曲霉、长柄木霉 |
| 4 | 纤维素酶 | | 长柄木霉 3、黑曲霉、孤独腐质霉、绳状青霉 |
| 5 | β-葡聚糖酶 | | 黑曲霉、枯草芽孢杆菌、长柄木霉、绳状青霉、解淀粉芽孢杆菌、棘孢曲霉 |
| 6 | α-半乳糖苷酶 | | 黑曲霉 |
| 7 | 葡萄糖氧化酶 | | 特异青霉、黑曲霉 |
| 8 | 蛋白酶 | | 黑曲霉、米曲霉、枯草芽孢杆菌、长柄木霉 |
| 9 | α-淀粉酶 | | 黑曲霉、解淀粉芽孢杆菌、地衣芽孢杆菌、枯草芽孢杆菌、长柄木霉、米曲霉、大麦芽、酸解支链淀粉芽孢杆菌 |
| 10 | 脂肪酶 | | 黑曲霉、米曲霉 |
| 11 | 果胶酶 | | 黑曲霉、棘孢曲霉 |
| 12 | 角蛋白酶 | | 地衣芽孢杆菌 |
| 13 | 麦芽糖酶 | | 枯草芽孢杆菌 |
| 14 | α-半乳糖苷酶 | 食品工业 | 黑曲霉 |
| 15 | α-淀粉酶 | | 地衣芽孢杆菌、黑曲霉、解淀粉芽孢杆菌、枯草芽孢杆菌、米根霉、米曲霉、嗜热脂解芽孢杆菌、猪或牛的胰腺 |
| 16 | α-乙酰乳酸脱羧酶 | | 枯草芽孢杆菌 |
| 17 | β-淀粉酶 | | 大麦、山芋、大豆、小麦、麦芽、枯草芽孢杆菌 |

续表

| 编号 | 酶种 | 应用行业 | 来源 |
|---|---|---|---|
| 18 | β-葡聚糖酶 | | 地衣芽孢杆菌、孤独腐质霉、哈次木霉、黑曲霉、枯草芽孢杆菌、李氏木霉、解淀粉芽孢杆菌、埃默森篮状菌、绿色木霉、绳状青霉 |
| 19 | 阿拉伯呋喃糖苷酶 | | 黑曲霉 |
| 20 | 氨基肽酶 | | 米曲霉 |
| 21 | 半纤维素酶 | | 黑曲霉 |
| 22 | 菠萝蛋白酶 | | 菠萝 |
| 23 | 蛋白酶 | | 寄生内座壳、地衣芽孢杆菌、黑曲霉、解淀粉芽孢杆菌、枯草芽孢杆菌、米黑根毛霉、米曲霉、乳克鲁维酵母、微小毛霉、蜂蜜曲霉、嗜热脂解地芽孢杆菌 |
| 24 | 单宁酶 | | 米曲霉 |
| 25 | 多聚半乳糖醛酸酶 | | 黑曲霉、米根霉 |
| 26 | 甘油磷脂胆固醇酰基转移酶 | | 地衣芽孢杆菌 |
| 27 | 谷氨酰胺酶 | | 解淀粉芽孢杆菌 |
| 28 | 谷氨酰胺转氨酶 | | 茂原链轮丝菌 |
| 29 | 果胶裂解酶 | | 黑曲霉、米曲霉 |
| 30 | 果胶酯酶 | | 黑曲霉、米曲霉 |
| 31 | 过氧化氢酶 | | 黑曲霉、牛或猪或马的肝脏、溶壁微球菌 |
| 32 | 核酸酶 | | 橘青霉 |
| 33 | 环糊精葡萄糖苷转移酶 | 食品工业 | 地衣芽孢杆菌 |
| 34 | 己糖氧化酶 | | （多形）汉逊酵母 |
| 35 | 菊糖酶 | | 黑曲霉 |
| 36 | 磷脂酶 | | 胰腺 |
| 37 | 磷脂酶 A2 | | 猪胰腺组织、黑曲霉 |
| 38 | 磷脂酶 C | | 巴斯德毕赤酵母 |
| 39 | 麦芽碳水化合物水解酶 | | 麦芽和大麦 |
| 40 | 麦芽糖淀粉酶 | | 枯草芽孢杆菌 |
| 41 | 木瓜蛋白酶 | | 木瓜 |
| 42 | 木聚糖酶 | | 巴斯德毕赤酵母、孤独腐质霉、黑曲霉、里氏木霉、枯草芽孢杆菌、米曲霉 |
| 43 | 凝乳酶 A | | 大肠杆菌 K-12 |
| 44 | 凝乳酶 B | | 黑曲霉泡盛变种、乳克鲁维酵母 |
| 45 | 凝乳酶或粗制凝乳酶 | | 小牛、山羊或羔羊皱胃 |
| 46 | 葡糖淀粉酶 | | 戴尔根霉、黑曲霉、米根霉、米曲霉、雪白根霉 |
| 47 | 葡糖氧化酶 | | 黑曲霉、米曲霉 |
| 48 | 葡糖异构酶 | | 橄榄产色链霉菌、橄榄色链霉菌、密苏里游动放线菌、凝结芽孢杆菌、锈棕色链霉菌、紫黑吸水链霉菌、鼠灰链霉菌 |
| 49 | 普鲁兰酶 | | 产气克鲁伯氏菌、枯草芽孢杆菌、嗜酸普鲁兰芽孢杆菌、地衣芽孢杆菌、长野解普鲁兰杆菌 |

续表

| 编号 | 酶种 | 应用行业 | 来源 |
|---|---|---|---|
| 50 | 漆酶 | 食品工业 | 米曲霉 |
| 51 | 溶血磷脂酶（磷脂酶 B） | | 黑曲霉 |
| 52 | 乳糖酶（β-半乳糖苷酶） | | 脆壁克鲁维酵母、黑曲霉、米曲霉、乳克鲁维酵母、巴斯德毕赤酵母 |
| 53 | 天冬酰胺酶 | | 黑曲霉、米曲霉 |
| 54 | 脱氨酶 | | 蜂蜜曲霉 |
| 55 | 胃蛋白酶 | | 猪、小牛、小羊、禽类的胃组织 |
| 56 | 无花果蛋白酶 | | 无花果 |
| 57 | 纤维二糖酶 | | 黑曲霉 |
| 58 | 纤维素酶 | | 黑曲霉、李氏木霉、绿色木霉 |
| 59 | 右旋糖苷酶 | | 无定毛壳菌 |
| 60 | 胰蛋白酶 | | 猪或牛的胰腺 |
| 61 | 胰凝乳蛋白酶 | | 猪或牛的胰腺 |
| 62 | 脂肪酶 | | 黑曲霉、米根霉、米黑根毛霉、米曲霉、小牛或小羊的唾液腺或前胃组织、雪白根霉、羊咽喉、猪或牛的胰腺、米曲霉、柱晶假丝酵母 |
| 63 | 酯酶 | | 黑曲霉、李氏木霉、米黑根毛霉 |
| 64 | 植酸酶 | | 黑曲霉 |
| 65 | 转化酶（蔗糖酶） | | 酿酒酵母 |
| 66 | 转葡糖苷酶 | | 黑曲霉 |
| 67 | 壳聚糖酶 | | 枯草芽孢杆菌 |
| 68 | 脂肪酶 | | 卷枝毛霉 |
| 69 | 果糖基转移酶 | | 米曲霉 |
| 70 | β-半乳糖苷酶 | | 两歧双歧杆菌 |

### 2. 按照产品组成分类

按照产品的组成分类，酶可以分成单制剂（single enzyme preparation）和复合酶制剂（compound enzyme preparations）两类。

单酶制剂是指具有单一系统名称且具有专一催化作用的酶制剂。该类酶制剂在多个领域广泛应用，其中饲料用单酶制剂是指经过分离、提纯工艺而只含有一种功效酶成分，对饲料中一种成分具有酶催化作用的酶制剂。饲料用单酶制剂又可以分为两类：一类是以降解生物大分子为主的消化酶，如蛋白酶、淀粉酶、糖化酶和脂肪酶等，可将生物大分子水解成小分子化合物或其他组成单位氨基酸、葡萄糖等，从而有助于动物体的消化和吸收。另一类是以降解抗营养因子为主的非消化酶，其中包活分解非淀粉多糖类抗营养因子的非淀粉多糖酶，如木聚糖酶、β-葡聚糖酶和甘露聚糖酶等，以及破坏其他抗营养因子的果胶酶和植酸酶等（韦平和等，2012）。

复合酶制剂是指含有两种或两种以上单酶的酶制剂。其可由单一微生物发酵产生，也可由单酶制剂复配而成。早期的复合酶制剂主要是单酶复配，现在主要是微生物直接发酵，发酵方式包括单一酶的多菌种混合发酵和产多种酶的单一菌种发酵。该类酶制剂在饲料和洗涤剂工业应用广泛，而在其他领域较少。饲料用复合酶制剂是指含有两种或两种以上主要功效的酶成分，根据饲料原料和动物消化生理的不同而特定复配，对饲料中多种成分具有酶催化作用的饲料用酶制剂。例如，由蛋白酶、纤维素酶和木聚糖酶组成的复合酶制剂，可同时作用于日粮中的蛋白质、纤维素和木聚糖。饲料用复合酶制剂主要有以下三类：①以$\beta$-葡聚糖酶为主的复合酶制剂，主要是消除饲料中的$\beta$-葡聚糖等抗营养因子；②以蛋白酶和淀粉酶为主的复合酶制剂，主要作用是补充动物内源酶的不足，以降解多糖和蛋白质等生物大分子；③以纤维素酶、木聚糖酶和果胶酶为主的复合酶制剂，主要作用是破坏植物细胞壁，并消除饲料中的抗营养因子。配合饲料中含有多种营养素，这些营养素主要由生物大分子组成，动物必须先酶解消化这些生物大分子然后才能利用它们，而酶对底物具有高度的专一性，使用单酶的作用效果明显低于使用多酶。因此，复合酶制剂可最大限度地提高饲料中淀粉、蛋白质和纤维素等营养物质的利用率，从而达到提高质量、减少消耗的目的。

在面粉改良中，据有关研究表明，葡萄糖氧化酶与脂肪酶混合使用，前者能解决后者所达不到的强度，后者能解决前者所达不到的延伸度；$\alpha$-淀粉酶和木聚糖酶混合使用能使面包的体积增大30%；将真菌$\alpha$-淀粉酶、木聚糖酶和脂肪酶联用，增效作用会更好，且酶总用量下降，在此基础上如再增加麦芽糖淀粉酶时，还可极大提高制品的保鲜效果；氧化酶和真菌淀粉酶、抗坏血酸、谷朊粉、乳化剂等复合后，能使特一粉面团的稳定时间达20 min以上，面包的体积增大，内部纹理结构细腻，柔软而富有弹性；酶制剂和乳化剂配合使用能有效地改善面粉的品质，使面包体积增大，提高耐储性。

### 3. 按照剂型分类

按剂型分类，酶可以分为液体、粉剂和颗粒三种剂型。液体产品在生产时不需干燥，可节省能源，方便客户使用。生产液体产品还涉及发酵液滤除残渣和菌体、酶液膜超滤浓缩、液体产品稳定化工艺等技术等。目前液体纤维素酶、植酸酶、$\alpha$-淀粉酶、糖化酶等产品已大量生产。

粉剂产品是将发酵液滤除残渣和菌体后，进一步干燥所得，是目前主流的酶制剂类型。最常用的干燥方式是喷雾干燥。粉酶具有使用方便、产品稳定等优点。

颗粒型产品特别是包被型颗粒，对用于洗衣粉的碱性蛋白酶以及需要耐受高温制粒的饲用酶制剂而言具有重要的意义，包被型的碱性蛋白酶可以减少对人的过敏危害，包被型的饲用酶制剂可以减少饲料高温制粒对酶的破坏。制造颗粒型产品涉及合适的造粒设备和相匹配的工艺，还有制造成本。目前已有流化床一步法造粒设备和挤压式造粒设备生产厂家，包被型蛋白酶、木聚糖酶、植酸酶等已应用广泛。

### 4. 按照用途分类

按照用途分类，酶可以分为四大类：第一类是食品工业用酶制剂。我国食品用酶制剂按食品添加剂进行管理，食品生产允许使用的酶制剂列入GB 2760—2014《食品安全国家标准 食品添加剂使用标准》，共有54种。第二类是工业用酶制剂，指用于纺织、洗涤、皮革、造纸等工业用的酶制剂。第三类是农业用酶制剂，指用于饲料加工、畜牧业、渔业、种植业等农业用的酶制剂。第四类是其他酶制剂，用于除上述所述领域外的酶制剂，如核酶、工具酶等。

### 5. 按照催化条件分类

按 pH 分类：按照催化 pH 分类，酶可以分为酸性酶类（acidic enzyme）、中性酶类（neutral enzyme ）、碱性酶类（alkaline enzyme ），酸性酶类指最适宜作用 pH＜6.0 的酶，中性酶类是最适宜作用 pH 为 6.0～8.0 的酶，而碱性酶类指最适宜作用 pH＞8.0 的酶。动物体内的酶最适 pH 大多在 6.5～8.0，但也有例外，如胃蛋白酶的最适 pH 为 1.8，植物体内的酶最适 pH 大多在 4.5～6.5，微生物来源酶最适 pH 较广。

按温度分类：按照催化温度分类，酶可以分为低温酶类（enzyme used under low temperature）、中温酶类（enzyme used under middle temperature）和高温酶类（enzyme used under high temperature）。低温酶类指最适宜的催化反应温度＜30℃的酶，中温酶类指最适宜的催化反应温度在 30～60℃的酶，高温酶类指最适宜的催化反应温度＞60℃的酶。一般来说，动物体内的酶最适温度在 35℃～40℃，植物体内的酶最适温度在 40～50℃；细菌和真菌体内的酶最适温度差别较大，有的酶最适温度可高达 70℃。

### 6. 按照作用底物分类

按照作用底物分类，酶可以分为碳水化合物酶类、蛋白酶类、脂肪酶类、核酸酶类等。工业上应用的酶制剂大多数为水解酶，碳水化合物酶类是一大类很重要的酶，分为糖苷水解酶类、糖基转移酶类、多糖裂解酶类以及糖酯酶类，具有降解、修饰及生成糖苷键的功能。碳水化合物结合结构域是一种非催化结构域，能折叠成特定的三维空间结构，具有结合碳水化合物的功能。

蛋白酶类是水解蛋白质肽键的一类酶的总称，能水解蛋白质和肽键为胨、肽类，最后生成氨基酸。其广泛存在于动物、植物和微生物中，但只有微生物蛋白酶具有生产价值，大多数为胞外酶。用地衣芽孢杆菌、短小芽孢杆菌和枯草芽孢杆菌以深层发酵生产细菌蛋白酶；用链霉菌、曲霉深层发酵生产中性蛋白酶和曲霉酸性蛋白酶，用于皮革脱毛、毛皮软化、制药、食品工业；用毛霉属的一些菌进行半固体发酵生产凝乳酶，在制造干酪中取代原来从牛犊胃提取的凝乳酶。

脂肪酶类是一类重要的酯键水解酶，能够水解脂肪（三酰甘油）为一酰甘油、二酰甘油和游离脂肪酸，最终产物是甘油和脂肪酸。

核酸酶类指能够将聚核苷酸链的磷酸二酯键切断的酶，是一种非蛋白酶类，属于水解酶，作用于磷酸二酯键的 P—O 位置。不同来源的核酸酶，其专一性、作用方式有所不同。有些核酸酶只能作用于 RNA，称为核糖核酸酶（RNase），有些核酸酶只能作用于 DNA，称为脱氧核糖核酸酶（DNase），有些核酸酶专一性较低，既能作用于 RNA 也能作用于 DNA，因此统称为核酸酶（nuclease）。根据核酸酶作用的位置不同，又可将核酸酶分为核酸外切酶（exonuclease）和核酸内切酶（endonuclease）。

### 7. 按反应类型分类

根据酶所催化的反应性质的不同，酶分成六大类。

第一类是氧化还原酶（oxidoreductase），促进底物进行氧化还原反应的酶类，是一类催化氧化还原反应的酶，如葡萄糖氧化酶，酶分子中含有两分子 FAD 作为氢受体，催化葡萄糖氧化生成葡萄糖酸，并生成 $H_2O_2$。如乳酸脱氢酶，催化直接从底物脱氢的反应，以 $NAD^+$为辅酶，将乳酸氧化为丙酮酸。

第二类是转移酶（transferase），催化底物之间进行某些基团（如乙酰基、甲基、氨基、磷酸基等）的转移或交换的酶类，如甲基转移酶、氨基转移酶、乙酰转移酶、转硫酶、激酶和多聚酶等。许多转移酶需要辅酶，如谷丙转氨酶需要磷酸吡哆醛作为辅基，能使谷氨酸上的氨基转移到丙酮上，使之成为丙氨酸，而谷氨酸转化为α-酮戊二酸。

第三类是水解酶（hydrolase），催化底物发生水解反应的酶类，包括淀粉酶、蛋白酶、脂肪酶、磷酸酶、糖苷酶等。一般不需要辅酶，但无机离子对其活性有影响。水解酶属于胞外酶，在生物体内分布广、数量多，包括水解酯键、糖苷键、醚键、肽键、酸酐键及其他 C—N 键共 11 个亚类，如磷酸二酯键催化磷酸酯键水解，成为醇和磷酸单糖。

第四类是裂合酶（lyase），催化从底物（非水解）移去一个基团并留下双键的反应或其逆反应的酶类。例如，脱水酶、脱羧酶、碳酸酐酶、醛缩酶、柠檬酸合酶等，该类酶催化底物裂解，产物中增加一个双键。根据裂合键 C—O、C—N、C—C 等的不同可分为若干亚类，如二磷酸酮糖裂合酶可催化果糖-1,6-二磷酸成为磷酸二羟丙酮及甘油醛-3-磷酸，是糖代谢过程中的一个关键酶，习惯称为醛缩酶。

第五类是异构酶（isomerase），催化各种同分异构体、几何异构体或光学异构体之间相互转化的酶类，即分子内基团的重新排列。根据异构体的类型不同其可分为若干亚类，如葡萄糖-6-磷酸异构酶可催化葡萄糖-6-磷酸转变成果糖-6-磷酸。

第六类是合成酶（连接酶）（ligase），催化两分子底物合成一分子化合物，同时偶联有 ATP 的磷酸键断裂释能的酶类。该酶在催化过程中需要金属离子作为辅助因子，如 $Mg^{2+}$等，包括谷氨酰胺合成酶、DNA 连接酶、氨基酸 tRNA 连接酶以及依赖生物素的羧化酶等。例如 L-酪氨酸 tRNA 合成酶催化 L-酪氨酸 tRNA 的合成，这些酶在蛋白质生物合成中起重要作用。

## 15.2 工业酶制剂的制备工艺

酶制剂工业是知识密集型的高新技术产业，是生物工程的重要组成部分。酶制剂的生产方法有三种，分别为提取法、化学合成法和微生物发酵法。其中微生物发酵法是利用微生物细胞的生命活动合成所需酶的一种方法，它是现有工业酶制剂生产的主要方法，其工艺流程如图 15.1 所示。

从图 15.1 可知，工业酶制剂的生产过程主要由种子扩大培养、菌种发酵和发酵液分离纯化三大工艺程序构成。

### 15.2.1 种子扩大培养

现代的发酵工业生产规模越来越大，每只发酵罐的容积有几十甚至几百立方米，要使小小的微生物在几十小时内，完成如此的发酵转化任务，那就必须具备数量庞大的微生物细胞才行，为此需要进行种子的扩大培养。

种子的扩大培养是指将保存在砂土管、冷冻干燥管中处于休眠状态的生产菌种接入试管斜面活化后，再经过扁瓶或摇瓶及种子罐逐级放大培养而获得一定数量和质量的纯

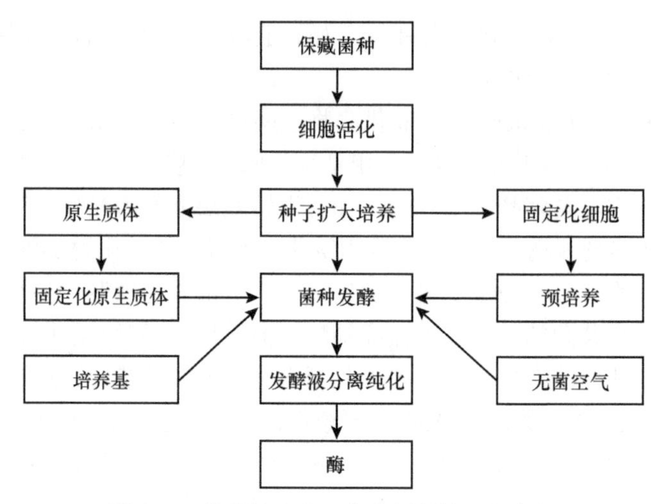


图 15.1 发酵法生产工业酶制剂的工艺流程

种过程。这些纯培养物称为种子。

种子扩大培养的目的是：①缩短发酵周期，提高发酵设备利用率，节省动力消耗；②优化培养条件，如培养基组成、通气、温度、pH 等；③能起一定的菌种驯化作用，使其适应大生产中的工艺条件。

生产种子应满足如下要求：①菌种细胞的生长活力强，移种至发酵罐后能迅速生长，迟缓期短；②生理性状稳定；③菌体总量及浓度能满足大容量发酵罐的需求；④无杂菌污染；⑤保持稳定的生产能力。

### 1. 种子扩大培养工艺

种子的扩大培养过程大致可分为实验室培养和车间培养两个阶段，流程见图 15.2。实验室培养阶段是指种子培养在培养箱、摇床等实验室常规设备中进行，不用种子罐，在工厂中这些培养过程一般都在菌种室完成；而车间培养阶段是在种子罐里面进行。

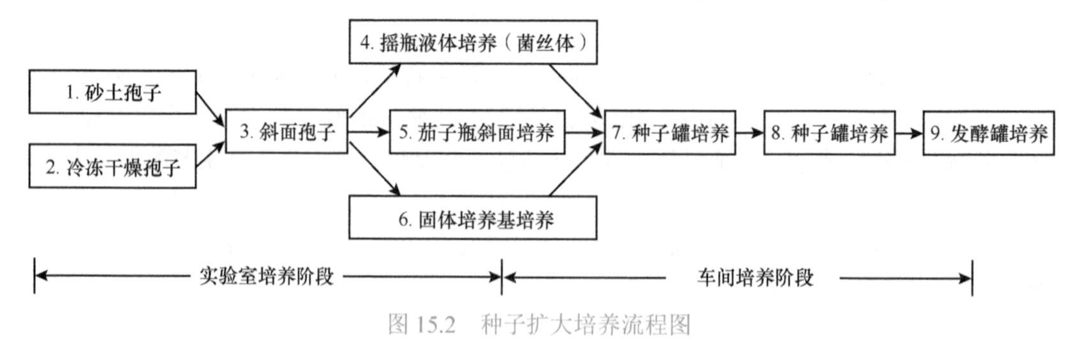


图 15.2 种子扩大培养流程图

实验室种子的制备一般采用两种方式。

（1）孢子制备

对于产孢子能力强及孢子发芽、生长繁殖快的菌种可以采用固体培养基培养孢子，孢子可直接作为种子罐的种子，操作简便，不易污染杂菌。

孢子制备是种子制备的开始，是发酵生产的重要环节。孢子的质量、数量对以后菌丝的生长、繁殖和发酵产量都有明显影响，不同菌种的孢子制备工艺有其不同的特点。

放线菌的孢子培养一般采用琼脂斜面培养基，培养基中含麸皮、豌豆浸汁、蛋白胨和一些无机盐等适合产孢子的营养成分。碳源和氮源不太丰富（碳源约 1%、氮源不超过 0.5%）。这是因为碳源丰富易造成生理酸性的营养环境，不利于放线菌孢子形成；氮源丰富有利于菌丝繁殖，不利于孢子形成。一般情况下，干燥和限制营养可直接或间接诱导孢子形成。斜面培养温度大多为 28℃，少数 37℃，培养时间 5～14 天。放线菌发酵生产流程见图 15.3。

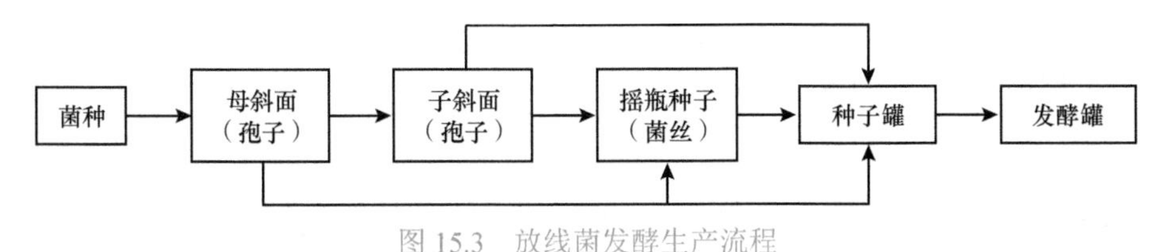


图 15.3　放线菌发酵生产流程

霉菌的孢子培养，一般以大米、小米、玉米、麸皮、麦粒等天然农产品为培养基。这是由于这些营养成分较适合霉菌的孢子繁殖，而且这类培养基的表面积较大，可获得大量的孢子。细菌斜面培养基多采用碳源限量而氮源丰富的配方。其中牛肉膏、蛋白胨为常用的有机氮源。

（2）摇瓶种子制备

对于产孢子能力不强或孢子发芽慢的菌种，可以用液体培养法，将孢子经摇瓶培养成菌丝后再接入种子罐，即摇瓶种子。

摇瓶种子的制备一般采用母瓶、子瓶两级培养，有时母瓶也可直接进罐。要求培养基营养完全，氮源丰富有利于菌丝生长；各种营养成分不宜过浓，子瓶比母瓶略高，更接近种子罐的培养基配方。根据好氧与否，可分为好氧培养、厌氧培养，好氧培养如产链霉素的灰色链霉菌，将孢子接入含液体培养基的摇瓶中，于摇床上恒温振荡培养，获得菌丝体，作为种子。厌氧培养如酵母菌（啤酒、葡萄酒等），种子制备流程为：试管→摇瓶→卡式罐→种子罐。

实验室制备的孢子或摇瓶种子移种至生产车间的种子罐扩大培养，种子罐的作用主要是使孢子发芽，生长繁殖成菌（丝）体，接入发酵罐能迅速生产，达到一定的菌体量，以利于产物的合成。常见的种子罐的接种方法有 3 种，微孔接种法适用于孢子悬浮液；火焰保护法和压差法适用于摇瓶菌（丝）体。

种子罐级数是指制备种子需逐级扩大培养的次数。种子罐级数需要根据菌种生长特性、孢子发芽及菌体繁殖速度，以及所采用发酵罐的容积来确定，见表 15.2。

表 15.2　常见菌种生长特性及种子罐级数

| 菌种 | 生长特性 | 种子罐级数 | 列举 |
|---|---|---|---|
| 细菌 | 生长快 | 二级发酵 | 茄瓶→种子罐→发酵 |
| 酵母 | 比细菌慢、比霉菌/放线菌快 | 二级发酵 | 摇瓶→种子罐→发酵 |
| 霉菌 | 生长较慢 | 三级发酵 | 孢子悬浮液→一级种子罐（28℃，40 h 孢子发芽，产生菌丝）→二级种子罐（28℃，10～40 h，菌体迅速繁殖，粗壮菌丝体）→发酵 |
| 放线菌 | 生长更慢 | 四级发酵 | 母斜孢子→子斜孢子→摇瓶菌丝→一级种子罐→二级种子罐→发酵 |

确定种子罐级数需注意以下问题：级数受发酵规模、菌体生长特性、接种量的影响；种子级数越少越好，可简化工艺和利于控制，减少染菌机会；级数大，难控制、易染菌、易变异、管理困难，一般二至四级；在发酵产品的放大过程中，反应级数的确定是非常重要的一个方面。

种龄是指种子罐中培养的菌体开始移入下一级种子罐或发酵罐时的培养时间。种龄短、菌体太少；种龄长，易老化。因此原则上将种龄控制在对数生长期，此时细胞活力强，菌体浓度相对较大，但最终实际由优化实验结果来定。

接种量的大小取决于生产菌种在发酵罐中生长繁殖的速度。通常接种量范围：细菌1%～5%、酵母菌5%～10%、霉菌7%～15%，有时接种量会增加20%～25%。

### 2. 生产种子的培养

生产种子的培养方法有四种：固体培养法（表15.3）、液体培养法（表15.4）、表面培养法和载体培养法，其中常用的为前两种。固体培养法（曲法培养）包括浅盘固体培养和深层固体培养，液体培养法包括分批培养法、连续培养法和补料分批培养法。

表15.3 固体培养法的优缺点

| 优点 | 缺点 |
|---|---|
| ① 酶活力高 | ① 生产劳动强度大，占地面积大，不宜自动化生产 |
| ② 生产过程中无菌程度要求不很严格 | ② 周期长 |
| ③ 对于固体发酵，由于产物浓度大，易于分离，可以有效地降低产品分离成本 | ③ 培养过程中环境条件控制较难 |
| | ④ 生产过程中，由于无菌程度较低，其菌种不纯 |

表15.4 液体培养法的优缺点

| 优点 | 缺点 |
|---|---|
| ① 生产效率高，便于自动化管理 | ① 无菌程度要求高，生产设备投资相对较大 |
| ② 生产过程中温度、溶氧、pH等参数可实现全面控制 | ② 对于某些种类的发酵，液体培养因投资大、生产密度大而难以实现 |
| ③ 通常生产液体种子，整个生产周期较短 | |

### 3. 种子质量的判断方法

菌种在种子罐中的培养时间较短，使种子的质量不容易控制，因为可分析的参数不多。一般，在培养过程中要定期取样，测定其中的部分参数来观察基质的代谢变化以及菌体形态是否正常。例如，酒精酵母的种子罐，一般定时测酸度变化、还原糖含量、耗糖率、镜检等，镜检内容包括测酵母细胞数、酵母出芽率、酵母形态（整齐、大小均匀、椭圆形或圆形）、是否有杂菌等。常规的检测参数如下。

1）菌体生长情况：OD值/PMV（细胞湿重）达到一定的标准；种子的对数期末期、稳定期之前为大多数种子的最佳移种时间。

2）pH：pH是否稳定，pH回升。

3）镜检菌丝形态是否正常：发酵菌丝形态，菌丝形态及菌种单一。

4）C、N代谢达到工艺要求：还原糖含量及氨基氮含量是否符合标准。

5）产品的发酵单位：μg/mL。

6）观察种子液的颜色、气味：种子液外观黄褐色，稠厚。菌丝或孢子处于对数生长末期的年轻阶段；染色后细胞内可见很多异染颗粒。

### 4. 影响种子质量的因素及机理

影响种子质量的因素及机理见表15.5。

表15.5　影响种子质量的因素及机理

| 影响因素 | 机理 |
| --- | --- |
| 原材料质量 | 原材料质量波动引起种子质量不稳定，原材料质量波动的主要原因：无机离子含量不同，如微量元素$Mg^{2+}$、$Cu^{2+}$、$Ba^{2+}$能刺激孢子的形成，磷含量太多或太少也会影响孢子的质量 |
| 培养温度 | 温度过低，菌种生长发育缓慢；温度过高会使菌丝过早自溶 |
| 湿度 | 湿度低，孢子生长快；湿度大，孢子生长慢 |
| 通气与搅拌 | 足够的通气量，以保证菌体代谢正常，提高种子的质量；搅拌可提高通气效果，促进生长繁殖，过度搅拌导致培养液大量涌泡，液膜表面的酶易氧化变性，泡沫过多增加染菌机会，增加能耗。丝状微生物不宜剧烈搅拌 |
| 斜面冷藏时间 | 斜面冷藏时间，对孢子的生产能力有较大影响，冷藏时间越长，生产能力下降越多 |
| 培养基 | 种子培养基有较完全和丰富的营养物质，糖分少，需有充足氮源和生长因子，无机氮源比例大；各种营养物质的浓度不必太高；供孢子用的种子培养基，可添加易被吸收利用的碳源和氮源；应考虑与发酵培养基的主要成分相近 |
| pH | 选择最适种子培养pH的原则是获得最大比生长速率和适当的菌量；培养最后一级种子的培养基pH应接近发酵培养基的pH，以便种子能尽快适应新的环境 |

### 5. 种子质量的控制措施

种子质量的优劣是通过它在发酵罐中所表示的生产率体现的。因此必须保证生产菌种的稳定性，在种子培养期间保证提供适宜的环境条件，保证无杂菌浸入，从而获得优良的种子。

生产中所用的菌种必须保持稳定的生产能力，不能有变异种。尽管变异的可能性很小，但不能完全排除这一危险。所以，定期检查和挑选稳定菌株是必不可少的一项工作。菌种稳定性检查方法是：将保藏菌株溶于无菌的生理盐水中，逐级稀释，然后在培养皿琼脂固体培养基上划线培养，长出菌落，选择形态优良的菌落接入三角瓶进行液体摇瓶培养，检测出生产率高的菌种备用。这一分离方法适用于所有的保藏菌种，并且一年左右必须做一次。

此外，在种子制备过程中，每移种一次都需要进行杂菌检查。一般的方法是：显微镜观察或平板培养试验，即将种子液涂在平板培养皿上划线培养，观察有无异常菌落，定时检查，防止漏检。此外，也可对种子液的生化特性进行分析，如取样测其营养消耗速度、pH变化、溶氧利用情况及色泽、气味是否异常等。

### 15.2.2 酶制剂发酵工艺

#### 1. 发酵工艺类型

（1）固体发酵工艺

固体发酵工艺是指一种或多种微生物在没有或几乎没有游离水的固态湿培养基上的生长过程和生物反应过程。固体发酵法又称麸曲培养法，主要原料一般是麸皮、米糠等。农作物秸秆、甘薯渣、玉米粉、豆粕、压扁谷粒等通常也可作为主要原料或辅助原料。影响固体发酵的因素很多，如水分、培养基组成、发酵温度、发酵时间及固态基质的需氧量等，主要存在如下优缺点。

优点：发酵条件接近于自然状态下的真菌生长习性，产酶量一般比液体发酵法高出2～3倍，产生的酶系更全；次级代谢产物对菌体的分裂增殖影响较小；能耗低，发酵过程需要通入少量低压无菌的空气，不需搅拌；固体发酵对水活度要求较低，发酵过程中可一定程度上避免外源性污染；所用原料比较简单，后处理设备少，生产成本低。

缺陷：因为采用天然原料，易污染杂菌，生产的产物杂质含量高，所以精制困难，且所产酶质量不稳定，生产效率低。因而不能像液体发酵那样大规模扩大。

（2）液体发酵工艺

液体发酵工艺是将微生物接种到液体培养基中进行培养的方法。液体深层发酵技术具有自动化程度高、包容性及发酵容量大等优点，西方发达国家已逐步用该技术取代固体发酵技术来生产各种抗生素及酶制剂。但该法也存在动力消耗大、设备要求高、生产成本高等缺点。

在液体发酵工艺中，培养基组分、发酵温度、发酵液 pH、通风量、搅拌量等是影响发酵产酶的主要因素。其中培养基组分是关键，合适的营养源配比是发酵产酶的基础。

（3）固-液交替新型发酵工艺

液体发酵较之固体发酵具有更多优点，因此工业上较多采用液体发酵产酶。但液体发酵培养周期长和废水难处理等，制约了酶制剂的生产。为此可将固液两种发酵模式结合起来，为传统发酵工艺带来革新。目前在纤维素酶生产中使用的生物床及固定化细胞等技术，就是将固体发酵与液体发酵有效融合的典范，更适于规模化生产。

（4）固定化细胞发酵

固定化细胞技术利用物理或化学手段将游离细胞定位于限定的空间区域，并使其保持活性，以达到反复利用的目的。固定化细胞在适宜的培养条件下培养时，固定在载体上的细胞以一定的速度生长，在达到平衡期以后相当长的一段时间内，固定化细胞的浓度基本保持恒定。应用于微生物细胞固定化的方法主要有包埋法、吸附法、交联法和截留法，其中前两种方法最为常见。

固定化细胞发酵生产胞外酶具有如下显著特点。

1）提高产酶率。细胞经固定化后，在一定的空间范围内生长繁殖，细胞密度增大，故可加速生化反应，提高产酶率。

2）可在高稀释率条件下连续发酵。固定化细胞固定在载体上，不容易脱落流失，可反复使用多次，进行半连续发酵，并可在高稀释率条件下进行连续发酵。例如，固定化细胞进行乙醇发酵、乳酸发酵，可连续使用半年或更长时间。固定化细胞发酵产酶，可连续稳定地使用 30 天以上。

3）发酵稳定性好。细胞经固定化后，由于受载体保护，使细胞对 pH 和温度的适应范围增宽，能比较稳定地发酵产酶，有利于自动化生产。

4）缩短发酵周期，提高设备利用率。例如，固定化黑曲霉半连续发酵生产糖化酶，第一批周期 120 h，与游离细胞发酵周期相同，但第二批以后，发酵周期缩短到 60 h。

5）产品容易分离纯化。固定化细胞颗粒很容易与发酵液分离，发酵液中游离细胞含量较低，有利于产品的分离纯化，有利于提高产品质量。

目前固定化细胞载体主要有 3 类：第一类是无机载体，如活性炭、多孔陶珠、高岭土、硅藻土等。第二类是有机高分子载体，又分为天然高分子材料（如琼脂、明胶、海藻酸钠等）和有机合成高分子凝胶载体（如聚乙烯醇凝胶、聚丙烯酰胺凝胶），其中前一种无生物毒性、传质性好，但强度低，在厌氧条件下易被生物分解，而后一种强度较好，但传质性能较差。第三类是复合载体，实现两类材料优势互补。

（5）混菌发酵

混菌发酵也称共发酵，一般指采用 2 种或 2 种以上微生物协同作用，共同完成发酵过程的发酵技术，是纯种发酵技术的新发展。该技术操作简单，且可提高发酵效率甚至形成新产品，从而取得与复杂 DNA 体外重组技术类似的效果。

### 2. 发酵工艺条件及控制

在设计和配制培养基时，应特别注意各组分的种类和含量，以满足细胞生长、繁殖和新陈代谢的需要，并要调节至适宜 pH。

（1）碳源

不仅要从营养角度考虑，更应尽量选用对所需酶有诱导作用的碳源。目前，生产常用的碳源是淀粉及其水解物，如糊精、麦芽糖、葡萄糖等。

（2）氮源

既满足菌体生长，又能稳定和调节发酵过程中的 pH，更能提供大量的无机盐和生长因子。根据组成不同，氮源可分为无机氮源和有机氮源。其中无机氮源能被菌体快速利用，但会引起 pH 的变化；有机氮源除提供氮源外，更能提供大量的无机盐和生长因子。具体种类见表 15.6。

表 15.6　生产培养基氮源

| 氮源种类 | 统称 | 常用氮源 |
|---|---|---|
| 有机氮源 | 各种蛋白质及其水解物 | 酪蛋白、豆饼粉、花生饼粉、蛋白胨、酵母膏、牛肉膏、多肽、氨基酸等 |
| 无机氮源 | 含氮的各种无机化合物 | 硫酸铵、磷酸铵、硝酸铵、硝酸钾、硝酸钠等 |

（3）碳氮比（C/N）

碳氮比指培养基中碳元素的总量（C）与氮元素（N）总量之比，可通过测定或计算培养基碳和氮含量确定，该比值对产酶有显著的影响。

（4）无机盐

无机盐对菌体生长和产物的生成影响很大，具体种类及功用见表 15.7。

表 15.7 生产培养基无机盐种类及功用

| 无机盐种类 | 功用 |
| --- | --- |
| 磷、硫等 | 细胞的主要组分 |
| 磷、硫、锌、钙等 | 酶的组分 |
| 钾、镁、铁、锌、铜、锰、钙、钼、钴、氯、溴、碘等 | 酶的激活剂或抑制剂 |
| 钠、钾、钙、氯、磷等 | 对 pH、渗透压、氧化还原电位起调节作用 |

（5）生长因子

在酶的发酵生产中，通常在培养基中加进玉米浆、酵母膏等，以提供各种必需的生长因子。有时也加入纯化的生长因子，以供细胞生长繁殖。

（6）表面活性剂

生产上常采用非离子表面活性剂，以提高细胞膜的通透性，利于胞外酶的分泌。

培养基的灭菌方法包括分批灭菌和连续灭菌两种。分批灭菌是将配制好的培养基泵到发酵罐中，通入蒸汽将培养基和设备一起进行灭菌的过程，也称实罐灭菌。分批灭菌是中小型发酵罐常用的一种灭菌方法。

连续灭菌是将配制好的并经预热（60～75℃）的培养基用泵连续输入由直接蒸汽加热的加热塔，使其在短时间内达到灭菌温度（126～132℃）。然后进入维持罐（或维持管），使在灭菌温度下维持 5～7 min 后再进入冷却管，使其冷却至接种温度并直接进入已事先灭菌（空罐灭菌）过的发酵罐内。其过程均包括加热、维持和冷却等灭菌操作过程。培养基的冷却方式有喷淋冷却式、真空冷却式、薄板换热器式几种方式。连续灭菌流程见图 15.4。

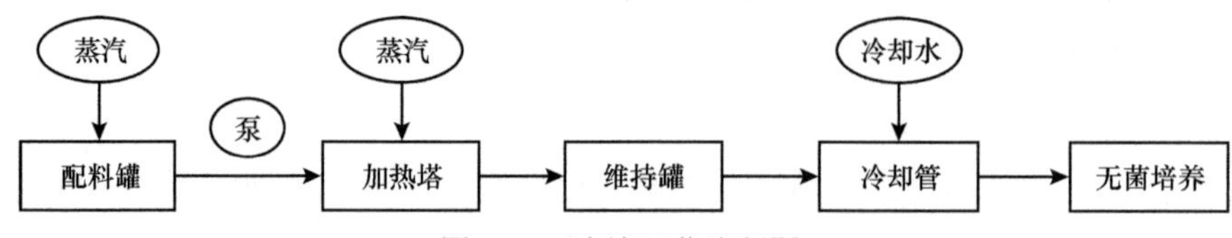


图 15.4 连续灭菌流程图

连续灭菌可分为热交换器组成的连续灭菌系统，蒸汽直接加热培养基的连续灭菌系统，以及由连消塔、维持罐和冷却器组成的连消系统等三种灭菌系统。

热交换器组成的连续灭菌系统的流程中采用了薄板换热器作为培养液的加热和冷却器，蒸汽在薄板换热器的加热段使培养液的温度升高，经维持段保温一定时间后，培养基在薄板换热器的冷却段进行冷却，从而使培养基的预热、加热灭菌及冷却过程可在同一设备内完成。该流程的加热和冷却时间比喷射加热连续灭菌流程要长些，但由于在培养基的预热过程同时也起到了灭菌后培养基的冷却作用，因而节约了蒸汽和冷却水的用量。

蒸汽直接加热培养基的连续灭菌系统的流程中采用了蒸汽喷射器，它使培养液与高温蒸汽直接接触，从而在短时间内可将培养液急速升温至预定的灭菌温度，然后在该温度下维持一段时间灭菌，灭菌后的培养基通过一膨胀阀进入真空冷却器急速冷却，可以看出，由于该流程中培养基受热时间短，营养物质的损失也就不很严重，同时该流程保证了培养基物料先进先出，避免了过热或灭菌不彻底等现象。

由连消塔、维持罐和冷却器组成的连消系统的基本设备一般包括：①配料预热罐，将配制好的料液预热到60～75℃，以避免连续灭菌时由于料液与蒸汽温差过大而产生水汽撞击声；②连消塔，连消塔的作用主要是使高温蒸汽与料液迅速接触混合，并使料液的温度很快升高到灭菌温度（126～132℃）；③维持罐，连消塔加热的时间很短，光靠这段时间的灭菌是不够的，维持罐的作用是使料液在灭菌温度下保持5～7 min，以达到灭菌的目的；④冷却管，从维持罐出来的料液要经过冷却排管进行冷却，生产上一般采用冷水喷淋冷却，冷却到40～50℃后，输送到预先已经灭菌过的发酵罐内。表15.8比较了分批灭菌与连续灭菌的优缺点。

表15.8　分批灭菌与连续灭菌的比较

| 灭菌方式 | 优点 | 缺点 |
| --- | --- | --- |
| 分批灭菌 | 设备要求低，不需另外设置加热、冷却装置<br>操作要求低，适于手动操作<br>适合于小批量生产规模<br>适合于含有大量固体物质的培养基的灭菌 | 培养基的营养物质损失较多，灭菌后培养基的质量下降<br>需进行反复的加热和冷却，能耗较高<br>不太适合大规模生产过程的灭菌<br>发酵罐的利用率较低 |
| 连续灭菌 | 灭菌温度高，可减少培养基中营养物质的损失<br>操作条件恒定，灭菌质量稳定<br>易于实现管道化和自控操作<br>避免可反复的加热和冷却，提高了热的利用率<br>发酵设备利用率高 | 对设备的要求高，需另外设置加热、冷却装置<br>操作较复杂<br>染菌的机会较多<br>不适合含大量固体物料的培养基的灭菌<br>对蒸汽的要求高 |

酶发酵工艺过程中主要是对发酵温度、pH和溶解氧等3方面进行调节控制。

A. 温度调节

不同的细胞有各自最适的生长温度，如枯草芽孢杆菌为34～37℃；黑曲霉为28～32℃；植物细胞为25℃左右。

生产温度控制的方法一般采用蒸汽或热水升温、冷水降温，故在发酵罐中，均设有足够传热面积的热交换装置，如排管、蛇管、夹套、喷淋管等。

B. pH调节

一般细菌和放线菌生长的最适pH为中性或微碱性（pH 6.5～8.0）；霉菌和酵母生长的最适pH为偏酸性（pH 4.0～6.0）；植物细胞生长的最适pH为5.0～6.0。

pH的调节可通过改变培养基组分或其比例来实现，如培养基含糖高，代谢糖产有机酸，会使pH向酸性方向移动；含蛋白质、氨基酸较多，代谢产生较多的胺类物质，使pH向碱性方向移动；以硫酸铵为氮源时，pH下降；磷酸盐的存在对培养基pH起到一定的缓冲作用。此外也能增加适宜的稀酸、稀碱溶液来调节pH。

C. 溶解氧调节

为了获得足够的能量，以满足细胞生长和发酵产酶需要，培养基的能源（一般由碳源提供）必须经有氧分解才能产生大量的ATP。为此，必须供给充足的氧气。在培养基中生长和发酵产酶的细胞，一般只能利用溶解在培养基中的氧气——溶解氧。由于氧是难溶于水的气体，培养基中的溶解氧并不多，很快会被利用完，为此需在发酵过程中连续不断地供给无菌空气。调节溶解氧速率的方法见表 15.9。

表 15.9 调节溶解氧速率的方法

| 调节方法 | 具体影响 |
|---|---|
| 调节通气量 | 通气量指单位时间内流经培养液的空气量（L/min）。通常用培养液体积与每分钟通入的空气体积之比表示。如 1 $m^3$ 培养液，每分钟流过的空气量为 0.5 $m^3$，则通气量为 1∶0.5。当通气量增大，可提高溶解氧速率，反之则降低 |
| 调节氧的分压 | 增加空气压力或提高空气中氧的含量都能提高氧的分压，从而提高溶解氧速率，反之则降低 |
| 调节气液接触时间 | 气液两相接触时间延长，可使更多的氧溶解，从而提高溶解氧速率。实际可以通过增加液层高度，在反应器中增设挡板等方法以延长气液接触时间 |
| 调节气液接触面积 | 为了增大气液接触面积，应使通过培养液的空气尽量分散。在发酵容器的底部安装空气分配管，使分散的气泡进入液层，是增加气液接触面积的主要方法。装设搅拌装置或增设挡板等可使气泡进一步打碎和分散，也可以有效地增加气液两相接触面积，从而提高溶解氧效率 |
| 改变培养液的特性 | 若培养液黏度大，产生气泡多，则不利于氧的溶解。可改变培养液的组分或浓度，有效降低黏度，加入适宜的消泡剂或设置消泡装置，都可提高溶解氧速率<br>通过上述措施将溶解氧速率控制到等于或稍高于耗氧速率即可，过低不利于细胞生长和产酶；过高则既浪费，又会抑制某些酶的生成，另外大量通气或快速搅拌会使某些细胞受到损伤 |

### 15.2.3 酶制剂制备工艺

在工业生产过程中，酶制剂包括固体和液体两种剂型，这两种剂型的酶制剂都是由发酵液经过不同的工艺单元处理后得到的。发酵结束后，发酵液经过预处理、固液分离等工序后获得粗酶液，再经纯化、精制、浓缩等工序以获得精制后的浓缩液，将浓缩液进行制粒、干燥等工艺处理后得到固体酶制剂，而浓缩液经过稳定化处理后即获得液体酶制剂。

#### 1. 固体剂型制备工艺

固体剂型的酶制剂制备工艺通常包括发酵液的预处理、固液分离、纯化/精制、浓缩以及制粒和干燥等 5 道工艺过程（图 15.5），这些工艺过程之间，既有彼此独立的，也有彼此交联的，在生产应用中需要根据实际情况进行选择和调整。

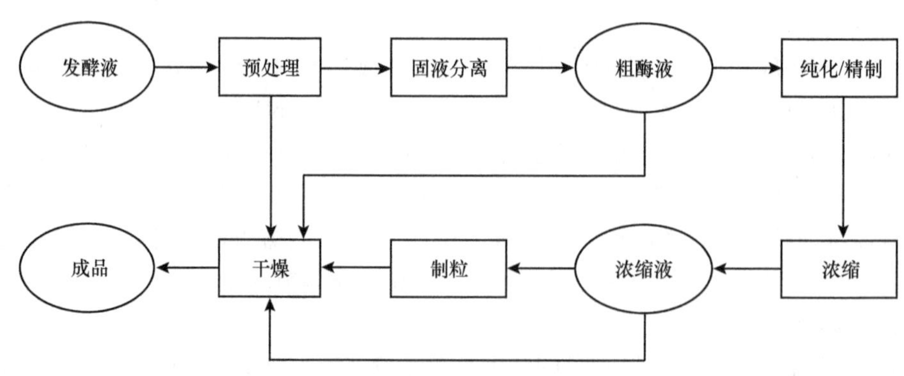


图 15.5 固体酶制剂的一般制备工艺流程

（1）发酵液的预处理

微生物发酵结束后，发酵液中除含有所需要的酶蛋白以外，还存在大量的菌体、其他代谢产物以及残余的培养基等，这些物质有可能对发酵液的分离和/或其他处理工序造成困难，因此需对发酵液进行预处理。预处理的目的主要有两点：一是改变发酵液的物理性质以便于分离等操作过程，二是去除发酵液中的部分杂质以利于后续的其他工艺单元的操作。

发酵液的预处理方法主要有以下几种：①加水稀释以降低发酵液的黏度，但该方法会增加料液体积，加大后续工作量和废水量，因此需要从经济效益上进行考量。②加热处理以降低发酵液黏度，加热还可以使一部分杂蛋白变性沉淀。使用该方法时，需注意加热的温度和时间，以防止造成目标产物酶活损失过大，而且过高的温度或过长的时间可能造成细胞溶解，导致胞内物质释放，不利于后续的分离纯化。③加酶以去除发酵液中过多的残余多糖，从而改善发酵液的黏度。④通过絮凝处理将细小的菌体、细胞或其他微小的不溶性颗粒物质聚集成体积较大的絮凝体，以便于后续的固液分离。⑤调节发酵液的 pH 使得部分杂蛋白处于等电点范围，从而沉淀去除。调节 pH 时需要注意目的蛋白的等电点，同时过高或过低的 pH 有可能造成目的蛋白的不可逆变性。⑥采用活性炭、树脂等吸附脱除发酵液中的色素。

另外，针对胞内酶来说，首先需要进行细胞破碎，使得细胞内的目的酶蛋白得以释放并转移至液相体系中，再进行后续的分离纯化等处理。通常来说，发酵液中的细胞经过破碎处理后，发酵液的黏度会有明显增加，而且细胞内的其他物质也会释放出并进入发酵液中，会导致后续的分离纯化过程难度增加。因此，针对这一类的发酵液更需要进行预处理操作。

（2）固液分离

工业上常见的固液分离方式可以分为过滤分离和离心分离两大类。过滤分离是借助过滤介质将发酵液中不同粒径的固体颗粒物质予以分离，而离心分离是利用不同物料的相对密度差来实现物料中不同物质的分离。在实际生产中，也常将二者进行结合应用。工业生产中用于发酵液的固液分离的设备主要有板框式过滤机、真空转鼓过滤机、管式离心机和碟式离心机等几种（表 15.10）。

表 15.10 常见分离设备的适用情况及优缺点

| 设备名称 | 适用情况 | 优点 | 缺点 |
|---|---|---|---|
| 板框式过滤机 | 适合于固体含量 1%～10% 的悬浮液的分离，适用范围最广 | 结构简单、造价低、动力消耗小 | 无法连续操作，操作周期长，人力耗费大 |
| 真空转鼓过滤机 | 适合于固体含量＞10% 的悬浮液的分离，不适用于菌体小、黏度大的细菌发酵液的过滤 | 过滤效率高，可连续和自动操作，调控简单 | 成本高，需维护真空系统，所得滤饼的含水率会高于加压过滤的 |
| 管式离心机 | 适合于固体含量＜1% 的悬浮液的分离，可用于液-液分离和微粒较小的悬浮液的分离，特别适用于细菌发酵液的分离 | 结构简单，转鼓转速非常高，故而分离因数高，分离效果好，可用于普通分离设备难以处理的发酵液的分离 | 间歇式操作，由于转鼓容积小，处理大量发酵液时，需频繁停机进行人工排渣 |

续表

| 设备名称 | 适用情况 | 优点 | 缺点 |
|---|---|---|---|
| 碟式离心机 | 适合于固体含量1%～5%的悬浮液的分离，适用于各种类型发酵液的分离 | 分离效率高，产量大，自动化程度高，可连续生产 | 结构复杂，对操作和维护人员的要求较高 |

（3）纯化/精制

酶的纯化/精制的目的是实现酶蛋白与杂质的分离，使其纯度更高，以方便保存或者使用。一般的工业（如造纸、制革等）用酶纯度要求不高，通常只需简单地分离提取即可，无需纯化/精制；但食品行业用酶制剂通常需要进行纯化/精制，以达到相关质量要求，从而确保食品安全。工业生产中最为常见的酶蛋白纯化/精制方法为盐析法、溶剂沉淀法和离子交换色谱法。

（4）浓缩

发酵液经过固液分离和分离纯化后，得到精制后的酶液，但此时酶液的体积通常比较大，如果直接进行干燥，则干燥耗时太长，能耗也会很大，故需先进行浓缩。在酶制剂的生产过程中可用的浓缩方式有蒸发浓缩和膜浓缩两种，但在实际应用中后者更为常见，因为蒸发浓缩过程中需要加热，会导致酶蛋白的部分失活。而膜浓缩由于无需加热、过滤面积大、处理效率高、使用成本低而得到广泛应用。

膜浓缩的实质就是膜分离，通常以超滤膜为过滤介质，以压力差为推动力，推动料液中的溶剂和小分子物质（粒径＜膜孔径）透过膜而进入低压侧，称为透过液；大分子物质（粒径＞膜孔径）则会被截留下来而成为浓缩液。膜孔径的大小应根据目的蛋白的大小和结构进行选择。

（5）制粒和干燥

酶液经过干燥后制得的固体制剂，更利于产品的储存和运输，常见的干燥方式有喷雾干燥、流化干燥、真空干燥和冷冻干燥等，在实际生产中以前两种更为常见。通常喷雾干燥设备可用于生产粉状酶制剂和颗粒型酶制剂，而流化床则用于生产颗粒型酶制剂。

喷雾干燥过程是将酶液通过雾化装置雾化成微米级的小液滴，在干燥塔内的热风环境中水分被迅速蒸发而形成固体粉末或小颗粒状产品。喷雾干燥设备根据雾化器的不同可以分为压力式喷雾干燥塔、离心式喷雾干燥塔和气流式喷雾干燥塔，工业生产中以前两种为主，气流式喷雾干燥塔的处理量小，一般只用在小型试验设备上。通过调整雾化器的参数，可以获得不同粒径的产品，但粒径通常小于1 mm。酶液在喷雾干燥前，需要加入一定量的载体和保护剂，以防止酶蛋白在干燥过程中发生失活。喷雾干燥设备一般体积较大，热能利用率较低，因而能耗也比较大，但是由于其具有干燥速度快、处理量大、产品质量好、产品溶解性好等优点，因而在工业生产中仍然得到广泛的应用。

流化干燥是将酶液先用一些惰性载体进行吸附以获得较为松散的湿料，再通过传送系统送入流化床中，在热风的吹动作用下形成流化状态，进而实现水分的蒸发和物料的干燥。流化干燥设备的干燥时间比较短，且可控制物料停留时间，因而易于控制最终产品的含水率；而且该设备的传热面积大、热效率高、设备利用率高；在干燥过程中，底层物料也都处于运动状态，可避免局部过热。流化床设备通常适用于粒径为几十微米到几毫米的松散颗粒物料的干燥，若物料粒径过小则不容易收料，粒径过大则难以流化。

颗粒型酶制剂的另外一种生产方式是，将酶粉添加一定比例的其他辅料和润湿剂（通常为水）制成软材，经制粒机制成湿颗粒，再送入流化床中干燥得到颗粒型酶制剂。采用这种方式制得的产品一般外观和大小较为一致，流散性好，粒径一般较大。

真空干燥和冷冻干燥通常以间歇式操作为主，难以适应大批量的工业化生产，而且设备造价和运行成本比较高，因而在工业生产中并不常用。但由于二者的干燥温度比较低，尤其是冷冻干燥，特别适合对温度非常敏感的特种酶制剂产品。

#### 2. 液体剂型制备工艺

液体剂型酶制剂制备工艺的前四道工艺过程与固体剂型的制备工艺是完全相同的，不同的是液体剂型酶制剂不需要进行制粒和干燥处理，而是直接以液体形式作为最终的产品形态。但酶蛋白在液体环境下，其稳定性通常劣于固体产品，因此为了保证液体产品的稳定，需要对浓缩后的酶液进行稳定化处理。

液体酶制剂的稳定化处理主要包括以下方面内容：①稳定性条件的选择。主要包括酶液 pH、酶蛋白浓度、缓冲体系和缓冲液浓度。酶液 pH 一般应尽量远离酶蛋白的等电点，避免导致等电点沉淀；酶蛋白浓度过高时容易导致蛋白质絮凝而降低酶的稳定性；缓冲体系和浓度对维持酶的稳定也具有重要意义，需要仔细筛选。②稳定剂的选择和添加。常见的用于液体酶制剂的稳定剂有金属盐，如 NaCl、$CaCl_2$、$MgCl_2$、EDTA-$Na_2$ 等；碳水化合物如蔗糖、葡萄糖、可溶性淀粉、黄原胶等；多元醇如甘油、丙二醇、山梨醇、聚乙二醇等。通常需要根据酶制剂的种类和蛋白质结构进行筛选，同时对用量也需要进行筛选，而且采用多种保护剂进行复配使用时，效果通常会更佳。③防腐剂的选择和添加。液体酶制剂中需要加入一定量的防腐剂以抑制霉菌及其他细菌的生长，防腐剂的选择需要根据酶制剂的应用场景进行选择，如食品用酶制剂的防腐剂通常选择山梨酸钾，而饲用酶制剂产品中多以苯甲酸钠为主。精制浓缩后的酶液经过上述稳定化处理后即为最终的液体酶制剂产品。

## 15.3 酶制剂在饲料中的应用

酶制剂在饲料中的应用表现出良好的经济效益和社会效益。酶制剂具有很多优点，有效促进畜牧业的良性发展，提高饲料养分消化率，减少氮磷排放以改善环境，缓解抗营养因子的负面影响，减少药物使用和添加，改善畜禽健康状态，是一种无毒、无残留的天然绿色的饲料添加剂。2019 年饲用酶制剂产量继续快速增长，同比增幅为 16.6%。酶制剂向高档次、高活力、多品种的方向进展。2020 年起饲料中全面禁止使用抗生素，但抗生素暂时无法被替代，在动物养殖上的使用暂时不可避免，生物饲料如酶制剂将大有可为。酶制剂的发展尤为可观，预期未来 10 年，世界饲用酶制剂潜在年总需求量将达到 150 万 t，产值 20 亿美元。

### 15.3.1 饲用酶制剂的定义

饲用酶制剂是指添加到动物日粮中，以提高饲料营养消化利用效率、降低饲料抗营养因子、改善动物体内代谢效能或者产生对动物有特殊作用的功能物质的酶制剂，是一类高效的饲料添加剂。

饲用酶制剂只是酶制剂家族中一个小分支，能用于饲料中的酶制剂目前并不多，主要有蛋白酶、淀粉酶、脂肪酶、植酸酶、木聚糖酶、*α*-半乳糖苷酶、*β*-半乳糖苷酶、纤维素酶、*β*-葡聚糖酶、葡萄糖氧化酶、*β*-甘露聚糖酶、麦芽糖酶、果胶酶、溶菌酶、饲用黄曲霉毒素B1分解酶和角蛋白酶16种。

### 15.3.2 饲用酶制剂的种类

饲用酶制剂按其特性及功能分成消化酶和非消化酶两大类。消化酶与动物自身消化道能分泌的消化酶（如淀粉酶、蛋白酶、脂肪酶等）相似，直接消化水解饲料中的营养成分，在某些特殊情况下，也需要补加消化酶。非消化酶是指动物自身不能分泌本类酶，必须通过饲料外源添加，如纤维酶、果胶酶、半乳糖苷酶、*β*-葡聚糖酶、木聚糖酶和植酸酶等，这类酶能消化动物自身不能消化的物质或降解一些抗营养因子，间接促进营养物质的消化利用或者降解产生对动物有特殊作用的功能物质。非消化酶又可分为非淀粉多糖（NSP）酶和植酸酶。复合酶制剂是含2种或2种以上单酶的产品，我国商业使用的饲用酶大多数为复合酶，专用用途的酶只有植酸酶。

### 15.3.3 饲用酶制剂的应用方式

饲用酶制剂的应用方式主要有以下几种。

1）直接将固体状的饲用酶制剂加入全价配合饲料中，或者将酶制剂加入预混料中，再将其与其他饲料成分充分混合，制成全价配合饲料，是目前主要的应用方式，操作简单，但是饲料制粒可能破坏酶的活性。

2）采用饲料制粒后在颗粒表面喷洒液态酶制剂的技术，可以避免酶蛋白受到破坏而失去生物学功能。但是喷涂效果受到许多因素的影响，如饲料颗粒直径、表面光滑度等，以及喷涂设备的液体喷涂压力、喷嘴雾化方式等。另外，液态酶制剂的稳定性没有固态酶好。

3）用于饲料原料的预处理。通过添加酶制剂对饲料原料或饲料进行预处理，可有效降低抗营养因子，提升营养价值，将木薯渣、秸秆等副产物制成优质适宜的生物饲料，有效地解决了饲料资源的严重短缺问题。

4）直接饲喂动物。

### 15.3.4 饲用酶制剂的作用原理和应用效果

#### 1. 提高营养物质消化率，消除抗营养因子

饲用酶制剂可通过发挥其生物催化剂的功能，消除抗营养因子，释放营养物质，同时促进体内消化酶的分泌，提高动物机体对饲料的消化利用率。饲用酶制剂的超剂量添加能取得意想不到的效果。

##### （1）植酸酶与磷及营养物质消化率

动物自身不能分泌植酸酶，所以外源添加植酸酶是必须的。植酸酶可提高磷和矿物

质微量元素利用率，减少磷酸氢钙、磷酸二氢钙或肉骨粉的使用量，降低饲料成本；同时也可提高蛋白质与氨基酸、饲料能量等的利用效率，最终提高动物生长性能。近年来，植酸酶在畜禽生产中的超剂量使用效果越来越被认可。超剂量使用植酸酶几乎可全部去除植酸，使得人们将焦点从营养物质的剂量依赖转移到减少日粮成本上。

以黄羽肉鸡为实验对象，在低钙、磷水平饲料中添加高剂量植酸酶，可提高黄羽肉鸡生长性能，提高胫骨脱水脱脂重，降低血清碱性磷酸酶活性；在钙、磷水平居中的饲料中添加高剂量植酸酶，可在一定程度上提高胫骨密度（范秋丽等，2019）。饲料中添加植酸酶在一定范围内添加量越高效果越明显。统计19项植酸酶超剂量（1000～2500 U/kg）添加的试验，84%的试验结果平均日增重得到了改善，74%的试验结果饲料效率得到了提高（Bedford *et al.*，2014）。在肉鸡日粮中添加高剂量的植酸酶（750 U/kg、1500 U/kg、3000 U/kg、6000 U/kg、12 000 U/kg），均可显著提高活体增重，超高剂量植酸酶12 000 U/kg与高剂量750 U/kg相比，活体增重提高了21.46%（Shirley and Edwards，2003）。

（2）饲用酶制剂提升内源消化酶活性，降解非淀粉多糖，改善饲料利用率

单胃动物自身能够分泌淀粉酶、蛋白酶、脂肪酶等内源性消化酶。但幼龄动物消化机能尚未发育健全，成年动物在病理或亚健康状态下，内源性消化酶分泌量不足。在动物日粮中添加适量的外源性消化酶，如淀粉酶、蛋白酶、脂肪酶等，可弥补内源酶的不足，改善动物消化机能；可以促进内源酶的分泌，提高内源酶活性，并对胃肠道、肝及胰腺的发育有促进作用，植物性饲料原料细胞外包围有一层细胞壁，细胞壁的主要成分为NSP，而动物体内不能分泌NSP酶，细胞壁中包裹的营养物质无法与消化液接触，因而无法被动物消化吸收，因此，NSP酶的应用非常必要。NSP酶与消化酶复配效果更佳。

0.1%复合蛋白酶制剂可极显著地升高断奶仔猪空肠蛋白酶和淀粉酶活性，同时改善了肠道健康，提升了饲料利用率（刘冬等，2019）。NSP酶制剂能够改善藏獒幼犬、中华田园犬幼犬生长性能（袁华根等，2011）。研究发现，外源添加果胶酶能显著提高肉鸡十二指肠、胰腺淀粉酶活性，果胶酶与纤维素酶配合应用影响更为显著（王宝维等，2010）。目前在反刍动物生产中，纤维素酶和木聚糖的使用最为广泛，还包含一些消化酶，如淀粉酶和蛋白酶等。高精料饲粮中添加纤维降解酶，肉牛平均日增重（ADF）和饲料转化率分别提高28%、22%，并显著提高干物质（DM）和中性洗涤纤维（NDF）的消化率（Balci *et al.*，2007）。精料中添加复合酶制剂（纤维素酶、木聚糖酶、蛋白酶、果胶酶）能显著提高肉牛的平均日增重和屠宰性能指标（徐磊等，2016）。研究发现，用经复合酶（纤维素酶、$\beta$-葡聚糖酶、木聚糖酶、果胶酶和漆酶）处理的玉米秸秆饲喂肉羊（杜寒杂交公羊）获得的增重效果最好，与对照相比，营养物质消化率提高11%，增重提高23.51%，饲料转化率提高26.36%，1 kg增重饲料成本降低18.42%（王红梅，2017）。

（3）消除饲料霉菌毒素的影响

饲料霉菌毒素污染是一个持续性的全球性问题，严重影响动物健康和生产性能，给养殖业带来巨大经济损失，引起动物抵抗力下降，甚至导致动物死亡，并带来重大食品安全隐患。黄曲霉毒素和玉米赤霉烯酮是造成饲料污染常见的两种毒素。黄曲霉毒素对

动物具有非常强的毒性，其中以黄曲霉毒素 B1（AFB1）毒性最强。生物学方法脱毒因其高效性和安全性成为研究热点。在肉牛霉变饲料中添加霉菌毒素降解酶，可显著降低肝和肾等组织中的毒素残留，改善生产性能（卢春莲等，2013）。霉菌毒素损害动物的繁殖性能，尤其是对母猪繁殖性能有影响。玉米赤霉烯酮污染的饲料会引起母猪外阴阴道炎，降低胚胎存活率和胎儿初生重，在母猪妊娠后期日粮中添加霉菌毒素降解酶和解毒护肝素，对改善母猪的产程、提高仔猪初生重、提高母猪断配率有积极的作用（韦富康等，2018）。

### 2. 改善肠道健康，提高抗病力

肠道是动物机体最大的免疫器官，寄生虫和饲料毒素等影响肠道的完整性。日粮中不可溶性 NSP 增加了肠道机械损伤的概率；可溶性 NSP 含量高会增加肠道内容物黏度，黏性食糜通过消化道的速率降低，大大降低了菌群的移动，为病原菌如大肠杆菌等的生长、繁殖提供了一个稳定的环境；未消化的不可溶性 NSP 进入大肠，被大肠内有害菌利用，促进有害菌的增殖，破坏了肠道微生物平衡。

饲用酶制剂能有效地降解 NSP，减轻抗营养因子和寄生虫等对肠道的损伤，改善黏膜形态，提高抗病力；促进饲料养分的消化利用，并产生大量寡糖类物质，寡糖又名化学益生素，其不被消化道内内源酶消化，能够直接到达大肠，选择性地促进肠道内有益微生物增殖。在无鱼粉低磷低脂饲料中添加复合酶制剂，可显著提高肠道绒毛高度和绒毛纵截面面积（杨航等，2019）。将以植酸酶和碳水化合物酶为主的复合酶制剂添加到鲻鱼低鱼粉饲料中，显著降低了肠道病变概率（Ramos *et al.*，2017）。研究证实，饲喂 NSP 含量过高的日粮，有利于产气荚膜梭菌在小肠的定植（Waldenstedt *et al.*，2000）。产气荚膜梭菌引起的坏死性肠炎是目前家禽生产中最广泛的一种疾病，对全球肉鸡业每年造成的损失达 20 亿美元。麦类谷物含有较高的 NSP，因而饲喂麦类日粮的肉鸡与饲喂玉米型日粮的肉鸡相比，坏死性肠炎的发病率更高。通过产气荚膜梭菌攻毒试验研究复合酶对肉仔鸡的影响，结果表明，添加复合酶后肠道产气荚膜梭菌的数量极大降低（Jia，2009）。肉鸡小麦-豆粕型饲粮中添加复合酶制剂（含木聚糖酶、纤维素酶、$\beta$-葡聚糖酶、植酸酶）可改善肠道菌群结构，提高肠道乳酸杆菌、双歧杆菌、总厌氧菌数量，降低大肠杆菌、总需氧菌数量（谭子超等，2018）。纤维素酶、木聚糖酶、$\alpha$-淀粉酶、酸性蛋白酶等饲用酶制剂能够补充肉兔内源酶分泌不足，辅助肉兔对饲料营养物质和非淀粉多糖等抗营养物质进行消化，在促进肉兔生长性能的同时，增强肉兔体质，减少疾病发生（郭志强等，2016）。

### 3. 节约饲料资源，提高非常规原料的使用量

饲料原料的匮乏是制约畜牧业持续发展的重要因素之一，酶制剂在畜禽生产中的应用不仅有效提高常规饲料原料的营养物质消化率，同时也为提升多种非常规饲料原料在饲料中的使用量提供了契机，释放了饲料配方空间。双低菜籽和亚麻仁均有较高的能值；干酒糟及其可溶物（DDGS）是酒类发酵过程中的副产物，获得途径广泛，生产量大。这些原料都各有优势，但是由于其抗营养因子较多，限制了它们在饲料中的应用比例。饲用酶制剂的使用可很好地改善这些非常规原料的应用价值，增加了非常规原料在饲料

中的使用机会。

植酸酶可替代磷酸氢钙、磷酸二氢钙等无机磷源的使用，节约了磷矿资源。鲢鱼下脚料是一种低值口感差的水产蛋白质原料，通过添加木瓜蛋白酶、胰蛋白酶、风味蛋白酶、中性蛋白酶和碱性蛋白酶水解，再进行美拉德反应，即可制得香味浓郁的猫粮诱食剂（闫静芳，2016）。肉鸡饲料中用高粱替代配方中部分玉米，再添加由木聚糖酶、$\beta$-甘露聚糖酶、蛋白酶、淀粉酶组成的复合酶，可获得与玉米-豆粕日粮相当的生长性能（赵建飞等，2018）。通过酶制剂对饲料原料进行预处理，酶制剂未进入动物消化道之前就充分发挥作用，相当于动物的另外一个胃。非常规饲料原料（如高粱、菜粕、棉粕等杂粕、秸秆）经由酶制剂处理后，其营养价值大幅度提高，有害成分大幅度降低，并最终成为常规饲料原料。

### 4. 减少环境污染

我国散养户逐渐退出，规模化养殖发展迅速，动物集约化养殖体系导致养殖粪污集中排放，对环境造成的污染是当今农业面临的主要问题，而氮、磷污染是主要的方面，粪污无害化处理是当代动物生产面临的巨大挑战。利用酶解技术对养殖场粪便进行处理，并加以循环利用，在减少养殖场粪便对环境污染的同时，带来一定的经济价值。将鸡粪、猪粪通过酶解技术进行饲料化处理后，粗蛋白质含量分别为23.80%和15.15%，获得再生饲料中呕吐毒素含量平均下降34.80%（王菲等，2015）。$\alpha$-淀粉酶和蛋白酶单一或者复合对猪粪进行预处理，均可解决猪粪水解困难的问题（许美兰等，2017）。酶制剂在饲料中的使用，为动物提供丰富的可利用的营养，提高饲料养分利用率，减少排泄物，也能减少对环境的污染。在玉米-豆粕型低磷饲粮中添加植酸酶能够显著改善猪的生长性能、提高养分表观消化率、减少粪便中矿物质元素的排泄量（王晶等，2017）。

此外，水产养殖中投喂大量的饲料，大量未被消化吸收的残饵溶解于水中，造成饲料资源的浪费和环境的污染。植酸酶单独或者与淀粉酶、酸性蛋白酶、阿拉伯木聚糖酶、甘露聚糖酶和果胶酶按照不同比例配伍，添加到水貂基础饲料中，可较好地改善营养物质消化率和生长性能，同时通过降低氮、磷排放，改善了养殖环境（刘汇涛等，2014）。

### 5. 提高动物生长性能和生产性能

众多研究表明，饲用酶制剂是抗生素禁用后提高动物生长性能和生产性能的首选产品。大量的试验表明酶制剂可消除抗营养因子、提高营养物质的消化利用率，还可通过改善动物肠道健康组织形态和肠道微生物平衡，提高动物的免疫力，从而提高动物的生长和生产性能。饲用酶制剂在各种动物中的应用均取得良好的成绩，这里仅摘录小部分研究结果。饲料中添加复合酶，可显著提高保育猪、断奶仔猪日增重、平均日采食量，显著降低料肉比和腹泻率（王敏等，2016；史林鑫等，2019）。蛋鸡日粮中添加复合酶制剂，显著提高蛋鸡产蛋率，提高了平均蛋重，改善了蛋品质（曹岩峰等，2018）。肉鸡日粮中添加复合酶制剂，显著提高肉鸡平均日增重，显著降低耗料增重比，改善了屠宰性能（杜红方等，2017）。饲料中添加水产复合酶制剂，提高了鲫鱼增重率和特定生长率，降低了饵料系数（吴建军等，2017）。

## 15.4 酶制剂在食品中的应用

用于食品加工的酶制剂称为食品酶制剂。被列入 GB 2760—2014 的食品酶制剂及其来源名单已达到 54 种。目前酶制剂在食品行业中已广泛应用于淀粉糖加工、蛋白质加工、油脂加工、酿酒加工、烘焙加工和果蔬加工等。随着酶技术的进步，酶制剂在食品加工中的意义是多方面的。

首先是改变了食品加工工艺，如在果汁澄清工艺中，酶制剂的使用改变了传统的硅藻土吸附凝絮的方式，不仅可以节约成本，且通过酶制剂澄清的果汁色泽、口感都比传统加工工艺生产的果汁质量更高；在油脂改性中，通过脂肪酶的定向催化，可以优化油脂性能，保证油脂产品更加天然，使营养成分高于传统的炼油技术。

其次，酶制剂对食品质量具有提高的作用，如在烘焙加工过程中，通过麦芽糖淀粉酶、$\alpha$-淀粉酶和木聚糖酶等的复配作用，不仅可以使烘焙产品色泽更加诱人、体积更大、口感更加松软，还可有效延长烘焙产品的保质期；将木瓜蛋白酶应用到肉制品中，通过控制酶量和作用时间，可以有效嫩化肉类，改善口感。此外，酶制剂能够充分利用一些下脚料，提高食品的附加价值（刘柏楠和刘立国，2011）。

最后，酶制剂更加健康、安全，能够提高食品安全。酶制剂的本质是蛋白质，常见的来源于微生物和植物，在食品加工中会发生变性，无毒无害。酶制剂的使用，减少了一些化学添加剂的使用，如在韧性饼干中，添加蛋白酶能够减少焦亚硫酸钠的使用，减少二氧化硫的产生；此外，国内不少人具有乳糖不耐受症，或者对某些蛋白质过敏，通过酶制剂的改性或水解，最终可以改善这种过敏问题。

### 15.4.1 酶制剂在淀粉加工中的应用

#### 1. 酶法生产淀粉糖

利用酶水解淀粉生产葡萄糖是酶催化工业的一项重大成就，由日本于 20 世纪 50 年代末研究成功，现已在全世界普遍应用。酶法生产葡萄糖是以淀粉为原料，先经 $\alpha$-淀粉酶液化成糊精，再用糖化酶催化生成葡萄糖，再通过后处理工艺生产结晶葡萄糖或者粉状葡萄糖。该工艺非常简单，并且已经在国内外很多企业得到应用，节约成本（侯占群和康明丽，2004）。目前淀粉糖生产中使用的酶制剂主要有 $\alpha$-淀粉酶、$\beta$-淀粉酶、葡糖淀粉酶、普鲁兰酶、异淀粉酶、环糊精葡萄糖基转移酶、转葡萄糖苷酶和葡萄糖异构酶等。通过淀粉酶的组合，可将淀粉转化为葡萄糖、果葡糖浆、麦芽糖、异麦芽糖以及环糊精等不同类型的淀粉糖产品。

#### 2. 酶法生产低聚糖

功能性低聚糖生产是食品酶制剂应用发展的一个新兴领域。目前已作为食品原料广泛应用的低聚糖主要有低聚异麦芽糖、低聚果糖、低聚木糖和低聚半乳糖等。不同种类低聚糖的生产均需要相应酶制剂的参与，如低聚木糖主要是通过木聚糖酶水解纤维质材料中的木聚糖产生的；果糖苷酶将蔗糖水解成果糖和葡萄糖，然后再将果糖基转移至蔗糖从而合成低聚果糖，此外也可采用聚糖酶水解菊糖制备低聚果糖；低聚半乳糖则是以乳糖为原料通过半乳糖苷酶的转糖苷作用合成得到的。

### 15.4.2 酶制剂在蛋白质加工中的应用

#### 1. 动物蛋白加工

动物水解蛋白具有天然肉香风味，肉味浓郁、味鲜可口，使用方便，用量不受限制，并且能与其他配料（粉类、酱类产品）有很好的协同作用，形成各种复合风味。动物水解蛋白来源于各种肉类（鸡、猪、牛等），营养丰富，含有多种氨基酸、肽类化合物、核苷酸、无机盐、微量元素和碳水化合物，容易被人体吸收。

在动物蛋白加工中，近年来应用很广泛的一类酶是转谷氨酰胺酶（TG 酶），主要体现在水产品和肉制品中的应用。它能够催化蛋白质分子内或分子间的氨基发生转移，使蛋白质发生聚合或交联，交联后的蛋白质凝胶性、持水性、水溶性、塑性、稳定性等均会得到改善。刘广娟等（2020）在白肌肉（PSE 猪肉）低温香肠的制作配方中添加 0.6% 的 TG 酶、0.5% 的卡拉胶和 3% 的大豆分离蛋白显著改善了 PSE 猪肉低温香肠的硬度、弹性、咀嚼性和内聚性。在高温杀菌白鲢鱼糜凝胶制品中添加 0.5% 的 TG 酶，经加工后与对照组相比鱼糜凝胶硬度增加 48.7%，弹性、持水性、白度及流变特性均有较好的改善（于楠楠等，2020）。

#### 2. 植物蛋白加工

目前国内外对于酶制剂在植物蛋白加工中的应用热点主要有大豆分离蛋白（soybean protein isolated，SPI）、大米蛋白、小麦蛋白等。

大豆分离蛋白是利用高科技从脱脂大豆中除去大豆纤维和水溶性的非蛋白质部分后所得（李玉珍和肖怀秋，2009），广泛应用于饮料、焙烤食品和肉制品等食品工业领域。它不仅营养价值高、资源丰富、成本低，更为重要的是大豆蛋白还具有乳化性、起泡性和保水性等与食品的嗜好性、加工性等相关的各种功能特性（赵新淮和侯瑶，2009）。然而，不同食品的加工对大豆分离蛋白功能性质的要求不同，部分功能性需要加强或减弱。因此，对大豆分离蛋白的改性，提高大豆制品营养成分的生物有效利用性成为食品加工工业亟待解决的问题。酶法改性是一种常用的改性方法，酶水解程度不同导致大豆分离蛋白结构等的改变也不同，通过酶改性可得到满足不同需求的功能性大豆分离蛋白，从而拓宽大豆蛋白在食品工业中应用的范围（Were *et al.*，1997）。

大米是一种优质的蛋白源，具有高赖氨酸、高生物价、高消化率等特点。用酶技术进行大米蛋白的提取，主要通过两种途径：一种是蛋白质水解方法，大米蛋白在蛋白酶作用下，相对分子质量降低，溶解度提高。另外一种是排除法提取大米蛋白，利用纤维素酶、脂肪酶、戊聚糖酶、淀粉酶、糖化酶的作用，将原料中的其他非蛋白质组分进行水解，溶解到水中，从而使不溶性大米蛋白得以分离。这两种蛋白质提取工艺各有特点，但两者也并不是孤立的，结合使用，往往能达到更好的提取效果（段刚等，2005）。

小麦蛋白（俗名谷朊粉）是小麦淀粉生产的副产物，其蛋白质含量高达 72%～85%，主要由麦醇溶蛋白和麦谷蛋白组成；而且氨基酸组成比较齐全，是营养丰富、物美价廉的纯天然植物性蛋白源。然而，由于小麦蛋白独特的氨基酸组成，含有较多的疏水性氨基酸和不带电荷的氨基酸，分子内疏水作用区域较大，溶解度较低，因此不能满足食品加工的需要，应用具有诸多局限性（王亚平等，2005）。酶法改性已成为小麦蛋白深加工研究领域的一个热点（钟昔阳等，2005）。小麦蛋白经特定的蛋白酶降解所形成的小分子肽类，不仅容易吸收，而且具有多种生理活性（张亚飞等，2006）。采用碱性蛋白酶水解小麦蛋白，得到的小麦肽经小鼠体外脾淋巴细胞增殖反应鉴定其具有免疫活性（程云辉等，2006）。利用小麦蛋白粉酶解制备的多肽具有抗氧化性。小麦蛋白酶解物可作为功能性食品、肽类药物进行开发，拓宽其应用领域。

#### 3. 微生物蛋白加工

目前，食品酶制剂在微生物蛋白中的应用也很广泛，主要体现在啤酒酵母的重复利用等。近年来，啤酒废酵母及其提取物的应用研究重点已由传统的饲料工业转向食品、医药行业。我国及其他国家和地区已制定了相应产品的质量标准。在啤酒废酵母的应用领域，日本处于领先地位，进行了酵母制备甘露糖、葡萄糖、海藻糖的研究。

#### 4. 酱油等调味品加工

酱油作为生活必需品，近年来发展很快，产品呈持续增长趋势。酱油是应用微生物制曲后经发酵而制成的，在酱油酿造中起作用的主要是酶，由酶作用来完成酱油酿造中各类生化反应，如蛋白质水解、淀粉质糖化、乙醇发酵和有机酸发酵。随着酶制剂工业的发展，酶制剂品种增加，为酱油酿造中添加酶制剂提供更多新途径。

酱油酿造由于消费习惯、生产条件、工艺设备不同，酱油原料配比也略有不同，有些企业酱油酿造中淀粉质原料使用较多，此时可考虑强化补充淀粉酶，必要时可以将淀粉质原料单独液化，以提高产品质量和原料出品率（李大锦和王汝珍，2002）。

### 15.4.3 酶制剂在油脂加工中的应用

油脂是人类食品的主要营养成分之一，可赋予食品不可缺少的风味，而且用酶法生产有益健康的油脂技术应用正逐步成熟，酶法生产二十二碳六烯酸（docosahexaenoic acid，DHA）可用来源于酵母的脂肪酶，作用于鱼油的 DHA 的甘油酯成分进一步进行缩合反应和转酰基反应，以使 DHA 浓缩，使 DHA 含量达 50% 以上。在油脂工业领域中令人瞩目的新应用是通过磷脂酶 A2 对油脂的脱胶。在食用植物油尤其是大豆油的精炼中，为了得到令人满意的风味质量，确保充分的储存稳定性，并且有利于以后工序的进行，需要从大豆粗油中分解除去卵磷脂和脱脂卵磷脂，即脱胶，并且脱胶工序需要能够高效地使植物油中的磷脂含量降到万分之一以下。与化学法相比，用酶法脱胶可使脱胶过程在含水量低的条件下高效进行，节约单位处理成本并适用于后续工序的精制（王荣辉等，2009）。

由于植物油料细胞的成分和组织结构比较复杂，采用单一酶制剂具有一定局限性，有时难以获得理想的效果，而利用复合酶制剂时由于不同酶制剂的协同效应，能够在一定程度上提高酶的作用效果，从而提高植物油脂的得率。Passos 等（2009）研究了使用复合酶（纤维素酶、木聚糖酶、果胶酶和蛋白酶）预处理辅助提取葡萄糖籽油，预处理后用超临界二氧化碳萃取和溶剂浸出，油脂得率分别为 16.5% 和 13.7%。

### 15.4.4 酶制剂在酿酒加工中的应用

我国酿酒历史悠久，是酒类品种最全、酿造历史最长、产业规模最大的国家，也是世界上规模最大的饮料酒生产和消费国。随着各厂家规模的逐渐扩大和消费者对产品质量要求的提高，如何降低生产成本，提高酿酒产量，稳定产品品质，对于厂家来说非常重要。近些年，随着酶制剂工业的发展，在啤酒、黄酒、白酒或果酒的酿造过程中添加酶制剂，调节发酵前的糖、氮比例，改善黏度等已经非常普遍。

酶制剂在啤酒中的应用主要体现在以下几方面：①提高啤酒的辅料比例。②提高啤酒的非生物稳定性。③弥补麦芽质量低的缺陷，提高产品质量。④增加啤酒品种，生产高发酵度啤酒。⑤防止啤酒风味老化。⑥缩短啤酒发酵周期，控制双乙酰的含量。

酶制剂在白酒中的应用主要体现在原料的蒸煮和糖化过程，在中温蒸煮过程中，添加高温 $\alpha$-淀粉酶能够迅速让糊化的淀粉液化；糖化过程是将液化的糊精进一步在糖化酶的作用下转化为葡萄糖的工序。在实际应用中，除了糖化酶，还会根据原料的成分添加中温淀粉酶、酸性蛋白酶和纤维素酶等提高糖化效果。在发酵过程中，还可以添加酯化酶、增香型脂肪酶，通过增加醪液中酯的含量，从而增加新型白酒的风味，缩短发酵时间，提高发酵效率。

在黄酒生产中，麦曲是以黄曲霉或米曲霉为主体的糖化剂，但是受天然条件限制，酶量不足，会影响产量和质量，而外加酶制剂可以弥补麦曲酶量不足的缺陷，保证黄酒的规模化生产，提高出酒率。目前市场上已经有商用的专用生料酶制剂，其主要成分包括内切淀粉酶和外切淀粉酶，该酶的使用能够缩短发酵时间，提高出酒率，保证黄酒的质量。

### 15.4.5 酶制剂在烘焙加工中的应用

在传统的烘焙加工行业，面粉中的改良剂以化学添加为主，如增白剂过氧化苯甲酰、增筋剂溴酸钾和还原剂焦亚硫酸钠等，这些化学添加剂虽然具有良好的改良效果，但是往往给人体健康和环境带来不良影响。酶制剂在烘焙中的应用效果主要有软化面团、抗老化、增筋和增白等作用，能够减少化学添加剂的使用，提高烘焙产品质量。下面主要介绍几类重要的烘焙酶。

真菌 $\alpha$-淀粉酶是第一个应用于面包制作的微生物酶类，能够随机水解直链淀粉与支链淀粉中的 $\alpha$-1,4 糖苷键生成麦芽糊精和麦芽糖。麦芽糖淀粉酶是近几年常用在面包和蛋糕中起到保鲜作用的酶制剂，最早由诺维信公司量产、商业化，由枯草芽孢杆菌发酵、提纯精炼而成，具有延长面包或蛋糕保鲜期的作用（李守宏和徐清，2018）；此外麦芽糖淀粉酶通过对支链淀粉的修饰，可以使面包瓤在储存过程中保持弹性。

葡萄糖氧化酶最早在黑曲霉和灰绿青霉中发现，一般由黑曲霉生产得到。葡萄糖氧化酶应用在面包中，能够显著改善面粉的粉质特性，延长稳定时间，改善面团的拉伸特性，增大抗拉伸阻力，改善糊化特性，提高最大黏度，降低破损值，可形成更耐搅拌、干而不粘的面团，因此常用于需要增筋效果的面包和馒头中，增加面团的持气性能和面包或馒头的体积。

木聚糖酶是半纤维素酶的一种，主要由黑曲霉和木霉菌发酵而成，包含内切木聚糖酶、外切木聚糖酶、纤维二糖水解酶、阿拉伯呋喃糖苷酶等。因为外切木聚糖酶会使水溶性的木聚糖酶含量降低，产生负面效果，所以常用于面粉中的是内切木聚糖酶，使面团变软，增强面团的延伸性，改善面团的机械加工性能（马清香，2013）。另外，调理面筋，增白的效果，常应用于馒头、面包及高纤维含量的粗粮产品中。

在烘焙产品上应用的脂肪酶主要有三种，甘油三酯脂肪酶、磷脂酶和半乳糖脂肪酶，其中甘油三酯脂肪酶和磷脂酶应用比较多。

在实际应用中，将不同脂肪酶进行复合使用，能够发挥更好的增白效果。其应用于面包中，使面团发酵的稳定性增加，面包体积增大，内部结构均匀，质地柔软，包芯颜色更白，提高面包的保鲜能力；应用于馒头中，使馒头二次增白；应用于面条中，减少面条的斑点，提高嚼劲，使面条不粘连、不易断、表面光亮，增加面粉的抗拉伸阻力，增加延伸性。

蛋白酶作用于蛋白质的肽键，可将其水解为小分子的多肽、游离氨基酸等。在面团调制初期加入蛋白酶后，可以水解面筋蛋白中的肽键，降低面筋强度和弹性，软化面团，增加其延伸性，使面团更容易操作、可塑性强，因此常应用于饼干、脆片、甜品和比萨的制作，能够部分替代焦亚硫酸钠；应用于面包中时，适量添加蛋白酶，会使面团中多肽和氨基酸含量增加，从而有利于改善面包皮的颜色，增强面包的香气口味。实际应用中，植物来源的木瓜蛋白酶应用更多。

### 15.4.6 酶制剂在果蔬加工中的应用

我国果蔬种植业发展迅速，果蔬产量迅速增长，目前水果和蔬菜的总产量位居世界第一，但是随着产量的大幅提高，新鲜果蔬保鲜期短，果蔬深加工行业，特别是果蔬汁、果蔬粉的加工成为果蔬种植业良性发展的关键方式之一。果蔬中含有大量的果胶、纤维素、淀粉、半纤维素等物质，使果蔬汁在加工过程中存在黏度高、压榨率低、出汁率低，易浑浊、易褐变，特有香气成分易流失，以及苦味难以去除等问题。目前果胶酶、纤维素酶、淀粉酶及蛋白酶等多种酶制剂在果浆出汁和果汁澄清中的作用效果突出，已经广泛应用于果蔬加工行业。

果胶酶一般可分为原果胶酶、果胶水解酶、果胶裂解酶和果胶酯酶等。在果蔬加工过程中，加入果胶酶具有多重作用，通过水解果蔬汁中的果胶物质，降低黏度，提升果浆的压榨能力，增加了自流量，缩短了果浆压榨时间，也可以提升果浆出汁率，增加果汁收量；果胶酶能够提升果浆浓缩效果，降低了果汁汁液的黏度，提高生产能力，也可以促进过滤效果及除去浑浊物质；保持原果中的天然芳香滋味和色泽；降低果汁中总酚、总氮的含量，更适合于浅色果酒酿造质量的要求，还可以降低成本和节能，减少废水和废物排放量。

纤维素酶是由葡聚糖内切酶、葡聚糖外切酶和$\beta$-葡萄糖苷酶等三类酶组成的一种复合酶，其主要用于水解纤维素，将植物细胞壁破坏，释放细胞内容物，从而提高出汁率和可溶性固形物含量。

部分果蔬在采收时淀粉含量很高，加工过程中果蔬汁中保留大量的淀粉，从而使果蔬汁浑浊，过滤困难，在加工过程中加入淀粉酶，可以将淀粉水解成小分子葡萄糖或其他低分子糖类，从而避免淀粉颗粒聚集生成沉淀，降低果蔬汁黏度，提高出汁率，降低加工成本。此外，应用于果蔬加工过程的酶制剂还有$\beta$-葡萄糖苷酶、溶菌酶和粥化酶等（侯瑾和李迎秋，2017）。

## 15.5 酶制剂在日化用品中的应用

### 15.5.1 在日化用品中的应用

目前我国日化用品市场产品丰富。除了传统的粉、液、皂，织物洗涤品涉及洗衣片、洗衣凝珠、衣领净、彩漂等，家居洗涤品涉及洁厕液、地板清洗剂、玻璃清洗剂等，厨房洗涤品涉及餐具洗涤剂、油烟机清洗剂、果蔬清洗剂等，还涉及牙膏、洗发水、护发素、沐浴露等个人护理品。其功能覆盖广，加酶、除菌、漂白、护色等，预期向更环保、节能、高效的方向发展。

仅以2013～2017年国内三大类洗涤用品产量情况为例（表15.11），近5年来，中国织物洗涤品产量保持较高增速，其中，液体洗涤剂增速最快，平均增速达8%以上，肥（香）皂基本稳定，洗衣粉产量增速放缓，总体表现为粉体向液体转变的态势。

表15.11 2013～2017年国内洗涤用品产量

| 洗涤用品 | 2013年 | 2014年 | 2015年 | 2016年 | 2017年 | 5年平均递增率 |
|---|---|---|---|---|---|---|
| 洗涤用品总量（万t） | 1117.79 | 1298.88 | 1354.55 | 1390.14 | 1357.1 | 4.97% |
| 洗衣粉（万t） | 448.37 | 468.26 | 444.76 | 446.27 | 456.79 | 0.46% |
| 液体洗涤剂（万t） | 581.42 | 740.62 | 819.79 | 852.87 | 808.31 | 8.59% |
| 肥（香）皂（万t） | 88.00 | 90.00 | 90.00 | 91.00 | 92.00 | 1.12% |

数据来源：中国洗涤用品工业协会信息中心

生物酶作为一种有活性的生物催化剂，本身无毒、生物降解度高，应用前景广阔，加入酶制剂的各类型日化用品的洗涤性能和效率得到有效改善与明显提高。早在1913年，Rohm已将胰腺提取物用于洗涤剂的预浸泡组分Bumus，开创生物酶在洗涤剂工业中应用的历史。虽然酶在洗涤剂组分中仅占0.1%～5%，但它同4A沸石等助洗剂一样成为洗涤剂中不可缺少的成分。目前全世界工业用酶中洗涤剂用酶约占40%，欧美发达国家加酶洗涤剂占洗涤市场的80%～95%，而国内加酶洗涤剂占比约20%（王泽云等，2019）。国外日化用品主要含有四大洗涤用酶，即碱性蛋白酶、淀粉酶、碱性纤维素酶、脂肪酶，以及它们的复合物。

### 15.5.2 在洗衣粉中的应用

《洗衣粉（无磷型）》（GB/T 13171.2—2009）要求洗衣粉对JB-01碳黑污布、JB-02蛋白污布和JB-03皮脂污布的去污力必须同时超过标准洗衣粉。在国标洗涤浓度条件下，依据酶制剂酶活不同及洗涤剂具体性能要求，酶制剂加量范围通常在0.3%～1.0%。不论是普通洗衣粉还是浓缩洗衣粉，酶制剂的加入时机常是基粉降至常温后，避免高速搅拌，也避免与氧化剂、杀菌剂、强酸强碱等组分同时加入。

不同厂商的蛋白酶、脂肪酶质量指标有所不同。表15.12、表15.13分别代表某蛋白酶、脂肪酶的主要质量指标（王燕，2009），其中酶活力均是衡量酶制剂去污性能的主要指标，同时酶制剂的气味、崩解时间、颜色等指标也对酶的应用性能有一定影响。

表 15.12 某蛋白酶颗粒企业内控质量指标参考

| 项目 | 指标 | |
|---|---|---|
| | Ⅰ型 | Ⅱ型 |
| 气味 | 与标准样品比，气味典型，无显异常气味 | |
| 酶活力（U/g，U/ml） | ≥20 000 | ≥160 000 |
| 干燥失重（%） | ≤6.0 | ≤6.0 |
| 细（粒）度（%） | ≥85 | — |
| 表观密度（g/ml） | ≤1.1 | — |
| 崩解时间（s） | ≤150 | ≤150 |

表 15.13 某脂肪酶颗粒企业内控质量指标参考

| 项目 | 指标 |
|---|---|
| 气味 | 轻微发酵气味，无其他异味 |
| 脂肪酶（KLU/g） | ≥100 |
| 颜色（液体，HU） | ≥74 |
| 激光衍射粒度＜150 μm（%） | ≤0.5 |
| 激光衍射粒度＞1230 μm（%） | ≤3 |

蛋白酶在洗衣粉中的去污性能提升作用已在文献中屡有显示，在一定范围内随着蛋白酶加量的提高，去污力呈递增趋势，与标准洗衣粉配方相比，蛋白酶用量 0.3% 的配方对 JB-02 蛋白污布去污效果是标准洗衣粉配方 3～4 倍。也有文献试验结果表明，洗衣粉中的脂肪酶去污力也随其添加量提高而递增提升；此外，脂肪酶还可以明显改善洗衣粉的抗再沉积性能，减少亲油性色素的黏附、沉积。

研究发现漆酶可以增加洗衣粉对特殊污渍的去污力，随着漆酶用量增加，去污力提高，与抗坏血酸等还原介质复配有增效作用，增强了漆酶对特殊污渍的去污力，尤其对红酒污渍、红茶污渍的去污力优于过碳酸钠（邓龙辉，2012）。但是如何降低漆酶生产成本，寻找合适的介体在碱性环境下激活漆酶是其在洗涤用品获得推广应用必须解决的问题。

## 15.5.3 在肥（香）皂中的应用

肥（香）皂作为传统洗涤剂，因为本身特性，添加酶的工作受到诸多限制。不但因为肥皂的洗涤方式与其他洗涤剂存在差别，而且酶制剂很难在皂基中长效保持活性。

研究 2709 碱性蛋白酶及其在洗衣皂中的应用，发现每克皂基添加 8000 U 酶活 2709 碱性蛋白酶时，皂基去污性能获得最大提升，比不添加 2709 碱性蛋白酶皂基样提高了 3 倍左右。而在不添加酶稳定剂的皂基中 2709 碱性蛋白酶很快失活，添加了筛选的柠檬酸后，皂基中酶的活性得到了长效的保持（李陈想，2019）。

## 15.5.4 在液体洗涤剂中的应用

酶制剂能很好地解决液体洗涤剂去污力差的不足问题，但是酶在液体洗涤剂中的稳定性是现今洗涤行业迫切要解决的问题（马杰等，2009）。普通加酶液体洗涤剂配方条件要求较苛刻，如 pH 低于 9，水分低于 50%，为此国内普遍添加大量溶剂为稳定剂，从而增加了配方成本。丹麦稳定性标准评估方法（谷志静等，2013）是通过 6 周加速试验（30℃、湿度 70%）后产品保存 50% 酶活力，即可判定该酶稳定性能在配方中保持稳定至少一年。

通过蛋白质工程、化学修饰技术、稳定剂添加技术和微囊包载技术来提高酶在液体洗涤剂中的稳定性。蛋白质工程指用理性设计和定向进化结合的改性方式来改善酶制剂，目前洗涤用酶 80% 已升级为突变体，存在技术壁垒。化学修饰技术是通过淀粉、环糊精、聚乙二醇（PEG）等生物相容性大分子修饰和肽链交联共价连接化学基团而改变酶的结构域。微囊包载是用成膜壁材将固液活性物以及易挥发成分包裹的技术，目前化学修饰和微囊包载均没能大规模地应用。稳定剂添加技术目前应用较多，主要在于开发高效酶抑制剂，如选用 *α*-羟基羧酸盐（3-氯苯乙酸）或者含 2～6 元醇复合稳定体系，市售稳定剂多由硼酸盐及丙二醇组成。

### 1. 在洗衣液中的应用

洗衣液配方中加入少量蛋白酶可明显提升其对蛋白类污垢的去污力，见表 15.14。通常酶在浓缩洗衣液中的稳定性优于其在普通型产品中的稳定性。在洗衣液配方中，碱性环境及含有大量水，容易使酶降解而失去生物活性（张骥，2016），表面活性剂直链烷基苯磺酸盐（LAS）、月桂酰肌胺酸钠（LS）、脂肪醇聚氧乙烯醚硫酸钠（AES）对蛋白酶失活作用强，乙烯醚（AEOs）和烷基糖苷（APGs）对酶活力抑制作用小。

表 15.14 蛋白酶的国标蛋白污布的去污效果

| 蛋白酶制剂 | 洗衣液配方 | | |
|---|---|---|---|
| | 标准洗衣液 | 洗衣液基体 | 洗衣液基体+0.02% 蛋白酶 |
| P100 蛋白酶 | 1.00 | 1.12 | 3.58 |
| P150 蛋白酶 | 1.00 | 1.11 | 3.62 |
| Savinase 16 | 1.00 | 1.12 | 3.68 |

目前通过添加稳定剂如硼酸和氯化钙来提高酶存储稳定性，如表 15.15 所示，随着时间的延长，蛋白酶和淀粉酶的酶活力呈下降趋势，稳定剂的加入对改善酶制剂稳定性效果明显。

表 15.15 稳定剂对酶制剂在洗衣液中应用稳定性的影响

| 洗衣液配方 | 相对活力（%） | |
|---|---|---|
| | 37℃，4 周 | 37℃，8 周 |
| 皂液+0.3% 蛋白酶 | 95 | 83 |
| 皂液+0.3% 蛋白酶+氯化钙 | 96 | 88 |
| 皂液+0.3% 淀粉酶 | 88 | 67 |
| 皂液+0.3% 淀粉酶+氯化钙 | 91 | 79 |

研究发现，纤维素酶受常见阴离子表面活性剂影响很大，受非离子表面活性剂影响

小。对比添加与未添加纤维素酶的洗衣液发现，添加纤维素酶洗衣液明显提高了对国标污布 JB-03 皮脂的去污力，光学显微镜下明显可见污布表面更干净，纤维间缝隙变大，纤维颜色较明亮（于跃和张剑，2016）。研究也发现了洗衣液中脂肪酶添加质量浓度 0.3% 时对国标皮脂污布 JB-03 的洗涤效果优于浓度 0.7% 和 1.0% 时，且脂肪酶含量与其对国标皮脂污布（JB03）的去污力并不成正比。添加脂肪酶对自制橄榄油污布、自制口红污布的去污效果好于自制酱油污布（杨媛，2018）。

研究表明，复合蛋白酶和淀粉酶应用到洗衣液中，不仅对蛋白质类和淀粉类污垢去除效果明显，而且这两种酶有协同效应，提高配方体系综合去污性能（沈兵兵，2012）。此外，还发现加入 3.5% 的 4-甲酰苯基硼酸能抑制蛋白酶活力，从而降低蛋白酶对淀粉酶活性的影响，而 4-甲酰苯基硼酸对蛋白酶不具有明显抑制作用，通过正交试验进而得到能满足配方体系对酶稳定性的要求的复合稳定剂组合物，即氯化钙/1,2-丙二醇/硼砂/4-甲酰苯基硼酸（周新萍，2015）。

#### 2. 在餐具洗涤剂中的应用

餐具洗涤剂（餐洗剂）是液洗产品中第二大类，分为手洗餐洗剂和机洗餐洗剂。目前国内仍以手洗餐洗剂为主，常用淀粉酶辅助去除淀粉污垢。果蔬清洗剂属于手洗餐洗剂，多添加农药降解酶增强去农残效果。

武汉新华扬生物股份有限公司拥有独有的能够生产有机磷农药降解酶、菊酯降解酶的两种毕赤酵母工程菌菌株，凭借多年发酵沉淀技术优势开发出酶活力上千的上述两类农药降解酶，再通过专利化配方复配出含有机磷降解酶、菊酯降解酶及果胶酶等复合酶的果蔬清洗剂，对果蔬上常存的农药残留去除率高，有机磷达 98% 以上，菊酯类达 90% 以上，去除农药效果明显优于市面上同类宣传的果蔬清洗剂。

### 15.5.5 牙膏中的酶制剂

超氧化物歧化酶（superoxide dismutase，SOD）是广泛存在于生物体内的金属酶，清除体内超氧化阴离子自由基 $O_2^- \cdot$，源自动物血、叶子菜及微生物发酵提取，如食用乳酸菌产 SOD，能抗胃蛋白酶、胰蛋白酶，成本相对低。陈键芬（2013）探索 SOD 及其在口腔产品中的应用，获得了对 SOD 活性稳定的组成：SOD/山梨醇/甘油/聚氧乙烯醚（40）氢化蓖麻油，其在 40℃保存 3 个月，依然保有 60% 以上活性。

溶菌酶用于牙膏，可利用酶与溶性微球菌的敏感性做抑菌圈试验来证明酶的活性。徐志良和邵枫（2015）、徐志良等（2019）开发了 FE 生物复合酶功效牙膏，复配了溶菌酶、蛋白水解酶。所用复合酶为溶菌蛋白水解酶，水解致病菌细胞壁达到选择性抑杀致病菌目的。结合抗牙本质过敏成分氯化锶（或甘草酸二钾），显著提升牙膏的抗过敏功效。复合酶杀菌机理与抗生素抑菌不同，生物酶替代抗生素将是日化用品抗菌发展的必由之路。

### 15.5.6 日化用品的发展对酶制剂的新挑战

为满足细分的和功能化需求，如抗抑菌、柔软抗静电剂、增白增艳剂等，洗衣液、衣领净等产品复配酶后，酶活力仍会遇到很大挑战。洗衣片的特点是高浓缩（总活性物达 70%）、计量准、携带方便，主要含有常见表面活性剂、硅藻土、甘油、纯碱及聚乙二醇等，对酶制剂的挑战是前配料在 80℃以上条件如何保证酶的活性。洗衣凝珠的主要成分与液体洗涤剂差别不大，核心工序在于通过特殊设备利用聚乙烯醇水溶膜对基液进行包覆造型，对酶制剂的挑战是，前配料加入高活性物质及部分溶剂的配方专供，如何长时间保持酶活性。

市面上果蔬清洗粉类的剂型，需要消费者逐步接受，若引入酶制剂，必须可溶、安全、高效，效果可见。

## 15.6 酶制剂在纺织造纸中的应用

### 15.6.1 酶制剂在纺织染整加工中的应用

纺织类用酶大多是水解类酶制剂，基本能贯穿纺织整个湿加工过程，主要包括纤维素酶、淀粉酶、半纤维素酶、木质素酶、果胶酶、蛋白酶、过氧化氢酶、葡萄糖氧化酶、漆酶、脂肪酶、聚乙烯醇降解酶和角质酶等。

《中国纺织酶市场调研与投资战略报告（2019 版）》显示，目前纺织酶主要用于水洗和印染市场。随着国际纺织工业向东南亚的转移和集中，中国、印度等国家已经是纺织酶制剂公司最大的消费市场。纺织酶制剂市场主要由丹麦的诺维信和丹尼斯克-杰能科主导，占全球市场的 70% 以上，占中国市场的 50% 以上。

#### 1. 棉及棉混纺织物的湿加工

棉织物属于纤维素纤维最常见的一种织物，作为一种天然纤维素纤维，棉织物具有吸湿、透气等优良特性而被广泛使用。在棉及棉混纺织物的湿整理过程中，酶法已经很成熟，并得到广泛的接受。酶制剂主要用在退浆、精炼、生物抛光和漂白后除氧等上。

（1）酶制剂在退浆中的应用

织物在织造前需要上浆，但浆料又会阻碍染化料的进入而影响织物进一步整理，所以在前处理阶段需要退浆。$\alpha$-淀粉酶能使天然淀粉浆料完全水解并通过水洗去除，其专一性不会对纤维本身产生降解作用而导致织物强力下降，但只适用于纯淀粉浆料或以淀粉浆料为主浆料的织物。淀粉酶的退浆工艺比较成熟。

（2）酶制剂在精炼中的应用

未处理的棉花除了含纤维素，还含有各种非纤维素杂质，如蜡、果胶、半纤维素和矿物盐等，它们的疏水性会影响棉纱或棉织物的染色和整理等湿处理。故在染色之前需对棉进行预处理，以改善织物的润湿性。果胶酶能降解原果胶及果胶酸盐等不溶性物质，其他非纤维素成分也相继被释放出来，它们被表面活性剂溶解、分散或乳化而被去除。用果胶酶精炼不用担心强度降低，处理后的织物相对柔软，但由于不能去除色素、棉籽壳等导致推广受限。

（3）酶制剂在生物抛光中的应用

纤维素酶主要用于棉型织物的生物抛光，处理后的织物表面光洁，纹路清晰，并提高织物的抗起毛起球效果，从而提高品质。纤维织物包括棉、粘胶、莱赛尔等，都能被纤维素酶降解以达到光洁表面、提高抗起毛起球的效果。纤维素酶特别是中性纤维素酶是应用最广泛的酶制剂。

（4）酶制剂在漂白中的应用

棉织物在染浅色前需要进行漂白处理，生物漂白替代物有过氧化物酶、漆酶/介质系统和葡萄糖氧化酶，但由于酶成本高，漂白效果不理想，用于生物漂白的酶研究较少。目前比较常用的漂白剂是过氧化氢，漂白后残余的过氧化氢必须去除，否则会损坏织物，影响染色。过氧化氢酶能催化水解过氧化氢成为水和氧，不仅大量减少用水，而且本身并不对染色造成影响，此应用比较成熟。

目前，越来越多企业和研究机构着重研究一浴法或短流程工艺，如抛光/染色一浴、精炼/抛光/染色一浴、退/煮一浴、退/煮/漂一浴等。一浴工艺较常规工艺能节约成本和时间，在生产效率和污水处理方面有明显优势。邹志奇等（2007）通过试验得知一浴工艺处理 1 t 织物比常规碱煮、常规碱氧工艺分别节约 506.9 元、832.9 元。

### 2. 牛仔及成衣的水洗加工

牛仔布起源于美国，是一种粗厚的色织斜纹棉布或棉混纺。织造好的牛仔布或者牛仔成衣，需经过退浆、石磨以及砂洗、柔软等后整理。用于牛仔水洗的酶制剂主要有淀粉酶、纤维素酶和漆酶。

牛仔布通过 $\alpha$-淀粉酶进行退浆处理，根据需要可加一些表面活性剂，利于淀粉酶渗透。退完浆的牛仔布或牛仔成衣柔软吸水，便于后续的纤维素酶酵洗操作。纤维素酶水解暴露在纱线表面的纤维，部分水解的纤维表面与附着的靛蓝一同被分散到水解液中，从而使布面形成雪花白点，以达到返旧效果。漆酶可对牛仔布进一步进行漂白，以改善返旧效果，漆酶只降解靛蓝染料而不影响纤维素，由于成本高而限制了其应用发展。

### 3. 麻及麻混纺织物的染整加工

麻面料有苎麻、亚麻、罗布麻、大麻等，麻织物由于纤维粗硬，刚性较大，有刺痒感，一般与其他织物混纺，既保持麻纤维本身的硬挺度，同时又有其他织物的优点。用于麻纤维的酶制主要有果胶酶、纤维素酶、半纤维素酶、漆酶等。

麻类纤维中含一些非纤维素物质，包括胶质、脂肪蜡质等。果胶酶对果胶类物质的降解作用使胶质成分在结构上发生了较大的变化，胶质复合体的稳定性受到很大的破坏。利用果胶酶和半纤维素酶对亚麻进行沤麻处理，比传统方法更快速、环保。

漆酶对于麻织物的作用主要是对纤维进行接枝改性，如周春晓（2017）用漆酶对黄麻木质素催化，并进行接枝改性，疏水性有所改善。由于漆酶能催化的底物较广泛，应用范围较广，近年来受到很多研究机构的青睐。漆酶起作用的关键是找到合适的介质。

纤维素酶对麻织物的作用主要是柔软和除毛，纤维素酶将纤维素表面外露的微细纤维水解弱化从而剥落，使织物表面光洁，纹路清晰（吴海峰，2010）。同时纤维发生溶胀、降解，导致结构松弛，织物毛羽变软，甚至脱落，从而达到消除刺痒的目的。但在改善外观和手感的同时，织物强力也会有损失，所以在保证效果的同时，要注意纤维素酶的用量。

#### 4. 蚕丝及蚕丝织物的染整加工

蚕丝由丝胶和丝素组成，未经脱胶的丝由于丝胶及杂质的存在，光泽不好，柔软性差，影响染整加工，因此需要去除。蚕丝脱胶一般用蛋白酶，对丝胶肽键进行裂解。还可以通过蛋白酶整理以去除表面毛羽、棉结等，适宜于绢丝织物及重磅机织物的整理，对于一般尤其是薄型织物一定要慎重，以免强力损失过大，影响服用性能。

#### 5. 羊毛及羊毛织物的染整加工

羊毛纤维是一种天然蛋白质纤维，主要由不同种类的不溶性角蛋白组成。鳞片层覆盖在皮质层的表面以保护羊毛，但同时也是羊毛缩绒性的主要原因之一。

毛织物因鳞片层的定向摩擦效应导致毛的毡缩现象，通过工艺处理以消除毡缩现象。鳞片层表面具有疏水性，蛋白酶很难吸附，需要对鳞片层进行预处理，再用蛋白酶进行降解，破坏局部鳞片并使其剥落。用于羊毛防毡缩整理的酶制剂有木瓜蛋白酶、胰蛋白酶、脂肪酶和角朊酶等。

柔软性在纺织品的质量鉴定中起着至关重要的作用。除通过预处理和加工达到防毡效果外，还有一个类似羊绒的要求。与羊毛除磷不同，需要去掉或降解部分羊毛纤维，而不仅仅是去掉表皮层。蛋白酶与其他化学试剂联合使用以改善手感。羊毛混纺织物可通过纤维素酶和蛋白酶使织物具有柔软的触感。

使用蛋白水解酶或联合使用过氧化物可以提高纤维的白度和亲水性（Levene，2010），有助于提高染料的染色率（Parvinzadeh，2007）。但同时会使羊毛失重或强度降低，这对于昂贵的羊毛来说并不合适，目前只在研发阶段。

采用纤维素酶及果胶酶、木质素酶可去除毛织物中的草刺等纤维素杂质，代替酸炭化工序，可避免羊毛纤维的损伤，同时有利于防止设备的腐蚀和有利于环境保护（Heine and Hocker，1995）。

### 15.6.2 酶制剂在制浆造纸工业中的应用

造纸工业是重要的基础原料产业，也是森林、能源、化学品等资源消耗和环境污染的“大户”。人们对环境保护及降低能耗的日益关注，以及生物技术的不断发展，促进了生物技术在制浆造纸工业中的应用，其中最主要的是生物酶制剂的应用（佘集锋，2015）。

生物酶应用在制浆造纸工业中的主要方面有：生物制浆、生物酶辅助漂白、纤维的生物酶改性以及在废纸循环过程中的生物脱墨和在制浆造纸过程上的废水处理等。使用的生物酶主要有：纤维素酶、半纤维素酶（木聚糖酶等）、淀粉酶、脂肪酶、多酚氧化酶等过氧化物酶、木质素降解酶等。

#### 1. 生物制浆

传统制浆技术是指利用化学的方法或机械的方式，或两者结合的方法使植物纤维原料离解，将植物纤维原料中的半纤维素、木质素等杂质去除，得到本色纸浆（未漂白）或进一步漂白变成漂白纸浆的生产过程。通过化学法制浆的纸浆具有白度高等特点，但化学药品消耗量大、能耗高、设备投资大，废水排放量高且生化需氧量（BOD）和化学需氧量（COD）高，还含有可吸收有机卤素（AOX）等致癌物质，严重污染环境（龚木荣，2019）。

生物制浆是利用微生物或其所产的酶对植物纤维原料进行预处理，用生物酶代替化学药品或部分化学药品，破坏纤维细胞壁、木质素和半纤维素的结构，再通过机械法或化学法处理，使纤维原料分离成纸浆。生物预处理有效地减少能量和碱的消耗，减少制浆的时间，还可以显著地降低磨浆能耗，改善纸浆的性能（韩海侠，2017）。

### 2. 纸浆漂白

用于纸浆漂白的生物酶主要有半纤维素酶和木素降解酶。其中，半纤维素酶包括木聚糖酶、甘露聚糖酶、$\alpha$-半乳糖苷酶、葡聚糖酶等；木素降解酶主要有木素过氧化物酶、锰过氧化物酶和漆酶。

半纤维素酶作用于纤维细胞壁中的半纤维素，使木素更容易溶出，并有利于漂白化学药品渗入，增强脱除木素的作用，增加纸浆的白度。半纤维素酶在纸浆漂白中的作用只是助漂，不能完全取代化学漂剂。木素过氧化物酶预处理能增加木素的溶出量、增强木素的反应活性，为双氧水漂白提供有利条件，使得纸浆白度提高，结晶度增加（常洽和吕家华，2012）。

### 3. 废纸脱墨

脱墨是废纸回收利用的关键，传统的脱墨工艺多采用化学脱墨法。与化学脱墨法相比，酶法脱墨中化学试剂用量小、环境污染小，纸浆具有很好的物理性能、高白度、高自由度和低残留墨等优点。

生物酶在废纸脱墨过程中可选择性地作用于油墨与纤维之间的交界面，促进纤维的溶胀而使纤维结构变得疏松，减弱纤维与油墨之间的连接强度；在机械力作用下，油墨颗粒从纸面脱离，经洗涤或浮选法脱除。目前用于废纸脱墨的酶制剂主要有纤维素酶、半纤维素酶、脂肪酶、酯酶、果胶酶、淀粉酶和木素降解酶，其中大多数使用纤维素酶和半纤维素酶。

### 4. 纤维改性

纤维的生物酶改性又称酶促打浆，主要是通过生物酶对纤维素改性的方式降低打浆的能耗、提高纸浆强度、改善纸浆纤维性能和提高纸浆滤水性能。

生物酶促打浆是利用半纤维素酶或纤维素酶对打浆前的纸浆进行预处理，在纤维表面发生酶解反应，降解细胞壁中的纤维素和半纤维素，促使细胞结构松弛，增加其渗透性，从而促进植物纤维润湿溶胀，降低纤维间的内聚力，有利于次生细胞壁的剥离，降低打浆能耗。目前用于纤维改性的生物酶主要是木聚糖酶和纤维素酶，此外还有果胶酶、漆酶、锰过氧化物酶、甘露聚糖酶、乙酰木聚糖酯酶、阿拉伯糖水解酶等（焦东和陈坤亭，2011）。

### 5. 废水处理

造纸工业产生的废水中含有大量难以降解的纤维性物质和污染度较高的色素物质。生物酶处理造纸废水，主要是废水中的有机物先通过氧化还原酶的催化反应形成游离基，游离基发生化学聚合反应生成高分子化合物沉淀。酶处理技术具有催化效能高、反应条件温和、对水质及设备情况要求较低、反应速度快、可以重复使用，以及对温度、浓度和有毒物质适用范围广等优点。除此之外，用在造纸中的生物酶还有防止树脂沉积的脂肪酶和纸张表面施胶用的淀粉酶。

## 15.7 总结与展望

目前食品酶及应用的发展趋势主要有以下几方面，一是围绕食品领域的新需求，不断地开发新型专用或者特种酶制剂；二是运用分子手段及基因工程，开发高耐受的酶制剂，扩大酶制剂的应用领域，开拓新的食品加工市场；三是重视应用基础研究，通过酶制剂之间的复合作用，有效提高酶的作用效果；四是提升酶制剂的制备技术，提高生产效率，降低制造成本，从而使酶制剂能够更加广泛地应用到食品加工领域。

酶制剂属于食品添加剂中的活性制剂，在食品加工过程中发挥着非常重要的作用，具有绿色、环保、健康和节能的理念，对当今社会经济具有重要的贡献，其开发以及利用代表着生物技术和食品添加剂技术的先进程度。但是我国酶制剂产业起步至今也有半个多世纪，至今仍然呈现小而散的局面，与世界先进水平有较大差距，存在的主要问题是国内酶制剂厂家研发投入和创新能力不足；生产工艺及设备水平相对落后；酶制剂产品结构不合理，应用深度不够（陈坚等，2012）。

## 参考文献


曹岩峰, 王丽娟, 丁毅, 等. 2018. 复合酶制剂对蛋鸡产蛋后期产蛋性能、蛋品质及血清生化指标的影响. 饲料与畜牧, (12): 58-62.

常洽, 吕家华. 2012. 生物酶在制浆造纸中的应用. 湖北造纸, (4): 73-74.

陈坚, 华兆哲, 堵国成, 等. 2008. 纺织生物技术. 北京: 化学工业出版社.

陈坚, 刘龙, 堵国成. 2012. 中国酶制剂产业的现状与未来展望. 食品与生物技术学报, 32(1): 1-7.

陈健芬. 2013. 超氧化物歧化酶 (SOD) 及其在口腔产品中应用效能探索研究. 口腔护理用品工业, (2): 28-35.

程云辉, 王璋, 许时婴. 2006. 酶解麦胚蛋白制备抗氧化肽的研究. 食品科学, 27(6): 147-150.

邓龙辉. 2012. 新型生物基漂白剂漆酶在洗衣粉中的应用. 广州化工, 40(16): 116-119.

杜红方, 郭玉光, 王敏, 等. 2017. 日粮中添加复合酶对肉鸡生长性能、血液生化指标、肠道形态和屠宰性能的影响. 中国畜牧杂志, 53(11): 96-100.

段刚, 赵振峰, 钱莹. 2005. 酶制剂在蛋白质加工行业的应用. 食品与生物技术学报, 24(4): 104-107.

范秋丽, 蒋守群, 苟钟勇, 等. 2019. 低钙、磷水平日粮添加高剂量植酸酶对1-42日龄黄羽肉鸡生长性能、胫骨指标和钙磷代谢的影响. 动物营养学报, 31(4): 1-5.

龚木荣. 2019. 制浆造纸概论. 北京: 中国轻工业出版社.

谷金皇, 杨毅, 冷向军, 等. 2010. 添加外源脂肪酶对瓦氏黄颡鱼的生长、消化酶及血清生化指标的影响. 上海海洋大学学报, 19(6): 788-804.

谷志静, 赵泽华, 胡卫华, 等. 2013. 酶稳定化技术及其在洗涤剂开发中的应用. 中国洗涤用品工业, 10: 38-42.

郭志强, 雷岷, 谢晓红, 等. 2016. 一种南方型肉兔饲料复合酶添加剂及其应用: CN201610555603. 7.

韩海侠. 2017. 浅谈生物酶在造纸工业绿色制造中的应用. 民营科技, (3): 51-52.

侯瑾, 李迎秋. 2017. 酶制剂在食品工业中的应用. 江苏调味副食品, (3): 8-11.
侯占群, 康明丽. 2004. 酶制剂在食品加工中的应用. 山西食品工业, 2(6): 11-14.
黄峰, 张丽, 周艳萍, 等. 2008. 复合酶制剂对异育银鲫生长、SOD 和溶菌酶活性的影响. 华中农业大学学报, 27(1): 96-100.
焦东, 陈坤亭. 2011. 打浆酶在造纸过程中应用实践. 造纸科学与技术, 30(6): 98-101.
李陈想. 2019. 2709 碱性蛋白酶的制备研究及其在洗衣皂中的应用. 山西大学硕士学位论文.
李大锦, 王汝珍. 2002. 酶制剂在酱油酿造中应用的现状和发展. 中国酿造, 4(120): 1-3.
李娜, 杨贵明, 霍妍明. 2013. 早期断奶兔日粮中添加不同剂量纤维素酶的效果研究. 中国动物保健, 15(12): 48-50.
李守宏, 徐清. 2018. 麦芽糖淀粉酶对面包质构改良的探讨. 现代面粉工业, 32( 1): 21-26.
李新红, 邹兴淮, 张艳. 2001. 复合酶制剂对蓝狐不同生长期蛋白质消化和代谢的影响. 东北林业大学学报, 29(4): 76-78.
李玉珍, 肖怀秋. 2009. 大豆分离蛋白不同酶解方式水解度与乳化性和起泡性关系. 氨基酸和生物资源, 31(2): 30-32.
刘柏楠, 刘立国. 2011. 酶制剂在食品工业中的发展及应用. 中国调味品, 36(1): 14-16.
刘冬, 胡蕾, 丁兆忠, 等. 2019. 日粮中添加蛋白酶对断奶仔猪生长性能, 肠道形态和消化酶的影响. 中国饲料, (15): 3.
刘广娟, 徐泽权, 陈铮, 等. 2020. 响应面法优化 PSE 猪肉低温香肠配方. 保鲜与加工, 20(3): 120-126.
刘汇涛, 杨颖, 邢秀梅, 等. 2014. 饲粮添加不同复合酶制剂对育成期水貂生长性能、营养物质消化率及氮代谢的影响. 动物营养学报, 26(11): 3517-3524.
刘长忠, 谢德华, 何云, 等. 2008. 高纤维基础日粮添加 NSP 酶对生长鹅生产性能及内分泌的影响//河南省畜牧兽医学会. 河南省畜牧兽医学会第七届暨 2008 年学术研讨会理事会第二次会议论文集. 郑州.
卢春莲, 崔捷, 曹玉凤, 等. 2013. 霉菌毒素降解酶对肉牛生长性能及毒素组织残留的影响. 畜牧与兽医, 45(11): 60-62.
卢士玲, 樊庆鲁, 盖玉坤, 等. 2004. 酶制剂在食品加工中的应用. 中国食品与营养, (4): 30-32.
马杰, 耿靖坤, 赵扬. 2009. 液体蛋白酶在普通洗衣液中的应用研究. 中国洗涤用品工业, (5): 78-79.
马清香. 2013. 面制品中常用的酶制剂及其作用. 现代面粉工业, (5): 31-33.
全拓. 2011. 转谷氨酰胺酶在食品加工中的应用. 农产品食品科技, 5(2): 4.
容庭, 刘志昌, 钟毅, 等. 2012. 复合酶对生长肥育猪生长性能、胴体性状及部分肉品质的影响. 饲料工业, 33(S1): 59-61.
佘集锋. 2015. 生物技术在制浆造纸中的应用. 广西轻工业, (10): 30.
沈兵兵. 2012. 复合酶在液体洗涤剂中的应用. 华南理工大学硕士学位论文.
史林鑫, 乔鹏飞, 龙沈飞, 等. 2019. 复合酶制剂对断奶仔猪生长性能、营养物质表观消化率、血清抗氧化指标及内源消化酶活性的影响. 动物营养学报, 31(8): 3872-3881.
谭子超, 刘浩民, 薛梅, 等. 2018. 小麦-豆粕型饲粮添加复合酶制剂对肉鸡肠道微生物菌群和酸度的影响. 中国饲料, (9): 6.
汪建国. 2004. 酶制剂在酿造行业应用的研究及其发展前景. 中国酿造, 1: 1-4.
王宝维, 姜晓霞, 孙鹏, 等. 2010. 鹅源草酸青霉产果胶酶对肉鸡消化生理影响的研究. 动物营养学报, 22(2): 358-364.
王菲, 刘艳, 李双喜, 等. 2015. 固相酶解技术在动物粪处理领域的探讨. 粮食与饲料工业, (11): 3.
王红梅. 2017. 复合酶处理玉米秸秆对肉羊生产性能及破解纤维结构机制的研究. 中国农业科学院硕士学位论文.
王晶, 季海峰, 王四新, 等. 2017. 低磷饲料添加植酸酶对生长猪生长性能、营养物质表观消化率和排泄量的影响. 中国畜牧杂志, 53(4): 70-75.

王莉, 陈晓, 王书全. 2017. 抗菌肽和 β-甘露聚糖酶对鹌鹑生长性能及免疫功能的影响. 黑龙江畜牧兽医, (9): 20-23.
王敏, 翁晓辉, 冯新雨, 等. 2016. 固液结合复合酶在保育猪日粮上的应用研究. 广东饲料, (1): 3.
王荣辉, 韦航, 韦朝英, 等. 2009. 酶制剂在食品工业的应用. 大众科技, 9(121): 107-108.
王亚平, 王金水, 张伟红, 等. 2005. 乳糖改性提高谷朊粉乳化性研究. 食品工业科技, 4: 77-80.
王燕. 2009. 我国洗涤用品工业发展与酶制剂应用浅析. 中国洗涤用品工业, (5): 40-45.
王永成. 2009. 剂型对植酸酶高温季节储存稳定性的影响. 饲料酶制剂应用技术论坛暨饲料酶制剂大会.
王泽云, 邵文竹, 任九庆, 等. 2019. 酶制剂助力洗涤用品创新发展. 中国洗涤用品工业, (3): 77-82.
韦富康, 陈志洪, 孙如冰, 等. 2018. 日粮中添加霉菌毒素降解酶和解毒护肝素对母猪繁殖性能的影响试验. 猪业科学, 35(4): 2.
韦平和, 李冰峰, 闵玉涛. 2012. 酶制剂技术. 北京: 化学工业出版社.
翁润, 张艳艳, 李昂, 等. 2007. 杂粕型日粮添加溢多酶 P8306 对半番鸭生产性能的影响. 云南农业大学学报, 22(6): 866-869.
吴海峰. 2010. 纤维素酶对汉麻织物手感的影响. 东华大学硕士学位论文.
吴建军, 邱权, 付大波, 等. 2017. 水产复合酶在不同蛋白水平下对鲫鱼生长性能及表观消化率的影响. 饲料工业, 38(6): 4.
吴舒渊. 2011. 饲用复合酶对母猪生产性能的影响. 中国畜牧种业, 7(10): 59-61.
徐磊, 赵拴平, 贾玉堂, 等. 2016. 不同剂量的复合酶制剂对肉牛育肥效果的影响. 中国牛业科学, 42(1): 23-26.
徐志良, 邵枫. 2015. FE 生物复合酶功效牙膏的研发. 口腔护理用品工业, (3): 12-13.
徐志良, 徐楠, 仲倩蕊. 2019. 生物酶口腔清洁护理慕斯的研发. 口腔护理用品工业, (28): 6-8.
许美兰, 蔡立萍, 游颖盈, 等. 2017. 淀粉酶和蛋白酶强化猪粪水解研究. 厦门理工学院学报, 25(5): 5.
闫静芳. 2016. 鲢鱼下脚料制备新型猫粮诱食剂的研究. 南京农业大学硕士学位论文 .
杨航, 张国奇, 周陆, 等. 2019. 复合酶制剂对草鱼生长性能、营养物质利用及肠道组织形态的影响. 动物营养学报, 31(11): 5262-5273.
杨丽娜. 2014. 复合酶制剂对仔猪生长性能、抗氧化能力和免疫力的影响. 浙江大学硕士学位论文.
杨媛. 2018. 微生物脂肪酶在洗涤剂中的应用机理研究. 山西大学硕士学位论文.
于楠楠, 王卫东, 陈学红, 等. 2020. TG 酶对高温杀菌鱼糜凝胶特性影响. 食品工业, 41(4): 103-106.
于跃, 张剑. 2016. 纤维素酶与表面活性剂的相互作用及其在洗涤剂中的应用. 化工学报, 67(7): 3023-3031.
余丰年, 王道尊. 2000. 饲料中添加纤维素酶对团头鲂生长的影响. 水产科技情报, 27(4): 149-153.
袁华根, 卢炜, 沈晓鹏. 2011. 非淀粉多糖复合酶制剂对幼犬生长性能的影响. 黑龙江畜牧兽医, (12): 139-140.
张骥. 2016. 碱性蛋白酶与表面活性剂作用机理的研究及蛋白酶在洗衣液中的应用. 山西大学硕士学位论文.
张亚飞, 乐国伟, 施用晖, 等. 2006. 小麦蛋白 Alcalase 水解物免疫活性肽的研究. 食品与机械, 22(3): 44-46.
赵建飞, 胡贵丽, 唐千甯, 等. 2018. 高粱型饲粮中添加复合酶和益生菌对良凤花肉鸡生长性能、血清抗氧化指标及肠道结构的影响. 动物营养学报, 30(6): 2318-2327.
赵新淮, 侯瑶. 2009. 大豆蛋白限制性酶解模式与产品胶凝性的相关性. 农业工程学报, 25(1): 218-221.
钟昔阳, 姜绍通, 孙汉巨, 等. 2005. 琥珀酰化度大小对改性小麦面筋蛋白性质影响的研究. 食品科学, 26(9): 123-127.
周春晓. 2017. 漆酶催化黄麻木质素产生 ROS 自由基的检测及其对接枝改性的影响. 江南大学博士学位论文.

周新萍. 2015. 复合酶在液体洗涤剂中的去污研究. 日用化学品科学, 38(2): 35-38.

邹兴淮. 2003. 华芬酶-1600 对长颈鹿日粮营养物质消化率的影响. 兽类学报, 23(4): 283-287.

Angel C, Saylo W, Viei A S L, *et al.* 2011. Effects of a monocom-ponent protease on performance and protein utilization in 7-to 22-day-old broiler chickens. Poultry Science, 90(10): 2281-2286.

Balci F, Dikmen S, Gencoglu H, *et al.* 2007. The effect of fibrolytic exogenous enzyme on fattening performance of steers. Bulgarian Journal of Veterinary Medicine, 10(2): 113-118.

Bedford M, Walk C, 傅强. 2014. 猪超剂量饲喂植酸酶: 饲料性能改善上的一场革命. 国外畜牧学: 猪与禽, (4): 2.

Heine E, Hocker H. 1995. Enzyme treatments for wool and cotton. Coloration Technology, 25(1): 57-70.

Jia W. 2009. Enzyme supplementation as a strategy to improve nutrient utilization, production performance and mitigation of necrotic enteritis in poultry. University of Manitoba (Canada), Ph. D. thesis.

Levene R. 2010. Enzyme-enhanced bleaching of wool. Coloration Technology, 113(7-8): 206-210.

Mahmood T, Mirza M A, Nawaz H, *et al.* 2018. Exogenous protease supplementation of poultry by-product meal-based diets for broilers: effects on growth, carcass characteristics and nutrient digestibility. Journal of Animal Physiology and Animal Nutrition, 102: 233-241.

Parvinzadeh M. 2007. Effect of proteolytic enzyme on dyeing of wool with madder. Enzyme and Microbial Technology, 40(7): 1719-1722.

Passos C P, Rui M S, Silva F A D, *et al.* 2009. Enhancement of the supercritical fluid extraction of grape seed oil by using enzymatically pretreated seed. Journal of Supercritical Fluids, 48(3): 225-229.

Ramos L R V, Pedrosa V F, Mori A, *et al.* 2017. Exogenous enzyme complex prevents intestinal soybean meal-induced enteritis in *Mugil liza* (Valenciennes, 1836) juvenile. Anais da Academia Brasileira de Ciências, 89(1): 341-353.

Shirley R B, Edwards Jr H M. 2003. Graded levels of phytase past industry standards improves broiler performance. Poultry Science, 82(4): 671-680.

Waldenstedt L, Elwinger K, Lunden A, *et al.* 2000. Intestinal digesta viscosity decreases during coccidial infection in broilers. British Poultry Science, 41(4): 459-464.

Were L, Hettiarachchy N S, Kalapathy U. 1997. Modified soy proteins with improved foaming and water hydration properties. Journal of Food Science, 62(4): 821-823.

# 第16章 工业酶在医药农药化工中的应用

董文玥　李键熨　姚培圆　吴洽庆
中国科学院天津工业生物技术研究所

## 16.1　概述

医药、农药化学品的研发和制造水平不仅关系到人类健康、社会稳定与环境保护等诸多社会问题，同时也是衡量一个国家社会和科技发展水平的重要标准之一。许多药用的生理活性分子都存在对映异构体，据各家生物制药公司 2019 年财报的产品销售数据，2019 年全球药品销售额 TOP200 的药品中，手性小分子药物占比达 40%，多肽及多糖类药物占 42%，而非手性药物只占 18%，由此可见，手性药物制造已经成为制药工业的新亮点。

生物催化作为新一代工业生物技术的关键技术，具有反应条件温和、催化效率高、选择性好、副产物少、能耗低、催化剂无毒且可降解等特征，受到学术界和工业领域的高度关注，同时也成为各国科技与产业发展的战略重点。近年来，将工业酶应用于原料药及其中间体的合成取得了卓越的成就，有许多研究报道和制药企业成功应用的案例，包括抗病毒药物、抗癌药物、抗感染药物、$\beta_3$-受体激动剂、降脂药物、钙离子通道拮抗剂、类胰蛋白酶抑制剂、NK1/NK2 双重拮抗剂等各类药物的合成（Bezborodov and Zagustina，2016；Patel，2004），极大地推动了生物催化技术的发展。

## 16.2　原料药与医药中间体

### 16.2.1　原料药与医药中间体合成状况

目前，在原料药与医药中间体合成领域应用得最成功的酶类包括：①以脂肪酶和蛋白酶为主的水解酶类；②醇脱氢酶、氨基酸脱氢酶、烯醇还原酶和胺氧化酶等氧化还原酶类；③以腈水合酶、醛缩酶为代表的裂合酶类；④氨基转移酶、甲基转移酶等转移酶类等。随着宏基因组、理性设计、定向进化、合成生物学等技术的日益普及，酶的分子改造已经成为一种标准手段，使得越来越多的酶应用于药物合成中（Fryszkowska and Devine，2020；Abdelraheem *et al.*，2019；Torrelo *et al.*，2015；Bornscheuer *et al.*，2012）。除替代一些成熟的化学催化过程外，酶催化还能催化一些化学催化难以实现的反应

（Pollard and Woodley，2007）。

因此，利用当前基因测序技术飞速发展的机遇，从巨大的基因数据库中鉴别并获得目标酶蛋白，发挥生物信息学、结构生物学和高通量筛选技术等的支撑作用，对天然酶进行分子改造以获得符合工业应用要求的理想生物催化剂，甚至从头设计出自然界原本不存在的新型生物催化剂，对开发新型医药化学品合成工艺和推动生物催化技术进步具有重大意义，为工业酶在原料药与医药中间体合成中的应用提供了保障。

### 16.2.2 工业酶在原料药和医药中间体合成中的应用实例

#### 1. 脂肪酶

普瑞巴林（Pregabalin）是一种亲脂性 $\gamma$-氨基丁酸（GABA）类似物，用于治疗中枢神经系统疾病，包括癫痫、神经性疼痛、焦虑和社交恐惧症，并被欧盟批准用于治疗广泛性焦虑障碍。最近的研究表明，普瑞巴林能有效治疗慢性疼痛，如纤维肌痛和脊髓损伤等。普瑞巴林是第一个 FDA 专门批准的治疗纤维肌痛的药物（Lauria-Horner and Pohl，2003），在 2019 年度全球药品临床使用销售榜单上以 35 亿美元的销售额居于 28 位。

(*S*)-3-氰基-5-甲基己酸乙酯是合成普瑞巴林的关键中间体。第一代制造工艺是通过(*S*)-(+)-扁桃酸的拆分合成（Hoekstra *et al.*，1997）。虽然这条路线具有很好的经济效益，但是选择拆分的方法需要引入循环步骤以避免丢弃不需要的对映体。利用化学法不对称加氢还原 3-氰基-5-甲基-3-己烯酸乙酯也是一种很有潜力的合成工艺（Burk *et al.*，2003；Hoge *et al.*，2004），但已逐渐被低成本和环境友好的酶法合成所替代（Martinez *et al.*，2008）。

脂肪酶以其高对映体选择性（*E* 值＞200）和活性被广泛应用于工艺的开发，商业化的脂肪酶具有较低的成本，为工业生产提供了潜在的应用前景。酶法合成路线是以现有的相对便宜的消旋体（1）为底物，利用水解酶催化合成单一对映前体 (*S*)-3。该过程需要回收未使用的 (*R*)-1，并通过化学转化 (*S*)-2 合成普瑞巴林（图 16.1）。在高底物浓度下，该反应具有明显的产物抑制。在反应中加入钙离子和锌离子能显著改善抑制作用，可能是二价金属离子与产物形成一种复合物，使其悬浮在乳浊液中，防止脂肪酶的失活。在较高底物浓度（765 g/L）下，反应 24 h 转化率为 45%～50%。在优化的条件下进行了 10 kg 规模的酶促反应，与传统工艺相比，该工艺大大提高了生产效率，减少了有机溶

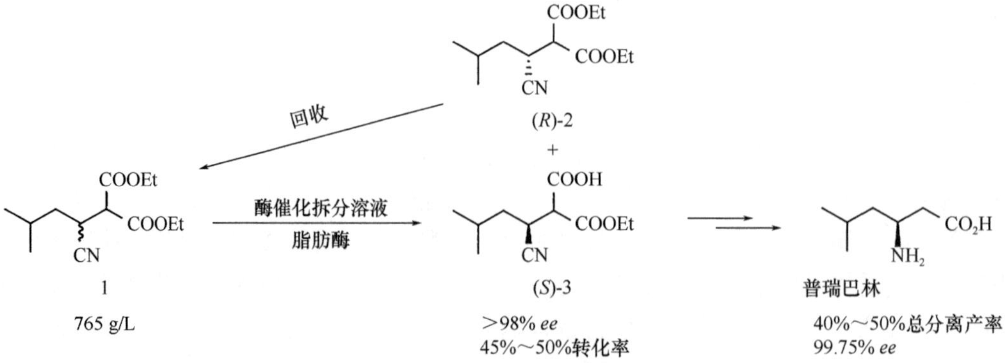

图 16.1 酶法合成普瑞巴林

*ee*. 对映体过量值

剂的使用，从而使普瑞巴林的产量提高，废物排放量是传统工艺的 1/5（Martinez *et al.*，2008）。

速激肽是一种具有生物活性的神经肽激素，广泛分布于整个神经系统，涉及多种生物疼痛传导、炎症发生、血管扩张和分泌等过程（Veronesi *et al.*，1999）。非肽 NK 受体拮抗剂在治疗包括哮喘、支气管痉挛、关节炎和偏头痛等疾病方面具有潜在的应用价值（Reichard *et al.*，2000）。研究发现了一类新的肟基 NK1/NK2 双拮抗剂（6），其生物活性主要体现在 (*R*,*R*) 的非对映异构体，利用酶法将前手性的二乙基 3-(3′,4′-二氯苯基) 戊二酸二乙酯（4）去对称化生成相应的 (*S*)-5（图 16.2）。筛选了 11 种商业化的水解酶，发现了生成 (*S*)-构型产物的南极假丝酵母脂肪酶 *Candida antarctica* lipase B 和 Chirazyme L-2。利用固定化 *Candida antarctica* lipase B 在 100 g/L 底物浓度下进行转化，获得的 (*S*)-5 产率为97%，*ee* 值为99%。该工艺能够放大到200 kg规模，整体分离产率为80%（Homann *et al.*，2001）。

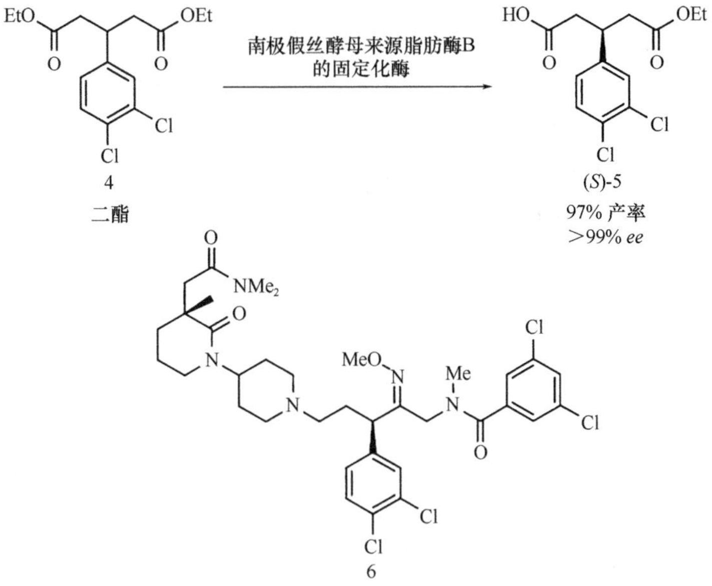

图 16.2 酶法催化去对称化合成 NK1/NK2 双拮抗剂

利用 DNA 混编重组技术构建了一种嵌合脂肪酶 B 的蛋白，此蛋白对二酯（4）具有更高的活性。将来源于 *C. antarctica* ATCC 32657、*Hyphozyma* sp. CBS 648.91 与 *Cryptococcus tsukubaensis* ATCC 24555 的同源脂肪酶进行克隆和重组基因库。通过高通量筛选检测，这种嵌合脂肪酶 B 蛋白对底物的活力提高了 20 倍。此外，嵌合蛋白的稳定性也因 DNA 家族重组而得到改善（Suen *et al.*，2004）。通过定向进化以提高 *Candida antarctica* lipase B 的热稳定性，与野生型酶相比，突变体 23G5 和 195F1 在 70℃时的半衰期增长了 20 倍以上（Zhang *et al.*，2003）。

近年来，人们对 $\alpha 2\delta$-配体产生了浓厚的兴趣，辉瑞制药（Pfizer）公司开发了一种 $\alpha 2\delta$-配体 (3*S*,5*R*)-3-氨甲基-5-甲基辛酸（9），它是一种亲脂性 GABA 类似物，能够治疗间质性膀胱炎。科研人员建立了一种高选择性的动力学拆分工艺（图 16.3），利用天野脂肪酶 PS-SD 非对映选择性水解氰酯中间体（7）。通过工艺优化，可以实现 1 kg 规模的活

性药物中间体 (3*S*,5*R*)-8（API）生产，产率 45.6%（Murtagh *et al.*，2011）。

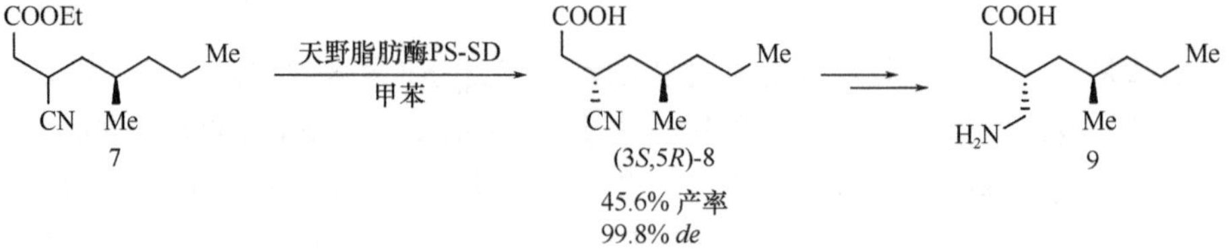

图 16.3 酶法合成 (3*S*,5*R*)-3-氨甲基-5-甲基辛酸

*de*. 非对映体过量值

## 2. 羰基还原酶

研究发现，过敏反应的慢反应物质（SRS-A）与白三烯（LTC4、LTD4 及 LTE4）和哮喘具有相关性，开发白三烯拮抗剂用于治疗哮喘至关重要。默沙东公司公布孟鲁司特（Montelukast）为治疗哮喘的有效药物（King *et al.*，1993；Shinkai *et al.*，1994）。生产孟鲁司特的合成路线是将酮（10）立体选择性还原为 (*S*)-11（Shafiee *et al.*，1998；Zhao *et al.*，1997）。最初的策略需要化学计量的手性还原剂 (−)-DIP-chloride，虽然其选择性高，避免了副反应的发生，但是它具有腐蚀性和水敏感性，如果接触皮肤会导致损伤。为了达到最佳的立体选择性，反应必须在−25～−20℃条件下进行，且淬灭和提取会产生大量的废液（Zhao *et al.*，1997）。

克迪科思公司（Codexis）开发了一种可替代的酶法合成工艺（图 16.4），通过 ProSAR 和高通量筛选，对羰基还原酶（KRED）进行定向进化，最终突变酶的生产力相比野生型提高了 2000 倍，稳定性也有明显提高。该反应可放大至千克级规模，产率 97.5%，*ee*＞99.9%（Liang *et al.*，2010）。

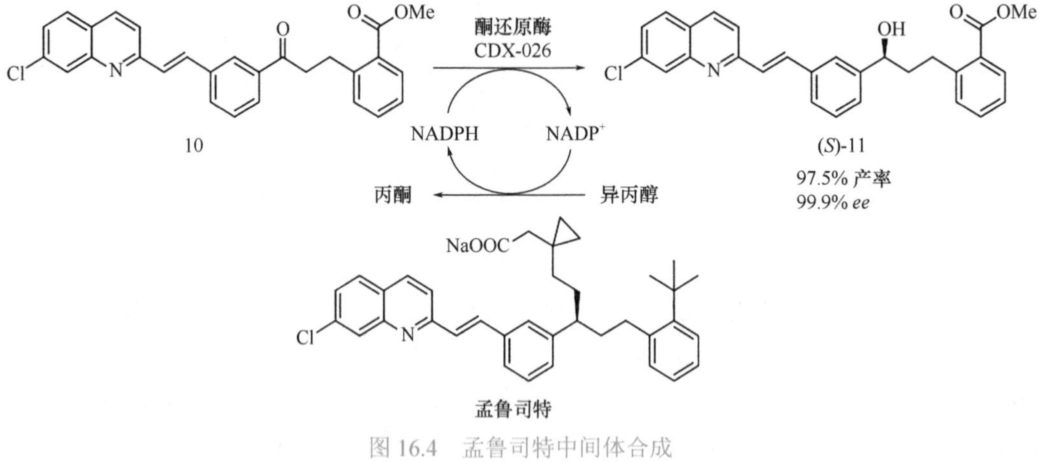

图 16.4 孟鲁司特中间体合成

阿扎那韦（Atazanavir）是一种直链非肽类药物和有效的人体免疫缺陷病毒（HIV）蛋白酶抑制剂，经 FDA 批准用于治疗获得性免疫缺陷综合征（艾滋病）（Bold *et al.*，1998；Robinson *et al.*，2000）。(1*S*,2*R*)-[3-氯-2-羟基-1-(苯甲基) 丙基] 氨基甲酸 1,1-二甲基乙基酯（13）是合成阿扎那韦的关键手性中间体之一。利用红串红球菌 SC 13845 非对映选择性还原 (*L*)-[3-氯-2-氧-1-(苯甲基) 丙基 ] 氨基甲酸 1,1-二甲基乙基酯（12）合成中间体（13）（图 16.5），底物浓度 10 g/L，产品产率 95%，*de* 值为 98.2%，*ee* 值为 99%。

通过突变和筛选进一步优化催化工艺，底物浓度可以提高到 60 g/L。随后，(1*S*,2*R*)-13 转化为环氧化物（14），用于合成阿扎那韦（Patel *et al.*，2003；Xu *et al.*，2002）。

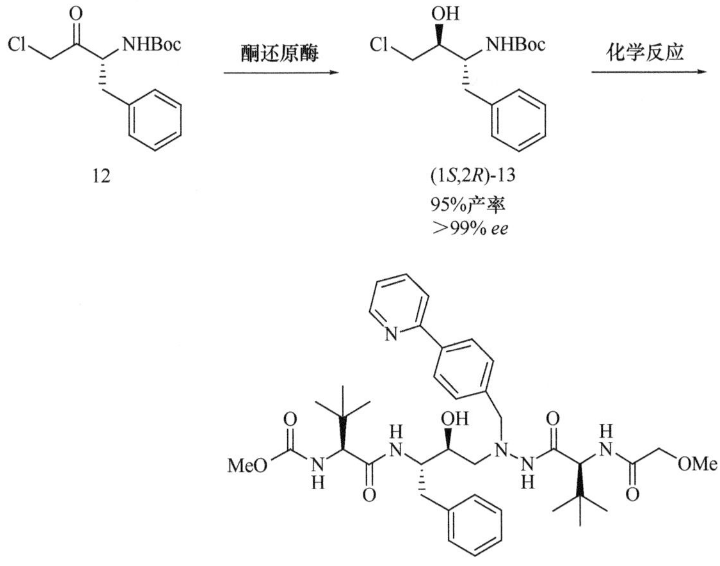

酮还原酶
化学反应
12
(1*S*,2*R*)-13
95%产率
>99% *ee*
14

阿扎那韦

图 16.5 酶法合成阿扎那韦中间体

最近，克迪科思公司（Codexis）开发了一种酮还原酶，它能催化还原底物（12）生成 (1*S*,2*R*)-13。野生型酮还原酶在底物 20 g/L 和酶 5 g/L 的条件下，24 h 后仅有 5% 的转化率和 80% 的对映体纯度。基于 ProSAR 对突变体库进行筛选，获得了一个具有高的立体选择性和非对映选择性的突变体。以异丙醇为助溶剂，$NADP^+$为辅因子，突变酶能够转化 200 g/L 底物，转化率达 99.9%，*ee*>99%（Bong *et al.*，2011）。

### 3. 氨基酸脱氢酶

二肽基肽酶Ⅳ（DPP-Ⅳ）是一种普遍存在的脯氨酸特异性丝氨酸蛋白酶，能够使胰高血糖素样肽 1（GLP-1）快速失活。DPP-Ⅳ抑制剂能够减少 GLP-1 的失活，改善血糖控制，用于治疗 2 型糖尿病（Sinclair and Drucker，2005）。沙格列汀（Saxagliptin）是由 Bristol-Myers Squibb（BMS）公司开发的一种 DPP-Ⅳ抑制剂，以 (*S*)-*N*-Boc-3-羟金刚烷基甘氨酸（17）为关键合成中间体（Augeri et al.，2005；Hanson *et al.*，2007）。

研究人员将来源于嗜热放线菌（*Thermoactinomyces intermedius*）的苯丙氨酸脱氢酶（PDH）分别克隆表达在毕赤酵母（*Pichia pastoris*）和大肠杆菌（*Escherichia coli*）中，测定了不同氨基酸脱氢酶对酮酸（15）的还原胺化作用，并转化为相应的氨基酸（16）（图 16.6），反应中产生的$NAD^+$通过甲酸脱氢酶（FDH）循环生成 NADH。修饰的苯丙氨酸脱氢酶在 C 端含有两个氨基酸变化，C 端有一个 12 个氨基酸的延伸（Hanson *et al.*，2007）。

最初是将来源于嗜热放线菌（*T. intermedius*）的 PDH 和内源性 FDH 过表达在 *P. pastoris* 上，实现千克级规模的生产。利用重组 *E. coli* 表达的两个酶能够将还原胺化过程进一步放大至 100 g/L 以合成氨基酸（16），然后直接进行叔丁氧羰基（Boc）保护，无

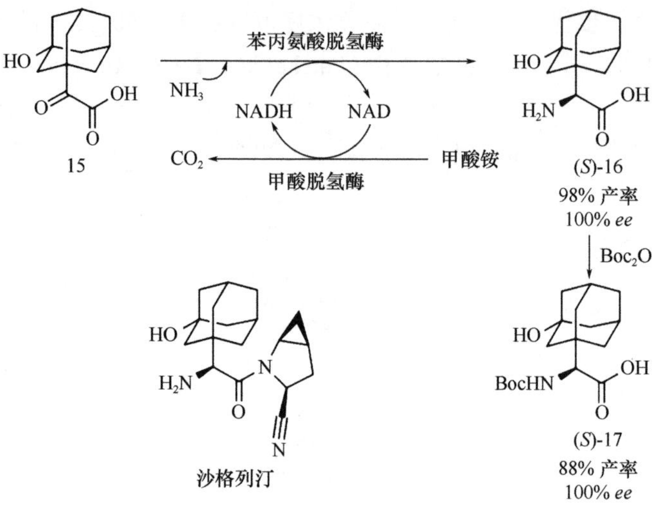

图 16.6　酶法合成沙格列汀中间体

需额外分离中间体（16）。分离前氨基酸（16）的产率接近 98%，*ee* 值为 100%，分离产率为 88%，100% *ee*（Hanson *et al.*，2007）。

(*S*)-叔亮氨酸（19）是合成阿扎那韦以及其他多肽类药物如波普瑞韦和特拉匹韦的关键中间体（Njoroge *et al.*，2008）（图 16.7）。工业上制备光学活性的 (*S*)-*α*-氨基酸，特别是 (*S*)-叔亮氨酸，是利用亮氨酸脱氢酶和来源于假丝酵母 *C. boidinii* 的 FDH 还原 2-酮羧酸并原位再生辅酶 NADH，通过膜反应器进行吨级规模生产。然而，这种方法需要纯化的酶才能实现（Kragl *et al.*，1996；Krix *et al.*，1997）。Galkin 等（1997）利用全细胞酶法催化 *α*-酮酸合成 (*S*)-氨基酸和 (*R*)-氨基酸。*L*-氨基酸是利用耐热性 (*S*)-氨基酸脱氢酶和 FDH 催化壬酮酸和甲酸铵合成的。由于细胞能提供足够的辅助因子，不需要外源添加。该课题组还构建了除 *FDH* 基因外的编码多种氨基酸脱氢酶质粒的菌株，如亮氨酸、丙氨酸和苯丙氨酸。将这些重组细胞用于生产 *L*-亮氨酸、*L*-缬氨酸、*L*-正缬氨酸、*L*-甲硫氨酸、*L*-苯丙氨酸和 *L*-酪氨酸，具有较高产率（＞80%）和光学纯度（*ee* 值 100%）。同时报道了利用重组细胞从其相应的 *α*-酮酸制备各种 (*R*)-氨基酸。然而研究指出，利用 *E. coli* 细胞内的 $NAD^+$，产品的终浓度被限制在 0.35～0.38 mol/L（Galkin *et al.*，1997）。

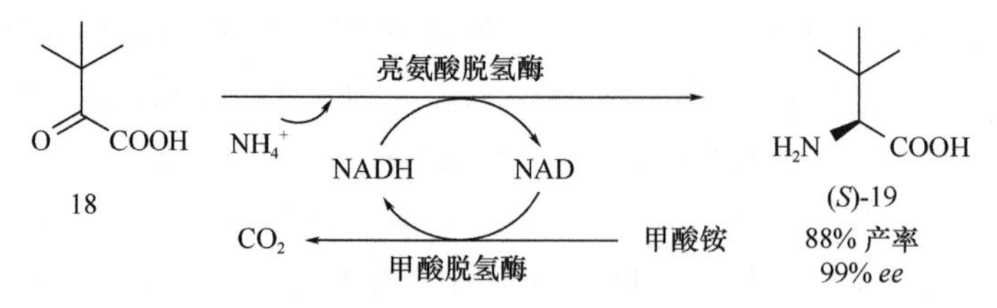


图 16.7　酶法合成阿扎那韦中间体 (*S*)-叔亮氨酸

Menzel 等（2004）开发了一种制备 (*S*)-叔亮氨酸（19）的工艺（图 16.7），通过 *E. coli* 表达的氨基酸脱氢酶和辅助因子再生酶 FDH 催化相应的酮酸（18）与铵离子供体反应制备 (*S*)-叔亮氨酸。底物 2-酮羧酸的浓度保持在＜500 mmol/L，根据总底物量维持辅因子的量为＜0.0001 当量。该工艺的底物浓度为 130 g/L，产率为 88%，*ee* 值为 99%。

(*R*)-环己基丙氨酸（21）是一种潜在的手性中间体，用于凝血酶抑制剂伊诺加群

（Inogatran）的合成。结合理性设计和随机突变，Vedha-Peters 等（2006）已经开发了具有广泛底物谱和高的立体选择性的 (*R*)-氨基酸脱氢酶，这种酶能够通过相应的 2-酮酸与氨的还原胺化反应生成 (*R*)-氨基酸。他们对来源于谷氨酸棒状杆菌（*Corynebacterium glutamicum*）的 (*R*)-内旋二氨基庚二酸脱氢酶进行了 3 轮的突变和筛选。第一轮的目标是使获得的突变体对天然底物以外的底物具有活性。第二轮和第三轮是扩展底物范围，包括直链与支链脂肪族氨基酸和芳香族氨基酸。经过 3 轮的突变和筛选仍保持较高的 (*R*)-立体选择性（95%～99% *ee*）。通过对环己基丙酮酸（20）的还原胺化合成 (*R*)-环己基丙氨酸（21），产率为 98%，*ee*＞99%（图 16.8）。

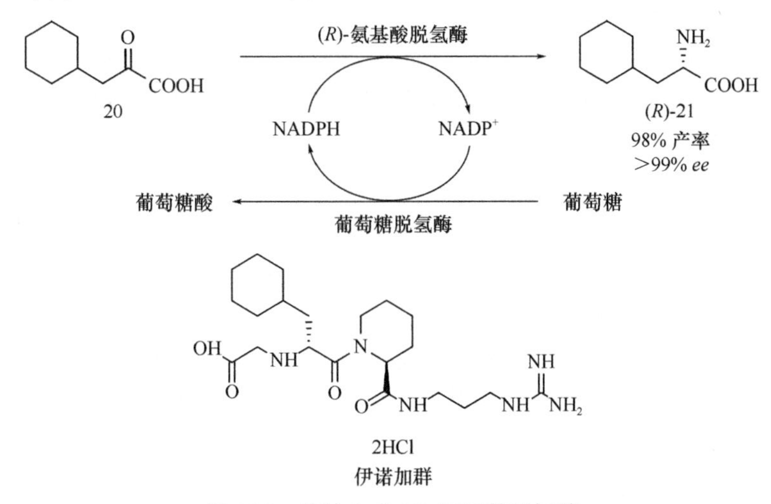


图 16.8　酶法合成 (*R*)-环己基丙氨酸

#### 4. 乳酸脱氢酶

人类鼻病毒（HRV）是普通感冒的主要原因，然而它们也可能与更严重的疾病有关，特别是在有潜在呼吸系统疾病的个体中。芦平曲韦（Rupintrivir）是一种 3C 蛋白酶的不可逆抑制剂，它是通过以结构为基础的药物设计发现并在人类临床试验中证实的。(*R*)-3-(4-氟苯基)-2-羟基丙酸（23）（图 16.9）是合成芦平曲韦的关键手性砌块（Dragovich *et al.*，1999；Zalman *et al.*，2000）。

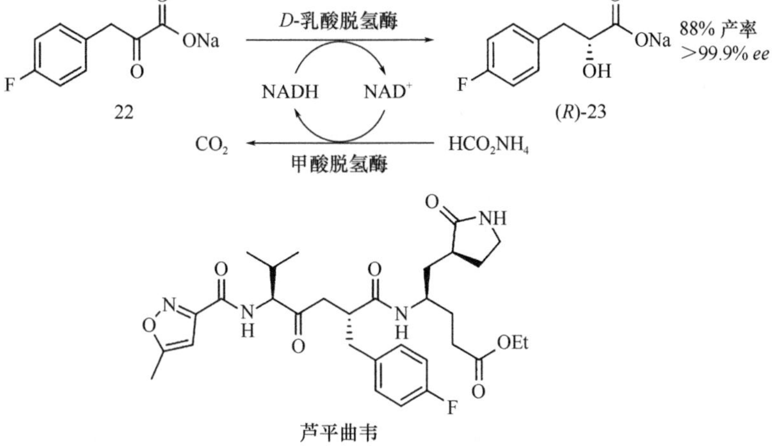

图 16.9　酶法合成芦平曲韦中间体

科研人员利用膜反应器开发了一种酶促还原工艺将酮酸盐（22）转化为相应的 (*R*)-羟基酸（23）（图 16.9）。来源于肠膜明串珠菌（*Leuconostoc mesenteroides*）（Sigma-Aldrich 公司）的 *D*-LDH 和来源于 *C. boidinii* 的 FDH（Julich Fine 公司）被用于还原过程。在反应过程中辅助因子被氧化成 $NAD^+$，通过 FDH 进行再生，在装有超滤膜的膜反应器中将 *D*-LDH 和 FDH 回收使用。将反应放大至 22 L 规模，反应得到产物 972 g，产率 88%，紫外纯度＞90%，*ee*＞99.9%（Tao and McGee，2002）。

### 5. 转氨酶

西他列汀（Sitagliptin，MK-0431）是由美国默沙东公司开发的首个获得 FDA 批准用于治疗 2 型糖尿病的 DPP- Ⅳ 抑制剂。临床试验表明，西他列汀的安全性和耐受性良好，且能与其他口服抗高血糖药物（如二甲双胍或噻唑烷二酮）配合使用，是一种安全、有效、市场前景广阔的口服降糖药。

化学合成西他列汀（Hansen *et al.*，2009；Kim *et al.*，2005）最初是利用光延反应（Mitsunobu 反应）引入手性氨基，不仅原子利用率低，而且由于使用三苯基磷会产生大量副产物三苯氧磷。后来引入不对称氢化技术（$[Rh(COD)Cl]_2$ 和 t-Bu Josiphos），大大降低副产物的产生，同时使成本下降 70%，并无工业废水的排放。考虑到不对称氢化所使用的金属铑价格昂贵，美国默沙东公司和克迪科思公司（Codexis）合作，以对西他列汀前体酮（24）无活性的商业化 *ω*-转氨酶 ATA-117 为起点，通过模型对接合理设计和数轮定向进化，将其底物结合口袋扩大并且保持了酶的 (*R*)-构型立体选择性，最终获得合成西他列汀的突变酶。在优化条件下，6 g/L 的突变酶在 50% DMSO 下能够将 200 g/L 的酮底物（24）转化为西他列汀，*ee*＞99.95%，产率 92%。与铑催化的不对称氢化反应相比，该反应具有较好的稳定性，总产量提高了 10%～13%，生产力提高 53%，废水总量减少 19%（图 16.10）（Savile *et al.*，2010）。此外，酶反应不需要高压加氢设备，且无重金属污染，降低生产成本。为此，美国默沙东公司荣获 2010 年“美国总统绿色化学挑战奖”。

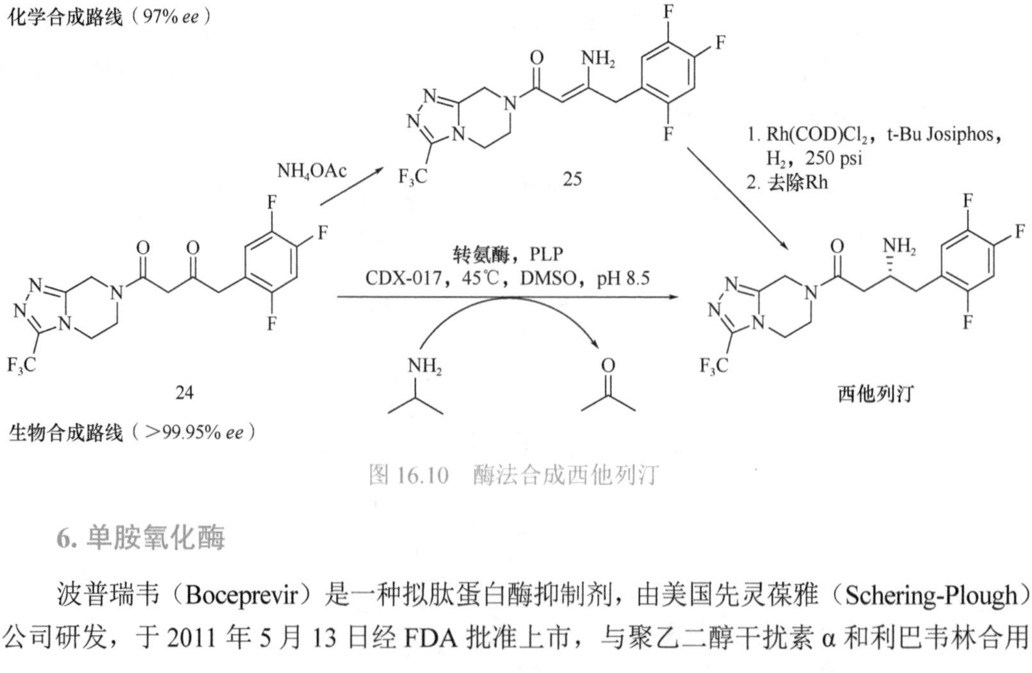

化学合成路线（97% *ee*）

$NH_4OAc$ → 25 → 1. $Rh(COD)Cl_2$，t-Bu Josiphos，$H_2$，250 psi 2. 去除Rh

24 → 转氨酶，PLP CDX-017，45℃，DMSO，pH 8.5 → 西他列汀

生物合成路线（＞99.95% *ee*）

图 16.10 酶法合成西他列汀

### 6. 单胺氧化酶

波普瑞韦（Boceprevir）是一种拟肽蛋白酶抑制剂，由美国先灵葆雅（Schering-Plough）公司研发，于 2011 年 5 月 13 日经 FDA 批准上市，与聚乙二醇干扰素 α 和利巴韦林合用

治疗 CHC 基因Ⅰ型慢性丙型肝炎。它由 4 个部分组成，即 P1～P3 和一个 Cap，其中 P1 是外消旋的对氨基酰胺，P2 是手性的二甲基环丙基脯氨酸类似物，P3 是 (*S*)-叔亮氨酸，Cap 是叔丁基氨基甲酰基团（Chen *et al.*，2009）。

化学法合成 P2 的最后一步拆分会造成 50% 产率损失（Zhang *et al.*，1999），以生物催化取代吡咯烷酮的去对称化是获得脯氨酸类似物的一个有效方法，可直接得到所需的对映体。Turner 课题组利用单胺氧化酶（MAO）突变体实现了不同 3,4-取代的内消旋吡咯烷酮的对映选择性氧化，产物 Δ1-吡咯啉随后通过相应的腈转化为氨基酸。另外，手性的 Δ1-吡咯啉可通过乌吉反应直接用于合成脯氨酰肽，该反应已应用于特拉匹韦（Telaprevir）的高效合成。通过对来源于 *Aspergillus niger* 的 MAO 进行定向进化，获得了一个突变体，这个突变体对一些 *α*-甲基胺具有广泛的底物特异性和高的对映选择性。通过进一步的定向进化，其对二级胺也具有活性（Kohler *et al.*，2010）。

Li 等（2012）开发了一种化学酶法不对称合成 P2（图 16.11），利用来源于 *A. niger* 的单胺氧化酶（MAON）对前手性胺（26）的酶法氧化实现去对称化。产物（27）转化成目标构型的化合物（29），*ee*＞99%。将 MAON 进行同源建模，利用易错 PCR 技术通过随机突变构建突变体库。经过第一轮筛选，获得的突变体 MAON156 相比于野生型活力提高了 2.4 倍。为了获得具有耐受底产物抑制和高热稳定性的突变体，进行了第二轮突变，最终获得的突变体 MAON401 的活力提高了 2.8 倍，并且具有更稳定的储存条件（−20℃储存 33 天或室温储存 10 天）。

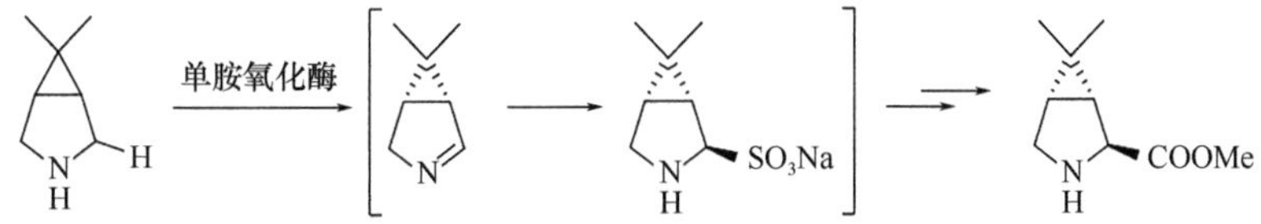

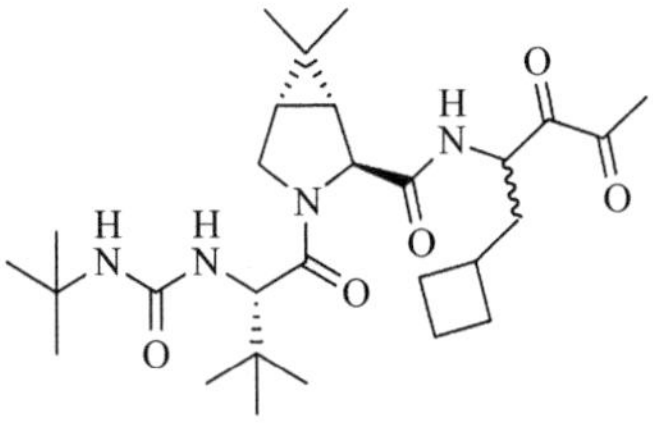

单胺氧化酶

26 27 28 29

波普瑞韦

图 16.11 酶法合成波普瑞韦中间体

在优化反应条件下，将底物/重亚硫酸盐混合物加入含有前手性胺（26）（3.9 g/L）、MAON401 和过氧化氢酶的混合溶液中反应 20 h。底物（65 g/L）全部转化为磺酸盐（28），并有少量的中间产物（27）（＜10%）产生。然后经化学法合成目标化合物（29），产率为 56%，*ee*＞99%。该反应已成功应用于中试规模，与酶法拆分相比，产品产率提高了 150%，原材料使用降低了 59.8%，耗水量减少 60.7%，整体工艺废物减少 63.1%（Li *et al.*，2012）。

## 7. 腈水解酶

目前，以阿托伐他汀（Atorvastatin，Liptor）和瑞舒伐他汀（Rosuvastatin，Crestor）为主的 HMG-CoA 还原酶抑制剂（他汀类药物），具有降胆固醇、降血脂的作用，在全球的销售额约为200亿美元。合成他汀类药物的手性3,5-二羟基侧链是其具有药物活性的关键结构，是合成这类药物面临的重要挑战（DeSantis *et al.*，2002）。

Diversa公司从在全球范围内收集环境样本制备的基因组文库中，通过筛选发现了200个腈水解酶，它们能够温和、有选择性地水解前手性底物3-羟基戊二腈（3-HGN）（31）生成立普妥的前体(*R*)-4-氰-3-羟基丁酸（32）。通过基因位点饱和突变（GSSM），结合高通量质谱分析获得了许多有益突变体，其中最好的突变体是Ala190His，在3 mol/L底物浓度下产品产率为98.5%，生产能力为619 g/(L·d)（Robinson *et al.*，2000），将该突变体用于开发立普妥中间体(*R*)-33的制备工艺（DeSantis *et al.*，2003；Reetz *et al.*，1999）。

随后，Dowpharma公司和ChiroTech公司开发了一个3步合成工艺，由低成本的环氧氯丙烷（30）（图16.12）与氰化物反应生成3-HGN（31）。对酶反应进行优化，反应条件为底物浓度3 mol/L（330 g/L），pH 7.5，反应温度27℃，酶载量为6%（质量分数），反应16 h获得产物(*R*)-4-氰-3-羟基丁酸（32），产率100%，*ee* 99%。然后将产物酯化得到目标化合物(*R*)-4-氰-3-羟基丁酸乙酯［(*R*)-33］（Guo *et al.*，1999）。

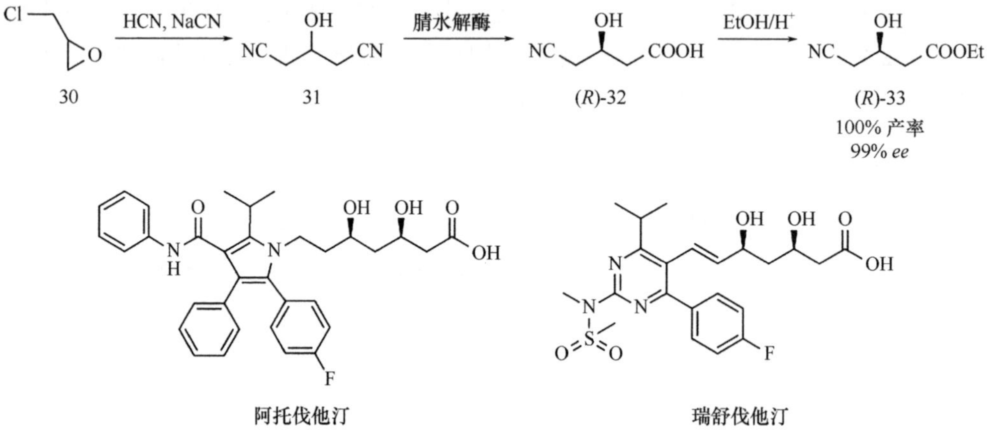

HCN, NaCN；腈水解酶；EtOH/H$^+$

30　31　(*R*)-32　(*R*)-33 100%产率 99% *ee*

阿托伐他汀　瑞舒伐他汀

图16.12　酶法催化3-羟基戊二腈去对称化

## 8. 多酶级联

克迪科思公司（Codexis）开发了一种绿色的两步三酶法合成阿托伐他汀关键中间体的工艺（图16.13）（Fox *et al.*，2007；Ma *et al.*，2010）。第一步，4-氯乙酰乙酸乙酯（34）在羰基还原酶（KRED）催化下进行立体选择性还原，辅因子通过葡萄糖和NADP依赖型葡萄糖脱氢酶（GDH）进行再生，产物4-氯-3-羟基丁酸乙酯（35）的分离产率96%，*ee*＞99.5%。在先前的合成路线中，最后一步合成羟基腈产物时，大多是在高温碱性条件下用氰化物SN2取代卤化物进行合成，底物和产物的敏感性导致了大量的副产品生成。

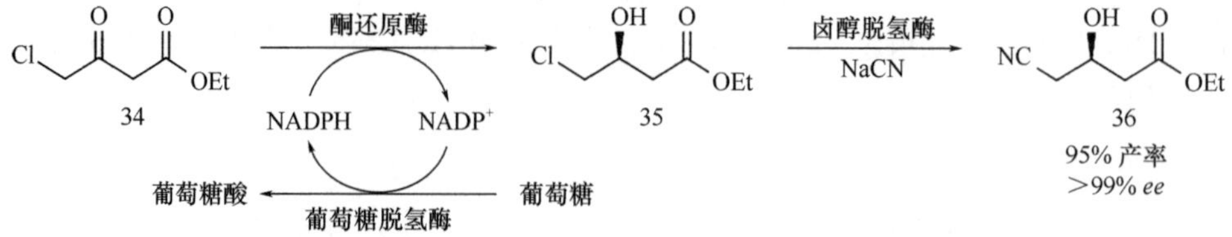

酮还原酶；NADPH；NADP$^+$；葡萄糖酸；葡萄糖；葡萄糖脱氢酶；卤醇脱氢酶 NaCN

34　35　36 95%产率 ＞99% *ee*

图16.13　两步三酶法合成阿托伐他汀中间体

因为产品是高沸点的油，需要昂贵的高真空分馏进行回收，以达到质量要求，这导致了进一步的产率损失和更多的废物产生。因此，设计了一个经济和环境友好的关键工艺，利用卤醇脱卤酶（HHDH）在中性 pH 和室温下进行氰化反应。

然而，野生型羰基还原酶（KRED）和葡萄糖脱氢酶（GDH）的活性很低，需要大量的酶才能获得成本上可行的反应速率。这导致了下游处理时容易乳化，造成产品的损失。通过 DNA 重组的体外进化来提高 KRED 和 GDH 的活性及稳定性，可以大大减少酶的用量。GDH 的活性提高因子为 13，KRED 的活性提高因子为 7，同时维持了其对映体选择性（＞99.5%）。利用改性的酶，在底物浓度 160 g/L 下，反应 8 h，产物氯乙醇（36）的分离产率达到 95%，*ee*＞99.5%。同样，野生型 HHDH 对非天然氰化物的活性极低，酶表现出严重的产物抑制和低的操作稳定性。但是，经过了多轮迭代 DNA 重组后，抑制作用基本被克服，与野生型酶相比 HHDH 活性增加了 2500 倍以上（Stemmer，1994）。

(*R*)-2-氨基-3-(7-甲基-1H-吲哚-5-基) 丙酸（39）是合成降钙素基因相关肽（CGRP）受体拮抗剂（40）的关键中间体，对治疗偏头痛和其他疾病有潜在的作用（Chaturvedula *et al.*，2013；Han *et al.*，2012）。利用来源于 *Proteus mirabilis* 的 (*L*)-氨基酸氧化酶（图 16.14），串联一种商业化的 (*R*)-转氨酶，以丙氨酸作为氨基供体，催化外消旋氨基酸（37）合成中间体 (*R*)-39，分离产率 68%，*ee*＞99%。将反应放大至 1 L 规模，三批次的平均产率为 85%，96.5% *ee*。研究证实，丙酮酸具有强的产物抑制作用，通过添加乳酸脱氢酶、*L*-乳酸、FDH、$NAD^+$和甲酸钠，使反应几乎在 4 h 内完成（Hanson *et al.*，2008）。

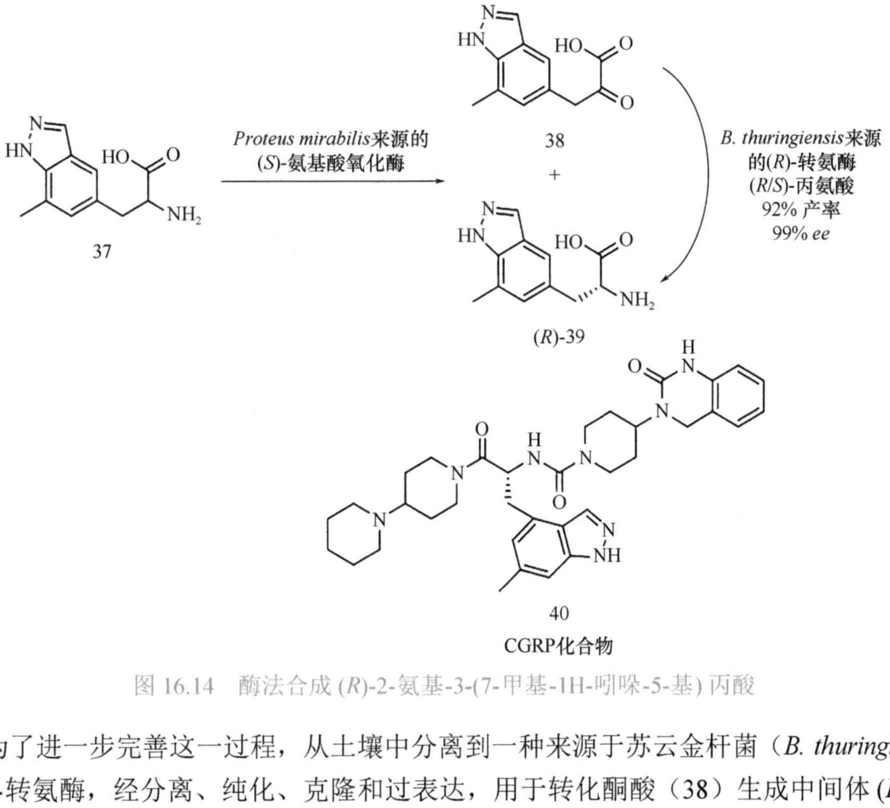

*Proteus mirabilis*来源的 (*S*)-氨基酸氧化酶

37　38　+　(*R*)-39

*B. thuringiensis*来源的(*R*)-转氨酶 (*R*/*S*)-丙氨酸 92% 产率 99% *ee*

40 CGRP化合物

图 16.14 酶法合成 (*R*)-2-氨基-3-(7-甲基-1H-吲哚-5-基) 丙酸

为了进一步完善这一过程，从土壤中分离到一种来源于苏云金杆菌（*B. thuringiensis*）的 (*R*)-转氨酶，经分离、纯化、克隆和过表达，用于转化酮酸（38）生成中间体 (*R*)-39。在粗提物的初步实验中，克隆的 (*R*)-转氨酶比商业化的 (*R*)-转氨酶更有效，不需要移除丙酮酸也能实现完全转化。相比于商业化的转氨酶，在 *E. coli* SC16557 中表达的转氨酶对丙酮酸的抑制敏感性更低。反应的分离产率 92%，*ee* >99%（Hanson *et al.*，2008）。

扎那米韦（Zanamivir）是一种有效的流感病毒唾液酸酶（神经氨酸酶）选择性抑制剂，已被 FDA 批准用于治疗 A 型和 B 型流感（Moscona，2005）。*N*-乙酰神经氨酸（43）是合成扎那米韦的一种关键中间体。已报道利用来源于大肠杆菌（*E. coli*）或产气荚膜梭菌（*Clostridium perfringens*）的醛缩酶可以将 *N*-乙酰-*D*-甘露糖胺（42）和丙酮酸转化成 *N*-乙酰神经氨酸（43）（Auge *et al.*，1984；Kim *et al.*，1988）。为了使平衡向 *N*-乙酰神经氨酸方向进行，通常要使用过量的丙酮酸，使下游处理相当困难。

通过引入 *N*-乙酰神经氨酸-2-差向异构酶，将 *N*-乙酰氨基葡萄糖（41）进行差向异构化，开发了一种利用酶膜反应器实现的连续 *N*-乙酰神经氨酸合成工艺（图 16.15）（Kragl *et al.*，1991）。虽然这个工艺具有很好的时空产率，但是由于差向异构酶不能大量获得，产品浓度低，需要色谱分离，这使得规模化生产变得困难。随后研究发现，来源于 *E. coli* 的酶能够较高表达，将均质细胞直接固定在环氧树脂（Eupergit C beads）上，用于合成 *N*-乙酰神经氨酸（43），浓度达 155 g/L。制备规模使用间歇式柱式反应器生产吨级的 *N*-乙酰神经氨酸，同一批次的酶循环重复使用>2000 次，没有任何明显的活性损失（Mahmoudian *et al.*，1997）。

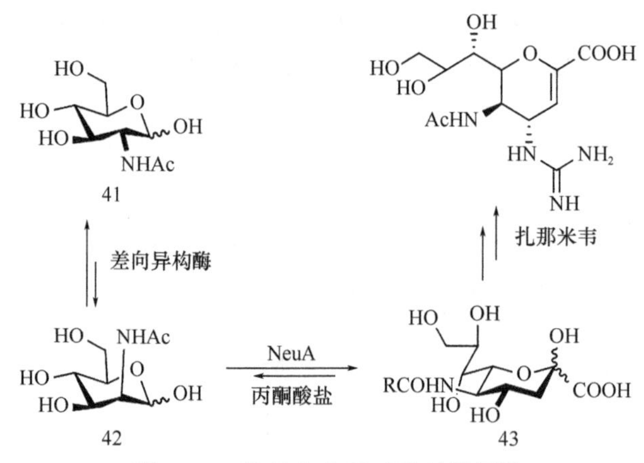


图 16.15 酶法合成 *N*-乙酰神经氨酸

## 16.3 绿色农药

### 16.3.1 绿色农药合成技术状况

传统农药在防治农作物病虫草害和保证农业丰收方面发挥着重要作用，但长期使用对环境造成了严重污染，对人体也造成了很大危害（Sharma *et al.*，2020）。鉴于此，提出了绿色农药的概念，即对人类健康安全无害、对环境友好、超低用量、高选择性，以及通过绿色工艺流程生产出来的农药。绿色农药包含超高效低毒化学药、氨基酸类农药、生物农药以及通过绿色工艺如生物催化方法生成出来的农药等（邵旭升等，2020；Lu *et al.*，2017）。

超高效低毒化学药，即靶标生物活性高，每公顷耕地施用量仅 10～100 g，对人畜基本上无毒，对害虫天敌和益虫无害，易在自然界中降解、无残留或低残留的农药。化学农药的毒性及对环境的污染在20世纪70年代就引起各国的重视，并开始禁止生产和使用高毒性及高残留的农药，如滴滴涕（DDT）。但是由于化学农药见效快、能耗低及容易大规模生产等特点，至今仍是防治病虫害的主要手段。化学合成农药仍是农药的主体，所以，超高效、低毒害、无污染的农药是目前绿色农药主攻方向之一。

氨基酸类农药的研究起源于20世纪60年代初，人们发现某些天然氨基酸具有杀虫性。至70年代初开始有活性氨基酸类农药的研究报道。作为农药用的氨基酸衍生物具有毒性低、高效、无公害、易被生物全部降解利用、原料来源广泛等特点，因此一出现就显示了强大的生命力（孟琴等，2020）。从已发表的研究论文及专利来看，对氨基酸类农药的研究几乎涉及所有常见氨基酸，其衍生物如仲胺、叔胺、酸、酯、酰胺、酰肼、盐及金属配合物的生物活性都被广泛研究，目前已有部分转化为商品而应用到农业中，如草甘膦等。

生物农药是利用自然生态中能杀灭农作物病虫害的微生物，进行大规模人工培养而制备的生物制剂，因其不污染环境，不伤害天敌，害虫难以产生抗药性，对人和动物安全，因而广受世界各国的高度重视，被誉为“绿色农药”。目前，国际上已商品化的生物农药有30多种，生物农药按其来源可分为微生物源、植物源、抗生素类、生物化学类等四大类。20世纪70年代合成的拟除虫菊酯类农药，90年代开发的烟碱类杀虫剂就属于生物化学类农药（Villaverde *et al.*，2016）。

目前30%以上的农药具有手性，其往往具有一个或多个手性中心，存在两个或多个对映异构体。不同的农药对映异构体作用于有害动植物时产生不一样的生物活性和药效，其中往往一半没有或者只具有较低的防治效果。高效单一对映体的使用可以在最少施药量的情况下发挥最大的防治效果，降低药害，延缓或克服病虫害的抗药性，对动植物和环境生态更加安全，有效降低成本，提高经济效益。目前市场上的手性农药一部分是以消旋体形式存在的，如除草剂高2,4-滴丙酸、精噁唑禾草灵等，另一些则是以富集一种对映体的形式存在的，如*S*-异丙甲草胺（*S*-metolachlor），或包含立体异构体的，如氯氰菊酯、生物苄呋菊酯和溴氰菊酯（deltamethrin）等。近年来，科学家研究了采用游离酶和微生物有机体作为催化剂制备农药及其前体的方法，生物催化法在手性农药及其中间体生产过程中得到了广泛的应用（Aleu *et al.*，2006）。文献报道的可用于手性农药合成的酶包括水解酶、转氨酶、脂肪酶、脱氢酶等。

### 16.3.2 工业酶在绿色农药合成中的应用实例

#### 1. 脂肪酶

自1991年拜耳公司将吡虫啉投放市场以来，新烟碱类杀虫剂一直是增长最快的杀虫剂家族。这类化合物在体内的作用类似于地棘蛙素和尼古丁，共同的靶点是烟碱型乙酰胆碱受体（nAChR）。吡虫啉的上市刺激了新烟碱类化合物的开发。此类化合物中，*S*构型的生物活性比*R*构型高。

Krumlinde等（2009）在新烟碱类农药衍生物(*S*)-甲基-吡虫啉合成的关键步骤中，采用南极假丝酵母脂肪酶B（CALB）与金属铑配合物催化剂配合使用，得到关键的手性中间体(*R*)-45，产率为91%，*ee*＞99%（图16.16）。

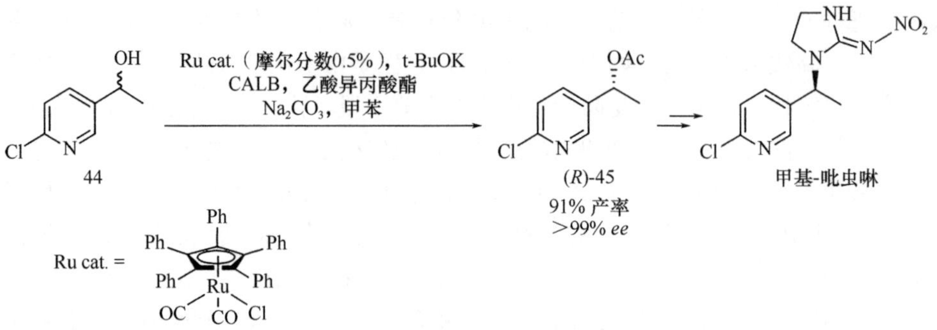

图 16.16 (*S*)-甲基-吡虫啉关键中间体的合成

4-羟基-3-甲基-2-(2-丙炔)-2-环戊酮（HMPC）和 *α*-氰基-3-苯氧基苄醇（CPBA）是拟除虫菊酯组分的重要中间体，它们的 *S* 型对映体更具有活性。Mitsuda 等（1988）利用节杆菌 *Arthrobacter* sp. 来源的脂肪酶催化 (*R*,*S*)-HMPC 的乙酸酯，反应 23 h 后，水解得到 (*R*)-炔丙菊醇（47）和 (*S*)-乙酸炔丙菊酯（48），结合化学拆分方法，最终获得 *ee* 值为 99.4% 的 (*S*)-HMPC（图 16.17）。

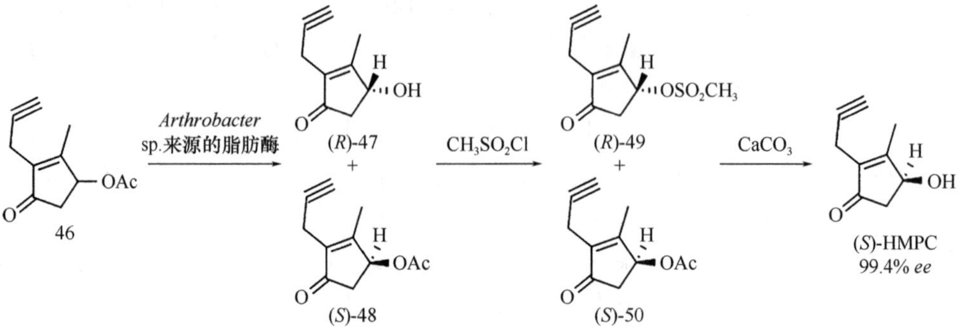

图 16.17 拟除虫菊酯中间体的合成

茚草酮是一种用于稻田杂草，特别是稗草的新型除草剂。它在 1999 年作为外消旋混合物被商业化；然而，对两种不同构型茚草酮除草活性的检测表明，其活性成分仅为 (*S*)-对映体。因此，为了开发这一重要化合物，需要对 (*S*)-茚草酮进行高效、大规模的合成。Tanaka 等（2002）利用来源于青霉菌 *Penicillium roqueforti* 的脂肪酶催化动力学拆分，水解得到 (*S*)-茚草酮重要中间体（52），并与化学转化相结合，最终得到高光学纯的 (*S*)-茚草酮，转化率大于 99%，*ee* 大于 99%（图 16.18）。

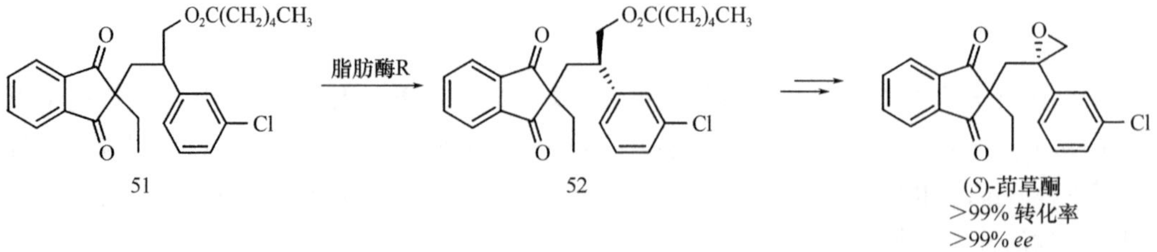

图 16.18 (*S*)-茚草酮中间体的合成

磷酸诺利辛（phosphonothrixin）是一种除草抗生素，其特点是在异戊二烯单元上具有独特的 C—P 键结构。可以以 1,3-二羟基丙酮通过 9 步反应得到，总产率为 12%。也可以 1,3-二氯丙酮为底物通过 9 步反应得到，总产率为 11%。这两种合成方法中，关键反应步骤为 2-异丙烯基丙烷-1,2,3-三醇（53,2-isopropenylpropane-1,2,3-triol）的手性拆分。Chenevert 等（2004）通过对 5 种不同来源的脂肪酶活性和对映选择性筛选（图 16.19），发现以乙酸乙烯酯为酰化试剂和溶剂，在来源于猪胰脏（porcine pancreatic）的脂肪酶（PPL）催化下进行酯化反应，得到了 *S* 构型手性单酯（54），产率高达 88%，*ee* 高达 93%，是筛选得到的最佳反应条件。

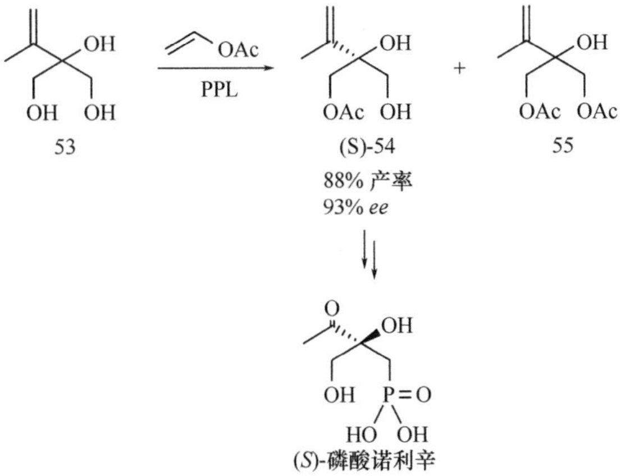

图 16.19　(*S*)-磷酸诺利辛中间体的合成

(*R*)-乙基-2-(4-羟基苯氧基) 丙酸是合成芳氧苯氧丙酸盐（APP）除草剂的关键中间体，用于控制一年生和多年生阔叶作物田禾本科杂草生长。手性 APP 除草剂具有安全、高效、低毒等特点。一般而言，APP 除草剂的 (*R*)-对映体具有除草活性，而 (*S*)-构型活性较低或者没有活性。郑建勇等（2013）利用来源于米曲霉 *Aspergillus oryzae* 的 WZ007 菌丝体动力学拆分合成 (*R*)-2-(4-羟基苯氧基) 丙酸乙酯 [(*R*)-EHPP]，并优化了生物催化工艺参数（pH、温度、转速和底物浓度）。在最佳条件下，转化率 49%，(*R*)-EHPP 的 *ee* 为 99%（图 16.20）。脂肪酶 WZ007 全细胞具有较高的催化性能、底物耐受性、对映选择性和重复利用性。重复使用 8 批次后，活力仍然保持在 80% 以上。

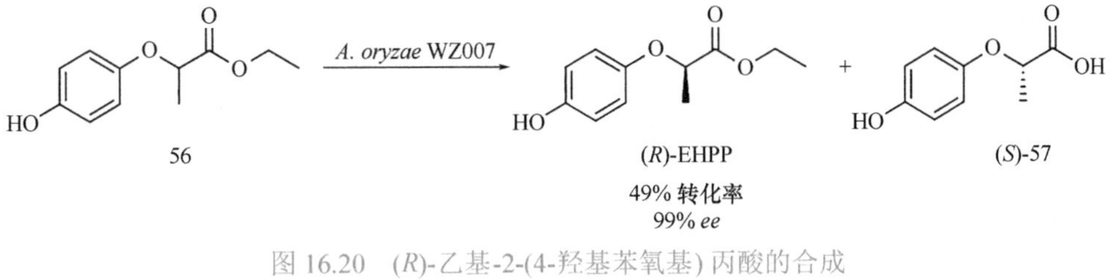

图 16.20　(*R*)-乙基-2-(4-羟基苯氧基) 丙酸的合成

### 2. 腈水解酶

亚氨基二乙酸（IDA）广泛用于螯合剂、表面活性剂和草甘膦除草剂的中间体合成。化学法合成 IDA 需要使用强酸和强碱，后处理过程会产生非常多的 NaCl 副产品。IDA 的大量生产对环境的影响已经引起了人们的重视，其绿色的合成方法已成为一个研究热点。利用腈水解酶催化亚氨基二乙腈（IDAN）合成 IDA 的反应，具有反应条件温和、环境友好、活性高等优点，有望成为 IDA 生产的替代方法。刘志强等（2018）利用基因位点饱和突变的方法，对来源于 *Acidovorax facilis* 的腈水解酶进行改造，以提高其活性和对底物的耐受性，获得了对底物具有较高活性和耐受性的突变体 Mut-F168V/T201N/S192F/M191T/F192S。与野生型腈水解酶相比，突变体的比活和产率略有提高，此外，$Cu^{2+}$、$Zn^{2+}$ 及吐温（Tween）80 对野生型腈水解酶和 Mut-F168V/T201N/S192F/M191T/F192S 均有较强的抑制作用。IDAN 底物为 630 mmol/L 时，5 h 内转化得到 453.2 mmol/L 的 IDA，产率为 71.9%（图 16.21），为腈水解酶的工业应用提供了新的途径。

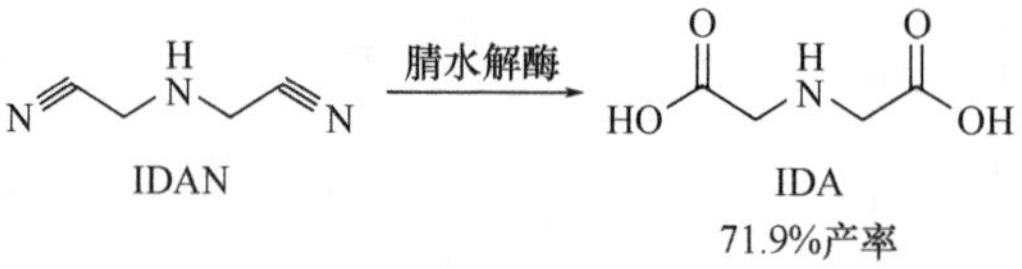

腈水解酶
IDAN → IDA
71.9%产率

图 16.21　亚氨基二乙酸的合成

### 3. 转氨酶

(*S*)-甲氧异丙胺是合成除草剂异丙甲草胺和二甲酰胺的重要中间体，已有多篇文献报道利用转氨酶催化甲氧基丙酮与氨基供体，发生转氨反应，来合成 (*S*)-甲氧异丙胺。氨基供体可以是 $NH_3$、异丙胺、苯丙胺等（Chen *et al.*，2019）。Holzer 等（2015）建立了以氨和氢气为还原剂，利用氢化酶、丙氨酸脱氢酶和合适的 *ω*-转氨酶催化酮选择性胺化反应，制备各种胺的 *R*-对映体和 *S*-对映体，产物的转化率和光学纯度较高。其中 (*S*)-甲氧异丙胺（59）的转化率为 90%，*ee*＞99%（图 16.22）。

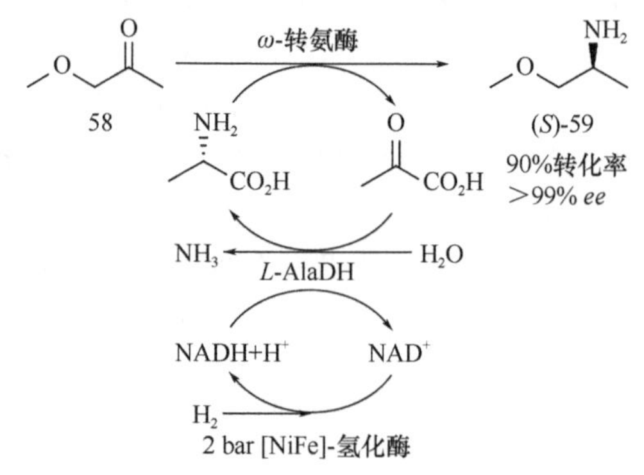


图 16.22　(*S*)-甲氧异丙胺的合成

*L*-AlaDH. *L*-丙氨酸脱氢酶；bar. 巴

### 4. 腈水合酶

Nitto 公司利用腈水合酶生产丙烯酰胺，每年可生产约 30 000 t，这是酶最令人印象深刻的工业应用之一。杜邦公司在以己二腈（60）为原料、区域选择性合成 5-氰戊酰胺（61）的过程中也采用了类似的方法。5-氰戊酰胺（61）是一种新型除草剂的中间体，化学合成反应效率低，易产生大量副产物。杜邦公司的生物催化工艺不仅比化学工艺效率更高，而且更清洁，副产品也更少（Hann *et al.*，1999）。在生产过程中，来源于假单胞菌 *Pseudomonas chlororaphis* 的腈水合酶加入到海藻酸钙中进行固定化，利用固定化细胞催化反应，可以连续使用 58 批次，得到产率为 93%，产品选择性为 96%，每千克催化剂可产生近 3150 kg 的产物（图 16.23）。

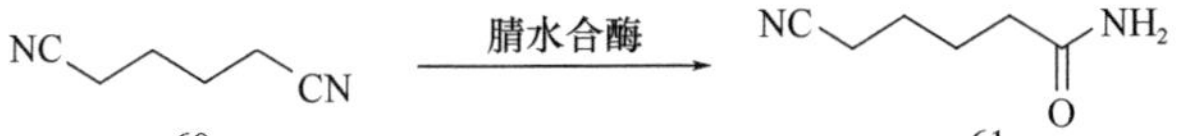

$$NC\text{-}(CH_2)_4\text{-}CN \ (60) \xrightarrow{\text{腈水合酶}} NC\text{-}(CH_2)_4\text{-}CONH_2 \ (61)$$

61
93%产率

图 16.23 5-氰戊酰胺的合成

### 5. 酰胺水解酶

2-氯烟酸（63）属于氮杂环化合物，具有很好的生物活性，是一种广泛的农药、医药和精细化工中间体。在农药领域，2-氯烟酸可用于合成农用杀菌剂、杀虫剂和除草剂等，如新型高效的除草剂烟嘧磺隆（Nicosulfuron）和吡氟草胺（Diflufenican）。由 2-氯烟酸（63）为母体开发的新农药不仅农药毒性低，而且活性高。

利用酰胺水解酶催化水解 2-氯烟酰胺（62）制备 2-氯烟酸（63）是一种很有前途的酶法合成方法。但是吡啶环上的 2 位氯取代基具有很强的空间和电子效应，因此 2-氯烟酰胺（62）的生物催化水解比较困难。郑裕国研究团队发现一株来源于泛菌属 *Pantoea* sp. 的酰胺水解酶（Pa-Ami），并通过突变提高了酶活。单突变体 G175A 和双突变体 G175A/A305T 对 2-氯烟酰胺（62）的催化活性分别提高了 3.2 倍和 3.7 倍，且催化效率显著提高，$k_{cat}/K_m$ 分别是野生型的 3.1 倍和 10.0 倍。结构功能分析表明，突变株 G175A 缩短了 Ser177 的 Oγ（参与催化三联体）与 2-氯烟酰胺（62）羰基碳之间的距离，使 Ser177 的 Oγ 更容易受到亲核攻击。此外，A305T 突变有助于形成合适的通道，促进底物进入和产物释放，从而提高催化效率。以双突变体 G175A/A305T 为生物催化剂，最大转化率为 94%，时空产率高达 575 g/(L·d)（图 16.24），不仅为 2-氯烟酸（63）的生产提供了一种新的生物催化剂，而且为酰胺酶的结构-功能关系研究也提供了新的见解（Tang *et al.*，2019）。

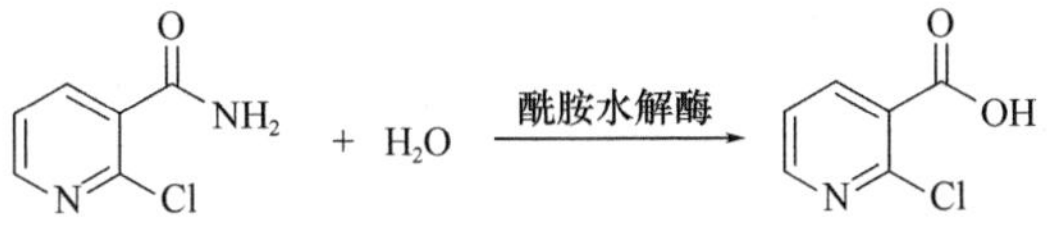

62 + $H_2O$ —酰胺水解酶→ 63
94%转化率

图 16.24 2-氯烟酸的合成

## 16.4 天然产物

### 16.4.1 天然产物合成技术状况

天然产物因其独特的化学结构，具有特定靶点、专一性结合能力而表现出良好的生物活性，一直是生物活性前体化合物和新药发现的重要源泉。据统计，在 1981～2014 年上市的小分子药物中，超过一半的小分子药物直接或间接来源于天然产物及其类似物（Newman and Cragg，2016），因此研究具有重要生物活性的天然产物的合成及功能具有重要意义。天然产物合成主要包括化学合成与生物合成。化学合成的历史可以追溯到 1828 年 Wöhler 实现尿素的合成，在随后的一个多世纪时间里，天然产物全合成取得了巨大的进展，化学家不断挑战结构复杂的天然产物，完成了包括维生素 $B_{12}$、海葵毒素等在内的一系列具有里程碑意义的全合成工作（Hoffmann，2013）。1992 年，Kishi 课题组首次完成了软海绵素的全合成（Lee *et al.*，2016），随后的药物化学研究中，通过对合成中间体进行结构改造成功研发出用于治疗乳腺癌的药物艾瑞布林。近年来，随着分子生物学技术的发展，天然产物生物合成也取得了长足的进展。例如，在抗癌药物紫杉醇（Kingston，2007）的合成中，Ajikumar 等（2010）报道了通过多元模块化方法利用大肠杆菌发酵合成紫杉二烯，该化合物也是紫杉醇合成的重要中间体。阿片类药物是西药中治疗疼痛的主要药物，其主要来源于罂粟，2015 年 Galanie 等利用酵母来生产阿片类药物，联合酶发现、酶工程、生物途径和菌株优化等在酵母中实现了阿片类药物的合成，该方法有可能成为阿片类药物的另一种来源。天然产物分子结构多样、复杂，生物合成过程中需要一系列生物催化反应步骤，有一些酶催化反应过程是化学反应难以做到的。在过去十年中，利用微生物 DNA 序列数据和生物信息学工具，通过基因组挖掘识别许多新的生物合成途径，并揭示了有关生物合成酶的丰富信息（Mak *et al.*，2015），从而获得了很多有价值的生物催化剂。同时，利用已有的生物催化剂体外合成天然产物及其衍生物也一直是研究的热点。

### 16.4.2 工业酶在天然产物合成中的应用实例

#### 1. 单加氧酶

黄色色素（sorbicillinoid）是顶头孢霉产生的活性物质，是一类环酮类化合物，属于次级代谢产物。由于其广泛的生物活性谱，在抗氧化、抗癌等方向具有很大的应用潜力。该物质存在于很多真菌中，如产黄青霉、里氏木霉等（Meng *et al.*，2016）。从多取代酚类化合物合成相应的 sorbicillinoid，先要不对称氧化脱芳构化，然后进一步发生偶联反应。已报道的文献中在实现前一种化学转化方面已经取得了重大进展，但它们需要化学计量的手性高价碘试剂或手性 $Cu^{I}$ 盐（Bosset *et al.*，2014）。Sib 和 Gulder（2018）利用 FAD 依赖性单加氧酶可以催化一系列多取代酚类的高区域选择性和对映选择性的氧化脱芳构化反应，然后进一步发生偶联反应生成 sorbicillinoid 类化合物，所得产物是化学酶法合成各种 sorbicillinoid 类衍生物的重要中间体。以 6-取代间苯三酚（64）为底物合成化合物 65，反应产率为 21%（图 16.25）。总的来说，这种生物催化氧化策略在步骤数、反应产率和合成经济性方面都比以前报道的方法有显著的改善。此外，生物催化脱芳构化步骤避免了化学计量手性试剂的添加。

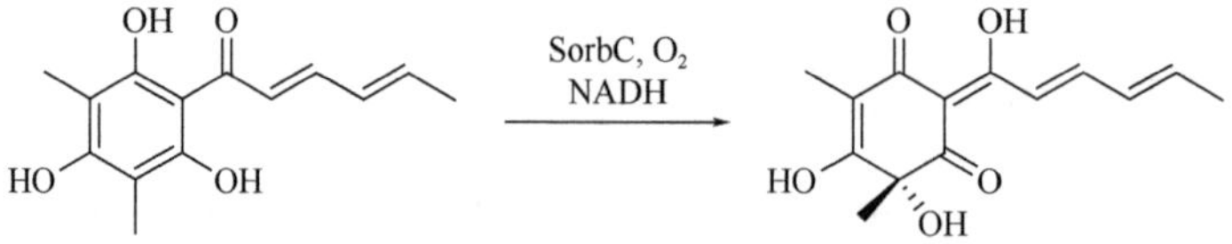

图 16.25 sorbicillinoid 关键中间体的合成

SorbC. 单加氧酶 SorbC

#### 2. 裂解酶

真菌天然产物曲霉明 A（AMA）（68）经锌螯合，可选择性地抑制新德里金属 $\beta$-内酰胺酶-1 的活性。因此，AMA 和相关化合物可能有助于恢复或增强 $\beta$-内酰胺抗生素活性（King *et al.*，2014）。Fu 等（2018）利用乙二胺-*N*,*N*-二琥珀酸（EDDS）裂解酶开发了化学-酶法不对称合成曲霉明 A（68）和其他具有挑战性的氨基羧酸的路线。

EDDS 裂解酶催化乙二胺和富马酸分子之间逐步形成立体选择性的 C—N 键。毒素 A（67）是 AMA 生物合成过程中的中间产物，其与 EDDS 裂解酶的天然中间产物有着高度的相似性。实验结果表明，摩尔分数 0.05% 的 EDDS 裂解酶催化 2,3-二氨基丙酸与富马酸（66）进行区域选择性和立体选择性胺化反应，得到产物毒素 A（67），产率为 52%，非对映体过量值（*de* 值）＞98%。然后毒素 A（67）经区域选择性 *N*-烷基化反应制备曲霉明 B（AMB）（69）。富马酸与二肽化合物发生胺化反应进一步制备 AMA（68）（图 16.26）。

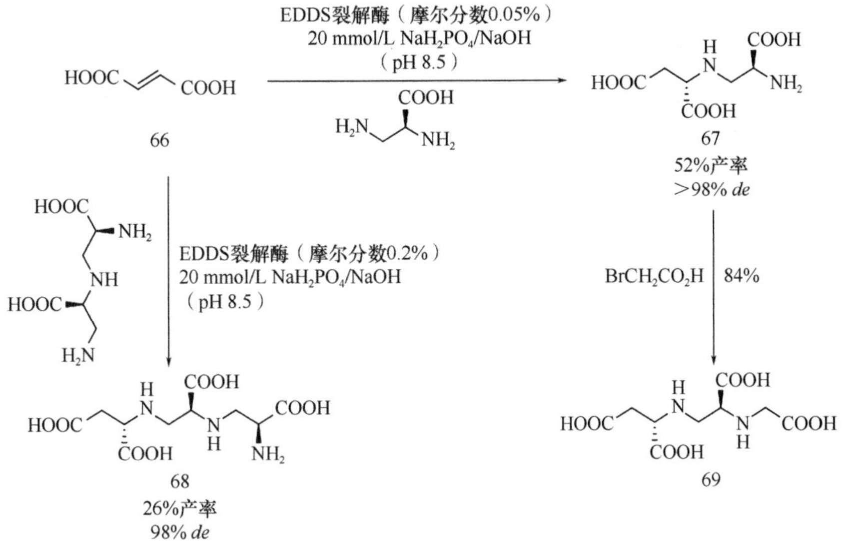

图 16.26　曲霉明 A 与曲霉明 B 的合成

### 3. 氨基酸氧化酶

氨基酸氧化酶（AAO）对映选择性催化天然和非天然 *α*-氨基酸氧化生成相应的 *α*-亚氨基酸。如果以消旋体为起始材料，则发生氧化动力学拆分，其中一种构型的氨基酸被氧化和自发水解产生酮酸（Chen *et al.*，1982）。

4-羟基异亮氨酸是一种天然氨基酸，存在于胡卢巴属植物的种子中，主要以 (2*S*,3*R*,4*S*)-4-羟基异亮氨酸构型存在，可以用于治疗糖尿病。Rolland-Fulcrand 等（2004）发现以外消旋体内酯（70）为底物，利用来源于 *Crotalus adamanteus* 的 *L*-氨基酸氧化酶催化拆分反应，得到 *α*-酮酸内酯（72）和 *D*-构型的氨基内酯 *D*-70，*D*-构型的氨基内酯进一步反应生成高光学纯度的 (2*R*,3*S*,4*R*)-4-羟基异亮氨酸（图 16.27）。

### 4. 单胺氧化酶

四氢喹啉结构存在于许多具有生物活性的天然产物和药物中，通常在 2 位具有立体构型（Sridharan *et al.*，2011）。Cosgrove 等（2018）通过铑催化邻氨基苯硼酸与烯醇受体的共轭加成/缩合直接合成了多种 2-取代二氢喹啉（DHQ）化合物。利用 $NaBH(OAc)_3$ 还原中间体 2-取代二氢喹啉，以提供生物催化动力学拆分的外消旋天然产物前体。

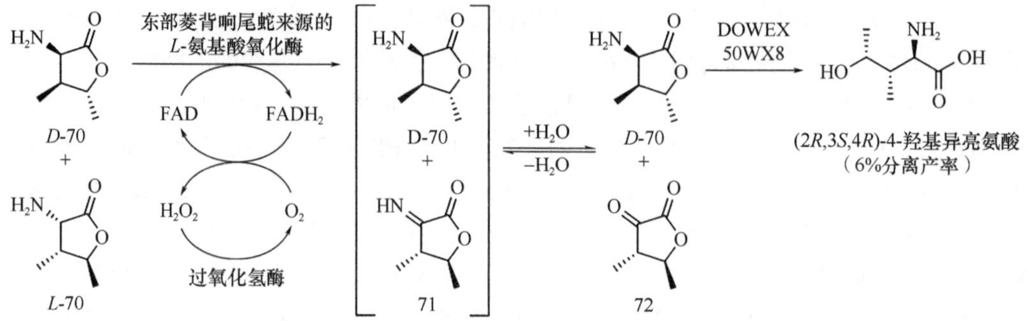

图 16.27 (2*R*,3*S*,4*R*)-4-羟基异亮氨酸的合成

DOWEX 50WX8. DOWEX 50WX8 离子交换树脂

近年来，黄素依赖性单胺氧化酶被用于环状或者非环状胺类的去消旋化（Deng *et al.*，2018）。Cosgrove 等（2018）利用环己胺氧化酶（CHAO）通过原位氨硼烷还原生成了一系列手性 2-取代四氢喹啉化合物（74）。全细胞 CHAO 催化去消旋体得到产物产率为 64%～84%，*ee* 为 50%～99%（图 16.28），为这些高价值生物碱的制备提供了快速途径。

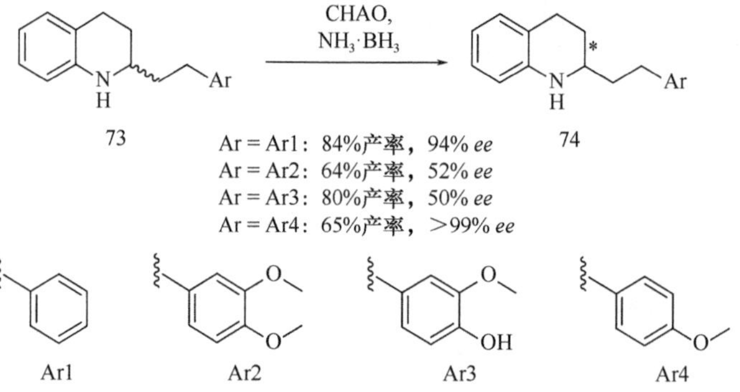

图 16.28 2-取代四氢喹啉化合物的合成

## 5. 环氧化物水解酶

反式和顺式芳樟醇氧化物是乌龙茶与红茶的主要香气成分，也是几种植物和水果含有的成分。Mischitz 和 Faber（1996）以 (3*R*/*S*,6*R*)-2,3-环氧木乃馨乙酸酯（75）为底物，通过化学酶法合成芳樟醇氧化物。其关键步骤是利用来源于红球菌的环氧化物水解酶 NCIMB 11216 高立体选择性地生成 (3*R*,6*R*)-2,3-环氧木乃馨乙酸酯（76）和（3*R*,6*R*）二醇（77），非对映体混合物分离后，进行了化学环化反应，从而使芳樟醇和氧化芳樟醇在制备规模上具有良好的非对映体纯度及对映体纯度。从机理上讲，$^{18}O$ 标记实验表明酶催化反应以对映体聚合的方式进行，最后 (3*S*,6*R*)-二醇的转化率为 100%（图 16.29）。

南部松小蠹诱剂是松甲虫家族松树甲虫的重要聚集信息素，Faber 及其同事报道了利用化学酶法五步合成南部松小蠹诱剂，虽然总产率较低，只有 18%，但产物 *S* 构型南部松小蠹诱剂的 *ee* 可以达到为 94%。其关键步骤是利用来源于马红球菌 IFO 3730 环氧化酶动力学拆分环氧化物前体，得到 *ee* 值为 94% 的二醇产物（80）（图 16.30）。得到的二醇产物（80）进一步通过化学方法氧化和缩酮反应，最后得到信息素 *S* 构型南部松小蠹诱剂（Kroutil *et al.*，1997）。

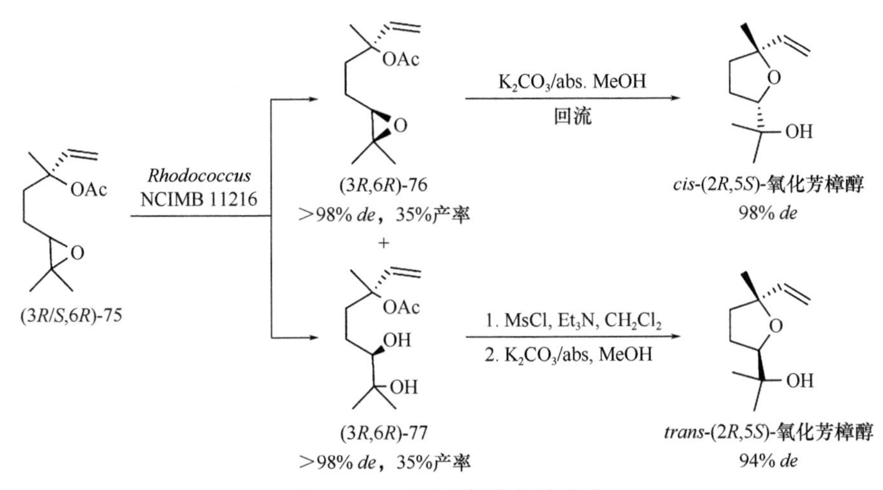


图 16.29 芳樟醇氧化物的合成

$K_2CO_3$/abs. MeOH. 碳酸钾/甲醇；MsCl. 甲磺酰氯；$Et_3N$. 三乙胺；$CH_2Cl_2$. 二氯甲烷

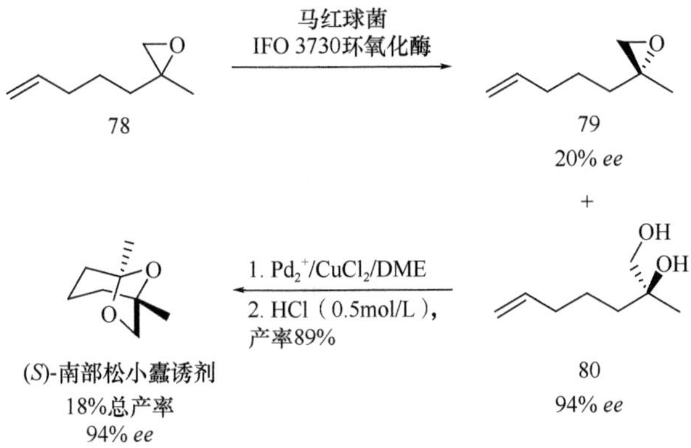

马红球菌
IFO 3730环氧化酶
78
79
20% ee
+
OH
OH
80
94% ee
1. $Pd_2^+$/$CuCl_2$/DME
2. HCl（0.5mol/L），
产率89%
(S)-南部松小蠹诱剂
18%总产率
94% ee

图 16.30 (S)-南部松小蠹诱剂的合成

DME. 二甲醚

### 6. 脂肪酶

许多天然产物中含有环丙烷结构。例如，具有免疫抑制作用的海洋半乳糖脂 plakoside A，其化学结构中含有两个环丙烷环。Mori 等（2002）以二醇（81）和乙酸乙烯酯为底物，利用脂肪酶 AK 乙酰化反应合成 plakoside A 的重要中间体 (1*S*,2*R*)-醇（82），产率 86%，光学纯度大于 99%（图 16.31）。这是获得手性和非外消旋 1,2-二取代环丙烷简单而有效的方法。

化合物手性 1-十一炔-3-醇可用于合成菜豆象雄性信息素，其关键步骤是手性羟基的合成。Mori 等（2012）以 1-三甲基硅基-3-羟基十一炔烃消旋体（83）和乙酸乙烯酯为底物，利用脂肪酶 PS 催化不对称乙酰化生成 *R* 构型乙酰化产物（84），产率为 49%，产品 *ee* 为 97.4%，然后进一步脱乙酰基得到手性的 (*R*)-3-羟基十一炔烃（86）（图 16.32）。

### 7. 转氨酶

手性哌啶类化合物是天然产物中常见的骨架结构，一直是研究的热点。2,6-二取代哌啶在自然界中大量存在，具有广泛的生物活性（Bates and Sa-Ei，2002）。文献已报道了多种合成哌啶类化合物的方法（Buffat，2004）。

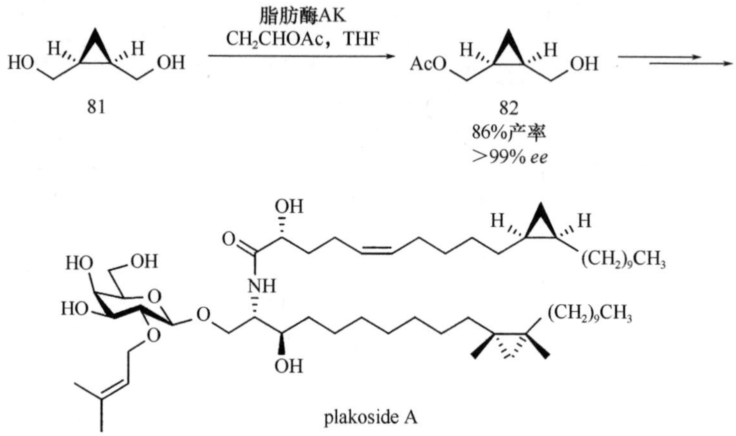

脂肪酶AK
$CH_2CHOAc$，THF

81

82
86%产率
>99% *ee*

plakoside A

图 16.31 plakoside A 重要中间体的合成

THF. 四氢呋喃

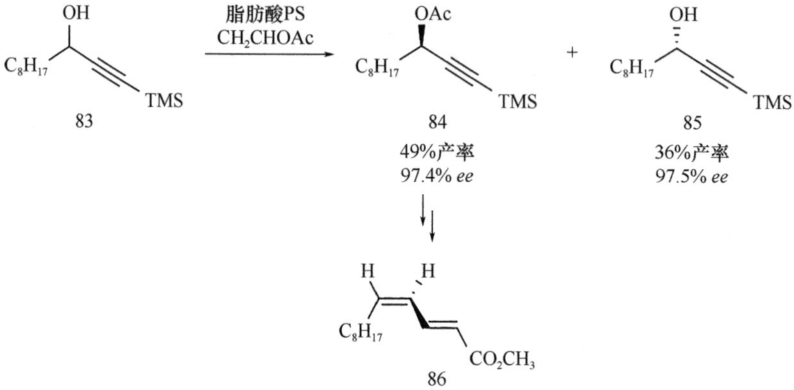

脂肪酸PS
$CH_2CHOAc$

83

84
49%产率
97.4% *ee*

85
36%产率
97.5% *ee*

86

图 16.32 菜豆象雄性信息素中间体的合成

利用酶不对称还原胺化、动力学拆分或去消旋化可以有效合成手性胺，如吡哆醛-5′-磷酸（PLP）依赖型酶 $\omega$-转氨酶（$\omega$-TA）。Simon 等（2013）以 1,5-二酮（87）为初始底物，利用 $\omega$-TA 高区域和立体选择性地不对称还原胺化生成手性胺，然后发生自发的环化闭环反应，生成 Δ1-哌啶（88），随后还原得到 *de* 值和 *ee* 值都比较高的 2,6-二取代哌啶（89）（图 16.33）。

## 16.5 精细化学品

### 16.5.1 精细化学品合成技术状况

精细化工是当今世界化学工业的发展重点，是国家综合国力和技术水平的重要标志之一，精细化率（精细化工在整个化学工业中所占的比重）的高低已经成为衡量一个国家或地区化工发展水平的主要标志之一。

生物催化技术在精细化工中的广泛应用是 21 世纪世界范围内重点发展的高新技术领域之一。国际大型的精细化学品生产商，如美国 DuPont、德国 BASF 及 Merk、荷兰 DSM、瑞士 Lonza、加拿大 BioCatalytics 和日本 Kaneka 等都致力于工业生物催化的研究，

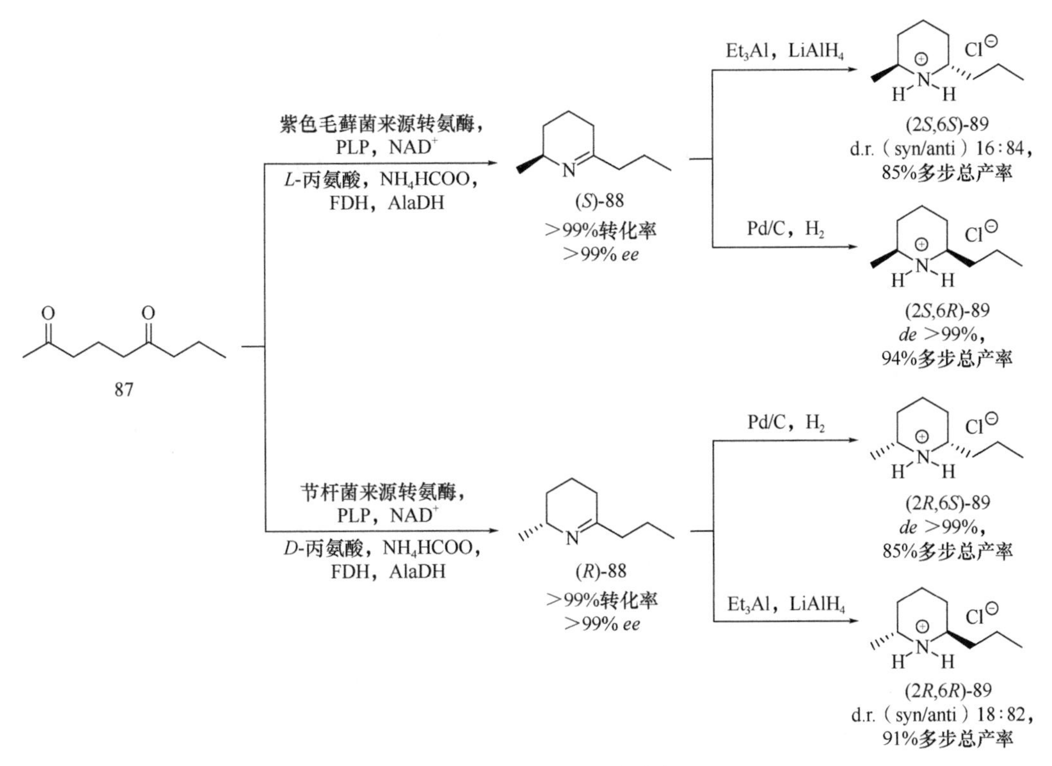


图 16.33 2,6-二取代哌啶的合成

PLP. 磷酸吡哆醛；FDH. 甲酸脱氢酶；AlaDH. 丙氨酸脱氢酶；$Et_3Al$. 三乙基铝；$LiAlH_4$. 四氢铝锂；d.r.（syn/anti）. 非对映体比例（顺式/反式）

通过与研究机构联合、企业间共建技术中心等方式，展开了新一轮的竞争。近年来，工业酶在精细化学品的规模化生产方面得到了广泛的应用（Clouthier and Pelletier，2012；Planson *et al.*，2012；Turner and O'Reilly，2013）。例如，BASF 公司开发的生物法合成维生素 $B_2$，替代了原有的 8 步化学过程，废水排放减少了 66%，废气排放减少了 50%，成本降低了 50%，目前全球产量已超过 8000 t/年；DuPont 公司投产的 4.5 万 t/年的 1,3-丙二醇生产线，与化学过程相比降低能耗 40%，减少 $CO_2$ 排放 20%。

我国在精细化学品生产的工业化应用中也取得了一些成果，如丙烯酰胺的生物法工业化生产，已建立万吨级生产装置（沈寅初等，1994）；利用酶法制备 *L*-苯丙氨酸和 *D*-泛酸已超千吨级规模（孙志浩和华蕾，2004；杨顺楷，2004）；利用酶法制备 *D*-对羟基苯甘氨酸、烟酰胺、*β*-内酰胺前体（6-APA、7-ADCA 和 7-ACA）与非天然手性氨基酸等都得到了规模化应用。

## 16.5.2 工业酶在精细化学品合成中的应用实例

工业酶在精细化学品中成功应用的一个经典案例是采用丁腈水合酶生产丙烯酰胺，达到 5 万 t/年。相同的菌株来源于紫红红球菌（*Rhodococcus rhodochrous*）J1 的丁腈水合酶也可用于烟酰胺的工业生产。烟酰胺是辅酶的组成成分，烟酰胺（92）和烟酸（91）一起被总称为维生素 $B_3$，烟酸在动物体内可以转化为烟酰胺而发挥作用。缺乏烟酸或烟酰胺的动物会产生皮肤、消化道等的病变，出现烟酸缺乏症（癞皮病）、口角炎等疾病，因此烟酰胺和烟酸在医药、食品、饲料领域有重要应用。1998 年 Lonza 公司采用化学-酶法新工艺代替了原来的化学合成路线，实现了 100% 的原子经济性。该工艺解决了化学催化路线中烟酸（91）到烟酰胺（92）的胺化反应有 4% 烟酸残留而需要重结晶分离的问题（图 16.34），在工业生产中具有明显的优势（Shaw *et al.*，2003；Thomas *et al.*，2002）。

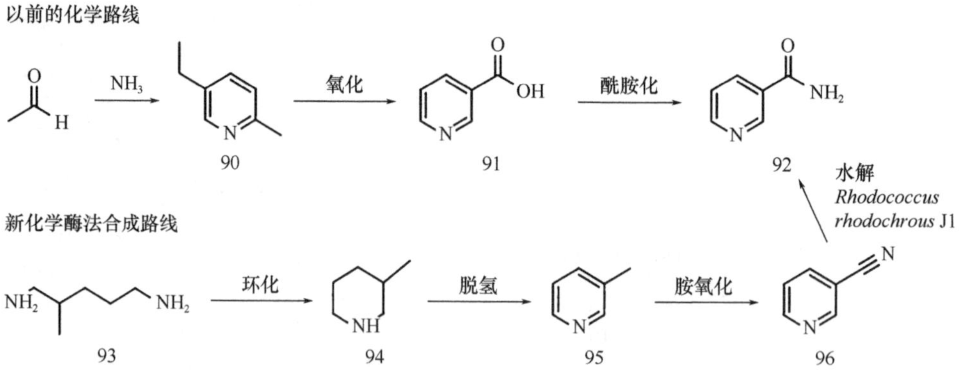

图 16.34 烟酰胺的合成

薄荷醇是一种多用途香料。*L*-薄荷醇 [*L*(−)-menthol] 可用作牙膏、香水、饮料和糖果等的赋香剂；在医药上用作刺激药，作用于皮肤或黏膜，有清凉止痒作用；内服可作为驱风药，用于头痛及鼻、咽、喉炎症等；其酯用于香料和药物。*L*-薄荷醇可从天然薄荷中提取，也可从其他可用的原料中合成，冷冻薄荷油仍是 (−)-薄荷醇的主要生产途径（图 16.35C）。

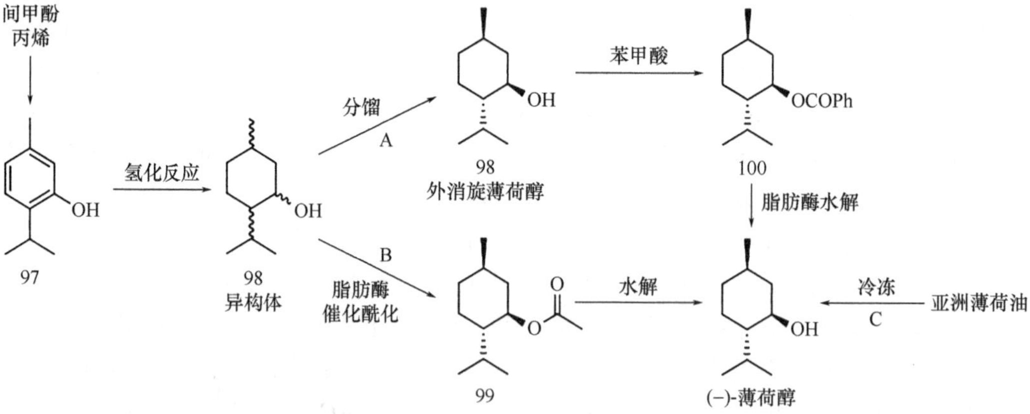

图 16.35 酶法合成 *L*-薄荷醇

例如，Vorlova 等（2002）以苯甲酸薄荷酯作为起始化合物，利用异源表达的来源于皱褶假丝酵母（*Candida rugosa*）的同工酶 LIP1 进行对映选择性水解，合成 *L*-薄荷醇的对映体过量值＞99%（Vorlova *et al.*，2002）。Symrise GmbH & Co KG［原名 Haarmann and Reimer (H&R)］开发了相似的合成路线（图 16.35A），从间甲酚转化为百里酚（97），然后氢化生成薄荷醇（98）的 8 个异构体［(+)-薄荷醇、(−)-薄荷醇、(+)-异薄荷醇、(−)-异薄荷醇、(+)-新薄荷醇、(−)-新薄荷醇、(+)-新异薄荷醇和 (−)-新异薄荷醇］，分馏出外消旋薄荷醇（98），经化学法生成相应的苯甲酸薄荷酯（100），然后由脂肪酶催化水解得到

*L*-薄荷醇（Gatfield *et al.*，2002）。

2008年，Zheng等从枯草芽孢杆菌（*Bacillus subtilis*）中筛选出一种新的酯酶（ECU0554），它能立体选择性酰化混合薄荷醇（98）生成(−)-乙酸薄荷酯（99），并进一步水解生成*L*-薄荷醇，*ee*为98%，其对*L*-薄荷醇乙酯的水解活性和对映体选择性均显著高于此前的商业化酶（图16.35B）（Chaplin *et al.*，2002；Serra *et al.*，2005；Zheng *et al.*，2009）。

香草醛（Vanillin）又名香兰素，是香草豆的香味成分，存在于甜菜、香草豆、安息香胶、秘鲁香脂、妥卢香脂中，是一种重要的香料。目前报道的文献中主要有三种不同的生物技术生产香兰素。第一种方法是阿魏酸的生物转化，从木质素中提取阿魏酸（102），利用阿魏酸酯酶或肉桂酸酯水解酶催化水解获得（图16.36A）（Priefert *et al.*，2001）。由于香兰素和阿魏酸对微生物具有毒性，采用吸附树脂或*E. coli*的定向进化，可以获得较高的香兰素产率（Converti *et al.*，2010；Lee *et al.*，2009；Yoon *et al.*，2007）。

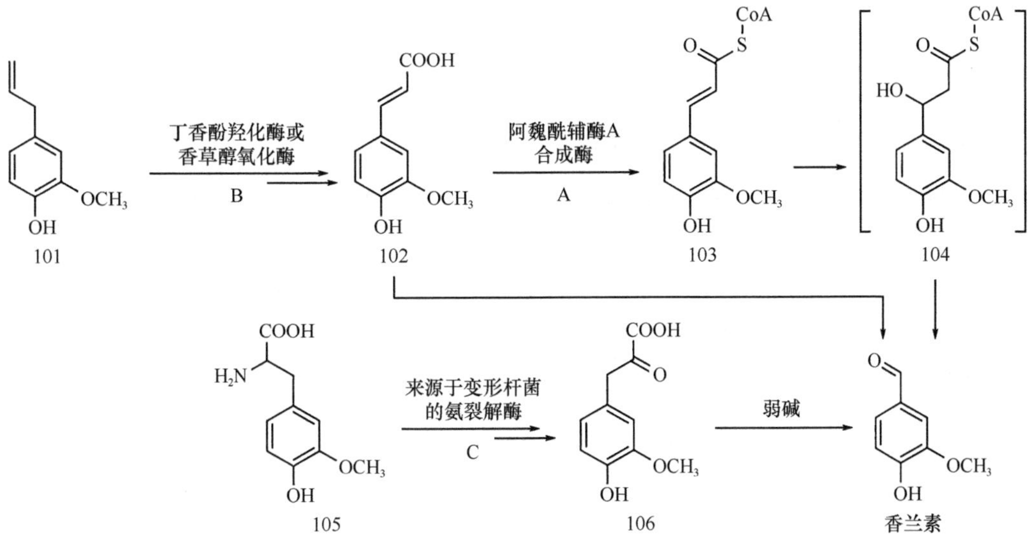

图16.36 生物法合成香兰素

第二种方法是丁香酚和异丁香酚（101）的生物转化（图16.36B），经阿魏酸（102）合成香兰素。虽然丁香酚价格低廉，但由于其低产量在经济上仍然不具有吸引力。

第三种方法是芳香族氨基酸的生物转化，如苯丙氨酸或甲氧基酪氨酸。利用来源于变形杆菌（*Proteus vulgaris*）的氨裂解酶催化3-甲氧基酪氨酸（105）脱氨产生相应的苯丙酮酸（106），然后转化成香兰素（图16.36C）。由于其产率低，本方法不适用于香兰素的工业化生产。

氨基酸是蛋白质的重要天然组成部分，在食品添加剂、动物饲料或个人护理产品等方面具有广泛应用。除甲硫氨酸外，半胱氨酸是唯一含硫的氨基酸，在食品加工中具有很多用途。大部分的天然*L*-半胱氨酸是由人的头发、猪鬃毛或动物的角化蛋白经酸水解获得。这种工艺，需要大量的盐酸，这不仅会造成副产品的产生，还会有大量的废物产生。

研究发明了一种可替代的*L*-半胱氨酸的生产工艺，通过假单胞菌*Pseudomonas* sp.水解*D*/*L*-2-氨基-*D*2-噻唑啉-4-羧酸（*D*/*L*-ATC）（107）合成*L*-半胱氨酸（图16.37）。天然的*L*-半胱氨酸前体*L*-丝氨酸可以很容易地由3-磷酸甘油酸通过细菌途径获得。首先

利用 *O*-乙酰转移酶（SAT）将丝氨酸乙酰化，然后由氧乙酰丝氨酸（硫醇）裂解酶催化乙酸盐的消除和 $H_2S$ 的加成合成 *L*-半胱氨酸（Nakamori *et al.*，1998）。事实上，在许多微生物中，SAT 催化转化是 *L*-半胱氨酸生物合成的限速步骤，通过基因突变等方法可以获得对反馈抑制更不敏感的 SAT（Takagi *et al.*，1999a，1999b；Wirtz and Hell，2003）。

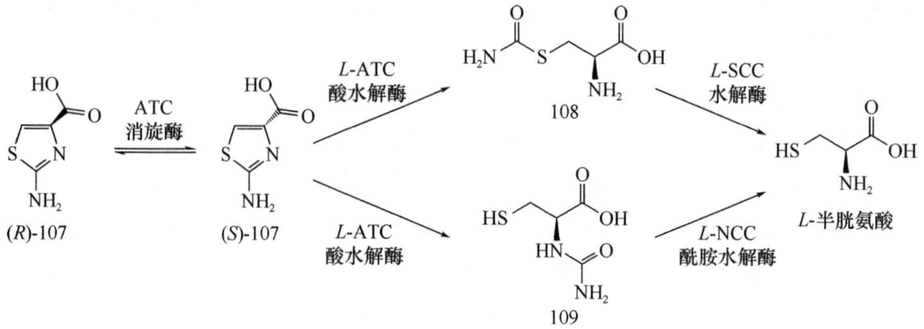

图 16.37 *L*-半胱氨酸合成

## 16.6 总结与展望

随着社会的发展，人们环保意识的加强和对自身健康的关注，对医药化工产品生产绿色化的要求越来越高。生物催化技术具有优异的立体选择性、化学和区域选择性、反应条件温和等特点，可以避免传统化学合成中的异构化、消旋化和重排等副反应，减少有害重金属和有机溶剂的使用，从而显著提高原子经济性，降低生产过程的环境因子。生物催化技术促进了绿色化学合成技术的发展，是绿色化学与绿色化工发展的重要趋势。随着基因组数据的爆炸性增长以及生物信息学、高通量筛选技术、酶工程、机器学习以及人工智能的快速发展，具有优质性能的生物催化剂（酶）的获得将越来越方便，生物催化技术在医药化工中的应用范围将不断扩大，具有广阔的应用和市场前景。

## 参考文献

孟琴, 李以增, 沈冲. 2020-5-12. 一种生物农药与植物生长调节复合剂及制备方法: CN202010064440.9.
邵旭升, 杜少卿, 李忠, 等. 2020. 中国绿色农药的研究和发展. 世界农药, 42(4): 16-24.
沈寅初, 张国凡, 韩建生. 1994. 微生物法生产丙烯酰胺. 工业微生物, 24(2): 24-32.
孙志浩, 华蕾. 2004. 生物技术法制备 *D*-泛酸钙和 *D*-泛醇. 精细与专用化学品, 12(10): 11-15.
杨顺楷. 2004. 我国酶法生产 *L*-苯丙氨酸的十年研发历程及产业化前景. 精细与专用化学品, 12(13): 1-2, 8.
Abdelraheem E M M, Busch H, Hanefeld U, *et al.* 2019. Biocatalysis explained: from pharmaceutical to bulk chemical production. Reaction Chemistry & Engineering, 4(11): 1878-1894.
Ajikumar P K, Xiao W H, Tyo K E J, *et al.* 2010. Isoprenoid pathway optimization for taxol precursor overproduction in *Escherichia coli.* Science, 330(6000): 70-74.
Aleu J, Bustillo A J, Hernandez-Galan R, *et al.* 2006. Biocatalysis applied to the synthesis of agrochemicals. Current Organic Chemistry, 10(16): 2037-2054.
Auge C, David S, Gautheron C. 1984. Synthesis with immobilized enzyme of the most important sialic-acid. Tetrahedron Letters, 25(41): 4663-4664.
Augeri D J, Robl J A, Betebenner D A, *et al.* 2005. Discovery and preclinical profile of saxagliptin (BMS-477118): A highly potent, long-acting, orally active dipeptidyl peptidase IV inhibitor for the treatment of

type 2 diabetes. Journal of Medicinal Chemistry, 48(15): 5025-5037.

Bates R W, Sa-Ei K. 2002. Syntheses of the sedum and related alkaloids. Tetrahedron, 58(30): 5957-5978.

Bezborodov A M, Zagustina N A. 2016. Enzymatic biocatalysis in chemical synthesis of pharmaceuticals (review). Applied Biochemistry and Microbiology, 52(3): 237-249.

Bold G, Fassler A, Capraro H G, *et al.* 1998. New Aza-dipeptide analogues as potent and orally absorbed HIV-1 protease inhibitors: candidates for clinical development. Journal of Medicinal Chemistry, 41(18): 3387-3401.

Bong Y K, Vogel M, Collier S J, *et al.* 2011. Ketoreductase-mediated stereoselective route to alpha chloroalcohols: WO2011005527.

Bornscheuer U T, Huisman G W, Kazlauskas R J, *et al.* 2012. Engineering the third wave of biocatalysis. Nature, 485(7397): 185-194.

Bosset C, Coffinier R, Peixoto P A, *et al.* 2014. Asymmetric hydroxylative phenol dearomatization promoted by chiral binaphthylic and biphenylic iodanes. Angewandte Chemie-International Edition, 53(37): 9860-9864.

Buffat M G P. 2004. Synthesis of piperidines. Tetrahedron, 60: 1701-1729.

Burk M J, de Koning P D, Grote T M, *et al.* 2003. An enantioselective synthesis of (*S*)-(+)-3-aminomethyl-5-methylhexanoic acid via asymmetric hydrogenation. Journal of Organic Chemistry, 68(14): 5731-5734.

Chaplin J A, Gardiner N, Mitra R K, *et al.* 2002. Separation of desired stereoisomer from menthol or equivalent compound for menthol production, uses stereospecific enzyme which is Pseudomonas lipase enzyme: WO200236795-A2.

Chaturvedula P V, Mercer S E, Pin S S, *et al.* 2013. Discovery of(*R*)-*N*-(3-(7-methyl-1H-indazol-5-yl)-1-(4-(1-methylpiperidin-4-yl)-1-oxopropan-2-yl)-4-(2-oxo-1,2-dihydroquinolin-3-yl)piperidine-1-carboxamide(BMS-742413): A potent human CGRP antagonist with superior safety profile for the treatment of migraine through intranasal delivery. Bioorganic & Medicinal Chemistry Letters, 23(11): 3157-3161.

Chen C S, Fujimoto Y, Girdaukas G, *et al.* 1982. Quantitative-analyses of biochemical kinetic resolutions of enantiomers. Journal of the American Chemical Society, 104(25): 7294-7299.

Chen H, Cai R, Patel J, *et al.* 2019. Upgraded bioelectrocatalytic *N*-2 fixation: from *N*-2 to chiral amine intermediates. Journal of the American Chemical Society, 141(12): 4963-4971.

Chen K X, Nair L, Vibulbhan B, *et al.* 2009. Second-generation highly potent and selective inhibitors of the hepatitis C virus NS3 serine protease. Journal of Medicinal Chemistry, 52(5): 1370-1379.

Chenevert R, Simard M, Bergeron M, *et al.* 2004. Chemoenzymatic formal synthesis of (*S*)-(−)-phosphonotrixin. Tetrahedron Asymmetry, 15(12): 1889-1892.

Clouthier C M, Pelletier J N. 2012. Expanding the organic toolbox: a guide to integrating biocatalysis in synthesis. Chemical Society Reviews, 41(4): 1585-1605.

Converti A, Aliakbarian B, Dominguez J M, *et al.* 2010. Microbial production of biovanillin. Brazilian Journal of Microbiology, 41(3): 519-530.

Cosgrove S C, Hussain S, Turner N J, *et al.* 2018. Synergistic chemo/biocatalytic synthesis of alkaloidal tetrahydroquinolines. ACS Catalysis, 8(6): 5570-5573.

Deng G, Wan N, Qin L, *et al.* 2018. Deracemization of phenyl-substituted 2-methyl-1,2,3,4-tetrahydroquinolines by a recombinant monoamine oxidase from *Pseudomonas monteilii* ZMU-T01. ChemCatChem, 10(11): 2374-2377.

Denk D, Bock A. 1987. *L*-cysteine biosynthesis in *Escherichia coli*: nucleotide sequence and expression of the serine acetyltransferase(cysE) gene from the wild-type and a cysteine-excreting mutant. Journal of General Microbiology, 133: 515-525.

DeSantis G, Wong K, Farwell B, *et al.* 2003. Creation of a productive, highly enantioselective nitrilase through gene site saturation mutagenesis(GSSM). Journal of the American Chemical Society, 125(38): 11476-11477.

DeSantis G, Zhu Z L, Greenberg W A, *et al.* 2002. An enzyme library approach to biocatalysis: development of nitrilases for enantioselective production of carboxylic acid derivatives. Journal of the American Chemical Society, 124(31): 9024-9025.

Dragovich P S, Prins T J, Zhou R, *et al.* 1999. Structure-based design, synthesis, and biological evaluation of irreversible human rhinovirus 3C protease inhibitors. 3. Structure-activity studies of ketomethylene-containing peptidomimetics. Journal of Medicinal Chemistry, 42(7): 1203-1212.

Fox R J, Davis S C, Mundorff E C, *et al.* 2007. Improving catalytic function by ProSAR-driven enzyme evolution. Nature Biotechnology, 25(3): 338-344.

Fryszkowska A, Devine P N. 2020. Biocatalysis in drug discovery and development. Current Opinion in Chemical Biology, 55: 151-160.

Fu H, Zhang J L, Saifuddin M, *et al.* 2018. Chemoenzymatic asymmetric synthesis of the metallo-beta-lactamase inhibitor aspergillomarasmine A and related aminocarboxylic acids. Nature Catalysis, 1(3): 186-191.

Galanie S, Thodey K, Trenchard I J, *et al.* 2015. Complete biosynthesis of opioids in yeast. Science, 349(6252): 1095-1100.

Galkin A, Kulakova L, Yoshimura T, *et al.* 1997. Synthesis of optically active amino acids from alpha-keto acids with *Escherichia coli* cells expressing heterologous genes. Applied and Environmental Microbiology, 63(12): 4651-4656.

Gatfield I L, Hilmer J M, Bornscheuer U T, *et al.* 2002. Enantiomeric enzymatic separation of *D*,*L*-menthol derivatives to yield *D*- or *L*-menthol derivatives, useful as fragrances and flavors, is effected using lipases which may be of recombinant type: EP1223223-A1.

Guo J H, Wu J Y, Siuzdak G, *et al.* 1999. Measurement of enantiomeric excess by kinetic resolution and mass spectrometry. Angewandte Chemie-International Edition, 38(12): 1755-1758.

Han X J, Civiello R L, Conway C M, *et al.* 2012. The synthesis and SAR of calcitonin gene-related peptide (CGRP) receptor antagonists derived from tyrosine surrogates. Part 1. Bioorganic & Medicinal Chemistry Letters, 22(14): 4723-4727.

Hann E C, Eisenberg A, Fager S K, *et al.* 1999. 5-cyanovaleramide production using immobilized *Pseudomonas chlororaphis* B23. Bioorganic & Medicinal Chemistry, 7(10): 2239-2245.

Hansen K B, Yi H, Xu F, *et al.* 2009. Highly efficient asymmetric synthesis of sitagliptin. Journal of the American Chemical Society, 131(25): 8798-8804.

Hanson R L, Davis B L, Goldberg S L, *et al.* 2008. Enzymatic preparation of a *D*-amino acid from a racemic amino acid or keto acid. Organic Process Research & Development, 12(6): 1119-1129.

Hanson R L, Goldberg S L, Brzozowski D B, *et al.* 2007. Preparation of an amino acid intermediate for the dipeptidyl peptidase IV inhibitor, saxagliptin, using a modified phenylalanine dehydrogenase. Advanced Synthesis & Catalysis, 349(8-9): 1369-1378.

Hoekstra M S, Sobieray D M, Schwindt M A, *et al.* 1997. Chemical development of CI-1008, an enantiomerically pure anticonvulsant. Organic Process Research & Development, 1(1): 26-38.

Hoffmann R W. 2013. Natural product synthesis: changes over time. Angewandte Chemie-International Edition, 52(1): 123-130.

Hoge G, Wu H P, Kissel W S, *et al.* 2004. Highly selective asymmetric hydrogenation using a three hindered quadrant bisphosphine rhodium catalyst. Journal of the American Chemical Society, 126(19): 5966-5967.

Holzer A K, Hiebler K, Mutti F G, *et al.* 2015. Asymmetric biocatalytic amination of ketones at the expense of $NH_3$ and molecular hydrogen. Organic Letters, 17(10): 2431-2433.

Homann M J, Vail R, Morgan B, *et al.* 2001. Enzymatic hydrolysis of a prochiral 3-substituted glutarate ester, an intermediate in the synthesis of an NK1/NK2 dual antagonist. Advanced Synthesis & Catalysis, 343(6-7): 744-749.

Kim D, Wang L P, Beconi M, *et al.* 2005. (2*R*)-4-oxo-4-[3-(trifluoromethyl)-5,6- dihydro[1,2,4]triazolo[4,3-alpha]pyrazin-7(8H)-yl]-1-(2,4,5-trifluorophenyl) butan-2-amine: A potent, orally active dipeptidyl peptidase IV inhibitor for the treatment of type 2 diabetes. Journal of Medicinal Chemistry, 48(1): 141-151.

Kim M J, Hennen W J, Sweers H M, *et al.* 1988. Enzymes in carbohydrate synthesis: *N*-acetylneuraminic acid aldolase catalyzed reactions and preparation of *N*-acetyl-2-deoxy-*D*-neuraminic acid derivatives. Journal of the American Chemical Society, 110(19): 6481-6486.

King A M, Reid-Yu S A, Wang W, *et al.* 2014. Aspergillomarasmine A overcomes metallo-beta-lactamase antibiotic resistance. Nature, 510(7506): 503.

King A O, Corley E G, Anderson R K, *et al.* 1993. An efficient synthesis of LTD4 antagonist *L*-699,392. Journal of Organic Chemistry, 58(14): 3731-3735.

Kingston D G I. 2007. The shape of things to come: structural and synthetic studies of taxol and related compounds. Phytochemistry, 68(14): 1844-1854.

Kohler V, Bailey K R, Znabet A, *et al.* 2010. Enantioselective biocatalytic oxidative desymmetrization of substituted pyrrolidines. Angewandte Chemie-International Edition, 49(12): 2182-2184.

Kragl U, Gygax D, Ghisalba O, *et al.* 1991. Enzymatic 2-step synthesis of *N*-acetylneuraminic acid in the enzyme membrane reactor. Angewandte Chemie-International Edition in English, 30(7): 827-828.

Kragl U, VasicRacki D, Wandrey C. 1996. Continuous production of *L*-tert-leucine in series of two enzyme membrane reactors: modelling and computer simulation. Bioprocess Engineering, 14(6): 291-297.

Krix G, Bommarius A S, Drauz K, *et al.* 1997. Enzymatic reduction of alpha-keto acids leading to *L*-amino acids, *D*- or *L*-hydroxy acids. Journal of Biotechnology, 53(1): 29-39.

Kroutil W, Osprian I, Mischitz M, *et al.* 1997. Chemoenzymatic synthesis of (*S*)-(−)-frontalin using bacterial epoxide hydrolases. Synthesis-Stuttgart, (2): 156-158.

Krumlinde P, Bogar K, Backvall J E. 2009. Synthesis of a neonicotinoid pesticide derivative via chemoenzymatic dynamic kinetic resolution. Journal of Organic Chemistry, 74(19): 7407-7410.

Lauria-Horner B A, Pohl R B. 2003. Pregabalin: a new anxiolytic. Expert Opinion on Investigational Drugs, 12(4): 663-672.

Lee E G, Yoon S H, Das A, *et al.* 2009. Directing vanillin production from ferulic acid by increased acetyl-CoA consumption in recombinant *Escherichia coli.* Biotechnology and Bioengineering, 102(1): 200-208.

Lee J H, Li Z J, Osawa A, *et al.* 2016. Extension of Pd-mediated one-pot ketone synthesis to macrocyclization: application to a new convergent synthesis of Eribulin. Journal of the American Chemical Society, 138(50): 16248-16251.

Li T, Liang J, Ambrogelly A, *et al.* 2012. Efficient, chemoenzymatic process for manufacture of the Boceprevir bicyclic [3.1.0] proline intermediate based on amine oxidase-catalyzed desymmetrization. Journal of the American Chemical Society, 134(14): 6467-6472.

Liang J, Mundorff E, Voladri R, *et al.* 2010. Highly enantioselective reduction of a small heterocyclic ketone: biocatalytic reduction of tetrahydrothiophene-3-one to the corresponding (*R*)-alcohol. Organic Process Research & Development, 14(1): 188-192.

Liu Z Q, Lu M M, Zhang X H, *et al.* 2018. Significant improvement of the nitrilase activity by semi-rational protein engineering and its application in the production of iminodiacetic acid. International Journal of Biological Macromolecules, 116: 563-571.

Lu Y, Li J, Chen X, *et al.* 2017. Application and potential of biocatalysis in the pesticide industry. Agrochemicals, 56(4): 235-238.

Ma S K, Gruber J, Davis C, *et al.* 2010. A green-by-design biocatalytic process for atorvastatin intermediate. Green Chemistry, 12(1): 81-86.

Mahmoudian M, Noble D, Drake C S, *et al.* 1997. An efficient process for production of *N*-acetylneuraminic acid using *N*-acetylneuraminic acid aldolase. Enzyme and Microbial Technology, 20(5): 393-400.

Mak W S, Tran S, Marcheschi R, *et al.* 2015. Integrative genomic mining for enzyme function to enable engineering of a non-natural biosynthetic pathway. Nature Communications, 6: 11912.

Martinez C A, Hu S, Dumond Y, *et al.* 2008. Development of a chemoenzymatic manufacturing process for pregabalin. Organic Process Research & Development, 12(3): 392-398.

Meng J J, Wang X H, Xu D, *et al.* 2016. Sorbicillinoids from fungi and their bioactivities. Molecules, 21(6): 19.

Menzel A, Werner H, Altenbuchner J, *et al.* 2004. From enzymes to "designer bugs" in reductive amination: a new process for the synthesis of *L*-tert-leucine using a whole cell-catalyst. Engineering in Life Sciences, 4(6): 573-576.

Mischitz M, Faber K. 1996. Chemo-enzymatic synthesis of (2*R*,5*S*)- and(2*R*,5*R*)-5-(1-hydroxy-1-methylethyl)-2-methyl-2-vinyltetrahydrofuran ('linalool oxide'): preparative application of a highly selective bacterial epoxide hydrolase. Synlett, 10: 978.

Mitsuda S, Umemura T, Hirohara H. 1988. Preparation of an optically pure secondary alcohol of synthetic pyrethroids using microbial lipases. Applied Microbiology and Biotechnology, 29(4): 310-315.

Mori K, Tashiro T, Akasaka K, *et al.* 2002. Determination of the absolute configuration at the two cyclopropane moieties of plakoside A, an immunosuppressive marine galactosphingolipid. Tetrahedron Letters, 43(20): 3719-3722.

Mori K. 2012. Pheromone synthesis. Part 249: syntheses of methyl (*R*,*E*)-2,4,5-tetradecatrienoate and methyl (2*E*, 4*Z*)-2,4-decadienoate, the pheromone components of the male dried bean beetle, *Acanthoscelides obtectus* (Say). Tetrahedron, 68(7): 1936-1946.

Moscona A. 2005. Drug therapy—neuraminidase inhibitors for influenza. New England Journal of Medicine, 353(13): 1363-1373.

Murtagh L, Dunne C, Gabellone G, *et al.* 2011. Chemical development of an alpha 2 delta ligand, (3*S*,5*R*)-3-(aminomethyl)-5-methyloctanoic acid. Organic Process Research & Development, 15(6): 1315-1327.

Nakamori S, Kobayashi S I, Kobayashi C, *et al.* 1998. Overproduction of *L*-cysteine and *L*-cystine by *Escherichia coli* strains with a genetically altered serine acetyltransferase. Applied and Environmental Microbiology, 64(5): 1607-1611.

Newman D J, Cragg G M. 2016. Natural products as sources of new drugs from 1981 to 2014. Journal of Natural Products, 79(3): 629-661.

Njoroge F G, Chen K X, Shih N Y, *et al.* 2008. Challenges in modern drug discovery: a case study of boceprevir, an HCV protease inhibitor for the treatment of hepatitis C virus infection. Accounts of Chemical Research, 41(1): 50-59.

Patel R N, Chu L, Mueller R. 2003. Diastereoselective microbial reduction of (*S*)-[3-chloro-2-oxo-1-(phenylmethyl) propyl] carbamic acid, 1,1-dimethylethyl ester. Tetrahedron-Asymmetry, 14(20): 3105-3109.

Patel R N. 2004. Biocatalytic synthesis of chiral pharmaceutical intermediates. Food Technology and Biotechnology, 42(4): 305-325.

Planson A G, Carbonell P, Grigoras I, *et al.* 2012. A retrosynthetic biology approach to therapeutics: from conception to delivery. Current Opinion in Biotechnology, 23(6): 948-956.

Pollard D J, Woodley J M. 2007. Biocatalysis for pharmaceutical intermediates: the future is now. Trends in

Biotechnology, 25(2): 66-73.

Priefert H, Rabenhorst J, Steinbuchel A. 2001. Biotechnological production of vanillin. Applied Microbiology and Biotechnology, 56(3-4): 296-314.

Reetz M T, Becker M H, Klein H W, *et al.* 1999. A method for high-throughput screening of enantioselective catalysts. Angewandte Chemie-International Edition, 38(12): 1758-1761.

Reichard G A, Ball Z T, Aslanian R, *et al.* 2000. The design and synthesis of novel NK1/NK2 dual antagonists. Bioorganic & Medicinal Chemistry Letters, 10(20): 2329-2332.

Robinson B S, Riccardi K A, Gong Y F, *et al.* 2000. BMS-232632, a highly potent human immunodeficiency virus protease inhibitor that can be used in combination with other available antiretroviral agents. Antimicrobial Agents and Chemotherapy, 44(8): 2093-2099.

Rolland-Fulcrand V, Rolland M, Roumestant M L, *et al.* 2004. Chemoenzymatic synthesis of enantiomerically pure(2*S*,3*R*,4*S*)-4-hydroxy-isoleucine, an insulinotropic amino acid isolated from fenugreek seeds. European Journal of Organic Chemistry, 2004(4): 873-877.

Savile C K, Janey J M, Mundorff E C, *et al.* 2010. Biocatalytic asymmetric synthesis of chiral amines from ketones applied to sitagliptin manufacture. Science, 329(5989): 305-309.

Serra S, Fuganti C, Brenna E. 2005. Biocatalytic preparation of natural flavours and fragrances. Trends in Biotechnology, 23(4): 193-198.

Shafiee A, Motamedi H, King A. 1998. Purification, characterization and immobilization of an NADPH-dependent enzyme involved in the chiral specific reduction of the keto ester M, an intermediate in the synthesis of an anti-asthma drug, Montelukast, from *Microbacterium campoquemadoensis* (MB5614). Applied Microbiology and Biotechnology, 49(6): 709-717.

Sharma A, Shukla A, Attri K, *et al.* 2020. Global trends in pesticides: a looming threat and viable alternatives. Ecotoxicology and Environmental Safety, 201: 110812.

Shaw N M, Robins K T, Kiener A. 2003. Lonza: 20 years of biotransformations. Advanced Synthesis & Catalysis, 345(4): 425-435.

Shinkai I, King A O, Larsen R D. 1994. A practical asymmetric-synthesis of LTD4 antagonist. Pure and Applied Chemistry, 66(7): 1551-1556.

Sib A, Gulder T A M. 2018. Chemo-enzymatic total synthesis of oxosorbicillinol, sorrentanone, rezishanones B and C, sorbicatechol A, bisvertinolone, and (+)-epoxysorbicillinol. Angewandte Chemie-International Edition, 57(44): 14650-14653.

Simon R C, Zepeck F, Kroutil W. 2013. Chemoenzymatic synthesis of all four diastereomers of 2,6-disubstituted piperidines through stereoselective monoamination of 1,5-diketones. Chemistry-A European Journal, 19(8): 2859-2865.

Sinclair E M, Drucker D J. 2005. Proglucagon-derived peptides: mechanisms of action and therapeutic potential. Physiology, 20: 357-365.

Sridharan V, Suryavanshi P A, Menendez J C. 2011. Advances in the chemistry of tetrahydroquinolines. Chemical Reviews, 111(11): 7157-7259.

Stemmer W P C. 1994. Rapid evolution of a protein *in-vitro* by DNA shuffling. Nature, 370(6488): 389-391.

Suen W C, Zhang N Y, Xiao L, *et al.* 2004. Improved activity and thermostability of *Candida antarctica* lipase B by DNA family shuffling. Protein Engineering Design & Selection, 17(2): 133-140.

Takagi H, Awano N, Kobayashi S, *et al.* 1999a. Overproduction of *L*-cysteine and *L*-cystine by expression of genes for feedback inhibition-insensitive serine acetyltransferase from *Arabidopsis thaliana* in *Escherichia coli*. Fems Microbiology Letters, 179(2): 453-459.

Takagi H, Kobayashi C, Kobayashi S, *et al.* 1999b. PCR random mutagenesis into *Escherichia coli* serine acetyltransferase: isolation of the mutant enzymes that cause overproduction of *L*-cysteine and *L*-cystine due to the desensitization to feedback inhibition. FEBS Letters, 452(3): 323-327.

Tanaka K, Yoshida K, Sasaki C, *et al.* 2002. Practical asymmetric synthesis of the herbicide (*S*)-indanofan via lipase-catalyzed kinetic resolution of a diol and stereoselective acid-catalyzed hydrolysis of a chiral epoxide. Journal of Organic Chemistry, 67(9): 3131-3133.

Tang X L, Jin J Q, Wu Z M, *et al.* 2019. Structure-based engineering of amidase from *Pantoea* sp. for efficient 2-chloronicotinic acid biosynthesis. Applied and Environmental Microbiology, 85(5): e02471-18.

Tao J H, McGee K. 2002. Development of a continuous enzymatic process for the preparation of (*R*)-3-(4-fluorophenyl)-2-hydroxy propionic acid. Organic Process Research & Development, 6(4): 520-524.

Thomas S M, DiCosimo R, Nagarajan A. 2002. Biocatalysis: applications and potentials for the chemical industry. Trends in Biotechnology, 20(6): 238-242.

Torrelo G, Hanefeld U, Hollmann F. 2015. Biocatalysis. Catalysis Letters, 145(1): 309-345.

Turner N J, O'Reilly E. 2013. Biocatalytic retrosynthesis. Nature Chemical Biology, 9(5): 285-288.

Vedha-Peters K, Gunawardana M, Rozzell J D, *et al.* 2006. Creation of a broad-range and highly stereoselective *D*-amino acid dehydrogenase for the one-step synthesis of *D*-amino acids. Journal of the American Chemical Society, 128(33): 10923-10929.

Veronesi B, Carter J D, Devlin R B, *et al.* 1999. Neuropeptides and capsaicin stimulate the release of inflammatory cytokines in a human bronchial epithelial cell line. Neuropeptides, 33(6): 447-456.

Villaverde J J, Sandin-Espana P, Sevilla-Moran B, *et al.* 2016. Biopesticides from natural products: current development, legislative framework, and future trends. Bioresources, 11(2): 5618-5640.

Vorlova S, Bornscheuer U T, Gatfield I, *et al.* 2002. Enantioselective hydrolysis of *D,L*-menthyl benzoate to *L*-(−)-menthol by recombinant *Candida rugosa* lipase LIP1. Advanced Synthesis & Catalysis, 344(10): 1152-1155.

Wirtz M, Hell R. 2003. Production of cysteine for bacterial and plant biotechnology: application of cysteine feedback-insensitive isoforms of serine acetyltransferase. Amino Acids, 24(1-2): 195-203.

Xu Z M, Singh J, Schwinden M D, *et al.* 2002. Process research and development for an efficient synthesis of the HIV protease inhibitor BMS-232632. Organic Process Research & Development, 6(3): 323-328.

Yoon S H, Lee E G, Das A, *et al.* 2007. Enhanced vanillin production from recombinant *E. coli* using NTG mutagenesis and adsorbent resin. Biotechnology Progress, 23(5): 1143-1148.

Zalman L S, Brothers M A, Dragovich P S, *et al.* 2000. Inhibition of human rhinovirus-induced cytokine production by AG7088, a human rhinovirus 3C protease inhibitor. Antimicrobial Agents and Chemotherapy, 44(5): 1236-1241.

Zhang N Y, Suen W C, Windsor W, *et al.* 2003. Improving tolerance of *Candida antarctica* lipase B towards irreversible thermal inactivation through directed evolution. Protein Engineering, 16(8): 599-605.

Zhang R, Mamai A, Madalengoitia J S. 1999. Cyclopropanation reactions of pyroglutamic acid-derived synthons with akylidene transfer reagents. Journal of Organic Chemistry, 64(2): 547-555.

Zhao M Z, King A O, Larsen R D, *et al.* 1997. A convenient and economical method for the preparation of DIP-chloride (TM) and its application in the asymmetric reduction of aralkyl ketones. Tetrahedron Letters, 38(15): 2641-2644.

Zheng G W, Yu H L, Zhang J D, *et al.* 2009. Enzymatic production of *L*-menthol by a high substrate concentration tolerable esterase from newly isolated *Bacillus subtilis* ECU0554. Advanced Synthesis & Catalysis, 351(3): 405-414.

Zheng J Y, Wu J Y, Zhang Y J, *et al.* 2013. Resolution of (*R,S*)-ethyl-2-(4-hydroxyphenoxy) propanoate using lyophilized mycelium of *Aspergillus oryzae* WZ007. Journal of Molecular Catalysis B-Enzymatic, 97: 62-66.